Computational Chemistry

Introduction to the Theory and Applications
of Molecular and Quantum Mechanics (Third Edition)

计算化学

分子与量子力学理论及应用导论

（第3版）

[加] 埃洛尔·G. 里沃斯（Errol G. Lewars） 著

任丽君 徐彩霞 主译

田兴涛 隋少卉 鄢红 译

清华大学出版社

北京

内 容 简 介

本书第 1 章介绍计算化学能做什么和计算化学的工具。第 2 章介绍计算化学中的势能面等重要概念。第 3 章讲述分子力学基本模型、原理，以及发展设计一个力场、参数化该力场的示例。第 4 章讲述简单休克尔方法及扩展休克尔方法的原理及应用。第 5～7 章介绍从头算方法、半经验方法及密度泛函理论的基本原理、相关概念及应用。第 8 章介绍了一些"特殊"的主题，如液相中的"溶剂化"模型和"单重态双自由基"，以及针对重原子与过渡金属的计算原理与实例。第 9 章简单概述了计算化学中的一些重要参考资料、网站和软硬件。每章内容后都附有大量参考文献，以及具有概括与启发性的课后习题，可用于自学。

本书内容既全面、基础、经典、丰富，又紧跟前沿热点，既有理论方法发展的历史概述，又有顶尖科学人物的介绍，还有前沿热点，如纠缠和化学反应性等内容的简单讨论，有益有趣，极富教育和启迪作用，是一本关于学科发展的教科书。

北京市版权局著作权合同登记号 图字：01-2022-0795

Computational Chemistry-Introduction to the Theory and Applications of Molecular and Quantum Mechanics(Third Edition)，by Errol G. Lewars.

Copyright ⓒ Springer International Publishing Switzerland，2016.

This edition has been translated and published under licence from Springer International Publishing AG Switzerland.

图书在版编目（CIP）数据

计算化学：分子与量子力学理论及应用导论：第 3 版/（加）埃洛尔·G. 里沃斯著；任丽君，徐彩霞主译；田兴涛，隋少卉，鄢红译.—北京：清华大学出版社，2024.5
书名原文：Computational Chemistry-Introduction to the Theory and Applications of Molecular and Quantum Mechanics
ISBN 978-7-302-64385-2

I. ①计… II. ①埃… ②任… ③徐… ④田… ⑤隋… ⑥鄢… III. ①化学—计算机应用 IV. ①O6-04

中国国家版本馆 CIP 数据核字（2023）第 149831 号

责任编辑：袁 琦
封面设计：何凤霞
责任校对：王淑云
责任印制：宋 林

出版发行：清华大学出版社
　　网　　　址：https://www.tup.com.cn，https://www.wqxuetang.com
　　地　　　址：北京清华大学学研大厦 A 座　　　邮　编：100084
　　社 总 机：010-83470000　　　　　　　　　邮　购：010-62786544
　　投稿与读者服务：010-62776969，c-service@tup.tsinghua.edu.cn
　　质量反馈：010-62772015，zhiliang@tup.tsinghua.edu.cn
印 装 者：三河市龙大印装有限公司
经　　销：全国新华书店
开　　本：185mm×260mm　　印　张：31.25　　　字　数：757 千字
版　　次：2024 年 6 月第 1 版　　　　　　　　印　次：2024 年 6 月第 1 次印刷
定　　价：98.00 元

产品编号：095477-01

致安妮和约翰，
谁知道他们的贡献是什么

前言

在化学问题研究中，使用数学方法的每一次尝试都必须被认为是极不合理的，且与化学的精神背道而驰。如果数学分析在化学中占据突出地位（一种几乎不可能发生的反常现象），那么，它将导致这门学科迅速而广泛地退化。（奥古斯塔斯·孔特（1798—1857年），法国哲学家，出自《积极哲学》，1830年。）

不同的观点：

自然科学取得的进步越大，它们就越倾向于进入数学领域，这是一种它们都会汇聚到的中心。我们甚至可以通过一门科学提交计算的设施来判断它达到的完美程度。（阿道夫·凯特尔（1796—1874年），法国天文学家、数学家、统计学家和社会学家，写于1828年。）

第3版在以下方面与第2版不同：

(1) 第1版中发现的印刷错误（我希望）已得到纠正。

(2) 修改了某些句子和段落，使其更加清晰易懂。

(3) 传记脚注根据需要进行了更新。

(4) 添加了2010年（第2版中最新参考文献的年份）到2015年年底的重大进展，并在相关地方进行了引用。

从"导论"一词可以推断出，这本书的目的与以前的版本一样，旨在教授计算化学的核心概念和方法的基础知识。这虽然是一本教科书，但并没有试图通过处理深奥的"先进"话题来取悦每一位评论者。一些基本概念包括势能面、分子力学中所用分子力学图像和薛定谔方程及其简练的矩阵解法，以给出能级和分子轨道。所有需要的矩阵代数在使用前都进行了解释。计算化学的基本技术是分子力学、从头算、半经验和密度泛函方法。分子动力学和蒙特卡洛方法仅被提及，尽管它们很重要，但它们利用了本书介绍的一些基本概念和方法，如果按本书讨论的主题水平进行介绍，关于它们则需要一本书。我之所以写第1版（2003年），是因为似乎没有一本非常适合一般化学读者学习计算化学的入门课本，而第2版（2011年）是基于同样的信念发行的。虽然有一些关于量子化学及其学科助理（"辅助"似乎有些贬低）计算化学的圣经，但本版的精神与前两本相同。我希望本书对任何想充分了解这门学科、开始阅读文献，并开始做计算化学的人都有用。如上所述，这一领域有许多优秀的书籍，但显然没有一本书试图使化学专业的广大学生熟悉计算化学，就像这些课程的标准教科书使有机化学或物理化学易于理解一样。为此，数学一直受到束缚，没有人试图证明分子轨道是希尔伯特空间中的向量，或者有限维内积空间必须具有正交归一基，而非专业人士有理由担心的唯一部分是哈特里-福克和科恩-沙姆方程（概述）的推导。如果要了解程序的特点，就应该阅读这些章节，但不妨碍任何人继续阅读本书的其余部分。

计算化学已成为一种工具，其使用精神与红外或核磁共振光谱基本相同，在使用它时，无须编写自己的程序，正如富有成效地使用红外或核磁共振光谱时不需要建立自己的光谱仪一样。我已尝试给出足够的理论，以提供关于程序中的标准流程如何工作的一个合理的、好的建议。在这方面，构建福克矩阵和对角化福克矩阵的概念很早就被引入了，且计算上相对不重要的久期行列式（除了与简单休克尔方法有关的历史原因外）很少被讨论。文中给出了许多实际计算的结果，其中一些是专门为本书计算的。本书中几乎所有的论断都附有参考文献，这对需要追踪方法或结果的研究人员，以及任何希望深入研究的人员都非常有用。详尽地提及所讨论的每个主题，即使不是不可能，显然是不合适的。参考文献的选择一直以（除了证明特定论断的合理性）综述和一般方式说明一个主题，而非以它的某些特定方面的出版物为导向。在这个互联网时代，一旦人们想了解某个主题，通常就不难获得有关它的更多信息。本书适用于高年级本科生、研究生和计算化学的新手研究人员。这些学生在大学二年级或三年级时应已具备分子形状、共价键和离子键、光谱学的知识，并对热力学有一定的了解。一些读者不妨回顾物理和有机化学的基本概念。

读者应该能够从本书中获得关于常见计算化学技术的基本理论和从这些技术中获得的各种结果的一个合理认识。读者将学到如何计算分子的几何构型，其红外和紫外光谱及其热力学和动力学稳定性，以及对其化学性质进行合理猜测所需的其他信息。

应用计算化学比以往任何时候更容易，因为硬件已经变得比几年前便宜了，曾经只适用于昂贵的工作站的强大程序已经被改编成可以在廉价的个人计算机上运行。实际使用一个程序最好通过学习它的手册和为特定程序编写的书籍，本书没有给出设置各种计算的说明。第9章提供了有关各种程序的信息。阅读本书，获得一些程序，然后开始做计算化学。您可能会犯错，但它们不太可能给您带来与实验室中犯错相同的危险。

对于第1版和第2版来说，荣幸地感谢以下人员的帮助：

多伦多大学的伊姆里·奇兹毛迪奥教授极为慷慨地贡献出了他的时间和经验；

那些知识渊博的人订阅了CCL（计算化学列表），对任何对这个主题感兴趣的人来说，这都是一个非常有用的论坛；

我在克鲁维尔的第1版编辑，埃玛·罗伯茨博士，她总是最乐于助人和最能给人希望；

我的非常乐于助人的、施普林格第2版的编辑克劳迪娅·库利埃特女士和索尼娅·奥霍博士；

关于第3版的指导，施普林格的卡琳·德·比女士；

康奈尔大学的罗阿尔德·霍夫曼教授，他对有时有些晦涩难懂的问题有深刻的见解和知识；

COSMOlogic公司的安德烈亚斯·克拉姆特博士分享了他在溶剂化计算方面的专业知识；

巴尔的摩县马里兰大学的乔尔·利布曼教授的激励性讨论；

特伦特大学的马修·汤普森教授的激励性讨论。

对于第 3 版而言,荣幸地感谢以下人员的帮助:

施普林格资深化学出版编辑,索尼娅·奥霍博士;施普林格书籍类制作编辑,卡琳·德·比女士;

特伦特大学化学系的罗伯特·斯泰尔斯教授在卓有成效的讨论中的见解;

最后,由于这个版本不是完全从头开始的,因此,我感谢以上在第 1 版和第 2 版中给予我帮助的所有人。

毫无疑问,有些名字被不公正、无意地遗漏了,对此我深表歉意。

埃洛尔·G.里沃斯

加拿大 安大略省 彼得伯勒

2016 年 1 月

习题答案

目 录

计算化学概述

> 知识是实验的女儿。
>
> ——莱昂纳多·达·芬奇，于彭谢里，约 1492 年

摘要：通过使用计算化学工具（分子力学、从头算、半经验和密度泛函方法及分子动力学），您可以计算分子几何构型、速率和平衡、光谱，以及其他物理性质。计算化学被广泛用于制药行业，以探索潜在药物与生物分子的相互作用，如用于将候选药物对接至酶的活性位点。它可用来研究材料科学中固体（如塑料）的特性，以及实验室和工业中重要反应中的催化作用。计算化学不能取代实验，因为实验仍然是自然真理的最后仲裁者。

1.1 您可以用计算化学做什么

在本章中，我们将简要概述计算化学或分子建模的范围和方法。人们可以争论（有些人可能会吹毛求疵）这两个术语之间是否存在差异[1]。追问这个问题可能没有意义，我们把这两个术语都看作在计算机上研究化学问题的一套技术。通常用计算来研究的问题有以下几种。

分子几何构型：分子的形状——键长、键角和二面角。

分子和过渡态的能量：可显示哪个异构体在平衡状态时是有利的，以及（来自过渡态和反应物能量）一个反应能有多快。

化学反应性：了解电子集中在哪里（亲核位点）及它们想去哪里（亲电位点）有助于我们预测各种试剂攻击分子的位置。关于化学反应性的一个特别有用的应用是阐明催化剂可能的作用方式，这有助于改进催化剂。

红外、紫外和核磁共振光谱：这些都可以计算出来，如果分子是未知的，试图制备它的人知道该寻找什么。

底物与酶的相互作用：了解分子如何适合酶的活性位点是设计更好的药物的一种方法。

物质的物理特性：这取决于单个分子的特性及分子在块状材料中如何相互作用。例如，聚合物（如塑料）的强度和熔点取决于分子的结合程度及分子间作用力的强弱。在材料科学领域工作的人会研究此类问题。

1.2 计算化学的工具

在研究上述问题时,可供计算化学家选择的方法有多种。可用的主要工具分为 5 大类。

(1) 基于分子模型的分子力学。分子模型是由弹簧(键)连接在一起的球(原子)的集合。如果我们知道正常的弹簧长度和它们之间的夹角,以及拉伸和弯曲弹簧所需要的能量,就能计算出给定的球和弹簧的集合,即给定分子的能量。改变几何构型直到找到最低能量,这使我们能够进行几何构型优化,即计算分子的几何构型。

分子力学的计算速度很快:一台普通的个人计算机可以在几秒钟内优化像类固醇(如胆固醇($C_{27}H_{46}O$))之类的相当大的分子。

(2) 基于薛定谔方程的从头算计算(ab initio,拉丁语"从头开始",即"第一原理")。它是现代物理学的基本方程之一,描述了分子中电子的行为和其他一些作用力。从头算方法求解分子的薛定谔方程,可给出分子的能量和波函数。波函数是一个数学函数,可用来计算电子分布(至少在理论上,还可以计算分子的其他任何信息)。根据电子分布,我们可以判断分子的极性,以及亲核试剂或亲电试剂会攻击分子的哪些部位。但对于具有多于一个(!)电子的任何分子,薛定谔方程无法精确求解。因此要使用近似值,近似值越少,从头算方法的水平就越高。无论其计算水平如何,从头算方法都仅仅是基于基本物理理论(量子力学),从这种意义上说是从"第一原理"开始的。

从头算的速度相对较慢:丙烷的几何构型和红外光谱(振动频率)可以在一台个人计算机上在几分钟之内以高水平计算,但一个相当大的分子(如类固醇)的几何构型优化,用合理的高水平可能至少需要几天的时间。当前,具有 4 GB 或更多随机存取存储器(random access memory,RAM)和 1000 GB 或更多磁盘空间的个人计算机是一种重要的计算工具,甚至在与高水平从头算相关的高要求任务方面能与 UNIX 计算机竞争。确实,人们现在很少听说"工作站",曾经,这些机器的价格大约为 15000 美元,甚至更多[2]。对于真正高要求的数字运算,个人还可以通过云计算访问超级计算机,即通过互联网访问远程站点的计算机来达成[3]。

(3) 半经验计算。像从头算一样,它基于薛定谔方程。但是,在求解薛定谔方程时,它需要更多的近似值,在从头算方法中必须计算的非常复杂的积分在半经验计算中实际上并未计算。相反,半经验程序使用了一种积分库,该积分库通过寻找如几何构型或能量(生成热)等某些计算实体与实验值或当前高水平理论值的最佳拟合来编译。这种将实验值插入数学程序以获得最佳计算值的过程称为参数化。理论与实验的结合使该方法成为"半经验"方法:它基于薛定谔方程,但用实验(或高水平理论)值(经验意味着实验)进行参数化。当然,人们希望半经验计算能为尚未被程序参数化的分子提供良好的答案,而事实往往如此(分子力学也是参数化的)。

半经验计算的速度比分子力学慢,但比从头算快得多。半经验计算所需的时间大约是分子力学的 100 倍,而从头算所需时间大约是半经验计算的 $100\sim1000$ 倍。在一台好电脑上,类固醇的半经验几何构型优化可能需要一分钟。

(4) 密度泛函计算(通常称为密度泛函理论(density functional theory,DFT),泛函是与函数相关的数学实体),像从头算和半经验计算一样,它基于薛定谔方程,但与其他两种方法不同,密度泛函理论并不计算波函数,而是直接获得电子分布(电子密度函数)。

密度泛函计算的速度通常比从头算更快,但比半经验计算慢。密度泛函理论相对较新:化学上实用的密度泛函理论计算化学可以追溯到 20 世纪 80 年代,而从头算方法的"重要"计算化学则开始于 20 世纪 70 年代,半经验方法开始于 20 世纪 50 年代。

(5) 将运动定律应用于分子的分子动力学计算。由于在力场的影响下分子会改变形状或改变运动,因此,我们可以模拟酶在与底物结合改变形状时的运动,或者模拟一大群水分子围绕蛋白质分子的运动。这种面向生物化学的研究依赖于分子力学计算的力的作用下分子的运动。由于这不是一种电子结构的方法,因此,采用这种力场的分子动力学程序不能研究共价键的断裂和形成(与构象变化对比)。通过半经验、从头算或密度泛函方法产生的力场可以通过分子动力学研究化学反应。请勿将分子动力学("运动")与分子力学(分子的"力学"处理)混淆。

1.3 把所有这些放在一起

通常只用分子力学研究非常大的分子,因为其他方法(基于薛定谔方程的量子力学方法:半经验、从头算和密度泛函理论)将花费太长时间。具有不寻常结构的新分子最好通过从头算或密度泛函理论进行研究,因为分子力学或半经验方法中固有的参数化,使得它们对于那些与参数化中所用分子差异很大的分子而言是不可靠的。密度泛函理论比从头算和半经验的方法新,它的局限性和可能性不如其他方法明确。

蛋白质或 DNA 等大分子的结构分析通常是用分子力学来完成的。这些生物大分子的构象运动可以利用分子力学力场进行分子动力学研究。分子运动包括键的断裂和生成,可以利用分子动力学的半经验、从头算或密度泛函方法进行研究。大分子的关键部分,如酶的活性位点,可以用半经验方法或从头算方法来研究。比如,类固醇等中等大小的分子可以通过半经验计算进行研究,如果愿意投入时间,也可以通过从头算方法进行研究。当然,分子力学也可以用于这些研究,但要注意的是,分子力学并不能提供有关电子分布的信息,因此,与亲核或亲电行为有关的化学问题不能单靠分子力学来解决。

分子的能量可以用分子力学、半经验、从头算或密度泛函理论来计算。方法的选择在很大程度上取决于具体的问题。在很大程度上取决于电子分布的反应活性,通常必须用量子力学方法(半经验、从头算或密度泛函理论)来研究。光谱可以通过高水平从头算或密度泛函理论进行最可靠的计算,但通过半经验方法可以获得有用的结果,而一些分子力学程序可以计算出相当好的红外光谱(连接弹簧的球会振动!)。

将一个分子对接至酶的活性位点以了解它是如何匹配的,这是计算化学的一个极其重要的应用。可以使用鼠标或某种操纵杆来操纵底物,然后尝试将其安装(对接)到活性部位,但自动对接现已标准化。由于涉及大分子,这项工作通常用分子力学来完成,尽管可以通过一种量子力学方法来研究大的生物分子的选定部分。这种对接实验的结果可指导人们设计更好的药物,例如,与指定酶更好地相互作用而不被其他酶识别的分子。

在材料科学中,计算化学在研究材料的性质方面很有价值。半导体、超导体、塑料、陶瓷都采用计算化学进行了研究。最近的一个独创性的发展是一种开发具有可计算特性的材料的程序,如果它能兑现承诺,将会非常有潜力[4]。这类研究往往涉及固体物理学的知识,而且有些专业化。在不那么功利的情况下,也有人在这门科学的帮助下研究了具有艺术价值的文物[5]。

计算化学相当便宜,与实验相比速度很快,而且对环境安全(尽管近十年来,计算机的大量使用引起了人们对能源消耗[6]和废弃机器处置[7]的关注)。但它不能取代实验,实验仍然是自然真理的最后仲裁者。此外,要制备某种东西(新药、新材料),就必须进入实验室。而且,需要注意的是尽管计算能力很强[8],但人们应小心,不要超越其有效范围:在极端情况下,用泡利的话来说,您可能"连错误都算不上"[9]。计算在某些方面已经变得如此可靠,以至于越来越多的科学家在开始实验项目之前就会使用它,可能有一天,您只有说明您在多大程度上通过计算探索了该提案的可行性,才能获得某种实验工作的资助。

1.4　计算化学的哲学

计算化学是一种观点的顶点(迄今为止)。这种观点认为化学最好被理解为原子和分子行为的表现,且这些原子和分子都是真实的实体,而不仅仅是便捷的智力模型[10]。它是对迄今为止在有机化学结构式中得到了最大胆表达的趋势的详细的物理和数学肯定[11],并且明确否定了直到最近才流行的说法[12],即科学是一种"范式"的游戏[13]。

在计算化学中,我们认为我们正在模拟真实物理实体的行为,尽管是借助于智力模型。随着模型的改进,它们可以更准确地反映现实世界中原子和分子的行为。

1.5　总结

计算化学使人们能够计算分子的几何构型、反应性、光谱和其他性质。它采用了以下几类工具。

分子力学:基于分子的球和弹簧模型。

从头算方法:基于薛定谔方程的近似解,无须拟合实验。

半经验方法:基于薛定谔方程的近似解,须对实验进行拟合(即使用参数化)。

密度泛函理论(DFT)方法:基于薛定谔方程的近似解,绕开了作为从头算和半经验方法的主要特征的波函数。

分子动力学方法:研究运动中的分子。

利用从头算和更快的密度泛函理论可以研究具有理论价值的新型分子,前提是分子的相对分子质量不太大。半经验方法的速度比从头算或密度泛函理论快得多,可以很容易地将其应用于相当大的分子(如胆固醇($C_{27}H_{46}O$)和更大的分子),而分子力学能用于计算非常大的分子(如蛋白质和核酸)的几何构型和能量,尽管分子力学并未提供有关电子性质的信息。计算化学被广泛用于制药行业,以探索潜在药物与生物分子的相互作用,例如,将候选药物与酶的活性位点对接。在材料科学中,它也被用于研究固体(如塑料)的性质。

较容易的问题

1. 计算化学是什么意思？
2. 计算化学可以回答哪些问题？
3. 列出计算化学家可用的主要工具。概述每个工具的特征(每个工具几句话)。
4. 一般来说，哪种是最快的计算化学方法(工具)，哪种是最慢的？
5. 为什么计算化学在工业中有用？
6. 从化学家的角度来看，薛定谔方程基本上描述了什么？
7. 我们可以得到薛定谔方程精确解的分子种类有什么限制？
8. 什么是参数化？
9. 计算化学相对于"湿化学"有什么优势？
10. 为什么计算化学不能取代"湿化学"？

较难的问题

讨论以下内容，并论证您的结论。

1. 在电子计算机问世之前，有没有计算化学？
2. "常规"物理化学，如动力学、热力学、光谱学和电化学的研究，可以被视为一种计算化学吗？
3. 最经常被计算的分子性质是几何构型、能量(与其他异构体相比)和光谱。为什么计算诸如熔点和密度之类的"简单"性质更具挑战性？(提示：分子 X 和物质 X 之间是否存在差异？)
4. 一个分子的几何构型和能量(与其他异构体相比)通常可以通过球和弹簧模型(分子力学)被准确地计算出来，这是否令人惊讶？
5. 您认为分子力学无法计算哪些性质？
6. 第一原理(从头算)的计算是否应该比那些利用实验数据(半经验的)的计算更可取？
7. 实验和计算都可能给出错误的答案。那么，为什么实验有最终决定权？
8. 考虑将潜在的药物分子 X 与酶的活性位点对接：影响 X"对接"程度的一个因素显然是 X 的形状。您能想到另一个因素吗？(提示：分子由原子核和电子组成。)
9. 近年来，组合化学技术已被用于快速合成各种相关化合物，然后对其进行药理活性测试。与借助计算化学研究分子如何与酶相互作用的"合理设计"方法相比，这种寻找候选药物方法的优缺点是什么？
10. 想出一些可以通过计算来研究的不寻常的分子，是什么让您的分子与众不同？

参考文献

1. For example, summary of a discussion on the Computational Chemistry List (CCL), at www.chem.yorku.ca/profs/renef/whatiscc.html. Accessed 22 Sept 2014

2. Schaefer HF III (2001) The cost-effectiveness of PCs. Theochem 573:129

3. (a) Fox A (2011) Cloud computing-what's in it for me as a scientist? Science 331:406; (b) Mullin R (2009) Chem Eng News. May 25, 10

4. (a) Cerquera TFT et al (2015) J Chem Theory Comput 11:3955; (b) Jacoby M (2015) Chem Eng News, December 30, 8

5. Fantacci S, Amat A (2010) Computational chemistry, art, and our cultural heritage. Acc Chem Res 43:802

6. (a) McKenna P (2006) The waste at the heart of the web. New Sci 192(2582):24; (b) Keipert K, Mitra G, Sunriyal V, Leang SS, Sosokina M (2015) Energy-Efficient Computational Chemistry: Comparison of run times and energy consumption for two kinds of computer architecture (ARM-, i.e. RISC-based and x86) and three families of calculations. J Chem Theory Comput 11:5055

7. Environmental Industry News (2008) Old computer equipment can now be disposed in a way that is safe to both human health and the environment thanks to a new initiative launched today at a United Nations meeting on hazardous waste that wrapped up in Bali, Indonesia, 4 Nov 2008

8. E.g. Cheng G-J, Zhang X, Chung LW, Xu L, Wu Y-D (2015) J Am Chem Soc 137:1706

9. Peierls R (1960) Pauli's words: the physicist Rudulf Peierls reported that Pauli used these (the German equivalents) in reference to the work of a third party. Biograph Mem Fellows R Soc 5:186; Plata RE, Singleton DA (2015) "Wolfgang Pauli, 1900–1958." The critical paper which invokes them. JACS 137:3811

10. The physical chemist Wilhelm Ostwald (Nobel Prize 1909) was a disciple of the philosopher Ernst Mach. Like Mach, Ostwald attacked the notion of the reality of atoms and molecules ("Nobel laureates in chemistry, 1901–1992", James LK (ed) American Chemical Society and the Chemical Heritage Foundation, Washington, DC, 1993) and it was only the work of Jean Perrin, published in 1913, that finally convinced him, perhaps the last eminent holdout against the atomic theory, that these entities really existed (Perrin showed that the number of tiny particles suspended in water dropped off with height exactly as predicted in 1905 by Einstein, who had derived an equation assuming the existence of atoms). Ostwald's philosophical outlook stands in contrast to that of another outstanding physical chemist, Johannes van der Waals, who staunchly defended the atomic/molecular theory and was outraged by the Machian positivism of people like Ostwald. See Ya Kipnis A, Yavelov BF, Powlinson JS (1996) Van der Waals and molecular science. Oxford University Press, New York. For the opposition to and acceptance of atoms in physics see: Lindley D (2001) Boltzmann's atom. The great debate that launched a revolution in physics. Free Press, New York; and Cercignani C (1998) Ludwig Boltzmann: the man who trusted atoms. Oxford University Press, New York, 1998. Of course, to anyone who knew anything about organic chemistry, the existence of atoms was in little doubt by 1910, since that science had by that time achieved significant success in the field of synthesis, and a rational synthesis is predicated on assembling atoms in a definite way

11. For accounts of the history of the development of structural formulas see Nye MJ (1993) From chemical philosophy to theoretical chemistry. University of California Press; Russell CA (1996) Edward Frankland: chemistry, controversy and conspiracy in Victorian England. Cambridge University Press, Cambridge

12. (a) An assertion of the some adherents of the "postmodernist" school of social studies; see Gross P, Levitt N (1994) The academic left and its quarrels with science. John Hopkins University Press, Baltimore; (b) For an account of the exposure of the intellectual vacuity of some members of this school by physicist Alan Sokal's hoax see Gardner M (1996) Skeptical Inquirer 1996, 20(6):14

13. (a) A trendy word popularized by the late Thomas Kuhn in his book– Kuhn TS (1970) The structure of scientific revolutions. University of Chicago Press, Chicago. For a trenchant comment on Kuhn, see ref. [12b]; (b) For a kinder perspective on Kuhn, see Weinberg S (2001) Facing up. Harvard University Press, Cambridge, MA, chapter 17

第2章

>>>

势能面的概念

一切都应该尽可能简单,而不是比较简单。

——阿尔伯特·爱因斯坦,但这些精确的词,
或者说德语中的对应词,并没有出现在他的作品集中(在线可得)

摘要:势能面(potential energy surface,PES)是计算化学中的一个核心概念。势能面是一个分子(或分子集合)的能量与其几何构型之间的数学或图形关系。波恩-奥本海默近似认为,与电子相比,分子中的原子核基本是静止的。这是计算化学的基石之一,因为它使分子形状(几何构型)的概念变得有意义,使势能面的概念成为可能,并通过允许我们专注于电子能,并在以后加入核排斥能而简化了薛定谔方程对分子的应用。势能面在适用的分子计算中非常重要,这将在第 5 章中进行详细阐述。本章阐述了几何构型优化及过渡态的性质。

2.1 观点

我们开始用势能面更详细地研究计算化学,因为这是该主题的核心。许多在数学上可能具有挑战性的重要概念都可以通过势能面提供的洞察力直观地掌握[1]。

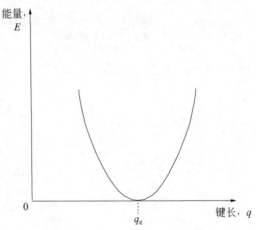

图 2.1 双原子分子的势能面。当键长 q 被拉伸或压缩远离平衡位置 q_e 时,
势能增加。这里选择 q_e(键长的零变形)处的势能作为能量零点

以双原子分子 AB 为例。在某些方面,分子的行为类似于由弹簧(化学键)连接在一起的球(原子)。事实上,这个简单图形是第 3 章讨论的分子力学中重要方法的基础。当我们拿起正常几何构型(平衡几何构型)的双原子分子的球-弹簧宏观模型,抓住"原子"并通过拉伸或压缩"键"使模型变形时,就会增加分子模型的势能(图 2.1)。因为我们用力将弹簧移动了一段距离以使其变形——即对弹簧做功,所以,根据定义,被拉伸或压缩的弹簧具有能量。当我们将模型保持在新的几何构型时,它是静止的,因此,该能量不是动能,而默认是势能(取决于位置)。势能与键长的关系图是势能面的一个示例。线是一维的"表面"。我们将很快看到更熟悉的二维表面的示例,而不是图 2.1 中的曲线。

真实分子的行为与上述宏观模型相似,但在两个方面不同。

(1)它们在平衡键长附近不停地振动(正如我们由海森堡不确定性原理预计的那样,一个静止分子将具有精确定义的动量和位置),因此它们始终具有动能(T)和/或势能(V):当键长达到平衡长度时,$V=0$,而在振幅极限时,$T=0$;在其他位置,T 和 V 都不为零。事实上,分子从来都不会处于动能为零的静止态(它始终具有零点能(ZPE)或零点振动能(ZPVE),2.5 节),通常在势能-键长图上绘制一系列高于曲线底部的直线(图 2.2),以表示分子可能具有的振动能量(它可以占据的振动能级)。分子从不位于曲线的底部,而是占据其中一个振动能级;在一个分子集合中,能级根据其间距和温度分布[2]。我们通常会忽略振动能级,认为分子停留在实际势能曲线或表面上。

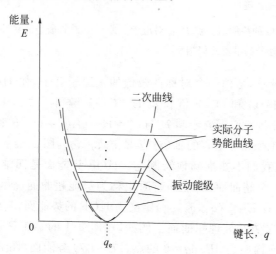

图 2.2　实际分子不会位于势能曲线的底部,而是占据振动能级。而且,只有在
　　　平衡键长 q_e 附近,二次曲线才接近实际势能曲线

(2)在平衡键长 q_e 附近,宏观球-弹簧模型或真实分子的势能-键长曲线可用一个二次方程很好地描述,即简单谐振子($E=(1/2)k(q-q_e)^2$,其中 k 是刚度系数)。然而,当远离 q_e 时,势能就偏离二次(q^2)曲线(图 2.2)。也就是说,由这种**非简谐性**所代表的与分子实际的偏差,在远离平衡几何构型的地方变得越来越重要。

图 2.1 表示 E 与 q 的二维图中的一维势能面。双原子分子 AB 仅有一个几何构型参数可以改变,即键长 q_{AB}。假设有一个具有多个几何构型参数的分子,如水:几何构型由两个键长和一个键角确定。如果允许两个键长相等,即如果将分子限制为 C_{2v} 对称(两个对称面

和一个二重对称轴，见 2.6 节），则该三原子分子的势能面为 E 与两个几何构型参数的关系图，$q_1=$O—H 键长，$q_2=$H—O—H 键角（图 2.3）。图 2.3 表示三维图中的二维势能面（法向表面是二维对象）。我们可以绘制一个实际的三维模型，该模型是 E 与 q_1 和 q_2 的三维图形。

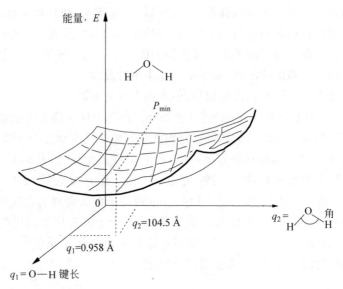

图 2.3 H_2O 的势能面。点 P_{min} 对应于三原子分子的最小能量几何构型，即水分子的平衡几何构型

我们可以抛开水分子，考虑一个对称性较低的三原子分子，如 HOF（次氟酸）。它有 3 个几何构型参数，即 H—O 和 O—F 键长及 H—O—F 键角。要为 HOF 构造一个类似于 H_2O 的笛卡尔势能面图，我们需要绘制 E 与 $q_1=$H—O、$q_2=$O—F 和 $q_3=$H—O—F 角的关系图。我们将需要 4 个相互垂直的轴（对应 E、q_1、q_2、q_3，图 2.4）。由于此四维图无法在三维空间中构建，因此我们不能准确地绘制它。HOF 势能面是四维空间中一个二维以上的三维"表面"：它是一个超曲面，势能面有时也称为势能超曲面。尽管绘制超曲面存在问题，但我们仍可以将方程 $E=f(q_1,q_2,q_3)$ 定义为 HOF 的势能面，其中，f 是描述 E 如何随 q 变化的函数，并用数学方法处理超曲面。例如，在图 2.1 的 AB 双原子分子势能面（一条线）中，最小势能的几何构型是 $dE/dq=0$ 的点。在 H_2O 势能面（图 2.3）中，最小势能的几何构型由点 P_{min} 定义，对应于 q_1 和 q_2 的平衡值。在这一点上，$dE/dq_1=dE/dq_2=0$。尽管无法如实地通过图形绘制超曲面，但对于计算化学家来说，建立对它们的直观理解非常有用。这可以通过示意图图 2.1 和图 2.3 来获得。图 2.1 和图 2.3 中的线或二维平面实际上用了多维图中的一个切片。可以通过类比来理解：图 2.5 展示了如何用水的三维图制作二维切片。切片可以保持两个几何构型参数中的任意一个不变，也可以同时包含这两个参数，从而给出一个图，其中的几何轴是一个以上几何参数的组合。类似地，我们可以获取 HOF 的超曲面（图 2.6），甚至更复杂分子的一个三维切片，并用 E 与 q_1、q_2 的关系图来表示势能面。我们甚至可以使用一个简单的二维图，其中，q 表示一个、两个或所有几何构型参数。我们将看到，这些二维图，特别是三维图，保留了数学上严谨但无法可视化的 $E=f(q_1,q_2,\cdots,q_n)$ 的 n 维超曲面的定性，甚至是定量特征。

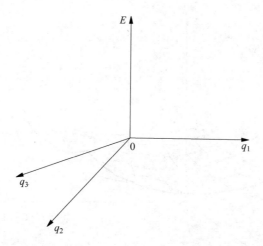

图 2.4 要在直角坐标系中绘制 3 个几何构型参数的能量图，我们需要 4 个相互垂直的坐标轴。这样的坐标系实际上不能在三维空间中构建。但是，我们可以使用数学方法来处理此类坐标系及其中的势能面

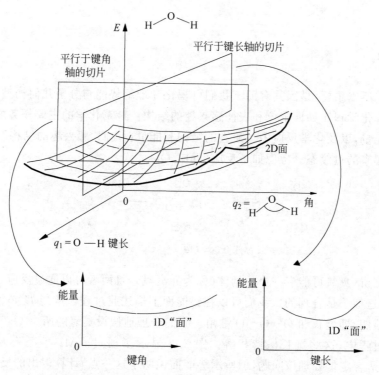

图 2.5 穿过二维势能表面的切片给出了一维表面。不平行于任何一个轴的切片将给出几何构型与"键角和键长的合成"图，这是一种平均几何构型

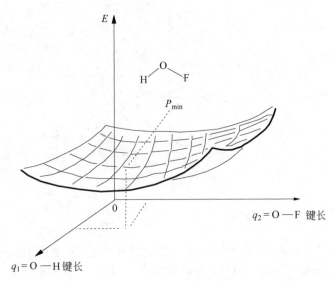

图 2.6　HOF 的势能面。此处未显示 HOF 键角。该图可表示以下两种可能性之一：曲面上每
　　　　个点的角度都可能相同（某个常量，合理的值），这将是一个非柔性平衡或刚性的势能面；
　　　　或者，对于每个计算点而言，几何构型可能是与其他两个参数相对应的最佳角度的几何
　　　　构型，即，每个点的几何构型都可能被完全优化（2.4 节），这将是柔性的平衡势能面

2.2　驻点

　　势能面之所以重要，是因其有助于我们可视化和理解势能与分子几何构型之间的关系，
以及理解计算化学程序如何定位和表征感兴趣的结构。计算化学的主要任务之一是确定分
子的结构和能量，以及化学反应中过渡态的结构和能量：我们"感兴趣的结构"是分子，以及
将它们连接起来的过渡态。考虑如下反应（反应1）：

臭氧　　　　　　　　　　过渡态　　　　　　　　异臭氧
反应 1

　　从理论上讲，臭氧可能有一个异构体（称为异臭氧），且两者可以通过反应 1 所示的过渡
态相互转化，这似乎是合理的。我们可以在势能面上描述此过程。势能 E 必须根据两个几
何构型参数绘制，即键长和 O—O—O 键角。我们合理地假设臭氧的两个 O—O 键相等，且
在整个反应过程中，这些键长保持相等。图 2.7 显示了通过 AM1 半经验方法（第 6 章，
AM1 方法不适合定量处理该问题，但所示势能面说明了这一点）计算得出的反应 1 势能面，
并显示了来自三维图的二维切片如何给出化学家惯用图的能量-反应坐标类型。切片沿着
连接臭氧、异臭氧和过渡态的最低能量路径，即沿着**反应坐标**，二维图的水平轴（反应坐标）
O—O 键长和 O—O—O 键角合成。在大多数讨论中，水平轴没有定量定义。从定性上讲，
反应坐标表示反应的进程。感兴趣的 3 种物质——臭氧、异臭氧和连接这两种物质的过渡

态,被称为**驻点**。势能面上的驻点指表面平坦的点,即平行于一个几何构型参数对应的水平线(或平行于两个几何构型参数对应的平面,或平行于两个以上几何构型参数对应的超曲面)。将一个弹球放置在驻点上,它将保持平衡,即静止(原则上,对于过渡态来说,平衡必须非常精确)。在势能面上的任何其他点,弹球都会向势能较低的区域滚动。

数学上讲,驻点指势能对每个几何构型参数的一阶导数为零的点:

$$\frac{\partial E}{\partial q_1} = \frac{\partial E}{\partial q_2} = \cdots = 0 \tag{2.1}$$

偏导数在这里表示为 $\partial E/\partial q$,而不是 $\mathrm{d}E/\mathrm{d}q$,以强调每个导数只与其中一个变量 q 有关,其中,E 是 q 的函数。驻点对应着有限寿命的实际分子(与仅存在瞬间的过渡态相反),如臭氧或异臭氧,是**极小值**或**能量极小值**:每个驻点占据其势能面区域内最低能量点,几何构型的任何细微变化都会增加能量,如图 2.7 所示。臭氧是一个**全局最小值**,因为它是整个势能面中的能量最小值,而异臭氧是一个**相对最小值**,一个仅与其势能面附近的点相比的最小值。连接这两个最小值的最低能量路径,即反应坐标或**内禀反应坐标**(intrinsic reaction coordinate,IRC,图 2.7 中的虚线)是分子从一个最小值到另一个最小值所遵循的路径。如果它能够获得刚好足够的能量来克服活化势垒,那么,它就会经过过渡态,最后到达另一个最小值。并非所有反应物的分子都完全遵循内禀反应坐标:一个具有足够能量的分子可以在一定程度上偏离内禀反应坐标[3]。

图 2.7 表明,连接两个最小值的过渡态在内禀反应坐标方向代表最大值,但在其他方向上则是最小值。这是鞍形表面的特征,过渡态本身被称为**鞍点**(图 2.8)。鞍点位于鞍形区域的"中心",像最小值一样是一个驻点,因为该点处的势能面平行于几何构型参数轴定义的平面:我们可以看到,(精确地)放置在那里的弹球将保持平衡。从数学上讲,最小值和鞍点是不同的,尽管它们都是驻点(它们的一阶导数为零,式(2.1)),但最小值是所有方向上的最小值,而鞍点是沿反应坐标的最大值和在所有其他方向上的最小值(图 2.8)。最小值和最大值可以通过它们的二阶导数来区分,可以表示成:

对**最小值**

$$\frac{\partial^2 E}{\partial q^2} > 0 \tag{2.2}$$

适用于所有的 q。

对**过渡态**

$$\frac{\partial^2 E}{\partial q^2} > 0, \quad q \text{ 不沿反应坐标时} \tag{2.3}$$

$$\frac{\partial^2 E}{\partial q^2} < 0, \quad q \text{ 沿着反应坐标时} \tag{2.4}$$

过渡态和**过渡结构**之间有时会有区别[4]。严格地说,过渡态是一个热力学概念,是与 H. 艾林①过渡态理论中的反应物处于一种平衡的系综中的一员[5]。由于平衡常数由自由

① H. 艾林,美国化学家。1901 年生于墨西哥科洛尼亚·华拉雷斯。1927 年获得加州大学伯克利分校博士学位。犹他大学、普林斯顿大学教授,因在反应速率理论和势能面方面的工作而闻名。1981 年逝世于犹他州盐湖城。

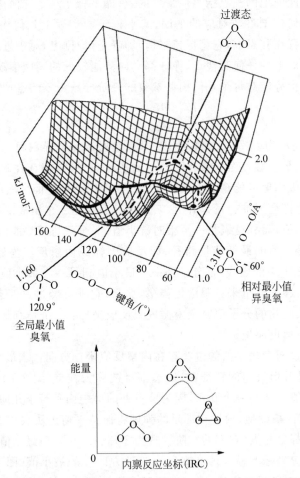

图 2.7   臭氧/异臭氧势能面（通过 AM1 方法计算，第 6 章）是三维图中的二维表面。表
面上的**虚线**是反应坐标（内禀反应坐标，IRC）。穿过反应坐标的切片在二维图
中给出一个一维"表面"。该图在定量上并不是精确的

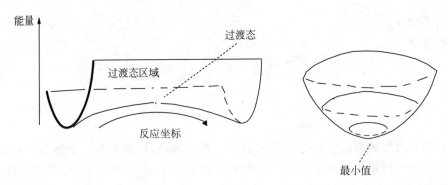

图 2.8   过渡态或鞍点以及最小值。对所有几何坐标 q（沿所有方向），过渡态和最小值处都有
$\partial E/\partial q=0$。对于过渡态来说，当 q 沿着反应坐标时，有 $\partial^2 E/\partial q^2<0$；当 q 沿着所有其他方
向时，有 $\partial^2 E/\partial q^2>0$。对于最小值来说，对所有 q（沿所有方向）都有 $\partial^2 E/\partial q^2>0$

能变决定,因此,过渡态物种在逻辑上是沿反应坐标的自由能最大值,只要单个物种可以被认为是统计系综。该物种通常(但并非总是[5])被称为活化复合物,这个术语显然在实验动力学中被用得更多。严格来说,过渡结构是理论计算(图 2.7)的势能面上的鞍点(图 2.8)。通常,这种面是通过一组点绘制的,每个点代表一分子物种在某种几何构型下的焓(在这里是势能)。回想一下,自由能与焓的不同在于温度乘以熵。过渡**结构**,如图 2.7 中的"点",是焓面上的鞍点。势能面上每个计算点的能量通常不包括振动能,根据标准计算,振动能仅对驻点有意义(2.5 节)。然而,事实上,任何分子组合,无论是否为驻点,都有零点振动能,即使在 0 K 时也是如此。通常忽略振动能算出的势能面,是一种假设的、物理上不切实际的面,但它应该定性,甚至半定量地类似于一个振动校正的势能面,因为在考虑**相对**焓时,零点能通常被大致抵消了。在精确的能量计算中,我们需要计算驻点的零点能,并将其添加到"冻结核"能量中,以试图提供改进的相对能量。在 0 K 时,这些能量表示焓变,这些能量也是熵为零的温度下的自由能变。通常可以计算出室温下驻点的自由能(5.5.2 节)。这为计算高于 0 K 温度下的活化能和反应能提供了理论上合理的能量差。有关能量计算的更多信息见 5.5.2 节。许多化学家通常不区分过渡态和过渡结构这两个术语。本书中使用了更常用的术语"过渡态"。除非另有说明,否则它将表示在标准温度 298 K 时,计算出的有一个虚频(2.5 节)和"已知"(计算出的)自由能的鞍点物种。

与反应坐标相对应的几何构型参数通常是几个参数(键长、键角和二面角)的组合,对于某些反应来说,可能以一个或两个参数为主。在图 2.7 中,反应坐标是 O—O 键长和 O—O—O 键角的组合。

鞍点,即势能面上能量相对于一个且唯一一个几何构型坐标(可能是复合坐标)的二阶导数为负的点,对应于过渡态。某些势能面上有能量对一个以上坐标的二阶导数为负的点,这些点是**高阶鞍点**或山顶。例如,**二阶鞍点**是势能面上连接驻点的两条路径上的最大值。图 2.9 中的丙烷势能面提供了最小值、过渡态和山顶的例子,在这种情况下为二阶鞍点。图 2.10 更详细地显示了 3 个驻点。"双重叠"构象(A)沿 C_1—C_2 键和 C_3—C_2 键观察是重叠的(沿这些键观察二面角为 0°),是一个二阶鞍点,因为单键不喜欢重叠单键,而围绕 C_1—C_2 键和 C_3—C_2 键旋转将会消除这种重叠:沿势能面有两个通向低能区的可能方向无势垒,即改变 H—C_1/C_2—C_3 二面角和改变 H—C_3/C_2—C_1 二面角。改变其中一个导致"单重叠"构象(B),其中只有一个 CH_3—CH_2 重叠排列,这是一个一阶鞍点,因为现在沿势能面只有一个方向可以使重叠相互作用(绕 C_3—C_2 键旋转)得到缓解。这条路线给出了一个构象 C,它没有重叠相互作用,因此是最小值。C_3H_8 势能面上没有较低能量的结构,因此构象 C 是全局最小值。

丙烷的几何构型当然不仅仅取决于两个二面角。势能随着几个键长和键角的改变而变化。图 2.9 是通过在适当步骤中仅改变与 H—C—C—H 键相关的两个二面角来计算的,同时保持其他几何构型参数与全交错构象相同。如果二面角/二面角网格每个点上的所有参数(键长和键角)都已优化(对于该特定的计算方法来说,调整为提供尽可能低的能量,2.4 节),则结果将是**柔性**势能面。在图 2.9 中并没有这样做。由于键长和键角仅随二面角的变化而略有变化,因此,势能面不会发生太大变化,计算所需的时间(用于**势能面扫描**)会更长。图 2.9 是一种非柔性或刚性势能面,尽管在这种情况下,它与柔性势能面并没有很大不同。

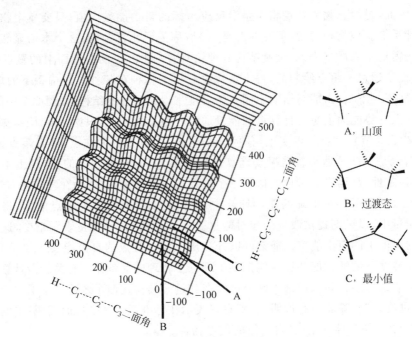

图 2.9　两个 H—C—C—C 二面角变化时的丙烷势能面（通过 AM1 方法计算，第 6 章）。由于二面角变化时，键长和键角没有被优化，因此，这不是一个柔性势能面。然而，从一个丙烷构象到另一个丙烷构象的键长和键角变化很小，因而柔性势能面应该与此非常相似

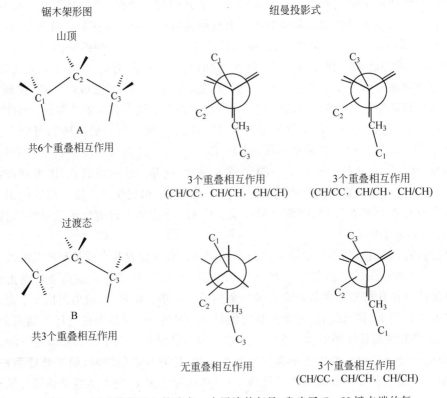

图 2.10　丙烷势能面上的驻点。为了清楚起见，省略了 C—H 键末端的氢

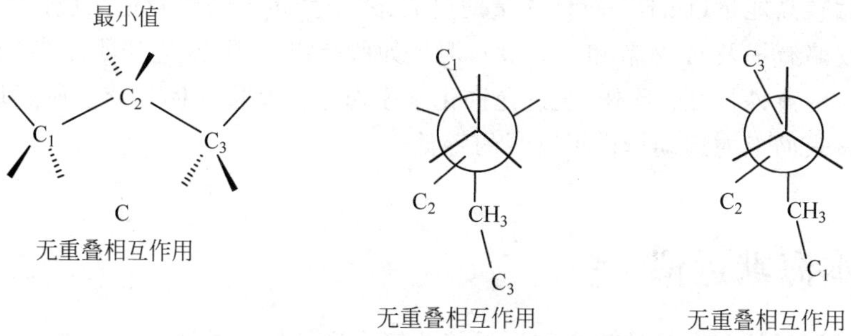

图 2.10(续)

本质上,化学是对势能面上驻点的研究:在研究分子是否稳定时,我们专注于极小值;在研究化学反应时,我们研究一个分子从一个最小值到过渡态,再到另一个最小值的通道。自然界中有 4 种已知力:引力、强核力、弱核力及电磁力。天体力学研究引力作用下恒星和行星的运动,而核物理学则研究受核力作用的亚原子粒子的行为。化学关注的是由电磁力结合在一起的原子核和电子(分子)的聚集体,以及原子核与它们顺从的电子随从在电磁力影响下围绕势能面的摆动。势能面可以被称为反应面。

化学势能面的概念起源于 R. 马塞兰[6]:在一篇不知何故并不广为人知的长论文(111页)中,他奠定了过渡态理论的基础,比更为著名的艾林[5,7]的工作早 20 年。鲁道夫·马库斯在诺贝尔奖(1992 年)演讲中承认了马塞兰工作的重要性,他在演讲中提到:"……马塞兰 1915 年的经典理论距 1935 年的过渡态理论仅一步之遥。"该论文发表于作者去世后的第二年,作者在第一次世界大战中去世。第一个势能面是由艾林和波兰尼①于 1931 年用实验和理论相结合的方法计算出来的[8]。

通过检查反应路径的方向和曲率、反应路径哈密顿量(reaction path Hamiltonian,RPH)和联合反应谷方法(united reaction valley approach,URVA)的变化,我们可以对势能面的处理进行更复杂的检验[9]。与仅从各物种的能量中获得的信息相比(如 2.4 节的简单处理),这些可以揭示出有关反应的更深细节。

化学反应的势能面表示为容纳一个过渡态的鞍形区域,该过渡态连接包含反应物和产物的势阱(哪一个物种称为反应物和产物是无关紧要的)。该描述非常有用,很可能适用于绝大多数的反应。然而,对于某些反应来说,它是有缺陷的。卡彭特用分子动力学证明,在某些情况下,反应的中间体不会在势能面势阱中停留,而会紧接着越过势垒[10]。更确切地说,它似乎在势能面的一个平台状区域上快速移动,并保留了它在形成时获得的原子运动的记忆("动力学信息"),沿着两条路径("如分叉")分开。当这种情况发生时会产生两个相同的简略几何构型的中间体,中间体具有不同的原子运动,从而生成不同的产物。细节很微妙,推荐感兴趣的读者阅读相关文献[10]。这种分叉的势能面与天然萜类松香酸的生物合成有关[11]。即使是具有过渡态连接最小值的传统的势能面,也可能会表现出意外,例如,反

---

① 迈克尔·波兰尼,犹太裔英国化学家、经济学家和哲学家。1891 年生于布达佩斯。1913 年医学博士,1917 年布达佩斯大学博士。1920—1933 年,柏林凯撒-威廉研究所研究员。1933—1948 年,曼彻斯特大学化学教授;1948—1958 年,曼彻斯特大学社会科学教授;1958—1976 年,牛津大学教授。他最著名的著作《个人知识》(*Personal Knowledge*)一书于 1958 年出版。1976 年于英格兰北安普敦去世。

应更喜欢通过较高能量，而不是较低能量的过渡态（因为量子力学隧道效应）[12]。分子动力学在本书中仅略有提及（1.2 节和 1.3 节），但正如所指出的那样，它揭示了参加反应的分子穿越势能面时的意外特征；此外，通过允许化学家通过交互反馈体验分子所经历的分子力，它为分子在该表面上的运动提供了直观的感觉[13]。

2.3　奥本海默近似

　　势能面是原子核和电子的集合与原子核几何构型坐标的关系图——本质上是分子能量与分子几何构型的关系图（也可以看作将能量作为核坐标函数的数学方程式）。根据能量对核坐标变化的响应（一阶导数和二阶导数），讨论了每个点的性质（最小值、鞍点或其他点）。但是，如果一个分子是原子核和电子的集合，为什么要绘制能量对核坐标的图，为什么不对电子坐标作图呢？换句话说，为什么核坐标是定义分子几何构型的参数？这个问题的答案在于玻恩-奥本海默近似。

　　玻恩①和奥本海默②在 1927 年提出[14]一个非常好的近似，即分子中的原子核相对于电子是静止的。这是原理的一个定性表达。从数学上讲，这种近似说明一个分子的薛定谔方程（第 4 章）可以分为电子方程和原子核方程。结果就是，要计算一个分子的能量，就要解电子薛定谔方程，然后把电子能量加到原子核相互排斥力中（后一个量计算很简单），得到总内部能量（4.4.1 节）。玻恩-奥本海默近似的更深层次的结果是分子具有一定的形状。

　　将电子看作原子核周围一团模糊的负电荷云，原子核将它们束缚在固定的相对位置，并定义了分子的（有些模糊的）表面。一个标准的分子表面的大小由实验确定，例如，通过 X 射线衍射测定的分子表面包括了约 98% 的电子密度[15]（见图 2.11）。由于电子的运动比原子核快，分子的"永久"几何构型参数是核坐标。分子的能量（和其他性质）是电子坐标的函数（每个电子的 $E=\phi(x,y,z)$，5.2 节），但它仅在参数上取决于核坐标，即每个几何构型（$1,2,\cdots$）都有一个特定的能量：$E_1=\phi_1(x,y,z)$，$E_2=\phi_2(x,y,z)$，参见 x^n，这是 x 的函数，但只在参数上依赖于特定的 n。实际上，原子核不是静止的，而是在平衡位置附近进行小幅度的振动，我们所说的"固定"核位置正是这些平衡位置。只是因为谈论固定的核坐标（几乎）是有意义的，所以分子的几何构型或形状及势能面的概念才是有效的[16]。原子核比电子的运动慢得多，因为它们的质量要大得多（氢核的质量比电子大 2000 倍）。

　　考虑由 3 个质子和 2 个电子组成的分子 H_3^+。从头算赋予它如图 2.12 所示的几何构型。原子核（质子）的平衡位置位于等边三角形的角上，且 H_3^+ 具有确定的形状。但是，假设质子被质量与电子相同的正电子代替，因为分子的原子核和电子的区别取决于质量，而不是某种电荷沙文主义，所以，原子核和电子之间的区别将会消失，我们将会得到一团颤动的飞舞粒子云，在宏观时间尺度上无法为该分子指定形状。

　　① 马克斯·玻恩，德裔英国物理学家。1882 年生于布雷斯劳（现为波兰弗罗茨瓦夫），于 1970 年在哥廷根去世。柏林大学、爱丁堡大学、剑桥大学教授。1954 年获诺贝尔奖。量子力学的创始人之一，波函数（平方）概率解释的创立者（第 4 章）。

　　② 罗伯特·奥本海默，美国物理学家。1904 年生于纽约，1967 年于普林斯顿去世。加州理工学院教授。因对核物理的重要贡献，1963 年获费米核研究奖。1943—1945 年曼哈顿计划负责人。1954 年被参议员约瑟夫·麦卡锡的非美活动委员会视为安全风险而受迫害。同名美国公共广播协会电视连续剧（奥本海默由萨姆·沃特斯顿饰演）的主要人物。

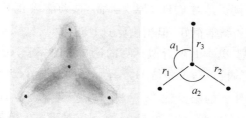

图 2.11 分子中的原子核可以看到一个时间平均的电子云。原子核围绕定义分子几何构型的平衡点振动,这种几何构型可以简单地用核的直角坐标表示,或者用键长、键角(图中 r 和 a)和二面角,即内坐标表示。就尺寸而言,实验测定的范德华表面包含了分子 98% 的电子密度

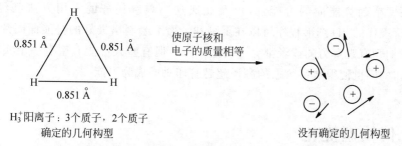

图 2.12 分子的形状是确定的,因为与电子不同,原子核(相对)是静止的(因为它们的质量要大得多)。如果使原子核和电子的质量相等,则在惯性方面的区别将消失,分子的几何构型也就会消失

计算出的势能面,我们可以称之为玻恩-奥本海默面,通常是代表原子核集合的几何构型和相应能量的一组点,计算时会根据需要将电子考虑在内,以分配电荷和多重度(多重度与未配对电子的个数有关)。每个点都对应于一组固定的原子核,从这个意义上说,表面有些不切实际(见 2.5 节)。

对于玻恩-奥本海默近似应该说明两点保留意见:第一,似乎实际上没有严格的证据证明其有效性;第二,尽管它通常有效,但在某些情况下使用它是不恰当的。关于所谓的证据[14],萨克利夫在一篇有趣的(在开头几段中)但数学上令人生畏的论文中指出,当问题"以精确的方式重新表述并重新审视"时,对于核和电子运动之间耦合的术语的数学描述"相当难以捉摸,它们的理论地位常常有问题"。耦合问题"目前还没有一个合理的解决方案,这是一个今后可以而且必须做大量工作的领域"[17]。19 年后,尽管势能面概念的实用性被承人,但结论似乎是相同的:

一方面,固-核哈密顿量和相关的势能面概念对于该方法至关重要;另一方面,势能面没有出现在基于光谱投影的形式精确描述中,因此很难断言势能面在分子的量子力学中起任何基本作用。当然,这并不是要忽略势能面在近似计算中的重要作用,以及它们在解释实验结果中的作用。这只是简单地将势能面与量子理论恰当地联系起来[18]。

计算化学家很少声称他们的计算是"形式上准确的",但任何熟悉文献的人都知道,有时在玻恩-奥本海默准则范围内的计算可能是非常精确的。

在某些情况下,玻恩-奥本海默近似是不适合的。一种是前面提到的较高能量过渡态是

首选的反应[12]。另一个例子是对 ClH_2（原文如此）振动能级和 $Cl+H_2$ 反应的研究,尽管使用玻恩-奥本海默近似的结果很好,但当去除这种近似时,结果提高了约 10 倍[19]。另一篇关于比较用和不用玻恩-奥本海默近似计算的论文中的一节,题为"……含至多 3 个核的分子的玻恩-奥本海默能的校正",主要是 H_3^+,暗示了对于最小分子以外的任何其他分子不用玻恩-奥本海默近似时任务的艰巨性[20]。将非玻恩-奥本海默计算（相对论增强）应用于离解能的研究仅限于 H_2、HD、D_2、T_2 和 HeH^+[21]。对于原子核是质子或 He^{2+} 的情况,这种近似是最近似的,这是可以理解的,因为这些原子在质量上最类似于电子。一项关于 $H+H_2$ 的实验,用缪子偶素取代了 H 原子,在这个实验中,电子不是围绕着质子,而是围绕着正缪子,它仅比电子重 206 倍,而质子与电子的比率为 1836[22]。这虽然是一项了不起的实验,但在某种程度上偏离了标准化学。

计算高度精确势能面的可能性,以及完成这一艰巨任务的实用方法已经得到了检验[23]。尽管现代的 3D 图形程序可以在屏幕和纸面上绘制出极好的势能面图片（任何一位对当前化学期刊有观察力的读者都会证明这一点）,但有些人可能希望有一个实际的 3D 模型。3D 打印的问世使得数字数据的翻译超越打印页面成为可能[24]。

2.4 几何构型优化

势能面上驻点的表征（"位置"或"定位"）,即证明该驻点存在并计算其几何构型和能量,是**几何构型优化**。感兴趣的驻点可能是最小值、过渡态,或者偶尔是一个高阶鞍点。寻找一个最小值通常被称为能量最小化,或简称为最小化,而寻找过渡态通常被特别称为过渡态优化。几何构型优化是从一个被认为与期望的驻点相似（越接近越好）的输入结构开始,然后将这个看似合理的结构提交给计算机算法,该算法系统地改变几何构型,直到找到一个驻点为止。然后,该算法可以确定（2.5 节）势能面在驻点处的曲率,即相对于几何构型参数（2.2 节）的能量二阶导数,以将结构表征为最小值或某种鞍点。

让我们考虑一个与实验研究有关的问题。将丙酮进行电离,然后中和自由基阳离子,并将产物冷冻在惰性基质中,再通过红外光谱进行研究[25]。混合物的光谱表明存在丙酮的烯醇异构体,1-丙烯-2-醇(见反应 2)。

反应 2

为了证实（或反驳）这一点,可以计算烯醇的红外光谱(见 2.5 节和后续章节中对红外光谱计算的讨论)。但是,应选择哪一个构象进行计算? 围绕 C—O 键和 C—C 键的旋转产生了 6 个看似合理的驻点(图 2.13),而势能面扫描(图 2.14)表明确有 6 个这样的物种。势能面结果表明,全局最小值是结构 1,对应结构 3 有一个相对最小值。从类似 1 的输入结构开始的几何构型优化给出了对应于 1 的最小值,而从类似 3 的结构开始的优化给出了另一个较高能量的最小值,类似于 3。从适当结构开始的过渡态优化产生了过渡态 2、4 和 5,并要求优化到"二阶过渡态",得到了具有两个虚频的山顶 **6**。这 6 个驻点分别被二阶导数计算表征为极小值、过渡态或山顶(2.5节)。图 2.15 是图 2.14 中二维表面的投影,纵坐标代表图 2.13 中完全优化结构的能量,这是势能面的典型表示,清楚地显示了各个驻点的相互关系。计算的结构 **1** 的红外光谱(用从头算 HF/6-31G* 方法,第 5 章)与推定的丙烯醇的观测光谱非常吻合。

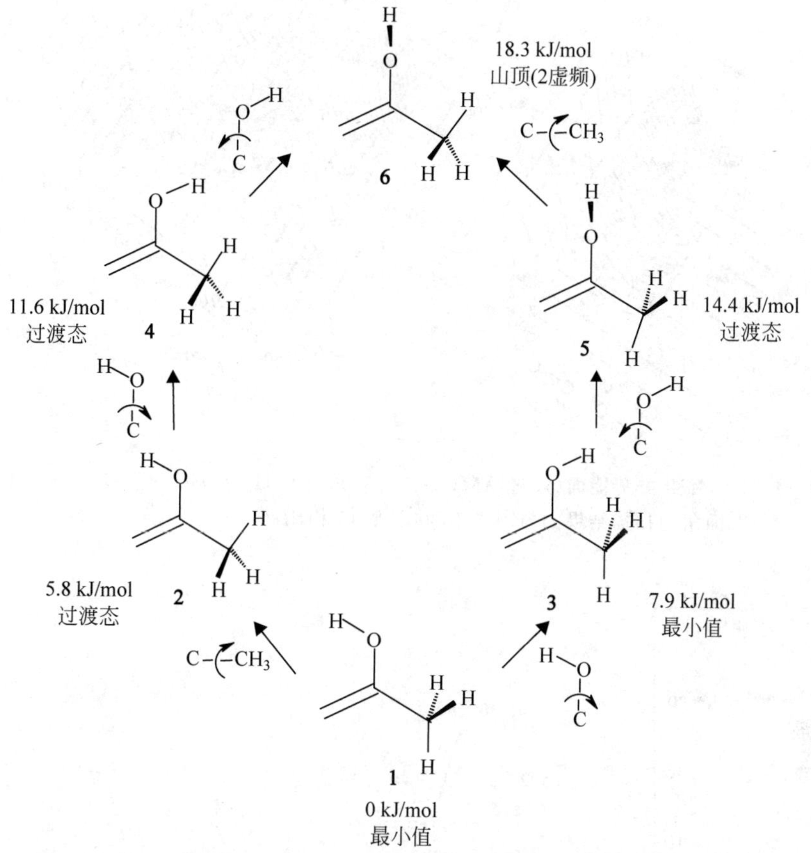

图 2.13　根据 AM1 几何构型优化频率计算(频率显示驻点是最小值、过渡态,还是山顶)的丙烯醇势能面上可能存在的驻点。势能面扫描(图 2.14)表明,**1** 是全局最小值,**3** 是相对最小值,而 **2**、**4** 和 **5** 是过渡态,**6** 是山顶。这些计算(至少在 AM1 水平)证实了这一点。在二面角的引导下,构造与这些面上的点相对应的输入结构,然后进行优化,给出 1~6 的 AM1 的相对能量(这些值是相对于被设为零的 **1** 的室温自由能)。箭头仅显示了一个物种到另一个物种的一步转换(围绕单键旋转,如图所示)的结构关系,而不是在势能面上的连通性。例如:**2** 不是连接 **1** 和 **4** 的过渡态。这种反应性关系如图 2.14 和图 2.15 所示

这说明了一个普遍的原则:人们得到的优化后的结构是势能面最接近输入结构的几何构型(图 2.16)。如果想确定我们已经找到了全局最小值,那么,我们必须(除了非常简单或非常刚性的分子外)搜索势能面。有一些算法会尝试找到最低能量的最小值,但通常似乎没有任何办法可以保证人们找到的最低能量结构的确是全局最小值。有关此难题的简评,请参见詹森(6 种方法)[26] 和莱文(9 种方法)[27] 的论文。这引起人们关注这样一个事实,即相当小的、松散的、无支链的十三烷($C_{13}H_{28}$)具有 59 049 个构象,而稍大的但更刚性的环十七

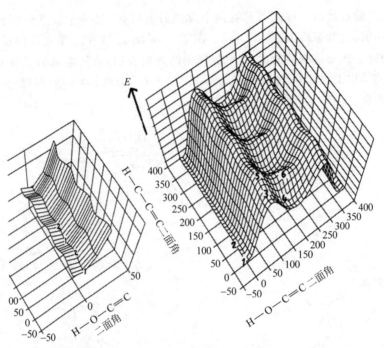

图 2.14　1-丙烯-2-醇势能面（通过 AM1 方法计算），改变 H—O—C＝C 和 H—C—C＝C 二面角的扫描结果。与图 2.13 和图 2.15 相比

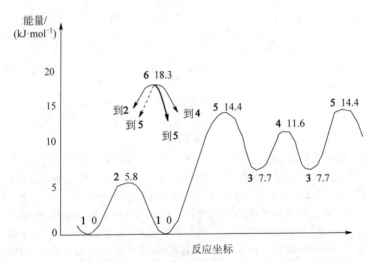

图 2.15　从图 2.13 的几何构型优化频率计算结果中得出的 1-丙烯-2-醇的势能面。能量是相对于最小值 1 被设为零的室温自由能。反应坐标在这里是定性的，本质上是 H—O—C＝C 和 H—C—C＝C 二面角的合成，因为其他几何构型参数（如键长）应仅随构象而略有变化。过渡态 2 和 4 用于简并反应，连接"相同"的最小值，可以通过标记 CH_3 的氢来区分。山顶 6 连接过渡态 2 和 4 及"相同"过渡态 5 和 5

烷（$C_{17}H_{34}$）则有 20 469 个构象被发现。对十三烷进行系统的二面角逐步搜索，59 049 很可能是构象异构体的实际数目，其中包含一个全局最小值的最低能量的构象。但对于环十七

烷大小的环状分子来说,完全的系统搜索似乎是不可行的(存在特殊困难),并且可以设想,真正的全局最小值避开了这个搜索。当然,我们有可能对全局最小值不感兴趣。例如,如果我们希望研究臭氧的环状异构体(2.2节),那么,我们将使用等边三角形结构作为输入,其键长可能约为 O—O 单键的键长。

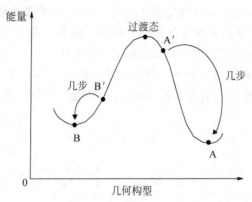

图 2.16　将几何构型优化为最小值会得到最接近输入结构的最小值。输入结构 A′会移向最小值 A,B′会移向 B。通常使用一种特殊算法来定位过渡态:这会使初始结构 A′移向过渡态。对每个驻点的优化实际上可能需要好几步(见图 2.17)

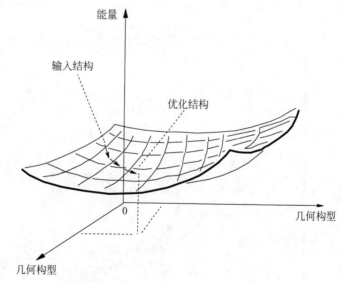

图 2.17　一种有效的优化算法大致知道向哪个方向移动,以及要走多远,从而尝试以相对较少的步数(通常5～10步)到达优化的结构

在丙烯醇的例子中,势能面扫描结果表明,要获得全局最小值,我们应该从类似于 **1** 的输入结构开始,但各种键长和键角的准确值是未知的(甚至二面角的准确值也不知道,尽管一般的化学知识使 H—O—C =C 二面角 =H—C—C =C 二面角 =0°看起来似乎合理)。如今,输入结构的实际创建通常使用交互式鼠标驱动程序来完成。实质上,这种方式与人们构建塑料模型或在纸上绘制结构是一样的。一种更古老的方法是通过定义各种键长、键角和二面角来指定几何构型,即使用所谓的 Z-矩阵(内坐标)。

在双原子分子的一维势能面上，沿势能面从输入结构移动到最近的最小值显然是简单的：只需改变键长，直到找到对应最低能量的键长。在任何其他曲面上，有效的几何构型优化都需要一个复杂的算法。人们要知道向哪个方向移动，以及向那个方向移动多远（图2.17）。一般不可能仅用一步就能从输入结构到达最邻近的最小值，但在给定合理的输入几何构型的前提下，现代几何构型优化算法通常会在10步之内到达最小值。最广泛使用的几何构型优化算法[28]是能量对几何构型参数的一阶和二阶导数。为了感受它是如何工作的，请考虑一维势能面的简单情况，如双原子分子（图2.18）。输入结构位于点$P_i(E_i, q_i)$处，与优化结构对应的最邻近的最小值在点$P_o(E_o, q_o)$处。在进行优化之前，E_o和q_o的值当然是未知的。如果我们假设在最小值附近，势能是q的二次函数，这是一个相当好的近似，那么：

$$E - E_o = k(q - q_o)^2 \tag{2.5}$$

在输入点

$$(dE/dq)_i = 2k(q_i - q_o) \tag{2.6}$$

在所有的点

$$d^2E/dq^2 = 2k \quad (k \text{ 为力常数}) \tag{2.7}$$

从式(2.6)和式(2.7)可得，

$$(dE/dq)_i = (d^2E/dq^2)(q_i - q_o) \tag{2.8}$$

和

$$q_o = q_i - (dE/dq)_i / (d^2E/dq^2) \tag{2.9}$$

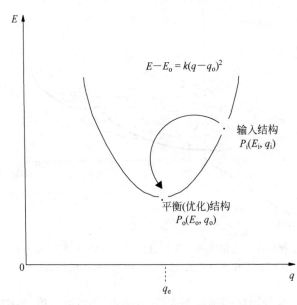

图2.18　平衡几何构型附近的双原子分子的势能近似为键长的二次函数。给定一个输入结构（即给定键长q_i），如果函数是严格的二次函数，那么，一个简单的算法将一步找到优化结构的键长

式(2.9)表明，如果我们知道$(dE/dq)_i$，即初始结构点处势能面的斜率，或梯度（d^2E/dq^2），即势能面的曲率（对二次曲线，$E(q)$与q无关）和q_i（初始几何构型），我们可以计算出

优化后的几何构型 q_0。势能相对于几何构型位移的二阶导数是沿着该几何构型坐标运动的力常数。正如我们稍后将要看到的，这是与计算振动谱有关的一个重要概念。

对于多维势能面，即对于几乎所有实际情况，都使用了更为复杂的算法，且由于曲率并不完全是二次方的，因此需要几个步骤。第一步在势能面上产生一个新的点，该点（可能）比初始结构更接近最小值。然后，这个新的点将成为迈向最小值的第二步的起点，以此类推。然而，大多数现代几何构型优化方法确实依赖于计算势能面上对应于输入结构的点的能量的一阶和二阶导数。由于势能面并不是严格的二次方，因此，二阶导数随点的不同而变化，并随着优化的进行而更新。

在使用双原子分子的优化算法的例子中，式(2.9)提及关于键长的一阶和二阶导数的计算，后者是内坐标（在分子内部）。实际上，通常使用笛卡尔坐标 x、y、z 进行优化。考虑用笛卡尔坐标系优化像水或臭氧之类的三原子分子。3 个原子中的每个原子都有一个 x、y 和 z 坐标，这给出 9 个几何构型参数 $q_1, q_2, \cdots, q_9$；势能面将是一个十维图上的九维超曲面。我们需要对 9 个 q 中的每个 q 的 E 求一阶和二阶导数，并将这些导数作为矩阵进行操作。矩阵在 4.3.3 节讨论。在这里，我们只需要知道矩阵是可以用数学方法处理的关于数字的矩形数组，且它们提供了一种处理线性方程组的便捷方法。输入结构的一阶导数矩阵，即梯度矩阵，可以表示成列矩阵

$$\boldsymbol{g}_i = \begin{pmatrix} (\partial E/\partial q_1)_i \\ (\partial E/\partial q_2)_i \\ \vdots \\ (\partial E/\partial q_9)_i \end{pmatrix} \tag{2.10}$$

二阶导数矩阵，即力常数矩阵，是

$$\boldsymbol{H} = \begin{pmatrix} \partial^2 E/\partial q_1 \partial q_1 & \partial^2 E/\partial q_1 \partial q_2 & \cdots & \partial^2 E/\partial q_1 \partial q_9 \\ \partial^2 E/\partial q_2 \partial q_1 & \partial^2 E/\partial q_2 \partial q_2 & \cdots & \partial^2 E/\partial q_2 \partial q_9 \\ \vdots & \vdots & & \vdots \\ \partial^2 E/\partial q_9 \partial q_1 & \partial^2 E/\partial q_9 \partial q_2 & \cdots & \partial^2 E/\partial q_9 \partial q_9 \end{pmatrix} \tag{2.11}$$

力常数矩阵称为黑塞[①]矩阵。黑塞矩阵特别重要，不仅能用于几何构型优化，还可用于表征最小值、过渡态或山顶的驻点，以及用于计算红外光谱(2.5 节)。在黑塞矩阵 $\partial^2 E/\partial q_1 q_2 = \partial^2 E/\partial q_2 q_1$ 中，对于所有品优函数都是如此，但这种系统表示法更可取：第一个下标表示行，第二个下标表示列。初始结构和优化结构的几何构型坐标矩阵为

$$\boldsymbol{q}_i = \begin{pmatrix} q_{i1} \\ q_{i2} \\ \vdots \\ q_{i9} \end{pmatrix} \tag{2.12}$$

---

① 路德维希·奥托·黑塞，1811—1874 年，德国数学家。

和

$$\boldsymbol{q}_o = \begin{bmatrix} q_{o1} \\ q_{o2} \\ \vdots \\ q_{o9} \end{bmatrix} \tag{2.13}$$

一般情况下，矩阵方程可以表示为

$$\boldsymbol{q}_o = \boldsymbol{q}_i - \boldsymbol{H}^{-1}\boldsymbol{g}_i \tag{2.14}$$

这类似于式(2.9)，其用于双原子分子的优化，可以表示为

$$q_o = q_i - (\mathrm{d}^2E/\mathrm{d}q^2)^{-1}(\mathrm{d}E/\mathrm{d}q)_i$$

对于 n 个原子而言，我们有 $3n$ 个笛卡尔坐标。$\boldsymbol{q}_o$、$\boldsymbol{q}_i$ 和 $\boldsymbol{g}_i$ 是 $3n \times 1$ 列矩阵，$\boldsymbol{H}$ 是 $3n \times 3n$ 方阵。因为未定义矩阵除法，所以使用 $\boldsymbol{H}$ 的逆相乘，而不是除以 $\boldsymbol{H}$。式(2.14)表明，为进行有效的几何构型优化，我们需要一个初始结构(对于 $\boldsymbol{q}_i$)、初始梯度(对于 $\boldsymbol{g}_i$)和二阶导数(对于 $\boldsymbol{H}$)。以几何构型的初始"猜测"作为输入(例如，根据分子力学构建模型的程序)，可以很容易地解析计算出梯度(从分子轨道系数的导数和某些积分的导数)。一个近似的初始黑塞矩阵通常根据分子力学计算(第3章)。由于势能面并不是真正的二次方，因此，第一步并不能直接到达对应矩阵 $\boldsymbol{q}_o$ 的优化几何构型。相反，到达了第一个计算出的几何构型 $\boldsymbol{q}_1$ 后，使用 $\boldsymbol{q}_1$ 的几何构型，可以计算出新的梯度矩阵和新的黑塞矩阵(通过解析计算出梯度，并使用梯度的变化来更新二阶导数)。使用 $\boldsymbol{q}_1$ 及新的梯度和黑塞矩阵，可以计算出新的近似几何构型矩阵 $\boldsymbol{q}_2$。继续该过程，直到几何构型和/或梯度(一些程序可能是能量)没有明显改变为止。

随着优化的进行，通过将每个二阶导数近似为有限增量的比率来更新黑塞矩阵：

$$\frac{\partial^2 E}{\partial q_i \partial q_j} \approx \frac{\Delta(\partial E/\partial q_j)}{\Delta q_i} \tag{2.15}$$

也就是说，梯度的变化除以从先前的结构到最新结构的几何构型的变化。与梯度的解析计算相比，二阶导数的解析计算相对耗时，且不会对优化序列中的每个点进行常规计算。对于最小值或过渡态来说，快速的较低水平的优化通常会为较高水平的优化提供良好的黑塞矩阵和输入的几何构型[29]。寻找过渡态(即将输入结构优化为过渡态结构)比寻找最小值更具挑战性，因为前者的势能面特性比最小值更复杂：在过渡态处，曲面是一个方向上的最大值和其他方向上的最小值，而不仅仅是所有方向上的最小值。然而，最小值搜索算法的修改使得我们能够定位过渡态，尽管通常不如最小值容易。上述的几何优化过程是牛顿-拉夫逊方法。尽管计算和求解黑塞逆矩阵的任务相对具有挑战性，但它可能是大多数程序的默认优化方法。詹森详细讨论了几何构型优化的算法[30]。

最近(2015年)的一篇论文提出了一种计算几何构型的方法，与上述方法不同，该方法不涉及对"猜测"输入的迭代细化[31]。在这种方法中，借助于从头算的振动转动常数，几何构型被拟合到实验转动常数(微波光谱)上。除双原子外，这种方法获得的键长比由实验或传统高水平的从头算几何构型优化得到的键长更准确。这是可以理解的，因为微波光谱对分子几何构型非常敏感。该论文结果仅报道了18个非常小的分子，主要是3原子分子。

在探索势能面的最新方法(仍在开发)中，有算法从反应物生成可能的产物，并尝试在一步(基元)反应中连接反应物和产物[32]。通过将反应物指定为键电子矩阵(这与上述用于几

何构型优化的矩阵没有特定联系),并允许反应矩阵作用于此,使反应物生成产物。键电子矩阵是一个方形对称矩阵,元素 a_{ij} 对应于与原子 i 和原子 j 成键;其值是原子 i 和原子 j 之间的共价键数,或对角元素是不参与成键的价电子数。所以第 i 行指定了原子 i,且这一行值的总和是属于该原子的价电子数。对于编号为 1、2、3、4 的 HOOH 来说,第 2 行将为 1 4 1 0。反应矩阵也是方形对称矩阵:当添加到反应物矩阵以生成产物矩阵时,电子总数是守恒的,且产物矩阵对应于异构体物种。中间体通过分子力学(第 3 章)进行优化,并调用适当的优化算法来帮助定位过渡态。它可能会使读者转向探索 HOOH 可能会生成 HO(O)H 的矩阵操作,其中,质子已从一个氧迁移到另一个氧上。据说该方法不需要人工干预,且在发现新的基元反应步骤方面效果"相当好"。与以自动探索反应机理为目标(而非数学细节)的电子矩阵类似的是一种"启发式引导"方法[33]。该方法中,电子结构规则被用来自动生成中间体,然后用量子力学方法对中间体进行几何构型优化,并自动选择一对看似相关的中间体来寻找连接的过渡态。基于定位构象的随机(概率)方法的搜索,而不是基于扭转变化结果的直接系统计算(如对丙烷等简单分子所述,2.2 节),可以使用计算物理学中的高级技术[34]。相比优化"测试"结构及通过黑塞矩阵计算频率表征它们的标准方法(2.5 节),参考文献[31-34]中描述的用于探索势能面或优化几何构型的方法是目前(2016 年)最新的。

人们可能认为理论物理学对化学的介入是纯粹的,甚至是高深精妙的,主要在于量子纠缠与化学反应的联系。纠缠是源于同一事件的粒子(光子、电子、原子、分子)之间持续存在的令人费解的联系,导致一个粒子似乎瞬间"知道"另一粒子的测量结果。这对量子力学中的一个基本问题,即隐变量的存在和(如果它们存在)性质具有深远意义[35]。至少在分子解离的情况下,纠缠与化学反应性有关。关于纠缠与化学相关性的研究为数不多,其中之一是 H_2O 和 H_3 的解离[36]。作者比较了能量超曲面(标准势能面)和"纠缠超曲面",并得出结论,后者"抓住了从一个状态系统转化为一个新状态系统的化学性能"。

2.5 驻点和简正模式振动、零点能

一旦通过几何构型优化找到了驻点,通常需要检查它是一个最小值、过渡态,还是山顶。这就需要通过计算振动频率来实现,而这样的计算需要求出简正模式的频率。简正模式是分子中最简单的振动,这些振动组合在一起,可以认为是真实分子经历的实际的、复杂的振动。在简正振动中,所有原子以相同的频率同相运动:它们在同一时刻达到最大和最小位移及平衡位置。分子的其他振动是这些简单振动的组合。从根本上说,简正模式的计算是对红外光谱的计算,尽管实验光谱可能包含因简正振动之间的相互作用而产生的额外波段。

含 n 个原子的非线性分子具有 $3n-6$ 个简正模式:每个原子的运动都可以用 3 个向量,即沿着笛卡尔坐标系的 x、y 和 z 轴来描述;减去描述分子整体平动运动的 3 个向量(质心的平移)和描述分子转动的 3 个向量(描述三维物体旋转所需的 3 个主轴),剩下 $3n-6$ 个独立的振动运动。适当的组合排列可得到 $3n-6$ 个简正模式。线性分子具有 $3n-5$ 个简正模式,因为我们只需要减去 3 个平动向量和 2 个转动向量,而绕分子轴的转动不会在该阵列中产生可识别的变化。因此,水有 $3n-6=3\times3-6=3$ 个简正模式,而 HCN 具有

$3n-5=3\times3-5=4$ 个简正模式。对于水（图 2.19）来说，模式 1 为弯曲振动（H—O—H 键角减小和增大），模式 2 为对称伸缩振动（O—H 键同时被拉伸和收缩），而模式 3 为不对称伸缩振动（O—H$_1$ 键被拉伸而 O—H$_2$ 键收缩，反之亦然）。任何时候，实际的水分子都会经历复杂的伸缩/弯曲运动，但该运动可以被认为是 3 个简单的简正模式运动的组合。

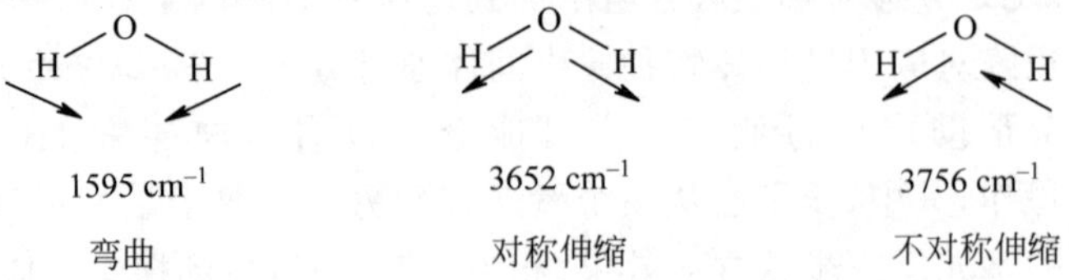

$$1595\ cm^{-1} \qquad 3652\ cm^{-1} \qquad 3756\ cm^{-1}$$

弯曲　　　　　　　对称伸缩　　　　　　不对称伸缩

图 2.19　水分子的简正模式振动。箭头指向原子移动的方向；达到最大振幅后，这些方向将反转

考虑一个双原子分子 A—B。简正模式频率（双原子当然只有一个）由参考文献[2]给出。

$$\tilde{\nu}=\frac{1}{2\pi c}\left(\frac{k}{\mu}\right)^{1/2} \tag{2.16}$$

式中：

$\tilde{\nu}$——振动的"频率"，实际上是波数，以 cm^{-1} 为单位；根据惯例，由于 cm 不是国际单位，而我们使用 cm^{-1}，因此其他单位也将是非国际单位。$\tilde{\nu}$ 代表 1 cm 内的波长数。符号 ν 是希腊字母 nu，类似于角形 v。$\tilde{\nu}$ 可以读为"nu tilde"，$\bar{\nu}$（"nu bar"）现被使用的频率较低。

c——光速。

k——振动力常数。

μ——分子的折合质量，$\mu=(m_A m_B)/(m_A+m_B)$。

m_A 和 m_B——A 和 B 的质量。

振动模式的力常数 k 是分子面对该振动模式的"刚度"的量度，以该模式伸缩或弯曲分子越困难，力常数越大（双原子分子的力常数 k 仅对应于一个键的刚度）。振动模式的频率与该模式的力常数有关，这一事实表明，可以通过分子的力常数矩阵（黑塞矩阵）来计算分子的简正模式频率，即各原子运动的方向和频率。这确实是可能的：黑塞矩阵对角化给出了振动的方向特征（原子的运动方式）及力常数。矩阵对角化（4.3.3 节）是将方阵 A 分解为 3 个方阵 P、D 和 P^{-1} 的过程：$A=PDP^{-1}$。D 是对角阵：与式（2.17）中的 k 一样，其所有非对角元素均为零。P 是一个预乘矩阵，P^{-1} 是 P 的逆。当矩阵代数应用于物理问题时，D 的对角行元素是某个物理量的大小，P 的每列是一组坐标，它们给出与该物理量相关的方向。这些思想在式（2.17）的讨论中体现得更加具体，它显示了 3 原子分子的黑塞矩阵的对角化，如 H$_2$O。

$$H=\begin{pmatrix} \partial^2 E/\partial q_1\partial q_1 & \partial^2 E/\partial q_1\partial q_2 & \cdots & \partial^2 E/\partial q_1\partial q_9 \\ \partial^2 E/\partial q_2\partial q_1 & \partial^2 E/\partial q_2\partial q_2 & \cdots & \partial^2 E/\partial q_2\partial q_9 \\ \vdots & \vdots & & \vdots \\ \partial^2 E/\partial q_9\partial q_1 & \partial^2 E/\partial q_9\partial q_2 & \cdots & \partial^2 E/\partial q_9\partial q_9 \end{pmatrix}=$$

$$\begin{bmatrix} q_{11} & q_{12} & \cdots & q_{19} \\ q_{21} & q_{22} & \cdots & q_{29} \\ \vdots & \vdots & & \vdots \\ q_{91} & q_{92} & \cdots & q_{99} \end{bmatrix} \begin{bmatrix} k_1 & 0 & \cdots & 0 \\ 0 & k_2 & \cdots & 0 \\ \vdots & \vdots & & \vdots \\ 0 & 0 & \cdots & k_9 \end{bmatrix} \boldsymbol{P}^{-1} \qquad (2.17)$$

$$\qquad\qquad\quad \boldsymbol{P} \qquad\qquad\qquad\qquad \boldsymbol{k}$$

式(2.17)的形式为 $\boldsymbol{A} = \boldsymbol{PDP}^{-1}$。3 原子分子的 9×9 黑塞矩阵(每个原子 3 个笛卡尔坐标)通过对角化被分解为 $\boldsymbol{P}$ 矩阵,该矩阵的列是振动的"方向向量",振动的力常数由 $\boldsymbol{k}$ 矩阵给出。实际上,$\boldsymbol{P}$ 的第 1、2 列和第 3 列及相应的 k_1、k_2 和 k_3 指分子的平动运动(整个分子在空间中从一个位置运动到另一个位置),这 3 个"力常数"几乎为零。$\boldsymbol{P}$ 的第 4、5 列和第 6 列及相应的 k_4、k_5 和 k_6 表示绕 3 个旋转主轴的转动运动,3 个力常数也几乎为零。$\boldsymbol{P}$ 的第 7、8 列和第 9 列及对应的 k_7、k_8 和 k_9 分别是简正模式振动的方向向量和力常数:k_7、k_8 和 k_9 代表振动模式 1、2 和 3,而 $\boldsymbol{P}$ 的第 7、8 列和第 9 列由处于模式 1(第 7 列)、模式 2(第 8 列)和模式 3(第 9 列)的 3 个原子运动向量的 x、y 和 z 分量组成。"质量加权"的力常数考虑了原子质量的影响(对双原子分子的简单情况,见式(2.16)),给出了振动频率。$\boldsymbol{P}$ 矩阵是特征向量矩阵,$\boldsymbol{k}$ 矩阵是黑塞矩阵对角化得到的特征值矩阵。"Eigen"是德语前缀,意为"适当,合适,实际",在此用于表示矩阵方程解在数学上合适的实体。因此,简正模式频率的方向是黑塞矩阵的特征向量,其大小是黑塞矩阵质量加权的特征值。

计算振动频率可以获得红外光谱,从而表征驻点,并获得零点能(见下文)。有意义的频率计算仅在驻点有效,且只能使用与优化该驻点相同的方法(如具有特定相关水平和基组的从头算方法,见第 5 章)。这是因为:①使用二阶导数作为力常数的前提是势能面沿每个几何构型坐标 q 呈二次曲线(图 2.2),但这只在驻点附近才为真;②若使用除了用于获取驻点的方法外的其他方法,则还要假定这两种方法的势能面在驻点处平行(曲率相同)。当然,随着黑塞矩阵的逐步更新,优化过程中会使用非驻点的"临时"力常数。因此,计算出的红外频率通常过高,但(至少对于从头算和密度泛函理论计算而言)可将计算值乘以经验值(通常约为 0.9[37]),以与实验值达成合理的一致(见第 5、6、7 章中对频率的讨论)。

势能面上的最小值是所有简正模式的力常数(黑塞矩阵的所有特征值)为正时的值:就像弹簧一样,每个振动模式都有一个回复力。当原子运动时,回复力会拉动它们并使其减速,直到它们朝相反的方向运动。每个振动都是周期性的、反复的。对应于最小值的物种位于势阱中,并永远振动(直到它通过碰撞或吸光获得足够的能量进行反应)。然而,对于过渡态,其中沿着反应坐标的振动是不同的:与该模式相对应的原子的运动将使过渡态转化为产物或反应物,而没有回复力。这种"振动"不是周期性的运动,而是使物种通过过渡态几何构型的单向旅程。现在,力常数是梯度或斜率的一阶导数(一阶导数的导数)。图 2.8 表明,沿着反应坐标,表面向下倾斜,因此,该振动模式的力常数为负。过渡态(一阶鞍点)只有一个负的简正模式力常数(黑塞矩阵的一个负的特征值)。由于频率计算涉及力常数的平方根(式(2.16)),而负数的平方根是虚数,因此,过渡态有一个对应于反应坐标的虚频。通常,一个 n 阶鞍点(一个 n 阶山顶)有 n 个负的简正模式力常数,因此有 n 个虚频,对应于从一个驻点到另一个驻点的运动。

一个驻点当然可以仅由负的力常数的个数来表征,但计算质量加权所需的时间比计算力常数要少得多,而且,通常频率本身也是需要的,例如,用于与实验进行比较。在实践中,人们通常通过计算频率并查看存在多少个虚频来检查驻点的性质。最小值没有虚频,过渡态有 1 个虚频,山顶不止 1 个虚频。如果我们正在寻找一个特定的过渡态,那么要满足的标准如下。

(1) 它看起来应该是对的。过渡态的结构应介于反应物和产物之间。例如,HCN 到 HNC 的单分子异构化的过渡态显示 H 以异常长的键与 C 和 N 连接,且 C—N 键的长度介于 H—CN 和 H—NC 键长之间。

(2) 它必须有且只有一个虚频(一些程序将其表示为负的频率,如 $-1900 \ cm^{-1}$,而不是正确的 $1900i (i=\sqrt{-1})$)。

(3) 虚频必须与反应坐标相对应。这通常可以从频率的动画中清楚地看到(与频率相对应的运动,伸缩、弯曲、扭曲可以通过各种程序可视化)。例如,HCN 到 HNC 的单分子异构化的过渡态显示了一个虚频,动画模拟可清楚地显示 H 在 C 和 N 之间迁移。如果从动画中分不清楚过渡态连接的是哪两个物种,人们可求助于内禀反应坐标(IRC)计算[38]。该程序追踪沿 IRC 下坡的过渡态(2.2 节),沿着通往反应物或产物的路径生成一系列结构。通常,如果清楚过渡态的走向,就不必一直跟踪到驻点。

(4) 过渡态的能量必须高于它连接的两个物种的能量。

除了指示红外光谱并检查驻点的性质外,振动频率的计算还提供了零点能((zero point energy,ZPE)通过将简正模式振动的能量相加,大多数程序自动地把计算零点能作为频率工作的一部分)。零点能是一个分子在绝对零度时所具有的能量(图 2.2),因为即使在此温度下,它仍然会振动[2]。与活化能或反应能相比,物种的零点能通常不小,但当计算这些能量(通过相减)时,零点能往往会抵消,因为对于给定的反应来说,反应物、过渡态和产物的零点能往往大致相同。然而,精确的能量计算应将零点能添加到物质的"总"(电子能＋核排斥能)能量中,然后比较经零点能校正后的能量(图 2.20)。与频率一样,零点能通常需乘以经验因子来进行校正。有时它与频率校正因子相同,但建议使用与频率校正因子稍不同的因子[37]。

由几何构型优化产生的黑塞矩阵是从一个几何构型到下一个几何构型逐步建立的,近似于梯度变化的二阶导数(式(2.15))。该黑塞矩阵不够精确,无法计算频率和零点能。驻点的精确黑塞矩阵可用解析或数值法来计算。精确的数值计算近似于式(2.15)中的二阶导数,不是从优化迭代步骤中获取 $\Delta(\partial E/\partial q)$ 和 Δq,而是通过稍微改变优化结构的每个原子的位置($\Delta q \approx 0.01 \ Å$)并解析计算每个几何构型梯度的变化,相减给出 $\Delta(\partial E/\partial q)$。这可以仅针对每个原子在一个方向上的变化(正向差分法),或通过在平衡位置附近的两个方向上求平均梯度变化(中心差分法)来更精确地完成此操作。从头算频率的解析计算速度要比数值积分快得多,但某些程序中的特定方法可能无法使用解析算法,或对计算机资源的需求使数值计算成为高水平从头算的唯一方法(第 5 章)。最近发表了一种准确估计零点能的方法,该方法不涉及二阶导数的计算,而是利用原子类型的列表值[39]。这种基于原子类型(atom type based,ATB)的加法基本上不需要时间,因此被称为"零成本估算"方法。

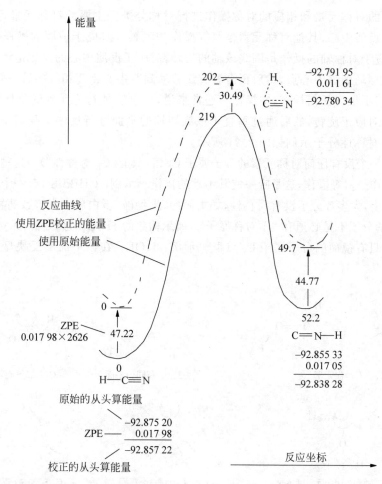

图 2.20　校正零点能(ZPE)的相对能量。这是 HCN ⟶ HNC 反应从头算 HF/6-31G*(第 5 章)的
结果。通过将零点能添加到原始能量中(能量单位称为 hartree 或原子单位)来获得校正
后的能量,这是最简单的校正方法。使用校正或未校正的能量,可以通过将一个物种的能
量(通常是最低的能量)设置为零来获得相对能量。最后,将以 hartree 表示的能量差乘以
2626,将单位换算为 kJ/mol。零点能在这里也以 kJ/mol 显示,只是为了强调它们与反应
能或活化能相比并不小,但趋于抵消。对于准确的能量计算而言,应使用经零点能校正后
的能量

2.6　对称性

　　对称性在理论化学中很重要(在理论物理学中更是如此),但这里,我们对它的兴趣仅限
于适度的考虑:我们想知道为什么对称性与建立计算和解释结果有关,以及像 C_{2v}、C_s 等术
语的意义,这些术语在本书中有多处使用。阿特金斯[40]和莱文[41]对对称性进行了极好的
阐述。

　　分子的对称性最好使用 C_{2v}、C_s 等标准命名来描述。之所以称它们为点群(熊夫利斯点
群),是因为在对具有对称性的分子(在任何对象上)进行对称操作时,至少有一个点保持不

变。根据存在的对称元素和相应的对称操作进行对称分类。主要的对称元素是镜面（对称面）、对称轴和反演中心，其他对称元素是恒等操作和映轴。对应于镜面的操作是在该平面中的反映，对应于对称轴的操作是围绕该轴的旋转，对应于反演中心的操作是将分子中的每个点沿着直线移动到该中心点，然后再沿着直线移动到距中心距离相等的另一侧。"恒等操作"元素对应于不执行任何操作（空操作），通常来说，只有这种对称元素的物体可以说没有对称性。映轴对应于旋转，然后通过垂直于该旋转轴的平面进行反映。我们主要关注前3个对称元素。对称性分子示例如图 2.21 所示。

(1) C_1。一个没有任何对称元素的分子属于 C_1 群（具有"C_1 对称性"）。这种分子所允许的唯一对称操作是恒等操作，这是唯一使其不动的操作。示例：CHBrClF，有一个所谓的不对称原子。事实上，大多数分子没有对称性，如类固醇、生物碱、蛋白质和大多数药物。注意，具有 C_1 对称性的分子不是必须有"不对称原子"：所示构象的 HOOF 为 C_1 群（无对称性）。

(2) C_s。只有镜面的分子属于 C_s 点群。示例：HOF。在该平面上反映显然使分子保持不动。

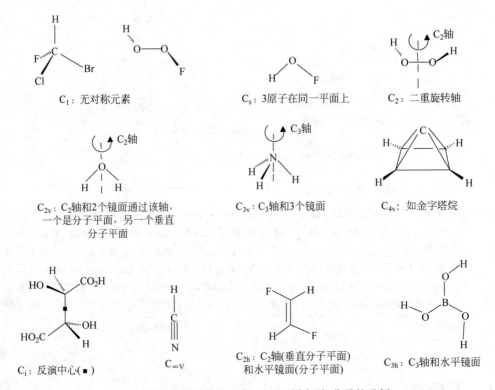

图 2.21 具有不同对称元素（属于不同点群）分子的示例

(3) C_2。只有 C_2 轴的分子属于 C_2 点群。示例：图示的 H_2O_2 构象。围绕该轴旋转 $360°$ 可以获得两次相同的分子构象。类似地，C_3、C_4 点群等亦是如此。

(4) C_{2v}。具有两个镜面的分子，其交点形成 C_2 轴，属于 C_{2v} 点群。例如：H_2O。类似地，NH_3 是 C_{3v}，金字塔烷是 C_{4v}，HCN 是 $C_{\infty v}$。

(5) C_i。只有反演中心（对称中心）的分子属于 C_i 点群。示例：构象显示为内消旋的酒石酸。沿直线将分子中的任何点移动到该中心，然后以相等的距离向另一侧继续移动，该分

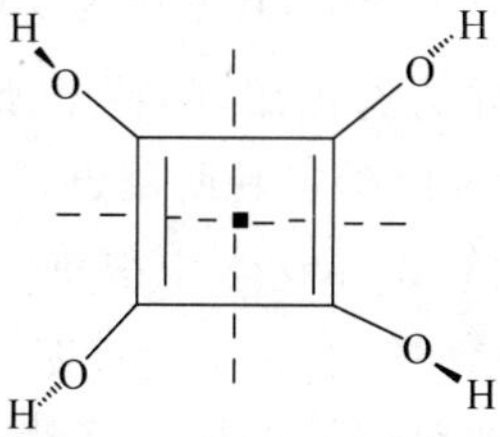

D_2：1个C_2轴垂直环平面，2个C_2轴垂直于该轴

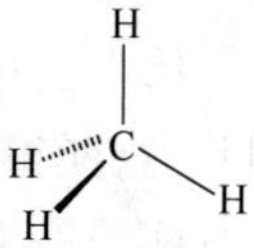

T_d

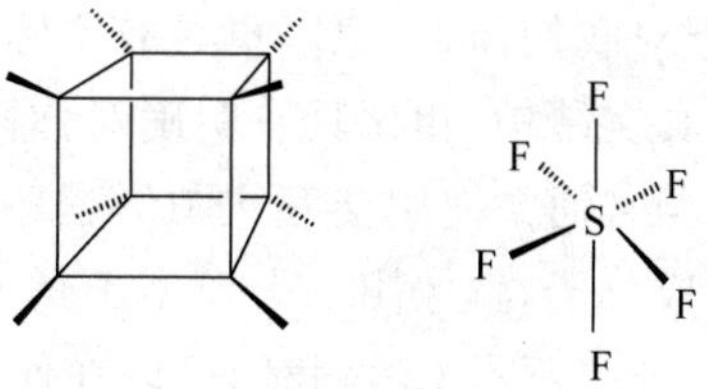

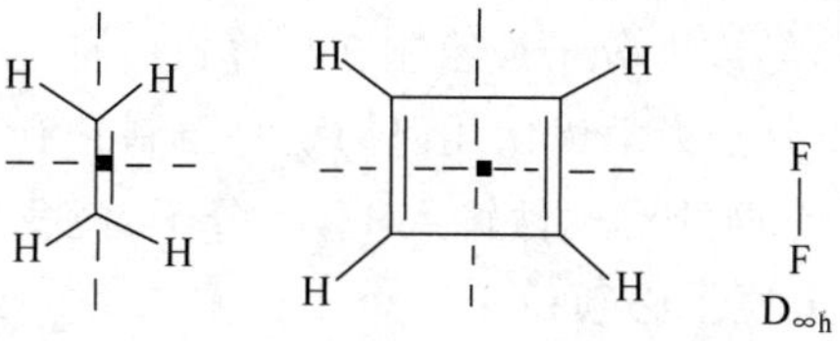

D_{2h}：如(上)D_2轴，再加1个镜面

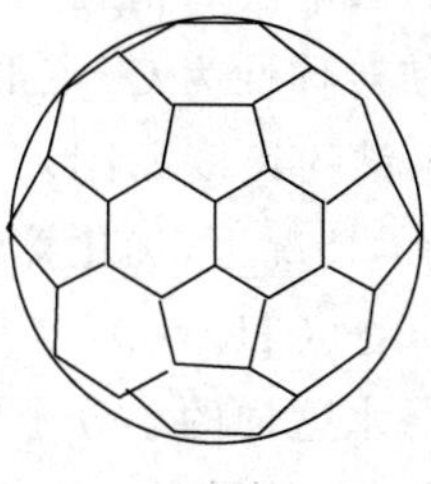

$D_{\infty h}$

O_h

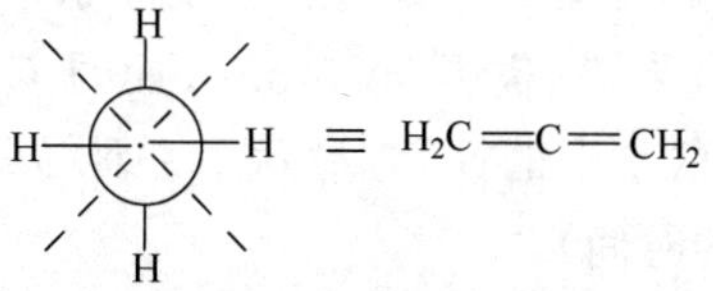

D_{2d}：如(上)D_2轴，加2个二面角的镜面：
2个面通过HCH基团，平分的两个轴如
虚线所示(第3个轴经过CCC)

$H_2C = C = CH_2$

I

C_{60}：如足球烯，
键有两种，键长约1.39 Å和1.46 Å

图 2.21(续)

子保持不变。

（6）C_{2h}。具有 C_2 轴和垂直于该轴镜面的分子为 C_{2h}（C_{2h} 必包含一个反演中心）。示例：(E)-1,2-二氟乙烯。类似地，$B(OH)_3$ 为 C_{3h}。

（7）D_2。具有 C_2 轴和另外两个垂直于该轴的 C_2 轴的分子具有 D_2 对称性。示例：四羟基环丁二烯。同样，具有 C_3 轴（主轴）和 3 个互相垂直的 C_2 轴的分子为 D_3。

（8）D_{2h}。具有 C_2 轴和两个垂直于该轴的 C_2 轴的分子（与 D_2 相同），加上 1 个镜面为 D_{2h}。示例：乙烯、环丁二烯。同样，1 个 C_3 轴（主轴）、3 个垂直该轴的 C_2 轴和横切于主轴的镜面就具有 D_{3h} 对称性。类似地，苯为 D_{6h}，F_2 为 $D_{\infty h}$。

（9）D_{2d}。如果一个分子具有 C_2 轴和两个垂直于该轴的 C_2 轴（如上述 D_2），加上 2 个"二面角"的镜面，则为 D_{2d}。这些镜面平分两个 C_2 轴（通常将垂直于主轴的两个 C_2 轴平分）。例如：丙二烯、交错式乙烷为 D_{3d}，它具有 D_3 对称元素及 3 个二面角的镜面。D_{nd} 对称性可能很难被发现。

从某种意义上讲，属于立方点群的分子可以对称地装在立方体内。其中最常见的是 T_d、O_h 和 I，以下仅举例说明。

（1）T_d。这是指四面体对称性。例如：CH_4。

（2）O_h。这可能被认为是"立方对称"。例如：立方烷、SF_6。

（3）I。也称二十面体对称。例如：碳六十。

较不常见的点群是 S_4，立方点群 T、T_h（十二面体为 T_h）和 O（见参考文献[41]）。阿特金斯[40]和莱文[41]给出了相对简单的判断分子所属点群的流程图，阿特金斯还提供了各种对称性物体的图片，这使得无须检查分子的对称元素就可以确定其所属点群。

大多数分子其实没有对称性。那么，为什么对称性知识在化学中很重要呢？在分子电子（紫外）光谱学理论中，以及有时在详细分析分子波函数时（第 4 章），对称性考虑都是必不可少的，但对我们而言，原因更具有实际意义。具有较低对称性的输入结构，不管这个结构多么接近真实结构，相比具有明确对称性的输入结构，后者会使计算更快，且会产生"更好"的几何构型。通常使用交互式图形程序和计算机鼠标来创建用于计算的输入分子结构：原子被组装成分子，就像用一个模型工具一样，或者分子被绘制在计算机屏幕上。如果分子具有对称性（如果不是 C_1），我们可以在使用分子力学优化几何构型时强制它有对称性。现在考虑水：当然，我们通常会以精确的 C_{2v} 点群的对称性输入 H_2O 分子，但我们也可以稍微改变输入结构，以使对称性为 C_s 点群（3 个原子必须位于一个平面上）。C_{2v} 结构具有两个自由度：键长（两个键的长度相同）和键角。C_s 结构具有 3 个自由度：两个键长和一个键角。在低对称结构的情况下，优化算法需要处理更多变量。适度高水平的几何构型优化和频率计算对于 C_{2v} 的 $(CH_3)_2O$（二甲醚）来说，需要 5.7 min，而对 C_s 的二甲醚则需要 6.8 min（实际上，像水这样的小分子以及低水平的计算，显示了一种拉平效应，只需要几秒钟，且不管对称性如何，都需要大约相同的时间）。

更好的几何构型意味着什么？对于一个稍微扭曲的输入结构以及一个具有所讨论分子的完美对称性的结构，尽管成功的几何构型优化将给出基本相同的几何构型，但相应的键长和键角（例如，乙烯的 4 个 C—H 键和 2 个 HCH 键角）不完全相同。这可能会混淆对几何构型和其他性质的继续分析计算，例如原子上的电荷——对应的原子应该具有完全相同的电荷。因此，审美和实践的考虑都鼓励我们去追求分子应具有的精确对称性。文献中仍然发现的一个错误是"无约束"优化有一些优势。这可能来自频率计算还未常规化的时代。现在，如果优化的结构不是最小值却是所期望的结构，那么，就可以沿着虚频显示的方向，根据结构松弛的目标，通过改变几何构型坐标来纠正。

2.7　总结

势能面是计算化学的核心概念。势能面是一个分子（或分子集）的能量与其几何构型之间的数学或图形关系。

势能面上的驻点是对所有 q 都有 $\partial E/\partial q = 0$ 的点，其中，q 是几何构型参数。化学关注的驻点是最小值（对所有 q，$\partial^2 E/\partial q_i \partial q_j > 0$）和过渡态或一阶鞍点。对沿着反应坐标（内禀反应坐标，IRC）的 q，有 $\partial^2 E/\partial q_i \partial q_j < 0$，对于所有其他 q，则 $\partial^2 E/\partial q_i \partial q_j > 0$。化学是对势能面上驻点及连接它们的路径的研究。

玻恩-奥本海默近似认为，在一个分子中，原子核与电子相比基本上是静止的。这是计算化学的基石之一，因为它使分子形状（几何构型）的概念有意义，使势能面的概念成为可能，并通过让我们关注电子能——之后加入核排斥能而简化了分子薛定谔方程的应用——这点在适用的分子计算中非常重要，将在第 5 章中阐述。

　　几何构型优化是从一个"猜测"的输入结构开始,并在势能面上找到一个驻点的过程。找到的驻点通常是最接近输入结构的那个点,不一定是全局最小值。过渡态优化通常需要一种特殊的算法,因为它比寻找最小值所需的要求更高。现代优化算法使用解析一阶导数和(通常是数值)二阶导数。

　　通常,明智的做法是通过计算驻点的振动光谱(其简正模式振动)来检查驻点是否为所需的物种(最小值或过渡态)。该算法通过计算一个精确的黑塞矩阵(力常数矩阵)并将其对角化,来给出一个具有简正模式的"方向向量"矩阵和一个具有这些模式的力常数的对角矩阵。力常数的"质量加权"程序给出了简正模式振动频率。最小值的所有振动都是实振动,而过渡态仅有一个虚振动,对应于沿反应坐标的运动。过渡态的判据是存在对应反应坐标的一个虚频,以及高于反应物和产物的能量。除了用于表征驻点外,利用振动频率的计算还可以预测红外光谱,并提供零点能。零点能可用于准确比较异构体的能量。计算频率和零点能所需的精确的黑塞矩阵可以通过数值或解析法获得(速度更快,但对硬盘空间要求更高)。

较容易的问题

　　1. 什么是势能面(给出两种观点)?

　　2. 解释柔性势能面和刚性势能面的区别。

　　3. 什么是驻点?化学家对什么样的驻点感兴趣?它们之间有何不同?

　　4. 什么是反应坐标?

　　5. 用草图展示为什么说过渡态是势能面上最大值是不正确的。

　　6. 什么是玻恩-奥本海默近似,它为什么很重要?

　　7. 解释一下,对于反应 A→B,势能面上的势能变化与反应的焓变如何相关。计算自由能/几何构型曲面会有什么问题?(提示:通常只计算驻点的振动频率。)

　　8. 什么是几何构型优化?为什么过渡态的优化过程(通常称为过渡态优化)比最小值的优化过程更具挑战性?

　　9. 什么是黑塞矩阵?它在计算化学中有什么用途?

　　10. 为什么在可行的情况下计算振动频率是一种好的做法,尽管这通常比几何构型优化要花费更长的时间?

较难的问题

　　1. 玻恩-奥本海默原理经常被认为是势能面概念的先决条件。然而,势能面的思想(马塞兰,1915 年)早于玻恩-奥本海默原理(1927 年)。试讨论。

　　2. 举起 1 mol 水,使其重力势能等于将其完全分解为羟基自由基和氢原子所需的能量,您必须举多高?O—H 键的键能约为 400 kJ/mol。地球表面(并延伸到数百千米)的重力加速度 g 约为 10 m/s^2。这说明重力在化学中的作用是什么?

　　3. 如果重力在化学中不起作用,那么,为什么 C—H 和 C—D(氘称为重氢)键的振动频率不同?

4. 我们假设水的两个键长相等。非环状分子 AB_2 是否必须具有相等的 A—B 键长？环状分子 AB_2 呢？

5. 为什么化学家对寻找和表征二阶和更高的鞍点（山顶）很少感兴趣？

6. 您认为二阶鞍点连接什么类型的驻点？

7. 如果一个物种的计算频率非常接近 0 cm^{-1}，那么，该区域的（计算的）势能面说明了什么？

8. 许多分子的零点能大于断裂键所需的能量。例如，己烷的零点能约为 530 kJ/mol，而 C—C 或 C—H 键的键能仅约为 400 kJ/mol。那么，为什么这些分子不会自发地分解呢？

9. 仅势能面的某些部分在化学上令人感兴趣：一些区域是平坦且无特征的，而其他部分则陡峭地上升，因此在能量上是不可接近的。试解释。

10. 考虑 HCN $\rightleftharpoons$ HNC 反应的两个势能面：（A）绘制能量与 H—C 键长的关系图；（B）绘制能量与 HNC 键角的关系图。HNC 是具有较高能量的物种，定性地绘制上述 2 个图。

参考文献

1. (a) Shaik SS, Schlegel HB, Wolfe S (1992) Theoretical aspects of physical organic chemistry: the SN2 mechanism. Wiley, New York. See particularly Introduction and chapters 1 and 2; (b) Marcus RA (1990) Science 256:1523; (c) For a very abstract and mathematical but interesting treatment, see Mezey PG (1987) Potential energy hypersurfaces. Elsevier, New York; (d) Steinfeld JI, Francisco JS, Hase WL (1999) Chemical kinetics and dynamics, 2nd edn, Prentice Hall, Upper Saddle River
2. Levine IN (2014) Quantum chemistry, 7th edn. Prentice Hall, Upper Saddle River, section 4.3
3. Reference [1a], pp 50–51
4. (a) Houk KN, Li Y, Evanseck JD (1992) Angew Chem Int Ed Engl 31:682; (b) Leach AR (2001) Molecular modeling. Principles and applications. Prentice Hall, Upper Saddle River, p281
5. Atkins P (1998) Physical chemistry, 6th edn. Freeman, New York, pp 830–844
6. Marcelin R (1915) Annales de Physique 3:152. Potential energy surface: p 158
7. Eyring H (1935) J Chem Phys 3:107
8. Eyring H, Polanyi M (1931) Z Physik Chem B, 12:279
9. Kraka E, Cremer D (2010) Acc Chem Res 43:591
10. (a) Carpenter BK (1992) Acc Chem Res 25:520; (b) Carpenter B (1997) Am Sci 138; (c) Carpenter BK (1998) Angew Chem Int Ed 37:3341; (d) Reyes MB, Carpenter BK (2000) J Am Chem Soc 122:10163; (e) Reyes MB, Lobkovsky EB, Carpenter BK (2002) J Am Chem Soc 124:641; (f) Nummela J, Carpenter BK (2002) J Am Chem Soc 124:8512; (g) Carpenter BK (2003) J Phys Org Chem 16:858; (h) Litovitz AE, Keresztes I, Carpenter BK (2008) J Am Chem Soc 130:12085
11. Siebert MR, Zhang J, Addepalli SV, Tantillo DJ, Hase WL (2011) J Am Chem Soc 133:8335
12. Carpenter BK (2011) Science 332:1269; Schreiner PR, Reisenauer HP, Ley D, Gerbig D, Wu C-H, Allen WD (2011) Science 332:1300
13. Luehr N, Jin AGB, Martínez TJ (2015) J Chem Theory Comput 11:4536
14. Born M, Oppenheimer JR (1927) Ann Physik 84:457
15. (a) Bader RFW, Carroll MT, Cheeseman MT, Chang C (1987) J Am Chem Soc 109: 7968;

(b) Kammeyer CW, Whiman DR (1972) J Chem Phys 56:4419

16. (a) For some rarefied but interesting ideas about molecular shape see Mezey PG (1993) Shape in chemistry, VCH, New York; (b) An antimatter molecule lacking definite shape: Surko CM (2007) Nature 449:153; (c) The $Cl+H_2$ reaction: Foreword: Bowman JL (2008) Science 319:40; Garand E, Zhou J, Manolopoulos DE, Alexander MH, Neumark DM (2008) Science 319:72; Erratum 320:612. (d) Baer M (2006) Beyond Born-Haber. Wiley

17. Sutcliffe BT (1993) J Chem Soc Faraday Trans 89:2321

18. Sutcliffe BT, Wooley RG (2012) J Chem Phys 137:22A544, and references therein

19. Garand E, Zhou J, Manolopoulos DE, Alexander MH, Neumark DM (2008) Science 319:72

20. Bubin S, Pavanello M, Tung W-C, Sharkey KL, Adamowicz L (2013) Chem Rev 113:36

21. Stanke M, Adamowitz L (2013) J Phys Chem A 117:10129

22. Fleming DG, Arseneau DJ, Sukhorukov O, Brewer JH, Mielke SL, Schatz GC, Garrett BC, Peterson KA, Truhlar DG (2011) Science 331:448

23. Szidarovszky T, Császár AE (2014) J Phys Chem A 118:6256, and references therein

24. Lolur P, Dawes R (2014) J Chem Educ 91:1181; Blauch DN, Carroll FA (2014) J Chem Educ 91:1254

25. Zhang XK, Parnis JM, Lewars EG, March RE (1997) Can J Chem 75:276

26. Jensen F (2007) Introduction to computational chemistry, 2nd edn. Wiley, West Sussex, section 12.6

27. Levine IN (2014) Quantum chemistry, 7th edn. Prentice Hall, Upper Saddle River, section 15.11

28. See e.g. Cramer C (2004) Essentials of computational chemistry. Wiley, section 2.4.1

29. Hehre WJ (1995) Practical strategies for electronic structure calculations. Wavefunction Inc., Irvine, p 9

30. Jensen F (2007) Introduction to computational chemistry, 2nd edn. Wiley, West Sussex, section 12.2

31. Pawłowski F, Jørgensen P, Olsen J, Hegelund F, Helgaker T, Gauss J, Bak KL, Stanton JF (2015) J Chem Phys 116:6482

32. Suleimanov YV, Green WH (2015) J Chem Theory Comput 11:4248

33. Bergeler M, Simm GN, Proppe J, Reiher M (2015) J Chem Theory Comput 11:5712

34. (a) Dama JF, Hocky GM, Sun R, Voth GA (2015) J Chem Theory Comput 11:5638; (b) Pan L, Zheng Z, Wang T, Merz KM Jr (2015) J Chem Theory Comput 11:5853

35. See e.g. Vedral V (2014) Nat Phys 10:256

36. Molina-Espíritu M, Esquivel RO, López-Rosa S, Dehesa JS (2015) J Chem Theory Comput 11:5144

37. Scott AP, Radom L (1996) J Phys Chem 100:16502

38. Foresman JB, Frisch Æ (1996) Exploring chemistry with electronic structure methods, 2nd edn. Gaussian Inc., Pittsburgh, pp 173–211

39. Császár AG, Furtenbacher T (2015) J Phys Chem A 119:10229

40. Atkins P (1998) Physical chemistry, 6th edn. Freeman, New York, chapter 15

41. Levine IN (2014) Quantum chemistry, 7th edn. Prentice Hall, Upper Saddle River, chapter 12

第3章

分子力学

我们根本不在乎电子在哪里。

——一家知名化工公司总裁对作者所说的

话,强调他的公司在基础研究上的立场。

摘要:分子力学(molecular mechanics,MM)建立在把分子看作由弹簧连接在一起的球的观点上,忽略了电子。分子的势能可以表示为(至少)键拉伸、键角弯曲、二面角和非键相互作用的各项之和。给出上述这些项明确的数学形式称为设计力场,而给力场中的常数赋予实际数值称为参数化力场。生物大分子的计算是分子力学的一个非常重要的应用,制药行业借助分子力学来设计新药。如今,有机合成中使用分子力学,它使化学家能够估计出一个反应中哪些产物可能性最大,并设计出到达目标分子的真实合成路线。在分子动力学中,分子力学用于产生作用在分子上的力,从而计算分子的运动。

3.1　观点

分子力学[1]是基于一个分子的数学模型,它是由弹簧(对应于键)保持在一起的球(对应于原子)的集合(图3.1)。在此模型的框架内,分子的能量会随着几何构型而变化,这是因为弹簧会阻止远离某个"自然"长度或角度的拉伸或弯曲,也会阻止球互相靠得太近。因此,该数学模型在概念上非常接近人们在操纵塑料或金属的分子模型时所获得的分子能量学的直观感觉:该模型可以抵抗与制造者强加的键长和键角相对应的"自然"几何构型的扭曲(它可能会断裂!),并且,在空间填充的模型中,原子之间不能靠得太近。显然,分子力学模型忽略了电子。

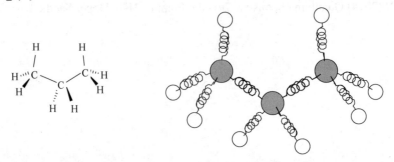

图3.1　分子力学(力场法)认为分子是由弹簧(键)连接在一起的球(原子)的集合

　　分子力学的原理是将分子能量表示为键拉伸、键弯曲和原子间拥挤的阻力的函数，并使用该能量方程寻找最小能量几何构型相对应的键长、键角和二面角——或更精确地说，各种可能的势能面的最小值（第 2 章）。换句话说，分子力学使用分子概念上的力学模型来寻找其最小能量的几何构型（对于柔性分子，则是各种构象异构体的几何构型）。能量的数学表达式及其中的参数构成一个力场，分子力学方法有时也称为力场法。该术语的出现是因为粒子势能相对于沿某个方向位移的一阶导数的负数是作用在该粒子上的力，"力场"E（原子的 x、y、z 坐标）可以微分，给出每个原子上的力。

　　这种方法不涉及电子，因此（除非通过某种经验算法）不能阐明有关电子的性质，如电荷分布或亲核和亲电行为。请注意，分子力学隐含地使用了玻恩-奥本海默近似，因为无论是来自电子，还是来自弹簧，只有当原子核经历了相当于静态吸引力的情况，分子才具有特定的几何构型（2.3 节）。

　　很重要的一点，学生有时会遇到的问题是，键的概念是分子力学的核心，但在电子结构计算中，键的概念并不重要，尽管它通常很有用。在分子力学中，分子是由原子和键定义的，后者几乎被认为是将原子结合在一起的弹簧。通常，键被放在分子式书写规则规定的位置，要进行分子力学计算，您可以通过图形用户输入将每个键指定为单键、双键等，因为这会告诉程序使用的键的强度（3.2.1 节和 3.2.2 节）。在电子结构计算中（从头算（第 5 章）、半经验（第 6 章）和密度泛函理论（第 7 章））分子由其原子核的相对位置、电荷和"多重度"（很容易由不配对的电子数得出）来定义。一个氧原子核和具有正确的 x、y、z 坐标的两个质子，没有电荷，且多重度为 1（没有不配对电子），是一个水分子。这里没有提到键，尽管化学家可能希望以某种方式从原子核和电子的图中提取出这个有用的概念。这可以通过计算电子密度，并将键与电子密度集中的路径相关联来实现，但在电子结构理论中，键没有唯一定义。同样值得注意的是，在一些计算化学图形界面中，键由用户在输入中指定并保持显示，而在其他界面中，它们根据原子对的分离由程序显示。当看到即使当几何构型的变化把一对原子移得很远时，特定键仍然显示为一长线，或看到当一对原子运动超出程序默认的距离时，键会消失，初学者可能会不安。

　　历史上[2]，分子力学似乎开始是作为获得有关化学反应定量信息的一种尝试，当时，对比氢分子大得多的任何物种进行定量量子力学计算的可能性似乎很渺茫（第 4 章）。具体地说，作为研究分子系统能量随几何构型变化的潜在通用方法，分子力学的原理由韦斯特海默①和迈耶[3a]及希尔[3b]于 1946 年提出。同年，陀思特罗夫斯基、休斯②和英戈尔德③独立地将分子力学概念应用于 S_N2 反应的定量分析，但他们似乎尚未意识到这种方法潜在的广泛应用性[3c]。1947 年，韦斯特海默[3d]发表了详细的计算方法，其中使用分子力学估算了联苯外消旋化的活化能。

---

　　① 弗兰克·H. 韦斯特海默：1912 年生于美国马里兰州巴尔的摩；1935 年哈佛大学博士；哈佛大学、芝加哥大学教授；于 2007 年去世。

　　② 爱德华·D. 休斯：1906 年生于威尔士；威尔士大学哲学博士；伦敦大学科学博士；伦敦大学教授；于 1963 年去世。

　　③ 克里斯托弗·K. 英戈尔德：1893 年生于伦敦；1921 年伦敦大学科学博士；利兹大学、伦敦大学教授；1958 年获封爵士；于 1970 年在伦敦去世。

施莱尔[1][2b,c]、和阿林格[2][1a,d]是分子力学发展的主要贡献者。根据引文索引，阿林格关于分子力学[1d]的一篇报道是被最频繁引用的化学论文之一。自 20 世纪 60 年代以来，阿林格课题组一直负责"MM 系列"程序的开发，从 MM1 开始，延续到 MM2，以及目前被广泛使用的 MM3 和 MM4[4]。诸如 Sybyl 和 UFF 之类的分子力学程序[5]可以处理涉及元素周期表中大部分元素的分子，尽管可能会有一些精度损失，因为有人可能会期望用广度来换取精度，而分子力学是计算蛋白质和核酸等生物大分子几何构型和能量最广泛使用的方法（尽管最近半经验（第 6 章），甚至从头算（第 5 章）方法已开始被应用于这些大分子）。2013 年诺贝尔化学奖授予了马丁·卡普拉斯、迈克尔·莱维特和阿里·瓦谢尔，以表彰他们将分子力学应用于大的生物分子的研究[1k]。

3.2   分子力学基本原则

3.2.1   发展力场

分子的势能可以写成

$$E = \sum_{bonds} E_{stretch} + \sum_{angles} E_{bend} + \sum_{dihedrals} E_{torsion} + \sum_{pairs} E_{nonbond} \qquad (3.1)$$

其中，$E_{stretch}$、E_{bend}、$E_{torsion}$、$E_{nonbond}$ 分别是键拉伸、键角弯曲、绕单键的扭转运动（旋转），以及非键（没有直接成键）的原子或基团之间相互作用贡献的能量。求和涵盖了所有的键、由 3 个原子 ABC 定义的所有键角、由 4 个原子 ABCD 定义的所有二面角，以及所有重要的非键相互作用。上述这些项的数学形式及其中的参数构成了一个特定的力场。我们可以更具体地阐明这一点。让我们分别考虑以下 4 项。

（1）**键拉伸项**。当拉伸时（图 3.2），弹簧的能量增加（因为我们将分子建模为由弹簧保持在一起的球的集合），大约与拉伸的平方成正比：

$$\Delta E_{stretch} = k_{stretch}(l - l_{eq})^2$$

式中：

$k_{stretch}$——比例常数（实际上是弹簧或键的力常数的一半[6]，但要注意关于用传统的力常数（比如光谱学）来识别分子力学力常数的警告，见 3.5 节）；$k_{stretch}$ 越大，键/弹簧越硬，它就越能抵抗被拉伸。

l——拉伸时键的长度。

l_{eq}——键的参考长度，即其"自然"长度。

如果我们将对应于参考长度 l_{eq} 的能量作为能量的零点，就可以用 $E_{stretch}$ 代替 $\Delta E_{stretch}$：

$$E_{stretch} = k_{stretch}(l - l_{eq})^2 \qquad (3.2)$$

（2）**键角弯曲项**。球-弹簧-球-弹簧-球系统的能量增加值对应于三原子单元 ABC（"键

---

① 保罗·冯·施莱尔：1930 年出生于俄亥俄州克利夫兰；1957 年哈佛大学博士；普林斯顿教授；1976—1998 年，埃尔兰根-纽伦堡大学研究所所长兼教授；佐治亚大学教授；于 2014 年去世。

② 诺曼·L.阿林格：1930 年生于纽约罗切斯特；1954 年加利福尼亚大学洛杉矶分校博士；佐治亚大学、韦恩州立大学教授。

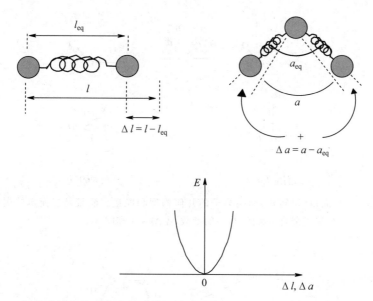

图 3.2　键长或键角的变化会导致分子能量的变化。此类变化由分子力学力场中的
$E_{stretch}$ 和 E_{bend} 项处理。能量大约是键长或键角变化的二次函数

角能量"的增加),大约与键角增加的平方成正比(图 3.2),类似于式(3.2)。

$$E_{bend} = k_{bend}(a - a_{eq})^2 \tag{3.3}$$

式中:

k_{bend}——比例常数(键角弯曲力常数的一半[6],注意关于用传统的力常数(比如光谱学)来识别分子力学力常数的警告,参见 3.3 节)。

a——扭曲角的大小。

a_{eq}——参考角的大小,即它的"自然"值。

(3) **扭转项**。考虑 4 个依次键合的原子:ABCD(图 3.3)。当沿 B—C 键观察时,体系的二面角或扭转角是 A—B 键和 C—D 键之间的角度。通常,如果认为该角度是由于后键(C—D)相对于前键(A—B)的顺时针旋转(从 A—B 覆盖或重叠 C—D)产生的,则认为该角度为正。因此,在图 3.3 中,二面角 A—B—C—D 为 60°(也可以认为是−300°)。由于几何构型每隔 360°重复一次,因此,能量随二面角的变化呈正弦或余弦模式,如图 3.4 所示的乙烷的简单情况。对于对称性较低的体系 A—B—C—D,如丁烷(图 3.5),扭转势能曲线更复杂,但正弦或余弦函数的组合将重现该曲线:

$$E_{torsion} = k_0 + \sum_{r=1}^{n} k_r[1 + \cos(r\theta)] \tag{3.4}$$

(4) **非键相互作用项**。表示势能随原子 A 和 B 距离的变化。这些原子没有直接成键(如 A—B),也没有与一个公共原子(如 A—X—B)成键。这些原子被至少两个原子(A—X—Y—B)隔开,或甚至是在不同分子中,被称为是非键的(相对于彼此而言)。请注意,A—B 情况用键拉伸项 $E_{stretch}$ 解释,A—X—B 项用键角弯曲项 E_{bend} 解释,但对于 A—X—Y—B 情况,非键项 $E_{nonbond}$ 叠加在扭转项 $E_{torsion}$ 上:我们可以认为"$E_{torsion}$"是代表绕(通常是单)键 X—Y 旋转阻力的某些固有因素(分子力学并未试图解释这种效应或任何其他效应的理论的、电子的基础),而对连接到 X 和 Y 上的某些原子,也可能存在非键相互作用。

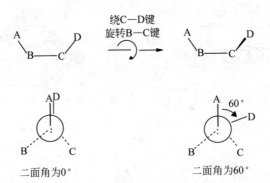

图 3.3 二面角（扭转角）影响分子的几何构型和能量。能量是二面角的周期
（余弦或余弦函数的组合）的函数，见图 3.4 和图 3.5

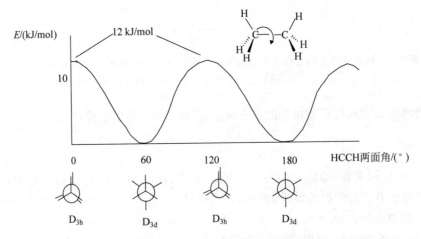

图 3.4 乙烷能量随二面角的变化。曲线可以表示为余弦函数

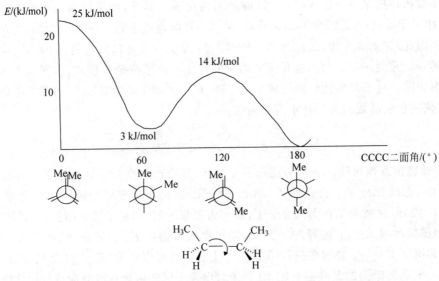

图 3.5 丁烷能量随二面角的变化。曲线可用余弦函数表示

两个非极性非键合原子的势能曲线如图 3.6 所示。一个简单的近似方法就是所谓的伦纳德-琼斯 12-6 势[7]。

$$E_{\text{nonbond}} = k_{\text{nb}} \left[\left(\frac{\sigma}{r} \right)^{12} - \left(\frac{\sigma}{r} \right)^{6} \right] \tag{3.5}$$

式中：

r——非键原子或基团中心之间的距离。

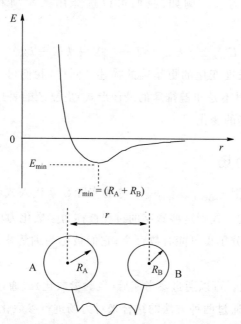

图 3.6   分子能量随非键原子或基团分离的变化。原子/基团 A 和 B 可能在同一分子
中(如图所示)，或相互作用也可以是分子间的。最小能量发生在范德华接触
处。对于小的非极性原子或基团，最小能量点仅代表每摩尔几千焦的能量降低
(CH_4/CH_4 的 $E_{\text{min}} = -1.2 \text{ kJ/mol}$)，但短距离产生的非键相互作用使每摩尔
分子失去许多能量(kJ)而不稳定

当原子或基团相互接近时，该函数再现了曲线中缓慢的吸引力下降(用负值表示)，然后
当它们之间的距离小于范德华半径时，势能急剧上升(正的排斥项提升到一个大的幂指数)。
设 $\mathrm{d}E/\mathrm{d}r = 0$，我们发现对于势能曲线中的能量最小值，$r$ 的对应值为 $r_{\text{min}} = 2^{1/6}\sigma$，即

$$\sigma = 2^{-1/6} r_{\text{min}} \tag{3.6}$$

如果我们假设此能量最小值对应于非键基团的范德华接触，则 $r_{\text{min}} = (R_A + R_B)$ 是 A
和 B 基团的范德华半径之和，即

$$2^{1/6}\sigma = (R_A + R_B)$$

则

$$\sigma = 2^{-1/6}(R_A + R_B) = 0.89(R_A + R_B) \tag{3.7}$$

因此，人们可以从 r_{min} 计算出 σ 或从范德华半径估计出 σ。设 $E = 0$，我们可以发现曲
线 $r = \sigma$ 上的这一点，即

$$\sigma = r(E = 0) \tag{3.8}$$

如果我们在式(3.5)中设 $r=r_{\min}=2^{1/6}\sigma$（据式(3.6)），我们可以发现

$$E(r_{\min}) = (-1/4)k_{\mathrm{nb}}$$

即 $\quad k_{\mathrm{nb}} = -4E(r_{\min})$ $\qquad(3.9)$

因此，k_{nb} 可以根据能量最小值的大小来计算。

当决定使用式(3.2)～式(3.5)形式的方程时，我们已经确定了一个特定的分子力学力场。有许多可供选择的力场。例如，我们可以选择用二次项和三次项之和来近似估算 E_{stretch}：

$$E_{\mathrm{stretch}} = k_{\mathrm{stretch}}(l-l_{\mathrm{eq}})^2 + k(l-l_{\mathrm{eq}})^3$$

上式给出了能量随长度变化的更精确的描述。同样，我们可用比式(3.5)简单的伦纳德-琼斯 12-6 势能（这绝对不是非键排斥的最佳形式）更复杂的表达式来表示非键相互作用能。这种变化将代表力场的变化。

3.2.2 参数化力场

现在，我们可以考虑把 k_{stretch}、l_{eq}、k_{bend} 等的实际数字代入式(3.2)～式(3.5)中，以给出可以实际使用的表达式。找到这些数字的过程被称为参数化力场（或参数化）。对于好的力场来说，用于参数化的分子集可能有数百个，它们被称为训练集。以下作为示例，我们仅使用乙烷、甲烷和丁烷。

(1) **参数化键拉伸项**。可以通过参考实验（经验参数化）或通过从高水平从头算或密度泛函计算中获取数值，或通过两种方法的结合来对力场进行参数化。对于式(3.2)的键拉伸项，我们需要 k_{stretch} 和 l_{eq}。实验中，k_{stretch} 可以从红外光谱中获得，因为键的拉伸频率取决于力常数（以及所涉及的原子的质量）[8]，而 l_{eq} 可由 X 射线衍射、电子衍射，或微波谱得出[9]。

让我们通过从头算（第 5 章）计算找到乙烷 C—C 键的 k_{stretch}。通常使用高水平的从头算参数化力场，但为了便于说明，我们使用低水平但快速的 STO-3G 方法[10]。式(3.2)表明，E_{stretch} 与 $(l-l_{\mathrm{eq}})^2$ 的关系应该是线性的，斜率为 k_{stretch}。表 3.1 和图 3.7 显示了从头算 STO-3G 方法计算出的乙烷能量随 C—C 键的拉伸的变化。参考键长取自 STO-3G 计算的长度：

$$l_{\mathrm{eq}}(\mathrm{C-C}) = 1.538 \text{ Å} \qquad(3.10)$$

表 3.1　$\mathrm{CH_3-CH_3}$ 中的 C—C 键被拉伸远离其平衡长度时的能量变化

l（C—C 键长）	$l-l_{\mathrm{eq}}$	$(l-l_{\mathrm{eq}})^2$	$E_{\mathrm{stretch}}/(\mathrm{kJ/mol})$
1.538	0	0	0
1.55	0.012	0.000 14	0.29
1.56	0.022	0.000 48	0.89
1.57	0.032	0.001 02	1.86
1.58	0.042	0.001 76	3.15

续表

l(C—C 键长)	$l-l_{eq}$	$(l-l_{eq})^2$	$E_{stretch}$/(kJ/mol)
1.59	0.052	0.002 7	4.75
1.6	0.062	0.003 84	6.67

注：用从头算(STO-3G,第 5 章)方法计算。键长以 Å 为单位。

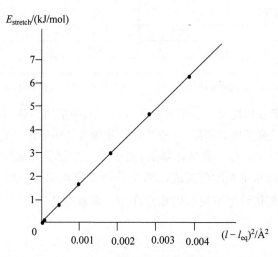

图 3.7　能量与 CH_3—CH_3 中 C—C 键拉伸的平方的关系。使用表 3.1 中的数据

图 3.7 中直线的斜率是

$$k_{stretch}(C—C) = 1735 \text{ kJ/(mol} \cdot \text{Å}^2) \tag{3.11}$$

同样,使用从头算 STO-3G 计算甲烷 C—H 键的拉伸,结果是

$$l_{eq}(C—H) = 1.083 \text{ Å} \tag{3.12}$$

$$k_{stretch}(C—H) = 1934 \text{ kJ/(mol} \cdot \text{Å}^2) \tag{3.13}$$

（2）**参数化键角弯曲项**。根据式(3.3),E_{bend} 对 $(a-a_{eq})^2$ 作图应该是斜率为 k_{bend} 的直线。对乙烷弯曲 H—C—C 键角的 STO-3G 计算可得（见表 3.1 和图 3.7）：

$$a_{eq}(H—C—C) = 110.7° \tag{3.14}$$

$$k_{bend}(H—C—C) = 0.093 \text{ kJ/(mol} \cdot \text{Å}^2) \tag{3.15}$$

对交错式丁烷的 C—C—C 键角的计算得出

$$a_{eq}(C—C—C) = 112.5° \tag{3.16}$$

$$k_{bend}(C—C—C) = 0.110 \text{ kJ/(mol} \cdot \text{deg}^2) \tag{3.17}$$

（3）**参数化扭转项**。对于乙烷（图 3.4）,通过调整基本方程 $E = \cos\theta$,很容易推导出能量与二面角的关系方程,为 $E = 1/2 E_{max}[1 + \cos^3(\theta + 60°)]$。

对于丁烷（图 3.5）,使用式(3.4),并用曲线拟合程序进行实验,结果表明,合理精确的扭转势能函数可以用 5 个参数来表示,即 k_0 和 $k_1 \sim k_4$：

$$E_{torsion}(CH_3 CH_2—CH_2 CH_3) = k_0 + \sum_{r=1}^{4} k_r [1 + \cos(r\theta)] \tag{3.18}$$

参数 $k_0 \sim k_4$ 的值在表 3.2 中给出。通过使用更多的项（傅里叶分析）,可以使计算曲线与实验曲线尽可能地匹配。

表 3.2 绕 $CH_3CH_2-CH_2CH_3$ 的中心 C—C 键旋转的实验的势能值可以通过 $E_{torsion}(CH_3CH_2-CH_2CH_3) = k_0 + \sum k_r[1 + \cos(r\theta)]$ 近似计算，其中，$k_0 = 20.1, k_1 = -4.7, k_2 = 1.91, k_3 = -7.75, k_4 = 0.58$

$\theta/(°)$	E(计算)	E(实验)	$\theta/(°)$	E(计算)	E(实验)
0	0.15	0	120	3.5	3.3
30	6.7	7	150	15	15
60	14	14	180	25	25
90	8.8	9			

注：分别从 0°、60°、120°和180°的实验能量值插值了 30°、90°和150°的实验能量值，能量以 kJ/mol 为单位。

（4）**参数化非键相互作用项**。为了参数化式(3.5)，我们可以进行从头算计算，计算中改变不同分子中两个原子或基团的间隔（以避免键长和键角伴随变化的复杂性），并将式(3.5)拟合到能量与距离的结果中。对于非极性基团，由于涉及范德华力或色散力，需要相当高水平的计算（第 5 章）。使用从甲烷的黏度或压缩系数研究推出的 k_{nb} 和 σ 的实验值，通过甲烷分子的相互作用来近似估计甲基的非键相互作用。两种方法给出的值略有不同[7b]，但我们可以使用这些值：

$$k_{nb} = 4.7 \text{ kJ/mol} \tag{3.19}$$

和

$$\sigma = 3.85 \text{ Å} \tag{3.20}$$

（5）**力场项的参数化总结**。参数化式(3.1)的 4 项得出：

$$E_{stretch}(C-C) = 1735(l - 1.538)^2 \tag{3.21}$$

$$E_{stretch}(C-H) = 1934(l - 1.083)^2 \tag{3.22}$$

$$E_{bend}(HCC) = 0.093(a - 110.7)^2 \tag{3.23}$$

$$E_{bend}(CCC) = 0.110(a - 112.5)^2 \tag{3.24}$$

$$E_{torsion}(CH_3CCCH_3) = k_0 + \sum_{r=1}^{4} k_r[1 + \cos(r\theta)] \tag{3.25}$$

表 3.2 给出了式(3.25)的参数 k。

$$E_{nonbond}(CH_3/CH_3) = 4.7\left[\left(\frac{3.85}{r}\right)^{12} - \left(\frac{3.85}{r}\right)^6\right] \tag{3.26}$$

请注意，此参数化仅用于说明所涉及的原理。实际上，任何真正可行的力场参数化都要复杂得多。我们在这里开发的这种力场最多只能给出烷烃能量的粗略估计。一个精确、实用的力场应被参数化为与许多实验和/或计算结果相匹配，且对于不同类型的键会有不同的参数，例如，对于非环烷烃、环丁烷和环丙烷的 C—C 键。一个不只能够处理碳氢化合物的力场显然需要涉及氢和碳以外元素的参数。实际力场对各种原子类型有不同的参数，例如，sp^3 碳与 sp^2 碳，或胺氮与酰胺氮。换句话说，针对涉及 sp^3/sp^3 C—C 键的拉伸与 sp^2/sp^2 C—C 键的拉伸，使用不同值。这显然是必要的，因为键的力常数取决于所涉及原子的杂化。从丁烷和1,3-丁二烯的红外光谱测试中获得 sp^3C/sp^3C 和 sp^2C/sp^2C 单键拉伸的力常数并非易事，因为这些振动是与 C—H 键振动耦合的，哪一个是"最"恰当的 C—C 振动是不明确的。正如预期的那样，sp^2C/sp^2C 的 C—C 键明显更强，因此可能明显更硬，这一点可以通过其键能（均裂断键所需的能量）大 1.3 倍的事实，即 485 kJ/mol：372 kJ/mol 来说明，这是来自于 1,3-丁二烯和丁烷的中心 C—C 键的值[11]。对于相应的原子，力常数实际上通常大致与键级成正比（双键和三键的硬度分别是相应单键的两倍和三倍）。一些力场通过执行简单的 PPP 分子轨道计算获得键级（第 6 章），解释了键级随构象的变化（扭曲的 p 轨道不对齐会减少它们的重叠）。

　　一个复杂的力场也可能会明确考虑 H/H 非键相互作用，而不是简单地将它们归入甲基/甲基相互作用（将原子组合成基团是统一原子力场的特征）。此外，在不局限于烃的领域中，需要说明带电荷或部分电荷的基团之间的非键相互作用，如 C=O。这些通常通过众所周知的势能/静电电荷关系来处理：

$$E = k(q_1 q_2/r)$$

该关系也已被用来模拟氢键[12]。介电常数可以放在分母中，以说明位于两个基团或原子之间的分子介质对静电势的衰减作用。电荷可以作为通过对模型分子电子结构的计算获得的参数分配给原子。或者，静电排斥可以视为键偶极子之间的排斥，其值通过将测试偶极子拟合到小分子的实验中或计算偶极矩来确定。

　　良好力场中的另一种能量项是围绕三坐标原子的平面外弯曲，就像羰基化合物中的那样。XYC=O 的 4 个原子不一定在同一平面上，但可以使能量损失取决于 C=O 键与 XYC 平面的偏差。

　　这里讨论的简单力场的一个不易察觉的问题是拉伸、弯曲、扭转和非键等项不是完全独立的。例如，丁烷扭转势能曲线（图 3.5）并不完全适用于所有的 CH_3—C—C—CH_3 系统，因为势垒高度会随中心 C—C 键的长度而变化，且随着键的延长，势垒高度明显降低（其他条件相同），因为在中心 C—C 键的一个 C 上的 CH_3 和 H 与另一个 C 上的 CH_3 和 H 之间的相互作用会减少（无论是什么原因引起的）。这可以通过将式(3.25)的 k 作为 X—Y 长度的函数来解决。这将是一个拉伸-扭转交叉项。将一个分子的能量划分成拉伸、弯曲等项，这确实有点形式化。例如，丁烷中的扭转势垒可被认为部分是由于甲基之间的非键相互作用。应该认识到，对于分子力学力场来说，没有一种正确的函数形式（例如，参见参考文献[1a, 1b, 1c]）。精度、通用性和计算速度是设计一个力场的决定性因素。最后，如上所述，一旦已经以某种方式获得了初始参数，则应通过最小化训练集与"正确"（实验或高水平计算的）值的偏差平方和迭代细化力场，以获得一个参数集，该参数集共同作用，以给出——如所有几何构型参数（键长、键角和扭转角）的——最佳拟合。

3.2.3　使用我们的力场的计算

　　让我们应用此处开发的简单力场来比较两个 2,2,3,3-四甲基丁烷（$((CH_3)_3CC(CH_3)_3$，即 t-Bu-Bu-t）几何构型的能量。我们将结构 1 的能量（图 3.8）——其所有键长和键角均处于"自然"或标准值（即我们在 3.2.2 节中作为参考键长和键角的 STO-3G 的值）——与结构 2 的能量进行比较，结构 2 的中心 C—C 键键长已从 1.538 Å 被拉伸到 1.600 Å，但所有其他键长、键角和二面角均不变。图 3.8 显示了我们需要的非键距离，将由程序根据键长、键角和二面角计算得出。使用式(3.1)：

$$E = \sum_{bonds} E_{stretch} + \sum_{angles} E_{bend} + \sum_{dihedrals} E_{torsion} + \sum_{pairs} E_{nonbond}$$

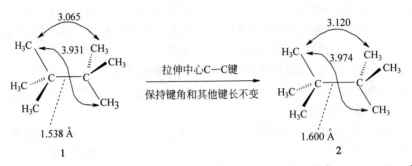

图 3.8 将 $(CH_3)_3C—C(CH_3)_3$ 的中心 C—C 键的键长从 1.538 Å 改变为 1.600 Å
对简单的分子力学"手动"计算的结构的影响

对于结构 1 来说：

$$\sum_{bonds} E_{stretch}(C—C) = 7 \times 1735 \times (1.538 - 1.538)^2 = 0$$

（键拉伸的贡献参见 $l_{eq} = 1.538$ 的结构）

$$\sum_{bonds} E_{stretch}(C—H) = 18 \times 1934 \times (1.083 - 1.083)^2 = 0$$

（键拉伸的贡献参见 $l_{eq} = 1.083$ 的结构）

$$\sum_{angles} E_{bend}(HCH) = 18 \times 0.093 \times (110.7 - 110.7)^2 = 0$$

（键弯曲的贡献参见 $a_{eq} = 110.7°$ 的结构）

$$\sum_{angles} E_{bend}(CCC) = 12 \times 0.110 \times (112.5 - 112.5)^2 = 0$$

（键弯曲的贡献参见 $a_{eq} = 112.5°$ 的结构）

$$\sum_{dihedrals} E_{torsion}(CH_3CCCH_3) = 6 \times 3.5 = 21.0 \text{ kJ/mol}$$

（键扭转的贡献参见非扭曲丁烷相互作用的结构）

实际上，非键相互作用已经包含在扭转项中（如扭曲丁烷相互作用）。我们可能使用了乙烷类型的扭转函数，并用非键贡献完全解释了 CH_3/CH_3 相互作用，参见无相互作用的 CH_3/S 结构的非键项。然而，在比较计算出的相对能量时，扭转项将被抵消。

$$\sum_{nonbond} E_{nonbond}(anti - CH_3/CH_3) + \sum_{nonbond} E_{nonbond}(gauche - CH_3/CH_3)$$

$$= 3 \times 4.7 \times \left[\left(\frac{3.85}{3.931}\right)^{12} - \left(\frac{3.85}{3.931}\right)^6\right] + 6 \times 4.7 \times \left[\left(\frac{3.85}{3.065}\right)^{12} - \left(\frac{3.85}{3.065}\right)^6\right]$$

$$= 3 \times (-0.487) + 6 \times (54.05) = -1.463 + 324.3 = 323 \text{ kJ/mol}$$

对于结构 2 来说，

$$\sum_{bonds} E_{stretch}(C—C) = 6 \times 1735 \times (1.538 - 1.538)^2 + 1 \times 1735 \times (1.600 - 1.538)^2$$

$$= 0 + 6.67 = 6.67 \text{ kJ/mol}$$

（键拉伸的贡献参见 $l_{eq} = 1.538$ 的结构）

$$\sum_{\text{bonds}} E_{\text{stretch}}(\text{C}-\text{H}) = 18 \times 1934 \times (1.083 - 1.083)^2 = 0$$

（键拉伸的贡献参见 $l_{\text{eq}} = 1.083$ 的结构）

$$\sum_{\text{angles}} E_{\text{bend}}(\text{HCH}) = 18 \times 0.093 \times (110.7 - 110.7)^2 = 0$$

（键弯曲的贡献参见 $a_{\text{eq}} = 110.7°$ 的结构）

$$\sum_{\text{angles}} E_{\text{bend}}(\text{CCC}) = 12 \times 0.110 \times (112.5 - 112.5)^2 = 0$$

（键弯曲的贡献参见 $a_{\text{eq}} = 112.5°$ 的结构）

$$\sum_{\text{dihedrals}} E_{\text{torsion}}(\text{CH}_3\text{CCCH}_3) = 6 \times 3.5 = 21.0 \text{ kJ/mol}$$

（键扭转的贡献参见非扭曲丁烷相互作用的结构）

结构 2 的拉伸项和弯曲项与结构 1 相同，只是中心 C—C 键的贡献不同。严格来讲，扭转项应较小，因为相对的 $\text{C(CH}_3)$ 基团已分开。

$$\sum_{\text{nonbond}} E_{\text{nonbond}}(\text{anti}-\text{CH}_3/\text{CH}_3) + \sum_{\text{nonbond}} E_{\text{nonbond}}(\text{gauche}-\text{CH}_3/\text{CH}_3)$$

$$= 3 \times 4.7 \times \left[\left(\frac{3.85}{3.974}\right)^{12} - \left(\frac{3.85}{3.974}\right)^6 \right] \text{kJ/mol} + 6 \times 4.7 \times \left[\left(\frac{3.85}{3.120}\right)^{12} - \left(\frac{3.85}{3.120}\right)^6 \right] \text{kJ/mol}$$

$$= [3 \times (-0.673) + 6 \times (41.97)] \text{ kJ/mol} = (-2.019 + 251.8) \text{ kJ/mol} = 250 \text{ kJ/mol}$$

非键的贡献参见无相互作用的 CH_3/S 的结构

$$E_{\text{total}} = E_{\text{stretch}} + E_{\text{bend}} + E_{\text{torsion}} = (6.67 + 0 + 21.0 + 250) \text{ kJ/mol}$$
$$= 278 \text{ kJ/mol}$$

因此，相对能量计算为

$$E(\text{结构 2}) - E(\text{结构 1}) = (278 - 344) \text{ kJ/mol} = -66 \text{ kJ/mol}$$

这种简略的方法预测，将 2,2,3,3-四甲基丁烷的中心 C—C 键从近似正常的 sp^3-C—sp^3-C 长度 1.538Å（结构 1）拉伸到相当"不自然"的长度 1.600 Å（结构 2），使势能降低 66 kJ/mol，结果表明，能量的下降很大程度上是由于非键相互作用的消除。使用精确的力场 MM3[13] 进行计算得出，近似结构 1 的"标准"几何构型与中心 C—C 键为 1.576 Å 的全优化几何构型之间的能量差为 54 kJ/mol。出乎意料的良好的一致性很大程度上是因误差的偶然抵消而导致的，但这并没有否认我们已经使用力场计算了一些化学感兴趣的东西，即两个分子几何构型的相对能量。原则上，我们可以根据这个力场找到最小能量的几何构型，也就是说，我们可以优化几何构型。实际上，几何构型优化是分子力学的主要用途。有些人把分子力学力场和分子力学程序区分开来，分子力学力场是诸如式(3.1)那样的分子能量的表达式，而分子力学程序是使用力场和特定算法来计算的，诸如计算优化的几何构型或振动频率。不同的程序可以使用相同的力场，但算法不同，反之亦然。

使用真正可行的分子力学程序进行几何构型优化，并不像这里为了说明的目的而逐项完成。相反，基于能量是核（"原子"）坐标的已知的、相当简单的函数这一事实，系统算法被使用，因此，能量的一阶和二阶导数可以被解析地计算，同时使用矩阵以迭代地找到势能面最小值。这已在 2.4 节中进行了说明，这里仅在分子力学方面作了适当的补充。分子力学能量为（见式(3.1)等）：

$$E = f(l, \alpha, \cdots)$$

E 是 l_{eq}、α_{eq} 等参数的函数(2.3节)，但对于给定的力场而言，这些是常数。变量 l、α 等是内坐标，因为它们的值是分子固有的，且可以在没有外部参考系(例如笛卡尔 x、y、z 轴)的情况下进行指定。显然，相同的几何构型信息可以由笛卡尔坐标来表示：

$$E = f(q_1, q_2, q_3, \cdots)$$

其中，q_1、q_2、q_3 等分别是原子 1 的 x、y、z 坐标，q_4、q_5、q_6 分别是原子 2 的 x、y、z 坐标(在分子力学中，用"原子"比"核"更合适)，等等，键长、键角和二面角通过三角函数与笛卡尔坐标相关联。几何构型的笛卡尔表示法是优化算法的首选。初始几何构型矩阵(见 2.4 节)是 q_1、q_2、q_3、$\cdots$ 的列矩阵，解析微分可给出梯度矩阵和黑塞矩阵的 $\partial E / \partial q_1$ 和 $\partial^2 E / \partial q_1 \partial q_1$ 等，因此可以使用式(2.14)来优化几何构型：

$$q_0 = q_i - H^{-1} g_i$$

即牛顿-拉夫逊算法。事实上，因为分子力学通常用于优化具有数百或数千个原子的非常大的分子，因而黑塞矩阵的求逆(作为立方矩阵)时间随着原子数的增加而急剧增加，而共轭梯度法仅使用一阶导数，所以，共轭梯度法有时在分子力学中更合适。这种方法和其他几何构型优化方法由詹森[14]进行讨论。牛顿-拉夫逊算法和共轭梯度法由阿林格(参考文献[1a]，第 47 页和第 310 页)进行了简要的比较。

分子力学计算的能量，我们称之为势能，有时也称为张力能，因为它相对于一个不可观察的标准，根据定义是无畸变的参考结构。然而，长期以来，化学中的张力一词一直被用来表示一组与扭曲角度相联系的实验上可观察的性质，因此，分子力学能量更适合表示为空间位阻能。空间位阻通常被用来确认能量对分子形状的依赖性。

3.3　使用分子力学的例子

如果我们从使用分子力学的目标角度考虑分子力学的应用，那么，主要的应用如下。

(1) 为时间较长的计算(从头算、半经验或密度泛函)获得合理的输入几何构型。

(2) 为小至中等的分子获得良好的几何构型(也许还有能量)。

(3) 计算非常大的分子的几何构型和能量，通常是聚合的生物分子(蛋白质和核酸)。

(4) 为分子动力学或蒙特卡洛计算生成分子运动的势能函数。

(5) 作为有机合成中反应可行性或可能结果的指南(通常是快速指南)。

以下将给出分子力学在这 5 个方面的应用示例。

3.3.1　为更长(从头算、半经验的或密度泛函)类型的计算获得合理的输入几何构型

分子力学最常用的用法可能是为从头算、半经验或密度泛函理论(第 5~7 章)计算获得合理的起始结构。如今，这通常通过在图形用户界面中用交互式工具构建分子来完成，通过单击原子或基团来组装分子，就像使用"真实"模型工具包一样。单击鼠标即可调用分子力学。在大多数情况下，计算会提供一个合理的几何构型。然后对所得的分子力学的优化结构再进行从头算计算等，通常从几何构型优化开始。人们期望这种"较高水平"的优化比从

有进行过初步分子力学优化的速度更快。

到目前为止,分子力学的主要用途是为"正常"分子找到合理的几何构型,但它也被用来研究过渡态。涉及构象变化的过渡态计算是分子力学的一种相当直接的应用,因为类似丁烷或环己烷构象异构体相互转化的"反应"不涉及我们称为成键或断键的深度电子重组。伴随它们发生的扭转和非键相互作用的变化正是分子力学设计用来模拟的过程,因此,对于这种特定的过程来说,可期望获得良好的过渡态几何构型和能量。过渡态的几何构型不能(容易)测量,但构象变化的分子力学能量与实验吻合得很好。事实上,分子力学[3a,3d]的两个最早应用之一是计算联苯的旋转势垒(另一个是 S_N2 反应[3c])。由于分子力学程序通常无法将输入几何构型优化为鞍点(见下文),因此通常会根据过渡态的对称性限制将其优化到最小值。因此,对于乙烷而言,在 D_{3h} 对称性下优化到最小值(即通过将 HCCH 二面角限制为 $0°$,或从一个完全为 D_{3h} 对称的结构开始)将获得过渡态,而使用 D_{3d} 对称性进行优化则给出交错式基态构象(图 3.9)。优化输入的 C_{2v} 环己烷结构(图 3.10)可得到最接近该输入结构的驻点,这是扭曲环己烷构象对映异构体相互转化的过渡态。

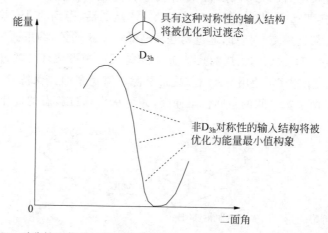

图 3.9　在 D_{3h} 对称性下优化乙烷(即通过限制 HCCH 二面角为 $0°$ 或通过输入具有精确 D_{3h} 对称性的结构)将获得过渡态,无须 D_{3d} 对称性限制优化即可得到基态构象

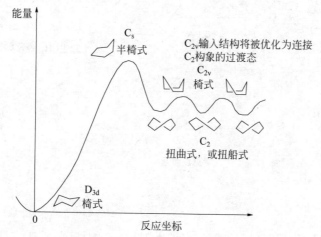

图 3.10　在 C_{2v} 对称性下优化环己烷会得到一个过渡态,而不是极小值

　　然而，与构象变化不同，也有一些将分子力学应用于实际化学反应的例子，可参见埃克斯特洛维奇和霍克的综述[15]。将分子力学应用于过渡态的最简单方法是通过基态分子来近似过渡态。这有时会产生出人意料的好结果。化合物 RX 溶剂分解为阳离子的速率与烃RH（近似于 RX）和阳离子 R^+（近似于生成该阳离子的过渡态）之间的能量差密切相关。这并不完全出乎意料，因为哈蒙德假设[16]表明，过渡态应类似于阳离子，一种高能物种。同样，溶剂分解的活化能也近似为"甲基烷烃"（其中，CH_3 对应于 RX 中的 X）与酮之间的能量差（该酮的 sp^2C 对应于过渡态的初始 C^+）。分子力学已经用于研究涉及 S_N2 反应、硼氢化、环加成（主要是狄尔斯-阿尔德反应）、科普和克莱森重排、氢转移、酯化、对羰基和亲电 C—C 键的亲核加成、烯烃自由基加成、醛醇缩合及各种分子内反应的过渡态[15]。这些研究通常通过将正常分子或离子作为替代物来近似过渡态，而不是通过一个负力常数来找到驻点。

　　人们可能想要一个更精确近似的过渡态几何构型，而不是有些类似于过渡态的一个中间体或化合物。这有时可通过优化到最小值来实现，但要遵循的约束条件为：生成和断裂的键具有可信的键长（如根据简单系统的量子力学计算或化学直觉），以近似于过渡态中这些键的键长，可能还要适当地约束键角和二面角。幸运的话，得到的具有拉伸键的输入结构的位置在势能面上靠近鞍点。例如，通过构建环己烯的船式构象，约束两个生成的 C—C 键约为 2.1 Å，可以获得丁二烯与乙烯的狄尔斯-阿尔德反应中形成环己烯过渡态的近似几何构型（图 3.11），优化该构型，使用 CH_2 桥（之后移除），避免扭曲并保持 C_s 对称性。约束二面角的优化消除了两个氢之间的空间位阻冲突，并为从头算过渡态的优化提供了一个合理的起始结构。

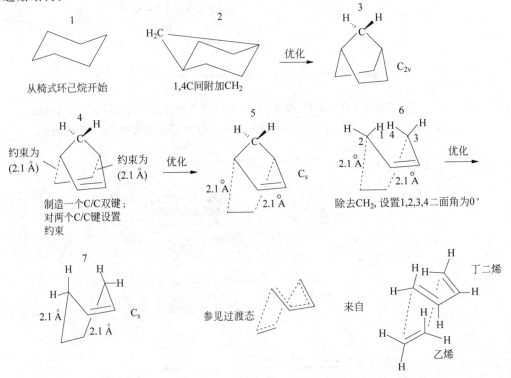

图 3.11　使用分子力学获得丁二烯与乙烯的狄尔斯-阿尔德反应的（近似）过渡态。此过程使结构具有理想的 C_s 对称性，而不是较低的对称性

通过分子力学定位过渡态的最复杂方法是使用一种算法将输入结构优化到真正的鞍点,即黑塞矩阵表征为有且仅有一个负本征值的几何构型(第 2 章)。为此,分子力学程序不仅必须能够计算二阶导数,还应对过渡态的不完全键进行参数化。因为这种参数化在分子力学力场中是没有的,因此已经试验了一种通过发现反应物和产物势能面的交叉点或线(该方法称为"SEAM 方法")来定位过渡态的方法[17]。尽管如此,分子力学并没有经常被用于寻找过渡态(分子力学的常规应用是为用其他方法优化的适当过渡态创建近似的输入结构)。

3.3.2 获得(通常是极好的)几何构型

分子力学可以为小的(大约 $C_1 \sim C_{10}$)和中等大小的(大约 $C_{11} \sim C_{100}$)有机分子提供极好的几何构型。它并不局限于有机分子,因为诸如 SYBYL 和 UFF[5]的力场对元素周期表中的大多数元素已进行了参数化,但绝大部分的分子力学计算对象为有机物,很大程度上可能是因为分子力学是由有机化学家创建的(也可能是因为长期以来,几何构型结构的概念一直是有机化学的中心)。分子力学用于中小分子计算时的两个显著特征是计算速度快和非常精确。分别用默克分子力场(Merck molecular force field,MMFF,即 MMFF94)、半经验AM1(第 6 章)和从头算 HF/3-21G(一种较低水平的从头算方法,第 5 章)方法对无支链的 C_{2h} 对称性("之"字构象)的 $C_{20}H_{42}$ 进行无/有频率的几何构型优化,在 2014 年的个人电脑上,SPARTAN[18]程序所需时间如下。

MMFF,从分子构建器输入:有效优化 1 s,优化+有效频率 1 s。
从 MMFF 几何构型开始:
AM1,优化 1 s,优化+频率 52 s;
HF/3-21G,优化 3.0 min,优化+频率 9.6 min。

显然,就速度而言,方法之间几乎没有竞争,且分子力学的优势会随着分子大小的增加而急剧增加。实际上,直到最近,分子力学仍然是计算 100 个以上重原子分子的唯一实用方法(在计算化学中,重原子指任何比氢重的原子)。即使不是专门为大分子设计的分子力学程序,也能在一台好的个人电脑上处理含有数千个原子的分子。

分子力学的几何构型通常适合中小分子[4,9a,19]。MM3 程序计算的胆固醇乙酸脂键长的均方根误差仅约为 0.007 Å[4a]。有些"键长"是不精确的,因为不同的测量方法会给出不同的值[4a,9a](5.5.1 节)。分子力学几何构型通常被用作量子力学计算时的输入结构,但实际上,分子力学的几何构型和能量在某些情况下与"更高水平"计算的结果一样好或者更好[20],见图 3.12 和表 3.3～表 3.4 的相关讨论。分子力学力场 MM3、OPLS 和 AMOEBA在计算苯二聚体的几何构型和结合能方面优于半经验的量子力学方法(尽管后者无可否认是非常近似的,第 6 章),因为苯二聚体是由弱"色散"力结合在一起的物种[21]。它的最佳结构取自高水平从头算 CCSD(T)方法(5.4.3 节)。用于中小分子的基准分子力学程序可能是MM3 和 MM4。默克分子力场[22]可能仍然非常受欢迎,尤其因为它在诸如 SPARTAN[18]的流行程序套件中的实现。

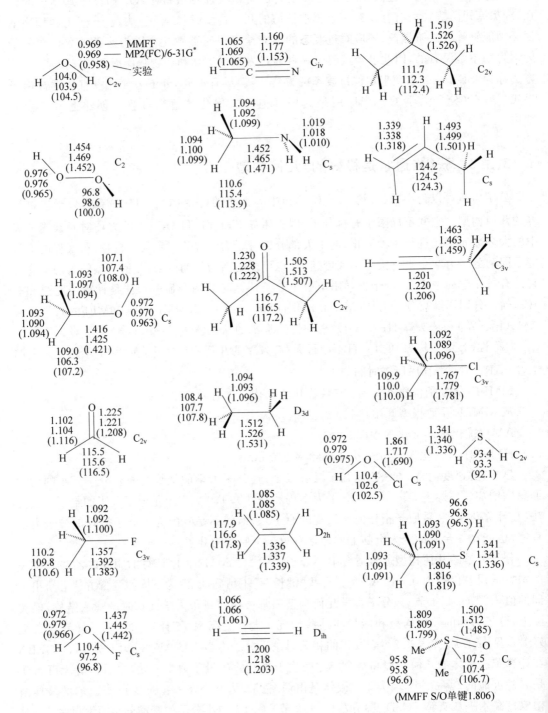

图 3.12 MMFF、MP2(FC)／6-31G* 与实验几何构型的比较。计算是由作者完成的,而实验几何构型则来自参考文献[24a]。注意,所有的 CH 键都约为 1 Å,所有其他的键长范围约为 1.2～1.8 Å,所有键角(线性分子除外)均约为 90°～120°

表 3.3　MMFF 中的分子力学和 MP2(FC)/6-31G* 键长和键角的误差，来自图 3.13

C—H	键长误差$(r-r_{exp})$/Å		键角误差$(a-a_{exp})$/(°)	
	O—H, N—H, S—H	C—C	C—O, N, F, Cl, S	键角
MeOH	H$_2$O	Me$_2$CO	MeOH	H$_2$O(HOH)
−0.001/−0.004 −0.001/0.003	0.011/0.011	−0.002/0.006	−0.005/0.007	−0.5/−0.6
HCHO	H$_2$O$_2$	CH$_3$CH$_3$	HCHO	H$_2$O$_2$(HOO)
−0.014/−0.012	0.011/0.011	−0.019/−0.005	0.017/0.013	−3.2/−1.4
MeF	MeOH	CH$_2$CH$_2$	MeF	MeOH（HCO）
−0.008/−0.008	0.009/0.007	−0.013/−0.017/−0.002	−0.008/0.009	1.8/−0.9
				(COH)
				−0.9/−0.6
HCN	HOF	HCCH	HCN	HCHO(HCH)
0.000/0.004	0.006/0.013	−0.003/0.015	0.007/0.024	−1.0/−0.9
MeNH$_2$	MeNH$_2$	CH$_3$CH$_2$CH$_3$	MeNH$_2$	MeF(HCH)
−0.005/0.001 −0.005/−0.007	0.009/0.008	−0.007/0.000	−0.019/−0.006	−0.4/−0.8
CH$_3$CH$_3$	HOCl	CH$_2$CHCH$_3$ −0.008/−0.002	Me$_2$CO	HOF （HOF）
−0.002/−0.003	−0.003/0.004	0.021/0.020	0.008/0.006	13.6/0.4
CH$_2$CH$_2$	H$_2$S	HCCCH$_3$	MeCl	MeNH$_2$（HCN）
0.000/0.000	0.005/0.004	0.004/0.004 −0.005/0.014	−0.014/−0.002	−3.3/1.5
CHCH	MeSH		MeSH	Me$_2$CO(CCC)
0.005/0.005	0.005/0.005		−0.015/−0.003	−0.5/−0.8
MeCl			Me$_2$SO	CH$_3$CH$_3$（HCH）
−0.004/−0.007			0.010/0.010	0.6/−0.1
MeSH				CH$_2$CH$_2$（HCH）
0.002/0.000 0.002/−0.001				0.1/−1.2
				CH$_3$CH$_2$CH$_3$ (CCC)
				−0.7/−0.1
				CH$_2$CHCH$_3$ (CCC)
				−0.1/0.2
				MeCl(HCH)
				−0.1/0.0
				H$_2$S(HSH)
				1.3/1.2
				MeSH(CSH)
				0.1/0.3
				Me$_2$SO(CSC)
				−0.8/−0.8
				(CSO)
				0.8/0.7
				0.8/0.7

续表

C—H	键长误差$(r-r_{exp})$/Å			键角误差$(a-a_{exp})$/(°)	
	O—H, N—H, S—H	C—C		C—O, N, F, Cl, S	键角
3+,8−,20	7+,1−,无0	2+,7−,无0		4+,5−,无0	7+,11−,无0
4+,7−,20	8+,0−,无0	5+,3−,10		6+,3−,无0	6+,11−,10
13个平均:0.004/0.004	8个平均:0.007/0.008	9个平均:0.009/0.008		9个平均:0.011/0.009	18个平均:1.7/0.7

注:误差以 MMFF/MP2 给出。在某些情况下(如 MeOH),本行及下一行给出了两个键的误差。负号表示计算值小于实验值。每列底部汇总了与实验的正偏差、负偏差和零偏差的数量。每列底部的平均值是误差绝对值的算术平均值。

表 3.4　MMFF、MP2(FC)/6-31G* 和实验的二面角(°)

分　子	二面角		误差
	MMFF	MP2/6-31G*	实验
HOOH	129.4	121.3	119.1[a]	10/2.2
FOOF	90.7	85.8	87.5[b]	3.2/−1.7
FCH$_2$CH$_2$F(FCCF)	72.1	69	73[b]	−1.0/−4
FCH$_2$CH$_2$OH(FCCO)	65.9	60.1	64.0[c]	1.9/−3.9
(HOCC)	53.5	54.1	54.6[c]	−1.1/−0.5
ClCH$_2$CH$_2$OH(ClCCO)	65.7	65.0	63.2[b]	2.5/1.8
(HOCC)	56.8	64.3	58.4[b]	−1.6/5.9
ClCH$_2$CH$_2$F(ClCCF)	69.8	65.9	68[b]	1.8/−2.1
HSSH	84.2	90.4	90.6[a]	−6.4/−0.2
FSSF	82.9	88.9	87.9[b]	−5.0/1.0
			偏差:5+,5−/4+,6− 10个平均:3.5/2.3

注:误差在"误差"列中以 MMFF/MP2/6-31G* 的形式给出。负号表示计算值小于实验值。与实验的正负偏差数及平均误差(误差绝对值的算术平均值)汇总在"误差"列的底部。计算由作者完成。每种测量都给出了实验值参考。AM1 和 PM3 二面角的变化幅度取决于输入的二面角大小,除此处给出的那些分子外,还计算了某些分子在其他二面角下的最小值。如 FCH$_2$CH$_2$F 分子在 FCCF 二面角下的最小值为 180°。

[a] 参考文献[24a],第 151、152 页。

[b] 参考文献[24b]。

[c] 参考文献[24c]。

无机化合物,特别是有机金属化合物,给分子力学带来了特殊的问题,因为与有机物相比,它们的成键往往不太容易以球和弹簧的方式来解释。例如,二茂铁(二环戊二烯基铁化合物)最简单和最广泛的可转移模型是使用 10 个 C—Fe 键,还是两个环中心与铁成键?已开发了一个名为 Momec3 的力场是专门用于无机物的[23]。

1. 用分子力学计算的几何构型的一些结果

图 3.12 比较了用默克分子力场(MMFF)、合理的高水平从头算(MP2(FC)/6-31G*,第 5 章)计算得到的,以及来自于实验的几何构型。MMFF 是一种流行的力场,适用于各种分子。普遍的偏见为,从头算方法比分子力学"更高水平",因此应该给出更好的几何构型。图 3.12 中的 20 个分子的训练集也被用于第 5~7 章中,以说明从头算、半经验和密度泛

计算在获得分子几何构型方面的准确性。表 3.3 分析了图 3.12 中的数据。表 3.4 比较了 8 个分子的二面角,这也被用于第 5～7 章中。图 3.12 的实验数据来自赫尔等[24a],表 3.4 的实验数据来自赫尔等[24a]、哈莫尼等[24b] 和黄等[24c]。

上述结果表明:对于普通的有机分子来说,MMFF 与 MP2(FC)/6-31G* 方法用于计算几何构型几乎一样好。两种方法都给出了好的几何构型,但 MP2/6-31G* 计算需要更长的时间。诚然,对于这些小分子来说,差异并不是很明显:在 2014 年的 vintage 电脑上,对于分子力学来说,20 个分子中的每一个分子实际上大约都仅用 1 s;而对于 MP2(FC)/6-31G* 来说,CH$_3$COCH$_3$,16 s;CH$_3$Cl,7 s;(CH$_3$)$_2$SO,33 s。但是对于 MP2 需要几个小时的较大分子来说,分子力学计算可能仍然仅需几秒钟。然而,从头算方法可提供分子力学无法提供的信息,且对于分子力学训练集以外的那些分子来说,从头算方法可靠性要更高(3.2.2 节)。在 20 个分子中,MMFF 键长与实验值的最大偏差为 0.021 Å(丙烯的 C ═ C 键;MP2 键长偏差为 0.020 Å),其他分子的误差大都约为 0.01 Å 或更少。最差的键角误差为 13.6°,是 HOF 的,HOC1 的键角偏差为 7.9°,是该组中次差的键角误差。这表明 MMFF 计算 X—O—卤素键角有问题,但对 CH$_3$OF 分子,MMFF 与 MP2 所计算键角(可能接近实验值)的偏差为 110.7°－102.8°＝7.9°;对 CH$_3$OCl 分子,两者的偏差仅为 112.0°－109.0°＝3.0°。

由于扭转势垒被认为是由微妙的量子力学效应引起的,因此,MMFF 计算的二面角值非常准确。最差的二面角误差是 10°,是 HOOH 的,第二个较差的是 －5.0°,是 HSSH 类似物的。从头算 HF/3-21G(第 5 章)和半经验 PM3(第 6 章)方法计算 HOOH 也有问题,预测其二面角为 180°。对于那些不涉及 OO 或 SS 键的二面角(一个公认的小的选择),MMFF 计算的误差仅约为 1°～2°,MP2 计算的误差则为 2°～6°。

2. 非常大分子的几何构型,通常是聚合的生物分子(蛋白质和核酸)

除了计算中小分子的几何构型和能量外,分子力学的主要用途是为聚合物建模,主要是生物聚合物(蛋白质、核酸、多糖)。为此专门开发了力场,其中最广泛使用的两个是 CHARMM(Chemistry at HARvard using Molecular Mechanics)(哈佛大学化学系使用的分子力学)[25](学术版;商业版为 CHARMm)和计算包 AMBER(Assisted Model Building with Energy Refinement)力场(带有能量改善的辅助模型构建)[26]。CHARMM 被设计用来处理生物聚合物,主要是蛋白质,但已经扩展为可处理各种小分子。AMBER 可能是生物聚合物最广泛使用的程序集,能够对蛋白质、核酸和碳水化合物进行建模。诸如 AMBER 和 CHARMM 之类的用于模拟大分子的程序已经通过量子力学方法(半经验[27],甚至从头算[28])得到了增强,可用来研究小的区域。在这些区域中,诸如过渡态形成等电子过程的处理可能至关重要。所谓的量子力学(QM)/分子力学(MM)方法利用了 QM 计算电子现象的能力和 MM 计算大分子几何构型的能力[1k,29]。

生物分子建模的一个极为重要的应用(主要由分子力学完成)是设计能与生物分子的活性位点(药效团)相匹配,并作为有用药物的药理活性分子。例如,一个分子可能被设计成与酶的活性位点结合,以阻止酶与其他分子的不希望的反应。药物化学家通过计算制造出一个在空间和静电上与活性位点互补的分子,并试图将潜在药物对接至活性位点。比较各种候选物的结合能,合成出最有希望的候选药物,这是通往可能的新药的漫长道路上的第二步。新药的计算机辅助设计及结构与活性之间的关系——定量构效关系(quantitative structure-activity relationships，QSAR）研究是计算化学研究中最活跃的领域之一[30]。与生化过程研究特别相关的是在上述的 QM/MM 方法中将 QM 与 MM 相结合。

3.3.3 获得（有时是极好的）相对能量

正如 3.5 节对分子力学的缺点所解释的那样，人们不应比较不同结构类型分子的空间位阻能，像 CH_3CH_2OH 和 CH_3OCH_3 这样的官能团异构体，即使是无支链的 1-烯烃与异构体的中间烯烃的比较也是有问题的，因为单取代的和二取代的 C═C 单元在高度参数化的力场中是不相同的。如果分子力学程序不仅可以计算空间位阻能，而且能计算生成焓（生成热）$\Delta H_f^\ominus$——从处于标准态的元素生成 1 mol 化合物所必须输入的热能，则有效能量的比较范围将大大扩展：可以有效地比较具有相同分子式的任何两个化合物的焓，因为这两个值都是相对处于标准状态的、相同物质的量的元素。MM4 力场可以通过结合空间位阻能与适当的参数化来计算碳氢化合物的准确生成焓[31,1f]。分子的空间位阻能（V_{steric}）与其生成焓之间有点联系，因为（本质上）前者是相对于假想的理想分子的张力能，而后者是分子与其标准态的元素之间的键能的差异。从分子力学的空间位阻能计算生成焓的原理如下所示。

鉴于概念和说明的简单性，考虑乙烷（C_2H_6）的具体例子。标准状态下的元素生成乙烷的反应方程为

$$2C(石墨) + 3H_2 \longrightarrow C_2H_6$$

在 0 K 时，生成反应的内能变化为

$$\Delta E_{total} = E_{total}(产物) - E_{total}(反应物)$$
$$\Delta E_{total} = (V_{steric} - \sum BE_{CH} - \sum BE_{CC}) - (2E_{total}(石墨) + 3E_{total}(H_2)) \tag{3.27}$$

式中，ΔE_{total} 是总电子能加核间排斥能的改变；BE 是键能。通常，E_{total}（式（5.93））被称为电子能，尽管它实际上是电子能与核间排斥能的总和。作为分子的从头算能量，我们将在第 5 章中遇到它。产物乙烷的内能在这里等于分子力学空间位阻（更宽泛的术语是"张力"）能量减去参考结构的能量，参考结构的能量只是其键能的总和。根据键能的定义，这里将分离的原子的能量设为零。关于反应物，虽然石墨是聚合物，但我们假设为单原子标准状态的固态石墨的能量变化，另一种反应物是氢气。式（3.27）中内能的变化忽略了零点能的变化，我们希望在参数化时将其考虑在内。

所有这些都是因为在 $T=0$ K 时，它忽略了涉及 RT 的平动和转动项对内能的贡献。我们现在引入这些项，并转到 $T>0$。我们需要生成反应的平动和转动内能的气相摩尔变化值，$\Delta E(trans)$ 和 $\Delta E(rot)$。内能的常用符号是 U，但在这里为与 ΔE_{total} 符号一致，我使用了 E，即式（3.27）是内能的变化。生成方程中的气相物种为氢气和乙烷，固体是石墨。$\Delta E(trans)$ 只是气相分子数的改变值乘以 $3/2RT$，即 $(1-3) \times (3/2)RT = -3RT$ 的变化量（因为每个气相粒子无论结构如何都具有 3 个平动自由度，所以，每个都对应于 $(1/2)RT$ 的内能——参见任何一本关于统计热力学的书）。$\Delta E(rot)$ 是 $E(rot, C_2H_6) - 3E(rot, H_2) = 1 \times (3) \times (1/2 RT) - 3 \times (2) \times (1/2) RT = (-3/2) RT$（因为有 1 个 C_2H_6 分子（或 1 mol），它有 3 个转动自由度，内能系数为 $1 \times 3 \times 1/2 RT$，而 H_2 分子为 3 个，且作为线性分子，每个分子有 2 个转动自由度，内能的系数为 $1 \times 3 \times 1/2 RT$）。因此，因平动和转动能

的改变而导致的内能变化为 $(-3-3/2)RT=(-9/2)RT$。现在我们要从内能转到焓,因为我们想要计算生成焓。

焓变是内能的变化加上 ΔnRT(5.5.2节),其中 Δn 为气相分子数的改变值。这里,$\Delta n = 1-3=-2$。因此,在温度 T 下,通常用于参数化的温度选择为 298 K(298.15 K 为标准环境温度),生成反应的焓变为(将转动和平动项 $(-9/2)RT$ 和 $-2RT$ 焓的调整添加到 0 K 内能的变化中)

$$\Delta H_{f,T}^{\ominus} = \Delta E_{\text{total}} - (9/2)RT - 2RT = \Delta E_{\text{total}} - (13/2)RT$$

因为式(3.27)

$$\Delta E_{\text{total}} = \left(V_{\text{steric}} - \sum \text{BE}_{\text{CH}} - \sum \text{BE}_{\text{CC}}\right) - (2E_{\text{total}}(\text{石墨}) + 3E_{\text{total}}(\text{H}_2))$$

则有

$$\Delta H_{f,T}^{\ominus} = V_{\text{steric}} - \sum \text{BE}_{\text{CH}} - \sum \text{BE}_{\text{CC}} - 2E_{\text{total}}(\text{石墨}) - 3E_{\text{total}}(\text{H}_2) - (13/2)RT$$

或者

$$\Delta H_{f,T}^{\ominus} = V_{\text{steric}} - 6\text{BE}_{\text{CH}} - 1\text{BE}_{\text{CC}} - 2E_{\text{total}}(\text{石墨}) - 3E_{\text{total}}(\text{H}_2) - (13/2)RT$$

$$(3.28)$$

因为乙烷有 6 个 CH 键和 1 个 CC 键。

这里的问题是两个 E_{total} 项,因为分子力学无法计算电子能量。对于一般的烷烃或环烷烃而言,此刻,一种类似但概念上更复杂的 $\Delta_f H_T^{\ominus}$ 的推导[1f]如下:

$$\Delta H_{f,T}^{\ominus} = V_{\text{steric}} - N_{\text{CH}}[\text{BE}_{\text{CH}} + (1/4)E_{\text{total}}(\text{石墨}) + (1/2)E_{\text{total}}(\text{H}_2) + (7/4)RT] - $$
$$N_{\text{CC}}[\text{BE}_{\text{CC}} + (1/2)E_{\text{total}}(\text{石墨})] + 4RT \qquad (3.29)$$

式中,N_{CH} 和 N_{CC} 分别是 CH 和 CC 键的个数。$N_{\text{CH}} = 6$ 和 $N_{\text{CC}} = 1$ 时,上式简化为式(3.28),该式是专门针对乙烷推导的。通用的式(3.29)解决了 E_{total} 项的问题,因为我们可以将它表示为

$$\Delta H_{f,T}^{\ominus} = V_{\text{steric}} + k_{\text{CH}}N_{\text{CH}} + k_{\text{CC}}N_{\text{CC}} + 4RT \qquad (3.30)$$

其中

$$k_{\text{CH}} = -[\text{BE}_{\text{CH}} + (1/4)E_{\text{total}}(\text{石墨}) + (1/2)E_{\text{total}}(\text{H}_2) + (7/4)RT]$$
$$k_{\text{CC}} = -[\text{BE}_{\text{CC}} + (1/2)E_{\text{total}}(\text{石墨})]$$
$$4RT = 9.92 \text{ kJ/mol}(298 \text{ K})$$

对于一组烷烃或环烷烃来说,E_{total} 值可以被参数化,通过将分子力学计算的生成焓与实验(或如今通常采用的高水平的从头算或密度泛函理论)生成焓相拟合来找到最佳 k_{CH} 和 k_{CC}。由于 E_{total} 不包含零点能,所以参数化不仅具有处理 E_{total} 的基本特征,而且具有处理键能项,以及隐含考虑零点振动能的良好功能。参数化如下所示。上文的处理没有提到这样一个事实,即无环分子通常是松散的,因此,当我们通过实验测量生成焓时,这可能是针对构象异构体的玻尔兹曼分布混合物的,而 V_{steric} 的单一计算是针对特定构象异构体的。因此,如果一个构象异构体不占主导地位,或对于刚性分子来说,它不是唯一的构象异构体,那么,要使计算的 $\Delta H_{f,T}^{\ominus}$ 与实际测量值相符,构象混合物的生成焓必须根据单个构象异构体的相对丰度通过加权 $\Delta H_{f,T}^{\ominus}$(计算值)来计算。这可以通过搜索 V_{steric} 构象空间的算法作为生成焓计算的一部分自动完成。

利用表 3.5 中的 10 种化合物寻找式(3.30)的拟合参数 k_{CH} 和 k_{CC},获得了一个可用的

方程。这 10 种化合物基本上都只包含一个构象异构体,避免了构象混合物的问题。原则上,参数化可以使用多元回归分析计算机程序来完成,但此处使用的 k_{CH} 和 k_{CC} 是根据式(3.30)发现的,通过标注(参考文献[1f],第 645 页),"通常"这些值约为 -4.5 kcal/mol,2.5 kcal/mol,即约 -19 kJ/mol,10 kJ/mol。将这些量作为起点,围绕这些数对的约 0.5 kJ/mol 的增量变化(在这些参数空间的限制范围内,使用表 3.5 中的化合物)给出了式(3.30)类型的最佳方程,即式(3.31):

$$\Delta H_{f,T}^{\ominus} = V_{steric} - 16N_{CH} + 8N_{CC} + 9.92, \quad 4RT = 9.92 \text{ kJ/mol} \tag{3.31}$$

表 3.5　10 种化合物实验在 298 K 下的生成焓、V_{steric}、N_{CH} 和 N_{CC},用来获得式(3.30)中的参数 k_{CH} 和 k_{CH},即获得式(3.31)的数据

化　合　物	实验 $\Delta H_{f,T}^{\ominus}/(\text{kJ/mol})$	$V_{steric}/(\text{kJ/mol})$	N_{CH}	N_{CC}
乙烷	-84	-19.81	6	1
丙烷	-104.7	-20.45	8	2
异丁烷	-134.2	-1.98	10	3
环戊烷	-76.4	6.47	10	5
环己烷	-124.6	-14.90	12	6
甲基环己烷	-154.8	2.92	14	7
甲基环戊烷	-106	23.47	12	6
降冰片烷	-54.9	82.74	12	7
顺式-十氢化萘	-169.2	34.23	18	11
反式-十氢化萘	-182.2	26.19	18	11

注: 实验 $\Delta H_{f,T}^{\ominus}$ 来自 NIST 网站,V_{steric} 是使用默克分子力场(MMFF)计算的。

　　式(3.31)是我们用来计算烷烃和环烷烃生成焓的说明性的分子力学方程,它适用于由默克分子力场计算的 V_{steric}。现在让我们先对照参数化它的 10 种化合物来检验式(3.31),结果总结在表 3.6 中。从实验中计算出的 $\Delta H_{f,T}^{\ominus}$ 的绝对平均偏差为 13.8 kJ/mol,最大偏差为 27.2 kJ/mol。这看起来没那么糟糕,但毕竟,检验是针对训练集的。作为第二次检验,让我们用阿林格的书[1a]中第 266 页表 11.1 中的前 35 种化合物检验式(3.31)。注意,其中一些化合物(大多为开链烷烃)是构象混合物。在严格的处理中,必须使用玻尔兹曼分布。计算值和实验值的比较结果汇总在表 3.7 中。从实验中计算出的 $\Delta H_{f,T}^{\ominus}$ 的绝对平均偏差为 39.7 kJ/mol,最大偏差为 214.6 kJ/mol。在 35 种化合物中,有 9 种的绝对平均偏差大于 50 kJ/mol。这些化合物均含有一个或多个四级碳(与 4 个其他碳键合的碳)。唯一一个含有四级碳、绝对平均偏差 <50 kJ/mol 的化合物是 1,1-二甲基环戊烷,绝对平均偏差为 45.5 kJ/mol。如果我们认可这种简单的参数化方法不能处理四级碳原子,并删除 9 个不符合条件者和边界案例,我们将得到表 3.8,包含 25 个化合物,它们的绝对平均偏差为 17.3 kJ/mol,最大绝对偏差为 43.6 kJ/mol(壬烷)。这些偏差远低于 10 个化合物被删除前的误差,并开始接近可容忍的精确性,这对于如此小的训练集来说可能是令人惊讶的。用于从 V_{steric} 计算 $\Delta H_{f,T}^{\ominus}$ 的"真实"方程可能会基于更大的训练集。图 3.13 显示了表 3.8 中的数据,相关性的效果是显而易见的。在不那么直观的注释下,相关系数 0.800 虽然并不惊人,但与基本参数化的预期值一样高。四级碳化合物的误差反映出此处使用了简单的参数

化。一个更复杂的程序可能不仅具有一般 CH 和 CC 键数量的 k 参数(表 3.5 中的 N_{CH} 和 N_{CC} 列),而且还有一个参数,用于表示与甲基相连、与亚甲基相连等 CH 键的数量,以及类似与 CH_3、CH_2 相连的 CC 键数量的区别。对于 MM4 程序来说,标准烃的 $\Delta H_f^{\ominus}$ 误差通常小于 4 kJ/mol(小于 1 kcal/mol),这与实验误差相当[31]。MM 构象能的误差通常仅为 2 kJ/mol[32]。

表 3.6 用参数化使用的 10 种化合物来检验式(3.31)

化 合 物	计算 $\Delta H_{f,T}^{\ominus}$/(kJ/mol)	实验 $\Delta H_{f,T}^{\ominus}$/(kJ/mol)	|偏差|/(kJ/mol)
乙烷	−97.9	−84	13.9
丙烷	−122.5	−104.7	17.8
异丁烷	−128.1	−134.2	6.1
环戊烷	−103.6	−76.4	27.2
环己烷	−149	−124.6	24.4
甲基环己烷	−155.2	−154.8	0.4
甲基环戊烷	−110.6	−106	4.6
降冰片烷	−43.3	−54.9	11.6
顺式-十氢化萘	−155.9	−169.2	13.3
反式-十氢化萘	−163.9	−182.2	18.3

注:298 K 下,由 $\Delta H_{f,T}^{\ominus}=V_{steric}-16N_{CH}+8N_{CC}+9.92$(式(3.31))计算的和实验的生成焓。最大\|偏差\|$=$27.2 kJ/mol,平均\|偏差\|$=$13.8 kJ/mol。

表 3.7 用参考文献[1a]中表 11.1(第 266 页)的前 35 个化合物(在表 3.5 和表 3.6 的参数化列表中使用了这 35 个中的 7 个,标记为 *)测验式(3.31)($\Delta H_{f,T}^{\ominus}=V_{steric}-16N_{CH}+8N_{CC}+9.92$)。最大\|偏差\|$=$214.5 kJ/mol,平均\|偏差\|$=$39.9 kJ/mol

化 合 物	V_{steric}/(kJ/mol)	N_{CH}	N_{CC}	计算 $\Delta H_{f,T}^{\ominus}$/(kJ/mol)	实验 $\Delta H_{f,T}^{\ominus}$/(kJ/mol)	|偏差|/(kJ/mol)
甲烷	0.11	4	0	−54	−74.9	20.9
乙烷 *	−19.8	6	1	−97.9	−84.7	13.2
丙烷 *	−20.5	8	2	−122.6	−103.3	19.3
丁烷	−21.2	10	3	−147.3	−126.1	21.2
戊烷	−22.1	12	4	−172.2	−146.4	25.8
己烷	−22.9	14	5	−197	−167.2	29.8
庚烷	−23.8	16	6	−221.9	−187.8	34.1
辛烷	−24.6	18	7	−246.7	−208.4	38.3
壬烷	−25.5	20	8	−271.6	−228	43.6
异丁烷 *	−2	10	3	−128.1	−134.5	6.4
异戊烷	1.38	12	4	−148.7	−154.5	5.8
新戊烷	35.57	12	4	−114.5	−168.5	54
2,3-二甲基丁烷	27.75	14	5	−146.3	−177.8	31.5
2,2,3-三甲基丁烷	72.61	16	6	−125.5	−204.8	79.3
2,2-二甲基戊烷	42.3	16	6	−155.8	−205.9	50.1
3,3-二甲基戊烷	52.55	16	6	−145.5	−201.2	55.7
3-乙基戊烷	10	16	6	−188.1	−189.3	1.2
2,4-二甲基戊烷	22.75	16	6	−175.3	−201.7	26.4

化 合 物	$V_{steric}/$ (kJ/mol)	N_{CH}	N_{CC}	计算 $\Delta H_{f,T}^{\ominus}/$ (kJ/mol)	实验 $\Delta H_{f,T}^{\ominus}/$ (kJ/mol)	|偏差|/ (kJ/mol)
2,5-二甲基己烷	23.48	18	7	−198.6	−222.5	23.9
2,2,3,3-四甲基丁烷	124.5	18	7	−97.6	−225.6	128
2,2,3,3-四甲基戊烷	137.2	20	8	−108.9	−237	128.1
二叔丁基甲烷	132.8	20	8	−113.3	−241.8	128.5
四乙基甲烷	67.51	20	8	−178.6	−232.9	54.3
三叔丁基甲烷	363.6	28	12	21.5	−236	214.5
环戊烷*	6.47	10	5	−103.6	−78.41	25.2
环己烷*	−14.90	12	6	−149	−123.1	25.9
环庚烷	25	14	7	−133.1	−118.1	15
环辛烷	56.82	16	8	−125.3	−124.4	0.9
环壬烷	74.73	18	9	−131.4	−132.8	1.4
环癸烷	84.77	20	10	−145.3	−154.3	9
环十二烷	77.14	24	12	−200.9	−228.4	27.5
1,1-二甲基环戊烷	65.42	14	7	−92.7	−138.2	45.5
甲基环戊烷*	23.47	12	6	−110.6	−105.7	4.9
乙基环戊烷	23.66	14	7	−134.4	−126.8	7.6
甲基环己烷*	2.92	14	7	−155.2	−154.8	0.4

表 3.8 　表 3.7 中不含四级碳的 25 种化合物

化 合 物	$V_{steric}/$ (kJ/mol)	N_{CH}	N_{CC}	计算 $\Delta H_{f,T}^{\ominus}/$ (kJ/mol)	实验 $\Delta H_{f,T}^{\ominus}/$ (kJ/mol)	|偏差|/ (kJ/mol)
甲烷	0.11	4	0	−54	−74.9	20.9
乙烷*	−19.8	6	1	−97.9	−84.7	13.2
丙烷*	−20.5	8	2	−122.6	−103.3	19.3
丁烷	−21.2	10	3	−147.3	−126.1	21.2
戊烷	−22.1	12	4	−172.2	−146.4	25.8
己烷	−22.9	14	5	−197	−167.2	29.8
庚烷	−23.8	16	6	−221.9	−187.8	34.1
辛烷	−24.6	18	7	−246.7	−208.4	38.3
壬烷	−25.5	20	8	−271.6	−228	43.6
异丁烷*	−2.0	10	3	−128.1	−134.5	6.4
异戊烷	1.38	12	4	−148.7	−154.5	5.8
2,3-二甲基丁烷	27.8	14	5	−146.3	−177.8	31.5
3-乙基戊烷	10.0	16	6	−188.1	−189.3	1.2
2,4-二甲基戊烷	22.75	16	6	−175.3	−201.7	26.4
2,5-二甲基己烷	23.5	18	7	−198.6	−222.5	23.9
环戊烷*	6.47	10	5	−103.6	−78.41	25.2
环己烷*	−14.9	12	6	−149	−123.1	25.9
环庚烷	25.0	14	7	−133.1	−118.1	15.0
环辛烷	56.8	16	8	−125.3	−124.4	0.9
环壬烷	74.7	18	9	−131.4	−132.8	1.4

续表

化 合 物	$V_{\text{steric}}/$ (kJ/mol)	N_{CH}	N_{CC}	计算 $\Delta H_{\text{f,T}}^{\ominus}/$ (kJ/mol)	实验 $\Delta H_{\text{f,T}}^{\ominus}/$ (kJ/mol)	|偏差|/ (kJ/mol)
环癸烷	84.8	20	10	−145.3	−154.3	9.0
环十二烷	77.14	24	12	−200.9	−228.4	27.5
甲基环戊烷*	23.47	12	6	−110.6	−105.7	4.9
乙基环戊烷*	23.66	14	7	−134.4	−126.8	7.6
甲基环己烷*	2.92	14	7	−155.2	−154.8	0.4

* 带星号的化合物用于通过式(3.31)对表3.3和表3.4的列表参数化，$\Delta H_{\text{f,T}}^{\ominus} = V_{\text{steric}} - 16 N_{\text{CH}} + 8 N_{\text{CC}} + 9.92$，最大\|偏差\|=43.6 kJ/mol，平均\|偏差\|=18.4 kJ/mol。

3.3.4 生成分子运动的势能函数，用于分子动力学或蒙特卡洛计算

诸如 AMBER 中的程序不仅用于计算几何构型和能量，还用于模拟分子运动，即分子动力学[33]，以及在蒙特卡洛模拟[34]中计算各种构象，或其他几何构型排列的相对布居(例如，溶剂分子在大分子周围的分布)。在分子动力学中，牛顿运动定律适用于在分子力学力场中运动的分子，尽管系统(特别是生物分子的建模，通常不是在孤立的分子上进行，而是在分子及其溶剂和离子环境上进行)中相对较小的部分可以用量子力学方法进行模拟[27,28]。在蒙特卡洛方法中，随机数决定原子或分子如何运动而产生新的构象或几何构型排列("状态")，然后根据某些筛选条件接受或拒绝这些构型或几何构型排列。数以万计(或更多)的状态被生成，每个状态的能量由分子力学计算，从而产生了玻尔兹曼分布。不要将分子力学(计算分子结构和性质的力场方法)与分子动力学(一组跟踪分子运动、在某些情况下还包括反应的技术)相混淆。

与构象运动和溶剂分子的无规则运动相反，实际化学反应的分子动力学(molecular dynamics，MD)模拟不能用分子力学来完成，因为正如上文计算过渡态所讨论的那样(3.3.1节)，分子力学不能处理化学键的断裂和生成。分子动力学模拟是用电子结构方法(从头算、半经验和密度泛函，第5、6章和第7章)来完成的。

3.3.5 作为有机合成反应可行性或可能结果的(通常是快速的)指南

在过去约15年的时间里，由于廉价计算机(个人计算机将很容易运行分子力学程序)和用户友好且相对便宜的程序可用性，分子力学已被合成化学家广泛使用[5]。由于分子力学可以计算基态分子和(在上述提到的相当局限性范围内)过渡态的能量和几何构型，所以，它对设计合成会有很大帮助。要确定两条或两条以上假定的反应路径哪一条优越，我们可以选择3种方法：①像手持模型一样使用分子力学检查底物分子的空间位阻，或反应基团的接近度等因素；②使用中间体或其他合理的替代物来近似替代反应的过渡态(参见上文过渡态讨论中的溶剂化处理)；③尝试计算竞争过渡态的能量(参见上文过渡态计算的讨论)。

本节给出的在合成中使用分子力学的示例摘自利普科维茨和彼得森的综述[35]。为了尝试模拟生物非环聚醚的金属结合能力，以分子力学为指导合成了三环 1(图3.14)和四环类似物，这些分子类似于可结合钾离子的环状聚醚18-冠-6。结果发现，非环化合物的金属结合能力确实与冠醚相当。

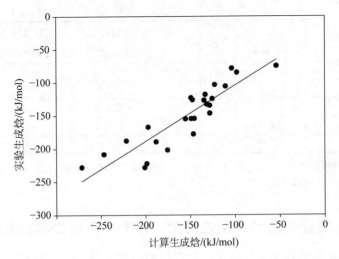

图 3.13　实验生成焓与式(3.31)($\Delta H_{f,T}^{\ominus} = V_{steric} - 16N_{CH} + 8N_{CC} + 9.92$)计算生成焓的
关系。这些点对应于表 3.8 中的 25 种化合物。相关系数 $r^2 = 0.800$（如图所
示，最佳拟合曲线的方程为 Exp = 0.846Calc − 19.56）

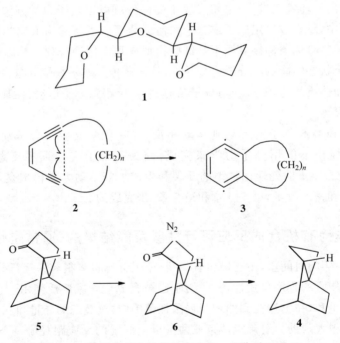

图 3.14　借助分子力学帮助合成的一些分子(**1**、**2**、**4**)

　　类似 **2**(图 3.14)的烯二炔类化合物能够发生环化，生成苯基型双自由基 **3**,**3** 在体内可以攻击 DNA。在具有适当触发机制的分子中，这形成了潜在的抗癌活性基础。用分子力学研究约束链的长度（即 $n=2$）对活化能的影响，帮助设计出了比天然的烯二炔类抗生素对肿瘤更有活性的化合物（潜在药物）。

　　为了合成张力较大的三环系统 **4**(图 3.14)，当分子力学预测 **4** 的骨架应比可用的 **5** 的稳定性低约 109 kJ/mol 时,选择了光化学的沃尔夫重排。重氮甲酮 **6** 光解生成位于 **4** 的碳骨架上方的高能卡宾,因此能够经历沃尔夫重排缩环为 **4** 的乙烯酮前体。

分子力学的一个引人注目的(显然尚未得到证实)预测是,全氢富勒烯 $C_{60}H_{60}$ 应该比笼内有一些氢的富勒烯分子更稳定[36]。

3.4 分子力学计算的频率和振动光谱

原则上,任何可以计算分子几何构型的能量方法都可以计算振动频率,因为可以从相对于分子几何构型能量的二阶导数(2.5 节)和振动原子的质量中获得振动频率。许多商用的分子力学程序都可以计算振动频率。振动频率的作用有(2.5 节):①用于将一个物种表征为最小值(无虚频)或过渡态或更高阶的鞍点(一个或多个虚频);②用于获得零点振动能,以校正冻结核能量(2.2 节);③用于解释或预测红外光谱。

(1) **将一个物种表征为最小值或过渡态**。这在分子力学中并不常见,因为分子力学主要用于为其他类型的计算创建输入结构,以及研究已知(通常是生物)分子。不管怎样,在讨论的点上,通过特定的力场计算,分子力学可以产生关于势能面曲率的信息(见第 2 章)。例如,D_{3d}(交错)和 D_{3h}(重叠)乙烷的 MMFF 优化几何构型(图 3.3)分别显示没有虚频和有一个虚频,后者对应于围绕 C—C 键旋转的虚频。因此,MMFF(正确地)预测交错式乙烷构象为最小值,而将重叠式乙烷构象预测为沿着扭转反应坐标连接连续最小值的过渡态。同样,使用 MMFF 对环己烷构象的计算正确地给出了具有一个虚频的船式环己烷,该虚频对应的扭曲运动可以得出一个扭曲构象,而后者没有虚频(图 3.10)。尽管分子力学有助于表征构象,尤其是烃的构象,但分子力学对于涉及断键和成键的物种不太合适。例如:在氟化物/氟甲烷双分子反应中的对称(D_{3h})物种,它具有等价的 C/F 不完全键,被 MMFF 错误地表征为最小值,而不是过渡态,且 C—F 键长计算为 1.298 Å,参见约 1.8 Å 的值(来自已知可靠的过渡态方法)。

(2) **获得零点能(ZPE)**。本质上,零点能是每个简正模式振动的能量之和。在使用从头算(第 5 章)或密度泛函理论(第 7 章)精确计算相对能量时,它们被添加到原始能量(冻结核能量,对应于玻恩-奥本海默面上的驻点,2.3 节)中。然而,用于此类校正的零点能通常是根据从头算或密度泛函理论计算获得的。

(3) **红外光谱**。计算能量和分子振动的相对强度,这相当于能够计算红外光谱。分子力学本身无法计算振动模式的强度,因为它们涉及偶极矩的变化(5.5.3 节),且偶极矩与电子分布有关,这是分子力学之外的概念。然而,可以通过将偶极矩分配给键或将电荷分配给原子来计算近似强度,这种方法已在分子力学程序中实现了[37]。图 3.15~图 3.18 比较了丙酮、苯、二氯甲烷和甲醇的实验红外光谱(气相图由作者拍摄)与 MMFF 程序和通过"更高水平的"、计算要求更高的从头算 MP2(FC)/6-31G* 方法(第 5 章)计算的红外光谱。在第 5~7 章中,分别给出了从头算、半经验和密度泛函理论计算出的这 4 个分子的光谱。MP2 光谱通常比分子力学光谱更匹配实验,但分子力学提供了一种快速获得近似红外光谱的方法。对于一系列相关化合物来说,分子力学可能是快速研究频率及强度趋势的合理方法。大量研究显示,MMFF 计算结果的均方根误差约为 $60\ cm^{-1}$,而 MM4 计算结果的误差为 $25\sim52\ cm^{-1}$[5b]。

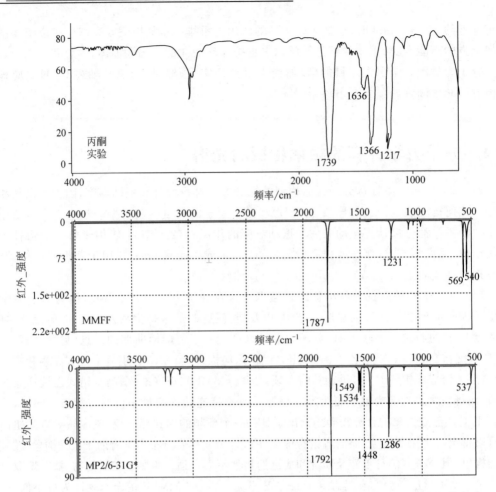

图 3.15 实验（气相）、分子力学（MMFF）和从头算（MP2(FC)/6-31G*）所得的丙酮红外光谱

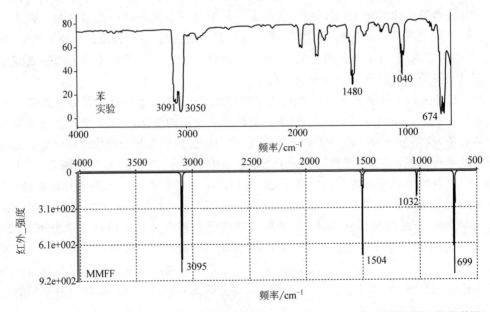

图 3.16 实验（气相）、分子力学（MMFF）和从头算（MP2(FC)/6-31G*）所得的苯红外光谱图

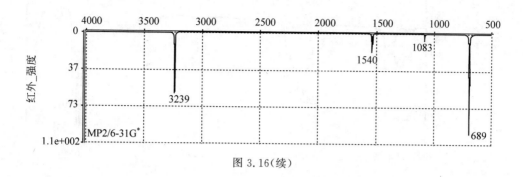

图 3.16(续)

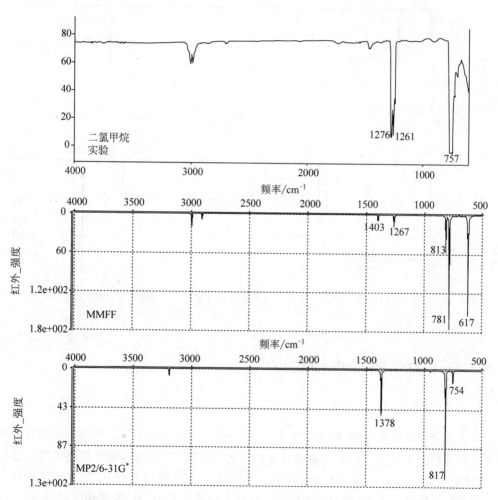

图 3.17 实验(气相),分子力学(MMFF)和从头算(MP2(FC)/6-31G*)所得的二氯甲烷红外光谱

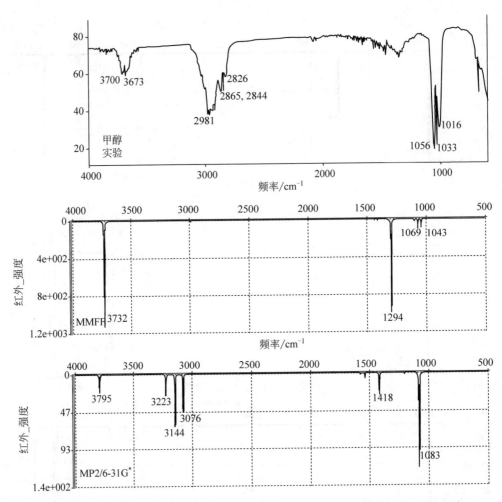

图 3.18　实验(气相)，分子力学(MMFF)和从头算(MP2(FC)/6-31G*)所得的甲醇红外光谱

3.5　分子力学的优点和缺点

3.5.1　优点

分子力学计算速度很快，如 3.3 节中 $C_{20}H_{42}$ 优化所用时间所示。分子力学的速度并不总是以牺牲精度为代价：对于已被参数化的一类分子而言，其结果的可靠性可与实验相媲美，或超越实验(3.3.2 节和 3.4 节)。分子力学对计算机的硬件要求不高：可能除了对大的生物聚合分子的计算外，在配置适度的个人电脑上进行分子力学计算是切实可行的。速度、(经常)精确和适度的计算机需求的特点使分子力学在许多建模程序套件中占有一席之地。

由于分子力学的计算速度和几乎所有元素的参数的可用性(3.3 节)，分子力学虽然不能提供非常精确的几何构型，但可以为半经验、从头算或密度泛函计算提供相当好的输入结构，这就是它的主要应用之一。许多分子力学程序计算红外光谱的能力似乎有限，因为通过量子力学方法进行频率计算虽然通常要比几何构型优化花费更多的时间，但频率应该使用与几何构型优化相同的方法进行计算(2.5节)。

3.5.2 缺点

利普科维茨[38]讨论了使用分子力学可能存在的缺陷。分子力学的缺点源于它忽略了电子。分子力学背后的观点是把分子看作受力作用的原子的集合,并使用这些力的任何适用的数学处理来将能量表达为几何构型参数项。通过参数化,分子力学可以"计算"电子性能。例如,使用指定的原子电荷或键偶极子可以找到分子的偶极矩。然而,这样的结果纯粹是通过类比获得的,其可靠性会被分子力学所忽视的未知的电子因素所否定。分子力学无法提供有关分子轨道形状和能量的信息,也无法提供诸如电子光谱之类的相关现象信息。当然,人们可以对分子力学优化所获的几何构型进行轨道等量子力学计算(所谓的单点计算是因为没有进行量子力学几何构型优化)。

由于分子力学的严格经验本质,所以,用传统的物理概念解释分子力学参数是危险的。例如:严格的键拉伸和键角弯曲参数不能与光谱力常数混为一谈[38];利普科维茨建议将分子力学比例常数(3.2.1节)称为势能常数。使用分子力学的其他风险如下。

(1) **使用不合适的力场**。为一类化合物参数化的力场不一定能很好地为其他类化合物参数化。

(2) **将参数从一个力场传递到另一个力场**。这通常是无效的。

(3) **优化到一个驻点**,该驻点可能实际上不是最小值(可能是"最大值"、过渡态),当然也可能不是全局最小值(第2章)。如果有理由怀疑某个结构不是最小值,则可以通过键旋转稍微改变结构,并重新优化。过渡态应向下滑向附近的最小值(例如,对 D_{3h} 几何构型稍微改变并优化,则重叠式乙烷成为交错式异构体(图3.8))。

(4) **被供应商炒作所吸引**。分子力学程序比半经验程序更重要,且与从头算或密度泛函理论程序不同,它由经验因素(力场的形式和其中使用的参数)决定,也许有些供应商倾向于不提醒买家潜在的缺陷。

(5) **忽略溶剂和附近的离子**。对于极性分子而言,使用**真空**中的结构可能会导致非常错误的几何构型和能量。这对生物分子尤其重要。缓解此问题的一种方法是将溶剂分子或离子明确添加到系统中,这可能会大大增加计算时间。另一种方法是将各种可行的真空优化构象进行可模拟溶剂影响的单点(不进行几何构型优化)计算,这样所产生的能量要比在真空中计算的能量更可靠。溶剂效应将在8.1节中进行讨论。最切实可行的溶液中的计算是那些将溶剂模拟为连续介质的计算(8.1节)。虽然从头算和密度泛函理论是这类计算标准、可靠的方法,但它们也可被应用到分子力学中。

(6) **用分子力学计算的能量在比较时缺乏谨慎**。分子力学计算的是假设的无张力的理想化的分子的能量。通过使用分子力学比较两种异构体的空间位阻("张力")能,即正常分子力学能量,来计算两种异构体的相对能量是危险的,因为这两个能量不一定是相对同样假设的无张力的物种(张力能不是明确可观察到的[39])。对于官能团异构体来说,如 $(CH_3)_2O/CH_3CH_2OH$ 和 $CH_3COCH_3/H_2C{=}(OH)CH_3$,这一点尤其正确,因为两者具有完全不同的原子类型。对于由相同种类原子组成的同分异构体(如烷烃)来说,尤其是构象异构体和 E/Z 异构体(几何异构体),一个好的分子力学力场应给出合理代表相对能量的空间位阻能。例如，MMFF 给出了 CH_3COCH_3/$H_2C =C(OH)CH_3$ 的空间位阻能，为 6.9/-6.6 kJ/mol，即相对能量为 0/-13 kJ/mol，而实验值约为 0/44 kJ/mol，即 $H_2C =C(OH)CH_3$ 是更高能量的分子。另一方面，MMFF 给出的邻位交叉式丁烷/反式丁烷空间位阻能为 -21.3/-18.0 kJ/mol，即相对能量为 0/3.3 kJ/mol，相当接近实验值 0/2.8 kJ/mol。对于椅式（D_{2d}）、扭曲式（D_2）和船式（C_{2v}）环己烷来说，MMFF 给出的空间位阻能为 -14.9、9.9、13.0 kJ/mol，即 0、24.8、27.9 kJ/mol 的相对能量，参见实验估计 0、24、29 kJ/mol。如上文（3.3.3节）所示，分子力学程序可以参数化，不仅能给出空间位阻能，还可以给出生成焓，而使用这些焓可以对结构完全不同的异构体进行能量比较。

尽管化学家经常用焓来比较异构体的稳定性，但我们应记住，平衡实际上是由自由能决定的。焓最低的异构体不一定是自由能最低的异构体；焓越高的分子可能具有更多的振动和扭转运动（它可能更具弹性和柔性），因此具有更多的熵和较低的自由能。自由能具有一个焓和一个熵组分，要计算熵，就需要振动频率。计算频率的程序通常会提供熵，并通过对焓的参数化（3.3.3节），可以允许计算自由能。请注意，自由能最低的物种不一定在混合物中占主导地位：一个低能量构象的数量可能会被许多更高能量的构象所超过，每个构象都需要自己在玻尔兹曼分布中所占的份额。

（7）**假设主要的构象决定了产物**。实际上，在动态平衡中，产物比率取决于构象异构体的相对反应性，而不是相对数量（科廷-哈米特定律[40]）。

（8）**无法做出判断**。在许多情况下，小的能量差异（例如，10～20 kJ/mol）并不意味着什么。如 3.3 节 MM4 程序得出的出色的能量结果仅适用于力场已被广泛参数化的分子系列（通常是中小分子）。

通过在已知结果的系统中进行测试计算（实验值，或从高水平量子力学计算中"已知"值），可以简单地避免上述许多风险。这种现实性检验不仅会对结果的可靠性产生重大影响，而且会对分子力学产生影响。

3.6 总结

本章介绍了分子力学的基本原理，它基于将分子视为由弹簧连接在一起的球的观点。分子力学始于 20 世纪 40 年代，当时，人们试图分析联苯的外消旋和 S_N2 反应速率。

分子的势能可以表示为涉及键拉伸、键角弯曲、二面角和非键相互作用的项的总和。给出这些项明确的数学形式是设计力场，给力场中的常数赋予实际数字是参数化力场。本章给出了分子力学力场设计和参数化的示例。

分子力学主要用于计算中小分子的几何构型和能量，计算速度很快且非常精确，前提是力场已经针对所研究的分子类型进行了仔细的参数化。对生物分子进行计算是分子力学一个非常重要的应用。制药行业借助分子力学来设计新药。例如，研究各种候选药物如何与生物分子的活性位点相匹配（对接），以及定量构效关系的相关方面是非常重要的。分子力学在计算过渡态的几何构型和能量方面有一定的局限性。现在，在有机合成中大量使用分子力学，这使化学家能够估算出哪些产物的可能性最大，并设计出比以往更真实的到达目标分子的路线。在分子动力学中，分子力学用于生成作用在分子上的力，从而计算分子的运动。在蒙特卡洛模拟中,分子力学被用来计算许多随机生成的状态的能量。

　　分子力学计算速度快,精度高,对计算机性能要求低,能为量子力学计算提供合理的初始的几何构型。但分子力学忽略了电子,因此只能通过类比提供诸如偶极矩之类的参数。必须警惕分子力学参数对手头问题的适用性。分子力学的驻点即使是相对极小值,也可能不是全局极小值。忽略溶剂效应会给极性分子带来错误的结果。分子力学给出了所谓的空间位阻能。对于结构相似的异构体来说,空间位阻能的差异代表了焓变。参数化以给出生成焓是可能的。严格来说,异构体的相对数量取决于自由能变。主要构象(即使被正确识别)也不一定是反应构象。

较容易的问题

　　1. 分子力学的基本思想是什么?

　　2. 什么是力场?

　　3. 力场参数化的两种基本方法是什么?

　　4. 为什么对过渡态的力场进行参数化会出现特殊问题?

　　5. 相对于其他计算分子几何构型和相对能量的方法,一般来说,分子力学的主要优势是什么?

　　6. 为什么在所有情况下都无法通过比较异构体的分子力学空间位阻("张力")能来获得它们的相对能量?

　　7. 分子力学无法处理哪类问题?

　　8. 列举 4 个分子力学应用,哪个使用最广泛?

　　9. 分子力学可以计算振动频率(cm^{-1}),但如果没有"外部帮助",它就无法计算其强度。请解释。

　　10. 为什么用某种较慢方法(如从头算)计算几何构型,然后使用该几何构型进行快速分子力学频率计算是无效的?

较难的问题

　　1. 与其他计算几何构型和相对能量的方法相比,分子力学的一大优势是计算速度。计算机速度的持续提高是否有可能会使分子力学过时?

　　2. 您认为可能(实际上?原理上?)建立一个可以精确计算任何一种分子几何构型的力场吗?

　　3. 使用"高水平"计算的结果,而不是实验的结果来参数化力场有什么优点或缺点?

　　4. 您是否会质疑这样的建议,无论"分子力学"结果有多精确,它们不能提供洞察影响化学问题的因素,因为"球和弹簧"模型是不符合物理实质的?

　　5. 您是否同意氢键(例如,两个水分子之间的吸引力)在分子力学中被建模为弱共价键、强范德华力或色散力,或静电吸引力?原理上,这三种方法中的哪一种更可取?

　　6. 用力场中的"伪原子"代替小的基团(例如,用大约同样大的"原子"代替 CH_3)明显加快了计算速度。这种简化可能伴随着哪些缺点？

7. 为什么为无机分子开发精确而通用的力场比为有机分子面临更大的挑战？

8. 哪些因素可能导致电子结构计算（如从头算或密度泛函理论）给出的几何构型或相对能量与从分子力学得到的有很大不同？

9. 编写一份不能由分子力学单纯计算的分子特性/性质列表。

10. 您认为合理的力场需要多少个参数才能最小化 1,2-二氯乙烷的几何构型？

参考文献

1. General references to molecular mechanics: (a) Allinger N (2010) Perhaps the most authoritative, yet delightfully casual and a good read. In: Molecular structure, understanding steric and electronic effects from molecular mechanics. Wiley, Hoboken; (b) Leach AR (1996) Chapter 3. In: Molecular modelling, principles and applications. Addison Wesley Longman, Essex (UK); (c) Rappe AK, Casewit CL (1997) Molecular mechanics across chemistry. University Science Books, Sausalito; (d) Allinger NL (1976) Calculation of molecular structures and energy by force methods. Advances in Physical Organic Chemistry, 13, Gold V, Bethell D(eds), Academic Press, New York; (e) Clark T (1985) A handbook of computational chemistry. Wiley, New York; (f) Levine IN (2014) Quantum chemistry, 7th edn. Prentice Hall, Engelwood Cliffs. section 17.5; (g) Issue No. 7 of Chem. Rev., 1993, 93; (h) Pettersson I, Liljefors T (1996) Reviews in computational chemistry. In: Conformational energies. 9; (I) Landis CR, Root DM, Cleveland T (1995) Reviews in computational chemistry. In: Inorganic and organometallic compounds. 6; (j) Bowen JP, Allinger NL (1991) Reviews in computational chemistry. In: Parameterization. 2; (k)Karplus M (2014) Accounts of early work on molecular mechanics and molecular dynamics, and their application to biological molecules and reactions. Angew Chem, Int Ed Engl 53:9992; Levitt M (2014) Angew Chem, Int Ed Engl 53:10006; Warshel A (2014) Angew Chem, Int Ed Engl 53:10020

2. MM history: (a) References 1; (b) Engler EM, Andose JD, von R Schleyer P (1973) J Am Chem Soc 95:8005 and references therein; (c) Molecular mechanics up to the end of 1967 is reviewed in detail in: Williams JE, Stang PJ, von R Schleyer P (1968) Annu Rev Phys Chem 19:531

3. (a) Westheimer FH, Mayer JE (1946) J Chem Phys 14:733; (b) Hill TL (1946) J Chem Phys 14:465; (c) Dostrovsky I, Hughes ED, Ingold CK (1946) J Chem Soc 173; (d) Westheimer FH (1947) J Chem Phys 15:252

4. (a) Ma B, Lii JH, Chen K, Allinger NL (1997) J Am Chem Soc 119:2570 and references therein; (b) In an MM4 study of amines, agreement with experiment was generally good: Chen KH, Lii JH, Allinger NJ (2007) J Comp Chem 28:2391; (c) Five papers, using MM4, on Alcohols, ethers, carbohydrates, and related compounds, J Comp Chem, 2003, 24; Allinger NL, Chen KH, Lii JH, Durkin KA, 1447; Lii JH, Chen KH, Durkin A, Allinger NL, 1473; Lii JH, Chen KH, Grindley TB, Allinger NL, 1490; Lii JH, Chen KH, Allinger NL, 1504; J Phys Chem A, 2004, 108, Lii JH, Chen KH, Allinger NL, 3006

5. (a) Information on and references to molecular mechanics programs may be found in references 1; (b) For papers on the popular Merck Molecular Force Field and the MM4 forcefield (and information on some others) see the issue of J Comp Chem, (1996) 17

6. The force constant is defined as the proportionality constant in the equation force $= k \times$ extension (of length or angle), so integrating force with respect to extension to get the energy (= force × extension needed to stretch the bond gives $E = (k/2)$ (extension)^2, i.e. $k =$ force constant $= 2k_{stretch}$ (or $2k_{bend}$)

7. (a) A brief discussion and some parameters: Atkins PW (1994) Physical chemistry, 5th edn. Freeman New York, p 772–773; it is pointed out here that $e^{-r/\sigma}$ is actually a much better representation of the compressive potential than is r^{-12}; (b) Moore WJ (1972) Physical chemistry, 4th edn. Prentice-Hall, New Jersey p 158 (from Hirschfelder JO, Curtis CF, Bird RB (1954) Molecular theory of gases and liquids. Wiley, New York). Note that our k_{nb} is called 4ε here and must be multiplied by 8.31/1000 to convert it to our units of kJ mol^{-1}

8. Silverstein RM, Webster FX, Kiemle DJ (2005) Infra red spectroscopy. In: Spectrometric identification of organic compounds, Seventhth edn. Wiley, Hoboken, Chapter 2

9. Different methods of structure determination give somewhat different results; this is discussed in reference 4(a) and in: (a) Ma B, Lii JH, Schaefer HF, Allinger NL (1996) J Phys Chem 100:8763 and (b) Domenicano A, Hargittai I (eds) Accurate molecular structures. Oxford Science Publications, New York

10. Handley CM, Popelier PLA (2010) To properly parameterize a molecular mechanics forcefield only high-level ab initio calculations or density functional calculations would actually be used, but this does not affect the principle being demonstrated. The possible use of neural networks, which can learn, to find functional forms for forcefields, has been reviewed. J Phys Chem A 114:3371

11. Blanksby SJ, Ellison GB (2003) Acc Chem Res 36:255, Table 2

12. Reference 1b, p 148–181

13. MM3: Allinger NL, Yuh YH, Lii JH (1989) J Am Chem Soc 111:8551

14. Jensen F (2007) Introduction to computational chemistry, 2nd edn. Wiley, West Sussex, section 12.2

15. Eksterowicz JE, Houk KN (1993) Chem Rev 93:2439

16. E.g. Smith MB, March J (2000) March's advanced organic chemistry. Wiley, New York, p 284–285

17. (a) Jensen F (2007) Introduction to computational chemistry, 2nd edn. Wiley, West Sussex, section 2.9.2; (b) Jensen F, Norby PO (2003) Theor Chem Acc 109:1

18. Spartan is a comprehensive computational chemistry program with molecular mechanics, ab initio, density functional and semiempirical capability, combined with powerful graphical input and output

19. Halgren TA (1996) Comparison of various forcefields for geometry (and vibrational frequencies). J Comp Chem 17:553

20. The Merck forcefield (ref. [22]) often gives geometries that are satisfactory for energy calculations (i.e. for single-point energies) with quantum mechanical methods; this could be very useful for large molecules: Hehre WJ, Yu J, Klunzinger PE (1997) A guide to molecular mechanics and molecular orbital calculations in Spartan. Wavefunction Inc., Irvine, chapter 4

21. Strutyński K, Gomes JANF, Melle-Franco M (2014) J Phys Chem A 118:9561

22. Halgren TA (1996) J Comp Chem 17:490

23. Comba P, Hambley TW, Martin B (2009) Molecular modeling of inorganic compounds, 3rd edn. Wiley, Weinheim

24. (a) Hehre WJ, Radom L, v. R. Schleyer P, Pople JA (1986) Ab initio molecular orbital theory. Wiley, New York, 1986; (b) Harmony MD, W, Laurie V, Kuczkowski RL, Schwenderman RH, Ramsay DA, Lovas FJ, Lafferty WH, Makai AK (1979) Molecular structures of gas-phase polyatomic molecules, determined by spectroscopic methods, J Physical and Chemical Reference data 8:619–721; (c) Huang J, Hedberg K (1989) J Am Chem Soc 111:6909

25. Nicklaus MC (1997) J Comp Chem 18:1056; the difference between CHARMM and CHARMm is explained here

26. (a) http://ambermd.org; (b) Cornell WD, Cieplak P, Bayly CI, Gould IR, Merz KM, Jr., Ferguson DM, Sellmeyer DC, Fox T, Caldwell JW, Kollman PA (1995) J Am Chem Soc 117:5179; (c) Barone V, Capecchi G, Brunel Y, Andries MLD, Subra R (1997) J Comp Chem 18:1720

27. (a) Field MJ, Bash PA, Karplus M (1990) J Comp Chem 11:700; (b) Bash PA, Field MJ, Karplus M (1987) J Am Chem Soc 109:8092

28. Singh UC, Kollman P (1986) J Comp Chem 7:718

29. Acevido O, Jorgenson WL (2010) Acc Chem Res 43:142

30. (a) E.g. reference 1b, chapter 10; (b) Höltje HD, Folkers G (1996) Molecular modelling, applications in medicinal chemistry. VCH, Weinheim, Germany; (c) van de Waterbeemd H, Testa B, Folkers G (eds) (1997) Computer-assisted lead finding and optimization, VCH, Weinheim, Germany

31. Ref. [1a], p 265–284

32. Gundertofte K, Liljefors T, Norby PO, Pettersson I (1996) J Comp Chem 17:429

33. (a) Reference 1b, chapter 6; (b) Karplus M, Putsch GA (1990) Nature 347:631; (c) Brooks III CL, Case DA (1993) Chem Rev 93:2487;(d) Eichinger M, Grubmüller H, Heller H, Tavan P (1993) J Comp Chem 18:1729; (e) Marlow GE, Perkyns JS, Pettitt BM (1993) Chem Rev 93:2503; (f) Aqvist J, Warshel A (1993) Chem Rev 93:2523

34. Reference 1b, chapter 8

35. Lipkowitz KB, Peterson MA (1993) Chem Rev 93:2463

36. (a) Saunders M (1991) Science 253:330; (b) See too Dodziuk H, Lukin O, Nowinski KS (1999) Polish J Chem 73:299

37. Lii J-H, Allinger NL (1992) J Comp Chem 13:1138

38. Lipkowitz KB (1995) J Chem Ed 72:1070

39. (a) Wiberg K (1986) Angew Chem, Int Ed Engl 25:312; (b) Issue No. 5 of Chem Rev, 1989, 89. (c) Inagaki S, Ishitani Y, Kakefu T (1994) J Am Chem Soc 116:5954; (d) Nagase S (1995) Acc Chem Res 28:469; (e) Gronert S, Lee JM (1995) J Org Chem 60:6731; (f) Sella A, Basch H, Hoz S (1996) J Am Chem Soc 118:416; (g) Grime S (1996) J Am Chem Soc 118:1529; (h) Balaji V, Michl J (1988) Pure Appl Chem 60:189; (i) Wiberg KB, Ochterski JW (1997) J Comp Chem 18:108

40. Seeman JI (1983) Chem Rev 83:83

第4章

计算化学中的量子力学导论

我们靠逻辑去证明,但是靠直觉去发现。

——J. H. 庞加莱,1900 年

摘要：历史的观点使这个主题不再神秘。重点是化学的应用。通过解释薛定谔方程,以及该方程如何得出简单休克尔方法及随后的扩展休克尔方法,量子力学(quantum mechanics, QM)在计算化学中的应用得以展示。这为第5章的从头算理论奠定了良好的基础。

量子力学起源于对黑体辐射和光电效应的研究。除量子力学外,放射性和相对论还促进了经典物理学向现代物理学的转变。本章讨论了经典卢瑟福核式原子、玻尔原子和薛定谔波动力学原子,解释了杂化、波函数、矩阵和行列式等基本概念。为从久期方程中获得特征向量和特征值,说明和应用了简练而简单的矩阵对角化方法,其中所涉及的数学问题都进行了解释。

4.1 观点

第1章概述了计算化学家可以使用的工具。第2章为这些工具应用于势能面的探索奠定了基础。第3章介绍了其中一种工具,即分子力学。本章将介绍量子力学和量子化学,以及量子力学在化学中的应用。分子力学是严格的、经验主义的,就其对理论的吸引力而言,它主要使用基础经典物理学、现代物理学之前的物理学原理,它把分子看作球和弹簧的集合,并针对诸如原子间排斥和吸引等偏差进行了改善。量子力学是现代物理学的基石之一,从头算(第5章)、半经验(第6章)和密度泛函理论(第7章)方法属于量子化学,本书其余部分主要讨论这些方法。本章是为了使人们更容易理解量子力学在计算化学中的作用。"量子"一词来自拉丁语"quantus"(表示"多少?",复数 quanta),1900 年,马克斯·普朗克首次将其作为形容词和名词使用,用来表示发射或吸收能量的数量或受限的量。作为与经典力学的对比,量子力学这个术语是由玻恩(玻恩-奥本海默近似,2.3 节)在 1924 年首次使用的。1925 年(海森堡,矩阵力学)和 1926 年(薛定谔,波动方程)提出的处理原子和分子的量子力学的技术不是经典物理学的补丁(玻尔,1913;索末菲,1915),而是正面反对经典物理学的。

物理学使用的"力学"传统上是研究物体在诸如重力(天体力学)等力的作用下的行为。分子由原子核和电子组成。量子化学从根本上讲是研究在核电荷和其他电子施加的电磁力的影响下的电子运动。理解原子和分子中电子的行为,进而理解化学实体的结构和反应,这都依赖于量子力学,尤其是量子化学的基础——薛定谔方程。出于这个原因,我们将概述量子力学的发展,进而引出薛定谔方程,然后随着休克尔将薛定谔方程应用(至少就合理大小的分子而言)于化学,诞生了量子化学。目前,这种**简单休克尔方法**被一些理论家所不屑,但在此进行讨论的理由是:①它继续在研究中有用;②如今,"作为一个模型,它非常有用……因为它是保留了波函数中节点这个核心物理的模型。它是一个模型,它完全扔掉了其他所有东西,除了最后一点,唯一的东西,如果扔掉,将什么都不会留下。因此,它提供了基本的理解①。"简单休克尔方法的推广,即扩展休克尔方法的讨论,为第 5 章奠定了基础。这里使用的历史方法虽然有点肤浅,但可能有助于改善量子化学某些特征明显的随意性[1-2]。莱文[3]的文章是对量子化学的一个极好介绍。

我们概述了通向现代物理学和量子化学之路的因素,按以下顺序展开。

(1) 量子理论的起源:黑体辐射与光电效应。

(2) 放射性(简介)。

(3) 相对论(非常简短)。

(4) 核式原子。

(5) 玻尔原子。

(6) 波动力学原子与薛定谔方程。

4.2 量子力学的发展和薛定谔方程

4.2.1 量子理论的起源:黑体辐射和光电效应

三个发现标志着经典物理学到现代物理学的转变:量子理论、放射性和相对论(图 4.1)。量子理论源于对黑体辐射和光电效应的研究。

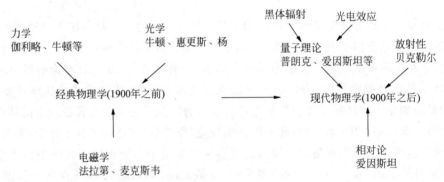

图 4.1　标志着经典物理学到现代物理学的转变的发现。尽管放射性在 1896 年被发现,但对它的理解不得不等待相对论和量子理论

1. 黑体辐射

物理学中的黑体是一个理想的辐射吸收体:它吸收掉照射在其上的所有辐射,不反射

---

① 罗阿尔德·霍夫曼教授的个人交流,2002 年 2 月 13 日,另见 4.4.1 节脚注。

任何辐射。与我们更相关的是,一个炽热的黑体所发出的辐射,就能量随波长的分布而言,只取决于温度,而与黑体的材质无关,因此可以进行相对简单的分析。太阳可近似为黑体(就其辐射温度特性而言,一个炽热的黑体实际上不必是黑色的)。在实验室中,一个很好的黑体辐射源是一个内部发黑的炉子,它有一个小孔可以让辐射逸出。在 19 世纪后半世纪,人们研究了表征黑体辐射的能量分布与波长的关系,这一研究主要来自卢默和普林斯海姆[1]。他们绘制了不同温度下,每波长增量 $\Delta\lambda$ 内的通量 ΔF(以现代国际制单位,$J/(s \cdot m^2)$,焦每秒平方米)与黑体波长 λ 的关系(图 4.2):$\Delta F/\Delta\lambda$ 与 λ。所得结果是直方图或条形图,其中每个矩形面积为 $(\Delta F/\Delta\lambda)\Delta\lambda = \Delta F$,代表在该 $\Delta\lambda$ 覆盖波长范围内的通量。$\Delta F/\Delta\lambda$ 可以称为该特定波长范围 $\Delta\lambda$ 的通量密度。所有矩形的总面积是黑体在其整个波长范围内发射的总通量。当 $\Delta\lambda$ 接近零时(注意,对于来自黑体的非单色辐射来说,特定波长处的通量实质上为零),直方图接近平滑曲线,有限增量的比率近似为导数,我们可以问:(图 4.2)$dF/\Delta\lambda = f(\lambda)$ 的函数是什么? 对这个问题的回答奠定了量子理论的开端。

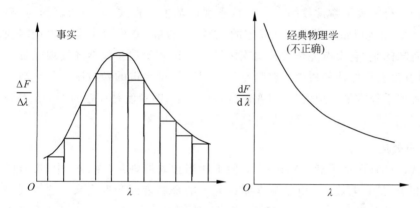

图 4.2 在极限状态下,$f(\lambda)$ 与 λ 的条形图变成曲线,其中 $f(\lambda) = \lim\limits_{\Delta\lambda \to 0} \dfrac{\Delta F}{\Delta\lambda} = \dfrac{dF}{d\lambda}$,实质上是辐射强度与波长的关系。普朗克通过寻找函数 $f(\lambda)$ 引出了量子理论

19 世纪末期的物理学,即处于巅峰的经典物理学,预言了黑体所发射的通量密度会随波长减小而无限增加。这是因为经典物理学认为:一个特定频率的辐射是由以该频率振动的振荡器(原子或其他任何东西)发出的,且振荡器的平均能量与它的频率无关;由于可能的频率数可无限增加,因此黑体发射的通量密度($J/(m \cdot s)$)应无限制上升到更高频率或更短波长,进入紫外区,因此,总通量($J/(m^2 \cdot s)$)应是无限的。这显然是荒谬的,并被公认为荒谬的。事实上,它被称为"紫外灾难"[1]。为理解黑体辐射的本质,并避免"紫外灾难",19 世纪 90 年代的物理学家试图找到函数(图 4.2)$f(\lambda)$。

在不违背经典物理学的前提下,维恩发现了一个理论方程,该方程在相对较短的波长下拟合卢默-普林斯海姆曲线,而在相对较长的波长处拟合瑞利和金斯曲线。马克斯·普朗克①采用了一种不同的方法:他在 1900 年发现了一个符合事实的纯经验公式 $dF/d\lambda = f(\lambda)$,然后试图从理论上解释该公式。为此,他不得不做出两个假设。

---

① 马克斯·普朗克,1858 年生于德国基尔。1879 年柏林大学博士。柏林大学、基尔大学教授。1819 年因黑体辐射量子理论获诺贝尔物理学奖。1947 年于哥廷根去世。

（1）振荡器在 $\nu+d\nu$ 频率范围内拥有的总能量（ν 是希腊字母，通常用于频率，不要与通常用于速度的 υ 混淆）与频率成正比。

$$E_{tot}(\nu+d\nu) \propto \nu \tag{4.1}$$

（2）振荡器收集到的发射或吸收的辐射频率是由能级间跃迁引起的，跃迁所增加或损失的能量为 $k\nu$。

$$\Delta E = k\nu \tag{4.2}$$

现在认为常数 k 是自然的基本常数，即 6.626×10^{-34} J·s，被称为普朗克常量，用 h 表示，因此式（4.2）变为

$$\Delta E = h\nu \tag{*4.3}$$

为什么用字母 h？因为 h 有时在数学中被用来表示无穷小，而普朗克则打算让这个量归零（这是麻省理工学院已故菲利普·莫里森教授向作者提出的）。结果证明，它很小，但却是有限的。最初是 1900 年 12 月 14 日普朗克在柏林召开的德国物理学会会议上的一次演讲中用这个字母来表示新常数的[4]。对量子理论基本方程式（4.3）的解释为，频率为 ν 的辐射所表示的能量以量子化量 $h\nu$（确定的，受约束的量，突然而非连续的）被吸收或发射。具有讽刺意味的是，它没有完全被普朗克接受[5]。这表明他是偶然地发现能量转换的不连续性，但这并没有贬低他的成就。普朗克常量用于衡量宇宙的颗粒度。虽然涉及能量变化的微小过程似乎经常平稳地发生，但在超微观尺度上，颗粒度是存在的[6]。h 是量子表达式的标志，它的有限值将我们的宇宙与非量子宇宙区分开来。

2. 光电效应

得出式（4.3）（即量子理论）的一个表面上相当独立的现象（在科学中，没有两个现象真的完全不相关）是光电效应：电子从暴露在光下的金属表面激射出来。这种现象的第一个线索来自于赫兹①，他在 1888 年注意到，当紫外线照射在负电极上时，在两个电极上引发火花所需的电势降低了。1902 年，莱纳德②首次系统地研究了光电效应，他指出赫兹所观测到的现象是由电子发射引起的。

经典物理学无法解释的事实（图 4.3）是电子发射存在一个阈值频率，电子动能与光的频率成线性关系，以及电子通量（每单位面积每秒的电子数）与光的强度成正比。经典物理学预言，电子通量应与光的频率成正比，随频率降低而减小，但在特定频率下，不会急剧下降为零，且电子动能应与光的强度成正比，而不是与频率成正比。

这些事实在 1905 年由爱因斯坦③以一种现在看来非常简单的方式进行了解释，但实际上是依赖于当时具有革命性意义的概念。爱因斯坦超越了普朗克，并提出不仅光的吸收和发射过程是量子化的，而且光本身也是量子化的，其中包括能量的粒子效应。

---

① 海因里希·赫兹，1857 年生于德国汉堡。1880 年柏林大学博士。波恩卡尔斯鲁厄大学教授。无线电波的发现者。于 1894 年在波恩去世。

② 菲利普·莱纳德，德国物理学家，1862 年生于奥匈帝国的波兹索尼（现斯洛伐克的布拉迪斯拉发）。1886 年海德堡大学博士。海德堡大学教授。1905 年因对阴极射线的研究而获得诺贝尔物理学奖。莱纳德支持纳粹，并拒绝接纳爱因斯坦的相对论。1947 年去世于德国梅塞尔豪森。

③ 阿尔伯特·爱因斯坦，德国-瑞士-美国物理学家。1879 年生于德国乌尔姆。1905 年苏黎世大学博士。苏黎世大学、布拉格大学、柏林大学教授，在新泽西州普林斯顿高等研究院工作。1921 年因光电效应理论获诺贝尔物理学奖。最著名的是狭义相对论（1905 年）和广义相对论（1915 年）。于 1955 年在普林斯顿去世。

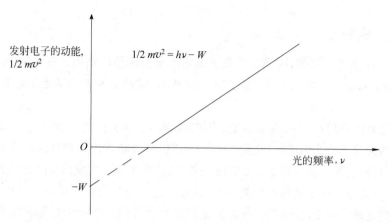

图 4.3　光电效应。爱因斯坦将普朗克关于离散量的能量吸收和发射的观点推广到光,从而解释了这种效应:他假设光本身是由离散的粒子组成的

$$E_{粒子} = h\nu \tag{4.4}$$

式中,ν——光的频率。

这些粒子被称为光子("光子"是由吉尔伯特·路易斯于 1923 年创造的,但他的"光子"并不是现代物理学中的粒子)。从金属中移除一个电子后的一个光子的剩余能量等于使该电子从金属中脱离出来所需的能量,加上该自由电子的动能,则

$$h\nu = W + 1/2 m_e v^2 \tag{4.5}$$

重新排列式(4.5):

$$1/2 m_e v^2 = h\nu - W \tag{4.6}$$

式中,W——金属功函数,移除一个电子所需能量(无剩余能量);

　　　m_e——电子的质量;

　　　v——被光子激发的电子的速度;

　　　$1/2\, m_e v^2$——自由电子的动能。

因此,电子的动能($1/2 m_e v^2$)与光的频率 ν 的关系曲线应是一条斜率为正的直线(这是找到普朗克常量的另一种方法),以正值与水平轴相交,如实验所示(图 4.3)。

普朗克对黑体辐射曲线的解释(1900 年[4])和爱因斯坦对光电效应事实的解释(1905 年[7])表明,物理过程中的能量流动并非像人们所认为的那样连续发生,而是在离散跳跃中,一个量子又一个量子地突然发生。普朗克和爱因斯坦的贡献标志着量子理论的诞生,也是经典物理学向现代物理学过渡的信号。

4.2.2　放射性

之所以简要提及放射性,是因为它与量子力学和相对论一起将经典物理学转化为现代物理学。放射性是贝克勒尔在 1896 年发现的。然而,多年来,关于铀和镭等物质如何能释放出比化学反应所允许的能量高一百万倍的理解,不得不等待爱因斯坦的狭义相对论(4.2.3 节),该理论显示微小且不明显的质量下降代表了大量能量的释放。

4.2.3 相对论

相对论与计算化学有关，因为在涉及比氯或溴重的原子的精确计算中，必须经常明确地考虑它（见下文），而且薛定谔方程（量子化学的基本方程）是相对论方程（狄拉克[①]方程）的一个近似。

相对论是爱因斯坦在 1905 年发现的，当时，他提出了狭义相对论，该理论研究的是在没有明显引力场的情况下的非加速运动（爱因斯坦在 1915 年发表的广义相对论涉及加速运动和引力）。狭义相对论预测了质量和能量之间的关系，与计算化学更直接相关的著名 $E=mc^2$ 方程表明，粒子的质量随其速度增加而增大，且在接近光速时质量会急剧增加。在较重元素中，内部电子以近似光速的速度运动，其相对论质量的增加会影响这些元素的化学性质（实际上，有些物理学家不喜欢将静止质量和相对论质量分开来考虑，但我们不必在此关注这个争议）。在计算化学中，电子的相对论效应通常由所谓的有效核势或赝势来解释（5.3.3 节）。

4.2.4 核式原子

"核式原子"是把原子描绘成一个被负电子包围的正原子核。在思辨哲学中，原子概念虽然至少可以追溯到德谟克利特时代[②]，但原子作为科学可信理论的基础，直到 19 世纪才出现：道尔顿[③]在 1808 年将定比定律合理化。关于原子的麦克斯韦-玻尔兹曼[④]气体动力学理论虽然取得了成功，但恩斯特·马赫实证主义者派的许多科学家认为，原子充其量只是一个方便的假设，直到 1908 年，佩林[⑤]用实验证实了爱因斯坦对布朗运动的原子论分析，原子的真实性最终被玻尔兹曼的对手奥斯特瓦尔德[⑥]等顽固分子所接受。

原子具有内部结构。因此，它不是希腊意义上的"原子"，也不只是气体动力学理论或布朗运动中不断运动的粒子。这表现在两个方面：研究电流通过气体的过程，以及某些溶液的行为。19 世纪，低压下电流通过气体的过程是一个非常活跃的研究领域，在这里，我们只提及了亚原子物理学初期领域的少数先驱者。1858 年，普吕克尔观察到载流真空管玻璃壁上的阴极附近出现了荧光辉光，这可能是从原子激发出粒子的最初迹象之一。19 世纪 70 年代，克鲁克斯通过证明它们可以被磁铁偏转，表明它们确实是粒子，而不是电磁射线（用经

[①] 保罗·阿德里安·莫里斯·狄拉克，1902 年生于英国布里斯托尔。1926 年剑桥大学博士。剑桥大学、都柏林高等研究院、迈阿密大学、佛罗里达州立大学教授。1933 年获诺贝尔物理学奖（与薛定谔分享）。因其数学上的简练、将相对论与量子理论联系起来，以及预测正电子的存在而闻名。1984 年于佛罗里达州的塔拉哈西去世。

[②] 德谟克利特，希腊哲学家，公元前 460 年出生于色雷斯（巴尔干半岛东部）的阿卜德拉。约公元前 370 年去世。

[③] 约翰·道尔顿，1766 年生于英格兰伊格尔斯菲尔德，被认为是定量化学原子理论的奠基人。定比定律开创了原子量测定的先河。英国科学促进协会联合创始人。1844 年于英格兰曼彻斯特去世。

[④] 路德维希·玻尔兹曼，1844 年生于维也纳。维也纳大学博士。格拉茨大学、维也纳大学教授。提出了独立于麦克斯韦（即玻尔兹曼常数 k）的气体动力学理论。原子理论的坚定支持者，反对马赫和奥斯特瓦尔德，帮助发展了熵（S）的概念。1906 年于奥地利杜伊诺（今意大利）去世（因抑郁而自杀）。其墓碑上刻有：$S=k\log W$。

[⑤] 让·佩林，1870 年生于法国里尔。巴黎高师博士。巴黎大学教授。1926 年获诺贝尔物理学奖。1942 年于纽约去世。

[⑥] 威廉·弗里德里希·奥斯特瓦尔德，德国化学家，1853 年生于拉脱维亚里加。爱沙尼亚多尔帕特大学博士。里加理工大学、莱比锡大学教授。物理化学创始人，原子论的反对者，直到被爱因斯坦和佩林的工作所说服。1909 年获诺贝尔化学奖。1932 年在莱比锡附近去世。

典物理学的语言来说）。戈尔茨坦在 1886 年证明了存在与阴极发射的粒子电荷相反的粒子,并将其命名为"阴极射线"。佩林在 1895 年证明了阴极射线是负粒子,当时,他认为阴极射线会将这种电荷传递给其所落之处的物体。大约同时,汤姆逊[①]进一步证实了阴极射线的负粒子性质,汤姆逊(1897 年)证明,阴极射线在电场作用下向预期方向偏转。汤姆逊还测量了它们的质荷比,并根据电化学中可能存在的最小电荷值计算出这些粒子的质量,约为氢原子质量的 1/1837。后来,洛伦兹将这个粒子称为"电子",采用了史东尼从希腊语中借用的表示单位电流($\epsilon\lambda\epsilon\kappa\tau\rho\text{o}\nu$:琥珀,在摩擦时会产生电荷)的术语。汤姆逊被称为电子的发现者。

也许是汤姆逊首先提出了关于亚原子粒子的特定原子结构。他的"葡萄干布丁"模型(约 1900 年)将电子置于正电荷的海洋中,就像布丁中的葡萄干一样,符合当时已知的事实,允许电子在电势的影响下被移除。卢瑟福[②]在 1911 年提出了原子是带有核外电子的正原子核的现代模型。这一模型源于放射性样品中的 α 粒子穿过非常薄的金箔的实验。大多数情况下,α 粒子会通过金箔,但偶尔会有一个反弹回来,这表明,金箔大部分是空的空间,但存在一个很小的粒子,该粒子与电子(太轻而无法阻拦一个 α 粒子)相比,质量很大。从这些实验中,我们得出了原子的图像,原子由一个小的、相对质量很大的、被电子包围的正原子核组成,即核式原子。卢瑟福将这些原子核中质量最轻的原子核(氢原子核)命名为质子(来自希腊语 $\pi\rho\omega\tau\text{o}\varsigma$,意思为主要或第一个)。

原子作为亚原子粒子的合成物,这一概念的发展还有另一条线索。电解质(提供导电溶液的溶质)对沸点和凝固点,以及溶液渗透压的增强作用促使阿伦尼乌斯[③]在 1884 年提出,这些物质以带电荷的原子或原子团的形式存在于水中。因此,氯化钠在溶液中通常不会以氯化钠的分子形式存在,而是以正的钠"原子"和负的氯"原子"形式存在。两个粒子,而不是预期的一个粒子的存在解释了增强的效果。原子失去或获得电荷的能力暗示了某种亚原子结构的存在,尽管这一理论并未受到热烈欢迎(阿伦尼乌斯差点未通过博士学位考试),但汤姆逊证实(约 1900 年),原子中含有电子,这使得化学性质与中性原子大不相同的带电原子的概念被接受。阿伦尼乌斯的博士研究成果(尽管经过重大修改)被授予诺贝尔化学奖。

4.2.5　玻尔原子

卢瑟福提出的核式原子面临着一个严重的问题:电子像行星绕太阳一样围绕原子核运行。一个作圆周(或椭圆)运动的物体会有加速度,因为它的方向在变化,因此其速度(与速率不同,是向量)也在变化。一个围绕原子核作圆周运动的电子会向原子核加速,且根据麦克斯韦电磁方程,一个加速的电荷会辐射掉能量,因此,电子会因向原子核的螺旋运动而失去能量,最终到达原子核上,不再有动能和势能。计算表明,这应该在不到一秒内就发生[8]。

---

① 约瑟夫·约翰·汤姆逊爵士,1856 年生于曼彻斯特附近。剑桥大学教授。1906 年获诺贝尔物理学奖。1908 年获封骑士勋章。1940 年于剑桥去世。

② 欧内斯特·卢瑟福(卢瑟福男爵),1871 年生于新西兰尼尔森附近。在 J.J. 汤姆逊指导下,在剑桥大学学习。麦吉尔大学(蒙特利尔)、曼彻斯特大学和剑桥大学教授。1908 年因在放射性、α 粒子和原子结构方面的研究获诺贝尔化学奖。1914 年获封骑士勋章。1937 年于伦敦去世。

③ 斯凡特·阿伦尼乌斯,1859 年生于瑞典乌普萨拉附近。斯德哥尔摩大学博士。1903 年获诺贝尔化学奖。斯德哥尔摩大学教授。1927 年于斯德哥尔摩去世。

　　玻尔[①]在 1913 年提出了解决这一难题的方法[9,10]。他根据牛顿定律保留了绕核作轨道运动的电子的经典图像，但受限于电子的角动量必须是 $h/2\pi$ 的整数倍。

$$mvr = n(h/2\pi), \quad n = 1,2,3,\cdots \tag{4.7}$$

式中，m——电子质量；

　　v——电子速度；

　　r——电子轨道半径；

　　h——普朗克常量。

　　式(4.7)是玻尔假设，即电子可以违反麦克斯韦定律，只要它们的轨道角动量(即适当半径的轨道)满足式(4.7)。正如大多数教科书所暗示的那样，玻尔假设并非一时兴起，而是基于：①普朗克方程 $\Delta E = h\nu$；②从大的半径的轨道开始，电子运动基本上是线性的，经典物理学不强制电子辐射，因为不涉及加速度，然后外推到半径小的轨道。当接近宏观条件时，量子力学方程逐渐变为经典的类似物，与刚刚描述的推理相反，这称为对应原理[11]。

　　使用式(4.7)的假设和经典物理学，根据原子核的电荷和一些自然常数，玻尔推出了单电子原子(类氢原子，如 H 或 He^+ 等)中轨道电子的能量方程。以电子的总能量为其动能和势能之和开始。

$$E_t = \frac{1}{2}mv^2 - \frac{Ze^2}{4\pi\varepsilon_0 r} \tag{4.8}$$

式中，Z——核电荷(1 表示 H，2 表示 He，等等)；

　　e——电子电荷；

　　ε_0——真空介电常数。

　　通过力＝质量×加速度，得

$$\frac{Ze^2}{4\pi\varepsilon_0 r^2} = \frac{mv^2}{r} \tag{4.9}$$

　　即

$$\frac{Ze^2}{4\pi\varepsilon_0 r} = mv^2 \tag{4.10}$$

　　因此，根据式(4.8)

$$E_t = \frac{1}{2}mv^2 - mv^2 = -\frac{1}{2}mv^2 \tag{4.11}$$

　　根据式(4.7)和式(4.10)

$$v = \frac{Ze^2}{2\varepsilon_0 nh} \tag{4.12}$$

　　因此，根据式(4.11)和式(4.12)

$$E_t = -\frac{Z^2 e^4 m}{8\varepsilon_0^2 n^2 h^2} \tag{4.13}$$

　　式(4.13)以我们宇宙的 4 个基本量来表示类氢原子的电子的总能量(动能＋势能)：电子电荷、电子质量、真空介电常数和普朗克常量。由式(4.13)可知，类氢原子发射或吸收光

---

　　① 尼尔斯·玻尔，1885 年生于哥本哈根。哥本哈根大学博士。哥本哈根大学教授。1922 年获诺贝尔物理学奖。诠释量子理论的"哥本哈根学派"创始人。1962 年于哥本哈根去世。

所涉及的能量变化很简单

$$\Delta E = E_{t2} - E_{t1} = \frac{mZ^2 e^4}{8\varepsilon_0^2 h^2}\left(\frac{1}{n_1^2} - \frac{1}{n_2^2}\right) \tag{4.14}$$

式中，ΔE 是由量子数 n_2 表征的态的能量减去由量子数 n_1 表征的态的能量。请注意，根据式(4.13)，总能量随着 $n(=1,2,3,\cdots)$ 的增加而增加(负值减小)，因此，高能态与高量子数 n 相关，$\Delta E > 0$ 代表吸收能量，$\Delta E < 0$ 表示释放能量。吸收或发射的辐射能与其频率之间为普朗克关系($\Delta E = h\nu$，式(4.3))。式(4.14)使我们能够计算类氢原子的光谱吸收和发射谱线的频率。这与实验的一致性非常好，计算得到的类氢原子的电离能也是如此(式(4.14)中 $n_2 = \infty$ 时的 ΔE)。

4.2.6　波动力学原子和薛定谔方程

玻尔方法对类氢原子，即只有一个电子的原子：氢、氦正离子、二价锂离子等非常有效。然而，对其他原子，玻尔方法存在一些不足。在这些示例中，玻尔模型的问题如下。

(1) 在光谱中两个 n 值之间的跃迁线内，还有其他一些跃迁线(见式(4.14))。索末菲在 1915 年通过椭圆轨道，而非圆形轨道的假设将其合理化。实质上，该假设引入了新的量子数 k，即椭圆轨道偏心率的度量。电子可能具有相同的 n，不同的 k，从而增加了可能的电子跃迁的多样性。k 与我们现在所说的角量子数 l 有关，$l = k - 1$。

(2) 碱金属的光谱中存在一些不能被量子数 n 和 k 解释的谱线。1925 年，古德斯密特和乌伦贝克发现，通过假设电子绕轴自旋可以解释这些现象。这种绕轴自旋产生的磁场会加强或对抗电子绕核的轨道运动产生的磁场。因此，每个 n 和 k 都有两个紧密间隔的"磁能级"，这使得新的、紧密间隔的光谱线成为可能。因此，引入自旋量子数 $m_s = +1/2$ 或 $-1/2$ 来解释自旋。

(3) 在外磁场存在的情况下，原子光谱中出现了新的谱线(不要与电子本身产生的磁场混淆)。这种塞曼效应(1896 年)是由以下假设解释的：相对于外场，电子轨道平面只能占据有限数量的取向，每个取向具有不同的能量。每个取向都与一个磁量子数 m_m(通常指定为 $m = -l, -(l-1), \cdots, (l-1), l$)相关。因此，在外磁场中，量子数 n、k(后称 l)和 m_s 不足以描述一个电子的能量，只有借助 m_m，才能解释新的跃迁。

玻尔方法中自然得出的唯一量子数是主量子数 n。角量子数 l(一个修正的 k)，以及自旋量子数 m_s 和磁量子数 m_m 都是临时的，是为了解释实验的结果。为什么电子要在依赖于主量子数 n 的椭圆轨道上运动？为什么电子要自旋，且这种自旋只有两个值？为什么电子的轨道平面相对于外磁场只能有特定的取向，且这些取向取决于角量子数？所有 4 个量子数都应该从原子中令人满意的电子行为的理论中自然地得出。

玻尔理论的局限性是它没有反映自然界的一个基本方面，即粒子具有波的性质这一事实。当薛定谔[①]在 1926 年构思出他著名的方程[12,13]时，这些局限性已被薛定谔的波动力

---

① 欧文·薛定谔，1887 年生于维也纳。维也纳大学博士。斯图加特理工学院、柏林大学、格拉茨(奥地利)大学、都柏林高等研究院、维也纳大学教授。1933 年获诺贝尔物理奖(与狄拉克共享)。1961 年于维也纳去世。

学克服。实际上，在薛定谔方程发表的前一年，海森堡[①]发表了他的矩阵力学方法用来计算原子（原则上是分子）的性质。矩阵法在本质上等同于薛定谔对微分方程的使用，但后者对化学家更有吸引力，因为像当时的物理学家一样，化学家们不熟悉矩阵（4.3.3节），且因为波动法适用于原子和分子的物理图像而操纵矩阵可能倾向于类似数字命理学。矩阵力学和波动力学通常被认为标志着量子力学的诞生（1925年、1926年），与更纯粹的概念性量子理论（1900年）不同。我们可以把量子力学看作用来计算分子、原子和亚原子粒子性质的规则和方程。

波动力学源于德布罗意[②]的工作。1923年，德布罗意利用他的才智，通过将光视为类似于理想气体的粒子集合（"光"量子）来推导维恩黑体方程（见4.2.1节）[14]，从而得出"波粒二象性"。该结果表明，实际上，光（传统上认为是波的运动）和理想气体的原子并没有根本的不同。他利用狭义相对论的时间膨胀原理，以及光学和力学之间的类比，推导出了粒子波长与动量之间的关系。下面的推理虽然可能不如德布罗意的那样深刻，但可能更容易被理解。根据狭义相对论，光子能量与其质量之间的关系为

$$E_p = mc^2 \tag{*4.15}$$

式中，c 是光速。根据有关辐射发射和吸收的普朗克方程（式（4.3）），光子的能量 E_p 可以等于振荡器的能量变化 ΔE，我们可以写成

$$E_p = h\nu \tag{*4.16}$$

根据式（4.15）和式（4.16）

$$mc^2 = h\nu \tag{4.17}$$

由于 $\nu = c/\lambda$，所以，式（4.17）可以表示为

$$mc = h/\lambda \tag{4.18}$$

且因为质量和速度的乘积是动量，所以式（4.18）可表示为

$$p_p = h/\lambda \tag{4.19}$$

式（4.19）将光子的动量（在粒子方面）与波长（在波方面）联系了起来。如果将式（4.19）推广到任何粒子，则有

$$p = h/\lambda \tag{*4.20}$$

将粒子的动量与其波长相关联，这就是德布罗意方程。

如果粒子具有波动性质，则应通过某种方式结合德布罗意方程和经典波动方程来描述。薛定谔掌握了19世纪发展成熟的波动数学理论，将经典波动方程与式（4.20）结合起来，这是他推导出波动方程的方法之一。实际上，有人会说薛定谔方程无法推导，它只是量子力学的一个假设，只能通过它所对应的实验事实来证明是正确的[15]。此处不讨论这一哲学观点。本节概述了薛定谔三种方法中最简单的一种[15]。驻波是一种振幅随时间和与两端距离而变化（一种末端固定的，如振动弦或长笛中的声波）的波，可用式（4.21）描述：

$$\frac{d^2 f(x)}{dx^2} = -\frac{4\pi^2}{\lambda^2} f(x) \tag{4.21}$$

---

① 沃纳·海森堡，1901年生于德国维尔茨堡。1923年慕尼黑大学博士。莱比锡大学、马克斯·普朗克研究所教授。因1927年提出著名的不确定性原理而获1932年诺贝尔奖。1939—1945年担任德国原子弹/反应堆项目负责人。1945—1970年，在战后（西方）德国担任过各种科学行政职务。1976年于慕尼黑去世。

② 路易斯·德布罗意，1892年生于迪耶普。巴黎大学博士。巴黎大学亨利·庞加莱研究所教授。1929年获诺贝尔物理学奖。1987年于巴黎去世。

式中,$f(x)$——波的振幅;

x——距选定原点的距离;

λ——波长。

由式(4.20)

$$\lambda = h/mv \tag{4.22}$$

式中,λ——质量为 m 和速度为 v 的粒子的波长。

将粒子等同于波并将式(4.22)中的 λ 代入式(4.21),得

$$\frac{\mathrm{d}^2 f(x)}{\mathrm{d}x^2} = -\frac{4\pi^2 m^2 v^2}{h^2} f(x) \tag{4.23}$$

由于粒子总能量是其动能和势能之和:

$$E_{\mathrm{kin}} = E - E_{\mathrm{pot}} = E - V \tag{4.24}$$

式中,E——粒子的总能量;

V——势能(通常的符号)。

$$\frac{1}{2} mv^2 = E - V \tag{4.25}$$

将式(4.25)中的 mv^2 代入式(4.23),得

$$\frac{\mathrm{d}^2 f(x)}{\mathrm{d}x^2} = -\frac{8\pi^2 m}{h^2}(E-V)f(x) \tag{4.26}$$

式中,$f(x)$——距某选定原点 x 处的粒子/波的振幅;

m——粒子的质量;

E——粒子的总能量(动能+势能);

V——粒子的势能(可能是 x 的函数)。

这是沿空间坐标 x 作一维运动的薛定谔方程。通常写成

$$\frac{\mathrm{d}^2 \psi}{\mathrm{d}x^2} + \frac{8\pi^2 m}{h^2}(E-V)\psi = 0 \tag{4.27}$$

式中,ψ——距某选定原点 x 处的粒子/波的振幅。

通过将一维算符 $\mathrm{d}^2/\mathrm{d}x^2$ 替换为其三维算符,可以轻松地将一维薛定谔方程变为三维薛定谔方程

$$\frac{\partial^2}{\partial x^2} + \frac{\partial^2}{\partial y^2} + \frac{\partial^2}{\partial z^2} = \nabla^2 \tag{4.28}$$

∇^2 是拉普拉斯算符平方。用 ∇^2 代替 $\mathrm{d}^2/\mathrm{d}x^2$,式(4.27)变为

$$\nabla^2 \psi + \frac{8\pi^2 m}{h^2}(E-V)\psi = 0 \tag{*4.29}$$

这是薛定谔方程的常用写法。它将粒子/波的振幅 ψ 与粒子的质量 m、总能量 E 和势能 V 相关联。该方程通常通过引入 $\hbar(=h/2\pi)$,约化普朗克常量或狄拉克常数来表示。读者可以验证,这会影响符号的简化。

我们可以大胆地说,ψ 本身的含义是未知的[2],但目前流行的 ψ^2 的解释是,由于玻恩

（2.3 节）和泡利[①]认为，它与在点 $P(x,y,z)$ 附近发现粒子的概率成正比（由于 ψ 是 x、y、z 的函数）：

$$\text{Prob}(\mathrm{d}x,\mathrm{d}y,\mathrm{d}z)=\psi^2\,\mathrm{d}x\,\mathrm{d}y\,\mathrm{d}z \qquad (^*4.30)$$

$$\text{Prob}(V)=\int_V \psi^2\,\mathrm{d}x\,\mathrm{d}y\,\mathrm{d}z \qquad (4.31)$$

在边长为 $\mathrm{d}x$、$\mathrm{d}y$、$\mathrm{d}z$ 的无穷小立方体中找到粒子的概率为 $\psi^2\,\mathrm{d}x\,\mathrm{d}y\,\mathrm{d}z$，而在体积 V 中某处找到粒子的概率是 ψ^2 关于 $\mathrm{d}x$、$\mathrm{d}y$、$\mathrm{d}z$（三重积分）体积的积分。因此，ψ^2 是一个概率密度函数，以单位体积的概率为单位。玻恩的解释是按照一个特定状态的概率，泡利的解释是化学家的通常观点，即一个特定位置的概率。

薛定谔方程克服了玻尔方法的局限性（见 4.2.6 节），从方程中可得出量子数（实际上，自旋量子数 m_s 需要薛定谔方程的相对论形式，即狄拉克方程，而电子"自旋"显然不是由于粒子像陀螺一样自旋）。薛定谔方程只能对氢原子、氦正离子和氢分子离子等单电子化学系统进行精确解析求解，而且数学方法很复杂，难以应用于研究大分子。然而，对类氢原子的结果的简要说明是有效的。

求解类氢原子薛定谔方程的标准方法是将其从笛卡尔坐标 (x,y,z) 转换为极坐标 (r, θ, ϕ)，因为它们更自然地符合系统的球对称性。这样可以将方程分解为 3 个更简单的方程，$f(r)=0$，$f(\theta)=0$ 和 $f(\phi)=0$。$f(r)$ 方程的解给出量子数 n，$f(\theta)$ 方程的解产生量子数 l，$f(\phi)$ 方程的解给出量子数 m_m（通常简称为 m）。对于每个特定的 $n=n'$，$l=l'$，$m_m=m_m'$ 来说，都有一个数学函数，是通过组合适当的 $f(r)$、$f(\theta)$ 和 $f(\phi)$ 得到的。

$$\psi(r,\theta,\phi,n',l',m_m')=f(r)f(\theta)f(\phi) \qquad (4.32)$$

函数 $\psi(r,\theta,\phi)$（显然，ψ 也可以用笛卡尔坐标表示）在函数上取决于 r、θ、ϕ，而在参数上取决于 n、l 和 m_m。这些数字的每个特定集合 (n',l',m_m') 都存在一个空间坐标变量 r，θ，ϕ（或 x,y,z）的特定函数。像 $k\sin x$ 这样的函数仅依赖于参数 k。ψ 函数是一个轨道（"准轨道"，这个词由马利肯提出，4.3.4 节），您熟悉它随空间坐标变化的图。ψ^2 随空间坐标的变化图表示量子数为 n'、l' 和 m_m' 的电子在空间中电子密度的变化（回想波函数的玻恩解释）。我们可以将轨道视为具有一组特定量子数的电子所占据的空间区域，或视为描述电子空间域的能量和形状的一个数学函数 ψ。对于具有 1 个以上电子的原子或分子来说，将电子分配给轨道是一种（尽管非常有用）近似，因为轨道来自氢原子薛定谔方程的解。

我们一直在讨论的薛定谔方程实际上是与时间无关的（和非相对论的）薛定谔方程：方程中的变量是空间坐标，当考虑到电子自旋时，是空间坐标和自旋坐标（5.2.3 节）。与时间无关的薛定谔方程在计算化学中应用最广泛，但更为普遍的含时薛定谔方程（我们不作讨论）在某些应用中很重要，例如，分子与光相互作用的某些处理，因为光（辐射）是由随时间变化的电场和磁场组成的。计算紫外光谱的含时密度泛函理论（第 7 章）就是基于含时的薛定谔方程。

普朗克（勉强）承认的事实上不连续的辐射吸收和发射，基于对牛顿力学的半经典修正

---

① 沃尔夫冈·泡利，1900 年生于维也纳。1921 年慕尼黑大学博士。汉堡大学、苏黎世联邦工业大学、普林斯顿高等研究院、苏黎世联邦理工学院教授。最著名的工作是泡利不相容原理。1945 年获诺贝尔奖。1958 年于苏黎世去世。

的玻尔原子的量子力学,以及索末菲通过附加椭圆轨道等来扩展的尝试,构成了旧量子理论(1900—1925 年)。旧量子理论应用于原子和分子的特点是尝试用强加的作用量子 h 的限制来修改经典动力学。这一点在玻尔和索末菲关于原子的研究中可以清楚地看到。海森堡(1925 年)物理上严格的(几乎是数字命理学的?)矩阵形式,以及德布罗意(1923 年)的波动力学假设被薛定谔(1926 年)更直观,但数学上等价地应用到了原子上,构成了现代量子力学的开端,又称为新量子理论。有人认为量子力学是在量子理论的发展过程中产生的,当时,物理学家不再像玻尔和索末菲那样将量子跳跃的概念附加到经典运动中。

4.3 休克尔将薛定谔方程应用到化学中

4.3.1 介绍

本书中介绍的量子力学方法都是分子轨道(molecular orbital,MO)方法,或者是面向分子轨道的方法:从头算和半经验方法使用分子轨道方法,而密度泛函理论是面向分子轨道的方法。还有另一种将薛定谔方程应用于化学的方法,即价键法。基本上,分子轨道方法允许原子轨道相互作用,以创建分子的分子轨道,而不像传统的结构式那样关注单个键。与波函数的情况一样,分子轨道的物理意义,以及它们在数学上的便利程度或潜在的可观察性,尚未解决[2(i)]。"轨道近似"一词意味着它们"只是"处理整个分子波函数的一种数学便利。另一方面,价键法在数学上将分子看作结构的总和(线性组合),每个结构都对应于具有特定电子对的一个结构式[16]。分子轨道方法以相对简单的方式解释了一些使用价键方法很难理解的现象,如分子氧的三重态或苯具有芳香性,而环丁二烯没有芳香性的事实[17]。随着计算机在量子化学中的应用,分子轨道方法几乎使价键法黯然失色,但近年来,价键法热度有所回升[18]。

1930—1937 年,休克尔[①]对不饱和有机化合物的研究首次将定量量子理论应用在比氢原子更复杂的化学物种上[19]。这种方法以最简单的形式关注双键、芳环和杂原子的 p 电子。虽然休克尔最初并未明确考虑轨道杂化(通常认为此概念是由鲍林[②]于 1931 年提出的[20]),但该方法已广泛应用[21],该方法将 sp^2 杂化原子(通常是碳原子)限制在平面阵列中,以估算 p 电子之间相互作用的结果(图 4.4)。实际上,简单的休克尔方法已偶尔被应用于非平面系统[22]。由于杂化的概念在简单休克尔方法中非常重要,因此有必要对此进行简要讨论。

4.3.2 杂化

杂化指通过一个原子上轨道的混合,产生新的"杂交的"(按照该词的生物学用法)原子轨道。这是用数学方法完成的,但可以通过图形来理解(图 4.5)。从理论上证明该过程的

---

① 埃里希·休克尔,1896 年生于柏林。哥廷根大学博士。马尔堡大学教授。1980 年于马尔堡去世。

② 莱纳斯·鲍林,1901 年生于俄勒冈州波特兰。加州理工学院博士。加州理工学院教授。因其量子化学和生物化学、核裁军运动,以及对维生素 C 争议性的观点而闻名。1954 年获诺贝尔化学奖,1963 年获诺贝尔和平奖。1994 年于加利福尼亚州大苏尔附近去世。

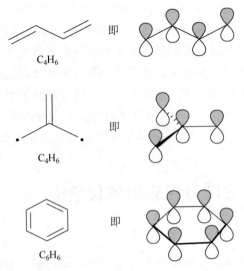

图 4.4   简单的休克尔方法主要应用于 π 系统的平面阵列

一种方法是,承认原子轨道是广义数学意义上的向量,是向量空间的元素[23]（如果不被物理学家限制为具有大小和方向的物理实体）；因此,允许对这些向量进行线性组合,以产生向量空间的新成员。施特维泽[24]给出了杂化的一个很好的简要介绍。

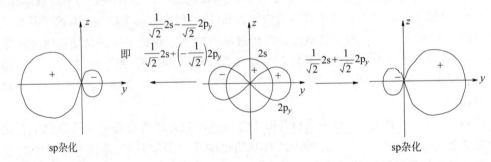

图 4.5   杂化通过数学上混合（组合）该原子上的"初始"原子轨道形成新的原子轨道。混合两
           个轨道给出两个杂化轨道,通常,n 个原子轨道产生 n 个杂化原子轨道。轨道是数学
           函数,因此可以如上所示进行加减

在一个常见的例子中,1 个 2s 轨道可以与 3 个 2p 轨道组合生成 4 个杂化轨道。这可以通过多种方式来完成,例如（从现在起,ϕ 将用于原子轨道,而 ψ 将用于分子轨道）：

$$\phi_1 = \frac{1}{2}(s + p_x + p_y + p_z)$$

$$\phi_2 = \frac{1}{2}(s + p_x + p_y - p_z)$$

$$\phi_3 = \frac{1}{2}(s + p_x - p_y - p_z) \tag{4.33}$$

$$\phi_4 = \frac{1}{2}(s + p_x - p_y + p_z)$$

或者

$$\phi_a = \frac{1}{2}(s + p_x + 2^{1/2}p_z)$$

$$\phi_b = \frac{1}{2}(s + p_x - 2^{1/2}p_z)$$

$$\phi_c = \frac{1}{2}(s - p_x + 2^{1/2}p_z) \quad\quad (4.34)$$

$$\phi_d = \frac{1}{2}(s - p_x - 2^{1/2}p_y)$$

组合式(4.33)和组合式(4.34)都由 4 个 sp^3 轨道组成。因为在每种情况下,组分的 s 和 p 轨道对杂化的电子密度贡献(考虑系数的平方,回想波函数平方的玻恩解释,4.2.6 节)的比例为 1:3,即 1/4:(3×(1/4))和 1/4:(1/4+2/4)。在每组中,我们总共使用了 1 个 s 轨道,以及 p_x、p_y 和 p_z 轨道各 1 个。从原子轨道系数的平方比 1/4:3/4 来看,sp^3 轨道具有 25% 的 s 特征(和 75% 的 p 特征)。这里的"特征"最容易解释为电子密度的弥散性:sp^2 轨道中的 1 个电子,具有 33% s 轨道的特征,比 sp^3 轨道中的电子有更多靠近原子核的机会,遵循相同量子数的 s 和 p 轨道的"紧密性"顺序。这对它连接的氢的酸度和核磁共振信号有影响。

杂化纯粹是一种数学过程,最初是为了使 s、p 等轨道中电子密度的量子力学图像与传统的定向价键观点相一致而创建的。例如,有时会说,在没有杂化的情况下,将 1 个碳原子中 4 个不配对的电子与 4 个氢原子结合会产生 1 个具有 3 个相等的、相互垂直的键和第 4 个不同的键的甲烷分子(图 4.6)。实际上,这是不正确的:非杂化碳的 1 个 2s 和 3 个 2p 轨道,以及 4 个氢原子的 4 个 1s 轨道,无须杂化即可提供四面体对称的价电子分布,而使四面体甲烷分子(图 4.6)具有 4 个等价键。实际上,有人说:"有时将原子轨道(atomic orbitals,AO)组合起来以形成具有明确方向性的杂化轨道,然后通过组合这些杂化轨道形成分子轨道(molecular orbitals,MO)很方便。重组原子轨道以形成杂化轨道是绝对没有必要的……"[25]。有趣的是,容纳甲烷 4 个最高能量电子对(8 个价电子)的分子轨道**能量**并不相等(**不简并**)。这是一个实验事实,可以通过光电子能谱来证明[26]。我们有 3 个简并的轨道和 1 个能量较低的轨道(当然还有几乎不受干扰的碳的 1s 核轨道),而不是 4 个相同能量的轨道。这种令人惊讶的排列是因为对称性要求碳和氢轨道的一个组合(即一个分子轨道)(本质上是 C2s 和 4 个 H1s 轨道的加权总和)是唯一的,而其他 3 个原子轨道组合(其他 3 个分子轨道)是简并的(它们涉及 C2p 和 H1s 轨道)[26,27]。必须强调的是,尽管甲烷的价轨道在**能量**上不同,但电子和核的分布是四面体对称的,分子确实具有 T_d(2.6 节)对称性。直接由原子轨道组成的 4 个分子轨道是正则分子轨道。它们是离域的(遍及整个分子),与常见的 4 个成键 Csp^3/H1s 分子轨道不对应,它们中的每个分子轨道都定位在碳核和氢核之间。然而,正则分子轨道可以通过数学操作得到常见的定域分子轨道(5.2.3 节)。特鲁赫拉在一篇简短的论述中讨论了杂化、离域和定域轨道,以及光电子结果的问题(阅读 5.2.3 节和 5.4.3 节后可能会更清楚)[28]。

另一个例子说明了一种与我们在甲烷中所见有点类似的情况,直到不久前还存在严重争议:表示碳/碳双键的最佳方式[29]。目前,流行的定义 C=C 键的方法是由两个 sp^2 杂

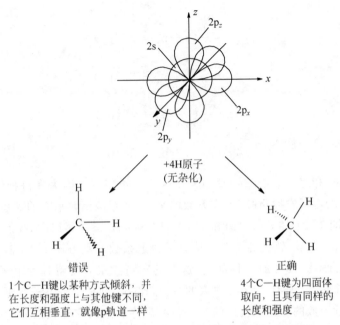

图 4.6 杂化不需要解释成键，如甲烷的四面体几何构型

化碳原子结合而成（图 4.7）。每个碳上的 sp^2 轨道头尾重叠形成 σ 键，每个碳上的 p 轨道侧向重叠形成 π 键。请注意，碳 p 轨道通常描绘为不现实的纺锤形，需要描绘与连接线重叠的图像，如图 4.7 所示。图 4.8 显示了一个与计算出的 p 轨道电子密度更相符的图像，即对应于波函数的平方。剩余的两个 sp^2 轨道可用来（如与氢原子）成键。从这种角度来看，双键因而由 σ 键和 π 键组成。然而，这并不是表示 C═C 键的唯一方法。例如，我们可以用数学方法构造一个具有两个 sp^2 轨道和两个 sp^5 轨道的碳原子。两个这样的碳原子结合产生由

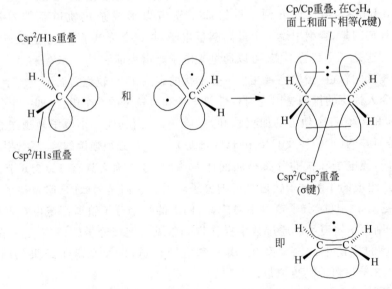

图 4.7 目前流行的 C═C 双键观点：sp^2/sp^2 σ 键和 p/p π 键。将其与图 4.8 和图 4.9 进行比较

两个 sp^5/sp^5 键形成的双键(图 4.9,这就说明了为什么头尾没有重叠的键被称为弯曲键,还使用了更诙谐的"香蕉键"),而不是由 σ 键和 π 键形成的双键。哪个是对的? 它们只是观察同一事物的不同方式:在两种模型中,C═C 键中的电子密度均从中心 C/C 轴平滑下降(图 4.10),且 C—H 键的实验的 ^{13}C/H 核磁共振耦合常数在两个模型中,被预测对应于碳与氢成键轨道中 33% 的 s 特征[30]。杂化概念能够关联和合理解释碳氢键中碳原子轨道的 s 特性与烃的酸度的关系[30],这是杂化思想有用的一个例子。正如对 sp^2 阵列所预期的那样,简单休克尔方法研究的大多数系统基本上都是平面的,通过用重叠 sp^2 轨道平面内的 σ 电子来简单表示一个框架,该框架容纳我们感兴趣的垂直的 p 轨道,并允许相邻 p 轨道定向重叠成键,至少可以定性地理解这些分子的许多性质。

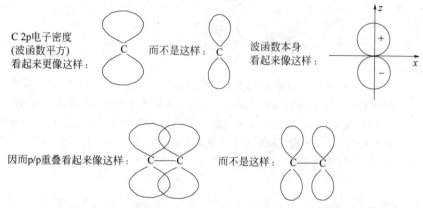

图 4.8 电子密度由被称为轨道的数学函数的平方表示。1 个碳 2p 轨道比它的传统表示更丰满,2 个 2p 轨道的重叠比一般图片要更好,如图 4.7 所示

在讲休克尔理论之前,我们先来看看矩阵,因为当将分子轨道理论应用于化学时会产生线性方程组,而矩阵代数是处理线性方程组最简单、最简练的方法。

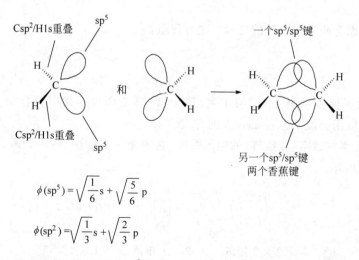

$$\phi(sp^5) = \sqrt{\frac{1}{6}}\,s + \sqrt{\frac{5}{6}}\,p$$

$$\phi(sp^2) = \sqrt{\frac{1}{3}}\,s + \sqrt{\frac{2}{3}}\,p$$

图 4.9 C/C 双键可以由两个 sp^5 轨道来构建。结果与使用 σ 键和 π 键相同(图 4.7):见图 4.10

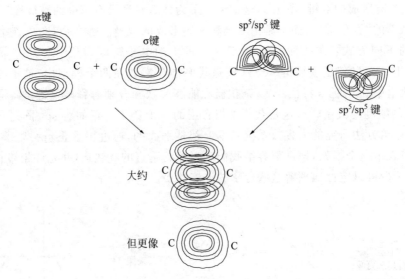

图 4.10　作为 σ/π 键的 C/C 双键模型，本质上等于 $sp^5/sp^5 + sp^5/sp^5$ 模型：两者都产生相同的电子分布，这是物理上最重要的东西。碳原子之间的电子密度没有间隙：随着 σ 键（或 sp^5/sp^5 键之一）对密度的贡献下降，π 键（或另一个 sp^5/sp^5 键）对密度的贡献增加。电子密度随距 C/C 轴的距离而平滑下降。出于某些目的，σ/π 或弯曲（香蕉）键模型中的一种可能会更有用

4.3.3　矩阵和行列式

矩阵代数，一种处理线性方程组的系统方法，是由凯莱[①]发明的。最简单的是含一个未知数的方程：

$$ax = b$$

其解为　$x = a^{-1}b$。

接下来考虑含两个未知数的二元一次方程组：

$$\begin{cases} a_{11}x + a_{12}y = c_1 \\ a_{21}x + a_{22}y = c_2 \end{cases}$$

未知系数 a 的下标表示第 1 行、第 1 列，第 1 行、第 2 列等。我们会看到，使用矩阵的解（x 和 y 值）可以用类似于方程 $ax = b$ 的方式表示。

矩阵是"元素"（数字、导数等）的矩形数组，它遵循一定加法、减法和乘法规则。用曲线或方括号表示矩阵：

$$\begin{pmatrix} 1 & 2 \\ 7 & 2 \end{pmatrix} \qquad \begin{pmatrix} 5 \\ 2 \\ 0 \end{pmatrix} \qquad (0 \quad 0 \quad 7 \quad 4)$$

2×2 矩阵　　　3×1 矩阵　　　1×4 矩阵

---

① 阿瑟·凯莱，律师兼数学家，1821 年生于英国里士满，毕业于剑桥大学。剑桥大学教授。继欧拉和高斯之后，历史上最多产的数学论文作者。1895 年于剑桥去世。

或者

$$\begin{bmatrix} 1 & 2 \\ 7 & 2 \end{bmatrix} \qquad \begin{bmatrix} 5 \\ 2 \\ 0 \end{bmatrix} \qquad \begin{bmatrix} 0 & 0 & 7 & 4 \end{bmatrix}$$

不要将矩阵与行列式(如下)混淆,行列式是用直线表示的,例如

$$\begin{vmatrix} 1 & 2 \\ 7 & 3 \end{vmatrix}$$

是行列式,不是矩阵。这个行列式代表数字 $1 \times 3 - 2 \times 7 = 3 - 14 = -11$。与行列式不同,矩阵不是数字,而是算符,或在某些情况下是向量,尽管有些人认为矩阵是数字的推广,例如: 1×1 矩阵 $(3) = 3$。算符作用于函数(或向量)产生一个新函数,例如:d/dx 作用于(微分) $f(x)$ 以得出 $f'(x)$。

$$\frac{\mathrm{d}}{\mathrm{d}x} f(x) = \frac{\mathrm{d}f(x)}{\mathrm{d}x} = f'(x)$$

平方根算符作用于 y^2 得出 y。完成矩阵乘法后,就会看到矩阵可以作用于一个向量,并将其旋转一定角度,以给出一个新的向量。

让我们看看矩阵加法、减法、乘以标量和矩阵乘法(矩阵乘以矩阵)。

1. 加法和减法

相同大小的矩阵相加,只是对应元素的相加(2×2 和 2×2、3×1 和 3×1 等):

$$\begin{pmatrix} 2 & 1 \\ 7 & 4 \end{pmatrix} + \begin{pmatrix} 1 & 3 \\ 5 & 6 \end{pmatrix} = \begin{pmatrix} 2+1 & 1+3 \\ 7+5 & 4+6 \end{pmatrix} = \begin{pmatrix} 3 & 4 \\ 12 & 10 \end{pmatrix}$$

$$\begin{pmatrix} 7 \\ 0 \\ 3 \end{pmatrix} + \begin{pmatrix} 4 \\ 4 \\ 1 \end{pmatrix} = \begin{pmatrix} 7+4 \\ 0+4 \\ 3+1 \end{pmatrix} = \begin{pmatrix} 11 \\ 4 \\ 4 \end{pmatrix}$$

减法类似:

$$\begin{pmatrix} 2 & 1 \\ 7 & 4 \end{pmatrix} - \begin{pmatrix} 1 & 3 \\ 5 & 6 \end{pmatrix} = \begin{pmatrix} 2-1 & 1-3 \\ 7-5 & 4-6 \end{pmatrix} = \begin{pmatrix} 1 & -2 \\ 2 & -2 \end{pmatrix}$$

2. 乘以标量

标量是一个普通数(与向量或算符不同),例如:1、2、$\sqrt{2}$、1.714、π 等。要将矩阵乘以标量,我们只需将每个元素乘以数字:

$$2 \begin{pmatrix} 2 & 1 \\ 7 & 4 \end{pmatrix} = \begin{pmatrix} 2 \times 2 & 2 \times 1 \\ 2 \times 7 & 2 \times 4 \end{pmatrix} = \begin{pmatrix} 4 & 2 \\ 14 & 8 \end{pmatrix}$$

3. 矩阵乘法

类似于加法,我们定义矩阵乘法为简单地将相应的元素相乘。毕竟,在数学中,任何规则都是允许的,只要它们不导致矛盾即可。然而,正如我们稍后将要看到的,要使矩阵在处理联立方程组时有用,就必须采用稍微复杂一点的乘法规则。理解矩阵乘法最简单的方法是先定义数列乘法。如果有数列 $a = S_a = a_1 a_2 a_3 \cdots$,和数列 $b = S_b = b_1 b_2 b_3 \cdots$,那么数列乘积定义为

$$S_a S_b = a_1 b_1 + a_2 b_2 + a_3 b_3 + \cdots$$

因此，假如 $S_a = 5\ 2\ 1$ 和 $S_b = 3\ 6\ 2$

那么，$S_a S_b = 5 \times (3) + 2 \times (6) + 1 \times (2) = 15 + 12 + 2 = 29$

现在很容易理解矩阵乘法：如果 $AB = C$，其中 A、B 和 C 是矩阵，那么，乘积矩阵 C 的元素 i、j 是 A 的第 i 行和 B 的第 j 列的数列积。

$$AB = \begin{pmatrix} 1 & 3 \\ 7 & 2 \end{pmatrix} \begin{pmatrix} 2 & 4 \\ 5 & 6 \end{pmatrix} = \begin{pmatrix} 1 \times (2) + 3 \times (5) & 1 \times (4) + 3 \times (6) \\ 7 \times (2) + 2 \times (5) & 7 \times (4) + 2 \times (6) \end{pmatrix} = \begin{pmatrix} 17 & 22 \\ 24 & 40 \end{pmatrix}$$

（通过练习，您可以在脑海中将简单的矩阵相乘。）注意，矩阵乘法不是可交换的：AB 不一定等于 BA，例如

$$BA = \begin{pmatrix} 2 & 4 \\ 5 & 6 \end{pmatrix} \begin{pmatrix} 1 & 3 \\ 7 & 2 \end{pmatrix} = \begin{pmatrix} 2 \times (1) + 4 \times (7) & 2 \times (3) + 4 \times (2) \\ 5 \times (1) + 6 \times (7) & 5 \times (3) + 6 \times (2) \end{pmatrix} = \begin{pmatrix} 30 & 14 \\ 47 & 27 \end{pmatrix}$$

（当且仅当它们对应的元素相同时，两个矩阵才是相同的。）注意，仅当第一个矩阵的列数等于第二个矩阵的行数时，两个矩阵才可以相乘。因此，我们可以做乘法 $A(2 \times 2)B(2 \times 2)$，$A(2 \times 2)B(2 \times 3)$，$A(3 \times 1)B(1 \times 3)$，以此类推。有用的记忆法是 $(a \times b)(b \times c) = (a \times c)$，意思是，比如 $A(2 \times 1)$ 乘 $B(1 \times 2)$ 得 $C(2 \times 2)$：

$$\begin{pmatrix} 5 \\ 2 \end{pmatrix} (0 \quad 3) = \begin{pmatrix} 5 \times (0) & 5 \times (3) \\ 2 \times (0) & 2 \times (3) \end{pmatrix} = \begin{pmatrix} 0 & 15 \\ 0 & 6 \end{pmatrix}$$

事先知道矩阵的大小是有帮助的，即 (2×2)、(3×3)，无论什么矩阵，您会得到乘法后的矩阵。

为了理解为什么矩阵在处理线性方程组中很有用，让我们回到方程组：

$$\begin{cases} a_{11} x + a_{12} y = c_1 \\ a_{21} x + a_{22} y = c_2 \end{cases}$$

只要满足某些条件，就可以求解出 x 和 y，例如，通过用 y 表示来解式（1）中的 x，然后替代式（2）的 x。现在从矩阵的角度来考虑方程。由于

$$AB = \begin{pmatrix} a_{11} & a_{12} \\ a_{21} & a_{22} \end{pmatrix} \begin{pmatrix} x \\ y \end{pmatrix} = \begin{pmatrix} a_{11} x + a_{12} y \\ a_{21} x + a_{22} y \end{pmatrix}$$

显然，AB 对应于系统的左侧，且系统可以被表示为

$$AB = C \qquad 其中 \qquad C = \begin{pmatrix} c_1 \\ c_2 \end{pmatrix}$$

A 是系数矩阵，B 是未知数矩阵，C 是常数矩阵。现在，如果我们能找到一个矩阵 A^{-1} 使得 $A^{-1}AB = B$（类似于数字 $a^{-1}ab = b$），那么

$$A^{-1}AB = A^{-1}C \quad 即 \quad B = A^{-1}C$$

因此，未知数矩阵只是系数矩阵的逆矩阵乘以常数矩阵。请注意，在左边乘以 $A^{-1}(A^{-1}AB = A^{-1}C)$，这与右边的乘法不同，后者会得到 $ABA^{-1} = CA^{-1}$，这不一定与 B 相同。

为了证明矩阵可以用作一个算符，考虑一个从原点到点 $P(3,4)$ 的向量。它可以被表示为一个列矩阵，然后，它乘以所示的旋转矩阵，就会被转换（旋转）为另一个矩阵。

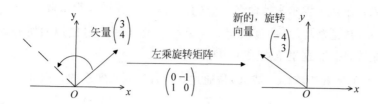

4. 一些重要的矩阵

以下这些矩阵在计算化学中特别重要：

(1) 零矩阵（零矩阵）；

(2) 对角矩阵；

(3) 单位阵（单位矩阵）；

(4) 逆矩阵；

(5) 对称矩阵；

(6) 转置矩阵；

(7) 正交矩阵。

分别介绍如下。

(1) 零矩阵或空矩阵, $\mathbf{0}$, 是指所有元素均为零的任何矩阵。例如：

$$\begin{pmatrix} 0 & 0 \\ 0 & 0 \end{pmatrix}, \quad \begin{pmatrix} 0 & 0 & 0 \\ 0 & 0 & 0 \end{pmatrix}, \quad (0 \ \ 0 \ \ 0 \ \ 0)$$

显然, 乘以零矩阵（当 $(a \times b)(b \times c)$ 助记符允许乘法时）得到一个零矩阵。

(2) 对角矩阵是指所有非对角元素为零的**方阵**。（主）对角线是从左上角到右下角。例如：

$$\begin{pmatrix} 2 & 0 \\ 0 & 4 \end{pmatrix}, \quad \begin{pmatrix} 3 & 0 & 0 \\ 0 & 6 & 0 \\ 0 & 0 & 1 \end{pmatrix}, \quad \begin{pmatrix} 1 & 0 & 0 \\ 0 & 1 & 0 \\ 0 & 0 & 1 \end{pmatrix}$$

(3) 单位矩阵或单位阵 $\mathbf{1}$ 或 $\boldsymbol{I}$ 是指对角线元素均为1的对角矩阵。如

$$(1), \quad \begin{pmatrix} 1 & 0 \\ 0 & 1 \end{pmatrix}, \quad \begin{pmatrix} 1 & 0 & 0 \\ 0 & 1 & 0 \\ 0 & 0 & 1 \end{pmatrix}$$

由于对角矩阵是正方形, 所以单位矩阵必须是方阵（但零矩阵可以是任意大小）。显然, 乘以单位矩阵（如果允许）可以使另一个矩阵保持不变：$\mathbf{1A} = \mathbf{A1} = \mathbf{A}$。

(4) 矩阵 $\boldsymbol{A}$ 的逆矩阵 $\boldsymbol{A}^{-1}$ 是指左乘或右乘 $\boldsymbol{A}$ 能得到单位矩阵的矩阵：$\boldsymbol{A}^{-1}\boldsymbol{A} = \boldsymbol{AA}^{-1} = \mathbf{1}$。如：

$$\text{如果 } \boldsymbol{A} = \begin{pmatrix} 1 & 2 \\ 3 & 4 \end{pmatrix} \quad \text{则} \quad \boldsymbol{A}^{-1} = \begin{pmatrix} -2 & 1 \\ 3/2 & -1/2 \end{pmatrix}$$

(5) 对称矩阵是指一个方阵, 其中每个元素 $a_{ij} = a_{ji}$。例如：

$$\begin{pmatrix} 1 & 4 \\ 4 & 3 \end{pmatrix} \text{中 } a_{12} = a_{21} = 4, \quad \begin{pmatrix} 2 & 7 & 1 \\ 7 & 3 & 5 \\ 1 & 5 & 4 \end{pmatrix} \text{中 } a_{12} = a_{21} = 7$$

注意, 对称矩阵围绕其主对角线旋转不会改变。对称矩阵的复数类似矩阵是**埃尔米特**

矩阵（以数学家查尔斯·埃尔米特命名）。这有 $a_{ij}=a_{ji}^*$，例如，若元素(2,3)$=a+bi$，则元素(3,2)$=a-bi$，是元素(2,3)的复共轭，i$=\sqrt{-1}$。由于我们将使用的所有矩阵都是实矩阵，而不是复矩阵，因此，这里重点关注实矩阵。

（6）矩阵 $\boldsymbol{A}$ 的转置矩阵（$\boldsymbol{A}^{\mathrm{T}}$ 或 $\tilde{\boldsymbol{A}}$）是通过交换行和列来实现的。例如：

$$\text{如果} \quad \boldsymbol{A}=\begin{pmatrix} 2 & 3 \\ 4 & 7 \end{pmatrix} \quad \text{则} \quad \boldsymbol{A}^{\mathrm{T}}=\begin{pmatrix} 2 & 4 \\ 3 & 7 \end{pmatrix}$$

$$\text{如果} \quad \boldsymbol{A}=\begin{pmatrix} 2 & 1 & 6 \\ 1 & 7 & 2 \end{pmatrix} \quad \text{则} \quad \boldsymbol{A}^{\mathrm{T}}=\begin{pmatrix} 2 & 1 \\ 1 & 7 \\ 6 & 2 \end{pmatrix}$$

请注意，转置是通过转动矩阵以互换行和列而产生的。显然，对称矩阵 $\boldsymbol{A}$ 的转置是同一个矩阵 $\boldsymbol{A}$。对于复矩阵而言，转置的类似矩阵是共轭转置 $\boldsymbol{A}^{\dagger}$；通过将 $\boldsymbol{A}$ 中的每个复数元 $a+bi$ 转换为其复共轭 $a-bi$ 来获得 $\boldsymbol{A}$ 的复数形式 $\boldsymbol{A}^*$，然后互换 $\boldsymbol{A}^*$ 的行和列以获得 $(\boldsymbol{A}^*)^{\mathrm{T}}=\boldsymbol{A}^{\dagger}$。物理学家称 $\boldsymbol{A}^{\dagger}$ 为 $\boldsymbol{A}$ 的伴随，但数学家使用伴随来表示别的东西。

（7）正交矩阵是指一个方阵的逆矩阵是它的转置矩阵：如果 $\boldsymbol{A}^{-1}=\boldsymbol{A}^{\mathrm{T}}$，那么 $\boldsymbol{A}$ 是正交矩阵，例如：

$$\boldsymbol{A}_1=\begin{pmatrix} 1/\sqrt{2} & -1/\sqrt{2} \\ 1/\sqrt{2} & 1/\sqrt{2} \end{pmatrix}, \quad \boldsymbol{A}_2=\begin{pmatrix} 1/\sqrt{6} & -1/\sqrt{2} & -1/\sqrt{3} \\ 2/\sqrt{6} & 0 & 1/\sqrt{3} \\ 1/\sqrt{6} & 1/\sqrt{2} & -1/\sqrt{3} \end{pmatrix}$$

矩阵的逆满足 $\boldsymbol{A}^{-1}\boldsymbol{A}=\boldsymbol{A}\boldsymbol{A}^{-1}=1$，而正交矩阵有 $\boldsymbol{A}^{\mathrm{T}}\boldsymbol{A}=\boldsymbol{A}\boldsymbol{A}^{\mathrm{T}}=1$，因此，这里，转置矩阵就是逆矩阵。用示例矩阵可进行验证。正交矩阵的复数类似矩阵是酉矩阵，它的逆是它的共轭转置。

正交矩阵的列是正交向量。这意味着如果让每一列代表一个向量，那么，这些向量是相互正交的，且每个向量都是归一化的。如果两个或多个向量相互垂直（即成直角），则它们是正交的。如果一个向量具有单位长度，则该向量是归一化的。考虑上面的矩阵 $\boldsymbol{A}_1$。如果第 1 列代表向量 $\boldsymbol{v}_1$，第 2 列代表向量 $\boldsymbol{v}_2$，那么我们可以如下图所示画出这些向量（如果其他边的平方和为1，则直角三角形的长边是单位长度）。

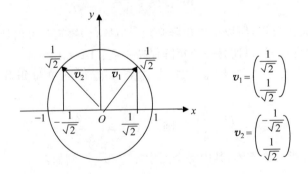

两个向量是正交的。从图中可知，它们之间的夹角显然是 $90°$，因为每个角与 x 轴的夹角都为 $45°$。或者，可以从向量代数计算角度：点积（标量积）为

$$\boldsymbol{v}_1 \cdot \boldsymbol{v}_2=|\boldsymbol{v}_1||\boldsymbol{v}_2|\cos\theta$$

其中,$|\boldsymbol{v}|$("模 v")是向量的绝对值,即其长度:

$$|\boldsymbol{v}| = (v_x^2 + v_y^2)^{1/2} \text{(或对一个 3D 向量}(v_x^2 + v_y^2 + v_z^2)^{1/2})$$

每个向量都被归一化,即 $|\boldsymbol{v}_1| = |\boldsymbol{v}_2| \left(\dfrac{1}{2} + \dfrac{1}{2}\right)^{1/2} = 1$

点积也是

$$\boldsymbol{v}_1 \cdot \boldsymbol{v}_2 = v_{1x}v_{2x} + v_{1y}v_{2y} \text{(明显可扩展到 3D 空间)}$$

即

$$\cos\theta = (v_{1x}v_{2x} + v_{1y}v_{2y}) / |\boldsymbol{v}_1||\boldsymbol{v}_2|$$

$$= \left[\left(\dfrac{1}{\sqrt{2}}\right)\left(-\dfrac{1}{\sqrt{2}}\right) + \left(\dfrac{1}{\sqrt{2}}\right)\left(\dfrac{1}{\sqrt{2}}\right)\right] / (1 \times 1) = 0$$

因此

$$\theta = 90°$$

同样,矩阵 $\boldsymbol{A}_2$ 的 3 列表示 3D 空间中 3 个相互垂直的归一化向量。正交矩阵更好的名称是正交归一矩阵。正交矩阵在计算化学中很重要,因为分子轨道可以看作是广义 n 维空间(希尔伯特空间,以数学家戴维·希尔伯特命名)中的正交归一向量。借助矩阵对角化,我们可从矩阵中提取有关分子轨道的信息。

5. 矩阵对角化

现代计算机程序使用矩阵对角化来计算分子轨道的能量(特征值),有助于确定分子轨道的大小和形状的系数集(特征向量)。我们在 2.5 节中简要介绍了这些术语和矩阵对角化;"特征"指合适的或适当的,因为我们想要适合特定问题的薛定谔方程的解。如果一个矩阵 $\boldsymbol{A}$ 可以表示为 $\boldsymbol{A} = \boldsymbol{PDP}^{-1}$,其中 $\boldsymbol{D}$ 是对角阵(可以称 $\boldsymbol{P}$ 和 $\boldsymbol{P}^{-1}$ 是前乘和后乘矩阵),那么,我们说 $\boldsymbol{A}$ 被对角化了(可以被对角化)。求 $\boldsymbol{P}$ 和 $\boldsymbol{D}$ 的过程(对于计算化学矩阵来说,从 $\boldsymbol{P}$ 中获得 $\boldsymbol{P}^{-1}$ 很简单,见下文)就是矩阵对角化。例如:

$$\text{若 } \boldsymbol{A} = \begin{pmatrix} 4 & -2 \\ 1 & 1 \end{pmatrix}, \quad \text{则 } \boldsymbol{P} = \begin{pmatrix} 1 & 2 \\ 1 & 1 \end{pmatrix}, \quad \boldsymbol{D} = \begin{pmatrix} 2 & 0 \\ 0 & 3 \end{pmatrix}, \quad \boldsymbol{P}^{-1} = \begin{pmatrix} -1 & 2 \\ 1 & -1 \end{pmatrix}$$

线性代数课本描述了一种使用行列式的分析过程,但计算化学采用了称为雅可比矩阵对角化的数值迭代过程,或一些相关方法,其中,非对角元素逐步逼近零。

现在,可以证明,当且仅当 $\boldsymbol{A}$ 是一个对称矩阵(或更概括地说,如果我们使用复数,则是厄米矩阵——见上文对称矩阵)时,则 $\boldsymbol{P}$ 是正交的(或更概括地说,是酉矩阵——见上文正交矩阵)。因此,前乘矩阵 $\boldsymbol{P}$ 的逆 $\boldsymbol{P}^{-1}$ 只是 $\boldsymbol{P}$ 的转置 $\boldsymbol{P}^{\mathrm{T}}$(或更概括地说,计算化学家称为共轭转置 $A^{\dagger}$——见上文转置矩阵)。因此:

$$\text{若 } \boldsymbol{A} = \begin{pmatrix} 0 & 1 \\ 1 & 0 \end{pmatrix}, \text{则}$$

$$\boldsymbol{P} = \begin{pmatrix} 0.707 & 0.707 \\ 0.707 & -0.707 \end{pmatrix}, \quad \boldsymbol{D} = \begin{pmatrix} 1 & 0 \\ 0 & -1 \end{pmatrix}, \quad \boldsymbol{P}^{-1} = \begin{pmatrix} 0.707 & 0.707 \\ 0.707 & -0.707 \end{pmatrix}$$

(在这个简单的例子中,$\boldsymbol{P}$ 的转置恰好与 $\boldsymbol{P}$ 相同。)根据数值方法的精神,使用 0.707 代替 $1/\sqrt{2}$。与上述 $\boldsymbol{A}$ 类似的矩阵,其前乘矩阵 $\boldsymbol{P}$ 是正交的(因此,$\boldsymbol{P}^{-1} = \boldsymbol{P}^{\mathrm{T}}$),被认为是正交对角化的。我们将用于获得分子轨道特征值和特征向量的矩阵是可正交对角化的。当且仅当矩阵是对称的,矩阵才可以正交对角化。这被描述为"线性代数中最令人惊奇的定理之一",因为正交对角化的概念并不简单,而对称矩阵的概念非常简单。

6. 行列式

行列式是元素的方阵,是乘积和的简写方式。如果元素是数字,则行列式就是数字。例如:

$$\begin{vmatrix} a_{11} & a_{12} \\ a_{21} & a_{22} \end{vmatrix} = a_{11}a_{22} - a_{12}a_{21}, \qquad \begin{vmatrix} 5 & 2 \\ 4 & 3 \end{vmatrix} = 5 \times (3) - 2 \times (4) = 7$$

如此处所示,可以展开 2×2 行列式以显示它通过"交叉乘法"表示的和。可以通过将它简化为更小的行列式来展开一个高阶行列式,直到我们得到 2×2 行列式。如下所示:

$$\begin{vmatrix} 2 & 1 & 3 & 0 \\ 1 & 7 & 3 & 5 \\ 3 & 4 & 6 & 1 \\ 1 & 8 & 2 & -2 \end{vmatrix} = 2\begin{vmatrix} 7 & 3 & 5 \\ 4 & 6 & 1 \\ 8 & 2 & -2 \end{vmatrix} - 1\begin{vmatrix} 1 & 3 & 5 \\ 3 & 6 & 1 \\ 1 & 2 & -2 \end{vmatrix} + 3\begin{vmatrix} 1 & 7 & 5 \\ 3 & 4 & 1 \\ 1 & 8 & -2 \end{vmatrix} - 0\begin{vmatrix} 1 & 7 & 3 \\ 3 & 4 & 6 \\ 1 & 8 & 2 \end{vmatrix}$$

在这里,我们从元素(1,1)开始,移至第1行。上述四项中的第一项是去除2所在行和列后产生的行列式的正2倍,第二项是去除1所在行和列后产生的行列式的负1倍,第三项是去除3所在行和列后产生的行列式的正3倍,而第四项是去除0所在行和列后产生的行列式的负零倍。因此,从第1行第1列的元素开始,我们沿着该行移动,并乘以+1,-1,+1,-1。也可以从元素(2,1)的数字1开始,并沿着第2行移动(-,+,-,+),或者从元素(1,2)开始,并沿列(-,+,-,+)向下移动,等等。人们可能会选择沿着具有最多零的行或列工作。在展开 $n \times n$ 行列式中,形成的 $(n-1) \times (n-1)$ 行列式称为余子式,具有适当+或-符号的余子式是辅因子。使用余子式/辅因子展开行列式称为拉格朗日展开(约瑟夫·路易斯·拉格朗日,1773年)。还有其他展开行列式的方法,例如:操纵行列式,使行或列中除一个元素外的所有元素为零,参阅有关矩阵和行列式的任一课本。上例中的三阶行列式可以简化为二阶行列式,而因此将四阶行列式计算为单个数字。显然,每个行列式都有一个对应的方阵,每个方阵都有一个对应的行列式,但行列式不是矩阵,它是矩阵的一个函数,一个告诉我们如何在矩阵中获取一组数字并得到一个新数的规则。日本的关孝和和欧洲的莱布尼茨都于1683年提出了行列式的研究方法。"行列式"一词最早是由柯西(1812年)在该意义上使用的,他还首次对该主题进行了明确的论述。

7. 行列式的性质

行列式是按行表示的,但也适用于列。当 D 是"行列式":

(1) 如果一行的每个元素都是零,则 D 为零(从拉格朗日展开式可以明显看出)。

(2) 将一行中的每个元素乘以 k,即 D 乘以 k(从拉格朗日展开式可以看出)。

(3) 交换两行会改变 D 的符号(因为这会改变展开式中每一项的符号)。

(4) 如果两行相同,则 D 为零。(从3开始,因为如果 $n = -n$,则 n 必须为零)。

(5) 如果一行的元素是另一行元素的倍数,则 D 为零(源自(2)~(4))。

(6) 将一行乘以 k,并将其加(加相应的元素)到另一行,会使 D 保持不变(在拉普拉斯展开式中,带有 k 的项抵消)。

(7) 根据该规则,行列式 A 可以写成两个行列式 B 和 C 的和,它们仅在第 i 行不同,

如果 A 的行 i 为 $b_{i1}+c_{i1}\ b_{i2}+c_{i2}\cdots$，$B$ 的第 i 行是 $b_{i1}\ b_{i2}\cdots$，而 C 的第 i 行是 $c_{i1}\ c_{i2}\cdots$则一个例子说明了这一点。第 i 行＝第 3 行。

$$\begin{vmatrix} 1 & 3 & 6 \\ 5 & 4 & 2 \\ 8 & 11 & 9 \end{vmatrix}=\begin{vmatrix} 1 & 3 & 6 \\ 5 & 4 & 2 \\ 5+3 & 7+4 & 4+5 \end{vmatrix}=\begin{vmatrix} 1 & 3 & 6 \\ 5 & 4 & 2 \\ 5 & 7 & 4 \end{vmatrix}+\begin{vmatrix} 1 & 3 & 6 \\ 5 & 4 & 2 \\ 3 & 4 & 5 \end{vmatrix}$$

4.3.4 简单休克尔方法的理论

这里给出的休克尔方法(SHM，或简单休克尔理论，SHT，也称休克尔分子轨道方法，HMO 方法)的推导并不严格，已受到了强烈的批评[31]。然而，它的优点在于展示了如何通过简单的论证，人们可以使用薛定谔方程来开发一种方法，该方法更多的是通过合理性论证，而不是证明。该方法可以提供有用的结果，且可以扩展到更强大的方法，同时保留来自简单方法的许多有用的概念。

薛定谔方程(式(4.29))

$$\nabla^2\psi+\frac{8\pi^2 m}{h^2}(E-V)\psi=0$$

经过非常简单的代数运算就可以写成式(4.35)

$$\left(-\frac{h^2}{8\pi^2 m}\nabla^2+V\right)\psi=E\psi \tag{4.35}$$

这可以缩写为诱人的简单形式

$$\hat{H}\psi=E\psi \tag{*4.36}$$

其中

$$\hat{H}=-\frac{h^2}{8\pi^2 m}\nabla^2+V \tag{*4.37}$$

符号 $\hat{H}$("H 帽"或"H 峰")是一个算符(4.3.3 节)：它指定要对 ψ 执行一个操作，式(4.36)表示运算的结果是 E 乘以 ψ。对 ψ 执行的操作(即 $\psi(x,y,z)$)是"它对 x、y 和 z 的两次微分，把偏导数相加，并将总和乘以 $-h^2/8\pi^2 m$；然后，此结果加上 V 后，再乘以 ψ"(现在，您可以明白为什么在数学论著中用符号替换了单词)。符号 $\hat{H}\psi$ 表示 $\hat{H}$ 作用于 ψ，而不是 $\hat{H}$ 乘以 ψ。

式(4.36)表示，算符($\hat{H}$)作用于函数(ψ)等于常数(E)乘以函数($\hat{H}\psi=E\psi$)。这样的一个方程

$$\hat{O}f=kf,\quad \hat{O}=算符 \tag{4.38}$$

被称为特征值方程。满足式(4.38)的函数 f 和常数 k 分别是算符 $\hat{O}$ 的特征函数和特征值。算符 $\hat{H}$ 被称为哈密顿算符，或简称哈密顿。该术语以数学家威廉·罗恩·哈密顿爵士的名字命名，他以类似于量子力学方程(4.36)的方式表述了牛顿运动方程。特征值方程在量子力学中非常重要，我们之后会再次遇到特征函数和特征值。

薛定谔方程的特征值方程是推导休克尔方法的起点。我们将式(4.36)应用于分子，因此，在这种情况下，$\hat{H}$ 和 ψ 分别是分子的哈密顿和波函数。

从 $\hat{H}\psi=E\psi$，我们得到

$$\psi\hat{H}\psi=E\psi^2 \tag{4.39}$$

请注意，这与 $\hat{H}\psi^2=E\psi^2$ 不同，就像 $x\,\mathrm{d}f(x)/\mathrm{d}x$ 与 $\mathrm{d}xf(x)/\mathrm{d}x$ 不同一样。积分并重排，我们得到

$$E=\frac{\int \psi\hat{H}\psi\,\mathrm{d}\upsilon}{\int \psi^2\,\mathrm{d}\upsilon} \tag{4.40}$$

积分变量 $\mathrm{d}\upsilon$ 表示对空间坐标（笛卡尔坐标系中的 x、y、z）的积分，且意味着对整个空间的积分，因为这是分子中电子的域，因此是函数 ψ 的变量域。人们可能想知道为什么不简单地使用 $E=\hat{H}\psi/\psi$。这个函数的问题是，当 ψ 接近零时，它会达到无穷大，且在通过微分求最小值方面表现不好。

接下来，我们将原子轨道线性组合（linear combination of atomic orbitals，LCAO）近似为分子波函数 ψ。分子轨道（MO）概念作为解释电子光谱的一种工具，由马利肯[①]于 1932 年正式提出，并以洪德[②][32]早期（1926 年）工作为基础（马利肯创造了轨道一词）。原子轨道线性组合方法背后的假设是，可以通过组合更简单的函数（现称为基函数）来"合成"分子轨道。这些函数是基组的组成部分。这种计算分子轨道的方法基于鲍林（1928 年）[33]和伦纳德·琼斯[③]（1929 年）[34]的建议。也许，原子轨道线性组合方法最重要的早期应用是简单休克尔方法（1931 年）[19]，其中，将 p 原子轨道组合产生 π 原子轨道（可能是第一次将较大分子的分子轨道表示为具有优化的系数的原子轨道的加权和），以及库尔森[④]和费歇尔（1949年）对氢分子的所有低电子态的处理[35]。基函数通常定位于分子的原子上，可能是（也可能不是）（5.3 节关于基函数讨论）传统的原子轨道。严格地说，我们一般使用基函数，而不是原子轨道的线性组合，但术语"原子轨道线性组合"仍然很受欢迎。通过使用足够多的合适的基函数，波函数原则上可以根据需要精确地近似。在对休克尔方法的简化推导中，我们首先考虑一个只有两个原子的分子，每个原子为分子轨道贡献一个基函数。将不同原子的基函数组合，以产生扩散到整个分子上的分子轨道，有点类似于在同一原子上组合原子轨道，以得到杂化轨道（4.3.2 节）[27]。n 个基函数的组合总是产生 n 个分子轨道，如图 4.11 所示，我们期望我们在这里使用的双原子分子的两个原子轨道组合成两个分子轨道。

使用原子轨道线性组合近似

$$\psi=c_1\phi_1+c_2\phi_2 \tag{4.41}$$

式中，ϕ_1 和 ϕ_2 是原子 1 和原子 2 的基函数；而 c_1 和 c_2 需要调整以获得最佳 ψ 的权重系

---

① 罗伯特·马利肯，1896 年生于马萨诸塞州纽伯里波特。芝加哥大学博士。纽约大学、芝加哥大学、佛罗里达州立大学教授。因分子轨道方法获 1966 年诺贝尔化学奖。1986 年于弗吉尼亚州阿灵顿去世。

② 弗里德里希·洪德，1896 年生于德国卡尔斯鲁厄。1925 年马尔堡大学博士。罗斯托克大学、莱比锡大学、耶拿大学、法兰克福大学、哥廷根大学教授。1997 年于哥廷根去世。

③ 约翰·爱德华·伦纳德·琼斯，1894 年生于英格兰兰开斯特的莱（肯特郡）。1924 年剑桥大学博士。布里斯托大学教授。最著名的贡献是非键原子的伦纳德-琼斯势函数。1954 年于英格兰特伦特河畔斯托克去世。

④ 查尔斯·A.库尔森，1910 年出生于英格兰伍斯特郡。1935 年剑桥大学博士。伦敦国王学院理论物理学教授、牛津大学数学教授、牛津大学理论化学教授。他的著作《化合价》（valence）（1952 第一版）最为人所知。1974 年于牛津去世。

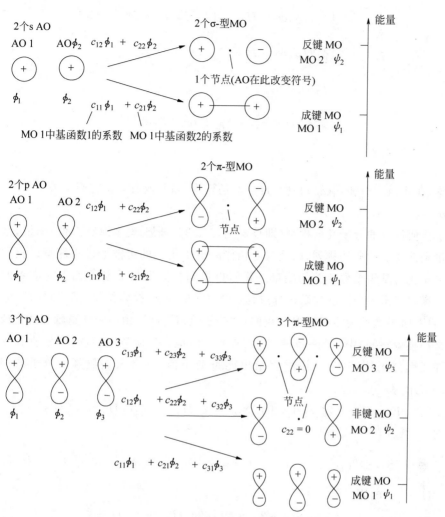

图 4.11　n 个原子轨道(AO)(或更一般地说,基函数)的线性组合产生 n 个分子轨道
　　　　(MO)。系数 c 是确定每个基函数贡献大小和符号的加权因子。对分子轨道有
　　　　贡献的函数在节点处(实际上是一个节面)改变符号,以及分子轨道的能量随函数
　　　　节点数的增加而增加

数。代入式(4.40),得到

$$E = \frac{\int (c_1\phi_1 + c_2\phi_2)\hat{H}(c_1\phi_1 + c_2\phi_2)\,\mathrm{d}\upsilon}{\int (c_1\phi_1 + c_2\phi_2)^2\,\mathrm{d}\upsilon} \tag{4.42}$$

如果将式(4.42)中的项相乘,得到

$$E = \frac{c_1^2 H_{11} + 2c_1 c_2 H_{12} + c_2^2 H_{22}}{c_1^2 S_{11} + 2c_1 c_2 S_{12} + c_2^2 S_{22}} \tag{4.43}$$

式中,

$$\int \phi_1 \hat{H}\phi_1\,\mathrm{d}\upsilon = H_{11}$$

$$\int \phi_1 \hat{H} \phi_2 \, \mathrm{d}\upsilon = H_{12} = \int \phi_2 \hat{H} \phi_1 \, \mathrm{d}\upsilon = H_{21}$$

$$\int \phi_2 \hat{H} \phi_2 \, \mathrm{d}\upsilon = H_{22}$$

$$\int \phi_1^2 \, \mathrm{d}\upsilon = S_{11} \qquad\qquad (4.44)$$

$$\int \phi_1 \phi_2 \, \mathrm{d}\upsilon = S_{12} = \int \phi_2 \phi_1 \, \mathrm{d}\upsilon = S_{21}$$

$$\int \phi_2^2 \, \mathrm{d}\upsilon = S_{22}$$

注意，在式(4.43)和式(4.44)中，H_{ij} 不是算符，因此没有帽。它们是关于 $\hat{H}$ 和基函数 ϕ 的积分。

对于任何特定的分子几何构型（即核构型，2.3 节，玻恩-奥本海默近似）来说，基态电子态的能量是该特定的核的排列，以及与之相伴的电子集合的可能的最小能量。我们现在的目标是最小化与基组系数相关的能量。我们想找到在能量与 c 势能面上对应着的最小值 c。为此，我们遵循一个标准的微积分过程：设 $\partial E/\partial c_1 = 0$，探索结果，然后对 $\partial E/\partial c_2$ 重复。理论上，将一阶导数设为零只能保证我们在"分子轨道空间"（由一个能量轴和两个或多个系数轴定义的抽象空间）中找到一个驻点(2.2 节)，但检查二阶导数表明，如果所有或大部分电子都在成键分子轨道中，则该过程给出能量最小值，这是大多数真实分子的情况[36]。式(4.43)表示为

$$E(c_1^2 S_{11} + 2c_1 c_2 S_{12} + c_2^2 S_{22}) = c_1^2 H_{11} + 2c_1 c_2 H_{12} + c_2^2 H_{22} \qquad (4.45)$$

且对 c_1 微分：

$$\left(\frac{\partial E}{\partial c_1}\right)(c_1^2 S_{11} + 2c_1 c_2 S_{12} + c_2^2 S_{22}) + E(2c_1 S_{11} + 2c_2 S_{12}) = 2c_1 H_{11} + 2c_2 H_{12}$$

设 $\partial E/\partial c_1 = 0$，则

$$E(2c_1 S_{11} + 2c_2 S_{12}) = 2c_1 H_{11} + 2c_2 H_{12}$$

这可以写成

$$(H_{11} - ES_{11})c_1 + (H_{12} - ES_{12})c_2 = 0 \qquad (4.46)$$

类似过程，从式(4.45)开始，并对 c_2 进行微分会得出

$$(H_{12} - ES_{12})c_1 + (H_{22} - ES_{22})c_2 = 0 \qquad (4.47)$$

式(4.47)可以写成

$$(H_{21} - ES_{21})c_1 + (H_{22} - ES_{22})c_2 = 0 \qquad (4.48)$$

因为如式(4.44)所示 $H_{12} = H_{21}$ 和 $S_{12} = S_{21}$，所以，式(4.48)中使用的形式更可取，它使我们容易记住这里检查的两个基函数系统的模式，并可被推广到 n 个基函数。式(4.46)和式(4.48)形成了联立线性方程组：

$$(H_{11} - ES_{11})c_1 + (H_{12} - ES_{12})c_2 = 0$$
$$(H_{21} - ES_{21})c_1 + (H_{22} - ES_{22})c_2 = 0 \qquad (4.49)$$

下标对应于它们所在的行和列。对于我们稍后将要考虑的矩阵和行列式来说，这确实是正确的，但即使对式(4.49)的系统，我们也注意到，在第一个方程（"第 1 行"）中，c_1 的系数是

标 11(第1行、第1列), c_2 的系数为下标 12(第1行、第2列),而在第二个方程("第2行")中, c_1 的系数是下标 21(第2行、第1列), c_2 的系数为下标 22(第2行、第2列)。

式(4.49)被称为**久期方程**,因为它与天文学中处理行星长期运动的某些方程的假设相似,来自拉丁语 saeculum,表示很长一段时间(不要与"secular"相混淆,它表示"世俗的",来自拉丁语"secularis")。从久期方程中,我们可以找到基函数系数 c_1 和 c_2,从而得到分子轨道 ψ,因为 c 和基函数 ϕ 构成了分子轨道(式(4.41))。从久期方程中获得分子轨道系数和能量最简单、最简练、最强大的方法是使用矩阵代数(4.3.3节)。下面的论述似乎有点复杂,但必须强调的是,实际上,矩阵方法是非常适合在计算机上自动实现的。

久期方程式(4.49)等价于单矩阵方程

$$\begin{pmatrix} H_{11}-ES_{11} & H_{12}-ES_{12} \\ H_{21}-ES_{21} & H_{22}-ES_{22} \end{pmatrix}\begin{pmatrix} c_1 \\ c_2 \end{pmatrix}=\begin{pmatrix} 0 \\ 0 \end{pmatrix} \tag{4.50}$$

由于 $\boldsymbol{H}-\boldsymbol{ES}$ 矩阵是 $\boldsymbol{H}$ 矩阵减去 $\boldsymbol{ES}$ 矩阵,且由于 $\boldsymbol{ES}$ 矩阵是 $\boldsymbol{S}$ 矩阵与标量 E 的乘积。所以,式(4.50)可以表示为

$$\left[\begin{pmatrix} H_{11} & H_{12} \\ H_{21} & H_{22} \end{pmatrix}-\begin{pmatrix} S_{11} & S_{12} \\ S_{21} & S_{22} \end{pmatrix}E\right]\begin{pmatrix} c_1 \\ c_2 \end{pmatrix}=\begin{pmatrix} 0 \\ 0 \end{pmatrix} \tag{4.51}$$

可以更简洁地表述为

$$[\boldsymbol{H}-\boldsymbol{SE}]\boldsymbol{c}=\boldsymbol{0} \tag{4.52}$$

式(4.52)可以表示为

$$\boldsymbol{Hc}=\boldsymbol{SEc} \tag{4.53}$$

$\boldsymbol{H}$ 和 $\boldsymbol{S}$ 是方阵, $\boldsymbol{c}$ 和 $\boldsymbol{0}$ 是列矩阵(式(4.51)), E 是标量(普通数)。我们已经为含有两个基函数的系统建立了这些方程,因此,应有2个分子轨道,每个分子轨道都有自己的能量和一对 c(图4.11)。我们需要2个能量值和4个 c:我们希望能够计算 ψ_1(分子轨道1,能级1)的 c_{11} 和 c_{21},以及 ψ_2(分子轨道2,能级2)的 c_{12} 和 c_{22}。按照惯例,分子轨道的能量被指定为 ε_1 和 ε_2。式(4.53)可以被展开(我们的简单推导在这里给我们带来了不便)[31],以包含4个 c 和2个 ε;我们想要的结果是

$$\boldsymbol{HC}=\boldsymbol{SC}\boldsymbol{\varepsilon} \tag{*4.54}$$

第5章更为详细和严格的推导自然而然地导出了这一点。我们现在只有方阵。在式(4.53)中, $\boldsymbol{c}$ 是列矩阵, E 不是矩阵,而是标量——一个普通数。这4个矩阵是

$$\boldsymbol{H}=\begin{pmatrix} H_{11} & H_{12} \\ H_{21} & H_{22} \end{pmatrix}$$

$$\boldsymbol{C}=\begin{pmatrix} c_{11} & c_{12} \\ c_{21} & c_{22} \end{pmatrix}$$

$$\boldsymbol{S}=\begin{pmatrix} S_{11} & S_{12} \\ S_{21} & S_{22} \end{pmatrix} \tag{*4.55}$$

$$\boldsymbol{\varepsilon}=\begin{pmatrix} \varepsilon_1 & 0 \\ 0 & \varepsilon_2 \end{pmatrix}$$

H 矩阵是能量矩阵，**福克[①]矩阵**，其矩阵元是积分 H_{ij}（式（4.44））。福克实际上为从头算开发了一种复杂的显式形式的矩阵元。我们将在第 5 章中遇到"真正的"福克矩阵。现在，我们只注意到，在简单的（和扩展的）休克尔方法中，作为特别处理，每个分子轨道中最多允许两个配对的电子。每个 H_{ij} 代表某种能量项，因为 $\hat{H}$ 是能量算符（4.3.3 节）。H_{ij} 的含义将在本节后面讨论。

C 矩阵是**系数矩阵**，其矩阵元是权重因子 c_{ij}，这些因子确定每个基函数 ϕ（简略地说，原子上的每个原子轨道）对每个分子轨道 ψ 的贡献程度。因此，c_{11} 是 ψ_1 中 ϕ_1 的系数，c_{21} 是 ψ_1 中 ϕ_2 的系数，依此类推，第一个下标表示基函数，第二个下标表示分子轨道（图 4.11）。在 C 的每一列中，c 属于相同的分子轨道。

S 矩阵是**重叠矩阵**，其矩阵元是重叠积分 S_{ij}，它是对基函数（简略地说，原子轨道）重叠程度的度量。相同原子上相同基函数之间的完全重叠对应于 $S_{ii}=1$，而同一原子上不同基函数之间，或不同原子上完全分离的函数之间的零重叠对应于 $S_{ij}=0$。

$\boldsymbol{\varepsilon}$ 对角矩阵是一个能级矩阵，其对角元对应分子轨道 ψ_i 轨道的能级 ε_i。理想情况下，每个 ε_i 是从其轨道移除电子所需能量的负值，即该轨道电离能的负值。因此，理想情况下，它是一个被原子核吸引，并被其他电子排斥的电子的能量，相对于该电子和相应的电离分子的能量而言，它们彼此无限远地分离。光电子光谱与占据轨道的能量有很好的相关性，这一点在更精细的（从头算）计算中可以看出[26]。然而，在简单休克尔计算中，定量的相关性在很大程度上丢失了。

现假设基函数 ϕ 有这些性质（涉及 ϕ 的 H 和 S 积分在式（4.44）中定义）：

$$S_{11}=1$$
$$S_{12}=S_{21}=0 \qquad\qquad (4.56)$$
$$S_{22}=1$$

更简洁地说，假设

$$S_{ij}=\delta_{ij} \qquad\qquad (4.57)$$

式中，δ_{ij} 是克罗内克函数（利奥波德·克罗内克，德国数学家，约 1860 年），根据 i 和 j 相同或不同，其值为 1 或 0。那么，S 矩阵（式（4.55））是

$$S=\begin{pmatrix} 1 & 0 \\ 0 & 1 \end{pmatrix} \qquad\qquad (4.58)$$

由于这是一个单位矩阵，所以，式（4.54）变成

$$HC=C\boldsymbol{\varepsilon} \qquad\qquad (4.59)$$

然后，右乘 C 的逆矩阵，我们得到

$$H=C\boldsymbol{\varepsilon}C^{-1} \qquad\qquad (^*4.60)$$

因此，根据矩阵对角化的定义，由 H 矩阵的对角化得出 C 和 $\boldsymbol{\varepsilon}$ 矩阵，即，如果 $S_{ij}=\delta_{ij}$（式（4.57）），则它给出系数 c 和分子轨道能量 $\boldsymbol{\varepsilon}$（式（4.55））。这是一个很大的假设，实际上并非如此。$S_{ij}=\delta_{ij}$ 意味着基函数既正交，又归一化，即正交归一。**正交**原子（或分子）轨道

---

① 弗拉迪默·福克，1898 年生于圣彼得堡。1934 年彼得格勒大学博士。列宁格勒大学教授，曾在莫斯科的多个研究所工作过。从事量子力学和相对论的研究，如电磁场中自旋粒子的克莱因-福克方程。1974 年于列宁格勒去世。

或函数 ϕ 的净重叠为零(图 4.12),对应于 $\int \phi_i \phi_j \mathrm{d}v = 0$。**归一化**轨道或函数 ϕ 对应的 $\int \phi \phi \mathrm{d}v = 1$。我们确实可以使用一组归一化的基函数:将适当的归一常数 k 乘以未归一的基函数 ϕ',确保归一化($\phi = k\phi'$)。然而,我们不能选择一组以原子为中心的正交基函数,因为正交意味着所讨论的两个基函数之间的重叠为零,且在一个分子中,成对基函数之间的重叠将取决于分子的几何构型(图 4.12)(然而,正如我们稍后将看到的,可以在数学上操纵基函数,以给出正交归一的原始基函数的组合)。

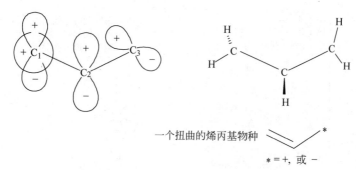

一个扭曲的烯丙基物种

* = +, 或 −

图 4.12 我们不能简单地选择一组正交基函数,因为在一个典型的分子中,许多基函数不是正交的,即不会有零重叠。在所示的烯丙基物种中,C_1 上的 2s 和 2p 函数(即原子轨道)是正交的(p 轨道的 +、− 部分恰好抵消了与 s 轨道重叠的部分;一般来说,同一原子上的原子轨道是正交的),C_2 和 C_3 上的 2p 基函数的轴如果成直角,则它们也是正交的。然而,$C_1(2s)/C_2(2p)$ 和 $C_1(2p)/C_2(2p)$ 基函数对不是正交的

基函数正交性的假设是一个极端的近似,它大大简化了休克尔方法。在当前情况下,它能够将式(4.54)简化为式(4.59),然后通过对角化福克矩阵立即获得系数和能级。稍后我们会看到,在没有正交性假设的情况下,可以对基函数集进行数学变换,从而可以对修改后的福克矩阵进行对角化。在简单休克尔方法中,我们避免了这种转换。在休克尔方法的矩阵法处理中,我们必须对角化福克矩阵 $\boldsymbol{H}$。为此,我们必须为矩阵元 H_{ij} 赋值,以便计算机算法可以处理一些问题。这就引出了简单休克尔方法的其他简化假设,关于 H_{ij} 的假设。

在简单休克尔方法中,能量积分 H_{ij} 仅被近似为 3 个值(能量的单位为 kJ/mol):

α 为库仑积分

$$\int \phi_i \hat{H} \phi_i \mathrm{d}v = H_{ii} = \alpha,\ 即同一原子上的基函数 \qquad (^* 4.61a)$$

β 为键积分或共振积分

$$\int \phi_i \hat{H} \phi_j \mathrm{d}v = H_{ij} = \int \phi_j \hat{H} \phi_i \mathrm{d}v = H_{ji} = \beta \qquad (^* 4.61b)$$

用于对相邻原子的基函数。

$$\int \phi_i \hat{H} \phi_j \mathrm{d}v = H_{ij} = \int \phi_j \hat{H} \phi_i \mathrm{d}v = H_{ji} = 0 \qquad (^* 4.61c)$$

用于对既不在同一原子上,也不在相邻原子上的基函数。

为了使这些近似具有一定的物理意义,我们必须意识到,在量子力学计算中,能量的零

点通常对应于系统中的粒子被分离至无穷远处。从最简单的角度来看,库仑积分 α 是相对于能量零点的分子的能量,该能量零点是电子和基函数(即原子轨道,在简单休克尔方法中, ϕ 通常是碳的 p 原子轨道)无穷远地分离。由于系统的能量实际上是随着电子从无穷远进入轨道而降低的,因此, α 为负数(图 4.13)。在这种情况下, α 的负值是轨道电离能(一个正的量)(轨道电离能定义为从轨道中将一个电子移到无穷远处时所需的能量)。

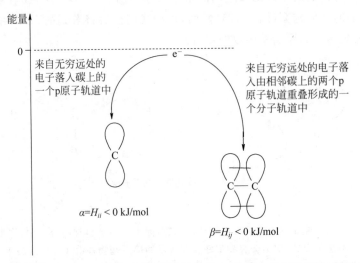

图 4.13　库仑积分 α 仅仅(但不太准确)仅仅被视为碳 2p 轨道中电子的能量,相对于该电子在无穷远处的能量而言。键积分(共振积分) β 仅仅(但不太准确)仅仅被视为由相邻 2p 轨道形成的分子轨道中的电子的能量,相对于它在无穷远处的能量而言

从最简单的角度来看,键积分或共振积分 β 是相邻 p 轨道重叠区域(大致为双中心的分子轨道)中电子的能量(将电子和双中心的分子无穷远地分离时的能量作为能量零点)。像 α 一样, β 是一个负能量。对 β 值粗略的估计是两个相邻原子轨道电离能(正值)的平均值乘以某个分数,以考虑到两个轨道并不重合,实际上是分开的。但关于 α 和 β 的这些观点过于简单化[31]。

从两轨道系统出发,我们导出了式(4.55)中的 2×2 矩阵。这些结果可以被推广到 n 个轨道:

$$\boldsymbol{H} = \begin{bmatrix} H_{11} & H_{12} & \cdots & H_{1n} \\ H_{21} & H_{22} & \cdots & H_{2n} \\ \vdots & \vdots & & \vdots \\ H_{n1} & H_{n2} & \cdots & H_{nn} \end{bmatrix} \tag{4.62}$$

式(4.62)的 $\boldsymbol{H}$ 矩阵元根据式(4.61)变为 α、β 或 0。在图 4.14 的示例中,可以清楚地看出这一点。

矩阵对角化的计算机算法使用了某种形式的雅可比旋转方法[37],该方法通过连续的数值近似进行(数学教材中描述了基于扩展与矩阵对应的行列式的对角化方法,这在计算化学中没有使用)。因此,为了对角化福克矩阵,我们需要用数字来代替 α 和 β。在比简单休克尔方法更高级的方法,像扩展休克尔方法(EHM)、其他半经验方法和从头算方法中,通过计算 H_{ij} 积分以给出数值(以能量单位表示)。在简单休克尔方法中,我们只使用相对于 α 的

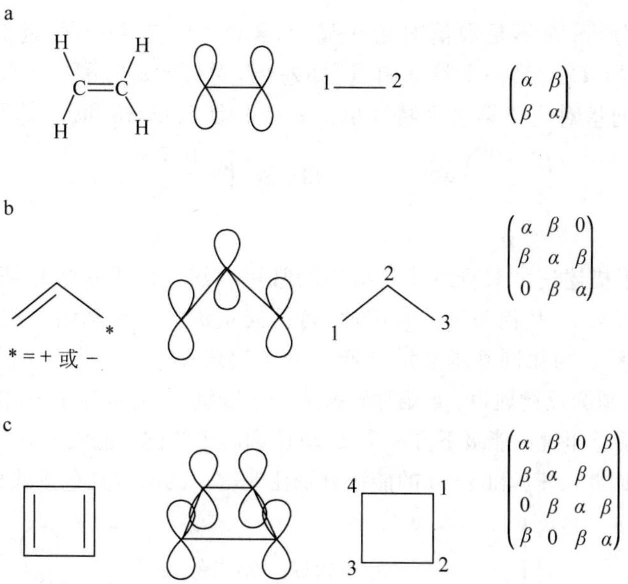

图 4.14 一些共轭分子的 p 轨道阵列，分子的简化表示，以及简单休克尔的福克矩阵。同一原子相互作用为 α，相邻原子相互作用为 β，所有其他相互作用均为 0。为了对角化矩阵，我们令 $\alpha = 0, \beta = -1$

以 $|\beta|$ 为单位的能量值（由于 β 是负值，见图 4.13）。然后图 4.14a 的矩阵变为

$$\boldsymbol{H} = \begin{pmatrix} \alpha & \beta \\ \beta & \alpha \end{pmatrix} = \begin{pmatrix} 0 & -1 \\ -1 & 0 \end{pmatrix} \tag{4.63}$$

由 1,2-型相互作用表示的分子轨道中的电子能量比 p 轨道（1,1-型相互作用）中的电子低一个 $|\beta|$ 能量单位。同样，图 4.14b 的 $\boldsymbol{H}$ 矩阵变为

$$\boldsymbol{H} = \begin{pmatrix} 0 & -1 & 0 \\ -1 & 0 & -1 \\ 0 & -1 & 0 \end{pmatrix} \tag{4.64}$$

图 4.14c 的 $\boldsymbol{H}$ 矩阵变为

$$\boldsymbol{H} = \begin{pmatrix} 0 & -1 & 0 & -1 \\ -1 & 0 & -1 & 0 \\ 0 & -1 & 0 & -1 \\ -1 & 0 & -1 & 0 \end{pmatrix} \tag{4.65}$$

通过将所有 i, i-型相互作用设为 0，并将所有 i, j-型相互作用设为 -1，其中，i 和 j 表示键连的原子，当 i 和 j 原子未直接键连时，等于 0，这样，$\boldsymbol{H}$ 矩阵就可以被简单地表示出来。

对式(4.63)的双基函数矩阵对角化，得出

$$\boldsymbol{H} = \begin{pmatrix} 0 & -1 \\ -1 & 0 \end{pmatrix} = \begin{pmatrix} 0.707 & 0.707 \\ 0.707 & -0.707 \end{pmatrix} \begin{pmatrix} -1 & 0 \\ 0 & 1 \end{pmatrix} \begin{pmatrix} 0.707 & 0.707 \\ 0.707 & -0.707 \end{pmatrix} \tag{4.66}$$
$$\quad \boldsymbol{C} \qquad\qquad\quad \boldsymbol{\varepsilon} \qquad\qquad \boldsymbol{C}^{-1}$$

比较式(4.66)和式(4.60)，可以看到，我们已经获得了我们想要的矩阵：系数矩阵 $\boldsymbol{C}$ 和分子轨道能级矩阵 $\boldsymbol{\varepsilon}$。$\boldsymbol{C}$ 的列是特征向量，$\boldsymbol{\varepsilon}$ 的对角元是特征值，参见式(4.38)及有关特征函数和特征值的讨论。式(4.66)的结果很容易通过实际乘以矩阵来检验（这里的乘法是辅

助的,因为是通过分析,而不是数值对角化显示,±0.707 是 $1/\sqrt{2}$ 的近似)。注意,$CC^{-1} = 1$,C^{-1} 是 C 的转置。C 的第一个特征向量,即左列,对应于 ε 的第一个特征值,即左上角矩阵元,第二个特征向量对应于第二个特征值。每个特征向量,v_1 和 v_2,都是列矩阵:

$$\begin{pmatrix} 0.707 \\ 0.707 \end{pmatrix} \equiv -1 \quad \text{和} \quad \begin{pmatrix} 0.707 \\ -0.707 \end{pmatrix} \equiv 1 \qquad (4.67)$$
$$v_1 v_2$$

图 4.15 显示了描述这种双轨道计算结果的常用方法。由于系数是基函数对分子轨道贡献的权重因子(见图 4.11 及相关讨论),因此,特征向量 v_1 的 c 与基函数相结合产生分子轨道 $1(\psi_1)$,特征向量 v_2 的 c 与相同基函数结合产生分子轨道 $2(\psi_2)$。低于 α 的分子轨道为成键轨道,高于 α 的分子轨道为反键轨道。ε 矩阵转换成一个能级图,能量为 $\alpha+\beta$ 的 ψ_1 和能量为 $\alpha-\beta$ 的 ψ_2,即分子轨道位于非键 α 能级下方一个 $|\beta|$ 单位和高于非键 α 能级上方一个 $|\beta|$ 单位。由于 β 与 α 一样,是负的,因此,$\alpha+\beta$ 和 $\alpha-\beta$ 的能级分别比非键 α 的能级具有更低和更高的能量。

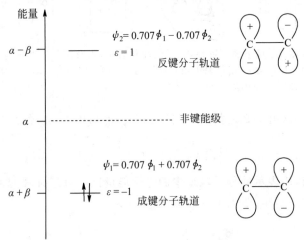

图 4.15　用简单休克尔方法计算的双 p 轨道系统的 π 分子轨道和 π 能级。分子轨道由基函数(两个 p 原子轨道)和特征向量组成,分子轨道能量来自特征值(式(4.66))。成对箭头代表一对自旋相反的电子(中性乙烯分子的电子基态,ψ_1 是占据轨道,ψ_2 是空轨道)

由式(4.64)的三基函数矩阵对角化,得出

$$\begin{pmatrix} 0 & -1 & 0 \\ -1 & 0 & -1 \\ 0 & -1 & 0 \end{pmatrix} =$$

$$\begin{pmatrix} 0.500 & 0.707 & 0.500 \\ 0.707 & 0 & -0.707 \\ 0.500 & -0.707 & 0.500 \end{pmatrix} \begin{pmatrix} -1.414 & 0 & 0 \\ 0 & 0 & 0 \\ 0 & 0 & 1.414 \end{pmatrix} \begin{pmatrix} 0.500 & 0.707 & 0.500 \\ 0.707 & 0 & -0.707 \\ 0.500 & -0.707 & 0.500 \end{pmatrix} \qquad (4.68)$$
$$v_1 v_2 v_3$$

$$\begin{pmatrix} \varepsilon_1 & 0 & 0 \\ 0 & \varepsilon_2 & 0 \\ 0 & 0 & \varepsilon_3 \end{pmatrix}$$

$$C \varepsilon C^{-1}$$

与这些结果相对应的能级和分子轨道如图 4.16 所示。

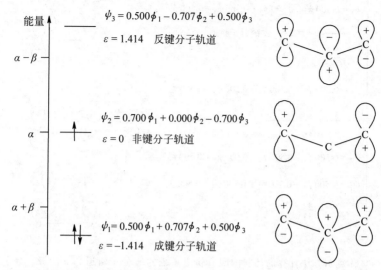

图 4.16 用简单休克尔方法计算的一个非环的三 p 轨道系统的 π 分子轨道和 π 能级。分子轨道由基函数(3 个 p 原子轨道)和特征向量(c)组成,而分子轨道能量来自特征值(式(4.68))。在分子轨道图中,每个分子轨道中的原子轨道的相对大小表明每个原子轨道对该分子轨道的相对贡献。该图为丙烯基自由基。成对的箭头表示一对相反自旋的电子,在满占的最低占据分子轨道(ψ_1)中,单箭头表示在非键分子轨道(ψ_2)中未配对的电子。在自由基时最高的 π 分子轨道 ψ_3 是空的分子轨道

由式(4.65)的四基函数矩阵的对角化,得出

$$\begin{bmatrix} 0 & -1 & 0 & -1 \\ -1 & 0 & -1 & 0 \\ 0 & -1 & 0 & -1 \\ -1 & 0 & -1 & 0 \end{bmatrix} =$$

$$\begin{bmatrix} 0.500 & 0.500 & 0.500 & 0.500 \\ 0.500 & -0.500 & 0.500 & -0.500 \\ 0.500 & -0.500 & -0.500 & 0.500 \\ 0.500 & 0.500 & -0.500 & -0.500 \end{bmatrix} \begin{bmatrix} -2 & 0 & 0 & 0 \\ 0 & 0 & 0 & 0 \\ 0 & 0 & 0 & 0 \\ 0 & 0 & 0 & 2 \end{bmatrix} \begin{bmatrix} 0.500 & 0.500 & 0.500 & 0.500 \\ 0.500 & -0.500 & -0.500 & 0.500 \\ 0.500 & -0.500 & 0.500 & -0.500 \\ 0.500 & 0.500 & -0.500 & -0.500 \end{bmatrix}$$

$$\quad \boldsymbol{v}_1 \quad\quad \boldsymbol{v}_2 \quad\quad \boldsymbol{v}_3 \quad\quad \boldsymbol{v}_4$$

$$\begin{matrix} \varepsilon_1 & 0 & 0 & 0 \\ 0 & \varepsilon_2 & 0 & 0 \\ 0 & 0 & \varepsilon_3 & 0 \\ 0 & 0 & 0 & \varepsilon_4 \end{matrix}$$

$$\quad\quad \boldsymbol{C} \quad\quad\quad\quad\quad\quad \boldsymbol{\varepsilon} \quad\quad\quad\quad\quad\quad \boldsymbol{C}^{-1} \quad\quad (4.69)$$

这些结果的能级和分子轨道如图 4.17 所示。注意,所有这些矩阵对角化都会产生正交的特征向量:$\boldsymbol{v}_i \cdot \boldsymbol{v}_i = 1$ 和 $\boldsymbol{v}_i \cdot \boldsymbol{v}_j = 0$,这是福克矩阵是对称的事实所要求的(见 4.3.3 节中矩阵对角化)。

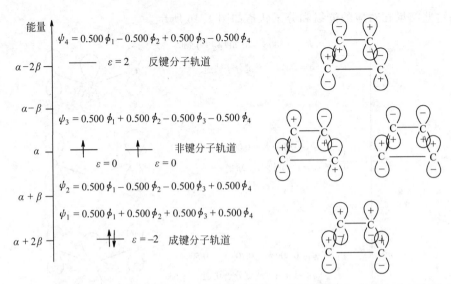

图 4.17　简单休克尔方法计算的环状的四 p 轨道系统的 π 分子轨道和 π 能级。分子轨道由基
函数（4 个 p 原子轨道）和特征向量组成，分子轨道的能量来自特征值（式（4.69））。这
个特别的图是正方形的环丁二烯分子。成对箭头代表满占的最低占据分子轨道 ψ_1 中
的自旋相反的电子，而单箭头代表相同自旋的未配对电子，在两个非键分子轨道 ψ_2 和
ψ_3 中各有 1 个。在中性分子时，最高占据的 π 分子轨道 ψ_4 为空轨道

4.3.5　简单休克尔方法的应用

　　简单休克尔方法的应用在一些书中[21]有非常详细的讨论。在这里，我们将只处理那些
需要理解该方法的实用性，并为后续章节中某些主题（如键级和原子电荷）的讨论铺平道路
的应用程序。我们将讨论：分子轨道的节点特性；能级和芳香性表示的稳定性（$4n+2$ 规
则）；共振能；键级和原子电荷。

1. 分子轨道的节点性质

　　分子轨道的节点是一个平面，在该平面上，当我们沿着基函数序列前进时，波函数的符
号会发生变化（图 4.15～图 4.17）。对于给定的分子而言，π 轨道中的节点数随能量的增加
而增加。在双轨道系统中（图 4.15），ψ_1 有 0 个节点，而 ψ_2 有 1 个节点。在三轨道系统中
（图 4.16），ψ_1、ψ_2 和 ψ_3 分别具有 0、1 和 2 个节点。在环状四轨道系统（图 4.17）中，ψ_1 有 0
个节点，而简并（具有相同能量）的 ψ_2 和 ψ_3，每个都有 1 个节点（1 个节面），ψ_4 有 2 个节点。
在给定的分子中，分子轨道能量随节点数的增加而增加。简单休克尔方法 π 轨道的节点性
质是理解伍德沃德-霍夫曼轨道对称规则预测性的一种最简单方法的基础[38]。例如，根据
开链物种最高占据 π 分子轨道的对称性，可以非常简单地合理化多烯的热顺旋和对旋闭
环/开环。更详细的考虑（包括扩展休克尔计算）表明，最高占据 π 分子轨道主导这种反应
的过程[38]。图 4.18 显示了 1,3-丁二烯闭环生成环丁烯的情况。在每个面上，末端碳（成键
原子）上最高占据 π 轨道（ψ_2）的相位（＋或－）是相反的，因为这个轨道在 C_4 链的中间有 1
个节点。您可以通过将分子轨道绘制为对它有贡献的 4 个原子轨道，或甚至，记住节点，只
通过绘制末端原子轨道来看到这一点。为了使 ψ_2 中的电子成键，端基必须以相同的方式

旋转(**顺旋**),以使相同相位的轨道波瓣重叠在一起。请记住,正负相位与电荷无关,这只是电子波动性质的结果(4.2.6节):如果两个电子波"同相振动",则它们可以互相增强,并产生成键电子对;异相相互作用代表一种反键的情况。相反方向的旋转(**对旋**)会将相反相位的波瓣叠加在一起,这是一种反键的情况。逆反应的机理仅仅是正向机理的逆向,因此,热力学上有利的过程是环丁烯开环的这一事实仅意味着所示的环丁烯在加热时会**开环**生成丁二烯。如果我们意识到光子的吸收会产生一个电子激发态的分子,其中,以前最低的未占分子轨道(lowest unoccupied molecular orbital,LUMO)现在是最高占据分子轨道(highest occupied molecular orbital,HOMO),那么,光化学过程也可以通过伍德沃德-霍夫曼轨道对称规则来调节。有关轨道对称性和化学反应的更多信息,请参见伍德沃德和霍夫曼的书[38]。

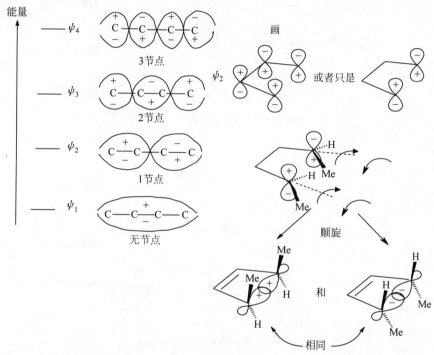

图 4.18　许多反应的立体化学很容易从分子轨道的对称性来预测,通常是最高占据 π 分子轨道(highest occupied π molecular orbital,π HOMO)。在 1,3-丁二烯到环丁烯的闭环反应中,末端碳(成键原子)HOMO(ψ_2)的相位(或)使得闭环必须以顺旋的方式发生,以得到明确的立体化学产物。在以上示例中,只有一种产物。逆过程实际上是热力学有利的,顺式二甲基环丁烯开环为顺式、反式二烯。这里没有根据原子轨道对分子轨道的贡献定量显示能级位置或轨道大小

2. 能级和芳香性表示的稳定性

用简单休克尔方法计算获得的分子轨道能级必须根据所考虑的物种来填充电子。例如,中性乙烯分子有两个 π 电子,因此,图 4.19a(参见图 4.15)中用 1 个、2 个和 3 个 π 电子的图分别表示阳离子、中性分子和阴离子。我们可以预期中性分子——其成键 π 轨道 ψ_1 充满电子,而反键 π 轨道 ψ_2 为空——具有抗氧化性(这需要从低能量的 ψ_1 中去除电子电荷)和抗还原性(这需要向高能量的 ψ_2 中添加电子电荷)。

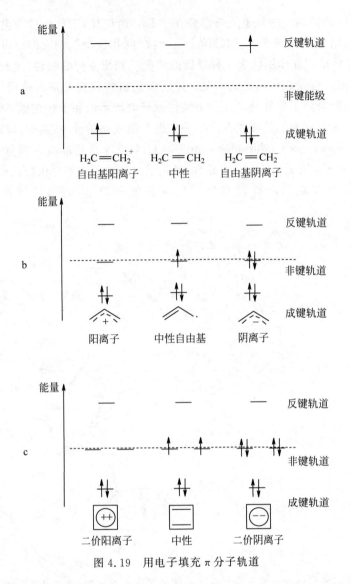

图 4.19　用电子填充 π 分子轨道

　　丙烯基（烯丙基）系统有 2 个、3 个或 4 个 p 电子，具体取决于我们考虑的是阳离子、自由基，还是阴离子（图 4.19b，参见图 4.16）。阳离子可能具有抗氧化性，这需要从低 π 轨道（ψ_1）去除电子，并容易适度还原，因为这涉及向非键 π 轨道 ψ_2 添加电子，这一过程不应是非常有利或不利的。自由基应比阳离子更容易被氧化，因为这需要从非键，而不是低键轨道上去除电子。自由基的还原难度应与阳离子大致相当，因为两者都是在非键轨道上添加电子。阴离子的氧化与自由基的氧化难易相似（从非键 ψ_2 中去除电子），但难于被还原（向反键 ψ_3 中添加电子）。

　　可以设想环丁二烯系统（图 4.19c，参见图 4.17）分别具有 2 个（二价阳离子）、4 个（中性分子）和 6 个 π（二价阴离子）电子。对这 3 个物种氧化还原反应行为的预测，可能分别与刚才针对丙烯基阳离子、自由基和阴离子所概述的行为相当（请注意成键、非键和反键轨道的占据）。然而，对于二烯类化合物来说，简单休克尔方法预测的中性环丁二烯分子有不同寻常的电子排列：在填充 π 轨道时，从最低能量轨道向上，根据洪德的最大多重度规则，相同自旋的电子会被放入简并的 ψ_2 和 ψ_3 中。因此,简单休克尔方法预测环丁二烯是双自由基,具有 2 个相同自旋的未配对电子。实际上,更高水平的计算[39]表明,且实验也证实,环丁二烯是有 2 个单 C/C 键和 2 个双 C/C 键的单重态分子。具有 4 个 1.5 C/C 键键级的方形环丁二烯双自由基会畸变为带有 2 个单键和 2 个双键的矩形闭壳的(即没有未配对电子)分子(图 4.20)。这是可以预测的,通过利用已知的姜-泰勒效应[40]现象的知识来增强简单休克尔方法的结果:简并(相同的能量)分子轨道中具有奇数个电子的环状分子系统(以及某些其他系统)会因畸变而消除简并性。

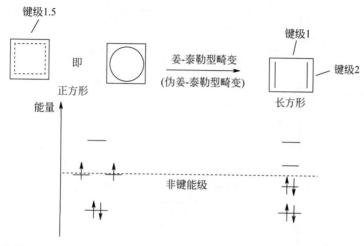

图 4.20　简并能级的环状系统往往会发生几何构型畸变,以消除简并性,姜-泰勒定理的结果

源自简单休克尔方法的分子轨道的一般模式是什么?非环 π 系统(乙烯、丙烯基系统、1,3-丁二烯等)在非键能级的上下两侧分布有单一且有规律的分子轨道;奇数原子轨道系统也有一个非键分子轨道(图 4.21)。环状 π 系统(环丙烯基系统、环丁二烯、环戊二烯基系统、苯等)有一个能量最低的分子轨道和一对简并分子轨道,以一个最高分子轨道或一对最高分子轨道结束,这取决于分子轨道的数目是偶数,还是奇数。分子轨道的总数总是等于基函数的数目,这在简单休克尔方法中,对于有机多烯来说,即为 p 轨道的数目(图 4.21)。通过在一个圆内绘制一个顶点向下的多边形(图 4.22),单环系统的模式可以被简单定性地预测。如果圆的半径为 $2|\beta|$,则分子轨道能量甚至可以通过三角函数来计算[41]。根据这种模式,具有 2、6、10、…个 π 电子的全占 π 分子轨道的环状体系可能会表现出特殊的稳定性,类似于不具有反应活性的填充满原子轨道的惰性气体(图 4.23)。当然,这类分子的原型是苯,其稳定性与一系列被称为芳香性的性质有关[17]。最初,休克尔[19](1931—1937 年的系列论文)将发现的这些结果总结成一个 $4n+2$ 规则或称休克尔规则。尽管 $4n+2$ 公式实际上是由多林和诺克斯(1954 年)[42]明确提出的。这表明:sp^2 杂化的原子是具有 $4n+2$ 个 π 电子的环状系统,有芳香族分子的特征;经典的芳香族分子苯有 6 个 π 电子,这对应于 $n=1$。对于具有形式上完全共轭的环状的中性分子而言,这等于说具有奇数个 C/C 双键的那些分子是芳香性的,而具有偶数个 C/C 双键的分子则是反芳香性的(见**共振能**)。

尽管在不考虑诸如姜-泰勒效应的情况下,应用简单休克尔方法会错误地预测环丁二烯之类的 $4n$ 物种为三重态双自由基,但休克尔规则已经得到了充分验证[17]。休克尔规则也

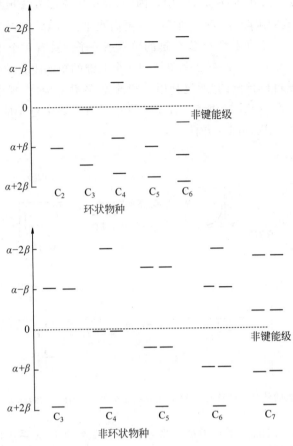

图 4.21   简单休克尔方法预测的非环和环状 π 系统的分子轨道模式

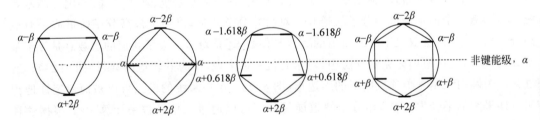

图 4.22   一个有用的助记符，用于获取环状 π 系统的简单休克尔方法模式。圆的半径被设置为
$2|\beta|$，非键能级的能量间隔甚至可以用三角函数来计算

适用于离子。例如，具有两个 π 电子的环丙烯基系统，即环丙烯基阳离子，对应 $n=0$，有很强的芳香性。其他芳香族物种是环戊二烯基阴离子（6 个 π 电子，$n=1$；休克尔预测环戊二烯的酸性增强）和环庚三烯基阳离子。在应用该规则时需谨慎，只有合理的平面物种才能提供环状电子离域和芳香性的原子轨道重叠需求。最近，简单休克尔方法中的电子离域和芳香性已被重新讨论[43]。

3. 共振能

简单休克尔方法允许计算一种稳定化能，或更合乎逻辑地说，是一种能反映分子在某种

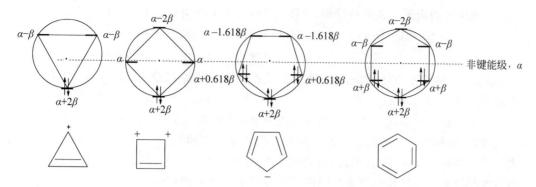

图 4.23 休克尔规则认为,具有 $4n+2$ 个 π 电子($n=0,1,2,\cdots$;$4n+2=2,6,10,\cdots$)的环状 π 系统应特别稳定,因为它们的所有成键能级均已填满电子,所有反键能级为空。特殊的稳定性通常等同于芳香性。这里显示的是环丙烯基阳离子、环丁二烯二价阳离子、环戊二烯基阴离子和苯。这些物种的正式结构在图中示出实际分子的化学键没有单键和双键之分,而是电子离域使所有 C/C 键相同

意义上稳定性的能量。该能量是通过将所讨论分子的总电子能与参考化合物的总电子能进行比较来计算的,如下所示的丙烯基系统、环丁二烯和环丁二烯二价阳离子。

（1）**丙烯基阳离子**（图 4.19b,见图 4.16）。如果我们将分子的总 π 电子能量简单地视为 π 分子轨道中电子数乘以该轨道的能级,再对所有占据轨道求和（一种粗略近似值,因为它忽略了电子间的排斥力）,那么,对丙烯基阳离子:

$$E_\pi(\text{丙烯基阳离子}) = 2(\alpha + 1.414\beta) = 2\alpha + 2.828\beta$$

如欲将此能量与没有特殊特征的正常分子的两个电子的能量进行比较（丙烯基阳离子具有与正式 C/C 双键相邻的空 p 轨道的特殊特征）,那么,可以选择中性乙烯作为参考能量（图 4.15）:

$$E_\pi(\text{参考}) = 2(\alpha + \beta) = 2\alpha + 2\beta$$

则稳定化能是:

$$E(\text{稳定,阳离子}) = E_\pi(\text{丙烯基阳离子}) - E_\pi(\text{参考})$$
$$= (2\alpha + 2.828\beta) - (2\alpha + 2\beta) = 0.828\beta$$

由于 β 为负,因此,计算的丙烯基阳离子的 π 电子能低于乙烯的 π 电子能:为电子对提供额外的、空的 p 轨道会导致能量下降。实际上,共振能通常以正值表示,如"100 kJ/mol"。我们可以将其解释为低于参考系统 100 kJ/mol。在这样的简单休克尔方法计算中,为了避免出现负值,我们可以用 $|\beta|$ 来代替 β。

（2）**丙烯基自由基**（图 4.16）。简单休克尔方法的总 π 电子能量为

$$E_\pi(\text{丙烯基阳离子}) = 2(\alpha + 1.414\beta) + \alpha = 3\alpha + 2.828\beta$$

对于参考能量来说,我们可以使用 1 个乙烯分子和 1 个非键 p 电子（如甲基自由基中的电子）:

$$E_\pi(\text{参考}) = 2(\alpha + \beta) + \alpha = 3\alpha + 2\beta$$

则稳定化能为

$$E(\text{稳定,自由基}) = E_\pi(\text{丙烯基自由基}) - E_\pi(\text{参考})$$
$$= (3\alpha + 2.828\beta) - (3\alpha + 2\beta) = 0.828\beta$$

（3）**丙烯基阴离子**。类似的计算（见图 4.16，阴离子有 4 个电子）得出

$$E(稳定,阴离子)=E_\pi(丙烯基阴离子)-E_\pi(参考)$$

$$=(4\alpha+2.828\beta)-(4\alpha+2\beta)=0.828\beta$$

因此，简单休克尔方法预测，与 π 电子定位在 1 个正式的双键上和定位在（对于自由基和阴离子而言）1 个 p.轨道中相比，所有 3 个丙烯基物种的能量都将更低。因为这种较低的能量与电子在整个 π 系统中扩散或离域的能力有关，所以，我们所说的 E（稳定）通常被表示为离域能，并被称为 E_D。请注意，E_R（或 E_D）始终是 β 的倍数（或为零）。由于电子离域可以由熟悉的共振符号来表示，因此，休克尔离域能通常等同于共振能，并被称为 E_R。计算的离域性与绘制共振结构的能力之间的一致性尚不够完善，如下例所示。

（4）**环丁二烯**（图 4.17）。总 π 电子能量为

$$E_\pi(环丁二烯)=2(\alpha+2\beta)+2\alpha=4\alpha+4\beta$$

用 2 个乙烯分子作为我们的参考系统：

$$E_\pi(参考)=2\alpha+2\beta$$

因此，对于 E（稳定）（$=E_D$ 或 E_R）来说，我们得到

$$E(稳定,环丁二烯)=E_\pi(环丁二烯)-E_\pi(参考)$$

$$=(4\alpha+4\beta)-(4\alpha+4\beta)=0$$

尽管我们可以很容易地画出两个完全类似苯结构的"共振结构"，但通过这一计算预测环丁二烯没有共振能。简单休克尔方法预测苯的共振能为 2β。而通常引用的苯的共振能为 150 kJ/mol（36 kcal/mol），由它等于 $2|\beta|$ 得出 $|\beta|$ 的值为 75 kJ/mol，但这应该多加考虑，因为在一系列密切相关的分子之外，β 很少或几乎没有定量含义[44]。然而，与简单共振理论在预测芳香族稳定性（及其他化学现象）方面的失败相比[45]，简单休克尔方法是相当成功的。

（5）**环丁二烯二价阳离子**（见图 4.17）。总 π 电子能量为

$$E_\pi(二价阳离子)=2(\alpha+2\beta)=2\alpha+4\beta$$

用 1 个乙烯分子作为参考：

$$E_\pi(参考)=2\alpha+2\beta$$

因此，

$$E(稳定,二价阳离子)=E_\pi(二价阳离子)-E_\pi(参考)$$

$$=(2\alpha+4\beta)-(2\alpha+2\beta)=2\beta$$

因此，稳定化能的计算与从满占的分子轨道排布中得出的推论（即 $4n+2$ 规则）相符，即环丁二烯二价阳离子应因电子离域而稳定，这与实验[46]部分一致。

更复杂的计算表明，像环丁二烯这样的环状 $4n$ 系统（指平面结构的，如环辛四烯是弯曲的，因而只是一个普通多烯）实际上会因 π 电子效应而不稳定：如简单休克尔方法预测，它们的共振能不仅不是零，而且还小于零。这样的系统是反芳香性的[17,46]。如果用于计算稳定化能的参考分子不是如上所述的孤立的乙烯双键和非键电子，而是非环概念上的前体，那么，$4n$ 和 $4n+2$ 环多烯之间的这种巨大对比实际上可以由简单休克尔方法来解释。因此，我们可以将环丁二烯与 1,3-丁二烯进行比较，稳定化能是链闭合（实际上，必须去除两个 H 原子）生成环丁二烯时所获得的能量。不要把这个可能只是假设的过程与已知的一个完全不同的环化反应，即 1,3-丁二烯异构化为环丁烯的反应混淆。上文讨论了它的顺旋和

对旋的过程。对于这个假设的过程来说：

$$E(稳定,环丁二烯) = E_\pi(环丁二烯) - E_\pi(参考)$$
$$= E_\pi(环丁二烯) - E_\pi(丁二烯)$$
$$= (4\alpha + 4\beta) - (4\alpha + 4.472\beta) = -0.472\beta$$

而不是上文得到的零。

由于 β 本身是一个负能量,因此,在使用的惯例中,环丁二烯的稳定化能被预测为正值,或更传统地说,共振能是 $-0.472|\beta|$,为负值。与 1,3-丁二烯相比,它是不稳定的(具有更高的能量)。

同样,将苯与 1,3,5-己三烯进行比较：

$$E(稳定,苯) = E_\pi(苯) - E_\pi(参考)$$
$$= E_\pi(苯) - E_\pi(己三烯)$$
$$= (6\alpha + 8\beta) - (6\alpha + 6.988\beta) = 1.012\beta$$

这里的稳定化能为负值,更传统地说,共振能是 $1.012|\beta|$,为正值。与己三烯相比,它是稳定的(具有较低的能量)。使用无环共轭分子作为共振能的参考,直观上似乎比孤立的双键和非键电子更合理,因为它关注的是对 π 电子能量的影响,通过将非环 π 系统转化为仅有一点不同的环状共轭的系统。

4. 键级

以定性、直观的方式理解：理想的单键的键级为 1,理想的双键和三键的键级分别为 2 和 3。借助刘易斯电子点结构,人们或许认为键级是两个成键原子之间共享电子对的数量。然而,量子力学计算出的键级应比刘易斯结构图中的键级适应性更广,因为电子对不会以完全配对的方式定域在原子之间。因此,像氢键或长单键这样的弱键,其键级应小于 1。然而,在计算化学中,键级没有统一的定义,因为似乎没有一种单一、正确的方法将电子分配给特定原子或原子对[47]。基于基组系数,能够设计出键级的各种量子力学定义[48]。直观地说,一对原子的这些系数应与键级的计算有关,因为两个原子对波函数的贡献越大(其平方是电子密度的度量,4.2.6 节),它们之间的电子密度也应越大。在简单休克尔方法中,两个原子 A_i 和 B_j 之间的键级被定义为

$$B_{i,j} = 1 + \sum_{all\ occ} nc_ic_j \tag{4.70}$$

式中的 1 表示普遍存在的 σ 键框架的单键,通常被认为其贡献的 σ 单键键级为 1。另一个术语是 π 键级。通过将占据分子轨道上的电子数 n 乘以组成分子轨道的两个原子 A、B 的系数 c 的乘积,再对所有占据的分子轨道的上述值求和,这样就可以获得键级。以下示例说明了这一点。

(1) 乙烯。占据轨道是 ψ_1(2 个电子),该轨道系数 c_1 和 c_2 分别为 0.707、0.707(式(4.67))。因此

$$B_{i,j} = 1 + \sum_{all\ occ} nc_ic_j = 1 + 2 \times (0.707) \times 0.707 = 1 + 1.000 = 2.000$$

这对于双键而言,是合理的。σ 键键级为 1,π 键键级为 1。

(2) 乙烯自由基阴离子。占据轨道是 ψ_1,有 2 个电子,ψ_2,有 1 个电子。ψ_1 的 c_1 和 c_2 系数分别为 0.707、0.707,而 ψ_2 的 c_1,c_2 系数分别为 0.707,-0.707(式(4.66))。因此

$$B_{i,j} = 1 + \sum_{\text{all occ}} nc_i c_j = 1 + 2 \times (0.707) \times 0.707 + 1 \times (0.707) \times (-0.707)$$

$$= 1 + 1 - 0.500 = 1.500$$

0.500 的 π 键键级（1.500 − σ 键级）符合成键分子轨道中的 2 个电子和反键分子轨道中的 1 个电子。

5. 原子电荷

　　以一种直观的方式，原子上的电荷可以被认为是原子排斥或吸引它附近带电探针程度的量度，并可以通过将探针电荷从无穷远处带到原子附近所需的能量来测量。然而，这会告诉我们，在原子外部某个点的电荷，如分子表面上的一点，探针电荷上的排斥力或吸引力是由整个分子造成的。尽管通常认为原子电荷在实验上无法测量，但化学家发现，这个概念非常有用（因此，计算的电荷被用于参数化分子力学的力场，第 3 章），因此，在设计原子电荷的各种不同定义[48,49]方面付出了很多努力。直观地说，原子上的电荷应与原子的基组系数有关，因为原子对多中心波函数（由多个原子基函数表示的波函数）的贡献越大，可能通过离域进入分子其余部分而损失的电子电荷就越多（见上文对键级的讨论）。在简单休克尔方法中，原子 A_i 上的电荷被定义为（见式（4.70））

$$q_i = 1 - \sum_{\text{all occ}} nc_i^2 \tag{4.71}$$

　　求和项是电荷密度，是分子上由 π 电子引起的电子电荷的量度。例如：没有 π 电子（空 p 轨道，正式的碳正阳离子）表示 π 电子的电荷密度为零；从单位 1 中减去这个值会得出原子上的电荷为 +1。同样：p 轨道上有 2 个 π 电子表示该原子上的 π 电子电荷密度为 2；从单位 1 中减去这个值会得出原子上的电荷为 −1（满占的 p 轨道，形式上的碳负阴离子）。式（4.71）的应用可用亚甲基环丙烯（图 4.24）来说明。

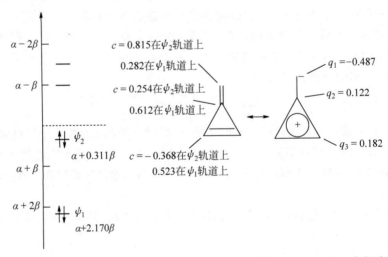

图 4.24　在一个分子中，所有原子上的简单休克尔方法电荷都可以通过每个占据分子轨道中的电子数和这些分子轨道的系数来计算。预测的亚甲基环丙烯的双偶极本质归因于类环丙烯基阳离子的共振贡献者

6. 亚甲基环丙烯

$$q_1 = 1 - \sum_{\text{all occ}} nc_1^2 = 1 - [2 \times (0.282)^2 + 2 \times (0.815)^2] = 1 - 1.487 = -0.487$$

$$q_2 = 1 - \sum_{\text{all occ}} nc_2^2 = 1 - [2 \times (0.612)^2 + 2 \times (0.254)^2] = 1 - 0.878 = 0.122$$

$$q_3 = q_4 = 1 - \sum_{\text{all occ}} nc_3^2 = 1 - [2 \times (0.523)^2 + 2 \times (-0.368)^2] = 1 - 0.818 = 0.182$$

图 4.24 总结了电荷计算的结果。环外碳上的负电荷和环上碳的正电荷与共振图一致（图 4.24），这使用了芳香环丙烯基阳离子的贡献[50]。请注意,电荷总和(基本上)为零,正如对中性分子,它们必须为零(氢实际上也带电荷,在此处没有考虑)。与简单休克尔方法计算的环外碳 -0.487 和环上碳 $+0.487$ 相比较,HF/6-31G* 计算(第 5 章)得出的总电荷(碳加氢),尽管定义方式不同,在 CH_2 基团上为 -0.430,在环上为 $+0.430$,每个氢上的电荷数约为 0.24。

简单休克尔方法[21c,e]还有许多其他应用,包括最近的和可能出乎意料的应用,如与紫外溶剂位移[51],甚至物理化学性质[52]相关的应用。

4.3.6　简单休克尔方法的优点和缺点

1. 优点

简单休克尔方法已广泛应用于关联、合理化和预测许多化学现象,并成功应用于偶极矩、电子自旋共振谱、键长、氧化还原电势、电离能、紫外和红外光谱、芳香性、酸/碱性和反应性。有关简单休克尔方法的详细信息,请查阅专门书籍[21]。该方法可能会对主要涉及共轭分子 π 电子系统的任何现象提供一些见解。简单休克尔方法可能被低估了[53],其无用性的报道可能被夸大了。它在当今研究中的使用并不多,部分原因是可以使用更复杂的 π 电子方法,如 PPP 方法(6.2.2 节),但主要原因是全价电子半经验方法的巨大成功(第 6 章),以及算法的改进和计算机速度的显著提高,复杂的全电子从头算(第 5 章)和密度泛函(第 7 章)方法越来越适用于大分子。

2. 缺点

简单休克尔方法的缺陷源于它仅处理 π 电子,且处理非常近似。基本休克尔方法已得到扩展,以尝试处理非 π 取代基,如烷基、卤素基团等,以及杂原子,而不是碳原子。这是通过将取代基视为 π 中心和经验地改变 α 和 β 的值而完成的,因而在福克矩阵中出现 -1 和 0 以外的值。然而,所采用的这些修改后的参数值相差很大[54],往往会降低其可靠性。

简单休克尔方法中的近似是它对重叠积分 S 的强制性处理(4.3.4 节中与式(4.55)有关的讨论),将福克矩阵元的可能值急剧截断为 α、β 和 0(4.3.4 节中关于式(4.61)的讨论),对电子自旋完全忽略,并通过将其合并到 α 和 β 参数中来掩盖(尽管不是完全忽略)电子间排斥。更详细地说:

重叠积分 S 仅被分为两类,即

$$\int \phi_i \phi_j \, \mathrm{d}v = S_{ij} = 1 \text{ 或 } 0$$

这取决于原子 i 和 j 上的轨道是在同一个原子上，还是在不同的原子上。如前所述，这种近似将久期方程的矩阵形式简化为标准特征值形式 $HC = C\varepsilon$（式(4.59)），因此，福克矩阵（在给出其元素数值后）可以立即被对角化。与矩阵处理相反，在较旧的行列式(4.3.7节)处理中，近似极大地简化了行列式。然而，事实上，相邻碳 p 轨道之间的重叠积分约为 $0.24^{[55]}$。

设置福克矩阵元仅等于 α、β 和 0，即设置

$$\int \phi_i \hat{H} \phi_j \, dv = H_{ij} = \alpha, \beta \text{ 或 } 0$$

取决于原子 i 和 j 的轨道是否相同、相邻或存在远端被移除的原子，这是一种近似，因为所有 H_{ii} 项都不相同，且所有相邻原子 H_{ij} 项也不相同。这些能量取决于分子中原子的环境。例如，位于共轭链中间的原子应与链末端的原子具有不同的 H_{ii} 和 H_{ij} 参数。当然，这种近似简化了福克矩阵（或旧行列式方法中的行列式，4.3.7节）。

简单休克尔方法对电子自旋的忽视和对电子间斥力的处理不足是公认的。在通常的推导中(4.3.4节)：式(4.40)的积分仅针对空间坐标进行（忽略自旋坐标，与从头算理论对比，5.2节），而且，在计算 π 电子能量(4.3.5节，共振能)时，我们仅简单地取每个占据分子轨道中的电子总数乘以该分子轨道的能级。然而，分子轨道的能量是分子轨道中的电子在原子核以及所有其他电子的力场中移动时的能量（如在解释式(4.55)的矩阵时，4.3.4节所指出的）。如果我们仅简单地通过加和分子轨道能量乘以占据数来计算总的电子能量，就会错误地假设电子能量彼此独立，即电子不相互作用。以这种方式计算出的能量被称为单电子能量的总和。因此，由简单休克尔方法计算出的**共振能**是非常粗略的，除非误差在减法步骤中趋于抵消，而实际上，这可能在某种程度上发生了（这大概就是为什么赫斯和沙德用于计算共振能的方法如此有效的原因$^{[53]}$）。在简单休克尔方法的通常推导中，参考文献[31a]讨论了电子排斥和自旋的忽略。

4.3.7　计算休克尔系数 c 和能级的行列式方法

从久期方程中获得系数和能级的一种较旧的方法（如式(4.49)）是使用行列式，而不是矩阵。行列式方法比 4.3.4 节中的矩阵对角化方法麻烦得多，但在没有廉价、易得、易用的计算机（矩阵对角化很容易由个人计算机处理）的情况下，这可以用纸、铅笔和耐心来完成。之所以在此进行概述是因为简单休克尔方法$^{[21]}$的传统展示使用了它。

再次考虑久期方程(4.49)：

$$(H_{11} - ES_{11})c_1 + (H_{12} - ES_{12})c_2 = 0$$
$$(H_{21} - ES_{21})c_1 + (H_{22} - ES_{22})c_2 = 0$$

考虑 c_1 和 c_2 的非零值要求，我们可以找到如何计算系数 c 和分子轨道能量的方法（由于系数是确定每个基函数对分子轨道贡献程度的权重因子，因此，c 为 0 意味着基函数对分子轨道无贡献，因此没有形成分子轨道。一个分子并没有很多这样的情况）。考虑线性方程组

$$A_{11}x_1 + A_{12}x_2 = b_1$$
$$A_{21}x_1 + A_{22}x_2 = b_2$$

使用行列式：

$$x_1 = \frac{\begin{vmatrix} b_1 & A_{12} \\ b_2 & A_{22} \end{vmatrix}}{D}$$

$$x_2 = \frac{\begin{vmatrix} A_{11} & b_1 \\ A_{21} & b_2 \end{vmatrix}}{D}$$

$$D = \begin{vmatrix} A_{11} & A_{12} \\ A_{21} & A_{22} \end{vmatrix}$$

其中，D 是系统的行列式。这是克拉默法则——参见任何关于线性代数的书。

如果 $b_1 = b_2 = 0$（久期方程中的情况），则在 x_1 和 x_2 的方程中，分子为零，因此，$x_1 = 0/D$，$x_2 = 0/D$。x_1 和 x_2（对应于我们的基函数系数）在这种情况下有非零解的唯一方法是系统的行列式为零，即

$$D = 0$$

那么，$x_1 = 0/0$，$x_2 = 0/0$，以及 $0/0$ 可以是任何有限值。数学家称它们为不确定的。这很容易看出（该论点比数学上的严谨更有说服力）：

让

$$\frac{0}{0} = a$$

则

$$a \times 0 = 0$$

对于 a 的任何有限值都是正确的。

因此，对于久期方程来说，满足 c 非零的要求是系统的行列式为零：

$$D = \begin{vmatrix} H_{11} - ES_{11} & H_{12} - ES_{12} \\ H_{21} - ES_{21} & H_{22} - ES_{22} \end{vmatrix} = 0 \tag{4.72}$$

式（4.72）可以被推广到 n 个基函数（见式（4.62）的矩阵）：

$$\begin{vmatrix} H_{11} - ES_{11} & H_{12} - ES_{12} & \cdots & H_{1n} - ES_{1n} \\ H_{21} - ES_{21} & H_{22} - ES_{22} & \cdots & H_{2n} - ES_{2n} \\ \vdots & \vdots & & \vdots \\ H_{n1} - ES_{n1} & H_{n2} - ES_{n2} & \cdots & H_{nn} - ES_{nn} \end{vmatrix} = 0 \tag{4.73}$$

如果我们借用 S 积分正交性的简单休克尔方法的简化，则 $S_{ii} = 1$ 和 $S_{ij} = 0$，式（4.73）变成

$$\begin{vmatrix} H_{11} - E & H_{12} & \cdots & H_{1n} \\ H_{21} & H_{22} - E & \cdots & H_{2n} \\ \vdots & \vdots & & \vdots \\ H_{n1} & H_{n2} & \cdots & H_{nn} - E \end{vmatrix} = 0 \tag{4.74}$$

用 α、β 和 0 代替适当的 H，我们得到

$$\begin{vmatrix} \alpha-E & \beta & \cdots & 0 \\ \beta & \alpha-E & \cdots & 0 \\ \vdots & \vdots & & \vdots \\ 0 & 0 & \cdots & \alpha-E \end{vmatrix}=0 \tag{4.75}$$

对角线项将始终为 $\alpha-E$，但 β 和 0 的放置将取决于 i、j 项中哪些项相邻，以及哪些项会被进一步删除，这取决于所选系统的编号。由于将行列式乘以或除以一个数字就等于将一行或一列的元素乘以或除以该数字(4.3.3 节)，因此，将式(4.75)的两边同乘以 $1/\beta$ 的 n 次方，即乘 $(1/\beta)^n$，得出

$$\begin{vmatrix} \alpha-E/\beta & 1 & \cdots & 0 \\ 1 & \alpha-E/\beta & \cdots & 0 \\ \vdots & \vdots & & \vdots \\ 0 & 0 & \cdots & \alpha-E/\beta \end{vmatrix}=0 \tag{4.76}$$

最后，如果定义 $(\alpha-E)/\beta=x$，则得到

$$\begin{vmatrix} x & 1 & \cdots & 0 \\ 1 & x & \cdots & 0 \\ \vdots & \vdots & & \vdots \\ 0 & 0 & \cdots & x \end{vmatrix}=0 \tag{4.77}$$

对角项始终为 x，但非对角项为 1 表示相邻的一对轨道，为 0 表示非相邻的一对轨道，这取决于原子编号(这不影响最后结果，如图 4.25 所示)。式(4.77)中任何类型的特定行列式都可以展开为 n 阶多项式(行列式为 $n\times n$ 阶)，式(4.78)为如下多项式方程：

$$x^n+a_1x^{n-1}+a_2x^{n-2}+\cdots+a_n=0 \tag{4.78}$$

由多项式可以解出 x，然后从 $(\alpha-E)/\beta=x$ 中可以找到能级，即根据

$$E=\alpha-\beta x \tag{4.79}$$

然后将 E 代入久期方程，求出系数 c 的比值，以及归一化得到实际的系数 c，就可以从能级计算出系数 c。下例将说明如何实现行列式方法。

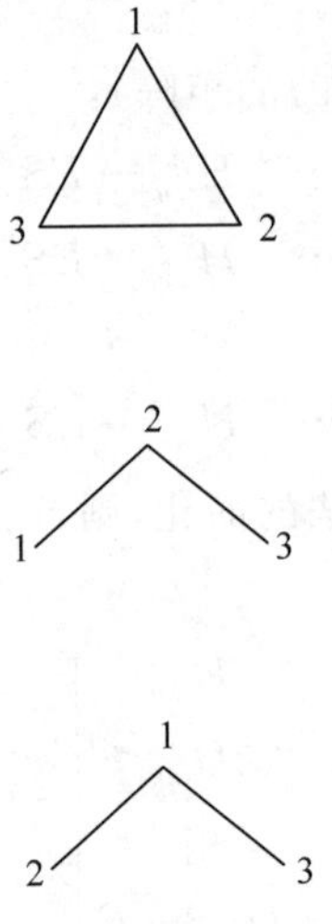

$$\begin{vmatrix} x & 1 & 1 \\ 1 & x & 1 \\ 1 & 1 & x \end{vmatrix}=x^3-3x+2$$

$$\begin{vmatrix} x & 1 & 0 \\ 1 & x & 1 \\ 0 & 1 & x \end{vmatrix}=x^3-2x$$

$$\begin{vmatrix} x & 1 & 1 \\ 1 & x & 0 \\ 1 & 0 & x \end{vmatrix}=x^3-2x$$

图 4.25　对应于不同编号模式的行列式似乎不同，但在展开时，它们给出相同的多项式

考虑丙烯基系统。在久期行列式中，i,i-型相互作用将用 x 表示，相邻 i,j-型相互作用由 1 表示，非相邻 i,j-型相互作用由 0 表示。对于行列式方程我们可以这样写（图 4.25）：

$$\begin{vmatrix} x & 1 & 0 \\ 1 & x & 1 \\ 0 & 1 & x \end{vmatrix} = 0 \tag{4.80}$$

（将此与丙烯基系统的福克矩阵进行比较）。解此方程（见 4.3.3 节）：

$$\begin{vmatrix} x & 1 & 0 \\ 1 & x & 1 \\ 0 & 1 & x \end{vmatrix} = x \begin{vmatrix} x & 1 \\ 1 & x \end{vmatrix} - 1 \begin{vmatrix} 1 & 1 \\ 0 & x \end{vmatrix} + 0 \begin{vmatrix} 1 & x \\ 0 & 1 \end{vmatrix} = \tag{4.81}$$

$$x(x^2-1)-(x-0)+0 = x^3-x-x = x^3-2x = 0$$

该三次方程可以被因式分解（但一般多项式方程中需要数值近似方法来实际求解）：

由于 $x(x^2-2)=0$，因此 $x=0$，或 $x^2-2=0$，即 $x=\pm\sqrt{2}$

从 $(\alpha-E)/\beta=0,E=\alpha-x\beta$ 和

$$x=0 \Rightarrow E=\alpha$$

$$x=+\sqrt{2} \Rightarrow E=\alpha-\sqrt{2}\beta$$

$$x=-\sqrt{2} \Rightarrow E=\alpha+\sqrt{2}\beta$$

我们得到了和矩阵对角化相同的能级（$\sqrt{2}=1.414$）。

为了求系数，我们将能级代入久期方程。对于丙烯基系统来说，根据双-轨道系统的久期方程（4.49）推算得到

$$(H_{11}-ES_{11})c_1+(H_{12}-ES_{12})c_2+(H_{13}-ES_{13})c_3=0$$
$$(H_{21}-ES_{21})c_1+(H_{22}-ES_{22})c_2+(H_{23}-ES_{23})c_3=0 \tag{4.82}$$
$$(H_{31}-ES_{31})c_1+(H_{32}-ES_{32})c_2+(H_{33}-ES_{33})c_3=0$$

这些可以简化为（式（4.57），式（4.61））

$$(\alpha-E)c_1+\beta c_2+0\times c_3=0$$
$$\beta c_1+(\alpha-E)c_2+\beta c_3=0 \tag{4.83}$$
$$0\times c_1+\beta c_2+(\alpha-E)c_3=0$$

将能级 $E=\alpha+\sqrt{2}\beta$（分子轨道能级 1，ψ_1）代入第一个久期方程，得到

$$-\sqrt{2}\beta c_{11}+\beta c_{21}=0,\text{因此}\quad c_{21}/c_{11}=\sqrt{2}$$

（回忆一下 c_{ij} 符号：c_{11} 是 ψ_1 中原子 1 的系数，c_{21} 是 ψ_1 中原子 2 的系数，等）。将 $E=\alpha+\sqrt{2}\beta$ 代入第二个久期方程，得到

$$-\beta c_{11}+\beta c_{31}=0,\text{因此},c_{11}=c_{31}$$

现在，我们有了 c 的相对值：

$$c_{11}/c_{11}=1,\quad c_{21}/c_{11}=\sqrt{2},\quad c_{31}/c_{11}=1 \tag{4.84}$$

为了求出 c 的实际值，我们利用分子轨道（讨论的是分子轨道能级 1，ψ_1）必须归一化的事实：

$$\int \psi_1^2 \mathrm{d}v=1 \tag{4.85}$$

根据原子轨道线性组合方法

$$\psi_1 = c_{11}\phi_1 + c_{21}\phi_2 + c_{31}\phi_3 \tag{4.86}$$

因此

$$\psi_1^2 = c_{11}^2\phi_1^2 + c_{21}^2\phi_2^2 + c_{31}^2\phi_3^2 + 2c_{11}c_{21}\phi_1\phi_2 +$$
$$2c_{11}c_{31}\phi_1\phi_3 + 2c_{21}c_{31}\phi_2\phi_3 \tag{4.87}$$

所以，从式(4.87)中，由于在简单休克尔方法中我们假设基函数 ϕ 为正交的，即 $S_{ij} = \delta_{ij}$，可以得到

$$\int \psi_1^2 \, dv = c_{11}^2 + c_{21}^2 + c_{31}^2 = 1 \tag{4.88}$$

使用式(4.84)中 c 的比值：

$$\frac{c_{11}^2}{c_{11}^2} + \frac{c_{21}^2}{c_{11}^2} + \frac{c_{31}^2}{c_{11}^2} = \frac{1}{c_{11}^2}$$

即

$$1^2 + (\sqrt{2})^2 + 1^2 = \frac{1}{c_{11}^2}$$

因此

$$c_{11} = \frac{1}{2}$$

$$c_{21} = \sqrt{2}\,c_{11} = \frac{1}{\sqrt{2}}$$

$$c_{31} = c_{11} = \frac{1}{2}$$

通过将久期方程(4.83)的 E 值代入 ψ_2 和 ψ_3，我们可以得到 ψ_2 和 ψ_3 的 c 的比值，并借助类似式(4.88)的正交归一化方程，可得 c_{12}、c_{22}、c_{32} 和 c_{13}、c_{23} 和 c_{33} 的实际值。

如果分子具有对称性（当然含对称面），那么可以用群论将产生高阶多项式方程的大的行列式简化为一系列较小的行列式。因此，丁二烯 4×4 行列式可以被简化为两个 2×2 行列式，而萘的 10×10 行列式可以被简化为两个 2×2 和两个 3×3 行列式。

虽然行列式方法被简化了（具体见参考文献[21d]），但与矩阵对角化相比，它在概念和算法上都很复杂，并已被计算机程序中实现的矩阵对角化所取代。事实上，现在免费的在线程序无须写出矩阵或行列式，只需在计算机屏幕上画出分子草图，就允许人们进行简单休克尔方法的计算[56]。

4.4　扩展休克尔方法

4.4.1　理论

在简单休克尔方法中，与所有现代分子轨道方法一样，福克矩阵被对角化，以给出系数（与基组一起给出分子轨道的波函数）和能级（即分子轨道能量）。简单休克尔方法和扩展休克尔方法（EHM，扩展休克尔理论，EHT）在如何获得矩阵元及如何处理重叠矩阵方面有所

不同。扩展休克尔方法由霍夫曼[①][57]推广,并广泛应用,尽管沃尔夫斯堡和亥姆霍兹[58]完成了使用该方法的早期工作。简单休克尔方法和扩展休克尔方法的比较如下所示。

1. 简单休克尔方法

(1)基组仅限于 p 轨道。福克矩阵 **H** 的每个元素都是一个积分,表示两个轨道之间的相互作用。几乎在所有情况下,轨道都是由 sp^2 框架提供的一组 p 轨道(通常为碳 2p),p 轨道轴彼此平行,并垂直于框架平面。换句话说,基轨道集基组仅限于(在绝大多数情况下) p_z 轨道(取框架平面,即分子平面,作为 xy 平面)。

(2)轨道相互作用能被限制为 α、β 和 0。福克矩阵轨道相互作用被限制为 α、β 和 0,具体取决于 H_{ij} 相互作用是否分别是 i,i 相邻,还是远到被忽略为 0。β 值不随轨道距离而平滑变化,尽管从逻辑上讲,β 值应随距离的增加而连续减小至零。

(3)福克矩阵元实际并没有被计算。福克矩阵元不是任一确定的物理量,而是以 $|\beta|$ 为单位的相对于 α 的能级,将它们设为 0 或 -1。福克矩阵仅取决于连接性,不取决于几何构型(除非在不常见的情况下,对非平面分子执行简单休克尔方法计算,此时,H_{ij} 元素可能取决于原子轨道 p_i/p_j 轴的余弦)。人们可以尝试估计 α 和 β,但简单休克尔方法没有定量地定义它们。

(4)重叠积分被限制为 1 或 0。通过设置 $S_{ij}=\delta_{ij}$,我们假设重叠矩阵 **S** 是单位矩阵。这能够将 $\boldsymbol{HC}=\boldsymbol{SC\varepsilon}$(式(4.54))简化为标准特征值形式 $\boldsymbol{HC}=\boldsymbol{C\varepsilon}$(式(4.59))和 $\boldsymbol{H}=\boldsymbol{C\varepsilon C^{-1}}$,这与简单休克尔方法的福克矩阵被直接对角化,以得出 c 和 ε 一样。

现在将这 4 个点与扩展休克尔方法的相应特点进行比较。

2. 扩展休克尔方法

(1)所有的价 s 和 p 轨道都用在基组中。在简单休克尔方法中,福克矩阵的每个元素都表示两个轨道之间相互作用的积分。然而,在扩展休克尔方法中,基组不仅是一组 $2p_z$ 轨道,而且还包括分子中每个原子的价壳层轨道(我们看到的久期方程的推导没有说明我们正在考虑什么类型轨道)。因此,每个氢原子对基组贡献 1 个 1s 轨道,每个碳原子贡献 1 个 2s 和 3 个 2p 轨道。锂和铍虽然没有 2p 电子,但被分配了 1 个 2s 和 3 个 2p 轨道(经验表明,这比忽略这些基函数更有效),因此,从锂到氟的原子都贡献 1 个 2s 和 3 个 2p 轨道。像这样使用了原子的正常价轨道的基组,称为**最小价基**。

(2)轨道相互作用能被计算,且随几何构型平滑改变。扩展休克尔方法福克矩阵轨道相互作用 H_{ij} 计算的方式取决于轨道之间的距离,因此,它们的值在重叠积分的帮助下随轨道距离平滑改变。

(3)实际计算福克矩阵元。扩展休克尔方法——福克矩阵元是借助定义明确的数学函数(重叠积分),由定义明确的物理量(电离能)计算出来的,因此,这些与电离能密切相关,且有明确的定量值。

(4)实际计算重叠积分。我们实际上并没有忽略重叠矩阵,也就是说,我们没有将其设

---

① 罗阿尔德·霍夫曼,1937 年生于波兰兹罗佐夫。1962 年哈佛大学博士。康奈尔大学教授。与有机化学家罗伯特·伍德沃德合作获 1981 年诺贝尔奖(与福井谦一共享;7.3.5 节),展示了分子轨道对称性如何影响化学反应过程(伍德沃德-霍夫曼规则或分子轨道对称守恒原理)。扩展休克尔方法的主要支持者。他写过诗,还著有几本关于化学的畅销书。

置为等于单位矩阵。相反,计算重叠矩阵的元素,其中每个 S_{ij} 积分取决于原子 i 和 j 之间的距离,其重要结果是 S 的值取决于分子的几何构型。因为 S 值在随几何构型平滑变化的福克矩阵积分的计算中起作用,且能级取决于分子几何构型。由于 S 不是作为单位矩阵,不能直接从 $HC=SC\varepsilon$ 到 $HC=C\varepsilon$,因而我们不能简单地将扩展休克尔方法的福克矩阵对角化,以获得 c 和 ε 。

下面详细阐述这 4 点。

(1) **使用最小价基**在扩展休克尔方法中比仅处理 $2p_z$ 轨道更现实,因为分子中的所有价电子都可能参与决定其性质。此外,简单休克尔方法很大程度上仅限于 π 系统,即烯烃和芳烃及其与 π 电子基团相连的衍生物,但相比之下,扩展休克尔方法原则上可以被应用于任何分子。最小价基的使用使福克矩阵比"相应"简单休克尔方法的计算量要大得多。例如,在乙烯的简单休克尔方法计算中,仅使用两个轨道,C_1 上的 $2p_z$ 和 C_2 上的 $2p_z$,而且,简单休克尔方法的福克矩阵是(使用简洁的狄拉克符号) $\langle \phi_i | \hat{H} | \phi_j \rangle = \int \phi_i \hat{H} \phi_j \, dv$

$$H(\text{SHM}) = \begin{pmatrix} \langle C_1(2p_z) | \hat{H} | C_1(2p_z) \rangle & \langle C_1(2p_z) | \hat{H} | C_2(2p_z) \rangle \\ \langle C_2(2p_z) | \hat{H} | C_1(2p_z) \rangle & \langle C_2(2p_z) | \hat{H} | C_2(2p_z) \rangle \end{pmatrix} \tag{4.89}$$

$$= \begin{pmatrix} 0 & -1 \\ -1 & 0 \end{pmatrix} 2 \times 2 \text{ 矩阵}$$

为了写下扩展休克尔方法的福克矩阵,用如下方式标记价轨道:

$$H_1(1s)\phi_1 \quad C_1(2s)\phi_5 \quad C_1(2p_x)\phi_7 \quad C_1(2p_y)\phi_9 \quad C_1(2p_x)\phi_{11}$$
$$H_2(1s)\phi_2 \quad C_2(2s)\phi_6 \quad C_2(2p_x)\phi_8 \quad C_2(2p_y)\phi_{10} \quad C_2(2p_x)\phi_{12}$$
$$H_3(1s)\phi_3$$
$$H_4(1s)\phi_4$$

福克矩阵(12×12)的大小等于基函数的数目(12):

$$H(\text{EHM}) = \begin{pmatrix} \langle \phi_1 | \hat{H} | \phi_1 \rangle & \langle \phi_1 | \hat{H} | \phi_2 \rangle & \cdots & \langle \phi_1 | \hat{H} | \phi_{12} \rangle \\ \langle \phi_2 | \hat{H} | \phi_1 \rangle & \langle \phi_2 | \hat{H} | \phi_2 \rangle & \cdots & \langle \phi_2 | \hat{H} | \phi_{12} \rangle \\ \vdots & \vdots & & \vdots \\ \langle \phi_{12} | \hat{H} | \phi_1 \rangle & \langle \phi_{12} | \hat{H} | \phi_2 \rangle & \cdots & \langle \phi_{12} | \hat{H} | \phi_{12} \rangle \end{pmatrix} \tag{4.90}$$

$$12 \times 12 \text{ 矩阵}$$

简单休克尔方法和扩展休克尔方法基组如图 4.26 所示。

(2) 扩展休克尔方法福克矩阵相互作用 i, j 不像简单休克尔方法那样只有 2 个值(α 或 β),而是轨道(基函数)ϕ_i 和 ϕ_j ,以及这些轨道距离的函数,如下面(3)所述。

(3) 计算**扩展休克尔方法的矩阵元** $\langle \phi_i | \hat{H} | \phi_i \rangle$ 和 $\langle \phi_i | \hat{H} | \phi_j \rangle$ (而不是设置为等于 0 或 -1),尽管该计算是使用重叠积分和实验电离能的简单计算。在从头算(第 5 章)和更高级的半经验计算(第 6 章)中,考虑了算符 $\hat{H}$ 的实际数学形式。这里将 i, i 型相互作用看正比于轨道 ϕ_i 电离能[59]的负值,而 i, j 型相互作用正比于 ϕ_i 和 ϕ_j 之间的重叠积分,以及 ϕ_i 和 ϕ_j 电离能 I_i 和 I_j 平均值的负值(轨道电离能的负值是电子轨道能,与电子和被电离

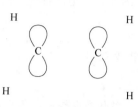

乙烯的简单休克尔方法基组。
每个碳有1个2p基函数。
C_2H_4有2个基函数

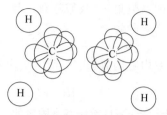

乙烯的扩展休克尔方法基组。
每个碳有1个2s和3个2p基函数。
每个H有1个1s基函数。
C_2H_4有12个基函数

图 4.26　简单休克尔方法通常每个"重原子"仅使用 1 个基函数：每个碳、氧、氮等，忽略氢，仅 1 个 2p 轨道。扩展休克尔方法中的每个碳、氧、氮等使用 1 个 2s 和 3 个 2p 轨道，每个氢使用 1 个 1s 轨道。这被称为最小价基

物种的能量零点相比，它们是无穷远地分离和静止的）：

$$\langle \phi_i \hat{H} \phi_i \rangle = -I_i \tag{4.91}$$

$$\langle \phi_i \hat{H} \phi_j \rangle = -\frac{1}{2} K S_{ij}(I_i + I_j) \tag{4.92}$$

比例常数 K 约为 2 时似乎效果最好。

对于 H(1s)、C(2s) 和 C(2p) 来说，实验表明

$$I(H(1s)) = 13.6\ eV, \quad I(C(2s)) = 20.8\ eV, \quad I(C(2p)) = 11.3\ eV \tag{4.93}$$

使用斯莱特类型的函数作为基函数计算重叠积分（5.3.2 节），例如

$$\phi(1s) = \left(\frac{\zeta_1^3}{\pi}\right)^{\frac{1}{2}} \exp(-\zeta_1 | r - R_{1s}|) \tag{4.94}$$

$$\phi(2s) = \left(\frac{\zeta_2^5}{96\pi}\right)^{\frac{1}{2}} | r - R_{2s}| \exp\left(\frac{-\zeta_2 | r - R_{2s}|}{2}\right) \tag{4.95}$$

式中，参数 ζ 取决于特定的原子（H、C 等）和轨道（1s、2s 等）。变量 $r - R$ 是电子到以基函数为中心的原子核的距离；r 是笛卡尔坐标系的原点到电子的向量，是一个变量；R 是从原点到以基函数为中心的原子核的向量，是一个结构参数：

$$| r - R_A| = [(x - x_A)^2 + (y - y_A)^2 + (z - z_A)^2]^{\frac{1}{2}} \tag{4.96}$$

式中，(x_A, y_A, z_A) 是产生斯莱特函数的原子核坐标。因此，斯莱特函数是 3 个变量 x、y、z 的函数，并在参数上取决于其中心的原子核 A 的位置（x_A, y_A, z_A）。福克矩阵元因此借助重叠积分来计算，后者的值取决于基函数的位置。这意味着分子轨道及其能量将取决于实际输入使用的几何构型，而在简单休克尔方法计算中，分子轨道及其能量仅取决于分子的连接性。

（4）**重叠矩阵 S** 为了对角化福克矩阵，在扩展休克尔方法中并不是将其简单地视为单位矩阵，而是将其忽略。相反，实际计算重叠积分不仅有助于计算福克矩阵元，还将方程 $HC = SC\varepsilon$ 简化为标准特征值形式 $HC = C\varepsilon$。这是通过以下方式完成的。假设原始基函数 $\{\phi_i\}$ 可以通过某种过程转换为正交集 $\{\phi_i'\}$（因为以原子为中心的基函数不是正交的，如 4.3.4 节所述，所以，新基组必须在多个中心上离域，并是以原子为中心基组的线性组合），

这样，使用新的系数集 c'，我们就有了与以前相同能级的原子轨道线性组合的分子轨道，即

$$S'_{ij} = \int \phi'_i \phi'_j \, \mathrm{d}\upsilon = \delta_{ij} \tag{4.97}$$

δ_{ij} 是克罗内克函数（式（4.57））。上述过程的结果是

$$HC = SC\varepsilon \xrightarrow{\text{处理}} H'C' = S'C'\varepsilon \tag{4.98}$$

（ε，不是 ε'，因为能量不依赖于基本固定的、给定的基函数集的代数操作）4.3.4 节（式（4.55））中定义了矩阵 H、C、S 和 ε，并用 ϕ' 代替 ϕ，得到的 H' 和 S' 与 H 和 S 相似；C' 是满足方程的系数矩阵 c'，其中能级 ε（ε 的元素）与原始方程 $HC = SC\varepsilon$ 相同。由于式（4.97）中 $S' = 1$，为单位矩阵（4.3.3 节），因此，式（4.98）简化为

$$HC = SC\varepsilon \xrightarrow{\text{处理}} H'C' = C'\varepsilon \tag{4.99}$$

实现转换的过程称为正交化，其结果是创建正交基组。以下将说明计算化学中最受欢迎的正交化过程，洛定正交化（以量子化学家佩尔-奥洛夫·洛定命名，也称对称正交化）[60]。

定义矩阵 C' 使得

$$C' = S^{1/2}C \quad \text{即} \quad C = S^{-1/2}C' \tag{4.100}$$

（在左侧乘以 $S^{-1/2}$，并注意 $S^{-1/2}S^{1/2} = S^0 = 1$）。将式（4.100）代入 $HC = SC\varepsilon$，并左乘 $S^{-1/2}$，得到

$$S^{-1/2}HS^{-1/2}C' = S^{-1/2}SS^{-1/2}C'\varepsilon \tag{4.101}$$

令

$$S^{-1/2}HS^{-1/2} = H' \tag{4.102}$$

注意，$S^{-1/2}SS^{-1/2} = S^{1/2}S^{-1/2} = 1$，然后根据式（4.101）和式（4.102），有

$$H'C' = 1C'\varepsilon$$

即

$$H'C' = C'\varepsilon \tag{4.103}$$

因此，式（4.99）的正交化过程（或更确切地说是一种可能的正交化过程，洛定正交化）是左乘和右乘正交矩阵 $S^{-\frac{1}{2}}$（式（4.102）），将 H 转换为 H'。H' 满足标准特征值方程（式（4.103）），因此

$$H' = C'\varepsilon C'^{-1} \tag{4.104}$$

换句话说，若使用 $S^{-1/2}$，将不能直接对角化为特征向量和特征值矩阵 C 和 ε 的原始福克矩阵 H，转换为可对角化为特征向量和特征值矩阵 C' 和 ε 的相关矩阵 H'。然后通过乘 $S^{-1/2}$（式（4.100））将矩阵 C' 转换为所需的 C。因此，无须使用极端近似 $S = 1$，就可以使用矩阵对角化，从福克矩阵中获取系数和能级。

通过 S 计算正交矩阵 $S^{-1/2}$：计算积分 S 并组合成 S，然后对角化它

$$S = PDP^{-1} \tag{4.105}$$

现在可以证明，矩阵 A 的任意函数都可以通过取其相应对角变换的相同函数，并通过左乘对角化矩阵 P 和右乘其逆 P^{-1} 得到：

$$f(A) = Pf(D)P^{-1} \tag{4.106}$$

对角矩阵有一个很好的性质，即 $f(D)$ 是一个对角矩阵，其对角元 $i,j = f(D$ 的元素 $i,j)$。

所以，D 的逆平方根是其元素，是 D 相应元素的逆平方根的矩阵。因此

$$S^{-1/2} = PD^{-1/2}P^{-1} \tag{4.107}$$

为了求 $D^{-1/2}$，我们（或更确切地说是计算机）只需取 D 的对角元（即非零的）的平方根的倒数。总结：对角化 S 以得到 P、P^{-1} 和 D，D 用来计算 $D^{-1/2}$，然后根据 P、$D^{-1/2}$ 和 P^{-1}，可计算出正交矩阵 $S^{-1/2}$（式（4.107））。接着使用正交矩阵将 H 转换为 H'，这可被对角化以给出特征值和特征向量（4.4.2 节）。

3. 扩展休克尔方法程序回顾

用于计算特征向量和特征值的扩展休克尔方法流程，即系数（或实际上分子轨道，即 c 和基函数组成的分子轨道）和能级，产生的结果与使用更高级的方法（第 5 章和第 6 章）有一些重要的相似之处，因此值得回顾。

（1）必须指定输入结构（分子几何构型），并提交计算。几何构型可以在笛卡尔坐标中（可能是现在的常用方式），或通过键长、键角和二面角（内坐标）来指定，具体取决于程序。在实践中，一个虚拟分子很可能通过交互式模型——构建程序（通常通过单击基团和原子）来创建，随后，该程序为扩展休克尔方法程序提供坐标。

（2）扩展休克尔方法程序计算重叠积分 S，并组合出重叠矩阵 S。

（3）程序使用存储的电离能 I 值计算福克矩阵元 $H_{ij} = \langle \phi_i | \hat{H} | \phi_j \rangle$（式（4.91）和式（4.92））、重叠积分 S，以及该特定程序的比例常数 K。矩阵元被组合成福克矩阵 H。

（4）对角化重叠矩阵，以给出 P、D 和 P^{-1}（式（4.105）），接着通过找到 D 的对角元平方根的逆 $D^{-1/2}$ 来计算。然后根据 P、$D^{-1/2}$ 和 P^{-1}，计算正交矩阵 $S^{-1/2}$（式（4.107））。

（5）通过用正交矩阵 $S^{-1/2}$ 先乘和后乘 H（式（4.102）），将以原子为中心的非正交基 ϕ 的福克矩阵 H 转换为离域的、线性组合的正交基 $\{\phi'\}$ 的矩阵 H'。

（6）对角化 H' 以给出 C'、ϵ 和 C'^{-1}（式（4.104））。我们现在有能级 ϵ（ϵ 矩阵的对角元）。

（7）必须转换 C'，以给出分子轨道中原始的、以原子为中心的基函数 $\{\phi\}$ 的系数 c（即转换元素 c' 为 c）。为了得到分子轨道 $\psi_j = c_{1j}\phi_1 + c_{2j}\phi_2 + \cdots$ 的 c，可通过左乘 $S^{-1/2}$（式（4.100））将 C' 转换为 C。

4. 扩展休克尔法中的分子能量和几何构型优化

上述步骤（1）～（7）优化采用输入的几何构型，并计算其能级（ϵ 矩阵元）和它们的分子轨道或波函数（ψ，来自系数 c，C 的矩阵元和基函数 ϕ）。显然，现在任何一种能量依赖几何构型的方法，原则上都可以用来寻找最小值和过渡态（见第 2 章）。这就将我们带到了扩展休克尔方法如何计算分子能量的问题上。分子的能量，即势能面上特定核组态的能量，是电子能与核间排斥能的总和（$E_{\text{electronic}} + V_{\text{NN}}$）。实际上，这是玻恩-奥本海默面上的能量，忽略了零点能（第 2 章）。

在比较异构体能量或同一分子两个几何构型的能量时，严格来说，应比较 $E_{\text{total}} = E_{\text{electronic}} + V_{\text{NN}}$。电子能是动能和势能（电子-电子排斥力和电子-核吸引力）之和。核间排斥能源于所有成对相互作用的原子核，计算起来很简单，通常用 V（势能的符号）来表示。扩展休克尔方法忽略了 V_{NN}。此外，该方法简单地将电子能计算为单电子能量的总和（4.3.5 节），忽略了电子-电子排斥。霍夫曼关于忽略核间排斥能和使用单电子能量的简单总和的初步论述[57a]是，当计算异构体的相对能量时，通过两个 E_{total} 值相减，电子排斥和核排斥能近似抵

消，即伴随几何构型变化的能量变化主要是由于分子轨道能级的变化。实际上，扩展休克尔方法在预测分子几何构型方面（相当有限）的成功是由于 E_{total} 与占据分子轨道能的总和近似成正比。因此，尽管扩展休克尔方法能量差不等于总能量差，但它（或趋于）与该能量差近似成正比[61]。无论如何，如果提供合理的分子几何构型，那么，扩展休克尔方法的真正优势在于这种快速且广泛适用的方法能够辅助化学直觉。

4.4.2　扩展休克尔方法的一个例证：质子化的氦分子

氦原子质子化产生 $He—H^+$，即氦氢化物阳离子，一个最简单的异核分子[62]。当然，从概念上讲，这也可以由氦二价阳离子与氢离子，或氦正离子与氢原子结合形成：

$$He : + H^+ \longrightarrow He : H^+$$

$$或 \quad He^{2+} + : H^- \longrightarrow He : H^+$$

$$或 \quad He^{+ \cdot} + \cdot H \longrightarrow He : H^+$$

其较低的对称性使该分子在说明分子量子力学计算（大多数分子具有很少或没有对称性）时比 H_2 更好。遵循下述 1)～7)点的规定。

1) 输入结构

我们选择一个合理的键长：0.800 Å（H—H 键长为 0.742 Å，而 H—X 键长约为 1.0 Å，其中，X 是"第一排"元素（在量子化学中，第一排元素为 Li～F，而不是 H 和 He），笛卡尔坐标可以写为 $H_1(0,0,0)$，$He_2(0,0,0.800)$。

2) 重叠积分和重叠矩阵

最小价基由氢 1s 轨道（ϕ_1）和氦 1s 轨道（ϕ_2）组成。需要的积分是 $S_{11} = S_{22}$ 和 $S_{12} = S_{21}$，其中，$S_{ij} = \int \bar{\phi}_i \phi_j \, dv$。$\phi_1$ 和 ϕ_2 的斯莱特函数分别为[63]

$$\phi_1(H1s) = \left(\frac{\zeta_H^3}{\pi} \right)^{\frac{1}{2}} e^{-\zeta_H |r - R_H|} \tag{4.108}$$

$$\phi_2(He1s) = \left(\frac{\zeta_{He}^3}{\pi} \right)^{\frac{1}{2}} e^{-\zeta_H |r - R_{He}|} \tag{4.109}$$

如果 r 以原子单位 a.u. 表示（5.2.2 节），合理的值[62]是 $\zeta_H = 1.24 \text{ Bohr}^{-1}$ 和 $\zeta_{He} = 2.0925 \text{ Bohr}^{-1}$；1 a.u. $= 0.5292$ Å。重叠积分为 $S_{11} = S_{22} = 1$（如果 ϕ_1 和 ϕ_2 归一化，则必须如此）和 $S_{12} = S_{21} = 0.435$（对于所有品优函数来说，$\int f_1 f_2 \, dq = \int f_2 f_1 \, dq$）。

因此重叠矩阵为

$$S = \begin{pmatrix} 1 & 0.435 \\ 0.435 & 1 \end{pmatrix} \tag{4.110}$$

3) 福克矩阵

我们需要矩阵元 $H_{11} = H_{22}$ 和 $H_{12} = H_{21}$，其中，积分 $H_{ij} = \langle \phi_i | \hat{H} | \phi_j \rangle$ 实际上不是根据第一原理计算的，而是借助重叠积分和轨道电离能来估算的。

$$\langle \phi_i | \hat{H} | \phi_i \rangle = -I_i$$

$$\langle \phi_i \mid \hat{H} \mid \phi_j \rangle = -\frac{1}{2} K S_{ij} (I_i + I_j)$$

只使用电离能(参见参考文献[59],和较难的问题 9):

$$I(\mathrm{H}) = I_1 = 13.6 \ \mathrm{eV}, \quad I(\mathrm{He}) = I_2 = 24.6 \ \mathrm{eV}$$

霍夫曼[57a]在他最初的计算中使用了 $K = 1.75$。

因此,

$$H_{11} = -13.6 \ \mathrm{eV}$$
$$H_{12} = H_{21} = -1/2 \times (1.75) \times (0.435) \times (13.6 + 24.6) = -14.5$$
$$H_{22} = -24.6$$

福克矩阵为

$$\boldsymbol{H} = \begin{pmatrix} -13.6 & -14.5 \\ -14.5 & -24.6 \end{pmatrix} \tag{4.111}$$

4)正交矩阵

如上所述,我们对角化 $\boldsymbol{S}$,计算 $\boldsymbol{D}^{-1/2}$,然后计算正交矩阵 $\boldsymbol{S}^{-1/2}$。

(1)对角化 $\boldsymbol{S}$

$$\boldsymbol{S} = \begin{pmatrix} 1 & 0.435 \\ 0.435 & 1 \end{pmatrix} = \underbrace{\begin{pmatrix} 0.707 & 0.707 \\ 0.707 & -0.707 \end{pmatrix}}_{\boldsymbol{P}} \underbrace{\begin{pmatrix} 1.435 & 0 \\ 0 & 0.565 \end{pmatrix}}_{\boldsymbol{D}} \underbrace{\begin{pmatrix} 0.707 & 0.707 \\ 0.707 & -0.707 \end{pmatrix}}_{\boldsymbol{P}^{-1}} \tag{4.112}$$

(2)计算 $\boldsymbol{D}^{-1/2}$

$$\boldsymbol{D}^{-1/2} = \begin{pmatrix} 1.435^{-1/2} & 0 \\ 0 & 0.565^{-1/2} \end{pmatrix} = \begin{pmatrix} 0.835 & 0 \\ 0 & 1.330 \end{pmatrix} \tag{4.113}$$

(3)计算正交矩阵 $\boldsymbol{S}^{-1/2}$:

$$\boldsymbol{S}^{-1/2} = \underbrace{\begin{pmatrix} 0.707 & 0.707 \\ 0.707 & -0.707 \end{pmatrix}}_{\boldsymbol{P}} \underbrace{\begin{pmatrix} 0.835 & 0 \\ 0 & 1.330 \end{pmatrix}}_{\boldsymbol{D}^{-1/2}} \underbrace{\begin{pmatrix} 0.707 & 0.707 \\ 0.707 & -0.707 \end{pmatrix}}_{\boldsymbol{P}^{-1}} = \begin{pmatrix} 1.083 & -0.248 \\ -0.248 & 1.083 \end{pmatrix} \tag{4.114}$$

5)将原始福克矩阵 $\boldsymbol{H}$ 转换为 $\boldsymbol{H}'$,使用式(4.102)

$$\boldsymbol{H}' = \underbrace{\begin{pmatrix} 1.083 & -0.248 \\ -0.248 & 1.083 \end{pmatrix}}_{\boldsymbol{S}^{-1/2}} \underbrace{\begin{pmatrix} -13.6 & -14.5 \\ -14.5 & -24.6 \end{pmatrix}}_{\boldsymbol{H}} \underbrace{\begin{pmatrix} 1.083 & -0.248 \\ -0.248 & 1.083 \end{pmatrix}}_{\boldsymbol{S}^{-1/2}} = \begin{pmatrix} -9.67 & -7.65 \\ -7.68 & -21.74 \end{pmatrix} \tag{4.115}$$

6)$\boldsymbol{H}'$ 的对角线化

从式(4.104)($\boldsymbol{H}' = \boldsymbol{C}' \boldsymbol{\varepsilon} \boldsymbol{C}'^{-1}$),对角化 $\boldsymbol{H}'$ 给出特征向量矩阵 $\boldsymbol{C}'$ 和特征值矩阵 $\boldsymbol{\varepsilon}$。$\boldsymbol{C}'$ 的列是转换后的、正交基函数的系数:

$$\boldsymbol{H}' = \begin{pmatrix} -9.67 & -7.65 \\ -7.68 & -21.74 \end{pmatrix} = \underbrace{\begin{pmatrix} 0.436 & 0.899 \\ 0.900 & -0.437 \end{pmatrix}}_{\boldsymbol{C}'} \underbrace{\begin{pmatrix} -25.5 & 0 \\ 0 & -5.95 \end{pmatrix}}_{\boldsymbol{\varepsilon}} \underbrace{\begin{pmatrix} 0.436 & 0.900 \\ 0.899 & -0.437 \end{pmatrix}}_{\boldsymbol{C}'^{-1}} \tag{4.116}$$

我们现在已有能级($-25.5 \ \mathrm{eV}$ 和 $-5.95 \ \mathrm{eV}$),但只有对 $\boldsymbol{C}'$ 的特征向量进行转换,才能得出原始的、非正交基函数的系数。

7）C' 到 C 的转换

使用式（4.100）（$C = S^{-1/2}C'$）：

$$C = \begin{pmatrix} 1.083 & -0.248 \\ -0.248 & 1.083 \end{pmatrix} \begin{pmatrix} 0.436 & 0.899 \\ 0.900 & -0.437 \end{pmatrix} = \begin{pmatrix} 0.249 & 1.082 \\ 0.867 & -0.696 \end{pmatrix}$$

$$S^{-1/2} \qquad\qquad C' \qquad\qquad \begin{matrix} c_{11} & c_{12} \\ c_{21} & c_{22} \end{matrix}$$

$$(4.117)$$

请注意，与简单休克尔方法中的情况不同，分子轨道的 c 的平方和不等于 1，因为不同原子上的基函数的重叠积分 S_{ij} 不等于 0。换句话说，不假设基函数是正交的，且重叠矩阵不是单位矩阵。因此，对于 ψ_1（ϕ_1 代表 H，ϕ_2 代表 He）而言：

$$\psi_1 = c_{11}\phi_1 + c_{21}\phi_2,$$

因此

$$\int \psi_1^2 \, \mathrm{d}v = \int (c_{11}^2 \phi_1^2 + 2c_{11}c_{21}\phi_1\phi_2 + c_{21}^2 \phi_2^2) \, \mathrm{d}v = 1$$

因为在 ψ_1 的空间某处找到电子的概率为 1。基函数 ϕ 被归一化，所以

$$c_{11}^2 + 2c_{11}c_{21}S_{12} + c_{21}^2 = 1, \text{即}$$

$$c_{11}^2 + c_{21}^2 = 1 - 2c_{11}c_{21}S_{12}$$

不像简单休克尔方法那样为 1。

4.4.3　扩展休克尔方法的应用

扩展休克尔方法最初应用于碳氢化合物的几何构型（包括构象）和相对能量[57a]，但现在通过分子力学（第 3 章）和半经验方法（第 6 章）（如 AM1 和 PM3），以及从头算（第 5 章）和密度泛函理论（第 7 章）方法，可以更好地处理两个基本化学参数的计算。目前，扩展休克尔方法的主要用途是研究大的、周期性的系统[64]，如聚合物、固体和表面。实际上，1995年，霍夫曼及其同事在美国化学会杂志上发表的 4 篇论文中，使用了扩展休克尔方法，其中有 3 篇论文将其应用于聚合物系统[65]。扩展休克尔方法阐明固态科学问题的能力使其对物理学家很有用。即使不应用于聚合物系统，扩展休克尔方法也经常用于研究大的、含重金属的分子[66]，这些分子可能不太适合更精细的方法。

4.4.4　扩展休克尔方法的优点和缺点

1. 优点

与从头算方法（第 5 章）、更复杂的半经验方法（第 6 章）和密度泛函理论（DFT）方法（第 7 章）相比，扩展休克尔方法的一大优势在于，它可以应用于非常大的系统，且几乎可以处理任何元素，因为唯一需要指定的元素的参数是电离能，这通常可得。相比之下，更复杂的半经验方法尚未对许多元素进行参数化（尽管最近对过渡金属的 PM3 和 MNDO 的参数化使它们比以前更普遍有用，6.2.6 节）。对于从头算和密度泛函理论方法来说，基函数可能无法用于感兴趣的基组和元素。此外，从头算，甚至密度泛函理论方法比扩展休克尔方法的计算速度慢数百倍或数千倍，因此仅限于小得多的系统。扩展休克尔方法对大的系统和多种元素的适用性是它被广泛应用于聚合物和固态结构的原因之一。扩展休克尔方法比更精细的半经验方法更快，因为福克矩阵元的计算是非常简单的，且该矩阵只需要被对角化一次

即可产生特征值和特征向量。相比之下,半经验方法如 AM1 和 PM3(第 6 章),以及从头算和密度泛函理论计算,需要重复矩阵对角化,因为福克矩阵必须在自洽场(self consistent field,SCF)过程中迭代细化(5.2.3 节)。

扩展休克尔方法对经验参数的简单依赖有助于使它相对容易(在正确的方面)解释其结果,最后结果分析仅取决于几何构型(影响重叠积分)和电离能。凭借强烈的化学直觉,该方法能够产生深刻的洞察力,如反常识的轨道混合[67],以及非常强大的伍德沃德-霍夫曼规则[38]。

扩展休克尔方法的主要优点是适用于大的系统,包括聚合物和固体,几乎包含任何种类的原子,且结果的物理基础相对透明。

令人惊讶的是,扩展休克尔方法虽然是一个概念上简单的方法,但与 AM1 和 PM3 等其他更复杂的半经验方法相比,它在理论上具有优势,因为它正确地处理了轨道重叠。其他方法使用"忽略微分重叠"或 NDO 近似(6.2 节),这意味着它们采用了 $S_{ij}=\delta_{ij}$,就像在简单休克尔方法中一样。因此可以从扩展休克尔方法中获得更好的结果[68]。

扩展休克尔方法是一个非常有价值的教学工具,因为它直接遵循简单休克尔方法,但采用数学上更精细的、与从头算方法相同的方式使用重叠积分和矩阵正交化。

最后,尽管扩展休克尔方法的参数化比其最初版本更精细,但在计算分子几何构型[69]方面,它被认为是非常有用和流行的半经验 AM1 方法(6.2.5 节)的有力竞争者。然而,扩展休克尔方法这种变体似乎还没有成为公认的、普遍可用的方法。

2. 缺点

标准的扩展休克尔方法的弱点可能至少部分是因为它(与从头算方法相比,第 5 章)没有考虑电子自旋或电子排斥的事实,忽略了分子的几何构型部分地由核间排斥决定的事实,且没有尝试通过参数化克服这些缺陷(一种经过精细参数化的变体已经宣称可以提供良好的几何构型)[69]。

总的来说,标准的扩展休克尔方法给出的是较差的几何构型和相对能量。尽管它预测 C—H 键的长度约为 1.0 Å,但对于乙烷、乙烯和乙炔而言,它提供的 C—C 键长分别为 1.92 Å、1.47 Å 和 0.85 Å,实际值为 1.53 Å、1.33 Å 和 1.21 Å,它虽然通常能正确识别烷烃的有利构象,但能垒和能量差通常最多只能与实验适度一致。由于无法可靠地计算几何构型,因此,扩展休克尔方法计算通常不用于几何构型优化,而是使用实验或其他方式计算的几何构型作为其输入构型。

4.5　总结

通过概述量子力学到薛定谔方程的发展过程,然后说明该方程如何推导出简单休克尔方法,以及随后的扩展休克尔方法,本章介绍了量子力学在计算化学中的应用。

基本上,量子力学讲授能量是量子化的:吸收和发射数量级为 $h\nu$ 的离散包(量子),其中,h 是普朗克常量,ν 是与能量相关的频率。量子力学起源于对黑体辐射和光电效应的研究。除量子力学外,放射性和相对论也促进了经典物理学到现代物理学的转变。经典卢瑟福核式原子存在麦克斯韦电磁理论要求其轨道电子辐射能量迅速落入原子核的缺陷。玻尔的量子原子模型解决了这个问题。如果电子的角动量是 $h/2\pi$ 的整数倍，那么，它就可以稳定地绕轨道运行。然而，玻尔模型包含了一些临时的修正，并只适用于氢原子。玻尔原子的不足由薛定谔波动力学原子克服了。组合了经典波动理论与德布罗意的假设认为，任何粒子都与波长 $\lambda = h/p$ 相关，其中，p 是动量。量子数，除了自旋外，自然地来自波动力学的处理，并且对氢以外的原子，该模型不会失效。

休克尔是第一个将量子力学应用于比氢原子复杂得多的物种。现在，休克尔方法是在杂化概念的框架内处理的。仅 p 轨道中的 π 电子被考虑，而 sp^2 框架中的 σ 电子被忽略。杂化纯粹是数学上的便利，是一种将原子（或分子）轨道组合，以产生新轨道的过程。它类似于通过简单向量的组合来产生新向量（轨道实际上是一种向量）。

简单休克尔方法（SHM，简单休克尔理论，SHT，休克尔分子轨道方法，HMO 方法）从形式为 $\hat{H}\psi = E\psi$ 的薛定谔方程开始，其中，$\hat{H}$ 是哈密顿算符，ψ 是分子轨道波函数，E 是系统（原子或分子）的能量。通过将 ψ 表示为原子轨道的线性组合，并根据原子轨道线性组合系数来最小化 E，可以得到一组联立方程，即久期方程。它们等价于一个单矩阵方程 $HC = SC\varepsilon$。H 是能量矩阵（福克矩阵），C 是原子轨道线性组合的系数矩阵，S 是重叠矩阵，ε 是对角矩阵，其非零元素（即对角元）为分子轨道能级。C 的列称为特征向量，ε 的对角元称为特征值。通过极端近似 $S = 1$（1 是单位矩阵），矩阵方程变为 $HC = C\varepsilon$，即 $H = C\varepsilon C^{-1}$，这与 H 对角化得到 C 和 ε 相同，即给出原子轨道线性组合的分子轨道系数和分子轨道能量。为了获得 H 的数值，简单休克尔方法将所有福克矩阵元都简化为 α（库仑积分，对同一原子上的原子轨道）和 β（键积分或共振积分，对不在同一原子上的原子轨道；对不相邻的原子，β 设为 0）。为了得到福克矩阵元的实际数值，α 和 β 被定义为相对于 α 的能量，单位为 $|\beta|$。这使得福克矩阵仅包含 0 和 -1，其中，0 表示相同原子的相互作用和不相邻原子的相互作用，-1 表示相邻原子的相互作用。仅使用两个福克矩阵元是一个很大的近似。只凭观察分子中原子的连接方式，很容易写出简单休克尔方法的福克矩阵。

简单休克尔方法的应用包括预测：

分子轨道的节点性质，在应用伍德沃德-霍夫曼规则时非常有用。

分子稳定性基于其填充的和空的分子轨道，以及其离域能或共振能，总的 π 电子能量与参考系统的能量的比较。填充的和空的分子轨道的模式导致了休克尔规则（$4n+2$ 规则），该规则认为，具有 $4n+2$ 电子的完全共轭的 p 轨道的平面分子应具有芳香性。

键级和原子电荷是由占据的分子轨道的原子轨道系数计算得出的（在简单休克尔方法的原子轨道线性组合处理中，p 原子轨道是组成分子轨道的基函数）。

简单休克尔方法的优势在于它给出了分子结构对 π 轨道影响的定性见解。在这方面，它的主要成就是对芳香性要求的预测非常成功（休克尔 $4n+2$ 规则）。

简单休克尔方法的弱点为：它仅处理 π 电子（将其适用性很大程度上仅限制在平面 sp^2 阵列中），对重叠积分的全有或全无处理，对福克矩阵元积分仅使用两个值，以及它忽略了电子自旋和电子间排斥。由于这些近似，它不能用于几何构型优化，且其定量预测有时值得怀疑。为了从久期方程中获得特征向量和特征值，矩阵对角化的一种旧而烦琐的替代方法是使用行列式。

通过使用不仅包含 p 轨道，而且包含所有价原子轨道（最小价基组）的基组，通过计算（尽管非常经验）福克矩阵积分，以及通过明确计算重叠矩阵 S（其矩阵元也用于计算福克积分),扩展休克尔方法由简单休克尔方法推导出来。由于 S 不被当作单位矩阵,因此在应用矩阵对角线化之前,方程 $HC = SC\varepsilon$ 必须被转换为不带 S 的方程。这是通过正交化的矩阵乘法过程来实现的,涉及 $S^{-1/2}$,该过程将基于非正交原子为中心基函数的原始福克矩阵 H,转换为基于原始基函数的正交线性组合的福克矩阵 H'。使用这些新的基函数,$H'C' = C'\varepsilon$,即 $H' = C'\varepsilon C'^{-1}$,因此,$H'$ 的对角化产生 H 的特征向量(新基函数的特征向量,转换成与原始集合对应的特征向量:$C' \rightarrow C$)和特征值。

由于扩展休克尔方法所需的重叠积分取决于分子的几何构型,因此,该方法原则上可以用于几何构型优化,不过结果通常较差,因此,它使用更可靠的几何构型作为输入。扩展休克尔方法的应用主要涉及大分子和聚合物系统的研究,通常含有重金属。

扩展休克尔方法的优势源于其简单性:它的计算速度非常快,因此可以被应用于大的系统;唯一需要的经验参数是(价态)电离能,这是很多元素都有的;由于计算结果仅取决于几何构型和电离能,因此,它们的计算结果便于被直观理解,且有时,重叠积分的恰当处理甚至比用更精细的半经验方法所给出的结果更好。扩展休克尔方法在概念上很简单,但结合了更复杂方法的几个特点,这一事实使其能够作为更高水平量子力学计算方法的一个极好的介绍。

扩展休克尔方法的弱点主要是它忽略了电子自旋和电子-电子排斥,以及它仅将分子的能量建立在占据轨道的所有单电子能量之和的基础上,从而忽略了电子-电子排斥和核间排斥这一事实。这是它通常会给出糟糕几何构型的部分原因。

较容易的问题

1. 您对术语量子力学的理解是什么?

2. 概述推导出量子力学的实验结果。

3. 简单休克尔方法中使用了什么近似?

4. 如何对 1,3-丁二烯的简单休克尔方法福克矩阵进行修改,以试图明确认识该分子在形式上具有两个双键和一个单键的事实?

5. 从休克尔计算中可以得到的最重要的结果是什么?

6. 写出简单的休克尔福克矩阵(在每例中,使用 α、β 和 0,以及 0、-1 和 0):(1)戊二烯基自由基;(2)环戊二烯基自由基;(3)三亚甲基甲烷,$C(CH_2)_3$;(4)三亚甲基环丙烷;(5)3-亚甲基-1,4-戊二烯。

7. 简单休克尔方法预测丙烯基阳离子、自由基和阴离子具有相同的共振能(稳定化能)。实际上,在我们添加 π 电子时,我们期望共振能将会降低,为什么会这样呢?

8. 哪些分子特征根本无法从简单休克尔方法中获得?为什么?

9. 列出简单休克尔方法和扩展休克尔方法的基本理论之间的差异。

10. 一个 400×400 矩阵很容易被对角化。当烷烃的扩展休克尔方法福克矩阵为 400×400(或略小于此尺寸)时,其碳原子个数是多少? 如果一个(完全)共轭多烯的简单休克尔方法福克矩阵为 400×400,那么,它的碳原子个数是多少?

较难的问题

1. 您认为将薛定谔方程描述为量子力学的假设是否合理？什么是假设？

2. 在某个点发现粒子的概率是多少？

3. 假设我们试图通过忽略所有 i,j 的相互作用来进一步简化简单休克尔方法，$i \neq j$（忽略相邻的相互作用，而不是设置它们为 β）。这会对能级产生什么影响？不看矩阵或行列式，你知道答案吗？

4. 简单休克尔福克矩阵中的 i,j-型相互作用可以假设除 -1 和 0 以外的值吗？

5. 不用 2 个乙烯分子，而用 1,3-丁二烯作为参考系统，计算环丁二烯共振能的结果是什么？这与反芳香性有什么关系？有没有方法确定一个参考系统是否比另一个好？

6. 明确定义分子中的原子上的电荷有什么问题？

7. 据报道，扩展休克尔方法可以被参数化，以提供良好的几何构型。您认为这对简单休克尔方法是否可能？为什么？

8. 引用自 2000 年以来使用简单休克尔方法和扩展休克尔方法的期刊论文各一篇。对每篇论文，引用摘要或论文中说明使用简单休克尔方法的句子。

9. 通常用于参数化扩展休克尔方法的电离能不是普通的原子电离能，而是价态原子轨道电离能（valence-state atomic orbital，VSAO 电离能，价态电子能）。术语"价态"在这里是什么意思？原子轨道的 VSAO 电离能是否在某种程度上取决于原子的杂化？以什么方式？

10. 哪个应该需要更多的经验参数：是分子力学力场（第 3 章），还是扩展休克尔方法程序？解释一下。

参考文献

1. For general accounts of the development of quantum theory see: Mehra J, Rechenberg H (1982) The historical development of quantum theory. Springer, New York; Kuhn TS (1978) Black-body theory and the quantum discontinuity 1894–1912. Oxford University Press, Oxford: (b) An excellent historical and scientific exposition, at a somewhat advanced level: Longair MS (1983) Theoretical concepts in physics. Cambridge University Press, Cambridge, chapters 8–12

2. A great deal has been written speculating on the meaning of quantum theory, some of it serious science, some philosophy, some mysticism. Some leading references are: (a) Whitaker A (1996) Einstein, Bohr and the quantum dilemma. Cambridge University Press; (b) Stenger VJ (1995) The unconscious quantum. Prometheus, Amherst; (c) Yam P (1997) Scientific American, June 1997, p. 124; (d) Albert DZ (1994) Scientific American, May 1994, p. 58 (e) Albert DZ (1992) Quantum mechanics and experience. Harvard University Press, Cambridge, MA; (f) Bohm D, Hiley HB (1992) The undivided universe. Routledge, New York (g) Baggott J (1974) The meaning of quantum theory. Oxford University Press, New York (h) Jammer M (1974) The philosophy of quantum mechanics. Wiley, New York (i) Particularly on the reality of orbitals: Mulder P (2011) Hyle 17(1):24

3. Levine N (2014), Quantum chemistry, 7th edn, Prentice Hall, Engelwood Cliffs

4. Sitzung der Deutschen Physikalischen Gesellschaft, 14 December 1900, Verhandlung 2, p. 237. This presentation and one of October leading up to it (Verhandlung 2, p. 202) were combined in: Planck M (1901) Annalen Phys 4(4):553

5. (a) Klein MJ (1966) Physics Today 19:23; (b) For a detailed account of Planck's role in and attitude to the birth of quantum theory see Brown BR (2015) Planck: Driven by Vision, Broken by War. Oxford University Press, and references therein; particularly chapter 10

6. For a good and amusing account of quantum strangeness (and relativity effects) and how things might be if Planck's constant had a considerably different value, see Gamow G, Stannard R (1999) The new world of Mr Tompkins. Cambridge University Press, Cambridge. This is based on the classics by George Gamow, "Mr Tompkins in Wonderland" (1940) and Mr Tompkins Explores the Atom (1944), which were united in "Mr Tompkins in Paperback" (Cambridge University Press, Cambridge, 1965)

7. Einstein A (1905) Actually, the measurements were very difficult to do accurately, and the Einstein linear relationship may have been more a prediction than an explanation of established facts. Ann Phys 17:132

8. (a) For an elementary treatment of Maxwell's equations and the loss of energy by an accelerated electric charge, see Adair RK (1969) Concepts in physics. Academic Press, New York, chapter 21; (b) For a brief historical introduction to Maxwell's equations see Longair MS (1983) Theoretical concepts in physics. Cambridge University Press, Cambridge, chapter 3. For a rigorous treatment of the loss of energy by an accelerated electric charge see Longair, chapter 9

9. Bohr N (1913) Philos Mag 26:1

10. E.g. Thornton ST, Rex A (1993) Modern physics for scientists and engineers. Saunders, Orlando, pp 155–164

11. See e.g. ref. [2a], *loc. cit*

12. Schrödinger E (1926) This first Schrödinger equation paper, a nonrelativistic treatment of the hydrogen atom, has been described as "one of the greatest achievements of twentieth-century physics" Ann Phys 79, 361 (ref. [13], p. 205)

13. Moore W (1989) Schrödinger. Life and thought. Cambridge University Press, Cambridge

14. de Broglie L (1924) "Recherche sur la Theorie des Quanta", thesis presented to the faculty of sciences of the University of Paris

15. Ref. [13], chapter 6

16. E.g. ref. [3], pp. 410–419 and pp. 604–613

17. Minkin VI, Glukhovtsev MN, Ya B (1994) Simkin, "aromaticity and antiaromaticity: electronic and structural aspects". Wiley, New York

18. (a) Generalized valence bond method: Friesner RA, Murphy RB, Beachy MD, Ringnalda MN, Pollard WT, Dunietz BD, Cao Y (1999) J Phys Chem A 103:1913, and refs. therein; (b) Hamilton JG, Palke WE (1993) J Am Chem Soc 115:4159

19. (a) The pioneering benzene paper: Hückel E, Physik Z (1931) 70: 204; (b) Other papers by Hückel, on the double bond and on unsaturated molecules, are listed in his autobiography, "Ein Gelehrtenleben. Ernst und Satire", Verlag Chemie, Weinheim, 1975, pp 178–179; (c) Kutzelnigg W (2007) Historical review: essay, "What I like about Hückel theory". J Comput Chem 28:25; (d) A Google search reveals a considerable amount of biographical information about Hückel

20. Pauling L (1960) The nature of the chemical bond, 3rd edn. Cornell University Press, Ithaca, pp 111–126

21. (a) A compact but quite thorough treatment of the simple Hückel method see ref. [3], pp 629–649; (b) A good, brief introduction to the simple Hückel method is: Roberts JD (1962) Notes on molecular orbital calculations. Benjamin, New York; (c) A detailed treatment: Streitweiser A (1961) Molecular orbital theory for organic chemists. Wiley, New York; (d) The simple Hückel method and its atomic orbital and molecular orbital background are

treated in considerable depth in Zimmerman HE (1975) Quantum mechanics for organic chemists. Academic Press, New York; (e) Perhaps the definitive presentation of the simple Hückel method is Heilbronner E, Bock H (1968) Das HMO Modell und seine Anwendung, vol 1. Verlag Chemie, Weinheim (basics and implementation); vol 2, (examples and solutions), 1970; vol. 3 (tables of experimental and calculated quantities), 1970. An English translation of vol. 1 is available: "The HMO model and its application. Basics and manipulation", Verlag Chemie, 1976

22. E.g. ref. [21b], pp 87–90; ref. [21c], pp 380–391 and references therein; ref. [21d], chapter 4

23. See any introductory book on linear algebra

24. ref. [21c], chapter 1

25. Simons J, Nichols J (1997) Quantum mechanics in chemistry. Oxford University Press, New York, p 133

26. See e.g. Carey FA, Sundberg RJ (1990) Advanced organic chemistry. Part A", 3rd edn. Plenum, New York, pp 30–34

27. Jean Y, Volatron F (1993) An introduction to molecular orbitals. Oxford University Press, New York, pp 143–144

28. Truhlar DG (2012) J Chem Educ 89:573

29. (a) Schultz PA, Messmer RP (1993) J Am Chem Soc 115:10925; (b) Karadakov PB, Gerratt J, Cooper DL, Raimondi M (1993) J Am Chem Soc 115:6863

30. (a) Lowry TH, Richardson KS (1981) Mechanism and theory in organic chemistry. Harper and Row, New York, pp 26–270; (b) Streitwieser A, Caldwell RA, Ziegler GR (1969) J Am Chem Soc 91:5081, and references therein

31. (a) Dewar MJS (1969) The molecular orbital theory of organic chemistry. McGraw-Hill, New York, pp 92–98. As Dewar points out, this derivation is not really satisfactory. He gives a more rigorous approach which is a simplified version of the derivation of the Hartree-Fock equations in chapter 5, section *5.2.3*. The rigorous approach (Chapter 5) starts with the total molecular wavefunction expressed as a determinant, writes the energy in terms of this wavefunction and the Hamiltonian and finds the condition for minimum energy subject to the molecular orbitals being orthonormal (cf. orthogonal matrices, section *4.3.3*). The procedure is explained in considerable detail in chapter 5, section *5.2.3*); (b) An interpretation of α and β which gives for simple diatomics semiquantitative accuracy for bond lengths and accurate bond energies: Magnasco V (2002) Chem Phys Lett 363:544

32. (a) For a short review of the state of MO theory in its early days see Mulliken RS (1935) J Chem Phys 3:375; (b) A personal account of the development of MO theory: Mulliken RS (1989) Life of a scientist: an autobiographical account of the development of molecular orbital theory with an introductory memoir by Friedrich Hund. Springer, New York; (c) For an account of the "tension" between the MO approach of Mulliken and the valence bond approach of Pauling see Simões A, Gavroglu K (1997) Conceptual perspectives in quantum chemistry. In: Calais J-L, Kryachko E (eds) Kluwer Academic Publishers, London

33. Pauling L (1928) Chem Rev 5:173

34. Lennard-Jones JE (1929) Trans Faraday Soc 25:668

35. Coulson CA, Fischer I (1949) Philos Mag 40:386

36. Ref. [21d], pp. 52–53

37. See e.g. Rogers DW (1990) Computational chemistry using the PC. VCH, New York, pp 92–94

38. Woodward RB, Hoffmann R (1970) The conservation of orbital symmetry. Verlag Chemie, Weinheim

39. (a) For a nice review of the cyclobutadiene problem see Carpenter BK (1988) Advances in molecular modelling. JAI Press, Greenwich; (b) Calculations on the degenerate interconversion of the rectangular geometries: Santo-García JC, Pérez-Jiménez AJ, Moscardó F (2000) Chem Phys Lett 317:245

40. (a) Strictly speaking, cyclobutadiene exhibits a pseudo-Jahn-Teller effect: Kohn DW, Chen P (1993) J Am Chem Soc 115:2844; (b) For "A beautiful example of the Jahn-Teller effect" (MnF$_3$) see Hargittai M (1997) J Am Chem Soc 119:9042; (c) Review: Miller TA (1994) Angew Chem Int Ed 33:962

41. Frost AA, Musulin B (1953) J Chem Phys 21:572

42. Doering WE, Knox LH (1954) J Am Chem Soc 76:3203

43. Matito E, Feixas F, Solà M (2007) J Mol Struct (Theochem) 811:3

44. Dewar MJS (1969) The molecular orbital theory of organic chemistry. McGraw-Hill, New York, pp 95–98

45. Dewar MJS (1969) The molecular orbital theory of organic chemistry. McGraw-Hill, New York, pp 236–241

46. (a) Ref. [17], pp 157–161; (b) Krogh-Jespersen K, von P, Schleyer R, Pople JA, Cremer D (1978) J Am Chem Soc 100:4301; (c) The cyclobutadiene dianion, another potentially aromatic system, has recently been prepared: Ishii K, Kobayashi N, Matsuo T, Tanaka M, Sekiguchi A (2001) J Am Chem Soc 123:5356

47. Zilberg S, Haas Y (1998) J Phys Chem A 102:10843–10851

48. The most rigorous approach to assigning electron density to atoms and bonds within molecules is probably the atoms-in molecules (AIM) method of Bader and coworkers: Bader RFW (1990) Atoms in molecules. Clarendon Press, Oxford

49. Various approaches to defining bond order and atom charges are discussed in Jensen F (1999) Introduction to computational chemistry. Wiley, New York, chapter 9

50. Ref. [17], pp 177–180

51. Heintz H, Suter UW, Leontidas E (2001) J Am Chem Soc 123:11229

52. Estrada E (2003) J Phys Chem A 107:7482

53. For leading references see: (a) Hess BA, Schaad LJ (1974) J Chem Educ 51:640, and (b) Hess BA, Schaad LJ (1980) Pure Appl Chem 52:1471

54. See e.g. ref. [21c], chapters 4 and 5

55. See e.g. ref. [21c], pp. 13, 16.

56. Try Google and "simple Huckel program; examples are www.chem.ucalgary.ca/SHMO/ and www.hulis.free.fr/

57. (a) Hoffmann R (1963) J Chem Phys 39:1397; (b) Hoffmann (1964) J Chem Phys 40:2474; (c) Hoffmann R (1964) J Chem Phys 40:2480; (d) Hoffmann R (1964) J Chem Phys 40:2745; (e) Hoffmann R (1966) Tetrahedron 22:521' (f) Hoffmann R (1966) Tetrahedron 22:539; (g) Hay PJ, Thibeault JC, Hoffmann R (1975) J Am Chem Soc 97:4884

58. Wolfsberg M, Helmholz L (1952) J Chem Phys 20:837

59. Actually, *valence state* ionization energies are generally used: (a) Hinze J, Jaffe HH (1962) J Am Chem Soc 84:540 (especially pp 541–545), and references therein. (b) Pritchard HO, Skinner HA (1955) Chem Rev 55:745 (especially pp 754–755); (c) Stockis A, Hoffmann R (1980) J Am Chem Soc 102:2952. For hydrogen and helium which use their *s*-orbitals to bond, here we simply take the ordinary ionization energy as the valence state value

60. Löwdin PO (1950) J Chem Phys 18:365

61. Pilar FL (1990) Elementary quantum chemistry. McGraw-Hill, New York, pp 493–494

62. Szabo A, Ostlund NS (1989) Modern quantum chemistry. McGraw-Hill, pp 168–179. This describes an ab initio (chapter 5) calculation on HeH$^+$, but gives information relevant to our EHM calculation

63. Roothaan CCJ (1951) J Chem Phys 19:1445

64. Hoffmann R (1988) Solids and surfaces: a chemist's view of bonding in extended structures. VCH Publishers

65. (a) A polymeric rhenium compound: Genin HS, Lawler KA, Hoffmann R, Hermann WA, Fischer RW, Scherer W (1995) J Am Chem Soc 117:3244' (b) Chemisorption of ethyne on silicon, Liu Q, Hoffmann R (1995) J Am Chem Soc 117:4082; (c) A carbon/sulfur polymer,

Genin H, Hoffmann R (1995) J Am Chem Soc 117:12328

66. (a) IrH$_2$(SC$_5$H$_5$N)$_2$(PH$_3$)$_2$: Liu Q, Hoffmann R (1995) J Am Chem Soc 117:10108; (b) [Ni (SH)$_2$]$_6$: Alemany P, Hoffmann R (1993) J Am Chem Soc 115:8290; Mn clusters: Proserpio DM, Hoffmann R, Dismukes GC (1992) J Am Chem Soc 114:4374

67. Ammeter JH, Bürgi H-B, Thibeault JC, Hoffmann R (1978) J Am Chem Soc 100:3686

68. Superior results from EHM compared to MINDO/3 and MNDO, for nonplanarity of certain C/C double bonds: Spanget-Larsen J, Gleiter R (1983) Tetrahedron 39:3345

69. An EHM that was said to give good geometries: Dixon SL, Jurs PC (1994) J Comput Chem 15:733. This method does not seem to have become widely used

从 头 算

"我本可以用更复杂的方式来完成",红皇后非常骄傲地说。

——刘易斯·卡洛尔(可能是杜撰的)

摘要: 从头算依赖于求解薛定谔方程,必要的近似决定了计算的水平。在最简单的方法——哈特里-福克方法中,总分子波函数 Ψ 被近似为由占据的自旋轨道组成的斯莱特行列式。为了在实际计算中使用它们,空间轨道被近似为基函数的线性组合(加权和)。还讨论了电子相关方法。从头算方法的主要用途是计算分子的几何构型、能量、振动频率、光谱、电离能和电子亲和势,以及与电子分布有关的偶极矩等性质。这些计算具有理论和实际应用价值。例如,酶与底物的相互作用取决于形状和电荷分布,反应平衡和速率取决于能量差,而光谱在识别和理解新分子方面起着重要作用。计算现象的可视化对解释结果非常重要。

5.1 观点

第 4 章展示了量子力学如何首次被埃里希·休克尔应用于真正的化学感兴趣的分子(调整了化学物理学的步调),以及霍夫曼对简单休克尔方法的扩展如何提供了一种相当有用和通用的技术,即扩展休克尔方法。简单和扩展休克尔方法均基于薛定谔方程,这使得它们成为量子力学方法。两者都依赖于对实验值的参考(即根据实验进行参数化),以给出计算参数的实际值:简单休克尔方法给出了以参数 β 表示的能级,这使我们可以尝试通过与实验值比较来赋值(实际上,简单休克尔方法的计算结果通常以 β 为单位),而扩展休克尔方法需要实验得到的价态电离能来计算福克矩阵元。对实验参数化的需求使简单休克尔方法和扩展休克尔方法成为半经验("半实验")理论。在本章,我们讨论了一种量子力学方法,该方法不依赖于对测量的化学参数进行校准,因此被称为从头算[1-2],意思是"从一开始",从第一原理。诚然,从头算计算提供了以基本物理常数表示的结果(普朗克常量、光速、电子电荷)。必须测量这些常数,以获得其实际数值,但化学理论很难计算出我们宇宙的基本物理参数。对此,我们可能满足于顺从宇宙学。

5.2 从头算方法的基本原理

5.2.1 预备工作

在第 4 章中，我们看到波函数和能级可以通过对角化福克矩阵来获得。

$$H = C\varepsilon C^{-1} \tag{*5.1}$$

另一种说法为，H 的对角化给出系数或特征向量（C 的列与基函数相结合，产生分子轨道的波函数）和能级或特征值（ε 的对角元）。式(5.1)来自

$$HC = SC\varepsilon \tag{*5.2}$$

当 S 被近似为单位矩阵时（简单休克尔方法，4.3.4 节），或使用从 S 计算出的正交矩阵将原始福克矩阵转换为 H（以 H' 表示，4.4.1 节）（扩展休克尔方法，4.4.1 节），会得出式(5.1)。为了进行简单或扩展休克尔计算，该算法组装福克矩阵 H，并将其对角化。这也是从头算的计算方式；与休克尔方法的本质区别在于**矩阵元的估值**。

在简单休克尔方法中，并没有计算福克矩阵元 H_{ij}，而是根据基于原子连接的简单规则将其设置为 0 或 -1（4.3.4 节）。在扩展休克尔方法中，根据轨道或基函数的相对位置（通过 S_{ij}）和这些轨道的电离能（见 4.4.1 节），计算 H_{ij}。在这两种情况下，H_{ij} 都不是根据第一原理计算的。在 4.3.4 节中，式(4.44)表明 H_{ij} 为

$$H_{ij} = \int \phi_i \hat{H} \phi_j \, \mathrm{d}v \tag{*5.3}$$

在从头算计算中，H_{ij} 是通过使用基函数 ϕ_i 和 ϕ_j，以及哈密顿算符 $\hat{H}$ 的显示数学表达式，根据式(5.3)的积分来计算的。当然，积分由计算机按照详细的算法完成。现在将概述该算法的工作原理。

5.2.2 哈特里自洽场方法

最简单的从头算是哈特里-福克（HF）计算。现代分子的 HF 计算源于哈特里[①]在 1928 年首次对原子进行的计算[3]。哈特里所解决的问题基于以下事实：对于任何具有 1 个以上电子的原子（或分子）来说，由于电子-电子排斥项，得到薛定谔方程（4.3.2 节）的精确解析解是不可能的。因此，对于氦原子来说，薛定谔方程（见 4.3.4 节，式(4.36)和式(4.37)）以 SI 单位表示为

$$\left[-\frac{h^2}{8\pi^2 m}(\nabla_1^2 + \nabla_2^2) - \frac{Ze^2}{4\pi\varepsilon_0 r_1} - \frac{Ze^2}{4\pi\varepsilon_0 r_2} + \frac{Ze^2}{4\pi\varepsilon_0 r_{12}} \right] \Psi = E\Psi \tag{5.4}$$

式中，m 是电子的质量(kg)；e 是质子的电荷（库仑，正电荷）（为电子电荷的负值）；变量 r_1、r_2 和 r_{12} 是电子 1 和电子 2 与原子核，以及它们彼此之间的距离(m)；$Z=2$ 是原子核中的质子数；而 ε_0 是真空介电常数。为与 SI 单位保持一致，需要 $4\pi\varepsilon_0$ 因子。相距为 r 的电荷 q_1 和 q_2 之间的力(N)是 $q_1 q_2 / 4\pi\varepsilon_0 r^2$，因此，系统的势能（焦耳）为 $q_1 q_2 / 4\pi\varepsilon_0 r$（能量为力×距离）。

---

① 道格拉斯·哈特里，1897 年生于英国剑桥。1926 年剑桥大学博士。曼彻斯特大学、剑桥大学应用数学和理论物理学教授。1958 年于剑桥去世。

哈密顿用原子单位来写要更简单。让我们将普朗克常量、电子质量、质子电荷和真空介电常数作为单位系统的构建块,其中,$h/2\pi$、m、e 和 $4\pi\varepsilon_0$ 在数值上等于 1(即 $h=2\pi$、$m=1$、$e=1$ 和 $\varepsilon_0=1/4\pi$;物理常数的数值总是取决于单位制)。$h/2\pi$、m、e 和 $4\pi\varepsilon_0$ 分别是原子单位制中角动量、质量、电荷和介电常数的单位。在这个系统中,式(5.4)变成

$$\left[-\frac{1}{2}\nabla_1^2 - \frac{1}{2}\nabla_2^2 - \frac{Z}{r_1} - \frac{Z}{r_2} + \frac{1}{r_{12}}\right]\Psi = E\Psi \tag{5.5}$$

使用原子单位简化了量子力学表达式,也意味着计算的数值结果(以这些单位)与当前接受的以 kg、C、m、s(当然,当从原子单位转换为 SI 单位时,必须使用公认的 m、e 等 SI 的值)为单位的物理常数值无关。能量和长度的原子单位特别重要。我们可以通过组合 $h/2\pi$、m、e 和 $4\pi\varepsilon_0$ 来得到一个量的原子单位,以给出具有所需维度的从头算表达式。长度和能量的原子单位分别为 bohr 和 hartree 如下所示。

长度:1 bohr $= a_0 = 4\pi\varepsilon_0(h/2\pi)^2/me^2 = \varepsilon_0 h^2/\pi me^2 = 0.05292$ nm $= 0.5292$ Å

能量:1 hartree $= E_h(h) = e^2/4\pi\varepsilon_0 a_0$; 1 hartree/粒子 $= 2625.5$ kJ/mol

bohr 是玻尔模型中氢原子的半径(4.2.5 节),或者是更模糊的薛定谔描述中电子距离核的最可能的距离(4.2.5 节)。hartree 是将距离质子 1 bohr 半径远的 1 个静止电子移动到无穷远处时所需的能量。相对于将质子/电子分离无穷远时作为能量零点,氢原子的能量是 $-1/2$ hartree:势能为 -1 hartree,动能(始终为正)为 $+1/2$ hartree。请注意,从旧的高斯系统(cm、g、C)出发,导出的原子单位与 SI 导出的原子单位相差因子为 $4\pi\varepsilon_0$。

氦原子的哈密顿

$$\hat{H} = -\frac{1}{2}\nabla_1^2 - \frac{1}{2}\nabla_2^2 - \frac{Z}{r_1} - \frac{Z}{r_2} + \frac{1}{r_{12}} \tag{*5.6}$$

由 5 项组成,从左至右表示(图 5.1):电子 1 的动能、电子 2 的动能、原子核(电荷 $Z=2$)对电子 1 的吸引势能、原子核对电子 2 的吸引势能,以及电子 1 和电子 2 之间的排斥势能。这并不是精确的哈密顿,因为它忽略了相对论和磁相互作用(如自旋-轨道耦合)的影响[4]。这些影响在涉及较轻原子的计算中不重要,例如,元素周期表的前两排或前三排(最多到氯或溴)的原子。相对论量子化学计算将在后面简要讨论。波函数 Ψ 是原子的"总的"、整体的波函数,可以被近似为不同能级波函数的组合,正如稍后将在分子 HF 计算中看到的那样。求解方程(5.5)的问题来自 $1/r_{12}$ 项。它使得无法将氦的薛定谔方程分解为两个像氢原子方程一样的单电子方程。单电子方程是可以被精确求解的(有关氢原子和氦原子的处理,见参考文献[1]的相应部分)。该问题出现在任何具有 3 个或更多相互作用的运动物体的系统中,无论是亚原子粒子,还是行星。实际上,即使在经典力学中,**多体问题**也是一个古老的问题,可以追溯到 18 世纪的天体力学研究[5]中。三粒子氢分子离子 HH·$^+$ 具有 2 个重粒子和 1 个轻粒子,可以"精确"求解,但只是在玻恩-奥本海默近似下的精确求解[6]。多电子原子和分子不可能有解析解,这促使哈特里提出了计算原子波函数和能级的方法。

哈特里的方法是将一个原子合理的近似多电子波函数(即"猜测")写成是单电子波函数的乘积:

$$\Psi_0 = \phi_0(1)\phi_0(2)\phi_0(3)\cdots\phi_0(n) \tag{5.7}$$

此函数称为哈特里乘积。式中,Ψ_0 是原子中所有电子坐标的函数;$\phi_0(1)$ 是电子 1 坐标的函数;$\phi_0(2)$ 是电子 2 坐标的函数;以此类推。单电子函数 $\phi_0(1)$、$\phi_0(2)$ 等被称为原子轨道

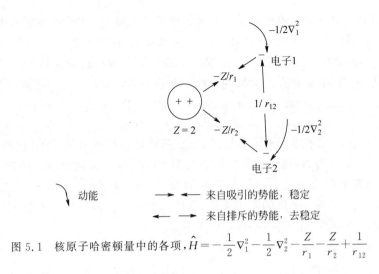

$$\text{图 5.1} \quad \text{核原子哈密顿量中的各项，} \hat{H} = -\frac{1}{2}\nabla_1^2 - \frac{1}{2}\nabla_2^2 - \frac{Z}{r_1} - \frac{Z}{r_2} + \frac{1}{r_{12}}$$

（如果正在处理分子，则被称为分子轨道）。初始猜测，Ψ_0 是真实全波函数 Ψ 的第零级近似，第零级是因为还没有开始使用哈特里过程对其进行细化。它基于第零级近似的 $\psi_0(1)$、$\psi_0(2)$ 等。为应用哈特里过程，首先求解电子 1 的单电子薛定谔方程，其中，电子与电子的排斥来自该电子和一个源自 $\psi_0(2)$、$\psi_0(3)$、$\cdots$、$\psi_0(n)$ 的其他所有电子作用下平均的、模糊的静电场。该方程中唯一运动的粒子是电子 1。求解该方程可得出 $\psi_1(1)$，它是 $\psi_0(1)$ 的改进版。接着求解电子 2 的单电子薛定谔方程，其中，电子 2 在 $\psi_1(1)$、$\psi_0(3)$、$\cdots$、$\psi_0(n)$ 的电子作用下的平均场中运动，继续求解到电子 n 在 $\psi_1(1)$、$\psi_1(2)$、$\cdots$、$\psi_1(n-1)$ 的电子作用下的平均场中的运动。这样就完成了第一个计算循环，并给出

$$\Psi_1 = \psi_1(1)\psi_1(2)\psi_1(3)\cdots\psi_1(n) \tag{5.8}$$

重复循环给出

$$\Psi_2 = \psi_2(1)\psi_2(2)\psi_2(3)\cdots\psi_2(n) \tag{5.9}$$

该过程持续 k 次循环，直到最后得到的波函数 Ψ_k 和/或从 Ψ_k 计算出的能量与上一次循环的波函数和/或能量基本相同（根据某种合理标准）。此时，函数 $\psi(1)$、$\psi(2)$、$\cdots$、$\psi(n)$ 从一次循环到下一次循环变化很小，以至用于电子-电子排斥势的模糊的静电场（基本上）停止改变。在此阶段，循环 k 的力场与循环 $k-1$ 的力场基本相同，即与上一次力场"一致"，因此，哈特里程序称为自洽场程序（self consistent field procedue，SCF 程序）。

式(5.7)中的哈特里乘积有两个问题。电子具有自旋的性质，其中一个问题是最多 2 个电子可以占据 1 个原子或分子轨道（这是泡利排斥原理的一种表述(4.2.6 节)）。在哈特里方法中，我们只是以一种特别的方式承认这一点，简单地说，不在构成（近似）全波函数 Ψ 的任何组分轨道 ψ 中放置 2 个以上的电子。第二个问题是电子无法区分。如果有两个或多个不可区分粒子坐标的波函数，那么，交换两个粒子的位置，即交换它们的坐标，必须保持函数不变或改变其符号。这是因为波函数的所有物理表示在交换不可区分的粒子时必须保持不变，且这些表示仅取决于波函数的平方（更严格的是取决于其绝对值的平方，即 $|\Psi|^2$，因为考虑到 Ψ 函数可能是复数，与实数有所不同）。对于双粒子函数来说，这一点应从下面的方程中清楚地看出。

如果 $\qquad\qquad \Psi_a = f(x_1, y_1, z_1; x_2, y_2, z_2)$

$$\Psi_b = f(x_2, y_2, z_2; x_1, y_1, z_1)$$

则 $|\Psi_a|^2 = |\Psi_b|^2$

当且仅当 $\Psi_a = \Psi_b$ 或 $\Psi_a = -\Psi_b$ 时。

如果交换两个粒子的坐标使函数保持不变,则称该函数关于粒子交换对称,而如果函数改变符号,则称该函数关于粒子交换反对称。将理论预测与实验结果[7]进行比较,发现电子波函数实际上是关于交换反对称的(这类粒子称为费米子,以物理学家恩里科·费米的名字命名;波函数是交换对称的粒子(像光子),被命名为玻色子,以物理学家 S. 玻色的名字命名)。任何逼近波函数 Ψ 的严格尝试都应使用关于电子 $1,2,\cdots,n$ 坐标的反对称函数,但是,哈特里乘积是对称的,而不是反对称的。例如,如果我们用两个氢原子 1s 轨道的乘积来逼近一个氦原子波函数,那么,如果 $\psi_a = 1s(x_1,y_1,z_1)1s(x_2,y_2,z_2)$ 和 $\psi_b = 1s(x_2,y_2,z_2)1s(x_1,y_1,z_1)$,则 $\psi_a = \psi_b$。

泡利(1928 年)[8a]、斯莱特(1929 年)[8b]和福克(1930 年)[8c]纠正了哈特里 SCF 方法的这些缺陷。泡利(第 4 章,脚注 21)和斯莱特表明,作为首要的近似,至少可以将波函数写成自旋轨道的行列式(5.2.3 节)。虽然斯莱特的论文发表在泡利论文发表之后的一年,但这个行列式被称为斯莱特[①]行列式,可能是因为物理学家很少关注化学家的出版物。福克(第 4 章,脚注 27)在一篇长数学论文[8c]中提出了福克算符的显式形式(5.2.3 节),该算符作用于波函数,在 HF 方程中创建原子或分子能级。斯莱特在提出波函数行列式公式后的第二年,给出了一个将哈特里方法推广到分子的建议[8d],但由于简洁及缺乏任何明确的方程证明,故该方法的名称限制为 HF。

5.2.3 哈特里-福克方程

1. 斯莱特行列式

哈特里波函数为轨道单电子函数的乘积,或更准确地说,是空间轨道。这些通常是空间坐标 x、y、z 的函数。斯莱特波函数不仅由空间轨道组成,还由自旋轨道组成。自旋轨道 ψ(自旋)是空间轨道和自旋函数 α 或 β 的乘积:对应于给定空间轨道的自旋轨道是

$$\psi(自旋\ \alpha) = \psi(空间)\alpha = \psi(x,y,z)\alpha$$
$$\psi(自旋\ \beta) = \psi(空间)\beta = \psi(x,y,z)\beta$$

由于函数 ψ(空间)的变量是坐标 x、y、z,所以,自旋函数 α 和 β 的变量是自旋坐标,有时表示为 ξ 或 ω。根据方程 $\hat{H}\psi = E\psi$,波函数 ψ 满足算符和特征值,即能量算符和能量特征值。类似地,根据 $\hat{S}_z\alpha = 1/2(h/2\pi)\alpha$ 和 $\hat{S}_z\beta = -1/2(h/2\pi)\beta$,自旋函数 α 和 β 与自旋算符 $\hat{S}_z$ 相关联。与大多数其他函数不同,α 和 β 分别只有一个特征值,即 $1/2(h/2\pi)$ 和 $-1/2(h/2\pi)$。自旋函数具有一个特殊的性质,即它为零,除非 $\xi = 1/2$(α 自旋函数)或 $\xi = -1/2$(β 自旋函数)。除变量的一个值外(在该值处峰形尖锐),其他地方都为零的函数是一个 δ 函数(由狄拉克发明,4.2.3 节脚注)。由于描述电子的自旋函数 ψ(自旋 α 或 β)仅在自

旋变量 $\xi = \pm 1/2$ 时存在，因此，这两个值可以被视为 4.2.6 节中提及的自旋量子数 m_s 的允许值。有时将自旋量子数为 $1/2$ 的电子（"具有自旋 $1/2$ 的电子"）称为 α 电子，称为向上的自旋，而将自旋量子数为 $-1/2$ 的电子称为 β 电子，称为向下的自旋。上下电子通常分别用箭头 ↑ 和 ↓ 表示。莱文[9]对 δ 函数和自旋函数的数学处理给出了一个很好的且简要的解释。

斯莱特波函数与哈特里函数的不同之处不仅在于它由自旋轨道组成，而不单是由空间轨道组成，还在于它不是单电子波函数的简单乘积，而是一个以这些函数为元素的行列式（4.3.3 节）。为了构造一个闭壳层物种（在此，我们详细讨论的唯一物种）的斯莱特波函数（斯莱特行列式），通过将空间轨道分别乘以 α 和 β，我们使用每个占据的空间轨道来产生 2 个自旋轨道。然后，自旋轨道被可用电子填充。示例（图 5.2）清楚说明了该程序。假设我们希望写出四电子闭壳系统的斯莱特行列式。我们需要 2 个空间分子轨道，因为每个轨道最多可容纳 2 个电子。每个空间轨道 ψ（空间）用于生成 2 个自旋轨道，ψ（空间）α 和 ψ（空间）β（或者，每个空间轨道都可以看作是 2 个自旋轨道的组合，我们将其分离，并用于构建列式）。沿着行列式的第 1 行（顶行），我们依次写出第 1 个 α 自旋轨道，第 1 个 β 自旋轨道，第 2 个 α 自旋轨道和第 2 个 β 自旋轨道，用完我们占据的空间（以及自旋）轨道。然后将电子 1 分配给第 1 行的所有 4 个自旋轨道。从某种意义上讲，它可以在这 4 个自旋轨道之间漫游[10]。行列式的第 2 行与第 1 行相同，区别在于它指电子 2，而不是电子 1。同样，第 3 行和第 4 行分别指电子 3 和电子 4。结果是式(5.10)的行列式。

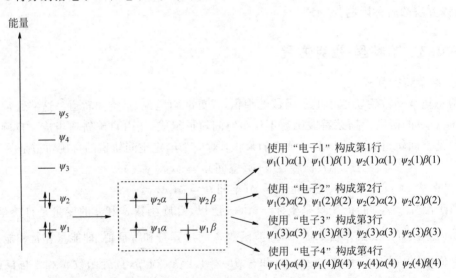

图 5.2　斯莱特行列式由占据的空间分子轨道和两个自旋函数 α 和 β 组合成的自旋轨道组成

$$\Psi = \frac{1}{\sqrt{4!}} \begin{vmatrix} \psi_1(1)\alpha(1) & \psi_1(1)\beta(1) & \psi_2(1)\alpha(1) & \psi_2(1)\beta(1) \\ \psi_1(2)\alpha(2) & \psi_1(2)\beta(2) & \psi_2(2)\alpha(2) & \psi_2(2)\beta(2) \\ \psi_1(3)\alpha(3) & \psi_1(3)\beta(3) & \psi_2(3)\alpha(3) & \psi_2(3)\beta(3) \\ \psi_1(4)\alpha(4) & \psi_1(4)\beta(4) & \psi_2(4)\alpha(4) & \psi_2(4)\beta(4) \end{vmatrix} \quad (^*5.10)$$

$1/\sqrt{4!}$ 因子确保了波函数归一化，即 $|\Psi|^2$ 在所有空间的积分为 1。此斯莱特行列式确

保每个空间轨道中不超过 2 个电子,因为每个空间轨道只有 2 个单电子自旋函数,且它确保 Ψ 是反对称的,因为交换 2 个电子相当于交换行列式的 2 行,这改变了它的符号(4.3.3 节)。请注意,不是将电子依次分配到第 1 行、第 2 行等,我们可以将它们放在第 1 列、第 2 列等:式(5.11)中的 $\Psi'=$ 式(5.10)中的 Ψ。一些作者对电子使用行格式,另一些人使用列格式。

$$\Psi' = \frac{1}{\sqrt{4!}} \begin{vmatrix} \psi_1(1)\alpha(1) & \psi_1(2)\alpha(2) & \psi_1(3)\alpha(3) & \psi_1(4)\alpha(4) \\ \psi_1(1)\beta(1) & \psi_1(2)\beta(2) & \psi_1(3)\beta(3) & \psi_1(4)\beta(4) \\ \psi_2(1)\alpha(1) & \psi_2(2)\alpha(2) & \psi_2(3)\alpha(3) & \psi_2(4)\alpha(4) \\ \psi_2(1)\beta(1) & \psi_2(2)\beta(2) & \psi_2(3)\beta(3) & \psi_2(4)\beta(4) \end{vmatrix} \tag{5.11}$$

斯莱特行列式遵循泡利排斥原理,该原理禁止系统中的任何 2 个电子具有相同的量子数。对于 1 个原子来说,这是显而易见的:如果 $\psi(x,y,z)$ 的 3 个量子数 n、l 和 m_m(4.2.6 节)和自旋量子数 m_s 的 α 或 β 对任意电子都相同,则两行(或在替代形式中的列)将是相同的,行列式及波函数都会消失(4.3.3 节)。

对于 $2n$ 个电子(我们现在仅限于具有偶数电子的系统,因为它们的理论更简单)来说,斯莱特行列式的一般形式显然是 $2n \times 2n$ 行列式。

$$\Psi_{2n} = \frac{1}{\sqrt{(2n)!}} \begin{vmatrix} \psi_1(1)\alpha(1) & \psi_1(1)\beta(1) & \psi_2(1)\alpha(1) & \psi_2(1)\beta(1) & \cdots & \psi_n(1)\beta(1) \\ \psi_1(2)\alpha(2) & \psi_1(2)\beta(2) & \psi_2(2)\alpha(2) & \psi_2(2)\beta(2) & \cdots & \psi_n(2)\beta(2) \\ \vdots & \vdots & \vdots & \vdots & & \vdots \\ \psi_1(2n)\alpha(2n) & \psi_1(2n)\beta(2n) & \psi_2(2n)\alpha(2n) & \psi_2(2n)\beta(2n) & \cdots & \psi_n(2n)\beta(2n) \end{vmatrix}$$

$$\tag{5.12}$$

具有 $2n$ 电子的原子或分子的全波函数 Ψ 的斯莱特行列式是 $2n \times 2n$ 行列式。由于 $2n$ 个电子具有 $2n$ 行,$2n$ 个自旋轨道具有 $2n$ 列(您可以互换行/列格式),这些是闭壳层物种,因此,空间轨道 ψ 的数量是所有电子数量的一半。我们使用 n 个占据的空间轨道($2n$ 个占据的自旋轨道)来构建行列式。使用**反对称算符**[11],不那么显而易见地,反对称也可以强加在波函数上。

式(5.12)描述的行列式(=总分子波函数 Ψ)将形成 n 个被占据,以及一些未占据的组分空间分子轨道 ψ。这些来自直接斯莱特行列式的轨道 ψ 被称为**正则分子轨道**(在数学上,该词表示"最简单或标准的形式")。由于每个占据的空间 ψ 可以被认为是 1 个容纳 1 对电子的空间区域,因此,我们可以预测,当这些轨道的形状被显示("可视化",5.5.4 节)时,每个轨道看起来都像 1 个键或 1 对孤对电子。然而,情况往往并非如此。例如,我们没有发现水的 1 个正则分子轨道将 O 与 1 个 H 连接起来,而另 1 个正则分子轨道将 O 与另 1 个 H 连接起来。相反,这些分子轨道大多分布在 1 个分子的大部分区域——非定域的(孤对电子,与传统的键不同,确实容易凸显)。然而,可以组合正则分子轨道,以获得看起来像我们传统键和孤对电子对的定域分子轨道。这是通过使用斯莱特 ψ 的列(或行)来创建一个具有改进的列(或行)的 ψ 来实现的。如果行列式的列/行乘以 k,并加到另一列/行,则行列式保持不变(4.3.3 节)。我们看到,如果将其应用于斯莱特行列式,我们将得到一个"新"的行列式,对应于完全相同的全波函数,即相同的分子,但由不同组分的占据分子轨道 ψ 构成。新 Ψ 和新 ψ 并不比以前的更精确,但通过对列/行的适当操作,可以使 ψ 与我们对键和孤对电子对的想法相对应。这些定域的分子轨道有时很有用。

2. 计算原子或分子的能量

推导 HF 方程的下一步是用全波函数 Ψ 表示分子或原子的能量，然后，对每个组成分子（或原子；原子是分子的特例）的自旋轨道 $\psi\alpha$ 和 $\psi\beta$，能量将被最小化（见4.3.4节）。这些方程的推导涉及相当多的代数运算，如果不写出中间表达式，有时就很难理解。波普尔和贝弗里奇[12a]及波普尔和内斯贝特[12b]对该过程进行了总结，而洛[13]则给出一个不太简洁的解释。

根据薛定谔方程，系统的能量由式(5.13)给出：

$$E = \frac{\int \Psi^* \hat{H} \Psi \mathrm{d}\tau}{\int \Psi^* \Psi \mathrm{d}\tau} \tag{5.13}$$

这类似于式(4.40)，但这里已经指定了全波函数 Ψ，并借助其复共轭 Ψ^* 考虑了 Ψ 是复函数的可能性。这样可以确保原子或分子的能量 E 将是实数。如果 Ψ 是复数，则 $\Psi^2 \mathrm{d}\tau$ 将不是实数，而 $\Psi^* \Psi \mathrm{d}\tau = |\Psi|^2 \mathrm{d}\tau$ 将会是实数，对于概率来说必须如此。对每个电子，积分是关于3个空间坐标和1个自旋坐标的。这里用 $\mathrm{d}\tau$ 表示，表示 $\mathrm{d}x\mathrm{d}y\mathrm{d}z\mathrm{d}\xi$，因此对于 $2n$ 电子的系统来说，这些积分实际上是 $4 \times 2n$-重，每个电子都是4个坐标的集合。使用通常的归一化函数可以使分母归一，然后式(5.13)可以表示为

$$E = \int \Psi^* \hat{H} \Psi \mathrm{d}\tau$$

或对积分使用更简洁的狄拉克表示法(4.4.1节)：

$$E = \langle \Psi^* \mid \hat{H} \mid \Psi \rangle \tag{5.14}$$

式(5.14)可理解为第一个 Ψ 实际上是 Ψ^*，积分变量是关于空间坐标和自旋坐标的。竖条仅是为了在视觉上将算符和两个函数分开。

我们接下来将 Ψ（和 Ψ^*）的斯莱特行列式和哈密顿的明确表达代入式(5.14)中。将式(5.5)中氦哈密顿简单推广到具有 $2n$ 个电子和 μ 个原子核的分子（第 μ 个核具有电荷 Z_μ），得到

$$\hat{H} = \sum_{i=1}^{2n} \left(-\frac{1}{2} \nabla_i^2 \right) - \sum_{\text{all } \mu, i} \frac{Z_\mu}{r_{\mu i}} + \sum_{\text{all } i,j} \frac{1}{r_{ij}} \tag{5.15}$$

就像氦哈密顿，式(5.15)中的分子哈密顿 $\hat{H}$ 由电子动能项、原子核电子吸引势能项和电子-电子排斥势能项组成（从左到右）（见图5.1）。这实际上是电子哈密顿，由于省略了核间排斥能项。得到的计算结果，根据玻恩-奥本海默近似（2.3节），都可以简单地添加到电子能量中，以得到具有"冻结核"的分子的整个分子能量（振动能、零点能的计算将在后面讨论）。核间势能的计算很简单：

$$V_{NN} = \sum_{\text{all } \mu, v} \frac{Z_\mu Z_v}{r_{\mu v}} \tag{5.16}$$

将斯莱特行列式和分子哈密顿代入式(5.14)中，经过大量的代数运算后得到

$$E = 2\sum_{i=1}^{n} H_{ii} + \sum_{i=1}^{n} \sum_{j=1}^{n} (2J_{ij} - K_{ij}) \tag{5.17}$$

对于含 $2n$-电子数的分子的电子能量(对 n 个占据空间轨道 ψ 的求和)。式(5.17)中的项具有以下含义:

$$H_{ii} = \int \psi_i^*(1)\hat{H}^{core}(1)\psi_i(1)\,dv \qquad (5.18)$$

其中,

$$\hat{H}^{core}(1) = -\frac{1}{2}\nabla_1^2 - \sum_{all\ \mu}\frac{Z_\mu}{r_{\mu 1}} \qquad (5.19)$$

之所以被称为 $\hat{H}^{core}$ 算符是因为它得出了 H_{ii},即单个电子的电子能量仅在原子核"核心"的吸引下移动,而其他电子都被剥离了。例如,H_{ii} 是 H、He^+、H_2^+ 或 CH_4^{9+}(当然,这对于不同的物种也有所不同)的电子能量。请注意,$\hat{H}^{core}(1)$ 表示电子 1 的动能加上该电子对每个原子核 μ 的吸引势能。这些方程的括号中的 1 只是一个标签,表明在 ψ_i^*、ψ_i 和 $\hat{H}^{core}$ 中考虑了同一个电子(比如说,我们可以用 2 来代替)。式(5.18)中的积分仅关于空间坐标 ($dv = dx\,dy\,dz$,而不是 $d\tau$),因为自旋坐标已被"积分掉":在积分时,即在离散自旋变量求和时,这些得出 0 或 1[12,14]。我们留下 3 个空间坐标作为电子的积分变量 (x,y,z),因此,积分是六重的:

$$J_{ij} = \int \psi_i^*(1)\psi_i(1)\left(\frac{1}{r_{12}}\right)\psi_j^*(2)\psi_j(2)\,dv_1\,dv_2 \qquad (5.20)$$

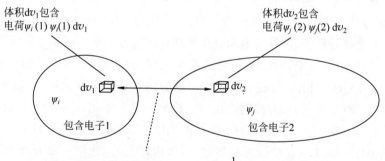

图 5.3　库仑积分(J 积分)表示两个电荷云之间的静电排斥,这是由轨道 ψ_i 中的电子 1 和轨道 ψ_j 中的电子 2 引起的(对于同一空间轨道上的电子对,电荷云可以被视为由于不同的自旋轨道)。$J_{ij} = \int \psi_i^*(1)\psi_i(1)(1/r_{12})\psi_j^*(2)\psi_j(2)\,dv_1\,dv_2$

　　J 被称为库仑积分,它表示 ψ_i 中的电子与 ψ_j 中的电子之间的静电(即库仑)排斥(ψ_{ii}表示相同空间轨道中电子之间的排斥作用)。如果将积分视为涉及无限小体积元 dv 之间斥力的势能项的总和(图 5.3),这可能会更清楚。1 和 2 只显示我们正在考虑的两个电子的标签。积分 J 和 K 考虑了每个电子经历来自所有其他电子电荷云的平均静电排斥力。这种假设电子-电子排斥发生在电子和电荷云之间,而不是发生在所有可能的作为点粒子的电子对之间,是哈特里-福克方法的主要缺陷,而稍后将要讨论的后哈特里-福克方法出现的原因是为了克服这种近似。因为 J 表示与不稳定的静电斥力相对应的势能,因此,它为正值。由于自旋坐标已被积分掉,因此,式(5.18)中的 H_{ii} 是关于空间坐标的积分。电子 1(dv_1)的

x、y、z 和电子 2(dv_2)的 x、y、z，有 6 个积分变量，因此，积分是六重的。请注意，从头算的库仑积分 J 与我们在简单休克尔理论中所说的库仑积分（$\alpha = \int \phi_i \hat{H} \phi_i dv$，式(4.61)）是不同的，且非常粗略地代表了 p 轨道 ϕ_i 中电子的能量(4.3.4 节)。从头算的库仑积分可以表示为

$$J_{ij} = \int \psi_i^*(1)\psi_j^*(2)\left(\frac{1}{r_{12}}\right)\psi_i(1)\psi_j(2)dv_1 dv_2 \tag{5.21}$$

但与式(5.20)不同的是，并没有在符号上强调电子 1 和电子 2 之间的排斥力（由 $1/r_{12}$ 算符调用）分别在式(5.20)的 $1/r_{12}$ 的左侧和右侧。

$$K_{ij} = \int \psi_i^*(1)\psi_j^*(2)\left(\frac{1}{r_{12}}\right)\psi_i(2)\psi_j(1)dv_1 dv_2 \tag{5.22}$$

K 被称为交换积分。从数学上讲，它产生于仅在交换电子中不同的斯莱特行列式的展开项。请注意，$1/r_{12}$ 每一侧的项因电子交换而不同。通常认为它没有简单的物理解释，甚至可以表示一种"交换力"，但从式(5.17)可以看出，把 K 看作是对 J 的一种校正，减小了 J 的影响（J 和 K 均为正，且 K 较小），即减少了由上面提到的与 J 和 K 有关的 ψ_i、ψ_j 相互的电荷云的排斥而产生的静电势能。这种排斥的减少是由于具有反对称波函数的粒子，2 个电子不能占据相同的自旋轨道（大致上，不能在同一时间处于同一点），只有当它们具有相反的自旋时，才能占据相同的空间轨道。因此，具有相同自旋轨道的 2 个电子比 J 中所考虑的库仑斥力更容易避免对方。可以认为式(5.17)中 $2J-K$ 项的总和才是真正的库仑排斥，针对电子自旋进行校正，即针对泡利排斥原理效应进行校正。图 5.4 显示了四电子分子的 J 和 K 的相互作用，这是产生 K 积分的最小的闭壳层系统。杜瓦[15]详细阐述了哈特里-福克积分的重要性。相同-自旋电子相互回避的额外趋势有时被称为"泡利排斥"，据说这是阻止所有实物（如分子）相互渗透的原因。这个词很方便，但可能会产生误导，因为没有与这种效应相关的特殊力：科学已知的力是电磁力、引力、弱核力和强核力。请注意，在原子核外，原子和分子中唯一重要的力是静电力（即电磁力）。化学中没有奇怪的"量子力学力"[16]（在核化学中定义明确的弱力和强力可能会起作用）。化学反应涉及原子核在电磁力影响下的重组。

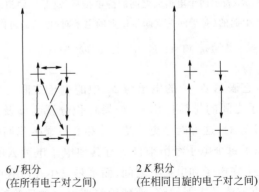

6 J 积分
（在所有电子对之间）

2 K 积分
（在相同自旋的电子对之间）

图 5.4　J 积分表示所有电子对之间的相互作用；K 积分表示只有相同自旋的电子之间的相互作用

3. 变分定理(变分原理)

由式(5.14)计算的能量是能量算符 $\hat{H}$ 的**期望值**,即哈密顿算符的期望值。在量子力学中,波函数在"算符"上的积分,如式(5.14)中的 $\langle \Psi | \hat{H} | \Psi \rangle$,是该算符的**期望值**。期望值是由算符表示的物理量的值(严格地说,是量子力学平均值)。每个"可观察的"量,即系统的每个可测量的性质都被认为有一个量子力学算符,至少在原理上,可以通过积分算符上的波函数来计算该性质。能量算符 $\hat{H}$(对它来说,更好的符号可能是 $\hat{E}$)的期望值是分子或原子的能量 E。当然,只有波函数 Ψ 和哈密顿 $\hat{H}$ 是精确的,该能量才是分子精确的、真实的能量。变分定理指出,**用式(5.14)计算出的能量必须大于或等于分子的真实基态能量**。定理[17](可以更严格地表述,规定 $\hat{H}$ 必须与时间无关,Ψ 必须归一化,且品优)向我们保证,我们"变分地"计算出的任何基态(我们检测电子基态的频率比检测激发态要高得多)的能量,即使用式(5.14),也必须大于或等于分子的真实能量。这很有用,因为它告诉我们对波函数品质的测试是根据它变分地计算出来的能量值:能量值越低越好。我们可以尝试改进波函数,将变分能量与之前函数计算的能量进行比较。在实际操作中,代入式(5.14)的任何一个分子波函数始终只是真实波函数的一个近似,因而,变分计算的分子能量将始终大于真实能量。哈特里-福克能量是变分的,但正如我们将看到的,并不是所有的量子化学能量都是变分的。当改进基于斯莱特行列式的哈特里-福克波函数时,哈特里-福克能量会稳定地高于真实能量的值。这将在5.5节结合后哈特里-福克方法进行讨论。

4. 最小化能量;哈特里-福克方程

利用式(5.17)通过最小化原子或分子轨道 ψ 的能量,可以获得哈特里-福克方程。最小化是在组成式(5.14) Ψ 的这些轨道 ψ 保持正交的约束下进行的,因为对应于不同特征值(能级)的能量算符的任意两个特征向量是正交的(参见任何量子力学的标准书籍中关于厄米算符的讨论)。我们还选择使 ψ 归一化,从而使它们的重叠矩阵 S 简单地正交归一。最小化受约束的函数可以使用待定的拉格朗日乘子[18]来实施。对于正交归一化而言,S 的重叠积分 S 必须为常数(δ_{ij},即 0 或 1),且能量最小值应为常数($E_{\min}$)。因此,在 $E_{\min}$ 处,E 和 S_{ij} 的任何线性组合都是常数:

$$E + \sum_{i=1}^{n} \sum_{j=1}^{n} l_{ij} S_{ij} = 常数 \tag{5.23}$$

式中,l_{ij} 是拉格朗日乘子。然而,物理上,我们还不知道它们是什么(毕竟,它们是"未确定的")。关于 S 的 ψ 的微分:

$$dE + d\sum_{i=1}^{n} \sum_{j=1}^{n} l_{ij} S_{ij} = 0 \tag{5.24}$$

将式(5.17)中 E 的表达式代入式(5.24),我们得到

$$2\sum_{i=1}^{n} dH_{ii} + \sum_{i=1}^{n} \sum_{j=1}^{n} (2dJ_{ij} - dK_{ij}) + \sum_{i=1}^{n} \sum_{j=1}^{n} (l_{ij} dS_{ij}) = 0 \tag{5.25}$$

请注意,这种相对于分子轨道 ψ 的最小化能量过程有点类似于4.3.4节中给出休克尔久期方程的较不严格的过程中的相对于**原子轨道系数** c 的能量最小化。它还有点类似于在势能面上寻找一个相对最小值(2.4节),但在这种情况下,能量相对于几何构型,而不是分

子轨道的参数而变化。由于该过程从式(5.14)开始，并改变分子轨道，以找到 E 的最小值，故称为变分方法。变分定理/原理(5.2.3节)确保我们根据结果计算出的能量将大于或等于真实能量。

根据 H_{ii}、J_{ij}、K_{ij} 和 S_{ij} 的定义，我们得到

$$\mathrm{d}H_{ii} = \int \mathrm{d}\psi_i^*(1)\hat{H}^{core}(1)\psi_i(1)\mathrm{d}v_1 + \int \psi_i^*(1)\hat{H}^{core}(1)\mathrm{d}\psi_i(1)\mathrm{d}v_1 \tag{5.26}$$

$$\mathrm{d}J_{ij} = \int \mathrm{d}\psi_i^*(1)\hat{J}_j(1)\psi_i(1)\mathrm{d}v_1 + \int \mathrm{d}\psi_j^*(1)\hat{J}_i(1)\psi_j(1)\mathrm{d}v_1 + \text{复共轭} \tag{5.27}$$

$$\mathrm{d}K_{ij} = \int \mathrm{d}\psi_i^*(1)\hat{K}_j(1)\psi_i(1)\mathrm{d}v_1 + \int \mathrm{d}\psi_j^*(1)\hat{K}_i(1)\psi_j(1)\mathrm{d}v_1 + \text{复共轭} \tag{5.28}$$

其中，

$$\hat{J}_i(1) = \int \psi_i^*(2)\left(\frac{1}{r_{12}}\right)\psi_i(2)\mathrm{d}v_2 \tag{5.29}$$

$$\hat{K}_i(1)\psi_j(1) = \psi_i(1)\int \psi_i^*(2)\left(\frac{1}{r_{12}}\right)\psi_j(2)\mathrm{d}v_2 \tag{5.30}$$

对 $\hat{J}_j$ 和 $\hat{K}_j$ 也是如此。

$$\mathrm{d}S_{ij} = \int \mathrm{d}\psi_i^*(1)\psi_j(1)\mathrm{d}v_1 + \psi_i^*(1)\mathrm{d}\psi_j(1)\mathrm{d}v_1 \tag{5.31}$$

使用式(5.26)、式(5.27)、式(5.28)和式(5.31)的 $\mathrm{d}H$、$\mathrm{d}J$、$\mathrm{d}K$ 和 $\mathrm{d}S$ 的表达式，式(5.25)变成

$$2\sum_{i=1}^n \int \mathrm{d}\psi_i^*(1)[\hat{H}^{core}(1)\psi_i(1) + \sum_{j=1}^n (2\hat{J}_j(1) - \hat{K}_j(1))\psi_i(1) + \frac{1}{2}\sum_{j=1}^n l_{ij}\psi_j(1)]\mathrm{d}v + \text{复共轭} = 0 \tag{5.32}$$

由于分子轨道可以独立地改变，且左侧的表达式为零，因此，式(5.32)的两部分（所示部分及复共轭）均等于零。从

$$2\sum_{i=1}^n \int \mathrm{d}\psi_i^*(1)[\hat{H}^{core}(1)\psi_i(1) + \sum_{j=1}^n (2\hat{J}_j(1) - \hat{K}_j(1))\psi_i(1) + \frac{1}{2}\sum_{j=1}^n l_{ij}\psi_j(1)]\mathrm{d}v = 0 \tag{5.33}$$

是因为

$$\hat{H}^{core}(1)\psi_i(1) + \sum_{j=1}^n (2\hat{J}_j(1) - \hat{K}_j(1))\psi_i(1) + \frac{1}{2}\sum_{j=1}^n l_{ij}\psi_j(1)\mathrm{d}v = 0$$

即

$$\left[\hat{H}^{core}(1) + \sum_{j=1}^n (2\hat{J}_j(1) - \hat{K}_j(1))\right]\psi_i(1) = -\frac{1}{2}\sum_{j=1}^n l_{ij}\psi_j(1) \tag{5.34}$$

式(5.34)可以被表示为

$$\hat{F}\psi_i(1) = -\frac{1}{2}\sum_{j=1}^n l_{ij}\psi_j(1) \tag{5.35}$$

式中，$\hat{F}$ 为福克算符

$$\hat{F} = \hat{H}^{core}(1) + \sum_{j=1}^n (2\hat{J}_j(1) - \hat{K}_j(1)) \tag{5.36}$$

我们想要一个特征值方程,因为(见 4.3.4 节)我们希望能够使用一系列此类方程的矩阵形式来调用矩阵对角化,以获得特征值和特征向量。式(5.35)并不是一个特征值方程,因为它不是算符作用于函数$=k\times$函数的形式,而是算符作用于函数$=(k\times$函数)的求和的形式。然而,通过将分子轨道 ψ 转换为一个新的组合,方程可以变成特征值形式(我们将看到有一个告诫)。式(5.35)表示一个方程组

$$\hat{F}\psi_1(1) = -\frac{1}{2}[l_{11}\psi_1(1) + l_{12}\psi_2(1) + l_{13}\psi_3(1) + \cdots + l_{1n}\psi_n(1)], \quad i=1$$

$$\hat{F}\psi_2(1) = -\frac{1}{2}[l_{21}\psi_1(1) + l_{22}\psi_2(1) + l_{23}\psi_3(1) + \cdots + l_{2n}\psi_n(1)], \quad i=2$$

$$\vdots$$

$$\hat{F}\psi_n(1) = -\frac{1}{2}[l_{n1}\psi_1(1) + l_{n2}\psi_2(1) + l_{n3}\psi_3(1) + \cdots + l_{nn}\psi_n(1)], \quad i=n$$

$$(5.37)$$

有 n 个空间轨道 ψ,因为我们正在考虑一个由 $2n$ 个电子组成的系统,每个轨道上都有 2 个电子。每个轨道上括号中的 1 强调这 n 个方程中的每一个都是单电子方程,处理的是同一个电子(我们可以使用 2 或 3,等),即福克算符(式(5.36))是单电子算符,不同于式(5.15)中的一般电子哈密顿算符,后者是一个多电子算符(对于我们的特定情况是 $2n$ 个电子的算符)。福克算符作用于共 n 个空间轨道,即式(5.35)中的 $\psi_1, \psi_2, \cdots, \psi_n$。

式(5.37)中的方程组可以表示为单矩阵方程(式(4.50))

$$\hat{F}\begin{bmatrix} \psi_1(1) \\ \psi_2(1) \\ \psi_3(1) \\ \vdots \\ \psi_n(1) \end{bmatrix} = -\frac{1}{2}\begin{bmatrix} l_{11} & l_{12} & l_{13} & \cdots & l_{1n} \\ l_{21} & l_{22} & l_{23} & \cdots & l_{2n} \\ \vdots & \vdots & \vdots & & \vdots \\ l_{n1} & l_{n2} & l_{n3} & \cdots & l_{nn} \end{bmatrix}\begin{bmatrix} \psi_1(1) \\ \psi_2(1) \\ \psi_3(1) \\ \vdots \\ \psi_n(1) \end{bmatrix} \quad (5.38)$$

即

$$\hat{F}\boldsymbol{\Psi} = -\frac{1}{2}\boldsymbol{L}\boldsymbol{\Psi} \quad (5.39)$$

在式(5.37)中,如果除 $i=j$ 以外的所有 $l_{ij}=0$(例如,在第一个方程 $\hat{F}\psi_1(1) = -(1/2)l_{11}\psi_1(1)$ 中,如果有唯一的非零 l,则是 l_{11}),则每个方程将具有 $\hat{F}\psi_i = k\psi_i$ 的形式,这就是我们想要的形式。如果式(5.39)中 $\boldsymbol{L}$ 是对角矩阵,就会出现这种情况。可以证明,$\boldsymbol{L}$ 可被对角化(4.3.3 节),即存在矩阵 $\boldsymbol{P}$、$\boldsymbol{P}^{-1}$ 和对角矩阵 $\boldsymbol{L}'$,使得

$$\boldsymbol{L} = \boldsymbol{P}\boldsymbol{L}'\boldsymbol{P}^{-1} \quad (5.40)$$

将式(5.40)中的 $\boldsymbol{L}$ 代入式(5.39)中:

$$\hat{F}\boldsymbol{\Psi} = -\frac{1}{2}\boldsymbol{P}\boldsymbol{L}'\boldsymbol{P}^{-1}\boldsymbol{\Psi} \quad (5.41)$$

左乘 $\boldsymbol{P}^{-1}$ 和右乘 $\boldsymbol{P}$,可得

$$\hat{F}\boldsymbol{P}^{-1}\boldsymbol{\Psi}\boldsymbol{P} = -\frac{1}{2}(\boldsymbol{P}^{-1}\boldsymbol{P})\boldsymbol{L}'(\boldsymbol{P}^{-1}\boldsymbol{\Psi}\boldsymbol{P})$$

因为 $\boldsymbol{P}^{-1}\boldsymbol{P}=1$,可以表示为

$$\hat{F}\boldsymbol{\Psi}' = -\frac{1}{2}\boldsymbol{L}'\boldsymbol{\Psi}' \tag{5.42}$$

其中，

$$\boldsymbol{\Psi}' = \boldsymbol{P}^{-1}\boldsymbol{\Psi}\boldsymbol{P} \tag{5.43}$$

我们也可以通过将 $-1/2$ 因子合并到 $\boldsymbol{L}'$ 中来消除它，而且我们可以省略 $\boldsymbol{\Psi}$ 中的质数（如果我们有先见之明，我们可使用质数开始推导，然后式（5.43）可写为 $\boldsymbol{\Psi} = \boldsymbol{P}^{-1}\boldsymbol{\Psi}'\boldsymbol{P}$）。式（5.42）则变为（从符号上即可预测对角矩阵是一个能级矩阵）

$$\hat{F}\boldsymbol{\Psi}' = \boldsymbol{\varepsilon}\boldsymbol{\Psi}' \tag{5.44}$$

其中，

$$\boldsymbol{\varepsilon} = \begin{pmatrix} (-1/2)l_{11} & 0 & 0 & \cdots & 0 \\ 0 & (-1/2)l_{22} & 0 & \cdots & 0 \\ \vdots & \vdots & \vdots & & \vdots \\ 0 & 0 & 0 & \cdots & (-1/2)l_{nn} \end{pmatrix} \tag{5.45}$$

式（5.44）是式（5.38）的简洁形式。因此

$$\hat{F}\begin{pmatrix} \psi_1(1) \\ \psi_2(1) \\ \psi_3(1) \\ \vdots \\ \psi_n(1) \end{pmatrix} = \begin{pmatrix} \varepsilon_1 & 0 & 0 & \cdots & 0 \\ 0 & \varepsilon_2 & 0 & \cdots & 0 \\ \vdots & \vdots & \vdots & & \vdots \\ 0 & 0 & 0 & \cdots & \varepsilon_n \end{pmatrix}\begin{pmatrix} \psi_1(1) \\ \psi_2(1) \\ \psi_3(1) \\ \vdots \\ \psi_n(1) \end{pmatrix} \tag{5.46}$$

$\boldsymbol{\varepsilon}$ 多余的双下标已被单下标代替。由式（5.44）和式（5.46）得到方程组

$$\begin{aligned} &\hat{F}\psi_1(1) = \varepsilon_1\psi_1(1) \\ &\hat{F}\psi_2(1) = \varepsilon_2\psi_2(1) \\ &\hat{F}\psi_3(1) = \varepsilon_3\psi_3(1) \\ &\qquad\vdots \\ &\hat{F}\psi_n(1) = \varepsilon_n\psi_n(1) \end{aligned} \tag{*5.47}$$

方程（5.47）是哈特里-福克方程，矩阵形式是式（5.44）或式（5.46）。通过类比薛定谔方程 $\hat{H}\psi = E\psi$，表明福克算符作用在单电子波函数（原子或分子轨道）上产生了一个能量值乘以波函数。因此，拉格朗日乘子 l_{ii} 是（带有 $-1/2$ 因子）与轨道 ψ_i 相关的能量值。与薛定谔方程不同，哈特里-福克方程不完全是特征值方程（尽管它们比式（5.35）更接近该理想式）。因为在 $\hat{F}\psi_i = k\psi_i$ 中，福克算符 $\hat{F}$ 本身依赖于 ψ_i。在一个真正的特征值方程中，算符可以不用参考它所作用的函数而被写出来。哈特里-福克方程的意义将在下面讨论。

5. 哈特里-福克方程的意义

哈特里-福克（HF）方程（5.47）（式（5.44）和式（5.46）是矩阵形式）是**伪特征值**方程，它明确肯定福克算符 $\hat{F}$ 作用于波函数 ψ_i 上，产生能量值 ε_i 乘以 ψ_i。之所以叫**伪特征值**，是因为如上所述，在真正的特征值方程中，算符不依赖于它作用的函数。在 HF 方程中，$\hat{F}$ 取

决于 ϕ，因为(式(5.36))算符包含 $\hat{J}$ 和 $\hat{K}$，而它们反过来又都取决于(式(5.29)和式(5.30)) ψ。式(5.47)中的每个方程都是针对单个电子的(指定"电子1"，但可以使用任何序数)，因此，HF 算符 $\hat{F}$ 是单电子算符，每个空间分子轨道 ψ 是单电子函数(电子坐标的)。2个电子可以被放置在1个空间轨道上，因为对这些电子中的每一个完整描述都需要自旋函数 α 或 β(5.2.3节)，因而，每个电子都在不同的自旋轨道上"移动"。结果是，空间轨道 ψ 中的2个电子并不具有全部相同的4个量子数(例如，对原子的 1s 的轨道，一个电子的量子数为 $n=1$、$l=0$、$m=0$ 和 $s=1/2$，而另一个为 $n=1$、$l=0$、$m=0$ 和 $s=-1/2$)，所以不违背泡利排斥原理。

函数 ψ 是构成整体或总分子(或原子)波函数 Ψ 的空间分子(或原子)轨道或波函数(连同自旋函数)，可以写成斯莱特行列式(式(5.12))。关于能量 ε_i，事实上

$$\varepsilon_i = \int \phi_i \hat{F} \phi_i \, \mathrm{d}v \tag{5.48}$$

(这只是通过将 HF 方程的两边都乘以 ψ_i 并进行积分，ψ_i 被归一化)和 $\hat{F}$ 的定义(式(5.36))，我们得到

$$\varepsilon_i = \int \psi_i(1) \hat{H}^{\mathrm{core}}(1) \psi_i(1) \mathrm{d}v + \sum_{j=1}^{n} (2J_{ij}(1) - K_{ij}(1)) \tag{5.49}$$

即

$$\varepsilon_i = H_{ii}^{\mathrm{core}} + \sum_{j=1}^{n} (2J_{ij}(1) - K_{ij}(1)) \tag{5.50}$$

(式(5.36)中的**算符** $\hat{J}$ 和 $\hat{K}$ 已通过积分转换成式(5.49)中的**积分** J 和 K)。式(5.50)表明，ε_i 是 ψ_i 中受制于分子中所有其他电子相互作用的1个电子的能量。H_{ii}^{core}(式(5.18))是仅由于电子运动(动能)和对原子核的吸引力(电子核的势能)而给出电子能量的积分，而 $2J-K$ 表示源于原子或分子中所有其他电子和该电子相互作用的交换，校正(通过 K)库仑排斥(通过 J)能[19]。

原则上，式(5.47)可用来计算分子轨道的 ψ 和能级 ε。我们可从分子轨道(分子轨道的第零级近似)的"猜测"(可能通过直觉或类比获得)开始，并使用这些来构造算符 $\hat{F}$(式(5.36))，然后允许 $\hat{F}$ 对这些猜测进行操作，以给出能级(ε_i 的第一个近似值)和新的、改进的函数(计算的 ψ_i 的第一次近似值)。使用 $\hat{F}$ 中的改进函数，并对其进行运算可产生 ψ_i 和 ε_i 的第二次近似值，并持续该过程，直到 ψ_i 和 ε_i 不再变化(在预设范围内)。当式(5.17)中 $\sum \sum (2J - K)$ 表示的模糊静电场(见图5.3)停止明显变化时，会发生这种情况，从一个迭代循环到下一个迭代循环是一致的，即是自洽的。我们如何知道迭代会改善 ψ 和 ε 呢？这通常是，但并非总是如此[20]。在实践中，HF 方程的"初始猜测"解通常会相当平滑地收敛，以给出最佳的波函数和轨道能量(以及总能量)，这也可通过 HF 方法从特定类型的猜测波函数中获得(例如基组；5.2.3节)。

进一步阐述杜瓦对自洽场程序[20]的谨慎认可("自洽场计算绝不是万无一失；……通常，人们会找到对所需解决方案的合理快速收敛")：有时，获得的波函数并不是所选基组中可用的最佳波函数。这种现象称为**波函数不稳定性**。要了解这是如何发生的，请注意自洽

场方法是一种优化程序，有点类似于几何构型优化（2.4 节）。在几何构型优化中，我们在由 $E=f$（核坐标）定义的数学能量与核坐标空间中的超曲面上寻找相对最小值或过渡态；在波函数优化中，我们在由 $E=f$（基函数系数）定义的能量与基函数系数空间的超曲面上寻找一个全局最小值。找到的波函数可能对应于超曲面上的一个点，该点可能不是最小值，而是一个鞍点。即使它是一个全局最小值，如果我们正在使用的是一个限制的 HF（RHF）波函数，而不是非限制性 HF（UHF）波函数（见 5.2.3 节），在某些情况下，通过切换到 UHF 波函数，将能获得更低的能量。据说 RHF 波函数表现出外部或三重态的不稳定性。如果我们正在使用的波函数（RHF 或 UHF）中，通过移动到超曲面上的另一个点，远离鞍点或较高能量的最小值，可以找到一个更好的函数，则可以说波函数表现出内部不稳定性。一些算法可测试波函数的不稳定性，并改变系数，以从选定基组中获得最佳的波函数。西格和波普尔开创了波函数不稳定性的数学分析和一些消除方法[21]，而达哈伦和迪夫用更化学的语言检查了大约 80 个分子的这种现象，并提供了一些概括[22]。后 HF（相关的）（5.4 节）波函数也会出现不稳定性[23]。化学家通常不会测试波函数的稳定性，实际上，除了一些不寻常的分子（如对苯炔[24]）外，这几乎不是问题。然而，在研究奇异分子（被经验丰富的化学家断定的）时，进行这种检查是一种很好的做法。

当然，HF 自洽场方法与 5.2.2 节中描述的过程具有完全相同的迭代精神。它使用哈特里乘积作为总的或整体波函数 Ψ。两种方法之间的主要区别在于 HF 方法将 Ψ 表示为组分自旋分子轨道的斯莱特行列式，而不是空间分子轨道的简单乘积，其结果是，在哈特里方法中，平均库仑场的计算只涉及库仑积分 J，而在 HF 修正中，我们需要库仑积分 J 和交换积分 K，它们源于电子交换中不同的斯莱特行列式项。由于 K 作为经典静电斥力的一种"泡利校正"，提示 2 个自旋相同的电子不能占据相同的空间轨道，因此，HF 方法中的电子-电子斥力比使用简单哈特里乘积时要小。当然，K 不会出现在不涉及类似单自旋电子的计算中，如 H_2 或（4.4.2 节和 5.2.3 节）HHe^+，它们仅有 2 个自旋配对的电子。在迭代过程的最后，我们得到分子轨道的 ψ_i 和它们相应的能级 ε_i，以及全波函数 Ψ，即 ψ_i 的斯莱特行列式。ε_i 可用来计算分子的总电子能，分子轨道 ψ_i 是关于电子分布有用的启发式近似，而全波函数 Ψ 原则上可用来计算关于分子的任何参数，如某些算符的期望值。5.4 节将给出能级和分子轨道的应用。

6. 基函数和罗特汉-霍尔方程

1）推导罗特汉-霍尔方程

目前，HF 方程式（5.44）、式（5.46）或式（5.47）在分子计算中不是很有用，主要是因为①它们没有指定数学上可行的程序来获得分子轨道波函数 ψ_i 的初始猜测，我们需要启动迭代过程（5.2.3 节）；②波函数可能非常复杂，以至于它们对电子分布的定性理解毫无帮助。

原子的计算显然比分子的轨道简单得多，我们可以使用基于氢原子的薛定谔方程解 ψ 的原子轨道波函数（考虑到原子序数的增加和内部电子对外电子的屏蔽效应）。这产生了原子波函数，无论如何，在计算机出现之前，这些波函数作为距原子核不同距离处的 ψ 记录在表格[25]。对于分子而言，这不是一个合适的方法，因为在分子中，没有原型物种占据与原子层次结构中氢原子类似的位置，且如上所述，它不容易解释分子性质是如何从组成的原子的性质中产生的。

1951 年,罗特汉和霍尔分别指出[26],这些问题可以通过将分子轨道表示为基函数的线性组合来解决(就像简单休克尔方法一样,在第 4 章中,π 分子轨道是由原子 p 轨道构成的)。罗特汉的论文比霍尔的论文更全面和详尽,后者面向半经验的计算和烷烃,这种方法有时被称为罗特汉方法。分子轨道的基函数展开式为

$$\psi_1 = c_{11}\phi_1 + c_{21}\phi_2 + c_{31}\phi_3 + \cdots + c_{m1}\phi_m$$
$$\psi_2 = c_{12}\phi_1 + c_{22}\phi_2 + c_{32}\phi_3 + \cdots + c_{m2}\phi_m$$
$$\psi_3 = c_{13}\phi_1 + c_{23}\phi_2 + c_{33}\phi_3 + \cdots + c_{m3}\phi_m \qquad (^*5.51)$$
$$\vdots$$
$$\psi_m = c_{1m}\phi_1 + c_{2m}\phi_2 + c_{3m}\phi_3 + \cdots + c_{mm}\phi_m$$

在为这组方程设计一个更简洁的符号时,使用不同的下标表示分子轨道的 ψ 和基函数 ϕ 是非常有用的,特别是当我们对 5.2.3 节中的矩阵进行处理时。根据惯例,ψ 使用罗马字母,ϕ 使用希腊字母,或 ψ 使用 $i,j,k,l,\cdots$,ϕ 使用 $r,s,t,u,\cdots$。此处将采用后一种惯例,式(5.51)可以写为

$$\underset{\text{第}i\text{个MO}}{\underbrace{\psi_i}} = \sum_{s=1}^{\overset{m\text{个基函数}}{m}} \underset{\text{第}i\text{个MO的第}s\text{个基函数的}c}{\underbrace{c_{si}}} \overset{\text{第}s\text{个基函数}}{\phi_s} \qquad i = 1, 2, 3, \cdots, m \ (m \ \text{MOs}) \qquad (5.52)$$

我们用 m 个基函数扩展每个分子轨道 ψ。基函数通常(但不一定)位于原子上,即对于函数 $\phi(x,y,z)$ 来说,其中,x、y、z 是由这个单电子函数处理的电子的坐标,电子到原子核的距离为

$$r = [(x-x_0)^2 + (y-y_0)^2 + (z-z_0)^2]^{1/2} \qquad (5.53)$$

式中,x_0、y_0、z_0 是用于定义分子几何构型坐标系中原子核的坐标。因为通常可以将每个基函数(至少模糊地)视为某种原子轨道,所以,这种基函数的线性组合方法通常被称为分子轨道的原子轨道线性组合(LCAO)表示,就像简单和扩展休克尔方法(4.3.4 节和 4.4.1 节)一样。用于特定计算的基函数集被称为**基组**。

我们至少需要足够的空间分子轨道 ψ 来容纳分子中的所有电子,即对 $2n$ 个电子,至少需要 n 个 ψ(由于处理的是闭壳层分子)。这确保即使从头算使用最小基组,对于每个原子来说,也至少有一个基函数对应于通常用于描述原子的化学的每个轨道,且基函数 ϕ 的数量等于(空间)分子轨道 ψ(4.3.4 节,这类似于 2 个原子轨道生成 2 个分子轨道)的数量。举例说明:CH_4 的从头算计算,最小基组将 C 指定为

$$\phi(C, 1s), \quad \phi(C, 2s), \quad \phi(C, 2p_x), \quad \phi(C, 2p_y), \quad \phi(C, 2p_z)$$

对每个氢:

$$\phi(H, 1s)$$

这 9 个基函数 ϕ(5 个在 C 上,$4 \times 1 = 4$ 个在 H 上)创建了 9 个空间分子轨道,它能容纳 18 个电子。对于 CH_4 的 10 个电子来说,我们只需要 5 个空间分子轨道。基组的大小没有上限:通常有更多的基函数,因而分子轨道比容纳所有电子所需的还要多,所以通常有许多未被占据的("空的")分子轨道。换句话说,展开式(5.52)中基函数 m 的数量可能远大于分

子中电子对的数量 n，尽管仅使用 n 个占据空间轨道来构建表示 HF 波函数（见 5.2.3 节）的斯莱特行列式。这一点和基组将在 5.3 节进一步讨论。

为了继续使用罗特汉-霍尔方法，我们将 ψ 的展开式(5.52)代入 HF 方程(5.47)中，得到（我们使用 m，而不是 n 个 HF 方程，因为每个分子轨道都有一个这样的方程，所以，m 个基函数将生成 m 个分子轨道）

$$\sum_{s=1}^{m} c_{s1}\hat{F}\phi_s = \varepsilon_1 \sum_{s=1}^{m} c_{s1}\phi_s$$

$$\sum_{s=1}^{m} c_{s2}\hat{F}\phi_s = \varepsilon_2 \sum_{s=1}^{m} c_{s2}\phi_s$$

$$\vdots$$

$$\sum_{s=1}^{m} c_{sm}\hat{F}\phi_s = \varepsilon_m \sum_{s=1}^{m} c_{sm}\phi_s$$

(5.54)

（$\hat{F}$ 作用在函数 ϕ 上，而不是 c 上，它没有 x、y、z 变量）。将这 m 个方程的每一个乘以 ϕ_1，$\phi_2,\cdots,\phi_m$（或 ϕ_1^* 等，如果 ϕ 是复函数，则偶尔会出现这种情况），并积分，将福克算符转换为福克积分，从而得到 m 个方程组（每个基函数 ϕ 有一个方程组）。

基函数 ϕ_1 产生

$$\sum_{s=1}^{m} c_{s1}F_{1s} = \varepsilon_1 \sum_{s=1}^{m} c_{s1}S_{1s}$$

$$\sum_{s=1}^{m} c_{s2}F_{1s} = \varepsilon_2 \sum_{s=1}^{m} c_{s2}S_{1s}$$

$$\vdots$$

$$\sum_{s=1}^{m} c_{sm}F_{1s} = \varepsilon_m \sum_{s=1}^{m} c_{sm}S_{1s}$$

(5.54-1)

其中，

$$F_{rs} = \int \phi_r\hat{F}\phi_s\,\mathrm{d}v, \quad S_{rs} = \int \phi_r\phi_s\,\mathrm{d}v$$

(5.55)

基函数 ϕ_2 产生

$$\sum_{s=1}^{m} c_{s1}F_{2s} = \varepsilon_1 \sum_{s=1}^{m} c_{s1}S_{2s}$$

$$\sum_{s=1}^{m} c_{s2}F_{2s} = \varepsilon_2 \sum_{s=1}^{m} c_{s2}S_{2s}$$

$$\vdots$$

$$\sum_{s=1}^{m} c_{sm}F_{2s} = \varepsilon_m \sum_{s=1}^{m} c_{sm}S_{2s}$$

(5.54-2)

最后，基函数 ϕ_m 产生

$$\sum_{s=1}^{m} c_{s1} F_{ms} = \varepsilon_1 \sum_{s=1}^{m} c_{s1} S_{ms}$$

$$\sum_{s=1}^{m} c_{s2} F_{ms} = \varepsilon_2 \sum_{s=1}^{m} c_{s2} S_{ms}$$

$$\vdots$$

$$\sum_{s=1}^{m} c_{sm} F_{ms} = \varepsilon_m \sum_{s=1}^{m} c_{sm} S_{ms}$$

$(5.54\text{-}m)$

例如，使用一组4个基函数：
$\{\phi_1, \phi_2, \phi_3, \phi_4\}$

加权和
(加权因子是MO系数 c)

MO #　　能级
—— ψ_4　　ε_4

—— ψ_3　　ε_3

—— ψ_2　　ε_2

如果分子中有4个电子，则 ψ_1 和 ψ_2 被占据
（ψ_3 和 ψ_4 是虚轨道）。该占据轨道用于构建
全波函数，作为自旋轨道的斯莱特行列式。

—— ψ_1　　ε_1

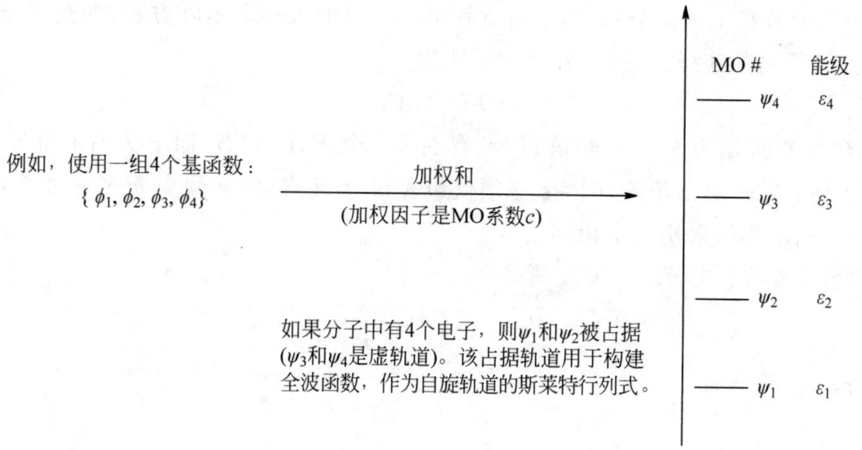

$$\psi = \begin{vmatrix} \psi_1(1)\alpha(1) & \psi_1(1)\beta(1) & \psi_2(1)\alpha(1) & \psi_2(1)\beta(1) \\ \psi_1(2)\alpha(2) & \psi_1(2)\beta(2) & \psi_2(2)\alpha(2) & \psi_2(2)\beta(2) \\ \psi_1(3)\alpha(3) & \psi_1(3)\beta(3) & \psi_2(3)\alpha(3) & \psi_2(3)\beta(3) \\ \psi_1(4)\alpha(4) & \psi_1(4)\beta(4) & \psi_2(4)\alpha(4) & \psi_2(4)\beta(4) \end{vmatrix}$$

图 5.5　基函数、分子轨道（MO）、全波函数和能级的图示

　　在 m 个方程组（5.54）中，每组本身都包含 m 个方程（ε 的下标从 1～m），总共有 $m \times m$ 个方程。这些方程是 HF 方程的罗特汉-霍尔版本。它们是通过用基函数的线性组合替代 HF 方程中的分子轨道 ψ 而得到的（ϕ 由 c 加权）。罗特汉-霍尔方程通常被写得更简洁，如

$$\sum_{s=1}^{m} F_{rs} c_{si} = \sum_{s=1}^{m} S_{rs} c_{si} \varepsilon_i, \quad r = 1,2,3,\cdots,m$$

(5.56)

（对每一个 $i = 1,2,3,\cdots,m$）

　　现在，我们有 $m \times m$ 个方程，因为我们使用的 m 个空间分子轨道的每一个 ψ（每个 ψ 都有一个 HF 方程，式（5.47））都用 m 个基函数展开。罗特汉-霍尔方程将基函数 ϕ（包含在积分 F 和 S 中，式（5.55））、系数 c 和分子轨道能级 ε 连接起来。假如给定一个基组 $\{\phi_s, s = 1,2,3,\cdots,m\}$，他们可以被用来计算 c，从而计算出分子轨道 ψ（式（5.52））和分子轨道能级 ε。分子中的总电子分布可以用全波函数 Ψ 来计算，它可以写成"组分"空间波函数 ψ 的斯莱特行列式（通过包括自旋函数），且原则上不管怎样，分子的任何性质都可以由 Ψ 来计算。

组分波函数 ψ 及其能级 ε 非常有用，因为化学家非常依赖诸如分子的 HOMO 和 LUMO 的形状和能量之类的概念（分子轨道概念见第 4 章）。能级（通过修正项）可以计算分子的总能量，因此可以比较分子的能量，并可以计算反应能和活化能。因此，罗特汉-霍尔方程是现代从头算计算的基石，接下来将概述求解它们的过程。这些思想以图示方式总结在图 5.5 中。

事实上，式(5.56)的罗特汉-霍尔方程实际上是 $m \times m$ 个方程的总和，这表明它们可以表示为单矩阵方程，因为单矩阵方程 $\boldsymbol{AB}=\boldsymbol{0}$，其中 $\boldsymbol{A}$ 和 $\boldsymbol{B}$ 是 $m \times m$ 矩阵，表示 $m \times m$ 个"简单"的方程，每一个对应 $\boldsymbol{AB}$ 矩阵乘积的每个元素（算出两个 2×2 矩阵）。一个单矩阵方程将比 m^2 个方程更便于处理，并可能允许我们像在简单和扩展休克尔方法中那样调用矩阵对角化（4.3.4 节和 4.4.1 节）。为了将方程组(5.54)纳入一个矩阵方程，即式(5.56)中，我们认为（避开严格的演绎方法）矩阵形式可能为

$$\boldsymbol{FC}=\boldsymbol{SC\varepsilon} \tag{*5.57}$$

式中，$\boldsymbol{F}$、$\boldsymbol{C}$ 和 $\boldsymbol{S}$ 必须为 $m \times m$ 矩阵，因此存在 m^2 个 F、C 和 S，而 $\boldsymbol{\varepsilon}$ 为具有非零元素 ε_1，$\varepsilon_2, \cdots, \varepsilon_m$ 的 $m \times m$ 对角矩阵，因为 $\boldsymbol{\varepsilon}$ 必须仅包含 m 个元素，但必须为 $m \times m$ 才能使右侧矩阵乘积与左侧矩阵的乘积大小相同。

这很容易检验：式(5.57)的左侧是

$$\boldsymbol{FC}=\begin{pmatrix} F_{11} & F_{12} & F_{13} & \cdots & F_{1m} \\ F_{21} & F_{22} & F_{23} & \cdots & F_{2m} \\ \vdots & \vdots & \vdots & & \vdots \\ F_{m1} & F_{m2} & F_{m3} & \cdots & F_{mm} \end{pmatrix}\begin{pmatrix} c_{11} & c_{12} & c_{13} & \cdots & c_{1m} \\ c_{21} & c_{22} & c_{23} & \cdots & c_{2m} \\ \vdots & \vdots & \vdots & & \vdots \\ c_{m1} & c_{m2} & c_{m3} & \cdots & c_{mm} \end{pmatrix} \tag{5.58}$$

$$=\begin{pmatrix} F_{11}c_{11}+F_{12}c_{21}+F_{13}c_{31} & \cdots & F_{11}c_{12}+F_{12}c_{22}+F_{13}c_{32} & \cdots & \cdots \\ F_{21}c_{11}+F_{22}c_{21}+F_{23}c_{31} & \cdots & F_{21}c_{12}+F_{22}c_{22}+F_{23}c_{32} & \cdots & \cdots \\ & & \vdots & & \end{pmatrix}$$

式(5.57)的右侧是

$$\boldsymbol{SC\varepsilon}=\begin{pmatrix} S_{11} & S_{12} & \cdots & S_{1m} \\ S_{21} & S_{22} & \cdots & S_{2m} \\ \vdots & \vdots & & \vdots \\ S_{m1} & S_{m2} & \cdots & S_{mm} \end{pmatrix}\begin{pmatrix} c_{11} & c_{12} & \cdots & c_{1m} \\ c_{21} & c_{22} & \cdots & c_{2m} \\ \vdots & \vdots & & \vdots \\ c_{m1} & c_{m2} & \cdots & c_{mm} \end{pmatrix}\begin{pmatrix} \varepsilon_{11} & 0 & \cdots & 0 \\ 0 & \varepsilon_{22} & \cdots & 0 \\ \vdots & \vdots & & \vdots \\ 0 & 0 & \cdots & \varepsilon_{mm} \end{pmatrix}$$

$$=\begin{pmatrix} S_{11}c_{11}+S_{12}c_{21}+S_{13}c_{31} & \cdots & S_{11}c_{12}+S_{12}c_{22}+S_{13}c_{32} & \cdots & \cdots \\ S_{21}c_{11}+S_{22}c_{21}+S_{23}c_{31} & \cdots & S_{21}c_{12}+S_{22}c_{22}+S_{23}c_{32} & \cdots & \cdots \\ & & \vdots & & \end{pmatrix}\boldsymbol{\varepsilon}$$

$$=\begin{pmatrix} \varepsilon_1(S_{11}c_{11}+S_{12}c_{21}+S_{13}c_{31} & \cdots) & \varepsilon_2(S_{11}c_{12}+S_{12}c_{22}+S_{13}c_{32} & \cdots) & \cdots \\ \varepsilon_1(S_{21}c_{11}+S_{22}c_{21}+S_{23}c_{31} & \cdots) & \varepsilon_2(S_{21}c_{12}+S_{22}c_{22}+S_{23}c_{32} & \cdots) & \cdots \\ & \vdots & & \vdots & \end{pmatrix}$$

$$\tag{5.59}$$

现在比较 $\boldsymbol{FC}$（式(5.58)）和 $\boldsymbol{SC\varepsilon}$（式(5.59)）。比较 $\boldsymbol{FC}$ 的元素 a_{11}（相乘得到单个矩阵，如式(5.58)所示）和 $\boldsymbol{SC\varepsilon}$ 的元素 a_{11}（相乘得到单个矩阵，如式(5.59)所示），如果 $\boldsymbol{FC}=\boldsymbol{SC\varepsilon}$，即如果式(5.57)为真，那么

$$F_{11}c_{11} + F_{12}c_{21} + F_{13}c_{31} + \cdots = \varepsilon_1(S_{11}c_{11} + S_{12}c_{21} + S_{13}c_{31} + \cdots)$$

即

$$\sum_{s=1}^{m} c_{si}F_{rs} = \varepsilon \sum_{s=1}^{m} c_{si}S_{rs} \tag{5.60}$$

但这是该方程组中的第一个方程(式(5.54-1))。以这种方式继续,我们看到乘积矩阵 **FC**(式(5.58))的每个元素与乘积矩阵 **SCε** 的相应元素匹配,得到方程组(5.54)的其中一个方程,即方程组(5.56)。只有在 **FC**=**SCε** 时,才能如此,因此该矩阵方程确实等价于方程组(式(5.54-1)~式(5.54-m))。

现在,我们得到了 **FC**=**SCε**(式(5.57)),是罗特汉-霍尔方程的矩阵形式。这些方程有时被称为 HF-罗特汉方程,通常也被称为罗特汉方程,因为罗特汉的论述更详细,且更清楚地阐述了对分子的一般处理。在展示如何使用它们进行从头算之前,我们先简要回顾一下是如何得到这些方程的。

罗特汉-霍尔方程推导总结:

(1) 原子或分子的全波函数 Ψ 被表示为自旋分子轨道 ψ(空间)α 和 ψ(空间)β 的斯莱特行列式,式(5.12)。

(2) 从薛定谔方程中,我们得到了原子或分子电子能量的表达式,$E = \langle \Psi | \hat{H} | \Psi \rangle$,式(5.14)。

(3) 用斯莱特行列式代替全波函数 Ψ,并将哈密顿算符 $\hat{H}$ 显式插入式(5.14),得到以空间分子轨道 ψ 表示的能量(式(5.17)):

$$E = 2\sum_{i=1}^{n} H_{ii} + \sum_{i=1}^{n}\sum_{j=1}^{n}(2J_{ij} - K_{ij})$$

(4) 在关于 ψ 的方程(5.17)中,最小化能量 E(以找到最佳的 ψ)得出 HF 方程 $\hat{F}\psi = \varepsilon\psi$,式(5.44)。

(5) 将分子轨道 ψ 的基函数线性组合的罗特汉-霍尔展开式 $\psi_i = \sum c_{si}\phi_s$(式(5.52))代入 HF 方程 $\hat{F}\psi = \varepsilon\psi$(式(5.44)),给出了罗特汉-霍尔方程(式(5.56)),这可以被简洁地表示为 **FC** = **SCε**(式(5.57))。

2) 使用罗特汉-霍尔方程进行从头算计算-自洽场程序

在罗特汉-霍尔矩阵方程 **FC** = **SCε**(式(5.57))(**F**、**C**、**S** 和 **ε** 的定义与式(5.58)和式(5.59)有关)中,由式(5.55)定义的矩阵元 F 和 S 与简单休克尔方法(4.3.4 节)和扩展休克尔方法(4.4.1 节)的式(4.54)具有相同的矩阵形式 **HC**=**SCε**。然而,在这里,我们已经看到(概要地)了方程是如何被严格推导的。另外,与休克尔方法不同的是,福克矩阵元在理论上,是严格定义的:从式(5.55)

$$F_{rs} = \int \phi_r \hat{F} \phi_s \, \mathrm{d}v \tag{5.61 = 4.54}$$

和式(5.36)

$$\hat{F} = \hat{H}^{\text{core}}(1) + \sum_{j=1}^{n}(2\hat{J}_j(1) - \hat{K}_j(1)) \tag{5.62 = 5.36}$$

因此，

$$F_{rs} = \int \phi_r \left[\hat{H}^{\text{core}}(1) + \sum_{j=1}^{n} (2\hat{J}_j(1) - \hat{K}_j(1)) \right] \phi_s \, \mathrm{d}v \qquad (5.63)$$

其中

$$\hat{H}^{\text{core}}(1) = -\frac{1}{2} \nabla_1^2 - \sum_{\text{all } \mu} \frac{Z_\mu}{r_{\mu 1}} \qquad (5.64 = 5.19)$$

$$\hat{J}_j(1) = \int \psi_j^*(2) \left(\frac{1}{r_{12}} \right) \psi_j(2) \, \mathrm{d}v_2 \qquad (5.65 = 5.29)$$

$$\hat{K}_i(1)\psi_j(1) = \psi_i(1) \int \psi_i^*(2) \left(\frac{1}{r_{12}} \right) \psi_j(2) \, \mathrm{d}v_2 \qquad (5.66 = 5.30)$$

为了使用罗特汉-霍尔方程，我们希望它们是标准的特征值形式，这样我们就可以通过对式(5.57)中的福克矩阵 F 进行对角化来获得系数 c 和能级 ε，就像我们在扩展休克尔方法(4.4.1 节)中所做的一样。对角化 F 并提取 c 和 ε 的过程与扩展休克尔方法的解释完全相同(尽管这里的循环是迭代的，即重复的)。

(1) 如式(4.105)、式(4.106)、式(4.107)所示，计算重叠矩阵 S，并用于计算正交矩阵 $S^{-1/2}$：

$$S \to D \to S^{-1/2} \qquad (5.67)$$

(2) $S^{-1/2}$ 用于将 F 转换为 F'(见式(4.104))：

$$F' = S^{-1/2} F S^{-1/2} \qquad (5.68)$$

变换后的福克矩阵 F' 满足

$$F' = C' \varepsilon C'^{-1} \qquad (5.69)$$

(见式(4.104))。重叠矩阵 S 很容易计算，因此，如果可以计算 F，则可以将其转换为 F'，F' 可以被对角化，以给出 C' 和 ε，后者产生分子轨道能级 ε_i。

(3) C' 到 C 的变换(式(4.102))可得出基于基函数 ϕ 的分子轨道 ψ 展开式中的系数 c_{si}：

$$C = S^{-1/2} C' \qquad (5.70)$$

式(5.63)~式(5.66)表明，要计算 F，即每个矩阵元 F，需要波函数 ψ_i，因为 $\hat{J}$ 和 $\hat{K}$，库仑和交换算符(式(5.65)和式(5.66))是由 ψ 定义的。看起来，我们面临一个两难选择：计算 F 的关键是获得(除 ε 外)ψ(由选定基集$\{\phi\}$组成的分子轨道 ψ 的系数 c)，但是要得到 F，我们需要 ψ。解决方法是从一组近似的 c 开始，例如，来自于扩展休克尔的计算，这不需要从 c 开始，因为扩展休克尔"福克"矩阵元是根据实验电离势计算的(4.4.1 节)。这些 c，即初始猜测，与基函数 ϕ 一起用于(5.2.3 节)有效计算初始分子轨道波函数 ψ，后者用于计算 F 的矩阵元 F_{rs}。利用 F 到 F' 的变换和对角化得出了"第一次循环"的 ε 集合(在 C' 转换为 C 之后)和第一次循环的 c 集合。这些 c 被用于计算新的 F_{rs}，即新的 F，从而得出第二次循环的能级 ε 集合和 c 集合。这个过程一直持续到 ε、c(作为密度矩阵，见 5.2.3 节)、能量，或更常见的是，它们的一些组合，在某些预定义的限制内停止变化，即直到循环基本上在 ε 和 c 的极限收敛。通常，达到收敛大约需要 10 次循环。因为算符 $\hat{F}$ 取决于它所作用的函数 ϕ，这使得迭代方法成为必要，罗特汉-霍尔方程与 HF 方程一样，被称为**伪特征值**(见 5.2.3 节)。

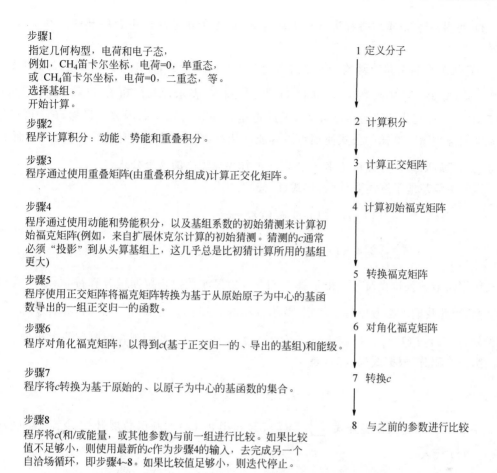

步骤1
指定几何构型，电荷和电子态，
例如，CH_4笛卡尔坐标，电荷=0，单重态，
或 CH_4笛卡尔坐标，电荷=0，二重态，等。
选择基组。
开始计算。

1 定义分子

步骤2
程序计算积分：动能、势能和重叠积分。

2 计算积分

步骤3
程序通过使用重叠矩阵(由重叠积分组成)计算正交化矩阵。

3 计算正交矩阵

步骤4
程序通过使用动能和势能积分，以及基组系数的初始猜测来计算初始福克矩阵(例如，来自扩展休克尔计算的初始猜测。猜测的c通常必须"投影"到从头算基组上，这几乎总是比初猜计算所用的基组更大)

4 计算初始福克矩阵

步骤5
程序使用正交矩阵将福克矩阵转换为基于从原始原子为中心的基函数导出的一组正交归一的函数。

5 转换福克矩阵

步骤6
程序对角化福克矩阵，以得到c(基于正交归一的、导出的基组)和能级。

6 对角化福克矩阵

步骤7
程序将c转换为基于原始的、以原子为中心的基函数的集合。

7 转换c

步骤8
程序将c(和/或能量，或其他参数)与前一组进行比较。如果比较值不足够小，则使用最新的c作为步骤4的输入，去完成另一个自洽场循环，即步骤4~8。如果比较值足够小，则迭代停止。

8 与之前的参数进行比较

图5.6　哈特里-福克-罗特汉-霍尔自洽场程序步骤总结

现在，在 HF 方法中(罗特汉-霍尔方程表示 HF 方法的一种实现)，每个电子在由所有其他电子(见图5.3的有关讨论)产生的平均场中移动。随着c被细化，分子轨道波函数得到改善，因此，每个电子感觉到的平均场也得到改善(由于J和K随ϕ改善，尽管未明确计算(5.2.3节))。当c不再改变时，由最后一组c代表的场(实际上)与上一次循环相同，即两个场彼此"一致"，即"自洽"。因此，这个罗特汉-霍尔-HF 迭代过程(初始猜测，第1个F，第1次循环的c，第2个F，第2次循环的c，第3个F，等)是自洽场过程(SCF 过程)，就象5.2.2节的哈特里过程一样。术语"HF 计算/方法"和"自洽场计算/方法"实际上是同义词。**自洽场过程迭代本质的关键**是为了得到c(对分子轨道Ψ)和分子轨道的ε，我们对角化福克矩阵F，但要计算F，我们需要初猜c，然后，我们通过反复重新计算和对角化F来改进。该过程总结在图5.6中。请注意，在简单和扩展休克尔方法中，我们不需要c来计算F，且没有对c进行迭代细化，因此，它们不是自洽场方法(然而，其他半经验程序(第6章)确实使用了自洽场方法)。自洽场程序的一个推论是，在计算这些轨道之前，先选择要填充的分子轨道ϕ。从填充轨道的分子轨道系数用于构建密度矩阵的元素(见5.2.3节)这一事实中可以清楚地看出这一点。相比之下，在简单和扩展休克尔方法中，分子轨道在无系数公式的帮助下计算，并根据所需的电子状态(从基态自下而上)简单地填充。

3）使用罗特汉-霍尔方程进行从头算计算，以原子轨道线性组合展开的 c 和 ϕ 表示的方程

HF 从头算能量和波函数的关键过程是福克矩阵的计算，即矩阵元素 F_{rs}（5.2.3 节）的计算。式（5.63）用基函数 ϕ 和算符 $\hat{H}^{core}$、$\hat{J}$ 和 $\hat{K}$ 表示，但 $\hat{J}$ 和 $\hat{K}$ 算符（式（5.28）和式（5.31））本身是分子轨道 ψ 的函数，因此也是 c 和基函数 ϕ 的函数。显然，F_{rs} 可以用 c 和 ϕ 来明确表示。这样的公式使福克矩阵能够从系数和基函数中有效地计算出来，而无须在每次迭代后**明确**计算算符 $\hat{J}$ 和 $\hat{K}$。现在解释福克矩阵的这个公式。

为了更清楚地了解需要什么，将式（5.63）写成

$$F_{rs} = \langle \phi_r(1) | \hat{H}^{core}(1) | \phi_s(1) \rangle +$$
$$\sum_{j=1}^{n} [2\langle \phi_r(1) | \hat{J}_j(1) | \phi_s(1) \rangle - \langle \phi_r(1) | \hat{K}_j(1) | \phi_s(1) \rangle] \tag{5.71}$$

上式使用简洁的狄拉克符号。由于算符 $\hat{H}^{core}(1)$ 仅涉及拉普拉斯微分算符、原子序数和电子坐标，因此我们不必考虑将罗特汉-霍尔方程的 c 和 ϕ 代入 $\hat{H}^{core}$。然而，算符 $\hat{J}$ 和 $\hat{K}$ 调用积分 $\langle \phi_r(1) | \hat{J}(1) | \phi_s(1) \rangle$ 和 $\langle \phi_r(1) | \hat{K}(1) | \phi_s(1) \rangle$。我们现在检验这两个积分。

第一个积分，根据式（5.65），是

$$\hat{J}_j(1)\phi_s(1) = \phi_s(1) \int \frac{\psi_j^*(2)\psi_j(2)}{r_{12}} dv_2$$

用 $\psi_j^*(2)$ 的基函数展开式 $\sum c_{tj}^* \phi_t^*(2)$ 和用 $\psi_j(2)$ 的基函数展开式 $\sum c_{uj}\phi_u(2)$（见式（5.52））代入

$$\hat{J}_j(1)\phi_s(1) = \phi_s(1) \sum_{t=1}^{m} \sum_{u=1}^{m} c_{tj}^* c_{uj} \int \frac{\phi_t^*(2)\phi_u(2)}{r_{12}} dv_2$$

因为我们将 ψ^* 之和乘以 ψ 之和，所以出现了双重求和。为了得到 $\langle \phi_r(1) | \hat{J}(1) | \phi_s(1) \rangle$ 的期望表达式，我们将其乘以 $\phi_r^*(1)$，并相对于电子 1 的坐标进行积分，得到

$$\langle \phi_r(1) | \hat{J}_j(1) | \phi_s(1) \rangle = \sum_{t=1}^{m} \sum_{u=1}^{m} c_{tj}^* c_{uj} \iint \frac{\phi_r^*(1)\phi_s(1)\phi_t^*(2)\phi_u(2)}{r_{12}} dv_1 dv_2$$

请注意，这实际上是一个六重积分，因为电子 1 有 3 个变量 (x_1, y_1, z_1)，电子 2 有 3 个变量 (x_2, y_2, z_2)，分别由 dv_1 和 dv_2 表示。这个方程可以更简洁地写成

$$\langle \phi_r(1) | \hat{J}_j(1) | \phi_s(1) \rangle = \sum_{t=1}^{m} \sum_{u=1}^{m} c_{tj}^* c_{uj} (rs | tu) \tag{5.72}$$

符号

$$(rs | tu) = \iint \frac{\phi_r^*(1)\phi_s(1)\phi_t^*(2)\phi_u(2)}{r_{12}} dv_1 dv_2 \tag{5.73}$$

是此类积分的常用简写，称为双电子排斥积分（或双电子积分，或电子排斥积分：这些积分的物理意义如图 5.10 所示，以及紧接的式（5.110）的讨论）。此处的括号不应与狄拉克（braket）符号（$\langle |$（左矢）和 $| \rangle$（右矢））混淆：

根据定义

$$\langle f \mid g \rangle = \int f^*(q) g(q) \mathrm{d}q \tag{5.74}$$

因此

$$(rs \mid tu) = \int (\phi_r(1)\phi_s(1))^* \phi_t(1)\phi_u(1)\mathrm{d}v_1 \tag{5.75}$$

式(5.73)的积分和其他积分使用了几种符号。应确定作者正在使用的是哪种符号。第二个积分,来自方程(5.66),是

$$\hat{K}_j(1)\phi_s(1) = \psi_j(1)\int \frac{\psi_j^*(2)\phi_s(2)}{r_{12}}\mathrm{d}v_2$$

将 $\psi_j(1)$ 的基函数展开式 $\sum c_{uj}\phi_u(1)$ 和 $\psi_j^*(2)$ 的基函数展开式 $\sum c_{tj}^*\phi_t^*(2)$(见式(5.52))代入

$$\hat{K}_j(1)\phi_s(1) = \phi_u(1)\sum_{t=1}^{m}\sum_{u=1}^{m} c_{tj}^* c_{uj}\int \frac{\phi_t^*(2)\phi_s(2)}{r_{12}}\mathrm{d}v_2$$

为了得到 $\langle \phi_r(1)|\hat{K}(1)|\phi_s(1)\rangle$ 的期望表达式,我们将其乘以 $\phi_r^*(1)$,并对电子 1 的坐标进行积分:

$$\langle \phi_r(1)|\hat{K}_j(1)|\phi_s(1)\rangle = \sum_{t=1}^{m}\sum_{u=1}^{m} c_{tj}^* c_{uj}\iint \frac{\phi_r^*(1)\phi_u(1)\phi_t^*(2)\phi_s(2)}{r_{12}}\mathrm{d}v_1\mathrm{d}v_2$$

可以更简洁地写成

$$\langle \phi_r(1)|\hat{K}_j(1)|\phi_s(1)\rangle = \sum_{t=1}^{m}\sum_{u=1}^{m} c_{tj}^* c_{uj}(ru \mid ts) \tag{5.76}$$

其中(见式(5.73)),

$$(ru \mid ts) = \iint \frac{\phi_r^*(1)\phi_u(1)\phi_t^*(2)\phi_s(2)}{r_{12}}\mathrm{d}v_1\mathrm{d}v_2 \tag{5.77}$$

将式(5.72)和式(5.76)的 $\langle \phi_r(1)\hat{J}(1)\phi_s(1)\rangle$ 和 $\langle \phi_r(1)\hat{K}(1)\phi_s(1)\rangle$ 代入关于 F_{rs} 的式(5.71),我们得到

$$F_{rs} = \langle \phi_r(1)|\hat{H}^{\mathrm{core}}(1)|\phi_s(1)\rangle + \sum_{j=1}^{n}\left[2\sum_{t=1}^{m}\sum_{u=1}^{m} c_{tj}^* c_{uj}(rs \mid tu) - \sum_{t=1}^{m}\sum_{u=1}^{m} c_{tj}^* c_{uj}(ru \mid ts)\right]$$

即

$$F_{rs} = H_{rs}^{\mathrm{core}}(1) + \sum_{t=1}^{m}\sum_{u=1}^{m}\sum_{j=1}^{n} c_{tj}^* c_{uj}[2(rs \mid tu) - (ru \mid ts)] \tag{5.78}$$

其中,算符 $\hat{H}^{\mathrm{core}}$ 对基函数上的积分可以表示为

$$H_{rs}^{\mathrm{core}}(1) = \langle \phi_r(1)|\hat{H}^{\mathrm{core}}(1)|\phi_s(1)\rangle \tag{5.79}$$

其中,$\hat{H}^{\mathrm{core}}$ 由式(5.64)定义。

式(5.78)及其辅助定义式(5.73)、式(5.77)和式(5.79)就是我们想要的:对于闭壳分子来说,以基函数 ϕ 及其加权系数 c 表示福克矩阵元;m 是基函数的数量,n 是电子数。我们可以使用式(5.78)来计算分子轨道和能级(5.2.3节)。给定一个基组和分子几何构型(积分取决于分子几何构型),并从 c 的初猜开始,我们(或更确切地说是计算机算法)计算矩阵元 F_{rs},并将它们组合成福克矩阵 $\boldsymbol{F}$ 等(图5.6)。现在,让我们分析与式(5.78)和这个程

序有关的某些细节。

4）使用罗特汉-霍尔方程进行从头算计算的一些细节

通常通过将 c 包含在密度矩阵 $\boldsymbol{P}$ 的元素 P_{tu} 中来修改式(5.78)：

$$\boldsymbol{P} = \begin{pmatrix} P_{11} & P_{12} & P_{13} & \cdots & P_{1m} \\ P_{21} & P_{22} & P_{23} & \cdots & P_{2m} \\ \vdots & \vdots & \vdots & & \vdots \\ P_{m1} & P_{m2} & P_{m3} & \cdots & P_{mm} \end{pmatrix} \tag{5.80}$$

其中，密度矩阵元是

$$P_{tu} = 2\sum_{j=1}^{n} c_{tj}^* c_{uj}, \quad t=1,2,\cdots,m \text{ 和 } u=t=1,2,\cdots,m \tag{*5.81}$$

（有时，P 被定义为 $\sum c*c$）。从式(5.78)和式(5.81)可得

$$F_{rs} = H_{rs}^{core}(1) + \sum_{t=1}^{m}\sum_{u=1}^{m} P_{tu}\left[(rs\mid tu) - \frac{1}{2}(ru\mid ts)\right] \tag{*5.82}$$

式(5.82)是对式(5.78)的一个微小修改，是计算从头算福克矩阵的关键方程。每个密度矩阵元 P_{tu} 表示一对特定基函数 ϕ_t 和 ϕ_u 的系数 c，并对所有占据分子轨道 $\psi_i(i=1,2,\cdots,n)$ 求和。在这里使用密度矩阵只是为了方便地表达福克矩阵元和系统阐述由电子分布引起的性质的计算(5.5.4节)，尽管密度矩阵的概念远不止此[27]。式(5.82)使分子轨道波函数 ψ（它们是 c 和 ϕ 的线性组合）及其能级 ε 能够通过福克矩阵的迭代对角化来计算。

式(5.17)（$E=2\sum H+\sum\sum(2J-K)$）给出了一种分子电子能量 E 的表达式。如果我们想从能级计算 E，那么，我们必须注意，在 HF 方法中，E 不是简单的 n 个占据能级能量之和的两倍，即它不是单电子能的总和（像我们在简单和扩展休克尔方法里所认为的那样）。这是因为分子轨道能级值 ε 表示 1 个电子与所有其他电子相互作用的能量。因此，电子的能量是它的动能加上该电子与核的吸引势能（H^{core}），再加上 J 和 K 的积分（见 5.2.3 节式(5.48)、式(5.49)、式(5.50)和式(5.83)），后者是来自于所有其他电子排斥的势能：

$$\varepsilon_i = H_{ii}^{core} + \sum_{j=1}^{n}(2J_{ij}(1) - K_{ij}(1)) \tag{5.83=5.50}$$

如果我们将电子 1 和电子 2 的能量相加，那么，除了这些电子的动能外，我们还要加上电子 1 对电子 2,3,4,… 的排斥能，以及电子 2 对电子 1,3,4,… 的排斥能。换句话说，每一个排斥能都计算了两次。因此，简单的加和正确地表示了总的动能和电子核吸引势能，但高估了电子-电子排斥势能（我们正在处理的是 $2n$ 个电子，因此是 n 个充满电子的分子轨道）：

$$E(\text{高估}) = 2\sum_{i=1}^{n}\varepsilon_i \tag{5.84}$$

请注意，我们不能只取这个简单总和的一半，因为并不是所有项加倍计算，只有电子-电子能量项被加倍计算了。解决的办法是从 $2\sum\varepsilon$ 中减去多余的排斥能。在 5.2.3 节式(5.50)中，我们可以看到 n 项 $\sum(2J-K)$ 的总和代表一个电子与所有其他电子相互作

用的排斥能,因此,为了除去多余的相互作用,我们要减去 $\sum\sum(2J-K)$,即 n 项排斥能的总和,得到[15]

$$E_{HF} = 2\sum_{i=1}^{n}\varepsilon_i - \sum_{i=1}^{n}\sum_{j=1}^{n}(2J_{ij}(1) - K_{ij}(1)) \tag{5.85}$$

式中,E_{HF} 是哈特里-福克(HF)电子能量:校正(在平均场 HF 近似值内)电子-电子排斥能后的单电子能量之和。我们可以去掉关于分子轨道 ψ 的积分 J 和 K,并获得 c 和 ϕ 表示的 E_{HF} 方程。从式(5.83),得

$$\sum_{i=1}^{n}\sum_{j=1}^{n}(2J_{ij}(1) - K_{ij}(1)) = \sum_{i=1}^{n}\varepsilon_i - \sum_{i=1}^{n}H_{ii}^{core}$$

然后由上式和式(5.85),我们得到

$$E_{HF} = \sum_{i=1}^{n}\varepsilon_i + \sum_{i=1}^{n}H_{ii}^{core} \tag{5.86}$$

根据式(5.49)和式(5.50)对 H_{ii}^{core} 的定义,即从

$$H_{ii}^{core} = \langle \psi_i(1) \mid \hat{H}^{core} \mid \psi_i \rangle \tag{5.87}$$

和原子轨道线性组合的展开式(5.52)

$$\psi_i = \sum_{s=1}^{m} c_{si}\phi_s \tag{5.88=5.52}$$

从式(5.86),我们得到

$$E_{HF} = \sum_{i=1}^{n}\varepsilon_i + \sum_{r=1}^{m}\sum_{s=1}^{m}\sum_{i=1}^{n}c_{ri}^{*}c_{si}H_{rs}^{core} \tag{5.89}$$

使用式(5.81),式(5.89)可以用密度矩阵元 P 表示为

$$E_{HF} = \sum_{i=1}^{n}\varepsilon_i + \frac{1}{2}\sum_{r=1}^{m}\sum_{s=1}^{m}P_{rs}H_{rs}^{core} \tag{5.90}$$

这是计算分子的 HF 电子能量的关键方程。它可以在达到自洽时使用,也可以在每个自洽场循环后使用该特定迭代产生的 ε 和 c,以及 H_{rs}^{core},后者在迭代中不会改变,因为它仅由固定基函数和不包含 ε 或 c 的算符组成:从式(5.64)和式(5.79)可得

$$H_{rs}^{core} = \left\langle \phi_r \left| \frac{1}{2}\nabla_i^2 - \sum_{\text{all }\mu}\frac{Z_\mu}{r_{\mu i}} \right| \phi_s \right\rangle \tag{5.91}$$

H_{rs}^{core} 不会改变,因为自洽场程序细化了电子-电子排斥(直到每个电子感觉到的场与上一次的场"一致"),但相比之下,H_{rs}^{core} 仅表示动能加上势能的贡献,该势能由每对基函数 ϕ_r 和 ϕ_s 相关的电子密度的电子-核的吸引来表示。

式(5.90)给出了分子或原子的 HF 电子能——电子由于运动而产生的能量(它们的动能)加上由于电子-核吸引而产生的能量,以及(在 HF 近似下)电子-电子排斥(它们的势能)。然而,分子的总能量不仅包括电子,还包括原子核,原子核贡献了因核间排斥产生的势能和核运动产生的动能。这种核运动甚至在 0 K 时仍会持续,因为即使在此温度下,分子也会振动。这种不可避免的振动能被称为零点振动能或零点能(ZPVE 或 ZPE,2.5 节)。核间斥力的计算很简单,因为它只是所有库仑排斥对的总和:

$$V_{NN} = \sum_{\text{all }\mu,v}\frac{Z_\mu Z_v}{r_{\mu v}} \tag{5.92=5.16}$$

零点能的计算比较复杂。标准方法需要计算谐振频率（即 2.5 节的简正振动模式），并对每个模式的能量求和[28a]（所有这些均由标准程序完成,这些程序在打印输出频率之后输出零点能）。加上 HF 电子能和核间排斥能得到 E_{HF}^{total},即总的"冻结核"（无零点能）能：

$$E_{HF}^{total} = E_{HF} + V_{NN} = \sum_{i=1}^{n} \varepsilon_i + \frac{1}{2} \sum_{r=1}^{m} \sum_{s=1}^{m} P_{rs} H_{rs}^{core} + V_{NN} \tag{5.93}$$

从式(5.90)～式(5.92)。E_{HF}^{total} 通常是在 HF 计算结束时显示的能量,通俗的说法,就是"HF 能量"。一些程序打印输出声明或表明这是 HF 电子能,但严格来说,它是电子能加核间能。

针对各种几何构型绘制的此类能量的集合,表示 HF 玻恩-奥本海默势能面（2.3 节）。通常将原子或分子的薛定谔方程的能量零点视为相对于无穷远分离的、静止的电子和原子核的能量。因此,相对于无穷远分离的静止的电子和原子核的能量的一个物种的 HF 能量（实际上,任何从头算的能量）,即它是解离分子或原子,并将电子和原子核分离到无穷远时所需的最小能量的负值。我们通常感兴趣的是相对能量,即化学物种的"绝对"从头算能量的差值。从头算的能量在 5.5.2 节中讨论。

在几何优化中（2.4 节）,完成了一系列单点计算（在势能面上的单个点上,即在单个几何构型上的计算）,每一点都需要计算 E_{HF}^{total},且系统地改变几何构型,直到达到一个驻点（势能面平坦的那个点,理想情况下,在优化到最小点的情况下,E_{HF}^{total} 应当单调下降）。仅对势能面上驻点有效（2.5 节,图 2.19）的零点能计算,可用于校正优化结构 E_{HF}^{total} 的振动能量。加上零点能,得到分子在 0 K 时的总内能,我们可以称之为 E_{0K}^{total}：

$$E_{0K}^{total} = E_{HF}^{total} + ZPE \tag{*5.94}$$

异构体的相对能量可以通过比较 E_{HF}^{total} 来计算,但对于精确的计算来说,应考虑零点能,即使所需的频率计算通常比几何优化所花费的时间要长得多（见表 5.3）。幸运的是,来自于较低水平的优化＋频率计算（不是较高水平的几何构型上的较低水平的频率计算）的零点能校正 E_{HF}^{total} 是有效的。图 2.19 比较了 HNC 异构化为 HCN 时的能量。对于 HCN、过渡态和 HNC 来说,有/没有零点能校正的相对能量分别为 0/0、202/219、49.7/52.2 kJ/mol。异构体零点能趋于大致相等,因此,在计算相对能量时会抵消（在涉及过渡态时则不然）,但如上所述,在精确的计算工作中,比较零点能校正后的能量 E_{0K}^{total} 是标准的。已经发表了一种准确估算零点能的方法,它不涉及冗长的二阶导数计算（2.5 节）,而是利用原子类型的列表值[28b]。这种基于原子类型（atom-type based,ATB）的附加方法,基本上不需要时间,因此被称为"零成本估算"方法。

5) 使用罗特汉-霍尔方程进行从头算计算的一个例子

对于 HF 方法在实际计算中的应用,现在将以最简单的闭壳层异核分子质子化氦 H-He$^+$ 为例,进行详细说明。在 4.3.2 节中,该物种还用于说明扩展休克尔方法的细节。在这个简单的例子中,所有步骤都是用由袖珍计算器完成的,除了积分的计算（这是用从头算程序 Gaussian 92[29] 完成的）及矩阵乘法和对角化步骤（用 Mathcad 程序[30] 完成）。

步骤 1 指定几何构型、基组和占据的分子轨道。

我们首先指定几何构型和基组。我们将使用与扩展休克尔方法相同的几何构型

0.800 Å,即 1.5117 a. u.(bohr)。在分子的从头算计算中,基函数几乎总是高斯函数(基函数讨论见 5.3 节)。高斯函数与我们在第 4 章扩展休克尔方法中使用的斯莱特函数的不同之处在于指数涉及电子到函数中心点(通常是原子核)的距离的平方:

一个 s-型斯莱特函数

$$\phi = a \exp(-br) \tag{5.95}$$

一个 s-型高斯函数

$$\phi = a \exp(-br^2) \tag{5.96}$$

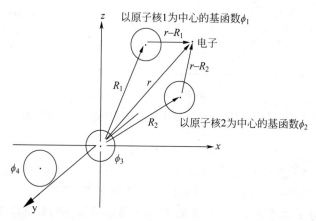

图 5.7 坐标系中的四原子分子。仅众多电子中的其中 1 个电子被显示。基函数 ϕ 是单电子函数,通常以原子核为中心。R_1、R_2 等是表示原子核("原子")x、y、z 坐标(通常为 3×1 列矩阵,4.3.3 节)的向量,r 是表示电子 x、y、z 坐标的向量。电子到各基函数中心的距离是各向量差的绝对值:$|r-R_1|$,$|r-R_2|$ 等。对于特定的分子几何构型来说,R_1、R_2 等是固定的,并仅以参数方式输入函数 ϕ_1、ϕ_2 等,即表示 ϕ 的中心位置。r 是这些函数中的变量,因此为 $\phi(x,y,z)$。几个基函数都可能以其中的一个原子核为中心

在从头算计算中,数学上更易处理的高斯函数用于近似物理上更现实的斯莱特函数(见 5.3 节)。在这里,我们使用最简单的高斯基组:两个原子中各有一个 1s 原子轨道,每个 1s 轨道由一个高斯函数逼近。这被称为 STO-1G 基组,表示斯莱特型轨道为一个高斯函数,因为我们用一个高斯函数逼近一个斯莱特型 1s 轨道。分子环境中氢和氦的 1s 轨道的最佳 STO-1G 近似[31] 是

$$\phi(H) = \phi_1 = 0.3696\exp(-0.4166\,|r-R_1|^2) \tag{5.97}$$

$$\phi(He) = \phi_2 = 0.5881\exp(-0.7739\,|r-R_2|^2) \tag{5.98}$$

$|r-R_i|$ 是 ϕ_i 中的电子(ϕ 是单电子函数)与以 ϕ_i 为中心的原子核 i 的距离(图 5.7)。与氢相比,氦的指数中较大的常数反映了一个直观合理的事实,因为 ϕ_2 中的电子与带双电荷原子核的结合比 ϕ_1 中的电子与带单电荷原子核的结合更紧密,所以氦核周围的电子密度比氢核周围的电子密度随距离增大下降得更快(图 5.8)。

我们有一个几何构型和一个基组,并希望对 HHe$^+$ 进行自洽场计算,它的两个电子都处于最低分子轨道 ψ_1,即单重态的基态。通常,自洽场计算从几何构型、基组、电荷和自旋多重度的说明开始。多重度是指定未配对电子数的一种方式:

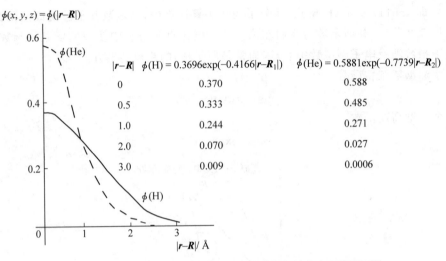

图 5.8　氦核周围的电子密度比氢核周围的电子密度下降得更快

$$多重度 = S = 2s + 1 \tag{5.99}$$

式中，S 为未配对电子自旋的总数（每个电子的自旋为 $\pm 1/2$），取每个未配对的自旋为 $+1/2$。图 5.9 显示了说明电荷和多重度的一些示例。默认情况下，自洽场计算是在指定多重度的基态上进行的，即分子轨道从 ψ_1 开始填充，以给出该多重度下的最低能态。

步骤 2　计算积分。

已经指定了对单重态 HHe^+ 的 HF 计算，其中 $H—He = 0.800$ Å（1.5117 bohr），使用 STO-1G 基组，接下来，最直接的方法是计算所有积分和正交矩阵 $S^{-1/2}$，后者用于将福克矩阵 F 转换为 F'，进而转换系数矩阵 C' 为 C（式(5.67)、式(5.68)、式(5.69)和式(5.70)）。积分时需计算 H^{core} 所需要的积分，包括 F 的 F_{rs} 的单电子部分，双电子排斥积分 $(rs|tu)$、$(ru|ts)$（式(5.82)），还有重叠积分，该积分是为了计算重叠矩阵 S 和正交矩阵 $S^{-1/2}$（式(5.67)）。

已经开发了计算这些积分有效的方法[32]，稍后将只是给出它们的值。对于我们的计算来说，福克矩阵的矩阵元 F_{rs}（式(5.82)）如式(5.100)表达更方便。

$$F_{rs} = H_{rs}^{core}(1) + \sum_{t=1}^{m}\sum_{u=1}^{m} P_{tu}\left[(rs|tu) - \frac{1}{2}(ru|ts)\right] \tag{5.100}$$
$$= T_{rs} + V_{rs}(H) + V_{rs}(He) + G_{rs}$$

在这里，$H^{core}(1)$ 被分解为动能积分 T 和两个势能积分，$V(H)$ 和 $V(He)$。从算符 $\hat{H}^{core}$（式(5.64)）的定义和罗特汉-霍尔积分 H^{core} 的表达式（式(5.79)）中我们可以看到（$H^{core}(1)$ 中的(1)强调这些积分仅涉及其中 1 个电子的坐标）：

$$T_{rs}(1) = \int \phi_r \left(-\frac{1}{2}\nabla_1^2\right)\phi_s \, dv$$
$$= \int \phi_r \left[-\frac{1}{2}\left(\frac{\partial^2}{\partial x^2} + \frac{\partial^2}{\partial y^2} + \frac{\partial^2}{\partial z^2}\right)\right]\phi_s \, dv \tag{5.101}$$

$$V_{rs}(H,1) = \int \phi_r \left(\frac{Z_H}{r_{H1}}\right)\phi_s \, dv \tag{5.102}$$

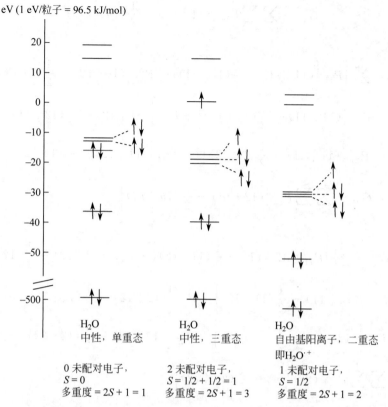

图 5.9 指定电荷和多重度结果的一些例子。计算使用了包含 7 个基函数的 STO-3G 基组（5.3 节），因而产生了 7 个分子轨道。所有计算采用的均是中性单态的 HF/STO-3G 几何构型。

和

$$V_{rs}(\text{He},1) = \int \phi_r \left(\frac{Z_{\text{He}}}{r_{\text{He1}}} \right) \phi_s \mathrm{d}v \tag{5.103}$$

在式（5.102）中，变量是电子（"电子 1"，见式（5.18）和式（5.19）相关讨论）与氢核的距离，而在式（5.103）中，变量是电子与氦核的距离。Z_{H} 和 Z_{He} 分别是 1 和 2。

根据式（5.100），双电子对每个福克矩阵元的贡献为

$$G_{rs} = \sum_{t=1}^{m} \sum_{u=1}^{m} P_{tu} \left[(rs \mid tu) - \frac{1}{2}(ru \mid ts) \right] \tag{5.104}$$

每个矩阵元 G_{rs} 由密度矩阵元 P_{tu}（式（5.80）和式（5.81））和两个双电子积分 $(rs \mid tu)$ 及 $(ru \mid ts)$（式（5.73）和式（5.77））来计算。

计算福克矩阵 $\boldsymbol{F}$ 所需的单电子积分为

$$T_{11} = 0.6249, \qquad T_{12} = T_{21} = 0.2395, \qquad T_{22} = 1.1609$$
$$V_{11}(\text{H}) = -1.0300, \quad V_{12}(\text{H}) = V_{21}(\text{H}) = -0.4445, \quad V_{22}(\text{H}) = -0.6563 \tag{5.105}$$
$$V_{11}(\text{He}) = -1.2555, \quad V_{12}(\text{He}) = V_{21}(\text{He}) = -1.1110, \quad V_{22}(\text{He}) = -2.8076$$

为了确定需要哪些双电子积分，我们计算了式（5.104）中每个矩阵元（G_{11}、G_{12}、G_{21}、G_{22}）的加和：

$$G_{11} = \sum_{t=1}^{2}\sum_{u=1}^{2} P_{tu}\left[(11\mid tu) - \frac{1}{2}(1u\mid t1)\right]$$

即

$$G_{11} = \sum_{t=1}^{2}\left[P_{t1}\left[(11\mid t1) - \frac{1}{2}(11\mid t1)\right] + P_{t2}\left[(11\mid t2) - \frac{1}{2}(12\mid t1)\right]\right]$$

$$= P_{11}\left[(11\mid 11) - \frac{1}{2}(11\mid 11)\right] + P_{12}\left[(11\mid 12) - \frac{1}{2}(12\mid 11)\right] +$$

$$P_{21}\left[(11\mid 21) - \frac{1}{2}(11\mid 21)\right] + P_{22}\left[(11\mid 22) - \frac{1}{2}(12\mid 21)\right] \quad (5.106)$$

$$G_{12} = G_{21} = \sum_{t=1}^{2}\sum_{u=1}^{2} P_{tu}\left[(12\mid tu) - \frac{1}{2}(1u\mid t2)\right]$$

即

$$G_{12} = G_{21} = \sum_{t=1}^{2}\left[P_{t1}\left[(12\mid t1) - \frac{1}{2}(11\mid t2)\right] + P_{t2}\left[(12\mid t2) - \frac{1}{2}(12\mid t2)\right]\right]$$

$$= P_{11}\left[(12\mid 11) - \frac{1}{2}(11\mid 12)\right] + P_{12}\left[(12\mid 12) - \frac{1}{2}(12\mid 12)\right] +$$

$$P_{21}\left[(12\mid 21) - \frac{1}{2}(11\mid 22)\right] + P_{22}\left[(12\mid 22) - \frac{1}{2}(12\mid 22)\right] \quad (5.107)$$

$$G_{22} = \sum_{t=1}^{2}\sum_{u=1}^{2} P_{tu}\left[(22\mid tu) - \frac{1}{2}(2u\mid t2)\right]$$

即

$$G_{22} = \sum_{t=1}^{2}\left[P_{t1}\left[(22\mid t1) - \frac{1}{2}(21\mid t2)\right] + P_{t2}\left[(22\mid t2) - \frac{1}{2}(22\mid t2)\right]\right]$$

$$= P_{11}\left[(22\mid 11) - \frac{1}{2}(21\mid 12)\right] + P_{12}\left[(22\mid 12) - \frac{1}{2}(22\mid 12)\right] +$$

$$P_{21}\left[(22\mid 21) - \frac{1}{2}(21\mid 22)\right] + P_{22}\left[(22\mid 22) - \frac{1}{2}(22\mid 22)\right] \quad (5.108)$$

电子排斥矩阵 **G** 的每个矩阵元有 8 个双电子排斥积分，而在这 32 个矩阵元中，有 14 个不同的积分。

G_{11} 中：$(11|11),(11|12),(12|11),(11|21),(11|22),(12|21)$

$G_{12}=G_{21}$ 中：$(12|12),(12|22)$

G_{22} 中：$(22|11),(21|12),(22|12),(22|21),(21|22),(22|22)$

然而，对式(5.73)的检验表明，这些积分中的很多矩阵元都是相同的。很容易看出，如果基函数是实函数（几乎总是这样），那么

$$(rs\mid tu) = (rs\mid ut) = (sr\mid tu) = (sr\mid ut) = (tu\mid rs) = (tu\mid sr) = (ut\mid rs)$$
$$= (ut\mid sr) \quad (5.109)$$

考虑到这一点，则仅有 6 个不同的双电子排斥积分，其值为

$$(11\mid 11) = 0.7283, \quad (21\mid 21) = 0.2192$$
$$(21\mid 11) = 0.3418, \quad (22\mid 21) = 0.4368 \quad (5.110)$$
$$(22\mid 11) = 0.5850, \quad (22\mid 22) = 0.9927$$

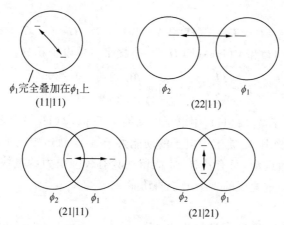

图 5.10 某些双电子排斥积分的物理意义的图解说明(5.2.3 节)。每个基函数 ϕ 都以原子核为中心。这里显示的积分是单中心和双中心的双电子排斥积分,它们分别以 1 个和 2 个原子核为中心。含 3 个原子核的分子会产生三中心积分,而有 4 个或多个原子核的分子,会产生四中心积分

积分(11|11)和积分(22|22)表示同一轨道(分别为 ϕ_1 或 ϕ_2)中 2 个电子之间的排斥,而(22|11)表示 ϕ_2 中的电子和 ϕ_1 中的 1 个电子之间的排斥。(21|11)可以表示与 ϕ_2 和 ϕ_1 有关的 1 个电子和限定在 ϕ_1 的 1 个电子之间的排斥,且与(22|21)类似,而(21|21)可以被认为是与 ϕ_2 和 ϕ_1 有关的 2 个电子之间的排斥(图 5.10)。请注意,在福克矩阵元的 T 和 V 项中,积分算符为 $-(1/2)\nabla^2$ 和 $Z_{\mathrm{H}}/r_{\mathrm{H1}}$ 或 $Z_{\mathrm{He}}/r_{\mathrm{He1}}$,而在 G 项中,积分算符是 $1/r_{12}$(式(5.101)、式(5.102)、式(5.103)和式(5.73))。

重叠积分是

$$S_{11}=1.0000, \quad S_{12}=S_{21}=0.5017, \quad S_{22}=1.0000 \tag{5.111}$$

重叠矩阵是

$$\boldsymbol{S}=\begin{pmatrix} 1.0000 & 0.5017 \\ 0.5017 & 1.0000 \end{pmatrix} \tag{5.112}$$

步骤 3 计算正交矩阵。

计算正交矩阵 $\boldsymbol{S}^{-1/2}$(见式(5.67)、式(5.68)和式(5.69)及第 4 章中的讨论):对角化 $\boldsymbol{S}$

$$\boldsymbol{S}=\begin{pmatrix} 0.7071 & 0.7071 \\ 0.7071 & -0.7071 \end{pmatrix}\begin{pmatrix} 1.5017 & 0.0000 \\ 0.0000 & 0.4983 \end{pmatrix}\begin{pmatrix} 0.7071 & 0.7071 \\ 0.7071 & -0.7071 \end{pmatrix}$$

$$\qquad\qquad \boldsymbol{P} \qquad\qquad\qquad \boldsymbol{D} \qquad\qquad\qquad \boldsymbol{P}^{-1} \tag{5.113}$$

计算 $\boldsymbol{D}^{-1/2}$

$$\boldsymbol{D}^{-1/2}=\begin{pmatrix} 1.5017^{-1/2} & 0.0000 \\ 0.0000 & 0.4983^{-1/2} \end{pmatrix}=\begin{pmatrix} 0.8160 & 0.0000 \\ 0.0000 & 1.4166 \end{pmatrix} \tag{5.114}$$

计算 $\boldsymbol{S}^{-1/2}$

$$\boldsymbol{S}^{-1/2}=\boldsymbol{P}\boldsymbol{D}^{-1/2}\boldsymbol{P}^{-1}=\begin{pmatrix} 1.1163 & -0.3003 \\ -0.3003 & 1.1163 \end{pmatrix} \tag{5.115}$$

步骤 4 计算福克矩阵。

(1)单电子矩阵。

从式(5.100)

$$\boldsymbol{F} = \boldsymbol{T} + \boldsymbol{V}(\mathrm{H}) + \boldsymbol{V}(\mathrm{He}) + \boldsymbol{G} = \boldsymbol{H}^{\mathrm{core}} + \boldsymbol{G} \tag{5.116}$$

单电子矩阵 $\boldsymbol{T}$、$\boldsymbol{V}(\mathrm{H})$ 和 $\boldsymbol{V}(\mathrm{He})$（即 $\boldsymbol{H}^{\mathrm{core}}$）直接来自单电子积分。动能矩阵为

$$\boldsymbol{T} = \begin{pmatrix} T_{11} & T_{12} \\ T_{21} & T_{22} \end{pmatrix} = \begin{pmatrix} 0.6249 & 0.2395 \\ 0.2395 & 1.1609 \end{pmatrix} \tag{5.117}$$

T_{11} 小于 T_{22}，由于 ϕ_1（$\phi(\mathrm{H})$）中电子的动能小于 ϕ_2（$\phi(\mathrm{He})$）中电子的动能。因此，氦核上较大的核电荷导致其 1s 轨道中电子的动能大于氢 1s 轨道中电子的动能。从经典意义上讲，电子必须更快地运动，只有这样，才能留在具有较强引力的氦核轨道上。T_{12} 可被看作是在 H(1s)-He(1s) 重叠区的 1 个电子的动能。

氢的势能矩阵为

$$\boldsymbol{V}(\mathrm{H}) = \begin{pmatrix} V_{11}(\mathrm{H}) & V_{12}(\mathrm{H}) \\ V_{21}(\mathrm{H}) & V_{22}(\mathrm{H}) \end{pmatrix} = \begin{pmatrix} -1.0300 & -0.4445 \\ -0.4445 & -0.6563 \end{pmatrix} \tag{5.118}$$

所有的 $V(\mathrm{H})$ 值都表示 1 个电子对氢核的吸引力。$V_{11}(\mathrm{H})$ 是由于 ϕ_1 中的 1 个电子对氢核的吸引而产生的势能，而 $V_{22}(\mathrm{H})$ 是由于 ϕ_2 中的 1 个电子对氢核的吸引而产生的势能。正如预料，ϕ_1（$\phi(\mathrm{H})$）中的 1 个电子比 ϕ_2（$\phi(\mathrm{He})$）中的电子更强烈地被氢核吸引（势能更负）。$V_{12}(\mathrm{H})$ 可以看作在 H(1s)-He(1s) 重叠区域中的 1 个电子对氢核的吸引势能。

氦的势能矩阵为

$$\boldsymbol{V}(\mathrm{He}) = \begin{pmatrix} V_{11}(\mathrm{He}) & V_{12}(\mathrm{He}) \\ V_{21}(\mathrm{He}) & V_{22}(\mathrm{He}) \end{pmatrix} = \begin{pmatrix} -1.2555 & -1.1110 \\ -1.1110 & -2.8076 \end{pmatrix} \tag{5.119}$$

所有的 $V(\mathrm{He})$ 值都表示 1 个电子对氦核的吸引力。$V_{11}(\mathrm{He})$ 是 $\phi(\mathrm{H})$ 中的 1 个电子对氦核的吸引势能，当然比 $\phi(\mathrm{He})$ 中的 1 个电子对同一原子核的吸引势能负值小。$V_{12}(\mathrm{He})$ 可被看作是 H(1s)-He(1s) 重叠区域中 1 个电子对氦核的吸引势能。由于氦的核电荷更大，所以，$\phi(\mathrm{He})$ 中的电子对氦核的吸引比 $\phi(\mathrm{H})$ 中的电子对氢核的吸引要更强（$V(\mathrm{He})$ 中的 -2.8076 与 $V(\mathrm{H})$ 中的 -1.0300 比）。

总的单电子能量矩阵，$\boldsymbol{H}^{\mathrm{core}}$ 为

$$\boldsymbol{H}^{\mathrm{core}} = \boldsymbol{T} + \boldsymbol{V}(\mathrm{H}) + \boldsymbol{V}(\mathrm{He}) = \begin{pmatrix} -1.6606 & -1.3160 \\ -1.3160 & -2.3030 \end{pmatrix} \tag{5.120}$$

这个矩阵表示 H-He$^+$ 中 1 个电子的单电子能量（如果不存在电子间排斥，电子将具有的能量），其中，H-He$^+$ 在指定几何构型和 STO-1G 基组下。(1,1)、(2,2) 和 (1,2) 项分别表示忽略电子-电子排斥在 ϕ_1、ϕ_2 中和在 ϕ_1—ϕ_2 重叠区域上的 1 个电子能量。这些结果是上面讨论的各种动能和势能项的净结果。

(2) 双电子矩阵。

双电子矩阵 $\boldsymbol{G}$，即电子排斥矩阵（式(5.111)），是根据双电子积分和密度矩阵元（式(5.104)）计算得出的。这在直觉上是合理的，因为每个双电子积分根据基函数（图 5.10）描述 1 个电子间排斥，而每个密度矩阵元表示（见 5.2.3 节）在基函数上（式(5.80)中 $\boldsymbol{P}$ 的对角元），或基函数之间（$\boldsymbol{P}$ 的非对角元）的电子密度。要计算矩阵元 G_{rs}（式(5.106)、式(5.107) 和式(5.108)），我们需要适当的积分（式(5.110)）和密度矩阵元。后者由下式计算

$$P_{tu} = 2\sum_{j=1}^{n} c_{tj}^{*} c_{uj}, \quad t=1,2,\cdots,m;\; u=1,2,\cdots,m \tag{5.121}$$

每个 P_{rs} 都涉及基函数 ϕ_r 和 ϕ_s 系数的乘积对占据分子轨道($j=1-n$,我们正在处理具有 $2n$ 个电子的闭壳层基态分子)的总和。如 5.2.3 节所指出的,哈特里-福克程序通常从系数的"初猜"开始。我们可以将我们在相同几何构型下已得出的 HeH^{+} 的扩展休克尔系数作为猜测(4.4.2 节)。我们只需要占据分子轨道的 c:

$$c_{11}=0.249, \quad c_{21}=0.867 \tag{5.122}$$

(通常,我们需要比扩展休克尔或其他半经验计算的小基组更多的 c,然后使用投影的半经验波函数,并从可用的 c 外推出缺失的 c)。使用这些 c 和式(5.121),我们计算式(5.106)、式(5.107)和式(5.108)的初始猜测 P。因为只有 1 个占据分子轨道(在式(5.121)中,$n=1$),所以,加和只有一项:

$$P_{11}=2c_{11}c_{11}=2\times(0.249)\times0.249=0.1240$$
$$P_{12}=2c_{11}c_{21}=2\times(0.249)\times0.867=0.4318 \tag{5.123}$$
$$P_{11}=2c_{21}c_{21}=2\times(0.867)\times0.867=1.5034$$

现在可以计算 G。根据式(5.106)、式(5.107)和式(5.108),使用上述 P 值和式(5.110)的积分,并考虑诸如(11|12)和(21|11)这样的积分相等(式(5.109)),我们得到

$$G_{11}=P_{11}\left[(11\mid11)-\tfrac{1}{2}(11\mid11)\right]+P_{12}\left[(11\mid12)-\tfrac{1}{2}(12\mid11)\right]+$$
$$P_{21}\left[(11\mid21)-\tfrac{1}{2}(11\mid21)\right]+P_{22}\left[(11\mid22)-\tfrac{1}{2}(12\mid21)\right]$$
$$=0.1240\times(0.3642)+0.4318\times(0.1709)+$$
$$0.4318\times(0.1709)+1.5034\times(0.4754)=0.9075 \tag{5.124}$$

$$G_{12}=G_{21}=P_{11}\left[(12\mid11)-\tfrac{1}{2}(11\mid12)\right]+P_{12}\left[(12\mid12)-\tfrac{1}{2}(12\mid12)\right]+$$
$$P_{21}\left[(12\mid21)-\tfrac{1}{2}(11\mid22)\right]+P_{22}\left[(12\mid22)-\tfrac{1}{2}(12\mid22)\right]$$
$$=0.1240\times(0.1709)+0.4318\times(0.1096)+$$
$$0.4318\times(-0.0733)+1.5034\times(0.2184)=0.3652 \tag{5.125}$$

$$G_{22}=P_{11}\left[(22\mid11)-\tfrac{1}{2}(21\mid12)\right]+P_{12}\left[(22\mid12)-\tfrac{1}{2}(22\mid12)\right]+$$
$$P_{21}\left[(22\mid21)-\tfrac{1}{2}(21\mid22)\right]+P_{22}\left[(22\mid22)-\tfrac{1}{2}(22\mid22)\right]$$
$$=0.1240\times(0.4754)+0.4318\times(0.2184)+$$
$$0.4318\times(0.2184)+1.5034\times(0.4964)=0.9938 \tag{5.126}$$

根据基于初始猜测 c 的 G 值,初始猜测电子排斥矩阵为

$$G_0=\begin{pmatrix}0.9075 & 0.3652\\ 0.3652 & 0.9938\end{pmatrix} \tag{5.127}$$

初始猜测的福克矩阵为(式(5.116)、式(5.120)和式(5.126))

$$F_0=T+V(H)+V(He)+G_0=H^{core}+G_0$$

$$= \begin{pmatrix} -1.6606 & -1.3160 \\ -1.3160 & -2.3030 \end{pmatrix} + \begin{pmatrix} 0.9095 & 0.3652 \\ 0.3652 & 0.9938 \end{pmatrix} = \begin{pmatrix} -0.7511 & -0.9508 \\ -0.9508 & -1.3092 \end{pmatrix} \quad (5.128)$$

式(5.127)和式(5.128)中的"0"下标强调初始猜测 c 没有迭代细化,用于计算 $\boldsymbol{G}$。在自洽场程序的后续迭代中,$\boldsymbol{H}^{core}$ 将保持不变,而 $\boldsymbol{G}$ 将随着 c 被细化,因而,P 将随着自洽场循环而变化。随着 c 的变化,电子排斥矩阵 $\boldsymbol{G}$ 的变化与分子波函数的变化相对应(见原子轨道线性组合的展开)。波函数(平方)表示时间平均的电子分布,因而表示电子/电荷云的排斥。

步骤5 将 $\boldsymbol{F}$ 转换为 $\boldsymbol{F}'$,即满足 $\boldsymbol{F}' = \boldsymbol{C}'\boldsymbol{\varepsilon}\boldsymbol{C}'^{-1}$ 的福克矩阵。

在 4.4.2 节中,我们使用正交矩阵 $\boldsymbol{S}^{-1/2}$(步骤3),将 $\boldsymbol{F}$ 转换为矩阵 $\boldsymbol{F}'$。当对角化该矩阵时,给出能级 $\boldsymbol{\varepsilon}$ 和系数矩阵 $\boldsymbol{C}'$,随后 $\boldsymbol{C}'$ 被转换为所需 c 的矩阵 $\boldsymbol{C}$(见 5.2.3 节):

$$\boldsymbol{F}'_0 = \underbrace{\begin{pmatrix} 1.1163 & -0.3003 \\ -0.3003 & 1.1163 \end{pmatrix}}_{\boldsymbol{S}^{-1/2}} \underbrace{\begin{pmatrix} -0.7511 & -0.9508 \\ -0.9508 & -1.3092 \end{pmatrix}}_{\boldsymbol{F}_0} \underbrace{\begin{pmatrix} 1.1163 & -0.3003 \\ -0.3003 & 1.1163 \end{pmatrix}}_{\boldsymbol{S}^{-1/2}}$$

$$= \underbrace{\begin{pmatrix} -0.4166 & -0.5799 \\ -0.5799 & -1.0617 \end{pmatrix}}_{\boldsymbol{F}'_0} \quad (5.129)$$

步骤6 对角化 $\boldsymbol{F}'$,以获得能级矩阵 $\boldsymbol{\varepsilon}$ 和系数矩阵 $\boldsymbol{C}'$。

$$\boldsymbol{F}'_0 = \underbrace{\begin{pmatrix} 0.5069 & 0.8620 \\ 0.8620 & -0.5069 \end{pmatrix}}_{\boldsymbol{C}'_1} \underbrace{\begin{pmatrix} -1.4027 & 0.0000 \\ 0.0000 & -0.0756 \end{pmatrix}}_{\boldsymbol{\varepsilon}_1} \underbrace{\begin{pmatrix} 0.5069 & 0.8620 \\ 0.8620 & -0.5069 \end{pmatrix}}_{\boldsymbol{C}'^{-1}_1} \quad (5.130)$$

来自第一次自洽场循环的能级($\boldsymbol{F}'_0$ 的特征值)为 -1.4027 hartree 和 -0.0756 hartree(hartree 是以原子单位表示的能量单位),分别对应于被占据的分子轨道 ψ_1 和未占据的分子轨道 ψ_2。ψ_1 和 ψ_2 的分子轨道系数($\boldsymbol{F}'_0$ 的特征向量),**用于转换后的、正交归一的基函数**,来自 $\boldsymbol{C}'_1$(这里,$\boldsymbol{C}'_1$ 及其逆 $\boldsymbol{C}'^{-1}_1$ 是相同的):

$$\boldsymbol{v}'_1 = \begin{pmatrix} 0.5069 \\ 0.8620 \end{pmatrix} \quad \text{和} \quad \boldsymbol{v}'_2 = \begin{pmatrix} 0.8620 \\ -0.5069 \end{pmatrix} \quad (5.131)$$

$\boldsymbol{v}'_1$ 是 $\boldsymbol{C}'_1$ 的第一列,而 $\boldsymbol{v}'_2$ 是 $\boldsymbol{C}'_1$ 的第二列。这些系数是通过转换的、给出分子轨道的正交归一基函数的加权因子:

$$\psi_1 = 0.5069\phi'_1 + 0.8620\phi'_2 \quad \text{和} \quad \psi_2 = 0.8620\phi'_1 - 0.5069\phi'_2 \quad (5.132)$$

式中,ϕ'_1 和 ϕ'_2 是原始基函数 ϕ_1 和 ϕ_2 的线性组合。原始基函数 ϕ 以原子核为中心,且被归一化,但不正交,而转换后的基函数 ϕ' 在分子上离域,且是正交归一的(4.4.2 节)。注意,ϕ'_1 和 ϕ'_2 的系数平方和为 1,如果基函数正交归一,则必须如此。在下一步骤中,$\boldsymbol{C}'_1$ 被转换,以获得分子轨道中原始基函数 ϕ 的系数。我们想要原始的、以原子为中心的基函数(粗略地说,原子轨道,5.3 节)的分子轨道,因为这样的分子轨道更容易解释。

步骤7 将 $\boldsymbol{C}'$ 转换为 $\boldsymbol{C}$,即原始的、非正交基函数的系数矩阵。

如 4.4.2 节所述,我们使用正交矩阵 $\boldsymbol{S}^{-1/2}$,将 $\boldsymbol{C}'$ 转换为 $\boldsymbol{C}$:

$$\boldsymbol{C}_1 = \underbrace{\begin{pmatrix} 1.1163 & -0.3003 \\ -0.3003 & 1.1163 \end{pmatrix}}_{\boldsymbol{S}^{-1/2}} \underbrace{\begin{pmatrix} 0.5069 & 0.8620 \\ 0.8620 & -0.5069 \end{pmatrix}}_{\boldsymbol{C}'_1} = \underbrace{\begin{pmatrix} 0.3070 & 1.1145 \\ 0.8100 & -0.8247 \end{pmatrix}}_{\boldsymbol{C}_1} \quad (5.133)$$

这就完成了第一次自洽场循环。我们现在得到了第一组分子轨道能级和基函数系数：根据式(5.130)，

$$\varepsilon_1 = -1.4027, \quad \varepsilon_2 = -0.0756 \tag{5.134}$$

根据式 (5.133)(参考式(5.132))：

$$\psi_1 = 0.3070\phi_1 + 0.8100\phi_2, \quad \psi_2 = 1.1145\phi_1 - 0.8247\phi_2 \tag{5.135}$$

请注意，ϕ_1 和 ϕ_2 系数的平方和并不是 1，因为这些以原子为中心的函数不是正交的(对比简单休克尔方法，4.3.4 节)。

步骤 8　将最新 c 的密度矩阵与上一次的密度矩阵进行比较，以查看自洽场程序是否收敛。

可将基于 c(式(5.133))的 $\boldsymbol{C}_1$ 的密度矩阵元与基于初始猜测的密度矩阵元(式(5.123))进行比较：

$$P_{11} = 2c_{11}c_{11} = 2 \times (0.3070) \times 0.3070 = 0.1885$$
$$P_{12} = 2c_{11}c_{21} = 2 \times (0.3070) \times 0.8100 = 0.4973 \tag{5.136}$$
$$P_{11} = 2c_{21}c_{21} = 2 \times (0.8100) \times 0.8100 = 1.3122$$

假设我们的收敛标准是 $\boldsymbol{P}$ 的元素必须与上一次 $\boldsymbol{P}$ 矩阵的元素在 1/1000 以内一致。将式(5.136)与式(5.123)进行比较，我们发现，这并没有实现：即使是最小的变化也是 $|(1.312-1.503)/1.503|=0.127$，仍远高于所要求的 0.001。因此，需要再来一次自洽场循环。

步骤 9　开始第二次自洽场循环：使用 $\boldsymbol{C}_1$ 的 c 来计算新的福克矩阵 $\boldsymbol{F}_1$(见步骤 4(1))。

第一次福克矩阵 $\boldsymbol{F}_0$ 使用了我们初始猜测的 c(步骤 4(1))。现在可以使用来自第一次自洽场循环中的 c 来计算改进的 $\boldsymbol{F}$。像我们在步骤 4(1)中计算 $\boldsymbol{G}_0$ 那样来计算 $\boldsymbol{G}_1$，但使用新的 P：

$$
\begin{aligned}
G_{11} &= P_{11}\left[(11\mid11) - \frac{1}{2}(11\mid11)\right] + P_{12}\left[(11\mid12) - \frac{1}{2}(12\mid11)\right] + \\
&\quad P_{21}\left[(11\mid21) - \frac{1}{2}(11\mid21)\right] + P_{22}\left[(11\mid22) - \frac{1}{2}(12\mid21)\right] \\
&= 0.1885 \times (0.3642) + 0.4973 \times (0.1709) + \\
&\quad 0.4973 \times (0.1709) + 1.3122 \times (0.4754) = 0.8624
\end{aligned}
\tag{5.137}
$$

$$
\begin{aligned}
G_{12} = G_{21} &= P_{11}\left[(12\mid11) - \frac{1}{2}(11\mid12)\right] + P_{12}\left[(12\mid12) - \frac{1}{2}(12\mid12)\right] + \\
&\quad P_{21}\left[(12\mid21) - \frac{1}{2}(11\mid22)\right] + P_{22}\left[(12\mid22) - \frac{1}{2}(12\mid22)\right] \\
&= 0.1885 \times (0.1709) + 0.4973 \times (0.1096) + \\
&\quad 0.4973 \times (-0.0733) + 1.3122 \times (0.2184) = 0.3369
\end{aligned}
\tag{5.138}
$$

$$
\begin{aligned}
G_{22} &= P_{11}\left[(22\mid11) - \frac{1}{2}(21\mid12)\right] + P_{12}\left[(22\mid12) - \frac{1}{2}(22\mid12)\right] + \\
&\quad P_{21}\left[(22\mid21) - \frac{1}{2}(21\mid22)\right] + P_{22}\left[(22\mid22) - \frac{1}{2}(22\mid22)\right] \\
&= 0.1885 \times (0.4754) + 0.4973 \times (0.2184) + \\
&\quad 0.4973 \times (0.2184) + 1.3122 \times (0.4964) = 0.9582
\end{aligned}
\tag{5.139}
$$

根据第一次循环 c 的 G 值，电子排斥矩阵为

$$G_1 = \begin{pmatrix} 0.8624 & 0.3369 \\ 0.3369 & 0.9582 \end{pmatrix} \tag{5.140}$$

由此得到的福克矩阵是

$$F_1 = H^{core} + G_1 = \begin{pmatrix} -1.6606 & -1.3160 \\ -1.3160 & -2.3030 \end{pmatrix} + \begin{pmatrix} 0.8624 & 0.3369 \\ 0.3369 & 0.9582 \end{pmatrix} \tag{5.141}$$

$$= \begin{pmatrix} -0.7982 & -0.9791 \\ -0.9791 & -1.3448 \end{pmatrix}$$

步骤 10　将 F_1 转换为 F_1'（见步骤5）。

$$F_1' = \underbrace{\begin{pmatrix} 1.1163 & -0.3003 \\ -0.3003 & 1.1163 \end{pmatrix}}_{S^{-1/2}} \underbrace{\begin{pmatrix} -0.7982 & -0.9791 \\ -0.9791 & 1.3448 \end{pmatrix}}_{F_1} \underbrace{\begin{pmatrix} 1.1163 & -0.3003 \\ -0.3003 & 1.1163 \end{pmatrix}}_{S^{-1/2}}$$

$$= \underbrace{\begin{pmatrix} -0.4595 & -0.5900 \\ -0.5900 & -1.0913 \end{pmatrix}}_{F_1'} \tag{5.142}$$

步骤 11　对角化 F_1'，以获得能级 ε 和系数矩阵 C'（见步骤6）。

$$F_1' = \underbrace{\begin{pmatrix} 0.5138 & 0.8579 \\ 0.8579 & -0.5138 \end{pmatrix}}_{C_2'} \underbrace{\begin{pmatrix} -1.4447 & 0.0000 \\ 0.0000 & -0.1062 \end{pmatrix}}_{\varepsilon_2} \underbrace{\begin{pmatrix} 0.5138 & 0.8579 \\ 0.8579 & -0.5138 \end{pmatrix}}_{C_2'^{-1}} \tag{5.143}$$

来自第二次自洽场循环的能级为 -1.4447 hartree 和 -0.1062 hartree。为了获得基于原始基函数 ϕ_1 和 ϕ_2 的分子轨道能级相对应的分子轨道系数，我们现在将 C_2' 转换为 C_2。

步骤 12　将 C_2' 转换为 C_2（见步骤7）。

$$C_2 = \underbrace{\begin{pmatrix} 1.1163 & -0.3003 \\ -0.3003 & 1.1163 \end{pmatrix}}_{S^{-1/2}} \underbrace{\begin{pmatrix} 0.5138 & 0.8579 \\ 0.8579 & -0.5138 \end{pmatrix}}_{C_2'} = \underbrace{\begin{pmatrix} 0.3159 & 1.1120 \\ 0.8034 & -0.8319 \end{pmatrix}}_{C_2} \tag{5.144}$$

这样就完成了第二次自洽场循环。我们现在获得了分子轨道能级和基函数系数。

根据式(5.143)：

$$\varepsilon_1 = -1.4447 \quad \text{和} \quad \varepsilon_2 = -0.1062 \tag{5.145}$$

根据式(5.144)：

$$\psi_1 = 0.3159\phi_1 + 0.8034\phi_2 \quad \text{和} \quad \psi_2 = 1.1120\phi_1 - 0.8319\phi_2 \tag{5.146}$$

步骤 13　将最新 c 的密度矩阵与上一次密度矩阵进行比较，以查看自洽场过程是否收敛。

基于 c 的 C_2 的密度矩阵元是

$$P_{11} = 2c_{11}c_{11} = 2 \times (0.3159) \times 0.3159 = 0.1996$$

$$P_{12} = 2c_{11}c_{21} = 2 \times (0.3159) \times 0.8034 = 0.5076 \tag{5.147}$$

$$P_{22} = 2c_{21}c_{21} = 2 \times (0.8034) \times 0.8034 = 1.2909$$

比较式(5.147)与式(5.136)，我们可看到，收敛还没有达到 1/1000 标准：密度矩阵的最大变化是 $|(0.1996-0.1885)/0.1885| = 0.059$，大于 0.001，因此重复自洽场过程。

又进行了三次自洽场循环。"第零次循环"(初始猜测)和五次循环的结果总结在表 5.1 中。仅在第五次循环内,收敛才被实现,即所有密度矩阵元的变化都降到了 1/1000 以下(最大变化是在 P_{11} 中,$|(0.2020-0.2019)/0.2019|=0.0005<0.001$)。在实际应用中,根据程序和特定的计算类型,使用的收敛标准在 $1/10^4 \sim 1/10^8$ 之间。虽然能级和 $E_{\mathrm{HF}}^{\mathrm{total}}$ 出现了一些振荡,但系数和密度矩阵元变化平稳。为了减少达到收敛所需的步骤数,程序有时会外推密度矩阵,即估算最终的 P 值,并使用这些估算值来启动最后几次自洽场循环。

通常,HF(即自洽场)计算的主要结果是分子的能量(能量的计算可以包含在几何构型优化中,这是寻找最小能量几何构型的任务)。核间距为 0.800 Å 的 HHe$^+$ 的 STO-1G 的能量可以根据我们的结果计算。

表 5.1 使用 STO-1G 基组、键长为 0.800 Å 的 HHe$^+$ 的初始猜测和自洽场循环的结果。能量(ε_1、ε_2 和 $E_{\mathrm{HF}}^{\mathrm{total}}$)以 hartree 表示

参　数	初始猜测 零次循环	第一次循环	第二次循环	第三次循环	第四次循环	第五次循环
ε_1，ε_2	—	-1.4027, -0.0756	-1.4447, -0.1062	-1.4466, -0.1054	-1.4473, -0.1056	-1.4470, -0.1051
c_{11}，c_{21}	0.249, 0.867	0.3070, 0.8100	0.3159, 0.8034	0.3175, 0.8022	0.3177, 0.8021	0.3178, 0.8020
c_{12}，c_{22}	—	1.1145, -0.8247	1.1120, -0.8319	1.1115, -0.8323	1.1115, -0.8325	1.1114, -0.8325
P_{11}	0.1240	0.1885	0.1996	0.2010	0.2019	0.2020
P_{12}	0.4318	0.4973	0.5076	0.5094	0.5097	0.5097
P_{22}	1.5034	1.3122	1.2909	1.2870	1.2867	1.2864
$E_{\mathrm{HF}}^{\mathrm{total}}$	—	-2.3992	-2.4419	-2.4428	-2.4443	-2.4438

电子能量是

$$E_{\mathrm{HF}} = \sum_{i=1}^{n} \varepsilon_i + \frac{1}{2} \sum_{r=1}^{m} \sum_{s=1}^{m} P_{rs} H_{rs}^{\mathrm{core}} \qquad (5.147 = 5.90)$$

核间排斥能是

$$V_{\mathrm{NN}} = \sum_{\mathrm{all}\ \mu,v} \frac{Z_\mu Z_v}{r_{\mu v}} \qquad (5.148 = 5.92)$$

0 K 时,分子的总内能(零点能除外,5.2.3 节)是

$$E_{\mathrm{HF}}^{\mathrm{total}} = E_{\mathrm{HF}} + V_{\mathrm{NN}} = \sum_{i=1}^{n} \varepsilon_i + \frac{1}{2} \sum_{r=1}^{m} \sum_{s=1}^{m} P_{rs} H_{rs}^{\mathrm{core}} + V_{\mathrm{NN}} \qquad (5.149 = 5.93)$$

$E_{\mathrm{HF}}^{\mathrm{total}}$,也就是通常所说的 HF 能量,在单点计算或几何构型优化结束时,由程序打印输出,或某些程序在几何构型优化的每一步结束时,也会打印输出。

使用第一次循环的能级和密度矩阵元(表 5.1),以及式(5.120)中的 H^{core} 矩阵元、由式(5.147)得到电子能量

$$E_{\mathrm{HF}} = \varepsilon_1 + \frac{1}{2} \sum_{r=1}^{m} \sum_{s=1}^{m} P_{rs} H_{rs}^{\mathrm{core}}$$

$$= \varepsilon_1 + \frac{1}{2} \sum_{r=1}^{m} \left[P_{r1} H_{r1}^{\mathrm{core}} + P_{r2} H_{r2}^{\mathrm{core}} \right]$$

$$= \varepsilon_1 + \frac{1}{2}\left[P_{11}H_{11}^{\text{core}} + P_{12}H_{12}^{\text{core}} + P_{21}H_{21}^{\text{core}} + P_{22}H_{22}^{\text{core}}\right]$$

$$= -1.4027 \text{ hartree} + \frac{1}{2} \times \left[0.1885 \times (-1.6606) + 0.4973 \times (-1.3160) + \right.$$

$$\left. 0.4973 \times (-1.3160) + 1.3122 \times (-2.3030)\right] \text{ hartree}$$

$$= -3.7222 \text{ hartree} \tag{5.150}$$

根据式(5.148)，核间排斥能为

$$V_{\text{NN}} = \frac{Z_{\text{H}}Z_{\text{He}}}{r_{\text{HHe}}} \tag{5.151}$$

$$= \frac{1 \times (2)}{1.5117} \text{ hartree} = 1.3230 \text{ hartree}$$

由式(5.149)，HF 总能量为

$$E_{\text{HF}}^{\text{total}} = E_{\text{HF}} + V_{\text{NN}} = -3.7222 \text{ hartree} + 1.3230 \text{ hartree} = -2.3992 \text{ hartree} \tag{5.152}$$

表 5.1 展示了五次自洽场循环的 HF 能量。

如果不是从非自洽场方法（如扩展休克尔方法）的特征向量开始，如本说明性过程中所述，自洽场计算偶尔通过将 $\boldsymbol{H}^{\text{core}}$ 作为福克矩阵来启动，即通过最初忽略电子-电子排斥，将式(5.82)中的第二项或式(5.100)中的 G 设置为零，于是 F_{rs} 变成 H_{rs}^{core}。这通常是一个很差的初始猜测，但偶尔有用。希望读者从这个福克矩阵开始，完成几次自洽场循环。这种烦琐的计算将有助于读者了解现代电子计算机的性能和实用性，并可能增强对那些开创复杂数值计算的人的敬意，当时，唯一的算术辅助工具是数学表和机械计算器（机械计算器是带有旋转轮，用手或电动操作的机器。至少在天文学中，还有一大群的女数学家被称为计算机——这个词的本义）。

如果我们将电子能量简单地计算为被占据分子轨道能量总和的两倍，像简单和扩展休克尔方法那样，我们会得到比正确程序（式(5.147)）高得多的值。对 0.800 Å 的键长，这个初始电子能量的收敛结果是 $2 \times (-1.4470)$ hartree $= -2.8940$ hartree，而正确的电子能量（表 5.1 中未给出，HF 能量为电子能加核间排斥能）为 -3.7668 hartree，即当我们纠正简单地将分子轨道能量进行二次求和而计算电子排斥项两次这一事实时（见 5.2.3 节），计算值降低了 30%。

通过计算不同键长下的 HF 能量（电子加核间能），完成 HHe$^+$ 的几何构型优化，以获得最小能量的几何构型。结果如图 5.11 所示。STO-1G 基组优化的键长约为 0.86 Å。请注意，通常，报告的从头算能量以 hartree 为单位，保留 5～6 位小数（而键长以 Å 为单位，保留 3 位小数）。此处使用的截断值适用于这些说明性计算。

使用分子轨道的罗特汉-霍尔原子轨道线性组合展开的单点 HF（自洽场）计算步骤总结。

（1）指定几何构型、基组和轨道的占据（后者通过指定电荷和多重度来实现，其中，电子基态是默认值）。

（2）计算积分：每个原子核的 T_{rs}、V_{rs} 和 G_{rs} 所需的双电子积分 $(ru \mid ts)$ 等，以及从得出的正交矩阵的重叠积分 S_{rs}（见步骤 3）。注意：在直接自洽场方法(5.3 节)中，双电

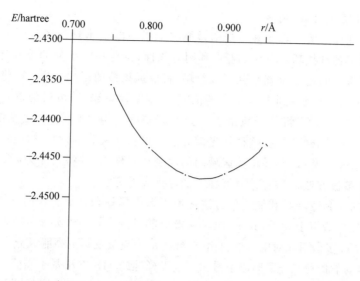

图 5.11 H—He$^+$ 的 STO-1G 能量与键长 r。$r = 0.800$ Å 的计算主要是"手工"完成的(见 5.2.3 节);其他部分都是用 Gaussian 92 程序完成的[29]

积分根据需要计算,而不是一次计算所有积分。

(3) 计算正交矩阵 $\boldsymbol{S}^{-1/2}$。

对角化 $\boldsymbol{S}$:$\boldsymbol{S} = \boldsymbol{PDP}^{-1}$。

计算 $\boldsymbol{D}^{-1/2}$(取 $\boldsymbol{D}$ 矩阵元的 $-1/2$ 次幂)。

计算 $\boldsymbol{S}^{-1/2} = \boldsymbol{PD}^{-1/2}\boldsymbol{P}^{-1}$。

(4) 计算福克矩阵 $\boldsymbol{F}$。

使用步骤(2)的 T 和 V 积分计算单电子矩阵 $\boldsymbol{H}^{\text{core}} = \boldsymbol{T} + \boldsymbol{V}_1 + \boldsymbol{V}_2 + \cdots$

双电子矩阵(电子排斥矩阵)$\boldsymbol{G}$。

使用占据分子轨道系数的初猜值计算初始猜测的密度矩阵元。

$$P_{tu} = 2\sum_{j=1}^{n} c_{tj}^* c_{uj}, \quad t = 1, 2, \cdots, m \text{ 和 } u = t = 1, 2, \cdots, m$$

使用密度矩阵元和双电子积分来计算 $\boldsymbol{G}$。

$$G_{rs} = \sum_{t=1}^{m} \sum_{u=1}^{m} P_{tu} \left[(rs \mid tu) - \frac{1}{2}(ru \mid ts) \right]$$

福克矩阵为 $\boldsymbol{F} = \boldsymbol{H}^{\text{core}} + \boldsymbol{G}$。

(5) 将 $\boldsymbol{F}$ 转换为 $\boldsymbol{F}'$,福克矩阵满足 $\boldsymbol{F}' = \boldsymbol{C}'\boldsymbol{\varepsilon}\boldsymbol{C}'^{-1}$。

$$\boldsymbol{F}' = \boldsymbol{S}^{-1/2} \boldsymbol{F} \boldsymbol{S}^{-1/2}$$

(6) 对角化 $\boldsymbol{F}'$,以获得能级和 $\boldsymbol{C}'$ 矩阵。

$$\boldsymbol{F}' = \boldsymbol{C}'\boldsymbol{\varepsilon}\boldsymbol{C}'^{-1}$$

(7) 将 $\boldsymbol{C}'$ 转换为 $\boldsymbol{C}$,原始基函数的系数矩阵

$$\boldsymbol{C} = \boldsymbol{S}^{-1/2}\boldsymbol{C}'$$

(8) 比较由上一步的 $\boldsymbol{C}$ 计算的密度矩阵元与前一步的密度矩阵元(和/或使用其他标准,如分子能量)。如果尚未实现收敛,则返回步骤(4),并使用最新 c 的 P 来计算新的福克

矩阵。如果已经实现收敛，则停止。

应认识到，现代从头算程序并不严格遵循本节描述的基本自洽场步骤。为了加快计算速度，他们采用了各种技巧。其中包括：利用对称性，避免相同积分的重复计算；快速测试双电子积分，看看它们是否足够小到可以忽略（就像远离核的函数一样；这将计算时间从对基函数数量的 n^4 依赖减少到大约 $n^{2.3}$ 的依赖）；重新计算积分，以避免遇到硬盘访问瓶颈（直接自洽场，5.3.2 节）；将分子轨道表示为空间中的一组网格点，加上基组扩展，这消除了明确计算双电子积分的需要（这种伪光谱方法可以将从头算的计算速度提高约 3~4 倍）；对于非常大的系统来说，计算远距离区域间的库仑相互作用，并将其作为区域中心各点之间的排斥力（**快速多极方法**）。莱文[33] 解释了加速计算的方法。

本章描述的计算波函数和能量的方法适用于**闭壳层基态**分子。我们开始使用的斯莱特行列式（式（5.12））适用于分子，其中，电子从最低能量分子轨道开始配对地填充到分子轨道中。这与有 1 个或多个不配对电子的自由基，或与电子被激发到更高能级分子轨道（见图 5.9，中性三重态）的电子激发态分子形成了对比。这里概述的 HF 方法基于闭壳层的斯莱特行列式，被称为**限制的 HF**（RHF）方法。"限制"指 α 自旋的电子被迫占据（受限于）与 β 自旋相同的空间轨道：检验式（5.12）表明，我们没有一组 α 空间轨道和一组 β 空间轨道。相同的空间轨道（如 ψ_1）用于创建 α 和 β 自旋轨道。如果不符合上述条件，则 HF（即自洽场）计算意味着 RHF 计算。

处理自由基最常用的方法是使用**非限制性 HF**（UHF）方法[12b]。在这种方法中，我们对 α 和 β 电子采用了不同的空间轨道，从而给出两组分子轨道，一组用于 α 电子，一组用于 β 电子。因此，需要针对 α 容纳和 β 容纳的空间轨道分别优化基函数系数，我们有 α 和 β 福克矩阵。这些空间轨道是不相同的，这一事实显而易见，自由基的"孤对"（未配对）电子与 α 电子的相互作用不同于与 β 电子的相互作用，因为相同自旋的电子因"泡利排斥"而有特别的规避。UHF 方法是"非限制性的"，因为将 α 和 β 电子置于相同空间轨道的替代方法将迫使（限制）它们占据相同的空间区域，尽管它们与未配对电子的相互作用不同。不太常见的是，自由基被用**限制性开壳层 HF**（ROHF）方法处理，其中，除了必要的未配对电子外，其余电子与 RHF 方法一样，配对地占据分子轨道。

UHF 和 ROHF 方法各有优缺点。UHF 计算很好地反映了来自电子自旋共振的自旋密度，因此在分析开壳物种的电子分布时非常有用。相反，ROHF 不能正确反映配对电子与未配对电子的相互作用，因为配对电子处于相互限制的空间轨道中。UHF 的主要问题是它没有给出系统的真实波函数，而给出了一个可能受到更高多重度波函数贡献严重污染的波函数。例如，一个简单的单自由基，准确地说是二重态，可能有来自四重态、六重态等的贡献。这种污染的程度可以通过检查自旋平方算符 $\hat{S}^2$ 的期望值 $\langle S^2 \rangle$（如果波函数不受更高自旋态污染，则为特征值）来判断。对自由基的计算，这是自动评估的，如果与期望值的偏差看起来不合理，则几何构型和能量可能是不可接受的。对于单、双和三自由基来说，总自旋分别为 1/2、1 和 3/2，多重度（式（5.99））为 2S+1，分别为 2（二重态）、3（三重态）和 4（四重态）。根据特征值表达式 $S(S+1)$（参考文献[1a]，第 266 页），理论期望值 $\langle S^2 \rangle$ 分别为 0.7500、2.0000 和 3.7500。大多数算法采用"湮灭算符"，试图去除高自旋污染，并在湮灭前后打印 $\langle S^2 \rangle$。下面是来自 UHF 和 ROHF 的 $\langle S^2 \rangle$ 对单自由基 **A** 和 **B**、双自由基 **C** 和三自由基 **D** 的比较，如下所示。

A. UHF 湮灭前/后 0.7625/0.7501；理论 0.7500
ROHF 湮灭前/后 0.7500/0.7500；理论 0.7500

B. UHF 湮灭前/后 1.4330/1.1781；理论 0.7500
ROHF 湮灭前/后 0.7500/0.7500；理论 0.7500

C. UHF 湮灭前/后 2.0237/2.0004；理论 2.0000
ROHF 湮灭前/后 2.0000/2.0000；理论 2.0000

D. UHF 湮灭前/后 3.7880/3.7507；理论 3.7500
ROHF 湮灭前/后 3.7500/3.7500；理论 3.7500

我们看到，对于 UHF 来说，**A**、**C** 和 **D** 的污染很小，而且湮灭使期望值$\langle S^2 \rangle$更接近理论值。污染对 **B** 不利，且湮灭无济于事。这个波函数性质的有效性值得怀疑。ROHF 波函数未受污染。ROHF 相对于 UHF 的优势在于，当后者给出强的自旋污染结果时，ROHF 几何构型可能更可靠。

激发态及那些具有相反自旋电子单独占据不同空间分子轨道（开壳层单态）的不寻常分子，不能用单行列式波函数正确处理。它们必须使用 HF 水平以外的方法处理，如组态相互作用（5.4 节）。参考文献[1]和文献[10]及文献[1k]和文献[11]讨论了开壳层物种的理论处理，特别是比较了 UHF 和 ROHF 方法的性能。

5.3 基组

5.3.1 介绍

我们在简单休克尔和扩展休克尔方法（4.4.1 节）中用到了基组。基组是一组数学函数（基函数），它们的线性组合产生分子轨道，如式（5.51）和式（5.52）所示。这些函数通常，但并非总是以原子核为中心（图 5.7）。将分子轨道近似为基函数的线性组合通常被称为原子轨道的线性组合（LACO）方法，尽管这些函数不一定是传统的原子轨道：它们可以是任何一组数学函数，这些函数易于操作，且其线性组合能提供分子轨道的有用表示。据此限制条件，LCAO 是一个有用的缩写。物理上，（通常）一些基函数描述了原子周围的电子分布，通过组合原子基函数，可以产生在整个分子中的电子分布。不以原子为中心的基函数（偶尔使用）可以被认为位于"鬼原子"上（见基组重叠误差，5.4.3 节）。

最简单的基组是那些在简单休克尔和扩展休克尔方法（第 4 章）中被使用的基组。当被应用于共轭有机化合物（其通常领域）时，简单休克尔基组仅包含 p 原子轨道（或"几何构型上的 p-型"原子轨道，如被认为不与 σ 骨架相互作用的孤对电子轨道）。扩展休克尔基组仅包含原子**价**轨道。在简单休克尔方法中，我们不必担心基函数的数学形式。在简单休克尔方法福克矩阵中,将它们之间的相互作用约简为 0 或 −1(例如,式(4.62)和式(4.64))。在扩展休克尔方法中,价原子轨道用斯莱特函数表示(4.4.1节)。

5.3.2 高斯函数、基组预备、直接自洽场

原子周围的电子分布可以用多种方式来表示。基于氢原子薛定谔方程解的类氢函数、参数可调的多项式函数、斯莱特函数(式(5.95))和高斯函数(式(5.96))都已使用过[34]。在这些函数中,斯莱特函数和高斯函数是数学上最简单的,目前,在分子计算中用作基函数的正是这些函数。斯莱特函数被用于半经验计算(如扩展休克尔方法(4.4节))和其他半经验方法(第 6 章)。现代分子从头算程序使用高斯函数。

斯莱特函数是原子波函数的良好近似。如果不是因为使用斯莱特函数计算某些双电子积分需要过多的计算机时间,它将是从头算基函数的自然选择。G 矩阵(式(5.100))的双电子积分(5.2.3节)包含 4 个函数,这些函数可能位于 1~4 个中心(通常是原子核)上。具有 3 个或 4 个不同函数(($rs|tt$)、($rs|rt$)和($rs|tu$))和 3 个或 4 个原子核(三中心或四中心积分)的双电子积分用斯莱特函数计算起来非常困难,但用高斯函数很容易计算。这是因为双中心的两个高斯函数的乘积是第 3 中心上的高斯函数。考虑一个以 A 核为中心和一个以 B 核为中心的 s-型高斯函数。我们考虑的实函数,就是通常的基函数。

$$g_A = a_A e^{-\alpha_A |r-r_A|^2}, \quad g_B = a_B e^{-\alpha_B |r-r_B|^2} \tag{5.153}$$

其中,

$$|r-r_A| = (x-x_A)^2 + (y-y_A)^2 + (z-z_A)^2$$
$$|r-r_B| = (x-x_B)^2 + (y-y_B)^2 + (z-z_B)^2 \tag{5.154}$$

使用笛卡尔坐标系中原子核和电子的位置(如果这些不是 s-型函数,则指前因子将包含一个或多个笛卡尔变量,以给出该函数("轨道")的非球形形状)。不难证明

$$g_A g_B = a_C e^{-\alpha_C |r-r_C|^2} = g_C \tag{5.155}$$

g_A 和 g_B 的乘积是以 r_C 为中心的高斯函数 g_C。现在考虑一般的电子排斥积分

$$(rs|tu) = \iint \frac{\phi_r^*(1)\phi_s(1)\phi_t^*(2)\phi_u(2)}{r_{12}} dv_1 dv_2 \tag{5.156=5.73}$$

如果每个基函数 ϕ 都是一个单一的实高斯函数,则式(5.155)将简化为

$$(v|w) = \iint \frac{\phi_v(1)\phi_w(2)}{r_{12}} dv_1 dv_2 \tag{5.157}$$

即具有 4 个基函数的三中心和四中心的双电子积分将立即简化为易于处理的具有两个函数的双中心积分。实际上,情况要复杂一些。单个高斯函数对斯莱特函数所提供的原子波函数的近乎理想描述是一种很差的近似。图 5.12 显示:高斯函数(指定为 STO-1G)在 $r=0$ 附近是平滑的,而斯莱特函数在 $r=0$ 处出现尖峰($r=0$ 处的零斜率对比有限斜率);在较大 r 值处:高斯函数衰减也比斯莱特函数快一些。解决这个问题的方法是使用几个高斯函数来逼近一个斯莱特函数。在图 5.12 中:1 个单独的高斯函数和一个由 3 个高斯函数线性组合的函数被用来逼近所示的斯莱特函数;STO-1G 和 STO-3G 分别表示"斯莱特型轨道(近似来自)"1 个高斯函数和"斯莱特型轨道(近似来自)"3 个高斯函数。所示的斯莱特函数适用于分子中的氢原子($\zeta=1.24$[31]),而高斯函数是对这个斯莱特函数的最佳拟合。

STO-1G 函数用于我们对 HHe$^+$ 的说明性 HF 计算(5.2.3 节),而 STO-3G 函数是商业程序标准从头算计算中使用的最小基函数。3 个高斯函数在 2~4 个或更多个高斯函数中是一个速度与精度的折中选择[31]。

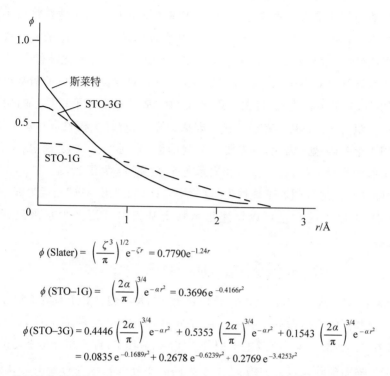

$$\phi\,(\text{Slater}) = \left(\frac{\zeta^3}{\pi}\right)^{1/2} e^{-\zeta r} = 0.7790 e^{-1.24r}$$

$$\phi\,(\text{STO–1G}) = \left(\frac{2\alpha}{\pi}\right)^{3/4} e^{-\alpha r^2} = 0.3696 e^{-0.4166 r^2}$$

$$\phi\,(\text{STO–3G}) = 0.4446 \left(\frac{2\alpha}{\pi}\right)^{3/4} e^{-\alpha r^2} + 0.5353 \left(\frac{2\alpha}{\pi}\right)^{3/4} e^{-\alpha r^2} + 0.1543 \left(\frac{2\alpha}{\pi}\right)^{3/4} e^{-\alpha r^2}$$

$$= 0.0835 e^{-0.1689 r^2} + 0.2678 e^{-0.6239 r^2} + 0.2769 e^{-3.4253 r^2}$$

图 5.12 关于氢的斯莱特、STO-1G 和 STO-3G 函数的比较。所示的斯莱特函数最适合用于分子环境中的氢,而高斯函数是此斯莱特函数的最佳 1-G 和 3-G 拟合。斯莱特函数和高斯函数通常分别由参数 ζ 和 α 来表征,见参考文献[31]

图 5.12 中的 STO-3G 基函数是一个收缩高斯函数,包含 3 个原始高斯函数,其中,每一个都有一个收缩系数(分别为 0.4446、0.5353 和 0.1543)。通常,从头算基函数由组合在一起的一组原始高斯函数和一组收缩系数组成。现在考虑的是双电子积分 $(rs|tu)$(式(5.156))。假设每个基函数都是 STO-3G 收缩的高斯函数,即

$$\phi_r = d_{1r} g_{1r} + d_{2r} g_{2r} + d_{3r} g_{3r} \tag{5.158}$$

以及对 ϕ_s、ϕ_t 和 ϕ_u 类似。那么很容易看出

$$(rs\mid tu) = \iint d_{1r} d_{1s} g_{1r1s} \frac{1}{r_{12}} d_{1t} d_{1u} g_{1t1u}\, dv_1\, dv_2 +$$

$$\iint d_{1r} d_{1s} g_{1r1s} \frac{1}{r_{12}} d_{1t} d_{2u} g_{1t2u}\, dv_1\, dv_2 + \cdots +$$

$$\iint d_{3r} d_{3s} g_{3r3s} \frac{1}{r_{12}} d_{3t} d_{3u} g_{3t3u}\, dv_1\, dv_2 \tag{5.159}$$

其中,$g_{1r1s} = g_{1r} \times g_{1s}$ 等。因此,以收缩高斯函数为基函数,每一个双电子积分就成为容易计算的双中心双电子积分的总和。高斯积分的计算速度比斯莱特积分快得多,因此,使用收缩高斯函数代替斯莱特函数极大地加快了积分的计算速度,尽管积分的数量较多。从

头算计算中对积分数量的讨论通常指收缩高斯水平下的积分，而不是原始高斯函数产生的更大数量的积分。因此，程序 Gaussian 92[29] 指出，对水分子的 STO-1G 和 STO-3G 计算都使用了相同数量（144 个）的双电子积分，尽管后者显然涉及更多的"原始积分"。在分子计算中使用高斯函数的富有成效的建议来自博伊斯（1950 年[35]）。他在将从头算实用化方面发挥了重要作用，而这体现在系列 Gaussian 程序的名称中，这些程序主要致力于从头算和密度泛函理论（第 7 章），是最广泛（使用的面向）量子力学的计算化学程序[36]。

　　积分的快速计算对双电子积分尤其重要，因为积分的数量会随分子和基组的大小而迅速增加（5.3.3 节，基组被讨论）。考虑使用 STO-1G 基组对水分子计算（请记住，从头算通常使用的最小基组是 STO-3G 基组）。在标准从头算中，对每个核轨道和每个价壳层轨道，我们至少使用 1 个基函数。因此，氧需要 5 个基函数，分别为 $1s$、$2s$、$2p_x$、$2p_y$ 和 $2p_z$ 轨道。我们可指定这些函数为 ϕ_1、ϕ_2、$\cdots$、ϕ_5，和表示每个 H 的 $1s$ 氢函数，ϕ_6 和 ϕ_7。在计算化学中，周期表中除氢和氦之外的原子被称为"重原子"，计算的"第一排"元素为锂—氖。根据经验，一个分子中，重原子的数量可以快速指示特定基组将调用多少基函数。HHe^+ 遵循式（5.106）过程：

$$G_{11} = \sum_{t=1}^{7} \sum_{u=1}^{7} P_{tu} \left[(11 \mid tu) - \frac{1}{2}(1u \mid t1) \right]$$

　　现在，u 从 1~7，t 从 1~7，因此，G_{11} 将包含 49 项，每项包含 2 个双电子积分 G_{11}，总共有 98 个积分。7 个基函数的福克矩阵是一个 7×7 矩阵，有 49 个元素，G_{11}、G_{12}、$\cdots$、G_{17}、$\cdots G_{77}$，因此，显然存在 $49 \times 98 = 4802$ 个双电子积分。实际上，其中，许多积分是重复的（$G_{ij} = G_{ji}$，因此一个 $n \times n$ 福克矩阵仅包含大约 $n^2/2$ 个不同的矩阵元），仅在符号上与其他积分不同，或者非常小，因而独特的非零双电子积分项为 119（用 Gaussian 92[29] 计算）。对于过氧化氢（12 个基函数）的 STO-1G 计算来说，大约有 700 个独特的非零的双电子积分项（原始的理论最大值是 41 472）。用于估计一组 m 个实数基函数的独特的双电子积分的最大数量的常用公式源自这样一个事实，即每个积分中有 4 个基函数，而（$rs \mid tu$）是八重简并的（式（5.109））。从而将这些积分的最大数量近似为

$$N_{max} = m^4/8 \tag{5.160}$$

　　在上述计算中，水（C_{2v}）和过氧化氢（C_{2h}）的对称性在减少必须实际计算的积分数量方面起着重要作用，而现代的从头算程序能识别和利用可以使用的对称性（大多数分子缺乏对称性，但具有特殊理论意义的小分子通常具有对称性），且能够识别并避免计算低于阈值大小的积分。然而，随着分子和基组大小的增加，双电子积分数量的迅速增加会凸显从头算计算的问题。3-21G 基组（5.3.3 节）是通常使用的最小基组，对阿斯匹林，一个实际感兴趣的相当小的分子（$C_9H_8O_4$，13 个重原子）的从头算计算，需要 133 个基函数，根据式（5.160），该计算可能调用 3900 万（$133^4/8$ 个）双电子积分。显然，一个适度的从头算计算可能需要数千万个积分。有关分子大小、对称性、基组和积分数量的信息（3-21G 基组在 5.3.3 节解释）总结在表 5.2 中。请注意，对于那些没有对称性的分子（C_1）来说，根据式（5.160）计算的双电子积分数量与 Gaussian 92 实际计算的结果大致相同。

表 5.2 分子大小、基函数数量和双电子积分数量

		基函数		双电子积分			
		STO-3G	3-21G$^{(*)}$	来自 $m^4/8$	来自 G92^a	来自 $m^4/8$	来自 G92
HHe$^+$	C$_{\infty V}$	2	4	2	6	32	55
H$_2$O	C$_{2v}$	7	13	300	144	3570	1314
H$_2$O$_2$	C$_{2h}$	12	22	2592	738	29 282	7713
H$_2$O$_2$	C$_1^*$	12	22	2592	2774	29 282	28 791
H$_2$O$_3$	C$_{2v}$	17	31	10 440	3421	115 440	31 475
H$_2$O$_3$	C$_1$	17	31	10 440	11 046	115 440	107 869

a 其中一个原子的坐标被略微改变,以获得这种不自然的对称性。

很多双电子积分存在两个问题:计算它们所需的时间及存储它们的位置。如前所述,第一个问题的解决方案是使用高斯函数。在可能的情况下,利用对称性,并忽略初步检查显示"几乎为零"的积分。另一个问题可以通过将积分存储在 RAM(随机存取存储器,即电子存储器)中,将积分存储在硬盘驱动器上,或根本不存储它们,而是根据需要再计算它们来解决。从一开始就计算所有积分,并将它们存储在某个地方,称为传统的自洽场,这是较早使用用的程序。后一种程序只计算当前所需的双电子积分,并在必要时重新计算它们,被称为直接自洽场(可能在"刚才"或"此刻"的意义上使用"直接")。计算所有双电子积分,并将它们存储在内存中,是最快的方法,因为这只需要计算它们一次,且从电子存储器中访问信息很快。但是,RAM 无法像硬盘驱动器一样存储许多积分。一个(目前)4 GB 的中等内存可以存储大约 2000 个基函数(最多约 1 亿个)产生的所有积分。超过这个数量,计算机基本上停止运转。硬盘驱动器的容量通常远大于 RAM 的容量(例如,一个中等可观的硬盘驱动器大约为 1000 GB)。将所有双电子积分存储在硬盘驱动器上通常是一个可行的选择,但缺点是从物理设备中读取数据到 RAM,以便 CPU 可以随时使用,花费的时间比将数据存储在纯电子设备,如 RAM 中(例如,程序 Spartan[37] 中直接自洽场的唯一替代方案)进行读取所需的时间要多得多(可能是 ms 左右,而不是 ns)。由于这些原因,尽管需要重新计算积分[38],但现在,具有许多基函数(超过数百个,取决于 RAM 的大小)的从头算都使用直接自洽场。这些考虑因素将随着硬件的改进而改变,且超大电子存储器的可用性可能使存储所有双电子积分在 RAM 中成为从头算的唯一选择。

5.3.3 基组的类型及其应用

我们已经使用过 STO-1G(5.2.3 节和 5.3.2 节)和 STO-3G(5.3.2 节)基组。我们看到,单个高斯不能很好地表示斯莱特函数,但可以使用高斯的线性组合来改进这种逼近(图 5.12)。本节描述了从头算中常用的基组,并概述了其效用领域。请注意,STO-1G 基组,尽管它对我们的说明性目的很有用,但并未用于研究计算中(图 5.12 显示了它逼近斯莱特函数有多差)。我们将考虑使用最广泛的 STO-3G、3-21G、6-31G* 和 6-311G* 基组,它们通过添加极化(*)和弥散(+)函数得到改善,其他基组的简要信息总结在图 5.13 中。参考文献[1a]、文献[1e]和文献[1i]提供了当前流行基组的很好的讨论;赫尔等[1g,39]汇编的内容广泛且经过严格评估。

（a）STO-3G

$_1$H 1s 1 函数		$_2$He 1s 1 函数
	$_3$Li-$_{10}$Ne 1s 2s 2p 2p 2p 5 函数	
	$_{11}$Na-$_{18}$Ar 1s 2s 2p 2p 2p 3s 3p 3p 3p 9 函数	
$_{19}$K-$_{20}$Ca 1s 2s 2p 2p 2p 3s 3p 3p 3p 4s 4p 4p 4p 13 函数	$_{21}$Sc-$_{30}$Zn 1s 2s 2p 2p 2p 3s 3p 3p 3p 4s 4p 4p 4p 3d 3d 3d 3d 3d 18 函数	$_{31}$Ga-$_{36}$Kr 1s 2s 2p 2p 2p 3s 3p 3p 3p 4s 4p 4p 4p 3d 3d 3d 3d 3d 18 函数
$_{37}$Rb-$_{38}$Sr 1s 2s 2p 2p 2p 3s 3p 3p 3p 4s 4p 4p 4p 5s 5p 5p 5p 3d 3d 3d 3d 3d 22 函数	$_{39}$Y-$_{48}$Cd 1s 2s 2p 2p 2p 3s 3p 3p 3p 4s 4p 4p 4p 5s 5p 5p 5p 3d 3d 3d 3d 3d 4d 4d 4d 4d 4d 27 函数	$_{49}$In-$_{54}$Xe 1s 2s 2p 2p 2p 3s 3p 3p 3p 4s 4p 4p 4p 5s 5p 5p 5p 3d 3d 3d 3d 3d 4d 4d 4d 4d 4d 27 函数

（b）3-21G

$_1$H 1s$'$ 1s$''$ 2 函数		$_2$He 1s$'$ 1s$''$ 2 函数
	$_3$Li-$_{10}$Ne 1s 2s$'$ 2p$'$ 2p$'$ 2p$'$ 2s$''$ 2p$''$ 2p$''$ 2p$''$ 9 函数	
	$_{11}$Na-$_{18}$Ar 1s 2s 2p 2p 2p 3s$'$ 3p$'$ 3p$'$ 3p$'$ 3s$''$ 3p$''$ 3p$''$ 3p$''$ 13 函数	

图 5.13 （a）STO-3G 基组；（b）3-21G 基组；（c）3-21G$^{(*)}$ 基组；（d）6-31G* 基组

$_{19}$K-$_{20}$Ca	$_{21}$Sc-$_{30}$Zn	$_{31}$Ga-$_{36}$Kr
1s	1s	1s
2s 2p 2p 2p	2s 2p 2p 2p	2s 2p 2p 2p
3s 3p 3p 3p	3s 3p 3p 3p	3s 3p 3p 3p
4s′ 4p′ 4p′ 4p′	4s′ 4p′ 4p′ 4p′	4s′ 4p′ 4p′ 4p′
4s″ 4p″ 4p″ 4p″	4s″ 4p″ 4p″ 4p″	4s″ 4p″ 4p″ 4p″
17 函数	3d′ 3d′ 3d′ 3d′ 3d′ 3d′	3d 3d 3d 3d 3d 3d
	3d″ 3d″ 3d″ 3d″ 3d″ 3d″	23 函数
	29 函数	
$_{37}$Rb-$_{38}$Sr	$_{39}$Y-$_{48}$Cd	$_{49}$In-$_{54}$Xe
1s	1s	1s
2s 2p 2p 2p	2s 2p 2p 2p	2s 2p 2p 2p
3s 3p 3p 3p	3s 3p 3p 3p	3s 3p 3p 3p
4s 4p 4p 4p	4s 4p 4p 4p	4s 4p 4p 4p
5s′ 5p′ 5p′ 5p′	5s′ 5p′ 5p′ 5p′	5s′ 5p′ 5p′ 5p′
5s″ 5p″ 5p″ 5p″	5s″ 5p″ 5p″ 5p″	5s″ 5p″ 5p″ 5p″
3d 3d 3d 3d 3d 3d	3d 3d 3d 3d 3d 3d	3d 3d 3d 3d 3d 3d
27 函数	4d′ 4d′ 4d′ 4d′ 4d′ 4d′	4d 4d 4d 4d 4d 4d
	4d″ 4d″ 4d″ 4d″ 4d″ 4d″	33 函数
	39 函数	

（c）3-21G$^{(*)}$

$_1$H		$_2$He
1s′		1s′
1s″		1s″
2 函数		2 函数
	$_3$Li-$_{10}$Ne	
	1s	
	2s′ 2p′ 2p′ 2p′	
	2s″ 2p″ 2p″ 2p″	
	9 函数	
	$_{11}$Na-$_{18}$Ar	
	1s	
	2s 2p 2p 2p	
	3s′ 3p′ 3p′ 3p′	
	3s″ 3p″ 3p″ 3p″	
	3d 3d 3d 3d 3d 3d	
	19 函数	
$_{19}$K-$_{20}$Ca	$_{21}$Sc-$_{30}$Zn	$_{31}$Ga-$_{36}$Kr
1s	1s	1s
2s 2p 2p 2p	2s 2p 2p 2p	2s 2p 2p 2p
3s 3p 3p 3p	3s 3p 3p 3p	3s 3p 3p 3p
4s′ 4p′ 4p′ 4p′	4s′ 4p′ 4p′ 4p′	4s′ 4p′ 4p′ 4p′
4s″ 4p″ 4p″ 4p″	4s″ 4p″ 4p″ 4p″	4s″ 4p″ 4p″ 4p″
3d 3d 3d 3d 3d 3d	3d′ 3d′ 3d′ 3d′ 3d′ 3d′	3d′ 3d′ 3d′ 3d′ 3d′ 3d′
23 函数	3d″ 3d″ 3d″ 3d″ 3d″ 3d″	3d″ 3d″ 3d″ 3d″ 3d″ 3d″
	29 函数	29 函数

图 5.13（续）

$_{37}$Rb-$_{38}$Sr	$_{39}$Y-$_{48}$Cd	$_{49}$In-$_{54}$Xe
1s	1s	1s
2s 2p 2p 2p	2s 2p 2p 2p	2s 2p 2p 2p
3s 3p 3p 3p	3s 3p 3p 3p	3s 3p 3p 3p
4s 4p 4p 4p	4s 4p 4p 4p	4s 4p 4p 4p
5s' 5p' 5p' 5p'	5s' 5p' 5p' 5p'	5s' 5p' 5p' 5p'
5s'' 5p'' 5p'' 5p''	5s'' 5p'' 5p'' 5p''	5s'' 5p'' 5p'' 5p''
3d 3d 3d 3d 3d 3d	3d 3d 3d 3d 3d 3d	3d 3d 3d 3d 3d 3d
4d 4d 4d 4d 4d 4d	4d' 4d' 4d' 4d' 4d' 4d'	4d' 4d' 4d' 4d' 4d' 4d'
27 函数	4d'' 4d'' 4d'' 4d'' 4d'' 4d''	4d'' 4d'' 4d'' 4d'' 4d'' 4d''
	39 函数	39 函数

(d) 6-31G*

$_1$H	$_2$He
1s'	1s'
1s''	1s''
2 函数	2 函数

	$_3$Li-$_{10}$Ne
	1s
	2s' 2p' 2p' 2p'
	2s'' 2p'' 2p'' 2p''
	3d 3d 3d 3d 3d 3d
	15 函数

	$_{11}$Na-$_{18}$Ar	
	1s	
	2s 2p 2p 2p	
	3s' 3p' 3p' 3p'	
	3s'' 3p'' 3p'' 3p''	
	3d 3d 3d 3d 3d 3d	
	19 函数	

图 5.13（续）

    这里最详细描述的基组是由波普尔[①]和同事[40]开发的，它们可能是现在最流行的，但所有通用基组（不只是用于小分子或原子）都利用某种收缩高斯函数来模拟斯莱特轨道。西蒙斯和尼科尔斯[41]简要讨论了基组和许多基组的引用，包括广泛使用的邓宁相关一致基组和胡齐纳加基组。没有一个程序可以用来开发一个基组。一种方法是优化原子或小分子的斯莱特函数，即找到为它们提供最低能量的 ζ 值，然后使用最小二乘法将收缩高斯函数拟合到优化的斯莱特函数[42]中。无论它们起源的细节如何，从头算基组都是通过某种数学最小化程序构建的，而不是通过拟合它们来重现实验的原子或分子性质：它们不是半经验的。

1. STO-3G
STO-3G 被称为**最小基组**，尽管有些原子实际上具有比容纳所有电子所需的更多的基

---

    ① 约翰·波普尔，1925 年出生于英格兰萨默赛特郡的滨海伯纳姆。1951 年剑桥大学（数学）博士。1960—1986 年任卡内基-梅隆大学教授，1986—2004 年任西北大学（伊利诺伊州，埃文斯顿）教授。1998 年获诺贝尔化学奖（与沃尔特·科恩共享，第 5 章，7.1 节）。2004 年于芝加哥去世。

函数(这个基可以等同于原子轨道)。对于元素周期表中的氢到氩来说,每个原子都有 1 个与其通常原子轨道描述相对应的基函数,但条件是每一排后面原子使用的轨道可供该行的所有原子使用。氢或氦原子有 1s 基函数。元素周期表"第一排"的每个原子(Li~Ne)都包括 1 个 1s、1 个 2s 和 $2p_x$、$2p_y$ 和 $2p_z$ 函数,这为每个原子提供 5 个基函数:尽管锂和铍通常被认为不会使用 p 轨道,但这一排所有原子都被赋予相同的基组,因为已经发现这比字面上的最小基组更有效。第二排原子(Na~Ar)包括 1 个 1s 和 1 个 2s,以及 3 个 2p 函数,加上 1 个 3s 和 3 个 3p 函数,共 9 个基函数。第三排的原子中,钾和钙,如预期的那样,具有前一排的 9 个基函数,以及 1 个 4s 和 3 个 4p 函数,总共 13 个基函数。从下一个元素钪开始,添加了 5 个 3d 轨道,因此,钪~锌有 13+5=18 个基函数。STO-3G 基组如图 5.13(a)所示。

STO-3G 基组介绍了从原始高斯函数构造收缩高斯函数时收缩壳层的概念(5.3.2节)。收缩壳层的高斯函数具有共同的指数。例如,碳有一个 s 壳层和一个 sp 壳层。这意味着 2s 和 2p 高斯函数(属于 2sp 壳层)具有共同的 α 指数(与 1s 函数的指数不同)。考虑收缩的高斯函数。

$$\phi(2s) = d_{1s}e^{-\alpha_{1s}r} + d_{2s}e^{-\alpha_{2s}r} + d_{3s}e^{-\alpha_{3s}r}$$

$$\phi(2p_x) = d_{1p}xe^{-\alpha_{1p}r} + d_{2p}xe^{-\alpha_{2p}r} + d_{3p}xe^{-\alpha_{3p}r}$$

$$\phi(2p_z) = d_{1p}ze^{-\alpha_{1p}r} + d_{2p}ze^{-\alpha_{2p}r} + d_{3p}ze^{-\alpha_{3p}r}$$

$$\phi(2p_y) = d_{1p}ye^{-\alpha_{1p}r} + d_{2p}ye^{-\alpha_{2p}r} + d_{3p}ye^{-\alpha_{3p}r}$$

通常的做法是设置 $\alpha_{1s}=\alpha_{1p}$、$\alpha_{2s}=\alpha_{2p}$ 和 $\alpha_{3s}=\alpha_{3p}$。对 s 和 p 原始基函数使用通用 α 会减少必须计算的不同积分的数量。例如,对 CH_4 的 STO-3G 计算,涉及 6 个壳层中的 9 个基函数(C 为 5 个基函数,每个 H 有 1 个):对 C,1 个(即 1s)s 壳层,1 个 sp(即 2s 加 2p)壳层,以及对每个 H 1 个 s(即 1s)壳层。目前的观点是,STO-3G 基组不是很好,通常认为它不能用于研究。尽管如此,关于是否赞同杜瓦和斯托奇"它必须被视为过时"[43]的主张,人们仍然犹豫不决。我们不知道有多少文献报告了利用这一基组开展的初步的、未公开的、但有价值的调查研究。它的优点是计算速度快(它可能是从头算中可以考虑的最小基组),易于将分子轨道分解为原子轨道。STO-3G 基组的计算速度大约是下一个较大的常用基组3-21G 的两倍(表 5.3)。如今,复杂的半经验方法(第 6 章)可能更适用于初步调研,并可为从头算提供最合理的起始结构,但对于一个与半经验方法参数化有着明显不同的系统来说,人们可能更倾向于使用 STO-3G 基组。至于检查原子对成键的贡献,当每个原子只有 1 个传统轨道,而不是分裂轨道时(如将要讨论的基组),根据杂化轨道和特定原子对分子轨道的贡献来解释成键会更简单。因此,出于这个原因,STO-3G 基组被明确用于对三元和四元环电子结构的分析[44],像对不寻常分子金字塔烷成键的解释一样[45]。

表 5.3　基组和对称性对丙酮$(CH_3)_2CO$ 的单点能、几何构型优化和几何构型优化＋频率计算的时间的影响

基组	单点 时间/s		几何构型优化 时间/s		几何构型优化＋频率 时间/s	
	C_{2v}	C_1	C_{2v}	C_1	C_{2v}	C_1
STO-3G	0.2(0.2)	0.3(0.2)	1(2)	2(7)	2(13)	3(59)
3-21G$^{(*)}$	0.5(0.3)	0.6(0.5)	2(2)	3(5)	3(20)	8(75)

续表

基组	单点		几何构型优化		几何构型优化＋频率	
	时间/s		时间/s		时间/s	
	C_{2v}	C_1	C_{2v}	C_1	C_{2v}	C_1
6-31G*	1.4(2)	2(3)	9(15)	22(54)	15(172)	30(586)

注：从头算计算的起始几何构型来自于分子力学（MMFF）。C_{2v} 的几何构型是两个 C—H/C═O 重叠排列（全局最小值）。C_1 对称性的起始几何构型是通过在 C_{2v} 前体分子力学优化结构中（MM 优化后）非常轻微地旋转一个 C—C 键（1°）而获得的。这些计算是使用 2006 年版的 Spartan[37]，在具有 4.0 GB RAM 的四核 2.66 GHz、vintage2007 系统的个人计算机上完成的。对于大约 1 s 的时间，时间差几乎没有意义。括号中的数据大约是在 2001 年计算得到的。

STO-3G 基组的缺点（和优点）在参考文献[1g]中有大量的记录。基本缺点是，与对时间的要求并不太高的 3-21G 基组相比，STO-3G 基组提供的几何构型和能量的精度明显较低（这就是呼吁放弃此基组的原因[43]）。实际上，即使对周期表第二排原子（Na～Ar），如此小的基组也应该有，而且非常明显的缺陷，但补充了 5 个 d 或极化函数的 STO-3G 基组（STO-3G*）可提供与 3-21G 基组相当的结果。因此，对 Me_2SO 的 S—O 键长度，我们得到：STO-3G，1.820 Å；STO-3G*，1.480 Å；3-21G，1.678 Å；3-21G$^{(*)}$，1.490 Å；实验值为 1.485 Å，而对 NSF[46]，其几何构型如图 5.14 所示。不过，STO-3G* 基组并不经常使用。

2. 3-21G 和 3-21G* 分裂价基和双 ζ 基组

首先考虑我们称之为"简单"的 3-21G 基组。它将每个价轨道分成两个部分：一个内壳层和一个外壳层。内壳的基函数用 2 个高斯函数表示，外壳的基函数用 1 个高斯函数表示（因此为"21"）。每个核心轨道分别用 1 个基函数表示，其中每个基函数由 3 个高斯函数组成（因此为"3"）。因此，H 和 He 有一个 1s 轨道（这些原子的唯一价轨道），分为 1s′（内壳 1s）和 1s″（外壳 1s），共有 2 个基函数。碳有一个由 4 个高斯函数表示的 1s 函数，一个内壳的 2s、$2p_x$、$2p_y$ 和 $2p_z$（2s′、$2p_x'$、$2p_y'$、$2p_z'$）函数，其中，每个函数由 2 个高斯函数组成，和一个外壳的 2s、$2p_x$、$2p_y$ 和 $2p_z$（2s″、$2p_x''$、$2p_y''$、$2p_z''$）函数，其每个函数由 1 个高斯函数组成，构成 9 个基函数。术语"内壳"和"外壳"是由于外壳层的高斯函数的 α 比内壳层的高斯函数的 α 更小，因此，外壳层高斯函数衰减得更慢，即它更分散，更有效地扩散到分子的外部区域。分裂价壳层的目的是使自洽场算法在调整基函数对分子轨道贡献时更具灵活性，从而实现更真实的模拟电子分布。考虑卡宾 CH_2（图 5.15）。我们可以表示基函数 $\phi_1 \sim \phi_{13}$。

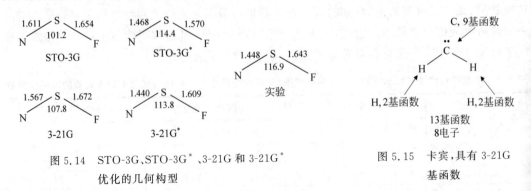

图 5.14　STO-3G、STO-3G*、3-21G 和 3-21G*
优化的几何构型

图 5.15　卡宾，具有 3-21G
基函数

$C1s, \phi_1$

$C2s', 2p_x', 2p_y', 2p_z' : \phi_2, \phi_3, \phi_4, \phi_5$（内层价轨道）

$C2s'', 2p_x'', 2p_y'', 2p_z'' : \phi_6, \phi_7, \phi_8, \phi_9$（外层价轨道）

$H_1 1s' : \phi_{10}$（内壳层）

$H_1 1s'' : \phi_{11}$（外壳层）

$H_2 1s' : \phi_{12}$（内壳层）

$H_2 1s'' : \phi_{13}$（外壳层）

13 个基函数（"原子轨道"）给出了 13 个原子轨道线性组合的分子轨道：

$$\psi_1 = c_{11}\phi_1 + c_{21}\phi_2 + \cdots + c_{13,1}\phi_{13}$$

$$\psi_2 = c_{12}\phi_1 + c_{22}\phi_2 + \cdots + c_{13,2}\phi_{13}$$

$$\vdots$$

$$\psi_{13} = c_{1,13}\phi_1 + c_{2,13}\phi_2 + \cdots + c_{13,13}\phi_{13}$$

请注意，由于有 13 个分子轨道，但只有 8 个电子需要容纳，因此，仅前 4 个分子轨道（$\psi_1 \sim \psi_4$）被占据（我们讨论的是基态的闭壳层分子）。9 个空分子轨道称为**未占据**或**虚分子轨道**。我们将看到虚分子轨道在某些类型的计算中很重要。现在，在自洽场过程中，各种内壳层和外壳层基函数系数可以独立变化，以找到最佳波函数 ψ（对应于最低能量的波函数）。随着迭代的进行，例如，一些独立于任何内壳层函数的外壳层函数，可以被给予更多（或较少）的强调，以允许更精细地调整（与未分裂的基函数相比）电子分布和更低的能量。

还有一个更易受影响的基组是一个具有所有基函数，不只是价原子轨道的，还包括内核原子轨道的分裂的基函数的基组。这被称为双 ζ 基组（也许在高斯函数之前，用 $\exp(-\alpha r^2)$，在分子计算中几乎完全取代了斯莱特函数的 $\exp(-\zeta r)$）。相比分裂价基，双 ζ 基组使用得很少，因为双 ζ 基组在计算上要求更高，而且，在许多情况下，仅具有"化学活性"的价函数对分子轨道的贡献需要微调，因而，"双 ζ"有时用于表示分裂价基组。

回到 3-21G 基组：锂～氖有一个 1s 函数，以及内壳和外壳的 2s、$2p_x$、$2p_y$ 和 $2p_z$（2s'、2s''，…，$2p_z''$）函数，共 9 个基函数。它们位于 3 个收缩壳层中（见 STO-3G 讨论）：1 个 1s、1 个 sp 内部和一个 sp 外部收缩壳层。钠～氩有 1 个 1s、1 个 2s 和 3 个 2p 函数，以及内壳和外壳层的 3s 和 3p 函数，共有 $1+4+8=13$ 个基函数。它们位于 4 个壳层中：1 个 1s、1 个 sp（2s，2p）、1 个 sp 内壳和 1 个 sp 外壳层（3s 和 3p 内层，3s 和 3p 外层）。钾和钙具有 1 个 1s、1 个 2s 和 3 个 2p、1 个 3s 和 3 个 3p 函数，以及内壳和外壳 4s 和 4p 函数，共有 $1+4+4+8=17$ 个基函数。3-21G 基组总结在图 5.13(b) 中。

对由超出元素周期表第一排（氖以外）的原子组成的分子，这种"简单的" 3-21G 基组往往给出较差的几何构型。对于第二排元素（钠～氩）来说，通过用称为**极化函数**的 d 函数来补充这个基组，在很大程度上克服了这个问题。该术语源于 d 函数允许极化（沿特定方向移动）电子分布的事实，如图 5.16 所示。极化函数使自洽场过程能够建立比其他方法更各向异性的电子分布（在合适的情况下）（见分裂价基的使用，以允许更灵活地调整电子密度的内部和外部区域）。3-21G 基组在合适的情况下（大于氖原子）用 6 个 d 函数扩增，这在一些计算程序中被指定为 $3\text{-}21G^{(*)}$，其中，$*$ 表示极化函数（在这里为 d 函数），而括号强调这些附加的函数（与"简单的" 3-21G 基组相比）仅出现在第一排元素之后。对 H～Ne，3-21G 和 3-21G* 基组是相同的。不可能调用极化函数的简单的 3-21G 基组，可能已经过时了，因而，

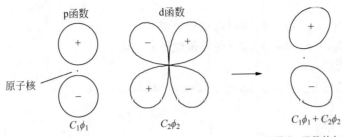

图 5.16 　一个基函数可用于在给定方向上移动另一个基函数（使其极化）。为了使能量最
小，程序会调整两个函数的相对贡献，以将电子密度移动到获得最小能量所需的位
置。p 函数常用于极化氢原子上的 s 函数，但极化函数的主要用途是对"重"原子
（H 和 He 以外的原子）d 函数的利用

当我们看到"3-21G"时，实际上，我们通常把它理解为图 5.13(c) 中总结的 3-21G$^{(*)}$ 基组。
为了精确起见，从现在开始，3-21G$^{(*)}$ 命名将是首选。p 极化函数不仅可以添加到重原子上
（元素周期表中，氢和氦以外的原子被称为重原子），还可以添加到氢和氦上（如下）。

　　图 5.14 显示了用简单和增强的 3-21G 基组计算的几何构型示例。对于这些小的分子
来说，3-21G$^{(*)}$ 给出了非常好的几何构型，可用于某些高精度能量方法的几何优化步骤
（5.5.2 节）中。由于 3-21G$^{(*)}$ 基组的计算速度大约是被广泛使用的基组 6-31G*（如下所
述）的 5 倍（表 5.3），并且对计算机能力的要求要低得多，因此，3-21G$^{(*)}$ 基组一直被当作计
算相对较大分子的主力。参见使用它对周环反应进行几何构型优化调查的研究[47]。早在
1988 年，就使用了有些相似，但现在已过时的 4-21G 基组。通过使用 3-21G$^{(*)}$ 基组，专门针
对硫，对含有 46 个氨基酸残基和 642 个原子的蛋白质（花菜蛋白）的几何构型进行了优化。
它相当于有 3597 个基函数，工作耗时 260 天[48]。现在看来，在一台便宜的台式机上，它可
能会缩短 20 倍的时间。尽管如此，6-31G*，甚至更大的基组似乎在很大程度上取代了
3-21G$^{(*)}$ 基组。最近，已经探索了一些新的方法，例如，将大分子分成片段[49]。已综述了优
化大分子的一般问题[50]。即使在用更大基组进行几何构型优化也实际可行的情况下，用
3-21G$^{(*)}$ 基组对问题进行调研有时也是有用的（HF/3-21G$^{(*)}$ 的几何构型，而不是相对能量，
是合理的；持续获得好的相对能量是一个更具挑战性的问题——见 5.5.2 节）。

3. 6-31G*

　　这是一个带有极化函数的分裂价基（这些术语是结合上述 3-21G$^{(*)}$ 基组解释的）。每
个原子的价壳层被分成由 3 个高斯函数组成的内部和由 1 个高斯函数组成的外部（因此被
称为"31"），而核心轨道分别由 1 个基函数表示，每个基函数包含 6 个高斯函数（"6"）。极化
函数（$*$）出现在"重原子"——那些原子序数大于氢的原子上。因此，H 和 He 有 1 个 1s 轨
道，由内部 1s' 和外部 1s″ 基函数表示，构成 2 个基函数。C 有 1 个 1s 函数，用 6 个高斯函数
来表示，一个内部 2s、$2p_x$、$2p_y$ 和 $2p_z$（$2s'$、$2p'_x$、$2p'_y$、$2p'_z$）函数，每个函数均由 3 个高斯函数
组成，以及 1 个外部 2s、$2p_x$、$2p_y$ 和 $2p_z$（$2s''$、$2p''_x$、$2p''_y$、$2p''_z$）函数，每个函数都由一个高斯函
数组成，和 6 个（不是 5 个）3d 函数，总共有 15 个基函数。CH_2 的 6-31G* 计算使用了 15+
2+2＝19 个基函数，因而产生 19 个分子轨道。在闭壳层物种中，8 个电子占据了其中的

4 个分子轨道,因此有 15 个未占据或空分子轨道。将此与 CH_2 的 3-21G$^{(*)}$ 计算进行比较, 3-21G$^{(*)}$ 共有 13 个分子轨道,而 9 个为空轨道。6-31G* 基组,通常也被称为 6-31G(d),如图 5.13(d)所示。

6-31G* 可能是当前最受欢迎的基组。它给出了良好的几何构型和通常合理的相对能量(5.5.2 节)。然而,似乎很少有证据表明,对几何构型优化,它**总体**比 3-21G$^{(*)}$ 基组要好得多。由于它的计算速度大约是 3-21G$^{(*)}$ 的 5 倍(表 5.3),因此,几何构型优化一般首选 6-31G*,可能是由于它具有较好的相对能量(5.5.2 节)。与 6-31G* 相比,3-21G$^{(*)}$ 的确存在某些几何构型的缺陷,尤其是它倾向于过度扁平化氮原子(苯胺的 N 被错误地预测为平面),而这一点,与较差的相对能量和较低的一致性,可能是它即将被淘汰,而 6-31G* 基组[51] 被支持的原因。对几何构型优化的 3-21G$^{(*)}$ 和 6-31G* 基组将在 5.5.1 节进一步讨论。请注意,这里提到的几何构型和能量是从 HF 水平计算得出的。后 HF 计算(5.4 节)可以提供更好的几何构型和更好的相对能量(5.5.1 节和 5.5.2 节),被认为至少需要 6-31G* 大小的基组才能获得有意义的结果。

6-31G* 基组仅添加极化函数到所谓的重原子(氢以外的原子)上。有时,氢的极化函数也是有帮助的。在每个 H 和 He 原子上添加 3 个 2p 函数(除了它们的 1s$'$ 和 1s$''$ 函数)的 6-31G* 基组被称为 6-31G**(或 6-31(d,p))。除了 6-31G** 的每个 H 和 He 有 5 个基函数,而不是 2 个函数外,6-31G* 和 6-31G** 基组相同。除非氢参与某些特殊的反应如氢键或氢桥键[52],否则,6-31G** 基组可能比 6-31G* 没有什么优势。例如,在氢键或硼氢化物的高水平计算中,将极化函数加于氢上。有关氢键水二聚体的计算和参考文献,见 5.4.3 节。

4. 弥散函数

核心电子或参与成键的电子相对紧密地结合在分子的核骨架上。孤对电子或(以前)虚轨道中的电子与核心或成键电子相比,相对松散。平均而言,它们与原子核的距离大于核心电子或成键电子。这些“膨胀”的电子云存在于含有杂原子的分子、阴离子和电子激发的分子中。为了很好地模拟此类物种的行为,使用了弥散函数。这些是具有较小 α 值的高斯函数。这导致 $\exp(-\alpha r^2)$ 在距原子核距离 r 处衰减得非常慢,因此,通过赋予弥散函数系数足够的权重自洽场过程,可以在离原子核相对较远的距离处产生显著的电子密度。通常,具有弥散函数的基组对于“重原子”的每个价原子轨道,有一个这样的函数,该函数由单个高斯函数组成。碳的 3-21+G 基组(=3-21+G$^{(*)}$对于该元素)是

1s
2s$'$　　2p$'$　　2p$'$　　2p$'$
2s$''$　　2p$''$　　2p$''$　　2p$''$
2s+,　2p+,　2p+,　2p+
13 个基函数。
而碳的 6-31+G* 基组是
1s
2s$'$　　　2p$'$　　　2p$'$　　　2p$'$
2s$''$　　　2p$''$　　　2p$''$　　　2p$''$
3d　　3d　　3d　　3d　　3d　　3d
2s+,　2p+,　2p+,　2p+
19 个基函数。

有时,氢和氦,以及重原子上会添加弥散函数。这样的基组用++表示。氢和氦的 3-21++G 和 6-31++G 基组是

1s

1s'

1s+

3 个基函数。

CH$_2$ 的 3-21++G 计算将使用 13＋3＋3＝19 个基函数,6-31++G* 计算使用 19＋3＋3＝25 个基函数,6-31++G** 计算使用 19＋6＋6＝31 个基函数。

关于何时应使用弥散函数存在一些分歧。当然,大多数学者在研究阴离子和激发态,而不是普通的具有孤对电子的分子(带有杂原子的分子,如醚和胺)时,经常使用它们。一个合理的建议是同时使用和不使用弥散函数研究当前问题的代表物种(实验结果已知),看看这些函数是否有帮助。沃纳[52]的一篇论文提供了有用的参考资料,并很好地说明了弥散函数在处理含杂原子的某些分子时的功效。作者以 6-31＋G* 为基组,即 6-31＋G(d)基组。

5. 大基组

3-21G$^{(*)}$ 是小基组,而 6-31G* 和 6-31G** 是中等大小的基组。在我们已经讨论过的那些基组中,仅带弥散函数(6-31＋G*、6-31++G*、6-31＋G** 和 6-31++G**)的 6-31G* 和 6-31G** 被认为是相当大的基组。一个大的基组可能具有一个双分裂,甚至三分裂的价壳层,至少对重原子用 d、p 和 f,甚至 g 函数。较大(但不是非常大)基组的一个例子是 6-311G**(即 6-311(d,p))。这是一个分裂价基,其中,每个价原子轨道被分裂成 3 个壳层,分别由 3 个、1 个和 1 个高斯函数组成,而核心原子轨道由 6 个高斯函数组成的 1 个基函数表示。每个重原子还有 5 个(在这种情况下,不是 6 个)3d 函数,以及每个氢和氦都有 3 个 2p 函数。则碳的 6-31G** 基组为

1s

2s' 2p' 2p' 2p'

2s'' 2p'' 2p'' 2p''

2s''' 2p''' 2p''' 2p'''

3d 3d 3d 3d 3d

18 个基函数。

而对于氢,

1s'

1s''

1s'''

2p 2p 2p

6 个基函数。

明确的大基组将是具有对重原子的 d 和 f 函数和对氢原子的 p 函数的三分裂的价壳层基组。这类基组中较小的一端是 6-311G(df,p)基组,具有对重原子的 5 个 3d 和 7 个 4f 基函数,以及对每个氢和氦原子的 3 个 2p 基函数。对于碳 6-311G(df,p)是

1s

2s' 2p' 2p' 2p'

2s'' 2p'' 2p'' 2p''

2s‴ 2p‴ 2p‴ 2p‴

3d 3d 3d 3d 3d

4f 4f 4f 4f 4f 4f 4f

25 个基函数。

而对于氢，

1s′

1s″

1s‴

2p 2p 2p

6 个基函数。

令人印象深刻的一个大基组的例子是 6-311G(3df,3pd)。对于每个重原子来说，有 3 组的 5 个 d 函数和 1 组的 5 个 f 函数，且每个氢和氦都有 3 组的 3 个 p 函数和 1 组的 5 个 d 函数，即对于碳

1s

2s′ 2p′ 2p′ 2p′

2s″ 2p″ 2p″ 2p″

2s‴ 2p‴ 2p‴ 2p‴

3d 3d 3d 3d 3d

3d 3d 3d 3d 3d

3d 3d 3d 3d 3d

4f 4f 4f 4f 4f 4f 4f

35 个基函数。

而对于氢，

1s′

1s″

1s‴

2p 2p 2p

2p 2p 2p

2p 2p 2p

3d 3d 3d 3d 3d

17 个基函数。

请注意，通过对重原子(+)，或重原子和氢/氦(++)添加弥散函数，所有这些大基组都可以变得更大。在对 CH_2 分别使用某些小、中和大基组时，总结其基函数数量为 C+H+H：

STO-3G   5+1+1=7 函数

3-21G(=3-21G$^{(*)}$)   9+2+2=13 函数

6-31G* (6-31G(d))   15+2+2=19 函数

6-31G** (6-31G(d,p))   15+5+5=25 函数

6-311G** (6-311G(d,p))   18+6+6=30 函数

6-311G(df,p)   25+6+6=37 函数

6-311G(3df,3pd)　　　35＋17＋17＝69 函数

6-311++G(3df,3pd)　 39＋18＋18＝75 函数

大基组主要被用于后哈特里-福克(HF)水平(5.4 节)的计算,其中,使用小于 6-31G* 的基组似乎根本没有意义。在 HF 水平下,通常使用的最小基组是 6-31G* 或 6-31G**(适当时,通过弥散函数增强),且后 HF 几何构型优化也经常使用 6-31G* 或 6-31G** 来完成。较大基组(6-311G** 及以上)的使用往往仅限于对较小基组优化结构的单点能计算上(5.4.2 节)。这些并不是固定的规则:高精度全基组(complete basic set,CBS)方法(5.5.2 节)使用非常大基组的单点 HF(而非后 HF)水平的计算作为其程序的一部分,以及在 HF 和后 HF 水平进行大基组的几何构型优化,以研究在理论和实验上具有挑战性的环氧乙烯系统[53]。

6. 相关一致基组

所有先前明确指定的基组,从 STO-3G 到 6-311++G(3df,3pd)(属于大基组),都是波普尔(来自约翰·波普尔组)基组。另一类流行的基组是由邓宁研究组开发的[54]。这些是专门为后 HF 计算(5.4 节)设计的。在这些方法中,电子相关性比在 HF 水平中得到了更好的考虑。因为在理想情况下,它们旨在通过此类计算提供与它们不断增加的大小同步(相关)的改进结果,因此,它们被称为相关一致(correlation-consistent,cc)基组。理想情况下,它们通过增加基组大小来系统地改进结果,并允许外推到无限基组极限。cc 集合被指定为 cc-pVXZ,其中,p 代表极化函数,V 代表价基,X 代表价函数被分裂的壳层数,Z 代表 zeta (见分裂价基和双 zeta 基组)。因此,我们有 cc-pVDZ(cc 极化价双分裂 zeta)、cc-pVTZ(cc 极化价三分裂 zeta)、cc-pVQZ(cc 极化价四分裂 zeta)和 cc-pV5Z(cc 极化价五分裂 zeta)。这些基组可以通过弥散和额外的极化函数来增强,从而得到 aug-cc-pVXZ 组。对 CH_2 使用某些邓宁基组的基函数数量(见波普尔基组的数据)为 C＋H＋H:

cc-pVDZ　　14＋5＋5＝24 函数

cc-pVTZ　　30＋14＋14＝58 函数

cc-pVQZ　　55＋30＋30＝115 函数

cc-pV5Z　　91＋55＋55＝201 函数

我们看到,只有 cc-pVDZ 的基函数数量(大致)与 6-31G*(15＋2＋2＝19 个基函数)相当;其他 cc 基组的基函数数量要多得多的。cc 基组有时[55],但不一定[56]能得到优于那些大约需要相同计算时间的波普尔基组的结果。

理想情况下,从头算计算将使用无限基组(和完善的电子相关)。为了模拟无限基组,已经设计了外推到极限的技术。如上所述,该迭代过程中的首选基组是 cc。显然,基组极限计算原则上可以被应用到任何相关水平,如 HF(通常认为是不相关的,5.4.1 节)、MP2(5.4.2 节)或耦合簇(5.4.3 节),但该领域的努力显然已经主要应用于 MP2 和耦合簇,见参考文献[57]中例 R12 和 F12 方法。结合外推到基组极限的最广泛使用的方法是我们可以指定 Gx、$CBSx$ 和 Wx(5.5.2 节)的自动多步程序。

7. 有效核势(赝势)

在元素周期表的第三排(钾～氪),每个原子中的大量电子(19 个或更多)开始对传统从头算产生显著的减速效应,因为它们产生了许多双电子排斥积分。避免这个问题的常用方法是在福克算符中加入一个单电子算符,该算符以集体方式考虑了核心电子对价电子

影响,后者仍然被明确地考虑。这种"平均核效应"算符被称为有效核势(effective core potential,ECP)或赝势。利用一组优化的价轨道基函数模拟了原子核加核心电子对价电子的影响。有效核势和赝势之间有时有区别,后者用于表示仅限于价电子的方法,而有效核势有时用于指定一个简化的赝势,该赝势对应于一个轨道节点比"正确"函数少的函数。然而,这些术语通常可以互换使用,以指定与一组价函数一起使用的原子核＋核心电子势,这就是此处的意思。有效核势的使用与上面讨论的波普尔或邓宁基组等全电子基组的使用形成了对比。

到目前为止,我们已经讨论了**非相对论**的从头算方法:它们忽略了爱因斯坦狭义相对论中与化学相关的那些结果(4.2.3 节[58a])。这些结果源于质量对速度的依赖性[58b]。这种依赖性导致重原子内部电子的质量明显大于电子的静止质量。由于薛定谔方程中的哈密顿算符包含电子质量(式(5.36)和式(5.37)),因此,应当考虑这种质量变化。重原子分子的相对论效应会影响几何构型、能量和其他性质[59]。相对论用薛定谔方程的相对论形式,即狄拉克方程来解释(有趣的是,狄拉克认为他的方程与化学无关[60])。该方程在分子计算中并不常用,而被用来发展**相对论有效核势**[61](相对论赝势)。相对论效应从元素周期表的第三排元素,即第一过渡金属开始变得重要。由于含有这些原子的分子有效核势开始有助于加速计算,因此,在发展这些势能算符及其基函数时,考虑这些影响是有意义的,而实际上,有效核势通常是相对论的。通过模拟电子相对论质量的增加,这样的有效核势可以为第三排及以后的原子的分子提供准确的结果。例如,关于过渡金属反应[62a]的计算和铂化合物[62b]的计算。威根德和阿尔里希斯已经发表了一系列经过广泛测试的基组集合,适用于从氢~氡的所有元素,镧系元素除外[63]。

对"超重原子"分子,特别是过渡金属分子的计算,在很大程度上依赖于赝势的使用,尽管全电子基组有时对相当重的原子会给出很好的结果[64]。莱文简要描述了赝势理论[33]和分子中的相对论效应[65],并提供了若干参考文献[65]。针对过渡金属分子[66a,b,c]和镧系元素[66d]的综述,以及对该理论更"技术"方面的详细综述[67]已经出现。在所有这些关于有效核势和从头算的计算之后,人们应注意到,目前流行的计算过渡金属化合物的方法是密度泛函理论(DFT(第 7 章)),而不是从头算,尽管有效核势也适用于重原子。例如,参考文献[62a,b]中的有效核势计算是用密度泛函理论完成的。随着计算机速度变得更快,非常高水平的从头算方法变得更加实用,密度泛函理论的主导地位可能会改变。

8. 我应该使用哪个基组?

已经开发了数十个,或许数百个基组,而且,新的基组即使不是每月出现,每年也会出现。我们的设备库中有各种各样的工具,这是值得一提的,但对于二十多年前将这种情况描述为"混乱的扩散",人们往往并不反对[68]。有一些实用建议书[1,69]有助于了解各种基组的适用性。通过阅读研究文献,人们可以了解哪些方法(包括哪些基组)正在应用于各种问题,尤其是与自己的研究相关的问题。这就是说,人们应该避免简单地假设已发表作品中使用的基组是最合适的:它可能太小或不必要地大。一方面,赫尔已经证明[39],在许多情况下,很大基组的使用是毫无意义的;另一方面,如果有的话,一些问题只会仅针对非常大的基组。一个类似金发姑娘的基组很少（除了粗略或常规性质的计算）能被简单正确地挑选出来。更确切地说，人们通过实验并尽可能将结果和实验事实进行比较，从而挑选出一个合适基组。如果在经验表明应该可靠的理论水平下发现与实验的严重偏差，人们就有理由质疑"事实"。巴克拉克于 1970 年提出了"实验优于计算的固有优势的第一个缺陷"[70]。

在许多情况下，一种合理的方法可能是首先使用半经验方法（第 6 章）或 STO-3G 基组调查该领域，并使用其中的一种方法来创建输入结构和输入黑塞矩阵（2.4 节），以进行更高水平的计算。接着使用 3-21G$^{(*)}$ 或 6-31G*，以更好地探索问题。对于一个没有先前工作可作为指导的新系统来说，人们应该求助于更大的基组和后哈特里-福克方法（5.4 节），克服后者的复杂性直到获得至少定性结果的合理收敛。随着基组数量的增加，结果可能会变得更糟[71,72]，因为较低水平下的误差偶然抵消。这类问题在几篇论文中讨论过，虽然重点不直接在基函数上，但有非常贴切的词"……正确理由的正确答案"[73]。要实现这种实验与现实的巧合，可能需要相当高的理论水平。一个有点奇怪的现象是，至少在后哈特里-福克水平下，一些相当大的基组预测了苯和类似芳烃的非平面几何构型![74]。贾诺切克提供了一项出色的调查，表明了从头算的可靠性，以及为获得可信结果，人们可能需要的计算水平[75]。虽然有上述问题，但良好的几何构型，合理可靠的相对能量，以及有用的反应性参数，如基于轨道形状和能量的参数，通常可以通过标准方法常规获得。这些方法是通过将预测结果与一组相关化合物的实验事实进行比较来选择的。本章稍后将给出此类结果的示例。

环氧乙烯（氧杂环丙烯）分子提供了一个典型示例，即使在目前最高的理论水平下，也无法解释该分子是否存在（"环氧乙烯：存在还是不存在？"[53b]）。非常大的基组以及高级的后哈特里-福克方法表明它是势能面上的一个真正的最小值，但令人困惑的趋向是用一些高水平方法计算的开环振动模式显示了一个（2.5 节）虚频，这让明智的化学家别无选择，只能保留环氧乙烯存在的判断。同样在高水平方法上研究的一系列取代环氧乙烯的性质，似乎更清楚[53a]。

另一个系统是乙基阳离子（图 5.17），它产生的结果取决于所使用的理论水平，但与环氧乙烯问题不同，它提供了一个所获得答案性质平滑渐变的教科书式的典型示例。在哈特里-福克 STO-3G 和 3-21G$^{(*)}$ 水平下，经典结构是一个最小值，而桥接的非经典结构是一个过渡态，但用 6-31G* 基组桥接的离子已成为一个最小值，而经典结构虽然是全局最小值，但并不非常稳定，仅比桥连离子低 3.4 kJ/mol。在后哈特里-福克（5.4 节）MP2 水平下使用 6-31G* 基组，桥连离子是一个最小值，而经典结构甚至都不是一个驻点。有文献已综述了乙基阳离子和其他几个系统[75]。

总之，在许多情况下[39]，3-21G（即 3-21G$^{(*)}$）或 6-31G* 基组，甚至更快的分子力学（第 3 章）或半经验的（第 6 章）方法，都是完全令人满意的，但有些问题需要相当高的水平去攻克。

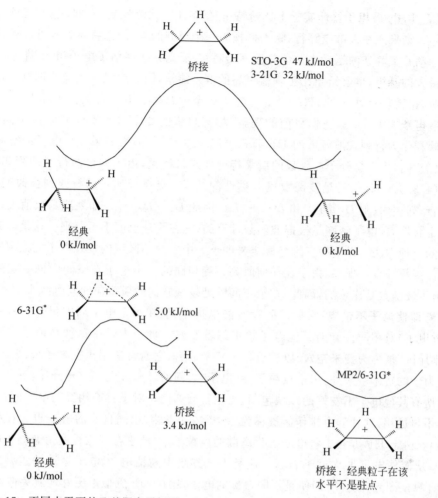

图 5.17　不同水平下的乙基阳离子问题。在 3 个哈特里-福克水平下，经典阳离子是一个最小值，但在后哈特里-福克（MP2/6-31G*）水平下，仅对称的桥连离子是一个最小值。HF/6-31G* 结果是由作者计算的（忽略零点能），其他 3 个水平来自参考文献[75]

5.4　后哈特里-福克计算：电子相关

5.4.1　电子相关

电子相关是指原子或分子中互相关联（"相关"）的电子对的运动的现象[76]。后哈特里-福克计算（相关计算）可比哈特里-福克方法更好地处理这种相关运动。在哈特里-福克处理中，电子-电子排斥是通过使每个电子在因所有其他电子而引起的一个模糊的、平均静电场中移动来处理的（图 5.3），并在某个时刻具有特定的一组空间坐标的 1 个电子的概率与该时刻其他电子的坐标无关。然而，在现实中，每个电子在任何时刻都是在排斥力的影响下运动的，不是平均电子云的影响，而是单个电子的（实际上，当前物理学将电子视为点粒子，具有波动性）。这样的结果是，在真实原子或分子中，电子的运动比电子在平均电场中的运动更复杂[77]，因此，这些电子能够更好地避免彼此。由于这种增强了的（与哈特里-福克处理相比)孤立性,电子-电子排斥实际上比哈特里-福克计算预测的要小,即,电子能量实际上更低(更负)。如果您在人群中穿行,将人群视为一个模糊的人群,您将体验到可以通过观察单个人的运动并关联您的运动来避免碰撞。哈特里-福克方法高估了电子-电子排斥,因此,即使使用最大的基组,也会给出比正确值更高的电子能量,因为它没有正确处理电子相关。

有时,据说哈特里-福克(HF)计算忽略了或至少忽略了电子相关。实际上,HF方法考虑了一些电子相关:根据我们目前的理解,相同自旋的2个电子不能同时位于同一位置。这被反映在作为行列式波函数的HF公式中(5.2.3节)。因为如果2个电子的空间坐标和自旋坐标相同,代表总分子波函数的斯莱特行列式将消失,由于如果两行或两列相同,行列式为零(4.3.3节)。这只是波函数反对称性的结果:交换行列式的行或列会改变其符号;如果两行/列相同,则 $D_1 = D_2$ 和 $D_1 = -D_2$,因此 $D_1 = D_2 = 0$。如果波函数消失,那么,电子密度也会消失,电子密度是根据波函数计算的,这在物理上似乎不合理。这是研究泡利排斥原理的一种方法。以空间三维坐标定义的点为中心的小区域内发现电子的概率原则上可以根据波函数计算。现在,由于在任何时刻自旋相同的2个电子在空间中同一点的概率为零,且由于波函数是连续的,因此,在给定间隔处发现它们的概率应随间隔减小而平滑降低。这意味着**即使电子不带电**,它们之间没有静电排斥,但在每个电子周围仍然会有一个区域(越接近电子)对相同自旋的其他电子越来越不友好。量子力学中这种在电子周围产生的"泡利排斥区"被称为**费米空穴**,以恩里科·费米命名,它通常适用于费米子(5.2.2节)。除了量子力学的费米空穴外,由于**点粒子**(=电子)**之间**的经典静电(库仑)排斥,每个电子都被一个对所有其他电子不友好的区域包围,无论自旋如何。对于自旋相反的电子而言,费米空穴效应不再适用,这种静电排斥区被称为库仑空穴(当然,相同自旋的电子也会在静电上互相排斥)。由于HF方法不将电子视为离散的点粒子,因此它在很大程度上忽略了库仑空穴的存在,从而使电子平均过于靠近。这是HF方法中高估电子-电子排斥的主要来源。后HF的计算试图允许电子,即使是不同自旋的电子,比在HF近似下更好地避免彼此。

HF计算给出的电子能量(总内能,5.2.3节)太高(5.2.3节,变分原理向我们保证HF能量永远不会太低)。部分原因是因为高估了电子排斥,部分原因是因为在任何实际计算中,基组都不是完美的。对于合理发展的基组而言,随着基组数量的增加,HF能量会变得更小,即更负。由无限大的基组提供的极限能量被称为 **HF极限**(即HF极限的能量)。表5.4和图5.18显示了对氢分子的一些HF和后HF计算结果,极限能接近可接受的能量[78]。可以归因为使用有限基组的能量或任何其他分子特征的误差,被认为是由**基组截断**引起的。基组截断并不总是会导致严重误差。例如,小的 HF/3-21G$^{(*)}$ 基组通常会提供良好的几何构型(5.3.3节)。必要时,截断问题可以通过使用一个大的(只要分子大小使之可行)、合适的基组来最小化。

表 5.4　H_2 的计算能量与基组和相关水平的关系

基　　组	基函数个数	HF能量	相关能	
			方法	能量
3-21G$^{(*)}$	4	$-1.122\,92$	—	—
6-31G*	10	$-1.131\,27$	MP2	$-1.157\,61$
6-311++G**	14	$-1.132\,48$	MP2	$-1.160\,29$

续表

基 组	相关能			
	基函数个数	HF 能量	方法	能量
6-311++G(3df,3pd)	36	−1.133 03	MP2	−1.164 93
6-311++G(3df,3p2d)	46	−1.133 07	MP2	−1.165 43
6-311++G(3df,3p2d)	46	−1.133 07	MP4	−1.172 26
6-311++G(3df,3p2d)	46	−1.133 07	完全 CI	−1.172 88

见图 5.18

所有的计算都是单点能,没有零点能校正,在 H_2 的实验键长 0.742 Å 下,使用 G94W[199];能量以 hartree 为单位。公认的哈特里-福克(E_{HF}^{total} 式(5.149))和相关的极限能分别约为−1.1336 和−1.1744 hartree,(参考文献[78]的值为−1.133 07 和−1.172 88 hartree)

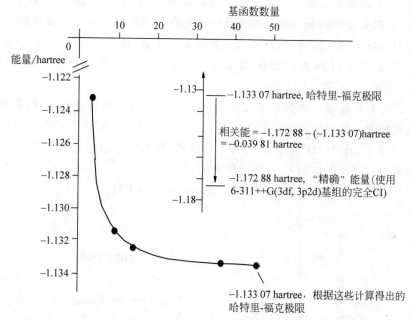

图 5.18 (基于表 5.4)H_2 的哈特里-福克极限和相关能。根据此处的计算值,哈特里-福克极限、精确能量(见正文)和相关能分别为−1.133 07、−1.172 88 和−0.039 81 hartree(见插图);可接受的值[78]约为−1.1336、−1.174 39 和−0.040 79 hartree

任何特定的从头算计算不能完美处理电子相关程度的度量是**相关能**。在经典的解释中[79],洛定这样定义了相关能:"关于某状态的某一特定哈密顿的相关能是所考虑态的哈密顿的精确特征值与 HF 近似下的期望值之间的差。"这通常被认为是来自非相对论,但在其他方面又是完美的量子力学过程的能量,减去用相同的非相对论哈密顿和巨大("无限")基组的 HF 方法计算的能量:

$$E_{相关} = E(真实) - E(HF 极限)$$

两项都使用同样的哈密顿

根据这个定义,相关能是负的,因为 E(真实)(这里是非相对论能量)比 E(HF 极限)更负。5.2.2 节式(5.4)、式(5.5)、式(5.6)的哈密顿和相关讨论排除了相对论效应,这仅对重原子有意义。如果不指定,则术语"相关能"意味着非相对论相关能。相关能本质上是 HF

程序没有考虑的能量。如果相对论效应（以及其他（通常很小的）效应如自旋-轨道耦合）可以被忽略不计，那么 $E_{相关}$ 就是实验值（将分子或原子解离成无穷远分离的核和电子时所需的能量）与极限 HF 能之差。

　　人们有时会区分动态（或动力学的）和非动态（或静态）相关能。动态相关能是 HF 计算没有考虑的能量，因为它无法使电子保持足够远的距离，这是"相关能"的通常含义。静态相关能计算（HF 或其他方式）可能无法考虑的能量，因为它使用单行列式，或从单行列式开始（是基于单行列式，参考 5.4.3 节），这个问题出现在单重态双自由基中。例如，电子结构的闭壳层描述在定性上是错误的。这是因为有（通常两个）能量相等或几乎相等的最高能量轨道（前线轨道），而 HF 方法不能明确确定其中哪个应接收电子对应为空，哪个应该是 HOMO，以及哪一个应为 LUMO。单重态双自由基实际上有两个基本上为半充满的轨道。在这种情况下，术语相关能适用于未被考虑的能量，这可能因为通过用一个以上的行列式表示波函数，动态相关能的问题至少可以部分地被克服。动态相关能可以通过默勒-普莱塞特方法或多行列式组态相互作用方法（5.4.2 节和 5.4.3 节）计算（"恢复"），而静态相关能同样也可通过基于多个行列式的波函数来恢复，如多组态法中的完全活化空间自洽场（CASSCF，5.4.3 节）计算。

　　尽管 HF 计算在许多方面都是令人满意的（5.5 节），但在某些情况下，仍需要对电子相关的进行较好处理。相对能量的计算尤其如此，尽管后 HF 计算对几何构型和其他一些性质有帮助（5.4 节）。作为 HF 计算缺点的一个说明，我们考虑通过比较乙烷与 2 个甲基自由基的能量来尝试寻找乙烷的 C/C 单键解离能：

$$H_3C\!-\!CH_3 + E_{解离} \longrightarrow H_3C \cdot CH_3$$

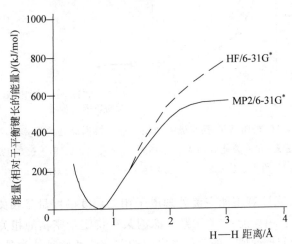

图 5.19　根据 HF/6-31G* 和 MP2/6-31G* 计算的 H_2 的解离曲线（键拉伸时能量的变化）。平衡键长是合理的（HF/6-31G*，0.730；MP2/6-31G*，0.737（见实验值，0.742）），但只有 MP2 曲线近似于分子的实际解离行为

　　让我们简单地从乙烷分子的能量中减去 2 个甲基自由基的能量，并将 HF 计算结果（预期的 5.4.2 节）和后 HF（即相关的）MP2 方法的结果与实验值进行比较。在表 5.5 中，$CH_3 \cdot$ 和 CH_3CH_3 所示能量依次是"未校正的"从头算能量（任何计算结束时显示的能量，这是电子能＋核间排斥能）、零点能和"校正的"能量（未校正的能量＋零点能），见 5.2.3 节。这里

使用的零点能来自 HF/6-31G* 优化＋频率计算。该方法相当快,并可提供合理的零点能。零点能均通过乘以经验校正因子 0.9135 来计算,这使它们与实验值[80a]更为一致(最近推荐对频率的**二次校正**[80b],而不是通常用于零点能和频率的线性校正)。尽管频率必须通过使用与几何优化相同的方法(HF、MP2 等)和基组来计算,但来自特定方法/基组的零点能可以被合法地用于校正通过另一方法/基组获得的能量。唯一与实验乙烷 C—C 解离能(报告为 377 kJ/mol[81])合理一致的计算是相关(MP2)计算,在不同的基组下,分别为 370 和 363 kJ/mol。由于实验值存在误差,因此两种 MP2 结果可能同样好。HF 值(248 和 232 kJ/mol)是非常差的,即使(特别是!)当使用非常大的 6-311++G(3df,3p2d)基组时。现在,反应能的精确计算通常通过一种多步骤方法,如 G4 或 CBS 方法(5.5.2 节)来完成。

表 5.5　通过 HF 和 MP2 方法计算的乙烷的 C—C 键能

方法/基组	能　量		
	$CH_3 \cdot$	CH_3CH_3	$E(2CH_3 \cdot - CH_3CH_3)$
HF/6-31G*	−39.558 99	−79.228 76	0.094 51
	0.028 29	0.072 85	248
	−39.530 70	−79.155 91	
HF/6-311++G(3df,3p2d)	−39.577 12	−79.258 82	0.088 31
	0.028 29	0.072 85	232
	−39.548 83	−79.185 97	
MP2/6-31G*	−39.668 75	−79.494 74	0.140 97
	0.028 29	0.072 85	370
	−39.640 46	−79.421 89	
MP2/6-311++G**	−39.708 66	−79.571 67	0.138 08
	0.028 29	0.072 85	363
	−39.680 37	−79.498 82	

自由基 $CH_3 \cdot$ 和闭壳层 CH_3CH_3 分别通过非限制性和限制性方法计算:UHF 和 UMP2 与 RHF 和 RMP2(见 5.2.3 节的结论部分);HF 方法在很大程度上忽略了电子相关,而 MP2 恢复了约 85% 的电子相关。每个物种的 3 个数据分别是,以 hartree 为单位,未校正的从头算能量、校正的(0.9135 因子,见正文)HF/6-31G* 的零点能,以及校正的从头算能量(未校正能量＋零点能)。计算的(通过减法)键能以 hartree 和 kJ/mol(2626×hartree)为单位。乙烷实验的 C—C 键能被报道是 377 kJ/mol[81]。每个物种都在所示水平下被优化(即这些都不是单点计算)。

　　HF 计算无法正确模拟均裂键解离,这通常通过键拉伸时的能量变化曲线来说明,如图 5.19 所示。许多有关电子相关的论述都详细讨论了这一现象[82]。这里只需说明,将波函数表示为一个行列式(或几个行列式),正如 HF 理论中所做的那样,不允许反应物正常均裂解离成 2 个自由基,因为虽然反应物(如 H_2)是一个闭壳层分子,(通常)可以用占据分子轨道中配对电子组成的一个行列式很好地表示,但产物是 2 个自由基,每个自由基都有 1 个未配对电子。对涉及均裂的过程,在使用和不使用电子相关方法的情况下获得令人满意的能量的方法将在 5.5.2 节中进一步讨论。

　　处理电子相关基本上有三种方法:在薛定谔方程中明确使用电子之间距离作为变量,将真实分子作为扰动的 HF 系统处理,以及在波函数中明确包含除基态以外的电子组态。明确使用电子之间的距离可能很快在数学上变得难以处理,但最近的方法为相当大的系统提供了准确的能量和近线性缩放。例如,"显式相关对自然轨道局部二阶默勒-普莱塞特扰动理论（PNO-LMP2-F12）"方法能在 1 h 内计算多达 10 000 个基函数的一个小团簇的能量[83]。下面的两种方法是通用且非常重要的：微扰方法用于非常流行的默勒-普莱塞特[①]方法中，以及波函数中较高电子组态的使用构成了组态相互作用的基础，组态相互作用以各种形式应用于目前用于处理电子相关的一些最高级的从头算方法中。还有一种功能强大的且越来越流行的方法，即耦合簇方法，它结合了微扰和较高电子态方法的数学特征。

5.4.2　电子相关的默勒-普莱塞特方法

电子相关的默勒-普莱塞特（MP）处理[84]是基于微扰理论，在物理学中用于处理复杂系统的一种非常通用的方法[85]。这种特殊方法在 1934 年由默勒和普莱塞特提出[86]，并由宾克利和波普尔[87]在 1975 年发展为一种适用的分子计算方法。微扰理论背后的基本思想是，如果我们知道如何处理一个简单的（通常是理想的）系统，那么，这个系统的一个更复杂的（通常是更现实的）版本，如果它没有太大的不同，则在数学上可以被视为该简单系统的一个修改（微扰）版本。默勒-普莱塞特计算被表示为 MP、MPPT（默勒-普莱塞特微扰理论）或 MBPT（多体微扰理论）计算。MP 方法的推导[88]有点复杂，这里只给出该方法的特点。MP 能级有一个层次结构：MP0、MP1（前两个名称实际上没有被使用）、MP2 等，它们相继更彻底地解释了电子间排斥。

"MP0"将使用哈特里-福克（HF）单电子能的简单求和来获得电子能量（见式（5.84））。除了拒绝在同一空间分子轨道中允许超过 2 个电子外，这忽略了电子间排斥。"MP1"是指用库仑积分和交换积分 J 和 K（式（5.85）和式（5.90））校正的 MP0，即 MP1 只是 HF 能量，正如我们所见（5.2.3 节），它以一种平均的方式处理电子间排斥。我们可以表示成 $E_{HF}^{total} = E_{MP0} + E^{(1)}$，其中，$E_{MP0}$ 是单电子能量和核间排斥能的总和，而 $E^{(1)}$ 是 J、K 校正（分别对应于式（5.85）和式（5.90）中的两项），可将第二项视为单电子能量总和的一种微扰校正。

MP2 是第一个超越 HF 处理的 MP 水平：它是第一个"真正"的 MP 水平。MP2 能量是 HF 能量加上一个校正项（微扰调整），它表示通过允许电子比 HF 处理更好地彼此避免而带来的能量降低：

$$E_{MP2} = E_{HF}^{total} + E^{(2)} \tag{5.161}$$

HF 项包括核间排斥，而微扰校正 $E^{(2)}$ 是一个纯电子项。$E^{(2)}$ 是项的总和，其中，每一项都模拟了电子对的激发。所谓的**双重激发**就是从占据的分子轨道激发到没被占据的分子轨道（虚分子轨道），这是布里渊定理[89]所要求的。该定理本质上是指，基于 HF 的行列式 D_1 加上对应于从 D_1 激发 1 个电子的行列式的波函数不能改善能量。

对 HHe$^+$ 进行 MP2 能量计算，该分子的 HF（即自洽场）计算见 5.2.3 节。正如在 HF 计算中所做的那样，我们取该分子核间距离为 0.800 Å，并使用 STO-1G 基组，然后，可以使用 5.2.3 节中获得的这些 HF 结果用于现在的 MP2 计算。

（1）分子轨道系数。

对占据的分子轨道 ψ_1，$c_{11} = 0.3178$，$c_{21} = 0.8020$。

---

① 默勒-普莱塞特（Møller-Plesset）：丹麦-挪威字母 ø 的发音像法语 eu 或德语 ö。

它们分别是分子轨道1中的基函数1,ϕ_1 的系数和分子轨道1中的基函数2,ϕ_2 的系数。在这个简单例子中,每个原子上都有1个函数:在原子1和2(H 和 He)上的 ϕ_1 和 ϕ_2。对未占据的(虚的)分子轨道 ϕ_2,$c_{12}=1.1114$,$c_{22}=-0.8325$。

(2) 双电子排斥积分。

$$(11|11)=0.7283, \quad (21|21)=0.2192$$
$$(21|11)=0.3418, \quad (22|21)=0.4368$$
$$(22|11)=0.5850, \quad (22|22)=0.9927$$

(3) 能级。

占据分子轨道,$\varepsilon_1=-1.4470$,虚轨道,$\varepsilon_2=-0.1051$。

HF 能量:$E_{HF}^{total}=-2.4438$。

闭壳层双电子/双分子轨道系统的 MP2 能量校正[90]为

$$E^{(2)}=\frac{\left[\iint\phi_1(1)\phi_1(2)\left(\frac{1}{r_{12}}\right)\phi_2(1)\phi_2(2)dv_1dv_2\right]^2}{2(\varepsilon_1-\varepsilon_2)} \tag{5.162}$$

"手算"使用这个公式很简单,虽然算术很繁琐。尽管如此,为了了解即使是最简单的分子 MP2 计算也涉及多少算术工作,这是值得的(正如 5.2.3 节中的 **HF** 计算一样)。考虑式(5.162)中的分子的积分,将 ϕ_1 和 ϕ_2 代入:

$$\iint\phi_1(1)\phi_1(2)\left(\frac{1}{r_{12}}\right)\phi_2(1)\phi_2(2)dv_1dv_2$$
$$=\iint\left[(c_{11}\phi_1(1)+c_{21}\phi_2(1))(c_{11}\phi_1(2)+c_{21}\phi_2(2))\left(\frac{1}{r_{12}}\right)\times\right.$$
$$\left.(c_{12}\phi_1(1)+c_{22}\phi_2(1))(c_{12}\phi_1(2)+c_{22}\phi_2(2))\right]$$

将被积函数相乘,得到总共16项(从 $1/r_{12}$ 左边的4项到右边的4项),并得到16项积分的总和:

$$\iint\phi_1(1)\phi_1(2)\left(\frac{1}{r_{12}}\right)\phi_2(1)\phi_2(2)dv_1dv_2$$
$$=c_{11}^2c_{12}^2\int\phi_1(1)\phi_1(2)\left(\frac{1}{r_{12}}\right)\phi_1(1)\phi_1(2)dv_1dv_2+\cdots+$$
$$c_{21}^2c_{22}^2\int\phi_2(1)\phi_2(2)\left(\frac{1}{r_{12}}\right)\phi_2(1)\phi_2(2)dv_1dv_2$$
$$=c_{11}^2c_{12}^2(11\mid11)+\cdots+c_{21}^2c_{22}^2(22\mid22)$$

基于双电子积分中的符号简并(5.2.3 节"第2步计算积分"),将系数和双电子积分的值代入:

$$\iint\phi_1(1)\phi_1(2)\left(\frac{1}{r_{12}}\right)\phi_2(1)\phi_2(2)dv_1dv_2$$
$$=[0.12475\times(0.7283)+\cdots+0.44577\times(0.9927)]h=0.12932\,h$$

因此,根据式(5.162)

$$E^{(2)}=\frac{0.12932^2}{2(\varepsilon_1-\varepsilon_2)}\text{hartree}=\frac{0.12932^2}{2\times(-1.4470+0.1051)}\text{ hartree}=-0.00623\text{ hartree}$$

MP2 能量是 HF 能量加上 MP2 校正(式(5.162))：

$$E_{MP2} = E_{HF}^{total} + E^{(2)} = -2.4438 \text{ hartree} - 0.00623 \text{ hartree} = -2.4500 \text{ hartree}$$

这个能量包括核间排斥,因为(式(5.93))E_{HF}^{total}包括核间排斥,是通常在计算结束时打印出来的 MP2 能量。为了对刚刚计算的物理意义有一个直观的感觉,再看一下式(5.162),它适用于任何双电子/双基函数的物种。该方程表明,随着积分的增大(这是正值),相关校正的绝对值(校正为负值,因为 ε_1 小于 ε_2(占据分子轨道的能量比虚轨道的低))增加,即能量减小。该积分表示,因允许占据分子轨道(ψ_1)中的一对电子跃迁到虚分子轨道(ψ_2)而引起的能量下降。

$\psi_1(1)$代表 ψ_1 中的电子 1,而 $\psi_1(2)$代表 ψ_1 中的电子 2。

$\psi_2(1)$代表 ψ_2 中的电子 1,而 $\psi_2(2)$代表 ψ_2 中的电子 2。

将算符 $1/r_{12}$ 引入库仑相互作用：相距为 r_{12} 的无限小体积元 $\psi_1(1)\psi_1(2)dv_1$ 和 $\psi_2(1)\psi_2(2)dv_2$ 之间的库仑排斥能为$(\psi_1(1)\psi_1(2)dv_1)(\psi_2(1)\psi_2(2)dv_2)/r_{12}$,积分就是所有这些小体积元的总和(见 5.2.3 节中有关图 5.3 及平均场积分 J 和 K 的讨论)。实际上,能量的减少是合情合理的：允许电子部分地处于形式上未占据的虚分子轨道中,而不是将它们严格地限制在形式上占据的分子轨道中,这使它们能够比 HF 处理更好地避免彼此。HF 处理基于仅由占据分子轨道组成(5.2.3 节)的斯莱特行列式。**MP 方法**(MP2、MP3等)的本质是校正项通过将电子从占据分子轨道激发到未占据(虚)分子轨道来处理电子相关,从某种意义上说：赋予了电子更多的运动空间,从而使它们更容易避免彼此;减小的电子间排斥导致了较低的电子能。"ψ_1/ψ_2 相互作用"对 $E^{(2)}$ 的贡献随着占据/虚分子轨道能隙 $\varepsilon_1 - \varepsilon_2$ 的增加而减小,因为这是在分母中。实际上,这是合情合理的：占据分子轨道和能量较高的虚分子轨道之间的能隙越大,将电子从一个轨道激发到另一个轨道就越难,因此,这种激发对电子稳定的贡献就越小。因此,在 $E^{(2)}$(式(5.162))的表达式中,分子表示电子从占据轨道到虚轨道的激发,而分母则表示检验执行此操作的难度。

正如我们刚才看到的,MP2 计算利用了 HF 分子轨道(它们的系数 c 和能量 ε)。HF 方法提供了最佳的**占据**分子轨道,这可以从给定的基组和单行列式全波函数 Ψ 中获得,但它没有优化**虚**分子轨道(毕竟,在 HF 程序中,我们仅从**占据**分子轨道组成的行列式开始5.2.3 节)。为了获得对虚轨道的合理描述,以及获得电子将被激发的合理的虚轨道数目我们需要一个不太小的基组。在上例中,STO-1G 基组的使用纯粹是说明性的。通常认为相关计算可接受的最小基组是 6-31G*,而实际上,这可能是 MP2 计算中最常用的基组6-311G** 基组也被广泛用于 MP2 和 MP4 计算。当然,两个基组都可以被弥散函数增强(5.3.3 节)。MP2 计算的复杂性随着电子和轨道数量的增加而迅速增加,因为它们涉及**多项的总和**(而不是像 HHe+ 那样,只有一项),每一项都代表一对电子从占据轨道到虚轨道的激发。因此,用 6-31G* 基组对 CH_2 的 MP2 计算涉及 8 个电子和 19 个分子轨道(4 个占据分子轨道和 15 个虚分子轨道)。

在 MP2 计算中,双激发态(双激发组态)与基态相互作用(式(5.162)中的积分涉及 ψ的电子 1 和 2 和 ψ_2 的电子 1 和 2)。在 MP3 计算中,双激发态彼此相互作用(积分涉及两个虚轨道)。在 MP4 计算中,涉及单、双、三和四重激发态。已经开发了 MP5 和更高的表达式,但 MP2 和 MP4 是迄今为止最受欢迎的 MP 水平(也被称 MBPT(2)和 MBPT(4)多体微扰理论)。MP2 计算速度比 HF 计算慢得多,通过指定 MP2(fc)(即 MP2 冻结核),可以稍微加快速度。冻结核指核心(非价电子)被"冻结",即没有被激发到虚轨道,与全 MP2 相比,MP2(full)考虑了所有电子对降低能量的激发的总贡献。大多数程序,如在 Gaussian、Spartan 默认情况下,当指定 MP2 时,执行 MP2(fc),且"MP2"通常表示冻结核。当在本书中看到的是一个特定计算,而不是一种通用方法时,它可以作为 MP2(fc)的简写。MP4 计算有时会忽略三重激发项(MP4SDQ),但最准确(也是最慢)的实现是 MP4SDTQ(单、双、三、四重态)。

当使用相关方法(5.5.1 节~5.5.4 节)进行计算时,诸如几何构型和相对能量之类计算出的性质往往会更好(更接近其真实值)。为了节省时间,有时在 HF 几何构型上使用相关方法计算能量,而不是在相关水平下执行几何构型优化。这被称为**单点计算**(它在 HF 势能面的一个单点上执行,没有改变几何构型)。在 HF 方法和 6-31G* 基组优化的几何构型上,执行 6-311G** 基组的单点 MP2(fc)计算,这被指定为 MP2(fc)/6-311G** //HF/6-31G*。当 HF/6-31G* 的几何构型优化没有后续的单点计算,有时被指定为 HF/6-31G* //HF/6-31G*,而 MP2 优化则为 MP2/6-31G* //MP2/6-31G*。相关处理(HF、MP2、MP4 等)通常称为方法,而基组(STO-3G、3-21G$^{(*)}$、6-31G*、…)称为水平,但我们通常会发现,用水平表示方法和基组的组合过程很方便,比如说,MP2/6-31G* 计算比 HF/6-31G* 处于更高的水平。实际上,由于计算机速度的提高,如今,单点计算通常不是在 HF 几何构型上进行相关,而是在较低水平相关的几何构型上进行更高的相关。

图 5.20 显示了使用单点计算获得相对能量的基本原理。在该图中,在 HF 几何构型的驻点上执行单点 MP2 计算所得的能量与通过 MP2 水平优化所得的能量相同,这通常是正确的(如果 MP2 和 HF 几何构型相同,则完全正确)。例如,丁酮的单点能和优化能量分别为 −231.685 93 和 −231.688 18 hartree,差别是 0.002 25 hartree 或 6 kJ/mol,这并不算大,由于考虑到专门的高精度计算(5.5.2 节)需要可靠地将相对能量控制在 10 kJ/mol 以内。如果被比较的两个物种(例如,反应物和过渡态的活化能,反应物和产物的反应能)与优化的几何构型能量的增量偏差大致相同,则单点计算也能提供与使用优化相关几何构型相似的相对能量。

该方法有时不仅提供定量错误的结果,还提供定性错误的结果。HF 和相关的表面可能具有不同的曲率:例如,一个面上的最小值可能在另一个面上是过渡态,或可能不存在(可能不是驻点)。因此,二氟重氮甲烷在 HF 水平下是最小值,但在 MP2 水平下不是最小值:它在该水平下分解[91];然而,HF 优化后进行单点相关(MP2 或更高水平)能量计算比相关的优化快得多("更便宜"),并且确实通常提供改进的相对能量,因此,该方法广泛应用于大分子。图 5.21 比较了一些 MP2 单点、MP2 优化和 HF 能量;MP2 单点/MP2 优化的最大差异为 6.9 kJ/mol(HCN 反应能)。参考文献[92]中给出了这些反应有限的重要的实验信息。由于实验值的粗略和不确定性,图 5.21 中给出了 CBS-APNO(5.5.2 节,**高精度多步骤方法的比较**;见 7.3.2 节)计算的相对熵。这些被认为是任何可用实验值的极好替代值,并可能优于任何可用实验值。为了统一和简化,图 5.21 中的相对能量为 0 K 熵变(原始能量已进行零点能校正),但通常实验能垒以阿伦尼乌斯活化能 E_a 表示,它与活化熵 $\Delta H^{\ddagger}$ 式(5.175))简单相关,且反应程度被量化为与吉布斯自由能变 ΔG_{react}(5.5.2 节)有关式(5.183))的平衡常数。活化自由能 $\Delta G^{\ddagger}$ 可用于计算速率常数(5.5.2 节),而反应熵 ΔH_{react} 通常(理论上不严格)用作反应程度,甚至反应容易程度的指示。为了感受相对 0 K

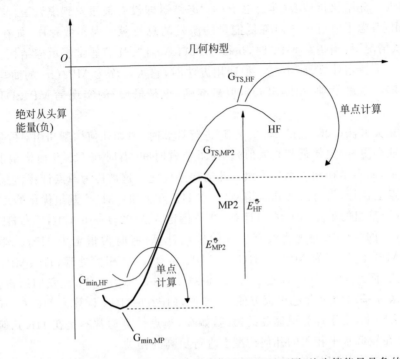

图 5.20　HF 和 MP2（或其他相关的）势能面。"绝对"（与相对不同）从头算能量是负的，且相关
　　　　能比 HF 能要低（更负）。最小值和过渡态的几何构型被指定为 G_{min} 和 G_{TS}。活化能
　　　　用 $E^{\ddagger}$ 表示。HF 活化能，如图所示，通常比 MP2 的大。在该图中，在 HF 几何构型驻
　　　　点上的单点 MP2 计算给出与通过在 MP2 水平下优化该物种所得的相同的能量。这
　　　　通常是正确的，但即使事实并非如此，单点 MP2 的相对能量也会类似于优化 MP2 的
　　　　相对能量，假设所比较的两物种的能量增量变化大致相同（例如，反应物和过渡态的活
　　　　化能，反应物和产物的反应能）

能量值和这 5 个其他能量值的定量差异，下文给出了图 5.21 中 4 个反应的计算值。0 K 能
量是相对于反应物能量的零点能校正的 MP2/6-31G* 能量，而其他能量是 298 K（标准室
温）下，来自 MP2/6-31G* 的计算，并采用标准理想气体的统计热力学算法的能量，能量单
位是 kJ/mol。

乙醇到乙醛

过渡态 0 K，相对 $E=233$；产物 0 K，相对 $E=-71.7$。

$$E_a = \Delta H^{\ddagger} + RT = \Delta H^{\ddagger} + 2.48 = 234.3$$

$\Delta H^{\ddagger} = 231.8$

$\Delta G_{react} = -73.1$

$\Delta G^{\ddagger} = 233.1$

$\Delta H_{react} = -70.9$

HNC 到 HCN

过渡态 0 K，相对 $E=140$；产物 0 K，相对 $E=-87.2$。

$$E_a = \Delta H^{\ddagger} + RT = \Delta H^{\ddagger} + 2.48 = 142.7$$

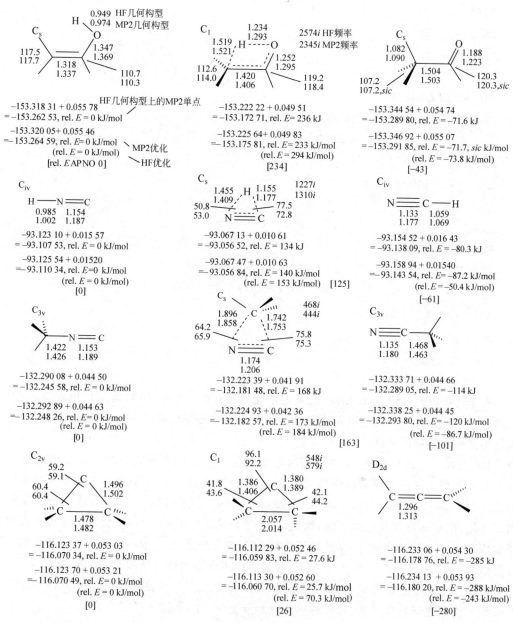

图 5.21　计算的 4 个反应的几何构型和能量（为清楚起见，大多数 H 被省略）。该图的目的是比较单点能与较高水平的优化能。几何构型为 HF/6-31G* 和 MP2/6-31G*。能量为使用 HF 零点能的 MP2/6-31G*//HF/6-31G*（即单点），使用 MP2/6-31G* 零点能的 MP2/6-31G*//MP2/6-31G*，以及 HF/6-31G*//HF/6-31G* 和 HF 零点能（在括号中仅显示相对能）。从头算 E＋零点能＝校正的从头算 E。相对 E（严格来说，0 K 焓变）：E 值差为 2626×hartree＝kJ/mol。所示的零点能是从头算零点能乘以 0.9135（HF）或 0.967（MP2）[80]。括号中的相对能量（0，234，−43；0，125，−61；0，163，−101；0，26，−280）是 CBS-APNO 能量（见正文），预计将成为可得数据少的且有时不确定的实验值的极好替代值[92]
　　rel——相对

$\Delta H^{\ddagger} = 140.2$

$\Delta G_{\text{react}} = -86.9$

$\Delta G^{\ddagger} = 136.1$

$\Delta H_{\text{react}} = -87.8$

$CH_3 NC$ 到 $CH_3 CN$

过渡态 0 K,相对 $E = 173$；产物 0 K,相对 $E = -120$。

$$E_a = \Delta H^{\ddagger} + RT = \Delta H^{\ddagger} + 2.48 = 174.0$$

$\Delta H^{\ddagger} = 171.5$

$\Delta G_{\text{react}} = -119.3$

$\Delta G^{\ddagger} = 169.2$

$\Delta H_{\text{react}} = -120.0$

环丙基到丙二烯

过渡态 0 K,相对 $E = 25.7$；产物 0 K,相对 $E = -288$。

$$E_a = \Delta H^{\ddagger} + RT = \Delta H^{\ddagger} + 2.48 = 27.8$$

$\Delta H^{\ddagger} = 25.3$

$\Delta G_{\text{react}} = -285.1$

$\Delta G^{\ddagger} = 23.9$

$\Delta H_{\text{react}} = -285.9$

对于这些反应来说,0 K 活化焓、室温活化焓和自由能几乎相同,而 0 K 反应焓、室温反应焓和自由能也几乎相同。这可能是因为这些都是单分子反应,其中,反应分子的相对平移速度不是一个影响因素。

HF 方法往往高估能垒,使不稳定的分子看起来比实际更稳定。在 5.5.1 节中进一步讨论几何构型。一些程序套件中提供了 MP2 方法的近似版本,可以在不损失精度的条件下加快进程:LMP2、定域化 MP2 和 RI-MP2(同一性鉴定的 MP2)。LMP2 从一个斯莱特行列式开始,由于该行列式已被更改,因此,其分子轨道是定域的,对应于我们关于键和孤对电子的想法(5.2.3 节),并只允许激发到空间附近的虚轨道[93]。RI-MP2[94a,b,c]将四中心积分近似为三中心积分(5.3.1 节)。MP2 的其他变体可能无法广泛提供,包括 MP2[V][94d],据说使用较小的基组提供基本相同的结果,以及 MP2.5[94e]在高估(MP2)和低估(MP3)非共价相互作用之间取得平衡,以改善热化学和动力学的结果。

5.4.3 电子相关的组态相互作用方法——耦合簇方法

电子相关[82,95]的组态相互作用(CI)处理是基于一个简单的想法,即通过添加代表从占据轨道到虚轨道的电子激发的 HF 波函数项,可以改善 HF 波函数,从而改善能量。HF 项和附加项的每一项都代表一个特定的电子组态,而系统的实际波函数和电子结构可以被概念化为这些组态相互作用的结果。这种电子激发使电子更容易避免彼此,正如我们所看到的(5.4.2 节)MP 方法背后的物理思想,MP 和 CI 方法在数学方式上有所不同。

HF 理论(5.2.3 节)从全波函数或全分子轨道 Ψ 开始,是由“组分”波函数或分子轨道 ϕ 构成的一个斯莱特行列式。在 5.2.3 节中,我们通过考虑四电子系统的斯莱特行列式来逼近 HF 理论：

$$\Psi = \frac{1}{\sqrt{4!}} \begin{vmatrix} \psi_1(1)\alpha(1) & \psi_1(1)\beta(1) & \psi_2(1)\alpha(1) & \psi_2(1)\beta(1) \\ \psi_1(2)\alpha(2) & \psi_1(2)\beta(2) & \psi_2(2)\alpha(2) & \psi_2(2)\beta(2) \\ \psi_1(3)\alpha(3) & \psi_1(3)\beta(3) & \psi_2(3)\alpha(3) & \psi_2(3)\beta(3) \\ \psi_1(4)\alpha(4) & \psi_1(4)\beta(4) & \psi_2(4)\alpha(4) & \psi_2(4)\beta(4) \end{vmatrix} \qquad (5.163 = 5.10)$$

为了构建 HF 行列式,我们只使用了被占据的分子轨道:4 个电子仅需要 2 个空间的"分量"分子轨道,ψ_1 和 ψ_2,且对于两者中的每一个,它都有 2 个自旋轨道,这是通过将 ψ 乘以自旋函数 α 或 β 来创建的。由此产生的 4 个自旋轨道($\psi_1\alpha$、$\psi_1\beta$、$\psi_2\alpha$、$\psi_2\beta$)被使用 4 次,每个电子 1 次。行列式 Ψ,即 HF 波函数,由 4 个最低能量的自旋轨道组成。它是反对称的,并满足泡利排斥原理(5.2.2 节)的全波函数的最简单表示,但正如我们将要看到的,它并不是全波函数的完整表示。

在从头算理论的罗特汉-霍尔实现中,每个"分量" ψ 都由一组基函数组成(5.2.3 节):

$$\psi_i = \sum_{s=1}^{m} c_{si}\phi_s, \quad i = 1, 2, 3, \cdots, m\text{(分子轨道分量)} \qquad (5.164 = 5.52)$$

现在,请注意,对于我们的四电子计算可以使用多少个基函数 ϕ_1,ϕ_2,$\cdots$,没有明确的限制。虽然只需要 2 个空间分子轨道 ψ_1 和 ψ_2(即 4 个自旋轨道)来容纳这个 ψ 的 4 个电子,但 ψ 的总数可以更大。因此,对于假设的 H-H-H-H 来说,STO-3G 基组给出 4 个 ψ,3-21G 基组给出 8 个 ψ,而 6-31G** 基组给出 20 个 ψ(5.3.3 节)。组态相互作用的背后思想是,如果电子不局限于 4 个自旋轨道 $\psi_1\alpha$、$\psi_1\beta$、$\psi_2\alpha$、$\psi_2\beta$,而是被允许在全部或至少一部分虚的自旋轨道 $\psi_3\alpha$,$\psi_3\beta$,$\psi_4\alpha$,$\cdots$,$\psi_m\beta$ 上漫游,则会产生更好的全波函数,并由此产生更好的能量。为了实现这一点,我们将 Ψ 写成行列式的线性组合

$$\Psi = c_1 D_1 + c_2 D_2 + c_3 D_3 + \cdots + c_i D_i \qquad (5.165)$$

其中,D_1 是式(5.163)的 HF 行列式,而 D_2、D_3 等对应于将电子激发到虚轨道,例如,我们可能有

$$D_i = \frac{1}{\sqrt{4!}} \begin{vmatrix} \psi_1(1)\alpha(1) & \psi_1(1)\beta(1) & \psi_3(1)\alpha(1) & \psi_2(1)\beta(1) \\ \psi_1(2)\alpha(2) & \psi_1(2)\beta(2) & \psi_3(2)\alpha(2) & \psi_2(2)\beta(2) \\ \psi_1(3)\alpha(3) & \psi_1(3)\beta(3) & \psi_3(3)\alpha(3) & \psi_2(3)\beta(3) \\ \psi_1(4)\alpha(4) & \psi_1(4)\beta(4) & \psi_3(4)\alpha(4) & \psi_2(4)\beta(4) \end{vmatrix} \qquad (5.166)$$

D_i 是通过将 1 个电子从自旋轨道 $\psi_2\alpha$ 激发到自旋轨道 $\psi_3\alpha$ 而从 D_1 获得的。另一种可能是

$$D_j = \frac{1}{\sqrt{4!}} \begin{vmatrix} \psi_1(1)\alpha(1) & \psi_1(1)\beta(1) & \psi_3(1)\alpha(1) & \psi_3(1)\beta(1) \\ \psi_1(2)\alpha(2) & \psi_1(2)\beta(2) & \psi_3(2)\alpha(2) & \psi_3(2)\beta(2) \\ \psi_1(3)\alpha(3) & \psi_1(3)\beta(3) & \psi_3(3)\alpha(3) & \psi_3(3)\beta(3) \\ \psi_1(4)\alpha(4) & \psi_1(4)\beta(4) & \psi_3(4)\alpha(4) & \psi_3(4)\beta(4) \end{vmatrix} \qquad (5.167)$$

这里有 2 个电子,从自旋轨道 $\psi_2\alpha$ 和 $\psi_2\beta$ 激发到 $\psi_3\alpha$ 和 $\psi_3\beta$。D_i 和 D_j 表示从 HF 电子组态(图 5.22)开始,分别激发到虚轨道 1 个和 2 个电子。

式(5.165)与式(5.164)相似:在式(5.164)中,"分量"分子轨道按照基函数 ϕ 展开,而式(5.165)中,总分子轨道 Ψ 按照行列式展开,每一个行列式代表一种特定的电子组态。

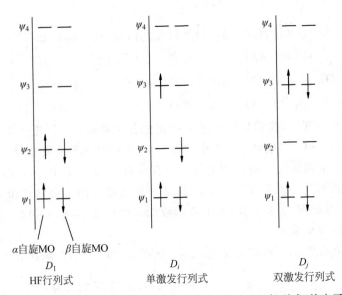

α自旋MO　β自旋MO

D_1　　　　　　　　D_i　　　　　　　D_j

HF行列式　　　　单激发行列式　　　　双激发行列式

图 5.22　组态相互作用：电子从占据分子轨道的激发（对应于 HF 行列式）给出了对应于激发态的行列式。行列式 $D_1, D_2, \cdots, D_i, \cdots,$ 的加权和对应着这样一个分子，其中，电子部分填充虚分子轨道，而没有被严格限制在低能分子轨道中，因此，使它们有更好的机会去彼此避免，并减少电子-电子排斥。该方法产生一系列的波函数和能量。最低能量的波函数和能量对应于基态电子态，其他对应于激发态

我们知道，式（5.164）中的 m 个基函数产生 m 个分量分子轨道 ψ（5.2.3 节），因此，式（5.165）的 i 个行列式也必须生成 i 个全波函数 Ψ，因而式（5.165）真正应该写成

$$\Psi_1 = c_{11}D_1 + c_{21}D_2 + c_{31}D_3 + \cdots + c_{i1}D_i$$
$$\Psi_2 = c_{12}D_1 + c_{22}D_2 + c_{32}D_3 + \cdots + c_{i2}D_i$$
$$\vdots$$
$$\Psi_i = c_{1i}D_1 + c_{2i}D_2 + c_{3i}D_3 + \cdots + c_{ii}D_i \qquad (5.168)$$

即（见式（5.164））

$$\Psi_i = \sum_{s=1}^{i} c_{si}D_s, \quad s = 1, 2, 3, \cdots, i（全部分子轨道） \qquad (5.169)$$

所有这些全波函数 Ψ 的物理含义是什么？按能量递增的顺序（波函数对哈密顿算符积分的期望值），Ψ_1 是基态电子态波函数，而 Ψ_2、Ψ_3 等表示激发电子态的波函数。

式（5.163）的单行列式 HF 波函数（或式（5.12）的一般单行列式波函数）仅是式（5.168）中 Ψ_1 的近似值。每个行列式 D（或可能是开壳层物种几个行列式的线性组合[96]）代表一种理想化的组态（在对**实际**电子分布有贡献的意义上），被称为**组态状态函数**（或组态函数）（configuration state function, CSF）。组态状态函数是等效状态行列式的线性组合，这些等效状态区别仅在于是 α，还是 β 电子被激发。在许多情况下，一个行列式就足以满足 HF 函数，然后，这个行列式就是组态状态函数。式（5.168）或式（5.169）的组态相互作用波函数则是组态状态函数的线性组合。没有任何一个组态状态函数完全代表任何特定的电子状态。每个波函数 Ψ_i 都是分子中一个可能电子态的全波函数，其展开式中的权重因子 c 决定了特定组态状态函数（理想化电子态）对任一 Ψ_i 的贡献程度。对于代表基态电子态的

Ψ_1 来说,我们期望 HF 行列式 D_1 对波函数的贡献最大。

如果系统每个可能的理想电子态,即每个可能的行列式 D,都包含在式(5.168)的展开式中,则波函数 Ψ 将是全组态相互作用波函数。全组态相互作用的计算可能只适用于非常小的分子,因为将电子激发到虚轨道可以产生大量的状态,除非只有几个电子和轨道。例如,对一个非常小的系统考虑一个全组态相互作用计算,H-H-H-H 用 6-31G* 基组。我们有 8 个基函数和 4 个电子,即有 8 个空间分子轨道和 16 个自旋分子轨道,其中,最低的 4 个分子轨道被占据。有 2 个 α 电子被激发到 6 个虚的 α 自旋分子轨道,即在 8 个 α 自旋分子轨道中分配,同样,对于 β 电子和 β 自旋轨道也是如此。这可以有 $[8!/(8-2)!2!]^2 = 784$ 种完成方式。组态状态函数的数量大约是行列式数量的一半(因为某些组态状态函数由几个行列式组成)。已经对乙炔(C_2H_2)进行了超过 50 亿(sic)个组态状态函数的组态相互作用计算[97],名副其实的基准计算,尽管这种算力的直接应用有限,但通过比较,对于评估其他方法的效能非常重要。

组态相互作用的最简单实现类似于 HF 方法的罗特汉-霍尔实现:式(5.168)导出了组态相互作用矩阵,如同 HF 方程(式(5.164))导出 HF 矩阵 F(福克矩阵,5.2.3节)。不要混淆矩阵与行列式(4.3.3节)! 我们看到,F 可以根据式(5.164)(从 c 的"猜测"开始)的 c 和 ϕ 计算,且 F(变换为正交矩阵 F' 和对角化后)给出特征值 ϵ 和特征向量 c,即 F 导出能级和 ψ 的分量分子轨道波函数($c\phi$),所有这些在 5.2.3 节中都详细展示了。类似地,可以计算一个组态相互作用矩阵,其中,行列式 D 发挥福克矩阵中基函数 ϕ 的作用,因为式(5.168)的 D 在数学上对应于式(5.164)中的 ϕ。D 由自旋轨道 $\psi\alpha$ 和 $\psi\beta$ 组成,且自旋因子可以被积分掉,从而将组态相互作用矩阵元简化为包含基函数和空间分量分子轨道 ψ 系数的表达式。因此可以根据 HF 计算产生的分子轨道计算组态相互作用矩阵。利用组态相互作用矩阵的正交化和对角化给出基态 Ψ_1 的能量和波函数,以及从 i 阶行列式,得到 $i-1$ 个激发态的能量和波函数。一个全组态相互作用矩阵将给出基态的能量和波函数,以及可从所使用的基组获得所有激发态的能量和波函数。具有无限大基组的全组态相互作用将给出所有电子态的精确能量。更现实地说,具有大基组的全组态相互作用为基态和许多激发态提供了很好的能量。

除小分子外的任何分子,全组态相互作用是不可能的,式(5.169)的展开式通常只能包括最重要的项。哪些项可以忽略,部分取决于计算的目的。例如,在计算基态能量时,四重激发态出乎意料地,比三重激发态和单激发态重要得多,但后者通常也被包括在内,因为它们影响基态的电子分布,而在计算激发态能量时,单激发态是重要的。仅涉及单激发态的所有行列式 D 的组态相互作用计算称为组态相互作用单态(CIS);这样的计算产生了激发态的能量和波函数,并经常给出电子光谱的合理解释。另一种常见类型的组态相互作用计算是组态相互作用单态和二重态(CISD,实际上,间接包括三重和四重激发态)。尽管有必要(审慎地)截断组态相互作用的展开,但已经开发了各种数学设备来使组态相互作用计算复原大量的相关能。可能当前最广泛使用的组态相互作用的实现是**多重组态自洽场**(multiconfigurational SCF,MCSCF)及其变体**完全活化空间自洽场**(complete active space SCF,CASSCF)和**耦合簇**(couple-cluster,CC)方法。

我们在 HF 计算中看到的（见 5.2.3 节）系数迭代细化的组态相互作用严格模拟将仅细化行列式的加权因子（式(5.168)的 c），但在组态相互作用的 MCSCF 版本中，行列式内的空间分子轨道（通过优化原子轨道线性组合展开式中的 c，式(5.164)）也被优化。MCSCF 方法的一种广泛使用版本是 CASSCF 方法。在该方法中，人们必须仔细选择要使用的轨道，以形成不同组态相互作用的行列式。这些活化轨道组成了活化空间，是人们认为对于所研究的过程最重要的分子轨道。因此，对于狄尔斯-阿尔德反应来说，二烯的两个 π 和两个 π^* 分子轨道和烯烃（亲二烯体）的 π 和 π^* 分子轨道作为反应物活化空间的候选，将是合理的最小的活性空间[98a]。这些分子轨道中的 6 个电子将成为活化电子，以 6-31G* 为基组将是（指定电子、分子轨道）CASSCF(6,6)/6-31G* 的计算。CASSCF 计算用于研究化学反应和计算电子光谱。它们需要对活化空间的正确选择进行判断，而不像其他方法一样，本质上是自动算法[98b]。目前正在探索使用比传统 CASSCF 更大的活化空间的方法[99]。

MCSCF 方法的一个扩展是多参考组态相互作用（multi reference CI, MRCI），其中，MCSCF 计算的行列式（组态状态函数）用于生成更多的行列式，方法是将其中的电子激发到虚轨道（多参考，因为最终波函数"引用"了多个行列式，而不仅仅是一个行列式）。一种"用于精确多参考计算的快速、稳健和通用代码"，BALOO，据说比用于多参考计算的常规代码快得多[100]。

正如 HF 几何构型被用于 MPn（通常为 MP2）单点计算，以解决动态相关，并获得更好的相对能量一样，通常用于考虑静态相关的 CASSCF 计算的几何构型，被用于（通常是单点）微扰计算来解释**动态**相关。这些"后完全活化空间"中最可靠、最广泛使用的方法是二阶完全活化空间微扰处理（complete active space perturbational trentment second order, CASPT2N, MP2 的一种类似方法）[101]。

CC 方法与微扰（5.4.2 节）和组态相互作用方法（5.4.3 节）都有关。像微扰理论一样，CC 理论与链状簇定理（链状图定理）[102]有关，这证明 MP 计算是大小一致的。像标准组态相互作用一样，它将相关波函数表示为 HF 基态行列式和表示电子从该基态激发到虚分子轨道的行列式之和。与 MP 方程一样，CC 方程的推导非常复杂。基本思想是通过允许一系列算符 $\hat{T}_1, \hat{T}_2, \cdots$ 作用于 HF 波函数上，将相关波函数 Ψ 表示为行列式之和。

$$\Psi = \left(1 + \hat{T} + \frac{\hat{T}^2}{2!} + \frac{\hat{T}^3}{3!} + \cdots\right) \Psi_{HF} = e^{\hat{T}} \Psi_{HF} \tag{5.170}$$

式中：$\hat{T} = \hat{T}_1 + \hat{T}_2 + \cdots$。算符 $\hat{T}_1, \hat{T}_2, \cdots$是**激发算符**，具有分别激发一个、两个等电子进入虚自旋轨道的作用。根据 $\hat{T}$ 的总和中实际包含的项数，人们可以得到**耦合簇二重态**（coupled cluster doubles, CCD）、**耦合簇单重态和二重态**（coupled cluster single and doubles, CCSD）或**耦合簇单重态、二重态和三重态**（coupled cluster singles, doubles, and triples, CCSDT）方法。

$$\hat{T}_{CCD} = e^{\hat{T}_2} \Psi_{HF}$$

$$\hat{T}_{CCSD} = e^{(\hat{T}_1 + \hat{T}_2)} \Psi_{HF}$$

$$\hat{T}_{CCSDT} = e^{(\hat{T}_1 + \hat{T}_2 + \hat{T}_3)} \Psi_{HF}$$

除了非常小的系统外，CCSDT 的计算要求非常高，通常使用的折中方案是 CCSD(T)（注意括号），CC 单态和具有近似三重态（或微扰三重态）的二重态。**二次组态相互作用方法与 CC 方法非常相似**。QCISD(T)（二次组态相互作用单态、二重态、近似三重态）已在很大程度上被 CCSD(T) 方法取代，它通常只比 QCISD(T) 慢一点，且更可靠[103]。一般来说，CCSD(T) 计算是目前对中等大小分子进行适用的分子计算的基准。

与 MP 方法一样，组态相互作用方法和 CC 方法需要相当大的基组才能获得好的结果。与这些方法一起使用的最小基组是 6-31G* 基组，但在可行的情况下，6-311G**（专为后 HF 计算而开发）可能更可取（见表 5.6）。能量本身的意义很小：对应于化学（或构象）变化的，能量的差值很重要。MP2 几何构型的较高相关的单点计算往往比 HF 几何构型的单点 MP2 计算倾向于提供更可靠的相对能量（5.4.2 节，与图 5.20 和图 5.21 相关）。一些有限的证据表明，当一种相关方法已经被使用时如果下一步是使用更大的基组，而不是使用更高的相关水平，人们往往会得到改进的几何构型[104]。图 5.21 显示了应用于化学反应的 HF 和 MP2 方法的结果。福尔斯曼和弗里希[1e] 的高斯 94 工作手册以实用的方式展示了许多此类方法的局限性和优点。表 5.6 给出了 HF 水平和一些相关计算的能量和时间。

表 5.6　丙酮的一些涉及电子相关计算的能量和时间；显示 HF 计算，以供比较

方法/基组	输入几何构型	能量/hartree	时间/s
HF/6-31G* 优化＋频率	AM1	−191.962 236	19
MP2/6-31G* 优化＋频率	AM1	−192.523 905	41
MP2/6-311G** 优化＋频率	AM1	−192.647 954	142
CCSD(T)/6-31G* 单点	MP2/6-311G**	−192.577 986	21
CCSD(T)/6-311G** 单点	MP2/6-311G**	−192.707 241	58

计算是使用 G09 程序套件在具有 64 位 3.40 GHz 英特尔酷睿 2 四 CPU、16 GB RAM 和 1.8 TB 磁盘空间的计算机上完成的，在 Windows 7 下运行。它们反映了在约 2013 年期间，配置良好的个人电脑上使用这些方法的时间。这里的能量是优化（或单点计算）之后，频率计算之前的能量，即不含零点能，但时间是优化＋频率（如果有频率计算）。较低的绝对能量不能保证某个方法/基组会给出更精确的活化能或反应能，因为后两者是能量差，而不是绝对能量。MP2 是通常的 MP2(fc)。按照它们被预期的处理电子相关性越来越彻底的顺序给出了这些方法。请注意，没有任何一种相关方法是变分的：它们可以给出低于真实能量的能量

CC 实现的一大进步是基于域的单、双和微扰三重激发的定域对自然轨道耦合簇方法（domain-based local pair natural orbital-CCSD(T)，DLPNO-CCSD(T)），该方法基于定域对自然轨道是定域的，而不是正则的斯莱特行列式（5.2.3 节）[105a]。该方法在很大程度上与尼斯组有关。据说该方法提供的能量几乎与传统 CCSD(T) 的能量一样好（在 1 kJ/mol 范围内，使用 Tight 设置），但"成本"（即时间）少"许多数量级"，且几乎与系统大小成线性关系。参考文献[105a]表明，DLPNO-CCSD(T) 比针对它测试的任何密度泛函理论泛函（第 7 章）更准确，因而得出结论"确实可以以接近密度泛函理论的成本获得耦合簇能量"。展望第 7 章，我们注意到现代密度泛函理论，一般而言，比 HF 计算更准确，而速度大致相同，但与 HF 计算不同的是，它缺乏令人满意的理论透明度。相比之下，传统的 CCSD(T) 非常准确，

但比密度泛函理论慢得多。因此，DLPNO-CCSD(T)以密度泛函理论的速度保证了从头算的理论严谨性。这些方法在程序 ORCA 中可用（ORCA 在第 9 章中被引用）。DLPNO-CCSD(T)使对蛋白质菜花蛋白的 CC 水平的计算（尽管是单点）成为可能，该蛋白有 644 个原子，6187 个基函数[105b]。最近，对基于定域轨道的传统 CCSD(T)的另一个修改是分割-扩展-整合((divide-expand-consolidate,DEC)模型，DEC-CCSD(T))，它似乎没有提高速度，但确实为线性关系[105c]。

1. 大小一致

与后 HF 计算中有关的两个因素是：方法是否**大小一致**，以及是否是**变分**的问题。如果一种方法将 n 个相距甚远的原子或分子的集合的能量作为其中一个原子或分子能量的 n 倍，则该方法是大小一致的。例如，HF 方法将 2 个相距 20 Å 的水分子的能量（视为单个系统，即"超分子"）视为一个水分子能量的两倍。下例给出了对一个水分子，以及距离不断增加的 2 个水分子进行 HF/3-21G$^{(*)}$ 几何构型优化的结果（2 个 H_2O 的超分子 O/H 核间距离 r 被恒定保持在 $10,15,\cdots,$ Å，同时，所有其他几何构型参数也被优化）：

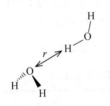

H_2O 的能量 $=-75.585\,96$；

$2\times$ 能量或 $H_2O=-151.171\,92$；

$(H_2O)_2$ 的能量 $=-151.172\,06,r=10$ Å 时；

$(H_2O)_2$ 的能量 $=-151.171\,96,r=15$ Å 时；

$(H_2O)_2$ 的能量 $=-151.171\,94,r=20$ Å 时；

$(H_2O)_2$ 的能量 $=-151.171\,93,r=25$ Å 时；

$(H_2O)_2$ 的能量 $=-151.171\,93,r=30$ Å 时。

当 2 个水分子被分离时，任何稳定的分子间相互作用趋于零，而能量上升，在 $20\sim25$ Å 达到 1 个水分子能量的两倍时，趋于稳定。对 HF 方法，我们发现，对任意数量的 n 个分子 M，在大的分离度时，"非相互作用超分子"$(M)n$ 的能量等于 1 个 M 的能量的 n 倍。因此，HF 方法是大小一致的。我们可能会说，大小一致方法是一种以有意义的方式，随着物种数量进行缩放的方法。

现在，在物理上，很难理解为什么，n 个完全相同的距离如此远，以至于彼此之间不会相互影响分子的能量，不应该是一个分子能量的 n 倍。任何不模仿这种物理行为的**数学**方法似乎都有概念上的缺陷，事实上，缺乏大小一致也限制了计算方法的实用性。例如，在尝试研究水二聚体氢键时，我们无法将能量的减小（与 1 个分子能量的两倍相比）与氢键引起的稳定性等同起来，且尚不清楚我们如何在计算上关闭氢键，并单独估算大小一致误差（实际上，有一个单独的问题，基组重叠误差（见下文）对于像水二聚体这样的物种来说，这种误差来源可以处理）。似乎任何计算方法都必须是大小一致的（为什么大的分离度$(M)n$ 的能量不应该是 M 的 n 倍？）。然而，不难证明组态相互作用不是大小一致的，除非式(5.168)包括所有可能的行列式，即除非它是**全**组态相互作用。考虑一个具有非常大（"无限"）基组的 CISD 计算，针对相隔很远（"无限"，例如，大约 20 Å）的 2 个氦原子，因而它们是非相互作用的。请注意，尽管氦原子不会形成共价 He_2 分子，在短距离内，它们确实会相互作用而形成范德华分子。除 HF 行列式外，这个四电子系统的波函数还将包含仅单激发和双激发的行列式(因为我们使用的是 CISD)。缺乏四电子系统原则上可能的三重和四重激发,它不是一个全组态相互作用计算,因此它不会产生我们非相互作用 He-He 系统的精确的、完整的全组态相互作用能,该能量从逻辑上讲必须是一个氢原子全组态相互作用能的两倍。相反,它将产生一个更高的能量。现在,具有无穷大基组的单个 He 原子的 CISD 计算将产生精确的波函数,并因此给出原子的精确能量(因为对于双电子系统来说,仅单激发和双激发是可能的,这是一个全组态相互作用计算)。因此,在这个 CISD 计算中,无限分离的 He-He 系统的能量并非像它"应该"的那样,是单个 He 原子能量的两倍。该结论适用于任何不能赋予所有电子完全"向上流动"的组态相互作用计算。

2. 变分行为

与后 HF 计算有关的另一个要讨论的因素是一个特定方法是否是**变分**的。如果从该方法计算出的任何能量不小于所讨论的电子态和系统的真实能量,即计算的能量处于真实能量的**上限**,则该方法是变分的(见变分原理,5.2.3 节)。使用变分方法,随着基组大小的增加,我们得到越来越低的能量,在真实能量之上趋于平稳(或在我们的方法完美地处理电子相关、相对论效应和任何其他次要影响等不太可能的情况下,达到真实能量)。图 5.18 显示,随着基组越来越大,使用 HF 方法计算的 H_2 能量越来越接近极限(-1.133 hartree)。通过使用相关方法和适当基组,计算的能量可以降低:具有非常大的 6-311++G(3df,3p2d) 基组的全组态相互作用得出 $-1.172\ 88$ hartree,仅比可接受的精确能量 $-1.174\ 39$ hartree 高 4.0 kJ/mol(与 435 kJ/mol 的 H—H 键能相比小)(图 5.18)。变分行为是有益的,因为它可用来指示波函数的品质——能量越低,函数越好。

如果我们不能两者兼得,那么,一种方法的大小一致比变分更重要。本书中涉及的方法有:

HF 方法是大小一致和变分的。

MP(MP2、MP3、MP4 等)方法是大小一致的,但不是变分的。

全组态相互作用包括其完全的 MCSCF 和 MRCI 用变体,是大小一致和变分的。

直接截断的组态相互作用(CIS、CISD 等)不是大小一致的,但是变分的。

CASSCF,一种截断的组态相互作用,可以是大小一致的:如果活化空间选择正确,则以至于分子轨道在整个检查过程中保持一致,但不是变分的。

CC(如 CCSD、CCSD(T)、CCSDT)和它的二次组态相互作用变体(如 QCISD、QCISD(T)、QCISDT)是大小一致的,但不是变分的。

我们可使用一种大小一致的方法来比较水和水二聚体的能量,但只有用 HF 方法或全组态相互作用时,我们才能确保计算出的能量是真实能量的上限,也就是说,真实能量确实低于计算值(只有非常高的相关水平和基组,才可能提供本质上的真实能量,见 5.5.2 节)。然而,关于水和其二聚体能量的比较还有一个要考虑的问题,且是类似的问题:基组重叠误差。

3. 基组重叠误差(BSSE)

BSSE 与特定方法(如 HF 或组态相互作用)无关,是一个基组问题。当我们比较氢键水二聚体与 2 个非相互作用水分子的能量时,考虑一下会发生什么。这里给出 MP2(fc)/6-31G* 计算的结果。两种结构都进行了几何构型优化,且能量用零点能校正过。

H_2O 的能量 $=-75.275\,47$ hartree

$2\times H_2O$ 的能量 $=-152.550\,94$ hartree

H_2O 二聚体的能量 $=-152.556\,58$ hartree

$(2\times H_2O$ 的能量$)-(H_2O$ 二聚体的能量$)$

$=-152.550\,94-(-152.556\,58)$ hartree $=0.005\,64$ hartree $=14.8$ kJ/mol

直接的结论是,在 MP2(fc)/6-31G* 水平下,水二聚体比 2 个非相互作用的水分子稳定 14.8 kJ/mol。如果没有其他重要的分子间作用力,那么,我们可以说水二聚体[106]中的氢键能量为 14.8 kJ/mol(即需要这么多能量来破坏键,将水二聚体分离成非相互作用的水分子)。不幸的是,使用这种简单的减法将弱缔合的分子 AB 的能量与 A 的能量加 B 的能量进行比较存在一个问题。如果我们这样做,就是假设了 AB 物种几何构型中的 A 和 B 之间根本没有相互作用,那么,AB 能量将是孤立 A 的能量加上孤立 B 的能量。问题是,当我们对 AB 物种(如二聚体 HOH⋯OH$_2$)进行计算时,在这个"超分子"中,B 的基函数("原子轨道")可被 A 利用,因此,A 在 AB 中比孤立的 A 具有较大的基组。同样,B 在 AB 中具有比孤立 B 更大的基组。在 AB 中,两个组分中的每一个都可以从另一个中借用基函数。该误差来源于"强加"(重叠)B 的基组到 A 上,反之亦然,因此称为基组重叠误差。由于基组重叠误差,分离的物种 A 和 B 与 AB 不能被公平地比较,因此,AB 具有不公平的基组优势。对于分离的 A 和 B 的能量来说,我们应使用比弱复合物中没有可用的借用函数时获得的更低、"更好"的能量值。因此,考虑基组重叠误差,将使 AB 形成时的能量下降更小。如果处理得当,氢键能(或范德华能量,或偶极-偶极吸引能,或任何正在被研究的弱相互作用)的值将比忽略基组重叠误差的值略小。

有两种处理基组重叠误差的方法。一种方法为,正如我们上面暗示的,我们应该比较 AB 与具有 B 提供的额外基函数的 A 的能量,加上具有 A 提供的额外基函数的 B 的能量。这种用额外函数校正 A 和 B 能量的方法被称为**均衡法**[107],大概是因为它平衡(补偿)了 A 和 B 中的函数与 AB 中的函数。在均衡法中,AB 的组分 A 和 B 的计算是通过**鬼轨道**完成的,该鬼轨道是不伴随原子(人们可能会说,有精神无实体)的基函数("原子轨道"):人们指定 A,在 AB 中,B 的各个原子所占据的位置,则原子序数为零的原子会产生与真实 B 原子同样的基函数。这样,不会有原子核或多余的电子影响原子 A,仅有可用的 B 的基函数。同样,人们在 B 上使用 A 的鬼轨道。克拉克[107a]给出了在程序 Gaussian 82 中,鬼轨道使用的详细描述(此后,程序 Gaussian 中,基组重叠误差的实际实现已发生了变化)。除**弱结合二聚体**外,均衡校正很少被用于其他任何系统,像氢键和范德华物种:奇怪的是,校正会使计算出的原子化能(例如,共价 AB→A+B)**变差**,并且据说,对于含有两种以上组分的物种来说,它并不是唯一的定义[107b]。但是,请参见乙烯-水-乙烯[107c]三元复合物的计算。参考文献[107d]中给出了对均衡法的评论和辩护,而最近,在 Be$_2$[107e] 研究中,对均衡法有效性否定的争论仍在继续。在情况更清楚之前,最好报告带有和不带有均衡校正的弱结合二聚体的结果,并在可能的情况下,使用非常大的基组。

处理基组重叠误差的第二种方法是用基函数将其淹没。如果每个片段 A 和 B 都被赋予一个非常大的基组,那么,来自另一个片段的额外函数将不会改变能量太多,能量已渐近极限。因此,如果人们仅仅在足够大的基组上对 A、B 和 AB 执行计算,那么,从 AB 减去 A+B 能量的简单过程应该会给出基本上没有基组重叠误差的稳定能量。尽管如此,均衡法是克服基组重叠误差的标准方法。水二聚体结合焓的最佳实验估计值据说是 -13.4 kJ/mol(-3.2 ± 0.5 kcal/mol)[106c]。这是在室温 298 K 下,水二聚物的焓减去单体焓的两倍。这里有结合焓的 4 个计算值,没有基组重叠误差校正,hartree 通过乘以 2626 被转换为 kJ/mol。

CBS-Q 是指一种具有相关能校正和大基组的高精度多步骤方法(5.5.2 节),它计算的结合焓为:

$$-152.670\,93 - (-152.665\,46) = -0.005\,47\ \text{hartree} = -14.4\ \text{kJ}$$

MP2/6-311++G(3df,3pd)

$$-152.603\,55 - (-152.597\,80) = -0.005\,75\ \text{hartree} = -15.14\text{kJ}$$

MP2/6-31G*

$$-152.351\,98 - (-152.343\,18) = -0.008\,80\ \text{hartree} = -23.1\text{kJ}$$

HF/6-311++G(3df,3pd)

$$-152.068\,81 - (-152.065\,10) = -0.003\,71\ \text{hartree} = -9.74\text{kJ}$$

HF/6-31G*

$$-151.974\,17 - (-151.967\,98) = -0.006\,19\ \text{hartree} = -16.3\ \text{kJ}$$

相关能校正/大基组 CBS-Q 计算给出的结合焓-14.4 kJ/mol 与实验值-13.4 kJ/mol 相差不太大,与 MP2/6-311++G(3df,3pd)计算值稍有偏差相比,MP2/6-31G*计算的结合焓更差。这与上面推断一致,即考虑基组重叠误差比没有考虑,将会产生较小的能量下降,即非均衡计算会产生较大的能量下降。然而,人们应该加上"其他条件相等":使用 HF 方法,用较小的基组(6-31G*)实际上给出了较小的焓降(9.74 kJ/mol),比良好的均衡法计算预期的约 13 kJ/mol 焓降要小(而且,巧合地,结合焓的估计值比 HF/6-311++G(3df,3pd)计算的略好)。推测 HF 水平下结果有些不稳定是由于忽略了动态相关性(5.4.1 节)。

主要使用密度泛函理论(DFT)(第 7 章)[108a]对水二聚体进行详细分析,同时使用从头算和 DFT 对其进行均衡计算[108b]。福尔斯曼和弗里希[1e]解释了使用大基组和高相关水平,以获得高质量**原子化能**(这些当然不是弱相互作用类型,且据说均衡校正会使其变糟[107b])。基组重叠误差在分子内也可能是显著的。在 DFT 内处理基组重叠误差和一般弱相互作用(色散力)的尝试见 7.2.3 节。通过从头算,而不是 DFT 来解决色散问题似乎可花费较少的精力。康拉德和戈登描述了在 HF 水平[109a]上对 π-π 相互作用进行经验 DFT 色散校正的一种方法,且在某种程度上类似于戈尔迪等用 DFT 和来自非共价相互作用的高水平从头算数据库的参数补充 MP2[109b]。非共价相互作用能(包括色散)的精确纯从头算计算(无经验或 DFT 辅助)需要高水平相关方法,这在今天意味着某种形式的耦合簇计算,并且可能直到现在才对非常小的分子变得实用。例如,参见热扎奇等对包括如苯-三氟碘甲烷[109c],有关氟化氢二聚体的非常详细的计算,请参阅参考文献[109d]。在计算工作量的另一端,一些分子力学力场比半经验方法(第 6 章,尽管不是从头算)在重现苯二聚体中的色散力方面要更好[109e]。能量计算将在 5.5.2 节进一步讨论。

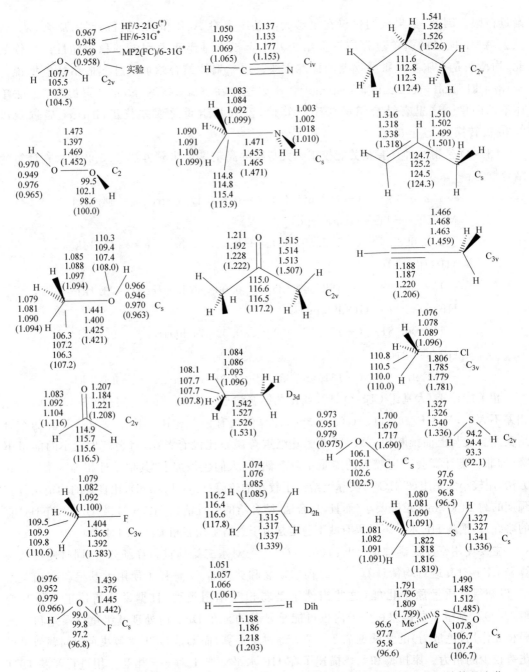

图 5.23　一些 HF/3-21G$^{(*)}$、HF/6-31G* 和 MP2(fc)/6-31G* 几何构型的比较。计算是由作者完成的，而实验几何构型来自参考文献[1g]。注意，所有的 CH 键均约为 1 Å，所有其他键键长范围约是 1.2～1.8 Å，以及所有键角（线性分子除外）约为 90°～120°

5.5　从头算方法的应用

　　郝尔的一本非常有用的书[39]批判性地讨论了计算分子性质的各种计算水平（从头算和其他）的优点，并包含了关于这个一般主题的大量信息。

5.5.1　几何构型

可能的情况是,从头算计算(以及大多数半经验和 DFT 计算)中最经常计算的两个参数是几何构型和能量(见 5.5.2 节),这并不是说其他量,如振动频率(5.5.3 节)和由电子分布得出的参数(5.5.4 节)不重要。分子几何构型很重要:它们可以揭示理论重要性的微妙影响,并在设计新材料,尤其是新药[110]时,应以合理准度了解特定作用的候选物的形状。例如,将假定药物与酶的活性位点对接需要我们知道药物和活性位点的形状。虽然可以借助分子力学(第 3 章)或半经验方法(第 6 章)来实现新药或新材料的创造,但从头算技术越来越容易应用于大分子使得这种方法很可能在这种实用性追求中发挥更重要的作用。只有通过从头算方法,或通过理论上更接近从头算,而不是半经验方法的 DFT(第 7 章),理论上感兴趣的新分子才可以被可靠地研究。2.4 节中概述了几何构型优化背后的理论,并提及了不同基组和电子相关方法对优化的适用性。参考文献[1e]、[1g]和文献[39]提供了计算几何构型的各种从头算水平优缺点的广泛讨论。

分子的几何构型或结构指分别由 2 个、3 个和 4 个原子核定义的键长、键角和二面角。在谈到两个"原子"之间的距离时,我们实际上指核间距,除非我们考虑非键相互作用,否则我们可能还希望研究范德华表面的分离。在比较计算和实验结构时,我们必须记住计算的几何构型对应一个假想的冻结核分子,一个不包含零点能的分子(5.2.3 节),而实验的几何构型是各种振动[111a]振幅的平均值。此外,不同方法的测量值稍有差别。用于寻找几何构型参数最广泛使用的实验方法有 X 射线衍射、电子衍射和微波光谱。X 射线衍射可确定晶格的几何构型,它们可能与从头算反应通常适用的气相构型有些不同(尽管结构和能量可以通过考虑溶剂效应来计算,见参考文献[1a,e,f,i,k,l])。X 射线衍射取决于原子核周围的电子对光子的散射,而电子衍射取决于原子核对电子的散射,微波光谱测量的是转动能级,这取决于核的位置。中子衍射比这三种方法用得少,它依赖于原子核的散射。

X 射线衍射(通过电子定位来探测核位置),与电子衍射、微波光谱及中子衍射(可以更直接探测核位置)存在差异。这种差异源于:①X 射线衍射测量核**中间**位置间的距离,而其他方法基本上测量**平均**距离;②由于原子周围非各向同性(不均匀)电子分布引起的核间距误差。以下说明**中间**与**平均**的差别。

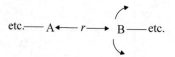

$$\text{etc.} \text{——} A \longleftarrow r \longrightarrow B \text{——} \text{etc.}$$

假设原子核 A 被固定,而原子核 B 如图所示以弧形振动。A 与 B 的中间位置距离为 r(如图所示),但平均而言,B 与 A 的距离比 r 更远。

非各向同性的电子分布产生的差异仅对 H—X 键长有意义:X 射线看到的是电子,而不是原子核,对原子核位置的最简单推断是将其放置在一个球体的中心,该球体的表面由核周围的电子密度决定。然而,由于氢原子只有 1 个电子,因此,对于成键氢来说,共价共享覆盖原子核后留下的电子密度相对较小,因此质子不像其他原子核,基本上不在由其周围电子密度定义的近似球心。

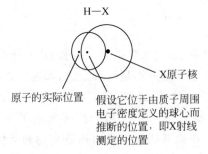

表 5.7　HF/3-21G$^{(*)}$、HF/6-31G* 和 MP2(fc)/6-31G* 的键长和键角误差，见图 5.23

C—H 键长/Å	O—H,N—H,S—H 键长/Å	C—C 键长/Å	C—O,N,F,Cl,S 键长/Å	键角/(°)
MeOH −0.015/−0.013/−0.004 −0.009/−0.006/0.003	H₂O 0.009/−0.010/0.011	Me₂CO 0.008/0.007/0.006	MeOH 0.020/−0.021/0.004	H₂O(HOH) 3.2/1.0/−0.6
HCHO −0.033/−0.024/ −0.012	H₂O₂ 0.005/−0.016/0.011	CH₃CH₃ 0.011/−0.010/−0.003	HCHO −0.001/−0.024/0.013	H₂O₂(HOO) −0.5/2.1/−1.4
MeF −0.021/−0.018/ −0.008	MeOH 0.003/−0.017/0.007	CH₂CH₂ −0.024/−0.022/ −0.002	MeF 0.021/−0.018/0.008	MeOH(HCO) −0.9/0.0/−0.9 (COH) 2.3/1.4/−0.6
HCN −0.015/−0.006/0.004	HOF 0.010/−0.014/0.013	HCCH −0.015/−0.017/0.015	HCN −0.016/−0.020/0.024	HCHO(HCH) −1.6/−0.8/−0.9
MeNH₂ −0.009/−0.008/0.001 −0.016/−0.015/−0.007	MeNH₂ −0.007/−0.008/ 0.008	CH₃CH₂CH₃ 0.015/0.002/0.000	MeNH₂ 0.000/−0.018/−0.006	MeF(HCH) −1.1/−0.7/−0.8
CH₃CH₃ −0.012/−0.010/ −0.003	HOCl −0.002/−0.024/0.004	CH₂CHCH₃ 0.009/0.001/−0.002 −0.002/0.000/0.020	Me₂CO −0.011/−0.030/0.006	HOF(HOF) 2.2/3.0/0.4
CH₂CH₂ −0.011/−0.009/0.000	H₂S −0.009/−0.010/0.004	HCCCH₃ 0.007/0.009/0.004 −0.018/−0.019/0.014	MeCl 0.025/0.004/−0.002	MeNH₂(HCN) 0.9/0.9/1.5
CHCH −0.010/−0.004/0.005	MeSH −0.009/−0.009/0.005		MeSH 0.003/−0.001/ −0.003	Me₂CO(CCC) −2.2/−0.6/−0.7
MeCl −0.020/−0.018/ −0.007			Me₂SO −0.008/−0.003/0.010	CH₃CH₃(HCH) 0.3/−0.1/−0.1
MeSH −0.010/−0.009/0.000 −0.011/−0.010/−0.001				CH₂CH₂(HCH) −1.6/−1.4/−1.2
				CH₃CH₂CH₃(CCC) −0.8/0.4/−0.1
				CH₂CHCH₃(CCC) 0.4/0.9/0.2
				MeCl(HCH) 0.8/0.5/0.0

续表

C—H 键长/Å	O—H,N—H,S—H 键长/Å	C—C 键长/Å	C—O,N,F,Cl,S 键长/Å	键角/(°)
				$H_2S(HSH)$
				2.1/2.3/1.2
				MeSH(CSH)
				1.1/1.4/0.3
				$Me_2SO(CSC)$
				0.0/1.1/−0.8
				(CSO)
				1.1/0.0/1.7
0+,13−,无 0	4+,4−,无 0	5+,4−,无 0	4+,4−,1 0	10+,7−,1 0
0+,13−,无 0	0+,8−,无 0	4+,4−,1 0	1+,8−,无 0	11+,5−,2 0
4+,7−,2 0	8+,0−,无 0	5+,3−,1 0	6+,3−,无 0	6+,11−,1 0
13 个平均:	8 个平均:	9 个平均:	9 个平均:	18 个平均:
0.015/0.012/0.004	0.007/0.014/0.008	0.012/0.010/0.007	0.012/0.015/0.009	1.3/1.0/0.7

注：误差表示为 HF/3-21G$^{(*)}$/HF/6-31G*/MP2/6-31G*。在某些情况下,在一行和下一行给出两个键的误差(如 MeOH)。负号表示计算的值小于实验值。与实验的正偏差、负偏差和零偏差的数量汇总在每列底部。每列底部的平均值是误差绝对值的算术平均值。

显然,X 射线衍射推断的 H—X 距离将小于通过电子衍射、中子衍射或微波光谱测量的实际核间距,这些方法看到的是原子核,而不是电子。伯克特和阿林格[111b]详细介绍了实验键长测量中可能产生的这些和其他误差源(如键长、键角和二面角,显然也依赖于核位置),他们提到了 9 种(!)核间距 r,而在多梅尼卡诺和哈吉泰[112]所著的书中,可以找到结构测定技术的全面参考。关于定义和测量分子几何构型的所有问题,我们将采取以下立场,即对于键长而言,如果与实验几何构型相差在 0.01 Å 以内或更小,键角和二面角在 0.5°以内[113],计算结果是有意义的。

简要比较一下 HF/3-21G$^{(*)}$、HF/6-31G* 和 MP2/6-31G* 计算所得的几何构型。图 5.23 给出了在这 3 个水平下计算的键长和键角,以及 20 个分子的实验键长和键角。表 5.7 分析了图 5.23 所示的几何构型,而表 5.8 提供了 8 个分子的二面角信息。此处所用的 MP2(full)几何构型与 MP2(fc)几何构型之间几乎没有什么区别。这项(显然有限的)调查表明如下内容。

表 5.8 HF/3-21G$^{(*)}$、HF/6-31G* 和 MP2(fc)/6-31G* 的二面角(°)

分 子	二面角/(°)				
	HF/3-21G$^{(*)}$	HF/6-31G*	MP2/6-31G*	实验	误差
HOOH	180.0	116.0	121.3	119.1[a]	61(sic)/−3.1/2.2
FOOF	84.1	84.1	85.8	87.5[b]	−3.4/−3.4/−1.7
FCH_2CH_2F(FCCF)	74.9	69.4	69.0	73[b]	1.9/−4/−4
FCH_2CH_2OH(FCCO)	58.4	61.3	60.1	64.0[c]	−5.6/−2.7/−3.9
(HOCC)	52.7	57.8	54.1	54.6[c]	−1.9/2.5/−0.5
$ClCH_2CH_2OH$(ClCCO)	65.8	65.7	65.0	63.2[b]	2.6/2.5/1.8
(HOCC)	66.0	67.0	64.3	58.4[b]	7.6/8.6/5.9
$ClCH_2CH_2F$(ClCCF)	65.9	67.0	65.9	68[b]	−2.1/−1/−2.1

续表

分　子	二面角/(°)				
	HF/3-21G$^{(*)}$	HF/6-31G*	MP2/6-31G*	实验	误差
HSSH	89.8	89.8	90.4	90.6[a]	−0.8/−0.8/−0.2
FSSF	89.4	88.7	88.9	87.9[b]	1.5/0.8/1.0
					偏差：5+，5−/4+，6−/4+，6− 10 个平均：8.8/2.9/2.3*

　　* 忽略三种方法中每一种的最大误差(61/8.6/8.9,分别对应 HF/3-21G$^{(*)}$/HF/6-31G*/MP2(fc)/6-31G*),每种方法 9 个误差的平均值为 3.0/2.3/1.9。

　　注：1. 在误差列中,误差以 HF/3-21G$^{(*)}$/HF/6-31G*/MP2/6-31G* 的顺序给出。

　　2. 减号表示计算值小于实验值。与实验的正负偏差数和平均误差(误差绝对值的算术平均值)汇总在误差列底部。计算由作者提供。每次测算都提供了实验测算的参考。除了给出的分子外,有些分子的其他二面角的最小值也被计算,例如,在 180°时的 FCH$_2$CH$_2$F。误差被表示为：HF/3-21G$^{(*)}$/HF/6-31G*/MP2/6-31G*。

　　[a] Reference [1g],pp. 151,152。

　　[b] M. D. Harmony, V. W. Laurie, R. L. Kuczkowski, R. H. Schwenderman, D. A. Ramsay, F. J. Lovas, W. H. Lafferty, A. G. Makai, "Molecular Structures of Gas-Phase Polyatomic Molecules Determined by Spectroscopic Methods", J. Physical and Chemical Reference Data,1979,8,619-721。

　　[c] J. Huang and K. Hedberg, J. Am. Chem. Soc.,1989,111,6909。

　　HF/3-21G$^{(*)}$ 几何构型几乎与 HF/6-31G* 几何构型一样好。

　　MP2/6-31G* 的几何构型总体上略优于 HF/6-31G* 几何构型,尽管个别 MP2 参数有时会更差。

　　HF/3-21G$^{(*)}$ 和 HF/6-31G* 计算所得 C—H 键长始终比实验值短(分别为 0.01～0.03 Å 和 0.01 Å),而 MP2/6-31G* 计算所得 C—H 键长并没有系统地被高估或低估。

　　HF/6-31G* 计算所得 O—H 键长始终比实验值略短(约 0.01 Å),而 MP2/6-31G* 计算所得 O—H 键长始终比实验值略长(约 0.01 Å)。HF/3-21G$^{(*)}$ 计算所得 O—H 键长并不总是被高估或低估。

　　3 个水平没有一个始终高估或低估 C—C 键长。

　　HF/6-31G* 计算所得 C—X(X=O、N、Cl、S)键长往往会被略微低估(约 0.015 Å),而 MP2/6-31G* 计算所得 C—X 键长可能会被稍微高估(约 0.01 Å)。HF/3-21G$^{(*)}$ 计算所得 C—X 键长并非始终被高估或低估。

　　HF/6-31G* 计算所得键角可能比实验值略大(约 1°),而 MP2/6-31G* 计算所得键角可能会比实验值略小(0.7°)。

　　HF/3-21G$^{(*)}$ 计算所得键角没有一直被高估或低估。二面角似乎并没有被这 3 个水平中的任何一个始终高估或低估。对于 HOOH 来说,HF/3-21G$^{(*)}$ 水平完全失败,计算的二面角 180°与实验的 119.1°相差甚远。忽略此分子 61°的误差和 ClCH$_2$CH$_2$OH 中 HOCC 二面角 7.6°的误差,可使 HF/3-21G$^{(*)}$ 二面角误差从 8.8°降低到 2.5°。ClCH$_2$CH$_2$OH (HOCC)二面角的实验值 58.4°值得怀疑,因为它与所有 3 个计算结果的偏差反常地大,且因为它属于那些被认为为可疑的,或具有大的或未知的误差的二面角(哈玛尼等指定它为 X,见表 5.8 中的参考)。HOOH 二面角的误差表示 HF/3-21G$^{(*)}$ 水平的明显失败,并且是一个提供了使用 6-31G*,而不是 3-21G$^{(*)}$ 基组的论据的案例,尽管后者要快得多,且通常具有相当的准确性(当然,如 MP2 之类的相关方法不应使用比 6-31G* 小的基组,如 5.4 节所指出的那样)。计算的二面角误差对 HF/6-31G* 约为 2°~3°,对 MP2/6-31G* 约为 2°:忽略 ClCH$_2$CH$_2$OH 的 HOCC 二面角 8.6°和 5.9°的误差,可使 HF 误差从 2.9°降低到 2.3°,MP2 误差从 2.3°降低到 1.9°。

鉴于目前的近似,从头算几何构型的精确性令人惊讶:3-21G$^{(*)}$ 基组很小(实际上,现在很少使用),而 6-31G* 基组仅是中等大小,因此,它们可能无法逼近真实的波函数;HF 方法没有正确考虑电子相关,而 MP2 方法仅是处理电子相关最简单的方法;这里的 HF 和 MP2 方法所用的哈密顿都忽略了相对论和自旋轨道耦合。然而,在所有这些近似下,键长的最大误差(表 5.7)仅有 0.033 Å(用 HF/3-21G$^{(*)}$ 水平计算 HCHO),键角的最大误差只有 3.2°(用 HF/3-21$^{(*)}$ 水平计算 H$_2$O)。忽略 H$_2$O$_2$ 的 3-21G$^{(*)}$ 结果,二面角的最大误差(表 5.8)是 8.6°(用 HF/6-31G* 计算 ClCH$_2$CH$_2$OH 的 HOCC),但如上所述,所报道的实验二面角 58.4°值得怀疑。

根据图 5.23 和表 5.7,HF/3-21G$^{(*)}$ 和 HF/6-31G* 水平下计算的 39 个键长(13+8+9+9)的平均误差是 0.01~0.015 Å,MP2/6-31G* 水平下计算约是 0.05~0.008 Å。HF/3-21G$^{(*)}$ 和 HF/6-31G* 水平下计算的 18 个键角的平均误差分别仅为 1.3°和 1.0°,而 MP2(fc)/6-31G* 水平下计算为 0.7°。表 5.8 中 HF/3-21G$^{(*)}$ 水平下计算的 9 个二面角(忽略了有问题的 ClCH$_2$CH$_2$OH 二面角),平均误差为 3.0°;8 个二面角的误差(忽略了 ClCH$_2$CH$_2$OH 和 HOOH 的误差)为 2.5°。在于其他两个水平下 10 个二面角(包括有问题的 ClCH$_2$CH$_2$OH 二面角),平均值为 2.9°(HF/6-31G*)和 2.3°(MP2/6-31G*)。如果我们认为计算的键长、键角和二面角误差最高分别为 0.02 Å、3°和 4°,对应于相当好的结构,那么所有 HF/3-21G$^{(*)}$、HF/6-31G* 和 MP2/6-31G* 优化的几何构型,除 HF/3-21G$^{(*)}$ 的 HOOH 二面角(这是完全错误的),以及 ClCH$_2$CH$_2$OH 的 HOCC 二面角可能例外之外,都是相当好的。然而,我们应记住,与 HF/3-21G$^{(*)}$ 计算的 HOOH 二面角一样,偶尔可能会有不愉快的意外结果。有趣的是,对于某些系列化合物来说,HF/3-21G$^{(*)}$ 的几何构型比 MP2/6-31G* 的几何构型要稍好。例如,使用 UHF/3-21G$^{(*)}$、MP2/6-31G* 和 MP2/6-31G†(CBS 计算中使用的校正基组,5.5.3 节)优化的 H$_2$、CH、NH、OH、HF、CN、N$_2$、H$_2$O、HCN、CH$_3$ 和 CH$_4$ 系列几何构型的均方根误差分别为 0.012 Å、0.016 Å 和 0.015 Å[113]。

表 5.7 和表 5.8 中总结的计算与基于 1985 年可用的信息和赫尔、拉多姆、施莱尔和波普尔给出的结论合理一致[114]:HF/6-31G* 对 A—H、A/B 单键和 A/B 多重键的参数通常分别精确到 0.01、0.03 Å 和 0.02 Å,键角约 2°、二面角约 3°,而 HF/3-21G$^{(*)}$ 的结果不太好。MP2 的键长似乎更好一些,而键角通常精确到约 1°,二面角约 2°。这些结论来自赫尔等,适用于元素周期表中第一排元素(Li~F)和氢组成的分子。对于原子序数大于第一排的元素来说,较大的误差并不少见。

MP2/6-31G* 优化相比 HF/3-21G$^{(*)}$ 或 HF/6-31G* 优化的主要优点不是几何构型更好,而是对于驻点来说,MP2 优化及相应的频率计算比 HF 优化/频率更可能给出该物种势能面的正确曲率(第 2 章)。换言之,相关计算更可靠地告诉我们物种是相对最小值或仅仅是过渡态（或甚至是更高阶鞍点，见第 2 章）。因此，（显然正确）二氟重氮甲烷[91]和几种环氧乙烯[53]被 MP2 计算预测（显然正确）不是势能面上的相对最小值，而 HF 计算表明它们是最小值。有趣的六氮杂苯（"苯-N_6"）被 HF/6-31G* 水平预测为一个最小值，但被 MP2/6-31G* 水平预测是两个虚频的山顶[115]。相比基态，对于过渡态来说，我们没有实验的几何构型，而相关效应肯定对它们的能量很重要（5.5.2 节），这可以通过动力学进行实验探索，且过渡态的 MP2/6-31G* 几何构型可能比 HF/6-31G* 几何构型要好得多。

假设我们希望得到比"相当好的"结构更好的结构？有经验的计算化学工作者说过[116]：

当我们谈到"精确的"几何构型时，我们通常指的是在实验值 0.01～0.02 Å 以内的键长，以及在实验值约 1°～2° 以内的键角和二面角（两个范围的下端更可取）。

即使按照这些有点严格的标准，MP2/6-31G*，甚至 HF/6-31G* 的计算，在研究的例子中，也并非远不令人满意。与实验值的最差偏差似乎是二面角，而这些在实验上可能是最不可靠的。然而，由于在我们的样本中看到了一些与实验值的较大偏差，因此必须承认不能**依赖** HF/6-31G* 和 MP2/6-31G* 计算来提供"准确的"（有时称为高质量的）几何构型。此外，有些分子特别难以精确计算其几何构型（有时还包括其他特性）。两个著名的例子是 FOOF（二氟化二氧）和臭氧（这些被描述为"病理性"[117]）。以下是 HF/6-31G*、MP2(fc)/6-31G* 和实验[118]的几何构型。

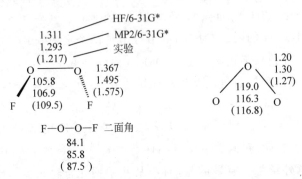

HF/6-31G*/MP2/6-31G*。计算的几何构型的误差（计算值－实验值）如下。

FOOF	FO 键长	$-0.208/0.080$ Å
	OO 键长	$0.094/0.076$ Å
	FOO 键角	$-3.7°/-2.6°$
	FOOF 二面角	$-3.4°/-1.7°$
O_3	OO 键长	$-0.068/-0.028$ Å
	OOO 键角	$-2.2°/-0.5°$

这些计算的几何构型甚至不满足我们的"相当好"的标准（计算的键长、键角和二面角误差最高分别为 0.02 Å、3° 和 4°），且远远不够"精确"（键长约 0.01～0.02 Å，键角和二面角约 1°～2°）。键长特别差。通过使用 HF 方法和 6-311++G** 基组（对 FOOF，88 个与 60 个基函数；对 O_3，66 个与 45 个基函数），我们得到 HF/6-311++G** 计算的几何构型（误差）为

FOOF	FO 键长	1.353 Å(−0.222)
	OO 键长	1.300(0.083)Å
	FOO 键角	106.5°(−3.0)
	FOOF 二面角	85.3°(−2.2)
O_3	OO 键长	1.194 Å(−0.078)
	OOO 键角	119.4°(2.6)

因此,在比 6-31G* 更大的基组上,仍使用 HF 方法,FOOF 几何构型几乎相同,而 O_3 几何构型甚至比 HF/6-31G* 水平得到的更差!

在 2001 年的一篇论文中,FOOF 被称为结构预测的"未解决的问题",只有通过密度泛函理论、借助一些人为的程序,才能获得 FOOF 真正好的结构[119]。从那时起,情况发生了怎样的变化? 以下是对 FOOF 和其他小的 O/F 分子,2007 年两项研究[120,121]的最佳结果。

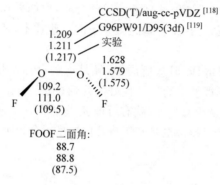

CCSD(T)(它们的密度泛函理论结果非常相似)[120]和 G96PW91(一种密度泛函理论方法)[121]计算的误差如下。

FO 键长	0.053[120]/0.004 Å[121]
OO 键长	−0.008[120]/−0.006 Å[121]
FOO 键角	−0.3°[120]/−1.5°[121]
FOOF 二面角	−0.2°[120]/1.3°[121]

这里唯一有问题的参数是 CCSD(T)FO 键长:CCSD(T)误差为 0.053 Å,仍然有点超出我们规定的 0.01~0.02 Å 的误差限制。密度泛函理论几何构型是完全高质量的。

臭氧比 FOOF 更容易获得一个高质量的几何构型。该分子的一些结果[122]如下。

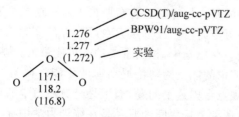

CCSD(T)和 BPW91(一种密度泛函理论方法)计算的误差落在我们限定的范围内。

OO 键长	0.004(CCSD(T))/0.005 Å(BPW91)
OOO 键角	0.3°(CCSD(T))/1.4°(BPW91)

其他耦合簇计算[123]和 CASPT2[124]方法给出了相似的结果。

臭氧问题可能至少部分源于这样一个事实,臭氧分子具有单重态双自由基特点(8.2 节):它大概是 2 个电子,虽然有相反的自旋,但不在同一轨道上配对的物种[125]。

HF 方法最适合常规的闭壳层分子,因为它使用单个斯莱特行列式,但臭氧具有开壳层双自由基性质:它是或至少类似具有 2 个半充满轨道的一个物种,1 个单的 α 电子和另 1 个单的 β 电子。通过在波函数行列式中包含那些电子被提升("激发")到虚轨道的态,相关方法超越了 HF 方法,可以更好地处理像臭氧这样的分子,但如果我们要求高度精确的几何构型(或能量),仍然会产生问题。有关处理此类分子的一些技术,请参阅福尔斯曼和弗里希的著作[118]和 8.2 节。

FOOF 问题的原因更难解释,但众所周知,氟是一种有点麻烦的元素[126],尽管一些含氟有机物表面上在中等计算水平下给出了良好的几何构型[127]。

如果我们不坚持纯粹的从头算计算,就有可能获得非常精确的几何构型,然而,到目前为止,只有少数的非常小的分子可以。这是基于将几何构型拟合到实验转动常数(2.4 节)。

5.5.2 能量

1. 能量:前言

我们在第 2 章(势能面)、第 3 章(分子力学能量)和第 4 章(来自简单和扩展休克尔计算的分子轨道能级)中使用了能量的概念。我们看到,所有这些能量都是**相对于某物**的:势能面(PES)上一物种的能量可以被认为是相对于全局最小值的能量,分子力学能量是相对于某个假设的没有张力的异构体的能量,而分子轨道的能量是有条件的,就是其中 1 个电子的能量与静止的、离轨道无穷远的该电子的能量相比较的值。在考虑能量的从头算计算之前,有必要对"能量"的含义作进一步的探讨,因为该实体以多种方式表现出来,且在有利的情况下,所有这些都可以通过从头算方法计算出来。我们将认识 7 种能量:势能、动能、内能、"热能"或焓、吉布斯自由能、亥姆霍兹自由能和阿伦尼乌斯活化能。读者可能想知道,为什么我们需要这么多种类的能量(我们可以添加更多,像电能和核能)。答案是,部分原因是因为在不同情况下,能量以不同的形式出现,部分原因是因为尽管有些种类实际上是其他种类与温度和熵等热力学概念的复合物(因此,吉布斯自由能是焓减去温度和熵的乘积),但用一个词和符号来表示复合物更为简洁。我按照大致顺序介绍了这 7 种能量,其中一些能量概念建立在其他能量基础上。在化学中,相当重要的 5 种能量为:势能、内能、焓、吉布斯自由能,在反应速率的实验研究中的能量为阿伦尼乌斯活化能。在关于能量计算的简短预备知识中,我们从分子化学的观点考虑这个问题,而不是经典热力学的角度,尽管它是简练的,但对原子和分子一无所知。两种力场之间的联系是在统计力学中提出的。除了关于这些主题的许多标准课本外,我们还可以推荐阿特金斯关于热力学四定律的优美、严密而精妙的著作[128]。在这里,我们可以放心地忽略相对论,它需要"质量-能量"守恒。

（1）**势能**是物体因"暂时"抵抗恢复力而获得的功,因此,如果允许物体屈服于该力,那么,它就会做功。我们在这里使用的是牛顿的力的概念:作用在物体上会使之产生加速度的力。一个例子是:悬崖边的一块石头,暂时抵抗了重力;脚踢它,使它屈服于重力,则它将获得动能,该动能可以被机器转化为有用的功(用水代替石头则您将获得水力发电)。在化学中,相关的势能是分子在玻恩-奥本海默面(势能面,第2章)上的能量。在这种更抽象的情况下,一个不在全局最小值的分子会抵抗电磁力(化学上唯一的力),而电磁力最终会将它(被动力学能垒拖延)拉至最小值。在此过程中,能量以热或光的形式被释放出来。在通常的玻恩-奥本海默曲面,包括简单的二维势能曲线,如能量与扭转(二面)角关系图,以及超曲面上,各个点的能量可被看作相对于全局的最小值。这种能量的单位可能来自分子力学或某种量子力学(从头算、半经验、密度泛函理论)计算。在任何情况下,由于振动计算仅在驻点才是有意义的,因此,表面通常不包括零点能和热对能量的贡献,且是一个假设的0 K能量表面,至少大致对应于电子能加核间排斥,见式(5.94),但零点能项除外,而E项可通过任何量子力学方法或参数化从分子力学替代方法中获得。虽然我们在这里没有明确考虑势能,但电子能部分是该能量,而核间排斥能全部是该能量。

符号:玻恩-奥本海默面上的势能(即在PES图中)在第2章中用E表示。其他常见的表示是V(起源模糊)和PE,以及有时用U,但后者最好保留为用于内能。

方程:势能是力在相关距离上的积分,它本身通常是距离的函数。

（2）**动能(平动能)**是运动的能量,并通过$(3/2)RT$项来考虑分子整体的运动,$(1/2)RT$来考虑每个运动自由度。R是理想气体常数,T是温度。分子电子能的一部分是电子的动能。

符号:动能用KE或T(起源模糊)表示,尽管这有时会与温度混淆。

方程:在经典物理学中,动能是$(1/2)mv^2$。分子的电子动能可用5.2节所述的薛定谔方程计算。

（3）分子的**内能**是由于它的电子动能和势能,核间势能和核的零点能、转动能,以及它的平动运动(这不包括通过移动包含分子集合的容器对分子施加的"外部的"平移运动)产生的能量。内能的变化通常主要是键能的变化,源于电子能的变化。

符号:内能用U(有时用E)表示,可能是因为在字母表中,U靠近其他热力学量,如Q(热量)、R(气体常数)、S(熵)、T(温度)、V(体积)和W(功),而U尚未被采用(约1860年)。根据英文译本[129a] The Mechanical Theory of Heat of Clausius's Die Mechanische Wärmetheorie[129b]。该符号是通过简单地说"……U表示v和t的任意函数"而引入的,但德文译本将该符号归因于1860年的佐伊纳,尽管克劳修斯相当谨慎地将他的U表示为动能和势能的总和,然而,后者在没有词源解释的情况下,被他称为Ergal,一个希腊词,意思是功;"potentielle Energie"被认为有些太长了。

方程:对于一个分子,我们可以写出在开尔文温度T时的内能(见式(5.94))。

$$U_T = E_{0\,K}^{\text{total}} = E^{\text{total}} + E_{Vr} + \frac{3}{2}RT \qquad (^*5.171)$$

式中,E^{total}是电子能+核间排斥能,不一定是在HF水平下;E_{vr}是总的振动能和转动能;$(3/2)RT$是平动能,对每个平动自由度$(1/2)RT$。内旋转往往被认为是低能量的振动,尽管更现实的处理是可能的[130]。在用统计力学计算温度高于0 K时对能量的热贡献时,分子整体的转动以及较高振动能级的电子布居要考虑在内[130]。在"化学可及"的温度下,较高电子能级通常很少有明显的填充。气体常数R是8.314×10^{-3} kJ/(K·mol),而在 298 K 时，$RT=2.478$ kJ/mol，则 $(3/2)RT$ 为 3.717 kJ/mol。因此，在 298 K，质子的内能没有电子、振动或转动能，是 $(3/2)RT$[131]。E^{total} 和零点能通常都很容易用量子力学计算。在 0 K 时（其中没有平动项），U 的差值考虑了电子能和零点能，是分子能量差（如反应能和活化能）的最简单的实际测量，尽管 E^{total}（不含零点能）的差值提供了这些量的**粗略**度量(2.5 节)。

(4) **焓**是系统的"热含量"。这个术语并不很精确，因为正如阿特金斯指出的[128]，热不是一种东西，而是一个过程，即因温差（或在相变焓时伴有温差）而产生的能量传递。然而，"热"是因温差而传递的能量的有用的缩写。焓变是在恒压下发生反应时释放或吸收的热量。标准条件是 298 K 和 101.3 kPa。物质的生成焓或生成热是一个有用的量(5.5.2 节)。与吉布斯自由能一样，这些自由能已普遍被收录进表格。这使得在反应中放出或吸收的热量（反应焓）可以通过简单地取产物和反应物的焓变来计算。这些焓变，严格地说，是在恒压下的变化，尽管与恒容相比的差异通常小于 1%[128]。反应焓也可以通过反应中键能的变化来计算，但这是非常近似的，因为键能不是完全可转移的，而不同的分子会有所不同，甚至在同一个分子中也不相同，如 C—H 键，与即使同一分子中的另一个 C—H 键也可能不同。如果分子不太大，则可以借助量子力学方法精确计算生成焓（见 5.5.2 节）。反应的焓变通常被视为其热力学可行性的量度，且通常默认为其动力学容易程度的指示，但这些严格的标准实际上是反应和活化的吉布斯自由能（如下）。

符号：焓用 H 表示：这个词来自（H. 卡默林-翁内斯，1909 年）希腊语 thalpos（热），或 enthalpos（内热）。H. W. 波特在 1922 年提出用 H 来表示它，因为符号 H 是罗马字母中的一个字母，也是 enthalpos($\eta\theta\alpha\lambda\pi o\varsigma$) 的大写希腊首字母 H 或 η[132]。

方程：原子或分子在温度 T 下的"能量"（内能）可以通过加上 RT 而转换为焓，由于 $H=U+PV$ 和 $PV=RT$，以 1 mol 为基础，服从理想气体行为，因此

$$H = 内能 + RT \qquad (^*5.172)$$

$H=$内能$+2.478$ kJ/mol（在 298 K 时）。质子在 298 K 时的焓（见内能）为 $(3/2)RT+RT=(5/2)RT=6.195$ kJ/mol[131]。

(5) **吉布斯自由能**是系统在恒定温度和压力下获得的功。除非另有规定，在化学中，我们可以用"自由能"来表示吉布斯自由能。自由能变化是由加权温度的熵变调整的焓变。

$$\Delta G = \Delta H - T\Delta S \qquad (^*5.173)$$

$T\Delta S$ 项在室温或更低温度时通常对 ΔG 的贡献较小，但在足够高的温度下，将占主导地位。如果熵变为正（增加运动自由度），则有利于自由能的变化（负）。熵也可以从能量扩散的角度来看(5.5.2 节)。自由能的变化是化学反应容易程度的最佳指示，以化学反应的速率、或程度、或完成度衡量。速率和完成度由速率常数和平衡常数来量化，这分别可以根据活化自由能和反应自由能来计算。这两个能量差（过渡态能量减去反应物能量、产物能量减去反应物能量）通常可以很容易地通过量子力学计算。吉布斯自由能数据已收录为表格，这些值可用于计算化学反应的自由能，从而计算平衡常数。该表应该比焓表更好，但实际上应用并不广泛。这可能是因为自由能往往比焓更难测量，而且直到最近才能够精确计算，主要是因为计算精确振动频率的问题。当平衡常数（式(5.183)）可以被精确测量时，自由能变化可以从实验值获得，而焓通常可以从燃烧热测量中获得。

符号：吉布斯自由能以 G，约西亚·威拉德·吉布斯的名字命名，大约在 1873 年，他创造了许多化学热力学。在较早的文献中，有时使用 F 来表示。

方程：由于 $G=H-TS$，因此，分子的自由能可以根据其焓和温度 T 时的熵来计算。熵是通过标准统计力学方法计算的[130a]。

（6）**亥姆霍兹自由能**（或**亥姆霍兹能**）是系统在恒定温度和体积下获得的功。与吉布斯自由能相比，它在化学中的应用要少得多，因为大多数化学反应都是在恒压下，而不是恒容下发生的。然而，亥姆霍兹自由能与压力快速变化的（爆炸）反应有关。

符号：亥姆霍兹自由能在化学上用 A（德语 Arbeit，功）表示，在物理学上用 F 表示。

方程：$A=U-TS$，其中，U 为内能，T 为温度，S 为熵。

（7）**阿伦尼乌斯活化能**是一个经验方程中的能量项，该方程表明了速率常数对温度的依赖性（1884 年，J.H.范特霍夫的实验，在 1889 年由阿伦尼乌斯解释）。

$$k=A\mathrm{e}^{-E_a/RT} \tag{*5.174}$$

指前因子与某些有利情况（如有利碰撞）的概率有关，并涉及熵，而指数项则反映了反应的能垒。A 和 E_a 通常在实验室感兴趣的有限范围内近似恒定。艾林、波拉尼和埃文斯修定版（"艾林方程"）直接适用于速率常数的理论计算：$k=k_\mathrm{B}T/h\exp(-\Delta G^{\ddagger}/RT)$，其中，$k_\mathrm{B}$ 是玻尔兹曼常数，h 是普朗克常数，而 $\Delta G^{\ddagger}$ 是活化自由能。速率常数的高水平计算最好通过专门的程序来完成，例如，用于单分子反应的 Polyrate[133]程序，使用 RRKM（赖斯-拉姆斯伯格-卡塞尔-马库斯）理论[134]。

符号：E_a。

方程：在室温（298.15 K）下，用过渡态焓减去反应焓计算出的活化能，$\Delta H^{\ddagger}$（或 $E^{\ddagger}$），是与气相单分子反应的阿伦尼乌斯活化能有关的[135]。

$$E_a=\Delta H^{\ddagger}+RT=\Delta H^{\ddagger}+2.48 \text{ kJ/mol} \tag{*5.175}$$

在室温（298.15K）下，各种形式能量之间关系的一个很好的记忆法如下[136]。

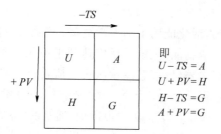

$$
\begin{array}{l}
即\\
U-TS=A\\
U+PV=H\\
H-TS=G\\
A+PV=G
\end{array}
$$

2. 能量：预备

除了几何构型（5.5.1节）外，从头算中最常计算的分子特征可能就是能量。从头算计算给出了一个能量的数值，该数值表示分子（或原子）相对于其组成的电子和原子核在静止的、无穷远分离时的能量。此分离态被认为是能量的零点。因此，一个物种的从头算能量是将其完全地解离、无穷远地分离为电子和原子核，没有动能剩余的能量的负值，或电子和原子核从静止的无穷远地分离到"结合在一起"形成该物种时释放出的能量的负值。

这是针对 HF 能量指出的（与式（5.93）相关），且无穷远地分离的参考点也适用于相关的从头算能量。因此，从头算能量，我们通常指纯电子能（电子的动能和势能，无论是通过 HF 方程，还是通过一种相关方法计算）加上核间排斥能（参见式（5.93））。

从头算能量（HF）

$$E_{HF}^{total} = E_{HF} + V_{NN} \qquad (^*5.176)$$

从头算能量（一种相关方法）

$$E_{correl}^{total} = E_{correl} + V_{NN} \qquad (^*5.177)$$

（参见式(5.94)），如果从头算能量已经通过添加零点能校正，给出 0 K 时的内能，则应指出，从头算能量进行了零点能校正。

$$E_{0K}^{total} = E^{total} + ZPE \qquad (^*5.178)$$

正如已经指出的那样，在计算相对能量时，零点能校正的从头算能量比未校正的更可取。在计算结束时给出 E^{total}（HF 或相关的）。如果我们希望包含零点能而因此获得 E_{0K}^{total}，则需要进行频率计算。在计算结束时，这些量出现的格式取决于程序。

实际上，我们很少真正想要这些"绝对的"从头算能量，因为化学处理的是**相对**能量，所有能量当然都是相对于某物的，但在这种情况下，将术语限制为反应物和产物之间或反应物和过渡态之间的能量差（异构体之间的能量差是反应物/产物的特例）是有用的。因此，我们对反应能（产物能量减去反应物能量）和活化能（过渡态能量减去反应物能量）感兴趣。然而，请注意（见下文和式(5.175)）在 0 K 以上，众所周知的阿伦尼乌斯活化能并不仅仅是过渡态与反应物的计算能量之差。

图 5.24 显示了库尔森所说的意思。他说，通过减去绝对能量来计算异构体的相对稳定性，就像通过对有船长和没有船长的船进行称重来计算船长的重量一样[137]。所示两个异构体的绝对从头算能量分别约为 407 700 kJ/mol，而它们的能量差仅为 9 kJ/mol，即能量的 1/45 000，这些数字非常典型。如果我们保守地将船长重量定为 100 kg，那么，这个类比对应于一艘约重 4 500 000 kg 或约 5000 t 的小船。然而，令人惊讶的是，正如我们将看到的，现代从头算计算可以准确可靠地预测相对能量。入仓和福瑞普[138]及克拉默[139]给出了从头算和其他方法计算能量的综合说明。

反应能属于热力学范畴，活化能属于动力学范畴：产物和反应物之间的能量差（"差"在这里被定义为产物能减去反应物能）决定了反应达到平衡状态时进行的程度，即平衡常数，而过渡态和反应物之间的能量差（过渡态能量减去反应物能量）决定（部分地，见 5.5.2 节）了反应的速率，即速率常数（图 5.25）。化学中的"能量"一词通常指势能（通常用 E 表示）、焓（H），或吉布斯自由能（G）。计算的玻恩-奥本海默面（通常的"势能面"，2.3 节）上的势能代表不含零点能的 0 K 焓变。焓变 ΔH 和自由能变 ΔG 通过加权温度的熵变相关联。

$$\Delta G = \Delta H - T\Delta S \qquad (^*5.179 = 5.173)$$

热力学书籍给出了焓、自由能和熵的更详细的讨论，而统计力学书籍在分子水平上解释了这些量和过程之间的关系[140]。物理化学课本中给出了这些主题的一般性讨论。

为了直观地感受 ΔH，我们可以将其本质视为产物或过渡态键强度的一种度量，与反应物中的键强度相比[141]：

$$\Delta H = H(产物/过渡态) - H(反应物)$$
$$\approx \sum 键能(反应物) - \sum 键能(产物/过渡态) \qquad (^*5.180)$$

（是产物还是过渡态取决于我们是在考虑反应焓还是活化焓。我们可以忽略那些既不断裂，也不生成的键）。因此，一个放热过程根据定义有 $\Delta H < 0$，产物比反应物有较强的键能。从某种意义上讲，这些键失去了热能，变得更紧、更稳定。大多数有机化学教科书中提

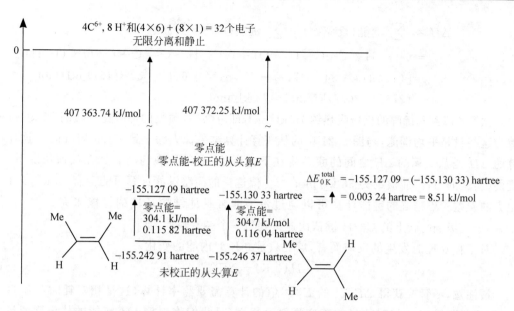

图 5.24 绝对和相对的从头算能量,含和不含零点能校正。这些是来自 HF/3-21G$^{(*)}$ 的计算。对从(E)到(Z)(顺式到反式)的异构化计算的反应能量为 -8.51 kJ/mol

供的键能表可用于计算 ΔH(反应)的粗略值,且准确的反应焓有时通过更复杂的键能和类似量的使用来获得[142]。为了查看简单键能表[143]的应用,考虑酮/烯醇反应。

使用式(5.180):

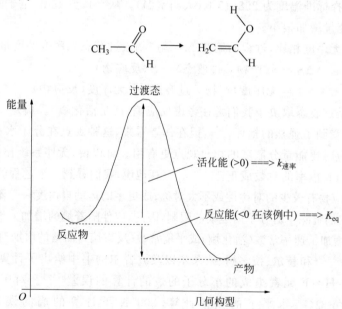

图 5.25 反应能,即产物和反应物的能量差,决定了反应进行的程度,即其平衡常数。活化能(此处所示的简单的从头算能量差并不完全是传统的阿伦尼乌斯活化能)、过渡态和反应物的能量差部分地决定了反应的速率,即反应的速率常数。不幸的是,由于化学家使用势能、焓(热能)和自由能这些术语,因此,"能量"是模棱两可的(见5.5.2 节)

$$\Delta H \approx \sum 键能（反应物） - \sum 键能（产物／过渡态）$$
$$= (4C-H + C-C + C=O) - (3C-H + C=C + C-O + O-H)$$
$$= [(4 \times 414 + 347 + 749) - (3 \times 414 + 611 + 360 + 464)] kJ/mol$$
$$= (2752 - 2677) kJ/mol = 75 \ kJ/mol$$

预测乙醛到乙烯醇的反应吸热约 75 kJ/mol，即忽略熵，预测的烯醇比乙醛高 75 kJ/mol。因为这些只是平均键能，与图 5.21 中的从头算计算结果惊人的一致（71.6 kJ/mol。这样计算的 ΔH 与从头算的 ΔE 之间的联系将在下文讨论）必须被视为巧合。在任何情况下，正确的（实验的）自由能值约为 36 kJ/mol[92]。像这样的简略键能计算可能会有 50 kJ/mol 或更大的误差。更精确的键能计算可以通过参考非常具体结构环境的键能来完成[142]。例如，一个一级 sp^3 碳上的 C—H 键依次连接到另一个 sp^3 碳上。

对于在 0 K 时发生的反应而言，焓变只是 0 K 时内能的变化。
$$\Delta H(0 \ K) = \Delta E_{0 \ K}^{total} \tag{5.181}$$

请注意，尽管要获得 $\Delta E_{0 \ K}^{total}$ 的 $E_{0 \ K}^{total}$ 值的计算需要频率计算，这是相对耗时（"昂贵"）的，但要得到准确的相对能量差确实需要这样做，且我们将未校正零点能的从头算能量差 ΔE^{total}，电子能量＋核间排斥能之差，仅看作是对 $\Delta E_{0 \ K}^{total}$ 的一个近似（见式(5.94)和图 2.20）。在 0 K 以外的温度下，ΔH 是 $\Delta E_{0 \ K}^{total}$ 加上从 0 K 到更高温度 T 时平动、转动、振动和电子能量的增加，再加上系统在压力或体积变化时所做的功。
$$\Delta H(T) = \Delta E_{0 \ K}^{total} + \Delta E_{trans} + \Delta E_{rot} + \Delta E_{vib} + \Delta E_{el} + \Delta(PV) \tag{5.182}$$

人们经常选择标准温度为 298.15 K（大约室温）。从 0 K 到室温，电子能量的增加可以忽略不计，振动能量增加很小。

与反应物的无序度相比，过程的熵变 ΔS 是产物或过渡态无序度的度量。
$$\Delta S = S(产物／过渡态) - S(反应物)$$
$$= 无序度（产物／过渡态） - 无序度（反应物）$$

（是产物还是过渡态取决于我们是在考虑反应熵，还是活化熵）。熵是一个复杂的概念，用无序来解释它受到了强烈的批评[144]，但在作者看来，这种观点在分子水平上图示效果相当好，在解释反应时比能量分散的相对观点更有用。可以说，无序系统比有序系统概率更大，且系统的熵与其概率的对数成正比[145]。直观地说，我们看到一个过程的 $\Delta S>0$，其中产物或过渡态比反应物有较少的对称性或不太对称，或更多的运动自由度——不太有序。例如，开环反应，由于它们解除了对分子内运动的限制，因此，应伴随着熵的增加。请注意，熵的增加对过程有利：它增加了速率常数（活化熵）或平衡常数（反应熵），而焓的增加对过程不利。

奥克特斯基[130a]和赫尔、拉多姆、施莱尔以及波普尔的书中给出了计算熵的详细信息，他们还列出了由 H～F 元素组成的小分子的熵的计算的误差[146]。对于 HF/3-21G[(*)]、6-31G* 和 MP2/6-31G* 水平下的频率计算，300 K 下计算的熵的误差分别为 1.7、1.3 J/(mol·K)和 0.8 J/(mol·K)。据式(5.175)，这对应于 300 K 下约 0.5 kJ/mol 的自由能误差。这远小于约 10 kJ/mol 的焓的误差，该误差可通过使用高精度方法常规可靠地获得，并表明在目前的从头算方法中，自由能误差预期主要来自于焓。许多程序，如 Gaussian 和 Spartan，在频率计算结束时，自动计算要添加到式(5.182)中的 $\Delta E_{0 \ K}^{total}$ 的校正项，并打印输出 298.15 K 时的焓或对 0 K 焓的校正。计算反应自由能需要反应熵（根据式(5.179)),从中可以计算平衡常数[147]：

$$\Delta G_{\text{react}} = -RT \ln K_{\text{eq}} \qquad (^*5.183)$$

当几个物种处于平衡状态时,它们的比例与玻尔兹曼指数因子成正比。例如,如果 A、B 和 C 的相对自由能 G 分别为 0、5.0 kJ/mol 和 20.0 kJ/mol(此处将物种 A 的 G 设置为零,而 B 和 C 则分别高出 5.0,20.0 kJ/mol),则

$$[A]:[B]:[C] = \exp(-0/RT):\exp(-5.0/RT):\exp(-20.0/RT)$$

室温下,$RT = 2.48$ kJ/mol,因此,在该温度下

$$[A]:[B]:[C] = 1:0.133:0.000\ 315 = 3175:422:1$$

活化熵是有用的,因为它们可以提供有关过渡态结构的信息(如上所述,更受限的过渡态由负的、不利的活化熵来表示),但来自活化能的速率常数的从头算计算[148]并不像根据反应自由能的平衡常数的计算那样简单。计算速率常数的最简略方法是使用阿伦尼乌斯方程[140,149]

$$k = A e^{-E_a/RT} \qquad (^*5.184 = 5.174)$$

简单地用已知的类似反应的因子来近似指前因子 A(单分子反应的典型值为 $10^{12} \sim 10^{15}$[150]),并用 $\Delta E_{0\ \text{K}}^{\text{total}}$ 来近似 E_a(式(5.181))。理论上更令人满意的是用 $\Delta H^{\ddagger} + RT$ 来表示 E_a,使用所讨论的温度,对气相单分子反应根据

$$E_a = \Delta H^{\ddagger} + RT \qquad (^*5.185 = 5.175)$$

对气相双分子反应[151]根据

$$E_a = \Delta H^{\ddagger} + 2RT \qquad (5.186)$$

这样做的主要问题是,即使对于形式上是单分子的反应,指前因子 A 也会有很大的变化[150]。

$CH_3NC \rightarrow CH_3CN$	3.98×10^{13}
环丙烷→丙烯	1.58×10^{15}
$C_2H_6 \rightarrow 2CH_3$	2.51×10^{17}

因此,这种通过类比来猜测 A 的方法可以产生一个相差 10^4 倍的值,除非一个人足够明智(或幸运),选择了一个好的模型反应。指前因子容易产生较小的误差,因为计算 $\Delta H^{\ddagger}$ 到 10 kJ/mol 以内或更好,目前是可行的,且这种大小的误差对应于 $\exp(-\Delta E_a)$ 的误差因子 $\exp(-10/2.48) = 57(T = 298\ K)$。这本身可能看起来很大,但一种简单可靠计算速率常数的方法,即使仅在 100 倍以内,也可能有助于估计未知物质的稳定性。实际上,一个简单和非常有用的规则是室温下化合物稳定性的阈值能垒,约为 100 kJ/mol,允许上下浮动为 20 kJ/mol[152]。该规则经常用于计算搜索稳定的氮同素异形体[153a],并用于推断新的芳族分子保龄烯(一种三环癸烯)在室温下应该是稳定的[153b]。

请注意,对于单分子过程的半衰期来说,一个直观上比速率常数更有意义的量,就是

$$t_{1/2} = \frac{\ln 2}{k_r} = \frac{0.693}{k_r}$$

即单分子反应的半衰期约为其速率常数的倒数。

3. 能量:计算与热力学和动力学有关的量

1) 热力学;"直接"方法;等键反应

这里,我们关注的是过渡态以外物种的相对能量。即使在通常意义上根本不是稳定的,

这种分子有时被称为"稳定物种"，以将它们与过渡态区分开来，过渡态仅存在于从反应物到产物的过程中的瞬间。相比之下，"稳定物种"位于势能阱中，并至少可以经受几次的分子振动（$>10^{-13}$ s）。赫尔的著作[39]中包括大量关于热力学量的计算和实验结果的信息。

通常计算的从头算反应能仅仅是含零点能校正的能量差，$\Delta E_{0\ K}^{total}$，即 0 K 时的反应焓变（式（5.181））。它提供了一个很容易获得的指示，反应可能是放热的，或吸热的，或异构体的相对稳定性。表 5.9 说明了此过程。结果只是半定量正确，对于这种"直接"（简单减法）能量来说，HF/6-31G* 方法在这里不一定比 HF/3-21G 好得多。事实上，大量计算证明，HF/3-21G 和 HF/6-31G* 计算得到的能量差通常仅能给出能量变化的粗略指示。通过在 MP2/6-31G*、HF/3-21G，甚至半经验 AM1 几何构型（后两种是单点能）上执行 MP2/6-31G* 计算，可以获得更好的结果，参考赫尔的书，可以了解详细信息[154]。我们将在 5.5.2 节中看到，有可能"直接"获得好的相对能。

表 5.9　反应能和异构体的相对能（HF/3-21G$^{(*)}$ 和 HF/6-31G*）

反应物 E/hartree	生成物 E/hartree	反应能，或异构体的相对能	
		计算/hartree/(kJ/mol)	实验/(kJ/mol)
H_2+Cl_2 $-1.112\ 34+(-914.757\ 15)$ $=-915.869\ 49$ $-1.116\ 25+(-918.911\ 45)$ $=-920.027\ 70$	2HCl $2\times(-457.974\ 23)$ $=-915.948\ 46$ $2\times(-460.052\ 72)$ $=-920.105\ 44$	$-915.948\ 46-(-915.869\ 49)$ $=-0.078\ 97/-207$ $-920.105\ 44-(-920.027\ 70)$ $=-0.077\ 74/-204$	-185
$2H_2+O_2$ $2\times(-1.112\ 34)+(-148.765\ 40)$ $=-150.990\ 08$ $2\times(-1.116\ 25)+(-149.613\ 36)$ $=-151.845\ 86$	$2H_2O$ $2\times(-75.564\ 19)$ $=-151.128\ 38$ $2\times(-75.987\ 78)$ $=-151.975\ 56$	$-151.128\ 38-(-150.990\ 08)$ $=-0.138\ 30/-363$ $-151.975\ 56-(-151.845\ 86)$ $=-0.129\ 70/-341$	-484
反-2-丁烯 $-155.130\ 32$ $-155.994\ 72$	顺-2-丁烯 $-155.127\ 68$ $-155.991\ 96$	$-155.127\ 68-(-155.130\ 32)$ $=0.002\ 64/6.93$ $-155.991\ 96-(-155.994\ 72)$ $=0.002\ 76/7.2$	4.6
HCN $-92.335\ 70$ $-92.857\ 21$	HNC $-92.322\ 15$ $-92.838\ 28$	$-92.322\ 15-(-92.335\ 70)$ $=0.013\ 55/35.6$ $-92.838\ 28-(-92.857\ 21)$ $=0.018\ 93/49.7$	60.7

注：以 hartree 表示的能量是包括零点能的从头算能量。O_2 的计算是 UHF 下的三重态的 O_2。计算由作者完成，能量实验值来自参考文献[39]中表 2.13 和表 2.14。

为了从相对低水平的计算中获得最佳的能量变化，人们可以利用**等键反应**（希腊语："相同的键"，即等式两侧相似的键）。这些反应中每种键的数量是守恒的。例如，

$$NH_3 + CH_3NH_3^+ \longrightarrow NH_4^+ + CH_3NH_2 \tag{5.187}$$

和

$$CH_2F_2 + CH_4 \longrightarrow CH_3F + CH_3F \tag{5.188}$$

是等键反应。第一个反应的 6 个 N—H 键、3 个 C—H 键和 1 个 C—N 键是守恒的，第二个反应的 6 个 C—H 和 2 个 C—F 键是守恒的。反应

$$CH_3—CH_3 + H_2 \longrightarrow 2CH_4 \tag{5.189}$$

严格地说,是非等键的,因为尽管它在两侧是有相同数量的键,甚至相同数量的单键(8个),但一侧是 6 个 C—H、1 个 C—C 和 1 个 H—H 键,另一侧是 8 个 C—H 键。请注意,等键反应不一定要在**实验**上是能实现的:通过尽可能多地消除由于基组限制和电子相关处理而产生的误差来确保获得合理准确的能量差是一种技巧。如果特定误差与特定结构特点相关联就会发生这种情况,那么,电子相关效应被认为在计算能量差时特别重要,且当每种电子对数目守恒时,这种效应往往会抵消。这个概念和名称最早出现在赫尔等在 1970 年的一篇论文中,其中介绍了使用当时可用的小基组计算分子完全氢化的焓变的方法[155],并在赫尔、波普尔、拉多姆和施莱尔的经典著作中,多种反应都应用了该方法[1g]。等键反应的目的是计算由诸如芳香性[156]、张力[157],或一个基团被另一个基团取代,如 H 被 F 取代[158],等因素而产生的稳定或去稳定化能。在试图关注这些因素,并排除不同键强度的无关紧要的影响时,越来越细致的反应层次结构逐渐壮大起来,且等键反应的命名也失控了。比如说,我们会遇到术语同联、超同联、半同联、准同联、同分子同联、等邻和等位。为了"揭露此类方程普遍存在的混乱",并为所谓的混沌扩散(借用一个术语[68])带来秩序和严谨,惠勒、霍克、施莱尔和艾伦对该主题进行了广泛的综述,并提出了建议[159]。在这里,我们可以避开技术性和术语的集合,并简单地称这种一般的反应为等键反应。我们将看看等键反应的两个应用的例子,即计算**张力能**和**芳香稳定化能**,后者通过芳香性来衡量稳定性,或通过反芳香性来衡量去稳定性。我们可将芳香稳定化能看作是传统的共振能。

张力能分子张力是一个通过使用刚性的塑料组件构建一个小角度的分子模型(如环丙烷),并标注键断裂,从而可以很好理解的概念。角张力[160a]这个古老的概念已经扩展到包含扭转张力和空间张力[160b]。我们将考虑两个角张力的例子,即环丙烷和降冰片烷。我们(概念上)通过使用两个乙烷的 2 个 H 将环丙烷打开为丙烷,并将生成的乙基连接成丁烷。我们使用乙烷,而不是甲烷来实现裂解,因为使用乙烷,我们在二级碳之间断开一个键,并形成 1 个键,通过连接二级碳生成丁烷,但使用甲烷,我们将通过连接一级碳而形成 1 个键,并生成乙烷。根据库利等的研究[157],我们使用不含零点能的 B3LYP/6-31G*(一种密度泛函理论方法,第7章)能量/几何构型。该能量显示在每个物种下方。

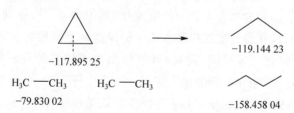

张力的释放必须对应于放热过程,通常,我们将张力能视为正值(其中不为零),因此,张力能是反应物的能量减去产物的能量。

$$SE(环丙烷) = [-117.895\,25 + 2(-79.830\,02)] - [-119.144\,23 - 158.458\,04]$$
$$= -277.555\,29 + 277.602\,27 = 0.046\,98\ \text{hartree} = 123\ \text{kJ/mol}$$

通过乘以 2626,我们将原子单位(hartree)转换为 kJ/mol。库利等报告的 121 kJ/mol 的值与实验值(115 kJ/mol)和他们引用的其他计算值相似。一个称为原分支的概念导致环丙烷的张力能大大低于可接受的约 120 kJ/mol 的值。这一点受到了质疑(菲什蒂克)和反驳(施莱尔,麦基)[161]。

　　稍微复杂的例子是降冰片烷，双环[2.2.1]庚烷。我们将此分子开环成庚烷（为清晰起见，两个步骤展示如下）。使用丁烷和庚烷等分子的全反式、最低能量的构象，

$$H_3C—CH_3 \quad H_3C—CH_3$$

$$-273.968\ 32 \qquad\qquad\qquad -276.399\ 09 \qquad 2 \qquad -158.458\ 04$$

$$H_3C—CH_3 \quad H_3C—CH_3$$
$$-79.830\ 02$$

$$\text{SE（降冰片烷）} = [-273.968\ 32 + 4 \times (-79.830\ 02)] - [-276.399\ 09 + 2 \times (-158.458\ 04)]$$
$$= -593.288\ 40 + 593.315\ 17 = 0.026\ 77\ \text{hartree} = 70.3\ \text{kJ/mol}$$

　　库利等报道的 69.5 kJ/mol 的值，相当接近他们引用的实验值（60.2 kJ/mol）。

　　这里显示的两个计算是库利等稍微复杂方法的简化版[157]，该方法试图使反应物和产物中的键比这里使用的非常简单的方法更相似。例如，在降冰片烷中，我们断裂的 2 个 C—C 键是在二级碳和三级碳之间，但我们形成的 2 个丁烷的 2 个 C—C 键在二级碳和二级碳之间。不用乙烷和乙烷来制备丁烷，而是用乙烷和丙烷，在 2-甲基丁烷的二级碳和三级碳间形成键。这样得出的张力能为 64.7 kJ/mol，更接近实验值。

　　在比较两个烃分子中的张力时，比较每个 C—C 键的张力可能更公平，因为在其他条件相同的情况下，在更大的分子中，张力更分散。因此，立方烷带有 6 个环丁烷环和 12 个 C—C 键，有 622 kJ/mol[162] 的张力能，而环丁烷仅带有 1 个环和 4 个 C—C 键，有 110.0 kJ/mol[157] 的张力能。就原始数据而言，立方烷的张力是环丁烷的 5.7 倍。然而，在每一个 C—C 键的基础上，立方烷和环丁烷的张力能分别为 622/12＝52 kJ/mol 和 110.0/4＝27.5 kJ/mol。利用这些数字，立方烷的有效张力仅是环丁烷的两倍。有研究者已经讨论了多棱烷和超张力 C_5 分子与动力学和热力学稳定性相关的张力的作用[163]。我们在这里所做的这类计算近似于 0 K 焓变（因为零点能和超过 0 K 的热能增加值被忽略）。通过对取代环己烷的计算，强调了恰当选择参考分子的重要性，其中参考了一系列较低取代的环己烷，而不用无环的参考物，以获得真实的环张力能。据说这种半同联方法可以适当地消除分子内的相互作用[164]。以前的等键型（同联）计算给出过不切实际和不可靠的结果，比如 c-C_6Cl_{12} 从 431～−163 kJ/mol 范围的张力能。

　　芳香稳定化能（ASE）我们避开了关于芳香性的意义和检测的大量文献[165]，并断言衡量该现象的一个很好方法是 ASE，即当芳香环以等键打开时，能量上升[166]。这在一系列逐渐变化的化合物中给出了一致的结果[167]。让我们把这种方法应用于苯，通过使用处理环丙烷和降冰片烷的同类的方程，也使用 B3LYP/6-31G* 能量/几何构型。我们应该根据 sp^2-sp^2 C—C 键和 sp^2 C—H 键的数量来考虑，而不是将苯视为具有 3 个双键和 3 个单 C—C 键的结构，尽管我们将使用有用的凯库勒结构。这里，我们在每侧都有 8 个 sp^2-sp^2 C—C 键和 14 个 sp^2 C—H 键。我们断开 1 个 sp^2-sp^2 C—C 键，并生成 1 个 sp^2-sp^2 C—C 键。通过断开和生成 2 个 sp^2 C—H 键来实现这一点。

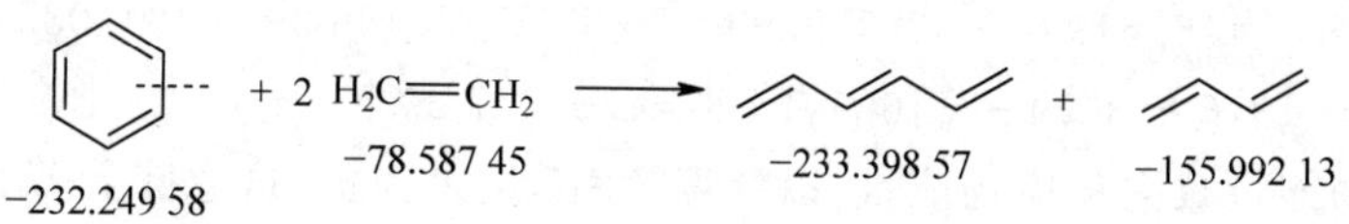

−232.249 58 + 2 H₂C═CH₂ ⟶ +

−78.587 45   −233.398 57   −155.992 13

芳香性的丧失必须对应于吸热过程(因为芳香性是稳定的),且我们将芳香化合物的 ASE 视为正值,因此,该 ASE 是产物的能量减去反应物的能量。如果被打开的分子有张力,则张力将不得不被考虑,例如,通过外推法[168],或通过在方程式两侧平衡张力,如下面的环氧乙烯计算。此处计算的 ASE 为

$$ASE = [-233.398\,57 - 155.992\,13] - [-232.249\,58 + 2 \times (-78.587\,45)]$$
$$= -398.390\,70 + 389.424\,48 = 0.033\,78 \text{ hartree} = 89 \text{ kJ/mol}$$

研究一种现象是没有唯一正确的等键反应的。另一个合理的,尽管概念上不太直接的获得苯 ASE 的反应是:

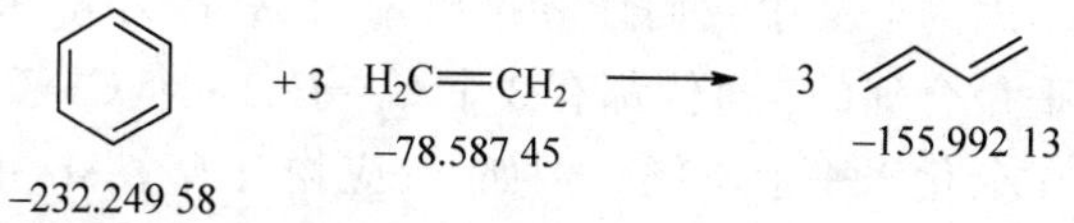

−232.249 58   + 3 H₂C═CH₂ ⟶ 3

−78.587 45   −155.992 13

这满足了我们的等键判据,因为在方程的两侧,我们都有 9 个 sp^2-sp^2 C—C 键和 18 个 sp^2 C—H 键。该方程得到:

$$ASE = [3 \times (-155.992\,13)] - [-232.249\,58 + 3 \times (-78.587\,45)]$$
$$= -467.976\,39 + 468.011\,93 = 0.035\,54 \text{ hartree} = 93 \text{ kJ/mol}$$

等键反应也已被应用于苯的杂原子类似物[167,169]。像我们计算的张力能一样,这些能量变化近似于 0 K 的焓变(我们忽略了零点能和高于 0 K 的热能增加值)。斯莱登和利布曼[170]综述了苯、环丁二烯和相关化合物的等键反应和能量学的其他方面。施莱尔和普尔霍弗讨论了各种等键方案,并建议用于计算(我们在此处将其视为芳香稳定化能)异构化甲基/亚甲基反应的共振能,如[171]:

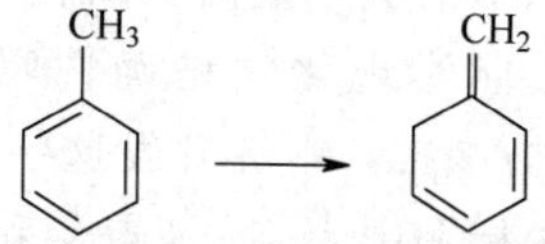

CH₃ ⟶ CH₂

他们根据合理的等键反应认为苯的共振能约为 125 kJ/mol。莫回顾了赋予苯共振能的各种方法,并用价键法研究了这个问题[172]。

现在,我们从苯转向另一种形式上的环状离域分子,环氧乙烯或氧杂环丙烯[173]。环氧乙烯通过其 π 电子系统被稳定,还是不稳定?我们可以使用等键方程来回答这个问题。同样,使用 B3LYP/6-31G* 能量/几何构型。在这里,我们尝试通过在方程的每一侧具有大约相同数量的环张力(在每一侧有 2 个 sp^2 C—O 键等)来抵消环氧乙烯中的应变:

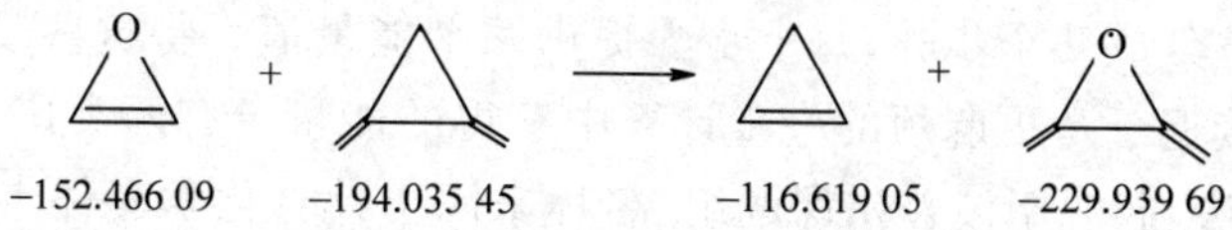

O   +   ⟶   +   O

−152.466 09   −194.035 45   −116.619 05   −229.939 69

$$ASE = [-116.619\,05 - 229.939\,69] - [-152.466\,09 - 194.035\,45]$$
$$= -346.558\,74 + 346.501\,54 = -0.057\,20 \text{ hartree} = -150 \text{ kJ/mol}$$

我们用产物能量减去反应物能量，以计算 ASE，结果为负，这意味着芳香"稳定"能在这里实际上是去稳定的：环氧乙烯是反芳香性的[174]。

必须注意平衡等键反应中的键。考虑如下方程：

这里

$$ASE = [3 \times (-234.648\,32)] - [-232.249\,58 + 2 \times (-235.879\,49)]$$
$$= -703.944\,96 + 704.008\,56 = 0.063\,60 \text{ hartree} = 167 \text{ kJ/mol}$$

这似乎大得不合理，因为上文中我们计算得出苯的 ASE 为 89 kJ/mol，93 kJ/mol。然而，这个方程乍一看似乎是合理的：每侧都有 3 个 C＝C、15 个 C—C 和 30 个 C—H 键。但实际上，每种键的个数在杂化水平上不同。例如，反应物有 6 个 sp^2-sp^2 C—C 键，但产物仅有其中 3 个。总的来说，我们正在将较强的键转换为较弱的键，而能量上升部分是因为这一点，而不是由于芳香稳定性的损失使假设的 ASE 升高。由斯莱登和利布曼给出了另一个错误选择等键反应的例子，其中，苯的 ASE 似乎是 270 kJ/mol(!)[170]：

$$C_6H_6 + 6CH_4 \longrightarrow 3H_2C＝CH_2 + 3H_3C—CH_3$$

（由 B3LYP/6-31G* 能量/几何构型方法给出为 286 kJ/mol）。上述结果表明，需要明智地选择等键类型的反应，以说明方法和术语的丰富性[159]。唯一"完美"的等键反应将是同一性反应，这将是无用的。

2) 热力学；高精度计算

如前面讨论所表明的(5.5.2 节)，好的相对能量的计算比好的几何构型的计算更具挑战性。然而，现在可以可靠地计算大约 10 kJ/mol 内的能量差。误差在 ± 10 kJ/mol 内的能量差被认为在**化学精度**范围内。该术语似乎是由莫斯科维茨和施密特于 1984 年首次连同计算化学使用的（"蒙特卡洛方法能实现化学精确性吗？"）[175]，并由波普尔（传记脚注 5.3.3 节）连同 G1 和 G2(见下文)方法推广。在开发这些开创性的高精度方法时期，该术语出现在鲍施利歇尔和朗霍夫的评论标题中[176]。波普尔和同事在 1989 年为 G1 方法[177]设定了约 2 kcal/mol(8.4 kJ/mol，四舍五入为 10 kJ/mol)的精度，作为一个现实的、化学上有用的目标，可能因为与典型的键能(大约 400 kJ/mol)相比该精度很小，因此，与典型的实验误差相当或更好。为达到化学精度所需的从头算能量和方法被称为**高精度**(或**多步、多水平、高精度多步**)能量和方法。在对热化学的应用中，术语"化学精度"据说意味着大约 4 kJ/mol，因而这些方法似乎提高了标准。

正如人们所期望的那样，高精度能量方法基于高水平相关方法和大基组。然而，由于直接应用这些计算水平将需要不合理的时间(用前、个人计算机时代的语言来说是非常"昂贵的"的)，因而计算被分成几个步骤，每个步骤提供一个能量值。将这些步骤的能量相加，得到一个最终能量，接近于从更麻烦的一步计算中获得的能量。有两类广泛使用的高精度能量方法：1)**高斯方法**，起源于波普尔课题组，名称来源于计算化学套件[178]Gaussian 系列中的关键字；2)来自彼得松课题组的**完全基组**（complete basic set，CBS）**方法**。

高斯方法

高斯方法的关键是使用高相关水平和大基组。这个方法系列始于 1989 年的 Gaussian 1（注意：这里所说的 G1～G4 是指方法，不是 Gaussian 程序套件的版本），参见 G1[177]，G2（1991 年）[179]、G3（1998 年）[180]、和 G4[181]（2007 年）的出版物。G1 和 G2 已过时。目前最流行的高斯高精度方法是 G4 和 G3 及其更快，但几乎同样精确的变体，G4（MP2）[182] 和 G3（MP2）[183]。继续使用 G3 和 G3（MP2）（而不是 G4 和 G4（MP2））可能是有理由的，因为希望将一些当前的工作与这些较旧的方法积累的结果进行比较。

G3 与实验值的平均绝对偏差为 1.13 kcal/mol（4.7 kJ/mol），而 G3（MP2）与实验值的平均绝对偏差为 1.2～1.3 kcal/mol（5.0～5.4 kJ/mol），且 G3（MP2）计算速度似乎比 G3 快 7～8 倍[183]。柯蒂斯等给出了 G4[181] 方法的详细信息，并将其与 G3，以及在某种程度上的 G1 和 G2 进行了比较。他们报告说"……与实验的平均绝对偏差显示出显著的改善，从 1.13 kcal/mol（4.7 kJ/mol）（G3 理论）到 0.83 kcal/mol（3.5 kJ/mol）（G4 理论）"。G4 的计算速度大约是 G3 的 2～3 倍。为了加速 G4 方法，它的 MP4 步骤被 MP2 和 MP3（5.4.2 节）取代，从而产生 G4（MP2）和 G4（MP3）[182]。它们与实验值的平均绝对偏差分别为 1.04 kcal/mol（4.35 kJ/mol）和 1.03 kcal/mol（4.3 kJ/mol）。G4（MP2）方法总体上似乎是两者中较好的。它的计算速度是 G3 的 2～3 倍，大约是 G3（MP2）的 2 倍（见下文），柯蒂斯等[182] 说"总的来说，G4（MP2）方法为热力学预测提供了一种准确且经济的方法"。G4（MP2）方法对 G3/05 分子测试集的总体准确度明显优于 G3（MP2）理论（4.35 与 5.8 kJ/mol），甚至优于 G3 理论（4.35 与 4.7 kJ/mol）。据说，G4（MP2）在过渡金属的热化学方面表现"相当好"，过渡金属对计算化学提出了特殊的问题[184]。G4（MP2）和 G3（MP2）可以处理多达 16 个重原子的分子，见表 5.10。

表 5.10 五种流行的高精度多步骤方法：G4（MP2）、G3（MP2）、CBS-4M、CBS-QB3 和 CBS-APNO 处理分子的速度和能力的比较

分子	N（重）[a]	时间				
		G4（MP2）	G3（MP2）	CBS-4M	CBS-QB3	CBS-APNO
CH3COO⁻	4	5.5 min	1.1 min	0.9 min	2.2 min	22 min
CH2FCOO⁻	5	8.9 min	2.0 min	0.9 min	4.2 min	45 min
CHF2COO⁻	6	12 min	4.8 min	1.1 min	7.0 min	3.4 h
CF3COO⁻	7	18 min	5.7 min	1.6 min	15 min	2.9 h
C2F5COO⁻	10	80 min	37 min	5.4 min	89 min	失败
C3F7COO⁻	13	4.3 h	7.1 h	5.8 min	6.9 h	失败
C4F9COO⁻	16	13.2 h	25.1 h	26 min	失败	失败
C5F11COO⁻	19	失败	失败	55 min	失败	失败
C6F13COO⁻	22	失败	失败	失败	失败	失败

注：计算是在一台 64 位 3.40 GHz 英特尔酷睿 2 四核处理器、16 GB RAM 和 1.8 TB 磁盘空间的计算机上使用 G09 程序套件完成的，Windows 7 系统。它们反映了在约 2013 年，在一台配备完善的个人电脑上，这些方法运行的时间和分子大小限制。此处阴离子的使用是偶然的，源于另一个项目。输入的几何构型为默克分子力场、C_S 对称性、锯齿形碳链。

[a] N（heavy）是重（非氢）原子的数量。

由于 G4(MP2)方法[182]比 G4 方法[181]快得多，且几乎一样准确，因此，将在这里总结 G4(MP2)中的步骤。G4(MP2)计算在程序 Gaussian 09 中仅用关键字 G4MP2 调用，7 个步骤如下。

（1）密度泛函（第 7 章）B3LYP/6-31G(2df,p)几何构型优化。所有后续计算都基于此几何构型。

几何构型优化可以获得用于频率计算的结构。

（2）优化的几何构型执行 B3LYP/6-31G(2df,p)频率计算，以获得零点能（然后乘 0.9854 因子）。随后的计算用于电子相关的高水平估算。

（3）能量计算，CCSD(T)/6-31G*。然后在步骤（4）、（5）和步骤（6）中进行 3 次能量校正。

（4）具有特殊大基组的 MP2 能量计算。

（5）和（6）使用修改的 aug-cc-pVTZ 和 aug-cc-pVQZ 基组进行 2 次 HF 计算，以外推到基组极限（用于对此应用相关校正）。

（7）最后，添加 6 个经验参数的高水平校正，以最大限度地减少电子相关处理中的任何剩余不足。

这 7 个步骤将分子能量组合为各种能量差，以及基于配对和未配对电子数的最终经验能量增量（"更高水平校正"）的总和。G4(MP2)能量本质上是一种在 B3LYP/6-31G(2df,p)几何构型上执行的 CCSD(T)/6-31G* 能量，具有 B3LYP/6-31G(2df,p)零点能，校正因子和经验能量校正，但这种直接计算比将其分解为此处使用的步骤要慢。

G4(MP2)节省时间的一种方法是用 MP2 替换 MP3 和 MP4 计算。G4/G4(MP2)相对于 G3/G3(MP2)的一个关键改进是用耦合簇方法代替了二次组态相互作用的相关方法（5.4.3 节）。这种特殊的变化没有改变分子测试集的精确度，但它可能提高了可靠性。例如："……QCISD(T)方法有相当大的失败，而 CCSD(T)方法不会发生这种情况"[181]。另见赫鲁萨克等[103]对二次组态相互作用和耦合簇的比较。在 G3(MP2)方法中，G3 的主要变化是 MP2 计算取代了 MP4 计算[183]。

由于高斯多步方法中的经验能量校正，它们不是完全从头算的，而是有点半经验的，除非这些校正被抵消。例如，在计算质子亲和力作为质子化和未质子化物种的能量差时，会发生这种抵消，其中，自旋轨道校正及方程两侧的 α-和 β-自旋电子数相同。我们将选择 G4(MP2)作为高斯方法，它在精度和速度之间取得了良好的折中，但我们也将参考 G3(MP2)计算，因为它们具有竞争性的速度和精度及大量的已发表数据。彼得森、费勒和狄克逊综述（2012 年）了这些高斯方法和此处未提及的其他方法，以及 CBS 方法，重点介绍了热化学结构和频率。这些作者承认约 4 kJ/mol(1 kJ/mol)作为热化学中公认的化学精度[185]。如下为高斯方法和 CBS 方法的比较，使用 1,4-苯醌（对苯醌，$O=C_6H_4=O$），并显示了花费的时间（在 2013 年的 vintage 计算机上完成），使用原子化方法计算作为精确度指示的生成焓（5.5.2 节）。请注意，G4 计算花费的时间是 G4(MP2)的 9 倍(160/18)，而两者给出的生成焓几乎相同。

生成焓(kJ/mol)和时间(min)/相对时间		
G4	−117.5	160/21
G4(MP2)	−118.5	18/2.4
G3	−118.6	24/3.2
G3(MP2)	−120.0	7.5/1
CBS-QB3	−115.9	16/2.1

公认的文献生成焓为 −122.6±3.8 kJ/mol[186]。前 4 个计算值与实验值相差在 1 kJ/mol 以内,而 CBS-QB3 计算值与实验值相差 3 kJ/mol,高于较高的估计误差。但我们不应从一种化合物的样本中进行归纳。

CBS 方法

CBS 方法的关键是将基组外推到无限的极限(直至完全)。有 3 种基本的 CBS 方法:CBS-4(用于四阶外推)、CBS-Q(用于二次组态相互作用)和 CBS-APNO(用于渐进对的自然轨道,指外推到基组极限),用来提高精度(和增加计算机时间)[113]。这些方法可在 Gaussian 94 和更高版本的 Gaussian 程序中使用关键字获得,其中,CBS-4 和 CBS-Q 的首选版本由关键字 CBS-4M[187a] 和 CBS-QB3[187b] 指定(M 表示最小布居定域化,B3 用于使用 B3LYP 密度泛函)。CBS-4M 可处理多达约 19 个重原子的分子,其"中性分子生成热的最大误差 …… 对于 ClF_3 为 13.6 kcal/mol、对于 O_3 为 12.6 kcal/mol,对于 C_2Cl_4 为 11.0 kcal/mol",但"这些误差是系统性的,通过使用等键的键加和校正,它们的影响可能会大大减少降低。"[187a] 更典型的 CBS-4M 误差是(与实验值的平均绝对偏差)3.26 kcal/mol(13.6 kJ/mol)[187a]。CBS-4M 有了改进,旨在随着分子尺寸的增加减小误差的积累[188]。CBS-QB3 可以处理多达约 13 个重原子的分子,且与实验值的平均绝对偏差为 1.10 kcal/mol(4.6 kJ/mol)[187b]。CBS-APNO 可处理最多约 7 个重原子的分子,且与实验值的平均绝对偏差为 0.53 kcal/mol(2.2 kJ/mol)[113]。见表 5.10。

CBS 方法[113]基本上包括 7~8 个步骤。

(1) 几何构型优化(HF/3-21G$^{(*)}$ 或 MP2/6-31G* 水平,取决于特定的 CBS 方法)。

(2) 优化水平的零点能计算。

(3) 具有非常大基组(6-311+G(3d2f,2df,p) 或 6-311+G(3d2f,2df,2p),取决于特定的 CBS 方法)的 HF 单点计算。

(4) MP2 单点计算(基组取决于特定的 CBS 方法)。

(5) 用对自然轨道外推法估计由于使用有限基组而产生的误差。

(6) MP4 单点计算。

(7) 对于某些 CBS 方法,进行 QCISD(T) 单点计算。

(8) 一项或多项经验校正。

请注意,CBS 方法的半经验方面与高斯方法一样。

高精度多步骤方法的比较

我们将专注于高斯类型和 CBS 方法,因为这些方法已经被广泛地使用,并因此积累了一个结果存档,最容易访问,且因为它们的几个版本是可用的。然而,还有其他高精度的多步骤方法,如马丁和德奥利韦里亚的 Weizmann 程序,W1 和 W2[189],以及伯泽等的 W3 和 W4[190a] 及这些方法的改进,像 W2X,以及尚和拉多姆的 W3X-L[190b],它们与 CBS 方法一样,是基于基组外推的。W1 和 W2 有约 1 kJ/mol(不是 1 kcal/mol)的相对能量的平均绝对偏差,且不像高斯方法和 CBS 方法,W2 没有经验参数。W3 和 W4 方法与 W1 和 W2 有相似的误差,且作者推测了顽固的"0.1 kcal/mol 势垒"的原因。其中一些 Weizman 方法(W1、W2X、W1X-1、W1X-2)可被用于具有多达 10 或 12 个重原子的分子。请参阅彼得松等对高精度多步骤方法的综述[185]。注:该综述的主要作者是华盛顿州立大学的 K. A. 彼得森教授;CBS 方法主要来自卫斯理大学 G. A. 彼得松教授的研究组;两位研究者都活跃于计算量子热化学领域。

在高斯方法和 CBS 方法中,对于非常小的分子的高精度计算来说,CBS-APNO 是合适的选择,而对于"大"分子来说,则选择 CBS-4M,并接受中等误差的可能性。对中等大小的分子,最佳选择可能是在 G4(MP2)和 CBS-QB3 之间。G4(MP2)计算速度比 G4 快得多,在大多数情况下,精度损失很小。在这些限制范围内,问题将是是否使用 G4(MP2)或 CBS-QB3。究竟哪一个有优势,只有通过对感兴趣分子的性质和种类的计算与实验进行比较才能找到。一些使用这些方法的研究示例为:帕康等比较了 CBS-QB3、CBS-APNO 和 G3(后者可能与 G3(MP2)类似,但在此类计算中,比 G4(MP2)精度稍低)计算的气相去质子化反应的焓和自由能,并发现高精度和相对较低计算成本的结合使 CBS-QB3 方法成为三者的最佳选择(三者都给出与实验值的平均绝对偏差,约 1 kcal/mol,即约 4 kJ/mol)[191];邦德通过对近 300 种有机化合物的生成焓和生成自由能的计算,比较了 G2、G2(MP2)、G3、G3(MP2)、G3(B3)、G3(MP2B3)、CBS-QB3 和密度泛函理论,并发现 G3 最好,而 G3(MP2)稍差,CBS-QB3 也很准确,但在可处理的分子大小方面更有限[192],通过使用等键反应,这三种方法的平均绝对偏差(见 5.5.2 节)是:

	焓/(kJ/mol)	自由能/(kJ/mol)
G3	3.1	3.7
G3(MP2)	3.2	4.1
CBS-QB3	4.5	5.6

邦德的其他工作也表明 G3 和 G3(MP2)方法的等键反应的生成焓几乎没有差异[193]。埃斯和霍克发现,CBS-QB3 对周环反应的活化焓是令人满意的[194],这是值得注意的,因为这里我们正在讨论的高精度方法旨在为热力学,而非动力学,提供良好的结果。这里的问题在于参数化,特别是对于配对和不配对自旋,它们的数目可能随着反应坐标而改变[195]。然而,CBS-QB3 已被明确表示适用于活化能[187b]。表 5.10 给出了 G4(MP2)、G3(MP2)和 CBS-4M、CBS-QB3 和 CBS-APNO 的计算速度和可处理分子的大小。

3) 热力学;计算生成热

5.5.2 节中给出了焓和其他形式的能量的讨论。化合物的生成焓(也称生成热。焓在这里是一个比热更好的词,因为它在上下文中的定义更精确,见 5.5.2 节)是一个重要的热力学量,因为利用一个有限数量化合物的生成热表使人们能够计算许多过程的反应焓(反应热),即这些反应的放热或吸热程度。一个化合物在指定温度 T 的生成焓被定义为[196]在温度 T 时,由其标准状态(参考状态)的单质生成该化合物的标准反应焓(标准反应热)。对于单质的标准状态,我们指在指定温度下,在 10^5 Pa(标准压力,大约为正常大气压)下的热力学最稳定状态。磷是一个例外,它的标准状态为白磷。虽然红磷在正常条件下更稳定,但这些同素异形体显然没有清晰界定。指定温度通常为 298.15 K(室温)。因此,在指定温度下,化合物的生成焓是在该温度下必须投入反应,以从其标准状态(室温和大气压)单质制备化合物的热量,它是化合物与单质相比的"热含量"或焓。例如,在 298 K 时,CH_4 的生成焓为 -74 kJ/mol,而 CF_4 的生成焓为 -933 kJ/mol[197]。用固体石墨(处于 298 K 的标准状态下的碳)和氢气(二氢)制备 1 mol CH_4 需要 -74 kJ,即 74.9 kJ 热量被放出,反应是温和的放热反应。用固态石墨和氟气制备 1 mol CF_4 需要 -933 kJ,即放出 933 kJ 热量,反应是强烈放热的。在某种意义上,在它们的标准态下,CF_4 在热力学上相对于其单质要比 CH_4 相对于其单质稳定得多。请注意,单质的标准生成焓为零,因为所讨论的反应是单质在相同状态下(无反应)生成单质。生成焓表示为 $\Delta H_f^{\ominus}$ 和生成焓,在 298 K 时表示为 $\Delta H_{f298}^{\ominus}$。$\Delta H$,下标 f,在 298 K,标准。$\Delta$ 表示这是一个差值(化合物的焓减去单质的焓),上标 $\ominus$ 表示"标准"。

由大量实验确定的生成热的表格,大多是 298 K 下的数据的。从燃烧热中确定 $\Delta H_{f298}^{\ominus}$ 的一种方法是:燃烧化合物,并通过量热法测量所放出的热量,使人们能够计算生成焓(至少,对于 C、H、O 化合物)。$\Delta H_{f298}^{\ominus}$ 也可以通过从头算获得。这是有价值的,因为①它比进行热化学实验更容易和更便宜,②许多化合物的生成焓还没有被测量并制成表格,③高反应性化合物,或可得量很少的珍贵化合物,不能接受要求的实验方案,如燃烧。让我们看看如何计算生成焓。

原子化方法

到目前为止,对化合物生成焓引用最多的温度是标准的"室温",298.15 K。假设我们要计算甲醇的生成焓。详细计算步骤为:首先是 0 K($\Delta H_{f0}^{\ominus}$),然后将其校正到 298 K。在这个富有教益的计算之后,直接给出 $\Delta H_{f298}^{\ominus}$ 的一个更快的计算。

图 5.26 显示了所谓的"原子化"方法[198]背后的原理。甲醇是在 0 K 时(概念上)被原子化处于其基态电子态的碳、氢和氧原子。那些处于标准的、未原子化状态的单质也被用来生成这些原子和甲醇。0 K 时,甲醇的生成焓,即通过甲醇($\Delta H_{f0}^{\ominus}(CH_3OH) + \Delta H_{a0}^{\ominus}(CH_3OH)$)从单质生成原子(处于基态电子态)所需的能量(准确地说,焓)等同于直接从标准状态单质生成原子所需能量。

$$\Delta H_{f0}^{\ominus}(CH_3OH) + \Delta H_{a0}^{\ominus}(CH_3OH) = \Delta H_{f0}^{\ominus}(C(^3P) + 4H(^2S) + O(^3S))$$

即

$$\Delta H_{f0}^{\ominus}(CH_3OH) = \Delta H_{f0}^{\ominus}(C(^3P) + 4H(^2S) + O(^3S)) - \Delta H_{a0}^{\ominus}(CH_3OH)$$

$$(5.190)$$

$\Delta H_{a0}^{\ominus}(CH_3OH)$ 是 0 K 时甲醇从头算的原子化焓,即原子与甲醇之间的焓变。关于此概念,图示有几点需注意。我们正在将石墨(一种聚合材料)转化为碳原子,因此,严格来说,图 5.26 应该显示 $nC(石墨) \rightarrow nC(^3P)$,其中,$n$ 是一个大到足以代表物质石墨,而不仅仅是一个原子的数字。然后,图中所有物种的数量将增加一个 n 因子,但除以该公因子,仍将得到式(5.190)。另一点是,虽然氢和氧在 0 K 时都是固体,但我们考虑的是将孤立的分子原子化。

要计算 $\Delta H_{f0}^{\ominus}(CH_3OH)$,我们需要 C、H 和 O 原子在 0 K 时的生成焓,即石墨、分子氢和分子氧的原子化焓,以及甲醇在 0 K 时的原子化焓。氢和氧的原子化焓可以用从头算计算,但石墨的原子化焓不能可靠准确地计算。石墨是一个非常大的"分子"。为了一致性,我们将使用推荐的所有三种单质原子化焓的实验值[198]。据式（5.191），0 K 时，甲醇的原子化焓仅为其组成原子的从头算焓减去零点能校正的甲醇的从头算焓。

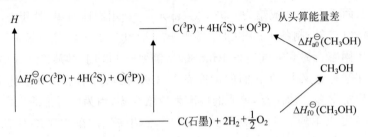

图 5.26　利用原子化法从头算计算生成热（生成焓）的原理。甲醇是在 0 K（概念上）时原子化为碳、氢和氧原子；处于其标准状态的单质也用于生成这些原子和甲醇。甲醇在 0 K 的生成热 $\Delta H_{f0}^{\ominus}(\mathrm{CH_3OH})$ 来自于将通过甲醇生成原子所需的能量 $\Delta H_{f0}^{\ominus}(\mathrm{CH_3OH}) + \Delta H_{a0}^{\ominus}(\mathrm{CH_3OH})$ 等同于直接从其标准态单质生成原子所需的能量。该图并不意味着甲醇的焓必须高于其单质的焓

$$\Delta H_{a0}^{\ominus}(\mathrm{CH_3OH}) = \Delta E_{0\,K}^{\mathrm{total}}(\mathrm{C(^3P)} + 4\mathrm{H(^2S)} + \mathrm{O(^3S)}) - \Delta E_{0\,K}^{\mathrm{total}}(\mathrm{CH_3OH})$$

$$(5.191)$$

0 K 时，原子化焓的实验值 $\Delta H_{f0}^{\ominus}\mathrm{C(^3P)}$、$\Delta H_{f0}^{\ominus}\mathrm{H(^2S)}$ 和 $\Delta H_{f0}^{\ominus}\mathrm{O(^3S)}$（以及其他原子的 $\Delta H_{f0}^{\ominus}$，并参考更大量的表格）在参考文献[198]中给出：

C	711.2 kJ/mol
H	216.035 kJ/mol
O	246.8 kJ/mol

为了计算 $\Delta H_{a0}^{\ominus}(\mathrm{CH_3OH})$，我们需要（式（191））所示电子态的 C、H 和 O 原子，以及甲醇的 $\Delta E_{0\,K}^{\mathrm{total}}$。代替由尼古拉德斯等[198]采用的，并在本书早期版本（来自 Gaussian 94 程序套件[199]）中在此处使用的 G2 方法，我们现在使用 Gaussian 09[178]中的 G4（MP2）方法。用于 G4（MP2）计算的原子和分子 0 K 焓如下所示：

C	−37.794 20 hartree
H	−0.502 09 hartree
O	−75.002 48 hartree
CH$_3$OH	−115.571 07 hartree

甲醇−115.571 07 hartree 的值可称为甲醇的"绝对"0 K 焓，即相对于解离的核和电子的焓（见从头算能量的零点能参考点）。这显示在任何 Gaussian 程序套件几何构型优化/频率计算的末尾（尽管只有非常高精度的计算才是适合精确原子化焓测定的值）。这个绝对焓将用于计算生成焓。

根据式（5.191）计算的 0 K 时甲醇的原子化能是：

$$\Delta H_{a0}^{\ominus}(\mathrm{CH_3OH}) = [-37.794\,20 + 4 \times (-0.502\,09) - 75.002\,48 - (-115.571\,07)]\ \mathrm{hartree}$$
$$= (-114.805\,04 + 115.571\,07)\ \mathrm{hartree} = 0.766\,03 \times 2625.5\ \mathrm{kJ/mol}$$
$$= 2011.2\ \mathrm{kJ/mol}$$

根据式(5.190),0 K 时,甲醇的生成焓是:

$$\Delta H_{f0}^{\ominus}(CH_3OH) = [711.2 + 4 \times (216.035) + 246.8 - 2011.2] \text{ kJ/mol}$$

$$= (1822.1 - 2011.2) \text{ kJ/mol} = -189.1 \text{ kJ/mol}$$

参考文献[198]通过原子化方法得出 0 K 时的 G2 值为 -195.7 kJ/mol,而实验值(两个来源)为 -190.7 或 -189.8 kJ/mol,与此处计算的 G4(MP2)值基本一致。计算的原子化能的任何不精确都会相应地显示在生成焓中,只有良好的高精度方法才能可靠地减小这种误差。

为了将 0 K 的生成焓调整到 298.15 K,我们加上从 0~298 K 甲醇焓的增加量,并减去单质在其标准态下的相应增加量。甲醇的值是在 Gaussian 09 中执行 G4(MP2)计算结束时,热化学总结中提供的两个 G4(MP2)量(298 K 和 0 K)的差值。从 0~298 K,甲醇焓的增加量为

$$\Delta\Delta H^{\ominus}(CH_3OH) = G4(MP2) \text{ 焓}(即在 298 \text{ K}) - G4(MP2)(0 \text{ K})$$

$$= [-155.56679 - (-155.57107)] \text{ hartree}$$

$$= (0.00428 \times 2625.5) \text{ kJ/mol}$$

$$= 11.24 \text{ kJ/mol}$$

G4(MP2)(0 K)是我们称为 $\Delta E_{0\,K}^{total}$ 的 G 值

单质的实验焓增量在参考文献[198]中给出,单位为 kJ/mol:

$\Delta\Delta H^{\ominus}$(元素)

C(石墨)	1.050
H$_2$	8.468
O$_2$	8.680

根据这些值和 $\Delta\Delta H_f^{\ominus}(CH_3OH)$,甲醇 298 K 时的焓为(我们加上从 0~298 K 甲醇焓的增加量,并减去单质在其标准态下的相应增加量)

$$\Delta H_{f298}^{\ominus}(CH_3OH) = \Delta H_{f0}^{\ominus}(CH_3OH) + \Delta\Delta H^{\ominus}(CH_3OH) -$$

$$\left(\Delta\Delta H^{\ominus}(C) + 2\Delta\Delta H^{\ominus}(H_2) + \frac{1}{2}\Delta\Delta H^{\ominus}(O_2)\right) \quad (5.192)$$

$$= \left[-189.1 + 11.24 - \left(1.050 + 2 \times (8.468) + \frac{1}{2} \times (8.680)\right)\right] \text{ kJ/mol}$$

$$= [-189.1 + 11.2 - 22.3] \text{ kJ/mol} = (-189.1 - 11.1) \text{ kJ/mol}$$

$$= -200.2 \text{ kJ/mol}$$

公认的 298 K 实验值[200]为 -205 ± 10 kJ/mol。计算值完全在估计的实验误差范围内。

请注意,如果不需要 $\Delta H_{f0}^{\ominus}$(通常不需要),则可以直接计算 $\Delta H_{f298}^{\ominus}$,因为根据式(5.190)和式(5.192)中减去化合物的 0 K 从头算能量,得出

$$\Delta H_{f298}^{\ominus}(CH_3OH) = \Delta H_{f0}^{\ominus}(C) + 4\Delta H_{f0}^{\ominus}(H) + \Delta H_{f0}^{\ominus}(O) -$$

$$[\Delta E_{0\,K}^{total}(C) + 4\Delta E_{0\,K}^{total}(H) + \Delta E_{0\,K}^{total}(O)] + G4MP2 \text{ 焓}(CH_3OH) -$$

$$\left[\Delta\Delta H^{\ominus}(C) + 2\Delta\Delta H^{\ominus}(H_2) + \frac{1}{2}\Delta\Delta H^{\ominus}(O_2)\right] \quad (5.193)$$

$$= [711.2 + 4 \times (216.035) + 246.8] \text{ kJ/mol} -$$

$$[-37.794\,20 + 4 \times (-0.502\,09) - 75.002\,48) + (-115.566\,79)] \text{ hartree} -$$

$$\left[1.050 + 2 \times (8.468) + \frac{1}{2} \times (8.680)\right] \text{ kJ/mol}$$

$$= 1822.1 \text{ kJ/mol} - (-114.805\,04)\text{hartree} - 115.566\,79 \text{ hartree} - 22.33 \text{ kJ/mol}$$

$$= 1822.1 \text{ kJ/mol} - 0.761\,75 \times 2625.5 \text{ kJ/mol} - 22.33 \text{ kJ/mol}$$

$$= (1822.1 - 2000.0 - 22.33)\text{kJ/mol} = -200.2 \text{ kJ/mol}$$

相比式(5.192)更迂回地获得生成焓,这种对 298 K 生成焓的简单直接计算可以在电子表格程序中实现。

生成方法

原子化方法的替代方法是所谓的"生成"方法,这在图 5.27 中对甲醇进行了说明。该方法利用了一种由原子碳、分子氢和氧生成的化合物的"伪生成热",$\Delta H'_{f0}$(伪)(常规生成焓相对于石墨及分子氢和氧)。根据图 5.27

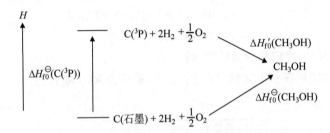

图 5.27　利用生成方法从头算计算生成热(生成焓)背后的原理。甲醇(概念上)由原子碳及分子氢和氧生成。在这里,焓的输入类似于甲醇的生成热(因此得名),除了使用原子碳,而不是石墨外。石墨被转化为原子碳,且处于其标准状态的单质也被用来制造甲醇。甲醇在 0 K 时的生成热是将该量等于石墨的原子化热加上从原子碳及分子氢和氧制备甲醇所需的能量得出的。该图并不意味着甲醇的焓必须高于其单质的焓

$$\Delta H^{\ominus}_{f0}(CH_3OH) = \Delta H^{\ominus}_{f0}(C(^3P)) + \Delta H'_{f0}(伪) \tag{5.194}$$

其中,使用 $\Delta H^{\ominus}_{f0}(^3C)$ 的实验值,以及

$$\Delta H'_{f0}(伪) = \Delta E^{total}_{0\,K}(CH_3OH) - \Delta E^{total}_{0\,K}\left(C(^3P) + 2H_2 + \frac{1}{2}O_2\right) \tag{5.195}$$

通过使用 G4(MP2),对甲醇在 0 K 时生成焓的计算给出(711.2 kJ/mol 是石墨在 0 K 时的实验原子化焓,这里的分子氧基态当然是三重态):

$$\Delta H^{\ominus}_{f0}(CH_3OH) = 711.2 \text{ kJ/mol} + \Delta H'_{f0}(伪)$$

$$= 711.2 \text{ kJ/mol} + [-115.571\,07] \text{ hartree} -$$

$$\left[-37.794\,20 + 2(-1.170\,40) + \frac{1}{2}(-150.190\,99)\right] \text{ hartree}$$

$$= 711.2 \text{ kJ/mol} + (-115.571\,07 + 115.230\,50) \text{ hartree}$$

$$= 711.2 \text{ kJ/mol} - 0.340\,58 \text{ hartree} = (711.2 - 0.340\,58 \times 2625.5) \text{ kJ/mol}$$

$$= (711.2 - 894.2) \text{ kJ/mol} = -183.1 \text{ kJ/mol}$$

与原子化方法计算一样,伪生成焓需要一个好的高精度方法。在参考文献[198]中,使用 G2 方法通过该程序计算的 0 K 值为 -191.3 kJ/mol。上述通过原子化方法计算的 G4(MP2)

值为-189.1 kJ/mol。参考文献[198]中的原子化方法被认为"表现得更好,尤其是对有机分子"(该论文中的方法都是高斯型,G2 和 G2 变体)。这里的原子化方法 G4(MP2)0 K 时的生成焓(-189.1 kJ/mol)的确比生成方法的值好,实验值为-190.7 或 -189.8 kJ/mol[198]。

等键反应方法

最后借助等键反应(5.5.2 节),反应热可以通过从头算方法来计算,如图 5.28 所示。实际上,图 5.28 的方案并非严格等键的。例如,只在"等键"方程的一侧有 1 个 H—H 键。从这个方案

$$\Delta H_{f0}^{\ominus}(CH_3OH) = \Delta H_{f0}^{\ominus}(CH_4) + \Delta H_{f0}^{\ominus}(H_2O) + \Delta E_{等键} \qquad (5.196)$$

其中

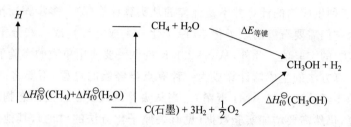

图 5.28 利用等键反应的从头算计算生成热(生成焓)背后的原理。甲醇和氢气(概念上)是由甲烷和水生成的(可使用其他等键反应)。为此输入的 0 K 焓是产物和反应物之间的从头算能量差。在输入适当的生成热的情况下,石墨、氢和氧被转化为甲烷和水,以及甲醇和氢。0 K 下,甲醇的生成热来自于将甲醇的生成热与其他两个过程的能量输入总和相等。该图并不意味着甲醇的焓必须高于其单质的焓

$$\Delta E_{等键} = \Delta E_{0\,K}^{total}(CH_3OH + H_2) - \Delta E_{0\,K}^{total}(CH_4 + H_2O)$$

使用 G4(MP2)值:

$$\Delta E_{等键} = [(-115.571\,07 - 1.170\,40) - (-40.427\,67 - 76.355\,85)]\ \text{hartree}$$
$$= [-116.741\,47 + 116.783\,52]\ \text{hartree} = 0.042\,05\ \text{hartre}$$

利用此值和实验得到的 0 K 时的 CH_4 和 H_2O 生成热[198]:

$$\Delta H_{f0}^{\ominus}(CH_3OH) = (-66.8 - 238.92 + 0.042\,05 \times 2625.5)\ \text{kJ/mol}$$
$$= -195.3\ \text{kJ/mol}$$

所以,等键值大约比原子化方法的值低 6 kJ/mol,而生成方法的值比原子化方法的值高约 6 kJ/mol(原子化、生成、等键方法得到的值为:-189.1、-183.1、-195.3 kJ/mol;实验值为-190.7 kJ/mol 或 -189.8 kJ/mol[198])。

在计算生成热的三种方法(原子化、生成和等键)中,推荐使用原子化方法要多于生成方法,尽管在 G2 类型方法中,等键方法被称为"在某些特殊情况下,如特定的大的碳氢化合物……表现更好":见参考文献[198]中的参考文献[39]。人们可能期望精心选择了反应的等键方法至少与其他两种方法一样精确,因为等键过程有补偿基组和相关性缺陷(5.5.2 节)的能力。原则上,等键计算不需要高精度方法来获得合理良好的能量差。实际上,生成自由能的计算系统地与生成焓相关,包括熵。邦德在对近 300 种有机化合物的研究中发现有一种等键反应法给出的误差比原子化方法小得多:使用 G3(MP2),4.1 kJ/mol 与 17.3 kJ/mol,使用 CBS-QB3,5.6 kJ/mol 与 13.1 kJ/mol[192]。在一篇相关的论文中,这些研究被认为是"对

用于计算自由能的计算方法首次全面的综述"[193]。生成焓和自由能的原子化方法在概念上是最直接的,但需要一个好的高精度方法(如果不受制于分子大小的限制,那么,CBS APNO法将是非常合适的),因为将分子解离成其原子对相关能的精确处理提出了苛刻的要求。原子化方法的优点是,与使用等键反应不同,它是一种**模型化学**。这个词显然是由波普尔首先使用的,以表示一种明确定义的过程,这不需要选择各种不同的可能性(如不同的等键方案),因而不会因不同的工作者而有所不同[201]。有关计算生成热的各种方法的综述见参考文献[202]。这些得出的结论是当分子的大小实际可计算时,为了从头算计算生成焓,可能应当使用具有最佳适用的高精度多步骤方法的原子化方法,在可能的情况下,不要忽略对实验值的现实性检验。

请注意,这三种生成焓的计算并不是纯粹的从头算计算(除了多步骤高精度方法中的经验校正项),因为它们需要石墨的原子化焓(原子化和生成方法),或一些分子像甲烷和水的生成焓(生成方法)的实验值。此外,从0～298 K的调整要使用单质的实验值。实验值的加入使借助于从头算方法的生成焓计算成为一种有点**半经验**的过程(不要将此处使用的术语与第6章讨论的半经验程序如AM1混淆)。当从头算涉及周期性的固态物质如石墨时,为进行精确的计算,仍然需要增加实验数据(见有关原子化方法的讨论),其他例子是磷和硫。有关固态焓的估算见参考文献[203]。已有关于升华焓的从头算计算的工作,这与从固体到孤立原子的焓变有关[204]。

让我们简要比较一下用G4(MP2)和CBS-QB3方法在298 K时对1,4-苯醌和1,2-苯醌生成焓的原子化计算。这些计算总结了直接计算298 K生成焓的过程(即不首先计算0 K值)。

1,4-苯醌(对-苯醌)$C_6H_4O_2$ 使用G4(MP2)方法。

$\Delta H_{f0}^{\ominus}(C,{}^3P)$	711.2 kJ/mol	实验0 K原子化能
$\Delta H_{f0}^{\ominus}(H,{}^2S)$	216.035 kJ/mol	实验0 K原子化能
$\Delta H_{f0}^{\ominus}(O,{}^3P)$	246.8 kJ/mol	实验0 K原子化能
$\Delta E_{0\,K}^{total}(C,{}^3P)$	−37.794 20 hartree	G4(MP2)0 K时的焓
$\Delta E_{0\,K}^{total}(H,{}^2S)$	−0.502 09 hartree	G4(MP2)0 K时的焓
$\Delta E_{0\,K}^{total}(O,{}^3P)$	−75.002 48 hartree	G4(MP2)0 K时的焓
$H_{298\,K}(1,4\text{-BQ})$	−380.953 76 hartree	G4(MP2)298.15 K时的焓
$\Delta\Delta H^{\ominus}(C,石墨)$	1.050 kJ/mol	实验焓增量,0～298 K
$\Delta\Delta H^{\ominus}(H_2)$	8.468 kJ/mol	实验焓增量,0～298 K
$\Delta\Delta H^{\ominus}(O_2)$	8.680 kJ/mol	实验焓增量,0～298 K

$\Delta H_{f298}^{\ominus}(1,4\text{-BQ},G3(MP2))$

$=[6\times(711.2)+4\times(216.035)+2\times(246.8)]\text{ kJ/mol}-$

$[6\times(-37.794\,20)+4\times(-0.502\,09)+2\times(-75.002\,48)]\text{hartree}+$

$(-380.953\,76)\text{hartree}-(6\times(1.050)+2\times(8.468)+8.680)\text{kJ/mol}$

$=5624.9\text{ kJ/mol}-[-378.778\,52\text{ hartree}]-380.953\,76\text{ hartree}-31.92\text{ kJ/mol}$

$=5593.0\text{ kJ/mol}-[-378.778\,52\text{ hartree}]-380.953\,76\text{ hartree}$

$=2.130\,26\text{ hartree}-[-378.778\,52\text{ hartree}]-380.953\,76\text{ hartree}$

$=380.908\ 78$ hartree$-380.953\ 76$ hartree$=-0.044\ 98$ hartree

即 $2626.5\times(-0.044\ 98)$ kJ/mol $=-118.1$ kJ/mol

1,4-苯醌使用 CBS-QB3 方法。

$\Delta H_{f0}^{\ominus}(C,^3P)$	711.2 kJ/mol	实验原子化能
$\Delta H_{f0}^{\ominus}(H,^2S)$	216.035 kJ/mol	实验原子化能
$\Delta H_{f0}^{\ominus}(O,^3P)$	246.8 kJ/mol	实验原子化能
$\Delta E_{0K}^{total}(C,^3P)$	$-37.785\ 377$ hartree	CBS-QB3 0 K 时的焓
$\Delta E_{0K}^{total}(H,^2S)$	$-0.499\ 818$ hartree	CBS-QB3 0 K 时的焓
$\Delta E_{0K}^{total}(O,^3P)$	$-74.987\ 629$ hartree	CBS-QB3 0 K 时的焓
$H_{298K}(1,4\text{-}BQ)$	$-380.861\ 093$ hartree	CBS-QB3 298.15 K 时的焓
$\Delta\Delta H^{\ominus}(C,石墨)$	1.050 kJ/mol	实验焓增量,0~298 K
$\Delta\Delta H^{\ominus}(H_2)$	8.468 kJ/mol	实验焓增量,0~298 K
$\Delta\Delta H^{\ominus}(O_2)$	8.680 kJ/mol	实验焓增量,0~298 K

$\Delta H_{f298}^{\ominus}(1,4\text{-}BQ,CBS\text{-}QB3)$

$=[6\times(711.2)+4\times(216.035)+2\times(246.8)]$ kJ/mol$-$

$[6\times(-37.785\ 377)+4\times(-0.499\ 818)+2\times(-74.987\ 629)]$ hartree$+$

$(-380.861\ 093)$ hartree$-(6\times(1.050)+2\times(8.468)+8.680)$ kJ/mol

$=5624.9$ kJ/mol$-[-378.686\ 79$ hartree$]-380.861\ 093$ hartree-31.92 kJ/mol

$=5624.9$ kJ/mol$-2.174\ 30\times2625.5$ kJ/mol-31.92 kJ/mol

$=(5624.9-5708.62-31.92)$ kJ/mol$=-115.6$ kJ/mol

1,4-苯醌生成热的最佳实验值似乎是-122.6 ± 3.8 kJ/mol(-29.3 ± 0.9 kcal/mol)[186],尽管与-115.9 ± 12.6 kJ/mol 部分相同的值已经被报道[205]。

根据该方法,要计算任何其他 $C_6H_4O_2$ 化合物在 298 K 时的生成焓,如 1,2-苯醌(邻-苯醌),我们现在只需要 1,4-苯醌的值和两种化合物的"绝对"分子焓,因为它们是异构体。

使用 1,4-苯醌的 G4(MP2)的值,G4(MP2)计算的 298 K 时 1,2-苯醌生成焓是

$\Delta H_{f298}^{\ominus}(1,2\text{-}BQ,G4(MP2))=\Delta H_{f298}^{\ominus}(1,4\text{-}BQ)+[1,2\text{-}BQ焓-1,4\text{-}BQ焓]$

$=(-118.1+[-380.941\ 60-(-380.953\ 76)]\times2625.5)$ kJ/mol

$=(-118.1+0.012\ 16\times2625.5)$ kJ/mol

$=(-118.1+31.9)$ kJ/mol$=-86.2$ kJ/mol

使用 CBS-QB3 的值,$\Delta H_{f298}^{\ominus}(1,2\text{-}BQ,CBS\text{-}QB3)=\Delta H_{f298}^{\ominus}(1,4\text{-}BQ 生成焓)+[1,2\text{-}BQ焓-1,4\text{-}BQ焓]$

$=(-115.6+[-380.848\ 379-(-380.861\ 093)]\times2625.5)$ kJ/mol

$=(-115.6+33.38)$ kJ/mol$=-81.9$ kJ/mol

1,2-苯醌生成焓的最佳实验值为-87.9 ± 13.0 kJ/mol[205]。

G3(MP2)和 CBS-4M 通过原子化方法为这些醌提供了合理的令人满意的生成焓。

这里已经对生成热(焓)给予了相当大的关注,因为有大量的生成热表格,如参考文献[206],以及文献中经常出现的关于计算它们的论文,如参考文献[202]。然而,我们应该记

住,平衡[147]不仅取决于焓变,还取决于经常被忽略的熵变,如自由能变所反映的那样,因此,熵的计算也很重要[192,193,207]。

4) 动力学计算反应速率

从头算动力学计算要比热力学计算更具挑战性。换句话说,速率常数的计算要比平衡常数,或与平衡常数有关的反应焓、反应自由能和生成热等的计算要复杂得多。为什么会这样呢? 毕竟,速率和平衡都与两物种之间的能量差有关: 速率常数与反应物和过渡态之间的能量差有关,而平衡常数与反应物和产物之间的能量差有关(图 5.25)。此外,过渡态的能量像反应物和产物的能量一样,也能被计算。这种差异的原因部分是因为过渡态的能量比相对最小值("稳定物种")的能量更难以高精度计算。另一个问题是反应速率并不严格取决于过渡态/反应物的自由能变(这通常在足够高的水平下,可以被精确计算)。

为了理解这个问题,考虑一个单分子反应(这里的 B 是过渡态)

$$A \rightarrow B$$

图 5.29 显示了这种类型两个反应的势能面,$A_1 \rightarrow B_1$ 和 $A_2 \rightarrow B_2$。这些反应具有相等的活化自由能计算值。这里所说的计算指用一些计算化学的方法(例如从头算),定位一个没有虚频的驻点,对应于 A,以及一个合适的具有一个虚频的驻点等,对应于 B(2.5 节)。"传统"计算的速率常数遵循一个标准表达式,该表达式涉及过渡态和反应物的能量差(我们计算的活化自由能),以及这两物种的配分函数。然而,在过渡态区域中,第一个过程的势能面比第二个过程的势能面更平坦——反应 1 势能面的鞍形部分比反应 2 势能面的弯曲得不那么陡峭。如果所有进行反应的 A 分子都完全遵循内禀反应坐标(最小能量路径),并通过计算的过渡态物种,那么我们可以预期这两个反应以完全相同的速率进行,因为所有 A_1 和 A_2 分子都必须跨越相同的能垒。然而,内禀反应坐标只是一种理想化[208],且分子通过过渡态区域流向产物经常偏离此路径。显然,对反应 $A_1 \rightarrow B_1$,在任何限定温度下,更多的分子(由玻尔兹曼分布决定)将具有所需的额外能量,以穿过这个较平坦鞍面的较高能量区域。与 $A_2 \rightarrow B_2$ 相比,远离确切的过渡态点。如果鞍面无限陡峭地弯曲,则没有分子可以偏离反应路径。因此,反应 1 一定比反应 2 快,尽管它们具有相等的活化自由能计算值。反应 1 的速率常数一定大于反应 2 的速率常数。仅通过对两个势能面点(反应物和过渡态)的精确计算来获得良好速率常数的困难,被过渡态的振动频率对鞍点曲率既沿反应路径(该曲率由虚频表示),又在反应路径成"直角"(由其他频率代表)区域取样这一事实减小了。高频率对应于陡峭的曲率。因此,当我们在速率常数的配分函数方程中使用过渡态频率时,从某种意义上说,我们是在探索势能面鞍形区域,而不仅仅是驻点。克拉默巧妙间接地提及了势能面曲率在影响反应速率中的作用,他还展示了配分函数在速率方程中的地位[209]。

另一种计算速率的方法是通过**分子动力学**[210]。分子动力学使用经典物理学方程来模拟分子在力的作用下的运动。通常所需的力场可以通过从头算方法,或对于大系统通过半经验方法(第 6 章)或分子力学(第 3 章)来计算。为了研究涉及断裂和生成键的化学反应,必须使用量子力学方法,而不是分子力学。在反应 $A \rightarrow B$ 的分子动力学模拟中,A 分子从其势阱中"振动"飞出,并有一些分子通过鞍形区。具有模制表面和滚珠分子的振动力学模型将代表计算机模拟的一种类似物。在给定的"温度"下,分子(或滚珠)通过鞍形区的速率将取决于该区域的高度及其曲率。超曲面的形状是原子坐标的函数。

$$E = f(q_1, q_2, \cdots)$$

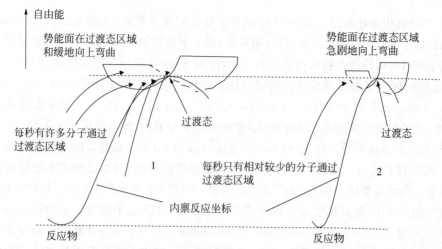

图 5.29 对两个具有相等的计算的活化自由能的反应的可能势能面。然而,反应 1 比反应 2 快,因为它的过渡态区域更平坦。因此,在给定的时间内,更多的分子可以偏离内禀反应坐标,并通过过渡态区域到达产物

超曲面可以通过拟合有限数量的计算点来找到,也可以被"实时"计算。在有利的情况下,可靠的速率常数可用函数 E 来计算。量子力学隧道效应[211]会使情况变得复杂,尤其是在氢等轻原子移动的情况下,与经典预测相比,它可以将反应加速几个数量级。此外,自1992 年[212]以来,分子动力学已经表明,具有直接内禀反应坐标(最小能量路径)势能面的传统概念在某些情况下可能是不恰当的,甚至是不正确的。简而言之,反应分子有时会移动到势能面的高原区域或"分叉"区域,然后沿着由其内部运动确定的方向朝向产物。细节可能"相当复杂"[213]。这样的势能面可能是例外,且第 2 章的传统图似乎可能适用于大多数情况。这里,我们仅尝试将速率理论的一些基本原理应用于单分子反应,以说明简单的计算如何提供有关分子稳定性的有用信息。为了严格地计算速率常数,我们最好使用专门的程序,如 Polyrate(参考文献[133],基于 RRKM 理论[134])。对反应速率理论有很多讨论,详细程度各不相同[148,214]。奥利韦里亚和鲍费尔特[214d]将 RRKM 代码特别严格地应用于烯烃臭氧分解。本节我们仅限于气相单分子反应[215],并检验一些计算结果。我们将使用简化的艾林(2.2 节)方程,且不要求非常高的精度。

$$k_r = \frac{k_B T}{h} e^{-\Delta G^{\ddagger}/RT} \qquad (^*5.197)$$

式中,k_r——单分子速率常数,s^{-1};

k_B——玻尔兹曼常数,1.381×10^{-23} J/K;

T——温度,K;

h——普朗克常量,6.626×10^{-34} J·s;

$\Delta G^{\ddagger}$——过渡态反应物的自由能变,kJ/mol(在一些计算中,我们将尝试零点能校正的0 K 的能量差,ΔE_{0K}^{total},这是 0 K 的焓变);

R——气体常数,8.314 J/(k·mol)。

对于 $T = 298$ K(室温),$(k_B T)/h = 6.22 \times 10^{12}$ s^{-1} 和 $RT = 2.478$ kJ/mol。

使用上述值,式(5.197)变为

$$k_r = 6.22 \times 10^{12} e^{-\Delta G^{\ddagger}/2.478} \qquad (5.198)$$

式(5.198)可用来计算图5.30中3个单分子反应的速率常数(见图5.21)。反应物、产物和过渡态结构在AM1(一种半经验方法,第6章)水平下是使用Spartan[37,216]来创建的。过渡态是根据基于对反应物和产物结构的猜测开始,使用Spartan的过渡态程序来计算的,且经验表明,在过渡态中,将要被断开或生成的键往往比在反应物或产物中的键长约50%。AM1结构被用作Gaussian 09[178]的MP2/6-31G*(5.4.2节)、B3LYP/6-31G*(一种密度泛函理论计算,第7章)、G3(MP2)、G4(MP2)和CBS-QB3计算(5.5.2节)的输入结构。关于这5个计算水平的选择,有几点是恰当的。首先,相关电子方法(5.4节)对于合理准确的反应速率几乎是强制性的。MP2和B3LYP(或代替后者的一些其他密度泛函方法)可能是相关水平的常规计算最流行方法。两者通常用于比6-31G*更大的基组,而(5.5.2节)G3(MP2)、G4(MP2)和CBS-QB3在适用的情况下,是高精度多步骤计算的合理选择。HF水平通常不会给出合理准确的反应势垒[217],尽管该规则并非牢不可破。例如,简单的HF/6-31G*计算为受阻甲苯提供了相当好的扭转势垒[218]。HF**相对**势垒在一个系列相关反应中可能是有用的[219]。请注意,高精度高斯和CBS方法是为热力学开发的,而非动力学。然而,它们已被用于反应势垒的计算,特别是CBS-QB3已被暗示适用于此目的[187b]。然而,这种方法和其他标准高斯方法以及CBS高精度方法对于臭氧与乙炔和乙烯的反应并不令人满意,且CBS-QB3还被挑出,以特别提醒。反应确实产生了一种外推方法,即"参考焦点法"[220]。当然,臭氧是一个有问题的分子(5.5.1节),而CBS-QB3对其他环加成的计算结果不错[194]。

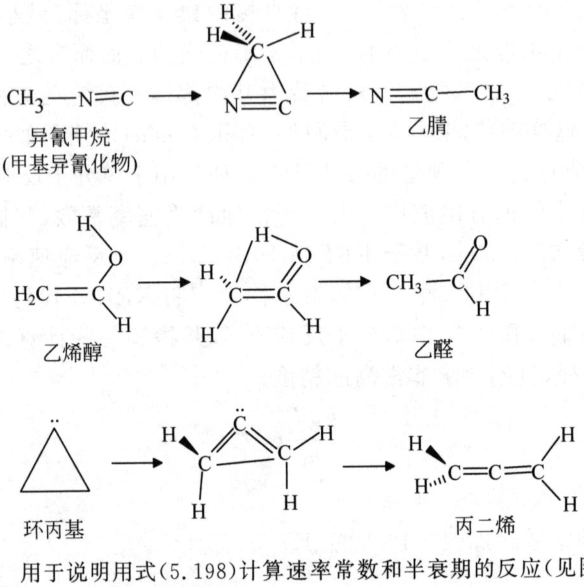

图5.30　用于说明用式(5.198)计算速率常数和半衰期的反应(见图5.21)

计算结果汇总在表5.11中(根据表5.12的数据计算)。对5个计算水平中的每一个,通过使用式(5.197)和式(5.198),活化自由能被用于计算3个反应中每一个的速率常数和半衰期。表5.12揭示了这种计算单分子反应速率简单方法的实用性。所有5种方法对每个反应都提供了大致相同的活化自由能:对$CH_3NC \rightarrow CH_3CN$,约160 kJ/mol,对$CH_2 = CHOH \rightarrow CH_3CHO$,约238 kJ/mol,对环丙基$\rightarrow$丙二烯,约20 kJ/mol。对于3种高精度方法来说,计算的活化自由能特别相似,相差均在6 kJ/mol以内。关于这5种方法对每种化合物稳定性定性的,乃至半定量的预测,都是相同的(表5.11):对CH_3NC,半衰期约为

$10^{15} \sim 10^{16}$ s,对 CH_2＝CHOH,半衰期约为 $10^{26} \sim 10^{29}$ s,对环丙基,半衰期约为 $10^{-10} \sim 10^{-9}$ s。然而请注意,使用式(5.198),活化自由能 5 kJ/mol 的变化可将速率常数或半衰期改变约 10 倍。

表 5.11　根据 $k_r = (k_B T/h) e^{\Delta G/RT} / k_r = (6.22 \times 10^{12}) e^{-\Delta G^{\ddagger}/2.478}$(式(5.197)和式(5.198))和 $t_{1/2} = \ln 2/k_r = 0.693/k_r$ 计算的(298 K)速率常数 $k_r (s^{-1})$ 和半衰期 $t_{1/2} (s)$,使用来自 5 种方法的活化能 $\Delta G^{\ddagger} (kJ/mol)$。活化自由能的计算见表 5.12。

反　　应	MP2/6-31G*	B3LYP/6-31G*	G3(MP2)	G4(MP2)	CBS-QB3
CH₃NC→CH₃CN	$k_r\,1.50 \times 10^{-17}$	$k_r\,3.63 \times 10^{-16}$	$k_r\,1.17 \times 10^{-15}$	$k_r\,1.82 \times 10^{-15}$	$k_r\,4.26 \times 10^{-16}$
	$t_{1/2}\,4.6 \times 10^{16}$	$t_{1/2}\,1.9 \times 10^{15}$	$t_{1/2}\,5.9 \times 10^{14}$	$t_{1/2}\,8.5 \times 10^{14}$	$t_{1/2}\,1.6 \times 10^{15}$
	$\Delta G^{\ddagger}169.2$	$\Delta G^{\ddagger}161.1$	$\Delta G^{\ddagger}158.2$	$\Delta G^{\ddagger}157.1$	$\Delta G^{\ddagger}160.7$
CH₂＝CHOH →CH₃CHO	$k_r\,8.72 \times 10^{-29}$	$k_r\,3.17 \times 10^{-27}$	$k_r\,7.15 \times 10^{-30}$	$k_r\,1.11 \times 10^{-29}$	$k_r\,6.33 \times 10^{-30}$
	$t_{1/2}\,7.95 \times 10^{27}$	$t_{1/2}\,2.2 \times 10^{26}$	$t_{1/2}\,9.7 \times 10^{28}$	$t_{1/2}\,6.2 \times 10^{28}$	$t_{1/2}\,1.1 \times 10^{29}$
	$\Delta G^{\ddagger}233.1$	$\Delta G^{\ddagger}224.2$	$\Delta G^{\ddagger}239.3$	$\Delta G^{\ddagger}238.2$	$\Delta G^{\ddagger}239.6$
环丙基→丙二烯	$k_r\,4.03 \times 10^{8}$	$k_r\,4.19 \times 10^{8}$	$k_r\,4.36 \times 10^{9}$	$k_r\,6.28 \times 10^{8}$	$k_r\,4.19 \times 10^{8}$
	$t_{1/2}\,2.5 \times 10^{-9}$	$t_{1/2}\,2.4 \times 10^{-9}$	$t_{1/2}\,1.6 \times 10^{-10}$	$t_{1/2}\,1.0 \times 10^{-9}$	$t_{1/2}\,2.4 \times 10^{-9}$
	$\Delta G^{\ddagger}23.9$	$\Delta G^{\ddagger}23.8$	$\Delta G^{\ddagger}18.0$	$\Delta G^{\ddagger}22.8$	$\Delta G^{\ddagger}23.8$

表 5.12　5 种方法的反应物和过渡态的自由能(hartree)及活化自由能 $\Delta G^{\ddagger}$(hartree/(kJ/mol));通过乘以 2626,hartree 被转换为 kJ/mol

反　　应	MP2/6-31G*	B3LYP/6-31G*	G3(MP2)	G4(MP2)	CBS-QB3
CH₃NC→CH₃CN	$-132.269\,90$	$-132.694\,25$	$-132.531\,25$	$-132.550\,43$	$-132.512\,16$
	$-132.205\,47$	$-132.632\,89$	$-132.471\,02$	$-132.490\,63$	$-132.450\,98$
	$\Delta G^{\ddagger}0.064\,43/169.2$	$\Delta G^{\ddagger}0.061\,36/161.1$	$\Delta G^{\ddagger}0.060\,23/158.2$	$\Delta G^{\ddagger}0.059\,80/157.1$	$\Delta G^{\ddagger}0.061\,18/160.7$
CH₂＝CHOH →CH₃CHO	$-153.287\,14$	$-153.773\,39$	$-153.608\,39$	$-153.631\,52$	$-153.590\,06$
	$-153.198\,37$	$-153.688\,02$	$-153.517\,25$	$-153.540\,81$	$-153.498\,83$
	$\Delta G^{\ddagger}0.088\,77/233.1$	$\Delta G^{\ddagger}0.085\,37/224.2$	$\Delta G^{\ddagger}0.091\,14/239.3$	$\Delta G^{\ddagger}0.090\,71/238.2$	$\Delta G^{\ddagger}0.091\,23/239.6$
环丙基→丙二烯	$-116.092\,12$	$-116.517\,46$	$-116.358\,95$	$-116.376\,80$	$-116.336\,97$
	$-116.083\,01$	$-116.508\,39$	$-116.352\,11$	$-116.368\,13$	$-116.327\,89$
	$\Delta G^{\ddagger}0.009\,11/23.9$	$\Delta G^{\ddagger}0.009\,07/23.8$	$\Delta G^{\ddagger}0.006\,84/18.0$	$\Delta G^{\ddagger}0.008\,67/22.8$	$\Delta G^{\ddagger}0.009\,08/23.8$

注:根据这些值计算的速率常数和半衰期见表 5.11。

$$\Delta G^{\ddagger} = 100 \text{ kJ/mol}, \quad k_r = 1.9 \times 10^{-5} \text{ s}^{-1}, \quad t_{1/2} = 4 \times 10^{4} \text{ s}$$

$$\Delta G^{\ddagger} = 105 \text{ kJ/mol}, \quad k_r = 2.5 \times 10^{-6} \text{ s}^{-1}, \quad t_{1/2} = 3 \times 10^{5} \text{ s}$$

$$\Delta G^{\ddagger} = 110 \text{ kJ/mol}, \quad k_r = 3.3 \times 10^{-7} \text{ s}^{-1}, \quad t_{1/2} = 3 \times 10^{6} \text{ s}$$

将我们的计算与实验事实比较:

反应 CH₃NC → CH₃CN

甲基异氰化物气相异构化的实验阿伦尼乌斯活化能和速率常数已经被报道;在所用的最低压力下,$E_a = 36.27$ kcal/mol,即 151.8 kJ/mol,以及 $\log A = 10.46$,即 $A = 2.88 \times 10^{10} \text{ s}^{-1\,[221]}$。我们想要将我们计算的活化自由能与实验值进行比较,因此,我们必须根据 E_a 和 A 计算 $\Delta G^{\ddagger}$。根据阿伦尼乌斯方程(5.174)和艾林方程(5.197)可得

$$\Delta G^{\ddagger} = -RT \ln\left(\frac{Ah}{k_B T}\right) + E_a \tag{5.199}$$

使用上述式(5.197)给出的常数值,我们发现

$$\Delta G^{\ddagger} = -2.478\ln(A/(6.22 \times 10^{12})) + E_a \tag{5.200}$$

与往常一样,能量以 kJ/mol 为单位。通过使用该方程及参考文献[221]中的 E_a 和 A,实验得出的 $\Delta G^{\ddagger}$ 是 165.1 kJ/mol。这与表 5.12 中的 157~169 kJ/mol 的计算值非常吻合。

反应 $CH_2=CHOH \rightarrow CH_3CHO$

据报道,室温下,气相中,乙烯醇(乙烯基乙醇)的半衰期约为 30 min[222],远小于我们计算的 $10^{28} \sim 10^{29}$ s。然而,30 min 的半衰期反应很可能是由容器壁催化的质子化/去质子化异构化,而不是此处考虑的协同的氢迁移(图 5.30)。实际上,相关的炔醇在行星大气和星际空间中已经被检测到了[223],表明该分子单独存在,是长寿命的。即使在实验室更为有限的条件下,在气相[222,224]和溶液[225]中,乙烯醇也可以被研究。5 种方法都预测了未催化反应的很长的半衰期。

环丙基→丙二烯反应

环丙基显然从未被分离出来[226],因此,它的半衰期可能很短,甚至远低于室温。通过采用多种方法,贝廷格等获得了约 4 kcal/mol,即约 17 kJ/mol[227],重排成丙二烯的势垒,接近于我们 18~24 kJ/mol 的值。我们计算预测环丙基在室温下的半衰期约为 $10^{-9} \sim 10^{-10}$ s。在 77 K 下,生成环丙基的尝试得到了丙二烯[226]。通过指定 Gaussian 03 程序用 77 K 的温度计算热化学,我们可以计算出此温度下的半衰期。通过使用 CBS-QB3,所得的 $\Delta G^{\ddagger}$ 为 25.1 kJ/mol(与 298 K 下的 23.8 kJ/mol 变化很小),且使用该值和 $T=77$ K,式(5.197)给出 $k_r=1.49\times10^{-5}$ 和 4.7×10^5 s,约 13 h 的半衰期。在 77 K 时,应该可以观察到环丙基。

根据式(5.197)和单分子反应 $t_{1/2}=\ln2/k_r$ 的事实,得出

$$\log t_{1/2} = \log\left[(\ln2)\frac{h}{k_B T}\right] + \frac{\Delta G^{\ddagger}}{RT}\log e \tag{5.201}$$

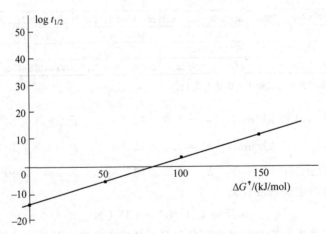

图 5.31 $\log t_{1/2}=0.175\Delta G^{\ddagger}-13.0$ 的图。如果对单分子反应半衰期的这个方程是严格正确的,那么,在室温下,容易观察的 $\Delta G^{\ddagger}$ 阈值将约为 85 kJ/mol,相当于 $t_{1/2}=75$ s。实际上,一个粗略的经验法则是室温下,可观察性的阈值势垒约为 100 kJ/mol

在 298 K(大约室温)时,可得

$$\log t_{1/2} = 0.175\Delta G^{\ddagger} - 13.0 \tag{5.202}$$

其中，$\Delta G^{\ddagger}$ 以 kJ/mol 为单位。式(5.202)表明，对于 $\Delta G^{\ddagger}=0$ kJ/mol 而言，$t_{1/2}$ 是 $10^{-12}\sim 10^{-13}$ s。这与预期的一样，因为分子振动周期大约为 $10^{-13}\sim 10^{-14}$ s，且如果不存在势垒，当一个物种通过鞍形区时(见图 5.29)，应仅存约一个振动运动(沿着反应坐标，对应于虚频)的时间。关于式(5.202)的图 5.31，可用于从活化能估计室温下的半衰期，用于单分子异构化。这将 $\Delta G^{\ddagger}$ 视为 T 的一个弱函数，似乎是这种情况，参见上述对 77 K 环丙基的计算。我们看到，对于通过单分子过程衰变的物种来说，室温下可观察的 $\Delta G^{\ddagger}$ 阈值预计约为 $80\sim 90$ kJ/mol($t_{1/2}=10$ s~9 min)，对 $\Delta G^{\ddagger}$ 有很强的依赖性。经验得出类似的结果：在室温下观察或分离化合物的阈值能垒约为 100 kJ/mol[152,153]。

就式(5.197)可以提供的情况而言，大致上"定量上精确"的反应速率，比如说在 2 倍以内，要求活化能精确到约 2 kJ/mol 之内。尽管如此，该方程确实提供了一种获得良好速率常数的简单方法。对于 5 种方法中的任何一种，这里选择的反应(诚然很少)表明计算的势垒都没有偏低或偏高，而对于特定类型的反应，如果实验结果信息可用，则建议基于方法与实验结果的比较来选择方法。

5) 能量：结束语

福尔斯曼和弗里希[228]在包含非常有用的数据和关于精度的建议的一章中，对于 HF 计算，甚至对于具有合理大基组的 MP2 计算，显示了的大的平均绝对偏差(MAD)和毫无保留的最大误差。例如：

HF/6-31+G**	MAD，195 kJ/mol(46.7 kcal/mol)
	最大误差，753 kJ/mol(179.9 kcal/mol)
MP2/6-311+G(2d,p)	MAD，37 kJ/mol(8.9 kcal/mol)
	最大误差，164 kJ/mol(39.2 kcal/mol)

这如何与本章显示的结果及赫尔[39]认可的适度水平相协调？正如参考文献[228](第 146 页"不要惊慌！"和第 149 页"不要太惊慌")所述，所报告的大误差是一个复合体，包括一些"棘手的案例"[229]，如原子化能(如 5.4.1 节)。通过检查赫尔著作[39]中的大量数据，可以很好地了解各种计算水平的精确性，同时不要忽视这样一个事实，即某些情况下，如精确的原子化能，只能来自高精度方法。

为了宽慰和保证，表 5.13 将 HF/6-31G* 和 MP2/6-31G* 计算的一些异构体的相对能量与实验值进行了比较。对实际情况的检验，我们还看到了来自 G3(MP2)和 G4(MP2)，以及实验值(实验值：富勒烯/苯[230,231]；环丙烷/丙烯[232,232]；二甲醚/乙醇[233,234]；甲基环戊烷/环己烷[231,235])。该表所选的计算的能量差是焓变，因为实验生成焓的差值产生了焓变，且生成焓意味着与我们目的相关的实验能量值最大量的收集。所有水平都预测了正确的稳定顺序。即使是 HF/6-31G* 水平，也不是非常不准确，对于富勒烯/苯和二甲醚/乙醇，最多相差约 $10\sim 20$ kJ/mol。MP2/6-31G* 类似，在一些情况下有点差(环丙烷/丙烯，计算值比 HF/6-31G* 计算值小约 11 kJ/mol)。G3(MP2)和 G4(MP2)方法给出了基本相同的结果，并与实验值在 5 kJ/mol 以内一致，除了富勒烯/苯 10 kJ/mol 的明显差异，这可能是由于富勒烯的实验误差(表中的脚注)[230]。富勒烯是一种易反应的、难以纯化的敏感化合物。

表 5.13 在两个适度的从头算水平及 G3(MP2)和 G4(MP2)水平下计算，以及来自实验的一些异构体的焓变(kJ/mol)

异构体对	HF/6-31G*	MP2/6-31G*	G3(MP2)	G4(MP2)	实　验
富勒烯>苯	150.0 (−230.533 28 > −230.590 42 Δ=0.057 14)	151.4 (−231.293 93 > −231.351 58 Δ=0.057 65)	132.1 (−231.773 96 > −231.824 28 Δ=0.050 32)	130.1 (−231.805 16 > −231.854 70 Δ=0.049 54)	141.5[a] (224−82.5) [229/230]
环丙烷>丙烯	36.0 (−116.967 43 > −116.981 13 Δ=0.013 70)	22.3 (−117.360 47 > −117.368 95 Δ=0.008 48)	38.4 (−117.653 05 > −117.667 68 Δ=0.014 63)	35.7 (−117.669 89 > −117.683 49 Δ=0.013 60)	33.1 (53.1−20.1) [231/231]
二甲醚>乙醇	29.4 (−153.973 45 > −153.984 65 Δ=0.011 20)	35.8 (−154.416 06 > −154.429 71 Δ=0.013 65)	50.4 (−154.766 44 > −154.785 65 Δ=0.019 21)	50.2 (−154.790 44 > −154.809 55 Δ=0.019 11)	50.7 (−184.1−(−234.8)) [232/233]
甲基环戊烷>环己烷	19.5 (−234.011 84 > −234.019 25 Δ=0.007 41)	16.7 (−234.804 54 > −234.810 90 Δ=0.006 36)	17.3 (−235.389 13 > −235.395 70 Δ=0.006 57)	16.8 (−235.421 07 > −235.427 48 Δ=0.006 41)	18.6 (−106.0−(−124.6)) [230/234]

注：计算的焓是 298 K 下气相值，因此，差异是标准生成焓的差异，即 $\Delta\Delta_f H^{\ominus}_{298\,K}$。首先显示较高能量的分子，例如能量高于苯的富勒烯。对于 4 个计算水平中的每一个，在圆括号中给出两个分子的焓，和它们的差值(Δ)，以 hartree 为单位；hartree 乘以 2626 转换为 kJ/mol。对于每个实验差值，在圆括号中显示两个生成焓。

[a] 如果富勒烯的生成热确实为 214 kJ/mol[229]，那么焓变为 214−82.5＝131.5 kJ/mol，与 G3(MP2)与 G4(MP2)的计算值基本相同。

当然，此处显示的值是生成热的**差值**，并可能受益于计算 298 K 焓时误差的抵消。然而，化学家最感兴趣的是焓变。

5.5.3　频率和振动光谱

简正模式频率(2.5 节)的计算很重要，原因如下。

(1) 一个分子物种的虚频告诉我们该特定驻点处势能面的曲率：优化结构(即驻点物种)是否是最小值、过渡态(一阶鞍点)，或更高阶的鞍点。请注意，频率计算通常仅对驻点有效；偶尔会故意违反此规则，例如，当技术上无效，但有用的力常数或频率被计算以作为对几何构型优化(2.4 节)或遵循内禀反应坐标等算法过程的辅助时。通过频率计算常规检查优化结构是个好主意。频率计算可能比优化要花费更长的时间，且对于非常大的分子和周期性的系统(如晶体)来说，已经开发了仅在系统的一部分上计算频率的方法[236]。

(2) 为了获得分子的零点能，就必须计算频率。零点能是精确的能量比较所必需的(2.5 节)。

(3) 分子的简正模式振动频率与物质的红外光谱中的谱带相对应。差异可能来自于红外光谱中的泛频和组合带，以及相对强度的精确计算问题(不太可能来自频率位置的计算问题)。因此，可以计算一种从未被制备过的物质的红外光谱，以作为实验指南。在实验中，观察到的未识别的红外波段有时可以根据可疑物的计算光谱指定给某一特定物质。如果无法从实验中获得可疑物种的光谱(它们可能是极易反应的、瞬态的物种)，我们可以计算它们。

通过虚频个数来表征驻点,在第 2 章和本章前面部分讨论了。在这里,我们将考查从头算计算对红外光谱预测的实用性[237]。重要的是要记住频率应在与几何构型优化相同的水平(如 HF/3-21G$^{(*)}$,MP2/6-31G*,…)下计算。这是因为在驻点的势能面,曲率的精确计算需要在创建该点所在势能面相同的水平上找到其二阶导数$\partial^2 E/\partial q_i \partial q_j$。

1. 红外谱带的位置(频率)

在 2.5 节,我们看到力常数矩阵的对角化产生了一个特征向量矩阵,其矩阵元是简正模式振动的"方向向量",以及一个特征值矩阵,其矩阵元是这些振动的力常数。"质量加权"力常数得到了简正模式振动的波数("频率"),且它们的运动可以通过使用方向向量的模拟振动来识别。因此,我们可计算红外波段的波数,并将每个波段与某些特定的振动模式相关联(振动频率/波数的计算细节实际上非常复杂[130b])。从头算计算的波数("频率")大于实验值,即频率太高。这可能有两个原因:能量的二阶导数(关于几何构型变化)与力常数相等的原理可能有误,或基组和/或相关水平可能不足。

将二阶导数等同于拉伸或弯曲力常数的原理并不完全正确。仅当能量是几何构型的二次函数时,即 E 与 q 的图形是抛物线时,二阶导数$\partial^2 E/\partial q^2$ 才严格等于力常数。然而,振动曲线并不完全是抛物线(图 5.32)。对于抛物线的 E/q 关系来说,为简单起见,考虑双原子分子,我们将有:

$$E = \frac{k}{2}(q - q_{eq})^2 \qquad (5.203)$$

式中,q_{eq} 是平衡几何构型。这里的 k 根据定义是力常数,E 的二阶导数,即$\partial^2 E/\partial q^2 = k$。对于一个真实分子来说,$E/q$ 的关系更为复杂,是 q^2、q^3 等项中的幂级数,且不只有一个常数。式(5.203)适用于所谓的简谐运动,更精确方程中高次幂项的系数称为**非简谐校正**。假设键振动是简谐的,就是**简谐近似**。

对于小分子来说,可以从实验红外光谱中计算出简单的谐振力常数 k 和非简谐校正。利用 k 可以计算**理论谐振频率**[238]。这些对应于抛物线的 E/q 关系(图 5.32)比真实曲线更陡峭,因此,更强的键需要更多的能量来拉伸它们(或弯曲它们,因为弯曲力常数),从而吸收高频的红外光。这些理论上的谐振频率不是真实世界的频率,而是如果键是简单谐振子,则会观察到的频率。这样的理论谐振频率源自实验的红外光谱,高于观察到的"原始"实验频率,并比观察到的频率更接近于从头算计算的频率[239]。由于理论计算频率(如通过从头算方法)和实验推导的理论谐振频率都基于抛物线 E/q 的关系,因此,有时认为将计算频率与实验推导的理论谐振频率进行比较,而不是与观察频率进行比较会更好[240]。因为从头算计算的和由实验推导的谐振频率都依赖于二阶导数,因此,随着相关水平/基组的增加,我们可能预期从头算计算的频率将不会向**观察**到的实验谐波频率收敛,而是向实验推导的理论谐振频率收敛。情况的确如此,正如所示的用高相关水平(CCSD(T),5.4.3 节)和大基组(极化函数和三或四分裂价基,5.3.3 节)计算的水分子一样。**观测**到的水的频率为 3756 cm^{-1}、3657 和 1595 cm^{-1}。对于这 3 个基频来说,偏差从 HF 水平的 269、282 cm^{-1} 和 127 cm^{-1} 下降到仅比从实验推导的理论谐振频率值 3943、3832 cm^{-1} 和 1649 cm^{-1} 高、13 cm^{-1} 和 10 cm^{-1}[241]。这种谐振频率通常高约 5%,从头算计算的频率比观察到的频率高约 5%~10%。从前面的讨论来看,从头算计算的频率太高的根本原因是谐振近似:将$\partial^2 E/\partial q^2$ 等同于力常数。没有理论上的为什么高水平计算应该向观察到的频率收敛。这句话适用于通过谐振近似计算的频率,几乎总是这样。对于一组小分子来说,通过使用高相关水平和中等大小的基组可获得精确到约 1% 以内的频率(实验推导的理论谐振值)[242]。

　　幸运的是,对我们来说,我们只希望计算的红外光谱类似或可能类似实验光谱,为此,有一个简单的权宜之计。计算频率和观察频率相差一个相当恒定的因子,而通过将从头算计算的(和其他理论计算的)频率乘以一个校正因子,可以使其与实验频率合理一致。斯科特和拉多姆对计算频率和实验频率进行了大量的比较[80a],为通过各种方法计算的频率提供了经验校正因子。该汇编中的一些校正因子如下所示。

HF/3-21G(*)	0.9085
HF/6-31G*	0.8953
HF/6-311G(df,p)	0.9054
MP2(fc)/6-31G*	0.9434
MP2(fc)/6-311G**	0.9496

　　在 HF 水平下,3 个基组的校正因子相似,为 0.90~0.91；MP2 水平下的校正因子明显接近 1,但斯科特和拉多姆说,“MP2/6-31(d)似乎没有比 HF/6-31(d)提供显著的性能改进,并偶尔会出现较大误差”,以及“本研究中发现的用于预测振动频率的最具成本效益的方法为 HF/6-31(d)和某些密度泛函方法”。还给出了零点振动能的单独校正因子,尽管迄今为止,常见做法是对频率和零点能使用相同的校正因子,但现在使用单独的因子可能是标准的。通过对特定类型的振动使用经验校正因子,可以获得与实验更好的一致性(斯科特和拉多姆给出了低频振动的单独因子,而不是上面列出的所指的相对高频的因子),但很少这样做。最近的一篇论文建议从头算频率的校正,以及在较小程度上,密度泛函理论频率的校正使用二次的,而不是线性的增量[80b]。

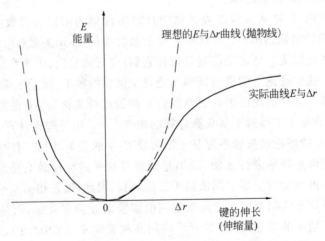

图 5.32　键的势能与拉伸的实际曲线并不是真正的抛物线,即不是真正的 $E=(\Delta r)^2$,但在平衡键长($\Delta r=0$)附近,抛物线与实际曲线非常吻合

2. 红外谱带的强度

　　红外光谱中的波段不仅有位置(“频率”,用各种波数表示),还有强度。与频率相比,测量和理论计算红外强度的难度要大得多。实际上,实验中的强度并没有常规量化,通常仅

描述为弱、中或强。为了计算红外光谱,以便与实验进行直观比较,需要同时计算波数和强度。振动的强度由伴随振动的偶极矩变化决定。如果振动模式不引起偶极矩变化,则该模式理论上将不会导致红外光子的吸收,因为辐射的振荡电场和振动模式将无法耦合。这样的振动模式被称为是无红外活性的,即它不会在红外光谱中产生可观察的谱带。由于对称性不伴随偶极矩变化的伸缩振动,因此被预计是红外非活性的。这些主要发生在同核双原子分子,如 O_2、N_2,和线型分子中。因此,对称炔烃中的 C/C 三键伸缩,和二氧化碳中的对称 OCO 伸缩,不会在红外光谱中产生谱带。对于拉曼光谱而言,人们测量散射,而不是透射的红外光,观察振动模式的要求是振动随极化率的变化而发生。拉曼光谱通常是可计算的(例如,通过 Gaussian 程序[36];红外和拉曼的**频率**,但不是强度,是相同的)。红外和拉曼光谱的互补性有助于研究分子的对称性。由于与其他振动模式的耦合,有时可以看到应该为红外非活性或至少非常弱的红外谱带。因此,已经观察到了 1,2-苯炔(邻-苯炔,脱氢苯,C_6H_4)的三键伸缩[243],尽管这显然应伴随偶极矩的非常小的变化。预计像这样的谱带至多是弱带。

正如从前面的讨论中可以预期的那样,红外简正模式的强度可以通过伴随振动的几何构型变化的偶极矩的变化来计算。强度与偶极矩相对于几何构型变化(沿简正坐标方向的位移)的平方成正比:

$$I = 常数 \times \left(\frac{d\mu}{dq}\right)^2 \tag{5.204}$$

这可用来计算红外波段的相对强度。绝对强度的计算(很少测量)需要计算比例常数。将在下一节讨论偶极矩的计算。计算导数的一种方法是将其近似为有限增量的比率(d 变为 Δ),并计算几何构型发生微小变化时的偶极矩变化,也有计算导数的解析方法[244]。已经有一本关于振动强度的书[245]。据报道,在 HF 水平下,计算的红外波段强度通常与实验值相差超过 100%,但在 MP2 水平下,计算的红外强度通常在实验值的 30% 以内[246]。然而,令人惊讶的是,斯科特和拉多姆在他们关于频率和零点能校正的论文中推荐使用 HF/3-21G*,而不是 MP2/6-31G*[80a]。谢弗及其同事利用 QCISD、CCSD 和 CCSD(T)(5.4.3 节)与邓宁的 aug-cc-pVTZ(5.3.1 节)基组,实现了 6 个非常小的分子的绝对红外强度的理论与实验值的"定量一致"[247],但这些水平目前对于甚至小到中等(例如约 10 个重原子)分子的常规优化和频率来说可能太高了。随着计算机能力的持续增长,这种情况将会改变。通过对一系列已知化合物进行计算,并将实验值与计算出的波数(可能还有强度)进行拟合,以获得专门针对感兴趣官能团定制的经验校正,应该可以凭经验提高预测光谱的精确性。如此繁重的工作是不寻常的。比较了在常规非常实用水平下计算的一些红外光谱与实验光谱(作者在气相中获得),如图 5.33~图 5.36 所示。这个示例虽然有限,但给出了一个想法,即人们可以预期实验和从头算红外光谱之间的相似性。不能期望有详细的相似性,但能再现光谱的一般特征。计算出的从头算红外光谱的主要用途可能是预测未知分子的红外光谱。作为合成未知分子的辅助手段,这里显示的水平显然满足此要求。

5.5.4 由电子分布产生的性质:偶极矩、电荷、键级、静电势、分子中原子

我们已经看到了从头算计算的 3 种应用:寻找势能面上驻点(通常是最小值和过渡态)的形状(几何构型)、相对能量和频率。

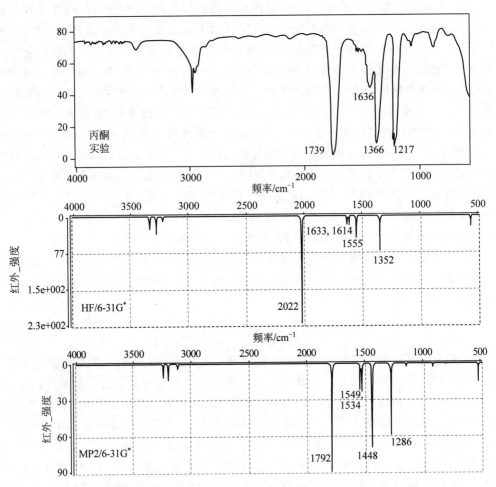

图 5.33　实验（气相）、HF/6-31G* 和 MP2(fc)/6-31G* 计算的丙酮的红外光谱

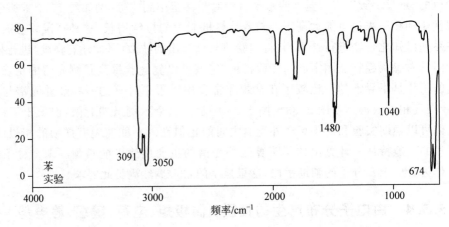

图 5.34　实验（气相）、HF/6-31G* 和 MP2(fc)/6-31G* 计算的苯的红外光谱

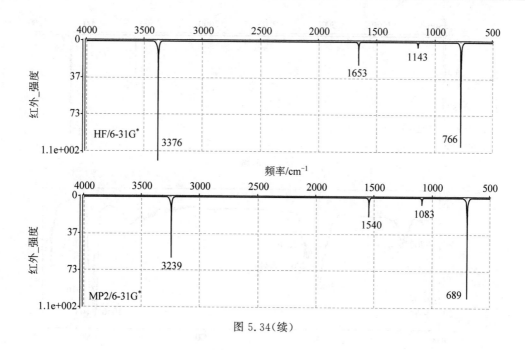

图 5.34（续）

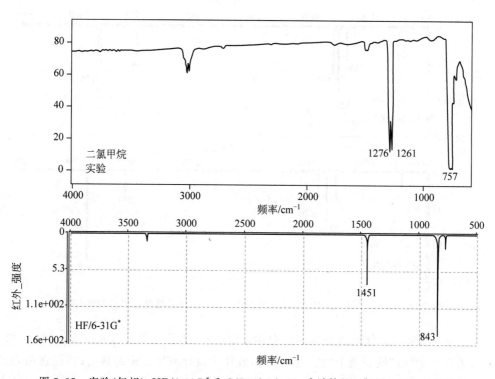

图 5.35　实验（气相）、HF/6-31G* 和 MP2(fc)/6-31G* 计算的二氯甲烷的红外光谱

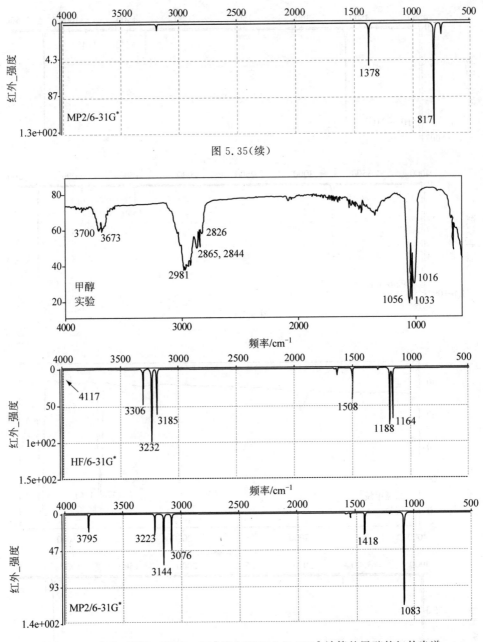

图 5.36 实验（气相）、HF/6-31G* 和 MP2(fc)/6-31G* 计算的甲醇的红外光谱

（1）分子物种的**形状**可以为原理的存在提供启示（为什么苯具有 6 个等长的 CC 键，而环丁二烯有 2 个"短"键和两个"长"键[248]?），或作为设计有用分子的指南（将候选药物紧密对接到酶的活性位点需了解药物和活性位点的形状[110]）。尽管形状是分子的一个基本特征，但有趣且发人深省的问题是，这是否真的是一种必要性质[249]！这里的基本问题似乎是根据量子力学，对于系统的任何可观察性质都有相应的算符，该算符原则上允许使用波函数（5.2.3 节）计算性质（严格说来是它的期望值），但没有形状算符。特林德尔致力于将这个量子力学难题与现实相协调[250a]。梅齐[250b]在整本著作中都详细地讨论了分子形状。

（2）相对于势能面上其他物种的**能量**，一个分子物种的能量是了解其动力学和热力学行为的基础，且这对于尝试合成该分子很重要。

（3）分子的**振动频率**提供了有关其键的电子性质的信息，预测这些频率所代表的光谱可能对实验者有用。

分子的第 4 个重要特征是**电子密度分布**。计算电子密度分布使人们能够预测偶极矩、电荷分布、键级和各种分子轨道的形状。

1. 偶极矩

根据定义，相距为 r 的两个电荷 Q 和 $-Q$ 组成的系统的偶极矩[251]，是向量 $\boldsymbol{Q}_r$。向量方向正式的指定是从 $-Q \sim Q$，但化学家通常指定为一个分子或键偶极子（见下文）从键或分子的正端到负端的方向（图 5.37(a)）。相应位置向量 $\boldsymbol{r}_1$、$\boldsymbol{r}_2$、$\cdots$、$\boldsymbol{r}_n$ 的一组电荷 Q_1、Q_2、$\cdots$、Q_n 的偶极矩为（图 5.37(b)）

$$\boldsymbol{\mu} = \sum_{i=1}^{n} Q_i \boldsymbol{r}_i \tag{5.205}$$

因此，分子的偶极矩是由其内部的电子和原子核的电荷及其位置引起的。对于中性分子来说，偶极矩是一个明确的实验观测值[252]（与基于电子分布的其他一些量不同），对偶极矩计算值和实验值的比较原则上是合理的方法。偶极矩是分子中电子分布均匀性或不均匀性的最简单的定量量度。通常可方便地将分子偶极矩以比式(5.205)更形象的形式来考虑，即作为键矩的向量和（图 5.37(c)）。有两点需要注意：①我们讨论的是平均偶极矩，因为电子和核运动都会引起偶极矩波动，因此，即使是球形原子，也可以有（非常）临时的非零偶极矩。②我

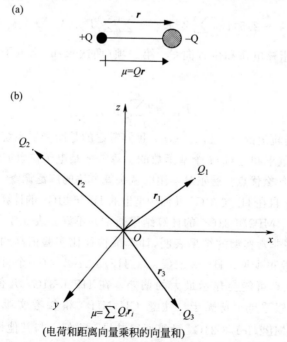

图 5.37 （a）化学家通常认为双原子分子的偶极矩，即向量 $\boldsymbol{Q}_r$，是从正原子指向负原子。

（b）一组电荷（如分子）的偶极矩源于电荷的大小及其位置（即距原点的距离和方向）。

（c）分子的偶极矩可以看作是键矩的向量和

图 5.37（续）

们通常只考虑**中性分子**，而不考虑离子的偶极矩，因为带电粒子的偶极矩不是唯一的，而是取决于坐标系中测量位置向量的点的选择。

让我们看看 HF 近似下的偶极矩计算。对于分子中的电子来说，式(5.205)的量子力学模拟是

$$\boldsymbol{\mu} = \left\langle \Psi \mid \sum_{j=1}^{2n} e\boldsymbol{r}_j \mid \Psi \right\rangle \qquad (5.206)$$

这里，电荷乘以位置向量的加和被偶极矩算符的全波函数 Ψ（波函数的平方是电荷的量度）的积分（对所有电子的电子电荷与电子位置向量乘积的求和）所代替。为了对分子的偶极矩进行从头算计算，我们需要一个根据基函数 ϕ、其系数 c 和几何构型（对于一个指定电荷和多重度的分子来说，这是从头算计算中唯一的"变量"）的偶极矩的表达式。HF 全波函数 Ψ 由占据的、组合成一个斯莱特行列式的各组分轨道 ϕ 组成(5.2.3 节)，而 ϕ 由基函数及其系数组成(5.3 节)。式(5.201)包含原子核对偶极矩的贡献，从而得出以 Debye(D) 为单位的偶极矩（参考文献[1g]，第 41 页）

$$\boldsymbol{\mu} = -2.5416\left[\sum_A^N Z_A \boldsymbol{R}_A - \sum_r^m \sum_s^m P_{rs} \langle \phi_r \mid \boldsymbol{r} \mid \phi_s \rangle \right] \qquad (5.207)$$

式中，第一项是指核电荷和位置向量；第二项（两次求和）指电子。P_{rs} 为密度矩阵元(5.2.3 节)，参见

$$P_{tu} = 2\sum_{j=1}^n c_{tj}^* c_{uj} \qquad (5.208 = 5.81)$$

P 求和是对占据轨道的($j = 1, 2, \cdots, n$；我们考虑的是闭壳层系统，所以有 $2n$ 个电子)，而式(5.207)中的双重求和是对 m 个基函数的。算符 $\boldsymbol{r}$ 是电子位置向量。

从头算偶极矩有什么优点？赫尔对实用的从头算方法的广泛调查[39]表明，HF/6-31G* //HF/6-31G*（偶极矩来自在 HF/6-31G* 几何构型上的 HF/6-31G* 的计算）给出了相当不错的结果，而 MP2/6-31G* //MP2/6-31G* 的计算结果通常并不好。表 5.14 比较了一些偶极矩的计算和实验值。这些非常典型的结果表明，计算值往往比实验值高约 $0.0 \sim 0.5$ D，平均偏差约为 0.3 D，负偏差很少见。HF/3-21G$^{(*)}$ //HF/3-21G$^{(*)}$（一个目前不太可能被使用的低的从头算水平）计算可能会显示最大的偏差。在 HF/6-31G* 几何构型上的单点 HF/3-21G$^{(*)}$ 计算结果似乎与（或优于？注意 CH_3NH_2，和参考文献[39]第 $76 \sim 77$ 页）MP2(fc)/6-31G* //MP2(fc)/6-31G* 计算所得结果一样好。与其他性质一样，对于氢原子以外的分子来说，偶极矩的 3-21G$^{(*)}$ 计算需要极化函数才能得到合理的结果(3-21G$^{(*)}$ 基组，参考文献[39]第 $23 \sim 30$ 页)。3-21G$^{(*)}$ 计算在表 5.14 中显示了 0.33 的平均偏差，HF/6-31G* 计算仅略好一点（平均偏差 0.26），而 MP2/6-31G* 计算甚至正相反，似乎稍差

一些(平均误差 0.34)。如果需要偶极矩的高精度计算(0.1 D 或更高),则必须使用高水平相关和大基组,或许需要这样的计算,以再现小偶极矩的大小,甚至方向[253],如一氧化碳,一个众所周知的变幻莫测的例子[254]。

表 5.14　一些偶极矩的计算与实验值的比较

化 合 物	计算水平				实验值
	HF/3-21G$^{(*)}$// HF/3-21G$^{(*)}$	HF/6-31G*// HF/3-21G$^{(*)}$	HF/6-31G*// HF/6-31G*	MP2(fc)/6-31G*// MP2(fc)/6-31G*	
CH_3NH_2	1.44	1.3	1.53	1.6	1.3
H_2O	2.39	2.18	2.2	2.24	1.9
HCN	3.04	3.2	3.21	3.26	3
CH_3OH	2.12	1.95	1.87	1.95	1.7
Me_2O	1.85	1.64	1.48	1.6	1.3
H_2CO	2.66	2.79	2.67	2.84	2.3
CH_3F	2.34	2.18	1.99	2.11	1.9
CH_3Cl	2.31	2.32	2.25	2.21	1.9
Me_2SO	4.27	4.55	4.5	4.63	4
CH_3CCH	0.71	0.64	0.64	0.66	0.8
偏差	9+,1−	8+,2−	9+,1−	9+,1−	
平均值	0.33	0.31	0.26	0.34	

注:偶极矩用德拜表示。计算水平按照传统的从最低到最高的顺序,从左到右排列。计算由作者完成。实验值取自参考文献[1g]第 326、329、332、335 页。每个水平都给出了正偏差和负偏差的数量,以及偏差绝对值的算术平均值。

2. 电荷和键级

化学家广泛使用分子中的原子可以被分配**电荷**这一观点。因此,在水分子中,每个氢原子都被认为具有相等的正电荷,氧原子有负的电荷,其大小等于氢电荷之和。这个概念显然与偶极矩有关:在双原子(为简单起见)分子中,人们期望偶极向量的负端指向被分配负电荷的原子。然而,这个概念有两个问题。第一,分子中,原子上的电荷与分子的偶极矩不同,不能被(容易地[255])测量。第二,没有一种专门的、正确的理论方法来计算分子中原子的电荷(将要讨论的分子中原子(atoms-in-molecules,AIM)理论的拥护者,可能会对此提出异议)。

无论是测量,还是计算问题,都源于难以定义"分子中的原子"的含义。考虑氯化氢分子。当我们从氢原子**核**移动到氯原子**核**时,氢原子在哪里终止,氯原子从哪里开始?如果我们有一个将分子划分为原子的方案(图 5.38(a)),那么,每个原子上的电荷可以定义为原子空间内的净电荷,即电子电荷和核电荷的代数和。定义空间中的电子电荷可以通过对该空间区域的电子密度(可以根据波函数计算)进行积分来找到。

键级是一个与原子电荷有关的、概念上有难度的术语。对键最简单的电子解释是,键是两个原子核之间共享的一对电子,以某种方式[256]将它们结合在一起。根据该标准和刘易斯结构,乙烷中的 C/C 键级为 1,乙烯中的为 2,乙炔中的为 3,分别符合单键、双键和三键的经典赋值。然而,如果键是两个原子核之间电子密度的体现,则键级不必是整数。因此,$H_2C{=}CH{-}CHO$ 中的 C=C 键,可能具有比 $H_2C{=}CH{-}CH_3$ 中的 C=C 更低的键级,因为 C＝O 基团可能会使电子密度流向负电性的氧。然而，根据电子密度计算键级的尝试遇到了一个问题，即在多原子分子中，无论如何，不清楚如何精确定义两个原子核"之间"的区域（图 5.38(b)）。

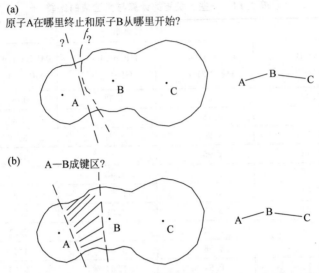

图 5.38　(a) 在一个分子中，一个原子在哪里结束，而另一个原子从哪里开始？如何绘制分割面？(b) 如何定义两个原子核之间的成键区域？

分配原子电荷和键级分别涉及计算"属于"1 个原子或 2 个原子"之间"共享的电子数，即原子上或原子之间的电子"布居"。因此，这种计算被认为涉及**布居分析**。早期的布居分析方案以某种任意的方式划分电子密度，绕过了定义分子中原子占据空间及成键电子占据空间的问题。此类方案最早被用于简单休克尔或类似方法[257]，并将这些量与基函数相关联（在这些方法中，基函数基本上是价原子轨道，甚至只是 p 原子轨道；见 4.3.4 节）。从头算计算中使用的最简单的方案是**马利肯布居分析**[258]。

马利肯布居分析符合简单休克尔方法中所用方案的基本精神，但允许在一个原子上使用多个基函数，且不要求重叠矩阵是单位矩阵。在从头算理论中，每个分子轨道都对应一个波函数 ψ（5.2.3 节）。

$$\psi_1 = c_{11}\phi_1 + c_{21}\phi_2 + c_{31}\phi_3 + \cdots + c_{m1}\phi_m$$
$$\psi_2 = c_{12}\phi_1 + c_{22}\phi_2 + c_{32}\phi_3 + \cdots + c_{m2}\phi_m$$
$$\psi_3 = c_{13}\phi_1 + c_{23}\phi_2 + c_{33}\phi_3 + \cdots + c_{m3}\phi_m$$
$$\vdots$$
$$\psi_m = c_{1m}\phi_1 + c_{2m}\phi_2 + c_{3m}\phi_3 + \cdots + c_{mm}\phi_m$$

$$(5.209 = 5.51)$$

这里，所选择的基组 $\{\phi_1、\phi_2、\cdots、\phi_m\}$ 产生分子轨道 $\psi_1、\psi_2、\cdots、\psi_m$。多个基函数可以驻留在其中 1 个原子上，因此，$c_{si}$ 是分子轨道 i 中基函数 s 的系数（不像简单休克尔理论那样，分子轨道 i 中原子 s 的唯一系数）。对任何分子轨道 ψ_i，将其平方，并对所有空间积分可得

$$\int |\psi_i|^2 dv = 1 = c_{1i}c_{1i}S_{11} + c_{2i}c_{2i}S_{22} + \cdots + 2c_{1i}c_{2i}S_{12} + 2c_{1i}c_{3i}S_{13} + 2c_{2i}c_{3i}S_{23} + \cdots$$

$$(5.210)$$

积分等于1,因为电子在分子轨道中某处的概率(严格地说,它延伸到所有空间)为1；S_{ii}(两个ϕ相同)重叠积分也是1,因为基函数被归一化(见4.4.2节)。

在马利肯方案中,ψ_i中的每个电子都被认为对基函数ϕ_1贡献出"一小部分电子"$c_{1i}c_{1i}S_{11}=c_{1i}^2$,对$\phi_1/\phi_2$重叠区域贡献了一部分电子$2c_{1i}c_{2i}S_{12}$(见方程(5.210)),以及通常对原子上的基函数(松散的原子轨道)ϕ_r贡献一部分电子c_{ri}^2,和对ϕ_r/ϕ_s原子间重叠空间贡献一部分电子$2c_{ri}c_{si}S_{rs}$；见图5.39(a)。这似乎是合理的,因为①所有项之和等于1(电子的"各小部分"必须加和为1)；②从式(5.210)的"电子密度加和"中划分出电子对基函数和对重叠区域的贡献,这看上去是合理的。现在,如果分子轨道ψ_i中有n_i个电子,则ψ_i对基函数ϕ_r和ϕ_r与ϕ_s间重叠区域的电子布居的贡献为

$$n_{r,i}=n_i c_{ri}^2 \tag{5.211}$$

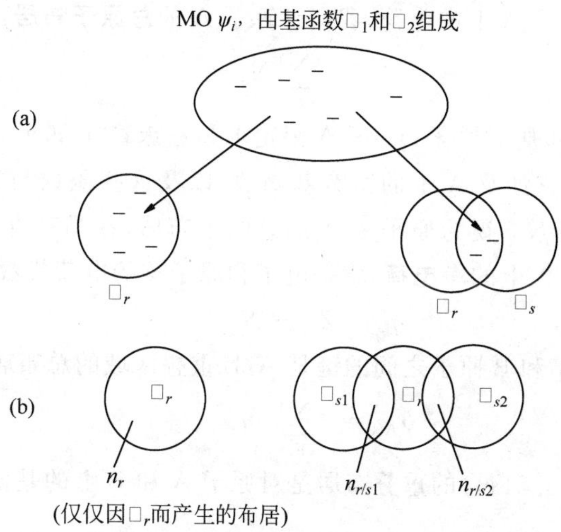

图5.39 用于分配电子密度的马利肯方案

(a) 在马利肯方案中(式(5.211)和式(5.212))：MOψ_i中的每个电子贡献出一小部分电子c_{ri}^2给ϕ_r和贡献出$2c_{ri}c_{si}S_{rs}$给ϕ_r/ϕ_s重叠区。如果ψ_i中有n_i电子,则MO贡献出$n_{r1}=n_i c_{ri}^2$电子给基函数ϕ_r的电子布居,和$n_{r/s,i}=n_i(2c_{ri}c_{si}S_{rs})$电子给$\phi_r/\phi_s$重叠区的电子布居；(b) 在马利肯方案中(式(5.215))：ϕ_r中的总电子布居是n_r(仅因ϕ_r而产生的)加上所有重叠布居之和的一半：$N_r=n_r+1/2n_{r/s1}+1/2n_{r/s2}$

和

$$n_{r/s,i}=n_i(2c_{ri}c_{si}S_{rs}) \tag{5.212}$$

所有分子轨道对ϕ_r和ϕ_r与ϕ_s间重叠区域的电子布居的总贡献为

$$n_r=\sum_i n_{r,i}=\sum_i n_i c_{ri}^2 \tag{5.213}$$

和

$$n_{r/s}=\sum_i n_{r/s,i}=\sum_i n_i(2c_{ri}c_{si}S_{rs}) \tag{5.214}$$

求和覆盖了所有占据分子轨道,因为虚分子轨道的$n_i=0$。n_r是基函数ϕ_r中的**马利肯净布居**,数值$n_{r/s}$是基函数对ϕ_r和ϕ_s的**马利肯重叠**布居。对所有r上求和的净布居加上对所有成对的r/s求和的重叠布居等于分子中的电子总数。

n_r 和 $n_{r/s}$ 被用于计算原子电荷和键级。**基函数** ϕ_r 中的**马利肯总布居**定义为马利肯净布居 n_r（式（5.211））加上所有涉及 ϕ_r 的马利肯重叠布居 $n_{r/s}$（式（5.212））的一半（当然，对于某些 ϕ_s 来说，$n_{r/s}$ 可忽略不计。例如，对间隔很远的原子，S_{rs} 非常小）：

$$N_r = n_r + \frac{1}{2} \sum_{s \neq r} n_{r/s} \tag{5.215}$$

总布居 N_r 试图代表基函数 ϕ_r 中的**总电子布居**，这在此被认为是净布居 n_r，即所有占据分子轨道贡献给 ϕ_r 的布居数都通过每个 ψ_i 中 ϕ_r 的系数 c_{ri} 来表示，式（5.213），加上涉及 ϕ_r（图5.39b）重叠区域总布居的一半。将与 ϕ_s 重叠区域中的电子布居数的一半，而不是其他分数，分配给 ϕ_r，被认为是任意的。当然，这不是武断的，从这个意义上说，马利肯仔细考虑过它，并认为一半至少与其他任何分数一样好。人们可能会想到一种更为精细的划分，其中，分数取决于 ϕ_r 和 ϕ_s 所在原子电负性的差异，其中，电负性越强的原子，占电子布居比例越大。为了得到原子 A 上的电荷，我们计算了 A 的总原子布居：

$$N_A = \sum_{r \in A} N_r \tag{5.216}$$

上式为每个 ϕ_r 的总布居对原子 A（$r \in A$ 限定求和意味着"r 属于 A"）上的所有基函数 ϕ_r 的求和（式（5.215））。它涉及 A 上的所有基函数，以及这些函数与其他基函数 ϕ_s 的所有重叠区域。我们可以将 N_A 视为原子 A 上的总电子布居（在马利肯处理的范围内）。原子 A 上的**马利肯电荷**，即 A 上的**净电荷**，就是电子和原子核的电荷代数和：

$$q_A = Z_A - N_A \tag{5.217}$$

马利肯键级 关于 A 和 B 原子之间的键是 A/B 重叠区域的总布居：

$$b_{AB} = \sum_{r,s \in A,B} n_{r/s} \tag{5.218}$$

基函数 ϕ_r 和 ϕ_s（式（5.214））的重叠布居是对原子 A 和 B 上的基函数之间的所有重叠求和。

由于计算马利肯电荷和键级的方程组（式（5.211）~式（5.218））涉及对基函数系数和重叠积分的求和，因此它们可以用密度矩阵（5.2.3节）$\boldsymbol{P}$ 和重叠矩阵 $\boldsymbol{S}$（4.3.3节）简洁地表示也就不足为奇了。密度矩阵 $\boldsymbol{P}$ 的元素是（见式（5.208）＝式（5.81））

$$P_{rs} = 2 \sum_{i=1}^{n} c_{ri} c_{si} \tag{5.219}$$

矩阵元素 P_{rs} 对所有填充分子轨道求和（对于 $2n$ 电子闭壳分子的基态电子态，从 ψ_1 ~ ψ_n）。$\boldsymbol{P}$ 的计算示例在 5.2.3 节给出。重叠矩阵 $\boldsymbol{S}$ 的元素只是重叠积分：

$$S_{rs} = \int \phi_r \phi_s \, dv \tag{5.220}$$

根据式（5.219）可知，矩阵（$\boldsymbol{PS}$）是将 $\boldsymbol{P}$ 和 $\boldsymbol{S}$ 的相应元素相乘得来的，

$$(\boldsymbol{PS}) = \begin{pmatrix} (PS)_{11} & (PS)_{12} & (PS)_{13} & \cdots & (PS)_{1m} \\ (PS)_{21} & (PS)_{22} & (PS)_{23} & \cdots & (PS)_{2m} \\ \vdots & \vdots & \vdots & & \vdots \\ (PS)_{m1} & (PS)_{m2} & (PS)_{m3} & \cdots & (PS)_{mm} \end{pmatrix} \tag{5.221}$$

有矩阵元

$$(PS)_{rs} = P_{rs}S_{rs} = 2\sum_{i=1}^{n} c_{ri}c_{si}S_{rs} \tag{5.222}$$

注意，(PS) 不是 P 和 S 的矩阵相乘得到的矩阵 PS，该矩阵的每个元素都来自数列乘法：P 的一行乘以 S 的一列（4.3.3 节）。

(PS) 的对角元素是

$$(PS)_{rr} = P_{rr}S_{rr} = 2\sum_{i=1}^{n} c_{ri}^2 \tag{5.223}$$

将式（5.223）与式（5.213）进行比较：对于基态闭壳层分子来说，每个占据分子轨道都有 2 个电子，而式（5.213）可以写成

$$n_r = 2\sum_{i=1}^{n} c_{ri}^2 \tag{5.224}$$

如

$$n_r = (PS)_{rr} \tag{5.225}$$

(PS) 的非对角线元素由式（5.222）给出，$r \neq s$。将该式与式（5.214）进行比较：对于基态闭壳层分子来说，每个占据分子轨道都有 2 个电子，因此式（5.214）可以写成

$$n_{r/s} = 2\sum_{i=1}^{n} (2c_{ri}c_{si}S_{rs}) \tag{5.226}$$

即

$$n_{r/s} = 2(PS)_{rs} \tag{5.227}$$

因此，矩阵 (PS) 可以被写成

$$(PS) = \begin{pmatrix} n_1 & 1/2n_{1/2} & 1/2n_{1/3} & \cdots & 1/2n_{1/m} \\ 1/2n_{2/1} & n_2 & 1/2n_{2/3} & \cdots & 1/2n_{2/m} \\ \vdots & \vdots & \vdots & & \vdots \\ 1/2n_{m/1} & 1/2n_{m/2} & 1/2n_{m/3} & \cdots & n_m \end{pmatrix} \tag{5.228}$$

矩阵 (PS)（有时为 $2(PS)$）被称为**布居矩阵**。

3. 布居分析的例子：H-He$^+$

作为计算原子电荷和键级的简单说明，考虑 H-He$^+$。根据我们对这个分子的从头算 HF 计算（5.2.3 节），我们有

$$P = \begin{pmatrix} 0.2020 & 0.5097 \\ 0.5097 & 1.2864 \end{pmatrix} \quad 和 \quad S = \begin{pmatrix} 1.0000 & 0.5017 \\ 0.5017 & 1.0000 \end{pmatrix} \tag{5.229}$$

因此，

$$PS = \begin{pmatrix} 0.2020 & 0.2557 \\ 0.2557 & 1.2864 \end{pmatrix} \tag{5.230}$$

根据式（5.228），(PS) 提供给我们

$$n_1 = 0.2020$$

$$n_2 = 1.2864$$

$$n_{1/2} = n_{2/1} = 2 \times (0.2557) = 0.5114$$

氢上的电荷，q_H 为得到 q_H 我们需要 N_H，即氢上所有 N_r 的求和（式（5.216）和

式(5.215))。氢上只有一个基函数 ϕ_1，因此氢仅有一个相关的 N_r，而 ϕ_1 仅有一个重叠，与 ϕ_2，因此求和仅涉及一项，$n_{1/2}$。使用式(5.215)：

$$N_r = N_1 = n_r + \frac{1}{2}\sum_{s \neq r} n_{r/s} = n_1 + \frac{1}{2}(n_{1/2}) = 0.2020 + \frac{1}{2} \times (0.5114) = 0.4577$$

氢上所有 N_r 的求和只有一项，N_1，因为氢上只有 1 个基函数。使用式(5.216)：

$$N_A = N_H = \sum_{r \in H} N_r = N_1 = 0.4577$$

氢上的电荷 q_H 是总电子布居和核电荷的代数和(见式(5.217))：

$$q_A = q_H = Z_H - N_H = 1 - 0.4577 = 0.5423$$

氦上的电荷，q_{He} 为求 q_{He}，我们需要 N_{He}，即氦上所有 N_r 的求和(式(5.216))。氦只有 1 个基函数 ϕ_2，因此氦仅有一个相关的 N_r，而 ϕ_2 仅有一个与 ϕ_1 的重叠，因此求和仅涉及一项，$n_{2/1}(= n_{2/1})$：

$$N_r = N_2 = n_r + \frac{1}{2}\sum_{s \neq r} n_{r/s} = n_2 + \frac{1}{2}(n_{2/1}) = 1.2864 + \frac{1}{2} \times (0.5114) = 1.5421$$

氦上所有 N_r 的求和只有一项，N_2，因为氦上只有 1 个基函数：

$$N_A = N_{He} = \sum_{r \in He} N_r = N_2 = 1.5421$$

氦上的电荷 q_{He} 是总电子布居和核电荷的代数和：

$$q_A = q_{He} = Z_{He} - N_{He} = 2 - 1.5421 = 0.4579$$

电荷求和为 $0.5423 + 0.4579 = 1.000$，即分子上的总电荷。氦上的正电荷较少与电负性沿着元素周期表的一行从左到右增加的事实一致。来自较大基组和其他方法的 HHe^+ 电荷同样给出了氦的电荷较小，但使电荷分布更不均匀，H 上大约 0.8，He 上 0.2。

H—He 键级 为得到 H—He 键级，我们使用式(5.218)。$n_{r/s}$ 是对原子 A 和原子 B 上的基函数之间的所有重叠求和。这里只有一个这样的重叠，即 ϕ_1 和 ϕ_2 之间，因此

$$b_{AB} = b_{HHe} = \sum_{r,s \in A,B} n_{r/s} = n_{1/2} = 2 \times (0.2557) = 0.5114$$

请注意，布居矩阵(PS)的元素求和为分子中的电子数：$0.2020 + 1.2864 + 0.2557 + 0.2557 = 2.000$。这是意料之中的，因为对角元是基函数"原子空间"的电子数，而并非基函数重叠区域的电子数。来自更大基组和其他方法的 HHe^+ 键级是相似的，范围为 $0.4 \sim 0.5$。氢上较高的电荷和较低的键级与非常低的碱度或对氦原子的质子亲和势一致：对平衡用 G4 计算

$$HHe^+ + H_2O \rightleftharpoons He + H_3O^+$$

上式所得产物的自由能比反应物低 503 kJ/mol，对应的平衡常数约为 10^{88}，有利于水的质子化。

马利肯布居分析方法存在问题。例如，它有时分配 2 个以上的电子，有时给 1 个轨道分配甚至是负数的电子。它也相当依赖基组。将一半的电子"任意"分配到重叠区域并不像人们想象的那么严重，即使采用的单独的电荷或键级具有可疑的定量意义，但在一系列计算中，可能会出现一个有意义的趋势。毫无疑问，马利肯从来没有打算让他的布居分析数具有单独的定量意义——见 6.3.4 节对此的评论。调整基函数系数，以在轨道间划分电子，从而计算电荷和键级的其他方法是，迈耶[259] 和洛定[260] 及温霍尔德[261] 的自然布居分析

(natural population analysis，NPA)的方法。迈耶方法的一个有趣之处是它似乎是唯一一个赋予氢分子离子，$H_2^{,+}$1 个电子，直观上可感知的键级为 0.5，而不是 $0.25^{[262]}$。迈耶键级在无机化学中有特定的使用$^{[263]}$。现在最流行的布居分析方法可能是温霍尔德的 NPA，而最受欢迎的原子电荷显然是来自 NPA 的原子电荷和静电势电荷。克拉默$^{[264]}$较详细地解释和比较了马利肯、洛定和温霍尔德的方法，利奇$^{[265]}$解释和比较了马利肯、洛定和迈耶的方法。原子电荷已经由红外伸缩强度计算出来，并显示出与基于静电势方法的结果基本一致$^{[266]}$。

最近(2013 年)，将分子中的电子分布分解为在化学上似乎比离域正则分子轨道(5.2.3 节)更直观的轨道的相当复杂程序是基于"准原子"轨道。这些最小基的定域轨道类似于孤立原子的轨道，并"揭示了分子的原子结构和成键模式"$^{[267a]}$。这项工作主要依赖于鲁登贝格及其同事的一系列论文，从概念上深入和数学上非常精细的探索开始，研究如何分析波函数，以展示化学有用的信息$^{[267b]}$。准原子轨道已用于分析尿素中的电子分布$^{[267c]}$和二氧乙烷 $C_2H_4O_2$ 离解为甲醛$^{[267d]}$。出于某些目的，借助本节中较简单的方法来解释电子分布：偶极矩、原子电荷、键级、静电势，甚至是分子中原子，人们可能会感到满意。

4. 静电势

静电势(ESP)是电荷分布的一种量度，提供了其他有用的信息$^{[268]}$。分子中 P 点的静电势被定义为将单位正的点电荷"探测电荷"(如质子)从无穷远带到 P 点处所需的能(功)。静电势可以被认为是衡量分子在 P 处的正负程度：该点处的正值表示带探测电荷从无穷远处过来的净效应是排斥力，而负值意味着探测电荷被吸引到 P 点处，即当它从无穷远到 P 点时能量被释放了。某一点的静电势是正核和负电子效应的净结果。核效应的计算很简单，直接根据以下事实，即在距单位电荷 r 处，由于点电荷 Z 产生的电势，在点 P：

$$V(P) = \int_r^\infty \frac{Z \times 1}{r^2} dr = \frac{Z}{r} \tag{5.231}$$

因此，由核产生的静电势为

$$V(P)_{\text{nuc}} = \sum_A \frac{Z_A}{|r_p - r_A|} \tag{5.232}$$

其中$|r_p - r_A|$是从原子核 A 到点 P 的距离，即两个向量差的绝对值。为了获得因电子而产生的静电势的表达式，我们通过对无穷小体积元上的电子密度或电荷密度 $\rho(r)$ 的积分来代替对原子核的求和(见 5.5.4 节，**分子中原子**)来校正式(5.232)。我们得到 P 处的总静电势为

$$V(P)_{\text{tot}} = V(P)_{\text{nuc}} + V(P)_{\text{el}} = \sum_A \frac{Z_A}{|r_p - r_A|} - \int \frac{\rho(r)}{|r_p - r_A|} dr \tag{5.233}$$

可以计算分子表面上许多点的静电势(5.5.6 节)，然后计算一组原子电荷，以拟合(通过最小二乘法)静电势值，并将其与分子上的净电荷相加(静电势可视化的使用在 5.5.6 节中讨论)。表 5.15 比较了氟化氢的马利肯和洛定键级值，以及马利肯、自然和静电势原子电荷。我们看到，随着计算水平的变化，马利肯电荷变化很大，但除了 STO-3G 值外，静电势电荷变化很小，自然电荷变化也很小。键级对计算水平更为敏感。电荷和键级的实用性不

在于它们的绝对值,而在于一个比较的事实,比方说,洛定电荷或键级,在相同水平下,对一系列分子的计算可以提供对趋势的洞察。例如,有人可能认为 A、B 等一系列基团的吸电子能力可以通过 A—CH =CH₂、B—CH =CH₂ 等的 C/C 键级来比较。键级已经被用来判断一个物种是游离的,还是真正共价键合的,并已被提议作为沿反应坐标进展的指标[269]。

表 5.15　比较了在不同的水平下,氟化氢的马利肯、静电势和自然电荷,以及马利肯和洛定键级

水　平	H 上电荷(= —F 上电荷)			键级	
	马利肯	静电势	自然	马利肯	洛定
HF/STO-3G	0.19	0.28	0.23	0.96	0.98
HF/3-21G[(*)]	0.45	0.49	0.5	0.78	0.93
HF/6-31G*	0.52	0.45	0.56	0.72	0.82
HF/6-31G**	0.39	0.45	0.56	0.86	1.07
HF/6-311G**	0.32	0.46	0.54	0.95	1.32
6-31+G*	0.57	0.48	0.58	0.64	0.75
6-311++G**	0.3	0.47	0.55	0.98	1.27
MP2/6-31G*	0.52	0.45	0.56	0.72	0.81

注:每种情况下使用的几何构型相当于电荷或键级的方法/基组,但任何合理的几何构型都应给出基本相同的结果。没有实验数据!

5. 分子中原子(AIM)

一种布居分析方法可能比目前提到的任何一种方法都更随意,它基于分子中的原子理论,称为 AIM,或分子中的原子的量子理论(quantum theory of AIM,QTAIM)。这是由巴德[①]及其同事开发的,基于将分子在数学上划分为对应于原子的区域。这个概念可能是由伯林在 1950 年关于将分子划分为"成键"和"反键"区域[270a]的工作发展而来的,巴德在 1964 年一篇关于电子分布的论文[270b]中引用了这一观点。关于分子中的原子在某种意义上保留其特性,而不是溶于原子核和电子的分子池中的首次明确断言,似乎在使用 AIM 或QTAIM 术语之前就已经提出了:巴德和贝德尔在 1973 年的一篇论文中提出问题:"分子中有原子吗?"回答是肯定的[271]。一篇早期评论(1975 年)提出"回归到⋯⋯'分子中的原子'化学方法"("回归"关注的是原子,而不是键,后者在分子轨道理论中已上升到至高无上的地位),并总结了 AIM 理论的基本概念[272]。巴德在十年后综述了这个主题[273],并于几年后在他 1990 年的综合性著作[274]和 1991 年的评论[275]中进行了总结。波佩利埃在他1999 年的著作[276]中更新了该主题,而在 2007 年由马塔和博伊德合辑的著作中,巴德的"1990 年经典论著"的思想再次被更新[277]。巴德用 7 页纸简化了这个理论的推导,并乐观地命名为"普通人对分子中的原子理论的推导",他希望这有助于"实验化学家普遍接受它"[278]。我们现在来研究这个理论和一些应用。

AIM 方法基于分析分子中电子密度函数(电子概率函数、电荷密度函数、电荷密度)ρ从一处到另一处的变化。ρ 是一个函数 $\rho(x,y,z)$,它给出了分子中点到点的总电子密度的

---

① 理查德·巴德,1931 年出生于加拿大安大略省基奇纳。1958 年,麻省理工学院,博士。1959—1963,渥太华大学,1963—2012,麦克马斯特大学,教授。2012 年去世于安大略省,伯灵顿。

变化：$\rho(x,y,z)\mathrm{d}x\mathrm{d}y\mathrm{d}z = \rho(x,y,z)\mathrm{d}v$ 是在以点 (x,y,z) 为中心的无限小体积 $\mathrm{d}v$ 中发现一个电子的概率（在 $\mathrm{d}v$ 中发现多个电子的概率微不足道）。如果我们把一个电子上的电荷作为我们的电荷单位，则该概率与 $\mathrm{d}v$ 中的电荷是相同的，因此，电子密度函数 ρ 被称为电荷密度。由于 $\rho\mathrm{d}v$ 具有概率的"单位"，即一个纯数，因此，函数 ρ 在逻辑上具有体积单位 V^{-1}。然而，我们这里处理的概率与 $\mathrm{d}v$ 中的电子数（或分数）相同，即 $\mathrm{d}v$ 中的电荷以电子单位表示，因此，ρ 的单位在物理上可以更具体地表示为电子体积$^{-1}$或电荷体积$^{-1}$。在原子单位中是电子 bohr^{-3}。电子密度函数可以根据波函数计算。正如人们可能认为的那样，它不仅仅是 $|\Psi|^2$，其中，Ψ 是空间和自旋坐标的多电子波函数（5.2.3 节）。后者是在 (x,y,z) 区域内，在点 (x,y,z) 处找到具有特定自旋的电子 1、具有特定自旋的电子 2 等的概率函数。函数 ρ 是分子中的电子数乘以在除一个电子外所有电子坐标上积分的分子波函数平方的积分对所有自旋的求和[279]。可以简写为

$$\rho(x,y,z) = n \sum_{\text{全部自旋}} \int_2^n \Psi^2 \mathrm{d}\boldsymbol{r}_2 \cdots \mathrm{d}\boldsymbol{r}_n \tag{5.234}$$

式中，r 是电子坐标的向量符号。如果我们认为电子在分子周围的雾中被模糊，那么，点到点的 ρ 变化对应于雾的变化密度，并且以点 $P(x,y,z)$ 为中心的 $\rho(x,y,z)$ 对应于体积元 $\mathrm{d}x\mathrm{d}y\mathrm{d}z = \mathrm{d}v$ 中雾的量。或者，在分子中电子密度（电荷密度）的散点图中，ρ 随位置的变化可以通过改变点的体积密度来表示。电子密度函数 ρ 是密度泛函理论中的"密度"（第 7 章）。让我们来看看与 AIM 理论有关的 ρ 的一些性质。

首先考虑原子周围的 ρ。当我们接近原子核时，它会上升到最大值，或者 $-\rho$ 会下降到最小值（图 5.40）。用 $-\rho$ 而不是 ρ 来观察电子分布是有用的，因为它使我们更容易辨别分子中 ρ 的变化（ρ 与分子中的位置图），及和我们在第 2 章中熟悉的势能面（能量与几何构型图）之间的相似性。检查 ρ 在同核双原子分子 X$_2$ 中的分布（图 5.41）。图中显示了 ρ 与指定分子中所有点位置所必需的 3 个笛卡尔坐标中的 2 个的关系。这个图保留了核之间的轴（按照惯例为 z 轴）和另一个轴，如 y 轴。分子是关于 yz 平面呈镜面对称的。$-\rho$ 在原子核处趋向于最小值（ρ 趋于最大值），类似于在势能面上出现最小值。这个类比并不完美，因为原子核不对应于真正的驻点：该点是一个尖点，其中，$\partial\rho/\partial q$ 是不连续的，而不是零（不像势能面上的驻点 $\partial E/\partial q$，q 是几何构型参数）[280]。这并不是这里类比的终结，因为总有一个函数与核坐标为驻点的 $\rho(x,y,z)$ "相似"，从技术上讲，**同形**[280]。需要注意的是，严格来说，导数适用于同胚函数，我们可以这样写：

$$\frac{\partial(-\rho)}{\partial z} = 0, \quad \frac{\partial(-\rho)}{\partial y} = 0, \quad \frac{\partial(-\rho)}{\partial x} = 0 \tag{5.235}$$

和

$$\frac{\partial^2(-\rho)}{\partial z^2} > 0, \quad \frac{\partial^2(-\rho)}{\partial y^2} > 0, \quad \frac{\partial^2(-\rho)}{\partial x^2} > 0 \tag{5.236}$$

沿着核连线移动，我们会在鞍形区域中发现一个点，类似于过渡态，其中，表面再次具有零斜率（所有一阶导数为零），且沿 z 轴呈负弯曲，但在所有其他方向呈正弯曲（图 5.41），即

$$\frac{\partial^2(-\rho)}{\partial z^2} < 0, \quad \frac{\partial^2(-\rho)}{\partial y^2} > 0, \quad \frac{\partial^2(-\rho)}{\partial x^2} > 0 \tag{5.237}$$

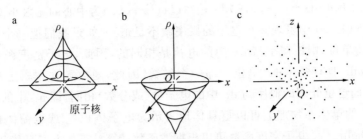

图 5.40 一个原子的电子密度（电荷密度）ρ 的分布；原子核位于坐标系的原点
(a) ρ 随离核距离的变化而变化。远离原子核 ρ，从其最大值开始减小，并渐近地向零衰减；
(b) −ρ 随着与核的距离而变化。当我们远离原子核时，−ρ 的负值逐渐减小，并趋近于零。
−ρ 图对分子很有用（图 5.41），因为它能与势能面更清晰地类比；(c) 原子中 ρ 变化的"4D"
图（ρ 与 x、y、z 的关系）：点的密度（每单位体积的点数）定性地表示不同区域的 ρ

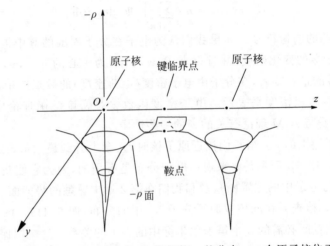

图 5.41 同核双原子分子 X_2 的电子密度（电荷密度）ρ 的分布。一个原子核位于原点，另一个原
子核在 z 轴（z 轴通常用作分子轴）。xz 平面代表沿 z 轴穿过分子的切片。$-\rho=f(x,z)$
面类似于势能面 $E=f$（核坐标），并在原子核处有极小值（ρ 的最大值）和一个鞍点，沿着 z
轴对应于键临界点（两个原子核之间的中间，因为分子是同核的）

这种类似过渡态的点被称为**键临界点**。一阶导数为零的所有点都是临界点，因此，原子
核也是临界点。类似于势能面上能量/几何构型的黑塞矩阵，电子密度函数的临界点（相对
最大或最小或鞍点）可以根据通过对角化 **ρ**/**q** 的黑塞矩阵（q = x、y 或 z），以获取正和负特
征值数量的二阶导数来表征。

$$\boldsymbol{\rho}/\boldsymbol{q}\ 黑塞矩阵 = \begin{pmatrix} \partial^2\rho/\partial x^2 & \partial^2\rho/\partial xy & \partial^2\rho/\partial xz \\ \partial^2\rho/\partial yx & \partial^2\rho/\partial y^2 & \partial^2\rho/\partial yz \\ \partial^2\rho/\partial zx & \partial^2\rho/\partial zy & \partial^2\rho/\partial z^2 \end{pmatrix} \qquad (5.238)$$

对图 5.41 的 ρ/q 面，核临界点的正负特征值数量是 3 和 0，而对键临界点是 2 和 1。因
此，对于式（5.238）黑塞矩阵所指的 ρ/q 面（−ρ/q 面的镜像），正和负特征值的数量分别是
0 和 3（对原子核）、1 和 2（对键临界点）。ρ 的二阶导数性能、ρ 的拉普拉斯算符、$(\partial^2/\partial x^2 +$
$\partial^2/\partial y^2 + \partial^2/\partial z^2) = \nabla^2\rho$ 是 AIM 理论中的关键概念。

从一个 X 核到另一个 X 核的最小（$-\rho$）路径（最大 ρ 路径）是键路径。在某些条件下，这可以被视为一个键。它类似于连接反应物及其产物的最小能量路径，即内禀反应坐标。这种键不一定是一条直线：在有张力的分子中，它可能是弯曲的（弯曲键）。键穿过键临界点，对于同核双原子分子 X$_2$ 而言，它是核之间连线的中点。现在考虑图 5.42，它在 X$_2$ 分子中显示了电子密度函数的另一个特征。等值线代表了电子密度，当我们接近原子核时，它上升，而当我们达到范德华面和越过此面时，它会下降。如果分子确实可以被解离成原子，那么对于 X$_2$ 来说，分界面 S（在图 5.42 中用垂直线表示）必须位于原子核之间的中点，且核间线垂直于 S，并在键的临界点处与 S 相交。电子密度定义了一个**梯度向量场**，从无穷远处开始，沿 ρ 增加最快的路径移动的所有轨迹的总和。图 5.42 显示，只有两个起源于无穷远的轨迹（在纸平面内的轨迹）并没有终止于原子核，它们终止于键的临界点。这两个轨迹定义了 S 与纸平面的交点。没有任何轨迹与 S 相交，因此被称为零通量表面（梯度向量场类似于电场，其"通量线"沿正电荷吸引方向指向负电荷中心）。因为 X$_2$ 是同核的，所以零通量表面是一个平面。对于具有不同原子核的分子来说，零通量表面是弯曲的，一个方向是凸的，另一个方向是凹的（图 5.43）。由一个（对于双原子分子来说）或更多个零通量表面所限定的分子内的空间是一个**原子盆地**。远离原子核向着分子外部，原子盆地向外可延伸到无穷远，随着电子密度向零衰减而变得越来越浅。原子盆地中的原子核和电子密度构成了分子中的原子。即使对同核双原子以外的其他分子，原子仍然由被独特的零通量表面分隔的原子盆地所定义，如图 5.43 所示。

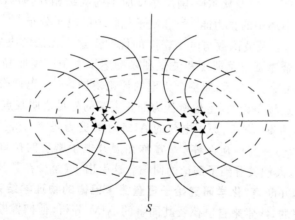

图 5.42   在同核双原子分子 X$_2$ 中，ρ 的等值线和电子密度分布。始于无穷远并终止
于原子核和键临界点 C 的线是梯度向量场的轨迹（ρ 的最陡增加线；两条轨
迹也都始于 C）。线 S 表示两个原子之间的分界面（该线是纸平面切割该表
面的位置）。S 通过键临界点，且不与任何轨迹交叉

在 AIM 方法中，原子上的电荷是通过电子密度函数 $\rho(x,y,z)$ 对其原子盆地体积的积分来计算的。电荷是电子电荷和核电荷的代数和（原子核的原子序数减去电子数，在盆地中，这可以是分数）。AIM 的键级可根据电子密度 ρ_b 来定义，而两个指定原子 A 和 B 的键级 b_{AB} 可通过将 ρ_b 拟合到一些公认的 A—B 键级而获得的经验方程来定义[281]。例如，对氮/氮键，线性方程 $b_{AB}=a_{NN}\rho_b+b_{NN}$ 将 b_{AB} 和 ρ_b 关联起来，例如，H$_2$N—NH$_2$、HN═NH 和 N≡N。根据这个方程，键级可以根据其 ρ_b 值分配给其他氮/氮键。与理论的通用精神

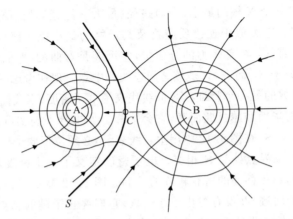

图 5.43   异核（以及同核，见图 5.42）分子可以被划分为原子。S 表示通过零通量表
面，并定义了分子 AB 中的原子 A 和 B 的一个切片。带有箭头的线是梯度向
量场的轨迹。S 通过键的临界点 C，且不与任何轨迹线交叉

相比，AIM 键级似乎是令人惊讶的、经验性的，但这可能是因为需要将连续电子密度函数的严格数学性质与离散（1，2，3，…）的键级概念联系起来。

AIM 的主要应用是在可疑情况下研究，某些原子间是否确实存在键。最近（2006—2009 年）研究的实例包括：AIM 和其他布居分析方法结果之间的差异[282]、π-供体的氢键[283]、σ-供体的氢键[284]，以及狄尔斯-阿尔德反应中的次级相互作用（即弱成键）[285]。最近的其他应用是研究小环中的张力能[286]和质子化腈中的电子分布[287]。

AIM 理论和应用，以及波函数与电子密度的优缺点这一无法解决的问题，引发了一系列有趣的争论。弗伦金谴责吉莱斯皮和波佩利埃痴迷于电子密度而轻视波函数[288]，引起了这些作者的激烈回复[289]，然后，弗伦金为他的评论辩护[290]。巴德带着对基础物理学相当热烈的呼吁加入了这场争论，捍卫他所认为的薛定谔的先见之明观点，即波函数应被视为通往电子密度的数学抽象[291]（对原子电荷的 AIM 计算更为坚定的辩护反驳了电荷不可观测或不唯一的批评[292]）。当科瓦奇等[293]宣称在展开电子密度的拉普拉斯算符时使用了"错误的物理"[294]时，人们又看到了辩论的回归。这引出了（至少在某种情况下）"对物理学的经典理解"的谴责，并断言**"化学研究始于理查德·巴德的物理学结束处。"**[295]。另一个争论几乎是虎头蛇尾的，线索来自巴德及其同事的 AIM 分析，他们推断出平面联苯中邻位氢之间的成键[296]。这受到了波沃特等[297]的批评，巴德[298]对此进行了辩护，却再次受到波沃特等的批评，并有趣地提及了被捕获在金刚烷笼[299]的氦的明显成键（根据 AIM）。

很多技术术语、限定条件和细节在这里不能一一赘述。读者会发现，正确使用 AIM 方法可能会很棘手，因此强烈建议读者查阅综述论文和书籍，以了解更多细节，并谨慎行事，尤其是对批评敏感的人。

5.5.5   其他特性：紫外和核磁共振光谱、电离能和电子亲和势

本节简要介绍了可以通过从头算方法计算的一些其他性质。

1. 紫外光谱

紫外光谱是因电子从分子基态电子态的占据分子轨道激发到虚分子轨道而形成电子

发态[300](实验学家对激发态到激发态的光谱研究不太多)。准确计算紫外光谱需要一些处理激发态的方法。简单地将基态和激发态之间的能量差与 $h\nu$ 相等并不能给出令人满意的吸收频率/波长的结果,因为虚轨道不像占据轨道,并不能很好地衡量它的能量(从其中移除电子所需的能量,这与电离能和电子亲和势有关),且因为这种方法忽略了单重态和三重态之间的能量差异。

中等精度的电子光谱可通过组态相互作用 CIS 方法(5.4.3 节)[301]计算。例如,比较通过 CIS/6-31＋G* 方法(弥散函数在处理激发态时似乎是可取的,因为电子云是相对松散的)计算的亚甲基环丙烯的紫外光谱与其实验光谱,见表 5.16。所用的几何构型并不重要,这里,HF/6-31G* 被使用,但 AM1 几何构型(半经验方法,第 6 章,比从头算快得多)给出了基本相同的紫外光谱。对于最长波长的波段来说,波长的一致性并不是特别好,但如果我们将未观察到的两个计算波段与在 206 nm 处看到的强波段相对应,则可以关注到计算值和实验值在相对强度上的相当一致,结果令人满意。据说激发态的 CIS 方法[302]与基态的 HF方法类似,因为两者都至少给出了定性有用的结果。通过半经验方法,如 ZINDO(第 6 章),或密度泛函理论方法,如 TDDFT(第 7 章),有时可以获得较好的结果。

表 5.16 用 RCIS/6-31＋G* 方法在 HF/6-31G* 几何构型上计算的和实验的亚甲基环丙烯的紫外光谱

计 算		实 验	
波长/nm	相对强度	波长/nm	相对强度
222	15	309	13
209	7	242	0.6
196	0	206	100
193	9		
193	100		

注:参考文献[1e],第 9 章给出程序和实验值。

2. 核磁共振光谱

核磁共振光谱源于磁场中原子核从低能态跃迁到高能态[236]。核磁共振光谱的量子力学计算有两个方面[303]:屏蔽计算(化学位移)和分裂计算(耦合常数)。核磁共振光谱的大部分计算工作都集中在计算原子核的屏蔽上(跃迁所需的磁场强度是相对于某些参考物的)。这要求计算感兴趣分子的原子核的磁屏蔽和参考物原子核(通常是四甲基硅烷)的磁屏蔽。(例如)^{13}C 或 ^{1}H 核的化学位移是其(绝对)屏蔽值减去四甲基硅烷 ^{13}C 或 ^{1}H 核的屏蔽值。已有论文综述了屏蔽和分裂计算背后的原理[303]。即使在 HF 水平下,也可以非常精确地计算核磁共振化学位移[304]。对于 ^{13}C、^{15}N 和 ^{17}O 核来说,即便使用 HF/6-31G*,也可以获得良好的结果,尽管密度泛函计算会给出更小的误差[305]。已经有综述报道了考虑电子相关性,甚至相对论,以及生化应用(^{129}Xe 与蛋白质的结合)的更高级的计算[306]。通过高相关的(CCSD 和 CCSD(T))方法和大基组对甲醇的计算,已实现了高精确的"接近定量一致的实验气相值的结果……"[307]。这种将对很小分子的精细计算作为理论基准,而不是用实际方法是有价值的,而接近另一极端,对溶液中氯嘧啶的研究(可能有关药理学?)解决了"准确性与时间的矛盾",并比较了从头算和密度泛函的 ^{13}C 和 ^{1}H 化学位移与数据库程序的结果[308]。后一种获取位移值的方法依赖于将分子中不同核位置与大分子库中核位置和位移实验值进行比较。通过明智的比较算法，可以获得好的结果（参考文献[308]）。这项研究的一个结论是："与[13]C 化学位移不同，高相关水平的理论和大基组对质子化学屏蔽的精确预测同样非常重要。"然而，如果不要求高精度，那么，如上所述[304,305]，可以在适中的水平下获得有用的结果。这清楚地显示在图 5.44 中。特别有趣的是[7]，对环芳烷[309]中苯环显著的屏蔽效应得到了很好的复制。在这方面，通过核无关化学位移（NICS）测试[310]，核磁共振光谱的计算已成为探测芳香性[156]和反芳香性[174]的重要工具。

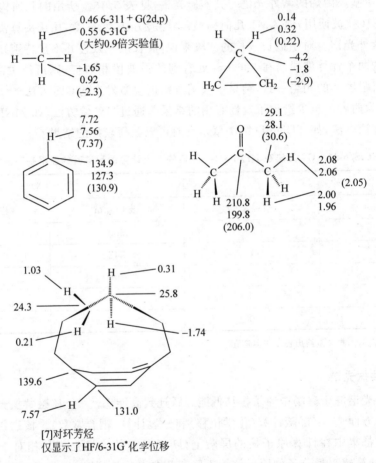

[7]对环芳烃
仅显示了HF/6-31G*化学位移

图 5.44　[1]H 和[13]C 的核磁共振光谱计算和实验值：分别相对于四甲基硅烷 H 和 C 的化学位移。在 HF/6-311+G(2d,p) 和 HF/6-31G* 水平下，通过使用 Gaussian 94W[199] 中默认的核磁共振方法（GIAO）来完成对 B3LYP/6-31G* 几何构型（B3LYP 是密度泛函方法，第 7 章）的计算。除[7]对环芳烷[309]外，其余实验值来自参考文献[236]。较大的基组可能更准确一些（标注丙酮 CO [13]C），但需要更长的时间。与图 7.9 进行比较

核磁共振分裂（获得耦合常数）比屏蔽（化学位移）更难计算，因为它需要"计算波函数的对于整个核磁矩的响应"，且"是一项比估算所有屏蔽常数更昂贵的工作。"[303]。有一篇评论讨论了此问题，该评论同意"自旋-自旋耦合常数的精确计算是一项困难的任务"[311]。

3. 电离能和电子亲和势

电离能(该术语比旧术语——电离势更受欢迎)和电子亲和势都涉及在分子轨道和无穷远之间的电子转移:在一种情况下(电离能),我们从占据轨道除掉一个电子,而在另一种情况下(电子亲和势),是向虚(或半占据)轨道添加一个电子。轨道(或原子,或分子)的电离能定义为将电子从实体中移出至无穷远所需的能量,而轨道(或原子或分子)的电子亲和势是当它接受来自无穷远电子时所释放的能量[312]。经常会自发地激射出一个额外电子的分子,通常没有"实数"电子亲和势。当术语"电离能"应用于分子时,通常指将电子移至无穷远时所需的**最小能量**,即形成自由基阳离子(对于原始的闭壳层分子而言)。一个"稳定"物种的电离能,即任何可能存在的分子或原子(势能面上的相对最小值),总是为正的。如果被接受的电子被束缚,即如果它不是自发地激射,则如上定义的分子的电子亲和势为正值;如果新的电子在 μs 或更短的时间内被激射(未受束缚),则该分子具有负的电子亲和势(是一个"共振态"——这与共振杂化中的"共振"术语无关)。这些量通常以 eV 为单位。1 eV = 96.485 kJ/mol = 0.036 75 hartree,1 hartree = 27.212 eV。有机分子的典型电离能为 8~9 eV(例如,苯为 9.24 eV),约 800 kJ/mol,或约为典型共价键能量的两倍。但对于正的电子亲和势来说,一个合理可能的值大约是 2 eV(1,4-苯醌,1.9 eV)。

电离能和电子亲和势可能是**垂直**的或**绝热**的:如果 M_2 与 M_1 的几何构型相同,则前体分子 M_1 和通过移除或添加电子形成的 M_2 之间的能量差给出垂直值,而如果 M_2 有它自己实际的、柔性的、平衡的几何构型,则可获得绝热值。由于 M_2 的平衡几何构型显然比 M_1 对应的非柔性几何构型具有更低的能量,因此,垂直电离能要大于绝热的、柔性的电离能,而垂直电子亲和势比绝热电子亲和势小。**实验的**电离能和电子亲和势可以是垂直的或绝热的,这取决于电离过程的速度,参见格罗斯[313]的讨论。电离能和电子亲和势的汇编有时没有明确说明列出的值是绝热的,还是垂直的,而莱文和利亚斯的书是一个值得欢迎的例外[314]。许多电离能和电子亲和势可在互联网上获得(如参考文献[206a])。在利亚斯等[206b]的汇编中,可以找到对这些问题很好的简要讨论,包括各种测量技术。李恩斯特拉-基拉科菲等的评论给出了许多电子亲和势[312b]。化学家应该对电离能的垂直值更感兴趣,因为它们比绝热值代表更多的分子固有性质(见下文库普曼斯定理),而绝热值是中性分子和其几何构型重组后的阳离子之间的能量差。初始阳离子甚至可能重排成一种结构完全不同的物种。

电离能和电子亲和势可以简单地计算为中性分子和其离子之间的能量差。近似的电离能可以通过应用库普曼斯(不是库普曼的)定理[315]获得,该定理表示从轨道上移除一个电子所需的能量是该轨道能量的负值。因此,分子的电离能大约是其 HOMO 能量的负值(该原理不适用于比 HOMO 中束缚更紧的电子的电离)。这使得获得与光电子能谱结果[316]近似的电离能变得简单。不幸的是,这一原理并不适用于电子亲和势:分子的电子亲和势不能很好地近似为 LUMO 能量的负值。实际上,从头算计算通常会给出虚分子轨道(空分子轨道)正能量,这意味着分子不会接受电子形成阴离子(即它们有负的电子亲和势),这有时是错误的。库普曼斯定理之所以有效,是因为电离能情况下的误差抵消(实际上会导致对电离能的适度高估),但不适用于电子亲和势。误差源于对电子相关的近似处理,以及当电子从分子中移除或添加时,会发生电子弛豫(不要与几何构型弛豫混淆)的事实。电子亲和势的另一个问题是,在 HF 程序和基组的限制内,最小化分子轨道能量的程序(见 5.2.3 节)

给出最佳的占据的,但不是虚的分子轨道。

　　基于表 5.18 的原始数据,表 5.17 给出了一些计算的和实验的[314,317]电离能。由于将有意义的零点能分配给非稳态结构(如在中性分子几何构型下的非柔性阳离子)的问题(2.5节),所以,用于计算垂直电离能的阳离子和中性能量不包括零点能。计算(实验数据匮乏)表明,垂直电离能确实比绝热值稍高(约 0.2 eV)。HF/6-31G* 的 ΔE 值低估电离能约 1～1.5 eV,而 MP2(fc)/6-31G* 的 ΔE 值低估电离能约 0.1～0.4 eV(其他人报告说,通常,电离能也低 0.3～0.7 eV[318])。HF 和 MP2 水平下计算的库普曼斯定理(-HOMO)能量约 1～1.5 eV。电子亲和势(似乎通常比电离能更不重要)可以计算为中性分子与其阴离子之间的能量差。高精度绝热电离能和电子亲和势(5.5.2 节)通过多步骤高精度方法来计算。在 Gaussion 程序中,实现这些方法的便捷过程不允许计算垂直电离能,因为离子的几何构型会被自动优化。用密度泛函方法(第 7 章)可以获得比表 5.17 和表 5.18 中的从头算方法计算的更好的电离能及良好的电子亲和势。

表 5.17　一些电离能(eV)。基组是 6-31G*,基于表 5.18 中的数据计算

分　类	电离能来自 ΔE		电离能来自库普曼斯定理		实验值
	HF	MP2(fc)	HF	MP2(fc)	
CH$_3$OH 绝热	9.38	10.57	—	—	10.9
CH$_3$OH 垂直	9.66	10.79	12.06	12.12	10.95
CH$_3$SH 绝热	8.34	8.97	—	—	9.44
CH$_3$SH 垂直	8.38	9.03	9.69	9.69(原文如此)	—
CH$_3$COCH$_3$ 绝热	8.19	9.63	—	—	9.71,9.74
CH$_3$COCH$_3$ 垂直	8.37	9.78	11.07	11.19	9.5,9.72

注:实验值来自参考文献[314],但 CH$_3$SH 除外[317]。

表 5.18　表 5.17 的原始数据:能量、零点能和 HOMO 值,用于计算电离能

分　类	HF/6-31G*	MP2(fc)/6-31G*
	−115.035 42	−115.345 14
CH$_3$OH	0.050 55	0.050 86
	−114.984 87	−115.295 28
	−114.687 22	−114.953 58
CH$_3$OH$^{\cdot+}$ 阳离子几何构型	0.047 23	0.046 65
	−114.639 99	−114.906 93
CH$_3$OH$^{\cdot+}$ 中性几何构型	−114.6804	−114.948 49
CH$_3$OH,HOMO	−0.443 28	−0.445 26
	−437.700 32	−437.952 67
CH$_3$SH	0.045 34	0.046 21
	−437.654 98	−437.906 46
	−437.393 16	−437.622 11
CH$_3$SH$^{\cdot+}$ 阳离子几何构型	0.044 68	0.045 26
	−437.348 48	−437.576 85
CH$_3$SH$^{\cdot+}$ 中性几何构型	−437.392 27	−437.620 89
CH$_3$SH,HOMO	−0.355 96	−0.356 27

续表

分 类	HF/6-31G*	MP2(fc)/6-31G*
CH₃COCH₃	−191.962 24	−192.523 91
	0.082 14	0.083 09
	−191.880 10	−192.440 82
CH₃COCH₃·⁺ 阳离子几何构型	−191.659 94	−192.168 37
	0.080 71	0.081 28
	−191.579 23	−192.087 09
CH₃COCH₃·⁺ 中性几何构型	−191.654 51	−192.164 48
CH₃COCH₃, HOMO	−0.406 92	−0.411 19

注：数字单位为 hartree 并表示(除了 HOMO 能量)：在阳离子几何构型下，中性和阳离子的未校正的从头算能量、零点能、校正的从头算能量。所示的零点能已乘[80]0.9135(HF)或 0.9670(MP2(fc))。在中性几何构型下，阳离子没有使用零点能，也没有显示零点能。绝热电离能＝E(阳离子)−E(中性)，都用零点能校正了。垂直电离能＝E(阳离子)−E(中性)，都没有零点能。通过乘 27.2116，表 5.17 中的 hartree 被转换为 eV。

电子亲和势的主题使得对 LUMO 这一概念的研究比以往要更加深入。尽管在分子电子理论的基本介绍中使用这个想法，但要给它赋予一个简单、准确的含义并不容易，即使不考虑在"轨道近似"(5.2.3 节)中用从基函数构建整体分子波函数的轨道的真实性问题。从实际操作的角度来看，HOMO 是实验可测量电离能的合理近似值。相比之下，通过所有标准方法计算的 LUMO 并不是对任何事物的合理定量近似。此外，虽然 HOMO 可以被定性地设想为由一个或两个具有确定能量的电子所占据的空间区域，但 LUMO 只是一个电子可能会用的区域。施密特等甚至将传统的 LUMO 称为"假设的"，与"更具体的 HOMO"相对，并断言"LUMO 概念与最低空的正则轨道之间的联系很差"虽然得到了理论化学家的认可，但在更广泛的化学界中，是不太被理解的[319a]。这些观察结果是这些工作人员设计价虚拟轨道(valence virtual orbitals, VVOs)的动力，他们将其表示为"LUMO 概念的明确从头算量化"[319a]。据说，VVOs 具有合理的能量和逼真的形状，几乎独立于基组，并为多参考计算提供了极好的起始轨道。该程序涉及从正则虚轨道的"大海洋"(5.2.3 节)构建一组具有 VVOs 指定特征的未占据分子轨道。在密度泛函理论(第 7 章)中，SIESTA 与从头算波函数方法截然不同，范·梅尔等报告了假设的非相互作用电子的科恩-沙姆轨道，以某种方式计算，可以显示出与刚才提到的 VVOs 相似的特征[319b]。

轨道模糊的另一种情况是将占据轨道指定为成键或反键，这在复杂分子中可能并不明显。鲁滨逊和亚历山德罗娃表明，通过轨道对压缩(或拉伸)能量的反应来揭示轨道的成键性质[320]。他们测试了保持对称性下，压缩或拉伸分子对轨道特征值的影响。将原子挤压在一起往往会降低成键轨道的能量，而拉伸原子间距离往往会提高成键轨道的能量，反键轨道中的电子显示出相反的效果。这在直觉上是合理的，因为原子之间的距离越小，轨道中的电子对相关原子的影响(成键或反键)应该更明显。

5.5.6 可视化

现代计算机图形学赋予了可视化，即计算结果的图形表示，这在科学中占有非常重要的地位。不仅在化学领域，在物理学、空气动力学、气象学，甚至数学领域，人类大脑处理视觉信息的非凡能力都得到了利用[321]。无论是星系、超音速客机、雷暴，还是一个新的数学实体，都必须仔细研究数字表格，以理解系统中起作用的因素的时代已经一去不复返了。下面我们将简要介绍计算机图形学在计算化学中的作用，仅限于分子振动、范德华表面、电荷分布和分子轨道。

考虑到**虚拟**模型在计算机屏幕上或虚拟现实眼镜中的巨大力量[322]，我觉得值得补充一点，并稍微道歉（因为这是一本关于计算化学的书），人们现在持有和研究的真实的分子模型仍然在化学中占有一席之地。罗阿尔德·霍夫曼教授告诫，不要盲从于计算机图形学，并赞扬传统的分子模型，他说没有什么可以替代对分子模型的"用手操作"，并体验视觉-触觉联系，[那是]对在我们头脑中建立立体感非常重要的。我认为在屏幕上看到分子的两代化学家们在立体感知中缺少了某些东西。视觉与触觉之间的联系是如此强烈、如此直接。当我们努力在纸上画出我们处理的手中的分子模型时，它的结构的某些原始的视觉编码，分子的立体感就永远地进入了我们的脑海中。只要我们还活着，我们就会看到它和感受到它。霍夫曼①和拉斯洛指出，对大多数化学家来说，"模型的真实、物理处理"比 X 射线晶体学的直接结果（可能有些问题）更能体现三维结构的"全貌"[323]。

1. 分子振动

简正模式频率的动画通常很容易使人们将计算的振动（即红外）光谱中的谱带归因于一种特定的分子运动（一种伸缩、弯曲或扭转模式，涉及特定的原子）。有时需要一点技巧才能清楚地描述所涉及的运动，但动画远胜于通过可能已经过时的、检查打印方向向量（2.5 节，这些显示了 x、y 和 z 方向的运动程度）的方法来识别运动。然而，方向向量是有用的，一些程序，如 GaussView[324]，可以将它作为箭头附加到分子的图片上，可以说是捕捉在线的振动。

振动动画不仅有助于预测或解释红外光谱，还在探测势能面方面非常有价值。假设我们希望通过计算来定位环己烷椅式构象相互转化所需的中间体 $1 \rightleftharpoons 1'$（图 5.45）。该反应虽然是简并的，但可以通过核磁共振光谱来研究[325]。有人可能会猜测中间体是船式构象 2，但对此 C_{2v} 结构（请注意，在量子力学计算中，无论从头算，还是其他，输入对称性通常都会保留）的几何构型优化和频率计算之后的振动动画显示，2 不是中间体。它有一个虚振动（2.5 节），且这个过渡态希望从该鞍点通过扭曲逃脱到 D_2 结构 3，称为"扭曲式"或"扭船式"，后者是真正的中间体。对映体扭曲结构 3 和 $3'$ 经过一个高能形式，称为半椅式构象的 4（或 $4'$），分别转到 1 和 $1'$。从 D_2 结构开始的几何构型优化会得出所需的相对最小值。同样，如果人们得到一个二阶鞍点（一个山顶），则两个虚频的动画通常表明该物种试图从山顶逃逸到变成一个一阶鞍点（过渡态）或一个最小值，且通常通过更改输入结构形状来使输入结构具有对称性，并接近所需结构形状，以获得所需的过渡态或最小值。

在这方面，环丙胺提供了另一个例子（勒沃斯，未发表）（图 5.46）。在 B3LYP/6-31G* 水平（一种密度泛函方法，第 7 章）下，除了对映体外，发现了 5 个稳定点：2 个极小值、2 个过渡态和 1 个山顶。结构 3 是一个山顶，它的两个虚频表明它想要经历氮金字塔化和绕 C—N 键旋转，以形成其他构象。没有进一步干扰结构而去除平面氮的束缚并优化，会得到

---

① 霍夫曼，个人交流，2009 年 8 月 12 日。

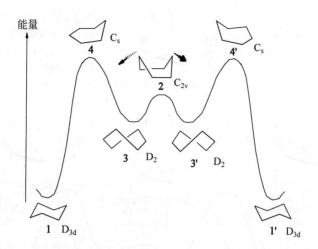

图 5.45 人们可能已经猜到椅式环己烷构象 1 和 1′是通过船式中间体 2 连接的。然而，这个 C_{2v} 结构显示了一个虚频：它是一个过渡态，想要向 3（箭头）或 3′（相反方向的箭头，未显示）扭曲，它们是 1 到 1′之间的真正的中间体（无虚频）。椅式构象通过半椅式构象 4 达到扭曲式

相对最小值 2。绕 C—N 键旋转平面 N 到替代的 C_s 结构并优化，会得出全局最小值 1。通过允许过渡态算法操纵输入结构，使之位于两个相关最小值之间，可以得到过渡态。来自电子衍射的环丙胺的实验气相结构对应于 1[326]。

2. 静电势

静电势（5.5.4 节中提及了）是与原子电荷的计算有关的由核和电子产生的净的静电势能（大致上为电荷）。（可视化）静电势可以通过：①在分子切片上用轮廓线来显示；②将其显示为表面本身；③在范德华表面上彩色编码它。水分子的 3 种可能性如图 5.47 所示。将静电势彩色编码（映射）到分子表面，使人们能够看到接近的试剂如何感知电荷分布。将静电势显示为位于净电荷为负的空间区域中的一个表面，可以非常有用地描绘出电子的静电效应胜过核的静电效应的那些部分。这是观察孤对电子存在的一种特别好的方法，如图 5.48 所示。请注意，在图 5.47(a)和(b)（切片，将静电势本身描绘为一个表面）中，孤对电子并没有像兔耳一样突出[327]。这是因为当归属于一个轨道的电子密度下降时，另一轨道的电子密度就会增加：在两个孤对电子之间，没有"电子空穴"（出于同样的原因，通过一个 σ-π 双键的电子密度截面是椭圆形，而通过一个 σ-π-π 三键的电子密度截面是圆形；见 4.3.2 节）。将静电势显示为一个表面可清楚地表明，引人注目的环烷烃金字塔烷[45]有一孤对电子对，像卡宾 CH_2 一样（图 5.48）。通过穿过分子的切片的轮廓线描述静电势可以揭示其内部结构，但有时与反应性更相关的是将其映射到范德华表面所看到的图片，因为这是呈现给外部分子世界的图片。检查分子与酶活性位点之间的静电势相互作用在药物设计中可能很重要[110]。波利策和默里[328]及布林克[267a]讨论了静电势的各种应用。范德华表面上任意一点的静电势都可被指定一个定量值，即将电荷（如质子）从无穷远移动到该点所需的能量，而有些程序会计算表面上用鼠标单击的任何一点的静电势。

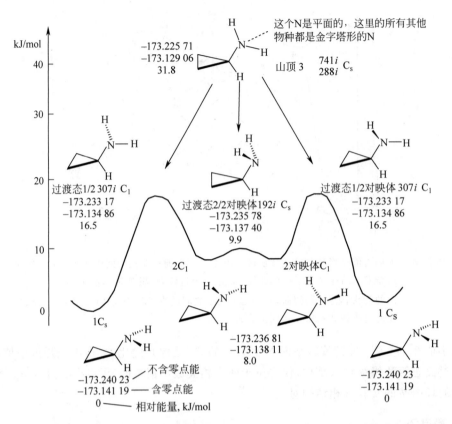

图 5.46 B3LYP/6-31G* 水平下的环丙胺构象。结构 3 是一个山顶，它的两个虚频表明它想要经历氮金字塔化和绕 C—N 键旋转，以形成过渡态（命名法：ts 1/2 连接 1 和 2 等），最终达到极小值。每个 C₁ 物种都有一个能量相同的对映体

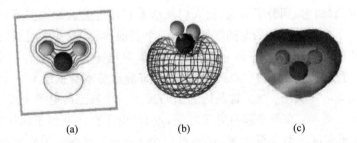

| (a) | (b) | (c) |

图 5.47 水分子中净电荷的分布（静电电荷，用 AM1 计算，第 6 章）。负到正：红色到蓝色（R O Y G B）
(a) 穿过分子平面的切片，轮廓线表示净的负电荷的减少；(b) 在空间的电荷，这基本上与孤对电子相对应；(c) 映射到范德华表面的电荷

3. 分子轨道

分子轨道的可视化显示了能量最高的电子集中的那些区域（最高占据分子轨道（HOMO）），以及那些为任何供体电子提供最低能量容纳的区域（最低空分子轨道（LUMO））。亲电试剂应与 HOMO "最强"的原子成键（其中，由最高能量电子对产生的电子密度是最大的），亲核试剂应与 LUMO 最强的原子成键，至少在范德华表面通过接近的

试剂可以看到这一点。因此,通过检查,HOMO 和 LUMO(前线轨道)所提供的信息与通过可视化静电势给出的信息是有些相似的(亲电子试剂应趋向于到负的静电势区域,亲核试剂趋向于到正的静电势区域)。图 5.49 显示了酮降甲樟脑和樟脑的 LUMO,映射到它们的范德华表面上。对于降甲樟脑(图 5.49a)来说,从"顶"或"外"面(带有 CH_2 桥的面),而不是"底"(内)面,看其 LUMO 在羰基碳上的突出,表明亲核试剂应从外面进攻。与此相一致的是氢化物供体,例如,从外表面接近主要得到内醇。对于樟脑(图 5.49b)来说,桥是 $CH(CH_3)_2$,而不是 CH_2,外表面被 CH_3 基团屏蔽,这在空间上阻碍了电子优先从这个方向进攻,因此,亲核试剂倾向于接近内表面(可以通过同时可视化 LUMO 和范德华表面来很好地描述这一事实)[329]。

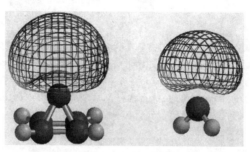

图 5.48　碳氢化合物金字塔烷 C_5H_4。显然,(金字塔烷尚未被合成)在其金字塔碳原子上,有一对孤对电子,如卡宾(亚甲基)CH_2。CH_2 上的孤对电子虽然是不足为奇的(画出单重态的刘易斯结构),但具有未共享电子对的环烷烃是引人注目的

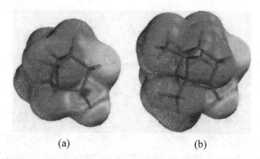

(a)　　　　　　　(b)

图 5.49　(a) 降甲樟脑,LUMO 映射到范德华表面上。从表面上看,LUMO 在羰基碳上是最突出的,在分子"顶部"(外表面),如蓝色区域所示。从分子底部(此处未显示)观察,LUMO 仍位于 C ═O 的碳处,但不是那么突出(蓝色是不那么强烈的)。我们可以因此预测亲核试剂将攻击 C ═O 的碳,从外面方向;(b) 樟脑(带3 个甲基的去甲樟脑):羰基碳被甲基保护,免受外来攻击,因此,出于空间位阻的原因,亲核试剂倾向于从内部方向攻击该碳,尽管外部攻击在电子上是有利的

　　图 5.50 显示了 3 个相关的分子:(a)7-降冰片基阳离子的 7-甲基取代的衍生物(此处解释的视觉轨道进程不像未取代的分子那样平滑);(b)中性烯烃降冰片烯;(c)7-降冰片烯基阳离子(化学文摘名称分别为双环[2.2.1]庚-7-基阳离子、双环[2.2.1]庚-2-烯和双环[2.2.1]庚-2-烯-7-基阳离子)。对于每个物种来说,其轨道显示为空间的三维区域,而不是像图 5.49 那样将其映射到一个表面上。在(a)中,我们看到 LUMO,正如预期那样,基本上位于 C7 上的一个空的 p 原子轨道;在(b)中,正如预期的那样,HOMO 主要是双键的 π 分子轨道;从

（c）得出的有趣结论是，在该离子中，双键的 HOMO 已将电子密度贡献给了 C7 上的空轨道，形成了一个三中心、两电子的键。两个 π 电子可能会发生环离域化，使该阳离子成为芳香环丙烯基阳离子的双高（意为两个碳原子膨胀）类似物[330]。7-降冰片烯基阳离子的这种离域化的双高环丙烯基结构一直存在争议，但得到了核磁共振研究的支持[331]。

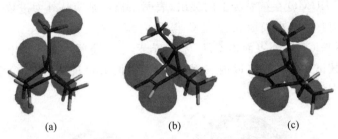

图 5.50　可视化支持 7-甲基-7-降冰片烯基阳离子离域的观点

（a）在 7-甲基-7-降冰片基阳离子（无双键）中，LUMO 在很大程度上是 C7 上的空 p 原子轨道；（b）在中性烯烃降冰片烯中，HOMO 主要是填充的 CC π 分子轨道；（c）在 7-甲基-7-降冰片烯基阳离子中，HOMO 基本上是（b）的 HOMO 和（a）的 LUMO 的合并，表明电子密度从 CC 双键进入 C7"先前的"空轨道

4. 可视化——结束语

可以因借助可视化而受益的其他分子性质和现象是，自由基中不配对电子自旋的分布，以及随着反应的进行，轨道和电荷分布的变化。Wavefunction 公司的出版物（如参考文献[332]）描述了这些和许多其他可视化练习。

5.6　从头算计算的优点和缺点

5.6.1　优点

从头算计算基于一个基本的物理方程，即薛定谔方程，无需经验调整。这使它们在审美上令人满意，并确保（如果薛定谔方程为真）它们将给出正确的答案，**前提是获得数值结果（求解薛定谔方程）所需的近似对要处理的问题不太严重**。可靠地解决特定问题所需的理论水平必须通过经验确定（与相关案例的实验进行比较）。因此，在这种意义上，当前的从头算并不是完全先验的[2,43]。一些"从头算方法"甚至没有完全避开经验参数：高斯方法和 CBS 系列方法有经验因素，除非它们抵消（如质子亲和势计算，5.2.2 节），否则会使这些方法有些半经验。（通常）缺少经验参数的一个结果是可以对任何种类的分子物种执行从头算计算，包括过渡态和非稳定点，而不是仅仅对经验参数可用的物种（见第 6 章）。这些可靠性（有条件地提及的）和通用性的特点是从头算的优势。

5.6.2　缺点

与其他方法（分子力学、半经验计算、密度泛函计算）相比，从头算计算速度慢，且对计算机资源（内存和磁盘空间，取决于程序和特定计算）的要求相对较高。随着计算水平的提高，这些缺点在很大程度上已被计算机能力的巨大提高及其价格的显著下降克服了。1959 年，库尔森对超过 20 个电子的分子进行"精确"计算的可能性(他也质疑了可取性,但在这方面,可视化有很大帮助)表示怀疑[333a],然而,大约 30 多年后(1992 年),计算机速度提高了 100 000 倍,且对含 100 个电子(约 15 个重原子)的分子进行从头算计算是常见的[333b]。不太离谱的估计是在大约 2015 年,在库尔森愉快的宿命论评估后不到 60 年,以及在 2009 年,对参考文献[333b]中计算机能力的重新评估之后大约 6 年,计算机的速度再次提高了 2~3 倍。该评估涉及的是廉价的台式机,即"个人(非专有)计算机"。计算机游戏的普及使得图形处理器(graphical processing unit,GPU)廉价可得,且这些 GPU 已被应用于计算化学:最近的一篇论文描述了通过完全活化空间组态相互作用对一种硅纳米粒子 $Si_{72}H_{64}$ 的计算[334]。使用了 6-31G** 基组和 16 个活化电子/16 个活化轨道空间,具有 100 000 000 多个组态,仅用了 39 min。据说,GPU 在功率上与小型集群相当,成本在几百美元到几千美元之间。昂贵的专用计算机算力的增加当然更令人印象深刻。

更高效的算法(软件)伴随着硬件速度的提高。快速但忽略电子的分子力学的增强是通过量子力学(3.3.3 节),即通过从头算或半经验(第 6 章),或密度泛函(第 7 章)的计算来处理大分子的一小部分,即所谓的 QM/MM 方法[335]。最近,大分子的完整 QM 处理已经通过将分子分成更易于管理的部分来完成,即所谓的片段 QM 方法[336]。在可预见的未来,计算机能力和算法效率的不断提高似乎将稳步克服从头算方法仍然存在的弱点。

5.7 总结

从头算是基于求解薛定谔方程的,其必不可少的近似的本质决定了计算的水平。在最简单的方法,HF 方法中,总分子波函数 Ψ 被近似为由占据自旋轨道组成的斯莱特行列式(每个自旋轨道都是常规空间轨道 ϕ 和自旋函数的乘积)。将分子能量写为波函数的期望值($E=\langle\Psi|\hat{H}|\Psi\rangle$),即调用薛定谔方程,然后根据构成波函数的自旋轨道对 E 进行微分(斯莱特行列式),我们得到 HF 方程。为了在实际计算中使用这些方法,空间轨道被近似为基函数的线性组合(加权和)。这些通常等同于原子轨道,但实际上可以是任何给出合理波函数的数学函数,即在我们进行计算时,给出合理答案的波函数。HF 方法的主要缺陷是它没有正确处理电子相关:每个电子都被认为在由其他电子平均位置所表示的静电场中移动,而实际上,电子之间的相互回避比这个模型预测的要好,因为任何一个电子 A 确实会将其他任何一个电子 B 视为一个运动粒子,且两者相互调整(关联)其运动,以最小化它们的相互作用能。电子相关在后 HF 方法,如微扰(MP)、组态相互作用(CI)和耦合簇(CC)方法中,得到了较好的处理。这些方法不仅通过允许电子驻留在传统占据的分子轨道中($2n$ 电子物种的 n 个最低的分子轨道),而且允许驻留在形式上未被占据的分子轨道(空分子轨道)中,从而降低了电子与电子之间的相互作用能。

从头算方法的主要用途是计算分子的几何构型、能量、振动频率、光谱(红外、紫外、核磁共振)、电离能和电子亲和势,以及直接与电子分布相关的偶极矩等性质。这些计算具有理论和实际应用价值。例如,酶与底物之间的相互作用取决于形状和电荷分布,反应平衡和速率取决于能量差,而光谱在识别和理解新分子方面起着重要作用。计算现象的可视化,如分子振动、电荷分布和分子轨道,对解释计算结果可能是非常重要的。

较容易的问题

1. 在哈特里-福克一词中，从本质上讲，这两个人的各自贡献是什么？

2. 什么是自旋轨道？空间轨道？

3. 在推导哈特里-福克能量的哪个步骤中，出现了每个电子都看到一个"平均电子云"的假设？

4. 对于闭壳层分子来说，占据分子轨道的数量是电子数量的一半，但是对虚轨道的数量没有限制。请解释。

5. 在简单休克尔方法中，c_{si} 表示第 s 个原子（在所选择的任何编号方案中）对第 i 个分子轨道贡献的基函数系数。在从头算方法中，c_{si} 仍指代第 i 个分子轨道，但 s 不一定表示第 s 个原子。请解释。

6. 罗特汉-霍尔方程的推导涉及一些关键概念：斯莱特行列式、薛定谔方程、显式哈密顿算符、能量最小化和原子轨道线性组合。利用这些，总结推导出罗特汉-霍尔方程 $FC = SC\varepsilon$ 的步骤。

7. 扩展休克尔方法的基组与从头算 STO-3G 基组之间有何异同？

8. 在简单和扩展休克尔方法中，计算分子轨道，然后自下而上填充可用电子。然而，在从头算计算中，轨道的占据在计算时被考虑在内。请解释。

提示：根据密度矩阵看福克矩阵元的表达式。

9. 等键反应已被用于研究芳香稳定性，但对每个问题都没有一个唯一的等键反应。为苯的开环写两个等键反应，两者在等式的每一边都有相同数量的每种键。你有什么理由喜欢其中一个方程而不喜欢另一个吗？

10. 列出从头算计算与分子力学和扩展休克尔计算相比的优点和缺点。说明每种方法可以计算的分子特征。

较难的问题

1. 术语从头算是否意味着这种计算是"精确的"？在什么意义上说从头算是半经验的，或至少不是完全先验的？

2. 对于具有 2 个质子和 1 个电子的物种来说，薛定谔方程能被精确求解吗？为什么？

3. 如果分子的从头算计算（或第 6 章中讨论的该类型的半经验计算，或第 7 章的密度泛函理论计算）的输入通常只是原子的笛卡尔坐标（加上电荷和多重度）。那么，程序如何知道键在哪里，即分子的结构式是什么？

4. 为什么（在通常的处理中）相比电子能量项，核间排斥能项的计算是容易的？

5. 在从头算计算 H_2 或 HHe^+ 时，不会出现一种电子间相互作用，它是什么，为什么？

6. 为什么基函数不一定与原子轨道相同？

7. 基组的一个理想特征是它应该是"平衡"的。基组如何不平衡？

8. 在 HF 计算中，只要没有达到 HF 极限，您总是可以通过使用更大的基组来获得分子较低的能量("较好"的能量,在某种意义上,它更接近真实能量)。然而,较大的基组并不一定能给出较好的几何构型以及较好的相对(即活化和反应)能量。为什么会这样呢?

9. 为什么从头算方法中的大小一致被认为比变分行为更重要(MP2 是大小一致的,但不是变分的)?

10. 将哈特里-福克波函数写为显式斯莱特行列式的一种常见替代方法是,使用在分子轨道中置换(转换)周围电子的**置换算符**$\hat{P}$ 来表达它。检查双电子闭壳层分子的斯莱特行列式,然后尝试使用 $\hat{P}$ 重写波函数。

参考文献

1. General discussions of and references to ab initio calculations are found in: (a) Levine IN (2014) Quantum chemistry, 7th edn. Prentice Hall, Engelwood Cliffs; (b) Lowe JP (1993) "Quantum chemistry", 2nd edn. Academic Press, New York; (c) Pilar FL (1990) Elementary quantum chemistry", 2nd edn. McGraw-Hill, New York; (d) An advanced book: Szabo A, Ostlund NS (1989) "Modern quantum chemistry". McGraw-Hill, New York; (e) Foresman JB, Frisch Æ (1996) "Exploring chemistry with electronic structure methods". Gaussian Inc., Pittsburgh; (f) Leach AI (2001) "Molecular modelling, 2nd edn". Prentice Hall, Essex, England; (g) A useful reference is still: Hehre WJ, Radom L, Schleyer PVR, Pople JA (1986) "Ab initio molecular orbital theory". Wiley, New York; (h) An evaluation of the state and future of quantum chemical calculations, with the emphasis on ab initio methods: Head-Gordon M (1996). J Phys Chem 100, 13213; (i) Jensen F (2007) Introduction to computational chemistry, 2nd edn. Wiley, Hoboken, New Jersey; (j) Dewar MJS (1969) The molecular orbital theory of organic chemistry. McGraw-Hill, New York. This book contains many trenchant comments by one of the major contributors to computational chemistry; begins with basic quantum mechanics and ab initio theory, although it later stresses semiempirical theory. (k) Young D (2001) Computational chemistry. A practical guide for applying techniques to real world problems. Wiley, New York; (l) Cramer CJ (2004) "Essentials of computational chemistry", 2nd edn. Wiley, Chichester
2. Regarding the first use of the term in chemistry: Dewar casts aspersions on this (Dewar MJS (1992) "A semiempirical life", profiles, pathways and dreams series. In: Seeman JI (ed). American Chemical Society, Washington, D.C., p. 129) by saying that in the paper in which it evidently first appeared (Parr RG, Craig DP, Ross IG (1950). J Chem Phys 18 1561 it merely meant that the collaboration of Parr on the one hand with Craig and Ross on the other had been carried through from the start in Parr's lab. However, the PCR paper states "The computations, which are heavy, were carried through independently *ab initio* by RGP on the one hand, and DPC and IGR on the other." In this author's view this means either that both groups did the calculations independently from the beginning, or it is conceivably a nod to the complexity of evaluating complicated integrals without semiempirical assistance in those pre-computer days, and may then indeed be taken as being consonant with the current meaning of the term. Rudenberg states (Rudenberg K, Schwarz WHE (2013) Chapter 1 in "Pioneers of quantum chemistry", ACS Symposium Series 1122, Eds. E. T. Strom, A. K. Wilson, American Chemical Society, Washington, DC, p. 36) that he recalled the use of *ab initio* by Mulliken in a lecture at the University of Chicago sometime in 1953–1955. The first appearance in print in its unambiguous modern sense seems to be Chen TC (1955). J Chemical Physics 23 2200, where it is explicitly contrasted with the term semiempirical.
3. Hartree DR (1928) Proc Cambridge Philos Soc 24:89

4. (a) The relativistic one-electron Schrödinger equation is called the Dirac equation. It can be used with the Hartree-Fock approach to do Dirac-Fock (Dirac-Hartree-Fock) calculations; see Levine IN (2014) Quantum chemistry, 7th edn. Prentice Hall, Engelwood Cliffs, section 16.11; (b) For a brief discussion of spin-orbit interaction see Levine IN (2014) Quantum chemistry, 7th edn. Prentice Hall, Engelwood Cliffs, section 11.6

5. The many-body problem in chemistry has been reviewed: Tew DP, Klopper W, Helgaker T (2007). J Comp Chem 28 1307

6. Levine IN (2014) Quantum chemistry, 7th edn. Prentice Hall, Engelwood Cliffs, sections 13.4, 13.5 , pp 425–426

7. Lowe JP (1993) Quantum chemistry, 2nd edn. Academic, New York, pp 129–131

8. (a) Pauling L (1928). Chem Rev 5 173; see p. 208 of this paper. (b) Slater JC (1929). Phys Rev 34 1293; the simple-seeming representation of a wavefunction as a spin orbital determinant made it much easier for physicists to deal with electron spin than by group theory, with which many were, ca. 1930, unfamiliar. In his biography ("Solid-state and molecular theory: a scientific biography", Wiley-Interscience, New York, 1975), Slater, while acknowledging Pauling's 1928 paper, says this was his most popular publication, since it was responsible for slaying the *Gruppenpest* (German for group theory plague). (c) Fock V, Physik Z (1930). 61 126; (d) Slater JC (1930). Phys Rev 35 210. In his biography ((b) above, p. 79) Slater says "I had planned to work out these additional terms [with electron exchange], but did not have the opportunity on account of other things I was working on, and in the meantime Fock... independently suggested the method and worked out the details." This "Note on Hartree's method" occupies ca. one page; Fock's paper extends over 23 pages, replete with equations.

9. Levine IN (2014) Quantum chemistry, 7th edn. Prentice Hall, Engelwood Cliffs, sections 7.7 and 10.1

10. Although it is sometimes convenient to speak of electrons as belonging to a particular atomic or molecular orbital, and although they sometimes behave as if they were localized, no electron is really confined to a single orbital, and in a sense all the electrons in a molecule are delocalized; Dewar MJS (1969) The molecular orbital theory of organic chemistry. McGraw-Hill, New York, pp. 139–143

11. Pilar FL (1990) Elementary quantum chemistry, 2nd edn. McGraw-Hill, New York, pp 200–204

12. (a) Pople JA, Beveridge DL (1970) Approximate molecular orbital theory. McGraw-Hill, New York, chapters 1 and 2; (b) The first clear, explicit presentation of the UHF procedure: Pople JA, Nesbet RK (1954). J Chem Phys 22 571

13. Lowe JP (1993) Quantum chemistry", 2nd edn. Academic Press, New York, Appendix 7

14. Levine IN (2014) Quantum chemistry, 7th edn. Prentice Hall, Engelwood Cliffs, pp 267–268

15. Dewar MJS (1969) The molecular orbital theory of organic chemistry. McGraw-Hill, New York, chapter 2

16. Levine IN (2014) Quantum chemistry, 7th edn. Prentice Hall, Engelwood Cliffs, p 430

17. Levine IN (2014) Quantum chemistry, 7th edn. Prentice Hall, Engelwood Cliffs, pp 197–198

18. (a) See e.g. Perrin CL (1970) Mathematics for chemists. Wiley-Interscience, New York, pp. 39--41; (a) A caveat on the use of Lagrangian multipliers: Goedecke GH (1966). Am J Phys 34 571

19. Lowe JP (1993) Quantum chemistry, 2nd edn. Academic, New York, pp 354–355

20. Dewar MJS (1969) The molecular orbital theory of organic chemistry. McGraw-Hill, New York, p 35

21. Seeger R, Pople JA (1977) J Chem Phys 66:3045

22. Dahareng D, Dive G (2000) J Comp Chem 21:483

23. Crawford TD, Stanton JF, Allen WD, Schaefer HF (1997) J Chem Phys 107:10626

24. Crawford TD, Kraka E, Stanton JF, Cremer D (2001) J Chem Phys 114(10638)

25. Levine IN (2014) Quantum chemistry, 7th edn. Prentice Hall, Engelwood Cliffs, p 293

26. Roothaan CCJ (1951). Rev Mod Phys 23 69; G. G. Hall, Proc. Roy. Soc. (London), *A205*, 541.

27. Pilar FL (1990) Elementary quantum chemistry, 2nd edn. McGraw-Hill, New York, pp 288–299

28. (a) Frequencies and zero point energies are discussed in [1g], section 6.3. Some quantum chemists are moving beyond this standard treatment in which electron and nuclear motion are regarded as being uncoupled: Cs$\acute{a}$sz$\acute{a}$r AG, F$\acute{a}$bri C, Szidarovszky T, M$\acute{a}$tyus E, Furtenbacher T, Czak$\acute{o}$ G (2012). Phys Chem Chem Phys 14 1085. They consider this as characterizing "The fourth age of quantum chemistry", the first three ages being those seeing increasingly sophisticated treatment of (nuclear-uncoupled) electron motion. So far the fourth (electron-nuclear motion coupled) age seems limited to very small molecules. (b) Cs$\acute{a}$sz$\acute{a}$r AG, Furtenbacher T (2015). J Phys Chem A 119(10229)

29. GAUSSIAN 92, Revision F.4: Frisch MJ, Trucks GW, Head-Gordon M, Gill PMW, Wong MW, Foresman JB, Johnson BG, Schlegel HB, Robb MA, Repogle ES, Gomperts R, Andres JL, Raghavachari K, Binkley JS, Gonzales C, Martin RL, Fox DJ, Defrees DJ, Baker J, Stewart JJP, Pople JA (1992). Gaussian, Inc., Pittsburgh

30. See e.g. Porter GJ, Hill DR (1966) Interactive linear algebra: a laboratory course using mathcad. Springer Verlag, New York

31. Szabo A, Ostlund NS (1989) "Modern quantum chemistry". McGraw-Hill, New York, Sect. 3.5.1.

32. Szabo A, Ostlund NS (1989) "Modern quantum chemistry". McGraw-Hill, New York, Appendix A

33. Levine IN (2014) Quantum chemistry, 7th edn. Prentice Hall, Engelwood Cliffs, section 15.16

34. 34 See references 1a–i.

35. Boys SF (1950). Proc. Roy. Soc. (London), *A200*, 542.

36. Gaussian is available for several operating systems; see Gaussian, Inc., http://www.gaussian.com, 340 Quinnipiac St., Bldg. 40, Wallingford, CT 06492, USA. As of late 2014, the latest "full" version (as distinct from more frequent revisions) of the Gaussian suite of programs was Gaussian 09. A graphical interface designed specifically for Gaussian is GaussView, also available from Gaussian, Inc.

37. Spartan is an integrated molecular mechanics, ab initio and semiempirical program with an excellent input/output graphical interface, available for several operating systems: see Wavefunction Inc., http://www.wavefun.com, 18401 Von Karman, Suite 370, Irvine CA 92715, USA. As of late 2014, the latest version of Spartan was Spartan '14, available in several versions.

38. Foresman JB, Frisch Æ (1996) Exploring chemistry with electronic structure methods. Gaussian Inc., Pittsburgh, pp 32–33

39. Hehre WJ (1995) Practical strategies for electronic structure calculations. Wavefunction, Inc., Irvine

40. Hehre WJ, Radom L, Schleyer PVR, Pople JA (1986) Ab initio molecular orbital theory. Wiley, New York, pp 65–88

41. Simons J, Nichols J (1997) Quantum mechanics in chemistry. Oxford University Press, New York, pp 412–417

42. Levine IN (2014) Quantum chemistry, 7th edn. Prentice Hall, Engelwood Cliffs, section 15.4

43. Dewar MJS, Storch DM (1984). 107 3898

44. Inagaki S, Ishitani Y, Kakefu T (1994). J Am Chem Soc 116 5954

45. (a) Lewars E (1998). J Mol Struct (Theochem) 423 173; (b) Lewars E (2000). J. Mol. Struct. (Theochem) 507 165; (c) Kenny JP, Krueger KM, Rienstra-Kiracofe JC, Schaefer HF (2001). J. Phys. Chem. A 105 7745

46. The experimental geometries of Me$_2$SO and NSF are taken from [1g], Table 6.14.

47. Wiest O, Montiel DC, Houk KN (1997). J. Phys. Chem. A 101 8378, and references therein

48. Van Alsenoy C, Yu C-H, Peeters A, Martin JML, Schäfer L (1998) J Phys Chem A 102:2246

49. See e.g. (a) Hua W, Fang T, Li W, Yu JG, Li S (2008). J. Phys. Chem. A 112 10864; (b) Exner TE, Myers PG (2003). J. Comp. Chem. 24 1980

50. (a) Whole issue of Chem. Rev.: 2015, 115 12; (b) Clary DC (2006) Science. 314 265

51. Basis sets without polarization functions evidently make lone-pair atoms like tricoordinate N and tricoordinate O^+ too flat: Pye CC, Xidos JS, Poirer RA, Burnell DJ (1997). J Phys Chem A 101 3371. Other problems with the 6–31G** basis are that cation-metal distances tend to be too short (e.g. Rudolph W, Brooker MH, Pye CC (1995). J. Phys. Chem. 99 3793) and that adsorption energies of organics on aluminosilicates are overestimated, and charge separation is exaggerated (private communication ca. 2000 from G. Sastre, Instituto de Technologica Quimica, Universidad Polytechnica de Valencia). Nevertheless, the 3–21G$^{(*)}$ basis apparently usually gives good geometries (section 5.5.1).

52. Warner PM (1996) J Org Chem 61:7192

53. (a) Fowler JE, Galbraith JM, Vacek G, Schaefer HF (1994). J. Am. Chem. Soc. 116 9311; (b) Vacek G, Galbraith JM, Yamaguchi Y, Schaefer HF, Nobes RH, Scott AP, Radom L (1994). J. Phys. Chem. 98 8660

54. DeYonker NJ, Peterson KA, Wilson AK (2007). J Phys Chem A 111 11383, and references therein. This whole issue (number 44) of J Phys Chem A is a tribute to Dunning, and includes a short autobiography.

55. See e.g. Mebel AM, Kislov VV (2005). J Phys Chem A 109 6993

56. See e.g. Wiberg KB (2004). J Comp Chem 25 1342

57. See e.g. (a) Höfener S, Klopper W (2010). Mol. Phys. 108 1783; (b) Peterson KA, Kesharwani MJK, Martin JML (2015). Mol. Phys. 113 1551; (c) Friedrich J (2015). J Chem Theory and Computation 11 3596; (d) The designations R12 and F12 come from R, distance, later replaced by better functions (F?) of the "electrons 1, 2" distance; for some leading references see T. Shiozaki, JunQ,1 [Journal of Unsolved Questions], 2010, Issue 1-A,1-4, and references therein.

58. (a) The special theory of relativity (the one germane to chemistry, since gravity is irrelevant to our science) and its chemical consequences are nicely reviewed in Balasubramanian K (1997) "Relativistic effects in chemistry", Parts A and B. Wiley, New York; (b) For a tirade against the conventional way of viewing the effect of velocity on mass see L. Okum, Physics Today, 1989, June, 30.

59. See e.g. Jacoby M (1998). Chem Eng News, 23 March, 48

60. Dirac PAM (1929) [relativity is]. . .of no importance in the consideration of atomic and molecular structure, and ordinary chemical reactions. . .. Proc R Soc A123:714

61. Krauss M, Stevens WJ (1984). Annu. Rev. Phys. Chem. 35 357; Szasz L (1985) Pseudopotential theory of atoms and molecules. Wiley, New York; (b) Pisani L, Clementi E (1994) Relativistic Dirac-Fock calculations on closed-shell molecules. J Comput Chem 15 466

62. (a) Figg T, Webb JR, Cundari TR, Gunnoe TB (2012). J Am Chem Soc 134 2332; (b) Rabilloud F, Harb M, Ndome H, Archirel P (2010). J Phys Chem A 114 6451

63. Weigend F, Ahlrichs R (2005) Phys Chem Chem Phys 7:3297

64. Sosa C, Andzelm J, Elkin BC, Wimmer E, Dobbs KD, Dixon DA (1992) J Phys Chem 96 6630

65. Levine IN (2014) Quantum chemistry, 7th edn. Prentice Hall, Engelwood Cliffs, section 16.11

66. (a) A good source of information on various kinds of calculations on transition metal compounds is McCleverty JA, Meyer TJ (eds) (2004) "Comprehensive coordination chemistry. II". Elsevier, Amsterdam; (b) A detailed review: Frenking G, Antes I, Böhme M, Dapprich S, Ehlers AW, Jonas V, Neuhaus A, Otto M, Stegmann R, Veldkamp A,

Vyboishchikov S (1996) chapter 2 in Reviews in computational chemistry, vol 8. In: Lipkowitz KB, Boyd DB (eds) VCH, New York; (c) The main points of reference [51a] are presented in G. Frenking, U. Pidun, J Chem Soc, Dalton Trans., 1997, 1653. (d) Cundari TR, Sommerer SO, Tippett L (1995). J Chem Phys 103, 7058.

67. J. Comp. Chem., 2002, 23 8 (special issue on relativity in chemistry)

68. Dewar MJS (1992) "A semiempirical life", profiles, pathways and dreams series. Seeman JI, Series Editor, American Chemical Society, Washington, D.C., p. 185

69. (a) Hehre WJ, Huang WW, Klunzinger PE, Deppmeier BJ, Driessen AJ (1997) "A spartan tutorial". Wavefunction Inc., Irvine; (b) Hehre WJ, Yu J, Klunzinger PE (1997) "A guide to molecular mechanics and molecular orbital calculations in spartan". Wavefunction Inc., Irvine; (c) Hehre WJ, Shusterman AJ, Huang WW (1996) A laboratory book of computational organic chemistry". Wavefunction Inc., Irvine

70. Bachrach SM (2014) Computational organic chemistry, 2nd edn. Wiley-Interscience, San Antonio, p 298

71. At the HF level calculated rotation barriers of methyltoluenes become less accurate with very big bases: del Rio A, Boucekkine A, Meinnel J (2003). J. Comp. Chem. 24, 2093.

72. At correlated levels bigger bases did not always give better results for metal hydrides; the authors say this "refutes the dogma" that bigger basis sets are necessarily better: Klein RA, Zottola MA (2006). Chem. Phys. Lett. 419, 254

73. (a) Bartlett RJ, Schweigert IV, Lotrich VF (2006). J Mol Struct (Theochem) 771 1; (b) Lotrich VF, Bartlett RJ, Grabowski I (2005). Chem Phys Lett 405 43; (c) Wilson AK (2004) Abstracts, 60th Southwest Regional meeting of the American Chemical Society, Fort Worth, TX, united States, September 29-October 4 (2004). (d) Yau AD, Perera SA, Bartlett RJ (2002). Mol. Phys. 100 835

74. Moran D, Simmonett AC, Leach III FE, Allen WD, Schleyer PVR, Schaefer III HF (2006). J. Am. Chem. Soc. 128, 9342.

75. Janoschek R (1995) Chemie in unserer Zeit 29:122

76. (a) Raghavachari K, Anderson JB (1996). J. Phys. Chem. 100, 12960; (b) A historical review: P-O Löwdin (1995). Int. J. Quantum Chem. 55 77; (c) Fermi and Coulomb holes and correlation: [1c], pp. 296–297.

77. Pilar FL (1990) Elementary quantum chemistry, 2nd edn. McGraw-Hill, New York, p 286

78. For example: Hurley AC (1976) "Introduction to the electron theory of small molecules". Academic Press, New York, pp 286–288, or Ermler WC, Kern CW (1974). J. Chem. Phys. 61, pp 3860

79. Löwdin P-O (1959) Adv Chem Phys 2:207

80. (a) Scott AP, Radom L (1996). J. Phys. Chem. 100,pp 16502; (b) Sibaev M, Crittenden DL (2015). J. Phys. Chem. A 119, pp 13107

81. Blanksby SJ, Ellison GB (2003). Acc. Chem. Res. 36 255; Chart 1

82. See e.g. Levine IN (2014) Quantum chemistry, 7th edn. Prentice Hall, Engelwood Cliffs, chapter 16

83. Ma Q, Werner H-J (2015) J Chem Theory Comput 11:1564–5291

84. Brief introductions to the MP treatment of atoms and molecules: (a) Levine IN (2014) Quantum chemistry, 7th edn. Prentice Hall, Engelwood Cliffs, section 16.3; (b) Lowe JP (1993) "Quantum chemistry", 2nd edn. Academic Press, New York, section 11-13; (c) Leach AR (2001) "Molecular modelling, 2nd edn". Prentice Hall, Essex, England, section 3.3.2

85. Levine IN (2014) Quantum chemistry, 7th edn. Prentice Hall, Engelwood Cliffs, chapter 9

86. Møller C, Plesset MS (1934) Phys Rev 46:618

87. Binkley JS, Pople JA (1975) Int J Quantum Chem 9:229

88. Cramer CJ (2004) "Essentials of computational chemistry", 2nd edn. Wiley, Chichester section 7.4

89. Lowe JP (1993) Quantum chemistry, 2nd edn. Academic, New York, pp 367–368

90. Szabo A, Ostlund NS (1989) "Modern quantum chemistry". McGraw-Hill, New York, p 353; Leach AR (2001) "Molecular modelling, 2nd edn". Prentice Hall, Essex, England, p 115

91. Boldyrev A, Schleyer PVR, Higgins D, Thomson C, Kramarenko SS (1992) Fluoro- and difluorodiazomethanes are minima by HF calculations, but difluorodiazomethane does not exist (it dissociates) with the MP2 method. J. Comput. Chem. 9, 1066

92. *$H_2C = CHOH$ reaction* The only quantitative experimental information on the barrier for this reaction seems to be: S. Saito, Chem Phys Lett, 1976, *42*, 399, halflife in the gas phase in a Pyrex flask at room temperature ca. 30 minutes. From this one calculates (section 5.5.2.3.4, Eq. (5.202)) a free energy of activation of 93 kJ mol^{-1}. Since isomerization may be catalyzed by the walls of the flask, the purely concerted reaction may have a much higher barrier. This paper also shows by microwave spectroscopy that ethenol has the O-H bond *syn* to the C = C. The most reliable measurement of the ethenol/ethanal equilibrium constant, by flash photolysis, is 5.89×10^{-7} in water at room temperature (Chiang Y, Hojatti M, Keeffe JR, Kresge AK, Schepp NP, Wirz J (1987). J. Am. Chem. Soc. 109, 4000). This gives a free energy of equilibrium of 36 kJ mol^{-1} (ethanal 36 kJ mol^{-1} below ethenol). *HNC reaction* The barrier for rearrangement of HNC to HCN has apparently never been actually measured. The equilibrium constant in the gas phase at room temperature was calculated (Maki AG, Sams RL (1981). J Chem Phys 75, 4178) at 3.7×10^{-8} from actual measurements at higher temperatures; this gives a free energy of equilibrium of 42 kJ mol^{-1} (HCN 42 kJ mol^{-1} below HNC). According to high-level ab initio calculations supplemented with experimental data (Active Thermochemical Tables) HCN lies 62.35 ± 0.36 kJ mol^{-1} (converting the reported spectroscopic cm^{-1} energy units to kJ mol^{-1}) below HNC; this is "a recommended value...based on all currently available knowledge": Nguyen TL, Baraban JH, Ruscic B, Stanton JF (2015). J. Phys. Chem. A 119, 10929. *CH$_3$NC reaction* The reported experimental activation energy is 161 kJ mol^{-1} (Wang D, Qian X (1996). J. Peng, Chem. Phys. Lett., 258 149; Bowman JM, Gazy B, Bentley JA, Lee TJ, Dateo CE (1993). J Chem Phys, 99 308; Rabinovitch BS, Gilderson PW (1965). J. Am. Chem. Soc. 87 158; Schneider FW, Rabinovitch BS (1962). J. Am. Chem. Soc. 84, 4215). The energy difference between CH$_3$NC and CH$_3$CN has apparently never been actually measured. *Cyclopropylidene reaction* Neither the barrier nor the equilibrium constant for the cyclopropylidene/allene reaction have been measured. The only direct experimental information of these species come from the failure to observe cyclopropylidene at 77 K (Chapman OL (1974) Pure and applied chemistry 40 511). This and other experiments (references in Bettinger HF, Schleyer PVR, Schreiner PR, Schaefer HF (1997). J. Org. Chem. 62, 9267 and in Bettinger HF, Schreiner PR, Schleyer PVR, Schaefer HF (1996). J. Phys. Chem. 100, 16147) show that the carbene is much higher in energy than allene and rearranges very rapidly to the latter. Bettinger et al., 1997 (above) calculate the barrier to be 21 kJ mol^{-1} (5 kcal mol^{-1}).

93. (a) Saebø S, Pulay P (1987). J Chem Phys 86, 914; (b) Pulay P (1983). Chem. Phys. Lett. 100 151

94. (a) Vahtras O, Almlöf J, Feyereisen MW, Pulay P (1993). Chem Phys Lett 213:514; (b) Feyereisen M, Fitzgerald G, Komornicki A (1993). Chem. Phys. Lett. 208:359; (c) The virtues of RI-MP2 are extolled in: Jurečka P, Nachtigall P, Hobza P (2001). Chem Phys, 3, 4578; (d) Deng J, Gilbert ATB, Gill PMW (2015). J. Chem. Theory Comput. 11: 1639–1644; (e) Soydaş E, Bozkaya U (2015). J. Chem. Theory Comput. 11: 1564–1573

95. (a) An excellent brief introduction to CI is given in Levine IN (2014) Quantum chemistry, 7th edn. Prentice Hall, Engelwood Cliffs section 16.2; (b) A comprehensive review of the development of CI: Shavitt, Mol. Phys.(1998), 94 3; (c) See also Lowe JP (1993) "Quantum chemistry", 2nd edn. Academic Press, New York, pp 363–369; Pilar FL (1990) Elementary quantum chemistry", 2nd edn. McGraw-Hill, New York, pp 388–393; Szabo A, Ostlund NS (1989) "Modern quantum chemistry". McGraw-Hill, New York, chapter 4; Hehre WJ, Radom L, Schleyer PVR, Pople JA (1986). "Ab initio molecular orbital theory". Wiley,

New York, pp 29–38.

96. Levine IN (2014) Quantum chemistry, 7th edn. Prentice Hall, Engelwood Cliffs, p. 299, section 16.2

97. Ben-Amor N, Evangelisti S, Maynau D, Rossi EPS (1998) Chem Phys Lett 288:348

98. (a) Woodward RB, Hoffmann R (1970) "The conservation of orbital Symmetry". Academic Press, New York, chapter 6; (b) Foresman JB, Frisch Æ (1996) "Exploring chemistry with electronic structure methods". Gaussian Inc., Pittsburgh, pp. 228–236 shows how to do CASSCF calculations. For CASSCF calculations on the Diels-Alder reaction, see Li Y, Houk KN (1993). J. Am. Chem. Soc. 115, 7478

99. E.g. (a) Vogiatzis KD, Manni GL, Stoneburner SJ, Ma D, Gagliardi L (2015) Systematic expansion of active spaces beyond the CASSCF limit: a GASSCF/SplitGAS benchmark study, J. Chem. Theory Comput. 11, 3010; (b) Thomas RE, Sun Q, Alavi A, Booth GH (2015) Stochastic multiconfigurational self-consistent field theory, J. Chem. Theory Comput. 11, 5316

100. Cacelli I, Ferretti A, Prampolini G, Barone V (2015) J Chem Theory Comput 11:2024

101. (a) Karlstrom G, Lindh L, Malmqvist PA, Roos BO, Ryde, Veryazov V, Widmark PO, Cossi M, Schimmelpfennig B, Neogrady P, Seijo L (2003). Comput. Mater. Sci. 28, 222; (b) Anderssson K, Malmqvist PA, Roos BO (1992). J. Chem Phys. 96, 1218

102. Szabo A, Ostlund NS (1989) Modern quantum chemistry. McGraw-Hill, New York, chapter 6

103. Hrusak J, Ten-no S, Iwata S (1997).A paper boldly titled "Quadratic CI versus coupled-cluster theory..." J Chem Phys 106, 7185

104. Alberts IL, Handy NC (1988) J Chem Phys 89:2107

105. (a) Liakos DG, Neese F (2015). J Chem Theory Comput. 11, 4054, and references therein; (b) Riplinger C, Sandhoefer B, Hansen A, Neese F (2013). J Chem Phys 139, 134101; (c) Eriksen JJ, Baudin P, Ettenhuber P, Kristensen K, Kjærgaard T, Jørgensen P (2015). J Chem Theory Comput 11, 2984

106. The water dimer has been extensively studied, theoretically and experimentally: (a) Schuetz M, Brdarski S, Widmark PO, Lindh R, Karlström R (1997). J Chem Phys 107, 4597; these report an interaction energy of -20.7 kJ mol^{-1} (-4.94 kcal mol^{-1}), and give a method of implementing the counterpoise correction with modest basis sets; (b) Halkier A, Koch H, Jorgensen P, Christiansen O, Nielsen MB, Halgaker T (1997). Theor Chem Acc 97, 150; these report an interaction energy of -20.9 kJ mol^{-1} (-5.0 kcal mol^{-1}).; (c) Feyereisen MW, Feller D, Dixon DA (1996). J Phys Chem 100, 2993; these workers "best estimate" of binding electronic energy is -20.9 kJ mol^{-1} (-5.0 kcal mol^{-1}).; (d) Gordon MS, Jensen JH (1996) A general review of the hydrogen bond, Acc Chem Res 29, 536

107. For discussions of BSSE and the counterpoise method see: (a) Clark T (1985) "A handbook of computational chemistry". Wiley, New York, pp. 289–301; (b) J. M. Martin in (1998) "Computational thermochemistry".In: Irikura KK, Frurip DJ(eds) American Chemical Society, Washington, D.C., p. 223; (c) Thompson MGK, Lewars EG, Parnis JM (2005). J. Phys. Chem. A 109, 9499; (d) van Duijneveldt FB, van Duijneveldt-van de Rijdt JGCM, van Lenthe JH (1994). Chem. Rev. 94, 1873; (e) Mentel LM, Baerends EJ (2014). J. Chem. Theory Comput. 10, 252. (f) References [106] give leading references to BSSE and [106(a)] describes a method for bringing the counterpoise correction closer to the basis set limit. (g) Halasz GJ, Vibok A, Mayer I (1999) Methods designed to be free of BSSE. J. Comput. Chem. 20, 274

108. (a) Xu X, Goddard WA (2004). J. Phys. Chem. A 108, 2313; (b) Garza J, Ramírez JZ, Vargas R (2005). J. Phys. Chem. A 109, 643

109. (a) Conrad JA, Gordon MS (2015). J. Phys. Chem. A, 119, 5377; (b) Goldey MB, Belzunces B, Head-Gordon M (2015). J. Chem. Theory Comput. 11, 4159; (c) Řezáč J,

Riley KE, Hobza P (2012). J. Chem. Theory Comput., 8, 4285; (d) Řezáč J, Hobza P (2014). J. Chem. Theory Comput., 10, 3066; (e) Strutyński K, Gomes JA, Melle-Franco M (2014). J. Phys. Chem. A, 118, 9561

110. (a) Boyd DB (2007) chapter 7 in Reviews in computational chemistry. In: Lipkowitz KB, Cundari TR (eds), vol 23. Wiley, Hoboken; (b) Mannhold R, Kubinyi H, Folkers G (eds) (2005) "Chemoinformatics in drug discovery". VCH, New York; (c) Höltje HD, Folkers G (1997) "Molecular modelling". VCH, New York; (d) Tropsha A, Bowen JP (1997) chapter 17 in "Using computers in chemistry and chemical education".In: Zielinski TJ, Swift ML (eds). American Chemical Society, Washington D.C.; (e) Balbes LM, Mascarella SW, Boyd DB (1994) chapter 7 in Reviews in computational chemistry. In:Lipkowitz KB, Boyd DB (eds) vol 5. VCH, New York; (f) Vinter JL, Gardner M (1994) "Molecular modelling and drug design". Macmillan, London

111. (a) See e.g. Bartlett RJ, Stanton JF (1994) chapter 2 in "Reviews in computational chemistry". In: Lipkowitz KB, Boyd DB (eds) vol 5. VCH, New York, p 106; (b) Burkert U, Allinger NL (1982) "Molecular mechanics". ACS Monograph 177, American Chemical Society, Washington, D.C., pp. 6–10; See also Ma B, Lii JH, Schaefer HF, Allinger NL (1996) J. Phys. Chem. 100, 8763; Ma M, Lii JH, Chen K, Allinger NL (1997) J. Am. Chem. Soc., 119, 2570

112. (a) Domenicano A, Hargittai I (eds) (1992) "Accurate molecular structures". Oxford University Press, New York; (b) V. G. S. Box (2002) A "wake-up call". Chem. & Eng. News, Feb. 18, 6

113. Petersson GA (1998) in chapter 13, "Computational thermochemistry". In: Irikura KK, Frurip DJ (eds) American Chemical Society, Washington, D.C.

114. Hehre WJ, Radom L, Schleyer PVR, Pople JA (1986) "Ab initio molecular orbital theory". Wiley, New York, pp. 133–226; note the summary on p. 226.

115. (a) Engelke EGR (1992). J. Phys. Chem., 96, 10789 (HF/4–31G, HF/4–31G*, MP2/6–31G*). (b) For references to various calculations see: Lewars E (2008) "Modeling marvels". Springer, Amsterdam, pp. 151–155

116. Foresman JB, Frisch Æ (1996) Exploring chemistry with electronic structure methods. Gaussian Inc., Pittsburgh, p 118

117. Reference [1e], p. 118 (ozone) and p. 128 (FOOF).

118. Foresman JB, Frisch Æ (1996) "Exploring chemistry with electronic structure methods". Gaussian Inc., Pittsburgh, p 36; other calculations on ozone are on pp 118, 137, and 159.

119. Kraka E, He Y (2001) J Phys Chem A 105:3269

120. Maciel GS, Bitencourt ACP, Ragni M, Aquilanti V (2007) J Phys Chem A 111:12604

121. Ju XH, Wang ZY, Yan XF, Xiao HM (2007) J Mol Struct (Theochem) 804:95

122. Grein F (2009) J Chem Phys 130:124118

123. Denis PA (2004) Chem Phys Lett 395:12

124. Ljubić I, Sabljić A (2004) Chem Phys Lett 385:214

125. Pakiari AH, Nazari F (2003). J. Mol. Struct. (Theochem), 640, 109, and references therein.

126. For thermochemical calculations, at least, fluoroorganics present special problems, e.g. Bond D (2007). J. Org. Chem., 72, 7313, and references therein; note p. 7322: "Difficulties in obtaining consistent and accurate data are found even with the simplest of the organofluoro compounds, fluoromethane."

127. Good DA, Francisco JS (1998) Fluoro ethers. J Phys Chem A 102:1854

128. Atkins P (2007) Four laws that drive the universe. Oxford University Press, Oxford

129. (a) Clausius R (1867) "The mechanical theory of heat". English translation, Editor, T. Hirst; John Van Voorst, London; (b) "Die Mechanische Wärmetheorie", R. Clausius, Zweite Auflage, Druck und Verlag von Friedrich Vieweg und Sohn, 1876; see pp 21 and 33–34. Available online from e.g. https://archive.org/details/diemechanischew01claugoog.

130. (a) Ochterski JW (2000) Details of statistical mechanics calculations utilizing vibrational frequencies. "Thermochemistry in Gaussian" www.gaussian.com/g_whitepap/thermo.htm; (b) Ochterski JW (2000) Details of the calculations of vibrational frequencies in Gaussian. "Thermochemistry in Gaussian" http://www.gaussian.com/g_whitepap/vib.htm.

131. von Nagy-Felsobuki EI (1990) J Phys Chem 94:8041

132. Howard IK (2002) J Chem Educ, 79, 697

133. Polyrate, http://lqtc.fcien.edu.uy/cursos/Ct2/polydoc80.pdf.

134. (a) See e.g. Deng WQ, Han KL, Zhan JP, He GZ (1988). Chem. Phys. 288, 33; (b) Hase WL Computer simulations of bimolecular reactions . Science, 266, 998; (c) Lourderaj U, Hase WL (2009) Non-RRKM unimolecular reactions. J. Phys. Chem. A, 113, 2236

135. Cramer CJ (2004) Essentials of computational chemistry, 2nd edn. Wiley, Chichester, p 528

136. Schroeder DV (2000) An introduction to thermal physics. Addison Wesley, New York

137. Coulson CA (1961) Valence, 2nd edn. Oxford University Press, London, p 91

138. Irikura KK, Frurip DJ (eds) "Computational thermochemistry". American Chemical Society, Washington, D.C.

139. Cramer CJ (2004) "Essentials of computational chemistry", 2nd edn. Wiley, Chichester, chapters 10 and 15.

140. (a) McGlashan ML (1979) "Chemical thermodynamics". Academic Press, London; (b) Nash LK (1968) "Elements of statistical thermodynamics". Addison-Wesley, Reading, MA; (c) Irikura KK (1998) A good, brief introduction to statistical thermodynamics is given by Irikura KK, in Frurip DJ (eds) "Computational thermochemistry". American Chemical Society, Washington, D.C., Appendix B.

141. Treptow RS (1995) J Chem Educ 72:497

142. See K. K. Irikura and D. J. Frurip, chapter 1, S. W. Benson and N. Cohen, chapter 2, and M. R. Zachariah and C. F. Melius, chapter 9, in "Computational Thermochemistry", K. K. Irikura and D. J. Frurip, Eds., American Chemical Society, Washington, D.C., 1998

143. These bond energies were taken from Fox MA, Whitesell JK (1994) "Organic Chemistry". Jones and Bartlett, Boston, p. 72

144. Although in the author's opinion it works well in chemistry, the disorder concept can lead to misunderstanding: a discussion of such popular misconceptions of entropy is given by F. L. Lambert, J. Chem. Educ., 1999, 76, 1385. Related discussions can be invoked on the web with the words "Lambert entropy".

145. For good accounts of the history and meaning of the concept of entropy, see (a), (b): (a) von Baeyer HC (1998) "Maxwell's Demon. Why warmth disperses and time passes". Random House, New York; (b) Greenstein G (1998) "Portraits of Discovery. Profiles in Scientific Genius", chapter 2 ("Ludwig Boltzmann and the second law of thermodynamics"). Wiley, New York

146. Hehre WJ, Radom L, Schleyer PVR, Pople JA (1986) "Ab initio molecular orbital theory". Wiley, New York, section 6.3.9

147. Bohr F, Henon E (1998) A sophisticated study of the calculation of gas-phase equilibrium constants. J. Phys. Chem. A, 102, 4857

148. A very comprehensive treatment of rate constants, from theoretical and experimental viewpoints, is given in J. I. Steinfeld, J. S. Francisco, W. L. Hase, "Chemical Kinetics and Dynamics", Prentice Hall, New Jersey, 1999.

149. For the Arrhenius equation and problems associated with calculations involving rate constants and transition states see Durant JL in Irikura KK, Frurip DJ (1998) in "Computational thermochemistry". In: Irikura KK, Frurip DJ (eds). American Chemical Society, Washington, D.C., chapter 14

150. E.g., Atkins PW (1998) "Physical chemistry", 6th edn. Freeman, New York. p. 949

151. "Chemical kinetics and dynamics". Prentice Hall, New Jersey, 1999, p 302.

152. Some barriers/room temperature halflives for unimolecular reactions: (a) Benin V, Kaszynski P, Radziszki JG (2002) Decomposition of pentazole and its conjugate base: 75 kJ mol^{-1}/10 minutes and 106 kJ mol^{-1}/2 days, respectively. J. Org. Chem. 67, 1354; (b) Ahsen SV, Garciá P, Willner H, Paci MB, Argüello G (2003) Decomposition of CF_3CO) OOO(COCF$_3$): 86.5 kJ mol^{-1}/1 minute. Chem. Eur. J. 9, 5135; (c) Lu J, Ho DM, Vogelaar NJ, Kraml CM, Pascal RA, Jr., (2004) Racemization of a twisted pentacene: 100 kJ mol^{-1}/ 6–9 h:. J. Am. Chem. Soc. 126, 11168

153. (a) Lewars E (2008) "Modeling marvels: computational anticipation of novel molecules". Springer, Netherlands, chapter 10; (b) Lewars E (2014) Can. J. Chem., 92, 378

154. Practical strategies for electronic structure calculations. Wavefunction, Inc., Irvine, 1995, chapter 2

155. Hehre WJ, Ditchfield R, Radom L, Pople JA (1970) J Am Chem Soc 92:4796

156. (a) Cyranski MW (2005) Chem. Rev., 105, 3773; (b) Suresh CH, Koga N (1965) J. Org. Chem. 67, 1965

157. Khoury PR, Goddard JD, Tam W (2004) Tetrahedron 60:8103

158. Wiberg KB, Marwuez M (1998) J Am Chem Soc 120:2932

159. Wheeler SE, Houk KN, Schleyer PVR, Allen WD (2009) J Am Chem Soc 131:2547

160. (a) Baeyer A, Ber.(1885), 18, 2269; (b) Smith MB, March J (2001) March's advanced organic chemistry. Wiley, New York, pp. 180–191

161. (a) Fishtik I (2010) J. Phys. Chem. A, 114, 3731; (b) Schleyer PVR, McKee WC (2010) J. Phys. Chem. A, 114, 3737

162. Kybett BD, Carroll S, Natalis P, Bonnell DW, Margrave JL, Franklin JL (1966) J Am Chem Soc 88:626

163. Lewars E (2008) Modeling marvels: computational anticipation of novel molecules. Springer, Netherlands, chapters 12 and 13

164. De Lio AM, Durfey BL, Gilbert TM (2015) J Org Chem 80:10234

165. (a) Whole issue devoted to reviews of aromaticity (2005). Chem Rev., *105*; (b) Whole issue devoted to reviews of aromaticity (2001). Chem Rev., 101

166. (a) Schleyer PVR, Jiao H, GoldfussB (1995) Angew. Chem. Int. Ed. Engl., 34, 337; (b) George P, Trachtman M, Brett AM, Bock CW (1977) J. Chem. Soc. Perkin Trans 2, 1036; (c) Hehre WJ, McIver RT, Pople JA, Schleyer PVR (1974). J. Am. Chem. Soc., 96, 7162; (d) Radom L (1974) Chem. Commun., 403

167. Fabian J, Lewars E (2004) Can J Chem 82:50

168. (a) Golas E, Lewars E, Liebman J (2009) J. Phys. Chem. A, accepted June 2009; (b) Delamere C, Jakins C, Lewars E (2001) Can. J. Chem., 79, 1492

169. Fink WH, Richards JC (1991) J Am Chem Soc 113:3393

170. Slayden SW, Liebman JF (2001) Chem Rev 101:1541

171. Schleyer PVR, Puhlhofer F (2002) Org. Lett., 4, 2873

172. Mo Y (2009) J Phys Chem A 113:5163

173. Lewars E (2008) Modeling marvels: computational anticipation of novel molecules. Springer, Netherlands, chapter 3

174. (a) Wiberg KB (2001) Chem Rev., 101, 1317; (b) de Meijere A, Haag R, Schüngel FM, Kozhushkov SI, Emme I (1999) Pure Appl. Chem., 71, 253

175. Moskowitz JW, Schmidt KE, NATO ASI Series, Series C: Mathematical and Physical Sciences (1984), 125(Monte Carlo Methods Quantum Probl.), 59–70.

176. Bauschlicher CW, Langhoff SR (1991) Science 254:394

177. G1: Pople JA, Head-Gordon M, Fox DJ, Raghavachari K, Curtiss LA (1989). J. Chem. Phys., 90, 5622

178. The first in the series was Gaussian 70 and the latest (as of mid- 2016) is Gaussian 09. Gaussian Inc., 340 Quinnipiac St Bldg 40, Wallingford, CT 06492 USA. Info@gaussian.com

179. G2: Curtiss LA, Raghavachari K, Trucks GW, Pople JA (1991). J. Chem. Phys. 94, 7221

180. G3: Curtiss LA, Raghavachari K, Redfern PC, Rassolov V, Pople JA (1998) J. Chem. Phys., 109, 7764

181. G4: Curtiss LA, Redfern PC, Raghavachari K (2007) J. Chem. Phys., 126, 084108

182. Curtiss LA, Redfern PC, Raghavachari K (2007) J Chem Phys 127:124105

183. G3(MP2): Curtiss LA, Redfern PC, Raghavachari K, Rassolov V, Pople JA (1999) J. Chem. Phys., 110, 4703

184. Mayhall NJ, Raghavachari K, Redfern PC, Curtiss LA (2009) J Phys Chem A 113:5170

185. Peterson KA, Feller D, Dixon DA (2012) Theor Chem Acc 131:1079

186. Reference 7 in Fatthi A, Kass SR, Liebman JF, Matos MAR, Miranda MS, Morais VMF (2005) J. Am. Chem. Soc., 127, 6116

187. (a) Petersson GA, Montgomery JA, Jr., Frisch MJ, Ochterski JW (2000) J. Chem. Phys., 112, 6532; (b) Montgomery JA, Jr., Frisch MJ, Ochterski JW, Petersson GA (1999) J. Chem. Phys., 110, 2822

188. (a) Benassi R, Taddei F (2000) J. Comput. Chem., 21, 1405; (b) Benassi R (2001) Theor. Chem. Acc., 106, 259

189. Martin JML, de Oliveira G (1999) J Chem Phys 111:1843

190. (a) Boese AD, Oren M, Atasoylu O, Martin JML, Kállay M, Gauss J (2004) J. Chem. Phys., 120, 4129; (b) Chan B, Radom L (2015) J. Chem. Theory Comput., 11, 2109

191. Pokon EK, Liptak MD, Feldgus S, Shields GC (2001) J Phys Chem A 105:10483

192. Bond D (2007) J Org Chem 72:5555

193. Bond D (2007) J Org Chem 72:7313

194. Ess DH, Houk KN (2005) J Phys Chem A 109:9542

195. For this and other caveats regarding the multistep methods see Cramer CJ (2004) Essentials of computational chemistry, 2nd edn. Wiley, Chichester, pp. 241–244

196. E.g. Atkins PW (1998) Physical chemistry, 6th edn. Freeman, New York, p. 70

197. M. W. Chase, Jr, J. Phys. Chem. Ref. Data, Monograph 9, 1998, 1-1951. NIST-JANAF Thermochemical Tables, Fourth Edition

198. Nicolaides A, Rauk A, Glukhovtsev MN, Radom L (1996) J Phys Chem 100:17460

199. Gaussian 94 for Windows (G94W): Gaussian 94, Revision E.1, Frisch MJ, Trucks GW, Schlegel HB, Gill PMW, Johnson BG, Robb MA, Cheeseman JR, Keith T, Petersson GA, Montgomery JA, Raghavachari K, Al-Laham MA, Zakrzewski VG, Ortiz JV, Foresman JB, Cioslowski J, Stefanov BB, Nanayakkara A, Challacombe M, Peng CY, Ayala PY, Chen W, Wong MW, Andres JL, Replogle ES, Gomperts R, Martin RL, Fox DJ, Binkley JS, Defrees DJ, Baker J, Stewart JP, Head-Gordon M, Gonzalez C, Pople JA (1995) Gaussian, Inc., Pittsburgh PA, G94 and G98 are available for both UNIX workstations and PCs

200. Afeefy HY, Liebman JF, Stein SE (2009) Neutral thermochemical data. In: Linstrom PJ, Mallard WG (eds) NIST Chemistry WebBook, NIST Standard Reference Database Number 69, , National Institute of Standards and Technology, Gaithersburg MD, 20899, http://webbook.nist.gov, (retrieved July 15, 2009).

201. Pople JA (1970) Acc Chem Res 3:217

202. (a) Irikura KK, Frurip DJ (1998) Worked examples, with various fine points. In: Irikura KK, Frurip DJ (eds) Computational Thermochemistry. American Chemical Society, Washington, D.C., Appendix C; (b) Rodrigues CF, Bohme DK, Hopkinson AC (1996) Heats of formation of neutral and cationic chloromethanes. J Phys Chem, 100, 2942; (c) Turecek F, Cramer CJ (1995) Heats of formation, entropies and enthalpies of neutral and cationic enols. J Am Chem Soc, 117, 12243; (d) D. DeTar F (1995) Heats of formation by ab initio and molecular mechanics. J Org Chem, 60, 7125; (e) Glukhovtsev MN, Laiter S, Pross A (1995) Heats of formation and antiaromaticity in strained molecules. J Phys Chem, 99, 6828; (f) Schmitz LR, Chen YR (1994) Heats of formation of organic molecules with the aid of ab initio and group equivalent methods. J Comp Chem, 15, 1437; (f) Li Z, Rogers DW, McLafferty FJ, Mandziuk M, Podosenin AV (1999) Isodesmic reactions in ab initio calculation of enthalpy

of formation of cyclic C_6 hydrocarbons and benzene isomers. J Phys Chem A, 103, 426; (g) Cheung YS, Wong CK, Li WK (1998) Isodesmic reactions in ab initio calculation of enthalpy of formation of benzene isomers. Mol Struct (Theochem), 454, 17

203. Abou-Rachid H, Song Y, Hu A, Dudiy S, Zybin SV, Goddard WA III (2008) J Phys Chem A 112:11914
204. Ringer AL, Sherrill CD (2008) Chem Eur J 14:2442
205. Fatthi A, Kass SR, Liebman JF, Matos MAR, Miranda MS, Morais VMF (2005) J Am Chem Soc, 127, 6116, Table 5
206. (a) http://webbook.nist.gov. (b) Lias SG, Bartmess JE, Holmes JFL, Levin RD, Mallard WG (1988) J Phys Chem Ref Data, 17, Suppl. 1., American Chemical Society and American Institute of Physics, 1988; (c) Pedley JB (1994) Thermochemical data and structures of organic compounds. Thermodynamics Research Center, College Station, Texas
207. 207 DeL. F. DeTar (1998) J. Phys. Chem. A, 102, 5128
208. Shaik SS, Schlegel HB, Wolfe S (1992) Theoretical aspects of physical organic chemistry. The SN2 mechanism. Wiley, New York, pp 50–51
209. Cramer CJ (2004) Essentials of computational chemistry, 2nd edn. Wiley, Chichester, sections 15.2 and 15.3
210. (a) Zhang JZH (1999) Theory and applications of quantum molecular dynamics. World Scientific, Singapore, New Jersey, London and Hong Kong; (b) Thompson DL (ed) Modern methods for multidimensional dynamics in chemistry. World Scientific, Singapore, New Jersey, London and Hong Kong; (c) Rapaport DC (1995) The art of molecular dynamics simulation. Cambridge University Press, New York; (d) Devoted to big biomolecules like proteins and nucleic acids: Schlick T (2002) Molecular modeling and simulation. An interdisciplinary guide. Springer, New York
211. (a) Levine IN (2014) Quantum chemistry, 7th edn. Prentice Hall, Engelwood Cliffs, section 2.5, p 591; (b) Reference [148], section 12.3. (c) Bell RP (1980) The tunnel effect in chemistry. Chapman and Hall, London
212. Carpenter BK (1992) Acc Chem Res 25:520
213. (a) Litovitz AE, Keresztes I, Carpenter BK (2008) J Am Chem Soc, 130, 12085, and references therein; (b) Carpenter BK (1997) American Scientist, March-April, 138
214. (a) Shaik SS, Schlegel HB, Wolfe S (1992) Theoretical aspects of physical organic chemistry. The SN2 mechanism. Wiley, New York, p. 84–88; (b) Kinetics of halocarbons reactions: R. J. Berry, M. Schwartz, P. Marshall in [138], chapter 18. (c) The ab initio calculation of rate constants is given in some detail in these two references: Smith DM, Nicolaides A, Golding BT, Radom L (1998) J AmChem Soc, 120, 10223; Heuts JPA, Gilbert RG, Radom L (1995) Macromolecules, 28, 8771; reference [11], pp. 471–489, 492–497. (d) R. C. de M. Oliveira, Bauerfeldt GF (2015) J Phys Chem A, 119, 2802
215. Steinfeld JI, Francisco JS, Hase WL (1999) Chemical kinetics and dynamics. Prentice Hall, New Jersey, chapter 11
216. Spartan '04. Wavefunction Inc., http://www.wavefun.com, 18401 Von Karman, Suite 370, Irvine CA 92715, USA.
217. Hehre WJ (1995) Practical strategies for electronic structure calculations. Wavefunction, Inc., Irvine, pp 148–150
218. del Rio A, Boucekkine A, Meinnel J (2003) J Comp Chem 24:2093
219. Wiest O, Montiel DC, Houk KN (1997) J Phys Chem A 101:8378
220. Wheeler SE, Ess DH, Houk KN (2008) J Phys Chem A 112:1798
221. Schneider FW, Rabinivitch BS (1962) J Am Chem Soc 84:4215
222. Saito S (1978) Pure Appl Chem 50:1239
223. Defrees DJ, McLean AD (1982) J Chem Phys 86:2835
224. (a) Rodler M, Bauder A (1984) J Am Chem Soc, 106, 4025; (b) Rodler M, Blom CE, Bauder A (1984) J Am Chem Soc, 106, 4029

225. Capon B, Guo B-Z, Kwok FC, Siddhanta AK, Zucco C (1988) Acc Chem Res 21:135
226. Chapman OL (1974) Pure Appl Chem 40:511
227. Bettinger HF, Schreiner PR, Schleyer PVR, Schaefer HF III (1996) J Phys Chem 100:16147
228. Foresman JB, Frisch Æ (1996) Exploring chemistry with electronic structure methods. Gaussian Inc., Pittsburgh, chapter 7
229. Foresman JB, personal communication, October 1998.
230. Lories X, Vandooren J, Peeters D (2008) Chem Phys Lett, 452, 29, and references therein. The authors point out that "no theoretical calculation seems to reproduce that value", and from high-level ab initio calculations suggest a value of 214.1 kJ mol^{-1} (51.17 kcal mol^{-1}).
231. Good WD, Smith NK (1969) J Chem Eng Data 14:102
232. Pedley JB, Naylor RD, Kirby SP (1986) Thermochemical data of organic compounds, 2nd edn. Chapman and Hall, London
233. Pilcher G, Pell AS, Coleman DJ (1964) Trans Faraday Soc 60:499
234. 234 L. V. Gurvich, I. V. Vetts, C. B. Alcock, "Thermodynamic Properties of Individual Substances", Fourth Edition, Hemisphere Publishing Corp., New York, 1991, vol. 2.
235. Spitzer R, Huffmann HM (1947) J Am Chem Soc 69:211
236. Ghysels A, Van Neck D, Van Speybroeck V, Verstraelen T, Waroquier M (2007) J Chem Phys, 126, 224102, and references therein
237. For introductions to the theory and interpretation of mass, infrared, and NMR spectra, see Silverstein RM, Webster FX, Kiemle DJ (2005) Spectrometric identification of organic compounds, 7th edn. Wiley, Hoboken NJ
238. Huber KP, Herzberg G (1979) Molecular spectra and molecular structure, IV. Constants of diatomic molecules. Van Nostrand Reinhold, New York
239. Hehre WJ, Radom L, Schleyer PVR, Pople JA (1986) Ab initio molecular orbital theory. Wiley, New York, pp 234–235
240. E.g. "...it is unfair to compare frequencies calculated within the harmonic approximation with experimentally observed frequencies...": A. St-Amant, chapter 2, p. 235 in Reviews in Computational Chemistry, Volume 7, K. B. Lipkowitz and D. B. Boyd, Eds., VCH, New York, 1996.
241. Jensen F (2007) Introduction to computational chemistry, 2nd edn. Wiley, Hoboken, pp 358–360
242. Thomas JR, DeLeeuw BJ, Vacek G, Crawford TD, Yamaguchi Y, Schaefer HF (1993) J Chem Phys 99:403
243. Radziszewski JG, Hess BA, Jr., Zahradnik R (1992) A tour-de-force mainly experimental study of the IR spectrum of 1,2-benzyne. J Am Chem Soc, 114, 52
244. (a) Komornicki A, Jaffe RL (1979) J Chem Phys, 71, 2150; (b) Yamaguchi Y, Frisch M, Gaw J, Schaefer HF, Binkley JS (1986) J Chem Phys, 84, 2262; (c) Frisch M, Yamaguchi Y, Schaefer HF,, Binkley JS (1986) J Chem Phys, 84, 531; (d) Amos RD (1984) Chem Phys Lett, 108 185; (e) Gready JE, Bacskay GB,, Hush NS (1978) J Chem Phys, 90, 467
245. Galabov BS, Dudev T (1996) Vibrational intensities. Elsevier Science, Amsterdam
246. Magers DH, Salter EA, Bartlett RJ, Salter C, Hess Ba, Jr., Schaad LJ (1988) J Am Chem Soc, 110, 3435 (comments on intensities on p. 3439)
247. Galabov B, Yamaguchi Y, Remington RB, Schaefer HF (2002) J Phys Chem A 106:819
248. For a good review of the cyclobutadiene problem, see Carpenter BK (1988). In: Liotta D (ed) Advances in Molecular Modelling. JAI Press Inc., Greenwich, Connecticut
249. (a) Amann A (1992) South African J Chem, 45, 29; (b) Wooley G (1988) New Scientist, 120, 53; (c) Wooley G (1978) J Am Chem Soc, 100, 1073
250. (a) Trindle C (1980) Israel J Chem, 19, 47; (b) Mezey PG (1993) Shape in chemistry: an introduction to molecular shape and topology. VCH, New York
251. (a) Theoretical calculation of dipole moments: reference [1a], section 14.2; (b) Measurement

and application of dipole moments: Exner O (1975) Dipole moments in organic chemistry. Georg Thieme Publishers, Stuttgart

252. McClellan AL (1963) Tables of experimental dipole moments, vol. 1. W. H. Freeman, San Francisco, CA; vol. 2. Rahara Enterprises, El Cerrita, CA, 1974.

253. Bartlett RJ, Stanton JF (1994). In: Lipkowitz KB, Boyd DB (eds) Reviews in computational chemistry, vol 5. VCH, New York, p 152

254. (a) Huzinaga S, Miyoshi E, Sekiya M (1993) J Comp Chem, 14, 1440; (b) Ernzerhof M, Marian CM, Peyerimhoff SD (1993) Chem Phys Lett, 204, 59

255. Carefully defined atom charges are, it has been said, "in principle subject to experimental realization": Cramer CJ (2004) Essentials of computational chemistry, 2nd edn. Wiley, Chichester, p 309

256. The reason why an electron pair forms a covalent bond has perhaps not been fully settled. See (a) Levine IN (2014) Quantum chemistry, 7th edn. Prentice Hall, Engelwood Cliffs, p362–363, and top of p 364; (b) Backsay GB, Reimers JR, Nordholm S (1997) J Chem Ed, 74, 1494

257. E.g. (a) Wheland GW, Pauling L (1935) Electron density on an atom. J Am Chem Soc, 57, 2086; (b) Coulson CA (1939) Pi-bond order. Proc Roy Soc, A169, 413

258. (a) Mulliken RS (1955) J Chem Phys., 23, 1833; (b) Mulliken RS (1962) J Chem Phys, 36, 3428; (c) Reference [1a], section 15.6.

259. Mayer I (1983) Chem Phys Lett 97:270

260. Löwdin P-O (1970) Adv Quantum Chem 5:185

261. Reed AE, Curtiss LA, Weinhold F (1988) Chem Rev 88:899

262. Mayer I (1995) email to the Computational Chemistry List (CCL), 1995 March 30.

263. Some examples: (a) Bridgeman A, Cavigliasso G, Ireland LR, Rothery J (2001) General survey. J Chem Soc, Dalton Trans, 2095;(b) Fowe EP, Therrien B, Suss-Fink G, Daul C (2008) Ruthenium complexes. Inorg Chem, 47, 42; (c) Mayer I, Revesz M (1983) Simple sulfur compounds. Inorganica Chimica Acta, 77, L205

264. Cramer CJ (2004) Essentials of computational chemistry, 2nd edn. Wiley, Chichester, pp312–315

265. Leach AR (2001) Molecular modelling, 2nd edn. Prentice Hall, Essex, pp 79–83

266. Milani A, Castiglioni C (2010) J Phys Chem A 114:624

267. (a) West AC, Schmidt MW, Gordon MS, Ruedenberg K (2013) J Chem Phys, 139, 234107; (b) Ruedenberg K (1962) Rev Mod Phys, 34, 326; (c) West AC, Schmidt MW, Gordon MS, Ruedenberg K (2015) J Phys Chem A, 119, 10368; (d) West AC, Schmidt MW, Gordon MS, Ruedenberg K (2015) J Phys Chem A, 119, 10376

268. (a) Brinck T (1998). In: Parkanyi C (ed) Theoretical organic chemistry. Elsevier, New York; (b) Marynick DS (1997) J Comp Chem, 18, 955

269. (a) Schleyer PVR, Buzek P, Müller T, Apeloig Y, Siehl HU (1993) Use of bond orders in deciding if a covalent bond is present. Angew Chem int Ed Engl, 32, 1471; (b) Lendvay G (1994) Use of bond order in estimating progress along a reaction coordinate. J Phys Chem, 98, 6098

270. (a) Berlin T (1951) J Chem Phys, 19, 208; (b) Bader RWF (1964) J Am Chem Soc, 86, 5070

271. Bader RWF, Beddall PM (1973) J Am Chem Soc 95:305

272. Bader RWF (1975) Acc Chem Res 8:34

273. Bader RWF (1985) Acc Chem Res 18:9

274. Bader RFW (1990) Atoms in molecules. Oxford University Press, Oxford

275. Bader RWF (1991) Chem Rev 91:893

276. Popelier PLA (1999) Atoms in molecules: an introduction. Pearson Education, UK

277. Matta CF, Boyd RJ (eds) (2007) The quantum theory of atoms in molecules: from solid state to DNA and drug design. Wiley-VCH, Weinheim

278. Bader RFW (2007) J Phys Chem A 111:7966

279. Reference [1a], section 14.1.
280. Reference [274], p. 40.
281. Reference [274], p. 75.
282. Jacobsen H (2009) J Comp Chem 30:1093
283. Grabowski SJ (2007) J Phys Chem A 111:13537
284. (a) Grabowski SL, Sokalski WA, Leszczynski J (2006) Chem Phys Lett, 432, 33; (b) Grabowski SL (2007) J Phys Chem A, 111, 13537
285. Werstiuk NH, Sokol W (2008) Can J Chem 86:737
286. Vila A, Mosquera RA (2006) J Phys Chem A 110:11752
287. Lopez JL, Grana AM, Mosquera RA (2009) J Phys Chem A 113:2652
288. Long review of "Chemical Bonding and Molecular Geometry from Lewis to Electron Densities", R. J. Gillespie, P. L. A. Popelier, Oxford University press, New York, 2001: G. Frenking, Angew. Chem. Int. Ed. Engl., 2003, *42*, 143.
289. Gillespie RJ, Popelier PLA (2003) Angew Chem Int Ed Engl 42:3331
290. Frenking G (2003) Angew Chem Int Ed Engl 42:3335
291. Bader RFW (2003) Int J Quantum Chem 94:173
292. Bader RFW, Matta CF (2004) J Phys Chem A 108:8385
293. Kovacs A, Esterhuysen C, Frenking G (2005) Chem Eur J 11:1813
294. Bader RFW (2006) Chem Eur J 12:7769
295. Frenking G, Esterhuysen C, Kovacs A (2006) Chem Eur J 12:7773
296. Matta CF, Hernández-Trujillo J, Tang T-H, Bader RFW (2003) Chem Eur J 9:1940
297. Poater J, Solà M, Bickelhaupt M (2006) Chem Eur J 12:2889
298. Bader RFW (2006) Chem Eur J 12:2896
299. Poater J, Solà M, Bickelhaupt M (2006) Chem Eur J 12:2902
300. An old classic that is still useful: Jaffé HH, Orchin M, Theory and applications of ultraviolet spectroscopy. Wiley, New York
301. Foresman JB, Frisch Æ (1996) Exploring chemistry with electronic structure methods. Gaussian Inc., Pittsburgh, pp 213–227
302. Foresman JB, Frisch Æ (1996) Exploring chemistry with electronic structure methods. Gaussian Inc., Pittsburgh, p 213
303. Helgaker T, Jaszuński M, Ruud K (1999) Chem Rev 99:293
304. Foresman JB, Frisch Æ (1996) Exploring chemistry with electronic structure methods. Gaussian Inc., Pittsburgh, pp 53–54 and 104–105
305. Cheeseman JR, Trucks GW, Keith TA, Frisch MJ (1996) J Chem Phys 104:5497
306. Casabianca LB, de Dios AC (2008) J Chem Phys 128:052201
307. Auer AA (2009) Chem Phys Lett 467:230
308. Pérez MP, Peakman TM, Alex A, Higginson PD, Mitchell JC, Snowden MJ, Inaki I (2006) J Org Chem 71:3103
309. Wolf AD, Kane VV, Levin RH, Jones M (1973) J Am Chem Soc 95:1680
310. (a) Schleyer PVR, Maerker C, Dransfeld A, Jiao H, Van Eikema Hommes NJR (1996) J Am Chem Soc 118, 6317; (b) West R, Buffy J, Haaf M, Müller T, Gehrhus B, Lappert MF, Apeloig Y (1998) J Am Chem Soc, 120, 1639; (c) Chen Z, Wannere CS, Corminboef C, Puchta R, Schleyer PVR (2005) Chem Rev 105, 3842; (d) Morao I, Cossio FP (1999) J Org Chem, 64, 1868; (e) Stanger A (2010) Useful "NICS curves". J Prog Chem 75, 2281; (f) Stanger A (2013) Connection of NICS with stabilization energy. J Org Chem, 78, 12374; (g) Torres JJ, Islas R, Osorio E, Harrison JG, Tiznado W, Merino G Complicated, cautionary work. J Phys Chem A, 117, 5529
311. Antušek A, Kędziera D, Jackowski K, Jaszuński M, Makulski W (2008) Chem Phys 352:320
312. (a) Lowe JP (1993) Quantum chemistry, 2nd edn. Academic Press, New York, pp 276–277, 288, 372–373; (b) Rienstra-Kiracofe JC, Tschumper GS, Schaefer III HF, Nandi S, Ellison GB (2002) General review of EA. Chem Rev, 102, 231

313. Gross JH (2004) Mass spectrometry. Springer, New York, pp. 16–20

314. Levin RD, Lias SG (1982) Ionization potential and appearance potential measurements, 1971–1981. National Bureau of Standards, Washington, DC

315. (a) Maksić ZB, Vianello R (2002) How good is Koopmans' approximation?. J Phys Chem A, 106, 6515; (b) See e.g. reference [1b], pp. 361–363; reference [1c], pp. 278–280; reference [1d], pp. 127–128; reference [1g], pp. 24, 116. (c) Angeli C (1998) A novel look at Koopmans' theorem. J Chem Ed, 75, 1494; (c) Koopmans T (1934) Physica, 1, 104

316. Smith MB, March J (2001) March's advanced organic chemistry, 5th edn. Wiley, New York, pp 10–12

317. Curtiss LA, Nobes RH, Pople JA, Radom I (1992) J Chem Phys 97:6766

318. Lyons JE, Rasmussen DR, McGrath MP, Nobes RH, Radom L (1994) Angew Chem Int Ed Engl 33:1667

319. (a) Schmidt MW, Hull EA, Windus TL (2015) J Phys Chem A, 119, 10408; (b) van Meer R, Gritsenko OV, Baerends EJ (2014) DFT with close-to-exact Kohn-Sham orbitals give virtual-occupied energy gaps very close to excitation energies, good values for ionization energies and Rydberg transitions, and realistic shapes of virtual orbitals. J Chem Theory Comput, 10, 4432

320. Robinson PJ, Alexandrova N (2015) J Phys Chem A 119:12862

321. (a) Habraken CL (1996) "...Chemistry, the most visual of sciences...". J Science Educ And Philosophy, 5, 193; (b) Bower JE (ed) (1995) Data visualization in molecular science: tools for insight and innovation. Addison-Wesley, Reading, MA; (c) Pickover C, Tewksbury S (1994) Frontiers of scientific visualization. Wiley; (d) Johnson G (2001) Colors are truly brilliant in trek up mount metaphor. New York Times, 2001, 25 December.

322. Ihlenfeldt W-D (1997) J Mol Model 3:386

323. Hoffmann R, Laszlo P (1991) Angew Chem Int Ed Engl 30:1

324. GaussView: Gaussian Inc., Carnegie Office Park, Bldg. 6, Pittsburgh 15106, USA.

325. Eliel EL, Wilen SH (1994) Stereochemistry of carbon compounds. Wiley, New York, pp. 502–507 and 686–690

326. Iijima T, Kondou T, Takenaka T (1998) J Mol Struct 445:23

327. The term is not just whimsy on the author's part: certain stereoelectronic phenomena arising from the presence of lone pairs on heteroatoms in a 1,3-relationship were once called the "rabbit-ear effect", and a photograph of the eponymous creature even appeared on the cover of the Swedish journal Kemisk Tidskrift. History of the term, photograph: Eliel EL (1990) From cologne to Chapel Hill. American Chemical Society, Washington, DC, pp. 62–64

328. Politzer P, Murray JS (1996).In: Lipkowitz KB, Boyd DB (eds) chapter 7 in Reviews in Computational Chemistry, vol 2. VCH, New York

329. Hehre WJ, Shusterman AJ, Huang WW (1996) A laboratory book of computational organic chemistry. Wavefunction Inc., Irvine, pp 141–142

330. (a) Laube T (1989) J Am Chem Soc, 111, 9224; (b) Kirmse W, Rainer S, Streu J (1984) J Am Chem Soc, 106, 24654; (c) Houriet R, Schwarz H, Zummack W, Andrade JG, Schleyer PVR (1981) Nouveau J de Chimie, 5, 505; (d) Olah GA, Prakash GKS, Rawdah TN, Whittaker D, Rees JC (1979) J Am Chem Soc, 101, 3935; (e) Sorenson TS (1976) A polemic against the formation of a bishomocyclopropenyl cation in a certain case: Chem Commun, 45.

331. Olah GA, Liang G (1975) J Am Chem Soc, 97, 6803, and references therein

332. Hehre WJ, Shusterman AJ, Nelson JE (1998) The molecular modelling workbook of organic chemistry. Wavefunction Inc., Irvine

333. (a) Bolcer JD, Hermann RB (1996) Coulson's remarks.In: Lipkowitz KB, Boyd DB (eds) chapter 1 in Reviews in Computational Chemistry, vol 5. VCH, New York, p. 12; see too further remarks, quoted on p. 13; (b) The increase in computer speed is also dramatically shown in data provided in *Gaussian News*, 1993, *4*, 1. The approximate times for a single-point HF/6–31G** calculation on 1,3,5-triamino-2,4,6-trinitrobenzene (300 basis

functions) are reported as: ca. 1967, on a CDC 1604, 200 years (estimated); ca. 1992, on a 486 DX personal computer, 20 hours. This is a speed factor of 90,000 in 25 years. The price factor for the machines may not be as dramatic, but suffice it to say that the CDC 1604 was not considered a personal computer. In mid-2009, on a well-endowed personal computer (ca. $4000) these results were obtained for single-point HF/6–31G** calculations on 1,3,5-triamino-2,4,6-trinitrobenzene: starting from a C3 geometry, 23 seconds; starting from a C1 geometry, 42 seconds. The increase in speed represented by 42 seconds in 2009 is, cf. 200 years in 1967, a factor of about 10^8 in 42 years; cf. 20 hours in 1992, a factor of about 1700 in 17 years.

334. Fales BS, Levine BG (2015) J Chem Theory Comput 11:4708
335. Acevido O, Jorgenson WL (2010) Acc Chem Res 43:142
336. Fragment QM methods: "Beyond QM/MM" issue: Acc Chem Res, 2014, *47*(9)

第6章

半经验计算

当前的"从头算"方法仅限于非常小的分子非常不准确的计算。

——M. J. S. 杜瓦,《半经验生命》,1992 年

摘要:半经验量子力学计算基于薛定谔方程。本章讨论自洽场半经验方法,其中,福克矩阵的重复对角化(与简单和扩展休克尔方法不同)细化了波函数和分子能量。通过忽略一些积分,并借助于实验量,或高水平从头算,或密度泛函理论计算来近似其他积分。半经验计算大大减少了要处理的积分数,因而比从头算要快得多。按复杂性递增的顺序,已经开发了帕里泽-帕尔-波普尔(Pariser-Parr-Pople, PPP)、全略微分重叠(complete neglect of differential overlap, CNDO)、间略微分重叠(intermediate neglect of differential overlap, INDO)和忽略双原子微分重叠(neglect of diatomic differential overlap, NDDO)自洽场半经验方法。目前最流行的自洽场半经验方法是 NDDO 的变体:奥斯汀模型 1(Austin model 1, AM1,来自德克萨斯州奥斯汀)及它的分支参数方法 3(parametric method 3, PM3),它们被仔细地参数化,以重现主要是生成热的实验量。AM1(RM1,累西腓模型 1,来自巴西累西腓)和 PM3(PM6, PM7)的最新扩展似乎代表了实质性的改进,并可能成为标准半经验方法。

6.1 观点

我们已经在第 4 章中看到了半经验方法的例子:简单休克尔方法(埃里希·休克尔,约 1931 年)和扩展休克尔方法(罗阿尔德·霍夫曼,1963 年)。这些是半经验的("半实验的"),因为它们将物理理论与实验相结合。两种方法都从薛定谔方程(理论)开始,并从中推导出一组可求解能级和分子轨道系数的(通过对角化福克矩阵最有效,见第 4 章)久期方程。然而,简单休克尔方法给出了以参数(β)为单位的能级。只有通过将简单休克尔方法的结果与实验值进行比较,才能将其转换为实际的量,而扩展休克尔方法使用实验电离能将福克矩阵元转换为实际能量的量。半经验计算与纯经验方法,如分子力学(第 3 章),和理论方法,如从头算计算(第 5 章),形成对比。分子力学从一个分子作为球和弹簧的模型开始,一个有效的模型及其合理性在于该事实。从头算方法像休克尔方法一样,从薛定谔方程开始,但严格的从头算计算的确不需要借助于实验,除了在需要实际量时调用普朗克常量、电子和质子电荷,以及电子和原子核质量的实验值外。这些基本的物理常数只能通过一些关于宇宙起源和本质的深层理论来计算[1]。

休克尔方法在第 4 章中,而不是在这里讨论,因为休克尔方法的广泛应用要先于从头算方法的广泛使用,且因为简单休克尔、扩展休克尔和从头算方法形成了一个概念性的进展,其中,前两种方法有助于理解这个复杂层次中的第三种方法。本章中处理的半经验方法在逻辑上被视为从头算方法的简化,因为它们使用自洽场程序(第 5 章)来细化福克矩阵,而不是从头算计算这些矩阵元。简单休克尔方法作为薛定谔方程对合理大小的分子的首次应用,是在自洽场理论(为原子而发明的:哈特里,1928 年[2])领域之外发展起来(1931 年)的,而扩展休克尔方法是这一理论的直接推广。相比之下,本章的方法开始**有意识地尝试为从头算方法提供实用的替代方法**。在电子计算机应用的初期,一般认为将从头算方法应用于合理大小的分子是无望的。PPP 方法,最早的自洽场半经验方法之一,发布于 1953 年,就在第一批电子计算机开始向化学家开放的时候[3]。半经验计算比从头算计算对计算能力的要求要低得多,因为参数化和近似可大大减少必须计算的积分数量。用量子化学的几位先驱者的话来说,人们对从头算方法持悲观主义态度是显而易见的。

C. A. 库尔森,1959 年:"我认为可能性很小(甚至更不可取),以这种精确的方式处理含有 20 个以上电子的系统。"[4]

M. J. S. 杜瓦①,1969:"那我们该怎么办?答案在于放弃进行严格的先验计算的尝试。"[5]。

库尔森和杜瓦都无法预见未来几十年计算机能力的巨大增长。库尔森所说的"更不可取"的意思可能是计算结果太复杂而无法解释;避免此问题的一个因素是信息的视觉显示(5.5.6 节,6.3.6 节)。改进的算法和更快计算机的发展使情况发生了巨变。由于这些因素,如在 2009 年中期,对中等大小分子(1,3,5-三氨基-2,4,6-三硝基苯)能量的计算速度加快了:与 17 年前相比,快 1700 倍;与 25 年前相比,快 90 000 倍;比 42 年前快 10^8 倍[6]。那么,为什么仍然使用半经验计算呢?因为它们仍然比从头算(第 5 章)或密度泛函(第 7 章)方法快 100~1000 倍。计算机速度的提高意味着我们现在可通过从头算方法常规研究中等大小的分子,最多,比如说类固醇,约 30 个重原子(非氢原子),而通过半经验方法可研究大分子,甚至是蛋白质和核酸分子。

在下面关于半经验方法发展的介绍中,一般的方法和各种方法之间的区别最好通过理解文字中的概念来领会,而不是试图记住公认的看起来有些令人生畏的方程(除非您计划开发一种新的半经验方法)。

6.2 自洽场半经验方法的基本原理

6.2.1 预备工作

在第 4 章中,我们看到的半经验方法只是构造了一个福克矩阵,并将其对角化一次,以得到分子轨道能级和分子轨道(即构成分子轨道的基函数的系数)。简单休克尔方法的福克矩阵元仅是相对能量 0 和 -1(以 $|\beta|$ 为单位,相对于非键能级 α),而扩展休克尔方法的福克

---

① 迈克尔 J. S. 杜瓦,1918 年生于印度艾哈迈德纳加尔。1942 年,牛津大学博士。伦敦大学、芝加哥大学、得克萨斯大学奥斯汀分校和佛罗里达大学的化学教授。1997 年于佛罗里达大学去世。

矩阵元是根据电离能计算的。在简单和扩展休克尔方法中，单个矩阵对角化给出了能级和分子轨道系数。本章关注的是更接近于从头算方法的半经验方法，因为自洽场程序（5.2.3 节）也被用以细化能级和分子轨道系数：通过重复矩阵对角化，改进了"猜测"的基组系数。与从头算一样，每个福克矩阵元都是根据核心积分 H_{rs}^{core}、密度矩阵元 P_{tu} 和电子排斥积分 $(rs|tu)$、$(ru|ts)$ 计算得出的。

$$F_{rs} = H_{rs}^{core}(1) + \sum_{t=1}^{m}\sum_{u=1}^{m} P_{tu}\left[(rs \mid tu) - \frac{1}{2}(ru \mid ts)\right] \qquad (6.1 = 5.82)$$

如上所述，以下讨论适用于半经验方法，如从头算方法一样，它使用自洽场程序，因此也在某种程度上用到了式（6.1）。为了开始这个过程，我们需要初始猜测系数，以计算密度矩阵值 P_{tu}。猜测可以来自简单休克尔计算（对于 π 电子理论，如 PPP 方法），或扩展休克尔计算（对于全价电子理论，如 CNDO 及其衍生）。重复对角化福克矩阵的 F_{rs} 矩阵元，以细化能级和系数。

通过使用一些近似，我们在这里考虑的半经验方法与从头算方法有所不同。基本思想由杜瓦（约 1969 年）在当前流行的 AM1(1985 年) 及其变体出现之前进行了详细的讨论[7]。莱文给出了主要的半经验方法背后原理的出色而严密的全面评述[8]，蒂尔（约 1996 年）也综述了半经验方法[9]。这些方法背后的基本（1970 年前）理论的详细阐述见波普尔和贝弗里奇的著作[10]。克拉克（大约在 2000 年）写了一篇超越纯粹技术细节的非常有思想的评论，针对了半经验方法的"哲学"、它的优点和缺点、它的过去和未来[11]。半经验方法与从头算方法的不同之处在于：①仅处理价电子或 π 电子，即"核心"的含义；②数学函数用于扩展分子轨道（基函数的性质）；③如何计算核和双电子排斥积分；④重叠矩阵的处理。

对①～④展开叙述如下。

(1) 仅处理价电子或 π 电子，即"核心"的含义。 在从头算计算中，H_{rs}^{core} 是在原子核力场中移动的电子的动能，加上电子对这些原子核吸引的势能：电子在由原子核组成的正核心的影响下运动。半经验计算最多处理价电子（PPP 方法仅处理 π 电子），因此，核心的每个元素变成了原子核加上它的**核心电子**（对 PPP 方法，具有核心电子的原子核加上所有 σ 价电子）。不是所有电子的云都在核的框架中运动，我们有一个价电子的云在原子核心的（原子核心＝核＋在计算中未被使用的其他所有电子）框架中运动。以类似于 HF 能量的（见式(5.149)）从头算计算的方式来计算自洽场半经验能量，但式（6.2）的 n 不是总电子数的一半，而是价电子数的一半（PPP 计算中为 π 电子数的一半），即 n 是来自包括在基组中的那些电子形成的分子轨道的数量。E_{SE} 是价电子能量（PPP 方法中为 π 电子），而不是总的电子的能量，以及 V_{CC} 是核心-核心排斥，而不是原子核-原子核排斥。

$$E_{SE}^{total} = E_{SE} + V_{CC} = \sum_{i=1}^{n}\varepsilon_i + \frac{1}{2}\sum_{r=1}^{m}\sum_{s=1}^{m} P_{rs}H_{rs}^{core} + V_{CC} \qquad (6.2)$$

将有效的核心电子当作原子核的一部分意味着我们仅需要价电子的基函数。用最小基组（5.3.3 节）对乙烯 C_2H_4 进行从头算计算，每个碳 5 个基函数（1s、2s、$2p_x$、$2p_y$、$2p_z$），每个氢 1 个基函数(1s)，共需要 14 个基函数，而半经验计算，每个碳 4 个基函数，每个氢 1 个基函数，共需要 12 个基函数。对于胆固醇 $C_{27}H_{46}O$ 来说，从头算和半经验需要的基函数分别为 186 个和 158 个。这两个分子半经验计算需要的基函数约是从头算计算的 85%。相比最小基组的从头算，半经验计算优势很小，最小基组的计算在如今很少被使用，但与分价基和分裂价基加极化基(5.3.3节)的从头算计算相比较,半经验计算的优势很大。对于乙烯来说,6-31G*的从头算计算与最小基组的半经验计算的基函数分别为 38 个和 12 个,对于胆固醇来说,分别为 522 个和 158 个。半经验计算只需要约 30% 的基函数。半经验计算仅使用最小基组,并希望通过双电子积分的参数化来补偿这一点。

(2) **基组函数**。在半经验方法中,基函数对应于原子轨道(价原子轨道或 p-π 原子轨道),而在从头算计算中,这仅对最小基组是严格正确的,因为从头算计算可以使用比传统原子轨道更多的基函数。在本章中,我们考虑的几乎所有自洽场型半经验方法都使用斯莱特基函数,而不是将斯莱特函数近似为高斯函数之和(5.3.2节)。从头算使用高斯函数,而不是更精确的斯莱特函数的唯一原因,是用高斯函数计算电子排斥积分要快得多(5.3.2节)。半经验计算已将这些积分参数化到计算中(见下文)。仍然需要基函数 ϕ 的数学形式,以计算重叠积分 $\langle\phi_r|\phi_s\rangle$,因为尽管半经验方法将重叠矩阵视为单位矩阵,但仍然需要计算一些重叠积分,而不是简单地将其视为 0 或 1。近似分子轨道理论有一些明显的逻辑矛盾[7]。计算的重叠积分用来帮助计算核心积分和电子排斥积分。如在从头算计算中那样,使用基函数的线性组合来构建分子轨道,然后将其乘以自旋函数,并用于将总分子波函数表示为斯莱特行列式(5.2.3节)。

(3) **积分**。核心积分和双电子排斥积分(电子排斥积分),以及式(6.1),不是根据第一性原理计算的(即不是来自显式的哈密顿和基函数,如5.2.3节所示),而是将许多积分视为零,且所使用的积分是根据所涉及的原子种类和它们之间的距离以经验的方式来计算的。双电子积分的计算,特别是三中心和四中心的积分(那些涉及 3 个或 4 个不同原子的积分)在从头算计算中占用了大部分时间。要忽略的积分(设置为零)取决于微分重叠被忽略的程度。微分重叠 dS 是重叠积分 S 的微分(如 4.3.3 节):

$$S = \int \phi_r(1)\phi_s(1)dv_1 \qquad (^*6.3)$$

$$dS = \phi_r(1)\phi_s(1)dv_1 \qquad (^*6.4)$$

半经验方法在设置 $dS=0$ 的标准,即应用零微分重叠(zero differential overlap,ZDO)等方面存在差异。

(4) **重叠矩阵**。自洽场型半经验方法将重叠矩阵作为单位矩阵,$S=1$,因此,S 从罗特汉-霍尔方程 $FC=SC\varepsilon$ 中消失,无需使用正交矩阵将这些方程转换为标准特征值形式 $FC=C\varepsilon$,以便于福克矩阵可以被对角化,以给出分子轨道系数和能级(4.4.3节和4.4.1节,5.2.3节)。部分例外是 OMx 方法(6.2.5节),其中,正交化应用于某些积分。

我们从最简单的 PPP 方法开始研究具体的自洽场型半经验方法。

6.2.2 PPP 方法

第一个获得广泛使用的半经验自洽场型方法是 PPP 方法(1953 年)[12,13]。像简单休克尔方法一样,PPP 计算仅限于 π 电子,其他电子形成 σ 框架,以将原子 p 轨道固定在适当的位置。福克矩阵元是根据式(6.1)计算得出的。对于 PPP 来说,计算 H_{rs}^{core} 代表原子核加上所有非 π 系统的电子,P_{tu} 是根据那些贡献给 π 系统的 p 原子轨道的系数计算的,而双电子排斥积分指 π 系统中的电子。单中心核心积分 H_{rs}^{core} 根据 2p 原子轨道的电离能和双电子

积分$(rr|ss)$（见下文）凭经验估算的。计算双中心核心积分 H_{rs}^{core} 是根据

$$H_{rs}^{core} = k\langle \phi_r(1) \mid \phi_s(1)\rangle, \quad r \neq s \qquad (6.5 = 5.82)$$

式中，k 是一个可选择的经验参数，以与紫外吸收波长的实验值达到最佳一致，而重叠积分$\langle \phi_r|\phi_s\rangle$由基函数计算，前提是如果 ϕ_r 和 ϕ_s 在不直接连接的原子上，则积分为零。

通过对所有不同的轨道 r 和 s 应用 ZDO 近似来计算双电子积分：

$$dS = \phi_r(1)\phi_s(1)dv_1 \quad r \neq s \qquad (6.6)$$

根据式(6.6)和双电子积分的定义

$$(rs \mid tu) = \iint \frac{\phi_r^*(1)\phi_s(1)\phi_t^*(2)\phi_u(2)}{r_{12}}dv_1 dv_2 \qquad (6.7 = 5.73)$$

有(1)当 $r \neq s$，$(rs|tu)=0$；(2)当 $r=s$ 和 $t=u$，$(rs|tu)=(rr|tt)$。两种情况都考虑在内，表示为

$$(rs \mid tu) = \delta_{rs}\delta_{tu}(rr \mid tt) \qquad (6.8)$$

式中，δ_s 为克罗内克增量（如果下标相同，则为 1，否则为零）。因此，忽略四中心（即$(rs|tu)$）和三中心的（即$(rr|tu)$）双电子积分，而不忽略双中心（即$(rr|tt)$）和单中心（即$(rr|rr)$）的双电子积分。单中心积分$(rr|rr)$被视为价态电离能与带有 ϕ_r 的原子的电子亲和势之间的差（这些价态参数指与在分子中处于相同杂化态的一个假设的孤立的原子，且能被光谱发现(4.4.4 节)）。双中心积分$(rr|tt)$由$(rr|rr)$和$(tt|tt)$及 ϕ_r 和 ϕ_t 原子之间的距离来估算。

尽管为估算 H_{rs}^{core} 重叠积分而实际计算了$\langle \phi_r|\phi_s\rangle$（式(6.5)），但就矩阵罗特汉-霍尔方程 $\mathbf{FC=SC\varepsilon}$ 而言，重叠矩阵被视为单位矩阵。因此，$\mathbf{FC=C\varepsilon}$ 或 $\mathbf{F=C\varepsilon C^{-1}}$ 及对角化福克矩阵没有用正交矩阵对福克矩阵进行变换（参见 OMx 方法，6.2.5 节），以给出分子轨道系数和能级。重叠矩阵是单位矩阵，这是式(6.6)ZDO 近似的一个推论，由此得出非对角矩阵元为零。如果使用归一化的原子轨道基函数，则对角元当然是归一的。PPP 能量是 π 电子的电子能 E_{SE}，或电子能加上 V_{CC}，当加上 V_{CC} 时，即 E_{SE}^{total}（式(6.2)）。

PPP 方法已用于计算共轭化合物，尤其染料[14]，是它计算得相当好的一项任务。通过结合电子相关性，利用组态相互作用方法，可以提高这些计算的精确性(5.4 节)。计算通常在固定的几何构型下进行，尽管经验的键长-键级关系允许优化键长。经典的 PPP 方法现已使用得不多，它已经演变成其他忽略微分重叠（neglect of differential overlap，NDO）的方法，特别是那些用光谱参数化的方法，如 INDO/S 和非常成功的 ZINDO/S。现在，我们来看一个层次化的 NDO 方法，它与 PPP 方法不同，不局限于 p-轨道的平面阵列，而是允许对一般几何构型分子进行计算。按复杂性递增的顺序，它们是全略微分重叠（complete neglect of differential overlap，CNDO）、间略微分重叠（intermediate neglect of differential overlap，INDO）和忽略双原子微分重叠（neglect of diatomic differential overlap，NDDO）。

6.2.3　CNDO 方法

超越纯 π 电子的第一个半经验自洽场型方法是 CNDO 法（约 1966 年）[15]。这是一种通用几何构型方法，因为它不局限于平面 π 系统（通常是平面的、带有共轭 π 电子系统的分子，如苯）。与 1963 年出现的另一种早期通用的几何构型方法——扩展休克尔方法一样

(4.4 节),CNDO 计算使用了斯莱特型轨道的最小价基,仅使用每个原子的价电子和传统的原子轨道。福克矩阵元根据式(6.1)计算。对于 CNDO 的计算,H_{rs}^{core} 表示原子核加上所有核心电子,P_{tu} 是根据价原子轨道系数计算出的,而双电子排斥积分指价电子。CNDO 与 PPP 的关系类似于扩展休克尔方法与简单休克尔方法的关系,两对搭档之间的主要区别在于 CNDO/PPP 是自洽场型的方法。

有两个版本的 CNDO,CNDO/1 和改进版 CNDO/2。首先看 CNDO/1。考虑核心积分 H_{rArA}^{core},其中,两个轨道都是相同的(即同一轨道在积分 $\langle \phi_r(1) | \hat{H}_{rr}^{core} | \phi_r(1) \rangle$ 中出现两次),且对同一个原子 A。回顾 HHe$^+$ 从头算的例子(5.2.3 节)。例如,考虑 $\boldsymbol{H}^{core}$ 矩阵的矩阵元 $(1,1)$。根据式(5.116)

$$H_{11}^{core} = \langle \phi_1(1) | \hat{T} | \phi_1(1) \rangle + \langle \phi_1(1) | \hat{V}_H | \phi_1(1) \rangle + \langle \phi_1(1) | \hat{V}_{He} | \phi_1(1) \rangle$$

$$= \langle \phi_1(1) | \hat{T} + \hat{V}_H | \phi_1(1) \rangle + \langle \phi_1(1) | \hat{V}_{He} | \phi_1(1) \rangle \tag{6.9}$$

式(6.9)可以推广到矩阵元 (r,r) 和一个含有原子 A,B,… 的分子,给出

$$H_{rArA}^{core} = \langle \phi_{rA}(1) | \hat{T} + \hat{V}_A | \phi_{rA}(1) \rangle + \langle \phi_{rA}(1) | \hat{V}_B | \phi_{rA}(1) \rangle +$$

$$\langle \phi_{rA}(1) | \hat{V}_C | \phi_{rA}(1) \rangle + \cdots$$

$$= U_{rr} + \sum_{B \neq A} \langle \phi_{rA}(1) | \hat{V}_B | \phi_{rA}(1) \rangle = U_{rr} + V_{AB} \tag{6.10}$$

式中,ϕ_{rA} 是原子 A 的基函数。式(6.10)中的 U_{rr} 项被认为是对应于基函数 ϕ_{rA} 的原子 A 上原子轨道中一个电子的能量,并被认为是该电子价态电离能的负值。V_{AB} 项中的积分可以简单地计算为在原子 A、B 等核心静电场中价 s 轨道的势能,例如,

$$\langle \phi_{rA}(1) | \hat{V}_B | \phi_{rA}(1) \rangle = \langle S_A(1) \left| \frac{C_B}{r_{1B}} \right| S_A(1) \rangle \tag{6.11}$$

式中,C_B 是原子 B 核心的电荷,即原子序数减去核心(非价)电子数;变量 r_{1B} 是 2 个 s 电子距核心中心(距原子核)的距离。在相同原子(A=B,单中心积分)或不同原子上,具有不同轨道 ϕ_r 和 ϕ_s 的核心积分被视为与相关轨道的重叠积分成正比:

$$H_{rAsB}^{core} = \beta_{AB} \langle \phi_r(1) | \phi_s(1) \rangle, \quad r \neq s \tag{6.12}$$

这里的重叠积分是根据基函数计算的,尽管就矩阵罗特汉-霍尔方程而言,(如对 PPP 方法一样)重叠矩阵只是被当作单位矩阵。比例常数 β_{AB} 被看作原子 A 和 B 参数的算术平均值,这些参数是那些使 CNDO 分子轨道系数与最小基组从头算计算的系数最佳拟合的参数。由于同一原子上的不同原子轨道是正交的,因此,当 A=B 时,这些积分为零。请注意,根据对最小基从头算计算最佳拟合计算的 β_{AB},意味着 CNDO 参数化并不是纯粹的、经验的,而是在某种程度上尝试匹配(低水平)从头算的结果。这是 CNDO 的一个弱点和其改进版 INDO 和 NDDO 的潜在弱点。正如杜瓦反复强调的那样,通过不断地参数化来匹配实验,这种缺陷在他的方法中避免了(6.2.5 节)。

与 PPP 方法一样,双电子排斥积分是通过对所有不同轨道 r 和 s 应用 ZDO 近似来估算的(式(6.6))。因此,双电子积分简化为 $(rs|tu) = \delta_{rs}\delta_{tu}(rr|tt)$(式(6.8)),即仅考虑单中心和双中心双电子积分。相同原子 A 上的所有单中心积分均被赋予相同的值 γ_{AA},原子 A 和原子 B 之间的所有双中心积分也有相同的值 γ_{AB}。这些积分是根据 A 和 B 上的价 s 斯莱特函数计算得出的。

CNDO/2 与 CNDO/1 的不同之处在于对矩阵元 $H_{r_Ar_A}^{core}$ 的两个修改（式（6.10））：①为了更好地解释电离能和电子亲和势，U_{rr} 不仅根据电离能来估算，还根据电离能和电子亲和势的平均值来估算；②V_{AB} 项中的积分根据双电子积分 γ_{AB} 来计算，如 $V_{AB} = -C_B\gamma_{AB}$。后一种估算等于忽略了所谓的钻穿积分，这些积分使未成键原子相互吸引，并导致键长太短和键能太大[15-18]。CNDO 能量是价电子的电子能量 E_{SE}，或电子能加上 V_{CC}，则为 E_{SE}^{total}（式（6.2））。现在，CNDO 已经过时，它已经成为更有效的通用几何构型方法 INDO 和 NDDO 的前身。

6.2.4　INDO 方法

INDO[19] 通过限制 ZDO 近似的应用而超越了 CNDO。INDO 不是像 PPP 和 CNDO 方法那样，将 ZDO 近似应用于双电子积分中所有不同的 $(r \neq s)$ 原子轨道（式（6.6）），在 INDO 中，ZDO 近似并未被应用于那些单中心双电子积分 $(rs|tu)$，其中，ϕ_r、ϕ_s、ϕ_t 和 ϕ_u 都在同一原子上。显然，这些排斥积分应是最重要的。尽管比 CNDO 更精确，但 INDO 目前主要用于计算紫外光谱。在称为 INDO/S 和 ZINDO/S 的特别参数化的版本中，INDO 可以为各种化合物提供良好的紫外光谱预测[20]。

6.2.5　NDDO 方法

NDDO[21] 超越了 INDO，因为 ZDO 近似（6.2.1 节第（3）点）没有被用于同一原子上的轨道，即 ZDO 仅被用于不同原子上的原子轨道。NDDO 是当前流行的半经验方法的基础，由杜瓦及其同事开发了：MNDO、AM1 和 PM3（以及 SAM1、PM5、PM6 和 PM7）。NDDO 方法是通用半经验方法的黄金标准，本章的其余部分将重点介绍它们。

1. 杜瓦课题组基于 NDDO 的方法：MNDO、AM1、PM3 和 SAM1，以及相关方法——预备知识

自洽场型（见 6.1 节）半经验理论很大程度上基于波普尔及其同事开发的近似分子轨道理论（见参考文献[10]的标题）。然而，波普尔学派继续专注于从头算方法的发展。事实上，正是由于他对从头算方法的贡献，大部分都囊括在 Gaussian 系列程序[22]中，因此，波普尔被授予 1998 年诺贝尔奖化学奖[23]（与沃尔特·科恩分享，密度泛函理论的先驱，见第 7 章）。相比之下，杜瓦几乎完全采用半经验方法[24]，牢记他的严格要求"答案在于放弃进行严格的先验计算的尝试"（在本章开头的观点中引用）。直到他的职业生涯结束，杜瓦都坚定地认为，至少就真正化学感兴趣的分子而言，他的半经验方法优于从头算方法（"如果所用的程序要比我们的程序多数千倍的计算时间，且结果并不比我们的好，则显然没有什么意义，更不用说比我们差的了。"）[25]。杜瓦学派和从头算方法拥护者之间的竞争在杜瓦方法发展相对较早的时期便开始了（见参考文献[26-28]），而现实的争论[29]，以及杜瓦在自传[24]中热情地毫不掩饰自己的观点又加剧了竞争。从头算与杜瓦半经验的争论主要源于观点的不同，以及杜瓦的焦点在于从头算计算无法给出合理精确的绝对分子能量（绝对分子能量是将分子解离成原子核和电子、无穷远分离和静止时所需的能量，在此讨论中，可将其视为原子化能）。在没有误差抵消的情况下，绝对能量的误差会导致活化能和反应能的误差，且绝对能量的误差（大约在 1970 年）通常在 1000 kJ/mol 的范围内。杜瓦认为，不能依靠抵消（实际上,并不像杜瓦认为的那样不可信,5.5.2节)来提供化学上有用的相对能量(反应能和活化能),比如说,误差不超过几十千焦耳每摩尔。与哈尔格伦、克莱尔和利普斯科姆的交流很好地说明了观点差异[28]:一方认为即使不准确,从头算计算也可以教给我们一些基本原理,而半经验计算,无论结果多么好,都不能为基本原理做贡献。杜瓦专注于研究“真正”化学感兴趣的反应。在他作为活跃化学家的职业生涯快要结束时,他与人合著了一篇关于周环反应,如科普和狄尔斯-阿尔德过程的综述,以捍卫 AM1 的研究结果[30]。这些结论与其他著者结论的分歧招致了霍克和李的谴责[31]。有趣的是,近年来,已达到的化学精度(被认为约为 10 kJ/mol,或更好)的大多数高精度多步骤的“从头算”方法(5.5.2节)都使用了一些经验参数(W2 是一个例外),这一事实会使杜瓦感到开心。

与从头算学派的观点相反,杜瓦认为,半经验方法不仅是从头算计算的近似,而且是一种经过仔细参数化的方法,至少在可预见的将来,可以给出远胜于从头算计算的结果:“情况[约 1992 年]只能通过计算机速度的巨大提高,比本世纪末之前可能达到的任何速度都要快来改变,或通过一些原理上更好的从头算方法的发展来改变”[32]。有意识地决定要追求的实验的精度,而不仅仅是重现低水平从头算的结果(注意与式(6.12)有关的评论)。在这些半经验方法的发展过程中,这被明确声明了数次[27,29,33]:“我们开始以完全不同的方式进行参数化[半经验方法],以重现实验结果,而不是那些可疑的从头算计算结果”[33]。在杜瓦方法设计重现的几个实验参数中,最重要的两个参数可能是几何构型和生成热。与从头算计算一样,优化的几何构型是通过使用能量对几何构型参数的一阶和二阶导数定位驻点(2.4 节)的算法来发现的;寻找生成热的方法如下。

2. 来自半经验电子能的生成热(生成焓)

与从头算计算一样,通过使用式(6.2),自洽场型半经验计算最初找到电子能 E_{SE},但最终报告的能量通常是生成焓。为此,方法中的编码程序如下[34]。包括核心-核心排斥 V_{CC},它是几何构型优化所必需的,最后给出总的半经验能 E_{SE}^{total},这可以用原子单位(hartree)来表示,如从头算计算(如 5.2.3 节)一样。E_{SE}^{total} 是分子除了零点振动能外的总内能,用来计算分子的生成热(生成焓)。图 6.1 将有助于说明这是如何完成的。图 6.1 中的量如下。

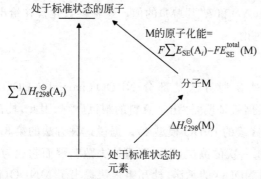

图 6.1　生成热(生成焓)半经验计算的背后原理。分子(概念上)在 298 K 时被原子化。处于标准状态的元素也被用来生成这些原子,并生成分子 M。在 298 K 时,通过 M 产生原子所需的 M 的生成热(用一些近似)与直接从元素生成原子所需的能量相等

(1)$\Delta H^{\ominus}_{f298}(M)$，分子 M 在 298 K 时的生成热，即从其元素生成 M 所需的热能。这是我们想要的量。

(2) M 的原子化能，即原子的能量减去 M 的能量。原子的能量为 $F\sum E_{SE}(A_i)$。转换因子 F 转换 $E_{SE}(A_i)$，将以 hartree 为单位的每个原子能量转换成相同的单位制，kJ/mol 或 kcal/mol，与用于原子的实验生成热单位相同。F 是每 hartree 原子$^{-1}$（或分子$^{-1}$）2625.5 kJ/mol。分子 M 的能量为 $F \times E^{total}_{SE}(M)$，使用的是优化后的几何构型。计算原子和分子的能量用相同的半经验方法，两者均为负值，即相对于电子和一个或多个原子核无穷远分离的物种的能量。$E_{SE}(A_i)$ 是纯电子的，因为一个原子不存在核心-核心排斥（即没有原子要分离），而分子能量 $E^{total}_{SE}(M)$ 包括核心-核心排斥。

(3) $\sum \Delta H^{\ominus}_{f298}(A_i)$ 对 M 中所有原子 A 在 298 K 时的实验生成热求和。

令在 298 K 时处于标准态的元素到原子的两条路径相等，我们可得

$$\Delta H^{\ominus}_{f298}(M) = \sum \Delta H^{\ominus}_{f298}(A_i) - F\sum E_{SE}(A_i) + FE^{total}_{SE}(M) \tag{6.13}$$

因此，所需的量，即分子的生成热，可以根据实验的原子生成热，以及原子和分子的半经验能量计算出来。式(6.13)的计算通过使用原子生成热和半经验原子能的存储值，以及"新计算的"被计算的分子能量，是程序自动完成的，但人们通常永远不会看到 $E^{total}_{SE}(M)$。这些计算是针对气相的，但如果人们想知道液体或固体的生成热，则必须考虑实验的蒸发或升华热。请注意，该程序在概念上与生成热的从头算计算的原子化方法几乎是相同的（5.5.2节）。然而，这里的目的是从分子"总的半经验能量"，即电子能加上核心-核心排斥，获得室温(298 K)下的生成热。在从头算的原子化方法中，0 K 生成热是借助于包括零点能（0 K 的生成热可以校正到 298 K，见 5.5.2 节）在内的分子能来计算的。生成焓的半经验程序涉及一些近似。没有使用分子的零点能（因此不需要关于零点能的频率计算），也没有计算 0~298 K 热能的增加值。好消息是 $E^{total}_{SE}(M)$ 被参数化，以重现 $\Delta H^{\ominus}_{f298}(M)$。在某种程度上，这种参数化成功地克服了对零点能和 0~298 K 热能增加的忽略，而且还隐含地考虑了电子相关。因此，从这些方法中获得合理精确生成热的关键是对其参数化，以给出式(6.13)中使用的 $E_{SE}(A_i)$ 和 $E^{total}_{SE}(M)$ 的值。这种参数化旨在给出合理的几何构型、偶极矩和电离能，将在下文讨论。

3. MINDO

第一个（1967 年）杜瓦型方法是部分 NDDO（partial NDDO，PNDDO）[35]，但由于 NDDO 方法的进一步发展被证明是"出乎意料的艰巨"[33]，因此，杜瓦组暂时转向了 INDO，创建了 MINDO/1[36]（修改的 INDO 模型 1）。据说这种方法的第 3 个版本 MINDO/3[33]，"到目前为止经受住了每一次的测试，没有严重的失败"，因而它成为第一个广泛使用的杜瓦型方法。为了兑现返回 NDDO 的承诺，杜瓦组很快提出了 MNDO（修改的 NDDO），是他们的第一个 NDDO 方法。MINDO/3 基本上被 MNDO 淘汰了，除了研究碳正离子（克拉克总结了 MINDO/3 的优缺点，以及对 MNDO 的早期工作[37]）。MNDO（以及 MNDOC 和 MNDO/d，C 和 d 表示相关和 d 轨道的）及其后代、非常流行的 AM1 和 PM3，将在下文讨论。简要提到的是 AM1 和 PM3 的修改，以及 PM3 的后继者，直到 PM7。

4. MNDO

MNDO[37]是指一种改进的 NDDO(6.2.5 节)方法,于 1977 年被报道[38]。MNDO 通过参考 CNDO(6.2.3 节)来解释。MNDO 是一种具有斯莱特型轨道的最小价基的通用几何构型方法。用式(6.1)来计算福克矩阵元。我们按照与 CNDO 相同的顺序来讨论 MNDO 中的核心和双电子积分。

根据式(6.10)计算同一原子 A 上两次具有相同轨道 ϕ_r 的核心积分 H_{rArA}^{core}。与 CNDO 的情况不同,其中,U_{rr} 根据电离能(CNDO/1)或电离能和电子亲和势(CNDO/2)得出。在 MNDO 中,U_{rr} 是要调整的参数之一。根据涉及 ϕ_{rA} 和原子 B 上价 s 轨道的双电子积分(见下文)的 CNDO/2 方法,类似地计算求和项 V_{AB} 中的积分:

$$\langle \phi_{rA}(1) \,|\, \hat{V}_B \,|\, \phi_{rA}(1) \rangle = -C_B(\phi_r\phi_r \mid s_Bs_B) \tag{6.14}$$

同一原子 A 上不同轨道 ϕ_r 和 ϕ_s 的核心积分 H_{rAsA}^{core} 并不像 CNDO(式(6.12))那样简单地被视为与重叠积分成正比,而是根据式(6.10)(就像同一原子上的两个轨道一样)来计算,在这种情况下,它变成

$$H_{rAsA}^{core} = \langle \phi_{rA}(1) \,|\, \hat{T} + \hat{V}_A \,|\, \phi_{sA}(1) \rangle + \langle \phi_{rA}(1) \,|\, \hat{V}_B \,|\, \phi_{sA}(1) \rangle +$$

$$\langle \phi_{rA}(1) \,|\, \hat{V}_C \,|\, \phi_{sA}(1) \rangle + \cdots$$

$$= U_{rs} + \sum_{B \neq A} \langle \phi_{rA}(1) \,|\, \hat{V}_B \,|\, \phi_{sA}(1) \rangle \tag{6.15}$$

根据对称性第一项为零[39],和 CNDO/2 一样,重新计算求和项的每个积分,根据一个双电子积分:

$$\langle \phi_{rA}(1) \,|\, \hat{V}_B \,|\, \phi_{sA}(1) \rangle = -C_B(\phi_{rA}\phi_{sA} \mid s_Bs_B) \tag{6.16}$$

在不同原子 A 和 B 上,不同轨道 ϕ_r 和 ϕ_s 的核心积分 H_{rAsB}^{core},如 CNDO(见式(6.12))一样,被取为与 ϕ_r 和 ϕ_s 之间的重叠积分成比例,其中,比例常数再次为原子 A 和原子 B 参数的算术平均值:

$$H_{rAsB}^{core} = \frac{1}{2}(\beta_{rA} + \beta_{sB})\langle \phi_r(1) \mid \phi_s(1) \rangle, \quad r \neq s \tag{6.17}$$

重叠积分是根据基函数计算的,尽管就罗特汉-霍尔方程而言,重叠矩阵可以被看作单位矩阵(见 6.2.2 节)。这些核心积分有时被称为核心共振积分。

双电子积分通过在 NDDO 近似(6.2.5 节)的框架内应用零微分重叠(6.2.1 节)来计算。与 PPP(6.2.2 节)和 CNDO(6.2.3 节)方法一样,这使得所有的双电子积分变成 $(rs \mid tu) = \delta_{rs}\delta_{tu}(rr \mid tt)$,即只有单中心和双中心的双电子积分是非零的。单中心积分由价态电离能求出。双中心积分是根据单中心积分和一个复杂过程的原子核分离来计算的。在这个过程中,积分被展开为多极-多极相互作用之和[38a,40],这使得双中心积分在零和无穷远分离时显示正确的极限行为。

与 CNDO 一样,MNDO 中忽略了钻穿积分(6.2.3 节,CNDO/2)。这样的结果不能简单地将核心-核心排斥(式(6.2)中的 V_{CC})实际计算为以原子核为中心的点电荷间的经典静电相互作用对的求和。相反,杜瓦及同事选择了[38a]表达式

$$V_{CC} = \sum_{B>A} \sum_A [C_AC_B(s_As_B \mid s_Bs_B) + f(R_{AB})] \tag{6.18}$$

式中，C_A 和 C_B 是原子 A 和 B 的核心电荷；s_A 和 s_B 是原子 A 和 B 上的价 s 轨道（式（6.18）中的双电子积分，实际上，大约正比于 $1/R_{AB}$，因此与简单静电模型有某种联系）；$f(R_{AB})$ 项是一个使结果更好的校正增量。$f(R_{AB})$ 取决于原子 A 和 B 上的核心电荷和价 s 函数、它们的间距 R，以及经验参数 α_A 和 α_B：

$$f(R_{AB}) = C_A C_B (s_A s_A \mid s_B s_B)(e^{-\alpha_A R_{AB}} + e^{-\alpha_B R_{AB}}) \qquad (6.19)$$

上述数学处理构成了半经验方程形式的创建。为了实际使用这些方程，它们必须以某种方式参数化（如上所述，杜瓦使用了实验数据）。这类似于分子力学中的情况（第 3 章），其中构建了由所用函数的形式定义（例如，键伸缩量的二次函数，对于键伸缩能量项）的力场，然后必须通过插入参数的特定量（如各种键的伸缩力常数的值）来参数化。原子 A 的每种类型（最多）需要 6 个参数。

（1）式（6.10）中的动能能量项 U_{rr}（如上所述，这个 CNDO 方程也被用于 MNDO 中，以估算 H_{rArA}^{core}），其中，ϕ_{rA} 是价 s 原子轨道。

（2）式（6.10）中的 U_{rr} 项，其中，ϕ_{rA} 是价 p 原子轨道。

（3）各种价原子轨道斯莱特函数的指数中，参数 ζ（图 5.12）（MNDO 的 s 和 p 原子轨道使用相同的 ζ）。

（4）价 s 原子轨道的参数 β（式（6.17））。

（5）价 p 原子轨道的参数 β。

（6）核心-核心排斥（式（6.18））的校正增量（$f(R_{AB})$，（式（6.19）））中的参数 α。

一些原子有 5 个参数，因为对于它们来说，MNDO 认为 s 和 p 轨道的 β 是相同的，而氢有 4 个参数，因为 MNDO 没有为它分配 p 轨道。

我们想要为各种分子提供最佳结果的参数。我们所说的"结果"取决于我们最感兴趣的分子特征。参数化 MNDO（及其同级 AM1 和 PM3），以[38]重现生成热、几何构型、偶极矩和第一垂直电离能（来自库普曼斯定理，5.5.5 节）。为了参数化 MNDO，选择了由小的、普通分子（如甲烷、苯、氮气、水、甲醇；使用了由 C、H、O、N 组合的 34 个分子）组成的一组训练集分子（"分子基集"是杜瓦的术语，与用于构建分子轨道的函数基组没有关系），从而调整上述 6 个参数（U_{rr} 等），以试图给出 4 个分子特征（生成热、几何构型、偶极矩、电离能）的最好值。具体来说，目标是最小化 Y，即 4 个分子特征实验偏差的加权平方和：

$$Y = \sum_{i=1}^{N} W_i [Y_i(\text{计算}) - Y_i(\text{实验})]^2 \qquad (6.20)$$

式中，N 是训练集中的分子数；W_i 是选择的加权因子，用于确定每个特征 Y_i 的相对重要性。对参数赋值的实际过程在形式上类似几何构型优化的问题（2.4 节）。在几何构型优化中，我们想要对应于势能超曲面上最小值（有时是过渡态）的一组原子坐标。在对半经验方法进行参数化时，我们想要一组参数，这对应于所选特征与其实验值的最小的总体计算偏差，即能给出最小值 Y 的参数，如上所述。杜瓦及其同事[38a]，以及斯图尔特[41]给出了 MNDO 参数化过程的详细信息。

杜瓦和蒂尔报道了仅包括元素 C、H、O、N 的 138 种化合物的 MNDO 计算结果[38b]。绝对平均误差：在生成热方面，138 种化合物为 26 kJ/mol；在几何构型方面，228 个键的键长为 0.014 Å，无环分子在 C 上的键角 2°（对于环状分子较小）；在偶极矩方面，57 种化合物为 0.30 D；在电离能方面，51 种化合物为 0.48 eV。要正确看待误差，这些量的典型值分别约为$-600 \sim 600$ kJ/mol、$1.0 \sim 1.5$ Å、$0 \sim 3$ D 和 $10 \sim 15$ eV。尽管 MNDO 可以重现多种分子的以上这些和其他性质[37,42]，但 MNDO 现在很少使用，在很大程度上已经被 AM1 和可能在较小程度上被 PM3 所取代。

基本 MNDO 的变体是 MNDO/d 和 MNDOC，两者均由蒂尔研究组开发。MNDO/d 将 d 函数添加到最小基组价 s 和 p 函数上，以试图解决半经验方法中最持久的问题之一，即对于传统上认为利用了 d 轨道的化合物来说，包括"超价化合物"[43]获得良好的结果。尽管术语"超价"并不明确，超配位也许更可取，而且 d 轨道在这里的作用也存在争议[44]，但用 d 函数进行参数化是找到有效半经验方法的一种实用方法。MNDO/d 适用于"正常"分子，更重要的是金属化合物，如镁、锌、镉和汞，以及一些超配位的分子。据说，MNDO/d 给出"比已建立的半经验方法的显著改进，特别是对于超价化合物来说"[43a]。过渡金属化合物 MNDO 参数化的特别困难的任务似乎尚未得到令人满意的解决。MNDO 及其相关方法在此类化合物中的应用已被综述[45]。

MNDOC 表示具有组态相互作用的 MNDO(组态相互作用见 5.4.3 节)[46]。这似乎很奇怪，因为 MNDO(以及相关的 AM1 和 PM3、…、PM6)被参数化，以匹配实验，而应该因此"自动"包括电子相关(5.4.1 节)，这是组态相互作用旨在处理的。然而，参数化使用化合物(基态电子态物种)，而不是过渡态和激发态，但电子相关在从基态到跃迁或激发态时发生变化。在过渡态中，这是由于键的松动，类似于在均裂键断裂中讨论的效果(5.4.1 节)，而在激发态中，电子排列当然会发生显著变化。基于化合物的完美参数化将因此提供完美的性质，如生成热和几何构型，只适用于基态分子。在 MNDO 中，加入组态相互作用旨在改善过渡态和激发态的建模，与 MNDO 相比，MNDOC 被认为"在[过渡态]方面更胜一筹"[46b]，并保证"谨慎应用……于光化学问题"[46c]。在其他涉及过渡态的研究中，据说 MNDOC 优于 MNDO，且与从头算计算相比相当好[47]。补充的一项实验研究据说已观察到基质分离的二甲基环氧乙烯，巴赫曼等执行了 MNDOC 计算，以估计一些环氧乙烯开环为氧代卡宾("酮卡宾")的势垒[48]。

他们获得了一些势垒(kJ/mol 或 kcal/mol)：环氧乙烯(R＝H，24/5.8)；二甲基环氧乙烯(R＝CH_3，31/7.3)；二叔丁基环氧乙烯(R＝t-C_4H_9，56/13.5)；环己炔氧化物(R，R＝$CH_2CH_2CH_2CH_2$，0/0)；氧化苯(R，R＝CHCHCHCH，67/16)。能量的排序很可能是正确的，但 MNDOC 似乎大大夸大了能垒(假设这里的高水平从头算计算是正确的！)。高水平计算可用于环氧乙烯和二甲基环氧乙烯。对环氧乙烯，给出仅 $1 \sim 4$ kJ/mol[49]和 3 kJ/mol[50]的能垒。在后一种情况下，卡宾不是驻点，能垒通过氢迁移将环氧乙烯直接重排为乙烯酮(H_2C＝C＝O)。对二甲基环氧乙烯的实际能垒似乎没有高水平的结果，但估计了基于未完全优化的过渡态，约 11 kJ/mol 的能垒[50]，而福勒等的"周期性扫描"(R＝H、BH_2、CH_3、NH_2、OH、F)结果表明，只有二甲基环氧乙烯通过取代基明显地稳定[51]。已对环氧乙烯问题进行了综述[52]。它是一个即使用高水平探究也不轻易顺从的分子(特别见参考文献[53])，因此，对半经验方法来说，这是一个相当严格的测试。奇怪的是，在发展

20 多年后,据说 MNDOC"尚未与其他 NDDO 方法进行必要的比较,以评估形式是否符合 [其]潜力"[54]。这可能是因为 MNDOC(和 MNDO/d)并不广泛可用,不像 MNDO、AM1 和 PM3,它们早已包含在流行的"多方法"(分子力学、半经验、从头算和密度泛函理论)程序 套件中,如 Gaussian[55] 和 Spartan[56]。MNDOC 和 MNDO/d 包含在 AMPAC[57] 中,以及 MNDO/d 在非常广泛使用的 MOPAC[58]两个专门的半经验套件中。

5. AM1

AM1(在德克萨斯大学奥斯汀分校开发[59])由杜瓦、佐比希、希利和斯图尔特于 1985 年引入[60]。AM1 是 MNDO 的改进版本,其主要变化是修改了核心-核心排斥(式(6.18)), 以克服 MNDO 高估以范德华距离分开的原子间排斥的趋势(另一个变化是斯莱特函数指 数中的参数 ζ,见上述 6 个参数列表中的参数 3,对同一原子上的 s 和 p 原子轨道不必相 同)。通过引入以核间点为中心的吸引和排斥高斯函数来修改[61]核心-核心排斥,然后被重 新参数化该方法。在 AM1 及其前身参数化时,遇到的巨大困难被杜瓦和同事在许多地方 强调了,例如:"我们所有的工作是基于一项非常费力的纯经验技术。"对于 MINDO 方 法[33]来说,AM1 的参数化是"纯粹的经验事件","需要无限的耐心和大量的计算机时间"[60]。 杜瓦在其自传中[62]说,"这些成功[这些方法的]绝非偶然,也不容易获得",并总结了参数化 这些方法的问题:①参数函数是未知形式的;②训练集分子的选择在一定程度上影响参 数;③参数不是唯一的,没有办法判断找到的一组值是否是最佳值,也没有系统的方法来寻 找替代值;④决定一组参数是否可接受是一个判断问题。杜瓦等选择将他们改进的 MNDO 方法称为 AM1,而不是 MNDO/2,因为他们认为自己的方法会与"严重不准确"[60] 的零微分重叠自洽场半经验方法,如 CNDO 和 INDO,混淆(大概是因为称谓中的"INDO" 和"NDO"成分)。

杜瓦等的报道[60]中含氮和/或氧化合物的 AM1 的计算给出 80 种化合物生成热的绝 对平均误差 25 kJ/mol,138 个分子的几何构型,与实验"总体上令人满意"地一致,46 种化 合物偶极矩的绝对平均误差 0.26 D,29 种化合物电离能的绝对平均值误差 0.40 eV。这些 结果略好于 MNDO,但 AM1 相对于 MNDO 的真正优势[60]据称在于它更好地处理了拥挤 的分子、四元环、活化能和氢键。然而,氢键的错误表述仍然是 AM1 的一个问题[63]。AM1 和 PM3 可能仍然是最广泛使用的半经验方法,并在几乎所有没有严格致力于半经验方法以 外的其他方法的商业程序套件中都可用。

一个相当新的 AM1 的重新参数化称为 RM1(累西腓是一个巴西城市,4 个作者中的 3 个 在那里工作),据称它比 AM1 和 PM3 更好,并与 PM5"至少具有非常强的竞争力"(PM3、PM5 和 PM6 见下文)[64]。RM1 保留了"AM1 的数学结构和质量,同时借助当今的计算机,以及可 用于非线性优化的更先进技术,显著提高了其定量精度。"RM1 可以在 AM1 软件中实现,无需 更改代码,只需改变参数。对于参数化中考虑的 1736 个物种来说,一些平均误差如下。

生成热(kJ/mol 或 kcal/mol):
AM1 47/11.15,PM3 33/7.98,PM5 25/6.03,RM1 24/5.77。

键长(Å):
AM1 0.036,PM3 0.029,PM5 0.037,RM1 0.027。

键角(度):

AM1 5.88,PM3 6.98,PM5 9.83,RM1 6.82。

RM1 背后的推动力是使大的生物分子的计算更加精确。RM1 在 Spartan'06[56] 及其更高版本、AMPAC 9.0[57] 和 MOPAC2009[58] 及其更高版本中可用。

AM1 的另一个变体是 AM1/d,在结构上与 MNDO/d 类似。似乎 *d* 函数首先被引入到 AM1 中,以参数化钼[65],而其他参数化好像已根据需要完成,如对镁[66] 和对磷酰转移反应[67]。AM1/d 在 MOPAC[58] 早期版本,WinMOPAC v.2.0(乙烯与银表面上氧原子反应的研究报道)[68] 和 MOPAC2000[58] 中可用,但目前尚不清楚是否任一商业程序套件都附带它。AM1/d 被修改,并针对 P、S 和 Cl 进行了参数化,得到一个称为 AM1* 的变体[69]。

6. PM3 和扩展(PM3(tm)、PM5、PM6 和 PM7)

PM3 是 AM1 的一个变体,两者主要不同在于参数化的完成方式。没有 PM1 和 PM2 是因为开发人员认为该类型的前两个可行参数化方法为 MNDO 和 AM1。当 PM3 首次被发布时[41],MNDO 型方法的两种参数化已经实施了,且 PM3 起初被称为 MNDO-PM3。3 篇论文[41,70,71] 定义了 PM3 方法。杜瓦学派的参数化方法是一种艰苦的方法(6.2.5 节,"无限耐心"),充分利用了化学直觉。PM3 的开发者斯图尔特采用了一种更快、更具算法性的方法,"比以前采用的方法快几个数量级。"[41]。虽然它基于 AM1,但 PM3 并未受到杜瓦的认可。其原因似乎至少有两个。①杜瓦(根据非常早期的结果[72])认为 PM3 充其量只能代表 AM1 的微小改进,且新的半经验方法应该使以前方法基本过时,因为 MNDO 使 MINDO/3 过时,而 AM1 在很大程度上取代了 MNDO。斯图尔特为他的方法[73]辩护,并反驳说,如果 PM3 仅比 AM1 略有改善,那么 AM1 也仅比 MNDO 略有改善。②杜瓦强烈反对计算化学方法的任何激增,无论是在从头算基组领域[74],还是半经验领域[72,74]。

对于含 H、C、N、O、F、Cl、Br 和 I 的化合物来说,霍尔德等报道[75],PM3 计算给出了 408 种化合物生成热的绝对平均误差 22 kJ/mol(见 AM1 的 27 kJ/mol),杜瓦等报告了 344 个键的键长的绝对平均误差 0.022 Å(见 AM1 的 0.027 Å),146 个键角的绝对平均误差 2.8°(见 AM1 的 2.3°)[76] 和 196 种化合物偶极矩的绝对平均误差 0.40 D(见 AM1 的 0.35D)[76]。

PM3(tm)是(1996 年、1997 年)d 轨道参数化用于几何构型的一个版本,但不用于生成热、偶极矩、电离能,而用于过渡金属[77]。它大约在 2000 年由博斯克和马塞拉斯评估[78]过,他们还简要提及了 11 份测试该方法的早期出版物(1996—1999 年)。并共同认为该方法往往适用于几何构型,而不适用于能量,且"其可靠性必须根据具体情况加以证明"[78]。此后发布了许多 PM3/tm 测试,其中一些在参考文献[79]中给出。

据说 PM4 的名称已被保留用于"一项单独的、协作的参数化工作"[80],其结果似乎尚未公布。PM5 是 MOPAC2002 中出现的 PM3 的改进[58]。与 MNDO、AM1 和 PM3 相比,PM5 精度的概念由 MOPAC2002 手册(作者将 kcal/mol 转换为 kJ/mol)中的误差信息给出[81]。

类 别	MNDO	AM1	PM3	PM5
生成热/(kJ/mol)	77	50	42	25
键长/Å	0.066	0.053	0.065	0.051
键角/(°)	6.298	5.467	5.708	5.413

截至 2009 年年中,PMx 系列的最新版本是 PM6,斯图尔特在一篇长篇论文中对此进行了详细描述[82]。该论文还简要介绍了 NDDO 方法的历史,明确指出 PM4 和 PM5 是"未发布"的,大概意味着它们参数化的细节尚未披露。PM6 在 Gaussian 09[55]、Spartan'14、AMPAC10[57] 和 MOPAC12(MOPAC2012)[58] 中可用。它似乎是对 PM3 和 AM1 的显著改进,且很可能在几年内成为标准的通用半经验方法,除了那些保留 PM3 和 AM1 而未引入更新 PM 版本的程序套件外。MOPAC2009 手册[83](更多细节见参考文献[82],主要用于生成热的参数化)表明该方法有以下特征。

(1) 使用 9000 多种化合物的数据参数化。使用实验数据和从头算数据,因此不像早期的 NDDO 方法(MNDO、AM1、PM3,大约 1975—1990 年),参数化不是纯粹的、经验的。只有大约 500 种化合物的数据用于 PM3 参数化。

(2) 给出比 B3LYP/6-31G*(一种密度泛函理论方法)、PM3、HF/6-31G* 和 AM1 更好的生成热(来自 1373 种化合物的测试):PM6 和这 4 种方法的平均无符号误差是 20.0(PM6)、21.7、26.2、30.8 kJ/mol 和 41.9 kJ/mol。使用专门为生成热参数化的 NDDO 版本,因而,生成热要比 PM6 更精确(平均无符号误差为 16.1 kJ/mol 与 20.0 kJ/mol)。在对约 1300 种化合物的调查中,发现了 NIST 化学 WebBook 数据库中的一些错误[84]。

(3) 对氢键的处理优于 PM3 和 AM1。

(4) 对所有主族和过渡元素进行参数化。

PM6 精确度的其他一些信息在 MOPAC2009 手册[85]中可得。

类　　别	PM6	PM3	AM1
键长/Å	0.091	0.104	0.130
键角/(°)	7.86	8.50	8.77
偶极矩/D	0.85	0.72	0.67
电离能/eV	0.50	0.68	0.63

截至 2015 年年初,PMx 系列的最新版本是 PM7,它于 2012 年在 MOPAC 12(http://openmopac.net/MOPAC2012brochure.pdf)中发布。该网站概述了其显著特点。2013 年的一篇论文[86]冷静地给出了 PM7 的详细信息,重点是将其与 PM6 进行比较。这似乎是一个温和的改进。

PM3 和 MNDO 已通过使用另一个参数化函数,称为成对距离定向高斯函数(pairwise distance directed Gussian function,PDDG 函数),来进一步参数化修改它们的核心-核心排斥函数,给出了 PDDG/PM3 和 PDDG/MNDO,目的是改进计算的生成热,而不引起几何构型、电离能和偶极矩的显著变化[87]。C、H、N、O 化合物的参数化使 PDDG/PM3 与 PM3 生成热的平均绝对误差从 18.4 kJ/mol 降低到 13.4 kJ/mol,使 PDDG/PM3 与 MNDO 生成热的平均绝对误差从 35.1 kJ/mol 降低到 21.8 kJ/mol[87a]。含卤素化合物的参数化比重新参数化(使用相同训练集)的 PM3 和 MNDO(称为 PM3′ 和 MNDO′)有显著的生成热改善,比 PM3、MNDO 和 AM1 有相当大的改善[87b]。在研究的半经验方法中,PDDG/PM3

与从头算 G2 和 CCSD（T）计算的卤代甲烷和卤素阴离子 S_N2 反应的活化能的一致性最好[87b]。PDDG 参数化已扩展到含 S、Si 和 P 的化合物。对于 1480 个中性、离子和含 H、C、N、O、F、Si、P、S、Cl、Br 和 I 的复合物来说，生成热的平均绝对误差是 27.2（PDDG/PM3）、36.4（PM3）、43.1（MNDO/d）、45.2（AM1）和 82.8 kJ/mol（MNDO）[87c]。

7. SAM1 和 SCC-DFTB

半从头算方法 1（semi ab initio method 1，SAM1）是杜瓦研究组报道的最后一种半经验方法（1993 年，参考文献[76]）。SAM1 本质上是 AM1 的一个修改，其中，双电子积分是按照标准从头算计算（5.3.2 节）使用收缩高斯（STO-3G 基组）从头算计算的。这与 AM1 形成对比，其中，双中心双电子积分是由单中心双电子积分计算的，而单中心双电子积分是通过光谱法估算的。正如霍尔德和埃夫莱斯对 AM1 和 SAM1 基础简要而清晰的概述中所指出的那样[88]，每种半经验方法的一个关键区别是它如何计算双电子排斥积分。由于 NDDO 近似舍弃了所有三中心和四中心双电子积分，因此大大减少了需要计算的双电子积分数量。这一点及对价电子的限制使得 SAM1 的计算速度只是 AM1 的两倍[88]。

开发 SAM1 的主要原因之一是改善氢键的处理（这也是从 MNDO 开发 AM1 的主要原因，显然，成功是有限的[63]）。在这方面，SAM1 确实是 AM1 的改进，并且"似乎是第一个可以正确处理各种（氢键）系统的半经验参数化"。实际上，据说"SAM1 几乎对每个系统的结果都比 AM1 和 PM3 有所改善，满足了作为 AM1 和 PM3 合理继承者的 SAM1 用作通用半经验计算的标准"[88]。大量的实验生成热与 SAM1、AM1 和 PM3 计算的生成热相比较的结果已经被公布[75]。实际上，尽管它明显优于 AM1，但使用 SAM1 计算的出版物相对较少。这可能是因为该程序目前仅在商业半经验软件包 AMPAC[57] 中可用，而最新的"PMX"，即完全半经验 PM6，似乎功能非常强大。公开文献中还没有完全公布 SAM1 的参数化，这也可能起到了一定作用——研究人员可能对使用一套黑箱技术感到不安。

在 SAM1 中看到的半经验方法与一些从头算计算融合，类似于将密度泛函理论引入半经验领域：埃尔斯特纳的自洽电荷密度泛函紧束缚（self-consistent-charge density functional tight-binding，SCC-DFTB）方法[89]。在 SAM1 中，从头算计算只用于计算双电子积分；在 SCC-DFTB 中，根据密度泛函理论的精神，波函数已被电子密度函数取代。半经验方法是波函数方法：简单和扩展休克尔（第 4 章）及本章的自洽场半经验方法，都使用通过对角化福克矩阵创建的波函数来给出所选基函数的系数；这些线性组合的加权基函数是分子轨道波函数，它们排列在一个或多个斯莱特行列式中，构成总的原子或分子波函数（第 4 章和第 5 章）。相比之下，密度泛函理论基于电子密度函数，一个电子密度随空间位置变化的概念上简单的函数。尽管密度泛函理论不需要波函数，但当前实用的密度泛函理论方法使用假设的非相互作用电子的波函数来计算电子密度函数，然后借助称为泛函的数学方法将其转换为分子能量（第 7 章）。紧束缚指原子轨道线性组合方法的一种变体，该方法是为处理固态物理学中的周期性固体而开发的，有关详细评论请参阅戈林格等的报道[90]。SCC-DFTB 方法是固体和团簇物理学中所用方法（约 2000 年）的分子应用。它源自"通过相互作用积分的忽略、近似和参数化"的标准密度泛函理论[89]，其发展的背后推动力是对大的生物分子的研究，而其计算速度据说可与其他半经验方法相媲美。

8. 极化分子轨道模型；色散效应

极化分子轨道模型（polarized molecular orbital model，PMO）是一种相当新的 NDDO 方法，最初（2011 年）仅用于 H、O 分子，但现在扩展到至少还包括 C、N、S[91a]。据说 PMO2 版本"对极化率、原子化能、质子转移能、非共价络合能和化学反应势垒高度特别精确，并对一系列其他性质，包括偶极矩、部分原子电荷和分子几何构型，具有良好的、全面的精确性"[91b]。PMO 方法包括一个可选的显式经验色散项。对色散的显式识别是大多数半经验程序所缺乏的特征（它已被引入 AM1 和 PM3 中，给出了 AM1-D 和 PM3-D，参见参考文献[91b]中的参考资料）。而对于苯二聚体，采用一些分子力学力场比半经验色散方法更精确[91c]。有关从头算和密度泛函理论中色散的参考，请参阅 5.4.3 节 BSSE 讨论，以及 7.2.3 节。截至 2015 年年中，PMO 半经验方法的使用可能仅限于特鲁赫拉研究组。

9. OMx，正交化方法 x（$x=1,2,3$）

这些 NDDO 方法是 MNDO 的变体，其中应用了正交化，不像扩展休克尔方法和从头算方法（4.4.1 节和 5.2.3 节）那样直接应用于整个福克矩阵，而是以一种更复杂的方式，仅针对福克矩阵的某些积分。这些"正交化校正"方式被用来区分 OM1、OM2 和 OM3[92a]。此外，与 MNDO 和大多数其他半经验自洽场方法不同，OMx 方法使用高斯轨道，而不是斯莱特轨道。尽管 OMx 方法并不是新出现的，可追溯到 1993—2003 年[92a]，但最近（大约 2011 年），人们似乎对测试其精确性重新产生了兴趣：一项广泛的基准研究发现 OMx 方法，尤其是 OM2 和 OM3，显著优于 AM1、PM6 和 SCC-DFTB。OM2 和 OM3 也优于密度泛函理论（第 7 章）[92b]。截至 2014 年，这些方法似乎仅针对 H、C、N、O、F 进行了参数化。

1）NDDO 方法的总体评价

本节介绍的通用目的的（不限于 π-电子）方法都是以杜瓦第一个相当成功的 NDDO 方法为主体的变体，MINDO/3（SCC-DFTB 作为密度泛函理论，而不是波函数方法，不属于该组）。MINDO/3 被 MNDO 淘汰，而 MNDO 很大程度上被 AM1 取代，如今，AM1 与 PM3（及 PM6 和 PM7）竞争。当今使用的杜瓦型方法的变体为：MNDO、MNDO/d、MNDOC、AM1、RM1、PM3、PM6、PM7、PDDG/PM3 和 SAM1。以下是截至 2015 年 12 月，在 4 个广泛使用的程序套件中，通用半经验方法的可用性。

AMPAC 10：MNDO/3、MNDO、MNDO/d、MNDOC、AM1、RM1、PM3、PM6、SAM1 见 Semichem 公司。

Gaussian 09：扩展休克尔、CNDO/2、INDO、ZINDO、MINDO/3、MNDO、AM1、PM3、PM3MM（可选分子力学酰胺校正）、PM6、PDDG/PM3、DFTB（埃尔斯特纳等首创）、DFTBA（修改的 DFTB）。

见 Gaussian 公司。

MOPAC 12：MNDO、AM1、RM1、PM3、PM6、PM7、PM7-TS（用于过渡态）、MOZYME。J. J. P. 斯图尔特告知作者①，"MNDOD 包含在 MOPAC2012 中，以及在 MNDOD 发布之后的所有早期版本"，关键词为 MNDOD，和现在（2015 年 11 月 19 日）MNDO/d。"MNDOC 从未出现在 MOPAC 的任何副本中。这是我的选择。MNDOC 在理论上是比任何其他 NDDO 方法更正确的形式，因为它通过组态相互作用，包括相关。但在实践中，它要慢得多，且没有提供显著的优势。出于这个原因，我决定不把它放在 MOPAC 中"。

见斯图尔特计算化学——MOPAC 主页。

Spartan'14：MNDO、MNDO/d、AM1、RM1、PM3、PM6

见 Wavefunction 公司。

具有讽刺意味的是，如果这看起来像是一种无序激增，那么，杜瓦针对他所看到的从头算基组的疯狂增长（5.3.3 节，我应该使用哪个基组?）提出的指控，由于目前非常广泛使用的方法可能只有 AM1、PM3、PM6 和 PM7（这并不意味着对于某些目的来说，其他方法可能不会更好），因此情况有所改善。

6.3 半经验方法的应用

莱文给出了截至 2014 年对 AM1、PM3 和相关半经验方法性能良好的、简要的概述[93]。赫尔编写了一本非常有用的书，其中比较了 AM1 与分子力学（第 3 章）、从头算（第 5 章）和密度泛函理论（第 7 章）计算几何构型和其他性质的"实用策略"[94]，而在斯图尔特的第二篇 PM3 论文中，可以看到汇集了大量的 AM1 和 PM3 几何构型[70]。

6.3.1 几何构型

5.5.1 节中有关分子几何构型的许多一般说明，在讨论具体的从头算计算结果之前，也适用于半经验计算。几年前仅限于分子力学的蛋白质和核酸等大的生物分子的几何构型优化，现在可以在廉价的个人计算机上，用半经验方法通过 MOZYME（半经验程序套件 MOPAC 中的一个程序）[95a]程序进行常规[89]计算，MOZYME 程序使用定域轨道来求解自洽场方程[95b]。定域轨道加速了罗特汉-霍尔自洽场过程（5.2.3 节），因为这些轨道更紧密（与分散的正则轨道相比，5.2.3 节），需要考虑的长程基函数的相互作用更少。显然，在一个非常大的分子中，这种"外延"的节省尤其重要。

让我们比较 AM1、PM3、MP2(fc)/6-31G*（5.4.2 节）计算的和实验的几何构型。MP2(fc)/6-31G* 方法是通常使用的一种相当高水平的从头算方法。图 6.2 给出了这三种方法和实验的键长和键角，如图 5.23，同样的 20 个分子[96]。图 6.2 中所示的几何构型在表 6.1 中分析，表 6.2 提供了与表 5.8 中相同的 8 个分子的二面角信息。图 6.2 与图 5.23、表 6.1 与表 5.7、表 6.2 与表 5.8 相对应。

---

① J. J. P. 斯图尔特，个人交流，2015 年 11 月 19 日。

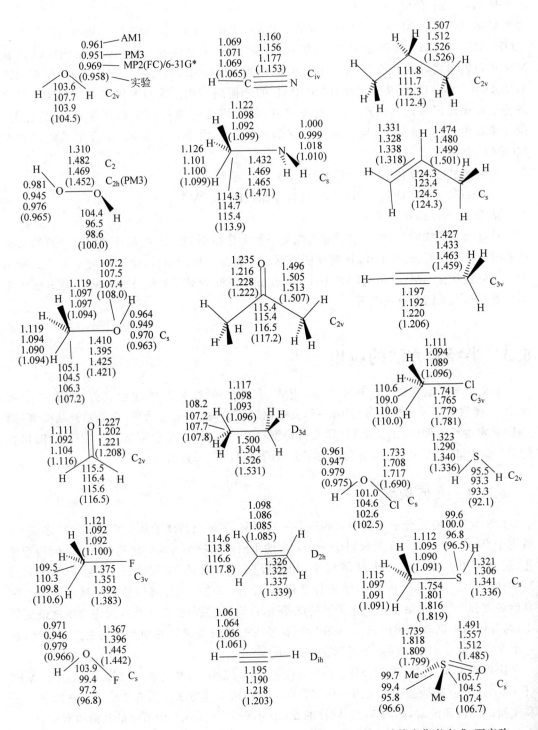

图 6.2　一些 AM1、PM3、MP2(fc)/6-31G* 和实验几何构型的比较。计算由作者完成，而实验的几何构型来自参考文献[96]。请注意，所有的 CH 键长均约为 1 Å，所有键角（线型分子除外）均约是 90°~120°

表 6.1　AM1、PM3 和 MP2（fc）/6-31G* 键长和键角的误差，来自图 6.2

键长误差，$r-r_{exp}$/Å				键角误差，$a-a_{exp}$/度
C—H	O—H,N—H,S—H	C—C	C—O,N,F,Cl,S	
MeOH	H_2O	Me_2CO	MeOH	H_2O(HOH)
0.025/0.000/−0.004	0.003/−0.007/0.011	−0.011/−0.002/0.006	0.001/−0.014/0.007	−0.9/3.2/−0.6
0.025/0.003/0.003				
HCHO	H_2O_2	CH_3CH_3	HCHO	H_2O_2(HOO)
−0.005/−0.024/−0.012	0.016/−0.020/0.011	−0.031/−0.027/−0.005	0.019/−0.006/0.013	4.4/−3.5/−1.4
MeF	MeOH	CH_2CH_2	MeF	MeOH(HCO)
0.021/−0.008/−0.008	0.001/−0.014/0.007	−0.013/−0.017/−0.002	−0.008/−0.032/0.009	−2.2/−2.7/−0.9(COH)
				−0.2/−0.5/−0.6
HCN	HOF	HCCH	HCN	HCHO(HCH)
0.004/0.006/0.004	0.005/−0.020/0.013	−0.008/−0.013/0.015	0.007/0.003/0.024	−1.0/−0.1/−0.9
$MeNH_2$	$MeNH_2$	$CH_3CH_2CH_3$	$MeNH_2$	MeF(HCH)
0.021/0.002/0.001	−0.010/−0.011/0.008	−0.019/−0.014/0.000	−0.039/−0.002/−0.006	−1.1/−0.3/−0.8
0.023/−0.001/−0.007				
CH_3CH_3	HOCl	CH_2CHCH_3	Me_2CO	HOF(HOF)
0.021/0.002/−0.003	−0.014/−0.028/0.004	−0.027/−0.021/−0.002	0.013/−0.006/0.006	7.1/2.6/0.4
		0.013/0.010/0.020		
CH_2CH_2	H_2S	$HCCCH_3$	MeCl	$MeNH_2$(HCN)
0.013/0.001/0.000	−0.013/−0.046/0.004	−0.032/−0.026/0.004	−0.040/−0.016/−0.002	0.4/0.8/1.5
		−0.009−0.014/0.014		
CHCH	MeSH		MeSH	Me_2CO(CCC)
0.000/0.003/0.005	−0.015/−0.030/0.005		−0.065/−0.018/−0.003	−1.8/−1.8/−0.8
MeCl			Me_2SO	CH_3CH_3(HCH)
0.015/−0.002/−0.007			−0.060/0.019/0.010	0.4/−0.6/−0.1
MeSH				CH_2CH_2(HCH)
0.024/0.006/0.000				−3.2/−4.0/−1.2
0.021/0.004/−0.001				
				$CH_3CH_2CH_3$(CCC)
				−0.6/−0.7/−0.1
				CH_2CHCH_3(CCC)
				0.0/−0.9/0.2
				MeCl(HCH)
				0.6/−1.0/0.0
				H_2S(HSH)
				3.4/1.2/1.2
				MeSH(CSH)
				3.1/3.5/0.3
				Me_2SO(CSC)
				3.1/2.8/−0.8(CSO)
				−1.0/−2.2/0.7
12+,1−,无 0	4+,4−,无 0	1+,8−,无 0	4+,5−,无 0	8+,9−,1 0
8+,4−,1 0	0+,8−,无 0	1+,8−,无 0	2+,7−,无 0	6+,12−,无 0
4+,7−,2 0	8+,0−,无 0	5+,3−,1 0	6+,3−,无 0	6+,11−,1 0
13 个平均：0.017/0.005/0.004	8 个平均：0.010/0.022/0.008	9 个平均：0.018/0.016/0.008	9 个平均：0.028/0.013/0.009	18 个平均：1.9/1.8/0.7

注：误差被表示为 AM1/PM3/MP2。在某些情况下，在一行和下一行给出了（如 MeOH）两个键的误差。负号表示计算值小于实验值。与实验的正、负和零偏差数量汇总在每列底部。每列底部的平均值是误差绝对值的算术平均值。

表 6.2　AM1、PM3、MP2(fc)/6-31G* 和实验的二面角（度）

分　子	二面角				
	AM1	PM3	MP2/6-31G*	实验	误差
HOOH	128	180	121.3	119.1[a]	9/61(*sic*)/2.2
FOOF	89	90	85.8	87.5[b]	1.5/2.5/−1.7
FCH₂CH₂F(FCCF)	81	57	69	73[b]	8/−16/−4
FCH₂CH₂OH(FCCO)	65	66	60.1	64.0[c]	1/2/−3.9
(HOCC)	58	62	54.1	54.6[c]	3/7/−0.5
ClCH₂CH₂OH(ClCCO)	74	65	65.0	63.2[b]	11/2/1.8
(HOCC)	62	59	64.3	58.4[b]	4/1/5.9
ClCH₂CH₂F(ClCCF)	79	61	65.9	68[b]	11/−7/−2.1
HSSH	99	93	90.4	90.6[a]	8/2/−0.2
FSSF	89	87	88.9	87.9[b]	1/−1/1.0
					偏差： 10+,0−/7+,3−/4+,6− 10 个平均：6/10/2.3； 9 个平均,忽略 9/61/2.2 误差：5/4.5/1.9

注：误差在"误差"列给出，如 AM1/PM3/MP2/6-31G*。负号表示计算值小于实验值。与实验的正偏差和负偏差的数量及平均误差（误差绝对值的算术平均）汇总在误差列底部。计算由作者完成。每次测算都提供了实验测算的参考。AM1 和 PM3 二面角根据输入二面角的不同而略有所不同。除了此处给出的那些外，还计算了一些分子的其他二面角的最小值，如 FCH₂CH₂F 在 FCCF 180°。

[a]W. J. Hehre, L. Radom, p. v. R. Schleyer, J. A. Pople, "Ab initio molecular orbital theory", Wiley, New York, 1986, pp 151, 152

[b]M. D. Harmony, V. W. Laurie, R. L. Kuczkowski, R. H. Schwenderman, D. A. Ramsay, F. J. Lovas, W. H. Lafferty, A. G. Makai, "Molecular structures of gas-phase polyatomic molecules determined by spectroscopic methods", J. Physical and Chemical Reference Data, 1979, 8, 619-721

[c]J. Huang and K. Hedberg, J. Am. Chem. Soc. , 1989, 111, 6909

　　这项调查表明，AM1 和 PM3 给出了相当好的几何构型（尽管二面角有时显示相当大的误差）：键长大多在实验值的 0.02 Å 范围内（尽管 AM1 的 C—S 键约短 0.06 Å），而键角通常在实验值的 3°范围内（最差的是 AM1 的 HOF 角，约大 7.1°）。

　　AM1 和 PM3 在预测几何构型方面都没有明显的优势，尽管 PM3 预测的 C—H 和 C—X(X═O、N、F、Cl、S)键长似乎比 AM1 更精确。MP2 预测的几何构型比 AM1 和 PM3 好得多，但 HF/3-21G[(*)] 和 HF/6-31G*（基组：5.3.3 节）的几何构型（图 5.23 和表 5.7）仅略好。

　　AM1 和 PM3 预测的 C—H 键长几乎总是（AM1）或倾向于（PM3）比实验值长约 0.004～0.025 Å（AM1）或 0.002 Å（PM3）。与实验值相比，AM1 预测的 O—H 键倾向于稍长一些（最高 0.016 Å），而 PM3 预测的 O—H 键则稍短一些（最多 0.028 Å）。

　　AM1 和 PM3 始终低估 C—C 键的长度（约 0.02 Å）。

　　C—X(X═O、N、F、Cl、S)键长似乎始终没有被 AM1 高估或低估，而 PM3 往往低估它们。如上所述,PM3 预测的长度似乎更精确(平均误差 0.013 Å,而 AM1 为 0.028 Å)。AM1 和 PM3 都给出了相当好的键角(最大误差约 4°,除了 HOF 的 AM1 误差为 7.1°)。

AM1 倾向于高估二面角(10+,0-),而 PM3 可能在较小程度上高估(7+,3-)。PM3 对 HOOH 的计算彻底失败(计算值 180°,实验值 119.1°),而对 FCH_2CH_2F 的计算较差(计算值 57°,实验值 73°)。忽略 HOOH 的情况,AM1 和 PM3 计算的平均二面角误差为 5°和 4.5°。然而,此处 AM1 的变化是从 1°~11°,而 PM3 的变化是从 -1°~-16°(尽管 AM1、PM3 或 MP2 的计算并没有太大的出入,但据报道,实验得出的 $ClCH_2CH_2OH$ 中 HOCC 的二面角 58.4°是可疑的,见 5.5.1 节)。

AM1 和 PM3 的精度,对于键长和键角来说,是相当好的,但对于二面角来说,是相当近似的。键长最大误差(表 6.1)为 0.065 Å(MeSH 的 AM1),而键角最大误差为 7.1°(HOF 的 AM1)。二面角的最大误差(表 6.2)除去 HOOH 的 PM3 结果为 16°(FCH_2CH_2F 的 PM3)。

根据图 6.2 和表 6.1,AM1 和 PM3 方法对 39 个键长(13+8+9+9)计算的平均误差约是 0.01~0.03 Å,除 O—H 和 O—S 键外,PM3 略好一些。AM1 和 PM3 对 18 个键角计算的平均误差约是 2°。据表 6.2,AM1 和 PM3 对 9 个二面角的平均误差(省略了 HOOH 的情况,其中,PM3 完全失效)约为 5°。如果包括 HOOH,则 AM1 和 PM3 的平均误差分别为 6°和 10°。

施罗德和蒂尔将 MNDO(6.2.5 节)和 MNDOC(6.2.5 节)与从头算计算进行了比较,以研究 47 个过渡态的几何构型和能量[47]。AM1 和 PM3 对这些系统的计算应给出比 MNDO 更好的结果,因为这两种方法本质上是 MNDO 的改进版本。总体印象是半经验和从头算的过渡态在大多数情况下是定性相似的,而 MNDOC 几何构型有时会更好一些。半经验和从头算的几何构型在大多数情况下是非常相似的,因此,就几何构型而言,人们会得出相同的定性结论。

图 6.3 中进一步比较半经验和从头算的几何构型,其中给出了 4 个反应的结果,与图 5.21 中的从头算计算的总结相同。正如图 6.2 的结果所预期的那样,以 MP2/6-31G* 结果作为我们的标准,反应物和产物的半经验几何构型(能量最小值)非常好。然而,半经验过渡态几何构型似乎也出人意料地好:AM1 和 PM3 的结果只有很小的差异,在所有 4 种情况下,半经验过渡态与从头算过渡态是如此相似,以至于基于几何构型的定性结论将是相同的,不管几何构型是来自 AM1 或 PM3,还是来自于 MP2/6-31G* 的计算。最大键长误差(如果认定 MP2 几何构型是精确的)约为 0.09 Å(对于 CH_3NC 过渡态来说,1.897~1.803 Å),最大键角误差为 9°(对于 HNC 过渡态来说,72.8°~63.9°;大多数键角误差小于 3°)。

这些结果,连同施罗德和蒂尔[47]的结果,表明半经验几何构型通常是相当好的,即使对过渡态,也是如此。超价化合物和不寻常结构(如 C_2H_5 阳离子)可能会出现例外。对于后者来说,AM1 和 PM3 预测了经典的 CH_3CH_2 结构,但 MP2/6-31G* 计算预测该物种具有氢桥结构(图 5.17)。6.3.2 节考虑了半经验能量。

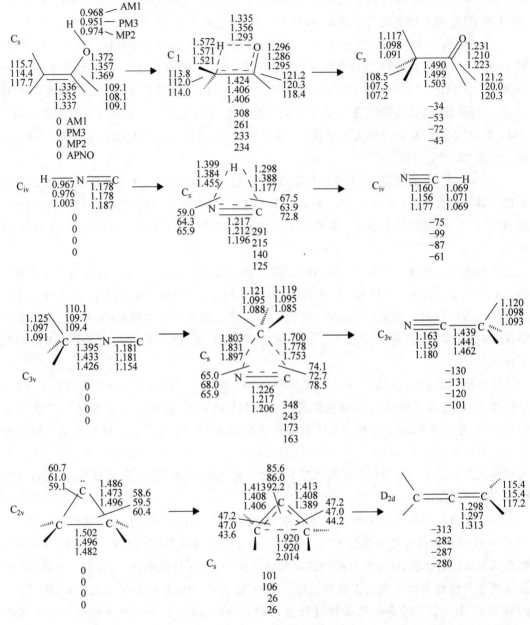

图 6.3 4 个反应的几何构型（键长（Å），键角（度））和相对能量（kJ/mol）与图 5.21 的从头算计算相同。为清楚起见，大多数 H 被省略。图 5.21 中给出以 hartree 为单位的原始能量和零点能。APNO 焓被认为是略显简略和近似的实验值的良好替代值[97]

6.3.2 能量

1. 能量：预备工作

与从头算（第 5 章）和分子力学（第 4 章）计算一样，通常，从半经验计算中寻求的分子参数是几何构型和相对能量。如 6.2.5 节所述，SCF 型半经验方法 AM1 和 PM3 及其变体

（以及 DFT 型 SCC-DFTB）给出了标准的（室温，298 K）生成焓（热）。本章中的焓指半经验能量、生成焓、反应焓或活化焓，具体取决于上下文。这与从头算计算形成鲜明对比，从头算计算给出的是分子从假设的零振动能态或从包含零点能的 0 K 态开始（5.5.2 节），完全解离成核和电子的能量（负的）。从头算方法通过稍微迂回的方法（5.5.2 节）可以给出生成热。图 6.3 和图 6.4 及表 6.3～表 6.5 给出半经验能量。表 6.3 与用于测试图 6.2 中几何构型的 20 种化合物的实验计算生成焓进行了比较。尽管已经针对更大的样本量测试了能量的半经验方法精度（6.3.2 节），但该表和其中总结的误差仍然传达了这 5 种方法中所期望的精度。

表 6.3　图 6.2 中 20 种化合物的生成焓（kJ/mol）。来自研究反应曲线的 5 种半经验方法（表 6.4）

化　合　物	AM1	RM1	PM3	PDDG	PM6	实验
H_2O	−248	−242	−224	−221	−227	−241.8
HOOH	−148	−155	−171	−171	−100	−136.1
HOF	−94.5	−78.2	−122	−121	−72.6	−98.3
HOCl	−91.0	−87.6	−144	−70.7	−74.4	−74.5
H_2S	5.0	8.7	−3.8	4.9	−7.1	−20.6
CH_3SH	−18.2	−24.8	−23.1	−22.0	−14.1	−22.8
Me_2SO	−165	−173	−162	−163	−137	−150.5
CH_3F	−255	−221	−225	−220	−224	−234.3
CH_3Cl	−79.3	−78.9	−61.4	−70.2	−63.0	−83.7
CH_3OH	−239	−210	−217	−205	−202	−205
HCHO	−132	−124	−154	−126	−86.5	−115.9
Me_2CO	−206	−221	−223	−234	−228	−218.5
HCN	130	128	138	112	139	135.1
Me_2NH_2	−30.9	−17.7	−21.7	−30.1	−10.1	−23.5
CH_3CH_3	−72.9	−73.3	−75.9	−78.9	−66.1	−84
$CH_3CH_2CH_3$	−102	−94.6	−98.8	−101	−87.6	−104.7
H_2CCH_2	68.9	61.7	69.6	60.9	65.9	52.5
$CH_3CH{=\!=}CH_2$	27.5	32.7	26.8	19.4	23.8	20.4
HCCH	229	194	212	199	238	226.7
CH_3CCH	182	159	168	172	190	185.4

注：实验值来自 NIST 网站。当给出误差时，这些误差小于 2 kJ/mol，除了 CH_3OH（±10 kJ/mol）
　平均绝对误差/最大误差（分子），kJ/mol：AM1 10.9/33.6（CH_3OH）；RM1 10.6/32.4（HCCH）；PM3 16.8/38.5（HCHO）；PDDG 12.7/35.2（HOOH）；PM6 13.5/35.9（HOOH）。

　　结合几何构型讨论过的图 6.3 中，也给出了 4 个反应的反应曲线（反应物、过渡态、产物）关于 AM1、PM3、从头算 MP2/6-31G*，以及来自实验的[97]相对能量。图 6.4 中的相对能量基于表 6.4 中的数据，表 6.4 也给出了半经验的"原始数据"（生成焓）。表 6.4 和图 6.4 用来自 RM1、PDDG/PM3 和 PM6 的值增加了图 6.3 的 AM1 和 PM3 值。图 6.3 和

表 6.4 的 APNO 能量来自非常高精度 CBS-APNO 方法（5.5.2 节）的相对焓，并应作为这 4 种反应简略实验信息的良好替代值[97]。另见 7.3.2 节。表 6.4 中的反应曲线可能在图 6.4 中能被更好地理解。表 6.5 给出了 AM1、RM1、PM3、PDDG/PM3 和 PM6 的两个"单质"反应（$H_2 + Cl_2$ 和 $H_2 + O_2$）的焓值，并为 H_2、Cl_2 和 O_2 提供了反应焓和半经验生成焓（根据定义应该为零，但在此处不为零）。

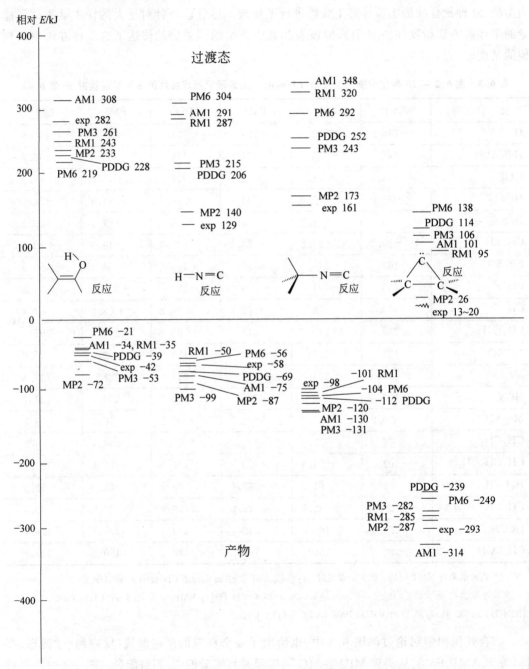

图 6.4　图 6.3 中 4 个反应的相对能量（kJ/mol）。与反应物（所示的 4 物种）相比，过渡态能量均为正，而产物能量均为负

表 6.4 图 6.3 的 4 个反应中,每个反应的反应物、过渡态和产物的生成焓(kJ/mol),
使用 AM1、RM1(改进的 AM1)、PM3、PDDG/PM3(改进的 PM3)和 PM6

方 法	反 应	物 种			相 对 焓		
		反应	过渡态	产物			
AM1	乙烯醇到乙醛	−140.3	167.9	−173.9	0	308	−34
	HNC 到 HCN	204.3	495.6	129.7	0	291	−75
	CH_3NC 到 CH_3CN	210.8	558.4	80.7	0	348	−130
	环丙基到丙二烯	506.5	607.5	193.0	0	101	−314
RM1	乙烯醇到乙醛	−136.4	106.6	−171.6	0	243	−35
	HNC 到 HCN	177.6	464.2	127.7	0	287	−50
	CH_3NC 到 CH_3CN	192.1	512.2	91.0	0	320	−101
	环丙基到丙二烯	469.7	565.1	184.5	0	95	−285
PM3	乙烯醇到乙醛	−132.1	128.5	184.9	0	261	−53
	HNC 到 HCN	236.8	452.2	137.9	0	215	−99
	CH_3NC 到 CH_3CN	228.8	471.4	97.4	0	243	−131
	环丙基到丙二烯	479.2	584.8	196.9	0	106	−282
PDDG/PM3	乙烯醇到乙醛	−143.0	84.9	−182.3	0	228	−39
	HNC 到 HCN	180.9	386.4	112.2	0	206	−69
	CH_3NC 到 CH_3CN	197.0	449.1	85.2	0	252	−112
	环丙基到丙二烯	435.2	549.4	196.4	0	114	−239
PM6	乙烯醇到乙醛	−138.6	80.4	−159.6	0	219	−21
	HNC 到 HCN	194.8	498.9	139.1	0	304	−56
	CH_3NC 到 CH_3CN	190.2	482.0	85.9	0	292	−104
	环丙基到丙二烯	406.5	544.5	157.5	0	138	−249

注: 来自 CBS-APNO(见正文)的相对焓,它应该是实验的很好的替代,是:乙烯醇到乙醛,0:234:−43;HNC 到 HCN,0:125:−61;CH_3NC 到 CH_3CN,0:163:−101;环丙基到丙二烯,0:26:−280。

表 6.5 使用 AM1、RM1(改进的 AM1)、PM3、PDDG/PM3(改进的 PM3)和 PM6 的
两个反应的生成焓和反应焓(kJ/mol)

方 法	反 应	
	$H_2+Cl_2 \rightarrow 2HCl$ $\Delta H_f^{\ominus}$(实验)$=-185$	$H_2+O_2 \rightarrow 2H_2O$ $\Delta H_f^{\ominus}$(实验)$=-484$
AM1	$-21.7-59.3 \rightarrow 2\times(-103)$ $\Delta H_f^{\ominus}$(计算)$= 2\times(-103)-(-81.0)=-125$	$2\times(-21.7)-116 \rightarrow 2\times (-248)$ $\Delta H_f^{\ominus}$(计算)$= 2\times(-248)-(-159)=-337$
RM1	$-8.0-30.5 \rightarrow 2\times(-100)$ $\Delta H_f^{\ominus}$(计算)$= 2\times(-100)-(-38.5)=-162$	$2\times(-8.0)-89.7 \rightarrow 2\times (-242)$ $\Delta H_f^{\ominus}$(计算)$= 2\times(-242)-(-106)=-378$
PM3	$-56.0-48.4 \rightarrow 2\times(-85.6)$ $\Delta H_f^{\ominus}$(计算)$=2\times(-85.6)-(-104)=-67.2$	$2\times(-56.0)-17.5 \rightarrow 2\times (-224)$ $\Delta H_f^{\ominus}$(计算)$= 2\times(-224)-(-130)=-318$
PDDG/PM3	$-93.0-40.9 \rightarrow 2\times(-117)$ $\Delta H_f^{\ominus}$(计算)$= 2\times(-117)-(-134)=-100$	$2\times(-93.0)-27.5 \rightarrow 2\times (-221)$ $\Delta H_f^{\ominus}$(计算)$= 2\times(-221)-(-214)=-228$

续表

方　　法	反　　应	
	$H_2 + Cl_2 \rightarrow 2HCl \ \Delta H_f^{\ominus}$（实验）$= -185$	$H_2 + O_2 \rightarrow 2H_2O \ \Delta H_f^{\ominus}$（实验）$= -484$
PM6	$-108 - 1.7 \rightarrow 2 \times (-134) \Delta H_f^{\ominus}$（计算）$= 2 \times (-134) - (-110) = -158$	$2 \times (-108) - 72.9 \rightarrow 2 \times (-227) \Delta H_f^{\ominus}$（计算）$= 2 \times (-227) - (-289) = -165$

注：反应熵是产物生成熵减去反应物生成熵之和。请注意，半经验方法使用标准状态（H_2、Cl_2、O_2）下单质的生成熵，这些熵与零的理论值完全不同。实验反应熵（推断）：NIST 网站；报告的 HCl 和 H_2O 的生成熵分别为 -92.31 kJ/mol 和 -241.826 kJ/mol。

2. 能量：计算与热力学和动力学有关的量

表 6.4（图 6.3 中能量的更多半经验方法的详细说明）和图 6.4（表 6.4 中反应能的直观图示）表明了什么？下文给出了关于这几种方法的比下面 4 个反应更多的测试样品的文献结果。首先考虑表 6.4 中的生成熵（从中可以得到图 6.4 的反应物、过渡态和产物的**相对熵**）。对于 4 个反应中的每一个，我们可以总结生成熵的范围。R＝反应物，TS＝过渡态，P＝产物（kJ/mol）。

乙烯醇反应：

R $-143 \sim -132, -138 \pm 6$；TS $80 \sim 168, 124 \pm 44$；P $-185 \sim -160, -173 \pm 13$。

HNC 反应：

R $178 \sim 237, 208 \pm 30$；TS $386 \sim 488, 443 \pm 57$；P $112 \sim 138, -125 \pm 13$。

CH_3NC 反应：

R $190 \sim 229, 210 \pm 20$；TS $449 \sim 558, 504 \pm 55$；P $81 \sim 97, -89 \pm 8$。

环丙基反应：

R $407 \sim 507, 457 \pm 50$；TS $545 \sim 608, 577 \pm 32$；P $158 \sim 197, -178 \pm 20$。

这里给出了通过计算得到的每个反应中各物种的生成熵范围（通过 5 种半经验方法）和中间（平均）值。这里的＋/－包含最大值和最小值，而不是指示数值中可能的误差。因此，对于乙烯醇异构化反应物来说，生成热的最低（最负）为 -143 kJ/mol（PDDG/PM3），最高为 -132 kJ/mol（PM3），且该范围被平均值 -138 ± 6 kJ/mol 所包含。正如预期那样，对于比"稳定"分子（比势能面上的相对最小值）更难计算确定的物种来说，过渡态在平均值附近变化最大，为 44、57、55、32 kJ/mol，反应物的变化为 6、30、20、50 kJ/mol，产物的变化为 13、13、8、20 kJ/mol。这些并不是急剧的变化，并表明，没有一种方法优越到使其他方法过时。

在表 6.4 和图 6.4 中，反应物、过渡态、产物的反应曲线的半经验熵（相对能量而不是绝对能量）的范围如何？同样，涉及过渡态熵（对于势垒，即活化熵）的扩散比反应熵（产物熵减去反应物熵）更大。以下数值以 kJ/mol 为单位：

乙烯醇反应，势垒 $219 \sim 308, 264 \pm 45$；反应熵 $-53 \sim -21, -37 \pm 16$。

HNC 反应，势垒 $206 \sim 304, 255 \pm 49$；反应熵 $-99 \sim -50, -75 \pm 25$。

CH_3NC 反应，势垒 $243 \sim 348, 296 \pm 53$；反应熵 $-131 \sim -101, -116 \pm 15$。

环丙基反应，势垒 $95 \sim 138, 117 \pm 22$；反应熵 $-314 \sim -239, -277 \pm 38$。

4 个反应的势垒变化分别为 45、49、53、22 kJ/mol，而整个反应的熵变为 16、25、15、

38 kJ/mol。只有环丙基异构化显示出势垒比整个反应焓变更小的扩散。同样,不同方法计算的势垒绝对值没有太大的改变,这些势垒的变化分别在 260、260、300 kJ/mol 和 120 kJ/mol 范围内,而整个反应焓变化在 −40、−75、−120 kJ/mol 和 −300 kJ/mol 范围内。

我们已经看到,所讨论的 5 种半经验方法对这里所研究的 4 个反应并没有很大的不同。这些方法的**精确度**如何?这里进行的规模非常有限的核验(只有 4 个反应)无法得出有关结果的详细数值评估,但还是有几点值得注意。图 6.4 显示,对于 HNC、CH_3NC 和环丙基异构化来说,半经验方法与实验[97]和 MP2/6-31G*(大约 100 kJ/mol)相比,高估了势垒,MP2 与文献一致。对于乙醇反应来说,只有 AM1 高估了报告的势垒(MP2 低估了它)。对于乙烯醇和环丙基反应的反应焓来说,大多被低估了(不够负),而对于 HNC 和 CH_3NC 反应来说,则被高估(太负)了。MP2 反应焓比实验值低约 20∼30 kJ/mol,除了环丙基反应外,两者的值是接近的,为 −287 kJ/mol 和 −293 kJ/mol。在 5 种半经验方法中,没有一种在统计上始终比任何其他方法更接近实验势垒或反应焓。没有一种半经验方法始终与 MP2 势垒一致,而对于所有这些势垒来说,MP2 值在实验值的 50 kJ/mol 以内(对于乙烯醇异构化来说,在 49 kJ/mol 以内)。半经验反应焓约在 40 kJ/mol(HNC 异构化在 41 kJ/mol 以内)以内,与 MP2 精度相差不远,其中,最大绝对误差是 30 kJ/mol(乙烯醇反应)。

表 6.5 显示了用我们的 5 种半经验方法所得的 $H_2 + Cl_2 \longrightarrow 2HCl$ 和 $H_2 + O_2 \longrightarrow 2H_2O$ 的焓值和反应焓!表明单质的半经验生成焓不需要接近理论值(根据定义),零。H_2 的 PM6 值为 −108 kJ/mol,Cl_2 的 AM1 值为 −59 kJ/mol,O_2 的 AM1 值为 −116 kJ/mol。其他计算证实了这种可能出乎意料的差异:对于 F_2、Br_2 和 I_2 来说,AM1/PM3 生成热为 −94/−90.8、−22.1/+20.6、+83.0/+86.8 kJ/mol;对于 N_2 来说,AM1/PM3 生成热为 +46.7/+73.5 kJ/mol。显然,将化合物可接受的生成焓的半经验方法参数化需要牺牲标准状态下定义的单质生成焓。与单质(H_2、Cl_2 和 O_2)的焓相比,化合物(HCl 和 H_2O)的计算焓是更合理的:HCl 平均绝对误差(来自 AM1、103—92)是 18 kJ/mol,H_2O(来自 AM1、248—242 等)是 12 kJ/mol;两种化合物的最大绝对误差为 42 kJ/mol(PM6)、21 kJ/mol(PDDG/PM3)。正如从较差的单质生成焓,但比较可接受的产物生成焓所预期的那样,计算出的反应焓较差:HCl 反应的平均绝对误差(来自 AM1、185—125 等)是 63 kJ/mol,H_2O 的反应(来自 AM1、484—337 等)是 199 kJ/mol;两个反应的最大绝对误差分别为 118 kJ/mol 和 319 kJ/mol。当然,如果简单地使用定义的单质的零焓值,则计算反应焓仅需根据计算的化合物生成焓得出。根据反应的化学计量,例如对于 AM1 方法,反应焓将是 $2 \times (−103) = −206$ kJ/mol,参见实验值 $2 \times (−92.31) = −185$ kJ/mol,用于生成 HCl,$2 \times (−248) = −496$ kJ/mol,参见实验值 $2 \times (−241.826) = −484$ kJ/mol,用于生成 H_2O。此处计算的反应焓的最大绝对误差为 83 kJ/mol(使用 PM6 的 HCl 反应为 −268,参见 −185)和 42 kJ/mol(使用 PDDG/PM3 的 H_2O 的反应为 −442,参见 −484),是化合物生成焓的两倍,根据算术规定。

半经验方法生成焓和反应(反应势垒和反应焓)焓的精度已经在非常大的样本量下进行了测试。AM1 和 PM3 生成热的大量汇编(纠正了早期数值中的误差)[70]给出了 657 种正常价态化合物的绝对偏差(AM1/PM3,kJ/mol)的平均误差:53/33;对于 106 种超价化合物来说,348(*sic*)/57。这些结果并不像乍看起来那么糟糕,如果我们注意到①有机化合物的生成热通常在 ±400∼800 kJ/mol 的范围内;②我们通常对趋势感兴趣,这些结果更可能是定性正确的，比实际数字的定量精度高；③通常，化学家关注的是能量差异，即相对能量。AM1 超价化合物的生成热（上文和参考文献[47]）似乎明显低于 PM3 生成热。蒂尔将 MNDO、AM1、PM3 和 MNDO/d 的生成热与一些从头算和密度泛函理论方法的生成热进行了比较[98]，所得结果（约 1998 年）有些过时，因为更精确的从头算（如 G3-型和 G4-型，5.5.2 节）、密度泛函理论（第 7 章）和半经验（RM1，PM6）方法现已可用。然而，多步骤高精度从头算方法是计算生成热最精确的方法，这依然是事实。这些方法给出约为 3~5 kJ/mol 的误差，而 RM1 和 PM6 的误差约 20 kJ/mol。然而，半经验计算比从头算快的速度约 1000 倍的事实在处理大分子或大分子集合时，可能是决定性的。如上所述的核验发现了报告的实验生成热中的几个错误[84]。

5.5.2 节中讨论的分焓、自由能、反应能和活化能，也适用于半经验计算。现在，让我们回顾第 5 章的一些计算，对它们使用 AM1 和 PM3，而不是从头算方法。我们通常对相对能量感兴趣。一个简单的从头算能量差（对于异构体，或异构体系统，如反应物和产物）最好包括零点能，代表 0 K 能量差，即 0 K 焓变（熵在 0 K 时为零），而来自标准自洽场半经验方法（如 AM1、PM3 或 PM6）的能量差表示室温时的焓变。因此，即使从头算和半经验计算的误差都可以忽略不计，它们也不会给出完全相同的相对能量，除非方程两边的 0~298 K 焓变抵消。甲醇展示了典型的生成热的变化。甲醇在 0 K 和 298 K 的（从头算）生成热分别为 -195.9 kJ/mol，-207.0 kJ/mol（5.5.2 节）。与半经验和许多从头算计算的误差相比，11 kJ/mol 的改变相当小，因此，两种方法计算的能量变化的差异肯定是由 0~298 K 焓变以外的因素造成的。当我们用相减来获得相对能量时，我们不能指望生成热的误差会始终抵消，因为目前最好的计算方法中，单个生成热的平均误差也约为 20 kJ/mol，RM1 和 PM6 得出约 40 kJ/mol 的误差就不足为奇了，尽管通常会获得小得多的误差。考虑 (Z)-和 (E)-2-丁烯的相对能量（图 5.24）。HF/3-21G$^{(*)}$ 的能量差经过零点能校正后（尽管在这里，两异构体的零点能几乎相同）为 $(Z)-(E)=-155.127\ 09-(-155.130\ 33)$ hartree $=0.003\ 24$ hartree $=8.5$ kJ/mol。AM1 计算（此处不考虑零点能，因为如 6.2.5 节所述，零点能在参数化中考虑了）得出 $(Z)-(E)=-9.24-(-14.01)$ kJ/mol $=4.8$ kJ/mol。实验的生成热（298 K，气相）为 $(Z)=-29.7$ kJ/mol，$(E)=-47.7$ kJ/mol，即 $(Z)-(E)=18.0$ kJ/mol[99b]。

施罗德和蒂尔[47a]（6.3.1 节）比较了半经验（MNDO 和 MNDOC）与从头算的几何构型和能量，得出结论，半经验方法通常会高估势垒（活化能）。在 21 个活化能中（参考文献[47a]中的表 IV，忽略了条目 I、K、W），MNDO 高估了（与"最佳"相关的从头算计算相比较）19 个，低估了 2 个，高估范围为 8~201 kJ/mol，低估值为 46 kJ/mol 和 13 kJ/mol。MNDOC 高估了 16 个，低估了 5 个，高估范围为 2~109 kJ/mol，低估范围为 4~63 kJ/mol。因此，在计算活化能时，MNDOC 明显优于 MNDO，且在活化能方面，可能要优于 AM1，因为像 MNDO，但不像 MNDOC，AM1 被参数化，以考虑基态，而不是过渡态的电子相关。对于这 21 个反应来说，RHF 计算高估了 18 个活化能，低估了 3 个，能量的高估范围为 3~105 kJ/mol，低估范围为 13~28 kJ/mol。21 个反应的"最佳"相关从头算计算的平均绝对偏差为 MNDO，92 kJ/mol；MNDOC，38 kJ/mol；RHF，50 kJ/mol。显然，MNDOC 比 RHF（无相关）对活化能的计算要好一些。相关水平的从头算计算似乎要优于 MNDOC。特别是，MNDOC 预测了通过氢迁移的卡宾异构化的真实能垒。其他研究表明,AM1 大大高估了某些高活性物种分解或重排的能垒[100]。尽管缺乏定量精度,但半经验方法已被相当频繁地用于研究涉及大分子的、生化反应中的过渡态[101]。

从所有这些信息中,我们可以得出结论,半经验生成热和反应能(反应物与产物)往往是半定量可靠的。除了 MNDOC,这些半经验方法通常会相当大地高估活化能(反应物与过渡态),MNDOC 给出的结果实际上比 RHF 计算的要稍好一些,至少在许多情况下是这样的。赫尔的书[94]中给出了 AM1 与从头算和密度泛函方法对几何构型和相对能量计算的大量比较。始终如一地计算好的反应能,尤其是活化能需要相关的从头算方法(5.4 节)或密度泛函理论方法(第 7 章)。然而,半经验方法非常适用于对势能面的初步探索,且通常适用于创建输入结构,以便通过从头算或密度泛函理论进行细化。有趣的是,这些半经验方法的参数化主要是为了提供良好的能量(生成热),但实际上,通常提供相当好的几何构型,而仅提供中等质量的能量。

6.3.3 频率和振动光谱

在 5.5.3 节中,有关频率的一般说明和理论也适用于半经验频率,但通常不需要伴随频率计算的零点能,因为半经验能量通常不通过添加零点能来调整(6.2.5 节)。与从头算计算一样,半经验频率用来表征一个物种为最小值或过渡态(或更高阶鞍点),并可了解红外光谱的外观。与从头算频率一样,在半经验方法中,振动的波数("频率")是由质量加权的二阶导数矩阵(黑塞矩阵)来计算的,而振动强度是由伴随振动的偶极矩变化来计算的。像它们的从头算频率一样,半经验频率高于实验频率,这可能至少部分归因于谐振近似,如 5.5.3 节所述。

校正因子改善了半经验计算和实验测量光谱之间的拟合,但这种一致性并不像校正从头算与实验光谱的拟合那样好。这是因为与从头算方法相比,半经验方法与实验的偏差系统性较差(这一特性因半经验能量的误差而受到关注[102])。对 AM1 计算,推荐的校正因子为 0.9235[103]和 0.9532[104],对 PM3,推荐的校正因子为 0.9451[103]和 0.9761[104]。对 SAM1 和不含 H 的伸缩频率,推荐的校正因子为 0.86[105]。然而,与从头算计算相比,半经验频率类型的校正因子变化更大。例如,为了校正羰基伸缩频率,对一些分子的核验表明(作者的工作)(至少对 C、H、O 化合物而言),校正因子为 0.83(AM1)和 0.86(PM3)时,与实验结果拟合得更好。

半经验计算的振动强度通常似乎比从头算计算的强度更接近实验值[106],从头算计算的强度在 MP2 水平下通常在实验强度的 30% 以内[107]。这有点令人惊讶,因为半经验(AM1 和 PM3 及更高版本的衍生物)计算的偶极矩(通过计算强度的振动变化)是相当精确的(6.3.4 节)。然而请注意,与紫外光谱不同,实际很少测量红外强度。相反,人们通过与光谱中最强的波段进行视觉上的比较,简单地从视觉上将波段分为强波段、中波段,等等。对于多种化合物来说,似乎没有任何公开发表的调查将现代 NDDO 方法计算的红外波段强度与实验结果进行比较,而在图 6.5~图 6.8 中的红外光谱中,给出了半经验计算的频率和强度可靠性的印象,这些图将实验光谱(作者拍摄的气相中的)与 AM1 和从头算

（MP2/6-31G*）计算的光谱进行了比较，这也是图 5.33～图 5.36 所示的同样的 4 个化合物（丙酮、苯、二氯甲烷、甲醇）。对于丙酮和甲醇（图 6.5 和图 6.8）来说，MP2 光谱与实验相匹配的结果明显优于 AM1，而其他研究[106]指出，MP2 红外光谱比 AM1 光谱更类似实验光谱。

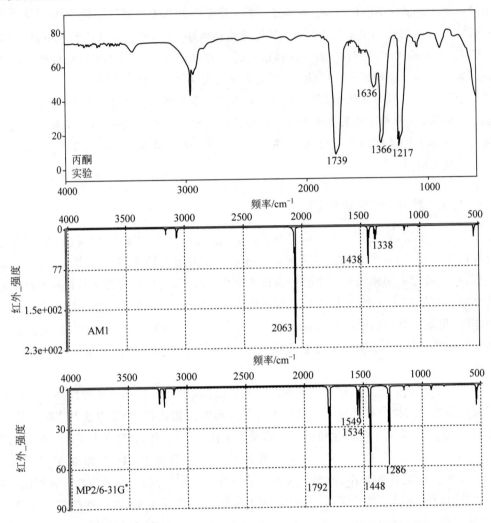

图 6.5　实验（气相）、AM1 和从头算（MP2(fc)/6-31G*）计算的丙酮红外光谱

就像从头算或密度泛函理论计算一样，所有正则模式（在技术意义上）都正式（有些可能非常弱，甚至为零强度）出现在半经验频率计算的结果中，且这些模式的模拟动画通常会大致给出这些模式的频率。希利和霍尔德提供了对实验、MNDO 和 AM1 频率的非常广泛的汇编，他们得出的结论是，通过经验校正，AM1 误差由 10% 减至 6%，且根据频率[108]可精确计算熵和热容。在这方面，柯立芝等对 61 个分子的研究（除了 AM1 对具有环状和重的原子的伸缩频率和 PM3 对 S—H、P—H 和 O—H 的伸缩频率）得出（出乎意料地，鉴于我们对图 6.5～图 6.8 的 4 个分子的结果）"AM1 和 PM3 都能提供接近实验气相光谱的结果"[109]。

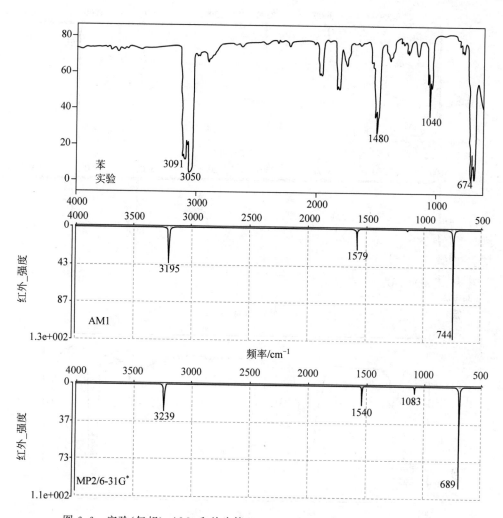

图 6.6 实验(气相)、AM1 和从头算(MP2(fc)/6-31G*)计算的苯红外光谱

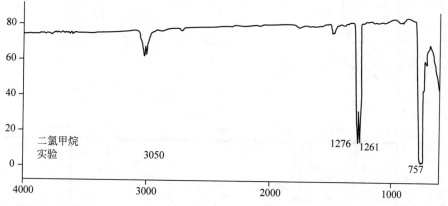

图 6.7 实验(气相)、AM1 和从头算(MP2(fc)/6-31G*)计算的二氯甲烷红外光谱

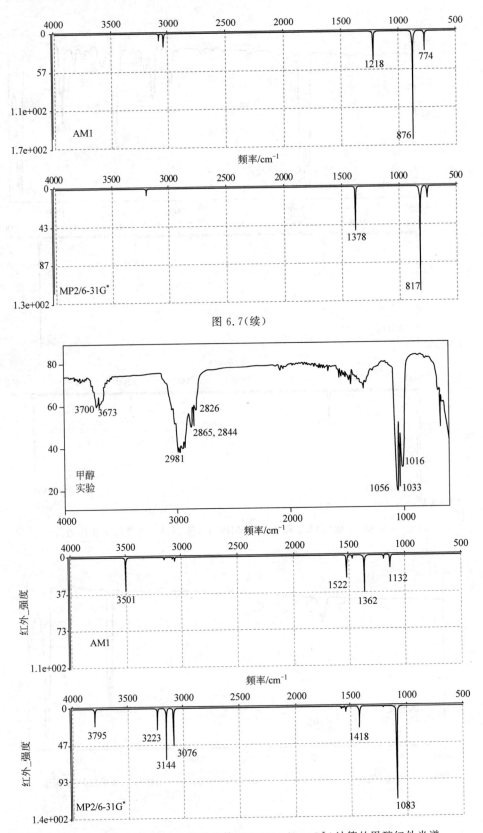

图 6.7（续）

图 6.8 实验（气相）、AM1 和从头算（MP2(fc)/6-31G*）计算的甲醇红外光谱

6.3.4　由电子分布产生的性质：偶极矩、电荷、键级

在 5.5.4 节中,关于偶极矩、电荷和键级的讨论通常也适用于半经验方法计算这些量。静电势无论是被可视化为空间区域,还是被映射到范德华表面,对于 AM1 和 PM3 来说,通常与从头算方法的定性相同。分子中原子的计算对于半经验方法来说,是不可行的,因为这些方法缺少核心轨道,而核心轨道对分子中原子的计算是重要的。

1. 偶极矩

赫尔对实用计算方法的大量调查报告了对 AM1 几何构型的从头算和密度泛函理论单点偶极矩(μ)的计算结果[110]。在 HF/6-31G* 几何构型上(HF/6-31G*//HF/6-31G* 计算)计算 HF/6-31G* 偶极矩,相比在可更快获得的 AM1 几何构型(HF/6-31G*//AM1 计算)上的计算,似乎没有太多优势。确实,即使是相对耗时的 MP2/6-31G*//MP2/6-31G* 计算与快速的 HF/6-31G*//AM1 计算相比,就偶极矩而言,似乎没有什么优势(表 2.19 和参考文献[94]中的 2.21 节)。这与我们的发现一致,即 AM1 预测的几何构型通常相当好(6.3.1 节)。表 6.6 比较了 10 个分子的计算与实验[94,111]偶极矩,计算分别使用了这些方法:AM1(使用 AM1 方法在 AM1 几何构型上计算 μ,AM1//AM1)、HF/6-31*//AM1、PM3(PM3/PM3)、HF/6-31G*//PM3 和 MP2/6-31G*(MP2/6-31G*//MP2/6-31G*)。对于这组分子来说,按与实验值的绝对偏差的算术平均值判断,AM1 的计算给出与实验值的最小偏差(0.21 D),而"最高的"方法 MP2/6-31G* 给出与实验值的最大偏差(0.34 D)。其他 3 种方法给出基本相同的误差(0.27~0.29 D)。AM1 当然有可能提供最好的结果(至少对该组分子而言),因为几何构型的误差和电子分布计算的误差抵消了。对 196 个含 C、H、N、O、F、Cl、Br、I 分子的研究给出的平均绝对误差为:AM1,0.35 D;PM3,0.40 D;SAM1,0.32 D[76]。另一项关于 125 个含 H、C、N、O、F、Al、Si、P、S、Cl、Br、I 分子的研究给出的平均绝对误差为:AM1,0.35 D 和 PM3,0.38 D[70]。因此,对于这些较大的样本来说,AM1 的误差会更大一些。然而,所有这些结果加在一起,确实表明,除非人们准备使用一种较慢的方法,如使用较大基组的密度泛函(第 7 章)方法(误差约为 0.1 D[112])。该论文还给出了从头算计算的一些结果),使用 AM1 几何构型的 AM1 偶极矩可能与任何一种计算该量的方法一样好。当然,这仅适用于常规分子。具有奇异结构的分子和"超价"分子(6.3.1 节,6.3.2 节)通常与精确的半经验预测不匹配。

表 6.6　一些计算偶极矩与实验偶极矩的比较。偶极矩用德拜表示

项　　目	计 算 方 法					
	AM1	HF/6-31G*//AM1	PM3	HF/6-31G*//PM3	MP2/6-31G*	实验
CH_3NH_2	1.5	1.42	1.4	1.54	1.6	1.3
H_2O	1.86	2.25	1.74	2.16	2.24	1.9
HCN	2.36	3.24	2.7	3.24	3.26	3
CH_3OH	1.62	1.9	1.49	1.88	1.95	1.7
Me_2O	1.43	1.54	1.25	1.51	1.6	1.3
H_2CO	2.32	2.87	2.16	2.76	2.84	2.3

续表

项　　目	计　算　方　法					
	AM1	HF/6-31G*//AM1	PM3	HF/6-31G*//PM3	MP2/6-31G*	实验
CH_3F	1.62	2	1.44	1.91	2.11	1.9
CH_3Cl	1.51	2.07	1.38	2.14	2.21	1.9
Me_2SO	3.95	4.56	4.49	4.83	4.63	4
CH_3CCH	0.4	0.58	0.36	0.6	0.66	0.8
偏差	4+,6−平均 0.21	9+,1−平均 0.29	2+,8−平均 0.27	9+,1−平均 0.29	9+,1−平均 0.34	

注：计算由作者完成。实验值取自参考文献[94]和文献[111]。每种方法都给出了与实验的正偏差和负偏差的数量，以及偏差绝对值的算术平均值。

2. 电荷和键级

电荷和键级的概念和数学基础在 5.5.4 节布居分析的讨论中进行了概述。我们看到，与频率和偶极矩不同，将电荷和键级视为实验可观察量（仔细定义的原子电荷，据说可以被测量[113]），以及采用单一的、恰当的方式来计算它们存在问题。有人会说分子中原子理论确实提供了这样一个独特的假设。然而，我们看到，计算电荷和键级有几种规定，与从头算计算一样，半经验电荷和键级可以用各种方式定义。尽管如此，这些概念还是有用的。对于电荷和键级来说，迈耶、洛定和温霍尔德法在现在通常是首选。人们可能想知道关于它的所有内容。显然，马利肯从未打算将他的布居分析方法量化，而是作为趋势的指南。据报道，他的朋友和同事罗特汉曾说过（经 P. S. 巴古斯贴切解释）："罗伯特不认为布居有定量值。他打算让布居分析成为化学和成键的向导。"[114]。

图 6.9 显示了一个烯醇化物（乙烯醇或乙烯醇共轭碱）和一个质子化烯酮系统（质子化丙烯醛）的电荷和键级。首先考虑烯醇化物的马利肯电荷和键级（图 6.9(a)）。基本相同的 AM1 和 PM3 电荷有点令人惊讶的，因为在交替共振结构中，与氧共享电荷的碳被赋予了比氧更大的电荷。直观地说，人们预计大部分负的电荷都在电负性更强的氧原子上。安等[115]关注了 AM1 和 PM3 的这种"缺陷"。HF/3-21G$^{(*)}$方法给了氧更大的电荷（−0.80 对−0.67）。两种半经验方法和 HF 方法都给出约 1.5 的 C/C 和 C/O 键级。这一点，以及 O 和 C 上电荷的大致相等表明 O$^-$ 阴离子和 C$^-$ 阴离子共振结构的贡献大致相等。

质子化烯酮系统的马利肯电荷（图 6.9(b)）使氧为负，这似乎令人惊讶。然而，这对于质子化的氧和氮（虽然不是质子化的硫和磷）来说，是正常的：H_3O^+ 和 NH_4^+ 中的杂原子被计算为负的（即正电荷在氢上），而 H_2C＝OH^+ 和 H_2C＝NH_2^+ 的杂原子也带负电荷。在氧和距氧最远的碳（C_3）上，HF/3-21G$^{(*)}$电荷与半经验电荷有很大不同：HF 计算使 O 更负，并使 C_3 为负，表明它们比半经验计算放置了更多的正电荷在氢上（在所有情况下，C_2 上的电荷为 0.3～0.5）。这 3 种方法的键级差别不大（键级比之前已经关注的电荷更不易变[116]），尽管 HF 方法使形式上的 C/O 双键在本质上成为单键（键级 1.18）。

最后，（图 6.9(c)、(d)）显示了静电势电荷和 HF/3-21G$^{(*)}$计算的洛定键级。对于烯醇而言，3 种方法都使静电势电荷在碳上比在氧上更负，而键级没有改变太大。对质子化烯酮系统，AM1 和 PM3 表明，在 C/O 键中，电子朝 O 方向的极化比马利肯电荷所示要更多，但在

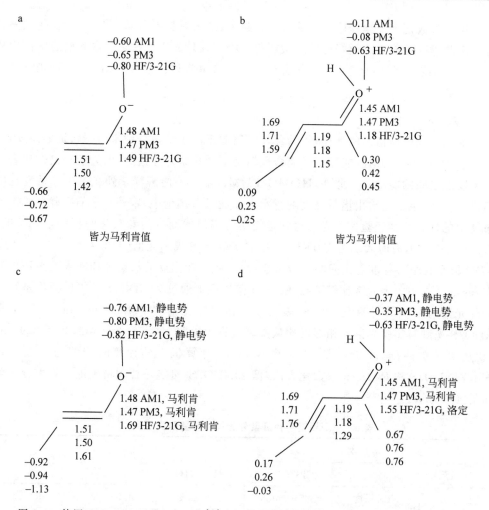

图 6.9 使用 AM1、PM3 和 HF/3-21G$^{(*)}$方法计算的原子电荷和键级。在(a)和(b)中,电荷和键级均来自马利肯方法。在(c)和(d)中,电荷均是静电势电荷,而键级对于 AM1 和 PM3 来说,为马利肯,及对 HF/3-21G$^{(*)}$来说,为洛定(洛定键级对于使用 Spartan 程序的 AM1 和 PM3 来说,不可得)。请注意,已省略涉及氢的电荷和键级

碳上的 HF 静电势电荷大于马利肯的电荷(0.76 对 0.45),氧上的电荷不变。CCO 框架的所有 3 个键的 HF 洛定键级(1.55、1.29、1.76)都比马利肯键级(1.18、1.15、1.59)大一些。

这些结果表明,电荷比键级更依赖于所用的计算方法,且电荷也比键级更难解释。与从头算计算的电荷和键级一样,半经验计算的参数可能有助于揭示一系列化合物的趋势,或随反应的进行而发生的变化。例如,已证明沿着反应坐标的从头算键级计算的变化是有用的[117],而推测半经验计算的键级也会产生相似的信息,至少所研究的物种如果不是太奇异的话。显然,在研究一个系列时,我们必须使用相同的半经验方法(如 AM1)和相同的程序(如马利肯程序)。

6.3.5 其他性质——紫外光谱、电离能和电子亲和势

原则上,可以用从头算计算的一切性质也可以用半经验来计算。请记住,我们感兴趣的

分子与用于参数化半经验程序的训练集差异越大，结果就越不可靠。例如，参数化预测芳烃紫外光谱的程序可能无法很好地预测杂环化合物的紫外光谱。核磁共振光谱通常使用从头算（5.5.5 节）或密度泛函（第 7 章）方法来计算。这里将讨论紫外光谱、电离能（电离势）和电子亲和势。

1. 紫外光谱

正如 5.5.5 节所指出的那样，尽管紫外光谱源于电子从占据到未占据轨道的激发，但仅根据基态 HOMO/LUMO 能隙是不能合理精确地计算紫外光谱的，因为紫外谱带代表了基态和激发态之间的能量差。此外，HOMO/LUMO 能隙不能解释紫外光谱中经常发现的几个谱带的存在，也不能给出谱带强度的指示。在波函数理论中，紫外光谱的准确预测需要激发态能量的计算。半经验紫外光谱通常是使用为该目的而专门参数化的程序来计算的，如 INDO 和 ZINDO，有时表示为 INDO/S 和 ZINDO/S，S 表示光谱（6.2.4 节）[20]。INDO 和 ZINDO 似乎在很大程度上由间略微分重叠取代，包含在主要的从头算和密度泛函理论软件包 Gaussian[55] 中。表 6.7 比较了在 AM1 几何构型上通过 ZINDO/S 计算的亚甲基环丙烯的紫外光谱与从头算计算的 RCIS（表 5.16）和实验光谱[118]（用 Gaussian 03[55] 计算）。ZINDO/S 光谱与实验光谱的相似度比从头算光谱要好得多（实验 242 nm，尤其 309 nm 波段，比从头算更匹配）。2002 年，在一台 Vintage 计算机上的计算时间约为 0.5 min 和 1 min（ZINDO/S 和 RCIS）。参数化方法，像 ZINDO/S，可能是合理精确地计算大分子紫外光谱的唯一方法。

表 6.7　亚甲基环丙烯紫外光谱的计算和实验值[118]

计　　算				实　　验	
ZINDO/S//AM1		RCIS/6-31＋G*//HF/6-31G*			
波长/nm	相对强度	波长/nm	相对强度	波长/nm	相对强度
288	12	222	15	309	13
224	0.2	209	7	242	0.6
213	100	196	0	206	100
204	1	193	9		
		193	100		

注：半经验计算在 G94W 中使用 ZINDO/S 完成。从头算结果来自表 5.16。所示的从头算方法在第 5 章中进行了解释。

2. 电离能和电子亲和势

5.5.5 节中讨论了电离能和电子亲和势的概念。表 6.8 中比较了一些半经验计算结果与从头算计算结果和实验值[119,120]，对于表 5.17 中的分子来说。这个无可否认的非常小的样本表明，作为能量差计算的半经验电离能可能与从头算计算值相当。库普曼斯定理（电子电离能近似是其分子轨道能量的负值；将其应用于 HOMO，则给出分子的电离能）值始终大于使用相同方法得出的能量差值（0.1～0.8 eV）。这 6 种方法中的任何一种都没有明显的优势，但大样本可能会显示，这些方法中最精确的方法是使用 MP2(fc)/6-31G* 的能量差（见表 5.17 和相关讨论）。

表 6.8 一些电离能(eV)

项 目	ΔE			库普曼斯			实 验
	AM1	PM3	ab in.	AM1	PM3	ab in.	
CH_3OH	10.5	10.7	10.6	11.1	11.1	12.1	10.9
CH_3SH	8.7	9	9	8.9	9.1	9.7	9.4
CH_3COCH_3	9.9	10.1	9.6	10.7	10.8	11.2	9.7

注：ΔE 值(阳离子能量减去中性能量)对应于绝热电离能,而库普曼斯定理值对应于垂直电离能。从头算能量是 MP2(fc)/6-31G* (表 5.17)。实验值是绝热值,来自参考文献[119](CH_3OH 和 CH_3COCH_3)和文献[120](CH_3SH)。

使用库普曼斯定理,斯图尔特对 256 个分子(其中,201 个为有机分子)进行了计算,得出电离能的平均绝对误差:对 AM1 为 0.61 eV,对 PM3 为 0.57 eV;AM1 误差中的 60 个(占 23%)和 PM3 误差中的 88 个(占 34%)是负的(小于实验值)[70]。报告了 9 个分子有特别大的误差(2.0~2.9 eV):1-戊烯、2-甲基-1-丁烯、乙酰丙酮、丙氨酸(AM1)、SO_3(AM1)、CF_3Cl(AM1)、1,2-二溴四氟乙烷、H_2SiF_2(PM3)和 PF_3(AM1)。其中一些可能是**实验**结果有问题。例如,2-甲基-1-丁烯和 2-甲基-2-丁烯似乎没有理由具有如此不同的电离能,且与计算的电离能的顺序相反:实验值分别为 7.4 eV 和 8.7 eV;计算值分别是 9.7 eV 和 9.3 eV(AM1),9.85 eV 和 9.4 eV(PM3)。作者通过从头算 HF/3-21G[(*)] 能量差的计算得出:2-甲基-1-丁烯,9.4 eV;2-甲基-2-丁烯,9.1 eV。这是与 AM1 一致的电离能,没有和宣称的实验结果一致。作者对这 256 个分子中的前 50 个分子(在这 50 个分子中,除 H_2 和 H_2O 外,都是有机分子)进行了计算,得出了它们的平均绝对电离能误差:AM1,0.46 eV(12 个负值);PM3,0.58 eV(5 个负值);从头算 HF/3-21G[(*)],0.71 eV(11 个负值)。因此,对于大多数由有机分子组成的 256 个分子的集合来说,AM1 和 PM3 给出了基本相同的精度,而对于 50 个分子的集合来说,AM1 比 PM3 略好,从头算方法比半经验方法略差。HF/3-21G[(*)] 水平是目前常规使用(或至少报告)的最低的从头算,因此,现在不如 HF/6-31G* 流行。在精度方面,通过使用所涉及两物种的能量差,用高精度的从头算(5.5.2 节和 5.5.5 节)和密度泛函理论(第 7 章)来获得与实验值相当的电离能和电子亲和势。

杜瓦和泽帕发现,具有离域 HOMO 的 26 个分子(主要是自由基和共轭有机分子)的 MNDO(6.2.5 节)电子亲合势的绝对平均误差为 0.43 eV。对 HOMO 定域在一个原子上的 10 个分子,其误差为 1.40 eV[121]。来自 AM1 或 PM3 的误差应小于 MNDO 计算的误差。

6.3.6 可视化

许多半经验方法计算的分子特征可以被可视化,其方式类似于从头算(5.5.6 节)。显然,人们希望能够直观观察分子,旋转它,并查询其几何构型参数。半经验计算的振动、静电势和分子轨道在被可视化时,提供了有用的信息,除了已经讨论过的从头算结果的可视化外,几乎不需要添加其他信息。AM1 和 PM3 计算的表面(范德华表面、静电势、轨道)通常与从头算方法计算的表面非常相似,但偶尔会出现例外。一个例子是 HCC^-(乙炔的共轭碱),见图 6.10。AM1 预测它有一个 HOMO,且是 σ 对称的(关于分子轴对称),但 HF/3-21G[(*)] 计算预测有两个互相垂直且能量相等的 HOMO,每一个都是 π 对称的(过分子轴有一个节面,图 6.10 显示了其中一个 π-HOMO)。HF/3-21G 轨道模式在 HF/6-31G* 和

MP2/6-31G*水平下,仍持续存在。不同的计算水平有不同的轨道模式,这不是规则,但这是可以理解的,因为能级相近的分子轨道在不同计算水平下可能出现能量优先级反转。

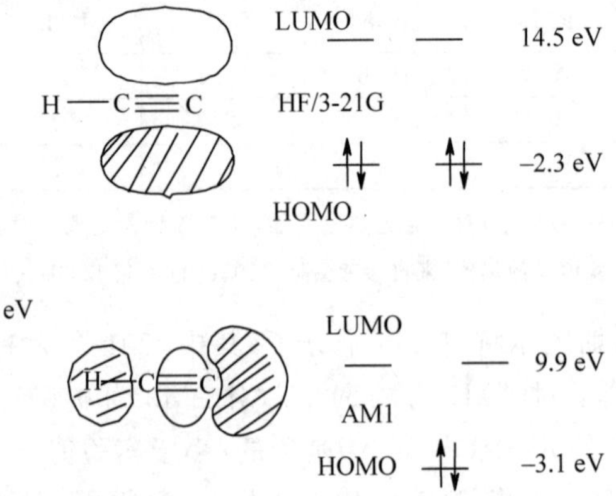

图 6.10　由 AM1 和 HF/3-21G(*)计算的乙炔共轭碱的 HOMO。AM1 预测 HOMO 是唯一的,且为 σ 对称的(关于分子轴对称的),但 HF/3-21G(*)预测 π 对称(节点平面包含分子轴)的简并 HOMO 能级(另一个围绕分子轴旋转 90°),这里仅显示其中一个简并的 3-21G HOMO。用 Spartan 计算轨道,并可视化轨道[56]。根据您对阴离子作为合成试剂的认识,您认为哪个结果更可能是正确的?

6.3.7　一些一般性说明

　　AM1 和 PM3 变得非常有用,不仅因为它们允许对从头算或密度泛函理论方法认为仍然太大的分子进行量子力学计算,而且因为它们通常允许对问题进行相对快速的核验,因此,它们还可以作为后一种方法的辅助。例如,对势能面的探索:可以定位最小值和过渡态,然后在分子大小允许的情况下,将半经验结构的初始几何构型、波函数和黑塞矩阵的输入(第 5 章,2.4 节)用作更高水平的几何构型优化。如果几何构型优化不可行,那么,用 AM1 或 PM3 预测的几何构型进行单点计算通常是相当好的,这可能会给出改善的相对能量。半经验计算被许多人视为“毫无价值”,或者充其量是从头算计算的一个糟糕替代品,那样的时代已经过去了[122]。实际上,在蒂姆·克拉克,一位开发半经验方法领域的主要工作者的深思熟虑的评论中,描述“NDDO 近似是现代理论化学中最成功和获得赞赏最少的方法之一”[11]。回想一下,现代通用的半经验方法是基于 NDDO 的(6.2.5 节)。巴克拉克在他专注于从头算和密度泛函方法的书中暗示,更快的计算机和更有效的算法将使半经验方法变得不那么重要[123]。最近,一家大型计算化学软件公司的总裁表达了一种更为极端的看法,他告诉作者,他认为半经验方法很快就会被密度泛函理论取代,而数学家约翰·冯·诺伊曼相当不屑一顾地拒绝了在科学中采用半经验方法的一般做法[124]:“用 4 个参数,我可以覆盖一头大象,而用 5 个参数,我可以让它扭动它的躯干。”抛开大象不谈,克拉克拒绝现代半经验方法的“专家预言死亡”的观点。他提出了一个有趣的观点,即杜瓦(6.2.5 节和参考文献[24])可能在“试图匹配”当时的“从头算”方法时犯了一个错误,即关注实现小分子良好的几何构型和能量,而没有关注半经验方法对大分子的优点。我们推荐给读者这篇评论[11]。将半经验方法应用于生物大分子需要注意:研究蛋白质和核酸的最流行的程序套件,AMBER[125]和 CHARMM/CHARMm[125],使用分子力学(第3章)。人们似乎有理由怀疑(如参考文献[126])半经验方法对此类生物大分子几何构型优化的适用性,因为相关的分子力学力场已经非常仔细地对其进行了参数化,而且速度更快。一个有用的流程是用分子力学优化分子,然后执行单点(几何构型不变)半经验计算,以获得波函数,从波函数可以计算电荷等电子性质。

例如,我们在杜瓦与哈尔格伦、克莱尔与利普斯科姆(6.2.5节)之间的交流中看到,哲学分歧仍然存在。印象中,某些期刊不愿发表纯理论性的半经验文章;具有讽刺意味的是,这些期刊却对密度泛函理论没有这样的限制(第7章),尽管密度泛函理论有显著的半经验特征[11]。这里的重点是获得商业应用的实际结果,而不是半经验和分子力学方法规则的审美纯粹性。在化学信息学(信息化学,化学信息科学)[127]和定量构效关系[128]领域,半经验方法可以在1天之内对数千种候选药物(通常是"小"分子)进行几何构型优化,并筛选出有潜在药理活性的分子[11]。在这方面,大约自2012年以来,机器学习方法开始用于提升半经验程序的参数化,这可以大大降低整组化合物的平均能量误差和最大能量误差,且据说"有望快速、合理精确地对材料和分子进行高通量筛选。"[129]

6.4 半经验方法的优点和缺点

以下评论涉及 NDDO 方法,如 AM1 和 PM3。

6.4.1 优点

与从头算,甚至密度泛函理论(第7章)相比,半经验计算速度是非常快的,且这种速度通常是在可容忍的精度损失内获得的。正常分子的半经验几何构型完全可以满足许多目的,甚至过渡态几何构型也常常是足够的。反应和活化能尽管不精确(除了生成热误差的偶然抵消),但可能会揭示出整个系列中的任何显著趋势。意外的是,尽管使用正常、稳定的分子来参数化,但 AM1 和 PM3 通常对阳离子、自由基、阴离子、有张力的分子,甚至过渡态,都能给出相当真实的几何构型和有用的相对能量。

6.4.2 缺点

半经验方法的一个主要缺点是,必须假定将它们用于训练集(用于参数化它们的分子集)之外的分子是不可靠的,除非将它们的预测与实验或高水平从头算计算(或密度泛函理论)进行比较,以表明其可靠性。尽管正如杜瓦和斯托奇所指出的[130],从头算计算的可靠性也应该根据实验进行核验,但至少在更高的水平上,后者的情况还是有不同的,尤其是对奇异物种的研究,执行从头算肯定比半经验更值得信赖(见第8章)。半经验生成热的误差每摩尔有几十千焦,而因此反应和活化热(焓)的误差可能每摩尔有数十千焦。AM1 和 PM3 低估了空间排斥,高估了碱性,低估了亲核性,且可能会得到不合理的电荷和结构。据报道,PM3 倾向于提供更可靠的结构,而 AM1 则提供较好的能量[115]。在模拟氢键方面,AM1 和 PM3 通常都不可靠[131,132],而低调的 SAM1 似乎是此处选择的半经验方法[88],尽管据说[82,83]PM6(6.2.5节)代表了对氢键处理的一种改进。

总的来说，半经验方法的精度，特别是在能量方面，低于当前常规从头算方法的精度（在 1985 年开发 AM1 时，情况可能并非如此[125]）。对于我们感兴趣的分子中的元素而言，其参数可能不可用，而获得新参数是不积极参与开发新方法的人很少做的事情。半经验误差比从头算误差的系统性更差，因而更难纠正。克拉克冷静地警告说："所有参数化技术都可以插值，但没有一种技术可以始终如一地、很好地进行外推"，因此，我们有时可以预期"灾难性的失败"，但半经验方法"会做设计它们要做的事情"[11]。

6.5　总结

半经验量子力学计算基于薛定谔方程。本章介绍了自洽场半经验方法，其中，福克矩阵的重复对角化细化了波函数和分子能量。相比之下，简单和扩展休克尔方法只需要一次矩阵对角化，因为它们的福克矩阵元不是使用波函数猜测来计算的（第 4 章）。本章的方法比从头算方法快得多，主要是因为通过忽略一些积分，借助实验（"经验"）量和现在的高水平从头算或密度泛函理论计算来近似其他积分，大大减少了要处理的积分数量。按复杂性递增的顺序，已开发了自洽场半经验程序：PPP、CNDO、INDO 和 NDDO。PPP 方法仅限于 π 电子，而 CNDO、INDO 和 NDDO 使用所有的价电子。4 个方法都使用 ZDO 近似，该近似将重叠积分的微分设置为零，这大大减少了要计算的积分数。传统上，这些方法大多使用实验值（通常是电离能和电子亲和势）进行参数化，而且，（PPP 和 CNDO）也使用了最小基组（即低水平）从头算计算。在这些原始方法中，参数化重现实验紫外光谱的 INDO 版本（INDO/S 及其变体 ZINDO/S）在如今广泛使用。现在最流行的自洽场半经验方法是 AM1 和 PM3，它们基于 NDDO，仔细参数化，以重现实验值（主要是生成热）。AM1 和 PM3 的性能相似，且通常能给出相当好的几何构型，但生成热和相对能量结果不太令人满意。AM1 的一种修改称为 SAM1，相对使用较少，据说它是对 AM1 的改进。AM1 和 SAM1 是杜瓦研究组的代表性工作。PM3 是由斯图尔特开发的一个 AM1 版本，主要区别在于 PM3 更自动地参数化。AM1（RM1）和 PM3（PM6、PM7）的最新扩展似乎代表着实质性的改进，且很可能在不久的将来成为标准的通用半经验方法。

较容易的问题

1．概述扩展休克尔方法与 AM1 和 PM3 等方法之间的异同。与更精确的半经验方法相比，扩展休克尔方法有哪些优势？

2．概述分子力学、从头算和半经验方法之间的异同。

3．简单休克尔方法和 PPP 方法都是 π 电子方法，但 PPP 方法更复杂。逐项列出 PPP 方法的新增功能。

4．全价电子方法，如 CNDO，比纯 π 电子方法，如 PPP 方法的主要优势是什么？

5．解释术语 ZDO、CNDO、INDO 和 NDDO，说明为什么后 3 个代表概念上的逐步改进。

6．AM1 或 PM3 的"总电子波函数"Ψ 与从头算计算的 Ψ 有何不同？

7．从头算的能量是"总离解"能（离解成电子和原子核），而 AM1 和 PM3 能量是标准生成热。这些能量中的其中一种更有用吗？为什么？

8. 对于某些种类的分子来说，分子力学甚至可以提供比复杂的半经验方法更好的几何构型和相对能量。后者可以计算分子力学不能计算的哪些性质？

9. 为什么对过渡金属化合物应用 AM1 和 PM3 会造成特殊困难？

10. 尽管 AM1 和 PM3 通常都提供良好的分子几何构型，但它们在处理涉及氢键的几何构型方面并不太成功。提出这种不足的原因。

较难的问题

1. 为什么即使是非常仔细参数化的半经验方法，像 AM1 和 PM3，也不如高水平（如 MP2、组态相互作用、耦合簇）从头算计算那样精确、可靠？

2. 分子力学本质上是经验的，而 PPP、CNDO 和 AM1/PM3 等方法是半经验的。PPP 等与分子力学开发和参数化力场的程序有什么相似之处？为什么 PPP 等只是半经验的？

3. 您认为用从头算计算，而不是实验数据来参数化半经验方法的优点和缺点是什么？使用从头算计算参数化的半经验方法在逻辑上可以称为半经验方法吗？

4. 杜瓦型方法（AM1 等）存在一种矛盾，即计算重叠积分，并用来帮助估算福克矩阵元，然而，只要福克矩阵开始对角化，重叠矩阵就被视为单位矩阵。试讨论。

5. 使用通用 MNDO/AM1 参数化程序，但使用最小基组，而不是最小价基，这有什么优缺点？

6. 在自洽场半经验方法中，主要近似值在于福克矩阵元 F_{rs} 的 H_{rs}^{core}、$(rs|tu)$ 和 $(ru|ts)$ 积分式（6.1＝5.82）。提出一种替代方法来逼近这些积分之一。

7. 阅读杜瓦与哈尔格伦、克莱尔和利普斯科姆（HKL）之间的交流[27]。您是否同意，半经验方法，即使它们给出了良好的结果，"不可避免地会掩盖成功和失败的物理基础（无论多么惊人），从而限制了人们进一步了解结果为何如此"？解释您的答案。

8. 有人说半经验方法："它们在关联一系列分子的性质方面永远不会失去作用……我真的怀疑它们对小分子的一次性计算的预测价值，因为人们正在试图预测的可能已经包含在参数中了。"（A. Hinchliffe，"Ab Initio Determination of Molecular Properties"，Adam Hilger，Bristol，1987，p. x）。你同意吗？为什么？将上述引文与参考文献[24]的第 133～136 页进行比较。

9. 对于一组常见的有机分子来说，MMFF 的几何构型几乎与 MP2(fc)/6-31G* 的几何构型一样好（3.4 节）。对于此类分子来说，MMFF 几何构型上的单点 MP2(fc)/6-31G* 计算（5.4.2 节）相当快，应能提供与 MP2(fc)/6-31G*//MP2(fc)/6-31G* 计算相当的能量差。例如：CH_2＝$CHOH/CH_3CHO$，ΔE(MP2 opt，包括零点能)＝71.6 kJ/mol，总时间 1064 s；ΔE(在 MMFF 几何构型上的 MP2 单点)＝70.7 kJ/mol，总时间为 48 s（G98 在奔腾 3 上）。这让半经验计算有什么用武之地？

10. 对于具有理论意义的"奇异"分子来说，半经验方法是不可信的。举一个这样分子的例子，并解释为什么该分子可以被认为是奇异的。为什么半经验方法不适用于像您列举的分子？对于哪些其他类型的分子来说，这些方法可能无法给出好的结果？

参考文献

1. (a) Weinberg S (1992) Dreams of a final theory: the search for the fundamental laws of nature. Pantheon Books, New York; (b) Watson A (2000) Measuring the physical constants. Science 287:1391
2. Hartree DR (1928) Proc Cambridge Phil Soc 24:89, 111, 426
3. Bolcer JD, Hermann RB (1994) Chapter 1: The history of the development of computational chemistry (in the United States). In: Lipkowitz KB, Boyd DB (eds) Reviews in computational chemistry, vol 8. VCH, New York
4. Ref. 3, p 12
5. Dewar MJS (1969) The molecular orbital theory of organic chemistry. McGraw-Hill, New York, p 73
6. This book, Chapter 5, reference [333]
7. Dewar MJS (1969) The molecular orbital theory of organic chemistry. McGraw-Hill, New York, chapter 3
8. Levine IN (2014) Quantum chemistry, 7th edn. Prentice Hall, Engelwood Cliffs, sections 17.1–17.4
9. Thiel W (1996) In: Prigogine I, Rice SA (eds) Adv Chem Phys XCIII Wiley, New York
10. Pople JA, Beveridge DL (1970) Approximate molecular orbital theory. McGraw-Hill, New York
11. Clark T (2000) J Mol Struct (Theochem) 530:1
12. Pariser R, Parr RG (1953) J Chem Phys 21:466, 767
13. Pople JA (1953) Trans Faraday Soc 49:1475
14. (a) Chemie in unserer Zeit (1993) 12:21–31; (b) Griffiths J (1986) Chemistry in Britain. 22:997–1000
15. Pople JA, Segal GA (1966) J Chem Phys 44:3289, and refs. therein
16. Coffey P (1974) Int J Quantum Chem 8:263
17. Ref. 7, pp 90–91
18. Ref. 10, p 76
19. (a) Pople JA, Beveridge DL, Dobosh PA (1967) J Chem Phys 47:2026; (b) Dixon RN (1967) Mol Phys 12:83
20. INDO/S: Kotzian M, Rösch N, Zerner MC (1992) Theor Chim Acta 81:201. (b) ZINDO is a version of INDO/S with some modifications, plus the ability to handle transition metals. The Z comes from the name of the late Professor Michael C. Zerner, whose group developed the suite of (mostly semiempirical) programs called ZINDO, which includes ZINDO/S. ZINDO is available from, e.g., Molecular Simulations Inc., San Diego, CA., and CAChe Scientific, Beaverton, OR, and Gaussian
21. Pople JA, Santry DP, Segal GA (1965) J Chem Phys 43:S 129; Pople JA, Segal GA (1965) J Chem Phys 43:S 136; Pople JA, Segal GA (1966) J Chem Phys 44:3289
22. Boyd DB (1995) Chapter 5. In: Lipkowitz B, Boyd DB (eds) Reviews in computational chemistry. vol 6. VCH, New York
23. (a) Wilson E (1998) Chemical & engineering news. 19:12; (b) Malakoff D (1998) Science 282:610; (c) Nobel lecture. Angew Chem Int. Ed, (1999) 38:1895
24. Dewar MJS (1992) A semiempirical life. American Chemical Society, Washington, DC
25. Ref. 24, p 131
26. Dewar MSJ (1975) J Am Chem Soc 97:6591. In response to criticisms of MINDO/3 by Pople (Pople JA (1975) J Am Chem Soc 97:5306) and Hehre (Hehre WJ (1975) J Am Chem Soc 97:5308)
27. Dewar MJS (1975) Science 187:1037

28. Halgren TA, Kleier DA, Lipscomb WN (1975) Science 190:591; response: Dewar MJS (1975) Science 190:591
29. Dewar MJS (1983) J Mol Struct 100:41
30. Dewar MJS, Jie C (1992) Acc Chem Res 25:537
31. Li Y, Houk KN (1993) J Am Chem Soc 115:7478
32. Ref. 24, p 125
33. Bingham RC, Dewar MJS, Lo DH (1975) J Am Chem Soc 97:1285
34. Levine IN (2014) Quantum chemistry, 7th edn. Prentice Hall, Engelwood Cliffs, pp 626–627
35. Dewar MJS, Klopman G (1967) J Am Chem Soc 89:3089
36. Baird NC, Dewar MJS (1969) J Chem Phys 50:1262
37. Clark T (1985) A handbook of computational chemistry. Wiley, New York, chapter 4
38. (a) First appearance of MNDO: Dewar MJS, Thiel W (1977) J Am Chem Soc 99:4899; (b) Results of MNDO calculations on molecules with H, C, N, O: Dewar MJS, Thiel W (1977) J Am Chem Soc 99:4907; (c) Results for molecules with B; Dewar MJS, McKee ML (1977) J Am Chem Soc 99:5231
39. Offenhartz PO'D (1970) Atomic and molecular orbital theory. McGraw-Hill, New York, p325, (these matrix elements are zero because the AO functions belong to different symmetry species, while the operator (kinetic plus potential energy) is spherically symmetric
40. Dewar MJS, Thiel W (1977) Theor Chim Acta 46:89
41. Stewart JJP (1989) J Comp Chem 10:209
42. Thiel W (1988) Tetrahedron 44:7393
43. (a) Thiel W, Voityuk AA (1996) J Phys Chem 100:616; (b) Thiel W (1996) Adv Chem Phys 93:703; in particular, pp 722–725
44. Lewars E (2008) Modeling marvels. Springer, Amsterdam; chapter 4
45. Gorelsky SI (2004) In McCleverty JA, Meyer TJ (eds) Comprehensive coordination chemistry, II. 2:467
46. (a) Thiel W (1981) J Am Chem Soc 103:1413; (b) Thiel W (1981) J Am Chem Soc 103:1420. (c) Schweig A, Thiel W (1981) J Am Chem Soc 103:1425
47. (a) Schröder S, Thiel W (1985) J Am Chem Soc 107:4422; (b) Schröder S, Thiel W (1986) J Am Chem Soc 108:7985; (c) Schröder S, Thiel W (1986) J Mol Struct (Theochem) 138:141
48. Bachmann C, Huessian TY, Debû F, Monnier M, Pourcin J, Aycard J-P, Bodot H (1990) J Am Chem Soc 112:7488
49. Scott AP, Nobes RH, Schaefer HF, Radom L (1994) J Am Chem Soc 116:10159
50. Delamere C, Jakins C, Lewars E (2002) Can J Chem 80:94
51. Fowler JE, Galbraith JM, Vacek G, Schaefer HF (1994) J Am Chem Soc 116:9311
52. (a) Lewars L (2008) Modeling marvels. Springer, Amsterdam; chapter 3; (b) Lewars E (1983) Chem Rev 83:519
53. (a) Vacek G, Galbraith JM, Yamaguchi Y, Schaefer HF, Nobes RH, Scott AP, Radom L (1994) J Phys Chem 98:8660; (b) Vacek G, Colegrove BT, Schaefer HF (1991) Chem Phys Lett 177:468
54. Cramer J (2004) Essentials of computational chemistry, 2nd edn. Wiley, Chichester, p 145
55. Gaussian is available for several operating systems; see Gaussian, Inc., http://www.gaussian.com, 340 Quinnipiac St., Bldg. 40, Wallingford, CT 06492, USA. As of 2015, the latest "full" version (as distinct from more frequent revisions) of the Gaussian suite of programs was Gaussian 09. The name arises from the fact that ab initio basis sets use Gaussian functions
56. Spartan is an integrated molecular mechanics, ab initio and semiempirical program with an input/output graphical interface. It is available for several operating systems; see Wavefunction Inc., http://www.wavefun.com, 18401 Von Karman, Suite 370, Irvine CA 92715, USA. As of 2015, the latest version of Spartan was Spartan'14. The name arises from the adjective spartan, in the sense of simple, unpretentious

57. AMPAC is a semiempirical suite of programs. It can be leased from Semichem, Inc., http://www.semichem.com/default.php, 12456 W, 62nd Terrace, Suite D, Shawnee, KS 66216, USA. As of 2015, the latest version of AMPAC was AMPAC 10. The name means Austin method package; cf. AM1

58. MOPAC is a semiempirical suite of programs. It can be obtained from http://www.cacheresearch.com/mopac.html, CAChe Research, CAChe Research LLC, 13690 SW Otter Lane, Beaverton, OR 97008, USA. As of 2015, the latest version of MOPAC was MOPAC 12. The name means Molecular Orbital Package, but is said to have been inspired by this geographical oddity: "The original program was written in Austin, Texas. One of the roads in Austin is unusual in that the Missouri-Pacific railway runs down the middle of the road. Since this railway was called the MO-PAC, when names for the program were being considered, MOPAC was an obvious contender". See http://openmopac.net/manual/index_troubleshooting.html

59. For Dewar's very personal reminiscences of Austin see ref. 24, pp 111–120

60. Dewar MJS, Zoebisch EG, Healy EF, Stewart JJP (1985) J Am Chem Soc 107:3902

61. Levine IN (2014) Quantum chemistry, 7th edn. Prentice Hall, Engelwood Cliffs, p 630

62. Reference [24], pp 134, 135

63. Dannenberg JJ, Evleth EM (1992) Int J Quantum Chem 44:869

64. Rocha GB, Freire RO, Simas AM, Stewart JJP (2006) J Comp Chem 27:1101

65. Voityuk AA, Roesch N (2000) J Phys Chem A 104:4089

66. Imhof P, Noe F, Fischer S, Smith JC (2006) J Chem Theory Comput 2:1050

67. Nam K, Cui Q, Gao J, York DM (2007) J Chem Theory Comput 3:486

68. Jomoto J, Lin J, Nakajima T (2002) J Mol Struct (Theochem) 577:143

69. Winget P, Horn AHC, Selçuki C, Bodo M, Clark T (2003) J Mol Model 9:408

70. Stewart JJP (1989) J Comp Chem 10:221

71. Stewart JJP (1991) J Comp Chem 12:320

72. Dewar MJS, Healy EF, Holder AJ, Yuan Y-C (1990) J Comp Chem 11:541

73. Stewart JJP (1990) J Comp Chem 11:543

74. Ref. 24, p 185

75. Holder AJ, Dennington RD, Jie C (1994) Tetrahedron 50:627

76. Dewar MJS, Jie C, Yu J (1993) Tetrahedron 49:5003

77. (a) Hehre WJ, Yu J, Adei E (1996) Abstracts of papers of the ACS 212, COMP 092; (b) Hehre WJ, Yu J, Klunziger PE (1997) A guide to molecular mechanics and molecular orbital calculations in spartan. Wavefunction Inc., Irvine, CA

78. Bosque R, Maseras F (2000) J Comp Chem 21:562

79. (a) Cobalt and nickel: Zakharian TY, Coon SR (2001) Computers and chemistry (Oxford) 25:135; (b) Transition metal complexes of C_{60} and C_{70}: Jemmis ED, Sharma PF (2001) J Molec Graphics and Model 19:256; (c) Spin state of transition metal complexes: Ball DM, Buda C, Gillespie AM, White DP, Cundari TR (2002) Inorg Chem 41:152; (d) Technetium: Buda C, Burt SK, Cundari TR, Shenkin PS (2002) Inorg Chem 41:2060; (e) Molybdenum and vanadium: Nemykin VN, Basu P (2003) Inorg Chem 42:4046; (f) review of semiempirical methods for transition metals: Gorelski SI (2004) In: McCleverty JA, Meyer TJ Comprehensive coordination chemistry II. 2:467; (g) Comparison of PM3/tm with CATIVIC, a new parameterized method: Martinez R, Brito F, Araujo ML, Ruette F, Sierraalta A (2004) Int J Quantum Chem 97:854; (h) De novo prediction of ground states: Buda C, Cundari TR (2004) J Mol Struct (Theochem) 686:137; (i) De novo prediction of ground states: Buda C, Flores A, Cundari TR (2005) J Coord Chem 58:575; (j) Chromium derivatives of sucrose: Parada J, Ibarra C, Gillitt ND, Bunton CA (2005) Polyhedron 24:1002

80. Cramer CJ (2004) Essentials of computational chemistry, 2nd edn. Wiley, Chichester, p 155

81. http://www.cache.fujitsu.com/mopac/Mopac2002manual/node650.html
82. Stewart JJP (2007) J Mol Model 13:1173
83. http://openmopac.net/MOPAC2009brochure.pdf
84. Stewart JJP (2004) J Phys Chem Ref Data 33:713
85. From "Accuracy", in MOPAC2009 manual: http://openmopac.net/manual/accuracy.html
86. Stewart JJP (2013) J Mol Model 19:1
87. (a) Repasky MP, Chandrasekhar J, Jorgensen WL (2002) J Comp Chem 23:1601; (b) Tubert-Brohman I, Guimarães CRW, Repasky MP, Jorgensen WL (2004) J Comp Chem 25:138; (c) Tubert-Brohman I, Guimarães CRW, Jorgensen WL (2005) J Chem Theory Comput 1:817
88. Holder AJ, Evleth EM (1994) Chapter 7. In Smith DA (ed) Modelling the hydrogen Bond. American Chemical Society, Washington, DC
89. Elstner M (2006) Theor Chem Acc 116:316, and references therein
90. Goringe CM, Bowler DR, Hernández E (1997) Rep Prog Phys 60:1447
91. (a) Version PMO2a, the study of aerosol clusters of H_2SO_4, Me_2NH, NH_3: L. Fiedler, H. Leverentz R, Nachimuthu S, Friedrich J, Truhlar DG (2014) J Chem Theory Comput 10:3129; (b) Theory of PMO2: Isegawa M, Fiedler L, Leverentz HR, Wang Y, Nachimuthu S, Gao J, Truhlar DJ (2013) J Chem Theory Comput 9:33; (c) Strutyński K, Gomes JANF, Melle-Franco M (2014) J Phys Chem A 118:9561
92. (a) Thiel W (2014) *WIREs Comput Mol Sci* 4:145. doi: 10.1002/wcms.1161, and references therein; (b) Korth M, Thiel W (2011) J Chem Theory Comput 7:2929
93. Levine IN (2014) Quantum chemistry, 7th edn. Prentice Hall, Engelwood Cliffs, pp 626–634
94. Hehre WJ (1995) Practical strategies for electronic structure calculations. Wavefunction, Inc, Irvine
95. (a) Stewart JJP (1997) J Mol Struct (Theochem) 410:195. (b) Stewart JJP (1996) Int J Quantum Chem 58:133
96. Hehre WJ, Radom L, Schleyer PVR, Pople JA (1986) Ab initio molecular orbital theory. Wiley, New York; section 6.2
97. *$H_2C=CHOH$ reaction* The only quantitative experimental information on the barrier for this reaction seems to be: Saito S (1976) Chem Phys Lett 42:399, halflife in the gas phase in a Pyrex flask at room temperature ca. 30 minutes. From this one calculates (section 5.5.2.2d, Eq (5.202)) a free energy of activation of 93 kJ mol^{-1}. Since isomerization may be catalyzed by the walls of the flask, the purely concerted reaction may have a much higher barrier. This paper also shows by microwave spectroscopy that ethenol has the O-H bond *syn* to the C=C. The most reliable measurement of the ethenol/ethanal equilibrium constant, by flash photolysis, is 5.89×10^{-7} in water at room temperature (Chiang Y, Hojatti M, Keeffe JR, Kresge AK, Schepp NP, Wirz J (1987) J Am Chem Soc 109:4000). This gives a free energy of equilibrium of 36 kJ mol^{-1} (ethanal 36 kJ mol^{-1} below ethenol). *HNC reaction* The barrier for rearrangement of HNC to HCN has apparently never been actually measured. The equilibrium constant in the gas phase at room temperature was calculated (Maki AG, Sams RL (1981) J Chem Phys 75:4178) at 3.7×10^{-8}, from actual measurements at higher temperatures; this gives a free energy of equilibrium of 42 kJ mol^{-1} (HCN 42 kJ mol^{-1} below HNC). According to high-level ab initio calculations supplemented with experimental data (Active Thermochemical Tables) HCN lies 62.35 ± 0.36 kJ mol^{-1} (converting the reported spectroscopic cm^{-1} energy units to kJ mol^{-1}) below HNC; this is "a recommended value...based on all currently available knowledge": Nguyen TL, Baraban JH, Ruscic B, Stanton JF (2015) J Phys Chem 119:10929. *CH_3NC reaction* The reported experimental activation energy is 161 kJ mol^{-1} (Wang D, Qian X, Peng J (1996) Chem Phys Lett 258:149; Bowman JM, Gazy B, Bentley JA, Lee TJ, Dateo DE (1993) J Chem Phys 99:308; Rabinovitch BS. Gilderson PW (1965) J Am Chem Soc 87:158; Schneider FW, Rabinovitch BS (1962)

J Am Chem Soc 84:4215). The energy difference between CH_3NC and CH_3NC has apparently never been actually measured. Cyclopropylidene reaction Neither the barrier nor the equilibrium constant for the cyclopropylidene/allene reaction have been measured. The only direct experimental information of these species come from the failure to observe cyclopropylidene at 77 K (Chapman OL (1974) Pure and applied chemistry 40:511). This and other experiments (references in Bettinger HF, Schleyer PVR, Schreiner PR, Schaefer HF (1997) J Org Chem 62:9267 and in Bettinger HF, Schreiner PR, Schleyer PVR, Schaefer HF (1996) J Phys Chem 100:16147) show that the carbene is much higher in energy than allene and rearranges very rapidly to the latter. Bettinger et al., 1997 (above) calculate the barrier to be 21 kJ mol^{-1} (5 kcal mol^{-1})

98. Thiel W (1998) Chapter 8. In: Irikura KK, Frurip DJ (eds) Computational thermochemistry. American Chemical Society, Washington, DC

99. (a) Bond D (2007) J Org Chem 72:5555; (b) Pedley JB (1994) Thermochemical data and structures of organic compounds. Thermodynamics Research Center, College Station, Texas.

100. (a) CO_2/N_2 copolymers: Bylykbashi J, Lewars E (1999) J Mol Struct (Theochem) 469:77; (b) Oxirenes: Lewars E (2000) Can J Chem, 78:297–306

101. Some examples are (a) Activation enthalpies of cytochrome-P450-mediated hydrogen abstractions; comparison of PM3, SAM1, and AM1 with a DFT method: Mayeno AN, Robinson JL, Yang RSH, Reisfeld B (2009) J Chem Inf Model 49:1692. (b) Pyruvate to lactate transformation catalyzed by L-lactate dehydrogenase, attempt to improve accuracy of semiempirical descriptors (AM1/MM): Ferrer S, Ruiz-Pernia JJ, Tunon I, Moliner V, Garcia-Viloca M, Gonzalez-Lafont A, Lluch JM (2005) J Chem Theory Comput 1:750. (c) Mechanism of tyrosine phosphorylation catalyzed by the insulin receptor tyrosine kinase (PM3): Pichierri F, Matsuo Y (2003) J Mol Struct (Theochem) 622:257. (d) A novel type of irreversible inhibitor for carboxypeptidase A (PM3): Chung SJ, Chung S, Lee HS, Kim E-J, Oh KS, Choi HS, Kim KS, Kim JJ, Hahn JH, Kim DH (2001) J Org Chem 66:6462

102. Reference [98], p 157

103. Information supplied by Dr. R. Johnson of the National Institutes of Standards and Technology, USA (NIST): best fits to about 1100 vibrations of about 70 closed-shell molecules. An extensive collection of scaling factors is available on the NIST website (http://srdata.nist.gov/cccbdb/)

104. Scott AP, Radom L (1996) J Phys Chem,.Phys Chem 100:16502

105. Holder AJ, Dennington II RD (1997) J Mol Struct (Theochem) 401:207

106. AM1, MP2(fc)/6–31G*, and experimental IR spectra were compared for 18 of the 20 compounds in Fig. 6.2 (suitable IRs were not found for HOCl and CH_3SH) and for these 10: cyclopentane, cyclopentene, cyclopentanone, pyrrolidine, pyrrole, butanone, diethyl ether, 1-butanol, 2-butanol, and tetrahydrofuran. On the basis of the relative intensities of the bands, of these 28 compounds only for six, HCN, CH_3OH, $H_2C=CH_2$, HOF, cyclopentene and cyclopentanone were both the AM1 and MP2 spectra similar to the experimental; for the others the MP2 IRs were closer to experiment

107. Galabov B, Yamaguchi Y, Remington RB, Schaefer HF (2002) J Phys Chem A 106:819

108. Healy EF, Holder A (1993).J Mol Struct (Theochem) 281:141

109. Coolidge MB, Marlin JE, Stewart JJP (1991) J Comp Chem 12:948

110. Reference 94, pp 74, 76–77, 80–82

111. Hehre WJ, Radom L, Schleyer PVR, Pople JA (1986) Ab initio molecular orbital theory. Wiley, New York; section 6.6.1

112. Scheiner AC, Baker J, Andzelm JW (1997) J Comp Chem 18:775

113. Cramer CJ (2004) Essentials of computational chemistry, 2nd edn. Wiley, Chichester, p 309

114. Bagus PS (2013) Pioneers of quantum chemistry, vol 1122, ACS Symposium Series. American Chemical Society, Washington, DC; Chapter 7, pp 202, 203
115. Anh NT, Frisson G, Solladié-Cavallo A, Metzner P (1998) Tetrahedron 54:12841
116. Jensen F (2007) Introduction to computational chemistry, 2nd edn. Wiley, Hoboken, p 296
117. Lendvay G (1994) J Phys Chem 98:6098
118. Foresman JB, Frisch Æ (1996) Exploring chemistry with electronic structure methods, 2nd edn. Gaussian Inc., Pittsburgh, p 218
119. Levin RD, Lias SG (1982) Ionization potential and appearance potential measurements, 1971–1981. National Bureau of Standards, Washington, DC
120. Curtiss LA, Nobes RH, Pople JA, Radom L (1992) J Chem Phys 97:6766
121. Dewar MJS, Rzepa HS (1978) J Am Chem Soc 100:784
122. Reference [24], p 183
123. Bachrach SM (2014) Computational organic chemistry, 2nd edn. Wiley, Hoboken, p xvi
124. Dyson F (2004) Enrico Fermi quoted to Freeman Dyson those words of von Neumann. Nature 427:297
125. Cramer CJ (2004) Essentials of computational chemistry, 2nd edn. Wiley, Chichester; Table 2.1
126. Cramer CJ (2004) Essentials of computational chemistry, 2nd edn. Wiley, Chichester, p 157
127. (a)"Chemoinformatics: a textbook", Gasteiger J, Engel T (eds). (2004) Wiley. (b) Leach AR, Gille VJ (2003) An introduction to chemoinformatics. Springer
128. (a) Reference 1b, chapter 10. (b) Höltje HD, Folkers G (1996) Molecular modelling, applications in medicinal chemistry. VCH, Weinheim, Germany. (c) van de Waterbeemd H, Testa B, Folkers G (eds) (1997) Computer-assisted lead finding and optimization. VCH, Weinheim, Germany. (d) Tehan BG, Lloyd EJ, Wong MG, Pitt WR, Montana JG, Manallack DT, Garcia E (2002) Fast calculation of electronic properties with reasonable accuracy (the focus here is on acidity). Quantitative Structure-Activiy Relationships 21:457
129. Dral PO, Lilienfeld OAV, Thiel W (2015) J Chem Theory Comput 11:2120, and references therein
130. E.g., Dewar MJS, Storch DM (1985) J Am Chem Soc 107:3898
131. For a series of small, mostly nonbiological molecules AM1 seemed better than PM3, except for O-H/O hydrogen bonds: Dannenberg JJ (1997) J Mol Struct (Theochem) 410:279
132. In model systems of biological relevance, mostly involving water, PM3 was superior to AM1: Zheng YJ, Merz KM (1992) J Comp Chem 13:1151

第7章

密度泛函理论

> 我的另一个希望是……一种基本上全新的从头算处理能够先验地给出化学上的精确结果，很快就会实现。

——M. J. S. 杜瓦，《半经验生命》，1992 年

摘要：密度泛函理论基于两个霍恩伯格-科恩定理，它们指出原子或分子的基态性质由其电子密度函数决定，并试验了电子密度必须提供大于或等于其真实能量的能量值（仅当可以使用精确泛函时，后一个定理才成立）。在科恩-沙姆方法中，系统的能量被表述为与其理想系统能量的偏差，该理想系统是电子不相互作用的原系统。从能量方程出发，通过最小化关于科恩-沙姆轨道的能量，可以导出科恩-沙姆方程，这类似于哈特里-福克方程。寻找好的泛函是密度泛函理论的主要问题。本章讨论了各种水平的密度泛函理论和新泛函，还讨论了电子化学势、电负性、硬度、软度和福井函数等相互关联的概念。

7.1 观点

前面已经介绍了计算分子几何构型和能量的 3 大技术：分子力学（第 3 章）、从头算方法（第 5 章）和半经验方法（第 4 章和第 6 章）。分子力学基于分子的球和弹簧模型。从头算方法基于量子力学分子的巧妙模型，我们用薛定谔方程在数学上对其进行处理。半经验方法从诸如休克尔和扩展休克尔理论（第 4 章）之类的简单方法到更复杂的自洽场半经验理论（第 6 章），都基于薛定谔方程。实际上，它们的"经验"来自为了避免这个方程强加给从头算方法的数学问题。从头算和半经验方法都计算分子波函数（和分子轨道能），因此代表了波函数方法。但是，波函数不是分子或原子的可测量特征，而是物理学家称之为"可观察"的量。实际上，物理学家对于波函数是什么并没有普遍的共识，它"仅仅"是计算可观察性质的数学便利呢，还是一个真正的物理实体？[1]。

密度泛函理论（DFT）不是基于波函数，而是基于电子概率密度函数或电子密度函数，通常简称为电子密度或电荷密度，并用 $\rho(x,y,z)$ 表示。这在 5.5.4 节讨论过，与分子中原子（atoms-in-molecules，AIM）有关。电子密度 ρ 是密度泛函理论中的"密度"，不仅是密度泛函理论的基础，而且是考虑和研究原子和分子的一整套方法的基础[2]。与波函数不同，它是可测量的，例如，通过 X 射线衍射或电子衍射[3]可测量电子密度。电子密度除了是一种实验的可观测量和易于直观地掌握[4]外，还具有一种特别适合于任何声称是波函数方法

的改进或至少是波函数方法有价值的替代方法的数学性质：它只是位置的函数，即只是 3 个变量 (x, y, z) 的函数，而含 n 个电子的分子波函数有 $4n$ 个变量，即**每个电子**都有 3 个空间坐标和 1 个自旋坐标。含 10 个电子的分子波函数将具有 40 个变量。相反，不管分子有多大，电子密度始终是 3 个变量的函数。因此，电子密度函数在 3 个方面胜过波函数：它是可测量的，它是直观可理解的，它在数学上更易于处理。

7.2.3 节中解释了类似于术语函数的数学术语"泛函"。对于化学家来说，密度泛函理论的主要优点是，在与使用 HF 计算所需大约相同的时间里，人们通常可以获得与 MP2 计算大致相同质量的结果（见 5.4.2 节）。密度泛函理论的化学应用只是一个伟大项目的一个方面，该项目旨在重塑传统的量子力学，即波动力学，其形式是"电子密度，且只有电子密度起着关键作用"[5]。值得注意的是，1998 年诺贝尔化学奖授予约翰·波普尔（5.3.3 节）和沃尔特·科恩①，主要是因为前者在开发实用的基于波函数的方法中发挥的作用，后者开发了密度函数方法[6]。波函数是天文学解析中难以处理的**多体问题**（n 体问题）的量子力学模拟[7]，事实上，电子-电子相互作用（电子相关）是波函数计算中遇到的主要问题的核心（5.4.1 节）。科恩在其职业生涯的早期从事的是原子物理学中的**多体问题**[8]研究，这可能很重要。

有时，人们会问的一个问题是，密度泛函理论是否应被视为一种特殊的从头算方法。反对这种观点的理由是，与传统的从头算理论不同，密度泛函理论函数的正确数学形式是未知的，而在传统的从头算理论中，基本方程（薛定谔方程）的正确数学形式是（我们认为）已知的。而在传统的从头算理论中，可以通过采用更大基组和更高相关性来从概念上直接改善波函数，这使计算越来越接近薛定谔方程的精确解，但在密度泛函理论中，到目前为止，尚无这种直接地系统地改进泛函（7.2.3 节）的方法。人们只有在直觉的帮助下，将结果与高水平常规从头算进行比较，才能摸索前进的方向。有人可能会争辩说，从这个意义上讲，当前的密度泛函理论是半经验的，但经验**参数**的使用有限（通常从 0 到大约 10），而且最终有找到确切泛函的可能性，因此，从本质上说，它是从头算的。实际上，使用没有经验参数的泛函进行密度泛函理论在数学上与波函数方法一样是从头算的。如果确切的泛函已知，那么，密度泛函理论确实可以给出"化学上准确的先验结果"（本章开头引用的杜瓦观点）。7.2.3 节结尾，在研究了密度泛函理论方法的各个水平之后，我们再次简要讨论了密度泛函理论的半经验性质问题。

7.2 密度泛函理论的基本原理

7.2.1 准备工作

在玻恩解释（4.2.6 节）中，任一点 X 处单电子波函数 ψ 的平方是该点波函数的概率密度（体积单位为 1），而 $|\psi|^2 dx dy dz$ 为在该点（在一个数学点找到电子的概率为零）附近无穷小体积 $dx dy dz$ 中找到电子的概率（一个纯数）。对于**多电子**波函数 Ψ 来说，波函数 Ψ 与电子密度 ρ 之间的关系更为复杂，即分子中的电子数乘以除一个电子外，分子波函数平方对

---

① 沃尔特·科恩，1923 年生于维也纳。1945 年，1946 年，多伦多大学，文学学士，理学学士。1948 年，哈佛大学博士。1948—1950 年，哈佛大学，物理学讲师。1950—1960 年，卡内基·梅隆大学，助教，副教授，教授。1960—1979 年，加利福尼亚大学圣地亚哥分校，物理学教授。1979—2016 年，加州大学圣巴巴拉分校。1998 年获诺贝尔化学奖。2016 年于加利福尼亚州圣巴巴拉去世。

其他所有电子自旋坐标的积分求和（AIM 的讨论，5.5.4 节）。我们可以证明[9]，$\rho(x,y,z)$ 与单行列波函数 Ψ 的"组分"单电子空间波函数 ψ_i（分子轨道）有关（回顾 5.2.3 节，HF 的 Ψ 可以近似为自旋轨道 $\psi_i\alpha$ 和 $\psi_i\beta$ 的斯莱特行列式）。

$$\rho = \sum_{i=1}^{n} n_i \mid \psi_i \mid^2 \qquad (^*7.1)$$

对于一个闭壳层分子来说，该求和对 n 个占据分子轨道 ψ_i，共 $2n$ 个电子。严格地说，式（7.1）仅适用于单行列式波函数 Ψ，但对于源自组态相互作用处理的多行列式波函数（5.4 节）来说，有类似的方程[10]。$\rho(x,y,z)\mathrm{d}x\mathrm{d}y\mathrm{d}z$ 的简写是 $\rho(r)\mathrm{d}r$，其中，r 是坐标 (x, y, z) 的点的位置向量。如果可用电子密度 ρ，而不是波函数来计算分子的几何构型、能量等，则这可能是对波函数方法的一种改进，因为如上所述，含 n 个电子的分子，其电子密度仅是 3 个空间坐标 x、y、z 的函数，但其波函数是 $4n$ 坐标的函数。密度泛函理论试图利用电子密度计算原子和分子的所有性质。

关于密度泛函的一些介绍和综述。

1. 介绍

（1）帕尔和扬[11]的权威著作。该书对基本原理严谨表述的强调使得它现在与第一次出版（1989 年）时一样重要，可是我们不必因此而惧怕太难理解转而选择较少"技术性"的介绍作为开始。

以下的文献提供了很好的简要总结。

（2）莱文（2014 年）[12]。

（3）克拉默（2004 年）[13]。

（4）詹森（2007 年）[14]。

2. 综述

以下文献是针对该领域的进展和最新状况（但也提供了一些关于该理论的背景信息）。

（1）佩韦拉蒂和特鲁赫拉（2014 年）[15]。**对通用密度泛函的探索：涵盖广泛的化学和物理数据库的密度泛函的精确性**。重点是来自特鲁赫拉团队的泛函（如 M06 系列），还检查了 65 个其他泛函，其中包含 451 个数据项。

（2）伯克（2012 年）[16]。**密度泛函理论展望**。一本好书，有趣、脑洞大开（例如，密度泛函理论的一个缺点是它"只能从密度泛函理论大师那里学到"）。密度泛函理论简史和简介。

（3）科恩，莫里-桑切斯，扬（2012 年）[17]。**密度泛函理论面临的挑战**。介绍了背景，当前问题，相当"技术性"。

（4）J. P. 瓦格纳，P. R. 施赖纳（2015 年）[18a]。**分子化学中的伦敦色散，重新考虑空间效应**。强调对色散重要性的认识。科明博夫（2014 年）[18b]。**最小化密度泛函对范德华复合物以外非共价相互作用的失效**。这些弱相互作用在计算化学中通常被称为**色散**，是当前密度泛函理论的主要挑战之一（见 7.2.3 节）。

（5）密度泛函理论在材料中的应用（2014 年）[19]：Acc. Chem. Res 中的一期。

（6）R. O. 琼斯（2015 年）[20]。**密度泛函理论：起源、崛起与未来**。通过参考大量原始论文，从历史调查开始，接着讨论了当前的问题，并说明了密度泛函理论的成功，以对其基本性质和未来的深思熟虑的质疑作为结束（将密度泛函与从头算理论作为竞争对象进行比较）。

在详细介绍了密度泛函背后的理论之后,本章将会给出(7.2.3 节)参考资料,这些参考文献综述了更具体地解决提高方法性能的步骤。

7.2.2 当前密度泛函理论方法的先驱

利用电子密度计算原子和分子性质的想法似乎起源于恩里科·费米和 P. A. M 狄拉克在 20 世纪 20 年代对理想电子气的独立计算。现在,众所周知的是费米-狄拉克统计[21]。在费米[22a]和托马斯[22b]的独立工作中,原子被模拟成具有正电势(原子核)的系统,位于均匀(均质)的电子气中。这显然是不切实际的理想化,托马斯-费米模型[23]或狄拉克修饰的托马斯-费米-狄拉克模型[23]对原子的预测给出了令人惊讶的好结果,但对分子的预测却完全失败了:它预测所有分子都是不稳定的,趋向于解离成原子(实际上,这是托马斯-费米理论中的一个定理)。

Xα(X 表示交换,α 是 Xα 方程中的一个参数)方法给出了更好的结果[24]。它可以看作是托马斯-费米模型的更精确版本,且可能是第一个化学上有用的密度泛函理论方法。斯莱特于 1951 年[25]引入该方法,他认为[26]该方法是 HF 方法(5.2.3 节)的简化。Xα 方法主要为原子和固体而开发,也可应用于分子,但已被更精确的科恩-沙姆型(7.2.3 节)密度泛函理论方法取代。

7.2.3 目前的密度泛函理论方法:科恩-沙姆方法

1. 泛函的霍恩伯格-科恩定理

如今,分子的密度泛函理论计算基于科恩-沙姆方法,这一阶段由霍恩伯格和科恩于 1964 年发表的两个定理确定(莱文[27]证明)。霍恩伯格-科恩定理一[28]指出,基态电子态下,分子的所有性质都由基态电子密度函数 $\rho_0(x,y,z)$ 决定。换句话说,给定 $\rho_0(x,y,z)$,原则上可计算任何基态性质,如能量 E_0,可以如下表示。

$$\rho_0(x,y,z) \rightarrow E_0 \tag{7.2}$$

关系式(7.2)表示 E_0 是 $\rho_0(x,y,z)$ 的**泛函**。**函数**是将一个数字转换为另一个(或相同)数字的规则。

$$2 \xrightarrow{x^3} 8$$

$$1 \xrightarrow{x^3} 1$$

泛函是将函数转换为数字的规则。

$$f(x) = x^3 \xrightarrow{\int_0^2 f(x)\mathrm{d}x} \left. \frac{x^4}{4} \right|_0^2 = 4 \tag{7.3}$$

泛函 $\int_0^2 f(x)\mathrm{d}x$ 将函数 x^3 转换为数字 4。我们通过如下书写来指定积分是 $f(x)$ 泛函这一事实。

$$\int_0^2 f(x)\mathrm{d}x = F[f(x)] \tag{7.4}$$

泛函是"确定"(参见上文定积分)函数的函数。

因此,霍恩伯格-科恩定理一认为,一个分子的任何基态性质都是基态电子密度函数的

泛函,如能量

$$E_0 = F[\rho_0] = E[\rho_0] \qquad (7.5)$$

该定理"仅仅"是一个**存在定理**：它表示一个泛函 F 存在,但没有告诉我们如何找到它。这个遗漏是密度泛函理论的主要难题。该定理的意义在于它确保了原则上存在一种从电子密度计算分子性质的方法。因此,可推断近似泛函将至少给出近似答案。该定理有时用一种乍一看似乎与计算能量不太相关的方式来表达,即核势决定基态电子密度,或能量和电子密度之间有一对一的对应关系。

霍恩伯格-科恩定理二[28]是从头算方法中相关的(5.2.3节)波函数变分定理的密度泛函理论的类比,该定理认为任何试验电子密度函数都会给出大于(或等于,如果它恰好是真实的电子密度函数)真实基态能量的能量。在密度泛函理论分子计算中,来自试验电子密度的电子能量是在原子核势下移动的电子的能量。这种核势称为"外部电势",大概是因为如果此处关注的是电子,则原子核就是"外部的"。将该核势表示为 $v(r)$,且将电子能表示为 $E_v = E_v[\rho_0]$(表示"基态电子密度的 E_v 泛函")。因此定理二可以这样表述

$$E_v[\rho_t] \geqslant E_0[\rho_0] \qquad (7.6)$$

式中,ρ_t 是试验电子密度;$E_0[\rho_0]$ 是真实的基态能量,对应于真实的电子密度 ρ_0。试验电子密度必须满足 $\int \rho_t(r)dr = n$ 的条件,其中,n 是分子中的电子数(这类似于波函数归一化条件;这里所有无限小体积中的电子数求和必等于分子中总电子数),对所有 r,有 $\rho_t(r) \geqslant 0$(每单位体积的电子数不能为负)。该定理说,从科恩-沙姆方程(一组类似于 HF 方程的方程组,通过关于电子密度的能量最小化来获得)计算出的分子能量的任何值都将大于或等于真实的能量。实际上,只有在泛函是真实体系泛函的情况下才是正确的(见下文)。霍恩伯格-科恩定理最初被证明仅适用于非简并基态,但后来证明对简并基态也有效[29]。不等式(7.6)的泛函是正确的、精确的能量泛函(指定将基态电子密度函数转换为基态能量)。精确的泛函是未知的,因此,实际的密度泛函理论计算使用近似的泛函,不是可变分的:它们可提供低于真实体系能量的能量。变分是方法的一个很好的特性,因为它可以确保计算出的任何能量都高于真实的能量。然而,这不是方法的一个基本特征:微扰和实际的组态相互作用计算(5.4.2节和5.4.3节)不是变分的,但这并不是一个严重的问题。

2. 科恩-沙姆能量和 KS 方程组

科恩-沙姆(Kohn-Sham,KS)定理一表明,值得寻找一种从电子密度计算分子性质的方法。KS 定理二表明,变分法可能会产生一种计算能量和电子密度的方法(电子密度也可用于计算其他性质)。回忆一下,在波函数理论中,HF 变分法(5.2.3节)导出了 HF 方程,该方程能计算能量和波函数。用一种类似的变分法(1965 年)推导出了 KS 方程[30],这是当前分子密度泛函理论计算的基础。如果我们有一个精确分子的电子密度函数 ρ,并知道确切的能量泛函,则可以(假设该泛函没有那么复杂)根据泛函直接从电子密度函数得到分子能量。不幸的是,没有人知道先验的准确的 ρ,当然也没有正确的能量泛函,后者是密度泛函理论中的关键问题。KS 的密度泛函理论方法规避了这两个问题。

KS 方法背后的两个基本思想如下。①将分子能量表示为一些项之和,其中,只有一项(相对较小的一项)涉及"未知"的泛函。因此,即使这项中有较大误差,也不会使总能量有大的误差。②使用 KS 方程(类似于 HF 方程)中的电子密度 ρ 的初猜值来计算 KS 轨道和能

级的初始猜测值,然后使用此初始猜测值来迭代改善这些轨道和能级,这类似于 HF 自洽场方法中使用的方式。最终的 KS 轨道被用来计算电子密度,而电子密度反过来又可用于计算能量。

1) 科恩-沙姆能量

这里的策略是将分子的电子能量分成无需使用密度泛函理论即可精确计算的一部分,以及一个需要未给定泛函的相对较小的项。该方法的一个关键思想是一个虚拟非相互作用的参考系统的概念,该参考系统定义为其中的电子不相互作用,且其中(这非常重要)由 ρ_r 给出的基态电子密度分布与真实基态系统的电子密度分布完全相同:$\rho_r = \rho_0$。很容易地精确处理非相互作用的电子,它与真实电子行为的偏差被包含到一个小的项中,该项涉及我们必须努力设法解决的泛函。我们此处讨论的是分子的电子能。总的内部"冻结核"能在稍后通过添加简单计算出的核间斥力得到。0 K 的总内能通过进一步加上来自简正模式振动的零点能得到,就像在 HF 计算中一样(5.2.3 节)。

真实分子的基态电子能量是电子动能、核电子吸引势能和电子-电子排斥势能之和。

$$E_0 = \langle T[\rho_0] \rangle + \langle V_{Ne}[\rho_0] \rangle + \langle V_{ee}[\rho_0] \rangle \qquad (*7.7)$$

尖括号提示这些能量项是量子力学平均值或"期望值"。每个都是基态电子密度的泛函,且每个都有一个算符,用于表示动能等,就像总能量有一个算符 $\hat{H}$ 一样。首先关注最容易处理的中间项核-电子吸引势能是所有 $2n$ 个电子分别和所有核的相互吸引势的求和(如同我们对从头算理论的处理一样,我们将处理一个具有偶数个电子的闭壳层分子):中间项的算符是(见式(5.15)):

$$\langle \hat{V}_{Ne} \rangle = \sum_{i=1}^{2n} \sum_{\text{核}A} -\frac{Z_A}{r_{iA}} = \sum_{i=1}^{2n} v(r_i) \qquad (7.8)$$

式中,Z_A/r_{iA} 是因电子 i 与原子核 A 在不断变化的距离 r 处相互作用而产生的势能;$v(r_i)$ 是电子 i 对所有核吸引的"外部势",有了它,我们可更简洁地表示两次求和。

由式(7.9)[31] 将密度函数 ρ 引入 $\langle V_{Ne} \rangle$:

$$\int \psi \sum_{i=1}^{2n} f(r_i) \psi d\tau = \int \rho(r) f(r) dr \qquad (7.9)$$

式中,$f(r_i)$ 是系统中 n 个电子坐标的函数;ψ 是全波函数(左侧对空间坐标和自旋坐标 τ 积分,而右侧对空间坐标积分)。从式(7.8)和式(7.9),引用平均值或期望值的概念(5.2.3 节)$\langle V_{Ne} \rangle = \langle \psi [\hat{V}_{Ne}] \psi \rangle$(一个量的量子力学平均值是算符对波函数的积分),则得到

$$\langle V_{Ne} \rangle = \int \rho_0(r) v(r) dr \qquad (7.10)$$

式(7.7)可写为

$$E_0 = \langle T[\rho_0] \rangle + \int \rho_0(r) v(r) dr + \langle V_{ee}[\rho_0] \rangle \qquad (7.11)$$

现在,中间项是经典的静电吸引势能表达式。遗憾的是,这种能量方程式无法按原样使用,因为此处不知道能量项中 $\langle T[\rho_0] \rangle$ 和 $\langle V_{ee}[\rho_0] \rangle$ 的动能和势能泛函。

为了利用式(7.11),科恩和沙姆提出了一种非相互作用电子的虚拟参考系统的想法,该系统具有与真实系统完全相同的电子密度分布。处理电子动能时,首先定义量 $\Delta \langle T[\rho_0] \rangle$ 作为真实电子动能与参考系统电子动能的偏差:

$$\Delta\langle T[\rho_0]\rangle \equiv \langle T[\rho_0]\rangle_{\text{rea}} - \langle T[\rho_0]\rangle_{\text{ref}}$$

$$\text{即}\quad \langle T[\rho_0]\rangle - \langle T[\rho_0]\rangle_{\text{ref}} \tag{7.12}$$

在讨论下一个电子**势能**时，定义术语 $\Delta\langle V_{\text{ee}}\rangle$ 作为真实电子-电子排斥能与经典电荷云库仑排斥能的偏差。经典的静电排斥能是成对的距离为 r_{12} 的无穷小体积元 $\rho(r_1)\mathrm{d}r_1$ 和 $\rho(r_2)\mathrm{d}r_2$（在经典的非量子负电荷云中）的排斥能之和，再乘以 1/2（这样，我们就不会在计算了 r_1/r_2 的排斥能后，又计算一次 r_2/r_1 的能量）。无穷小之和是积分，因此

$$\Delta\langle V_{\text{ee}}[\rho_0]\rangle = \langle V_{\text{ee}}[\rho_0]\rangle_{\text{rea}} - \frac{1}{2}\iint \frac{\rho_0(r_1)\rho_0(r_2)}{r_{12}}\mathrm{d}r_1\mathrm{d}r_2 \tag{7.13}$$

实际上，经典的电荷云排斥在某种程度上不适合电子，因为将电子（粒子）模糊到电子云中会迫使它自身排斥，云的任何两个区域都会相互排斥。补偿这种物理上不正确的电子自相互作用的一种方法是使用好的交换相关泛函。

使用式(7.12)和式(7.13)，式(7.11)可写成

$$E_0 = \int\rho_0(r)v(r)\mathrm{d}r + \langle T[\rho_0]\rangle_{\text{ref}} + \frac{1}{2}\iint\frac{\rho_0(r_1)\rho_0(r_2)}{r_{12}}\mathrm{d}r_1\mathrm{d}r_2 + \tag{7.14}$$

$$\Delta\langle T[\rho_0]\rangle + \Delta\langle V_{\text{ee}}[\rho_0]\rangle$$

并排放置的两个"Δ 项"囊括了密度泛函理论的主要问题：与参考系统的动能偏差和与经典系统的电子-电子排斥能偏差之和，称为**交换相关能**。在每项中，一个未知泛函都会将电子密度转换为能量，分别是动能和势能。此交换相关能是电子密度函数的泛函：

$$E_{\text{XC}}[\rho_0] \equiv \Delta\langle T[\rho_0]\rangle + \Delta\langle V_{\text{ee}}[\rho_0]\rangle \tag{7.15}$$

$\Delta\langle T\rangle$ 项代表电子的动力学相关能，而 $\Delta\langle V_{\text{ee}}\rangle$ 项代表电子的势能相关和交换能（尽管密度泛函理论中的交换和相关能与 HF 理论的意义[32]不完全相同）。使用式(7.15)式(7.14)变成

$$E_0 = \int\rho_0(r)v(r)\mathrm{d}r + \langle T[\rho_0]\rangle_{\text{ref}} + \frac{1}{2}\iint\frac{\rho_0(r_1)\rho_0(r_2)}{r_{12}}\mathrm{d}r_1\mathrm{d}r_2 + E_{\text{XC}}[\rho_0] \tag{7.16}$$

现在来看式(7.16)中分子电子能 E_0 表达式中的 4 项。

(1) 第 1 项（密度乘以外部势的积分）为

$$\int\rho_0(r)v(r)\mathrm{d}r = \int\left[\rho_0(r_1)\sum_{\text{核 A}} - \frac{Z_A}{r_{1A}}\right]\mathrm{d}r_1 = -\sum_{\text{核 A}}Z_A\int\frac{\rho_0(r_1)}{r_{1A}}\mathrm{d}r_1 \tag{7.17}$$

用电荷云的无限小部分对每个原子核的吸引势进行积分，并对所有原子核求和。如果此处知道 ρ_0，那么，求和的积分就很容易计算出来。

(2) 第 2 项（非相互作用电子参考系统的电子动能）是单电子动能算符对参考系统基态多电子波函数求和的期望值（帕尔和扬对此进行了详细解释[33]）。使用简洁的狄拉克符号表示积分为

$$\langle T[\rho_0]\rangle_{\text{ref}} = \left\langle \psi_r \left| \sum_{i=1}^{2n} -\frac{1}{2}\nabla_i^2 \right| \psi_r \right\rangle \tag{7.18}$$

由于这些假设的电子是不相互作用的，因此 ψ_r（对于闭壳层系统）可以精确地表示为据自旋分子轨道的单斯莱特行列式(5.2.3节)。对于真实系统来说，电子相互作用及使用单行列式会由于忽略电子相关而引起误差(5.4节)，这是波函数方法中大多数麻烦的根源因此，对于 4-电子系统来说，

$$\psi_r = \frac{1}{\sqrt{4!}} \begin{vmatrix} \psi_1^{KS}(1)\alpha(1) & \psi_1^{KS}(1)\beta(1) & \psi_2^{KS}(1)\alpha(1) & \psi_2^{KS}(1)\beta(1) \\ \psi_1^{KS}(2)\alpha(2) & \psi_1^{KS}(2)\beta(2) & \psi_2^{KS}(2)\alpha(2) & \psi_2^{KS}(2)\beta(2) \\ \psi_1^{KS}(3)\alpha(3) & \psi_1^{KS}(3)\beta(3) & \psi_2^{KS}(3)\alpha(3) & \psi_2^{KS}(3)\beta(3) \\ \psi_1^{KS}(4)\alpha(4) & \psi_1^{KS}(4)\beta(4) & \psi_2^{KS}(4)\alpha(4) & \psi_2^{KS}(4)\beta(4) \end{vmatrix} \qquad (7.19)$$

该行列式中的 16 个自旋轨道是参考系统的 KS 自旋轨道。每个都是 KS 空间轨道 ψ_i^{KS} 和自旋函数 α 或 β 的乘积。我们可以通过援引一组规则(斯莱特-康登或康登-斯莱特规则[34])来简化涉及斯莱特行列式的积分,这样,式(7.18)可用 KS 空间轨道表示:

$$\langle T[\rho_0] \rangle_{ref} = -\frac{1}{2} \sum_{i=1}^{2n} \langle \psi_1^{KS}(1) \mid \nabla_1^2 \mid \psi_1^{KS}(1) \rangle \qquad (7.20)$$

要求和的积分很容易计算出来。请注意,密度泛函理论本身不涉及波函数,而 KS 的密度泛函理论方法仅使用轨道作为计算非相互作用系统的动能和电子密度函数的一种手段(见下文)。

(3) 式(7.16)中的第 3 项,即为经典的静电排斥能项,如果已知 ρ_0,则很容易被计算。

(4) 到这儿只剩下了交换相关能量 $E_{XC}[\rho_0]$(式(7.15))唯一的一项,必须为它设计一些新的计算方法。我们从电子密度函数出发,设计出良好的交换相关泛函,以计算这项,这是密度泛函理论研究的主要问题。7.2.3 节对此进行了讨论。

如果写得更完整,则式(7.16)为

$$E_0 = -\sum_{核A} Z_A \int \frac{\rho_0(\boldsymbol{r}_1)}{\boldsymbol{r}_{1A}} d\boldsymbol{r} - \frac{1}{2} \sum_{i=1}^{2n} \langle \psi_1^{KS}(1) \mid \nabla_1^2 \mid \psi_1^{KS}(1) \rangle +$$

$$\frac{1}{2} \iint \frac{\rho_0(\boldsymbol{r}_1)\rho_0(\boldsymbol{r}_2)}{\boldsymbol{r}_{12}} d\boldsymbol{r}_1 d\boldsymbol{r}_2 + E_{XC}[\rho_0] \qquad (7.21)$$

最容易出错的项是相对较小的 $E_{XC}[\rho_0]$ 项,它包含"未知"(不确切地知道)的泛函。在这项中,精确的电子相关性和交换能已被包含在内了,为此,我们必须至少找到一个近似的泛函。

2) KS 方程组

KS 方程是通过对 KS 分子轨道的能量进行微分而获得的,类似于 HF 方程的推导,其微分是关于波函数分子轨道的(5.2.3 节)。我们使用的事实是,参考系统的电子密度分布与我们真实系统基态的电子密度分布完全相同(见讨论 KS 能量时的定义),根据参考文献[9]得到

$$\rho_0 = \rho_r = \sum_{i=1}^{2n} \mid \psi_i^{KS}(1) \mid^2 \qquad (^*7.22)$$

式中,ψ_i^{KS} 是 KS 空间轨道。我们按照轨道的电子密度将上述表达式代入式(7.21)中,并针对 ψ_i^{KS} 改变 E_0 进行微分,微分的前提是,这些 ψ_i^{KS} 仍然保持正交归一(斯莱特行列式的自旋轨道是正交归一的),从而得出 KS 方程(帕尔和扬详细讨论了推导的细节[35]):

$$\left[-\frac{1}{2} \nabla_i^2 - \sum_{核A} \frac{Z_A}{\boldsymbol{r}_{1A}} + \int \frac{\rho(\boldsymbol{r}_2)}{\boldsymbol{r}_{12}} d\boldsymbol{r}_2 + v_{XC}(1) \right] \psi_i^{KS}(1) = \varepsilon_i^{KS} \psi_i^{KS}(1) \qquad (7.23)$$

式中,ε_i^{KS} 是 KS 能级(稍后将讨论 KS 轨道和能级),而 $v_{XC}(1)$ 是**交换相关势**。括号中的表

达式是 KS 算符 $\hat{h}^{KS}$。在 KS 轨道和交换相关势中，由于 KS 方程是一组单电子方程（参见 HF 方程），下标 i 从 1～2n，且遍及系统中的所有电子，所以，在此处，任意安排了 1 号电子。交换相关势 v_{XC} 是交换相关能 $E_{XC}[\rho(\boldsymbol{r})]$ **泛函的导数**。能量 $E_{XC}[\rho(\boldsymbol{r})]$ 是 $\rho(\boldsymbol{r})$ 的泛函，获得 v_{XC} 的过程是泛函的微分。v_{XC} 定义为

$$v_{XC}(\boldsymbol{r}) = \frac{\delta E_{XC}[\rho(\boldsymbol{r})]}{\delta \rho(\boldsymbol{r})} \tag{7.24}$$

在这里，微分是关于 $\rho(\boldsymbol{r})$ 的，但请注意，在 KS 理论中，$\rho(\boldsymbol{r})$ 是用 KS 轨道表示的（式(7.22)）。泛函的导数类似于普通的导数，由帕尔和扬[36]讨论过，并由莱文[37]概述过。

KS 方程(7.23)可以写成

$$\hat{h}^{KS}(1)\psi_i^{KS}(1) = \varepsilon_i^{KS}\psi_i^{KS}(1) \tag{7.25}$$

$\hat{h}^{KS}$ 由式(7.23)定义。这些轨道和能级的重要性我们将在后面讨论，但此处请注意，实际上可用与相应波函数实体相似的方式来解释它们。纯密度泛函理论没有轨道或波函数。科恩和沙姆引入这些轨道和波函数只是为了通过非相互作用电子的手段将式(7.11)变成一个有用的计算工具，但如果我们能以某种物理上有用的方式来解释 KS 轨道和能量，那就更好了。

KS 能量方程(7.21)是精确的，但有一个困难：只有知道密度函数 $\rho_0(\boldsymbol{r})$ 和交换相关能 $E_{XC}[\rho_0]$ 的泛函时，它才能给出精确的能量。另一方面，HF 能量方程(式(5.17))是无法正确处理电子相关的一个近似。即使在基组极限下，HF 方程也不能给出正确的能量，但 KS 方程会给出正确的能量，前提是**知道真实的交换相关能泛函**。在波函数理论中，我们知道如何改善 HF 水平的结果：通过使用能处理电子相关的微扰或组态相互作用(5.4 节)，但在密度泛函理论中，尚无系统性的方法来改善交换相关能泛函。有人说[38]，"虽然[HF 方程]的解可以看作是对近似描述的精确解，但[KS 方程]是对精确描述的近似解！"帕尔和扬给出了一个有点相似，但更深奥的断言："传统的 HF 近似可以被视为 HFKS 方案中的完全忽略相关性的密度泛函方法，但在 KS 方案中却没有。KS 方程使用未知的，且必须近似的有效**非定域势**来代替，而不是 HFKS 方程中确切的非定域交换势。另一种简单的准确性度量！"[39]

3. 解 KS 方程组

首先，我们回顾一下 HF 计算的步骤(5.2.3 节)。从基函数系数 c 的猜测开始，因为 HF 算符(福克算符)$\hat{F}$ 本身包含由基函数及其系数组成的波函数。所以，算符与基函数一起用来计算组成福克矩阵 $\boldsymbol{F}$ 的 HF 福克矩阵元 $F_{rs} = \langle \phi_r | \hat{F} | \phi_s \rangle$。从重叠矩阵 $\boldsymbol{S}$ 计算出的正交矩阵将 $\boldsymbol{F}$ 变 $\boldsymbol{F}'$，使之满足 $\boldsymbol{F}' = \boldsymbol{C}'\boldsymbol{\varepsilon}\boldsymbol{C}'^{-1}$(5.2.3 节)。对角化 $\boldsymbol{F}'$ 得到系数矩阵 $\boldsymbol{C}'$ 和能级矩阵 $\boldsymbol{\varepsilon}$。将 $\boldsymbol{C}'$ 转换为 $\boldsymbol{C}$，得到矩阵，其系数对应于原始基组的展开式，然后将这些系数用作新的猜测，以计算新的 $\boldsymbol{F}$。这个过程一直持续到令人满意的收敛 c 值，即得到令人满意的波函数和能级(可以用来计算电子能)为止。5.2.3 节详细说明了该过程。

求解 KS 特征值方程的标准策略与解 HF 方程类似，也是用基函数 ϕ（集合中有 m 个函数）来展开 KS 轨道：

$$\psi_i^{KS} = \sum_{s=1}^{m} c_{si}\phi_s, \quad i = 1, 2, 3, \cdots, m \tag{*7.26}$$

这与 5.2.3 节中的 HF 轨道的操作完全相同。实际上,尽管在所有旨在捕获电子相关性(KS 电子是非相互作用的,但泛函试图解释电子相关)的计算中都通常使用与波函数理论相同的基函数,但不宜使用比分裂价基还要小的基函数(5.3.3 节)。密度泛函理论计算中最受欢迎的基组是 6-31G*。将基组展开代入 KS 方程(式(7.23)、式(7.25)),如 5.2.3 节所述,乘以 $\phi_1,\phi_2,\cdots,\phi_m$ 会得出 m 个方程组,每个方程组都含有 m 个方程,这些都可以归纳为一个类似于 HF 方程 $\boldsymbol{FC}=\boldsymbol{SC\varepsilon}$ 的单矩阵方程。然后,与标准 HF 方法一样,求解 KS 方程的关键是计算福克矩阵元和矩阵对角化(见 5.2.3 节)。在密度泛函理论计算中,首先猜测密度函数 $\rho(\boldsymbol{r})$,因为这是获得 KS 福克算符 $\hat{h}^{KS}$ 的表达式所需要的(式(7.23)、式(7.24)和式(7.25))。该猜测通常是非相互作用的原子猜测,是通过数学求和分子几何构型中分子的单个原子电子密度而获得的。计算 KS 福克矩阵元 $h_{rs}=\langle\phi_r\,|\,\hat{h}^{KS}\,|\,\phi_s\rangle$,然后将 KS 福克矩阵正交和对角化等,以给出式(7.26)基组展开式中 c 的初始猜测值(以及 ε 的初始值)。式(7.26)中的这些 c 被用于计算一组 KS 分子轨道,而式(7.22)用这些分子轨道来计算一个更好的 ρ。这个新的密度函数被用来计算一个改进的矩阵元 h_{rs},继而又给出改进的 c,然后给出一个改进的密度函数,迭代过程一直持续到电子密度等收敛为止。最终电子密度和 KS 轨道用于计算式(7.21)的能量。

KS 福克矩阵元是福克算符在基函数上的积分。由于有用的泛函是如此复杂,因此,这些积分,特别是 $\langle\phi_r\,|\,v_{XC}\,|\,\phi_s\rangle$ 积分,与 HF 理论中的相应积分不同,无法解析求解。通常的步骤是通过按网格确定的步长对被积函数求和来近似积分。例如,假设要对 e^{-x_2} 从 $-\infty\sim$ $+\infty$ 进行积分。我们可使用宽度 $\Delta x=0.2$ 的网格,并从 -2 到 $+2$ 求和(函数小的极限),来近似地完成此积分:

$$\int_{-\infty}^{\infty}e^{-x_2}\,dx=\int_{-\infty}^{\infty}f(x)\,dx\approx 0.2f(-2+0.2)+0.2f(-2+0.4)+$$
$$\cdots+0.2f(2)=0.2\times(9.80)=1.96$$

积分值实际上是 $\pi^{1/2}=1.77$。对于函数 $f(x,y)$ 来说,网格将定义 x 和 y 的步长,且实际上看上去像网格或网络,并用平行六面体体积总和来逼近积分,而对于密度泛函理论函数 $f(x,y,z)$ 来说,网格会定义 x、y 和 z 的步长。显然,网格越精细,积分就越准确,因而,密度泛函理论计算中的合理精度要求(但不能保证)足够精细的网格。

以下是获取 KS 轨道和能级的步骤总结。

(1) 指定几何构型(以及电荷和多重度;可以通过使用单独的 α 和 β 自旋密度函数在密度泛函理论中处理电子自旋)。

(2) 指定基组 $\langle\phi\rangle$ 和泛函 $E_{XC}[\rho]$。

(3) 对 ρ 进行初步猜测(例如,通过叠加原子 ρ 函数)。

(4) 使用 ρ 的猜测值,从 $v_{XC}(\boldsymbol{r})=\delta E_{XC}/\delta\rho$(式(7.24))计算 $v_{XC}(\boldsymbol{r})$ 初始猜测值。这将使用为计算而选择的近似泛函 E_{XC}。

(5) 使用 ρ 和 $v_{XC}(\boldsymbol{r})$ 的初始猜测值来计算 KS 算符 $\hat{h}^{KS}$。

$$-\frac{1}{2}\nabla_i^2-\sum_{核 A}\frac{Z_A}{r_{1A}}+\int\frac{\rho(\boldsymbol{r}_2)}{r_{12}}dr_2+v_{XC}(1)$$

(见式(7.23))

（6）使用 KS 算符 $\hat{h}^{KS}$ 和基函数 $\{\phi\}$ 计算 KS 矩阵元 K_{rs}（见福克矩阵元 F_{rs}（5.2.3 节））

$$K_{rs} = \langle \phi_r | \hat{h}^{KS} | \phi_r \rangle \qquad (*7.27)$$

并组合为一个 KS 矩阵，即 K_{rs} 矩阵元的方阵。

（7）正交化 KS 矩阵，对其进行对角化，得到系数矩阵 C' 和能级矩阵 ε，并将 C' 转换为 C，即给出 KS 轨道作为原始非正交基函数的加权和的系数矩阵（见 5.2.3 节）。现在，我们有了能级 ε_i 和 KS 分子轨道 ψ_i 的第一迭代值（一旦有了基组，由于 $\psi_i^{KS} = \sum c\phi_{basis}$，因此，获得系数等于获得分子轨道）。

（8）使用 KS 分子轨道的第一迭代值来计算改进的 ρ：

$$\rho_0 = \rho_r = \sum_{i=1}^{2n} |\psi_i^{KS}(1)|^2$$

（见式（7.22））

（9）返回步骤（4），但使用改进的第一次迭代的 ρ 代替猜测值。在新的步骤（7）中，将获得能级 ε_i 和 KS 分子轨道 ψ_i 的第二次迭代值（以及从步骤（8）的第一次应用开始的第一个迭代 ρ）。检查它们是否有显著变化。如果这些值与第一次迭代值没有不同（在指定范围内），且第一次迭代的 ρ 与开始时的初猜测值没有变化，则停止。如果它们不同，则再次进行这个过程，以获得能级 ε_i 和 KS 分子轨道的第三次迭代值，以及第二次迭代的 ρ。检查是否有显著的变化，以此类推。

（10）当迭代已令人满意地收敛后，使用式（7.21）计算能量。

（11）如 2.4 节所述，可以借助相对于几何构型的能量导数来优化几何构型。原则上，任何计算能量随几何构型变化的方法都可以优化几何构型。

4. 交换相关能泛函：KS 密度泛函理论的各种不同水平

我们不得不考虑计算式（7.23）中 KS 算符的第 4 项，棘手的问题项，即交换相关势 $v_{XC}(r)$。它被定义为交换相关能泛函 $E_{XC}[\rho(r)]$ 相对于电子密度泛函（式（7.23））的导数[36,37]。交换相关能 $E_{XC}[\rho(r)]$ 是电子密度函数 $\rho(r)$ 的泛函，它取决于函数 $\rho(r)$ 及泛函的数学形式，而交换相关势 $v_{XC}(r)$，$E_{XC}[\rho(r)]$ 泛函的导数，是变量 ρ（即 x,y,z）的函数。显然，$v_{XC}(r)$ 取决于 $\rho(r)$，并与 $\rho(r)$ 一样，随分子中不同的点而变化。泛函是将 ρ 转换为交换相关能 E_{XC} 的一个方法。实际上，如式（7.13）所示，该能量在理想情况下还可以补偿电荷云 ρ 中的经典自斥力，以及非相互作用 KS 电子与真实电子动能的偏差。因此，良好的泛函不仅可以处理交换和相关误差，还可以处理自排斥和动能误差。通常将泛函作为交换项和相关项来处理。例如：在 B3LYP 泛函中，B3 表示贝克 88 年 3 参数交换泛函；而 LYP 则是李、扬、帕尔相关泛函；在 TPSS 泛函中，两个泛函都包含名称陶、佩迪尤、斯塔罗韦罗夫、斯库塞里亚，而某些程序要求 TPSS 表示为 TPSSTPSS。设计好的泛函 $E_{XC}[\rho(r)]$ 是密度泛函理论中的主要问题，因为 KS 密度泛函理论的所有理论难点都被引入到泛函中了。

下面，我们基于复杂程度的不断提高（尽管并非总是稳定地增加卓越性）来简要地看一下泛函，这些方法有：①局域密度近似（local density approximation，LDA）；②局域自旋密度近似（local spin density approximation，LSDA）；③广义梯度近似（generalized gradien approximation，GGA）；④元 GGA（meta GGA，MGGA）；⑤杂化 GGA 或绝热连接方法（ACM 方法）；⑥杂化元 GGA（杂化 MGGA）方法；⑦"完全非定域"理论。这种理论体系被比拟为圣经中通往天堂的阶梯[40]。人们希望这一密度泛函理论的雅各阶梯[41]将被恰当地称为神圣泛函的阶梯而告终[42]。詹森列出了一些神圣泛函必须在理论基础上具备的性质[43]。一些有价值的综述倾向于用特定的泛函来说明方法的改进。

（1）苏萨等，2007 年[44]，14 页。对各种方法的简明历史进行介绍和出于各种目的对许多泛函进行广泛比较，特别见表 3，突出了 B3LYP 的优势。

（2）赵和特鲁赫拉 2011 年，2007 年[45]，13，11 页。广泛比较了非常流行的 B3LYP 泛函和一些新泛函。重点在于解决过渡金属、势垒高度和弱相互作用的问题。给出了一类"总体平均性能优于 B3LYP"的泛函 M06[①]。这些都是 M05 系列的后续版本。书中清楚地表明了数据选择的受限性。给出了针对各种计算的明确建议。据说，当时新出现的 M06 系列 4 个版本的基本特长如下。

M06：一般热化学和动力学，其中可能涉及非共价相互作用和/或过渡金属。对于"涉及有机键和过渡金属键形成或断裂的多参考重排或反应的问题"。"M06"泛函实际上是在 2008 年发布的（参考文献[15]中的表 2）。

M06-2X：2X 意味着是 M06 的 HF 交换的两倍（54%）。普通热化学和动力学。据说，在非共价相互作用方面优于 M06。它"预测出精确的价态和里德堡电子激发能……非常适合芳香-芳香堆积相互作用"。"M06-2X"泛函实际上在 2008 年发布（参考文献[15]中的表 2）。截至 2015 年，M06-2X 可能是在过渡金属和弱相互作用方面不太擅长的 B3LYP 最具竞争力的泛函（参见 7.3.1 节和 7.3.2 节）。

M06-L：无 HF 交换。局域化因此"可承受"非常大的系统。唯一一个整体性能比 B3LYP 更好的局域泛函。在 M06 家族中，对过渡金属是最精确的。

M06-HF：H 表示高 HF 交换（100%）。价态、里德堡和电荷转移激发态方面性能良好，基态精度牺牲最小。可以处理非共价相互作用。全 HF 交换避免了长程自相互作用误差。

这 4 个泛函构成了所谓的明尼苏达泛函。从那时起，拥有该地理名称的泛函家族不断壮大：见下文（3）。

（3）佩韦拉蒂和特鲁赫拉，2014 年[15]，81 页＋补充材料（61 页＋200 条参考文献＋补充材料）。重点是明尼苏达泛函，已经迅速扩展为多于 4 个 M06 型泛函的一组泛函（赵和特鲁赫拉的综述[45]）：用 452 个数据点在各种不同数据库[45b]中检验了 12 个明尼苏达泛函和 65 个其他泛函。除了 M05 和 M06 型外，还讨论了一些较新的泛函：M08（M08-HX、M08-SO）、M011（M011、M11-L）和 M012（M012-L、MN12-SX）。截至 2015 年，后 3 个系列的可用性有限，例如，在"本地"（明尼苏达大学）Gaussian 程序套件的修改版本中。由于缺乏这些泛函在文献中的应用，所以，这里不再进一步讨论它们。

（4）赖利等，2007 年[46]，27 页。"对含有蛋白质、DNA 和 RNA 中常见元素的小分子"，检验了对密度泛函理论的有效性，用数字非常清楚地表示了检验结果。非常广泛的比较：用从头算 HF 和 MP2 对 37 种密度泛函理论方法（泛函/基组对）进行了比较。波普尔 6-31G*（有时使用一或两组弥散泛函）与更大的邓宁 aug-cc-pVDZ 和 cc-pVTZ 基组相比具有竞争力或更好。找不到综合最佳的泛函，但 B1B95 和 B98 属于其中的最佳泛函。

---

① M06：M05 的后代，明尼苏达'05（2005 年）：Y. 赵，N. E. 舒尔茨，D. E. 特鲁赫拉，化学物理学杂志，2005，123，161103。

（5）佩迪尤等，2005 年[47]，9 页。对设计和选择泛函的"个人喜好和形而上学原理"的规范说明。劝告开发人员采用非经验方法来攀登密度泛函理论的雅各阶梯，即在每个测试水平起作用的基础上继续前进到下一个更高的阶梯，并努力服从已知的理论约束，并认为在这些条件下，密度泛函理论并不是半经验的，而是介于半经验和从头算之间的一种"中间方法"。作者支持没有经验参数的泛函。书中捍卫 LSDA 仍然为一种有用的方法，以及作为一种限制情况，更复杂泛函应该在均匀电子气的限制中转移。书中总结了理想泛函的一些已知精确约束。他们建议使用"有较少拟合的参数"的泛函，如 PBE 或 TPSS。

（6）马特森，2002 年[42]，2 页。密度泛函理论发展的简要概述。

（7）库尔斯等，1999 年[48]，21 页。深入研究泛函背后的数学背景，并讨论了除原子和分子外的固体和金属表面。研究半经验及纯粹通过考虑已知理论约束构造的泛函。

现在，让我们来看看密度泛函理论的雅各阶梯的各层。

1）LDA

密度泛函理论雅各阶梯的最底层 $E_{XC}[\rho(r)]$ 的最简单近似是 LDA。在数学中，函数在曲面（直线、二维曲面或超曲面）上定义的点上的局部性质是一种仅依赖于该点附近函数行为的性质[49]。"紧邻"可以理解为距离该点无限小距离内的区域。我们考虑在由 $y=f(x)$ 和 x 作图定义的直线上某个点 P_i 的导数。这个性质，导数或梯度，就是极限

$$\lim_{\Delta x \to 0} \frac{\Delta y}{\Delta x} = \frac{dy}{dx}$$

取决于曲线在距 P_i 无穷小距离处的行为，即在 P_i 的附近。导数可能存在于 P_i 处，但不存在于曲线可能有尖点的其他某个点。与局域性质相对的是**整体性质**[49]。库尔斯等[48]对"局域"的定义有些不同：他们认为局域泛函是某个点的能量密度由该点的 ρ 所决定的泛函，用"半局域"来表示一个能量密度依赖于点无穷小邻域上的 ρ 的泛函，并用非局域来描述一个泛函，点的能量密度由距该点有限距离处的 ρ 确定。了解泛函的行为比担心它们是否严格遵守数学定义更重要。

LDA 基于以下假设：在分子的每个点，**能量密度**的值将由在该点具有相同电子密度 ρ 的均匀电子气给出。能量密度是均匀电子气的每个电子的能量（交换加相关）。请注意，LDA 并没有假定分子中的电子密度是同质的（均匀的）。对"托马斯-费米分子"，这种极端的情况是正确的，正如上文所述，它可能不存在[23]（7.2.2 节）。术语"局域"用于与一种方法进行对比，在这种方法中，泛函不仅取决于 ρ，还取决于 ρ 的梯度（一阶导数），这种对比显然来自于导数是非局域性质的假设。然而，根据上述数学定义，梯度是局域的。实际上，密度泛函理论在以前被称为"非局域"的方法，现在通常被指定为梯度校正的方法（7.2.3 节）。LDA 泛函在很大程度上已被代表该方法扩展的系列所取代，即 LSDA 泛函。事实上，在赞美密度泛函理论雅各阶梯系统性非经验式上升的优点时，佩迪尤等[47]轻视 LDA，并将其分配给最低阶的 LSDA 泛函。

2）LSDA

"自旋"意味着相反自旋的电子被放置在不同的 KS 轨道上，类似于 UHF 方法（5.2.3 节）。LSDA 泛函有时被称为 LSD 泛函。从 LDA 方法到 LSDA 是将 α 和 β 自旋电子分配到不同的空间 KS 轨道 ψ_α^{KS} 和 ψ_β^{KS} 上，从中可以得到不同的电子密度函数 ρ_α 和 ρ_β。这种"自旋密度理论"的 LSDA 的优点是，它可以处理具有一个或多个不配对电子的系统

（如自由基）和电子正在变为不配对的系统（如远离平衡几何构型的分子），即使对于普通分子来说，似乎对使用（必要）不精确的 E_{XC} 泛函也更为宽容[50]。对于所有电子都牢固配对的物质来说，LSDA 相当于 LDA。LSDA 的几何构型、频率和电子分布性质往往相当好，但（与 HF 计算一样）离解能（包括原子化能）非常差。一个受欢迎的 LSDA 泛函是 SVWN（斯莱特交换加沃斯特、威尔克、努塞尔）[51]。原子化能通常被用作衡量方法优劣的试金石。例如，它们是（5.5.2 节）高精度能量多步骤"从头算"方法参数化和评估的标准之一。LSDA 泛函在固态物理学中很有用，但在分子计算中，它已被更高的阶梯所取代。然而，局域自旋密度法已得到了知识渊博的工作者的坚决捍卫[47]，他们指出，该法提供了"非常精确的键长"，且其原子化能误差可以通过一个经验参数"大大减少"，以及"对于没有自由原子的化学来说，局域自旋密度并不是一个糟糕的起点"。最近开发的，可能非常有用的局域泛函是 M06-L[45]。然而，LSDA 计算已被一种不仅使用电子密度，而且使用电子密度梯度的方法所取代。

3）梯度校正的泛函：GGA

如今，大多数密度泛函理论计算都使用交换相关能泛函 E_{XC}，该泛函同时利用电子密度及其梯度，即 ρ 相对于位置的一阶导数 $(\partial/\partial x + \partial/\partial y + \partial/\partial z)\rho = \nabla\rho$。这些泛函被称为梯度校正，或使用 GGA。与 LDA 和 LSDA 泛函相反，它们也被称为非局域泛函，但有人建议[52]，在提及梯度校正泛函时，应避免使用术语"非局域"。回顾 7.2.3 节中有关"局域"的讨论。交换相关能泛函可以写成交换能泛函和相关能泛函之和，两者均为负，即 $E_{XC} = E_x + E_c$，$|E_x|$ 比 $|E_c|$ 大得多。对于氩原子来说，HF 方法计算得出 E_x 为 -30.19 hartree，而 E_c 仅为 -0.72 hartree[53]。因此，毫不奇怪，梯度校正在应用于交换能泛函时更为有效，而实际密度泛函理论计算的一个重大进展是引入了 B88（贝克 1988）泛函[54]，这是一个"新的、大大改进的交换能泛函"[55]。梯度校正的相关泛函的例子是 LYP（李-扬-帕尔）和 P86（佩迪尤 1986）泛函。所有这些泛函通常都与高斯型（即具有 $\exp(-r^2)$）的基函数一起用来表示 KS 轨道（式（7.26））。用 B88 表示交换泛函 E_x，用 LYP 表示相关泛函 E_c，以及 6-31G* 基组（5.3.3 节）的计算被指定为 B88-LYP/6-31G* 或 B88LYP/6-31G* 计算。有时，使用的不是构成标准高斯基组的解析函数，而是数值基组。数值基函数本质上是原子轨道波函数在原子核周围许多点上的值的表格，它是由通过这些点的最佳拟合函数导出的。这些数值函数可代替从头算计算中普遍存在的解析高斯型函数。

4）MGGA

由上文可知，电子密度函数的一阶导数的泛函，GGA 泛函（7.2.3 节），通常是对仅依赖 ρ 本身泛函的改进。因此，人们可能会怀疑通过调用 ρ，$(\partial^2/\partial x^2 + \partial^2/\partial y^2 + \partial^2/\partial z^2)\rho = \nabla^2\rho$ 的二阶导数可获得进一步的改进。这是电子密度函数的拉普拉斯算符（在 AIM 理论中非常重要，5.5.4 节）。使用 ρ 的二阶导数的泛函被称为元-GGA（MGGA），元表示超出。这种方法似乎提供了一些改进，但依赖于 ρ 的拉普拉斯算符的泛函存在计算问题。避免这种情况的一种方法是使 MGGA 的泛函不依赖于 ρ 本身，而是依赖于动能密度 τ，该动能密度是通过对 KS 分子轨道的梯度平方求和而获得的。

$$\tau(\boldsymbol{r}) = \frac{1}{2}\sum_{i=1}^{占据} |\nabla\psi_i^{KS}(\boldsymbol{r})|^2 \tag{7.28}$$

这种随 ρ 的变化与 ρ 的拉普拉斯算符[56]基本相同。MGGA 泛函的例子是 τHCTH（汉普雷希特、科恩、托泽、汉迪）和 B98（贝克 1998）。与 GGA 一样，MGGA 泛函是局域的。参考文献[48]中详细讨论了 MGGA 泛函的理论和数学原理，据称，它们"通常在原子化能方面表现良好"，而 PKZP 和 KCIS 被认为是表现最好的 MGGA 泛函。

5）杂化 GGA（HGGA）泛函：绝热校正方法（ACM）

HGGA 泛函是已添加 HF 交换的泛函。这样做的理由在于 ACM[17]。在波函数理论中，绝热过程指波函数保持在同一势能面上的过程，即定义该函数的变量随过程的发展而平稳变化。这个过程将两个状态无缝地连接起来，因而不会进入另一个电子状态。ACM 表明，交换相关能 $E_{XC}(\rho)$ 可以看作密度泛函理论交换相关能和 HF 交换能的加权和。这就是杂化密度泛函理论泛函（杂化密度泛函理论方法已被称为绝热校正方法）的理由，其中包括由非相互作用电子的 KS 波函数计算出的 HF 型电子交换的能量贡献。这些电子没有库仑相互作用，但毕竟仍然是自旋为半整数的电子，像所有好的费米子一样，它们表现出"泡利排斥"（5.2.3 节），用交换 K 的积分来表示（式（5.22））。杂化泛函是包含 HF 交换（对经典库仑排斥力的校正能）的泛函（GGA 水平或更高）。使用 HF 交换能的百分比是各种杂化泛函的主要特征区别。第一种流行且成功的杂化方法是 B3LYP。贝克[57]首先提出的 B3PW91 泛函，其后由斯蒂芬斯等修改为 B3LYP[58]。B3LYP 泛函总共有 8 个纯经验参数。B3LYP 广受欢迎：苏萨等[44]在 2007 年的论文中说到，从 2002 年到 2006 年，每年的期刊文章和摘要中，有 80% 含有该泛函名称，而赵和特鲁赫拉则将其与他们的新泛函进行了特殊比较[45b]。尽管事实上，对于任何特定的应用，人们都能找到一种更好的泛函，但它仍然广受欢迎。B3LYP 的耐用性及其继续使用的可取性将在 7.3 节讨论。现在，我们注意到，在对它们的广泛比较接近尾声时，苏萨等[44]说"B3LYP 仍然是'平均'量子化学问题公认的，且特别有效的替代品"。

一些杂化方法的 HF 百分比不是基于实验的参数化（"无参数"杂化方法），而是基于理论的参数化。这不会自动赋予它们优越的性能。GGA 泛函往往会低估势垒，而 HF 方法则会高估势垒，但对势垒进行 HF 交换的满意度调整往往会降低其他性质的精确性。

6）杂化元-GGA（HMGGA）泛函

HMGGA 泛函类似于杂化 GGA 泛函，但将 HF 交换添加到 MGGA（7.2.3 节），而不是 GGA 泛函（7.2.3 节）中。HMGGA 使用 ρ 的一阶导数及其二阶导数，或动能密度（7.2.3 节）和 HF 交换。它们是日常使用中的最高水平泛函。截止到 2009 年年中，大多数是最近出现的：在参考文献[44]（2007 年）的表 2 中，列出和引用了 52 个"最常见"泛函，其中有 14 个是 HMGGA，有一个是 1996 年的，其他是 2003—2005 年的。本文将 HMGGA 描绘在阶梯的第 4 阶，而不是此处所示的第 6 阶，因为它有效地折叠到 LDA 和 LSDA 阶上，并将 HGGA 和 HMGGA 放在阶梯的第 4 阶上。HMGGA 的优点似乎是"在势垒高度和原子化能……方面比以前的形式有所改进"[44]。

7）完全非局域理论

这是阶梯排序中的第 7 阶和最高阶，在苏萨等的"折叠"阶梯上，排在第 5[44]，高于 HMGGA 泛函。佩迪尤等认为[47]，"使用完全精确交换的 hyper-GGA 可满足第 4 阶的完全非局域密度的泛函"，即"精确交换只能与完全非局域相关结合，构成阶梯的第 4 阶或第阶"，并且"人们也继续对……加权的密度近似感兴趣，这是一种不适合雅各阶梯的非经验且完全非局域泛函。"由此可见,尽管神圣泛函[42]必须是完全非局域的,但"完全非局域"密度泛函理论不能保证是唯一的、明确定义的泛函。完全非局域意味着什么?库尔斯等分别使用局域、半局域和非局域来表示在一个点、一点外无穷小距离和点外有限距离处确定的性质[48]。这些不是术语[49]的严格数学定义,但它们是直观的概念:要确定某一点的梯度,必须移动一个无穷小距离。精确的电子交换能是 ρ 非局域性质的一个例子,因为它完全源于距离有限远的电子之间的"泡利排斥力"。一个完全非局域的泛函可能会考虑所有这些非局域现象。赵和特鲁赫拉[45]在综述中关注了局域性质或其他类泛函。非局域泛函已经发展了多年[59],但完全非局部泛函,以及所有相关的性质都用非局域处理,显然还没有被用于适用的分子计算中。然而,最近的一些泛函(2006 年及以后),如 B2PLYP[60],它使用杂化GGA 类 MP2(5.4.2 节)激发电子到空轨道来处理电子相关,在某些用法上与耦合簇的从头算计算(5.4.3 节)相匹敌[61]。

8) 色散

以不同程度效用(从根本没有,到在某些情况下相当好)处理的这些不同水平泛函的精密度的一个重要影响是色散。该术语虽然有用,但并不精确,且为了避免完全使用,已经引用了"类色散"(参考文献[15]中的第 19~22 页)。它表示分子之间的弱力,主要用于吸引,而不是排斥:在图 3.6 所示的非键相互作用曲线中最小值右侧的吸引力侧。它指非共价键,且似乎不包括氢键,因此对应(有些人可能在这里质疑)称为范德华力或伦敦(以弗里茨·伦敦命名)力的现象。伦敦在确定弱引力的起源时,认识到了这种模糊性,而在其 1927 年关于原子间吸引力的论文[62a]中指出,力的相互作用(权力)显示出一种特征性的"多重模糊性"(含糊不清)。请注意,尽管我们谈论色散"力",但科学已知的唯一真正的力是重力、电磁力,以及弱核力和强核力,且只有电磁力在核变化之外的任何类型的化学作用中发挥重要作用。"色散"一词用英语和德语表示相同,使用该词(1930 年)是因为在估计这些"力"时,伦敦导出了光学中的色散公式[62b],其中,该术语直接指扩散的变化,即根据波长的光的色散。在定性水平上,色散是由运动的电子引起的暂时不均匀的电子分布在两个分子之间产生的静电偶极-偶极吸引。因为这种电子运动是相关的,所以,对该现象的严格量子力学处理(在1930 年是不可能的)需要解决电子相关(5.4 节)。尽管单个色散吸引力是弱的,但总的效应,在大分子或几个分子的表面积上的总和,可能是很大的。

主要在密度泛函理论框架内进行了色散处理的明确尝试。在有关分子力学(3.3.2节),和从头算计算中讨论基组重叠误差(5.4.3 节末尾)时,以及半经验计算(6.2.5 节)中,对该主题进行了简要参考。无论如何,目前处理色散并不简单。例如,在这方面出现了"距离-分离"的问题,即如何处理短程、中程和长程相互作用,这些相互作用可能是吸引的,也可能是排斥的(如参考文献[15])。正确处理色散是目前密度泛函理论研究的主要活动之一(科恩、莫里-桑切斯和扬,2012 年,色散是密度泛函理论的挑战之一)[17],显然,这一挑战的严重程度从近年来关于该主题的论文数量的增长率中可见:从 20 世纪 90 年代的不到 80篇到 2011 年的 800 多篇(见克里梅什和米凯利斯在 2012 年的综述)[63a]。其他一些有用的定向出版物包括瓦格纳和施赖纳[18a]及科明博夫[18b]、吉代和戈登(2015 年,密度泛函理论和哈特里-福克的第一原理的色散)[63b]、康拉德和戈登(2015,π-π 相互作用)[63c],以及克鲁泽、格里克和格里姆(2012 年,B3LYP 的色散校正)[63d]的出版物。格里克和格里姆在 2011年的一份庞大的基准测试结果纲要中[63e]报告了"迄今为止最大和最全面的密度泛函理论基准测试,关于……系统和泛函"。他们检验了 47 个泛函及对其 D3 色散校正的大部分影响。人们从这项研究中得到的印象是泛函数量、其适用范围的可变性、它们对色散校正的反应,以及使用时的注意事项使密度泛函理论成为一种只有经过深思熟虑后才能使用的方法。马丁用 CCSD(T)-F1（即接近基组极限）绘制了正戊烷的势能面,并用多种电子结构方法和几种经验色散校正分析了构象分布,以研究"烷烃(和其他系统)中的构象能量是高度色散驱动的,且未经校正的密度泛函理论泛函在再现它们时很失败,而简单的经验色散校正往往会过度校正"[63f]的事实。他的结论之一是,在这里,"新型自旋分量标度双杂化泛函,如 DSD-PBEP86-D2,表现得非常好"。范·桑滕和迪拉比奥发现,附加在其他有缺陷泛函上的色散校正改善了它们的性能,并将其作为一种"低成本方法"来改进它们的性能[63g],这是类似于格里克和格里姆[63e]的方法。

当一个人没有明确研究弱相互作用,他可能不会因为处理不当而误入歧途时,色散的处理可能会突然出现。例如,六苯乙烷(该化合物在 2016 年中期是未知的)显然非常拥挤,因此,将其难以合成的原因归因于空间位阻是很自然的。然而,比母体分子拥挤得可怕的全-间-叔丁基六苯基乙烷(十二个叔丁基)是一种已知的、稳定的化合物。这个相当出乎意料的事实已被"最先进的量子化学计算"令人信服地解释为叔丁基对之间的色散吸引力[64]。它们被放置得足够接近,以实现这种吸引力,但对于"泡利排斥"的传统空间位阻来说,还不够近(与式(5.22)相关)。色散可以在密度泛函理论中通过使用具有"固有"色散的泛函(如 M06-2X 或 M08 泛函;参考文献[65]中的表 10)或通过使用经验色散校正增强的"传统"泛函来处理,这是一种与格里姆和他同事密切相关的技术。例如,B3LYP-gCP-D3/6-31G* 计算,据说它基本上消除了分子内性质的基组重叠误差(BSSE,5.4.3 节)[63e]。有一篇关于主客体超分子系统的论文,如参考文献[63e]、文献[64],是有关大型系统中的相互作用和对 BSSE 需求的消除[63h]。最新版本的 Gaussian 程序套件提供了许多解决密度泛函理论色散的选项,如他们的网站所示。

9) 密度泛函理论是一种半经验方法吗?

在我们研究了各种密度泛函理论水平之后,再回顾 7.1 节末尾提出的问题:密度泛函理论是半经验的,还是从头算的方法? 甚至我们还可以问:这有关系吗? 解决第一个问题:半经验方法是一种根据实验进行参数化的方法(但化学学科明智地不要求的诸如光速和普朗克常量之类的基本常数是从第一原理计算出来的!)。人们有可能开发未针对实验参数化的泛函,而佩迪尤等综述[47]此类泛函"显示的非经验性构造的情况"令人信服地论证了,**当遵循这些限制条件**时,密度泛函理论被归类为从头算技术。然而,在这一点上,格里克和格里姆[63e]广泛研究的结果令人不安。

关于第二个问题:除了一些人在纯粹的非经验计算中看到的审美价值外(我们回顾冯·诺伊曼对经验方程的偏见观点:6.3.7 节),经验方法还可以可靠地进行插值,但不能进行外推,且在它们的参数化域之外,容易遭受"灾难性失败",这很可能是真的[66];克拉克明确提出了与密度泛函理论相关的这种忧虑。下面我们以诺伊金的一个煽动性立场来结束密度泛函理论"哲学"的讨论,即密度泛函理论类似于分子力学,因为"对具有给定数量电子的每个电子态来说,都有一个精确的力场",且"存在许多不同的精确泛函……也表明很容易高估密度泛函理论的物理内容"(与后一种说法有关,他指出,"从密度泛函的观点来看,有很多解决电子结构问题的不同的方法……")[67]。将密度泛函理论比作分子力学可能看起来很调皮：分子力学当然不识别电子分布，这是具有可测量结果的化学现实的客观特征，如偶极矩和光学活性。然而，本文提出了似乎通常不被重视的观点，特别是关于密度泛函理论的"原则上精确公式的巨大灵活性"。甚至，至少琼斯[20]在综述里示意了密度泛函理论的一些实践者对其理论稳健性的不安全感。读者可能希望用佩迪尤等[47]的可能性暗示来慰藉自己，即一个确切的（如果不是唯一的？）非参数化泛函可以被逐步逼近。下面我们讨论密度泛函理论的应用。

7.3　密度泛函的应用

在研究密度泛函理论应用的文献时，人们（或应该）被这样一个事实所震惊：通常没有一种方法（泛函/基组组合）是最佳的。对于每个性质来说，似乎都有一个或两个优于其他性质的泛函，但这仅适用于该性质。与波函数领域中的方法和基组相比，这种丰富性更令人振奋（苏萨等在参考文献[44]的表 2 中列出了 52 个泛函）。有人可能会得出这样的结论：借用杜瓦用来批评他所看到的大量基组[68]（5.3.3 节和 5.5.2 节）的措辞，局势几近混乱。但是，如果仅仅因为密度泛函理论作为一种通用、实用的分子计算工具还处于起步阶段，需要探索"泛函空间"来获得好的方法，那么，这种判断是不公平的。此外，在没有一个完美解决方案的情况下，应该感谢有一个可接受的解决方案。赵和特鲁赫拉承认，那些关注大量泛函的人有理由这样做，但他们指出，"在可预见的将来，不太可能发现"真正令人满意的通用泛函，因此，目前需要专门的泛函[69]。该声明的明显例外是，B3LYP 和最近的 M06 类型（一个由 4 个泛函组成的系列，M06、M06-2X、M06-L 和 M06-HF）有可能为普遍通用的泛函[45]。然而，这些泛函不适用于所有任务，特别是 M06[45]，被称为"用于通用的应用"，和 M06 家族成员，"具有最广泛的适用性"。正如 7.2.3 节中简要提到的那样，B3LYP[57,58]如此流行，以至于苏萨等[44]（醒目的饼形图显示，B3LYP 像吃豆人一样吞噬其他泛函）及赵和特鲁赫拉[45]特别关注。据说，M06 型泛函提供"比 B3LYP 更好的整体平均性能"[45]。尽管对于大多数特定任务来说，可能会找到比 B3LYP 更好的泛函，可能是 M06 系列中的某个更好的泛函，但出于"向后兼容性"的考虑，仍然可以继续使用 B3LYP，因为在这种情况下，结果并非不合理地不准确。但是，在未来几年中，M06 或某些甚至更新的泛函有可能将克服使用 B3LYP 的惯性，并在很大程度上取代 B3LYP。

莱文将密度泛函理论的各种性质与分子力学、从头算和半经验方法的性质进行了比较[70]。赫尔[71]、赫尔和卢[72]提供了大量非常有用的从头算、半经验、密度泛函和某些分子力学计算结果的汇编。最近的调查针对的是密度泛函理论计算的分子性质的品质，包括苏萨等对分子几何构型、势垒高度、原子化能、电离能、电子亲和势、生成热、异构化能、弱相互作用的计算[44]，赵和特鲁赫拉对分子几何构型、势垒高度、频率、各种热化学参数——原子化能等、电离能、电子亲和势、紫外线、过渡金属反应、弱相互作用[45]的计算，和赖利等对分子几何构型、势垒高度、频率、电离能、电子亲和势、生成热、构象能、氢键等的计算。赖利等还非常重视比较波普尔和邓宁基组[46]的区别。

7.3.1　几何构型

关于几何构型，本章中的图、表与第 5 章（从头算）和第 6 章（半经验）中的图、表对应如下。

图 7.1(20 个分子的几何构型)，图 5.23 和图 6.2。

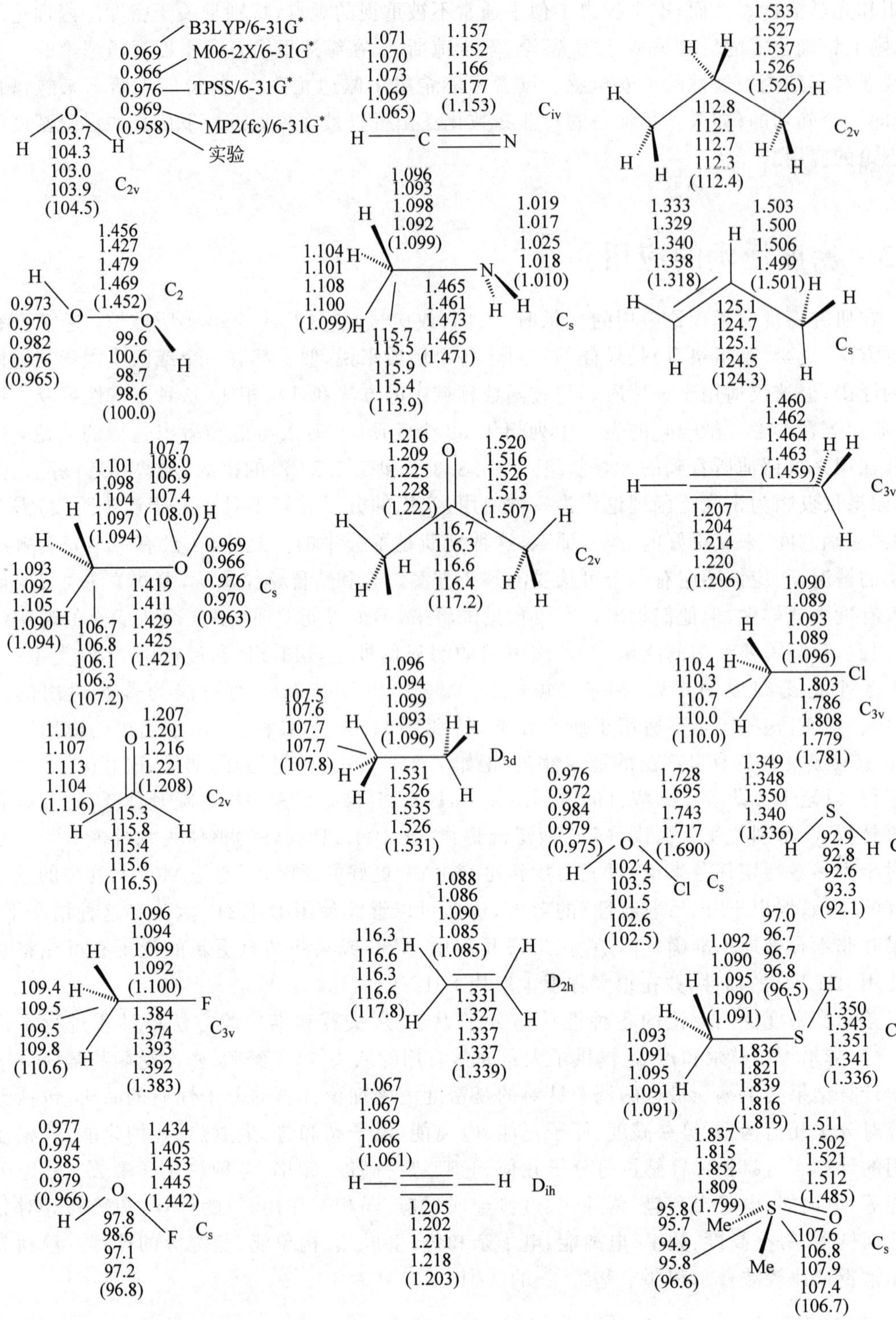

B3LYP/6-31G*
0.969 ── M06-2X/6-31G*
0.966
0.976 ── TPSS/6-31G*
0.969
(0.958) ── MP2(fc)/6-31G*
实验

图 7.1　一些 B3LYP、M06-2X、TPSS、MP2(fc)计算构型和实验几何构型比较。基组为 6-31G*。计算由作者完成，实验几何构型来自参考文献[69]。注意，所有的 CH 键长均约为 1 Å，其他键长的范围约为 1.2～1.8 Å，且所有键角(线型分子除外)均约为 90°～120°

图 7.2(4 种反应,各种泛函,几何构型和能量),图 5.21 和图 6.3。

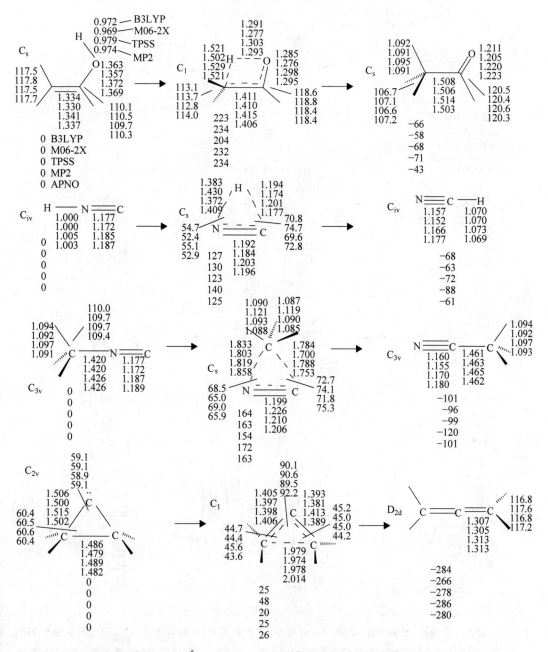

图 7.2　计算的几何构型(键长 Å 和键角度;为清楚起见,省略了大多数 H)和 4 个反应的反应曲线。能量(0∶223∶−66,kJ/mol 等)是相对于 298 K 的焓(活化焓 223 kJ/mol,反应焓 −66 kJ/mol)由 B3LYP、M06-2X、TPSS、MP2 使用 6-31G* 基组计算的。每个物种的第 5 个(底部)焓值是 298 K 时的 CBS-APNO 焓值,且被认为比报告的[70]实验值更可靠,见正文。该图的目的是比较这 3 个函数和 MP2(计算由作者完成)

图 7.3(4 种反应,各种基组,B3LYP,几何构型和能量),图 5.21 和表 6.3。
表 7.1(键长和键角分析),表 5.7 和表 6.1。

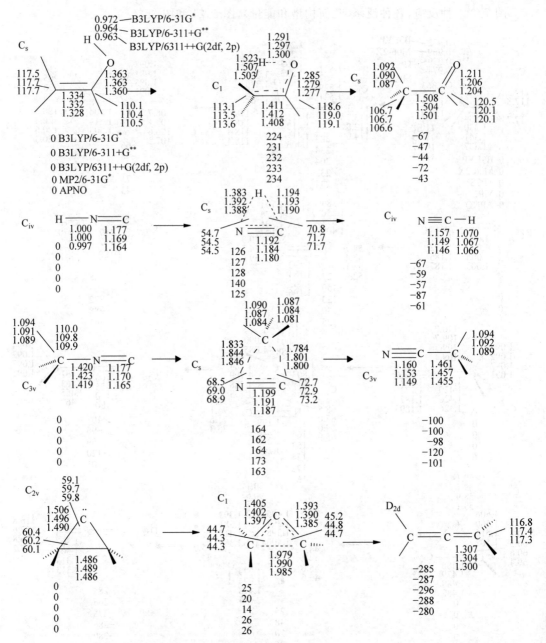

图 7.3　使用 3 个基组，比较 B3LYP 泛函几何构型（键长和键角）和相对能量（kJ/mol）（能量也与 MP2 (fc)/6-31G* 和 CBS-APNO 的能量进行比较，7.3.2 节）：6-31G*（C_2H_4O 基函数 53 个，HCN 基函数 32 个，C_2H_3N 基函数 51 个，C_3H_4 基函数 53 个）、6-311+G**（C_2H_4O 基函数 90 个，HCN 基函数 50 个，C_2H_3N 基函数 84 个，C_3H_4 基函数 90 个）、6-311++G(2df,2p)（C_2H_4O 基函数 142 个，HCN 基函数 78 个，C_2H_3N 基函数 132 个，C_3H_4 基函数 142 个）。B3LYP 和 MP2 能量是带有零点能校正的 0 K 能量（即 0 K 焓）差。仅 MP2 用自身零点能校正了（乘以 0.9670[78]），因为对于密度泛函理论方法来说，校正因子似乎在 0.96 和 1 之间[78]。每个物种的第 5 个（底部）值是来自 CBS-APNO 298 K 的焓值，且被认为比报道的[70]实验活化能和反应能更可靠，见正文。该图的目的是显示基组大小如何影响几何构型和相对能量（计算由作者提供）

表 7.1　计算的图 7.1 中 20 个分子的键长(Å)和键角(°)的误差

分　子	B3LYP	M06-2X	TPSS	MP2	实验
H_2O	0.011	0.008	0.018	0.011	L 0.958
1 L,1 A	−0.8	−0.4	−1.5	−0.6	A 104.5
HCN	0.006	0.005	0.008	0.004	L 1.065
2 L,0 A	0.004	0.001	0.013	0.024	L 1.153
丙烷	0.007	−0.001	0.011	0.000	L 1.526
1 L,1 A	0.4	−0.4	0.3	−0.1	A 112.4
HOOH	0.008	0.005	0.017	0.011	L 0.965
2 L,1 A	0.004	−0.025	0.027	0.017	L 1.452
	−0.4	0.6	−1.6	−1.4	A 100.0
CH_3NH_2	0.005	0.007	0.009	0.001	L 1.099
	−0.003	−0.006	−0.001	−0.007	L 1.099
4 L,1 A	0.009	0.007	0.015	0.008	L 1.010
	−0.006	−0.010	0.002	−0.006	L 1.471
	1.8	1.6	2.0	1.5	A 113.9
丙烯	0.015	0.011	0.022	0.020	L 1.318
2 L,1 A	0.002	−0.001	0.005	−0.002	L 1.501
	0.8	0.4	0.8	0.2	A 124.3
CH_3OH	−0.001	0.002	0.011	−0.004	L 1.094
	0.007	0.004	0.010	0.003	L 1.094
	0.006	0.003	0.013	0.007	L 0.963
4 L,2 A	−0.002	−0.010	0.008	0.004	L 1.421
	−0.5	0.0	−1.1	−0.9	A 107.2
	−0.3	−0.4	−1.1	−0.6	A 108.0
丙酮	−0.006	−0.013	0.003	0.006	L 1.222
2 L,1 A	0.013	0.009	0.019	0.006	L 1.507
	−0.5	−0.9	−0.6	−0.8	A 117.2
丙炔	0.001	−0.002	0.008	0.014	L 1.206
2 L,0 A	0.001	0.003	0.005	0.004	L 1.459
HCHO	−0.006	−0.007	−0.003	−0.012	L 1.116
2 L,1 A	−0.001	−0.009	0.008	0.013	L 1.208
	−1.2	−0.7 s	−1.1	−0.9	A 116.5
乙烷	0.000	−0.002	0.003	−0.003	L 1.096
2 L,1 A	0.000	−0.005	0.004	−0.005	L 1.531
	−0.3	−0.2	−0.1	−0.1	A 107.5
CH_3Cl	−0.006	−0.007	−0.003	−0.007	L 1.096
2 L,1 A	0.022	0.005	0.027	−0.002	L 1.781
	0.4	0.3	0.7	0.0	A 110.0
HOCl	0.001	−0.003	0.009	0.004	L 0.975
2 L,1 A	0.038	0.005	0.053	0.027	L 1.690
	−0.1	1.0	−1.0	0.1	A 102.5
H_2S	0.013	0.005	0.014	0.004	L 1.336
1 L,1 A	0.8	0.7	0.5	1.2	A 92.1

续表

分　子	B3LYP	M06-2X	TPSS	MP2	实验
CH_3F	−0.004	−0.006	−0.001	−0.008	L 1.100
2 L,1 A	0.001	−0.009	0.010	0.009	L 1.383
	−1.2	−1.1	−1.1	−0.8	A 110.6
乙烯	0.003	0.001	0.005	0.000	L 1.085
2 L,1 A	−0.008	−0.012	−0.002	−0.002	L 1.339
	−1.5	−1.2	−1.5	−1.2	A 117.8
CH_3SH	0.002	0.000	0.004	0.000	L 1.091
4 L,1 A	0.001	−0.001	0.004	−0.001	L 1.091
	0.014	0.002	0.015	0.005	L 1.336
	0.017	0.007	0.020	−0.003	L 1.819
	0.5	0.2	0.2	0.3	A 96.5
HOF	0.011	0.008	0.019	0.013	L 0.966
2 L,1 A	−0.008	−0.037	0.011	0.003	L 1.442
	1.0	1.8	0.3	0.4	A 96.8
乙炔	0.006	0.006	0.008	0.005	L 1.061
2 L,0 A	0.002	−0.001	0.008	0.015	L 1.203
	0.038	0.016	0.053	0.010	L 1.799
Me_2SO	0.026	0.017	0.036	0.027	L 1.485
2 L,2 A	−0.8	−0.9	−1.7	−0.8	A 96.6
	0.9	0.1	1.2	0.7	A 106.7

注：误差是计算值−实验值。基组为 6-31G*。L 是键长，A 是键角。例如，对丙烷核验了一个键长和一个键角，而对 B3LYP，L 比实验值 1.566 Å 长 0.007 Å。实验列显示的是实验的键长和键角。误差在文中讨论。

表 7.2(二面角)，表 5.8 和表 6.2。

关于图 7.1 和表 7.1、表 7.2，为了与第 5 章和第 6 章中的陈述比较，值来自 MP2/6-31G* 计算（标准的 HF 从头算方法，5.4.2 节）和实验（几何构型，图 7.1[73]，能量，图 7.2[77]）。另参见使用 CBS-APNO 能量作为这 4 种反应的相对能量的替代的解释(7.3.2 节)显然是必要的。以下讨论我们选用的是相对较小的 6-31G* 基组。

表 7.2　计算的 8 个分子的二面角和误差（二面角/误差）及二面角的实验值

分　子	B3LYP	M06-2X	TPSS	MP2	实验
HOOH	119.3/0.2	116.7/−2.4	119.6/0.5	121.2/2.1	119.1
FOOF	87.2/−0.3	84.6/−2.9	87.8/0.3	85.8/−1.7	87.5[b]
FCH_2CH_2F(FCCF)	69.8/−3.2	68.9/−4.1	69.6/−3.4	69.0/−4.0	73[b]
FCH_2CH_2OH					
(FCCO)	63.3/−0.7	61.9/−2.1	62.4/−1.6	60.1/−3.9	64.0[c]
(HOCC)	62.7/8.1	62.3/7.7	63.0/8.4	54.1/−0.5	54.6[c]
$ClCH_2CH_2OH$					
(ClCCO)	61.2/−2.0	59.9/−3.3	60.2/−3.0	65.0/1.8	63.2[b]
(HOCC)	60.0/1.6	59.9/1.5	60.5/2.1	64.3/5.9	58.4[b]
$ClCH_2CH_2F$					
(ClCCF)	66.7/−1.3	65.4/−2.6	66.2/−1.8	65.9/−2.1	68[b]

续表

分　　子	B3LYP	M06-2X	TPSS	MP2	实验
HSSH	90.7/0.1	90.5/—0.1	90.8/0.2	90.4/—0.2	90.6[a]
FSSF	89.1/1.2	89.2/1.3	89.3/1.4	88.9/1.0	87.9[b]

注：误差为计算值—实验值。基组为 6-31G*。计算由作者完成。

[a] W. J. Hehre, L. Radom, p. v. R. Schleyer, J. A. Pople, "Ab initio Molecular Orbital Theory", Wiley, New York, 1986; pp. 151, 152. These dihedrals are believed (p. 136) to be from gas phase microwave spectroscopy or electron diffraction.

[b] M. D. Harmony, V. W. Laurie, R. L. Kuczkowski, R. H. Schwenderman, D. A. Ramsay, F. J. Lovas, W. H. Lafferty, A. G. Makai, "Molecular Structures of Gas－Phase Polyatomic Molecules Determined by Spectroscopic Methods", J. Physical and Chemical Reference Data, 1979, 8, 619-721. From gas phase microwave spectroscopy or electron diffraction.

[c] J. Huang, K. Hedberg, J. Am. Chem. Soc., 1989, 111, 6909. From gas phase microwave spectroscopy augmented with electron diffraction.

在此介绍的用于这些说明性几何构型（和能量）计算的密度泛函理论泛函的选择需要一些考虑。B3LYP 在本书的第 1 版和第 2 版中被保留下来，因为它有大量的结果存档。pBP/DN*泛函/基组（在参考文献[72]中进行了描述）是 Spartan[71] 程序的特性，已在本书的第 1 版中被使用，它显示出某些问题，故没再被使用，替换它需要一些精心考虑。剩下的选择现缩小到 3 个泛函。

（1）考虑"通用"M06 系列。这是用非金属和金属参数化的杂合元-GGA 泛函（7.2.3节）（有关综述和详细信息见参考文献[45]和文献[69]）。它位于阶梯的第 6 阶（如果如参考文献[44]表 2 和参考文献[69]所示 LDA 和 LSDA 折叠为 1 阶，则为第 5 阶）。如 7.3 节所述，它们最终可能取代 B3LYP。在此类的 4 个泛函中，根据参考文献[45]的建议选择了M06-2X。此处没有使用 M06-L 和 M06-HF，因为前者为了速度牺牲了一些精度，而后者为了激发态牺牲了一些基态精度。之所以选择 M06-2X，而不是 M06（在前 1 版中使用），是因为如果不涉及过渡金属，M06-2X 似乎是这两者的首选泛函，且据说 M06-2X 在非共价相互作用方面优于 M06。基于佩迪尤等关于非经验泛函的案例，还推荐以下泛函[47]。

（2）PBE[76]（非经验的 GGA 泛函，7.2.3 节）。

（3）TPSS[77]（非经验的元-GGA 泛函，7.2.3 节）。

在分类（7.2.3 节）中，PBE 位于第 3 阶，TPSS 位于第 4 阶（如果 LDA 和 LSDA 折叠成为 1 阶，则这些阶梯为第 2 阶和第 3 阶）。TPSS 的优先级高于 PBE，因为它位于较高的阶梯上，这并不意味着它对每项任务都会更准确。但是，"TPSS 通常比 PBE 提供更好的精度，而计算成本增加非常小。TPSS 几乎是迄今为止最好的非经验泛函……"[①]。我们无法在 M06-2X 和 TPSS 之间做出选择，这里使用了计算的几何构型（和能量），因为如上所述，M06-2X 可能会成为选择的通用泛函，而 TPSS 是非经验的，这使其具有审美优点的同时（人们希望），还能免受"灾难性失败"的影响（见 7.2.3 节）。因此，在图 7.1 和表 7.1 中，我们将 B3LYP、M06-2X、TPSS 和 MP2(fc)/6-31G*（可能是常规使用的最高水平从头算方法）计算的几何构型与实验值进行了比较。此处报告的 M06-2X 计算是使用 Gaussian 09 以

---

① 佩迪尤教授的个人交流，2009 年 11 月 7 日。截至 2015 年 2 月，TPSS 显然仍然基本保持这一地位，虽然非经验元-GGA 接近于分子的 TPSS，但对固体更精确，revTPSS（修订的 TPSS）已经被开发（J. P. 佩迪尤教授的个人交流，2015年 2 月 25 日）。

关键字 Opt＝(Tight)和 Int＝(Grid Ultrafine)来完成的。对于 M06-型泛函来说，已经推荐了超细网格[78]。

将表 7.1 与图 7.1 进行比较。表 7.1 显示了来自 20 个分子的 43 个键长和 19 个键角的误差，其中，对称性没有施加在 180°的值上。对于这些参数中的每一个，都给出了 B3LYP、M06-2X、TPSS 和 MP2 计算值(在每种情况下，均以 6-31G* 为基组)与实验值的偏差(计算值－实验值)。与实验值的平均绝对偏差(无符号误差的算术平均值)MAD 如下。

项　　目	B3LYP	M06-2X	TPSS	MP2
键长/Å	0.008	0.007	0.013	0.008
键角/(°)	0.75	0.7	0.95	0.7

(对于 M06 来说，结果非常相似：键长和键角的 MAD 分别为 0.008 Å 和 0.8°)。

对于键长来说，最大误差为 0.053 Å(TPSS，Me₂SO 的 C—S 键)。对于键角来说，最大误差为 2°(TPSS，CH_3NH_2 的 HCN 角)。对于键来说，偏差方向为零(键或角度与实验相同)、正(键大于实验)和负的参数个数如下。

项　　目	B3LYP	M06-2X	TPSS	MP2
0.000 偏差	2	1	0	3
正	30	22	38	27
负	11	20	5	13

(对于 M06 来说，结果非常相似：零、正和负偏差的个数分别为 1、25 和 17)。

对于键角来说，相应的偏差如下。

项　　目	B3LYP	M06-2X	TPSS	MP2
0.0 偏差	0	1	0	1
正	11	9	11	11
负	8	9	8	7

(对于 M06 来说，结果非常相似：零、正和负偏差的个数分别为 1、10 和 8)。

所有这些的定性结论是：相当好的键长(偏差大约在 0.01 Å 以内)由 B3LYP、M06-2X 和 MP2 以 6-31G* 为基组给出；TPSS 值(0.013 MAD)在大多数情况下是令人满意的。所有这 4 种方法都提供了良好的键角(误差在大约 2°范围内，大多小于 1°)。对于键长来说，正偏差比负偏差频次更高(对于 TPSS 来说，正偏差频次约为负偏差的 8 倍)，而对于键角(误差通常很小)来说，正偏差和负偏差的数量大致相同。

表 7.2 列出了 8 个分子的 10 个二面角。每一个二面角都是用 B3LYP、M06-2X、TPSS 和 MP2(每种情况下都以 6-31G* 为基组)计算的。平均绝对偏差(误差绝对值的算术平均值)MAD 如下。

B3LYP	M06-2X	TPSS	MP2
1.9	2.8	2.3	2.3

（对于 M06 来说,结果非常相似:这些二面角的 MAD 为 2.0）。

由于能量-二面角函数的周期性(正弦)性质,只要偏差都很小(小于 $10°$ 以下,就像这里一样),那么,与实验值的偏差方向及正与负的个数都没有意义。除了 FCH_2CH_2OH (B3LYP、M06-2X、TPSS 计算的 HOCC)和 $ClCH_2CH_2OH$(MP2 计算的 HOCC)外(它们的偏差大约都在 $7°$ 以内),计算出的二面角的偏差大约都在 $3°$ 以内。考虑到能量-二面角函数的柔性(与键长或键角变化不同,能量不会随着二面角的微小变化而急剧上升或下降),且实验值可能存在误差,因此这并不严重。这 4 种方法计算的二面角看起来都不错。

对于图 7.2 中的 4 个反应所涉及的物种,我们比较了 B3LYP/6-31G*、M06-2X、TPSS 和 MP2(fc)/6-31G* 计算的几何构型(和相对能量)。这些对应于图 5.21 从头算和图 6.3 半经验的结果。对过渡态和环丙基,由于无法测得它们的实验几何构型,因此我们可以简单比较一下它们的计算几何构型,这也令人比较欣慰。对于反应物和产物来说,密度泛函理论键长与 MP2 几何构型的偏差都在 0.02 Å 以内,我们默认后者的结果相当好(5.5.1 节)。过渡态密度泛函值与 MP2 值的偏差更大,高达 0.055 Å(使用 M06-2X 的 CH_3NC 过渡态的部分"单"NC 键)。密度泛函理论的键角与 MP2 的值的偏差不超过 $3.5°$(使用 TPSS 的 CH_3NC 过渡态的 NCC 角)。3 种密度泛函理论方法的一致性及与 MP2 的良好一致性表明,在计算过渡态几何构型时,这些密度泛函理论方法与 MP2/6-31G* 相当。对于图 7.1 和图 7.2 中的物种的几何构型来说,这里使用的 M06-2X 函数的结果与本书第 2 版中使用的 M06 的结果几乎没有区别。

沙伊纳等报道了 108 个分子的几何构型误差[79],比较了几种从头算和密度泛函理论方法。他们发现,贝克最初的 3 参数函数(ACM,B3LYP 是对此的改进[58])使用 6-31G* 类和 6-31G** 的基组,平均键长误差约为 0.01 Å,键角误差约为 $1.0°$。他们得出的结论是,在他们研究过的方法中,ACM 是几何构型和反应能的最佳选择。圣-阿曼等[52]还比较了从头算和密度泛函理论方法,他们发现,对于 11 个分子的平均二面角误差来说,使用微扰梯度校正的密度泛函理论方法(大约用 6-311G** 类型的基组)时,大约为 $3°$。这些工作者发现平均键长误差,例如,C—H 约为 0.01 Å,而 C—C 单键约为 0.009 Å,平均键角误差为 $0.5°$。艾尔-阿扎里报告说,使用 6-31G** 和 cc-pVDZ 基组的 B3LYP 的几何构型比 MP2 略好,但 MP2 避免了 B3LYP 偶尔给出的大误差[80]。使用不同基组的影响很小。在比较 HF、MP2 和密度泛函理论(5 个泛函)时,鲍施利歇尔发现,总体上来说,B3LYP 是最好的方法[81]。赫尔使用 6-31G(无极化函数)和 6-31G* 基组比较了通过密度泛函理论非梯度校正的 SVWN 方法、B3LYP 和 MP2 计算的键长[71]。他的工作证实了将极化函数与相关(密度泛函理论和 MP2)方法结合使用,以获得合理结果的必要性,且还表明,对于平衡结构(即非过渡态结构)来说,就几何构型而言,与 HF 方法相比,相关方法几乎没有优势,5.5.1 节中给出了有关从头算方法的结论。赫尔和卢[72]对使用 6-31G* 和更大的基组,以及数值 DN* 和 DN** 基组的 HF、MP2 和密度泛函理论(SVWN、pBP、B3LYP)方法进行了广泛的比较。对一组 16 种碳氢化合物,MP2/6-311+G(2d,p)、B3LYP/6-311+G(2d,p)、pBP/DN** 和 pBP/ DN* 计算的误差分别为 0.005、0.006、0.010 和 0.010 Å。HF/6-311+G(2d,p)和 SVWN 计算也得出了 0.010 Å 的误差。对 14 个 C—N、C—O 和 C=O 的键长,B3LYP 和 pBP(0.007 Å 和 0.008 Å 误差)明显优于 HF 和 SVWN(0.022 Å 和 0.014 Å 误差)。

从文献及图 7.1 和表 7.1(上面对误差进行了评估)可看出,总体而言,相对有点过时的

B3LYP 泛函给出了（1994 年[58]）良好的几何构型。在这里测试的较新泛函，M06-2X（2011年，2007 年，2008 年[45,69]）和 TPSS（2003 年[77]），我们（不可否认非常有限）的结果表明，M06-2X 与 B3LYP 一样好，而 TPSS 稍差（但请注意，缺少经验参数的 TPSS 可能不太容易出现意外（或灾难性[66]，7.2.3 节）的失败）。最近发表的关于泛函（2007 年）广泛的一般性的（不仅仅是本节标题所指的几何构型）评估是由苏萨等[44]、赵和特鲁赫拉[45]和赖利等[46]完成的。这些论文的概要在 7.2.3 节中给出。

　　除了泛函外，还需要解决基组的选择问题。更大的基组可能会提高精度，但所花费时间的增加可能使这样做不值得。通过使用更大的基组，密度泛函理论计算被认为比从头算更快地变得"饱和"：梅里尔等指出，"一旦达到双分裂价基水平，基组质量的进一步改善对结构或能量的改善几乎没有帮助"[38]。斯蒂芬斯等报告指出，"我们的结果还表明，随着基组规模的增加，B3LYP 计算会迅速收敛，而性价比最佳的是 6-31G* 基组水平。对于更大的分子（比 $C_4H_6O_2$ 更大的分子）来说，6-31G* 将成为 B3LYP 计算的基组选择"[58]。图 7.3 显示了适度的 6-31G*、相当大的 6-311+G** 和较大的 6-311++G(2df,2p) 基组对 B3LYP 计算的几何构型和相对能量的影响。此处给出的结果支持对几何构型的基组饱和的断言，但在涉及相对能量的情况下，对饱和的容易程度提出了怀疑。能量将在下一节讨论。参考文献[46]中的图 1 和图 3 还出示了几何构型对超出 6-31G* 基组的不敏感性，其中，有大量可选择的泛函使用 6-31G*，6-31+G* 和 6-31++G* 基组，结果产生了非常相似的误差。

7.3.2　能量

1. 能量：预备知识

关于能量，本章的图和表与第 5 章（从头算）、第 6 章（半经验）中的图和表对应如下。

图 7.2（4 个反应、不同泛函、几何构型和能量）	图 5.21、图 6.3 和图 6.4
图 7.3（4 个反应、各种基组、B3LYP、几何构型和能量）	图 5.21、图 6.3 和图 6.4
表 7.3～表 7.7（对能量的普遍关注）	表 5.4、表 5.5、表 5.6、表 5.9、表 5.12、表 5.13、图 6.3 和图 6.4

表 7.3　通过 HF、MP2(fc) 和密度泛函理论（B3LYP、M06-2X 和 TPSS）计算的乙烷的 C—C 键能，在 0 K 和 298 K 下

方　法	0 K 下/(kJ/mol)	298 K 下/(kJ/mol)
HF	248	255
MP2(fc)	372	381
B3LYP	363	375
M06-2X	387	397
TPSS	357	366

注：1. 参考方法，HF，5.2.2 节，MP2，5.4.2 节，B3LYP[57,58]，M06-2X[45,65]，TPSS[77]。
　2. 基组为 6-31G*。标准的、列表键能用于 298 K 下的解离。键能=2(CH_3 自由基焓）−(CH_3CH_3 焓）。对于自由基来说，使用不受限制的方法（UHF 等）。对于 0 K 解离焓来说，HF 和 MP2 计算使用经过零点能校正的能量，零点能本身通过 0.9135（HF）或 0.9670（MP2）[82]的因子来校正。密度泛函理论计算中的 0 K 解离焓没有经过零点能校正，而 298 K 解离焓来自标准的统计热力学方法[83b]。乙烷实验的 298 K 的 C—C 能量已经被报道为 90.1±0.1 kcal/mol，即 377±0.4 kJ/mol[84]。计算由作者完成。

表 7.4 反应焓(298 K，kJ/mol)使用 **3** 个泛函和 **2** 个基组($6\text{-}31G^*$ 和 $6\text{-}311\text{++}G(2df,2p)$)，以及 **3** 种高精度方法计算（但 **CBS-APNO** 无法处理含 Cl 物种）

方　　法	反应	
	$H_2 + Cl_2 \rightarrow 2\ HCl$	$H_2 + O_2 \rightarrow 2\ H_2O$
B3LYP		
$6\text{-}31G^*$	-169	-344
$6\text{-}311\text{++}G(2df,2p)$	-182	-447
M06-2X		
$6\text{-}31G^*$	-172	-381
$6\text{-}311\text{++}G(2df,2p)$	-177	-466
TPSS		
$6\text{-}31G^*$	-152.5	-295
$6\text{-}311\text{++}G(2df,2p)$	-162	-393
G4(MP2)	-180	-479
CBS-QB3	-182	-474
CBS-APNO	不可得	-477
实验值[a]	-184	-484

注：计算的反应焓来自计算的 298 K 时的分子焓和产物焓减去反应物焓。

[a] HCl 和 H_2O 的实验生成热见参考文献[86]。

表 7.5 使用 **4** 种不同方法计算的氢化反应、异构化、键解离反应和质子亲和势的能量误差；基组为 $6\text{-}31G^*$

反应	方法			
	HF	SVWN	MP2	B3LYP
氢化	15	20	17	23
异构化	15	19	16	17
键分离	11	5	4	10
质子亲和势	14	18	11	7

注：误差，以 kJ/mol 为单位，每种情况下都是 10 个反应与实验值绝对偏差的算术平均值，根据赫尔[90]的数据计算。

表 7.6 由 **CBS-QB3** 计算的势垒和反应能，用于与图 **7.2** 和图 **7.3** 及表 **7.7** 的密度泛函理论和 **MP2** 结果进行比较

反　　应	势　　垒	反 应 能
$CH_2\!=\!CHOH \rightarrow CH_3CHO$	240	-45.6
$HNC \rightarrow HCN$	125	-58.5
$CH_3NC \rightarrow CH_3CN$	161	-98.6
环丙基→丙二烯	23.8	-279

注：势垒是 298 K 时的活化自由能，反应能是 298 K 时的反应自由能，单位为 kJ/mol。参见表 5.12。

表 7.7 使用 $6\text{-}31G^*$、$6\text{-}311\text{+}G^{**}$ 和 $6\text{-}311\text{++}G(2df,2p)$ 基组（从上到下分别显示）计算的 **B3LYP**、**M06-2X** 和 **TPSS** 泛函的势垒和反应能（反应物、过渡态和产物的相对能）

泛函	反应（见表 7.6）			
	$H_2C\!=\!CHOH$	HNC	CH_3NC	环丙基
B3LYP	$0,224,-68$	$0,123,-67$	$0,161,-100$	$0,24,-282$
	$0,231,-48$	$0,123,-58$	$0,158,-100$	$0,18,-286$
	$0,232,-45$	$0,124,-56$	$0,160,-98$	$0,16,-289$

泛函	反应（见表7.6）			
	$H_2C=CHOH$	HNC	CH_3NC	环丙基
M06-2X	$0,235,-60$	$0,126,-62$	$0,160,-95$	$0,47,-264$
	$0,238,-42$	$0,124,-53$	$0,156,-93$	$0,42,-265$
	$0,239,-39$	$0,123,-53$	$0,156,-92$	$0,40,-270$
TPSS	$0,205,-71$	$0,119,-71$	$0,151,-98$	$0,20,-274$
	$0,211,-53$	$0,118,-64$	$0,147,-99$	$0,16,-276$
	$0,212,-50$	$0,118,-62$	$0,149,-97$	$0,14,-280$

注：势垒是298 K时的活化自由能，而反应能是298 K时的反应自由能，以 kJ/mol 为单位。参见表7.6和表5.12。

通常，像从头算或半经验一样，密度泛函理论计算可提供几何构型（前面的部分）和能量。与从头算能量一样，密度泛函理论能量是相对于原子核和电子无限分离，并处于静止状态的能量，即它是将分子解离成原子核和电子所需能量的负值。AM1 和 PM3 的半经验能量（6.3.2节）是生成热，并通过参数化将零点能包含在内。相反，从头算（5.2.3节）或密度泛函理论分子能量（在任何计算结束时输出的能量）指分子在势能面一驻点上（2.2节）静止不动时的能量。它是纯电子能加上核间排斥能。在对反应曲线（反应物、过渡态、产物）进行精确研究时，应通过添加零点振动能来校正该"原始"能量，以获得 0 K 时的总内能。类似于5.2.3节的 HF 方程（5.94），我们有

$$E_{0\,K}^{\text{total}} = E_{\text{DFT}}^{\text{total}} + \text{ZPE}（零点能） \qquad (^*7.29)$$

（Gaussian 程序计算以 HF 能量来表示密度泛函理论的能量，这里称为 $E_{\text{DFT}}^{\text{total}}$。例如，（以 hartree 或原子单位表示）"HF=−308.861 01"）。与 HF 计算相比，密度泛函理论的主要优势在于能够在可比较的时间内提供出色的能量差结果：反应能和活化能。

2. 能量：计算关于热力学和动力学的量

使用 CBS-APNO 计算值作为能量实验值的替代，尤其是图7.2和图7.3中被提及的4个反应的能量：这4种反应的实验结果出奇地少，且在部分情况下，仅具有有限的相关性（例如，活化能可能会因表面效应而降低）。在图中 CBS-APNO 作为比较基准，用以比较不同方法的相对能量精度。这些 APNO 值提供了一套统一精确的相对焓计算方法。人们希望它们至少能够与现有的实验值或任何以后测得的实验值一样精确（平均绝对偏差2.2 kJ/mol，5.5.2节，**高精度多步骤方法的比较**）。对于图7.2和图7.3来说，APNO 的相对活化焓和反应焓与其他被认为精度稍低的高精度方法的活化焓和反应焓显示出极好的一致性（kJ/mol）。

乙烯醇（乙烯基乙醇）到乙醛：

APNO，0：234：−43；CBS-QB3，0：238：−44；G4MP2，0：237：−42。

HNC 到 HCN：

APNO，0：125：−61；CBS-QB3，0：129：−60；G4MP2，0：122：−61。

CH_3NC 到 CH_3CN：

APNO，0：163：−101；CBS-QB3，0：164：−100；G4MP2，0：160：−99。

环丙基到丙二烯基：

APNO，0：26：−280；CBS-QB3，0：25：−280；G4MP2，0：24：−277。

这些结果与"这3种高精度方法可以作为实验值良好替代"的观点相符。

1) 热力学

首先，我们来看一个例子：共价键的均裂，当 HF 对电子相关处理产生严重失败时，密度泛函理论会如何处理(5.4.1节)。考虑反应

$$CH_3-CH_3 + E_{diss} \longrightarrow H_3C\cdot \quad \cdot CH_3$$

从原理上讲，解离能可以简单地表示为两个甲基自由基的能量减去乙烷的能量。表 7.3(见表 5.5)显示了 6-31G* 基组下的 HF、MP2 和密度泛函理论(B3LYP、M02-X 和 TPSS)的计算结果。显示的每个物种的能量为 0 K 能量(焓)和 298 K 的键断裂焓。按照斯科特和拉多姆[82a]规定，将 HF 和 MP2 的 0 K 能量值进行零点能校正，而零点能本身的校正因子为 0.9135(HF)和 0.9670(MP2(fc))。密度泛函理论的零点能没有被校正，因为其校正因子似乎在 0.96~1 之间[82a](最近的一篇论文倾向于对红外频率进行二次校正，而不是流行的线性校正[82b])。298 K 焓由 Gaussian 03[83a](除 M06 外，它由 Spartan'08[71])使用统计力学算法计算，且"适用于计算反应焓"[83b]。产物焓减去反应物焓得出键焓。标准的列表键焓为 298 K 的键焓。据报道，298 K 的键能实验值为 90.1±0.1 kcal/mol，即 377±0.4 kJ/mol[84]，而 CBS-APNO 值(7.3.2节)为 379.3 kJ/mol，与报告的键能实验值基本相同。在表 7.3 中，HF 键能大约为 122 kJ/mol，这有些太低，M06-2X 和 TPSS 的误差也不错(+20 kJ/mol 和 -11 kJ/mol)，MP2 和 B3LYP 焓很好(在我们认为的正确键能的 +4 和 -2 kJ/mol 范围之内)。因此，所有这些电子相关方法可以很好地处理均裂键断裂。原本期望 M06-2X 值会更好，但这仅是一个例子(M06 在 298 K 的键焓为 390 kJ/mol，数值太高了，高出了 13 kJ/mol)。

图 7.3 中的反应曲线与上面提及的几何构型有关，我们还探讨了基组大小对 B3LYP 泛函相对能量(势垒和反应能)的影响。如 7.3.1 节所述，这些几何构型似乎对基组相当不敏感，但从 6-31G* 到 6-311+G* 或 6-311++G(2df,2p)，能量有一些显著的变化：乙烯醇异构化的反应能从大约 -67 kJ/mol 增加至约 -45 kJ/mol，以及 HNC 的异构化能量从 -69 kJ/mol 改变至约 -57 kJ/mol。与反应能相比，对这两个反应，我们可以用哈蒙德假设[85]来合理解释活化能的不敏感性，这意味着对于放热反应来说，反应物类似于其随后的过渡态。因此，改变基组的效果对反应物和过渡态可能是非常相同的。我们尚不清楚为什么 CH_3NC 和环丙基反应能不受干扰。7.3.2 节的"动力学"进一步讨论了基组对这些反应能的影响(此外，我们还参考了一些反应能)。

表 7.4 比较了泛函和基组大小对重要的 H_2/Cl_2 和 H_2/O_2 反应焓的影响，并与实验值[86]进行了比较。首先，高精度(G4(MP2)、CBS-QB3 和 CBS-APNO，5.5.2节)计算值在两个条件下接近于所报告的测量反应焓：高精度 CBS-APNO 方法(实验值的平均绝对偏差为 2.2 kJ/mol)[87]由于无法处理 Cl 而不适用于 H_2+Cl_2 反应，该方法表明，2H_2+O_2 反应的反应焓更接近 -477 kJ/mol，而不是报道的 -484 kJ/mol。我们将通过比较 -184 kJ/mol(H_2+Cl_2 \longrightarrow 2HCl)和 -484 kJ/mol(2H_2+O_2 \longrightarrow 2H_2O)的值来判断泛函/基组的组合。关于 3 个泛函：在所有情况下，6-311++G(2df,2p)比 6-31G* 表现好，通常的确如此；对 H_2+O_2 反应，M06-2X/6-311++G(2df,2p)给出了很好的结果，而用 B3LYP/6-311++G(2df,2p)，则稍差一些。即使用更大的基组，在这里，TPSS 也表现不佳。这些计算表明，与参考文献[58]推断相反，6-31G* 基组因为太小而不能通过密度泛函理论获得一般热化学的

良好结果。可是,对于某些类型的反应来说,6-31G* 可能是可接受的。例如,狄尔斯-阿尔德反应[88]和键的解离反应(表 7.3)。只有使用模型系统进行测试(通过与"更高"水平的实验进行比较),才能表明某一特定基组是否能达到预期的目的。

文献中有许多关于密度泛函理论处理分子热力学(热化学)能力的研究。马特尔等测试了 6 个泛函的 44 个原子化能和 6 个反应,得出结论,杂化泛函计算原子化能最佳,而非杂化泛函计算反应焓[89]较好。圣-阿曼等发现,梯度校正的泛函计算构象异构体能获得良好的几何构型和能量,且平均二面角在实验值的 4°以内,相对能量几乎与 MP2 计算的能量一样准确[52]。沙伊纳等发现,对于几何构型来说,贝克的原始 3 参数函数(也称 ACM,绝热连接方法[57])提供了最佳的反应能[79]。已经发表了许多能量差比较的文献,将 B3LYP/6-31G* 与 HF、MP2 和实验值进行比较[71]。这些比较涉及均裂解离、各种反应,特别是氢化反应、酸碱反应、异构化反应、等键反应和构象能量差。大量的数据表明,尽管梯度校正的密度泛函理论和 MP2 计算对于均裂解离而言有很大的优势,但对于"常规"反应(仅涉及闭壳层反应)来说,它们的优势就不那么明显了。例如,HF/3-21G、HF/6-31G*、SVWN/6-31G*(未经梯度校正的密度泛函理论)通常会给出与 B3LYP/6-31G* 类似的能量差,且与实验值相当一致。表 7.5 比较了氢化、异构化、键解离反应(一种等键反应)和质子亲和势与实验值(由赫尔[90]列表)的误差。采用的方法是 HF、SVWN、MP2 和 B3LYP,均使用6-31G* 基组。在 4 种情况中的 2 种(氢化和异构化)中,HF/6-31G* 方法的结果最好:一种是 MP2 结果最好,另一种是 B3LYP 最好。对于正常(不涉及过渡态)的能量比较来说,闭壳层有机分子的相关方法,如 MP2 和密度泛函理论,似乎提供很少或没有优势,除非需要的精度约在实验值的 10～20 kJ/mol 内,在这种情况下,应使用高精度方法。梯度校正密度泛函理论方法的优势主要在于它们能够获得与 MP2 精度相当的均裂解离能和活化能,但其时间花费却仅与 HF 计算相当。鲍施利歇尔等比较了各种方法,并在很大程度上基于 B3LYP在原子化能和过渡金属化合物方面的性能,推荐 B3LYP 优于 HF 和 MP2[81]。维贝格和奥克特斯基比较了 HF、MP2、MP3、MP4、B3LYP、CBS-4 和 CBS-Q 和实验的等键(氢化和氢解、氢转移、异构化和碳正离子反应)反应能,发现 MP4/6-31G* 和 CBS-Q 最好,B3LYP/6-31G* 也基本令人满意[91]。卢梭和马修基于分子力学几何构型进行 pBP/DN* 计算,开发了一种经济的计算生成热的方法,计算的各种化合物与实验值的均方根偏差约为 16 kJ/mol[92]。pBP/DN* 方法已被 Spartan 删除了(7.3.1 节),据说它[72]给出的结果类似于 BP86/6-311G* 的结果,这种泛函包含在多个程序包中。文图拉等发现,密度泛函理论在研究含 O—F 键化合物的热化学方面优于 CCSD(T)(高水平从头算方法,5.4.3 节)[93]。

关于泛函在热化学中的应用,比上一段内容(1993—2000 年)更新的是三篇详尽的参考文献:文献[44]、[45b]和文献[46]。参考文献[44]和文献[45]给人的印象是,为了获得最佳结果,应根据非常具体的要求选择一种泛函。参考文献[46]指出,在已经考虑过的泛函中(此处未检查 M06 和相关的 M05),使用波普尔基组 6-31G*、6-31+G* 或 6-31++G* 的TPSS 给出了最小的平均生成热误差:约 5 kcal/mol,即 20 kJ/mol,这些值与邓宁基组相似。TPSS 对 H_2/Cl_2 和 H_2/O_2 反应的表现不佳,这是令人惊讶的(表 7.4)。使用 B3LYP 与使用 6-31G* 给出的生成热误差相似(约 20 kJ/mol),但使用 6-31+G* 或 6-31++G* 给出60 kJ/mol 的毫无规律的误差,使用最大的邓宁基组的误差约为 20 kJ/mol。密度泛函理论计算的热化学结果缺乏规律性,用户最好先探索与手头特定项目相关的模型系统的结果。

可靠、准确的热化学仍然需要大量的高精度(5.5.2节)从头算方法(这需要结合经验校正,有时需要密度泛函理论的优化)。

2) 动力学

考虑图 7.2 中的反应示例。这些活化和反应焓的实验数据是有限的[74],但如上文所述 APNO(及 CBS-QB3 和 G4MP2)值是很好的替代。尽管缺乏实验数据,但对于所有这些反应来说,其定性情况是已知的,且与图 7.2 一致:乙烯醇、HNC 和 CH_3NC 远不如它们的异构体 CH_3CHO、HCN 和 CH_3CN 稳定,且势垒抑制了室温下的非催化异构化(室温下,稳定的阈值势垒约为 100 kJ/mol);环丙基从未被观察到,合理的推测是,它会迅速异构化(即使在 77 K 下),且基本上完全异构化为丙二烯。即使使用这种适中的($6-31G^*$;比较对图 7.3 的讨论及更大的基组对几何构型的影响)基组,从定性角度来看,所有结果也都与实验一致。

考察基组大小对图 7.2 中 4 个反应动力学的影响,参见图 7.3、表 7.6 和表 7.7。这里使用活化自由能(也给出了反应自由能),而不使用焓。尽管自由能/焓变别很小,但对速率和平衡常数的定量影响可能很显著,因为这些值出现在指数中(5.5.2节)。在表 7.6 中,使用 CBS-QB3 检查密度泛函理论的计算结果。关于如 CBS-QB3 和 G4-型势垒方法的可靠性还存在保留意见,因为它们是针对热力学被参数化的,尤其是人们很可能还想知道沿反应坐标的配对自旋数量变化的影响[94]。然而,即使有提醒[95],CBS-QB3 方法还是被明确推荐用于势垒[96,97]。我们假设像反应能一样,CBS-QB3 势垒对这 4 种反应也是可靠的。比较表 7.6(CBS-QB3)与表 7.7(B3LYP、M06-2X 和 TPSS 泛函和 $6-31G^*$、$6-311+G^{**}$ 和 $6-311++G(2df,2p)$基组)中的值,显示出使用 3 个泛函增加基组的大小对势垒和反应能的影响。表 7.7 还扩展了图 7.3 中的相对能量信息,图 7.3 中仅显示 B3LYP 到 M06-2X 和 TPSS,且还可以与表 5.12 进行比较。表 5.12 显示了通过使用 $MP2/6-31G^*$、$B3LYP/6-31G^*$、G4(MP2) 和 CBS-QB3 计算得到的 $H_2C=CHOH$、CH_3NC 和环丙基反应的活化自由能。表 7.6 和表 7.7 中的值是 298 K 时的相对自由能,而如上所述,图 7.3 和图 7.2 中的值有非常相似(无论如何,对这些反应)的相对零点能——校正的 0 K 相对能量。表 7.7 表明,$6-311+G^{**}$ 基组因反应能变得几乎恒定(CH_3NC 和环丙基反应及所有反应的势垒几乎与这些基组无关),从而导致基本饱和。与表 7.6 相比,TPSS 在势垒方面似乎不如 B3LYP 和 M06-2X,但在反应能方面却相差不大。考虑到这些反应的所有因素,与 CBS-QB3 相比,B3LYP 和 M06-2X(除了这高估环丙基势垒约 20 kJ/mol 外)与 $6-311+G^{**}$ 或(非常相似的结果)$6-311++G(2df,2p)$基组是最好的。这表明,在 $6-311+G^{**}$ 基组上,这些泛函饱和并给出,特别是这些泛函中的 B3LYP 和 M06-2X,至少对于这些特定的异构化反应来说,与高精度 CBS-QB3 方法相当的势垒和反应能,并可能与实验值非常吻合。$6-311++G(2df,2p)$基组在此处似乎并不比更"经济"的 $6-311+G^{**}$ 基组有优势。

对于 $6-31G^*$ 基组在密度泛函理论中通常是足够的这个论断[38,58],德尔里奥等持怀疑态度,他们发现,对于甲基旋转势垒来说,在一些情况下,密度泛函理论需要比 MP2 或 MP4 大得多的基组[98]。这种离奇的行为强调了现实检验的重要性:根据实验数据可得的模型系统测试手头的计算类型。

使用密度泛函理论计算势垒的一些参考资料是:在过氧酸对烯烃环氧化研究中,$B3LYP/6-31G^*$ 给出的活化能与 $MP4/6-31G^*//MP2/6-31G^*$ 相似,但产生的动力学同位素效应与实验的一致性比从头算计算[99]好得多。甚至已经报道 BH&H-LYP[101-104] 泛函能获得比 B3LYP 更好的活化能（据说 B3LYP 倾向于低估势垒[100,101]）。在贝克等[105]使用 7 种方法（半经验、从头算和密度泛函理论）对 12 个有机反应进行的研究中，B3PW91/6-31G* 最佳（平均值和最大误差为 15.5 kJ/mol 和 54 kJ/mol），而 B3LYP/6-31G* 次之（平均值和最大误差为 25 kJ/mol 和 92 kJ/mol）。尤尔西克研究了 28 个反应，并建议"使用合适基组的 B3LYP 或 B3PW91"，但警告说，涉及氢自由基的小势垒（约 $10\sim20$ kJ/mol）的高放热反应"是尤其难以重现的"[106]。势垒"高于 10 kcal/mol（约 40 kJ/mol）"应该是可靠的。较低的活化能应该被低估了 $3\sim4$ kcal/mol（约 $13\sim17$ kJ/mol）[106]。与**热力学能量差**一样，即不涉及过渡态的能量差，要始终如一获得可靠的、精确至 $10\sim20$ kJ/mol 的活化能可能需要如 CBS-QB3 的高精度多步骤法。一些势垒问题似乎来自于泛函：梅里尔等研究发现，对氟离子诱导的 CH_3CH_2F 消除 HF，与高水平的从头算计算相比，测试的 11 种泛函（包括 B3LYP）没有一种是令人满意的。密度泛函理论对过渡态的预测通常比从头算预测要更松散和更稳定，而在某些情况下，甚至发现不了过渡态。他们得出的结论为杂化泛函提供了最大的希望，且"密度泛函方法预测过渡态性质的能力需要比迄今为止得到更多的关注"[38]。

最近关于计算势垒时密度泛函理论精度的参考文献是上文提到的热化学的大量汇编，即参考文献[44,45]和文献[46]。在参考文献[44]考虑的泛函中，只有 B3LYP 是我们关注过的少数几个泛函（B3LYP、M06-2X 和 TPSS）中的一种泛函，且 B3LYP 由于受欢迎而在整个评测过程中都受到仔细审查，在势垒精度列表中排名靠后，具有约 16 kJ/mol 的典型误差。这方面的明星级泛函是 MPW1K 和 BB1K，通常具有约 5 kJ/mol 的误差。参考文献[45]记录了 B3LYP 的一系列缺点，并赞扬了 M06 类泛函的优点。对于势垒（动力学）来说，建议"M06-2X、BMK 和 M05-2X 用于主族热化学和动力学"，而"M06-2X、M05-2X 和 M06 用于主族热化学、动力学和非共价相互作用都很重要的系统"。M06，通用的 M06 类泛函，显然有大约 $0.63\sim2.2$ kcal/mol 的误差（$2.6\sim9.2$ kJ/mol），具体取决于所用来测试它的数据库。赖利等（参考文献[46]，总结在其图 $16\sim19$ 中）对泛函及其相伴的基组的相当广泛的测试表明，就这些丰富的数据而言，可以概括成几句话，势垒的最佳泛函是 BBB1K、B1B95 和 B1LYP（B3LYP 的准确度仅略低于后者），且对波普尔或邓宁基组都没有明显的优势。这些泛函的典型能垒误差约为 $3\sim5$ kcal/mol（$13\sim21$ kJ/mol）。

7.3.3　频率和振动光谱

5.5.3 节给出的有关频率的一般评论和理论也适用于密度泛函理论频率。与从头算频率计算一样，但与半经验不同，计算密度泛函理论频率的一个原因是获得零点能，以校正冻结核能量。频率也可被用来表征驻点作为最小值、过渡态等，且可预测红外光谱。通常，波数（"频率"）是黑塞矩阵的质量加权特征值，而强度是根据振动引起的偶极矩的变化来计算的。

与从头算和半经验频率不同，密度泛函理论频率并不总是显著低于观察到的频率（实际上，已经报告了比实验频率略高的计算值）。此处已经计算了一些适用于各种泛函，以及从头算和半经验方法的校正因子（对零点能推荐略微不同的校正因子）[82a]。除了 HF/3-21G 外，从头算和密度泛函理论方法的基组为 6-31G*。

HF/3-21G	HF/6-31G*	MP2(FC)	AM1	BLYP	BP86	B3LYP	B3PW91
0.909	0.895	0.943	0.953	0.995	0.991	0.961	0.957

　　BLYP/6-31G* 和 BP86 的校正因子非常接近 1。对于通过 B3LYP/6-31G* 方法计算的多环芳烃的频率来说,鲍施利歇尔将低于 $1300\ cm^{-1}$ 的频率乘以 0.980,而高于 $1300\ cm^{-1}$ 的频率乘以 $0.967^{[81]}$。斯蒂芬斯等在他们的论文中介绍了对贝克杂化泛函修改而获得的 B3LYP 泛函。他们研究了 4-甲基-2-氧杂环丁酮的红外和圆二色光谱,并推荐 B3LYP/6-31G* 作为计算这些光谱一种优秀且经济高效的方法[58]。通过使用 6 个不同的泛函,布朗等获得了与实验基本原理约 4%～6% 的一致性,除了 BHLYP[107] 外。赖利等在 2007 年的综述中[46]指出,各种各样的泛函/基组给出了约 50～120 cm^{-1} 的误差。这样的误差对表征新分子可能并不重要,因为每个泛函/基组(实际上,每种方法)都有一个相当恒定的乘法校正因子[82a],它使红外光谱与实验在合理位置上一致。比精确的波数匹配更重要的是,相对强度与现实的合理一致。强度是根据偶极矩随振动畸变的变化来计算的(与式(5.204)相关的讨论)。如果计算的偶极矩在不同方法之间变化不大,且与实验值相似,如表 7.8 所示,则计算出的相对强度也可能相似。图 7.4～图 7.7 支持这一点。分析丙酮、苯、二氯甲烷和甲醇的红外光谱,第 3、5、6 章中使用相同的 4 种化合物(图 3.15～图 3.18、图 5.33～图 5.36 和图 6.5～图 6.8),以说明通过分子力学、从头算和半经验方法计算的光谱。图 7.4～图 7.7 中的密度泛函理论光谱与实验(作者在气相中获得的)进行了比较,与第 3、5、6 章的共同点是 MP2(fc)/6-31G*。选择 B3LYP/6-31G* 是因为,正如为几何构型而保留它一样(7.3.1 节),它可能仍然是最受欢迎的泛函。我们在这里看到 B3LYP/6-31G* 相当好地模拟了实验的红外光谱,且在这方面与 MP2(fc)/6-31G* 非常相似。

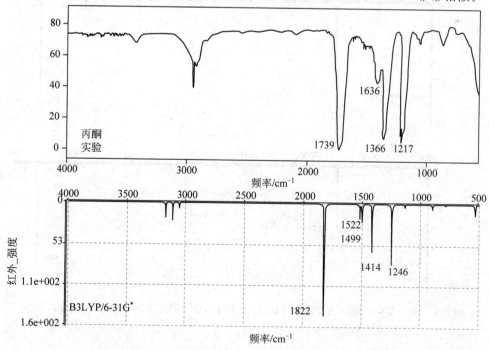

图 7.4　丙酮的实验(气相),密度泛函理论(B3LYP/6-31G*)和从头算(MP2(fc)/6-31G*)计算的红外光谱

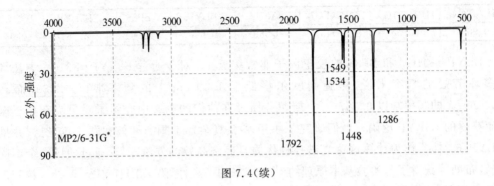

图 7.4（续）

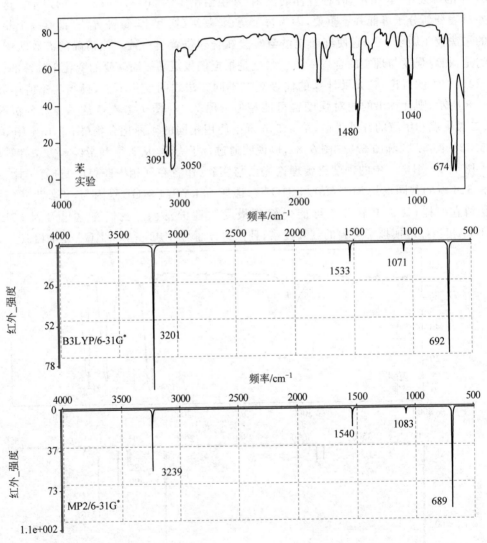

图 7.5 苯的实验（气相）、密度泛函理论（B3LYP/6-31G*）和从头算（MP2(fc)/6-31G*）计算的红外光谱

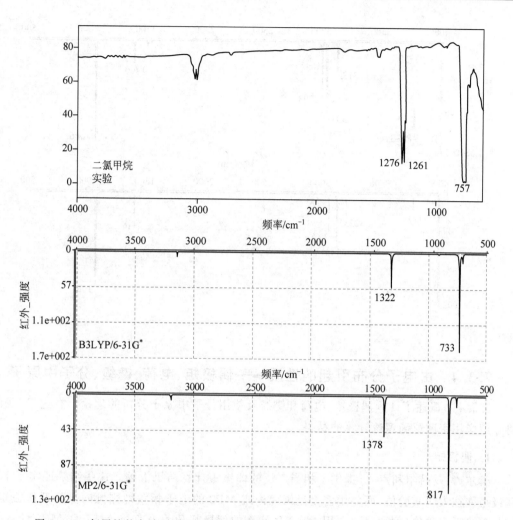

图 7.6 二氯甲烷的实验(气相)、密度泛函理论(B3LYP/6-31G*)和从头算(MP2(fc)/6-31G*)计算的红外光谱

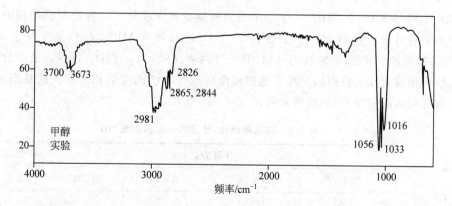

图 7.7 甲醇的实验(气相)、密度泛函理论(B3LYP/6-31G*)和从头算(MP2(fc)/6-31G*)计算的红外光谱

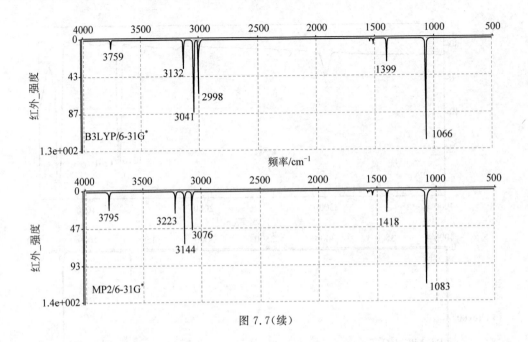

图 7.7（续）

7.3.4 由电子分布引起的性质——偶极矩、电荷、键级、分子中原子

5.5.4 节概述了计算偶极矩、电荷和键级及使用分子中原子分析的理论。在这里，我们将介绍应用密度泛函理论计算的结果。

1. 偶极矩

赫尔[71]及赫尔和卢[72]提供了相当广泛的偶极矩计算结果汇编。这些结果证实了 HF 偶极矩往往大于实验值，而使用密度泛函理论或 MP2 的电子相关性则倾向于降低偶极矩，使其更接近实验值（例如，噻吩，用 B3LYP 计算的偶极矩值为 $0.80 \sim 0.51$ D，MP2 计算的偶极矩值为 0.37 D，实验偶极矩为 0.55 D[72]）。

表 7.8 比较了用 B3LYP/6-31G*、M06-2X/6-31G*、AM1（作为对该快速方法的检验）和 MP2(fc)/6-31G* 计算的 10 个分子的偶极矩与其实验值。两种密度泛函理论方法提供的平均无符号误差相同，为 0.11 D 和 0.12 D，比最慢的 MP2 方法（至少对这种小分子）0.31 D 的误差小 3 倍，非常快的 AM1 值介于两者之间，为 0.22D。这些方法中没有一种能始终给出精确到 0.1 D 以内的值。通过梯度校正密度泛函理论和非常大的基组，我们可以获得非常精确的偶极矩（平均绝对偏差为 $0.06 \sim 0.07$ D）[79]。

表 7.8 与实验相比，计算的一些偶极矩（D）

项 目	计算方法				实 验 值
	B3LYP	M06-2X	AM1	MP2(fc)	
CH_3NH_2	1.47	1.51	1.31	1.57	1.3
H_2O	2.1	2.15	2.1	2.24	1.9
HCN	2.91	2.94	2.9	3.26	3
CH_3OH	1.69	1.76	1.68	1.95	1.7

续表

项　　　目	计算方法				实　验　值
	B3LYP	M06-2X	AM1	MP2(fc)	
Me₂O	1.28	1.34	1.25	1.44	1.3
H₂CO	2.19	2.27	2.23	2.84	2.3
CH₃F	1.72	1.76	1.65	2.11	1.9
CH₃Cl	2.09	2.08	1.91	2.21	1.9
Me₂SO	3.93	4.07	3.98	4.63	4
CH₃CCH	0.69	0.67	0.66	0.66	0.8
偏差	3+,5−,2 0	5+,3−,2 0	2+,4−,4 0	9+,1−,无 0	
	平均 0.11	平均 0.12	平均 0.22	平均 0.31	

注：每种方法给出了与实验值的正、负和(小数点后一位)零偏差的个数，以及偏差绝对值的无符号算术平均值。B3LYP、M06 和 MP2 计算的基组是 6-31G*。实验值来自参考文献[71]和[73]，计算由作者完成。

2. 电荷和键级

5.5.4 节给出了这些术语背后的理论。尽管有时有人会说无法测量或无法观察到原子上的电荷，但仔细定义的原子电荷显然是可以测量的[108]。但是，这种实验的电荷值并不容易获得，且没有一个统一的标准来判断计算出的电荷(和键级)的"正确性"。在实际应用中，静电势电荷和洛定键级通常比马利肯电荷和键级更受欢迎。已经研究了各种计算水平对原子电荷的影响[109]。

图 7.8 显示了使用 B3LYP/6-31G* 和 HF/3-21G 计算的烯醇和质子化的烯酮体系的电荷和键级(与图 6.9 相同)。无论是使用 B3LYP，还是 HF，或马利肯与静电势/洛定，结果都是定性相似的。这与图 6.9 中的结果形成对比，在图 6.9 中，半经验值与 HF/3-21G 值之间，甚至 AM1 与 PM3 之间，都存在较大的差异。例如，对于使用马利肯方法的质子化物种来说，AM1 和 PM3 给了氧一个小的负电荷，约 −0.1 eV，但 HF/3-21G 方法赋予它一个大的负电荷，约 −0.63 eV。更奇怪的是，AM1、PM3 和 HF 方法计算的末端碳电荷分别为 0.09、0.23 eV 和 −0.25 eV。在图 7.8 中，相应参数之间的最大差异是质子化物种中的静电势电荷，其中，氧(−0.35 eV 和 −0.63 eV)和羰基碳(0.41 eV 和 0.76 eV)上的电荷约相差两倍。B3LYP 和 HF 计算的烯醇化物的末端碳反直觉地有一个比氧更大的负的静电势电荷，就像 AM1 和密度泛函理论的计算一样。我们在 6.3.4 节中讨论了质子化分子的正氧上计算的负电荷。与半经验值一样，这里计算的键级比电荷改变要小，但键级也存在定性差异：对于阳离子 C/OH 键来说，马利肯 HF 键级基本上是单键(键级 1.18)，而洛定的 B3LYP 计算得出，键级基本上是双键(键级 1.70)。这些结果提醒我们，当使用相同方法研究一系列分子或沿反应坐标的状态时，电荷和键级主要用来揭示变化的趋势[110](例如，使用 B3LYP/6-31G* 和洛定键级)。

3. 分子中原子

5.5.4 节讨论了使用从头算计算分子中原子(AIM)的电子密度分析。博伊德等比较了密度泛函理论与从头算的 AIM 分析，结果表明，以 QCISD 从头算为标准，密度泛函理论和从头算方法结果相似，但梯度校正方法比 SVWN 方法更好。与 QCISD 计算相比，密度泛函理论将 HCN、CO 和 CH₃F 的 CN、CO 和 CF 键的临界点移向碳，并增加了成键区域的电子密度[111]。

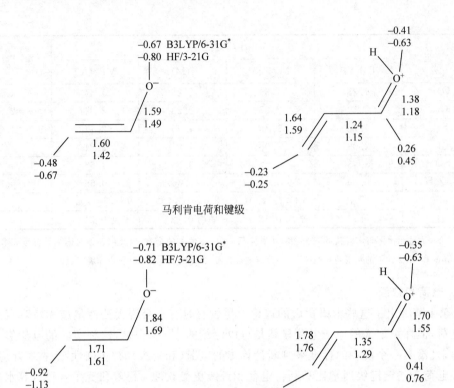

马利肯电荷和键级

静电势电荷和洛定键级

图 7.8　使用 B3LYP/6-31G* 和 HF/3-21G 方法计算的原子电荷和键级。请注意,已省略涉及氢的电荷和键级

7.3.5　其他性质——紫外和核磁共振光谱、电离能和电子亲和势、电负性、硬度、软度和福井函数

1. 紫外光谱

在波函数理论,即传统的量子力学中,紫外光谱(电子光谱)是由于吸收光子的能量使电子从分子轨道激发到高能分子轨道的结果:分子从电子基态变为激发态。据说,由于目前的密度泛函理论本质上是一种基态理论(如参考文献[13-16]),因此,人们可能会认为它不能计算紫外光谱。然而,有另一种方法可以计算光的能量吸收。可以使用含时薛定谔方程来计算含时电场对分子的影响,即光波的电分量。该波是振荡的电磁场,可以使分子的电子云同步振荡[112]。这是一种半经典的处理方法,因为它使用薛定谔方程,但避免将吸收的能量等同于光子的能量 $h\nu$。通过密度泛函理论计算紫外光谱是基于含时 KS 方程,该方程是根据含时薛定谔方程推导的[88]。斯特拉特曼等[113]描述了含时密度泛函理论(TDDFT,有时称为含时密度泛函响应理论,TD-DFRT)在 Gaussian[83a]中的实现。维贝格等利用这个方法研究了 5 个泛函和 5 个基组对甲醛、乙醛和丙酮跃迁能(紫外吸收波长)的影响[114]。他们得到了令人满意的结果,能量与泛函关系不大。其中,B3P86 最好,而 B3LYP 最差。他们推荐使用 6-311++G** 基组。尽管这些研究者使用的是 MP2/6-311+G** 几何构型,但

表 7.9 的结果表明,AM1 几何构型的计算速度可能快一千倍,而给出的跃迁能几乎同样精确(平均绝对误差分别为 0.12 eV 和 0.18 eV)。表 7.10 比较了亚甲基环丙烯紫外光谱的实验值[115]与从头算、半经验和密度泛函理论方法的计算值。3 种方法中,最好的一种是 TDDFT 计算,它是唯一一种能再现 308 nm 波段的方法。雅各曼等通过考虑溶剂为可极化连续体模型(与显式溶剂分子相反),并在 PBE0/6-311+G(2d,p)水平下采用 TDDFT,获得了非常精确的靛蓝染料紫外光谱[116]。赵和特鲁赫拉认为他们的 M06-HF 泛函,特别适合里德堡和电荷转移类型的电子跃迁[117]。

用杂化梯度校正的泛函计算出的 HOMO-LUMO 能隙大约等于不饱和分子的 $\pi \rightarrow \pi^*$ 紫外跃迁,这在预测紫外光谱中可能有一定用途(见电离能和电子亲和势)。

2. 核磁共振光谱

与从头算方法一样(5.5.5 节),核磁共振屏蔽常数可以根据能量随磁场和核磁矩的变化来计算。对于最常见的核磁共振谱来说,^{1}H 和 ^{13}C 的核磁共振谱,原子核的化学位移是相对于 TMS(四甲基硅烷)碳或氢原子核的屏蔽值。其他磁性原子核有不同的参考分子。核磁共振计算的主要通用方法是规范无关原子轨道(gauge-independent atomic orbitals,GIAO)。很少使用的替代方法是连续集规范转换(continuous-set gauge transformations,CSGT)。两者都能给出良好的结果[118]。

据称,最准确的结果是通过 MP2 计算获得的[119],但经验校正提高了密度泛函理论的精度[120]。最近的研究是塞夫齐克等[121]、吴等[122]、赵和特鲁赫拉[123]及佩雷斯等[124]的研究,在这 4 个研究中,除了参考文献[123]同时使用了 GIAO 和 CSGT 外,其余只使用了 GIAO。对于 ^{13}C 化学位移来说,人们发现密度泛函理论经常,但并非总是优于从头算 HF,而 B3LYP 和 mpw1pw91 泛函往往表现良好[121]。使用 21 个泛函对 23 个分子的 ^{13}C、^{15}N、^{17}O 和 ^{19}F 原子核进行的研究表明,OPBE 和 OPW91 明显优于 B3LYP 和 PBE1PBE,且在许多情况下也优于波函数的计算。据说 OPTX 的性能"非常好"[122]。令人惊讶的是,据报道,B3LYP 的准确性低于 GGA,甚至低于 LSDA 泛函(见 7.2.3 节),而较新的 M06-L 本身就是局域泛函(7.2.3 节),据称,它是计算核磁共振化学位移的最佳选择[123]。对溶剂影响的详细研究还将密度泛函理论计算与用于计算核磁共振谱的数据库程序进行了比较,同时关注时间与精度之间的平衡[124]。在详细研究计算了几何构型和 ^{1}H 核磁共振光谱在阐明[12]环轮烯结构中的作用时,卡斯特罗等报告说,当使用适当的计算的几何构型时,GIAO B3LYP/6-311+G(d,p)位移与实验值非常一致[125]。

表 7.9 通过含时密度泛函理论,使用 Gaussian 98[83a] 计算的丙酮、乙醛和甲醛的紫外光谱 eV

化 合 物	MP2 几何构型	AM1 几何构型	实 验
	4.41	4.26	4.43
	6.28	6.19	6.36
丙酮	7.26	7.17	7.41
	7.43	7.4	7.36
	7.67	7.59	7.49
	7.89	7.82	8.09

化 合 物	MP2 几何构型	AM1 几何构型	实 验
乙醛	4.29	4.14	4.28
	6.76	6.69	6.82
	7.29	7.26	7.46
	7.7	7.68	
	7.89	7.98	7.75
	8.35	8.16	8.43
甲醛	3.95	3.83	4.1
	6.98	6.97	7.13
	7.93	7.95	8.14
	8.09	8.07	7.98
	8.81	8.84	
	9.23	8.87	
	5＋,10－	4＋,11－	
	15 个平均：0.12	15 个平均：0.18	

注：比较了使用 MP2/6-311++G** [114]和（作者计算）AM1 几何构型的结果。两组计算都是单点 B3P86/6-311++G**。每个分子仅出示了 6 个跃迁态，都是单态。给出了与实验值的正和负偏差的个数，以及平均绝对误差。

表 7.10 计算的（从头算、半经验、密度泛函理论）和实验的[115]亚甲基环丙烯的
紫外光谱，波长/nm（相对强度）

计 算			实验值
RCIS/6-31＋G* //B3LYP/6-31G*	ZINDO/S//AM1	TDDFT：B3P86/6-311++G** //AM1	
224(15)	228(12)	309(26)	308(13)
209(6)	224(0.2)	226(3)	242(0.6)
196(0)	213(100)	210(0)	206(100)
194(8)	204(1)	208(100)	
193(100)		190(0)	

注：使用了推荐的从头算基组[115]和密度泛函理论的泛函和基组[114]。从头算结果见表 5.16，而半经验结果见表 6.7。

图 7.9 比较了实验的[126,127]和在以下水平下计算的^{13}C 和^{1}H 核磁共振光谱。

（1）B3LYP/6-311++G** 用于核磁共振计算，使用 B3LYP/6-311++G(2df,2p)和 HF/3-21G$^{(*)}$的几何构型。

（2）B3LYP/6-31G* 的几何构型，使用 B3LYP/6-31G*、B3LYP/6-311＋G* 和 B3LYP/6-311++G** 进行核磁共振计算。

因此，图 7.9 中给出了每一个分子的：①在高水平和低水平几何构型上进行相当高水平的核磁共振计算；②在中等水平几何构型上，探测中、相当高水平和更高水平的核磁共振计算。对于这样一个非常小的样品，合理地说，这些结果只会显示精度上的显著差异，但它们确实表明，对于密度泛函理论的核磁共振化学位移来说，如果不需要高精度，则 B3LYP/6-31G* 几何构型上的 B3LYP/6-311＋G* 计算可能已足够了。

3. 电离能和电子亲和势：KS 轨道

5.5.5节讨论了电离能（IE）和电子亲和势。其中，电离能和电子亲和势可以用一种简

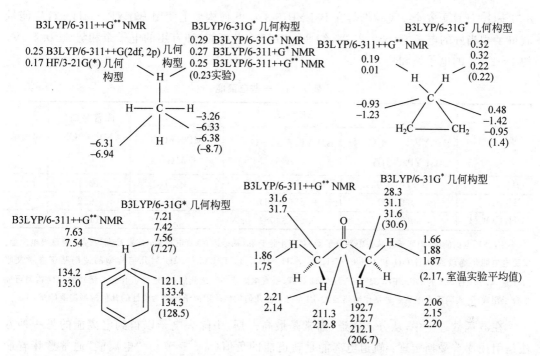

图 7.9 计算和实验的 ^{1}H 和 ^{13}C 核磁共振谱。化学位移（＊值）是相对于四甲基硅烷的 H 和 C。使用 Gaussian 03[83a] 中实现的默认核磁共振方法（GIAO）进行计算。实验值（在括号中）来自参考文献[126]，除了甲烷和环丙烷的 ^{13}C 值[127]外（对于这些[126]给出 2.3 和 2.9 来说，这似乎是可疑的）。计算值是在真空下的值，而实验值是在 $CDCl_3$ 中的值，除甲烷和环丙烷外，它们是相对于苯的气相测量值，而此处已被调整为相对于四甲基硅烷的值。对于这些分子来说，从真空到 $CDCl_3$ 的变化可能是相当小的（大约在 ＊1 之内）。结构左侧的值都是对 B3LYP/6-311++G(2df,2p)（第一行）或 HF/3-21G$^{(*)}$（第二行）几何构型的 B3LYP/6-311++G** 核磁共振计算。结构右侧的值都是对 B3LYP/6-31G* 几何构型在 B3LYP/6-31G*、B3LYP/6-311+G* 和 B3LYP/6-311++G** 水平（分别为上、中和下行）上的核磁共振计算

单的方式来计算，即分子与得到或失去一个电子的该分子衍生物种之间的能量差。使用自由基阳离子或自由基阴离子优化的几何构型的能量（在所求电离能或电子亲和势物种为中性闭壳层分子时）给出绝热电离能或电子亲和势，使用中性几何构型上的该电离物种的能量给出垂直电离能或电子亲和势。穆查尔等通过半经验、从头算和密度泛函理论方法计算[128]，报道了 8 种卡宾绝热、垂直电离能和电子亲和势。他们推荐使用 B3LYP/6-31＋G*//B3LYP/3-21G$^{(*)}$ 作为预测第一电离能的首选方法。在 B3LYP 中使用 3-21G$^{(*)}$ 较小基组进行几何构型优化是不寻常的（见 5.4.2 节）——通常与相关方法一起使用的最小基组为 6-31G*。这种组合相对要求不高，会给出所研究卡宾的准确绝热和垂直电离能（最大绝对误差 0.14 eV）。表 7.11 给出了我们将此方法应用于其他一些（非卡宾）分子的结果。基于 B3LYP/3-21G$^{(*)}$ 几何构型和 AM1 几何构型的 B3LYP/6-31＋G* 电离能基本相同。它们是对实验电离能的良好估算[129,130]，略好于从头算 MP2 电离能，且远好于 MP2 库普曼斯定理。当然，对于不寻常的分子（如穆查尔等研究的卡宾[128]）来说，AM1 可能无法提供良好的几何构型，此类分子使用 B3LYP/3-21G$^{(*)}$ 或 B3LYP/6-31G* 几何构型上的单点 B3LYP/

6-31+G*计算更安全。戈拉斯等在 B3LYP/6-31G 几何构型上使用 B3LYP/6-311+G** 能量获得了相当好的电离能（± 0.2 eV，约 $8\sim9$ eV 的电离能）和有用的电子亲和势（± 0.4 eV，约 $1\sim2$ eV 的电子亲和势）[131]。

表 7.11　一些电离能　　　　　　　　　　　　　　　　　　eV

项　目	$\Delta E = IE$			库普曼斯' (MP2(FC)/ 6-31G*)	实验值
	B3LYP/6-31+G*// B3LYP/3-21G$^{(*)}$	B3LYP/6-31+G*// AM1	MP2(FC)/ 6-31G*		
OH	10.77(10.92)	10.76(10.85)	10.6	12.1	10.9
CH$_3$SH	9.40(9.43)	9.53(9.36)	9	9.2	9.4
CH$_3$COCH$_3$	9.60(9.70)	9.67(9.68)	9.6	11.2	9.7

注：ΔE 电离能值（阳离子能减去中性分子能）对应于绝热和（括号内）垂直电离能；库普曼斯定理值是垂直电离能。实验电离能是绝热的（CH$_3$OH 和 CH$_3$COCH$_3$[129]，CH$_3$SH[130]）。B3LYP/3-21G$^{(*)}$ 几何构型的使用基于参考文献[128]。对于 CH$_3$SH 的 B3LYP/6-31+G*//AM1 计算，垂直电离能小于绝热能，这是由于有些不精确的几何构型可能来自于阳离子（实验垂直电离能总是比绝热的大，因为将柔性几何构型的阳离子扭曲为中性的几何构型需要能量）。

在波函数理论中，从分子轨道（通常是最高占据）中除去电子以得到电离能的另一种方法是引用库普曼斯定理：轨道电离能是轨道能的负值（5.5.5 节）。"电离能"通常意味着最低的电离能，相当于从 HOMO 中除去一个电子。在第 5 章和第 6 章中，能量差和库普曼斯定理方法都被用于计算某些电离能（表 5.17 和表 6.8）。将库普曼斯定理应用于密度泛函理论的问题在于"严格"的密度泛函理论中没有分子轨道，只有电子密度，而 KS 密度泛函理论（实际可行的密度泛函理论）中的分子轨道，即构成式（7.19）中斯莱特行列式的 ψ^{KS} 轨道，如 7.2.3 节所述，只是为了提供一种计算能量方法（式（7.21）、式（7.22）和式（7.26））而被引入的。问题是要查看这些 KS 分子轨道是否如人们所认为的那样，仅仅是数学技巧，还是它们**本身**有用。关于 KS 轨道的物理意义（如果有的话），曾经有过相当多的争论。伯伦兹和同事将密度泛函理论与 HF 理论进行了比较，得出结论："KS 轨道在物理上是合理的，可能比 HF 或半经验轨道更适用于定性分子轨道理论"[132]。克拉默对此也表示赞同，他指出，甚至有理由更**偏爱** KS 分子轨道：它们都感受到相同的外部势，而 HF 分子轨道感受到变化的电势，虚分子轨道将此发挥到了极致[133]。斯托瓦塞尔和霍夫曼认为，KS 轨道在形状、对称性及通常的能量排序方面与传统的波函数理论（扩展休克尔和 HF 从头算，第 4 章和第 5 章）相似[134]。他们得出结论，这些轨道确实可以像更熟悉的波函数理论中的轨道一样处理。此外，他们还表明，尽管 KS 轨道能量值（密度泛函理论福克矩阵对角化的特征值 ε，7.2.3 节）不是分子轨道电离能的良好近似（如光电子能谱所示），但 $|\varepsilon_i(\text{KS}) - \varepsilon_i(\text{HF})|$ 和 $\varepsilon_i(\text{HF})$ 之间存在线性关系。萨尔兹纳等也表明，在密度泛函理论中，不同于从头算理论，HOMO 能量的负值并不是电离能的良好近似（若是精确的泛函，则库普曼斯定理将是精确的），但令人惊讶的是，杂化泛函的 HOMO-LUMO 能隙与未饱和分子的 $\pi \to \pi^*$ 紫外跃迁非常一致[135]。瓦尔加斯等引入"类库普曼斯近似"，以获得 KS 轨道能与垂直电离能和电子亲和势之间的关系，并声称他们的方法改进了硬度、电负性和亲电性的电子密度指数的计算[136]。战等研究了 KS 轨道能量预测电离能、电子亲和势和硬度指数的效用[137]。张等探索了各种泛函使用这些轨道来预测电离能、电子亲和势和最低能量紫外跃迁的能力[138]。

　　关于电子亲和势,在 HF 计算中,物种 M 的负 LUMO 能量对应的不是 M 的电子亲和势,而是阴离子 M⁻ 的[139]电子亲和势。然而,萨尔兹纳等指出,LSDA 泛函的负 LUMO 给出了电子亲和势的粗略估计(约低 0.3~1.4 eV;梯度校正的泛函更差,约低 6 eV)[135]。布朗等发现,对于 8 个中等大小的有机分子来说,使用梯度校正泛函的能量差方法可以很好地预测电子亲和势(平均误差小于 0.2 eV)[107]。一篇来自"轨道电势统计平均值"的[140]、有关"靠近"精确的 KS 轨道的报告与密度泛函中的 LUMO 和紫外光谱的计算(如通过 TDDFT)相关。这些轨道显示,占据虚轨道的能隙非常接近紫外跃迁能量,以及"虚轨道的真实形状将大多数激发直接解释为单轨道跃迁。"作者认为,"(这个能隙)在物理上是最低激发能量的近似,这是一个优美的性质。这没有什么问题。"这些虚的 KS 轨道的性质让人想起从头算理论[141](5.5.5 节,**电离能和电子亲和势**)中对价虚轨道性质的描述。

4. 电负性、硬度、软度和福井函数:电子密度反应指数

　　当化学家们怀疑化合物的形成与电作用力有关时(在发现电子之前),电负性的概念就诞生了:金属和非金属被认为与 18 世纪物理学中的"电流体"有相反的需求。这种"电化学双重性"与贝泽利乌斯密切相关[142],并与电负性的定性概念,即物种吸引电子的倾向明显相关。帕尔和扬给出了一个试图量化该想法的草图[143]。电负性是化学中的一个中心概念。

　　早在 1952 年,马利肯[144]在一篇论文中就预言了化学概念中的硬度和软度,但直到 1963 年,皮尔逊将它们推广后才得到广泛应用[145]。用最简单的术语来说,一个物种的硬度,即原子、离子或分子的硬度是其极化程度的定性指标,是其电子云在电场中的畸变程度。D. H. 布希[146]曾提出过形容词"硬"和"软",但它们出现在马利肯论文[144]第 819 页中,表征了酸碱复合物的能量空间分离响应。传统上,用这些词来表示机械力对变形的阻力,这种类比很容易理解,并由不止一位化学家独立扩展到电子电阻的概念也就不足为奇了。硬/软概念被证明是有用的,特别是在合理化酸碱化学中[147]。因此,由于没有电子云而不能在电场中变形的质子是一种非常硬的酸,且倾向于与硬的碱发生反应。软碱的例子是那些硫上的电子对提供碱度的碱,因为硫是一个大的蓬松的原子,软碱倾向于与软酸反应。也许因为它最初是定性的,所以,硬-软-酸-碱(HSAB)的想法遭到了至少四分之一的人的怀疑:杜瓦(半经验的名声)认为它是"不同种类酸和碱之间的神秘区别"[148]。关于皮尔逊对这个概念的贡献的简要综述中,该概念已被拓展超出了严格的传统酸碱反应之外,见参考文献[149]。

　　1984 年,帕尔和扬引入了福井函数或前线函数[150]。他们慷慨地给它起了一个与前线分子轨道理论先驱者有关的名字,他们强调了 HOMO 和 LUMO 在化学反应中的作用。在反应中,电子数的变化显然涉及从 HOMO 或 LUMO 中移除电子或向其中添加电子,即被福井强调了重要性的**前线轨道**①。福井函数的数学表达式被定义为一个物种中,各点电子密度对物种电子数变化的敏感性。如果对物种添加或删除电子,那么,在不同位置的电子密度会改变多少?该函数可测量伴随化学反应的电子密度的变化,并被用来试图合理化和预测分子中不同位置的反应性的变化。

　　我们将定量解释电负性、硬度和软度及福井函数。这些概念可使用波函数理论进行分

---

　　① 福井谦一,1918 年生于日本奈良。1948 年,京都帝国大学博士。1951 年,京都帝国大学教授。1981 年获诺贝尔奖。于 1998 年去世。

析,但通常与密度泛函理论结合处理,这可能是因为许多基本理论是在这种情况下形成的[151]。让我们考虑添加电子对分子、原子或离子能量的影响。图 7.10 显示了一个 F^+ 的能量如何随着一个电子和另一个电子的加入而变化,从而给出自由基 $F \cdot$ 和阴离子 F^-。可以添加到 F^+ 的电子数 N 是整数 $1,2,\cdots$ (此处,F^+ 的电子数 N 取为 0,因此,自由基 N 为 1,阴离子 N 为 2),但在数学上,我们可考虑添加连续的电子电荷 N。通过这三个点的线是一条连续曲线,然后检查 $(\partial E/\partial N)_Z$,即恒定核电荷下,$E$ 对 N 的导数。约西亚·威拉德·吉布斯在 1876 年发表了他的关于组成变化对系统能量影响的理论研究。导数 $\mu = (\partial E/\partial n)_{T,p}$ 是由物质的量 n 的无限小变化引起的能量变化。这个导数被称为化学势。式中的 E 是吉布斯自由能 G,温度和压力恒定。化学势也可以根据内部能量 U 或亥姆霍兹自由能 A 来定义(5.5.2 节)[152]。以此类推,$(\partial E/\partial N)_Z$,指的是恒定核电荷下,相对于添加电子数而引起的能量变化,是原子的**电子**化学势(或在理解的上下文中只是化学势)。对于分子来说,不同之处是在固定核骨架上,电荷及其位置是恒定的,即恒定的外电势 v(7.2.3 节)。因此,对于一个原子、离子或分子来说,

$$\mu = \left(\frac{\partial E}{\partial N}\right)_v \tag{7.30}$$

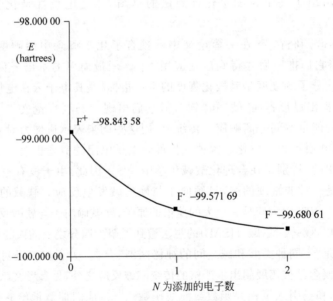

图 7.10 随着电子被添加到一个物种中时的能量变化(对于 F^+,$F \cdot$ 和 F^- 来说)。在 QCISD(T)/6-311+G* 水平上计算能量。在任何一点,曲线(一阶导数)的斜率是电子化学势,而斜率的负值是该物种在该点的电负性。任意点的曲率(二阶导数)是物种的硬度(见表 7.12)

表 7.12　电负性 χ 和硬度 η(见图 7.10)

项目	I	A	HOMO,MP2 (HOMO,DFT)	LUMO,MP2 (LUMO,DFT)	χ:$(I+A)/2$, HOMO/LUMO MP2, HOMO/LUMO DFT	η:$(I-A)/2$,HOMO/ LUMO MP2,HOMO/ LUMO DFT
F+	36	19.8	−37.6(−30.0)	−17.7(−27.3)	27.9,27.7,28.7	8.1,10.0,1.4
F ·	19.8	3	−19.5(−14.5)	−19.5(−14.5)	11.4,19.5,14.5	8.4,0,0

续表

项目	I	A	HOMO,MP2 (HOMO,DFT)	LUMO,MP2 (LUMO,DFT)	χ:($I+A$)/2, HOMO/LUMO MP2, HOMO/LUMO DFT	η:($I-A$)/2,HOMO/ LUMO MP2,HOMO/ LUMO DFT
F^-	3	-14	$-2.1(4.6)$	$42.1(36.4)$	$-5.5,-20.0,-20.5$	$8.4,22.1,15.9$
HS^+	20.2	11.3	$-20.3(-16.8)$	$-10.7(-15.7)$	$15.8,15.5,16.3$	$4.5,4.8,0.6$
$HS\cdot$	11.3	1.7	$-12.5(-8.7)$	$-12.5(-8.7)$	$6.5,12.5,8.7$	$4.8,0,0$
HS^-	1.7	-6.4	$-1.9(1.3)$	$12.3(8.4)$	$-2.4,-5.2,-4.9$	$4.1,7.1,3.6$

注：对于每个物种来说，χ 和 η 可以通过 3 种方式计算。①根据电离能（I）和电子亲和势（A），使用 $\chi=1/2(I+A)$ 和 $\eta=1/2(I-A)$。I 和 A 被计算（QCISD(T)/6-311+G*）为优化几何构型物种的能量差，即绝热值。②根据 MP2(FC)/6-31G* 的 HOMO 和 LUMO，使用 $\chi=-1/2(E_{HOMO}+E_{LUMO})$ 和 $\eta=1/2(E_{LUMO}-E_{HOMO})$。③根据 B3LYP/6-31G* KS 的 HOMO 和 LUMO，与②相同。所有数值均以 eV 为单位。

根据式(7.30)，分子（包括原子或离子）物种的电子化学势是当向它添加电子电荷时，能量的无穷小变化。图 7.10 表明，当向一个物种添加电荷时，能量会下降，至少就普通电荷（大约 $+3\sim-1$）而言。实际上，即使对与氟电负性相对的锂，该能量也沿 Li^+、$Li\cdot$、Li^- 序列下降（QCISD(T)/6-311+G* 分别给出 $-7.235\,84$、$-7.432\,03$、$-7.454\,48$ hartree 的能量）。现在，由于人们在直觉上感觉到，一个物种的电负性越强，它获得电子时，能量就下降得越多，因此，人们怀疑化学势和电负性之间应存在联系。为方便起见，人们选择将大多数电负性标记为正值，那么，由于$(\partial E/\partial N)_Z$ 为负，因此，可将电负性 χ 定义为电子化学势的负值：

$$\chi=-\mu=-\left(\frac{\partial E}{\partial N}\right)_v \tag{7.31}$$

从这个角度来看，一个物种的电负性是无穷小量的电子电荷（无穷小，所以，它仍然是同一物种）进入它时的能量下降。它是一个原子或离子，或分子中的一个基团或一个原子（5.5.4 节），对电子电荷进入时的友好程度的一种度量，这符合我们直观的电负性概念。

电负性的定义是在 1961 年[153]提出的，后来（1978 年），在密度泛函理论中讨论过[154]。式(7.31)可用于计算电负性，通过拟合经验曲线去计算能量，如 M^+、M 和 M^- 的能量，然后计算感兴趣点处的斜率（梯度，一阶导数）。然而，该方程可用于使用三点近似来推导电负性的简单近似公式。对于连续粒子 M^+、M 和 M^-（恒定核骨架）来说，设能量为 $E(M^+)$、$E(M)$ 和 $E(M^-)$。然后根据定义

$E(M^+)-E(M)=I$，M 的电离能

$E(M)-E(M^-)=A$，M 的电子亲和势

相加：$E(M^+)-E(M^-)=I+A$

因此，当 N 从 0 变为 2 时，把 M 对应点的导数近似为 E 的变化，除以电子数的变化，则得到

$$\left(\frac{\partial E}{\partial N}\right)_v=\frac{E(M^-)-E(M^+)}{2-0}=\frac{-(I+A)}{2}$$

即，使用式(7.31)

$$\chi=\frac{I+A}{2} \tag{7.32}$$

要使用此公式，则可以采用实验或计算的绝热 I 或 A（或垂直值，如果移除或添加电子的物种不是驻点）的值。马利肯（1934 年）[155]仅使用 I 和 A 的定义简练地导出了相同的公

式(式(7.32))。考虑反应

$$X + Y \longrightarrow X^+ + Y^-$$

和

$$X + Y \longrightarrow X^- + Y^+$$

如果 X 和 Y 具有相同的电负性,则两个反应的能量变化是相等的,因为 X 和 Y 有相同的获得和失去电子的倾向,即

$$I(X) - A(Y) = I(Y) - A(X)$$

$$即 \quad X 的 (I + A) = Y 的 (I + A)$$

因此,将电负性定义为 $I + A$ 是有意义的。马利肯表示,因数 1/2(式(7.32))"对某些目的可能更好"(也许,他的意思是将 χ 表示为 I 和 A 的算术平均值,一个容易理解的概念)。

电负性也可以用轨道能来表示,通过将 I 表示为 HOMO 能量的负值,将 A 表示为 LUMO 能量的负值[156]。则给出

$$\chi = \frac{-(E_{HOMO} + E_{LUMO})}{2} \tag{7.33}$$

与式(7.32)相比,该表达式的优点是,只需要该物种的 HOMO 和 LUMO 能量,这些能量是通过一锅法计算(即通过操作上的单一计算)提供的,但要使用式(7.32),则需要知道电离能和电子亲和势,这些量的严格计算需要 M、M^+ 和 M^- 的能量。参见本节稍后部分,将介绍 SCN^- 的福井函数。式(7.33)怎么样？$I = -E_{HOMO}$ 是波函数理论轨道的一个很好的近似,但不是当前密度泛函理论的 KS 轨道的近似,而 $A = -E_{LUMO}$ 只是 KS 轨道的一个非常粗略的近似,而对于波函数,轨道 M 的 $-E_{LUMO}$ 来说,对应的是 M^- 的电子亲和势,而不是 M 的(见上文**电离能和电子亲和势**)。那么,使用式(7.33)的计算结果与使用式(7.32)的结果相比如何呢？表 7.12 给出了用 $QCISD(T)/6\text{-}311+G^*$ 的 I 和 A 计算的 χ 值(5.4.3节),并将这些 χ 值与通过从头算($MP2(FC)/6\text{-}31G^*$)和密度泛函理论($B3LYP/6\text{-}31G^*$)计算的 HOMO/LUMO 能量的 χ 值进行比较。对于这两个阳离子来说,计算 χ 的 3 种方法的一致性很好。尽管给定系列的 3 种方法趋势是相同的(从阴离子到自由基再到阳离子电负性增加),但对于其他物种来说,该方法是不稳定的或不好的。似乎式(7.32)是计算电负性更合理的方法。皮尔逊[156]阐述了电负性的概念,即 HOMO 和 LUMO 能量的(负)平均值,以及位于 HOMO/LUMO 能隙中点的化学势($-\chi$)。

化学硬度和软度是比电负性新得多的概念,它们只是最近才被量化的。帕尔和皮尔逊(1983 年)提出用硬度 η[157]来识别 $E \sim N$ 曲线(见图 7.10)的曲率(即二阶导数)。这符合将硬度定义为抗变形的定性概念,它本身就适应了硬分子作为抗极化的概念,在电场中不容易变形:如果选择将硬度定义为 E 对 N 曲线的曲率,那么

$$\eta = \left(\frac{\partial^2 E}{\partial N^2}\right)_v = \left(\frac{\partial \mu}{\partial N}\right)_v = -\left(\frac{\partial \chi}{\partial N}\right)_v \tag{7.34}$$

其中,μ 和 χ 是从式(7.30)和式(7.31)中引入的。那么,一个物种的硬度就是当向它添加无穷小电荷时,其电负性,即其接受电子能力,降低的量。直观地讲,硬分子就像一个刚性容器,当电子被迫进入时,它不会屈服,因此,内部压力类似于电子密度,会积聚起来,阻止更多的电子进入。一个软分子可比作一个气球,当它获得电子时,会膨胀,因此不会严重影响

接受更多电子的能力。从逻辑上讲,软度是硬度的倒数:

$$\sigma = \frac{1}{\eta}$$ (7.35)

当然,定性地说,它在所有方面都是相反的。

要用 I 和 A 近似硬度(见式(7.32)电负性的近似),则可以将 $E = f(N)$ 曲线(见图7.10)近似为一个一般的二次曲线(因为它看起来像二次曲线):

$$E = aN^2 + bN + c$$

$$\frac{\partial^2 E}{\partial N^2} = 2a$$

现在,我们用 M 表示任何原子或分子,则 M^+ 和 M^- 是从 M 中移除或添加一个电子而形成的。

$E(M)$ 对应于 $N = 1$,而 $E(M^-)$ 对应于 $N = 2$,因此,代入二次方程

$$E(M) = a(1^2) + b(1) + c = a + b + c$$

和

$$E(M^-) = a(2^2) + b(2) + c = 4a + 2b + c$$

因此

$$2a = c + E(M^-) - 2E(M)$$

由于

$$E(0) = E(M^+) = a(0^2) + b(0) + c = c$$

$$2a = E(M^+) + E(M^-) - 2E(M) = [E(M^+) - E(M)] - [E(M) - E(M^-)] = I - A$$

即

$$\eta = \left(\frac{\partial^2 E}{\partial N^2}\right)_v = I - A$$ (7.36)

实际上,硬度通常被定义为 $E \sim N$ 曲线曲率的一半,得出

$$\eta = \frac{1}{2}\left(\frac{\partial^2 E}{\partial N^2}\right)_v = \frac{I - A}{2}$$ (7.37)

而根据式(7.34)

$$\eta = \frac{1}{2}\left(\frac{\partial^2 E}{\partial N^2}\right)_v = \frac{1}{2}\left(\frac{\partial \mu}{\partial N}\right)_v = -\frac{1}{2}\left(\frac{\partial \chi}{\partial N}\right)_v$$ (7.38)

因子 1/2 是[156]使 η 与式(7.32)一致,在将三点近似,以及将 I 和 A 的定义应用于严格的电子化学势的吉布斯方程(式(7.30))时,自然会产生此因子。

电负性也用轨道能量表示,通过将 I 表示为 HOMO 能量负值,而将 A 表示为 LUMO能量负值[156]。得到

$$\eta = \frac{E_{LUMO} - E_{HOMO}}{2}$$ (7.39)

像电负性的类似表达式(式(7.33))一样,仅需要对 HOMO 和 LUMO 进行"一锅法"计算。关于式(7.33)的大部分内容适用于式(7.39)。表7.12给出了与上述 χ 值类似的计算的 η 值。HOMO/LUMO 硬度值与 I/A 的一致性甚至比 HOMO/LUMO 电负性值与 I/A 的一致性更差(HOMO/LUMO 计算的自由基 η 值的零值来自于将半占据轨道作为

HOMO 和 LUMO）。皮尔逊讨论了硬度作为 HOMO/LUMO 能隙的轨道观点，他还回顾了最大硬度的原理。根据该原理，在化学反应中，硬度和 HOMO/LUMO 能隙趋于增加，势能面的相对最小值表示粒子的相对**最大硬度**，过渡态是该粒子的相对**最小硬度**[156]。文献已经详细阐述了关于硬度的一般概念[158]，并使用软度的倒数概念（福井函数）合理化了一些环加成反应[159]。

福井函数（前线函数）由帕尔和扬[150]定义为

$$f(r) = \left[\frac{\delta\mu}{\delta\upsilon(r)}\right]_N = \left[\frac{\delta\rho(r)}{\delta N}\right]_\upsilon \tag{7.40}$$

也就是说，$f(r)$ 是化学势相对于外部势（即核骨架引起的势），在恒定电子数下的泛导数（7.2.3 节，KS 方程），它也是在恒定外部势下电子密度对电子数的导数。第二个等式表明，$f(r)$ 是 $\rho(r)$ 在恒定几何构型下对 N 变化的敏感度。电子密度的变化应主要是从 HOMO 或 LUMO，即福井的前线轨道[160]，移除或添加电子（因此，帕尔和扬赋予该函数名称）。由于分子中的 $\rho(r)$ 随点的不同而变化，因此，福井函数也是如此。帕尔和扬认为，某个位置的 $f(r)$ 值较大，将有利于该位置的反应性，但将其应用于特定反应时，他们定义了 3 个福井函数（"简缩福井函数"[109]）：

$$f^*(r) = \left[\frac{\delta\rho(r)}{\delta N}\right]_\upsilon^*, \quad * = +, -, 0 \tag{7.41}$$

f_k^+, f_k^- 和 f_k^0 3 个函数分别指亲电试剂、亲核试剂和自由基。它们是 LUMO、HOMO 和一种平均 HOMO/LUMO 半占据轨道中的电子密度对电子数微小变化的敏感度。这些简缩福井函数的实际实现是扬和莫蒂尔[161]的"简缩到原子"形式。

$$f_k^+ = q_k(N+1) - q_k(N), \quad 原子 \text{ k } 作为亲电试剂$$
$$f_k^- = q_k(N) - q_k(N-1), \quad 原子 \text{ k } 作为亲核试剂 \tag{7.42}$$
$$f_k^0 = \frac{1}{2}[q_k(N+1) - q_k(N-1)], \quad 原子 \text{ k } 作为自由基$$

这里的 $q_k(N)$ 是原子 k（等）上的电子布居（不是电荷）。请注意，f_k^0 只是 f_k^+ 和 f_k^- 的平均值。简缩福井函数测量了 LUMO（f_k^+）、HOMO（f_k^-）和一种中间轨道（f_k^0）原子 k 的电子密度对电子数变化的敏感性。它们提供了**原子 k** 作为亲电试剂（对亲核试剂的反应性）、亲核试剂（对亲电试剂的反应性）和自由基（对自由基的反应性）的反应性的指示。

举例是了解如何使用这些公式的最简单方法。我们现在来计算阴离子 SCN^- 的 f_k^-。为了解该分子中 S、C 和 N 原子的亲核能力，我们还将计算 f_S^-、f_C^- 和 f_N^-。需要给出每个原子上的电子布居，或提供出相同的信息，即每个原子上的电荷数：对于分子中的每个原子来说，其电子布居＝原子序数－电荷。我们要看到这一点，请注意，如果一个原子没有电子布居，则其电荷将等于其原子序数。每加一个电子到原子上，它的电荷就减少一个。因此，电荷＝原子序数－电子布居。以下我们将对 N 电子粒子（SCN^-）和（$N-1$）电子粒子（$SCN^·$）进行计算。如果有人对中性分子 M 中原子的亲核能力感兴趣，那么，计算 M 和 M^+ 中原子的电子布居或电荷，就会得到 f_k^-，如果对中性 M 中原子的亲电能力感兴趣，计算 M 和 M^- 中原子的电子布居或电荷，就会得到 f_k^+。两个粒子的计算是基于相同几何构型的。扬和莫蒂尔[161]在介绍简缩福井函数时，为每一对粒子使用了一个"标准"（可能基本上是平均的)的几何构型,这些结构具有可接受的、合理的键长和键角,而其他研究者没有具体说明是否将它们用于 M 和 M^+,即中性还是阳离子几何构型。为计算 M^*($*$ 为 +、- 或 ·),采用以下惯例:被研究的物种两个几何构型都是 M^*。这就避免了试图对可能不是势能面上驻点的物种进行几何优化的问题(假设 M^* 本身是驻点,人们很少会对非驻点物种感兴趣),这种情况特别适用于某些阴离子。

图 7.11 显示了计算得出的 SCN^- 和 $SCN^·$(以及 CH_3CCH 和 $CH_3CCH^{·+}$)上的电荷和电子布居。我们对阴离子 SCN^- 进行优化,然后计算 AIM(5.5.4 节)电子布居/电荷(G98 中使用关键字 AIM=Charge 进行 AIM 计算)。然后,在阴离子几何构型上,对自由基进行 AIM 计算。优化和两个 AIM 计算都使用 $B3LYP/6-31+G^*$ 方法/基组。除 AIM 外,将简要显示其他方法/基组的结果。

现在可计算简缩福井函数(见图 7.11):

$$f^-(S) = q(S, 阴离子) - q(S, 中性) = 16.142 - 15.488 = 0.654$$

$$f^-(C) = q(C, 阴离子) - q(C, 中性) = 5.430 - 5.428 = 0.002$$

$$f^-(N) = q(N, 阴离子) - q(N, 中性) = 8.431 - 8.087 = 0.344$$

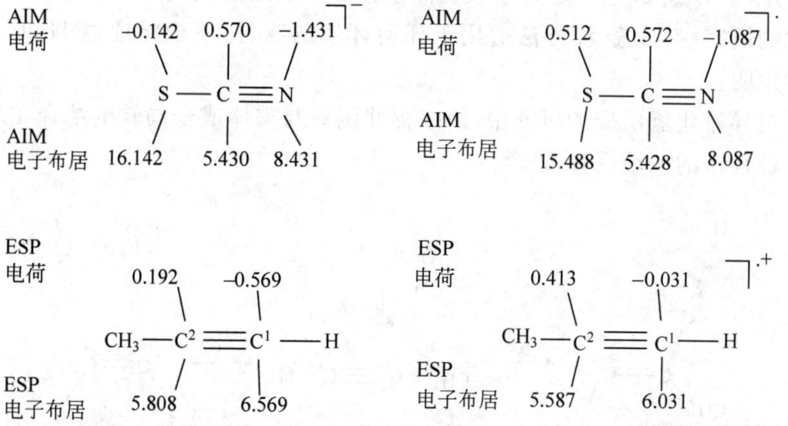

图 7.11 原子上的电荷和相应的电子布居。对于 SCN^- 和 $SCN^·$ 来说,使用 AIM(5.5.4 节)电荷,且两物种都处于优化的 SCN^- 几何构型。对于 CH_3CCH 和 $CH_3CCH^{·+}$ 来说,使用静电势电荷(来自 Gaussian 98,关键字 Pop=MK),且两物种都处于优化的 CH_3CCH 几何构型。对 SCN^- 和 $SCN^·$ 来说,优化和电荷计算的方法/基组是 $B3LYP/6-31+G^*$,对 CH_3CCH 和 $CH_3CCH^{·+}$ 是 $B3LYP/6-311G^{**}$

结果表明,在 SCN^- 中,亲核性的顺序为 S > N ≫ C(这是任何化学家都应该预料到的)。S 是这里最软的原子,C 是最硬的原子。这种计算的结果因方法/基组(如 $HF/6-31G^*$,$MP2/6-31G^*$ 等)而有所不同,尤其是随着电荷/电子布居的计算方式而变化。以下是通过用 $B3LYP/6-31+G^*$ 的静电势电荷(使用 G98 关键字 Pop=MK)获得的 f_k^- 函数:

$$f_k^-(S) = q(S, 阴离子) - q(S, 中性) = 16.720 - 15.955 = 0.765$$

$$f_k^-(C) = q(C, 阴离子) - q(C, 中性) = 5.542 - 5.707 = 0.165$$

$$f_k^-(N) = q(N, 阴离子) - q(N, 中性) = 7.738 - 7.338 = 0.400$$

在这种情况下，与使用 AIM 电荷相比，结论不受影响。

在广泛的研究中，吉林斯等[109]表明，使用类似于 6-31G* 的基组，通过多种相关方法（HF、MP2、QCISD 和 5 种密度泛函理论的泛函）可获得与 AIM 电荷半定量相似的结果。与 QCISD 结果偏差最大的（5.4.3 节，QCISD 被认为是所用方法中最可靠的）是 MP2。例如，对于 CH_2CHO^- 来说，除 MP2 外，所有相关方法都给出 O 的 f^- 比 C 大。如果忽视 MP2 异常的结果，则可以解释为 O 比 C 更亲核。实际上，在标准有机合成中，烯醇化物通常优先在 C 上反应，但亲核攻击 C 和 O 的比例因特定的烯醇化物、亲电试剂和溶剂的不同而有很大差异。更为复杂的是，亲核试剂并不总是简单的烯醇化物，也可能涉及离子对，甚至离子对的聚集体[162]。即使是一个不受约束的烯醇化物，f^-（最软原子）最大的原子也不能被认为是最强的亲核中心，因为正如门德斯和加兹克斯在使用福井函数研究烯醇化物中指出[163]，硬-软-酸-碱原则的一个结果是亲电试剂倾向于与相似软度的亲核中心发生反应（软酸更喜欢软碱等），而不一定与最软的亲核中心发生反应。因此，对于 CH_2CHO^- 与亲电试剂 CH_3X 的反应来说，人们可计算出 CH_2CHO^- 的 $f^-(C)$ 和 $f^-(O)$，也可计算出 CH_3X 的 $f^+(C)$。在没有其他反应发生的情况下，预计 CH_3X 的 C 会键合到 f^- 值最接近其 $f^+(C)$ 的原子 C 或 O 上。吉林斯及其同事报道了利用这些概念和其他概念对乙酰乙酸乙酯烯醇化的研究[164]。这种方法适用于任何环境的物种，下面将通过 HNC 与炔烃的反应作进一步说明。

在炔烃与异氰化氢反应的研究中，简缩福井函数与整体或全局软度结合在一起，以试图合理化对三键攻击的区域选择性[159]：

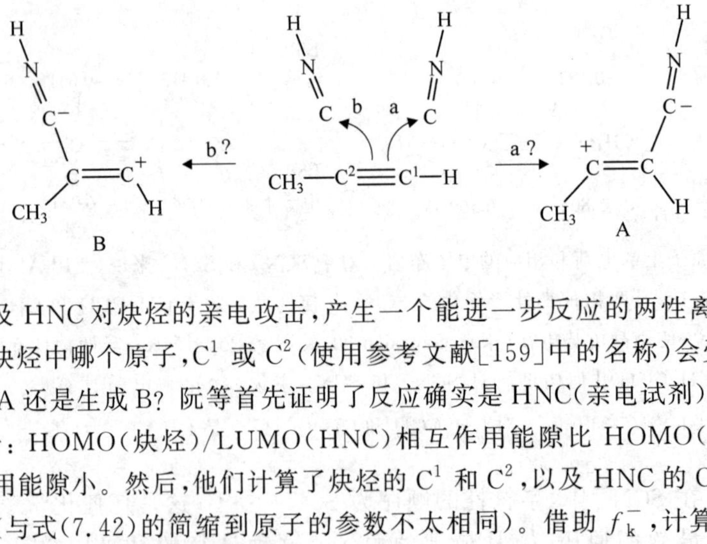

该反应涉及 HNC 对炔烃的亲电攻击，产生一个能进一步反应的两性离子。上述概念可以用来预测炔烃中哪个原子，C^1 或 C^2（使用参考文献[159]中的名称）会受到攻击，产物将主要是生成 A 还是生成 B？阮等首先证明了反应确实是 HNC（亲电试剂）对炔烃（亲核试剂）的亲电攻击：HOMO（炔烃）/LUMO（HNC）相互作用能隙比 HOMO（HNC）/LUMO（炔烃）相互作用能隙小。然后，他们计算了炔烃的 C^1 和 C^2，以及 HNC 的 C 的**局部软度**或**简缩软度参数**（与式(7.42)的简缩到原子的参数不太相同）。借助 f_k^-，计算了作为亲核试剂炔烃的 C^1 和 C^2 的软度，即面向亲电试剂的软度，以及借助 f_k^+，计算了作为亲电试剂的 HNC 的 C 的软度，即面向亲核试剂的软度。

以下说明如何完成 CH_3CCH 的计算步骤：

(1) 优化 CH_3CCH 的结构，并计算其原子电荷（和能量）。

(2) 将优化的 CH_3CCH 几何构型用于 $CH_3CCH^{\cdot+}$ 的电荷（和能量）的单点计算（相同的几何构型）。

步骤(1)和步骤(2)可以计算 f_k^-。

(3) 使用优化的 CH_3CCH 几何构型对自由基阴离子 $CH_3CCH^{\cdot-}$ 的能量进行单点计算。

步骤(1)、(2)和步骤(3)使我们能够计算 CH_3CCH 的**整体软度**(整个分子的软度)。这是通过计算垂直电离能和电子亲和势作为能量差,然后计算整体硬度的倒数来完成整体软度的计算的。根据式(7.35),$\sigma=1/(I-A)$ 或 $\sigma=2/(I-A)$,取决于是根据式(7.36),还是式(7.37)来定义硬度。阮等使用 $\sigma=1/(I-A)$,即硬度取值为 $\eta=(I-A)$,而不是 $1/2(I-A)$。现在,对任何感兴趣原子的局部软度,我们都可通过将该原子的 f_k^- 乘以 σ 来计算。让我们来看看实际数字。使用 CH_3CCH 的 B3LYP/6-311G** 基组和静电势电荷(Gaussian 关键字 Pop=MK)。图 7.11 给出了电荷(以及电子布居)。从这些布居中

$$f^-(C^1)=q(C^1,\text{中性})-q(C^1,\text{阳离子})=6.569-6.031=0.538$$
$$f^-(C^2)=q(C^2,\text{中性})-q(C^2,\text{阳离子})=5.808-5.587=0.221$$

垂直电离能和垂直电子亲和势(此处未考虑零点能,因为它们几乎应该抵消。在任何情况下,基于中性几何构型计算出阳离子或阴离子的零点能的意义都是可疑的,因为这两个垂直物种不是驻点):

$$I=E(\text{阳离子})-E(\text{中性})=-116.312\,37-(-116.690\,77)=0.378\,40\ \text{hartree}$$
$$A=E(\text{中性})-E(\text{阴离子})=-116.690\,77-(-116.580\,78)=-0.109\,99\ \text{hartree}$$

则软度为 $\sigma=1/(I-A)=1/[0.378\,40-(-0.109\,99)]=2.048\ \text{hartree}^{-1}$

因此,亲核试剂的两个 C 的局部软度(面向亲电试剂的软度)为

$$s^-(C^1)=0.538\times(2.048)=1.102$$

和

$$s^-(C^2)=0.221\times(2.048)=0.453$$

(阮等报告为 1.096 和 0.460)。

由于电子布居是一个纯数,整体软度的单位是能量倒数,因此,逻辑上,局部软度也是这个单位,以上计算简单地说明所有这些项均以"原子单位"为单位。

现在考虑对 HNC 中的 C 进行类似的计算,但对作为亲电试剂的局部软度(面向亲核试剂的软度),使用 f_k^+。这些计算得出

$$s^+(\text{HNC C})=1.215$$

为预测 HNC 将优先攻击炔烃中的 C^1,还是 C^2,我们现在使用"局部硬-软-酸-碱(HSAB)原理"(参见参考文献[163])。该原理表明,软度相互接近的亲电/亲核试剂(或自由基/自由基)之间有利于相互作用。HNC 的 C 软度为 1.215,与炔烃 C^2(0.453)的软度相比,它更接近炔烃 C^1(1.102)的软度。因此,该方法预测,在图 7.11 反应中,HNC 优先攻击 C^1,而不是 C^2,即该反应主要产生两性离子 A。这种分析适用于炔烃上的—CH_3 和—NH_2 取代基,但不适用于—F。

与福井函数紧密相关的硬度、软度和前线轨道的概念受到了严厉的批评[148]。的确,在某些情况下,使用这些方法预测的结果也可以用更传统的化学概念来理解。因此,在炔烃-HNC 反应中,共振理论使人们怀疑两性离子 A,取代碳上带有更多正电荷,将比 B 更受青睐。尽管如此,利用这些想法所完成的大量工作表明,它们为解释和预测化学反应性提供了

一种有用的方法。即使是明显不相关的性质，或者更确切地说，是一组性质，即芳香性，也已经根据硬度进行了分析[165]。正如帕尔和扬所说："这也许是对化学反应性的一种过分简化的看法，但它却是有用的"[166]。

引用关于福井函数的一些最新研究：据称，如果认可函数的负值（显然以前被回避），就可以理解整个分子的氧化导致它的一部分还原（从炔烃中去除电子可以增加 CC 键中的电子密度）的反应[167]；福井函数的概念已经超越上文所示的"局部亲和性"和双重亲和性，给出了能同时反映分子中给定位的点亲核性和亲电性的"多亲性描述符"[168]；据说，AIM 的计算（5.5.4 节）通过使用简缩福井函数（式（7.41）和式（7.42））给出了最好的结果[169]；而描述硬-硬，不同于软-软，相互作用的福井函数的适当性受到了质疑[170]。

7.3.6 可视化

可以预期，密度泛函理论和波函数理论在可视化方面存在差异的唯一情况（5.5.6 节和6.3.6 节）是涉及轨道的情况：如 7.2.3 节"KS 方程"所述，当前流行的密度泛函理论方法的轨道被引入是为了便于计算电子密度，但在"纯粹的"密度泛函理论中，不存在轨道。因此，就像从头算或半经验工作一样，电子密度、自旋密度和静电势可以在 KS 密度泛函理论计算中可视化。然而，在波函数工作中，重要轨道（尤其是前线轨道理论[160]中强烈影响反应性的 HOMO 和 LUMO）的可视化在纯密度泛函理论方法中似乎是不可能的，因为密度泛函理论不调用波函数。在当前流行的密度泛函理论计算中，人们可形象地看到 KS 轨道，定性上来说，它们类似于波函数轨道[134]（7.3.5 节，**电离能和电子亲和势**）。

7.4 密度泛函理论的优点和缺点

7.4.1 优点

密度泛函理论在其理论基础上包含了电子相关，这与波函数方法相反，波函数方法必须通过从头算 HF 理论的附加项（MP 微扰、组态相互作用、耦合簇），或通过半经验方法中的参数化来考虑相关。由于密度泛函理论基本上内置了相关性，因此它可以在与 HF 计算大致相同的时间内，以与 MP2 计算相当的精度来计算几何构型和相对能量。鉴于此，密度泛函理论计算往往比从头算更容易达到基组饱和：（有时）用比从头算更小基组就能逼近极限结果。因此，密度泛函理论可以在比从头算方法能够计算的更大的分子上，进行后 HF 精度的计算。

密度泛函理论似乎是过渡金属化合物几何构型和能量计算的首选方法，因为对于这些化合物来说，传统的从头算计算结果往往很差[81,171]。事实上，对双原子过渡金属分子的研究得出的结论是，"可用的实验数据不能证明使用传统单参考耦合簇理论计算来验证或测试"具有 3d 过渡金属的分子的泛函，因为 CCSD(T)类型的计算执行仅"相当于，但不一定优于具有广泛 XC 泛函选择的 KS 密度泛函的计算"[172]。使用密度泛函理论研究过渡金属催化反应的一个例子是 B3LYP 和 M06 应用于镍化合物催化二烯到炔烃的环加成反应[173]。

密度泛函理论使用的是电子密度，电子密度可被测量，且很容易被直观掌握[4]，而不是使用波函数，波函数是一种物理意义仍有争议的数学实体。

7.4.2　缺点

确切的交换相关泛函 $E_{xc}[\rho_0]$ 作为密度泛函理论能量表达式中的一项,它是未知的,且没有人知道如何全面系统地改进所用泛函,以更逼近它。相比之下,人们可通过使用较大基组和扩展相关方法:MP2、MP3、…,或组态相互作用方法中的更多行列式,来系统地降低从头算的能量。的确,对于特定目的来说,$6\text{-}311G^*$ 可能不比 $6\text{-}31G^*$ 好,且 MP3 也不一定比 MP2 更好,但更大基组和更高相关水平**最终**将更逼近薛定谔方程的精确解。密度泛函理论的精确性是通过修改泛函而逐步提高的,它不是根据一些宏大的理论要求,而是借助于经验和直觉,并根据实验核验计算结果。这使得密度泛函在理论上有点半经验的。一些泛函包含必须用实验拟合的参数,这些方法更明显是经验的。由于泛函并非完全基于基本理论,因此,在将密度泛函理论应用于非常新颖的分子时,应谨慎。当然,当前密度泛函理论的半经验特性不是基本方法的一个基本特征,而仅仅是源于人们不知道精确的交换相关函数。因为人们所用的泛函只是逼近的,所以,今天使用的密度泛函理论并不是变分的(计算出的能量可能低于实际能量)。

密度泛函理论不如最高水平的从头算方法精确,如 QCISD(T) 和 CCSD(T) 等(但它可以比这些方法处理大得多的分子)。即使是经过梯度校正的泛函,也显然无法处理范德华相互作用[174],尽管它们确实为氢键物种提供了良好的能量和结构[175],但最近在处理范德华和其他弱相互作用方面取得的进展令人鼓舞[44,45],因而,现在,这个问题似乎已经基本上被克服了(见色散的讨论,7.2.3 节)。

目前,密度泛函理论主要是一种基态理论,尽管正在开发将密度泛函理论应用于激发态的方法。

7.5　总结

密度泛函理论基于两个霍恩伯格-科恩定理,该定理指出,原子或分子的基态性质由其电子密度函数决定,且一个试验电子密度必须提供大于或等于其真实能量的能量。实际上,后一个定理只有在使用了精确泛函时才成立。对于今天使用的逼近泛函来说,密度泛函理论不是变分的,它可以给出低于真实能量的能量。在 KS 方法中,一个系统的能量被表述为与理想系统能量的偏差,在这个理想系统中,没有电子相互作用。理想系统的能量可以被精确计算出来,因为它的波函数(在 KS 方法中,波函数和轨道是作为获得电子密度的数学便利而引入的)可用斯莱特行列式精确表示。真实能量和理想系统能量之间差别相对很小,其中包含交换相关泛函,这是密度泛函理论能量表达式中唯一的未知项。此泛函的逼近是密度泛函理论中的主要问题。从能量方程出发,通过最小化 KS 轨道能量,可导出类似于 HF 方程的 KS 方程。将 KS 方程的分子轨道用基函数展开,并用矩阵方法迭代求解能量,可得到一组定性类似于波函数理论轨道的 KS 轨道。

密度泛函理论的最简单版本是 LDA,如今已很少被使用,它将原子或分子中的电子密度视为常数或点与点之间的非常微小的变化,并将每个 KS 轨道中自旋相反的两个电子配对。它已被使用梯度校正("非局域")的泛函方法所取代,该方法将一组空间轨道分配给

α-自旋电子,并将另一组轨道分配给 β-电子。这个"无限制"的电子分配构成了 LSDA。最好的结果似乎来自所谓的杂化泛函,其中包括一些来自 HF 型交换的贡献。目前最流行的密度泛函理论方法是 LSDA 梯度校正的杂化方法,该方法使用 B3LYP 泛函。但是,这可能很快就会被新泛函,如 M06 系列的泛函所取代。

梯度校正,尤其是杂化泛函,可提供出色的几何构型。梯度校正和杂化泛函通常能给出相当好的反应能,但是,对于等键类型的反应来说,密度泛函理论对 HF/3-21G 或 HF/6-31G* 计算的改进似乎并不显著(就正常基态有机分子的相对能而言;对过渡金属化合物的能量和几何构型,密度泛函理论是首选方法)。对于均裂解离来说,相关性方法(例如 B3LYP 和 MP2)比 HF 水平计算要好得多。这些方法提供了相当好的活化势垒。

密度泛函理论给出了与 MP2 计算结果相当的、合理的红外频率和强度。密度泛函理论的偶极矩似乎比 MP2 的偶极矩更精确,基于 AM1 几何构型的 B3LYP/6-31G* 偶极矩也很好。含时密度泛函理论是合理快速计算紫外光谱的最佳方法(针对感兴趣的分子类型参数化的半经验方法除外)。据说,密度泛函理论在计算核磁共振光谱方面比 HF 方法(但不如 MP2)好。我们从 B3LYP/6-31+G*//B3LYP/3-21G$^{(*)}$ 的能量差(使用 AM1 几何构型几乎没有差别,至少对正常分子是这样)中获得了良好的第一电离能。这些计算值比从头算 MP2 计算的能量值要好一些,且比 MP2 库普曼斯定理的电离能值要好得多。可从 LSDA 泛函的负 LUMO 中粗略估计电子亲和势(梯度校正泛函的值要差得多)。对于共轭分子来说,杂化泛函的 HOMO-LUMO 能隙与 π→π* 紫外跃迁非常吻合。电子化学势、电负性、硬度、软度和福井函数等相互关联的概念通常在密度泛函理论中讨论。它们很容易由电离能、电子亲和势和原子电荷来计算。

较容易的问题

1. 陈述支持和反对将密度泛函理论视为半经验论,而非类似从头算理论的论点。

2. 波函数理论与密度泛函理论的本质区别是什么？究竟是什么使密度泛函理论比波函数理论更简单？

3. 为什么不能像从头算一样,以逐步、系统的方式改进当前的密度泛函理论计算？

4. 在以下这些处理函数的方法中,哪些是泛函。

(1) $f(x)$ 的平方根。(2) $\sin f(x)$。(3) $\sum_{x=1}^{3} f(x)$。(4) $\int f(x)\mathrm{d}x$。(5) $\exp(f(x))$。

5. 哪类函数是 $f(x)$ 泛函的 n 阶导数？

6. 解释为什么在当前的密度泛函理论中发现了一种分子轨道,尽管密度泛函理论被宣称为波函数理论的替代者。

7. 没有梯度校正的泛函有什么根本的错误？

8. 一个分子的电离能可视为将电子从其 HOMO 中移出所需的能量。那么,一个没有轨道的纯密度泛函理论如何计算电离能？

9. 标出以下说法的对或错。(1)每个分子波函数都有一个电子密度函数。(2)由于电子密度函数只有 x、y、z 作为其变量,因此,密度泛函理论必然忽略自旋。(3)密度泛函理论处理过渡金属化合物结果很好,因为已进行了专门的参数化处理。(4)在足够大的基组极限下,密度泛函理论计算表示薛定谔方程的精确解。(5)使用非常大的基组对密度泛函理论至关重要。(6)密度泛函理论的一个主要问题是从分子电子密度函数到能量的解决方案。

10. 用文字解释电负性、硬度和福井函数的含义。

较难的问题

1. 有时,有人说,电子密度在物理上比波函数更真实。你同意吗?直观上更容易理解的东西一定更真实吗?

2. 泛函是函数的函数。试着解释泛函的函数概念。

3. 为什么 HF 斯莱特行列式是波函数的不精确表示,而对于一个特定的波函数来说,非相互作用电子系统的密度泛函理论行列式却是精确的?

4. 为什么我们预料能量方程(式(7.21)中的 $E_{XC}[\rho_0]$)中的"未知"项比较小?

5. 梅里尔等曾经说过:"虽然[HF 方程]的解可以看作是对近似描述的精确解,但[KS 方程]是对精确描述的近似解!"。试解释。

6. 电负性是原子或分子吸引电子的能力。那么,为什么(从定义来看)它是电离能和电子亲和势(式(7.32))的平均值,而不是电子亲和势的简单值?

7. 给定分子的波函数,可以计算电子密度函数。原则上,给定电子密度函数可以计算分子的波函数吗?为什么?

8. 多电子波函数 Ψ 是所有电子的空间和自旋坐标的函数。物理学家说,任何系统的 Ψ 都能告诉我们有关该系统的所有信息。您认为电子密度函数 ρ 能告诉我们有关系统的所有信息吗?为什么?

9. 如果电子密度函数的概念在数学和概念上都比波函数的概念简单,那么,为什么密度泛函理论要比波函数理论创立晚呢?

10. 对于弹簧或共价键来说,力和力常数的概念可以用能量相对于键伸缩的一阶和二阶导数来表达。如果我们让"电荷空间"N 代替弹簧或键的实际拉伸空间,力和力常数的类似概念是什么?使用 SI,导出电负性和硬度的单位。

参考文献

1. (a) Whitaker A (1996) Einstein, Bohr and the quantum dilemma. Cambridge University Press; (b) Yam P (1997) Scientific American, June 1997, p. 124; (c) Albert DZ (1994) Scientific American, May 1994, p. 58; (d)Albert DZ (1992) Quantum mechanics and experience. Harvard University Press, Cambridge, MA; (e) Bohm D, Hiley HB (1992) The undivided universe. Routledge, New York; (f) Baggott J (1992) The meaning of quantum theory. Oxford, New York; (g) Jammer M (1974) The philosophy of quantum mechanics. Wiley, New York
2. Bader RFW (1990) Atoms in molecules. Clarendon Press, Oxford/New York
3. Reference 2, pp 7–8
4. Shusterman GP, Shusterman AJ (1997) J Chem Educ 74:771
5. Parr RG, Yang W (1989) Density-functional theory of atoms and molecules. Clarendon Press/Oxford University Press, Oxford/New York, p 53

6. (a) Wilson E (1998) Chem Eng News, October 19, 12; (b) Malakoff D (1998) Science 282:610

7. See e.g. Diacu F (1996) The mathematical intelligencer. 18:66

8. Kohn W (1951) Phys Rev 84:495

9. Cf. Levine IN (2010) Quantum chemistry, 7th edn. Prentice Hall, Upper Saddle River, section 14.1, particularly equation 14.8. See too p. 597, problem 16.28

10. Löwdin P-O (1955) Phys Rev 97:1474

11. Parr RG, Yang W (1989) Density-functional theory of atoms and molecules. Clarendon Press/Oxford University Press, Oxford/New York

12. Levine IN (2014) Quantum chemistry, 7th edn. Prentice Hall, Upper Saddle River; section 16.5

13. Cramer CJ (2004) Essentials of computational chemistry, 2nd edn. Wiley; chapter 8

14. Jensen F (2007) Introduction to computational chemistry, 2nd edn. Wiley, New York, chapter 6

15. Peverati R, Truhlar DG (2014) Phil Trans R Soc A, Math Phys Eng Sci 372

16. Burke K (2012) J Chem Phys 136:150901(1)

17. Cohen AJ, Mori-Sánchez P, Yang W (2012) Chem Rev 112:289

18. (a) Wagner JP, Schreiner PR (2015) Angew Chem Int Ed 54:12274; (b) Corminboeuf C (2014) Acc Chem Res 47:3217

19. Various authors (2014) Acc Chem Res 2014 47(11)

20. Jones RO (2015) Rev Mod Phys 87:897

21. E.g. Griffiths DJ (1995) Introduction to quantum mechanics. Prentice-Hall, Engelwood Cliffs

22. (a) Earlier work (1927) by Fermi was published in Italian and came to the attention of the physics community with a paper in German: Fermi E (1928) Z Phys 48:73. This appears in English translation in March NH (1975) Self-consistent fields in atoms. Pergamon, New York; (b) Thomas LH (1927) Proc Cambridge Phil Soc 23:542

23. Reference 11, chapter 6

24. (a) Slater JC (1975) Int J Quantum Chem Symp 9:7. Reviews; (b) Connolly JWD in Semiempirical methods of electronic structure calculations part A: techniques, Segal GA Ed., Plenum, New York, 1977; (c) Johnson KH (1973) Adv Quantum Chem 7:143

25. Slater JC (1951) Phys Rev 81:385

26. For a personal history of much of the development of quantum mechanics, with significant emphasis on the $X\alpha$ method, see: Slater JC (1975) Solid-state and molecular theory: a scientific biography. Wiley, New York

27. Reference 12, pp 552–555

28. Hohenberg P, Kohn W (1964) Phys Rev B 136:864

29. Reference 11, section 3.4

30. Kohn W, Sham LJ (1965) Phys Rev A 140:1133

31. Reference 12, p 404

32. Reference 14, p 241

33. Reference 11, sections 7.1–7.3

34. Reference 12, section 11.8

35. Reference. 11, chapter 7

36. Reference 11, Appendix A.

37. Reference 12, p 558

38. Merrill GN, Gronert S, Kass SR (1997) J Phys Chem A 101:208

39. Reference 11, p 185

40. Genesis 28. 10–12

41. The term was apparently first enunciated by J. P. Perdew at the DFT2000 symposium in Menton, France. It first appeared in print in: Perdew JP, Schmidt K (2001) Density functional theory and its applications to materials, Van Doren VE, Van Alsenoy K, Geerlings P (eds)

AIP Press, New York. This ladder term has also been used, oddly, in science in a context that has no connection with DFT, trapping a transition state in a protein bottle: Romney DK, Miller SJ (2015) Science 347:829; Pearson AD, Mills JM, Song Y, Nasertorabi F, Han GW, Baker D, Stevens RC, Schultz PG (2015) Science 347:863

42. Mattsson AE (2002) Science 298:759
43. Reference 14, pp 244–245
44. Sousa SF, Fernandes OA, Ramos MJ (2007) J Phys Chem A 111:10439
45. (a) Zhao Y, Truhlar DG (2011) Chem Phys Lett 502:1; (b) Zhao Y, Truhlar DG (2008) Acc Chem Res 41:157
46. Riley KE, Op't Holt BT, Merz KM Jr (2007) J Chem Theory Comput 3:404
47. Perdew JP, Ruzsinszky A, Tao J, Staroverov VN, Scuseria GE, Csonka GI (2005) J Chem Phys 123:062201
48. Kurth S, Perdew JP, Blaha P (1999) Int J Quantum Chem 75:889
49. Taylor AE (1955) Advanced calculus. Blaidsell Publishing Company, New York,; p 371
50. Reference 11, pp 173–174
51. Vosko SH, Wilk L, Nusair M (1980) Can J Phys 58:1200
52. St-Amant A (1996) Chapter 5 in reviews in computational chemistry, vol 7. Lipkowitz KB, Boyd DB (eds) VCH, New York; p. 223
53. reference 12, p 565
54. Becke AD (1988) Phys Rev A 38:3098
55. Head-Gordon M (1996) J Phys Chem 100:13213
56. Brack M, Jennings BK, Chu YH (1976) Phys Lett 65B:1
57. Becke AD (1993) J Chem Phys 98:1372, 5648
58. Stephens PJ, Devlin JJ, Chabalowski CF, Frisch MJ (1994) J Phys Chem 98:11623
59. E.g. Perdew JP (1995) Nonlocal density functionals for exchange and correlation: theory and application. In: Ellis DE (ed) Density functional theory of molecules, clusters, and solids. Kluwer, Dordrecht
60. Schwabe T, Grimme S (2007) Phys Chem Chem Phys 9:3397, and references therein. B2PLYP does have empirical parameters, albeit just two
61. Wennmohs F, Neese F (2008) Chem Phys 343:217
62. (a) London F (1927) Zeitschrift für Physik 44(6–7):455–472; (b) London F (1930) Zeitschrift für Physik 63(3–4):245–279
63. (a) Klimeš J, Michaelides A (2012) J Chem Phys 137:120901; (b) Guidez EB, Gordon M S (2015) J Phys Chem A 119:2161; (c) Conrad JA, Gordon MS (2015) J Phys Chem A 119: 5377; (d) Kruse H, Goerigk L, Grimme S (2012) J Org Chem 77:10824; (e) Goerigk L, Grimme S (2011) Phys Chem Chem Phys 13:6670; (f) Martin JML (2013) J Phys Chem A 117:3118; (g) van Santen JA, DiLabio GA (2015) J Phys Chem A 119:6710; (h) Otero-de-la-Roza A, Johnson ER (2015) J Chem Theory Comput 113:4033
64. Grimme S, Schreiner PR (2011) Angew Chem Int 50:12639
65. Zhao Y, Truhlar DG (2008) J Chem Theory Comput 4:1849
66. Clark T (2000) J Mol Struct (Theochem) 530:1
67. Nooijen M (2009) Adv Quant Chem 56:181
68. Dewar MJS (1992) "A semiempirical life", profiles, pathways and dreams series, J. I. Seeman, Edition, American Chemical Society, Washington, DC. p 185
69. Zhao Y, Truhlar DG (2008) Theor Chem Acc 120:215
70. Reference 12: HF p. 561, UHF pp. 563, 564, G2 pp. 566, 567, MP2, G3 p. 567, CCSD (T) p. 571, CI p. 572
71. Hehre WJ (1995) Practical strategies for electronic structure calculations. Wavefunction, Inc., Irvine
72. Hehre WJ, Lou L (1997) A guide to density functional calculations in Spartan. Wavefunction Inc., Irvine

73. Hehre WJ, Radom L, Schleyer pvR, Pople JA (1986) Ab initio molecular orbital theory. Wiley, New York; section 6.2

74. *H_2C=CHOH reaction* The only quantitative experimental information on the barrier for this reaction seems to be: Saito S (1976) Chem Phys Lett 42:399, halflife in the gas phase in a Pyrex flask at room temperature ca. 30 minutes. From this one calculates (chapter 5, section 5.5.2.2d, Eq (5.202)) a free energy of activation of 93 kJ mol^{-1}. Since isomerization may be catalyzed by the walls of the flask, the purely concerted reaction may have a much higher barrier. This paper also shows by microwave spectroscopy that ethenol has the O-H bond *syn* to the C=C. The most reliable measurement of the ethenol/ethanal equilibrium constant, by flash photolysis, is 5.89×10^{-7} in water at room temperature (Chiang Y, Hojatti M, Keeffe JR, Kresge AK, Schepp NP, Wirz J (1987) J Am Chem Soc 109:4000). This gives a free energy of equilibrium of 36 kJ mol^{-1} (ethanal 36 kJ mol^{-1} below ethenol). *HNC reaction* The barrier for rearrangement of HNC to HCN has apparently never been actually measured. The equilibrium constant in the gas phase at room temperature was calculated (Maki AG, Sams RL (1981) J Chem Phys 75:4178) at 3.7×10^{-8}, from actual measurements at higher temperatures; this gives a free energy of equilibrium of 42 kJ mol^{-1} (HCN 42 kJ mol^{-1} below HNC). According to high-level ab initio calculations supplemented with experimental data (Active Thermochemical Tables) HCN lies 62.35 ± 0.36 kJ mol^{-1} (converting the reported spectroscopic cm^{-1} energy units to kJ mol^{-1}) below HNC; this is "a recommended value...based on all currently available knowledge": Nguyen TL, Baraban JH, Ruscic B, Stanton JF (2015) J Phys Chem 119:10929. *CH_3NC reaction* The reported experimental activation energy is 161 kJ mol^{-1} (Wang D, Qian X (1996) J Peng Chem Phys Lett 258:149; Bowman JM, Gazy B, Bentley JA, Lee TJ, Dateo CE (1993) J Chem Phys 99:308; Rabinovitch BS, Gilderson PW (1965) J Am Chem Soc 87:158; Schneider FW, Rabinovitch BS (1962) J Am Chem Soc 84:4215). The energy difference between CH_3NC and CH_3NC has apparently never been actually measured. *Cyclopropylidene reaction* Neither the barrier nor the equilibrium constant for the cyclopropylidene/allene reaction have been measured. The only direct experimental information of these species come from the failure to observe cyclopropylidene at 77 K (Chapman OL (1974) Pure and applied chemistry 40:511). This and other experiments (references in Bettinger HF, Schleyer PvR, Schreiner PR, Schaefer HF (1997) J Org Chem 62:9267 and in Bettinger HF, Schreiner PR, Schleyer PvR, Schaefer HF (1996) J Phys Chem 100:16147) show that the carbene is much higher in energy than allene and rearranges very rapidly to the latter. Bettinger et al. 1997 (above) calculate the barrier to be 21 kJ mol^{-1} (5 kcal mol^{-1})

75. Spartan is an integrated molecular mechanics, ab initio and semiempirical program with an outstanding input/output graphical interface that is available in UNIX workstation and PC versions: Wavefunction Inc. http://www.wavefun.com. 18401 Von Karman, Suite 370, Irvine CA 92715, USA

76. Perdew JP, Burke K, Ernzerhof M (1996) Phys Rev Lett 77:3865; Erratum: Perdew JP, Burke K, Ernzerhof M (1997) Phys Rev Lett 78:1396

77. Tao J, Pewdew JP, Staroverov VN, Scuseria GE (2003) Phys Rev Lett 91:146401

78. Wheeler SE, Houk KN (2010) J Chem Theory Comput 6:395

79. Scheiner AC, Baker J, Andzelm JW (1997) J Comput Chem 18:775

80. El-Azhary AA (1996) J Phys Chem 100:15056

81. Bauschlicher CW Jr, Ricca A, Partridge H, Langhoff SR (1997) Recent advances in density functional methods. Part II. Chong DP (ed) World Scientific, Singapore

82. (a) Scott AP, Radom L (1996) J Phys Chem 100:16502; (b) Sibaev M, Crittenden DL (2015) J Phys Chem A 119:13107

83. (a) As of early-2015, the latest "full" version (as distinct from more frequent revisions) of the Gaussian suite of programs was Gaussian 09. Gaussian is available for several operating systems; see Gaussian, Inc., http://www.gaussian.com. 340 Quinnipiac St., Bldg. 40, Wal-

lingford, CT 06492, USA; (b)The statistical mechanics routines in Gaussian: Ochterski JW Gaussian white paper "Thermochemistry in Gaussian", http://www.gaussian.com/g_whitepap/thermo.htm

84. Blanksby SJ, Ellison GB (2003) Acc Chem Res 36:255; Chart 1
85. Hammond GS (1955) J Am Chem Soc 77:334
86. From the NIST website. http://webbook.nist.gov/chemistry/: Chase Jr MW (1998) NIST-JANAF themochemical tables, 4th edn. J Phys Chem Ref. Data, Monograph 9, 1998, 1–1951
87. Peterson GA (1998) Chapter 13: Computational thermochemistry. In: Irikura KK, Frurip DJ (eds) American Chemical Society, Washington, DC
88. Goldstein E, Beno B, Houk KN (1996) J Am Chem Soc 118:6036
89. Martell JM, Goddard JD, Eriksson L (1997) J Phys Chem 101:1927
90. The data are from Hehre WJ (1995) Practical strategies for electronic structure calculations. Wavefunction, Inc., Irvine; Chapter 4. In each case, the first 10 examples from the relevant table were used
91. Wiberg KB, Ochterski JW (1997) J Comput Chem 18:108
92. Rousseau E, Mathieu D (2000) J Comput Chem 21:367
93. Ventura ON, Kieninger M, Cachau RE (1999) J Phys Chem A 103:147
94. For this and other misgivings about the multistep methods see Cramer CJ (2004) Essentials of computational chemistry, 2nd edn. Wiley, Chichester; pp 241–244
95. CBS-QB3 was found to give unacceptable errors for halogenated compounds: Bond D, J Org Chem 72:7313
96. For pericyclic reactions: Ess DH, Houk KN (2005) J Phys Chem A 109:9542
97. Montgomery JA Jr, Frisch MJ, Ochterski JW, Petersson GA (1999) J Chem Phys 110:2822
98. del Rio A, Bourcekkine A, Meinel J (2003) J Comput Chem 24:2093
99. Singleton DA, Merrigan SR, Liu J, Houk KN (1997) J Am Chem Soc 119:3385
100. Glukhovtsev MN, Bach RD, Pross A, Radom L (1996) Chem Phys Lett 260:558
101. Bell RL, Tavaeras DL, Truong TN, Simons J (1997) Int J Quantum Chem 63:861
102. Truong TN, Duncan WT, Bell RL (1996) Chemical applications of density functional theory. Laird BB, Ross RB, Ziegler T (eds) American Chemical Society, Washington, DC
103. Zhang Q, Bell RL (1995) J Phys Chem 99:592
104. Eckert F, Rauhut G (1998) J Am Chem Soc 120:13478
105. Baker J, Muir M, Andzelm J (1995) J Chem Phys 102:2063
106. Jursic BS (1996) Recent developments and applications of modern density functional theory. In: Seminario JM (ed) Elsevier, Amsterdam
107. Brown SW, Rienstra-Kiracofe JC, Schaefer HF (1999) J Phys Chem A 103:4065
108. Cramer CJ (2004) Essentials of computational chemistry, 2nd edn. Wiley, Chichester; p 309
109. Geerlings P, De Profit F, Martin JML (1996) Recent developments and applications of modern density functional theory. In: Seminario JM (ed) Elsevier, Amsterdam
110. Lendvay G (1994) J Phys Chem 98:6098
111. Boyd RJ, Wang J, Eriksson LA (1995) Recent advances in density functional methods Part I. Chong DP (ed) World Scientific, Singapore
112. Reference 12, sections 9.8, 9.9
113. Stratman RE, Scuseria GE, Frisch MJ (1998) J Chem Phys 109:8218
114. Wiberg KB, Stratman RE, Frisch MJ (1998) Chem Phys Lett 297:60
115. Foresman JB, Frisch Æ (1996) Exploring chemistry with electronic structure methods. Gaussian Inc., Pittsburgh, p 218
116. Jacquemin D, Preat J, Wathelet V, Fontaine M, Perpète EA (2006) J Am Chem Soc 128:2072
117. Zhao Y, Truhlar DG (2006) J Phys Chem A 110:13126
118. Cheeseman JR, Trucks GW, Keith TA, Frisch MJ (1996) J Chem Phys 104:5497
119. Frisch MJ, Trucks GW, Cheeseman JR (1996) Recent developments and applications of modern density functional theory. In: Seminario JM (ed) Elsevier, Amsterdam

120. Rablen PR, Pearlman SA, Finkbiner J (2000) J Phys Chem A 103:7357
121. Sefzik TH, Tureo D, Iuliucci RJ (2005) J Phys Chem A 109:1180
122. Wu A, Zhang Y, Xu X, Yan Y (2007) J Comput Chem 28:2431
123. Zhao Y, Truhlar D (2008) J Phys Chem A 112:6794
124. Pérez M, Peakman TM, Alex A, Higginson PD, Mitchell JC, Snowden MJ, Morao I (2006) J Org Chem 71:3103
125. Castro C, Karney WL, Vu CMH, Burkhardt SE, Valencia MA (2005) J Org Chem 70:3602
126. Silverstein RM, Bassler GC, Morrill TC (1981) Spectrometric identification of organic compounds, 4th edn. Wiley, New York; methane, 191, 219; cyclopropane, 193, 220; benzene, 196, 222; acetone, 227
127. Patchkovskii S, Thiel W (1999) J Comput Chem 20:1220
128. Muchall HM, Werstiuk NH, Choudhury B (1998) Can J Chem 76:227
129. Levin RD, Lias SG (1971–1981) Ionization potential and appearance potential measurements. National Bureau of Standards, Washington, DC
130. Curtis LA, Nobes RH, Pople JA, Radom I (1992) J Chem Phys 97:6766
131. Golas E, Lewars E, Liebman J (2009) J Phys Chem A 113:9485
132. (a) Baerends EJ, Gritsenko OV (1997) J Phys Chem A 101:5383; (b) Chong DP, Gritsenko OV, Baerends EJ (2002) J Chem Phys 116:1760
133. Cramer CJ (2004) Essentials of computational chemistry, 2nd edn. Wiley, Chichester, p 272
134. Stowasser R, Hoffmann R (1999) J Am Chem Soc 121:3414
135. Salzner U, Lagowski JB, Pickup PG, Poirier RA (1997) J Comput Chem 18:1943
136. Vargas R, Garza J, Cedillo A (2005) J Phys Chem A 109:8880
137. Zhan C-C, Nichols JA, Dixon DA (2003) J Phys Chem A 107:4184
138. Zhang GZ, Musgrave CB (2005) J Phys Chem A 111:1554
139. Hunt WJ, Goddard WA (1969) Chem Phys Lett 3:414
140. van Meer R, Gritsenko OV, Baerends EJ (2014) J Chem Theory Comput 10:4432
141. Schmidt MW, Hull EA, Windus TL (2015) J Phys Chem A 119:10408
142. Berzelius JJ (1819) Essai sur la théorie des proportions chimiques et sur l'influence chimique de l'électricité; see Nye MJ (1993) From chemical philosophy to theoretical chemistry. University of California Press, Berkeley; p 64
143. Parr RG, Yang W (1989) Density-functional theory of atoms and molecules. Oxford, New York, pp 90–95
144. Mulliken RS (1952) J Am Chem Soc 74:811
145. (a) Pearson RG (1963) J Am Chem Soc 85:3533; (b) Pearson RG (1963) Science 151:172
146. Footnote in reference 145a, on p 3533
147. (a) Pearson RG (1973) Hard and soft acids and bases. Dowden, Hutchinson and Ross, Stroudenburg; (b) Lo TL (1977) Hard and soft acids and basis in organic chemistry. Academic Press, New York
148. Dewar MJS (1992) A semiempirical life. American Chemical Society, Washington, DC, p160
149. Ritter S (2003) Chem Eng News, 17 February, 50
150. Parr RG, Yang W (1984) J Am Chem Soc 106:4049
151. Parr RG, Yang W (1989) Density-functional theory of atoms and molecules. Oxford, New York, chapters 4 and 5 in particular
152. (a) Gibbs JW (1993) The scientific papers of J. Willard Gibbs: vol I, Thermodynamics. Ox Bow, Woodbridge; (b) Confronting confusion about chemical potential: Kaplan TA (2006) J Stat Phys 122:1237; (c) An attempt to give an intuitive feeling for chemical potential: Job G, Herrmann F (2006) European J Phys 27:353; (d) An explanation of chemical potential in different ways: Baierlein R (2001) Am J Phys 69:423
153. Iczkowski RP, Margrave JL (1961) J Am Chem Soc 83:3547
154. Parr RG, Donnelly RA, Levy M, Palke WE (1978) J Chem Phys 68:3801

155. Mulliken RS (1934) J Chem Phys 2:782

156. Pearson RG (1999) J Chem Educ 76:267

157. Parr RG, Pearson RG (1983) J Am Chem Soc 105:7512

158. Toro-Labbé A (1999) J Phys Chem A 103:4398

159. Nguyen LT, Le TN, De Proft F, Chandra AK, Langenaeker W, Nguyen MT, Geerlings P (1999) J Am Chem Soc 121:5992

160. (a) Fukui K (1987) Science 218:747; (b) Fleming I (1976) Frontier orbitals and organic chemical reactions. Wiley, New York; (c) Fukui K (1971) Acc Chem Res 57:4

161. Yang W, Mortier WJ (1986) J Am Chem Soc 108:5708

162. Carey FA, Sundberg RL (2000) Advanced organic chemistry, 3rd edn. Plenum, New York, p437

163. Méndez F, Gázquez JL (1994) J Am Chem Soc 116:9298

164. Damoun S, Van de Woude G, Choho K, Geerlings P (1999) J Phys Chem A 103:7861

165. (a) Zhou Z, Parr RG (1989) J Am Chem Soc 111:7371; (b) Zhou Z, Parr RG, Garst JF (1988) Tetrahedron Lett 29:4843

166. Parr RG, Yang W (1989) Density-functional theory of atoms and molecules. Clarendon Press/ Oxford University Press, Oxford/New York, p 101

167. Melin J, Ayers PW, Ortiz JV (2007) J Phys Chem A 111:10017

168. Padmanabhan J, Parthasarthi R, Elango M, Subramanian V, Krishnamoorthy BS, Gutierrez-Oliva S, Toro-Labbé A, Roy DR, Chattaraj PK (2007) J Phys Chem A 111:9130

169. Bulat FA, Chamorro E, Fuentealba P, Toro-Labbé A (2004) J Phys Chem A 108:342

170. Melin J, Aparicio F, Subramanian V, Galván M, Chattaraj PK (2004) J Phys Chem A 108:2487

171. (a) Koch W, Holthausen M (2000) A chemist's guide to density functional theory. Wiley-VCH, New York, part B, and refs. therein; (b) Frenking G (1997) J Chem Soc Dalton Trans 1653

172. Xu X, Zhang W, Tang M, Truhlar DG (2015) J Chem Theory Comput 11:2036

173. Hong X, Holte D, Götz CG, Baran PS, Houk KN (2014) J Org Chem 79:12177

174. (a) Kyistyan S, Pulay P (1994) Chem Phys Lett 229:175; (b) Perez-Jorda JM, Becke AD (1995) Chem Phys Lett 233:134

175. (a) Lozynski M, Rusinska-Roszak D, Mack H-G (1998) J Phys Chem A 102:2899; (b) Adamo C, Barone V (1997) Recent advances in density functional methods. Part II. In: Chong DP (ed) World Scientific, Singapore; (c) Sim F, St.-Amant A, Papai I, Salahub DR (1992) J Am Chem Soc 114:4391

第8章

一些"特殊"主题：溶剂化、单重态双自由基、关于重原子和过渡金属的注释

第 1~7 章：①将分子视为孤立的实体，没有提及其周围环境（水二聚体除外）；②专注于通过相对"自动"的模型化学的计算；③主要使用有机分子作为说明。本章在某种程度上矫正了这些限制。

摘要：出于某些目的，溶液相的计算是必需的。例如，为理解某些反应，以及为预测溶液中的 pKa。有两种引入溶剂化效应的方法（以及这两种方法的混合）：微溶剂化或显式溶剂化，连续溶剂化。

一些分子物种不能通过简单的模型化学，被正确计算：这包括单重态双自由基和一些激发态物种。对于这些分子物种，标准的方法是完全活化空间（CAS）方法（CASSCF，完全活化空间自洽场）。这是组态相互作用的一个限制版，其中，电子在一组精心选择的分子轨道间来回运动。

对于重原子系统，我们经常采用赝势基组（通常是相对论的），以减少对大量电子的计算负担。过渡金属展现的问题超出了主族重原子的问题：不仅相对论效应是显著的，而且电子的 d 或 f 能级，受配体可变扰动，使几种电子态成为可能。此外，几乎简并的 s 和 d 能级会引起收敛问题。具有赝势的密度泛函理论计算是计算此类化合物的标准方法。

8.1 溶剂化

> 自然界厌恶真空。
> ——亚里士多德的物理学格言

8.1.1 观点

对不受溶剂约束的、孤立分子的计算，毫无疑问比对在溶液中分子的计算（尽管真空不是以前的样子[1]）在概念、理论和算法上要简单。所以，我们问：真空（气相）计算有多真实，以及考虑到溶剂分子的包围有多重要？在生物分子和反应的情况下，忽略溶剂的计算值显然是合理的，因为这些实体都浸在水中。一篇相对较早的有关分子建模和计算机辅助药物设计的文章[2]引发了尖锐的批评："当血红蛋白吸收一个氧分子这样的基本过程涉及 80 个水分子时……在真空中对接药物我们能了解到什么？"给人以批判的味道[3]。对此的回应承认忽略溶剂化是一种"明显的过度简化"，但认为"气相结构与许多已知的生理事实惊人地密切相关"[4]。约20年后，一项对20种天然氨基酸的研究详细调查了在气相和溶液中计算的它们的几何构型（使用各种连续模型），并得出结论："使用气相优化的几何构型实际上可以是计算量很大的连续优化的相当合理的替代方案"[5]。对文献的调研和明智的反思得出的结论是，对于某些目的来说，真空（气相）中的计算不仅足够，而且是恰当的，而对于其他目的来说，考虑溶剂化是必要的。

一方面，如果计算的目的是探查分子作为事物**本身**的固有性质，或以**孤立**分子为中心的现象，那么我们不需要溶剂的复杂性。例如，对新型碳氢化合物，如金字塔烷[6]的几何构型和电子结构的理论研究，或对横向和对向环电流的相对重要性[7]的理论研究，正确地检验不受约束的分子。另一方面，如果我们希望从第一性原理计算水中酸的pKa，那么，我们必须计算水中（或转移到）的相关自由能[8]。同样值得注意的是，与气相处理相比，溶剂化有点类似于晶体中的大量分子[9]。在这里，一个分子在晶格中被其相邻分子"溶剂化"，尽管参与者的运动范围比在溶液中要有限得多。速率、平衡和分子构象均受溶剂化的影响。巴克拉克撰写了一篇关于溶剂效应计算的简明综述，并引用了大量的参考文献[10]。

8.1.2 处理溶剂化的方法

有两种基本的计算方法来处理溶剂化：显式和隐式。微溶剂化，即显式溶剂化，将溶剂分子置于溶质分子周围。连续溶剂化，即隐式溶剂化，将溶质分子置于模拟溶剂分子海洋的连续介质的空腔中。还有混合方法：溶质微溶剂化和被溶剂连续体包围的该实体，以及"分子积分方程理论"方法、"3D溶剂化理论"及其在3D参考相互作用位点模型（3D-reference interaction site model，3D-RISM）中的实现。

微溶剂化被称为显式的，是因为在计算时，单个溶剂分子被放置在溶质分子周围。用溶剂分子"包围"溶质可能过于强烈，因为至少在常规的量子力学计算中，很少的溶剂分子被使用，通常约1～10个。在现实实验中，一个溶剂分子根据其大小，对于蛋白质或核酸分子来说，被大约6个（对于一个单原子离子来说）到可能数百或数千个水分子的第一溶剂化壳层包围。第一溶剂化壳层依次被第二个壳层所溶剂化，以此类推；什么时候停止考虑溶剂分子可能是个问题[11]。实际上，已有报道关于大的生物分子在显式水分子浴中的溶剂化计算。通常通过分子动力学，利用分子力学（第3章）力场来完成这些计算[12a]，这超出了本书范围（但是，请参见连续体方法处理溶液中蛋白质-蛋白质相互作用能力的研究：参考文献[12b]）。邓等报道了一项关于丙氨酸二肽在水中构象行为的研究，据说该研究结合了显式和隐式方法的优点[12c]。参考文献[13a]综述了生物分子的分子动力学计算。参考文献[13b]描述了用于预测和量化水分子与大分子内部位点结合的分子动力学程序，以及通过分子动力学检查溶液中反应的量子力学/分子力学程序[13c]。在我们对显式溶剂化的介绍中，我们将专注于使用少量溶剂分子的量子力学计算，实际上是微溶剂化。讨论了这种技术的两个例子。

(1) **微溶剂化对E2和S_N2反应$F^- + C_2H_5F + nHF$的影响。**比克尔豪普特等使用密度泛函理论研究氟乙烷与F^-的反应，用0（气相）～4个HF溶剂分子溶剂化反应物[14]。HF

是一种不寻常的溶剂，推测之所以选择它而不选择水，可能是因为它的几何构型简单和它像水一样，是质子的。尽管 HF 分子一次只能与一个受体形成氢键。"人造"的 HF/F⁻ 酸/碱系统的一个优点是：HF 酸性比水强得多，而氟化物及其基组"不自然地强"，据说"会导致明显的溶剂化效应，方便解释。"这些作者清楚地认识到，氟化物类型的微溶剂化系统实际上并不是真正模拟良好的凝聚相系统：溶剂分子在前者中是定量的。计算的目的是获得溶剂对这些合成有用反应的影响的定性理解。微溶剂化的一个缺陷是未溶剂化的 F⁻ 往往会被挤出，因为有限数量的溶剂分子不利于 HF 分子从进攻的 F⁻ 转移到生成的 F⁻，这会提高活化能。在"真实溶剂化"，即所谓的大溶剂化中，存在大量的溶剂分子，因而所有物种都能被充分溶剂化。

尽管如此，通过微溶剂化再现了真实溶剂反应的重要特征。在气相中，重要的离子-分子复合物的作用随着溶剂分子的引入而迅速降低，反应曲线变得几乎为单峰（见下文**连续溶剂化**）。E2 和 S$_N$2 过程的活化能由于反应物的溶剂化比过渡态更强而增加（尽管在这项工作中，由于施加的几何构型约束，没有获得真正的过渡态）。已知这类溶液反应速度比气相慢 10²⁰ 倍。另外，与气相条件相比，取代比消除更有利。结论是"在量子力学处理中加入少量溶剂可显著改善某些凝聚相特征的理论描述。"

（2）用 **13 个显式水分子水解 CH$_3$Cl**。阎曼德加和阿伊达使用从头算计算研究氯甲烷与水的反应，最多用 13 个水分子[15] 溶解反应物。用 3 个或 13 个溶剂分子定位到"3 个重要的驻点"：2 个"复合物"和 1 个过渡态。它们是溶剂化的 CH$_3$Cl 分子（复合物 1）、过渡态和溶剂化的产物（复合物 2），以及甲醇和 HCl（当使用 3 个水分子时）或甲醇、Cl⁻ 和 H$_3$O⁺（当使用 13 个水分子时）。请注意，这些所谓的复合物与气相反应中被称为复合物的种类不同（见下文连续溶剂化）。利用 13 个水分子使过渡态被所有溶剂分子包围着，且没有空位，反应能和二次氘效应得到了很好的再现。与两个"复合物"相比，过渡态通过溶剂化得到了强烈的稳定：使用 13 个水分子，复合物 1、过渡态和复合物 2 的相对能量分别为 0、24.04、1.59 kcal/mol，即 0、101、6.7 kJ/mol。作者指出，他们发现的驻点可能不是唯一的：反应物种的各种组态，从 CH$_3$Cl 和水开始，到 CH$_3$OH、Cl⁻ 和 H$_3$O⁺ 结束，可能存在于反应路径中。

该反应的一个重要特征是与溶剂生成键：在生成 CH$_3$OH 时，质子从与碳键合的氧上转移到水分子上，生成 H$_3$O⁺。这可以用 13 个 H$_2$O 分子很好地重现，但不能用连续介质方法建模，因为这些方法本质上是在不破坏或生成键的情况下调节位于空腔内分子的电子分布。作者得出结论：显然 13 个水分子的系统产生了合理的水解图像。

连续溶剂化被称为隐式，因为利用了连续介质，即连续体，"说明"单个溶剂分子的存在。该算法将溶质放置在溶剂介质的空腔中，并计算溶质与空腔之间的相互作用。用连续体代替单个溶剂分子，充其量是一种将大量溶剂分子的影响平均化的方法。实际上，如果用**微溶剂化**来计算热力学性质，则需要多次计算，最好用分子动力学完成，然后计算玻尔兹曼平均值。这是因为在溶质周围有几个最小能量的分子排列（如参考文献[15]中所暗示的）。尽管如上文的 E2/S$_N$2 研究[14]，如果人们希望通过精确计算确定溶剂分子对特定过程的影响，则需要进行微溶剂化研究，但总体而言，连续介质计算是处理溶剂效应最简单和最流行的方法。

　　当前连续溶剂化模型中的关键步骤是计算溶剂空腔的大小和形状，以及溶质与溶剂的相互作用能。这些计算的详细信息已在，如克拉默[16]和詹森[17]的书中，以及详细的期刊综述[18-20]中给出了。这里，我将仅概述基本特征，并举例说明连续溶剂化计算的一些应用。溶质分子最简单的空腔是球形空腔，其次是最复杂的椭球形空腔。对于绝大多数的分子来说，它们是非球形或椭球形的，基于这些模型是相当不现实的，而对于定量，甚至是半定量的工作来说，这样的模型是过时的。现实的连续体模型将溶质分子放置在一个设计为与其形状相匹配的空腔中，尽管为了定义这个形状，以及空腔的大小，有一定的精确度。空腔的形状和大小决定了溶剂可及表面积（solvent-accessible surface area，SASA），即该方法所需的量。最简单的定制形状是源于重叠球体分子模型（图 8.1）的暴露表面，这些球体具有范德华原子半径的大小。然而，一些相邻的重叠球体之间的 V 形缝隙是溶剂无法接近的，而SASA 的一个更现实的测量是由一个球体（各种溶剂的经验半径）在分子表面上滚动而定义的表面。平滑重叠球体表面的一种更为复杂的方法是在其上投影大量小的多边形或镶嵌（镶嵌即平铺），称为镶嵌块（镶嵌块是指用于制作镶嵌图案的小片段），作为由巴罗内和科西提出的类导体屏蔽溶剂化模型（conductor-like screening solvation model，COSMO，由克拉姆特和同事设计）的实现方法。这个版本的极化连续体方法（polarizable continuum method，PCM）称为 CPCM（conductor PCM，导体 PCM），使溶液中的几何构型优化变得实用[21]。

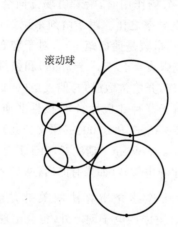

滚动球

图 8.1　从重叠的球体和从球体在分子表面上滚动产生的表面得到的分子的表面积。像溶剂一样，滚动球无法进入 V 形空腔，因此，与重叠球表面相比，它定义的表面面积是对溶剂可及表面的更现实的度量

　　获得与实际 SASA 相对应的空腔后，能计算溶质分子与它"看到"的溶剂的相互作用。这种相互作用在概念上可以分为以下几类：①制造空腔所需的能量，尽管人们可能会说，当空腔被"准备"时，溶质在形式上是不存在的，但这种空腔能显然取决于溶质的大小；②溶质溶剂弱的"色散"力的能量；③由干扰溶剂-溶剂色散力而引起的溶剂"重组能"；④溶质上的电荷与溶剂分子上的电荷之间的静电相互作用能（在连续介质中，溶质甚至会极化非极性介质，如戊烷，而产生静电相互作用）。这些划分有些随意[19,22]；①~③项可以归入 G_{CDS}，一种来自分子中基团原子贡献总和的空腔色散溶剂重组自由能项，每个贡献都是有效暴露的表面积 A 和表面张力 σ 的乘积，σ 与传统表面张力没有特别联系，虽然它们具有相同的单位（单位面积的能量或单位长度的力）[16,18]：

$$G_{CDS} = \sum_i A_i \sigma_i \tag{8.1}$$

这个非常有经验的、高度参数化的非静电项方程是克拉默、特鲁赫拉和同事[23]的 SMx 系列(x 指出现顺序,现在到 SM12)的一个特征。截至 2015 年年中,SMD 可能是这一系列方法中应用最广泛的[23b]。D 代表密度,因为与其他 SM 模型不同,它使用电子密度函数 ρ (5.5.4 节,**分子中原子**(AIM);7.2.1 节),而不是(5.5.4 节,**电荷和键级**)像大多数其他 SM 方法一样,使用离散的原子电荷。它提供了良好的溶剂化自由能(针对溶剂化对互变异构体稳定性的影响,它的用途在下文解释)。阿莫维利和弗洛里斯开发了一种计算色散对溶剂化自由能贡献的方法,该方法基于色散相互作用的根本原因,即波动的电场与另一个分子的电场相互作用(7.2.3 节)。他们的方程不包含经验参数,但似乎只对水中的 He、Ne 和氟化物进行了测试[24]。

相互作用能的静电部分的计算,第 4 项,使用泊松方程作为起点,将静电势 ϕ 与电荷分布 ρ 和介电常数 ε 联系起来;ϕ 和 ρ(可能还有 ε)随位置不同而变化,因此位置向量 $\boldsymbol{r}$:

$$\nabla^2 \phi(\boldsymbol{r}) = \frac{4\pi \rho(\boldsymbol{r})}{\varepsilon} \tag{8.2}$$

该方程适用于与电荷分布 ρ 成线性响应(线性极化)的介电介质。介电介质是一种非导电的,即绝缘的介质,当受到电荷场作用时,沿着电场方向会略微移动其电荷分布,即被极化。ε 是介质的电导率与真空电导率之比。对于溶剂来说如果我们将我们的域限制在某些类别,则 ε 是极性的近似量度(其指数是偶极矩 μ)。对于包含非极性(如戊烷,$\varepsilon = 1.8$,$\mu = 0.00$)、极性非质子(如二甲基亚砜,$\varepsilon = 46.7$,$\mu = 3.96$)和极性质子(如水,$\varepsilon = 80$,$\mu = 1.85$)性质的 24 种溶剂来说,作者发现,介电常数(ε)与偶极矩(μ)的相关系数 r^2 仅为 0.36(去掉甲酸和水,r^2 升高至 0.75)。对于 9 种非极性、7 种极性非质子和 8 种极性质子溶剂来说,作为单独的类别,r^2 分别为 0.90、0.87 和 0.0009(原文如此)。介电常数和偶极矩摘自维基百科 http://en.wikipedia.org/wiki/Solvent。请注意,由于其他因素的参数化(如式(8.1)),现代连续介质方法已不仅仅依赖于介电常数(如果有的话,见 COSMO 和 COSMO-RS)。

当前,计算溶液中分子性质连续介质算法的关键是确切表达溶液哈密顿算符 $\hat{H}$ (4.3.4 节),在该算符中,除了真空中的电子动能外,也会出现电子-原子核吸引和电子-电子排斥这些能量项。使用基组 $\{\phi_1, \phi_2, \cdots\}$(4.3.4 节),福克矩阵由元素 $\langle \phi_i | \hat{H} | \phi_j \rangle$ 构成(双自由基,4.4.1 节)。通常的自洽场程序(5.2.3 节)给出了溶剂化分子的波函数和能量。波函数可用来计算通常的性质,如偶极矩和光谱[25]。与溶质-溶剂相互作用特别相关的是,溶质分子的电荷分布 $\rho(\boldsymbol{r})$(式(8.2))极化腔壁的溶剂连续介质,这反过来又改变了 $\rho(\boldsymbol{r})$,以此类推。由于腔壁的极化,这些方法被称为**极化连续介质方法/模型**,即 PCM。最终的相互作用能必须迭代计算,因为溶质使溶剂极化,溶剂使溶质极化,等等。因此,在这种情况下,自洽场程序被称为**自洽反应场**(SCRF)计算。SCRF 计算已在从头算、半经验和密度泛函理论计算中实现。PCM 方法的变体是 IPCM(等密度 PCM,现在可能已经过时,它通过使用真空等密度电荷表面[26]来简化计算),和 CPCM(一种类似导体屏蔽模型的 PCM 实现)[21,27]。1993 年推出类似导体屏蔽模型,COSMO,通过使用导电介质(ε 无限大),并引入溶剂介电常数作为校正因子来简化计算[28]。COSMO-RS(真实溶剂的 COSMO,1995 年)省去了介电常数,克拉姆特和同事显然不相信介电常数,因为溶质看不到连续介质。他

们避开了溶剂特定参数和显式连续介质溶剂（尽管 COSMO-RS 似乎仍被视为符合连续介质方法的精神），并将统计热力学应用于溶质-溶剂碎片及其表面相互作用。COSMO-RS 使用为溶质和溶剂分子，以及经验参数计算的空腔和表面电荷，即 8 个通用参数和 2 个针对不同元素的参数，而不是特定的宏观参数，如每种溶剂的介电常数[29a,29b]。因此，与其他连续介质方法不同，它从根本上不区分溶质和溶剂（毕竟，溶质在什么浓度下会变成溶剂？）。COSMO-RS 的一种改进，直接 COSMO-RS（DCOSMO-RS），与 COSMO-RS 不同，但与上述流行的 SMx 方法相似[23]，给出了溶剂化对溶质分子中电子分布的影响，而因此允许计算溶剂中与波函数相关的性质，与 COSMO-RS 和 SM8[29c]，以及据推测的 SMD 相比，溶剂化能的精度损失很小。COSMO-RS 类型的计算可以有效地再现溶液的热力学和其他性质，以及溶剂化的自由能，这可以从 1993 年克拉姆特及其同事关于这些方法的大量论文中看出。更多信息可从 COSMOlogic 公司和克拉姆特的书[30]中获得。所有这些连续介质方法计算速度都非常快，尤其是在使用气相几何构型后，仅在溶剂中进行单点计算时（现在没有多少理由这样做，因为溶液几何构型的优化通常是可行的）。COSMO-RS 类型的方法是彻底的：它们自动对气相和溶液使用分别的几何构型优化，甚至是溶剂定制的构象集。溶剂化的自由能通常是所寻求的最相关的能量，获得它的关键字取决于程序。COSMOtherm 程序套件由 COSMOlogic 公司制作，可在 Turbomol、ORCA 和其他程序套件中使用（见第 9 章）。

我们来看看通过隐式溶剂化技术研究的 3 个重要过程：溶液中的 S$_N$2 反应、溶剂化和互变异构体稳定性以及 pKa 的计算。

(1) **溶液中的 S$_N$2 反应**。我们在上文看到了微溶剂化对 S$_N$2 反应的应用[14,15]。现在，让我们来看看水中氯离子-氯甲烷的 S$_N$2 反应，这是通过连续介质方法研究的。图 8.2 显示了计算的反应曲线（势能面），来自连续介质溶剂研究的水溶液中氯离子对氯甲烷（甲基氯）的 S$_N$2 进攻。作者采用 Spartan[31] 中的连续溶剂法 SM8[23a]（SMD[23b] 给出了相似的结果）和 B3LYP/6-31+G*（当涉及阴离子时，基组中的加号或弥散函数被认为非常重要，5.3.3 节）进行计算。表 8.1 中给出图 8.2 的一些数据。将与过渡态 C—Cl 键长 $r = r_{C-Cl} - 2.426$ 的"偏差"作为反应坐标 r，这使得曲线图关于能量轴对称，正如它应该为该相同的反应所呈现的那样。能量轴上的值是密度泛函理论 B3LYP 能量，0 K 焓，能量是相对于很小的 Cl$^-$/CH$_3$Cl 相互作用的状态（$r_{C-Cl} = 25$ Å，$r = 22.574$ Å）。计算是作为一系列以固定 Cl$^-$/C 距离来限制的几何构型优化完成的。计算过渡态（虚频 470i cm^{-1}；C—Cl 2.426 Å）时，除了公认的 D$_{3h}$ 对称性外，不受其他限制。

这些结果与公认的水中 S$_N$2 反应机理一致：一个没有中间体的平滑的、一步过程[32]。该计算与价键-计算曲线和活化能（109 kJ/mol[33]），以及分子动力学活化能（113 kJ/mol[34,35]）一致。这些是自由能，而图 8.1 中的 100 kJ/mol 是焓，但此处差异预计不会很大（见式(5.173)之后的评论）。实验活化自由能为 111 kJ/mol[36]。对我们来说，适度的计算水平与实验相当好的定量一致性是令人满意的，但突出的一点是平滑的一步式反应曲线：我们现将其与气相反应进行对比。

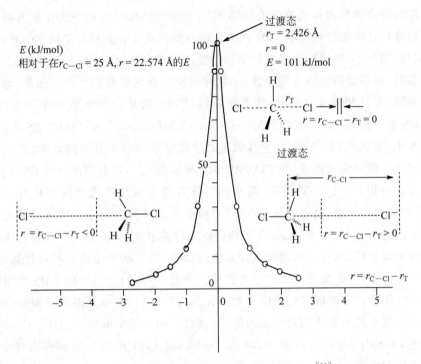

图 8.2 水中 S_N2 反应 $Cl^- + CH_3Cl$ 的曲线。作者使用 Spartan[31] 中的连续介质溶剂法 SM8[23a]，以及 B3LYP/6-31+G* 计算（请注意，r 是 Cl^- 与过渡态键长（2.426 Å）的 距离，不是 Cl^-/C 距离）。因此，r 测量了与过渡态的"偏差"，并在过渡态时变为零。 这使得该图关于能量轴对称，正如它应该为这个相同反应呈现的那样。能量零点取 为 $r_{C-Cl} = 25$ Å，$r = 22.574$ Å

表 8.1　用于绘制图 8.2 的一些数据

r_{C-Cl}/Å	r/Å	SM8 E/hartree	相对 E/(kJ/mol)
25	22.574	−960.517 89	0
5	2.574	−960.516 63	3.3
4	1.574	−960.514 95	7.7
3	0.574	−960.506 04	31.1
2.5	0.074	−960.484 12	88.6
2.426，过渡态	0	−960.479 55	101

注：水中 S_N2 反应 $Cl^- + CH_3Cl$ 的能量随 Cl^-/C 距离的变化。作者使用 Spartan[31] 中的连续介质溶剂法 SM8[23a]，以及 B3LYP/6-31+G* 计算。在图 8.2 中，x 轴的 r 为 $r_{C-Cl}-r$（过渡态）$=r_{C-Cl}-2.426$。通过乘以 2626，将 hartree 转换为 kJ/mol。

　　将图 8.2 与图 8.3 进行比较，后者是计算的气相中氯离子对氯甲烷 S_N2 进攻的反应曲 线。除此以外，计算按照对图 8.2 水的连续介质计算执行。图 8.3 的一些数据在表 8.2 中 给出。在气相计算中，当 Cl^- 接近 CH_3Cl 时，能量下降，而不是上升，直到形成"复合物"（复 合物是化学上有些模糊的词，有时表明弱结合的分子），然后能量向过渡态上升。该复合物 确实是弱结合的：与分离开的 $Cl^- + CH_3Cl$ 相比，它有 −39 kJ/mol 的能量，仅为中等强度 的氢键[37]，而典型的共价键约有 400 kJ/mol 的能量。该复合物最简单（尽管可能不完整）

的图像是 Cl^- 被静电吸引到氯甲烷碳的部分正电荷上，并与此非常吻合的是，在电子密度切片中，等值线显示了短的共价 C—Cl 键(1.856 Å，参见 CH_3Cl 中的 1.803 Å)和长的(3.200 Å)"配位"键(本作者的观察)的鲜明对比。因此，它似乎是离子-偶极复合物。计算过渡态和复合物没有限制(除了过渡态的 D_{3h} 对称性外)。负活化能并不矛盾，因为最接近形成负活化能的反应物是复合物，使势垒为 $-2.1-(-39.0)$ kJ/mol $= 36.9$ kJ/mol。

表 8.2 用于绘制图 8.3 的一些数据

r_{C-Cl}/Å	r/Å	气相 E/hartree	相对 E/(kJ/mol)
25	22.627	-960.386 46	0
5	2.627	-960.394	-19.8
4	1.627	-960.398 01	-30.3
3	0.627	-960.400 63	-37.2
2.5	0.127	-960.389 83	-8.85
2.373 过渡态	0	-960.387 26	-2.1

注：气相中 S_N2 反应 Cl^-+CH_3Cl 的能量随 Cl^-/C 距离的变化。由作者在气相中使用 B3LYP/6-31+G^* 和 Spartan[31] 的计算。在图 8.2 中，x 轴的 r 为 $r_{C-Cl}-r$(过渡态)$=r_{C-Cl}-2.373$。通过乘以 2626，hartree 转换为 kJ/mol。

这些结果与长久认可的气相中 S_N2 反应的机理一致。使用离子回旋共振的实验，对图 8.3 所示的计算方式进行了解释："无法根据单阱势解释所观察到的速率"[38]，图 8.3 中

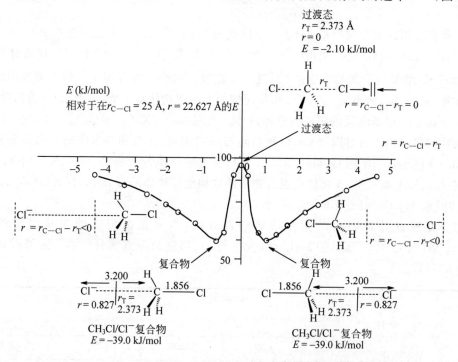

图 8.3 气相中，S_N2 反应 Cl^-+CH_3Cl 的曲线。作者在气相中使用 B3LYP/6-31+G^* 和 Spartan[31] 的计算。请注意，r 是 Cl^- 与过渡态键长(2.373 Å)的距离，不是 Cl^-/C 距离。因此，r 测量了与过渡态的"偏差"，并在过渡态下变为零。这使得该图关于能量轴对称，因为两侧为相同的反应。能量零点取为 $r_{C-Cl}=25$ Å，$r=22.627$ Å。请注意两个复合物，它们是图 8.2 中的水相计算中没有的

的曲线称为**双阱势**。定量信息来自本托等的基准计算，他们甚至调查了相对论效应，结果发现，可以忽略不计[39]。与适度计算水平下的 -39 kJ/mol 和 -2.1 kJ/mol 相比，CCSD(T)/aug-cc-PVQZ(5.4.3 节和 5.3.3 节)给出了 -44 kJ/mol 和 $+10.5$ kJ/mol 的相对能量。过渡态在一种情况下略低于零，而在另一种情况下略高于零，这并没有特别的意义。参见巴克拉克对气相和溶液相 S_N2 反应的讨论，特别是他的论文中的表 6.1 和表 6.2[40]。过渡态仅在气相中存在，正如它应该为这个相同反应所呈现的那样，而不是在溶液中存在，这反映了以下事实：在没有溶剂的情况下，攻击性阴离子在共价成键之前将它打算进攻的碳"溶剂化"了。

(2) **溶剂化和互变异构体稳定性**。吡啶酮显示出与 DNA 碱基胞嘧啶和胸腺嘧啶相关的结构模糊性，这可能是人们对吡啶酮-羟基吡啶互变异构[41a-e]给予相当大关注的原因（一些关于酮-烯醇互变异构体的基准计算，见麦卡恩等的文章[41f]）。

2-吡啶酮 酮式　　2-羟基吡啶 烯醇式 (OH H与N顺式)　　4-吡啶 酮式　　4-羟基吡啶 烯醇式

让我们使用连续介质模型 SMD[23b]（D 代表"全溶质密度"）来检验这些在气相中和水中的实验计算值，SMD 是上文用于 S_N2 反应的 SM8 模型[23a]的一个扩展。作者计算的自由能(298 K)结果与下文的实验值[41a]进行了比较。这些计算使用了气相和溶液中优化和频率计算的自由能，而不是"仅仅"气相几何构型上的溶剂化自由能(见下文)。为简单起见，此处仅考虑了 2-羟基吡啶的顺式构象异构体。使用 M06-2X/6-31G(7.2.3 节和 7.3 节)计算的反式构象异构体通过围绕 C—O 键旋转与顺式相关，在气相和水中的自由能分别高出 19.7、3.4 kJ/mol，而使用 G4MP2(5.5.2 节)，计算的自由能分别高 22.7、5.7 kJ/mol。对于顺式-反式的平衡来说，这将转化混合物中顺式构象异构体的百分比：M06-2X/6-31G* 气相 99.99，水 91；G4MP2 气相 99.96，水 80。

以下是根据计算得出的酮和烯醇的百分比，以及根据报道的实验得出的百分比[41a]；值"气相 4.2"等，是以 kJ/mol 为单位的、通过两种方法计算的、酮-烯醇的自由能(298 K)差。

项　　目	气相 4.2 水—11.1		气相 17.2 水—4.6	
	2-酮	2-烯醇	4-酮	4-烯醇
M06-2X/6-31G* 气相	16	84	0.1	99.9
M06-2X/6-31G* 水	99	1	86	14

项　　目	气相 4.4		气相 15.2	
	水—12.3		水—7.6	
G4MP2 气相	14	86	0.2	99.8
G4MP2 水	99.3	0.7	95	5
实验气相	约30	约70	<10	>90
实验水	>99	<1	>99	<1

不精密的实验百分比表明计算值,尤其对气相的 G4MP2 的计算值,可能比实验报道的值更可靠。两种计算水平之间的唯一显著差异是对于水中的 4-酮/烯醇物种,其中,M06-2X/6-31G* 给出 86/14 的百分比,而 G4MP2 给出 95/5 的百分比。计算与实验定性匹配,而就定量比较而言,也是可能的:计算和实验一致认为从气相到水中酮互变异构体的百分比从很小,甚至微小到很高。这符合极性溶剂应有利于极性更大的互变异构体的平衡浓度的预期。在所有情况下,酮式比相应的烯醇有高得多的计算偶极矩。

计算的偶极矩(D)如下。

项　　目	2-酮	2-烯醇
M06-2X/6-31G* 气相	4.17	1.25
M06-2X/6-31G* 水	6.55	1.84
G4MP2 气相	4.76	1.53
G4MP2 水	7.57	2.27
项　　目	4-酮	4-烯醇
M06-2X/6-31G* 气相	6.69	2.73
M06-2X/6-31G* 水	10.59	3.83
G4MP2 气相	7.38	2.62
G4MP2 水	11.96	3.84

上文中的吡啶酮-羟基吡啶计算使用了气相和溶液的优化/频率计算。实际上,连续介质溶剂化方法经常以一种要求更低的方式使用,它不是根据来自几何构型优化相同水平上频率计算的标准热力学自由能,而是计算气相到溶液的自由能**变化**,"溶剂化能",即溶剂化的自由能。这通常被定义为 G(溶液)－G(气相)。对于水中的极性或有点极性的溶质来说,这是负的,因为这些溶质通过极性溶剂化而稳定(参考文献[23c]中的表 6)。说明 2-吡啶酮的酮/烯醇互变异构体的这种"轻"计算使用 AM1 几何构型,除了非常大的分子外,计算速度非常快(6.2.5 节),在气相和水中使用 M06-2X/6-31G* 获得单点能(即没有几何构型优化),后者使用 SCRF 和 SMD。结果是:酮,气相－323.374 036 4 hartree,酮,水－323.390 929 4 hartree;烯醇,气相－323.375 687 6 hartree,烯醇,水－323.386 370 4 hartree。由此得到

$$溶剂化 \Delta G(酮) = -323.390\ 929\ 4 - (-323.374\ 036\ 4)$$
$$= -0.016\ 893\ \text{hartree}, -44.4\ \text{kJ/mol}$$
$$溶剂化 \Delta G(烯醇) = -323.386\ 370\ 4 - (-323.375\ 687\ 6)$$
$$= -0.010\ 682\ 8\ \text{hartree}, -28.0\ \text{kJ/mol}$$

因此,根据这些溶剂化能结果,酮互变异构体比烯醇互变异构体更稳定(44.4－28.0＝16.4 kJ/mol)。通过完全优化/频率计算获得的上述溶剂化对酮/烯醇组成影响的数据,给出酮-烯醇自由能变为 4.4 kJ/mol(气相)和－11.1 kJ/mol(水),净的溶剂化降低 15.5 kJ/mol,有利于酮。这与通过简单溶剂化能计算的 16.4 kJ/mol 的偏差比较符合。如果我们从优化/频率中获得了良好的气相自由能变(如 4.4 kJ/mol),则可以将其与溶剂化能结合,以提供溶液自由能变(如－11.1 kJ/mol),从而允许计算溶液中的组分,而无需可能冗长的优化/频率计算。在一台 2003 年的 vintage 机器上,对 4-硝基苯胺的完全和单点的 SMD 计算需要488 s 和 26 s,前者时间是后者的 19 倍,因此,对单点 SMD 计算有利。然而,SMx 连续介质方法是非常快的,以至于这种"完全"溶剂化计算对中等大小的分子是实用的。然而,在此处描述的第三个重要过程(下文)中,已经通过隐式溶剂化技术研究了 pKa 的计算,不仅使用溶剂化自由能,还使用了质子的**实验水合溶剂化能**(和实验的气相自由能):质子,一个裸核,计算上通过连续介质方法很难处理。

(3) **pKa 的第一性原理计算**。首先,我们应认识到,通过简单使用优化/频率和常规统计热力学,以得到溶液中酸、共轭碱和质子的标准自由能,来计算水中酸的 pKa 的看似简单的方法,目前还不可能:如上所述,裸质子不与当前的连续(隐式溶剂化)方法配合。显式溶剂化,也存在源于水分子的数量和位置的问题。分子动力学的进步可能会最终解决这个问题。

尽管如此,热力学似乎向我们保证酸的 pKa 与水合酸、共轭碱和质子的吉布斯自由能(这里将仅限于水中)有关。令人惊讶的是,在对 64 种有机和无机酸的研究中(伴随着对计算 pKa 的理论方法的简要回顾),克拉姆特等得出结论:"实验 pKa 标度取决于解离自由能,而不是通常假设的",且"[传递]此问题给科学界"[42a]。凯利等试图应对这一挑战,而声称向某些阴离子中添加一个水分子,并使用 SM6 模型"明显改善了计算的 pKa 值与实验值之间的一致性"[43]。然而,这里使用的混合微溶剂化/连续介质方法可能因不够统一而无法为 pKa 的一般理论计算提供令人满意的方法。

克拉姆特[42b]和克拉默与特鲁赫拉[44]比较了 COSMO 模型[28-30]与 SM 方法[23]。克拉姆特和同事在 2010 年发表的一篇论文[45]表明,在强酸至中度弱酸的有限范围内,改进的计算 pKa 值可以通过"团簇连续介质"方法获得,其中,酸及共轭碱分别与一个或几个溶剂分子相关联,然后使用 COSMO-RS 连续介质计算该"团簇"。作者指出,对 pKa 的计算,"一致且普遍适用的方法是仍然缺乏的"。这篇论文阐明了参考文献[42a]中提出的问题。这正在研究中。①

我引用了 3 篇论文来说明标准连续介质计算可以给出令人满意的几乎第一性原理的pKa 值:希尔兹和同事使用气相热力学循环和连续介质计算获得了 6 种简单羧酸令人满意的结果[46]。在没有酸用作参考点的意义上,这些都是"绝对"计算,尽管借用了质子的实验的气相自由能和水合溶剂化能。正是质子溶剂化能从头算的精确计算问题,使得 pKa 的纯从头算计算成为问题。可能在审美上不太令人满意的是"相对"计算,其中,使用乙酸作为参考化合物[47]。与绝对酸的计算类似的是使用酚类进行计算,据说,这种计算是"对任何一组化合物进行的任何此类计算中最精确的"[48]。请注意,尽管术语"第一性原理"有助于给本小节命名,并[46-48]将展示方法描述为"绝对",但在热力学循环中,用于气相能量的 CBS

---

① A. 克拉姆特,个人交流,2010 年 3 月 13 日。

法和连续介质溶液计算都包含经验术语。事实上，这些连续介质方法是高度参数化的。所以，这些计算并不是严格意义上的纯理论计算。

"绝对"pKa 计算背后的原理如图 8.4 所示[46]。他们使用的程序是 Gaussian 98[49]，并探索了几种从头算水平和溶剂化方法。此处给出最佳乙酸的值。

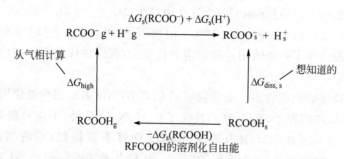

图 8.4　绝对法计算 pKa 背后的原理。在这个热力学循环中，我们想知道水中 RCOOH 解离的 ΔG（g 表示气相，而 s 表示溶剂相水；我们指标准温度和压力下的自由能变）。其他项：①$-\Delta G_s(RCOOH)$，RCOOH 溶剂化自由能的负值（溶剂化自由能本身为负）。我们把溶剂化的 ΔG 作为溶剂化一个物种必须输入的自由能（负值），所以，从溶液到气体需要输入 $-\Delta G$（正值）。该值是用连续介质法计算的。②ΔG_{high}，RCOOH 的气相电离自由能，通过高水平多步骤法计算。③$\Delta G_s(RCOO^-)+\Delta G_s(H^+)$，阴离子的溶剂化自由能加质子的溶剂化自由能。第一项通过连续介质法计算，而第二项为实验值。能量守恒：$\Delta G_{diss,s}=-\Delta G_s(RCOOH)+\Delta G_{high}+\Delta G_s(RCOO^-)+\Delta G_s(H^+)$

第(1)项通过使用 CPCM 连续溶剂法在 HF/6-31+G* 水平上计算为 32.3 kJ/mol，即乙酸的溶剂化自由能为 -7.72 kcal/mol（或 -32.3 kJ/mol）。请注意，计算的溶剂化自由能，第(1)项和第(3)项，是气相到溶剂的自由能变，通过程序估计的，并与自由能的统计力学计算一样可能不需要耗时的频率计算。这连同吡啶酮的酮-烯醇互变异构在上文讨论了。

第(2)项通过高精度多步骤 CBS-APNO 方法(5.5.2 节)计算为 341.2 kcal/mol（或 1426 kJ/mol）。这里提及了质子气相熵的萨克-泰特罗德方程，但实际上，算法会自动处理这个问题。

第(3)项，根据第(1)项，计算为 -77.58 kcal/mol（或 -324.6 kJ/mol）。

第(4)项，质子的溶剂化自由能取实验值 -264.61 kcal/mol（或 -1107 kJ/mol）。

在水中解离的自由能如下所示(图 8.4)：

$$\Delta G_{diss,s}=-\Delta G_s(RCOOH)+\Delta G_{high}+\Delta G_s(RCOO^-)+\Delta G_s(H^+)$$
$$=-(-32.3)+1426-324.6-1107 \text{ kJ/mol}=26.70 \text{ kJ/mol}$$

根据自由能与 pKa 的通常关系和 pKa 的定义，以及 298 K 时 $RT=2.478$ kJ/mol 和 ln10=2.303，我们得到 pKa=26.70/2.303RT=4.68。据报道，乙酸的 pKa 实验值[46]为 4.75，误差仅 -0.07。

正如利普塔克和希尔兹所指出的，为获得合理精确的 pKa 值，需要气相去质子化和溶剂化能的精确值。1 pKa 单位误差源于 1.36 kcal/mol（或 5.7kJ/mol）的 ΔG 误差，而 0.5 pKa 单位的误差仅相当于 2.9 kJ/mol 的 ΔG 误差。对某些目的，这样的能量差误差会被认为很小，1 kcal/mol（或 4 kJ/mol）是"化学精度"的现行标准[50]。除了计算要求非常高的 CBS-APNO 外,高精度多步骤方法(5.5.2节)给出了合理的 pKa 值。当一个以上的构象(尽管在气相中)很重要时,使用构象的平均能。溶剂化方法的选择,甚至是特定方法的版本,都很重要。使用 HF/6-31+G* 和另一个版本的 CPCM 方法,本书的计算方法分别得到 CH_3COOH 和 CH_3COO^- 的溶剂化自由能为 -32.9 kJ/mol 和 -316.1 kJ/mol(见 -32.3 kJ/mol 和 -324.6 kJ/mol[46])。这些值产生 $\Delta G_{diss,s} = 35.8$ kJ/mol 和 pKa$=6.3$。使用 SM8 的值为 -21.16 kJ/mol 和 -325.5 kJ/mol,给出 $\Delta G_{diss,s} = 14.7$ kJ/mol 和 pKa$=$ 2.6。这表明,即使选择了一种通用良好的溶剂化方法,我们也应使用一些已知 pKa 的化合物来检验该过程。

精确的气相离解能也很重要。非常精确的 CBS-APNO 方法很少被使用,仅限于约 7 个重原子(H 或 He 以外的原子,表 5.10),且除了 C、H、N、O、F 外,不能处理其他原子。处理分子大小要小得多的 CBS-4M 对有意义的 pKa 计算不够精确,但有用的 CBS-QB3 和 G3(MP2)至多可处理约 13~16 个重原子(表 5.10 和参考文献[46])。对于大分子等键类型的反应(5.5.3节)来说,可能是有用的。考虑图 8.5。此处是一个示例,其中,RCOOH 为 CFH_2COOH。由于这里只有 5 个重原子,因此,我们可以通过 CBS-APNO 使用 $\Delta G_{high,1}$ 的直接计算检查迂回等键方法的精度。CH_2FCOOH 有非常相似(气相)能量的 2 个构象。被选择用于等键反应的"低水平"方法是密度泛函理论(第 7 章)B3PW91/6-31G(d,f),因为在相关工作中已在该水平上研究了许多全氟代酸,最多达 31 个重原子。相关的量(见图 8.5)如下:

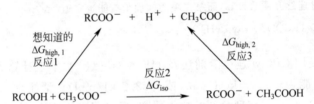

图 8.5 使用等键反应因太大而不能被直接高精度计算的酸计算精确的去质子自由能的背后原理。请注意,反应 1 实际上仅用于 RCOOH 的去质子反应,而反应 3 仅用于 CH_3COOH 的去质子,仅出于逻辑一致性而添加和取消这些反应起始端的阴离子。(1)$\Delta G_{high,1}$ 是所需量,即大的酸 RCOOH 的去质子自由能,但不能被直接计算。(2)ΔG_{iso} 是等键反应的自由能,可以被相当精确地计算。(3)$\Delta G_{high,2}$ 是 CH_3COOH 去质子自由能,可以被直接精确地计算(此处可以使用任何适当的参考酸,且如果可得,则可以使用实验的自由能)。能量守恒: $\Delta G_{high,1} = \Delta G_{iso} + \Delta G_{high,2}$

第(1)项是气相等键计算的"大的"酸 CH_2FCOOH 的去质子自由能,它是根据第(2)项和第(3)项计算的。

第(2)项是质子从 RCOOH 转移到参考酸的共轭碱 CH_3COO^- 的气相等键自由能。在 B3PW91/6-31G(d,f) 水平上,$[-327.598\,929 - 228.969\,707] - [-328.158\,016 - 228.394\,842] = -0.015\,778$ hartree $= -41.43$ kJ/mol。

第(3)项是参考酸 CH_3COOH 去质子化的气相自由能,这可以使用高水平 CBS-APNO 精确计算,得到 $[-228.500\,394 - 0.010\,000] - [-229.053\,416] = 0.543\,022$ hartree $=$ 1425.7 kJ/mol。

气相等键计算的 CH_2FCOOH 的去质子自由能如下(图 8.4):

$$\Delta G_{\text{high},1} = \Delta G_{\text{iso}} + \Delta G_{\text{high},1}$$

$$= -41.4 + 1425.7 \text{ kJ/mol} = 1384.3 \text{ kJ/mol}$$

将上述结果与对 CH_2FCOOH 的直接 CBS-APNO 计算结果进行比较：

$$\Delta G_{\text{high},1}(\text{APNO}) = [-327.754\,836 - 0.010\,000] - [-328.290\,375]$$

$$= 0.525\,539 \text{ hartree} = 1379.8 \text{kJ/mol}。$$

等键获得的能量比直接 CBS-APNO 值高 4.5 kJ/mol。NIST 网站给出了 1385～1387 kJ/mol 的去质子自由能，估计误差 8.4 kJ/mol[51]。如果我们认为 CH_2FCOOH 的去质子能实际上在 1380～1387 kJ/mol 范围内，则等键计算结果很好。但请注意，1 pKa 单位的误差源于仅 5.7 kJ/mol 的自由能误差，而 0.5 pKa 单位的误差源于仅 2.9 kJ/mol 的自由能误差。我们正处在相当精确的 pKa 值的边缘。

混合溶剂化：隐式溶剂化加显式溶剂化；微溶剂化属于连续介质法。在这里，溶质分子与显式的溶剂分子相关联，通常不超过几个，有时只有一个溶剂分子，与溶质分子结合的（通常是氢键）溶剂分子服从连续介质计算。此类混合计算已被尝试用于改进有关 pKa 的溶剂自由能值：参考文献[43]，参考文献[45]及其中的参考文献。使用混合溶剂化的其他示例是对环境重要的羟基自由基[52]，以及普遍存在的碱金属和卤素离子[53]的水合作用。参考文献[43,54]已经综述了混合溶剂化。

如果人们正在研究有溶剂分子密切参与的反应，那么，原则上，应当明确考虑溶剂分子，如在 CH_3Cl 与显示水分子的水解研究（**CH_3Cl 与 13 个显示水分子的水解**）中一样，在该例中，至少一个水分子是反应物，而不仅仅是溶剂媒介。如果人们不仅寻求深入了解反应机理，如上文**微溶剂化对 E2 和 S_N2 反应 $F^- + C_2H_5F + n$HF 的影响**，而且也需要涉及不同物种溶液中的相对能量，那么，隐式＋连续介质方法可能是有用的。尝试这样做，将放置反应物（可能代表一个驻点），如 $[F^-/C_2H_5F/$显式溶剂$]$，在一个连续介质空腔中，以获得溶剂化自由能。

分子积分方程理论、3D 溶剂化理论及其在 3D-参考相互作用位点模型（3D-RISM）中的实现。这里使用溶剂分布，而不是单个分子，显式溶剂模型更易于管理，并应用了第一性原理统计力学[55]。这种方法使用分子动力学，通常借助分子力学，并可能受到力场精度的限制（第 3 章）。该方法目前似乎相对较少使用，但随着其速度和精度的提高，可能会与 SMx 和 COSMO-RS 竞争。

8.2 单重态双自由基

对"是"和"不是"虽用几何可以证明，
"上与下"虽用名学可以论定，……
啊，人说是我的计算呀……
——奥马尔·海亚姆的鲁拜亚特，约 1100 年；爱德华·菲茨杰拉德翻译，1859 年；第 56 节和第 57 节。

8.2.1 观点

分子中的电子，通常被指定为 α 和 β，但在能级图中，被画成向上和向下的箭头，以及偶尔口头上被赋予这些方向的项,通常在轨道上被整齐地配对,并能被波普尔所谓模型化学良好地计算[56]。这是一个明确定义的过程,一旦确定,就无需判断来执行,也不会因使用者而异。示例是对指定分子的 HF/6-31G* 几何构型优化或 B3LYP/6-31＋G** 的单点计算。本书讨论的几乎所有分子力学、从头算、半经验和密度泛函理论计算都使用了模型化学。与此相反,一些计算需要判断关于哪组轨道和电子应被考虑或不被考虑。此类计算中,最重要的一类是单重态双自由基(也称为双自由基)。其他开壳层物种,如自由基和激发态,以及一些过渡金属化合物,可能会出现相关问题。

单重态双自由基是具有偶数个电子的分子,其中,除两个外的所有电子,都以熟悉的方式在轨道上很好地配对;"最后"两个电子在一定程度上(也许基本上完全)通过在分子轨道中彼此空间分离而去耦,这使得它们主要位于分子的不同区域。这两个电子,像其他配对的电子一样,自旋相反,产生单重态的光谱态(图 8.6)。带有这些去耦电子的分子轨道往往类似于两个原子轨道(图 8.10 和图 8.12),而且,这些分子确实具有化学自由基特征,被认为是开壳层物种。单重态双自由基的简单例子是单重态 $\cdot CH_2—CH_2—CH_2 \cdot$ (1,3-丙二基或三亚甲基双自由基)和围绕乙烯的 CC 双键旋转的过渡态,其中,π 键通过扭转 90° 而断裂。请注意,如果负责双自由基特征的两个电子具有相同的自旋,则它们不能位于同一轨道(泡利排斥原理),且分子将是三重态。常规量子计算(模型化学)通常不适用于单重态双自由基。其原因,以及用于此类分子的技术,将在下文讨论。

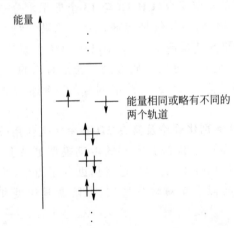

图 8.6　单重态双自由基。两个电子(通常是能量最高的电子)虽然自旋相反,但基本上不配对

8.2.2　单重态双自由基和模型化学的问题

首先,让我们进行现实性检验:我们将对简单的单重态双自由基测试一些模型化学方法,如单重态 1,3-丙二基或三亚甲基($\cdot CH_2—CH_2—CH_2 \cdot$)和单重态 1,4-丁二基或四亚甲基($\cdot CH_2CH_2CH_2CH_2 \cdot$),执行几何构型优化的能力。

1,3-丙二基使用了 4 个不同的起始几何构型(图 8.7),C_1、C_2、C_s 和 C_{2v} 的对称性,且它们中的每一个都通过 HF、MP2 和 B3LYP 方法进行了几何构型优化/频率计算(这些从头算方法和密度泛函理论方法见第 5 章和第 7 章),总共 12 次计算。结果总结在表 8.3 中,除一种从 C_{2v} 结构开始的优化外,所有优化均得出双自由基闭环生成环丙烷。C_{2v} 起始结构给出了一个类似于起始结构的驻点，一个开链的物种。在 HF/6-31G* 水平上，这是具有 668i cm^{-1} 的主虚频和 74i cm^{-1} 的次虚频的一个山顶，而在 MP2/6-31G* 和 B3LYP/6-31G* 水平上，它是一个过渡态（虚频分别为 191i，453i cm^{-1}）。当 MP2 过渡态沿虚频模式（反应模式。通过可视化振动，用 F 替换中心 CH$_2$ 的 H，并使现在的 C$_s$ 结构仅经历两个优化步骤，然后恢复氢，并进行完全优化）轻微扭曲时，获得一个 C$_s$ 势能的相对最小值（无虚频），即一个真实分子（注意：在该水平上）。在 HF 和 B3LYP 水平上，C$_{2v}$ 结构转换到 C$_s$，并被优化，每个都得到了一个具有中心氢试图迁移至末端碳的过渡态。总结一下：HF 计算得到一个山顶和过渡态，而 MP2 计算得到一个过渡态和相对最小值，B3LYP 计算得到两个过渡态。下文我们可看到，通过适当的方法，可以找到许多类似于 1,3-丙二基的驻点。

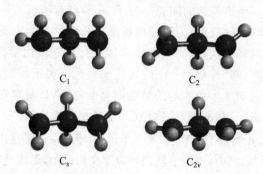

图 8.7　尝试对 1,3-丙二基（·CH$_2$CH$_2$CH$_2$·）进行模型化学优化的输入结构。这些结构中的所有键长和键角都是标准的，如 C—C 键长约 1.5 Å，C—H 键长约 1.1 Å，键角约 110°

表 8.3　通过不同模型化学，尝试优化单重态双自由基·CH$_2$CH$_2$CH$_2$·的结果；在所有情况下使用 6-31G*

输入结构对称性	HF	MP2	B3LYP
C$_1$	环丙烷	环丙烷	环丙烷
C$_2$	环丙烷	环丙烷	环丙烷
C$_s$	环丙烷	环丙烷	环丙烷
C$_{2v}$	π-环丙烷？	π-环丙烷？	π-环丙烷？

注：输入结构及文字说明见图 8.7。

　　1,4-丁二基使用 3 种不同的起始几何构型（图 8.8），C$_2$、C$_{2h}$ 和 C$_1$ 的对称性，且每一个都通过 HF、MP2 和 B3LYP 方法进行了几何构型优化/频率计算。在所有情况下，U-形的 C$_2$ 输入几何构型接近于环丁烷分子，而之字形的 C$_{2h}$ 几何构型解离成两个乙烯分子。下文我们可看到，通过适当的方法可以找到许多类似 1,4-丁二基的驻点。

8.2.3　单重态双自由基：超出模型化学范围

1. 1,3-丙二基和 1,4-丁二基，来自参考文献

2. 完全活化空间（CAS）计算

3. 破缺对称性计算

(1) 1,3-丙二基和 1,4-丁二基，来自参考文献。现在，我们来看看 1,3-和 1,4-双自由基的计算结果,所用的方法比刚才使用的模型化学更合适。

1,3-丙二基通过广义价键(GVB)计算,格蒂和他的同事发现了 8 个具有三亚甲基类结构的驻点[57]。GVB 方法在某种程度上与 CAS 方法有关,其中,像在 CAS 计算中一样,电子以有限的组态相互作用,从占据轨道激发到虚轨道。强调将电子从可以通过键识别的轨道中激发到它们的反键对应物中,这使其成为一种价键方法(4.3.1 节)。回顾上文关于三亚甲基模型化学的计算,让我们将重点放在最可靠的 MP2 计算上:在一般意义上,相关的从头算计算比 HF 水平的计算更可靠,并可以说比密度泛函理论更可靠,MP2 并不是一个非常高水平的方法[58]。MP2 计算可理解为给出了 C_{2v} 的 1,3-双自由基过渡态和 C_s 的 1,3-双自由基的相对最小值,但在这些物种中,末端碳接近 2.663 Å 和 2.654 Å,并不能完全消除此处我们正在处理一个不寻常的闭壳层分子、一种具有很长 C—C 键环丙烷的可能性。事实上,环丙烷的立体异构反应已成为研究单重态 1,3-丙二基的主要推动力[59]。立体异构是顺式和反式 1,2-取代的环丙烷(因为氘用作母体化合物立体化学标记)的相互转化,且原则上,可通过开环成双自由基,并绕 C—C 键旋转来发生。关于详细的实验研究,见伯森等的论文[60]。在格蒂等通过对 1,3-丙二基的势能面全面的 GVB 搜索揭示的 8 个物种中,其中有 C_{2v} 构型的山顶(两个虚频)和两个 C_s 物种(一个是相对最小值,一个是过渡态)[57]。这三个构型为 π-环丙烷结构,并类似于 MP2 物种。术语 π-环丙烷似乎是由克劳福德和米什拉[61]创造的,用来表示三亚甲基,其中,原子 p 轨道可以至少假设地,形成纯 π-型的 CC 单键。

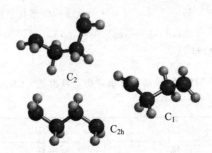

图 8.8　尝试对 1,4-丁二基(·$CH_2CH_2CH_2CH_2$·)进行模型化学优化的输入结构。这些结构中的所有键长和键角都是标准的,例如,C—C 键长约 1.5 Å,C—H 键长约 1.1 Å,键角约 110°~120°

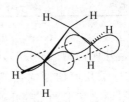

π-环丙烷的末端亚甲基共平面,如上图所示,是(0,0)-三亚甲基。指定扭曲二面角允许指定为其他构象异构体,如(0,90)-三亚甲基,其中推定的 π 键完全断裂[57]。每一个模型化学都得出两个三亚甲基驻点:HF 得到一个山顶和一个过渡态,MP2 得出一个过渡态和一个相对最小点,而 B3LYP 得到两个过渡态。

1,4-丁二基通过 CAS 计算,在研究环丁烷开环的工作中[62],道布尔迪发现了 10 个类四亚甲基结构的驻点。我们看到,模型化学仅简单地生成输入的四亚甲基型结构闭环或解离。

(2) **CAS 计算**。通过 GVB(对 1,3-丙二基)和 CAS(对 1,4-丁二基)方法发现过多驻点是普通模型化学方法无法相比的。我们现在看看 CAS 方法，它是处理单重态双自由基的标准技术。CAS 在 5.4.3 节中被简要提及，作为一类多重组态的组态相互作用（MCSCF）计算。在 CASSCF 中，优化了分子波函数（有限）组态相互作用展开式中行列式系数，以及展开式行列式中每个分子轨道展开式的基函数系数。模型化学无法可靠地处理单重态双自由基，因为它们将波函数表示为单个行列式，这会将含偶数个电子的分子中的电子配对放置在轨道中（5.2.3 节）。这是 HF 波函数，表示为一个斯莱特行列式。实际上，需要不止一个行列式，因为单行列式波函数以不存在简并（或近似简并）轨道为前提：如果简并轨道存在，算法将简单地用一对电子填充其中一个。而在从头算框架内，处理这些双自由基需要组态相互作用（5.4.3 节）。此处将分子波函数表示为行列式的加权和，而不是简单地表示为一个行列式。一个完整的组态相互作用计算将包括从 HF 波函数中得出的所有行列式，其中一个行列式的一个简并轨道被双占，另一个被双占，一个行列式对应于从被占据轨道到正式的（虚）空轨道的所有其他可能的电子激发（虚轨道数量取决于电子数和基函数个数（图 5.5））。这样一个完整的组态相互作用计算，如果使用无限大的基组来完成，则将会精确地求解薛定谔方程。但精确地解薛定谔方程是不可能的，而且，即使用有限大的基组，完整的组态相互作用计算也只对非常小的分子可行。计算单重态双自由基的标准方法是有限形式的组态相互作用，其中，分子波函数由 HF 行列式和一组精心挑选的、体现了电子占据的所有可能变化的分子轨道的加权和表示。选择的一组分子轨道被称为活化空间，而方法是 CAS 方法。为了细化包含分子轨道的基函数的系数，我们使用迭代自洽场方法（5.2.2 节和 5.2.3 节），因此，该技术的完整名称是完全活化空间自洽场（CASSCF）。这里给出了具有相应几何构型和能量的有限组态相互作用波函数，且如果需要，也可以从波函数中获得其他常用的性质。

要进行 CASSCF 计算，我们必须首先选择活化空间，即相关的分子轨道。哪些分子轨道相关，取决于计算的目的，以及我们希望的活化空间的"完整"程度，无法达到的极限当然是全组态相互作用。这将通过几个例子来说明。考虑双自由基 1,3-丙二基和 1,4-丁二基。直观上，我们似乎至少应考虑这两个分子轨道：一个分子轨道类似于末端碳上两个 p-型原子轨道的成键线性组合（5.2.3 节），另一个分子轨道类似于这些原子轨道的反键线性组合。我们希望这些成为我们的 HOMO 和 LUMO。CAS 波函数将由 HF 行列式加上由两个形式上未配对的电子在 HOMO 和 LUMO 之间分布（参见图 5.2.2）而产生的所有行列式组成。这是对这些物种进行 CAS 计算的最小活化空间，被称为 CAS(2,2) 计算。这意味着两个电子以所有可能的方式分布在两个分子轨道中。

1. CASSCF 对 1,4-丁二基的计算

首先，描述对 1,4-丁二基的计算程序，1,4-丁二基没有通过所有简单模型化学的测试。我们首先选择一个起始几何构型。这在一定程度上取决于我们研究的目的。如果我们想计算环丁烷开环为近似双自由基的反应曲线，即开环后的直接相对最小值（明确定义的过渡态驻点的概念在这里似乎不适用[63]），我们可以选择带有拉伸 C—C 键的类似环丁烷的起始几何构型。如果我们希望探索整个 1,4-丁二基的势能面，我们将从所有合理的不同的构象，被随机创建的或者是通过系统地改变起始构型的扭转角来创建的构象，开始执行几何构型优化计算。在这里，我们考虑的 CASSCF 计算从 1,4-丁二基的 C_{2h} 构象开始（图 8.8），其中，模型化学分解为两个乙烯。每个步骤的确切关键字以及将两个步骤合并为一个输入文

件的可能性取决于程序，而此处未具体给出。

步骤 1 是为我们开始"猜测"的几何构型获得波函数。为了速度而限制分子轨道的数量（在步骤 2 中出现），通常使用 STO-3G 基组（5.3.2 节和 5.3.3 节）。要求指定基组的单点计算，并将波函数存储在文件中（Gaussian 程序中[49]将此称为检查点文件），以便在后续步骤中调用。

步骤 2 是使用步骤 1 中的波函数来定位分子轨道。概括一下（5.2.3 节）：通常，HF 波函数被直接表示为斯莱特行列式，其中，所选基组$\{\phi\}$用来将占据分子轨道 ψ 展开为 ϕ 函数的线性组合。从该行列式导出的福克矩阵称为**正则福克矩阵**，且当在 SCF 过程中反复对角化和细化时，它会产生一组分子轨道，即正则分子轨道。这些分子轨道通常不像刘易斯结构的成键（或推断出的反键）轨道。例如，观察 H_2O 的正则分子轨道，我们不会看到其中一个分子轨道对应于一个 O—H 键，而另一个分子轨道对应于另一个 O—H 键。正则分子轨道倾向于在整个分子上离域，达不到与传统刘易斯键的对应关系。然而，组合正则分子轨道，以得到对应于键和孤对电子的定域轨道是可能的。这是通过将行或列的倍数添加到其他行或列中，以操作正则 HF 波函数的行列式来实现的。波函数在数学上是不变的（4.3.3 节，**行列式**，性质 6）：它将给出相同的可观察性质，如几何构型、光谱和偶极矩。可以强制执行各种要求来产生不同类型的定域轨道[64]。在 CAS 计算中，最广泛使用的定域分子轨道方案可能是 NBO（自然键轨道）和博伊斯定域化。博伊斯定域化[65a]创建尽可能紧密的分子轨道，而 NBO 定域化[65b]则创建基本上由两个原子上的基函数组成的分子轨道。因此，这两种结构都可能类似于刘易斯结构。我们将定域轨道可视化，并检查它们，以寻找将哪些轨道分配给活化空间。

活化空间是电子将被分布在其中的一组分子轨道：在限制于所选轨道的组态相互作用计算中，电子将从形式上的占据轨道激发到形式上的空轨道。轨道根据计算目的选择。如果我们只是希望获得类 1,4-丁二基的双自由基几何构型，那么，我们需要寻找那些令人头疼的轨道——那些现在（我们希望的）位于末端碳原子上的轨道。对应于这个占据轨道的一个轨道和对应于其空的反键对应物的一个轨道构成了我们计算的最小活化空间。由于涉及两个电子和两个轨道，因此被称为 CASSCF(2,2) 计算。对于 a 个电子和 b 个轨道来说，我们有 CASSCF(a,b) 的计算。图 8.9 阐明了这一点：该算法会将 (2,2) 活化空间识别为由两个前线轨道（HOMO 和 LUMO）组成。我们希望这些是位于末端碳原子上的两个分子轨道。如果我们决定使用 (6,6) 的活化空间，通过包括两个邻近的 C—C σ 键和它们的反键对应物，添加额外的 4 个电子和 4 个轨道，活化空间将被识别为 HOMO、HOMO-1、HOMO-2 和 LUMO、LUMO+1 和 LUMO+2。如果本应在活化空间中的一个轨道（如在可视化中的外观所示）不在，即不是真正的前线轨道，则它可以通过适当命令与一个最初在活化空间内，但又与计算无关的轨道交换。图 8.10 显示了在 CASSCF(2,2) 计算的活化空间中的两个分子轨道，通过 NBO 方法定domng（在这种情况下，通过博伊斯方法，相关轨道的序数不清楚，因为它们没有被很好地定域化）。通过使用适当的程序可视化，或不太方便地检查打印输出显示占据情况，表明成键型 C_1/C_4 MO 编号 16 是形式上被两个电子占据，而反键型 MO 编号 17 形式上是空的。请注意，该分子有 32 个电子。例如，如果这里类似 MO 16 的轨道是 MO 10，而 MO16 是 C—H 成键轨道，则 MO 10 和 MO 16 可以被交换，见下文的环戊烷。关键是我们要使用相关轨道执行组态相互作用计算。

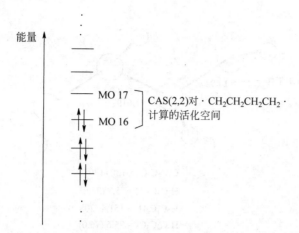

图 8.9　对 1,4-丁二基 CASSCF(2,2) 计算的活化空间。有两个相关的分子轨道：最高占据分子轨道和最低能量的未占据分子轨道，以及两个电子被分布在其中的 CAS(2,2) 的活性空间。必须通过查看(最好是目测)相关的分子轨道，以确定恰好是计算目的所需要的轨道：见图 8.10

MO 16,形式上双占　　　　　　MO 17,形式上未占

图 8.10　相关分子轨道，MO 16 和 MO 17 的可视化，对 1,4-丁二基 CASSCF(2,2) 计算的活化空间：该算法将活化空间识别为由两个前线轨道(HOMO 和 LUMO,该分子有 32 个电子)组成。我们通过目视检查确保这些是位于末端碳原子上的两个分子轨道。如果所需的轨道不是一开始的前线轨道，则可以用一个将其交换进来(见正文)。通过 HF/STO-3G 基组计算，并通过 NBO 方法定域化

步骤 3 是几何构型优化。恰当的关键字可能是 CASSCF(2,2)/6-31G* ,指定使用 6-31G* 基组的 CASSCF(2,2) 程序(有限的组态相互作用优化),这通常是最小的选择。其他关键字可能会指示要从步骤 2 中获取的信息,以及如何为优化计算初始黑塞矩阵(如使用半经验计算)。图 8.11 比较了我们的用 CASSCF(2,2)/6-31G* C_{2h} 计算的相对最小值(无虚频,见下文)与道布尔迪用 C_{2h}CASSCF(4,4)/6-31G* 计算的最小值[62]。

步骤 4 是对步骤 3 中几何构型的频率计算,再次使用 CASSCF(2,2)/6-31G* 方法。程序可能允许此步骤在优化后自动进行。在大多数情况下,频率计算是值得做的,以表征优化结构性质为最小值或某种鞍点,以及获得热力学数据,如零点能、熵以及自由能(2.5 节,5.5.2 节)。

为了获得相对能量,还需要进一步的步骤,即在 CASSCF(2,2)/6-31G* 几何构型上执行一个计算,该计算旨在比 CASSCF 计算更好地处理电子相关。由于 HF(也称自洽场)计算仅是非常近似地处理电子(5.4.1 节)。在典型的 CASSCF 计算中,大多数电子,即那些在活化空间之外的电子,都没有用组态相互作用计算,而是在 HF 水平上处理。据说,CASSCF 计算可以正确处理**静态相关**,但不能处理**动态相关**(5.4.1 节)。为了更全面地考虑动态相关,经常进行基于 CASSCF 波函数的单点微扰计算。这是一个二阶的 CAS 微扰

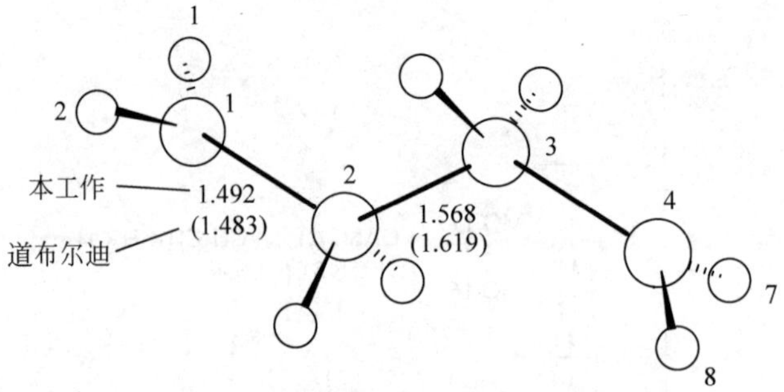

$C_1C_2C_3C_4 = 180\ (180)$

$H_1C_1C_2C_3 = 75.7\ (76.0)$

$H_2C_1C_2H_1 = 151.4\ (208.0)$

$H_7C_4C_3C_2 = 75.6\ (76.0)$

$H_8C_4C_3H_7 = 151.3\ (208.0)$

图 8.11　C_{2h} 的 1,4-丁二基双自由基相对最小值（无虚频），由 CASSCF(2,2)/6-31G*（本工作）和

CASSCF(4,4)6-31G*（道布尔迪，参考文献[62]中图 1 和表Ⅲ）计算

理论，或 CASPT2 计算。该计算最常用的实现形式是 CASPT2N（N 为非对角单粒子算符）[66]。有关执行 CASPT2 类型计算的程序，见 9.3 节。通过 CASPT2 计算来提高 CASSCF 能量类似通过单点 MP2 计算来改进 HF（即自洽场）水平的计算（5.4.2 节）。如果可以在 CASPT2N 水平上执行几何构型优化，而不仅仅是单点计算（就像曾经的 MP2 限制对 HF 水平几何构型的能量调整一样），且能够探索 CASPT2N 势能面，那将会很好，但这似乎还不能实际应用，因为解析导数（2.4 节）不可用。兰格等报告了类似的尝试，他们用单点 CASPT2N 能量参数化了一个以生成和断裂的键长度为变量的二次函数，从而探索了驻点附近的区域[67]。

2. CASSCF 对 1,5-戊二基和环戊烷的计算

本节概述 CASSCF 计算的另一个例子：1,5-戊二基和环戊烷的能量比较。

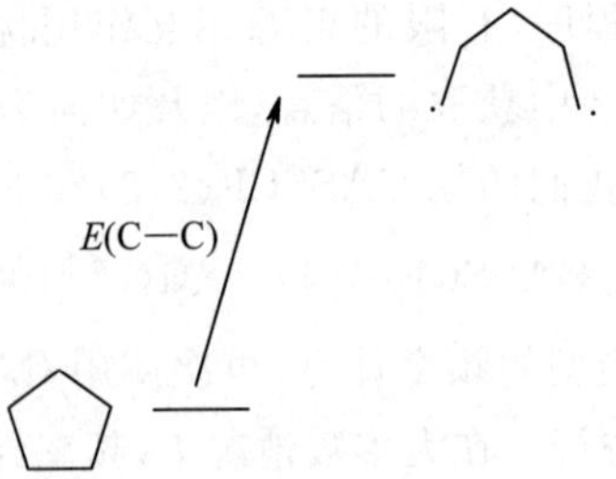

上图中的能量差应是环戊烷中 C—C 键能的度量。计算使用 NBO 定域化（博伊斯定域化结果在可视化时很混乱）和 CASSCF(2,2)/6-31G*。

探索了几种起始几何构型，以获得相对最小的 C_5 双自由基，但没有尝试彻底探索势能面。从通过分子力学将末端碳限制到 4.5 Å 的间隔所创建的大致镰刀形的 C_1 结构开始，产生了一个 C_1 的相对最小值。可视化步骤表明，对于输入构型默认的活化空间分子轨道 MO 20 和 MO 21 来说，HOMO 和 LUMO 是所需的轨道，定位在末端碳。然而，对于环戊烷占据的 C—C 成键分子轨道来说，代表要断裂的键是 MO 10，而 MO 20 是纯的 C—H 成键轨道，是

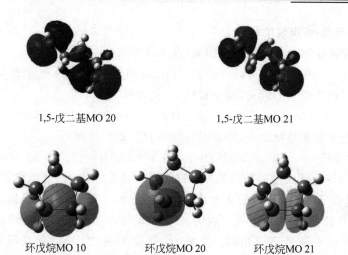

图 8.12　1,5-戊二基和环戊烷的分子轨道与生成无环双自由基的环烷烃的 C—C 断裂有关。用 HF/STO-3G 波函数计算，并通过 NBO 方法定域化。与该反应有关的环戊烷 C—C 成键轨道，即 MO 10，必须与一个与此无关的纯 C—H 成键分子轨道，即 MO 20 交换，以将 C—C 分子轨道移入活化空间（请注意，这些分子有 40 个电子）

活化空间中不需要的外来轨道。因而，作为优化输入的一部分，给出了交换 MO 10 和 MO 20 的命令。见图 8.12。双自由基和环戊烷在 CASSCF(2,2)/6-31G* 水平上优化，通过频率计算检查，以确保结构是势能面上的相对最小值，并获得以下能量参数（Gaussian 03 输出）。

双自由基和环戊烷的能量对比如下所示。

1,5-戊二基	
(频率计算之前的能量（如不含零点能）−195.060 307 8)	
零点能校正	0.140 164
能量的热校正	0.147 459
焓的热校正	0.148 403
吉布斯自由能的热校正	0.109 777
电子和零点能总和	−194.920 144
电子和热能总和	−194.912 849
电子和热焓总和	−194.911 905
电子和热自由能总和	−194.950 531

环戊烷	
(频率计算之前的能量（如不含零点能）−195.179 702 5)	
零点能校正	0.150 327
能量的热校正	0.155 259
焓的热校正	0.156 203
吉布斯自由能的热校正	0.121 800
电子和零点能总和	−195.029 375
电子和热能总和	−195.024 444
电子和热焓总和	−195.023 500
电子和热自由能总和	−195.057 902

1）双自由基焓-环戊烷能量

（1）基于优化步骤能量的最粗略的值，即不含零点能

$$-195.060\,307\,8-(-195.179\,702\,5)=0.119\,395\ \text{hartree}=313.5\ \text{kJ/mol}$$

（2）使用零点能校正的能量，即 0 K 焓，我们得到

$$-194.920\,144-(-195.029\,375)=0.109\,231\ \text{hartree}=286.8\ \text{kJ/mol}$$

（3）使用电子能和热焓之和，即室温（298 K）焓，我们得到

$$-194.911\,905-(-195.023\,500)=0.111\,595\ \text{hartree}=293.0\ \text{kJ/mol}$$

这些都不能视为环戊烷的精确的标准键能[68]，可能的 C—C 键能约为 345 kJ/mol[69]。请注意，这明显低于丁烷，丁烷的实验值为 363.2±2.5 kJ/mol，已经报道了约 367、378、379 kJ/mol 的计算值[70]。这个练习表明，良好的动态电子相关性对处理均裂可能很重要，CASPT2N 对我们来说是不可用的。此外，此处使用的（2,2）活化空间仅为可接受的最小值。

CASSCF 程序的另一个示例概述如下：计算围绕乙烯中 CC 双键旋转的势垒。步骤 2，轨道定域化，在通过 NBO 定域化时，显示出很好的定域轨道，但通过博伊斯定域化的轨道是难以识别的。对于 CAS(2,2)/6-31G* 优化选择的活化轨道是 π 和 π^* MO，而对于 CAS(4,4)/6-31G* 优化选择的活化轨道是 π、π^*、σ 和 σ^* MO。输入结构是正常的平面乙烯和垂直（90°扭曲）乙烯。优化和频率计算给出了平面结构的最小值和垂直结构的过渡态。能量（不含零点能，与王和波里尔通过 GVB 方法计算的能量的比较[71]）如下。

CASSCF(2,2)：

垂直乙烯，$-77.963\,005\,4$ hartree，平面乙烯，$-78.067\,344\,4$ hartree；

势垒$=0.104\,34$ hartree$=274.0$ kJ/mol。

CASSCF(4,4)：

垂直乙烯，$-77.982\,972$ hartree，平面乙烯，$-78.085\,282\,5$ hartree；

势垒$=0.102\,31$ hartree$=268.7$ kJ/mol。

王和波里尔从 GVB 计算中获得[71] 263.6 kJ/mol（65.4 kcal/mol）的势垒。报道的顺式乙烯-d_2 势垒实验值为 272 kJ/mol[72]。HF、MP2 和密度泛函理论（B3LYP）对垂直乙烯过渡态的优化确实给出具有一个虚频的优化结构，但势垒（6-31G*）分别为 540、572、399 kJ/mol（不含零点能，零点能仅约为 10～20 kJ/mol）。

比乙烯更复杂，但也容易受到类似攻击的是迷人的分子正交烯。之所以这样命名，是因为在这个 C_{14} 分子中，4 个 C_2 夹持固定着 C_6 四取代双键部分，每一半扭曲约 90°。

通过使用 C═C 的 π 键和 σ 键和反键轨道的 CASSCF(4,4)/6-31G*，计算得出的结论是该分子可以以大约 200 kJ/mol[73] 的势垒重排为卡宾。

更复杂的 CASSCF 计算程序，包括有关激发态的计算，由福尔斯曼和弗里希给出，并带有评估结果可靠性的注意事项，而且，他们向读者保证，"不会因为您可能遇到的困难而灰心"[74]。尽管 CAS 和 GVB 计算是处理单重态双自由基的标准方法，但已经并正在尝试扩

大密度泛函理论的范围,也许有一天会将这些物种纳入模型化学方法的范畴内。例如,卡扎良和菲拉托夫[75],以及克里默和同事[76]的工作。开壳层分子通常会给模型化学带来问题。巴利和博登[77]综述了开壳层分子,以及处理它们的方法。

　　对称性破缺计算。CAS计算的替代方法是称为对称性破缺计算的程序。这是对单重态物种的UHF类型计算。我们看到,非限制性计算(5.2.3节,7.2.3节)是处理普通自由基的标准方法,它有一个未配对电子,属于二重态物种。非限制性方法,无论是HF,还是DFT UHF或UDFT,都消除了我们没有关于α-自旋电子和β-自旋电子的独立轨道的限制(约束)。在一个普通的自由基中,拥有独立的分子轨道集使得α-和β-电子可以分别调整它们的轨道形状,以反映这样一个事实,即它们对不配对α-电子的影响感受不同。类似地,对单重态双自由基的非限制性计算允许α-和β-电子分别调整其轨道形状,以最小化它们与两个(更多或更少)不配对电子的相互作用能。图8.13显示了对称性破缺计算的轨道情况。在CASSCF计算中,开壳、双自由基特征是通过混合成全波函数的函数(行列式,5.4.3节)创建的,其中一个或多个电子已被激发到虚轨道上。在对称性破缺计算中,双自由基特征是通过允许处于不同轨道的(理想情况下,一对)电子"化学去耦",从一开始就创建的。虽然非限制性计算被公认为处理单自由基的合法方式,但对单重态双自由基的使用仍有保留[78]。

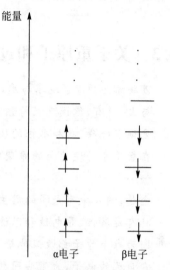

图8.13　用于非限制性计算的分子轨道被分为一组α电子和一组β电子。在此处所示的情况下,每个电子都有一个相反自旋的"对应物",因此,这并不代表对传统自由基(二重态)的计算,而是对单重态的计算

　　1,4-丁二基(8.2.2节)不能用标准模型化学方法将其优化到驻点,但可以利用C_{2h}输入结构,使用对称性破缺,得到一个与8.2.2节CASSCF计算相似几何构型的驻点(相对最小值)。来自对称性破缺的令人满意的几何构型的其他例子是,在伯格曼反应和保龄烯重排中,类似于1,4-苯二基(从1,4-位去除氢的苯)的单重态双自由基[79]。在这两种情况下,通过将CCSD(T)方法(5.4.3节)中动态相关的能量调整应用于对称性破缺的反应物、过渡态和产物几何构型,获得了被认为在能量上真实的反应曲线。与CASSCF一样,不能指望对称性破缺定量处理动态相关。与上文解释的多步CASSCF程序相反,这些对称性破缺优化/频率计算只需要一个步骤。除了有优化和频率外,命令行还指定使用非限制性密度泛函理论方法和基组。对于Gaussian 09[49]来说,命令行为

　　　　♯P umpw1pw91/6-311+G** guess=(INDO,Mix,Always)Opt Freq

且电荷为0,多重度为1。这调用了非限制性KS密度泛函理论波函数,在另一行指定了单重态多重度。计算从对波函数的半经验INDO(6.2.4节)猜测开始,通过Mix,以HOMO和LUMO的随机旋转去除α和β空间对称性。去除对称性后,算法遵循通常的波普尔-内斯贝特程序,用于如CH_3这样的简单自由基(5.2.3节)。始终确保在每个优化步骤中使用Mix。对称性破缺计算比CASSCF更接近模型化学,但结果似乎对密度泛函理论的泛函和初始猜测的选择很敏感。

阿贝综述了关于双自由基的实验和计算结果[80]，扬等检查了 F_2、HOOH 和 C_2H_6 自由基解离的基准水平计算[81]，埃斯和库克探讨了密度泛函理论在双自由基单重态-三重态能隙的经济计算中的价值[82]。

8.3　关于重原子和过渡金属的注释

万物都是原子：地球与水，空气
与火，所有，德谟克里特预言。
见证了硫磺、盐和水银的展现
在数千年伪造黄金的希望中。
……
金属，洞穴中有光泽的君主，
具有延展性、导电性和不透明性，
因为每个原子都慷慨地给予了
它自己的电子，为了共同利益，
……
约翰·厄普代克，中点，III，固体之舞。约 1967 年创作。

8.3.1　观点

所有化学物质都是由原子组成的，因此，人们可能会想知道，为什么重原子和过渡金属被挑出来进行特殊处理。部分原因是大多数元素是金属，而金属中大多数是过渡型金属。我把镧系元素和锕系元素包括在这一类中（IUPAC 建议使用术语镧系元素和锕系元素）。与碳相比，大多数元素的高原子序数，以及过渡金属古怪的电子结构，带来了有机化合物计算中通常不会遇到的问题。对于元素周期表中原子序数大于 36 以后的金属元素，大约 30～50 个核质子的引力迫使原子内部的电子以约接近于光速的速度运动。这使得对精确的工作，相对论校正经常是必要的。此外，过渡金属倾向于以一种不太直接的方式填充其外壳，并表现出比在典型有机化合物中看到的更巴洛克式的成键风格。本小节的目的仅仅是让读者意识到这些问题，以便当他们在对无机物类物种进行计算时，他们会知道，进一步深入研究相关文献可能是可取的。

8.3.2　重原子和相对论校正

在较重原子中，内部电子质量增加[83]导致其轨道收缩，并更好地屏蔽外部电子，从而导致外部 d 价轨道和 f 价轨道膨胀，变得具有更高能量和更高反应性（雅各比[84]给出相对论效应和计算的半流行解释）。这会产生惊人的物理后果，如黄金的颜色和汞是液体，并通过改变自旋轨道耦合来显著影响光谱，而化学效应渗透到结构和能量学中。这在皮克对化学相对论的影响和计算的全面综述中进行了讨论[85]。其他与相对论计算有关的综述讨论了赝势和过渡金属化合物(弗伦金等[86]、昆达里等[87])、超锕系元素(派尔希瑙[88])和相对论量子化学理论(阿尔姆勒夫,格罗佩[89])。巴拉苏布拉马尼安的两卷著作[90a]对化学中的相对论效应进行了详尽的论述,这是一个非常技术性的主题,而威尔逊对 B 卷的评论本身就值得一读,以了解有关该主题的观点[90b]。分子中的相对论效应是通过狄拉克-福克方程,或更通常地,赝势或有效核势方法计算的。微扰方法也已被用于原子和分子的相对论效应[85]。**赝势**一词受到物理学家的青睐,而**有效核势**(或 ECP)往往被化学家经常使用。狄拉克-福克方法(参考文献[91,85]和其中的参考文献)是基于薛定谔方程著名的单电子相对论的狄拉克版本对多电子系统的展开[92]。它是"进行相对论分子计算最令人满意的方法"[85],但对于多电子分子来说,显然不是很实用(参阅关于 PbH_4 的最近计算[93])。使用相对论赝势(相对论 ECP)的计算要求不高,但更受欢迎。相对论赝势是单电子算符,有点类似标准 HF 理论(式(5.29)和式(5.30))中的 $\hat{J}$ 和 $\hat{K}$ 算符,它们被并入福克算符(式(5.36),以及参考文献[85]中的式(20)~式(21)),并通过以平均方式处理内部的非价电子,以及考虑相对论来修改它,价电子按常规处理。这种平均处理大大减少了必须直接处理的电子数和所需的基函数个数。即使相对论不是问题,也可以使用非相对论或相对论的赝势,以减少由许多内壳层电子产生的计算工作量。我们在第 6 章以非常原始的形式遇到过这个概念,其中,我们看到,半经验方法如 AM1 和 PM3,仅明确地处理价电子,而实际上,将内部电子塌缩到原子核中。价电子在一组"赝核"的静电势场中运动,每个赝核的电荷等于它的原子序数和内部电子电荷的代数和。

分子的赝势来自于通过狄拉克-福克计算的原子参数化。由于赝势是为原子参数化的,因此,我们假设,在从原子到分子的过程中,内部电子几乎不受影响。结果证明了这一假设。实际上,一些赝势能处理除最外层电子壳层外(比如说,$n=5$ 除外)的所有电子壳层,而有些处理除两个最外层电子壳层(比如说,$n=5$ 和 4)外的所有电子壳层。这些分别地被称为大核赝势或全核赝势,以及小核赝势。由于这些计算不直接使用狄拉克-福克方程,因此,它们有时被称为准相对论计算。赝势是通过指定专门为其设计的基组来调用的,而赝势基组(ECP 基组)通常简称为赝势或 ECP。它们可被用于 HF、MP2、组态相互作用和密度泛函理论的计算中,是处理分子相对论效应的标准方法,降低因大量电子的存在而导致的计算负担,即使当相对论并不显著时。在重原子中,有时遇到的另一个问题是自旋轨道耦合。这种自旋轨道耦合和电子相关效应[94]已经通过赝势解决了。

8.3.3 一些重原子的计算

有时,通过研究趋势可以最好地突出技术的功效。卡尼等[95]发表了对碳同系物 Si、Ge、Sn 和 Pb 的化合物的全面综述。施莱尔等通过赝势[96]计算了乙烷及乙烷的各种 Si、Ge、Sn 和 Pb 同系物的旋转势垒。相对论效应仅对铅很重要($Z=82$)。通过对(114)X_2 和(114)X_4,$X=H$、F、Cl[97]的研究,赝势计算已扩展到本系列的第 6 个元素。对碘($Z=53$)、氪($Z=36$),甚至氙($Z=54$)的某些性质,相对论可以忽略不计:以扩展波普尔型基组的MP2 研究碘氧化物的几何构型和热化学,并与早期的研究比较显示,"相对论效应要么很小,要么被抵消"[98],而密度泛函理论对氪和氙的氟化物(以及对氡的一些工作)用和不用相对论效应的计算表明，对于键长、离解能、力常数和电荷来说，"相对论效应……可以忽略不计"[99]。可在线获得大量的基函数列表，这使得那些可用于所需原子的基函数能够被识别和下载，以供计算[100]。克拉默[101]给出了流行赝势的简要介绍。文献和一些实验表明，一个流行的基组，即 LANL2DZ（洛斯阿拉莫斯国家实验室），对 H 到 Pu 也已参数化，可能特别有用。

8.3.4　过渡金属

过渡金属化合物的成键和结构构成了一门学科，其规则与主要精于有机化学和主族化学的规则有些不同。在这些化合物中，成键的相对复杂性源于他们的化合物中存在**部分填充**的 d 或（对于镧系元素和锕系元素来说）f 能级的原子轨道，当这些化合物被视为由配体包围的离子组成时。这一观点不仅适用于简单离子化合物 $M^{n+}X^{n-}$，还适用于共价化合物和"复合物"，因为金属至少可以被赋予形式上的氧化态。一种特殊元素属于过渡金属、镧系元素或锕系元素的分类并不总是明确和普遍遵守的。例如，钪原子有 1 个 d 电子，但在任何氧化数高于 0 的化合物中，它将没有 d 电子。锌有 10 个 d 电子，但失去两个 s 电子而形成的锌化合物，也具有全充满的 d 壳层。如果分别带有 1 个和 9 个 d 电子的 Sc(0) 和 Zn(III) 的化合物被识别，那么，这些元素将被归类为过渡金属。以下是过渡金属型元素普遍接受的分类，其中，电子结构是理想化的，因为轨道占据的细微变化是有可能的。例如，Cu(I) 化合物可能不具有预期的 $3d^9 4s^1$，而是具有 $3d^{10} 4s^0$ 的排列。

过渡金属，第一排，Ti($Z=22,3d^2 4s^2$)～Cu($Z=29,3d^9 4s^2$)

过渡金属，第二排，Zr($Z=40,4d^2 5s^2$)～Ag($Z=47,4d^9 5s^2$)

过渡金属，第三排，Hf($Z=72,5d^2 6s^2$)～Au($Z=79,5d^9 6s^2$)

镧系元素，($Z=58,4f^1 5d^1 6s^2$)～Yb($Z=70,4f^{14} 6s^2$)

锕系元素，Th($Z=90,6d^2 7s^2$)～Es($Z=99,5f^{11} 7s^2$)（停在似乎是最后一种至少可得毫克量级的元素上[102]）。

这些元素化合物的电子结构因可多变地填充 d 或 f 壳层而变得复杂，这会产生具有相同数量形式金属电子（即金属处于相同氧化态），但具有不同配体的低自旋和高自旋化合物，具体取决于所谓的（对 d 壳层原子）t_{2g} 和 e_g 轨道组之间的能隙。科顿等给出[103]对过渡金属化合物结构及其 d 轨道所起的作用的一个易于理解且相当严密的介绍。霍夫曼，在他的诺贝尔奖演讲中，提出了一套有趣而新颖的规则，即等瓣相似，用于解释此类物种的结构，并得出类比，这"[允许]我们看到看似复杂结构的简单本质"[104]。标准教科书如参考文献 [105,106] 中讨论了各个元素的详细性质。

与过渡金属化合物计算相关的主要要点概述如下。首先，如上所述，人们需要了解 d 轨道电子排布特殊性背后的规则，以便构想和解释合理的结构。当一个结构不"合理"时，因为它特别新颖，所以，背景理论知识就更有价值了。化学性质平淡无奇的事实知识也没有坏处。$(C_5H_5)_2Fe$（二茂铁）结构的阐明，为事实和理论知识在发现中的作用提供了一个很好的例子。二茂铁最初被指定为传统的 C—Fe—C 结构，但与已知的具有金属-碳 σ 键的化合物不同，它非常稳定，且与苯一样能发生亲电取代反应。理论推导出了正确的、前所未有的三明治结构。二茂铁传奇，它引发了过渡金属化学的革命，由达加尼[107]及拉斯洛和霍夫曼[108]进行了总结。

在我们对可用于研究过渡金属化合物的计算技术的简短调查中，我们首先提到了分子力学（第3章）。以量子力学从头算、半经验和密度泛函理论方法（分别为第5、6章和第8章）的标准来看，它可能看起来很低级，但分子力学对获取输入结构，以提交给上述那些计算方法非常有用，甚至可以自备有用的信息，而且，它当然是非常快的。事实上，最近一本有关无机化合物建模的书，主要是对过渡金属物种[109]，致力于分子力学和一个专门为过渡金属化合物参数化的程序，Momec3[109]。

与密度泛函理论相比，从头算方法（未参数化的，或几乎未参数化的，波函数计算）曾经不被推荐用于过渡金属化合物的研究，但现在看来，从头算的劣势可能主要局限于元素周期表第一排金属，钛到铜[86,110]。密度泛函理论有时可能非常不准确，而高水平相关从头算方法如 CCSD(T)，甚至 CCSDTQ（5.4.3节），可能是有用的，尽管目前这些计算仅限于小的系统[111]。尽管如此，具有赝势的密度泛函理论计算通常是相对论的，现已成为计算过渡金属化合物的标准方法[86,110,112]。例如弗伦金，在一篇分析过渡金属类物种成键的论文中，赞扬了密度泛函理论与赝势一起使用的优点[112]。赵和特鲁赫拉在一篇综述中讨论了各种泛函对过渡金属化学的适用性，其中介绍了他们新的 M0 类泛函（7.2.3节和7.3节），且据说最适合此类计算的是 M06 泛函，尤其是 M06-L[113]，但特卡利等发现，通过相关一致的 cc-p-VQZ 基组的 B97-1 泛函可以得出元素周期表第一排过渡金属的生成焓（见 5.5.2节），精度在高水平多步骤从头算方法 G4(MP2) 和 ccCA-tm[114]的 4 kJ/mol（1 kcal/mol）范围内。克拉默和特鲁赫拉关于密度泛函理论对过渡金属应用的综述给出了 1307 篇参考文献[115]。有文献比较了用密度泛函理论和波函数方法研究锕系元素的结果[116]。已有的研究似乎集中在 4d 系列（Y 到 Pd）[117]和 3d 系列（被认为是 Sc 到 Zn）[118]的过渡金属原子及其阳离子。在前文两个用对称性破缺明确解决的问题中，后者介绍了"一种新的对称性破缺方法——重新解释的对称性破缺方法（RBS）"，并指出，对于过渡金属物种波函数来说，可能不会自动收敛到最低能量的最小值，甚至是相对最小值（波函数的不稳定性，5.2.3节）。一种称为 SIESTA（数千原子的电子模拟的西班牙倡议）的密度泛函理论方法，为大的、周期性系统，如大的金属团簇而设计，近年来已被使用[119]。

已通过半经验方法研究了过渡金属化合物。人们首先会想到仿从头算类型的方法，如 AM1 和 PM3（第6章），由于这些是"完全"量子力学从头算技术的替代品。然而，半经验方法提供的对这些化合物性质的最深刻的洞察来自简单而古老的扩展休克尔方法（4.4节）。我们将扩展休克尔方法的当前形式归功于霍夫曼[120]，扩展休克尔计算为这些化合物的结构提供了强有力的洞察力。这一论断的广泛佐证见霍夫曼的诺贝尔演讲[104]。其他一些例子是聚合铼化合物[121]、锰团簇[122]及铱[123]和镍[124]配位化合物。

与扩展休克尔方法不同，AM1 和 PM3 可用于优化几何构型和（不太可靠地）计算有机化合物的相对能量，这是它们最初设计的目的。对于过渡金属化合物来说，PM3 的一个版本，PM3(tm)已被开发，它在 Spartan[31]中可用（在程序的后续版本中，未明确称为 PM3(tm)，但已针对几种过渡金属进行了参数化）。这是非常快的，且已被广泛使用，具有喜忧参半的结果。布达等利用 30 种复合物比较了 PM3(tm)与从头算（对 HF 几何构型的 MP2）和密度泛函理论，并发现 PM3(tm)在 80% 的情况下重现了晶体学数据，相比之下，

MP2//HF 和杂化密度泛函理论为 87%，而纯密度泛函理论为 $90\%^{[125]}$。库尼等发现，就空间因素而言，用于预测铑膦类化合物的新性质它足够精确[126]，而扎哈里安和库恩报道，"一般而言，Spartan 中的 PM3(tm)方法有望预测金属[即镍]表面上分子的吸附位点和振动频率[127]"，然而，吴和玛丽尼克发现，它的能量不够好，尽管其几何构型是精确的，足够用于 Cr、Mo、W 和 Co 化合物的"更高水平能量学"（它们指等键反应能）[128]，还有博斯克和马塞拉斯对于 Pd、W 和 Ti 的化合物，通过比较文献 X 射线和中子衍射与从头算和密度泛函理论计算的，获得的几何构型从极好到极差[129]。麦克纳马拉等[130]讨论了 PM3 的过渡金属参数化。鉴于性能的这种变化性，显然，在判断 PM3(tm)计算的适当性和可靠性时，需要格外小心：来自于模型系统的结果或许可与实验进行比较，或者，由于其速度，该方法可用于大型的、有启发性的调研。半经验方法计算过渡金属化合物能量（如键能、生成热）和几何构型尚未达到与正常（完整）第一排元素（C、H、N、O、F）的有机化合物已实现的相同的可靠性水平（第 6 章）。鉴于密度泛函理论优于高水平从头算方法，如 CCSDT 的速度，以及改进泛函的可用性及赝势的可靠性，有些人可能不认为这是一个严重的问题。

8.4　总结

对于某些目的来说，如为了了解一些溶液相反应，气相计算是不切实际的，甚至，气相计算几乎是无用的。例如，用于预测溶液中的 pKa。为引入溶剂化效应，有两种方法（以及这两种方法的混合）：显式溶剂化，即将单个溶剂分子放入系统中；连续溶剂化，将溶剂表示为适当参数化的连续介质。出于某些用途，需要显示溶剂化，特别是在溶剂分子参与反应的情况下，连续介质方法得到了更广泛的应用。

简单的模型化学不能正确计算一些分子。这包括单重态双自由基和一些激发态计算。对于这些分子来说，标准方法是完全活化空间方法，CAS(CASSCF，完全活化空间自洽场)。这是组态相互作用的限制版，其中，电子在一组有限的、精心选择的分子轨道上来回跳跃。在选择这些轨道和判断结果可靠性时，CASSCF 计算需要谨慎。

对重原子系统的计算通常使用赝势基组，通过避免对内部电子的显式处理，减轻了由大量电子产生的计算负担。这些基组通常是相对论的，以考虑以近乎光速运动的电子对化学性质的影响。过渡金属存在的问题超出了主族重原子的影响：不仅相对论效应是显著的（在较重的元素中），而且几乎平行的电子的 d 或 f 能级受各种配体可变的扰动，使得各种电子态成为可能。尽管从头算（即波函数）方法已经能够用于不只第一行的过渡元素，但要求较低的密度泛函理论计算（带有赝势）是计算此类化合物的标准方法。

溶剂化

较容易的问题

1. 使用微溶剂化，大约需要多少水分子才能在 CH_3F 分子周围提供一层溶剂壳层（建议：检查填充空间的手持式或计算机生成模型)？

2. 溶剂的哪些物理性质可用于连续介质计算的参数化？

3. 举一个反应的例子,其中,只有一个显式溶剂分子可能足以模拟反应机理。

4. 对于连续介质溶剂化来说,给出一个分子的例子,对该分子,良好的近似可能是(1)球形空腔,(2)椭球形空腔。

5. 为什么连续介质溶剂化方法比微溶剂化方法应用更广泛？

较难的问题

1. 在微溶剂化中,是否应对溶剂分子进行几何构型优化？

2. 考虑使用球形、可极化的"赝分子"进行微溶剂化计算的可能性。这种简化的几何构型的优点和缺点是什么？

3. 在微溶剂化中,为什么仅仅一个溶剂层是不够的？

4. 为什么用常规介电常数参数化连续介质溶剂模型在物理上可能是不现实的？

5. 考虑用偶极矩参数化连续介质溶剂模型的可能性。

单重态双自由基

较容易的问题

1. 单自由基是二重态,而双自由基可以是单重态或三重态。三自由基可能有多少个自旋态？

2. 泡利排斥原理对单重态和三重态双自由基的相对能量有什么建议？

3. 最简单的单重态双自由基烃类是什么？

4. 哪些分子轨道适用于 CASSCF 的计算？

(1) 环丁烯开环成 1,3-丁二烯？

(2) 狄尔斯-阿尔德反应？

5. 以下使用了多少组态相互作用？

(1) CASSCF(2,2)计算？

(2) CASSCF(2,3)计算？

较难的问题

1. CASSCF 是大小一致的吗？

2. 在单行列式 HF(即自洽场)理论中,每个分子轨道都有一个唯一的能量(特征值),但对于 CASSCF 计算中的活化分子轨道来说,不是这样。为什么？

3. 在不确定的情况下，CASSCF 计算真正需要的轨道有时可以通过检查活化分子轨道的**占据数**来确定。查看 CASSCF 轨道的这一项。

4. 为什么占据数（见上述问题3）接近 2 或 0（大于 1.98 且小于 0.02）表明轨道不属于活化空间？

5. 据说，没有严格的方法来区分静态和动态电子相关性。试讨论。

重原子和过渡金属

较容易的问题

1. 提出一个原子的简单物理性质，可以使用实验值与计算值的比较来测试该原子是否应被视为是"重"原子（提示：考虑价电子的能量）。

2. 提出 X 元素的化合物的一个简单性质，可以使用实验值与计算值的比较来检验元素 X 是否应被视为"重"元素。

3. 狄拉克，相对论单电子方程的发现者，认为相对论在化学中并不重要（P. A. M. Dirac，"Quantum Mechanics of Many-Electron Systems"，Proceedings of the Royal Society of London. Series A，Mathematical and Physical Sciences，1929，*123*（792），714）。他为什么错了？

4. 在前 100 种元素中，过渡金属有多少？

5. 对原子中电子的速度 v 使用简单的半经典玻尔方程（式（4.12）），以计算 $Z=100$ 和能级 $n=1$ 的 v 值：

$$v = \frac{Ze^2}{2\varepsilon_0 nh} \tag{4.12}$$

$e=1.602\times10^{-19}$ C，$\varepsilon_0=8.854\times10^{-12}$（$C^2/(N \cdot m^2)$），$h=6.626\times10^{-34}$ J·s

这个 v 值是光速（$c=3.0\times10^8$ m/s）的几分之一？

使用"爱因斯坦因子"$\sqrt{1-v^2/c^2}$，计算其对应的质量增加因子。

较难的问题

1. 上述问题 5 的计算结果是否可信？为什么？

2. 对于 d 或 f 电子来说，相对论效应该更强吗？

3. 为什么过渡元素都是金属？

4. 配体对过渡金属 d 电子能量影响的简单晶体场分析与"更深的"分子轨道分析非常吻合（见参考文献[106]）。然而，晶体场方法在哪些方面是不现实的？

5. 与标准有机化合物的参数化相比，过渡金属参数化分子力学和 PM3-型程序存在特殊问题的原因是什么？

参考文献

1. Modern physics views the vacuum as a "false vacuum", seething with "virtual particles": The study of these concepts belongs to quantum field theory: (a) For a reflective exposition of this largely in words (!) See Teller P (1995) An interpretive introduction to quantum field theory. Princeton University Press, Princeton; (b) A detailed account of the subject by a famous participant is given in Weinberg S (1995) The quantum theory of fields. Cambridge University Press, Cambridge; particularly vol I, Foundations

2. Krieger JH (1992) Chem Eng News, May 11, p 40

3. Luberoff BJ (1992) Chem Eng News, June 15, p 2

4. Pilar FJ (1992) Chem Eng News, June 29, p 2

5. Sousa SP, Fernandes PA, Ramos MJ (2009) J Phys Chem A 113:14231

6. (a) Kenny JP, Krueger KM, Rienstra-Kiracofe JC, Schaefer HF (2001) J Phys Chem A 105:7745; (b) Lewars E (2000) J Mol Struct (Theochem) 507:165; (c) Lewars E (1998) J Mol Struct (Theochem) 423:173, and references therein to earlier work

7. Fliegl H, Sundholm D, Taubert S, Jusélius J, Klopper W (2009) J Phys Chem A 113:8668

8. (a) Liptak MD, Gross KC, Seybold PG, Feldgus S, Shields GC (2002) J Am Chem Soc 124:6421, and references therein; (b) Liptak MD, Shields GC (2001) J Am Chem Soc 123:7314

9. (a) Calculations on the stability of $N_5^+N_5^-$ in vacuo and in a crystal: Fau S, Wilson KJ, Bartlett RJ (2002) J Phys Chem A 106:4639. Correction: J Phys Chem A 2004 108:236; (b) Decomposition of polynitrohexaazaadamantanes in crystals: Xu X-J, Zhu W-H, Xiao H-M (2008) J Mol Struct (Theochem) 853:1–6; (c) Nitroexplosives in crystals: Zhang L, Zybin SV, van Duin ACT, Dasgupta S, Goddard III WA (2009) J Phys Chem A 113:10619; (d) General approach to calculating bulk properties of crystals: Hu Y-H (2003) J Am Chem Soc 125:4388; (e) Ab initio modelling of crystals: Dovesi R, Civalleri B, Orlando R, Roetti C, Saunders VR (2005) Rev Comput Chem, volume 21, Lipkowitz KB, Larter R, Cundari TR (eds) (2005) Wiley, Hoboken; (f) Tuckerman ME, Ungar PJ, Rosenvinge T, Klein ML (1996) Molecular dynamics applied to crystals, liquids, and clusters. J Phys Chem 100:12878

10. Bachrach SM (2014) Computational organic chemistry, 2nd edn. Wiley-Interscience, Hoboken, chapter 7

11. Thar J, Zahn S, Kirchner B (2008) The minimum requirements for solvating alanine have been examined with the aid of molecular dynamics. J Phys Chem B 112:1456

12. (a) See e.g. (a) Leach AR (2001) Molecular modelling, 2nd edn. Prentice Hall, Essex; chapter 7; (b) Harris RC, Pettitt BM (2015) J Chem Theory Comput 11:4593; (c) Deng N, Zhang BW, Levy RM (2015) J Chem Theory Comput 11:2868

13. (a) Acc Chem Res, 2002 35(6); issue devoted largely to this topic; (b) Setny P (2015) J Chem Theory Comput 11:5961; (c) Yang Z, Doubleday C, Houk KN (2015) J Chem Theory Comput 11:5606

14. Bickelhaupt FM, Baerends EJ, Nibbering NMM (1996) Chem Eur J 2:196

15. Yamataka H, Aida M (1998) Chem Phys Lett 289:105

16. Cramer CJ (2004) Essentials of computational chemistry, 2nd edn. Wiley, Chichester, chapter 11

17. Jensen F (2007) Introduction to computational chemistry, 2nd edn. Wiley, Hoboken, sections 14.6, 14.7

18. Tomasi J, Mennucci B, Cammi R (2005) Chem Rev 105:2999

19. Marenich AV, Cramer CJ, Truhlar DG (2013) This paper presents "a new kind of treatment" of the dispersion contribution. J Chem Theory Comput 9:3649

20. This issue is devoted to solvation, mostly specialized aspects of continuum methods: J Comput Aided Mol Design 2014 28(3)

21. Barone V, Cossi M (1998) J Phys Chem A 102:1995

22. Langlet J, Claverie P, Caillet J, Pullman A (1988) J Phys Chem 92:1617

23. A series of solvation models designated SM5.x dates from 1998 to 2004. SM6 appeared in 2005. The two most widely-used models as of ca. 2015 are probably: (a) *SM8*, Marenich AV, Olson RM, Kelly CP, Cramer CJ, Truhlar DJ (2007) J Chem Theory Comput 6:2011; Cramer CJ, Truhlar DG, Acc Chem Res 41:760, and (b) *SMD*, Marenich AV, Cramer CJ, Truhlar DG (2009) J Phys Chem B 113:6378; (c) As of mid-2015 the most recent model in the series is *SM12*, Marenich AV, Cramer CJ, Truhlar DG (2013) J Chem Theory Comput 9:609; (d) For information on the frequently-appearing SMx models, including their availability in program suites, check the Minnesota Solvation Models and Solvation Software website: http://comp.chem.umn.edu/solvation/

24. Amovilli C, Floris FM (2015) J Phys Chem A 119:5327

25. (a) Benassi R, Ferrari E, Lazarri S, Spagnolo F, Saladini M (2008) IR, UV, NMR. J Mol Struct 892:168; (b) IR, UV, NMR, EPR: Barone V, Crescenzi O, Improta R (2002) Quantitative structure-activity relationships 21:105; (c) NMR: Sadlej J, Pecul M, Mennucci B, Cammi R (eds) (2007) Continuum Solvation Models Chem Phys 125

26. Foresman JP, Keith TA, Wiberg RB, Snoonian J, Frisch MJ (1996) J Phys Chem 100:16098

27. Cossi M, Rega N, Scalmani G, Barone V (2003) J Comput Chem 24:669

28. The first paper on COSMO: Klamt A, Schüürmann G (1993) J Chem Soc Perkin Trans 2:799

29. (a) Klamt A (1995) J Phys Chem 99:2224; (b) Klamt A, Jonas V, Burger T, Lorenz JCW (1998) J Phys Chem A 102:5074; (c) Klamt A, Diedenhofen M (2015) J Phys Chem A 119:5439

30. (a) COSMOlogic: Imbacher Weg 49, 51379 Leverkusen, Germany. http://www.cosmologic.de/index.php; (b) "COSMO-RS: from quantum chemistry to fluid phase thermodynamics and drug design [With CDROM]", Andreas Klamt, Elsevier, Amsterdam, 2005

31. Spartan is an integrated molecular mechanics, ab initio and semiempirical program with an input/output graphical interface. It is available in UNIX workstation and PC versions: Wavefunction Inc., http://www.wavefun.com, 18401 Von Karman, Suite 370, Irvine CA 92715, USA. As of mid-2009, the latest version of Spartan was Spartan 09. The name arises from the simple or "Spartan" user interface

32. Smith MB, March J (2001) Advanced organic chemistry. Wiley, New York, numerous discussions and references

33. Mo Y, Gao J (2000) J Comput Chem 21:1458

34. Ensing B, Meijer EJ, Bloechl PE, Baerends EV (2001) J Phys Chem A 105:3300

35. Freedman H, Truong TN (2005) J Phys Chem B 109:4726

36. E: Albery WJ, Kreevoy MM (1978) Adv Phys Org Chem 16:87

37. E. Anslyn V, Dougherty DA (2006) Modern physical organic chemistry. University Science Books, Sausalto, p 171

38. Olmstead WN, Brauman JI (1977) J Am Chem Soc 99:4219

39. Bento AP, Solà M, Bickelhaupt FM (2005) J Comput Chem 26:1497

40. Bachrach SM (2014) Computational organic chemistry, 2nd edn. Wiley-Interscience, Hoboken, chapter 6

41. (a) The experimental percentages shown here were deduced from the data in Beak P, Fry FS, Lee J, Steele F (1976) J Am Chem Soc 98:171; (b) Brown RS, Tse A, Vederas JC (1980) J Am Chem Soc 102:1174; (c) Beak P, Covington JB, White JW (1980) J Org Chem 45:1347; (d) Beak P, Covington JB, Smith SG, White JM, Zeigler JM (1980) J Org Chem 45:1354; (e) Beak P (1977) Acc Chem Res 10:186; (f) McCann BW, McFarland S, Acevido O (2015) J Phys Chem A 119:8724

42. (a) Klamt A, Eckert F, Diedenhofen M, Beck ME (2003) J Phys Chem A 107:9380; (b) Klamt A (2009) Acc Chem Res 42:489

43. Kelly CP, Cramer CJ, Truhlar DG (2006) J Phys Chem A 110:2493

44. Cramer CJ, Truhlar DG (2009) Acc Chem Res 42:493

45. Eckert F, Diedenhofen M, Klamt A (2010) Mol Phys 108:229

46. Liptak MD, Shields GC (2001) J Am Chem Soc 123:7314

47. Toth AM, Liptak MD, Phillips DL, Shields GC (2001) J Chem Phys 114:4595

48. Liptak MD, Gross KC, Seybold PG, Feldgus S, Shields GC (2002) J Am Chem Soc 124:6421

49. As of 2015, the latest "full" version (as distinct from more frequent revisions) of the Gaussian suite of programs was Gaussian 09. Gaussian is available for several operating systems; see Gaussian, Inc., http://www.gaussian.com, 340 Quinnipiac St., Bldg. 40, Wallingford, CT 06492, USA

50. (a) Feller D, Peterson KA (2007) J Chem Phys 126:114105; (b) Friesner RA, Knoll EH (2006) J Chem Phys 125:124107

51. http://webbook.nist.gov/chemistry/ quoting (a) Caldwell G, Renneboog R, Kebarle P (1989) Can J Chem 67:661; (b) Fujio M, McIver Jr RT, Taft RW (1981) J Am Chem Soc 103:4017; (c) Cumming JB, Kebarle P (1978) Can J Chem 56:1

52. Hamad S, Lago S, Mejias JA (2002) J Phys Chem A 106:9104

53. Topol IA, Tawa GJ, Burt SK, Rashin AA (1999) J Chem Phys 111:10998

54. Okur A, Simmerling C (2006) Annu Rep Comput Chem 2:97

55. See e.g. (a) Ratkova EL, Palmer DS, Fedorov MV (2015) Chem Rev 115:6312; (b) Luchko T, Gusarov S, Roe DR, Simmerling C, Case DA, Tuszynski J, Kovalenko A (2010) J Chem Theory Comput 6:607

56. Pople JA (1970) Acc Chem Res 3:217

57. Getty SJ, Davidson ER, Borden WT (1992) J Am Chem Soc 114:2085

58. See W. T. Borden, referring to DFT in general, quoted in Bachrach SM (2014) Computational organic chemistry, 2nd edn, Wiley-Interscience, Hoboken; p 281

59. (a) Hrovat DA, Fang S, Borden WT (1997) J Am Chem Soc 119:5253, and references therein

60. Berson JA, Pedersen LD, Carpenter BK (1976) J Am Chem Soc 98:122

61. Crawford RJ, Mishra A (1965) J Am Chem Soc 87:3768

62. Doubleday C Jr (1993) J Am Chem Soc 115:11968

63. Polanyi JC, Zewail AH (1995) Acc Chem Res 28:119

64. Cramer CJ (2004) Essentials of computational chemistry, 2nd edn, Wiley, Chichester; Appendix D

65. (a) Kleier DA, Halgren TA, Hall Jr. JH, Lipscomb WN (1974) J Chem Phys 61:3905, and references therein; (b) Reed AE, Curtiss LA, Weinhold F (1988) Chem Rev 88:899

66. (a) Karlstrom G, Lindh R, Malmqvist P-Å, Roos BO, Ryde, Veryazov V, Widmark P-O, Cossi M, Schimmelpfennig B, Neogrady P, Seijo L (2003) Comput Mater Sci 28:222; (b) Anderssson K, Malmqvist P-Å, Roos BO (1992) J Chem Phys 96:1218

67. Lange H, Loeb P, Herb T, Gleiter R (2000) J Chem Soc Perkin Trans 2:1155

68. (a) Blanksby SJ, Ellison GB (2003) Acc Chem Res 36:255; (b) The enthalpy difference is not strictly an exact measure of bond strength: Treptow RS (1995) J Chem Educ 72:497

69. The activation enthalpy for the opening of cyclopentane, which should be close to the bond enthalpy assuming little enthalpy barrier to reclosing, has been estimated to be 344.8 kJ mol^{-1} (82.4 kcal mol^{-1}): Sirjean B, Glaude PA, Ruiz-Lopez MF, Fournet R (2006) J Phys Chem A 110:12693

70. Alkorta I, Elguero J (2006) Chem Phys Lett 425:221

71. Wang Y, Poirier RA (1998) Can J Chem 76:477

72. Eliel EL, Wilen SH (1994) Stereochemistry of organic compounds. Wiley, New York, p 22

73. Lewars E (2005) J Phys Chem A 109:9827

74. Foresman JB, Frisch A (1996) Exploring chemistry with electronic structure methods, 2nd edn, Gaussian Inc., Pittsburgh, pp 228–236
75. Kazaryan A, Filatov M (2009) J Phys Chem A 113:11630, and references therein
76. (a) Gräfenstein J, Kraka E, Filatov M, Cremer D (2002) Int J Mol Sci 3:360; (b) Cremer D, Filatov M, Polo V, Kraka E, Shaik S (2002) Int J Mol Sci 3:604; (c) Cremer D (2001) Mol Phys 99:1899
77. Bally T, Borden WT (1999) In: Lipkowitz KB, Boyd DB (eds) Reviews in computational chemistry, vol 13. Wiley, New York, Chapter 1
78. (a) Saito T, Yasuda N, Kataoka Y, Nakanishi Y, Kitagawa Y, Kawakami T, Yamanaka S, Okumura M, Yamaguchi K (2011) J Phys Chem A 115:5625; (b) Carpenter BK, Pittner J, Veis L (2009) J Phys Chem A 113:10557; (c) Cramer CJ (2004) Essentials of computational chemistry, 2nd edn. Wiley, Chichester, section 8.5.3
79. Lewars E (2014) Can J Chem 92:378
80. Abe M (2013) Chem Rev 113:7011
81. Yang KR, Jalen A, Green WH, Truhlar DG (2013) J Chem Theory Comput 9:418
82. Ess DH, Cook TC (2012) J Phys Chem A 116:4922
83. A polemic against the common, convenient practice of referring to relativistic mass versus rest mass: L. Okun, Physics Today, June 1989, 30. Relativistic effects like mass increase and time decrease (time dilation) at a velocity v are given by what we may call the "Einstein factor", $\sqrt{(1-v^2/c^2)}$, where c is the velocity of light. The inner electrons of a heavy atom can move at about $0.3c$, so here the mass increase factor is $1/\sqrt{(1 - v^2/c^2)} = 1/\sqrt{(1 - 0.3^2)} = 1/0.95 = 1.05$ or 5 percent. Small but significant
84. Jacoby M (1988) Chem Eng News, March 23, p 48
85. Pyykkö P (1988) Chem Rev 88:563
86. Frenking G, Antes I, Böhme M, Dapprich S, Ehlers AW, Jonas V, Neuhaus A, Otto M, Stegmann R, Veldkamp A, Vyboishchikov SF (1996) In: Lipkowitz KB, Boyd DB (eds) Reviews in computational chemistry, vol 8. VCH, New York
87. Cundari TR, Benson MT, Lutz ML, Sommerer SO (1996) In: Lipkowitz KB, Boyd DB (eds) Reviews in computational chemistry, vol 8. VCH, New York
88. Persina VG (1996) Chem Rev 96:1977
89. Almlöf J, Gropen O (1996) In: Lipkowitz KB, Boyd DB (eds) Reviews in computational chemistry, vol 8. VCH, New York
90. (a) Balasubramanian K (1997) Relativistic effects in chemistry. Part A, theory and techniques. Part B, applications. Wiley, New York; (b) Wilson S (1998) J Am Chem Soc 120:2492
91. Pisani L, Clementi E (1994) J Comput Chem 15:466
92. For a synopsis of the history behind the relativistic equations of Schrödinger and Dirac see Weinberg S (1995) The quantum theory of fields. Cambridge University Press, Cambridge, Volume I, chapter 1, and references therein. This account does not deal specifically with the Dirac-Fock equation
93. Malli GL, Siegert M, Turner DP (2008) Int J Quantum Chem 108:2299
94. Bischoff FA, Klopper W (2010) J Chem Phys 132:094108
95. Karni M, Apeloig Y, Knapp J, Schleyer PvR (2001) Chemistry of organic silicon compounds 3:1 (Patai series "The Chemistry of Functional Groups", Ed. Z. Rappaport, Wiley, New York)
96. Schleyer PVR, Kaupp M, Hampel F, Bremer M, Mislow K (1992) J Am Chem Soc 114:6791
97. Seth M, Faegri K, Schwerdfeger P (1998) Angew Chem Int Ed 37:2493
98. Misra A, Marshall P (1998) J Phys Chem 102:9056
99. Liao M-S, Zhang Q-E (1998) J Phys Chem A 102:10647
100. https://bse.pnl.gov/bse/portal. Accessed 19 May 2015. Basis set exchange: a community database for computational sciences. See (a) Schuchardt KL, Didier BT, Elsethagen T, Sun L, Gurumoorthi V, Chase J, Li J, Windus TL (2007) J Chem Inf Model 47:1045;

(b) Feller D (1996) J Comp Chem 17:1571

101. Cramer CJ (2004) Essentials of computational chemistry, 2nd edn. Wiley, Chichester, pp 179–180

102. Cotton FA, Wilkinson G, Gaus PL (1995) Basic inorganic chemistry, 3rd edn, Wiley, New York, p 628

103. Cotton FA, Wilkinson G, Gaus PL (1995) Basic inorganic chemistry, 3rd edn. Wiley, New York; chapter 23

104. Hoffmann R (1982) Angew Chem Int Ed 21:711

105. Cotton FA, Wilkinson G, Gaus PL (1995) Basic inorganic chemistry, 3rd edn. Wiley, New York

106. Cotton FA, Wilkinson G, Murillo CA, Bochmann M (1999) Advanced inorganic chemistry, 6th edn. Wiley, New York

107. Dagani R (2001) Chem Eng News, December 3, p 37

108. Laszlo P, Hoffmann R (2000) Angew Chem Int Ed 39:123

109. Comba P, Hambley TW, Martin B (2009) Molecular modelling of inorganic compounds, 3rd edn. Wiley, Weinheim

110. Ricca A, Bauschlicher CW (1995) Theor Chim Acta 92:123

111. Harvey JN (2009) Abstracts of papers, 237th ACS national meeting, Salt Lake City, UT, March 22–26

112. Frenking G (1997) J Chem Soc, Dalton Trans, 1653

113. Zhao Y, Truhlar DG (2007) Acc Chem Res 41:157

114. Tekarli S, Drummond L, Williams TG, Cundari TR, Wilson AK (2009) J Phys Chem A 113:8607

115. Cramer CJ, Truhlar DG (2009) Phys Chem Chem Phys 11:10757

116. Averkiev BB, Mantina M, Valero R, Infante I, Kovacs A, Truhlar DG, Gagliardi L (2011 Theor Chem Acc 129:657

117. Luo S, Truhlar DG (2012) J Chem Theory Comput 8:4112

118. Luo S, Averkiev B, Ke R, Yang X, Truhlar DG (2013) J Chem Theory Comput 10:102

119. E.g. and references therein: (a) Cankurtaran BO, Gale JD, Ford MJ (2008) J Phys: Conden Matter 20:294208; (b) Longo RC, Gallego LJ (2006) Phys Rev B 74:193409

120. (a) Hoffmann R (1963) J Chem Phys 39:1397; (b) Hoffmann (1964) J Chem Phys 40:2474 (c) Hoffmann R (1964) J Chem Phys 40:2480; (d) Hoffmann R (1964) J Chem Phys 40:2745 (e) Hoffmann R (1966) Tetrahedron 22:521; (f) Hoffmann R (1966) Tetrahedron 22:539 (g) Hay PJ, Thibeault JC, Hoffmann R (1975) J Am Chem Soc 97:4884

121. Genin HS, Lawler KA, Hoffmann R, Hermann WA, Fischer RW, Scherer W (1995) J An Chem Soc 117:3244

122. Proserpio DM, Hoffmann R, Dismukes GC, Am J (1992) Chem Soc 114:4374

123. Liu Q, Hoffmann R (1995) J Am Chem Soc 117:10108

124. Alemany P, Hoffmann R, Am J (1993) Chem Soc 115:8290

125. Buda N, Flores A, Cundari TR (2005) J Coord Chem 58:575

126. Cooney KD, Cundari TR, Hoffman NW, Pittard KA, Temple MD, Zhao Y (2003) J Am Chen Sc 125:4318

127. Zakharian TY, Coon SR (2001) Comput Chem 25:135

128. Goh S-K, Marynick DS (2001) J Comput Chem 22:1881

129. Bosque R, Maseras F (2000) J Comput Chem 21:562

130. McNamara JP, Sundararajan M, Hillier IH (2005) J Mol Graph Modell 24:128

第9章

精选文献精华、书籍、网站、软件和硬件

任何科学领域的自耕农工作……都是由实验者完成的,他必须保持理论家的诚实。

——加来道雄,纽约城市大学理论物理学教授

摘要:本章讨论了一些概念和方法的具体应用。提供了相关文献的信息,介绍了各种软件包的优点和功能。本章以硬件开发说明结束。

9.1 来自文献

本节讨论了一小部分已发表的论文,以展示我们在前几章中看到的一些内容是如何出现在文献中的。本节的 4 个主题(环氧乙烯、五氟化氮、金字塔烷和氮聚合物),以及其他几个主题,在另一本书[1]中进行了更详细的讨论。

9.1.1 分子

1. 环氧乙烯,存在还是不存在

让我们从一个看似简单的问题开始:计算化学能告诉我们关于环氧乙烯、氧杂环丙烯(图 9.1)的什么信息? 请注意,在文献中,环氧乙烯偶尔会被误用以表示环氧乙烷(环氧化物),可能是由于关于双键位置的命名怪癖[2a],或由于简单的错误[3]。环氧乙烯文献已详细综述到 1983 年[2a]和 1984—2007 年[2b]。重氮酮的一个标记的碳原子(R—C(N_2)—CO—R)在重氮酮转换为烯酮(沃尔夫重排)后,标记被扰乱了。排除重氮化合物发生转换的可能性后,这表明形成了一种环氧乙烯类物种。然而,这并不能告诉我们,该物种是中间体,还是仅仅是过渡态(图 9.2)。尝试回答此问题的一种直接方法似乎是在优化结构水平上计算频率,然后查看是否存在任何虚频——没有相对最小值,而有一个过渡态(2.5 节)。在一项初步调查中[4],谢弗及其同事通过 HF(自洽场)方法,以及考虑电子相关的 CISD 和 CCSD 方法(5.4 节)和双-zeta 基组(5.4.3 节),发现环氧乙烯是一个最小值。然而,从 HF 到 CISD,再到 CCSD,开环频率从 $445\sim338\ \text{cm}^{-1}$,再到 $262\ \text{cm}^{-1}$,据说,下降幅度要比预期大得多。一项非常全面的(标题"存在还是不存在")调查[5],其中用 46(!)个不同的水平检查了环氧乙烯的频率,但未能明确解决问题:甚至通过大基组的 CCSD(T)计算,结果有些古怪,且事实上,在所用的 6 个最高水平中,3 个给出了一个虚频,而 3 个都是实数。在 2 个最高水平上,开环频率是实数,但令人不安的低($139\ \text{cm}^{-1}$ 和 $163\ \text{cm}^{-1}$)。尽管在所有 5 个

密度泛函理论水平上,环氧乙烯都是一个虚的开环振动模式的过渡态。[5],但已发现一些泛函与某些基组一起能将其断定为最小值。B97-2[6] 和 PBE0[7] 泛函授予环氧乙烯局部最小值状态,且 B97-2 预测的 C_2H_2O 势能面与更"昂贵"的从头算计算 CCSD(T)计算得出的势

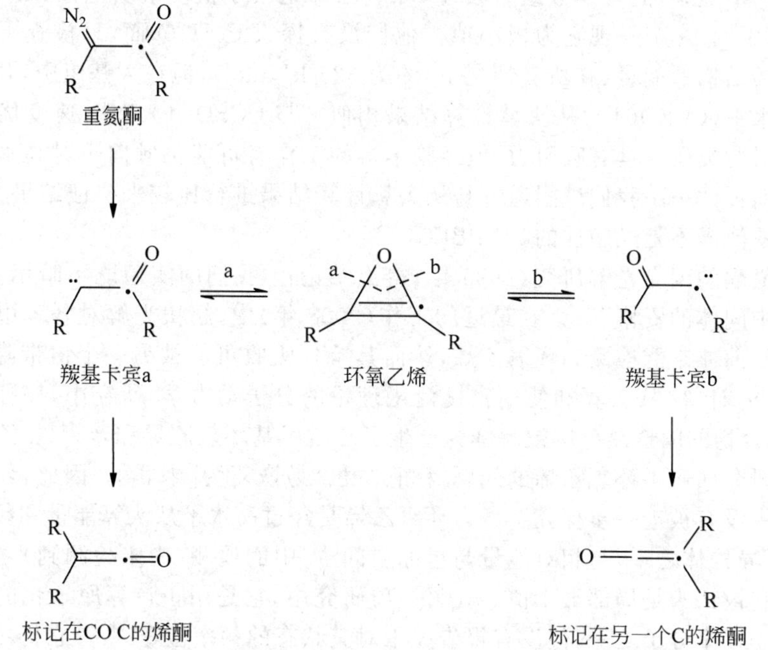

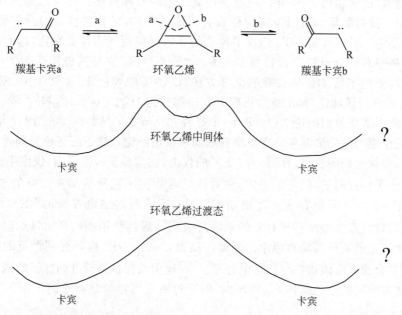

图 9.1 从标记的重氮酮生成羰基卡宾("酮卡宾"),有时会得出标记被转换的烯酮。这表明,形成了具有环氧乙烯对称性的物种

图 9.2 具有环氧乙烯对称性的物种在羰基卡宾中转换了标记。但这并不能告诉我们环氧乙烯是中间体,还是仅仅是过渡态

能面相当接近。威尔逊和托泽[6]发现，通过 B97-2 和三-zeta 相关一致基组，环氧乙烯以 1.3 kJ/mol（参见 CCSD(T) 1.8 kJ/mol）的势垒异构化为卡宾，这低于 8.6 kJ/mol（参见 CCSD(T) 2.1 kJ/mol）（图 9.1）。马威尼和戈达德发现[7]，尽管他们测试的许多泛函/基组组合给出了一个虚频，但有少数组合发现，环氧乙烯是极小值。事实上，PBE0 泛函与测试的 12 个基组中的 11 个发现它为极小值。他们没有探索 C_2H_2O 面，只检查了与乙烯酮相比的环氧乙烯结构的能量（在所有情况下，约为 335 kJ/mol），但在大基组中，开环频率和几何构型与高水平（CCSD(T)）从头算计算结果相似。与 CCSD(T) 相比，速度优势往往使密度泛函理论对此类研究具有吸引力，但经验丰富的工作者可能仍倾向于对高水平从头算计算给予更多信任（"……我们试图通过与从头算计算结果进行比较来验证结果"[8]），即使密度泛函理论的泛函不是经验性的，如 PBE0。

从对重氮酮的闪光光解研究（1995 年）得出结论："我们的实验既不暗示，也不取消环氧乙烯作为中间体的资格"[9]。在最近的工作（2008 年）中，超快光解对联苯甲基环氧乙烯潜在的重氮酮前体未能检测到环氧乙烯，然而其紫外吸收可能被另一个谱带隐藏[10]了，但在联合的实验/计算（从头算和使用密度泛函理论的分子动力学）研究中，一种正式的狄尔斯-阿尔德加合物的闪蒸热分解被解释为产生了乙酰甲基环氧乙烯和苯[11]。乙炔臭氧分解的详细计算研究回避了环氧乙烯的问题，称它"很容易恢复为[卡宾]。因此，环氧乙烯途径在这项工作中没有被进一步探究"[12]。环氧乙烯是经过高水平从头算能量和频率计算的几种 $C_xH_yO_z$ 异构体之一，与相对能量与星际空间[13]中的检测（尚未检测到）之间的可疑相关性有关。它被认为是局部最小值。在另一项研究中，它是用于计算原子化能量的高水平分子集中的 106 个分子之一，但没有报告关于对其状态的频率检查[14]。它仍然是一个令人讨厌的尚未解决的计算上"存在问题"的案例。一个谨慎的结论是杂环是否存在还不确定。

2. 五氟化氮，有凭有据的乐观？

五氟化氮（已综述到 2007 年[15]）是与环氧乙烯的有趣对比。环氧乙烯，理论上是一个合理的分子。没有明显的原因说明为什么它不应该存在，尽管它可能因反芳香性[16]或张力[17]而不稳定。另一方面，NF_5 违反了神圣的 8 电子规则。为什么它比，如 CH_6 更合理？然而，贝廷格等对该分子的全面计算研究令人"毫不怀疑"它是其势能面上的（相对）最小值[18]。他们使用了后 HF 从头算的全部方法，CASSCF、MRCI、CCSDT、CCSD(T)、MP2（5.4 节）及密度泛函理论（第 7 章），且所有方法都得出 D_{3h}（2.6 节）的 NF_5 是一个最小值。然而，目前尚不清楚他们的论文（1998 年）中是否完全解决了早期（1989—1992 年）关于氮承受 5 个氟配位能力的保留意见。克里斯特和同事得出结论，"缺乏五配位氮物种主要是由于空间位阻"，根据他们的发现，HF_2^- 对 NF_4^+ 的攻击，在实验误差范围内，仅发生在 F，而不是 N 上[19]。该实验抑制了，但并未否定，来自埃维希和范·瓦泽从头算计算的希望，即表明 $NF_5^{[20]}$ 甚至 $NF_6^{-[21]}$ 可能存在。克里斯特、范·瓦泽和埃维希在给 C&EN 的信中的评论[22]表明，当时，双方都没有被对方的立场所说服。通过使用 NF_4F 加强他们的研究[19]，克里斯特和威尔逊通过实验和理论论证得出结论，"共价 NF_5 应该受到严重的配体拥挤效应，这将使其合成非常困难"[23]。对中心原子[24]周围的拥挤进行准确计算的困难显然是对制备五氟化氮的可能性产生怀疑①的原因，但通过重新考虑贝廷格等的工作②，已经克服这

---

① 克里斯特教授的个人交流，2007 年 4 月 24 日。

② 克里斯特教授的个人交流，2010 年 4 月 16 日。他得出结论，NF_5 可以存在，尽管"合成会很困难"。

些保留意见。截至 2015 年年中，NF_5 仍然未知。

3. 金字塔烷，一个现实的目标

如果环氧乙烯"应该"存在，而 NF_5 "应该"不存在，那么，我们用什么来制备金字塔烷（图 9.3）？该分子与具有四面体定向键的四配位碳的传统范式[25]相矛盾：顶端碳的 4 个，键指向金字塔的底部。请注意，金字塔烷在文献中至少被误命名过一次：在对键离解能的研究中[26]，它被称为四面体烷，但后者是 $(CH)_4$，一种具有三角形底部和每个碳上有 1 个氢的金字塔形三环丁烷，而金字塔烷是 $C(CH)_4$，一种具有方形底部和一个未修饰碳的金字塔形四环戊烷。参考文献[27]已将金字塔烷综述至 2007 年。

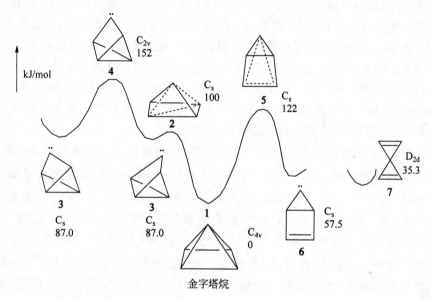

金字塔烷

图 9.3　（部分）金字塔烷势能面。$CCSD(T)/6-31G^*//MP2(fc)/6-31G^*$ 计算。这类似于参考文献 [28b]和本书第 2 版中的势能面，其中使用了 $QCISD(T)/6-31G^*//MP2(fc)/6-31G^*$，且非常接近肯尼等的 $CCSD(T)/DZP$ 表面[28c]，除了螺戊二烯 7 比此处高 16 kJ/mol，并显示了 3-乙炔基环丙烯加上两个开环结构外，它们比 **1** 低 64、128、175 kJ/mol。与上面的 **1～7** 不同，这 3 个结构与金字塔烷没有简单的连接关系

参考文献[28]计算的金字塔烷势能面的一部分如图 9.3 所示。为了提高相对能量的精度，MP2 几何构型被用于 $CCSD(T)$ 方法（5.4.3 节）的单点计算（5.5.2 节），其结果如图 9.3 所示。在该水平上，预测金字塔烷是一个具有 100 kJ/mol 势垒的相对最小值，相对于它转变为三环卡宾的最低能量异构化路径，三环卡宾位于其上方 87 kJ/mol。这为我们提供了一种令人惊讶的可能性，即奇异烃在室温下是可分离的，室温下可分离的阈值势垒约为 100 kJ/mol[29]。其他计算表明，金字塔烷和某些其他 C_5H_{2n} 物种是局部最小值（至少在单重态下）[30]。

计算了金字塔烷的其他性质，包括电离能和电子亲和势（5.5.5 节）、生成热（5.5.2 节）和核磁共振谱（5.5.5 节）[28b]。计算的金字塔烷 CH 键解离能为 487 kJ/mol。将此与立方烷和环丙烷的实验值 440 kJ/mol 和 445 kJ/mol 进行比较[26]。这与预期一致，因为 CC 键的 p 特征增加导致骨架中的张力增加，而使 CH 键的 s 特征增加。如 sp^2 键（33% s 特征）比

sp^3 键（25% s 特征）更强[31]。

金字塔烷化学的一个显著进步是合成了以锗和锡（锗基和锡基金字塔烷）作为顶端原子的类似物[32]。经过计算分析，特别是与（未被确认的）母体 $C(CH)_4$ 进行比较，这两种化合物（$Ge[C_4(SiMe_3)_4]$ 和 $Sn[C_4(SiMe_3)_4]$）是稳定的。扩展休克尔计算（4.4 节）在这种"C、Ge、Sn"相关中很有用。实验支持的结论是，以 Ge 或 Sn 与底部的成键很弱，且分子明显为离子的 $M^{++}C_4R_4^{--}$ 的类型。人们可能会怀疑金字塔烷本身可能具有很少的离子性，而以更强的顶点-底部成键，碳的金属性不如锗或锡。金字塔烷 $C(CR)_4$ 的合成被热切期待。

4. 多氮化物，不只是计算的游乐场？

近年来，人们对制备每个分子中具有 2 个以上原子的氮同素异形体的可能性产生了相当大的兴趣。氮聚合物是有趣的，因为对于任何有想象力的化学家而言，在室温下，可以握在手中的纯氮形式的想法是很吸引人的，且因为（这可能对你的手有害，取决于动力学）任何此类化合物就分解为双氮而言，在热力学上是非常不稳定的。挑战在于从计算上确定一个实际的合成候选对象并制备它。一个微弱的希望是可以找到一种具有足够动力学稳定性的化合物（同素异形体），以便能够在室温下处理它。这种物质可能是一种有用的高能量密度材料。参考文献[33]已将多氮化物综述到 2007 年。

有趣的是，几乎所有关于多氮化物 N_x（仅由氮组成）报道的工作都是计算性的，而不是实验性的。在**实验**工作中，非环 N_5^+ 已经被制备了[34-37]，而环戊二烯基阴离子的五氮杂类似物已被质谱检测到[38,39]，它在溶液中的生成被宣布[40]，而后受到质疑[41]，并最终在重新设计的实验中，通过检查其标记的解离产物（双氮和叠氮离子）被"明确地证实"了[42]。从它的盐类在室温下可以被分离来看，N_5^+ 是稳定的，但它会突然爆炸。N_5^- 在 $-40\,℃$ 时不稳定[42]，且没有被分离出来，也没有被 ^{15}N 核磁共振光谱观察到。自 1890 年[43]以来，已知的这两个物种和叠氮离子，是仅有的已被制备的多氮化物。我们建议对 N_5^- 使用"制备"，并忽略仅在质谱中观察到的 N_x^+[33]和需要高压才能存在的聚合物[44]，这种环境与质谱仪中的环境一样不友好。

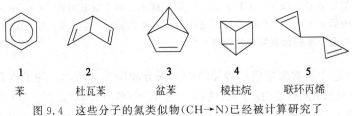

| **1** | **2** | **3** | **4** | **5** |
| 苯 | 杜瓦苯 | 盆苯 | 棱柱烷 | 联环丙烯 |

图 9.4　这些分子的氮类似物（CH→N）已经被计算研究了

也许，对氮低聚物的第一个严肃的计算研究是由恩格尔克展开的。首先在不相关[45]水平上，然后在 MP2[46]水平上，他研究了（图 9.4）苯异构体的 N_6 类似物。不相关计算表明，图中分子 **1~5** 是"稳定的"，即动力学稳定的，尽管热力学上的能量要比双氮高得多。然而，在 MP2/6-31G* 势能面上，分子 **1** 是山顶（2.2 节），而分子 **5** 是过渡态（2.2 节）。这说明了一个并不罕见的事实，即在较低理论水平上，乐观预测可能无法在较高水平上持续。不含相关的从头算，尤其是半经验（第 6 章）计算，在赋予奇异分子真实性时，往往过于宽松。事实上，六氮杂苯最多只能极微量地存活[47]。关于多氮已发表了数百种计算方法。这些（2007 年）的代表性调查可在参考文献[33]中找到。

计算方面的论文继续在多氮化合物领域占据主导地位。事实上，如果有人坚持认为多氮化合物只含有氮，那么，自（参考文献[34-42]）这些以来，似乎没有发表过尝试制备 $N_x(x>3)$ 的物种：①N_5^+ 的合成（1999 年）；②N_5^- 的合成（2008 年）；③N_5^+ 与 N_3^- 的反应（2004 年），这并非源于 N_8 的分离。①、②和③已经被详细评述[33]。如果我们放宽严格的元素一致性的限制，就会有大量关于合成极其富氮化合物的报道。据说，四叠氮化硅（按重量计，86%的氮）自 1954 年以来就已为人所知[48]，而四叠氮化碳（按重量计，93%的氮）于 2007 年被报道[49]。已经通过计算研究了第 15 族三叠氮化物，并已经报道了三叠氮化铋（按重量计，仅含 45%的氮），但尝试制备三叠氮化氮失败[50]。特别是自 2000 年左右以来，多种富氮有机化合物已被报道。它们几乎都通过将硝基，或更重要的叠氮化物、基团连接到三唑或四唑（三或四氮杂环戊二烯）环上而制备的，从而得到类似叠氮四唑衍生物 C_2N_{14}（按重量计 89%的氮）的化合物[51]。对于该研究，非常活跃的是克拉波特克小组，他们到 2011 年左右的工作已经被总结在参考文献[52]中。

自从对 N_6 等小的 N_x 物种进行开创性研究[33]以来，被调查的许多化合物在结构上是非常怪异的，尽管对理论家来说，可能并不吓人，但合成化学家可能会认为，它们永远不可能被制备出来，即使在纳克量级。在这些研究中，富有想象力的是对顶盖和底盖带有 N_{15} 十二面体的五边形双锥 $(C_5)_2$（即 $C_{10}N_{30}$[53]）和圆柱形 N_x 结构（即 N_{66}[54]）的计算。斯特劳特课题组在对含碳量很少，或不含碳的多氮化物的计算研究中特别活跃。2002 年左右以来，他们研究了笼状结构，以发现可能在动力学上稳定它们的特征：碳的战略位置和笼曲率的微妙作用（圆柱体与球体）[55]。这些笼状分子对双氮而言，都是热力学上不稳定的，当然，这正是我们想要的高能炸药或推进剂（一种高能量密度材料（high-energy-density material，HEDM））,且这些相对稳定性相对容易计算。动力学不稳定性，这是我们不想要的，它很难被量化，且似乎没有尝试为这些大多数分解势垒设置一个数字。在那些计算确实已经掌握了解离的过渡态（势垒的有用信息可以根据均裂解离能获得：见下文 NCNNCN 等），且已经计算了势垒的情况下，计算出的活化能对于任何可用作 HEDM 的物质来说，都太低了。例如，一些 N_{12} 无环、单环、五唑和小的笼状化合物，其中，该组中的最高势垒为 61 kJ/mol（14.5 kcal/mol）[56]。经验表明，室温下，稳定性的阈值势垒约为 100 kJ/mol[29]。作者的直觉观点是，所有这些笼状化合物都是易碎物质，处理时需自担风险。

相比之下，斯特劳特课题组已经确定了一类不同于笼状的结构，它提供了两种令人满意的可能性：易合成和动力学稳定性。该结构是末端用氰基（腈）基团封顶的氮链（单键和双键在此仅简单地按照普通价态规则绘制）[57]。

这些 $NC(N_2)_x CN$ 化合物(双氰基聚二氮)显然是比笼状结构更现实的合成目标。预期稳定性会增加,因为氮链的热分解似乎从末端开始,并通过 CN 基团封顶,会抑制这种现象[57]。研究较长链的动力归因于对 $NC(N_2)CN$[58] 的研究,其中,稳定性是通过计算解离成各种可能产物(如 NCNN+CN)的能量来估计的。这应该是有效的,因为键均裂的势垒应该接近其解离能。对于 NCNNCN 来说,生成可能产物的解离能是吸热的,例如,对于在MP2/cc-pVTZ 几何构型上的 CCSD(T)/cc-pVTZ 单点(5.3.3 节和 5.4.2 节)来说,在293~339 kJ/mol(70~81 kcal/mol)范围内,取决于解离产物。相比之下,N_4C_2 异构体NC(NN)CN 和 NNNCCN,有低能的均裂模式,末端 NN 损失为双氮;对此,所用的所有计算水平都给出了能量下降约 400 kJ/mol(约 100 kcal/mol)的**放热**反应。现在,NCNNCN通常称为偶氮二甲腈,是一种已知的化合物,于 1965 年被首次制备[59]。它是一种橙红色的挥发性晶状固体。蒸气在 100 ℃ 时,仅缓慢分解,但固体在受到冲击时,会爆炸。因此,NCNNCN 在室温下是热稳定的,但固体的行为在理论上难以评估,它对冲击敏感。如果不知道此数值参数(类似,例如,引爆所需的从某一高度下降的重量),人们就无法明确判断偶氮二甲腈作为 HEDM 的安全性。根据获得的关于第一个成员的理论(偶氮二甲腈的实验性质在参考文献[58]中没有提到)知识,研究了系列 $NC(N_2)_x CN, x = 1 \sim 5 (N_4 C_2 \sim N_{12}C_2)$[57]。计算了生成焓和几何构型,并显示单重态电子态比三重态电子态更受青睐。计算了 N_6C_2 在键 1、2 和 3(将键 1 作为从末端连接原子 2 和原子 3 的键)处的解离能。3 种模式的结果是(产物能量以 kJ/mol 为单位):$NCN_4 + CN, 431$;$NCN_3 + NCN, 130$;$2 NCN_2, 164$。由于此处,即使是最低的解离能,也明显高于 100 kJ/mol[29],因此,得出结论是,该化合物(以及系列中的其他化合物)应显示出良好的抗分解性。从 NCNNCN 的实验行为,以及所有这些分子从末端开始解离的可能阻力,在没有固态爆炸倾向的情况下,它们似乎确实有可能在室温下保持稳定。也许,惰性溶剂中的浓溶液会具有 HEDM 特性。合成它们是一个有趣的挑战。

9.1.2　机理

我们在上文已经看到,计算化学有时可以非常可靠地告诉我们,一个分子是否可以存在。它通常也可以表明分子的稳定性。"稳定"在化学中有两种含义:有时用来表示抵抗异构化或单分子解离,有时表示抵抗其他分子的攻击。环氧乙烯不稳定(如果它可以存在的话),因为它很容易异构化,而环丁二烯不稳定是因为它很容易发生双分子反应(有些人可能会说,它稳定,但高活性)[60]。对于上述 4 种情况(环氧乙烯、五氟化氮、金字塔烷、多氮化物)来说,我们重点关注异构化或单分子反应的稳定性,以确定这些化合物,在必要时适当隔离攻击,是否能够被制备。在这里,我们来看看计算化学揭示涉及化学相遇的反应,以及两个分子之间的反应能力。这是通过实验和理论研究反应机理的主要方面(不可否认,单分子过程也受到了相当多的机理审查,主要与轨道对称理论有关[61])。

1. 呼吁谨慎将计算化学应用于反应机理:莫里塔-贝利斯-希尔斯曼反应

下例显示了计算化学目前不能做的事情。莫里塔-贝利斯-希尔斯曼反应(见普拉塔和辛格尔顿的文章[62])是关于含吸电子基团(electron-withdrawing group,EWG)的烯烃加成到醛的羰基碳上,生成烯丙醇的亲核催化加成。

　　这里的重要过程是亲核试剂影响了烯烃上的迈克尔加成。通过将电荷置于带有 EWG 的碳上(这可以使电荷离域到该基团中,从而稳定它),并如下所示,两性离子(假设亲核试剂是中性的)在醛醇反应中亲核攻击醛,以形成新的 CC 键。氧的质子化和带有 EWG 的碳的去质子化产生影响亲核试剂消除的碳负离子,以再形成 CC 双键。

　　细节决定成败。例如,醇盐阴离子向碳负离子的转化被公认为是通过"质子穿梭"机理发生的,其中,(如产物)醇分子在此处为 ROH,将质子转移到氧,同时从碳中移除质子。

　　提出这种外观简练的六元过渡态的动机是该反应是自催化的。一项令人印象深刻的详细实验研究发人深省(现实性检验有时也是如此):"许多计算研究中最重要的预测,即质子穿梭途径的预测被驳斥,支持简单,但计算上难以处理的酸碱机理"[62]。这篇论文的语气对计算化学家是尊重的,但对于这个反应,以及暗示涉及的复杂的多步反应来说,在表达结论时非常直接。实验和理论之间的差异是巨大的,且随着计算方法的不同而变化很大,然而,这些研究"并没有由于预测的极端不准确而被证伪":包括质子穿梭过渡态能量误差在内的不准确,对应高达 35 个数量级的因子(10^{35} 是一个非常大的数字)。在这里,理论研究的一个主要问题似乎是溶剂熵变的精确计算。计算研究"可以说更具误导性,而不是启发性",且可能对实验中已知的内容没有任何补充。普拉塔和辛格尔顿在这些研究中引用了沃尔夫冈·泡利关于工作与现实如此脱节,以至于人们甚至无法确定哪里出错了的尖锐格言:对于这种反应来说,计算"甚至连错误都不如"[63]。一份关于此事的简短报告引用了一位计算和实验化学家的话,他们同意在这种情况下应谨慎小心[64]。应该指出的是,在这里,计算工作的不足之处产生于试图对溶液中复杂多步反应进行定量的速率计算。对孤立分子或明确定义的一步(反应物、过渡态、产物)过程的反应曲线的计算可能非常可靠。一个例子是狄尔斯-阿尔德反应。这一节表明,最有用的计算工具之一,AM1 方法(第 6 章)的主要设计者,可能犯了狂妄自大的罪,当他说,实际上,计算化学在破译反应机理方面优于实验时:杜瓦质疑,在计算化学出现之前,"是否真的知道任何有机反应的机理"[65]。他的怀疑源于研究非常短暂的中间体的困难和模糊性,以及不可能(至少在当时)观察过渡态。

2. 狄尔斯-阿尔德反应，一步舞，还是两步舞？

狄尔斯-阿尔德反应是所有有机合成中最重要的反应之一，因为它以可预测的立体化学关系将两部分结合在一起，伴随生成了两个 C—C 键（图 9.5）[66]。该反应已用于合成复杂的天然产物，例如，有效合成抗高血压药物利血平[67]。这样的反应似乎很值得研究。

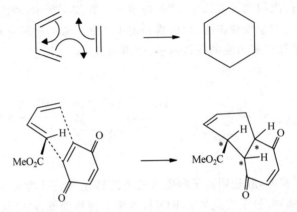

图 9.5　典型的狄尔斯-阿尔德反应是在 1,3-丁二烯和乙烯之间，形成环己烯。狄尔斯-阿尔德反应已用于合成复杂的天然产物。在药物利血平的合成中，2,4-戊二烯酸甲酯与 1,4-苯醌反应生成中间体。在一锅法反应中，生成 2 个 C—C 键，以正确的相对取向产生（即基本上生成一个非对映异构体）3 个手性中心（*）

狄尔斯-阿尔德反应及相关的周环反应可以通过伍德沃德-霍夫曼规则（4.3.5 节）定性处理，已在计算化学的背景下进行了综述[68]。该反应显然是非离子的，而主要争议是，它是以图 9.5 所示的协同方式进行，还是通过双自由基进行。在双自由基过程中，一个键已生成，而 2 个未配对的电子尚未生成另一个键。一个更微妙的问题是，反应如果协同，那么，是同步的，还是异步的：两个新键的生成是否与反应进行的程度相同，或一个键的生成是否先于另一个键的生成。使用 CASSCF 方法（5.4.3 节），李和霍克[69]得出结论，丁二烯-乙烯反应是协同和同步的，并指责杜瓦和杰[70]顽固地坚持双自由基机理。

对双自由基机理偏爱的似乎是半经验方法（第 6 章）和 UHF 方法（5.2.3 节）的产物。见参考文献[69]中的参考文献 11。密度泛函理论（第 7 章）的研究也强烈支持协同机理[71]。

3. 通过 OH·自由基从氨基酸中提取 H，不可避免的复杂性？

这种反应似乎比狄尔斯-阿尔德反应更深奥，虽然没有"使用"，但可能是非常重要的。蛋白质连接氨基酸残基，且蛋白质被羟基自由基的氧化可能在阿尔茨海默病、癌症和心脏病中起作用。羟基自由基破坏或修饰蛋白质的第一步可能是对 α-C 中的氢原子的提取（图 9.6）。在使用 MP2（5.4.2 节）和密度泛函理论（第 7 章）的一项非常深入的研究中，加拉诺等计算了甘氨酸和丙氨酸反应中涉及物种（氨基酸-OH 复合物、过渡态和氨基酸自由基）的几何构型（图 9.6，分别为 R ═H 和 CH₃）[72]。速率常数被全面计算，使用配分函数来计算指前因子（见 5.5.2 节），甚至考虑到隧道效应，并考虑到一些"振动"，实际上是旋转。这篇论文很好地说明了如何使用计算化学来计算中等大小分子反应的绝对速率常数。

图 9.6 计算研究了通过羟基自由基对氨基酸 α-C 中的氢原子的提取

9.1.3 概念

化学中,有一些非常基本的概念已被证明有助于合理化实验事实,且在过去的 50 年里一直被讲授,但在过去几十年的时间里,却受到了质疑。一个例子是共振在稳定(如羧酸根离子等)物种中的作用。一些较新的概念,有趣的但不那么传统,也受到了审查和质疑,如同芳香性。

1. 共振效应与诱导效应

羧酸是比醇强得多的酸,这一事实的传统解释是,共轭碱的共振稳定性比酸中的电荷分离共振更重要,相对于 RCOOH 来说,它稳定了 RCOO⁻,而共振在醇或其共轭碱中,均不存在。托马斯和西格尔根据从头算计算和光电子能谱[73],首次质疑了这一传统观念。他们得出的结论是,羧酸的相对较高的酸度在很大程度上是酸本身固有的,这是由电负性的羰基从氢原子中拉出电子引起 COOH 基团极化的结果,这是一种静电现象。这个想法被施特维泽采纳,并应用于其他酸,如硝酸和亚硝酸、二甲基亚砜和二甲基砜[74]。羰基化合物的结果被解释为与另一种反传统的想法一致,即羰基更好地被视为 $>C^+$—O^-,而不是 $>C=$$O$[75]。这种极化解释主要是借助于对相关原子的电子布居(5.5.4 节)的 AIM 分析,以及由施特维泽和同事[76]开发的更简单的 AIM 变体(投影函数差异图)分析得出的。其他人的工作也支持这样的观点,即"初始状态静电极化"在很大程度上决定了包括羧酸在内的几种化合物的酸性[77]。然而,伯克和施莱尔断言,最初归因于酸的静电去稳定化的托马斯-西格尔方法[73]至少是无效的,因为据称,它们的"弛豫能"项测量了电子离域或共振,这不符合化学家通常所说的这些术语的含义[78]。其他研究,尽管采用不同方法,但仍然将静电因素视为重要因素:CH_3COOH 占 75%,使用从头算能量的等键反应[79],而 HCOOH 大约占 62%~65%,通过—$CH=CH$—基团将 CO 和 OH 分离,以及通过相对于共轭系统其余部分旋转 CO 的效果,具有密度泛函理论能量[80]。大约在参考文献[79]和[80]支持酸静电失稳的重要性的同时,埃克斯纳和卡斯基[81]使用从头算和等键反应,进行了"反驳",认为,"在我们看来,毫无疑问,羧酸酸度与阴离子的低能量有关,而不是与酸分子的高能量有关",尽管"[在阴离子中],共振的重要性只能估计",无法量化。他们断定,这是一个次要因素。然而,他们得出结论,"在水中"(所有这些文章都关注气相,以检查不受约束的酸的固有影响),"共振是决定性因素"。他们接着说"整个共振的概念目前似乎有些过时……"。值得注意的是,共振/离域并不总是稳定一个物种[82]。沙伊克[83]"哲学地"调查了共振概念。从这一切来看,与醇类相比,羧酸酸度增强的原因似乎尚未达成共识,且人们可能几乎想知道,在某种程度上,静电与共振的作用是否是一个形而上学的问题。

2. 同芳香性

芳香性[84]与(在最简单的版本中)π 电子的离域有关(这些 π 电子对典型芳香物种苯施

加对称性的作用,受到质疑,但那是另一回事[85])。休克尔环状离域的电子数赋予了分子芳香性(4.3.5节)。同芳香性(同源芳香性)背后的思想是,如果系统是芳香性的,那么,如果我们在 π 系统相邻 p 轨道之间插入一个或多个原子,只要重叠没有丢失,芳香性就可能会持续存在(图 9.7)。虽然在离子中,同芳香性的真实性是毋庸置疑的,但中性同芳香性一直是难以捉摸[86]的。

如果该现象可以在中性物种中存在,那么可能被认为是同芳香性的一个分子,即三环癸三烯(图 9.7):3 个双键被牢固地保持在一个方向上,这似乎有利于连续重叠,同时伴随着 6 个 π 电子的环状离域。

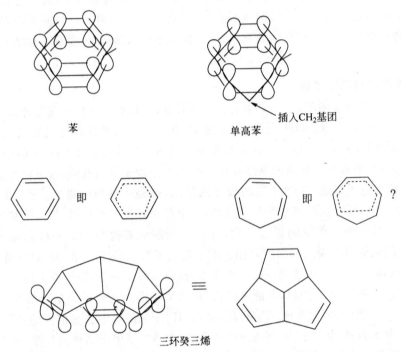

图 9.7　同芳香性。在苯的一对正式双键之间插入 CH_2 基团,得到单高苯。这是像苯一样离域,还是只是环庚三烯? 三环癸三烯,在每对正式双键之间插入 CH 基团,是三高苯吗?

事实上,其潜在的芳香性是合成该化合物的原因之一[87]。对三环癸三烯氢化热的测量发现,18.8 kJ/mol 的值比接下来两个步骤(得出六氢三戊并烯)的每一个都要低[88]。这被认为是三烯中具有同芳香性的证据,即该化合物比预期的未稳定物种要稳定 18.8 kJ/mol (4.5 kcal/mol)。请注意,与大多数计算估计约 100 kJ/mol(5.5.2 节)的苯的共振能相比,这是一个很小的稳定化能。然而,对该问题的另一项实验和计算研究[89]得出结论,三环癸三烯不是同芳香性的:化合物的燃烧得出的生成焓比参考文献[88](241 kJ/mol 与 244 kJ/mol,57.5 kcal/mol 与 53.6 kcal/mol)中根据氢化获得的生成焓约高 17 kJ/mol(4 kcal/mol)。这一否定结论是通过计算三环癸三烯及其二氢和四氢衍生物中双键的氢化热(图 9.8 中 **1**、**2**、**3**),以及三烯和相关分子磁性的计算[89]支持的。双键的氢化热是通过等键反应来计算的,一种保留了每种键数目的等键反应(5.5.2 节),因此,在其中,相关误差应很好地抵消了。对于图 9.8 中的 **1**、**2** 和 **3** 计算出双键的氢化能来说,基本相同,表明 **1** 的双键是普通的

环戊烯双键。请注意,使用环戊烷(图 9.8),而不是乙烷(这也会保持键类型)氢化(概念上)
1、**2** 和 **3**,应在很大程度上抵消因环张力引起的能量差异。有趣的是参考文献[88]得出结
论,相对于参考物种,"三环癸三烯是明确稳定的",但参考文献[89]断言,根据热化学测量,
"唯一合乎逻辑的结论是它[三环癸三烯]不是同芳香性的。"三环癸三烯中明显缺乏同芳香
性,可能是由于 3 对非键合碳与 X 射线衍射(2.533 Å)相距太远。相比之下,在过渡态
(图 9.9)中,非键合 CC 距离根据 B3LYP/6-311+G**(7.2.3 节)计算,已减小为 1.867 Å。
值得注意的是,测量的 C═C 键长度为 1.319 Å,接近正常的 C═C 键长度(引用参考文献
[89]中三环癸三烯的计算和测量参数)。

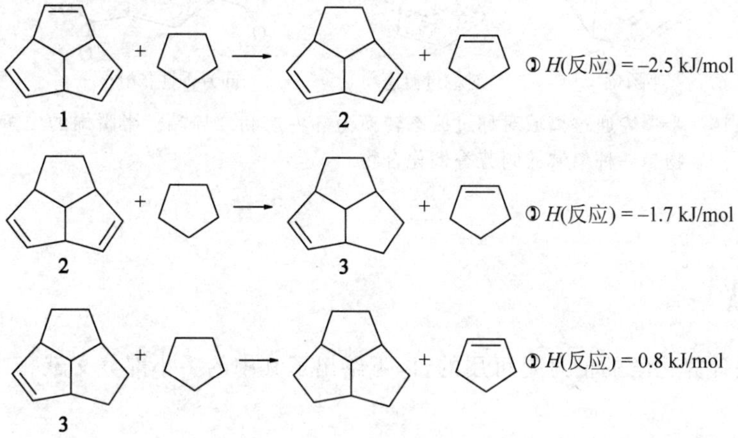

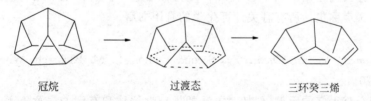

图 9.8　三环癸三烯中,双键的氢化热基本上与二氢三环癸三烯和四氢三环癸三烯中的双键
　　　　氢化热相同,且与环戊烯中的氢化热相同,表明三环癸三烯不是同芳香性的

冠烷　　　　　　　　过渡态　　　　　　三环癸三烯

图 9.9　冠烷通过芳香族过渡态异构化为三环癸三烯,如 3 个物种的磁化率和 NICS 值
　　　　所示

　　用来探测芳香性的磁性源于横向环电流的存在,该电流趋向于将芳香分子推出磁场(计
算性质为磁化率,χ),以及对位于或高于环中心的质子施加核磁共振屏蔽(计算性质为核无
关化学位移,nucleus-independent chemical shift,NICS)。NICS 值是从没有电荷或电子位
于环中心或环中心上方的"鬼原子核"的核磁共振屏蔽(5.4.3 节)中计算获得的。对 NICS
测试[90a]已经有了一个非常全面的综述,并介绍了一个更新的高级变体[90b]。对已知的冠
烷到三环癸三烯的异构化(图 9.9)反应,沿反应坐标 χ 和 NICS 变化的计算表明,反应物和
产物都不是芳香性的,只有过渡态是芳香性的[89]。过渡态中的同芳香性几乎完全不受实验
光谱检测的影响[91]。这种现象对于环庚三烯来说,多年来一直存在争议,但据说是计算上
"牢固确立"之后[92a],这显然已经通过实验,以一种微妙的迂回方式检查与二甲基二氢芘探
针分子融合的环庚三烯环的 NICS 特征,得到了明确的证明。这些工作人员将环庚三烯的

芳香性量化为苯的 $50\%^{[92b]}$。在中性分子中，同芳香性令人信服的证明是由不寻常的红外介质——半瞬烯衍生物的光谱（图 9.10）$^{[93]}$，而不是核磁共振谱提供的。碳氢化合物半瞬烯通过两端"左右"切换的对称过渡态经历低势垒的价互变异构现象。半瞬烯的二甲基二酐衍生物捕获了同芳族化合物中这种过渡态的本质。通过对蒸气的红外光谱的分析显示：所看到的羰基带波数是所示分子的预期波数，含两个对称面的 C_{2v}，而不是具有半瞬烯本身骨架的二酐，含一个对称平面的 C_s。

半瞬烯　　　对称过渡态　　　同芳香性二酐

图 9.10　半瞬烯通过离域对称过渡态转换为环丙烷和二烯端。半瞬烯的二酐衍生
物是一种离域的同芳香性化合物

9.2　文献

大量有关计算化学的信息是可用的，以下给出了其中的一小部分文献。

9.2.1　书

关于计算化学和一些相关主题的书籍，按作者（或第一作者）姓名的字母顺序排列。特定书籍的简明扼要描述是个人印象，并不一定意味着它不具有其他书籍的优点。这份清单没有以任何方式声称包括所有有关计算化学的有用书籍。

B

Computational Organic Chemistry，Second Edition，S. M. Bachrach，Wiley-Interscience，Hoboken，NJ，2014.

有来源于文献很好的示例，包括对方法的批判性评估和有用的注意事项。第 1 章是对从头算和密度泛函理论的简要介绍。

C

Handbook of Computational Quantum Chemistry，D. B. Cook，Dover Reprint，Dover Publications，Mineola，New York，2005（original 1998）.

专注于量子化学理论和算法背后的数学，但写作不是枯燥地。也许主要针对那些希望编写或修改程序的人。最好在从更一般的、介绍性书籍中获得基础知识后阅读。

Essentials of Computational Chemistry. Theories and Models，second Edition，C. J. Cramer，Wiley，New York，2004.

涵盖了广泛的主题。水平有时相当高。对文献的批判性讨论与詹森的书类似。

D

The Molecular Orbital Theory of Organic Chemistry，M. J. S. Dewar，McGraw-Hill，New York，1969.

很好地介绍了量子化学的基础知识,重点介绍了半经验计算和微扰方法。尽管出版于 40 多年前,但基本原理,如薛定谔方程和波函数,仍然是正确的,现代半经验方法先驱的引人入胜的权威风格使这本书值得一读。

F

Exploring Chemistry with Electronic Structure Methods, second Ed. , J. Foresman and Æ. Frisch, Gaussian, Inc. , Pittsburgh, PA, 1996.

非常有用的实践指南;面向 Gaussian 94,但对 Gaussian 03,甚至是 09 均有用。第 3 版于 2016 年可得,来自 Gaussian 公司。

H

Ab Initio Molecular Orbital Theory, W. J. Hehre, L. Radom, P. von R. Schleyer, and J. A. Pople, Wiley, New York, 1986.

仍然是对从头算计算的一个很好的介绍,尽管人们应该意识到,自 1986 年以来,从头算已经有了相当大的进步。特别有用的是大量的计算和实验的几何构型、能量和振动频率表格。

I

Computational Thermochemistry, K. K. Irikura and D. J. Frurip, Eds. , American Chemical Society, Washington, DC, 1998.

计算能量的有用信息来源:生成热、反应能、键能、活化能等。方法:基团加合性、分子力学、半经验、密度泛函理论和高精度从头算(G2、CBS 等);溶剂化能。

J

Introduction to Computational Chemistry, second edition, F. Jensen, Wiley, New York, 2007.

很好的综合性介绍。相当深入地研究了理论。与克拉默的书相似。

K

A Chemist's Guide to Density Functional Theory, W. Koch and M. C. Holthausen, Wiley-VCH, New York, Second Edition, 2002.

详细介绍了密度泛函理论的理论和应用。最好在掌握密度泛函理论的基本知识后阅读。

L

Molecular Modelling. Principles and Applications, second Edition, A. R. Leach, Longman, Essex, England 2001.

很好的综合性介绍。全面并深入探讨主题。有点类似克拉默、詹森的书。

Quantum Chemistry, seventh Ed. , I. N. Levine, Prentice Hall, Upper Saddle River, NJ, 2014.

关于量子化学广泛领域非常有用的书。来自原始文献、书籍、程序和网站的许多参考。

Modeling Marvels. Computational Anticipation of Novel Molecules, E. Lewars, Springer, Amsterdam, 2008.

在 2009 年年底(而在 2016 年中期仍然是),对未知的 13 种非常新颖的分子已经通过计算进行了研究。适用于那些对结构化学前沿的新分子着迷的人。

P

Approximate molecular Orbital Theory，J. A. Pople，D. A. Beveridge，McGraw-Hill，New York，1970.

虽然出版于近50年前，但这本书值得一读，因为它提供了从头算计算开始时的情况。当时，相当近似的半经验方法（CNDO 和 INDO）很重要，且它是约翰·波普尔的遗产之一，他继续使从头算计算适用于化学界的大部分领域。

R

Molecular Mechanics Across Chemistry，A. K. Rappé and C. J. Casewit，University Science Books，Sausalito，CA，1997.

详细介绍了分子力学的应用，尤其是在生物化学和药物设计中的应用。

S

The Encyclopedia of Computational Chemistry，5 volumes，P. von R. Schleyer，Editor in chief，Wiley，New York，1998.

毫无疑问，权威性的，但价格昂贵（约6000美元），且多卷纸质百科全书的使用寿命有限。

Modern Quantum chemistry. Introduction to Advanced Electronic Structure Theory，A. Szabo and N. S. Ostlund，Macmillan publishing，New York，1982. Revised edition McGraw-Hill 1989，Dover paperback 1996.

对基本哈特里-福克、组态相互作用和微扰理论的详细、非常高级的介绍。以数学基础严格介绍而闻名。最好在理解了从头算量子化学的基本原理后阅读。

W

Wavefunction 公司的书籍，Spartan 计算化学程序的制造商。有关可用书籍请联系Wavefunction，http://www.wavefun.com/

这些书面向 Wavefunction's Spartan 程序，是获得有用结果的实用方法的有用介绍。

Y

Computational Chemistry：A Practical Guide for Applying Techniques to Real World Problems，D. Young，Wiley，New York，2001.

一本"元书"，其中列出了几本有关计算化学的书籍。它还列出了许多与计算化学有关的网站，许多计算化学程序，以及有用的参考文献列表（至约1999年）。

可在线阅读。

另请参阅戴夫·扬的主题：http://server.ccl.net/cca/documents/dyoung/。

丛书系列

Reviews in Computational Chemistry，K B. Lipkowitz and D. B. Boyd，Eds.，Wiley-VCH，New York.

该领域的工作人员对各种主题进行了有益的评论。本系列的一卷通常有4～11章，每一章都是关于某些计算方法的理论和应用的教程。第1～18卷由 K. B. 利普科维茨和 D. B. 博伊德编辑。本系列由利普科维茨和其他编辑一起继续编撰。截至2015年6月，最新一卷是2015年5月出版的第28卷。

有关目录和其他信息，请参见 http://www.chem.iupui.edu/rcc/rcc.html，以及 http://www.wiley.com/WileyCDA/WileyTitle/productCd-0470587148.html。

9.2.2　一般的计算化学网站

即使是专门的科学主题的信息，也常常可以从普通的搜索引擎中获得。例如，一个流行的搜索引擎给出了关于这5个主题的信息（每10条命中信息），使用的关键词如下：哈特里-福克、势能面、分子力学、休克尔、扩展休克尔。在某些情况下，超文本会指向一个教程和免费程序。然而，特定网站列表仍然是有用的。书中许多网站由扬和莱文提供。其他一些有用的网站（如果其中一些调用"地址未找到"，请尝试搜索引擎）如下。

1.　计算化学清单（CCL）

http://www.ccl.net/chemistry/

一个真正非常有用的论坛，用于交流思想，提出问题和获得帮助。如果您加入该网络，通常每天会收到5～10条消息。它通常作为一个激发讨论的论坛。目前，在CCL中，查找特定信息的最佳方法可能是在CCL中，进入CCL搜索，并按照说明使用Google进行CCL搜索。

2.　国家标准与技术研究所 NIST（美国）

1）一般信息

http://www.nist.gov/index.html

2）化学数据库

http://www.nist.gov/chemistry-portal.cfm

3）计算化学比较与基准数据库

http://cccbdb.nist.gov/

4）也许，获取有关特定分子信息的最快方法是从这个特定站点

NIST化学网络书。指定分子的选项包括分子式、名称、反应、结构、能量性质（如电离能、酸度）。

http://webbook.nist.gov/chemistry/

5）来自特鲁赫拉群的密度函数

这可能有助于解决密度泛函理论泛函首字母缩写词过多的问题。

http://comp.chem.umn.edu/info/dft.htm

3.　苏黎世联邦理工学院化学生物制药信息中心

一个长列表提供了与计算化学有关的信息和网站。提供有关方法和软件的信息。

http://infozentrum.ethz.ch/uploads/user_upload/pdf/PDFs_von_Drucksachen/Infobroschure_Englisch.pdf

4.　剑桥晶体学数据中心

包含剑桥结构数据库，其中包含超过50万种化合物的X射线或中子衍射结构。用于比较实验和计算的结构，以及获得相关结构的"猜测"结构，以启动优化。

www.ccdc.cam.ac.uk/

5. 该站点允许人们选择基组

以用于分子（"391 个公开的基组"），或分子中的特定原子，并为各种程序提供格式选项。当正在使用的程序缺少特定的基组时，很有用。一个小问题是 Gaussian 要求其"外部"基组以元素符号开头，而不是此处给出的星号字符串。

http://bse.pnl.gov/bse

9.3   软件和硬件

9.3.1   软件

有些程序（"软件套件"）和其他程序在扬的书中（尽管截至约 2001 年），以及在维基百科的完整列表中，有更详细的描述。应当咨询这些来源，以获取更多信息。我在这里提到一些在通用意义上特别有用的程序，以及一些处理高级方法的更专门的程序，这些高级方法不能在更"通用"程序中实现，或者不能很好地实现。有些程序没有自己的输入/输出图形用户界面（graphical user interface，GUI）。其中，许多内容可以很方便地从维基百科上的相当广泛的列表中找到，这些列表描述了这些程序，并（通常）可以通过单击快速访问其网站。

http://en.wikipedia.org/wiki/Category: Computational_chemistry_software

此处未列出用于计算化学的下列专业应用的程序：分子动力学、药物设计（包括 QSAR、定量构效关系）、晶体结构预测和固态物理。

以下是按字母顺序排列的。

1. 电子结构高级概念（ACES Ⅲ）

http://www.qtp.ufl.edu/aces/pubs.shtml

高水平工作的从头算程序。特别推荐用于 CCSD(T)优化＋频率，后者可能是目前对中等大小（最多约 10 个重原子）的分子的常规的最可靠的计算。CCSD(T)的优化和频率对于某些其他程序（如果有的话）来说，往往要慢很多。可用于 UNIX 工作站和超级计算机。但缺少自己的图形用户界面。

2. 阿姆斯特丹密度泛函（ADF）

https://www.scm.com/

"ADF 是一种准确、并行、功能强大的计算化学程序，用以通过密度泛函理论理解和预测化学结构和反应性"。适用于 Windows、Linux 或 Mac 操作系统。有人可能会说，这就是密度泛函理论的一切，而且只适用于密度泛函理论。

3. 奥斯汀方法包（AMPAC，参见由 Semichem 公司销售的 AM1）

http://www.semichem.com/default.php

一套半经验的程序，见第 6 章。

4. COSMOtherm 来自 COSMO 和热化学

http://www.cosmologic.de/products/cosmotherm.html

现实溶剂筛选模型（8.1.2 节，连续溶剂化）。COSMOtherm 在程序套件 Turbomol 中可用,在 ORCA 中有一个稍旧的版本(截至 2015 年年中)。Gaussian 可以为 COSMOtherm 创建输入文件。

5. 通用原子和分子电子结构系统(**GAMESS**)

http://www.msg.ameslab.gov/GAMESS/

一个相当通用的计算化学套件:半经验和从头算。没有 Gaussian 那么多选项,但免费。版本可用于 PC、Mac、UNIX 工作站和超级计算机。缺少自己的图形用户界面。

6. **GAUSSIAN**

http://www.gaussian.com/

通用计算化学套件。可能是应用最广泛的计算化学程序。实际上是一套程序,包含分子力学(Amber、DREIDING、UFF)、从头算、半经验(CNDO、INDO、MINDO/3、MNDO、AM1、PM3、扩展休克尔)和密度泛函理论,以及大多数常用的高水平相关的从头算方法。一些分子动力学是可用的。大多数方法仅通过关键字即可使用。有大量的基组和泛函。可以计算电子激发态。GAUSSIAN 从 1970 年起,每隔几年就会出现改进版本(…、G92、G94、G98)。最新版本(2010 年 1 月)是 G09;一些小的修订经常出现。GAUSSIAN 有适用于在 Windows 和 Linux 下运行的 PC 版本,也有适用于 UNIX 工作站和超级计算机的版本。该程序本身没有集成的图形用户界面(与实际计算模块捆绑在一起),但有几个图形程序用于创建输入文件和查看计算结果。GaussView(2015 年最新版本 GaussView 5)专为 GAUSSIAN 设计,强烈推荐作为所有 GAUSSIAN 图形问题的解决方案。

7. **HyperChem**

http://www.hyper.com/

有关最新版本的更多具体信息:

http://www.hyper.com/Products/HyperChemProfessional/tabid/360/Default.aspx

具有分子力学、半经验(包括扩展休克尔、CNDO、INDO、MINDO/3、MNDO、ZINDO/1、ZINDO/S、AM1、PM3)、从头算、分子动力学。适用于装有 Windows 和 Linux 的 PC。它有自己的图形用户界面。Hyperchem 似乎针对的一个选择是药物发现。

8. **JAGUAR**(Jaguar 表示速度)由 **Schrödinger** 公司销售

http://www.schrodinger.com/products/14/7/

由 Schrödinger 公司开发,JAGUAR 是一个从头算和密度泛函理论软件包,它使用复杂的算法来加速从头算计算。据说,它特别擅长处理大分子、过渡金属、溶剂化和构象搜索。它被描述为"对处理含金属的系统特别有优势",且据说"比传统的从头算程序快得多"。

9. 分子完全活化空间(**MOLCAS**)

通常在 Linux 下运行,但可以针对其他一些操作系统进行配置。

http://molcas.org/

MOLCAS 提示它是从头算和一些密度泛函理论。它的主要优点似乎在于能够将高级的相关方法应用于激发态和简并态。在这方面,它显然是唯一带有 CASPT2N(带有非对角单粒子算符[94]的二阶微扰理论完全活动空间)的程序套件。文献调查表明,这是 CASPT2 方法最广泛使用的版本,且是处理单重态双自由基(第 8 章)中的静态相关(5.4.1 节)的最广泛接受的技术。CAS(8.2.3节)几何构型优化紧随其后的单点 CASPT2N 能量计算,类似于(不完全相同)HF 优化紧随其后的 MP2 单点计算,以获得更好的能量(但 MP2 计算在现在通常是几何构型优化)。该方法有时仅称为 CASPT2,但在其他程序中,还实现了其他二阶微扰的 CAS 方法。MOLCAS 通过配置可以运行在其他一些操作系统下,综述见参考文献[95]。

10. 分子专家（MOLPRO）

仅适用于 Linux

http://www.molpro.net/

主要是高水平相关的从头算计算(多重组态自洽场、多参考态组态相互作用和耦合簇),以及密度泛函理论。"重点是高度精确的计算……与大多数其他程序相比,可以对大得多的分子进行精确的从头算计算。"一个不寻常的特点是包含显式的相关计算(取决于 $1/r$;5.4.1节)。MOLPRO 并未像 MOLCAS 那样实现 CASPT2N 代码,但是,"MOLPRO 和 MOLCAS 中的多参考微扰理论非常相似,且 CASPT2N 哈密顿可以在 MOLPRO 中重现"。[①] 实现旨在完成"后 CAS"能量计算的其他程序为 GAUSSIAN 和 GAMESS。

11. MOPAC

该名称的意思是分子轨道包,但据说是受到地理奇观的启发:"最初的程序是由在德克萨斯州的奥斯汀编写的。奥斯汀的其中一条道路与众不同,因为密苏里-太平洋铁路从道路中间延伸。由于这条铁路被称为 MO-PAC,因此,在考虑该项目的名称时,MOPAC 显然是一个竞争者"。

http://openmopac.net/manual/index_troubleshooting.html

半经验程序集。见第6章。

12. 西北化学（NWChem）

http://www.nwchem-sw.org/index.php/Main_Page

NWChem 由太平洋西北国家实验室开发,由能源部资助的美国国家科学用户设施。这套程序可以进行分子力学、分子动力学、从头算和密度泛函计算。它旨在运行在"从高性能并行超级计算机到传统工作站集群的并行计算资源上"。可供公众下载。

13. ORCA

该名称,由创始人弗兰克·尼斯在20世纪90年代末,异想天开地赋予他的新程序,其灵感来自加利福尼亚海岸的观鲸活动。尼斯只是想要"一个听起来又短又强的名字"。[②] 它不是首字母缩略词,但 ORCA 表示程序的多功能性和强大功能。

http://www.thch.uni-bonn.de/tc/orca

手册:

http://www.cec.mpg.de/media/Forschung/ORCA/orca_manual_3_0_1.pdf

ORCA,由弗兰克·尼斯及其合作者开发,是一个非常全面的,具有半经验、从头算计算和密度泛函理论功能的套件。它处理溶剂化(包括 COSMOtherm 程序套件),并进行高级

---

① 个人交流,E.V.帕特森教授,杜鲁门州立大学科学系,密苏里州柯克斯维尔,2005年3月7日。

② 个人交流,弗兰克·尼斯教授,马克斯普朗克化学能转化研究所,德国鲁尔河畔米尔海姆,2015年8月20日。

电子相关计算,如多参考作业。一个重要的特点是能够执行加速耦合簇方法 CEPA 和 LPNO(5.4.3 节),截至 2015 年年中,这显然是唯一具有此完整功能的程序。综述见 F. Neese,Wiley Disciplinary Reviews:Computational Molec-ular Science,2012,2,73。ORCA 对学术研究人员免费。

14. PCModel

由 Serena 软件公司销售。

http://www.serenasoft.com/

主要是分子力学,但现在包括半经验。可以用作从头算和密度泛函理论程序套件的图形用户界面。

15. 快速化学(Q-Chem)

www.q-chem.com/

"第一个能够在实用时间内分析大型结构的商用量子化学程序。"用于从头算(包括高水平相关方法)和密度泛函理论。Q-Chem 可用于 Linux 运行的 PC、UNIX 工作站和超级计算机。

16. 简单休克尔方法程序

简单休克尔方法(SHM,4.3.4 节~4.3.7 节)。

出于启发式和教学的原因,这仍然很重要,甚至,研究人员也发现它很有用。尽管有些人认为,它"在当代,仅作为模型是非常有用的,……因为它是一个保留了最精华物理的模型,即波函数中的节点。它是一个除了最后一点外,完全丢弃了所有东西的模型,如果扔掉唯一的东西,将什么也没留下。因此,它提供了基本的理解"(霍夫曼教授,个人交流)。SHM 程序可以通过谷歌搜索"简单休克尔方法程序"找到。推荐来自卡尔加里大学的程序。

可以在 http://www.chem.ucalgary.ca/SHMO/下载或在线使用。

17. SPARTAN

Spartan 的意思是备用的,简单的。由 Wavefunction 销售。

http://www.wavefun.com/

这是一套包含分子力学(SYBYL 和 MMFF)、从头算、半经验(MNDO、AM1、PM3)和密度泛函理论的程序,带有自己出色的图形用户界面,以用来为计算构建分子,以及用来查看产生的几何构型、振动频率、轨道、静电势分布等。从这个意义上来说,SPARTAN 是一个完整的软件包,人们不需要购买附加程序,如图形用户界面。该程序非常易于使用,且其算法也很给力,它们通常会完成其任务。例如,通常与 SPARTAN 一起用于寻找过渡态这样的棘手工作。该程序的版本适用于在 Windows 和 Linux 平台下运行的 PC,适用于 Mac 和 UNIX 工作站。它缺乏一些高水平相关的从头算方法,如 CASSCF,且它存储的仅限于最常用的那些基组和密度泛函理论泛函(确切的选择因版本而异),但它对研究仍然非常有用(包括预备工作和为其他程序创建输入结构),更不用说教学了。

18. TURBOMOLE

http://www.turbomole.com/

"代码开发背后的哲学在过去是,现在仍然是,它对应用程序的有用性"。重点不是新方法,而是"一种快速稳定的代码,能够在合理的时间和内存要求下处理与工业相关的分子"。在 TURBOMOLE 与程序套件 COSMOtherm 的结合中,对工业应用的重视是显而易见的。

9.3.2　硬件

开始计算化学的人可能希望得到一台在 Windows 或 Linux 下运行的高端个人电脑:这样的机器相当便宜,且它甚至可以执行复杂的电子相关的从头算计算。一些专用程序仅适用于 Linux。一台 64 位约具有 6 个或更多内核、8 GB 内存(随机存取存储器(RAM))、2000 GB(2 TB)硬盘驱动器的 4 GHz 速度的机器,现在(2015 年 6 月)并不少见(很快,它可能会不合标准)。这种机器的整个系统售价为 1400 美元,包括显示器等。这是一般计算化学的合理选择。使用标准的 Gaussian 94 测试作业和各种操作系统,以及不同的软件和硬件参数,尼克劳斯等全面比较了范围广泛的"商品计算机"[96]。这些是当时的普通个人电脑(约 1998 年)。最昂贵的大约是 5000 美元,大多数不到 3000 美元。这个价格的计算机在现在(2015 年)的速度大约是 1998 年的 20 倍。他们得出的结论是,"商品型计算机已经……在功能上超越了更强大的工作站,甚至超级计算机……它们的性价比将使它们对许多没有无限预算的化学家极具吸引力……"没有无限预算的化学家通过阅读一项由计算化学领域的一位杰出先驱进行的最新研究,将会消除顾虑。该研究始于 1965 年,伴随个人电脑硬件的漫长变革,约在 2001 年得出结论,赞同个人电脑已在很大程度上取代了工作站作用的观点[97]。工作站是一个基于 UNIX 的台式计算机,其价格通常约是 2001 年个人电脑的 3~10 倍。这个词可能还没有过时,但现在有一个模糊的圆形标记。

对台式机而言,可能令人生畏的计算如今通常运行在"云"设施,或计算机集群上。云计算是表示,在远离(或多或少)工作地点的机器上,运行计算[98]的一个术语。计算机集群是穷人的超级计算机:集群最初是由更简陋的机器组装而成的(甚至在现代个人电脑出现之前),以低得多的成本获得超级计算机的能力[99]。对于那些希望使用或甚至建立集群的人来说,网站 http://www.clustermonkey.net/Books/提供了书籍和一些坦率的评论。现在,集群可在市场上买到。

公平地指出,几十年来,可分配计算作业的时间大幅减少,并不仅仅是由于计算机速度的提高。在计算化学中,编写代码的人当然值得称赞。各种数学"技巧"(策略可能是更好的词)已经大大加快了算法的速度,这些技巧通常会在几乎很少或没有损失精度的情况下显著提高速度。尝试将算法效率的影响与硬件能力的影响分开,可能会很有趣。

9.3.3　后记

大约 15 年前,一家主流的计算化学软件公司总裁告诉作者,"几年后,您将能够以 5000 美元的价格在您的办公桌上拥有一台 Cray(领先的超级计算机品牌)。"超级计算机的性能是一个不断变化的目标,但确实有一天,人们可以在办公桌上获得几千美元的计算能力,而这在不久之前,还只是机构才能使用,而且价格超过 5000 美元。由此推论,计算化学已成为实验工作的重要辅助工具,有时,甚至是必不可少的辅助工具。更重要的是,计算已经变得如此可靠,以至于不仅几何构型和生成热等参数的计算精度通常可以与实验相媲美,或超过实验,而且,在高水平计算结果与实验相矛盾的地方,最好建议实验者重复他们的测量。价格合理的超级计算机能力和高度复杂的软件的完美结合对未来化学的影响几乎不需要强调。

参考文献

1. Lewars E (2008) Modeling marvels. Springer, Amsterdam
2. (a) Lewars E (1983) Chem Rev 83:519; (b) Lewars E (2008) Modeling marvels. Springer, Amsterdam; chapter 3
3. Rukiah M, Assad T (2010) Acta crystallographica. Section c, Crystal structure communications 66(Pt 9):o475
4. Vacek G, Colegrove BT, Schaefer HF (1991) Chem Phys Lett 177:468
5. Vacek G, Galbraith JM, Yamaguchi Y, Schaefer HF, Nobes RH, Scott AP, Radom L (1994) J Phys Chem 98:8660
6. Wilson PJ, Tozer DJ (2002) Chem Phys Lett 352(5,6):540
7. Mawhinney RC, Goddard JD (2003) J Mol Struct (Theochem) 629:263
8. Borden WT (2014) referring to DFT in general, quoted in Bachrach SM. Computational organic chemistry, 2nd edn. Wiley-Interscience, Hoboken, p 281
9. Toscano JP, Platz MS, Nikolaev V (1995) J Am Chem Soc 117:4712
10. Wang J, Burdzinski G, Kubicki J, Gustafson TL, Platz MS (2008) J Am Chem Soc 130:5418
11. Litowitz AE, Keresztes I, Carpenter BK (2008) J Am Chem Soc 130:12085
12. Cremer D, Crehuet A, Anglada J (2001) J Am Chem Soc 123:6127
13. Karton A, Talbi D (2014) Chem Phys 436–437:22
14. Konstantinos KD, Vogiatzis D, Hannschild R, Klopper W (2014) Theor Chem Acc 133:1
15. Lewars E (2008) Modeling marvels. Springer, Amsterdam; chapter 4
16. Minkin VI, Glukhovtsev MN, Simkin B Ya (1994) Aromaticity and antiaromaticity. Wiley, New York; Bauld NL, Welsher TL, Cassac J, Holloway RL (1978) J Am Chem Soc 100:6920
17. (a) Halton B(ed) (2000) Advances in strained and interesting organic molecules. JAI Press, Stamford, Connecticut 8; (b) Sander W (1994) Angew Chem Int Ed Engl 33:1455; (c) Chem Rev, Issue 5, (1989) 89; (d) Wiberg K (1986) Angew Chem Int Ed Engl 25:312; (e) Liebman JF, Greenberg A (1976) Chem Rev 76:311
18. Bettinger HF, von R Schleyer P, Schaefer HF (1998) J Am Chem Soc 120:11439
19. Christe KO, Wilson WW, Schrobilgen GJ, Chitakal RV, Olah G (1988) Inorg Chem 27:789
20. Ewig CS, Van Wazer JR (1989) J Am Chem Soc 111:4172
21. Ewig CS, Van Wazer JR (1990) J Am Chem Soc 112:109
22. Chemical and engineering news. (1990), April 2, p 3
23. Christe KO, Wilson WW (1992) J Am Chem Soc 114:9934
24. Dixon DA, Grant DJ, Christe KO, Peterson KA (2008) Inorg Chem 47:5485, and references therein
25. van't Hoff JH (1875) Bull Soc Chim Fr II 23:295; LeBel JA (1874) Bull Soc Chim Fr II 22:337
26. Feng Y, Liu L, Wang J-T, Zhao S-W, Guo Q-X (2004) J Org Chem 69:3129
27. Lewars E (2008) Modeling marvels. Springer, Amsterdam; chapter 2
28. (a) Lewars E (1998) J Mol Struct (Theochem) 423:173; (b) Lewars E (2000) J Mol Struct (Theochem) 507:165; (c) Coupled-cluster calculations gave very similar results to Fig. 9.3 for the relative energies of pyramidane, the transition states, and the carbenes: Kenny JP, Krueger KM, Rienstra-Kiracofe JC, Schaefer HF (2001) J Phys Chem A 105:7745
29. Some barriers/room temperature halflives for unimolecular reactions: (a) Decomposition of pentazole and its conjugate base: 75 kJ mol^{-1} / 10 minutes and 106 kJ mol$^{-1/2}$ 2 days, respectively: Benin V, Kaszynski P, Radziszki JG (2002) J Org Chem 67:1354 (b) Decomposition of CF$_3$CO)OOO(COCF$_3$): 86.5 kJ mol^{-1} / 1 minute: Ahsen SV,

Garciá P, Willner H, Paci MB, Argüello G (2003) Chem Eur J 9:5135. (c) Racemization of a twisted pentacene: 100 kJ mol^{-1}/6–9 h: Lu J, Ho DM, Vogelaar NJ, Kraml CM, Pascal RA Jr (2004) J Am Chem Soc 126:11168

30. Veis L, Cársky P, Pittner J, Michl J (2008) Coll Czech Chem Commun 73:1525
31. E.g. Blanksby SJ, Ellison GB (2003) Acc Chem Res 36:255
32. Lee VY, Ito Y, Sekiguchi A, Gornitzka H, Gapurenko OA, Minkin VI, Minyaev RM (2013) J Am Chem Soc 135:8794
33. Lewars E (2008) Modeling marvels. Springer, Amsterdam; chapter 10
34. Dagani R (2000) Chemical and engineering news.,14 August, 41
35. Rawls R (1999) Chemical and engineering news.,25 January, 7
36. Vij A, Wilson WW, Vij V, Tham FS, Sheehy JA, Christe KO (2001) J Am Chem Soc 123:6308
37. Christe KO (2007) Propellants Explos Pyrotech 32:194
38. Vij A, Pavlovich JG, Wilson WW, Vij V, Christe KO (2002) Angew Chem Int Ed Eng 41:3051
39. Östmark H, Wallin S, Brinck T, Carlqvist P, Claridge A, Hedlund E, Yudina L (2003) Chem Phys Lett 379:539
40. Butler RN, Stephens JC, Burke LA (2003) J Chem Soc., Chem Commun 1016
41. Schroer T, Haiges R, Schneider S, Christe KO (2005) J Chem Soc, Chem Commun 1607
42. Butler RN, Hanniffy JM, Stephens JC, Burke LA (2008) Org Chem 73:1354
43. Curtius T Ber (1890) 23:3023
44. Eremets MI, Gavriliuk AG, Trojan IA, Dzivenko DA, Boehler R (2004) Nature Matter 3:558
45. Engelke R (1989) J Phys Chem 93:5722
46. Engelke R (1992) J Phys Chem 96:10789
47. Fabian J, Lewars E (2004) Can J Chem 82:50, and references therein
48. Wiberg E, Michaud HZ (1954) Z Naturforsch B9:500
49. Banert K, Joo Y-H, Rüffer T, Walford B, Lang H (2007) Angew Chem Int Ed Engl 46:1168
50. Klapötke TM, Schulz A (1997) Main Group Met Chem 20:325
51. Klapötke TM, Martin FA, Stierstorfer J (2011) Angew Chem Int Ed Engl 50:4227
52. Klapötke TM (2012) Chemistry of high-energy materials. De Gruyter
53. Lin FL, Yang F, Zhang LX (2010) J Mol Struct (Theochem) 950:98
54. Zhou H, Beuve M, Yang F, Wong N-B, Li W-K (2013) Comput Theor Chem 1005:68
55. Jasper SJ, Hammond A, Thomas J, Kidd L, Strout DL (2011) J Phys Chem A 115:11915, and references therein
56. Li QS, Zhao JF (2002) J Phys Chem A 106:5367
57. Thomas J, Fairman K, Strout DL (2010) J Phys Chem A 114:1144
58. Casey K, Thomas J, Fairman K, Strout DL (2008) J Chem Theory Comput 4:1423
59. Marsh FD, Hermes ME (1965) J Am Chem Soc 87:1819
60. Cram DJ, Tanner ME, Thomas R (1991) Inherent stability at room temperature. Angew Chem Int 30:1024
61. E.g. Woodward RB, Hoffmann R (1970) Verlag Chemie/Academic Press, Weinheim/New York
62. Plata RE, Singleton DA (2015) J Am Chem Soc 137:3811, and references therein
63. Pauli's exact words, which would presumably have been in German, are probably not known with certainty, but the story that he referred thus to a paper by another physicist is evidently not apocryphal. The source is Rudolf Pierls, in an article on Pauli after the latter's death: Biographical Memoirs of Fellows of the Royal Society, vol. 5 (Feb. 1960), 174–192
64. Borman S (2015) Chem Eng News 9 March, 9
65. Dewar MJS (1992) A semiempirical life. American Chemical Society, Washington, DC, p 125
66. E.g. Smith MB, March J (2001) Advanced organic chemistry, 5th edn. Wiley, New York pp 1062–1075
67. Woodward RB, Bader FE, Bickel H, Frey AJ, Kierstead RW (1958) Tetrahedron 2:1
68. Houk KN, Li Y, Evanseck JD (1992) Angew Chem Int Ed Engl 31:682

69. Li Y, Houk KN (1993) J Am Chem Soc 115:7478
70. Dewar MJS, Jie C (1992) Acc Chem Res 25:537
71. Goldstein E, Beno B, Houk KN (1996) J Am Chem Soc 118:6036
72. Galano A, Alvarez-Idaboy JR, Montero LA, Vivier-Bunge A (2001) J Comp Chem 22:1138
73. Siggel MRF, Thomas TD (1986) J Am Chem Soc 108:4360
74. Streitwieser A (1996) A lifetime of synergy with theory and experiment. American Chemical Society, Washington, DC, pp 166–170, and references therein
75. Wiberg KB (1999) Acc Chem Res 32:922
76. Streitwieser A (1996) A lifetime of synergy with theory and experiment. American Chemical Society, Washington, DC, pp 157—170, and references therein
77. Bökman F (1999) J Am Chem Soc 121:11217
78. Burk P, v. R. Schleyer P (2000) J Mol Struct (Theochem) 505:161
79. Rablen PR (2000) J Am Chem Soc 122:357
80. Holt J, Karty JM (2001) J Am Chem Soc 123:9564
81. Exner O, Čársky P (2003) J Am Chem Soc 125:2795
82. van Alem K, Lodder G, Zuilhof H (2002) J Phys Chem A 106:10681
83. Shaik S (2007) New J Chem 31:2015
84. (a) Reviews: Chem Rev, (2005) 105(10), whole issue; Chem Rev (2001) 101(5), whole issue; (b) Minkin VI, Glukhovtsev MN, Simkin B Ya (1994) Aromaticity and antiaromaticity. Wiley, New York; (c) Glukhovtsev M (1997) Chem Educ 74:132; (d) von R. Schleyer P, Jiao H (1996) Pure and Appl Chem 68:209; (e) Lloyd D (1996) J Chem Inf Comput Sci 36:442
85. (a) Angeli C, Malrieu JP (2008) J Phys Chem A 112:11481; (b) Jug K, Hiberty PC, Shaik S (2001) Chem Rev., 2001, *101*, 1477; (c) Maksić ZB, Barić D, Petanjek I (2000) J Phys Chem A 104:10873; (d) Mulder JJ (1998) J Chem Ed 75:594; (e) Shurki A, Shaik S (1997) Angew Chem Int Ed Engl 36:2205; (f) Hiberty PC, Danovich D, Shurki A, Shaik S (1995) J Am Chem Soc 117:7760; (g) For skepticism about this demotion of the role of the π electrons in imposing D_{6h} symmetry on benzene: Ichikawa H, Kagawa H (1995) J Phys Chem 99:2307; Glendening ED, Faust R, Streitwieser A, Vollhardt KPC, Weinhold F (1993) J Am Chem Soc 115:10952
86. (a) Review: Williams RV (2001) Chem Rev 101:1185; (b) Minkin VI, Glukhovtsev MN, Simkin B Ya (1994) Aromaticity and antiaromaticity. Wiley, New York; (c) Glukhovtsev M (1997) Chem Educ 74:132; (d) von R. Schleyer P, Jiao H (1996) Pure and Appl Chem 68:209. (E) Lloyd D (1996) J Chem Inf Comput Sci 36:442
87. Woodward RB, Fukunaga T, Kelly RC (1964) J Am Chem Soc 86:3162
88. Liebman JF, Paquette LA, Peterson JR, Rogers DW (1986) J Am Chem Soc 108:8267
89. Verevkin SP, Beckhaus H-D, Rüchardt C, Haag R, Kozhushkov SI, Zywietz T, De Meijere A, Jiao H, v R Schleyer P (1998) J Am Chem Soc 120:11130
90. (a) Chen Z, Wannere CS, Corminboeuf C, Puchta R, v. R. Schleyer P (2005) Chem Rev 105:3842; (b) Hossein FBS, Wannere CS, Corminboeuf C, Puchta R, v. R. Schleyer P (2006) Org Lett 8:863
91. Jiao H, Nagelkerke R, Kurtz HA, Williams RV, Borden WT, von R Schleyer P (1997) J Am Chem Soc 119:5921
92. (a) Chen Z, Jiao H, Wu JI, Herges R, Zhang SB, v. R. Schleyer P (2008) J Phys Chem A 112:10586; (b) Williams RV, Edwards WD, Zhang P, Berg DG, Mitchell RH (2012) J Am Chem Soc 134:16742
93. Griffiths P, Pivonka DE, Williams RV (2011) Chem Eur J 17:9193
94. (a) Karlstrom G, Lindh R, Malmqvist PA, Roos BO, Ryde, Veryazov V, Widmark PO, Cossi M, Schimmelpfennig B, Neogrady P, Seijo L (2003) Comput Mater Sci 28:222; (b) Anderssson K, Malmqvist PA, Roos BO (1992) J Chem Phys 96:1218
95. Duncan JA (2009) J Am Chem Soc 131:2416
96. Nicklaus MC, Williams RW, Bienfait B, Billings ES, Hodošček M (1998) J Chem Inf Comput Sci 38:893

97. Schaefer HF (2001) J Mol Struct (Theochem) 573:129
98. (a) An indication of the costs: see the archives of the Computational Chemistry List, CCL (above, under Websites for Computational Chemistry in General, http://www.ccl.net/), Dreyer R 2015 May 11; (b) Fox A (2011) Science 331:406; (c) Wilson EK (2011) Chem Eng News 16 May, 34. (d) Mullin R (2009) Chem Eng News 25 May, 10
99. Pfister G (1998) In search of clusters, 2nd edn. Prentice Hall, Upper Saddle River

人名翻译对照表

前言和第 1 章

埃洛尔·G. 里沃斯 Errol G. Lewars

奥古斯塔斯·孔特 Augustus Compte

阿道夫·凯特尔 Adolphe Quetelet

伊姆里·奇兹毛迪奥 Imre Csizmadia

埃玛·罗伯茨 Emma Roberts

克劳迪娅·库利埃特 Claudia Culierat

索尼娅·奥霍 Sonia Ojo

卡琳·德·比 Karin de Bie

罗阿尔德·霍夫曼 Roald Hoffmann

安德烈亚斯·克拉姆特 Andreas Klamt

乔尔·利布曼 Joel Liebman

马修·汤普森 Matthew Thompson

罗伯特·斯泰尔斯 Robert Stairs

莱昂纳多·达·芬奇 Leonardo da Vinci

第 2 章

阿尔伯特·爱因斯坦 Albert Einstein

H. 艾林 H Eyring

R. 马塞兰 R. Marcelin

迈克尔·波拉尼 Michael Polanyi

马克斯·玻恩 Max Born

罗伯特·奥本海默 J. Robert Oppenheimer

萨克利夫 Sutcliffe

路德维希·奥托·赫西 Ludwig Otto Hesse

牛顿 Newton

拉夫逊 Raphson

詹森 Jensen

阿特金斯 Atkins

莱文 Levine

熊夫利斯 Schoenflies

第 3 章

弗兰克·H. 韦斯特海默 Frank H. Westheimer

迈耶 Meyer

希尔 Hill

陀思特罗夫斯基 Dostrovsky

爱德华·D. 休斯 Edward D. Hughes

克里斯托弗·K. 英戈尔德 Christopher K. Ingold

保罗·冯·施莱尔 Paul von R. Schleyer

诺曼 L. 阿林格 Norman L. Allinger

马丁·卡普拉斯 Martin Karplus

迈克尔·莱维特 Michael Levitt

阿里·瓦谢尔 Arieh Warshel

埃克斯特洛维奇 Eksterowicz

霍克 Houk

哈蒙德 Hammond

狄尔斯-阿尔德 Diels-Alder

科普 Cope

克莱森 Claisen

赫尔 Hehre

哈莫尼 Harmony

利普科维茨 Lipkowitz

彼得森 Peterson

第 4 章

J. H. 庞加莱 J. H. Poincaré

伽利略 Galileo

惠更斯 Huygens

法拉第 Faraday

麦克斯韦 Maxwell

贝克勒尔 Becquerel

卢默-普林斯海姆 Lummer-Pringsheim

瑞利 Rayleigh

金斯 Jeans

马克斯·普朗克 Max Planck

海因里希·赫兹 Heinrich Hertz

菲利普·莱纳德 Philipp Lenard

阿尔伯特·爱因斯坦 Albert Einstein

保罗·阿德里安·莫里斯·狄拉克 Paul Adrien Maurice Dirac

德谟克利特 Democritus

约翰·道尔顿 John Dalton

路德维希·玻尔兹曼 Ludwig Boltzmann

让·佩林 Jean Perrin

威廉·弗里德里希·奥斯特瓦尔德 Wilhelm Friedrich Ostwald

约瑟夫·约翰·汤姆逊 Joseph John Thomson

欧内斯特·卢瑟福 Ernest Rutherford

斯凡特·阿伦尼乌斯 Svante Arrhenius

普吕克尔 Plücker

克鲁克斯 Crookes

戈尔茨坦 Goldstein

史东尼 Stoney

洛伦兹 Lorentz

恩斯特·马赫 Ernst Mach

尼尔斯·玻尔 Niels Bohr

古德斯密特 Goudsmit

乌伦贝克 Uhlenbeck

欧文·薛定谔 Erwin Schrödinger

沃纳·海森堡 Werner Heisenberg

路易斯·德布罗意 Louis de Broglie

沃尔夫冈·泡利 Wolfgang Pauli

埃里希·休克尔 Erich Hückel

莱纳斯·鲍林 Linus Pauling

施特维泽 Streitwieser

特鲁赫拉 Truhlar

阿瑟·凯莱 Arthur Cayley

查尔斯·埃尔米特 Charles Hermite

戴维·希尔伯特 David Hilbert

约瑟夫·路易斯·拉格朗日 Joseph Louis Lagrange

关孝和 Seki

莱布尼茨 Leibnitz

拉普拉斯 Laplace

罗伯特·马利肯 Robert Mulliken

弗里德里希·洪德 Friedrich Hund

约翰·爱德华·伦纳德·琼斯 John Edward Lennard-Jones

查尔斯·A.库尔森 Charles A. Coulson

弗拉迪默·福克 Vladimer Fock

伍德沃德-霍夫曼 Woodward-Hoffmann

姜-泰勒 Jahn-Teller

多林 Doering

诺克斯 Knox

凯库勒 Kekulé

刘易斯 Lewis

范德华 van der Waals

赫斯 Hess

沙德 Schaad

克拉默 Cramer

沃尔夫斯堡 Wolfsberg

亥姆霍兹 Helmholz

罗伯特·B.伍德沃德 Robert B. Woodward

福井谦一 Kenichi Fukui

克罗内克尔 Kronecker

佩尔-奥洛夫·洛定 Per-Olov Löwdin

第 5 章

刘易斯·卡洛尔 Lewis Carroll

道格拉斯·哈特里 Douglas Hartree

恩里科·费米 Enrico Fermi

玻色 S. Bose

约翰·斯莱特 John Slater

罗特汉 Roothaan

霍尔 Hall

博伊斯 Boys

约翰·波普尔 John Pople

沃尔特·科恩 Walter Kohn

斯托奇 Storch

邓宁 T. H. Dunning

威根德 Weigend

阿尔里希斯 Ahlrichs

巴克拉克 Bachrach

贾诺切克 Janoschek

默勒-普莱塞特 Møller-Plesset

阿伦尼乌斯 Arrhenius

福尔斯曼 Foresman

弗里希 Frisch

克拉克 Clark

康拉德 Conrad

戈登 Gordon

热扎奇 Řezáč

霍步扎 Hobza

伯克特 Burkert

阿林格 Allinger

多梅尼卡诺 Domenicano

哈吉泰 Hargittai

拉多姆 Radom

佐伊纳 Zeuner

克劳修斯 Clausius

H. 卡默林-翁内斯 H. Kammerlingh-Onnes

H. W. 波特 H. W. Porter

约西亚·威拉德·吉布斯 Josiah Willard Gibbs

埃文斯 Evans

J. H. 范特霍夫 J. H. van't Hoff

奥克特斯基 Ochterski

惠勒 Wheeler

霍克 Houk

艾伦 Allen

库利 Khoury

菲什蒂克 Fishtik

麦基 McKee

普尔霍弗 Puhlhofer

斯莱登 Slayden

利布曼 Liebman

莫 Mo

莫斯科维茨 Moskowitz

施密特 Schmidt

鲍施利歇尔 Bauschlicher

朗霍夫 Langhoff

G. A. 彼得松 Petersson

柯蒂斯 Curtiss

赫鲁萨克 Hrusak

K. A. 彼得森 Peterson

费勒 Feller

狄克逊 Dixon

马丁 Martin

德奥利韦里亚 de Oliveira

伯泽 Boese

尚 Chan

帕康 Pokon

邦德 Bond

埃斯 Ess

尼古拉德斯 Nicolaides

奥利韦里亚 Oliveira

鲍费尔特 Bauerfeldt

斯科特 Scott

特林德尔 Trindle

梅齐 Mezey

温霍尔德 Weinhold

利奇 Leach

鲁登贝格 Ruedenberg

迈耶 Mayer

理查德·巴德 Richard Bader

贝德尔 Beddall

波佩利埃 Popelier

马塔 Matta

博伊德 Boyd

弗伦金 Frenking

吉莱斯皮 Gillespie

科瓦奇 Kovacs

波沃特 Poater

李恩斯特拉-基拉科菲 Rienstra-Kiracofe

利亚斯 Lias

格罗斯 Gross

库普曼斯 Koopmans

范·梅尔 van Meer

鲁滨逊 Robinson

亚历山德罗娃 Alexandrova

施密特 Schmidt

拉斯洛 Laszlo

波利策 Politzer

默里 Murray

布林克 Brinck

默勒-普莱塞特 Møller-Plesset

第 6 章

迈克尔·J. S. 杜瓦 Michael J. S. Dewar

蒂尔 Thiel

贝弗里奇 Beveridge

克拉克 Clark

帕里泽 Pariser

帕尔 Parr

哈尔格伦 Halgren

克莱尔 Kleir

利普斯科姆 Lipscomb

巴赫曼 Bachmann

福勒 Fowler

佐比希 Zoebisch

希利 Healy

斯图尔特 Stewart

霍尔德 Holder

博斯克 Bosque

马塞拉斯 Maseras

埃夫莱斯 Evleth

埃尔斯特纳 Elstner

戈林格 Goringe

施罗德 Schröder

柯立芝 Coolidge

P. S. 巴古斯 P. S. Bagus

泽帕 Rzepa

蒂姆·克拉克 Tim Clark

约翰·冯·诺伊曼 John von Neumann

第 7 章

佩韦拉蒂 Peverati

伯克 Burke

莫里-桑切斯，Mori-Sánchez

科恩 Cohen

科恩-沙姆 Kohn-Sham

扬 Yang

J. P. 瓦格纳 J. P. Wagner

P. R. 施赖纳 P. R. Schreiner

R. O. 琼斯 R. O. Jones

托马斯 Thomas

霍恩伯格 Hohenberg

J. P. 佩迪尤 J. P. Perdew

斯塔罗韦罗夫 Staroverov

斯库塞里亚 Scuseria

雅各 Jacob

苏萨 Sousa

N. E. 舒尔茨 N. E. Schultz

赖利 Riley

马特森 Mattsson

库尔斯 Kurth

沃斯特 Vosko

威尔克 Wilk

努塞尔 Nusair

汉普雷希特 Hamprecht

托泽 Tozer

汉迪 Handy

贝克 Becke

斯蒂芬斯 Stephens

弗里茨·伦敦 Fritz London

克里梅什 Klimes

米凯利斯 Michaelis

科明博夫 Corminboeuf

吉代 Guidez

克鲁泽 Kruse

格里克 Goerigk

格里姆 Grimme

范·桑滕 van Santen

迪拉比奥 DiLabio

马丁 Martin

诺伊金 Nooijen

马特尔 Martell

圣-阿曼 St-Amant

沙伊纳 Scheiner

卢 Lou

斯特拉特曼 Stratman

维贝格 Wiberg

雅各曼 Jacquemin

塞夫齐克 Sefzik

佩雷斯 Perez

卡斯特罗 Castro

穆查尔 Muchall

戈拉斯 Golas

伯伦兹 Baerends

斯托瓦塞尔 Stowasser

萨尔兹纳 Salzner

瓦尔加斯 Vargas

布朗 Brown

贝泽利乌斯 Berzelius

D. H. 布希 D. H. Busch

皮尔逊 Pearson

莫蒂尔 Mortier

吉林斯 Geerlings

门德斯 Méndez

加兹克斯 Gázquez

阮 Nguyen
梅里尔 Merrill

第 8 章

亚里士多德 Aristotelian
巴罗内 Barone
科西 Cossi
阿莫维利 Amovilli
弗洛里斯 Floris
本托 Bento
麦卡恩 McCann
凯利 Kelly
希尔兹 Shields
萨克-泰特罗德 Sackur-Tetrode
利普塔克 Liptak
奥马尔·海亚姆 Omar Khayyam
爱德华·菲茨杰拉德 Edward Fitzgerald
格蒂 Getty
伯森 Berson
克劳福德 Crawford
米什拉 Mishra
道布尔迪 Doubleday
兰格 Lange
波里尔 Poirier
卡扎良 Kazaryan
菲拉托夫 Filatov
巴利 Bally
博登 Borden
内斯贝特 Nesbet
阿贝 Abe
埃斯 Ess
库克 Cook
约翰·厄普代克 John Updike
雅各比 Jacoby
昆达里 Cundari
皮克 Pyykkö
派尔希瑞 Persina
阿尔姆勒夫 Almlöf
格罗佩 Gropen
巴拉苏布拉马尼安 Balasubramanian
威尔逊 Wilson

卡尼 Karni
科顿 Cotton
达加尼 Dagani
拉斯洛 Laszlo
特卡利 Tekarli
布达 Buda
库尼 Cooney
扎哈里安 Zakharian
库恩 Coon
玛丽尼克 Marynick
博斯克 Bosque
马塞拉斯 Maseras
麦克纳马拉 McNamara

第 9 章

加来道雄 Michio Kaku
沃尔夫 Wolff
谢弗 Schaefer
托泽 Tozer
马威尼 Mawhinney
戈达德 Goddard
贝廷格 Bettinger
埃维希 Ewig
范·瓦泽 Van Wazer
克里斯特 Christe
恩格尔克 Engelke
克拉波特克 Klapötke
斯特劳特 Strout
莫里塔 Morita
贝利斯 Baylis
希尔斯曼 Hillman
普拉塔 Plata
辛格尔顿 Singleton
杰 Jie
加拉诺 Galano
施特维泽 Streitwiese
托马斯 Thomas
西格尔 Siggel
伯克 Burk
沙伊克 Shaik
埃克斯纳 Exner

卡斯基　Čársky
弗兰克·尼斯　Frank Neese
E. V. 帕特森　E. V. Patterson

参考答案
小谷　Kotani
格哈特·赫茨伯格　Gerhardt Herzberg
亨利·谢弗三世　Henry Schaefer Ⅲ
艾萨克·阿西莫夫　Isaac Asimov
德罗尔·奥弗　Dror Ofer
拉佩　Rappé
卡斯威特　Casewit
穆尔　Moore

雅默　Jammer
惠特克　Whitaker
克莱因　Klein
马塔　Matta
欣奇利夫　Hinchcliffe
埃斯特许森　Esterhuysen
艾尔斯　Ayers
墨菲　Murphy
史密斯　Smith
松永　Matsunaga
诺里扎德　Noorizadeh
沙克扎德　Shakerzadeh